2022中国水利学术大会论文集

第二分册

中国水利学会　编

黄河水利出版社

内容提要

本书是以“科技助力新阶段水利高质量发展”为主题的2022中国水利学术大会（中国水利学会2022学术年会）论文合辑，积极围绕当年水利工作热点、难点、焦点和水利科技前沿问题，重点聚焦水资源短缺、水生态损害、水环境污染和洪涝灾害频繁等新老水问题，主要分为国家水网、水生态、水文等板块，对促进我国水问题解决、推动水利科技创新、展示水利科技工作者才华和成果有重要意义。

本书可供广大水利科技工作者和大专院校师生交流学习和参考。

图书在版编目（CIP）数据

2022中国水利学术大会论文集：全七册/中国水利学会编．—郑州：黄河水利出版社，2022.12

ISBN 978-7-5509-3480-1

Ⅰ.①2… Ⅱ.①中… Ⅲ.①水利建设-学术会议-文集 Ⅳ.①TV-53

中国版本图书馆CIP数据核字（2022）第246440号

策划编辑：杨雯惠　电话：0371-66020903　E-mail：yangwenhui923@163.com

出 版 社：黄河水利出版社　网址：www.yrcp.com

地址：河南省郑州市顺河路黄委会综合楼14层　邮政编码：450003

发行单位：黄河水利出版社

发行部电话：0371-66026940、66020550、66028024、66022620（传真）

E-mail：hhslcbs@126.com

承印单位：广东虎彩云印刷有限公司

开本：889 mm×1 194 mm　1/16

印张：261（总）

字数：8 268千字（总）

版次：2022年12月第1版　印次：2022年12月第1次印刷

定价：1 200.00元（全七册）

《2022 中国水利学术大会论文集》

编　委　会

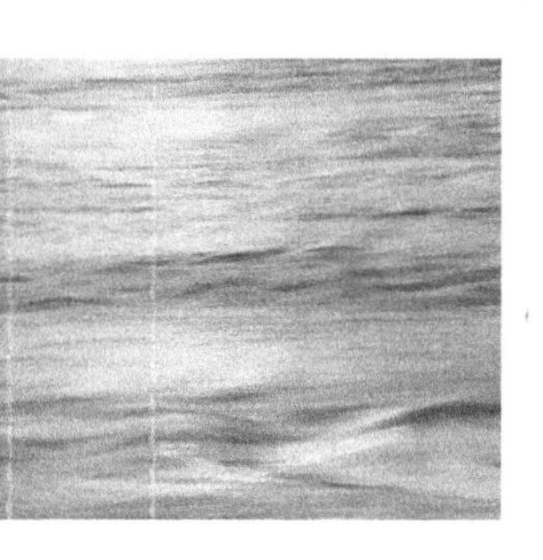

前言 Preface

学术交流是学会立会之本。作为我国历史上第一个全国性水利学术团体，90多年来，中国水利学会始终秉持“联络水利工程同志、研究水利学术、促进水利建设”的初心，团结广大水利科技工作者砥砺奋进、勇攀高峰，为我国治水事业发展提供了重要科技支撑。自2000年创立年会制度以来，中国水利学会20余年如一日，始终认真贯彻党中央、国务院方针政策，落实水利部和中国科协决策部署，紧密围绕水利中心工作，针对当年水利工作热点、难点、焦点和水利科技前沿问题、工程技术难题，邀请院士、专家、代表和科技工作者展开深层次的交流研讨。中国水利学术年会已成为促进我国水问题解决、推动水利科技创新、展示水利科技工作者才华和成果的良好交流平台，为服务水利科技工作者、服务学会会员、推动水利学科建设与发展做出了积极贡献。

2022中国水利学术大会（中国水利学会2022学术年会）以习近平新时代中国特色社会主义思想为指导，认真贯彻落实党的二十大精神，紧紧围绕“节水优先、空间均衡、系统治理、两手发力”的治水思路，以“科技助力新阶段水利高质量发展”为主题，聚焦国家水网、水灾害防御、智慧水利、地下水超采治理等问题，设置1个主会场和水灾害、国家水网、重大引调水工程、智慧水利·数字孪生等20个分会场。

2022中国水利学术大会论文征集通知发出后，受到了广大会员和水利科技工作者的广泛关注，共收到来自有关政府部门、科研院所、大专院校、水利设计、施工、管理等单位科技工作者的论文共1 000余篇。为保证本次大会入选论文的质量，大会积极组织相关领域的专家对稿件进行了评审，共评选出669篇主题相符、水平较高的论文入选论文集。按照大会各分会场主题，本论文集共分7册予以出版。

本论文集的汇总工作由中国水利学会秘书处牵头，各分会场协助完成。论文集的编辑出版也得到了黄河水利出版社的大力支持和帮助，参与评审、编辑的专家和工作人员克服了时间紧、任务重等困难，付出了辛苦和汗水，在此一并表示感谢！同时，对所有应征投稿的科技工作者表示诚挚的谢意！

由于编辑出版论文集的工作量大、时间紧，且编者水平有限，不足之处，欢迎广大作者和读者批评指正。

中国水利学会

2022年12月12日

目录 Contents

前言

国家水网

水生态

国家水网

引江补汉工程对水生态的影响及其减缓措施研究

张登成[1]　王中敏[1]　雷　欢[2]　刘扬扬[1]

（1. 长江水资源保护科学研究所，湖北武汉　430051；
2. 水利部中国科学院水工程生态研究所，湖北武汉　430079）

摘　要：引江补汉工程是南水北调中线工程的后续水源，工程由输水总干线和汉江影响河段综合整治工程两部分组成。工程实施后，将导致取水口附近龙潭溪库湾水域一定的鱼卵、鱼苗等损失；汉江影响河段整治工程施工期，将对产粘沉性卵鱼类产卵繁殖造成一定的不利影响；工程运行后，将导致丹江口坝下5 km河段鱼类资源量下降；水源区与受水区鱼类组成相似，工程实施后不会对受水区鱼类种群结构产生影响。针对工程建设期和运行期可能造成的不利影响，提出了取水口建设拦鱼设施、开展补偿性增殖放流、丹江口坝下5 km江段生境修复、减水河段鱼类增殖放流等对策和措施。

关键词：引江补汉；水生生态；环境影响；对策措施

引江补汉工程是南水北调中线工程的后续水源，从长江三峡库区引水入汉江，提高汉江流域的水资源调配能力，增加南水北调中线工程北调水量，提升中线工程供水保障能力，并为引汉济渭工程达到远期调水规模、向工程输水线路沿线地区城乡生活和工业补水创造条件。工程由输水总干线和汉江影响河段综合整治工程两部分组成。取水口位于长江干流宜昌市三峡水库左岸龙潭溪，下游距三峡大坝约7.5 km；出水口位于丹江口市潘家岩村安乐河口，丹江口大坝下游约5 km。输水总干线长约194.8 km，线路涉及区域包括宜昌市夷陵区、远安县，襄阳市保康县、谷城县，十堰市丹江口市，汉江影响河道整治工程位于十堰市丹江口市。

本文通过梳理水源区及水源下游区、受水区水生态现状，预测分析工程建设和运行对水生态的不利影响，并提出有针对性的保护对策和措施，从水生态影响角度论证引江补汉工程建设的可行性，为工程方案论证和项目决策提供科学依据。

1　水生态现状

1.1　水源区及水源下游区

水源区三峡水库共检出浮游植物7门72种，以硅藻门为主，浮游植物平均密度为6 776 066 ind./L，平均生物量为1.617 6 mg/L；浮游动物57种，以桡足类为主，浮游动物平均密度为1 299.69 ind./L，平均生物量为0.744 9 mg/L；底栖动物28种，以摇蚊类为主，底栖动物平均密度为32 ind. m^2，平均生物量为1.433 g/m^2。三峡库区共有鱼类155种，隶属于10目23科101属，其中长江特有鱼类有52种。水源区分布有国家一级重点保护鱼类3种、国家二级重点保护鱼类11种、重庆市重点保护鱼类7种、湖北省重点保护鱼类11种。在龙潭溪取水口上游480 km以上涪陵江段分布有产漂流性卵鱼类产卵场，调查江段无四大家鱼产卵场。

1.2　受水区

汉江中下游共检出浮游植物7门146种，以硅藻门为主，浮游植物平均密度为4 244 351 ind./L，平均生物量为1.059 4 mg/L；浮游动物106种，以原生动物为主，浮游动物平均密度为3 962.46

作者简介：张登成（1990—），男，工程师，研究方向为水生态保护与修复、水利水电工程环境影响评价。

ind./L，平均生物量为 0.571 3 mg/L；底栖动物 63 种，以节肢动物为主，底栖动物平均密度为 165 ind./m^2，平均生物量 18.361 g/m^2。汉江中下游共有鱼类 10 目 21 科 72 属 125 种，其中鲤形目最多 90 种，占总种数的 72%。汉江中下游分布有国家二级重点保护鱼类 5 种、湖北省重点保护鱼类 14 种，分布有宜城、流水、磷矿、兴隆、泽口和彭市 6 处产漂流性卵鱼类产卵场，主要产卵鱼类为青鱼、草鱼、鲢、鳙、鳊、银鮈、翘嘴鲌等。

2 对水生态的影响预测

2.1 对水源区及水源下游区的影响

工程实施后，龙潭溪库湾水域一定的鱼卵、鱼苗等会产生损失，取水口附近水域鱼类以适应静水或缓流水的种类为主，包括草鱼、鲢、鳙、蒙古鲌、团头鲂、瓦氏黄颡鱼等，而适应流水栖息的鱼类如铜鱼、蛇鮈、银鮈等，将较少出现在取水口水域，引水对流水性鱼类的卷吸影响相对较小。

工程运行不会对水源下游区鱼类种类组成产生影响，引水后下游江段鱼类资源量会有所减少，但减少幅度有限，且影响主要表现在宜昌江段。

2.2 对受水区的影响

丹江口坝下 5 km 河段综合整治工程实施期间，施工区域疏浚、护岸加固等工程对底栖动物和水生维管束植物带来较大影响，对产粘沉性卵鱼类产卵繁殖造成一定不利影响。随着施工期结束，水体理化性质的恢复，施工区域底质逐步恢复与重建，受影响的鱼类种群数量也会逐步趋于正常。工程运行后，该河段水量减少，水位下降，将导致鱼类资源量有所下降，但不会改变鱼类种类组成。

安乐河河口以下汉江中下游河段，工程运行后水量有所增加，特别是 1~3 月枯水期增幅较大，3 月正是鱼类开始上滩索饵的季节，水面面积扩大，有利于鱼类索饵肥育，也有利于鲤、鲫等产粘草性鱼类产卵繁殖。水域面积扩大，鱼类栖息空间增加，饵料生物基础资源量升高，有利于汉江中下游鱼类资源量的提高。工程实施后，汉江中下游水文情势过程虽发生改变，但鱼类主要繁殖期水动力学过程变化不大，对产漂流性卵鱼类繁殖影响不大。工程实施后，三峡水库补水使汉江出水口断面各典型年年均水温增加 0.4~1.2 ℃，可在一定程度上缓解丹江口下泄低温水造成鱼类繁殖季节推后的不利影响。水源区三峡水库与汉江中下游鱼类区系组成相似，对受水区鱼类区系组成基本无影响。

3 水生态影响减缓措施

3.1 水源区及水源下游区

本工程实施对水源区与水源下游区水生态的总体不利影响相对不显著，不会对鱼类种类多样性造成显著影响，仅使鱼类资源量产生一定损失。因此，在制订保护措施时，结合当前水生态保护措施技术水平，建立以拦鱼设施、补偿性增殖放流为主，以监测与保护效果评估、加强渔政管理、加强施工管理为辅的水生态综合保护体系。

3.1.1 取水口建设拦鱼设施

引江补汉工程引水规模 39 亿 m^3，渠首设计流量 170~212 m^3/s，11 月年至次年 4 月为主要引水时段，三峡水库鱼类资源将随水流损失。三峡水库鱼类组成中，除多鳞产颌鱼、南方长须鳅鮀、中华花鳅、犁头鳅、中华纹胸鮡等喜急流性种类外，从理论上讲，其他鱼类都有可能进入引江补汉引水渠道，不仅将导致水库鱼类资源流失，还可能对受水区鱼类区系组成产生影响。根据工程建设方案，工程取水进水口设置有拦污格栅，对成鱼有一定的拦截作用，但对于幼鱼无法拦截，因此需要在龙潭溪取水口建设拦鱼设施。

拦鱼设施分为机械和电器两种。实践表明，电拦鱼栅是一种行之有效的拦截鱼类的方法，不仅可防止鱼类随水流流走，而且不影响正常的排污、泄洪，维修也极为方便。拜泉水库的实例研究表明，对于江河平原型鱼类而言，设置电拦鱼栅的位置应选择在水流小于 0.6 m/s 的地方，超过这个速度，鱼会被水流冲走，而使电拦鱼栅失效，对于适应急流生活的鱼类而言，其克流速度稍高，但是一般认为不能高于 1 m/s。根据计算，龙潭溪取水河道内水流流速在 0.6 m/s 以下，因此在龙潭溪取水口前使用电拦鱼栅作为拦鱼设施是可行的。具体拦鱼方案设计需根据水深、水宽、流速、电导率及拦鱼种类、大小、分布水层等下阶段开展深入设计。

3.1.2 开展鱼类补偿性增殖放流

本次鱼类增殖放流属补偿性放流，受卷吸影响的鱼类种类主要是适应缓流、静水的经济鱼类。结合相关研究资料和人工繁殖技术成熟情况，综合考虑长江流域全面禁渔后鱼类资源恢复情况，拟将赤眼鳟、蒙古鲌、拟尖头鲌、鳊、胭脂鱼、长吻鮠、岩原鲤、中华倒刺鲃等作为放流对象，放流规格为全长 4~8 cm 的苗种，放流暂按 3 年考虑，3 年以后根据鱼类资源的恢复情况，对拟定的放流对象和规模进行相应的调整，并制订长期的放流计划。

根据本工程引水对水源区渔产量损失，在取水口附近建设鱼类增殖放流站，放流规模为 50 万尾/年。为了防止刚放流的、体能尚未完全恢复的鱼类进入取水塔，放流地点应远离取水口进水塔；同时为了减少长途运输对放流鱼类的伤害，选择就近在龙潭溪汇口下三峡库区干流放流。

近期鱼类增殖放流种类及数量见图 1。

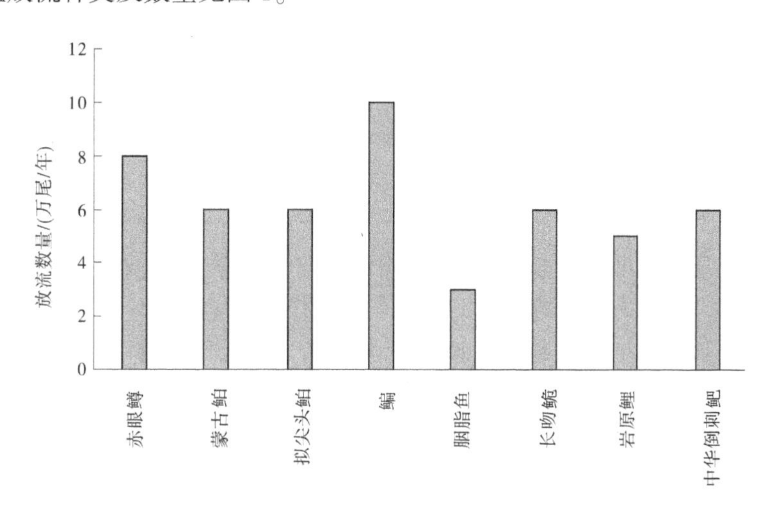

图 1 近期鱼类增殖放流种类及数量

3.2 受水区

本工程实施对受水区的影响集中在汉江中下游尤其是丹江口水库坝下 5 km 河段，因此制定保护措施时有所侧重，重点针对汉江受水区尤其是丹江口水库坝下 5 km 减水河段采取保护措施。结合当前水生态保护措施技术水平，建立以生境修复、增殖放流为主，以监测与保护效果评估、渔政管理等多种避让、减缓及补救措施为辅的水生生态综合保护体系。

3.2.1 开展减水河段鱼类增殖放流

本工程实施的增殖放流保护措施属补偿性放流，根据现场调查结果及受影响鱼类种类分析，拟定主要放流种类为鲢、鳙、鲂、长吻鮠、黄尾鲴、唇䱻、蒙古鲌、中华倒刺鲃等 8 种（见图 2）。根据调查江段渔业资源状况及建设运行后对水生生物的影响情况，估算放流规模为 20 万尾/年。本工程放流地点暂定为羊皮滩滩头。放流周期暂定 3 年，以后根据渔业资源监测情况，调整放流计划。

3.2.2 实施生境修复

工程运行后，丹江口水库下泄流量减少，坝下 5 km 河段出现减水，造成该水域栖息面积减少，同时航道综合整治工程的实施也会破坏羊皮滩、沧浪洲附近鱼类栖息生境。航道综合整治工程实施后可保障丹江口坝下左侧航道河段水位维持不变，同时引江水量的 80% 从沧浪洲出水，部分水流引导进入左侧航槽，部分水流补充右侧河道水量，因此丹江口坝下河道总体水量相比工程实施前仍有所减少，造成右岸裸露滩地面积增加，水生维管束植物减少，给该水域水生生物带来一定的影响，因此需

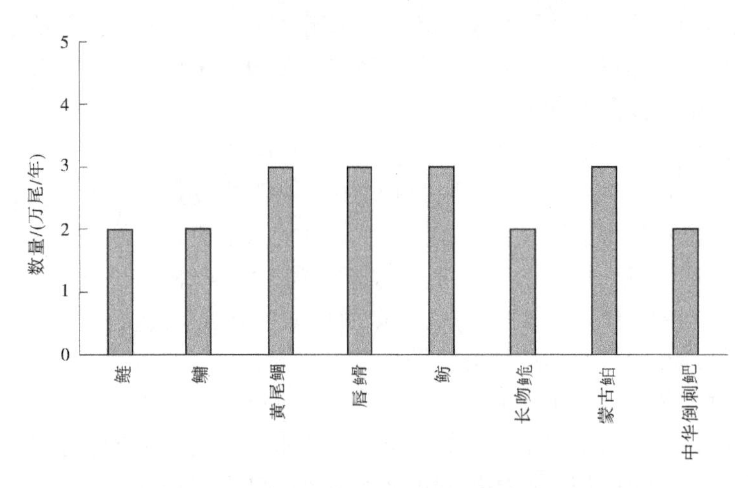

图 2　汉江受水区鱼类增殖放流种类及数量

要对部分河道进行生态修复，营造多样化的生境条件，为鱼类的栖息、繁殖等提供适宜的生境条件。

沧浪洲出水口河道护底工程修建后，在护底工程下游区将会形成回水或缓流区域，鱼类可能会在此聚集，因此在此区域采取人工营造的方式，进行产粘沉性卵鱼类人工产卵场建设，形成适宜鱼类产卵繁殖的水深、流速、底质等产卵环境，促进鱼类产卵繁殖。

4　结论

引江补汉工程实施后，取水口附近龙潭溪库湾水域一定的鱼卵、鱼苗等会产生损失；汉江影响河段综合整治工程实施期间，对施工区域底栖动物和水生维管束植物带来较大影响，对产粘沉性卵鱼类产卵繁殖造成一定不利影响；工程运行后，该河段水量减少，水位下降，将导致鱼类资源量有所下降，但不会改变鱼类种类组成；三峡库区与汉江中下游鱼类组成相似度高，工程实施后不会对汉江中下游鱼类种群结构产生明显影响。针对工程建设期和运行期可能造成的不利影响，提出了取水口建设拦鱼设施、开展补偿性增殖放流、丹江口坝下 5 km 江段生境修复、减水河段鱼类增殖放流等对策和措施。

参考文献

[1] 陆海明，邹鹰，丰华丽．国内外典型引调水工程生态环境影响分析及启示［J］．水利规划与设计，2018（12）：88-92，166.

[2] 王中敏，刘金珍，刘扬扬，等．引调水工程对汉江中下游生态环境的累积叠加影响研究［J］．中国农村水利水电，2018（3）：29-32，36.

[3] 汪登强，高雷，段辛斌，等．汉江下游鱼类早期资源及梯级联合生态调度对鱼类繁殖影响的初步分析［J］．长江流域资源与环境，2019，28（8）：1909-1917.

[4] 秦烜，陈君，向芳．汉江中下游梯级开发对产漂流性卵鱼类繁殖的影响［J］．环境科学与技术，2014，37（S2）：501-506.

环北部湾广东水资源配置工程规模与布局可行性研究

杨 健 陈 艳 王保华

（中水珠江规划勘测设计有限公司，广东广州 510610）

摘 要：环北部湾广东地区沿海诸河多为中小河流，源短流急，自然调蓄能力弱，丰枯变化大，水资源过度开发，挤压河道、湖泊生态环境用水与农业灌溉用水，超采地下水、局部水污染等问题凸显。为解决区域缺水问题，拟建环北部湾广东水资源配置工程，开展工程规模论证和总体布局可行性研究，开发西江丰富的过境水资源，经高州与鹤地水库联合调蓄供水粤西4市，从根本上解决粤西地区的水资源危机问题。

关键词：环北部湾广东水资源配置；工程规模；总体布局

随着经济社会的高速发展，环北部湾广东地区存在水资源过度开发，挤压河道、湖泊生态环境用水与农业灌溉用水，超采地下水、局部水污染等问题凸显，造成资源性、工程性和水质性缺水，国内外许多工程实践证明，跨流域引调水工程是缓解缺水地区水资源供需矛盾、支撑缺水地区可持续发展的有效途径[1-2]。对环北部湾广东水资源配置工程进行工程规模和布局可行性研究[3]。

1 工程建设必要性

环北部湾地处我国华南、西南和东盟经济圈的接合部，在与东盟、泛北部湾、泛珠三角等国际国内区域合作战略中，是我国沿海沿边开放的交汇地区，也是“21世纪海上丝绸之路”与“丝绸之路经济带”有机衔接的重要门户。广东省湛江、茂名、阳江等市是北部湾城市群的重要城市，区内沿海诸河水系多为中小河流，源短流急，自然调蓄能力弱，降雨多集中在汛期，丰枯变化大，与经济社会发展对水资源的需求不匹配。近年来，城镇生活及工业用水的需求日益增长，河道生态用水与农业灌溉用水被挤占，局部水污染问题凸显；湛江市、茂名市地下水超采且水质不达标，已造成地面塌陷和海水入侵等生态问题，区域以地下水为主要水源的人饮供水安全难以保障。雷州半岛耕地资源充足、光热条件较好，是广东省主要商品粮基地和高效经济作物主产区，水资源短缺是制约当地农业高质量发展的主要因素。

环北部湾广东水资源配置工程已列入《珠江流域综合规划（2012—2030年）》和国务院批准的2020年及后续150项重大水利工程项目清单，是国务院确定的2022年加快推进的55项重大水利工程之一，是国家水网建设的重要组成部分。该工程建成后，可长远解决粤西地区水资源承载能力与经济发展布局不匹配问题，大幅提高区域供水安全保障能力。

2 工程任务和规模

2.1 工程任务和供水范围

结合工程建设必要性，环北部湾广东水资源配置工程开发任务为以城乡生活和工业供水为主，兼顾农业灌溉，为改善水生态环境创造条件。

作者简介：杨健（1984—），男，高级工程师，主要从事水利水电工程水工设计工作。

工程从云浮市西江干流取水，受水区城乡供水范围为湛江、茂名、阳江、云浮等 4 市 10 个县城（区）112 个乡（镇）9 个重点工业园区。2035 水平年改善灌溉面积 43.7 万亩（1 亩 = 1/15 hm^2，全书同），新增灌溉面积 150 万亩（位于湛江市），置换地下水灌溉面积 7 万亩，2050 水平年新增灌溉面积 35 万亩。

2.2 水资源供需分析

本工程现状基准年 2018 年，设计水平年 2035 年，远景展望年 2050 年，城乡生活和工业供水设计保证率采用 97%，农业灌溉设计保证率为 90%。按照最严格水资源管理的要求，并考虑粤西规划的各项水利工程的供水能力，进行 60 年长系列逐月调节的供需平衡计算。

分析表明，2035 水平年受水区多年平均需水量为 83.15 亿 m^3，其中城乡生活及工业需水量为 28.08 亿 m^3，农业灌溉需水量为 55.07 亿 m^3。考虑城乡生活供水对地下水水质的要求、区域地下水开采条件以及区域生态环境保护等因素，2035 水平年受水区城镇供水以地表水替代地下水，城市集中开采的地下水由常规水源转为备用水源等方案，2035 水平年地下水可供水量为 0.74 亿 m^3。当地水利设施多年平均可供水量为 59.57 亿 m^3。预测 2035 年（设计水平年）、2050 年（远景展望年）多年平均缺水量分别为 23.58 亿 m^3、29.37 亿 m^3，其中城乡生活及工业缺水量分别为 15.31 亿 m^3、19.86 亿 m^3，农业灌溉缺水量分别为 8.27 亿 m^3、9.50 亿 m^3。

2.3 水资源配置

水资源配置原则为：本工程与当地水源联合供水，优先使用当地水和向城镇供水；遵循“高水高用、低水低用”的原则；受水区当地水库先满足防洪、生态等基本要求，再考虑供水需求；输水线路上调蓄水库在满足供水、灌溉的条件下，利用干管富余的输水能力补充水库，尽量使各调蓄水库处于高水位运行。

通过 60 年长系列调节计算，2035 水平年、2050 水平年多年平均供水量分别为 20.79 亿 m^3、26.10 亿 m^3。其中，城乡生活和工业供水量分别为 14.38 亿 m^3、18.56 亿 m^3，农业灌溉供水量分别为 6.41 亿 m^3、7.54 亿 m^3。湛江、茂名、阳江、云浮四市 2035 水平年、2050 水平年多年平均供水量分别为 13.91 亿 m^3/16.67 亿 m^3、4.42 亿 m^3/6.14 亿 m^3、1.29 亿 m^3/1.46 亿 m^3、1.17 亿 m^3/1.83 亿 m^3。

2.4 工程规模

本工程考虑不影响西江下游用水要求，取水口引水按照西江干流思贤滘断面来水流量小于 2 700 m^3/s 时停止引水进行设计。

对水源工程取水口设计流量在 70~130 m^3/s 范围内，进行了工程经济可供水量分析，随着输水干线设计流量的增大，工程调水单方水投资随之降低。在 2035 水平年受水区需调水量的基础上，考虑本工程作为重大水利基础设施对地方经济未来发展的支撑作用，为粤西四市预留 2050 水平年 4.1 亿 m^3 经济社会发展战略储备用水；同时考虑湛江雷州半岛特色农业高质量发展和乡村振兴需求，经可行性研究确定水源工程取水流量和西高段干线设计流量为 110 m^3/s。

3 工程总体布局

本工程综合考虑调出区各取水点的取水条件、供水目标的满足程度以及技术经济环境等因素，论证并提出总体布局方案[4]。工程总体布局主要包括取水口及取水方式、输水线路、调蓄工程布局等。

3.1 取水口及取水方式选择

西江干流位于粤西云开山脉以北，根据工程主要供水对象湛江和茂名两市交水点水库和水厂位置，兼顾阳江、云浮的分水，取水口的选择尽可能河道顺直、避开河段水生态保护区、水质良好、岸边地形开阔、交通便利等，经分析，选取西江长洲库区取水口、西江云浮地心取水口、西江云浮沙辽取水口结合输水线路布置进行论证。

长洲库区、地心取水口、沙辽取水口的设计运行水位分别为 20.6 m、0.72 m、−0.45 m，云浮罗定市、茂名市、阳江市、湛江市交水点高程分别为46~109 m、9~88 m、6~28 m、11~125 m，调出区（水源区）高程低于受水区高程，本工程为长距离引调水工程，干线长约200 km，考虑沿程水头损失，从西江河段取水均需采用提水方式；结合沿线所在地区地形特点、调蓄水库与受水区高程关系，沿线采用自流和提水相结合的方式。

3.2 输水线路工程布局

3.2.1 输水方案比较

工程受水区涉及粤西的湛江、茂名、阳江和沿线经过的云浮共4市，其中湛江市为粤西地区缺水最严重区域，需配置水量占比66.9%，且为输水线路末端，因此输水线路方案重点考虑西江取水口至湛江受水区的线路走向，同时兼顾其他3市受水区。

湛江位于粤西地区南部，南北条形走向，地形为龟背型，中间高、四周低，调蓄能力弱，主要将北部的鹤地水库作为多年来的供水水库。长洲库区、地心、沙辽3个取水口位于湛江市的北面偏东，鹤地水库可作为输水干线的交水点和湛江分干线供水水库。根据取水水源与受水区位置分布，按照“高水高用、低水低用”的原则拟定3个总体布局方案。

高州水库正常蓄水位89.744 m，与受水区当地高程相差30 m左右，暂采用水量部分进库调蓄方案，在高州水库西侧设分水口；鹤地水库正常蓄水位40.044 m，与受水区当地高程基本相当，采用水量全进库利用水库调蓄、库区输水及供水湛江分干线的输水布局。

西江长洲库区取水方案虽提高了取水水头，但要穿越广西壮族自治区最大的铅锌银矿床（佛子冲矿床），地质条件较差，投资较大，且影响长洲水利枢纽发电量，线路约108 km位于广西壮族自治区境内，考虑建设及运维管理难度，不推荐该方案。

西江地心取水方案相比沙辽方案，受区域断裂带及岩溶影响范围较小，工程地质条件较优，以机械法施工为主，交通条件好，线路短，征地移民较少，工程投资最省，为推荐方案。

3.2.2 控制点高程和沿线水头分配

综合考虑水源地、沿线地势地貌、受水区配水、行政区分界等因素，确定渠首云浮市地心、水口-大井-东岸镇三角区、湛江市鹤地水库、茂名市辖区和湛江市辖区等为输水干线控制点。控制点高程分别为151.5 m（提水后）、50~90 m、40.044 m（汛限水位）、16 m、11 m（赤坎水厂）。

西江地心、鹤地水库和茂名市区交水点为固定水位，高州分水口节点水位比选范围为50~90 m，拟定节点水位比选方案选取50 m、60 m、70 m、80 m、90 m共5组。

经比较，高州分水口水位70 m以上工程投资接近，表明70 m以上水位均可选择。高州分水口位于高州市东岸镇北郊，即高州水库之一的良德水库坝址西侧，高程55~75 m，东岸河高程50~52 m，高州分水口水位宜高于河道水位，可自流退水。高州水库最高、最低运行水位分别为89.744 m、70 m，当高州分水口水位为70~89.744 m时，泵站需双向提水，操作复杂，运行管理难度较大。高州分水口水位宜选择70 m高程。

3.2.3 输水线路进库（高州水库、鹤地水库）方式优化

本工程以高州和鹤地两座大（1）型水库作为调蓄水库，根据对其利用方式分析，高州水库、鹤地水库都必须由西江水补水入库后才能满足受水区增加的供水需求。结合两座水库的特点，高州水库正常蓄水位较高，从“高水高用，低水低用”的要求考虑，输水干线不进入水库，可减少提水泵站的运行费用；但高州水库和鹤地水库作为大型湖库型水库，进库可有效减少输水线路长度，降低工程投资，对输水线路进库方式优化。

经比选采用高州水库、鹤地水库全进库方案，其总投资较省，减少沿线提水泵站设置，运行管理方便；而且高州水库水质为Ⅱ类，周边为饮用水水源保护区，是茂名的供水水源地，无重大污染源；鹤地水库地跨广西、广东两省（区），广东省常年补偿广西壮族自治区进行生态整治和工业管控，总体水质为Ⅲ类，渠首水质接近Ⅱ类，水质异常风险较小。

3.3 调蓄工程布局

本工程因西江取水条件和工程受水区需水不匹配、工程检修供水要求，以及经西江与调入区水源丰枯遭遇分析，在特枯水年，当调入区处于枯水时段，西江可作为调出水源补水调入区，西江与调入区具有较强的互补性。

西江取水口最长连续不可取水时间长达 5 个月，考虑 5 个月受水区由本工程承担供水任务的生活工业按照 70%比例供水，灌溉按照 50%供水，则需调蓄库容最小为 7.04 亿 m^3；考虑 5 个月受水区的工业生活供水及灌溉均不破坏，则需调蓄库容为 9.18 亿 m^3。同时，在 1962 年 12 月至 1963 年 3 月间，虽然西江不可取水时段为 4 个月，但受水区当地较枯，故增加对 1962 年 12 月至 1963 年 3 月时段所需调蓄库容的分析，该时段本工程所需调蓄库容为 6.30 亿~8.52 亿 m^3。综合比选后，工程所需的调蓄库容为 7.04 亿~9.18 亿 m^3。

高州水库、鹤地水库可供工程利用的调蓄库容与工程所需调蓄库容以西江最长缺水时段 1992 年 10 月至 1993 年 2 月、西江与受水区当地同枯的 1962 年 12 月至 1963 年 2 月两个时段的供需情况为分析对象。具体成果见表 1。

表 1 高州、鹤地水库可利用调蓄库容分析成果 单位：万 m^3

名称	受水区	拟选调蓄水库名称	兴利库容	水库时段剩余调蓄库容		本时段需要最小调蓄库容	
				1962 年 12 月至 1963 年 3 月	1992 年 10 月至 1993 年 2 月	1962 年 12 月至 1963 年 3 月	1992 年 10 月至 1993 年 2 月
湛江分干线	湛江市	鹤地水库	38 060	22 175	25 856	40 338	42 667
茂阳分干线	茂名市、阳江市	高州水库	91 915	51 371	59 318	22 628	27 806
合计			129 975	73 546	85 174	62 966	70 473

鹤地水库该时段可利用库容不能满足工程湛江市受水区的全部调蓄需求，高州水库可满足茂名、阳江受水区的调蓄需求，且从时段剩余调蓄库容的数值上看，鹤地水库与高州水库可共同承担湛江、茂名、阳江的调蓄需求。即须同时选择鹤地水库、高州水库作为工程湛江、茂阳分干线的集中调蓄水库，可满足上述分干线在西江枯水时段的调蓄要求。

另外，金银河水库可与西江水量联合调度，满足云浮分干线调蓄需求，作为云浮分干线的调蓄水库。

4 结论

（1）粤西地区沿海诸河水系多为中小河流，源短流急，自然调蓄能力弱，降雨多集中在汛期，丰枯变化大，河道生态用水与农业灌溉用水被挤占，局部水污染问题凸显，湛江市、茂名市地下水超采且水质不达标，已造成地面塌陷和海水入侵等生态问题，且雷州半岛耕地资源充足、光热条件较好，是广东省主要商品粮基地和高效经济作物主产区，水资源短缺是制约该地区经济社会发展的主要因素，实施本工程十分必要且紧迫。

（2）本工程受水区城乡供水范围为湛江、茂名、阳江、云浮等 4 市 10 个县城（区）112 个乡（镇）9 个重点工业园区，新增灌溉面积 185 万亩。设计水平年 2035 年、远景展望年 2050 年多年平均供水量分别为 20.79 亿 m^3、26.10 亿 m^3。

（3）从取水口及取水方式、输水线路、调蓄工程布局等分析论证开展环北部湾广东水资源配置工程总体布局可行性研究，推荐西江地心取水口提水，沿线自流和提水相结合方式，以高州水库与鹤地水库为调蓄水库的全进库输水线路。

参考文献

[1] 唐景云，杨晴．浅谈调水工程对实现区域水资源优化配置的必要性［J］．中国水利，2015（16）：13-15.
[2] 王忠静，王学凤．南水北调工程重大意义及技术关键［C］//第十三届全国结构工程学术会议，2004.
[3] 中水珠江规划勘测设计有限公司．环北部湾广东水资源配置工程可行性研究报告［Z］．2021.
[4] 中华人民共和国水利部．调水工程设计导则：SL 430—2008［S］．北京：中国水利水电出版社，2008.

BIM技术在迈湾水利枢纽工程坝型坝线选择中的应用

傅志浩　李能淼　吕　彬

（中水珠江规划勘测设计有限公司，广东广州　510610）

摘　要： BIM技术在水利水电工程设计中的应用日益广泛，如何将BIM技术与实际的项目生产更好地结合、赋能传统设计过程是目前BIM技术推广应用过程中面临的一个问题。结合BIM技术在海南省迈湾水利枢纽工程的应用，以坝型坝线多方案比选作为典型应用点进行阐述，说明了具体工作中开展BIM技术应用的相关工作流程，并根据应用需求对BIM设计软件开展平台定制与二次开发工作。经实际验证，事先做好方案策划、明确工程主要问题和设计原则，在BIM技术的辅助下，能显著提升设计工作效率和成果质量。文中BIM技术应用的工作思路和经验可为同类工作提供借鉴与参考。

关键词： BIM技术；坝型；坝线；方案比选

1　引言

BIM技术在水利工程项目中的应用价值逐渐得到体现，当前BIM技术在设计阶段的应用主要集中于模型创建、场地分析、仿真分析、方案比选、工程算量以及模型出图等方面[1]。笔者在参与海南省南渡江迈湾水利枢纽工程设计过程中，充分利用BIM技术，特别是在坝型坝线多方案比选方面，通过系统梳理工程设计控制性因素，快速创建工程模型与方案布置，自动提取工程量等方式，实现了方案的快速比选，取得良好效果。本文较全面地说明了BIM技术应用过程，系统梳理设计工作中开展BIM技术应用的工作流程，对同类工程设计及BIM技术应用推广具有一定的参考与借鉴意义。

2　工程概况

迈湾水利枢纽工程位于海南省南渡江干流中下游河段，是国家“十四五”期间重点建设的水利枢纽项目，也是海南省水网体系构建的骨干工程。工程任务以供水和防洪为主，兼顾灌溉和发电。水库正常蓄水位108.00 m，死水位72.00 m，汛限水位104.50 m，防洪高水位110.51 m（$P=1\%$），设计洪水位110.52 m（$P=0.2\%$），校核洪水位110.72 m（$P=0.05\%$），总库容6.05亿m^3，兴利库容4.87亿m^3，防洪库容2.20亿m^3，坝顶高程113 m，最大坝高75 m。工程规模为大（2）型，工程建设总工期56个月，总投资为73.64亿元。

枢纽工程由主坝、副坝和左岸灌区渠首组成。其中，主坝为碾压混凝土重力坝，由左岸挡水坝段、溢流坝段、发电进水口坝段、右岸灌区取水口坝段、右岸挡水坝段、坝后式发电厂房及过鱼设施等组成。根据《中国地震动参数区划图》（GB 18306—2015）[2]，本工程的地震加速度值为0.10g，地震基本烈度为Ⅶ度，按照《水工建筑物抗震设计规范》（SL 203—1997）[3]，本工程设防烈度为Ⅶ度，设计地震加速度值为0.10g。

作者简介： 傅志浩（1980—），男，高级工程师，博士，主要从事水利水电工程设计与研究、工程数字技术研究与应用工作。

库区河段两岸为低山丘陵，附近无更低的邻谷与之相通，库盆主要由浅变质砂岩、炭质粉砂岩、花岗岩等非可溶性岩类组成，水库不存在永久渗漏问题。库岸的稳定条件较好，库区无具有工业开采价值的矿产，库区存在少量村庄及农田的浸没问题。坝址区河床岩石裸露，两岸覆盖层深厚，岩性主要为浅变质砂岩、炭质粉砂岩，坝基地基承载力、稳定性、抗变形能力等基本满足建坝要求。

3 坝型坝线方案选择

3.1 坝型坝线方案拟订

结合三维数字地形开展相关工作，在坝址处选定上、中、下三条坝线（见图1）。在选定坝址的基础上，根据坝址的建坝条件、料场的分布及筑坝料的要求初拟代表坝型[4-6]。初拟当地材料坝、混凝土坝、混合坝3种坝型进行比较。当地材料坝包括均质土坝、面板堆石坝、黏土心墙土石坝，考虑到海南降雨较多，坝址处洪水量较大，坝体填筑及施工导流困难，且两岸无天然垭口地形，溢洪道布置困难，不适合修建均质土坝；此外，由于当地石料紧缺，也不适合修建面板堆石坝或黏土心墙土石坝。混凝土坝包括拱坝和混凝土重力坝，由于本工程两岸风化层深厚，两岸天然坡比为1：1.5，不适宜修建拱坝；坝址两岸及河床弱风化层以下建基面满足重力坝建设要求，重力坝方案有利于施工导流及坝体填筑，虽两岸覆盖层相对较深，重力坝开挖会导致两岸出现较高边坡，但采取一定的开挖、防护措施后能满足边坡的稳定要求，坝址基本满足重力坝建坝条件。由于左岸覆盖层较深，研究采用左岸修建土石坝、右岸修建重力坝的混合坝型式，从而减少左岸边坡开挖，降低工程投资和高边坡风险。因此，工程选择全重力坝或者左岸土石坝+右岸重力坝的混合坝坝型作为坝线比较的代表坝型。

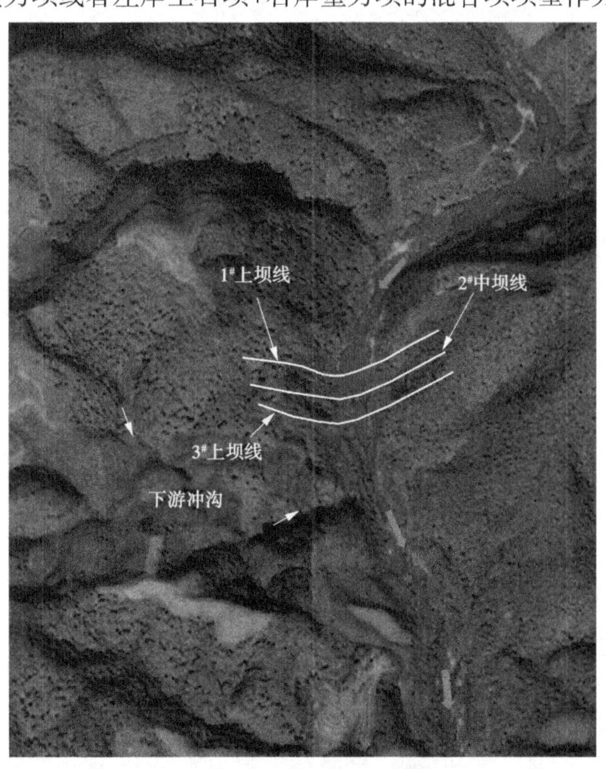

图1 拟订坝轴线示意图

（1）从坝址地形条件来看，坝址右岸下游冲沟以下区域两岸地势平缓，不会产生高边坡，但从地勘成果来看，此区域两岸岩面线埋藏深厚，且左、右岸山体单薄，绕坝渗流严重；弱风化岩面线低于河床15 m，地质条件与冲沟以上区域对比并没有明显改变；两岸地势平缓，弱风化岩面线均较深厚，如采用全重力坝方案则两岸边坡开挖量巨大；如采用混合坝，则两岸均需布置为混合坝，且坝肩需做长约600 m的绕坝防渗处理，相关投资大。因此，冲沟以下区域相较于冲沟以上建坝条件差；根据下坝线下游50 m辅助勘探线资料，左岸隔水层埋藏深，右岸山体单薄，右岸隔水层无法与正常蓄水位相交，右岸绕坝渗流问题突出，因此坝线不宜再往下游冲沟方向移动，故坝线坝型比选不考虑在冲沟以下布置坝线。

（2）上坝线左右两岸地势雄厚，距离下游右岸冲沟较远，左岸一级阶地岩面线低于河床岩面线15 m深，两岸岩面线深厚，布置重力坝或混合坝均无法避免高边坡问题，根据左岸地勘资料，左岸弱风化岩面线作为建基面，地基承载力可满足重力坝坝基应力要求。中坝线和下坝线左右两岸地势雄厚，距离下游右岸冲沟较近（180~250 m），右岸边坡高度相比上坝线降低，枢纽布置在中下坝线有利于缩小右岸高边坡范围。根据中坝线左岸地勘平洞和下坝线左岸地勘资料，中坝线和下坝线左岸弱风化岩面线深厚，如左岸布置重力坝方案，左岸山体开挖量大，高边坡高度高，范围广，工程投资较大；如采用土石坝，可一定程度减少开挖量；中坝线和下坝线河床和右岸地质条件则适合布置重力坝。

3.2 方案比选的主要问题与方案布置原则

为充分利用BIM技术快速进行方案比选，首先根据测绘、地勘资料构建坝址区的三维地质模型（见图2）；然后提炼方案布置涉及的主要问题及相关处理原则；最后按统一的设计思路基于BIM设计平台[7] 快速创建工程布置方案模型，提取工程量，开展综合比选。

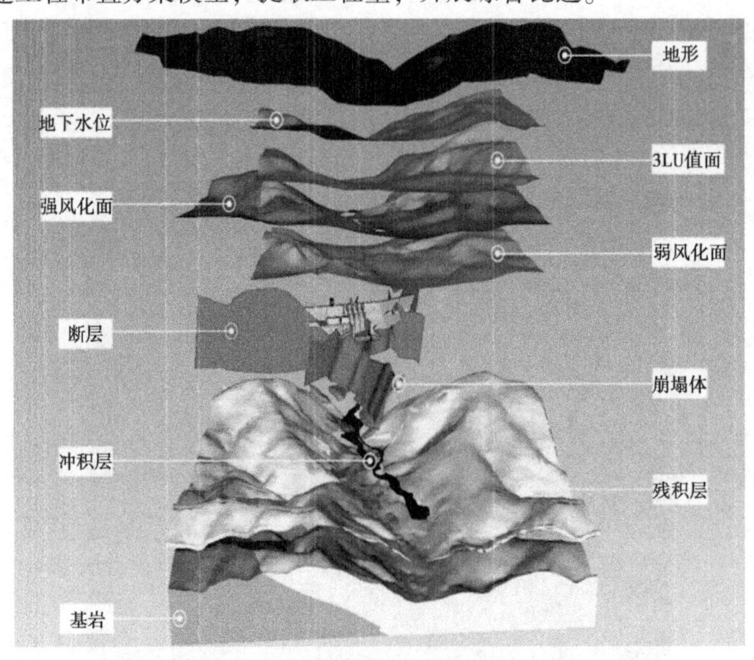

图2 坝址区三维地质模型

结合地质资料分析，在选定坝址区域进行坝线坝型方案布置涉及4个主要问题：河床部位左、右岸风化深槽，左岸崩塌堆积体，左、右岸高边坡，岸坡防渗处理。拟订设计方案布置原则如下：

（1）重力坝建基面位于弱风化浅变质砂岩顶面以下3 m，靠岸边高度较低坝段建基于强风化浅变质砂岩下带，土石坝则采用清除表土。对于崩塌堆积体处理采取清除处理的方式。

（2）坝基防渗参考国内同类工程经验，重力坝采用帷幕灌浆，土石坝采用防渗墙结合帷幕灌浆。

（3）右岸坝肩永久边坡，上、中坝线，弱风化、强风化坡比1∶1；残坡积和部分强风化上带（188 m以上）坡比1∶1.5；下坝线，弱风化、强风化坡比1∶1；残坡积和强风化上带（143 m以上）坡比1∶1.5。左岸坝肩永久边坡：弱风化、强风化坡比1∶1.25；残坡积和部分强风化上带（143 m以上）坡比1∶1.5。左、右岸临时边坡：强风化和弱风化均大于1∶1，仅在靠近坝肩坝高较低段存在少量边坡1∶0.75。每级边坡高度按15 m控制，马道宽度3 m；左岸158 m、203 m高程马道加宽至6 m。

3.3 坝型坝线方案比选与布置优化

为实现设计方案的快速布置，基于 Bentley Microstation 平台开发水工建筑物快速建模以及三维开挖设计软件，大大简化了设计工作流程[8-10]。上、中、下坝线重力坝及混合坝方案布置见图 3。

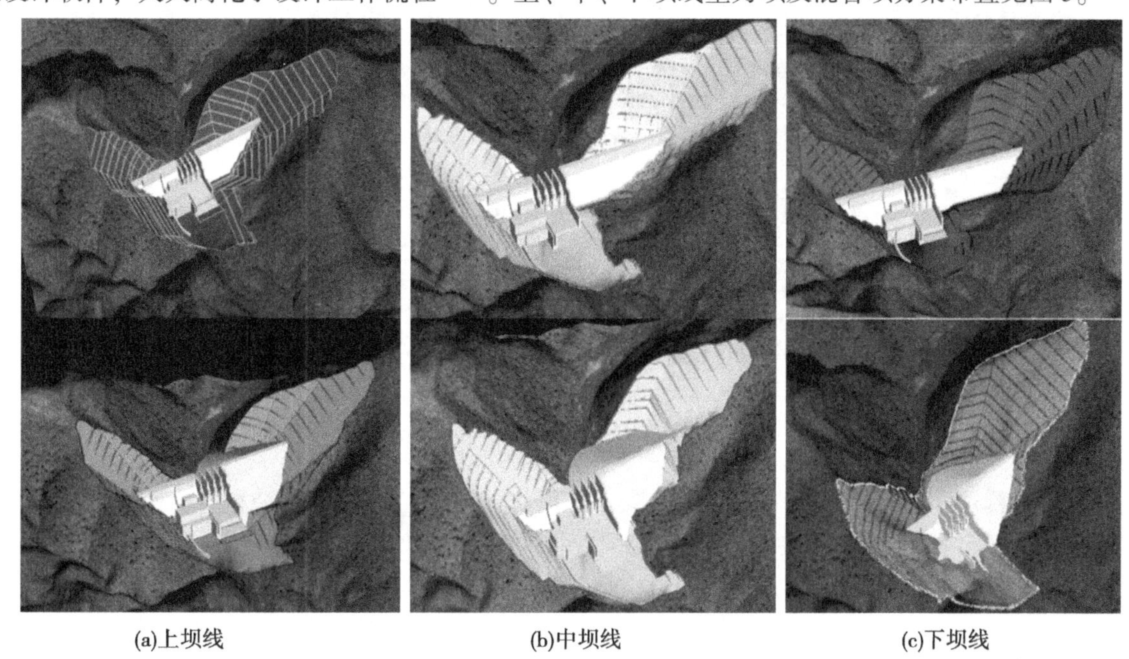

(a)上坝线　　(b)中坝线　　(c)下坝线

图 3　上、中、下坝线重力坝及混合坝方案模型

结合三维模型分析，各方案河床部位的风化深槽及崩塌堆积体结合坝基开挖基本清理干净；坝基及岸坡防渗参考同类工程经验，采用技术成熟的防渗墙结合帷幕灌浆方法进行处理；制约方案选择的焦点在于边坡开挖与工程投资，各方案工程总投资对比见表 1。

表 1　各方案工程总投资对比　　单位：万元

坝型坝线方案	工程总投资
下坝线混合坝	755 926
中坝线混合坝	759 605
上坝线混合坝	764 927
下坝线重力坝	770 477
中坝线重力坝直线	765 451
中坝线重力坝折线	763 871
上坝线重力坝	768 826

3.3.1　重力坝方案比选

上、中、下坝线重力坝布置方案见图 4。上、中、下坝线地质条件相当，强风化层深厚，上、中坝线均有风化深槽，地形从上自下逐渐降低；上、中、下坝线右岸地形逐步降低，边坡逐级降低，中、下坝线重力坝左岸挖穿左岸下游冲沟，边坡开挖范围增加，但中坝线影响小于下坝线重力坝略优；上、中、下三条坝线各相距 50 m，若在 3 条坝线上布置重力坝，其施工导流、移民征地、环境影响、工程效益均相当；从工程投资上来看，中坝线重力坝比上坝线重力坝节省 3 375 万元，比下坝线重力坝节省 5 026 万元，中坝线重力坝较优。经综合比选，重力坝坝型选择中坝线为代表坝线。

3.3.2　混合坝方案比选

上、中、下坝线混合坝开挖方案比较见图 5。上、中、下坝线地质条件相当，下坝线布置混合坝

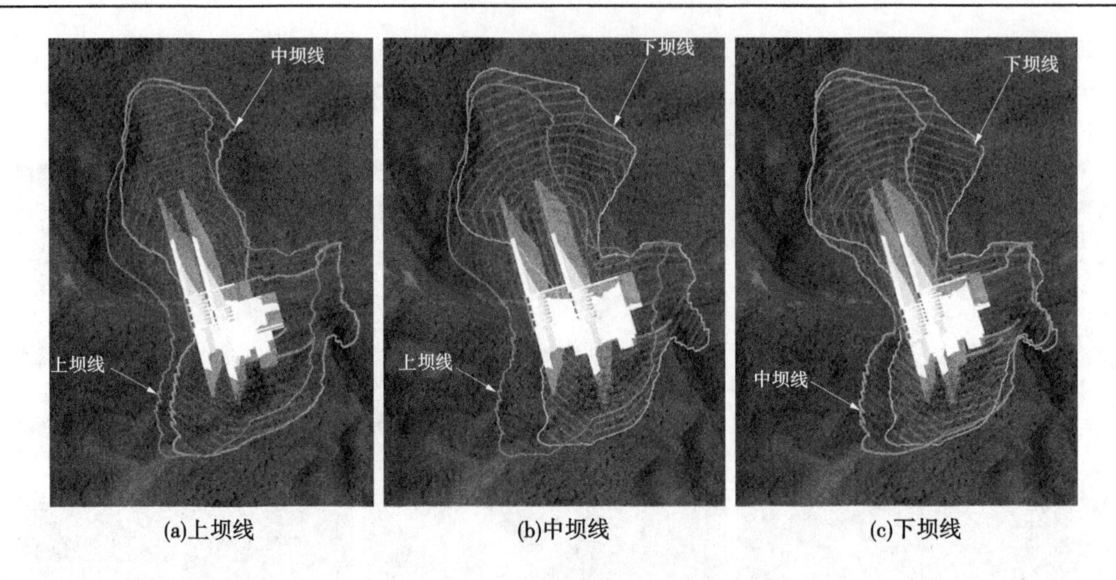

(a)上坝线 (b)中坝线 (c)下坝线

图 4 上、中、下坝线重力坝方案对比

地质条件略有优势；上、中、下坝线右岸地形逐步降低，边坡自上游向下游降低，由于上坝线处左岸崩塌堆积体深厚，且上、中、下 3 条坝线相距较近，均为 50 m，布置左岸混合坝段时，均无法做到完全有效避让，考虑到崩塌堆积体不利于坝体沉降及变形，故对左岸崩塌堆积体采取全部挖除处理，因此上、中、下坝线混合坝依然存在 110 m 以上的永久高边坡，下坝线左、右岸边坡略低于上、中坝线混合坝，下坝线混合坝略优。上、中、下 3 条坝线布置混合坝，施工导流、移民征地、环境影响、工程效益均相当；从工程投资上来看，下坝线混合坝比上坝线混合坝节省 9 001 万元，比中坝线混合坝节省 3 679 万元，下坝线混合坝略优。经综合比选，混合坝坝型选定下坝线为推荐坝线。

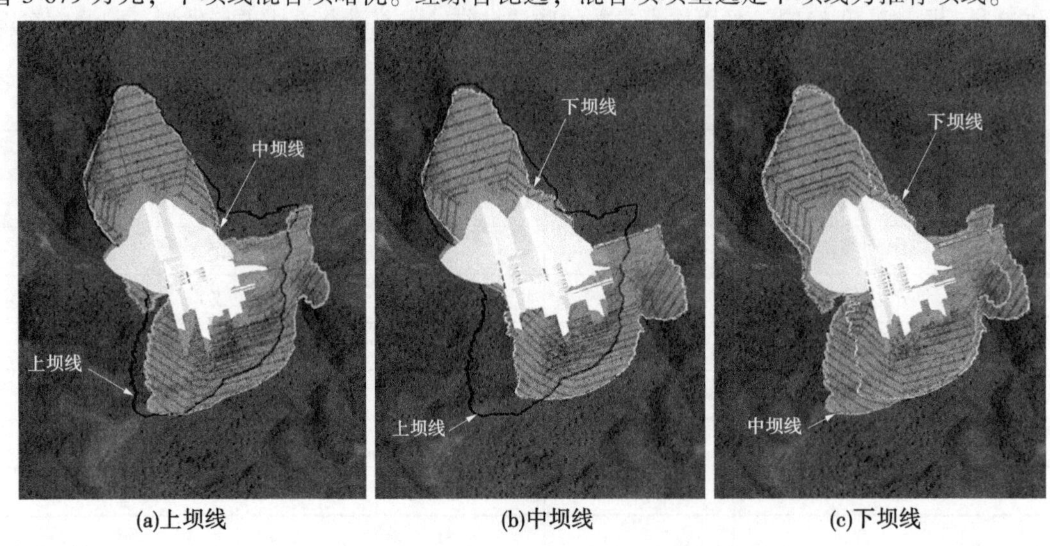

(a)上坝线 (b)中坝线 (c)下坝线

图 5 上、中、下坝线混合坝开挖方案比较

3.3.3 代表坝型坝线方案比选及布置优化

重力坝与混合坝比选及重力坝布置优化见图 6。中、下坝线地质条件相当，强风化层深厚，中坝线右岸存在风化深槽，地形逐渐降低，下坝线地质条件略有优势。从坝体结构来看，中坝线重力坝方案结构简单、可靠；下坝线混合坝方案接头高度大于 60 m，接头部位结构复杂，工作面小，各种坝料填筑干扰大，接头处容易出现变形不协调，且后期加固条件较差。从开挖边坡上来看，中坝线重力坝与下坝线混合坝右岸枢纽布置相似，边坡高度为同一水平；中坝线重力坝左岸临时+永久边坡高 220 m，下坝线混合坝左岸崩塌堆积体全部挖除后亦引起临时+永久 200 m 高边坡，两者无本质差别。

中坝线重力坝和下坝线混合坝在移民征地、环境影响、工程效益均相当。在施工组织上，下坝线混合坝左岸为黏土心墙堆石坝，由于海南地处暴雨中心，其多台风雨的天气需较严苛的施工组织，且混合坝接头为防渗薄弱带，基础防渗处理较复杂；中坝线重力坝适应天气能力强，结构单一，施工灵活，中坝线重力坝在施工组织上较优；从工程投资上来看，下坝线混合坝比中坝线重力坝节省投资 0.79 亿元，下坝线混合坝略优。

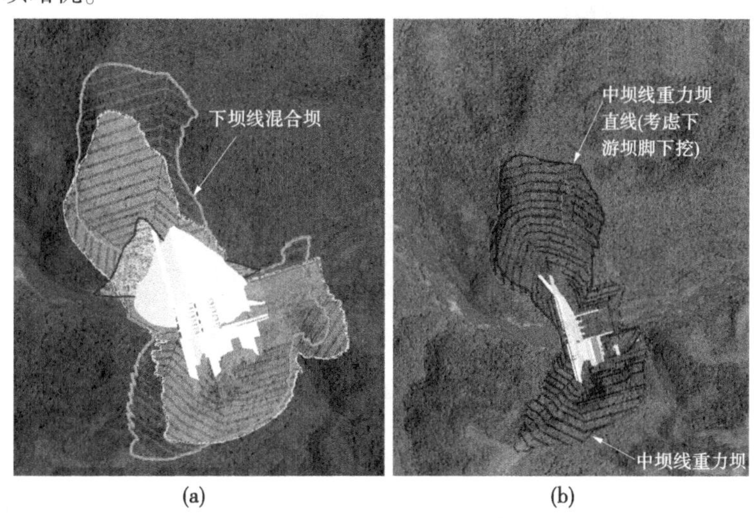

图 6　重力坝与混合坝比选及重力坝布置优化

经综合考虑，混合坝方案接头部位结构型式复杂，工作面小以致施工干扰大，同时海南的特殊气候显著影响土石坝施工，施工度汛存在较大风险，且运行管理维护较复杂；重力坝方案虽左、右岸边坡较混合坝略高，但无本质差别，虽工程投资较高，但在坝体结构、施工组织、施工风险、运行管理等方面有明显优势，故选定中坝线重力坝方案为推荐坝型坝线方案。

针对推荐方案开展详细设计，经地形地质及枢纽布置，中坝线重力坝直线方案左岸下游坡脚岩面线有所降低，坝坡脚需下挖，则开挖边线越过下游冲沟，为此将中坝线重力坝左岸坝轴线向上游折弯 25°。优化布置后，进一步缩短了坝轴线，减少了开挖支护范围，左岸建基高程更高亦更稳定。从工程投资来看，中坝线折线方案比直线方案土建工程节省投资约 1 580 万元。最终确定的推荐方案及开挖 BIM 模型见图 7。

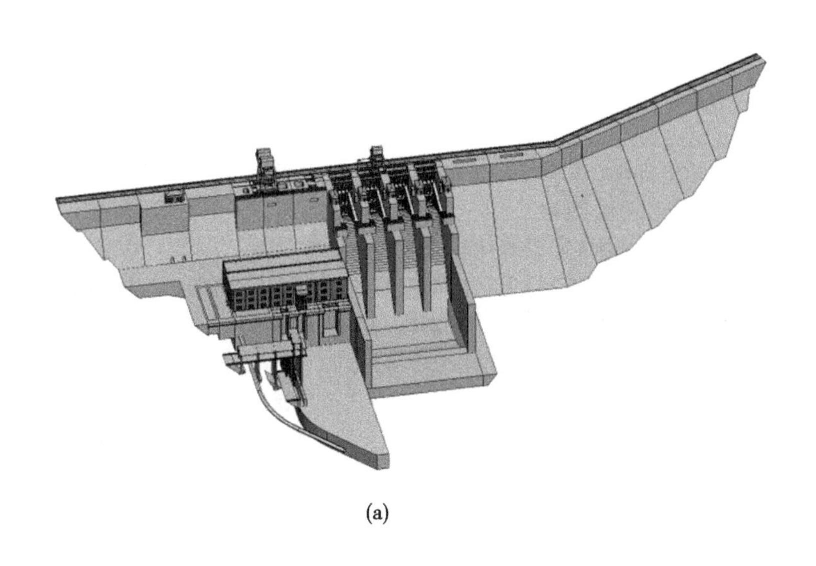

(a)

图 7　推荐方案布置及开挖 BIM 模型

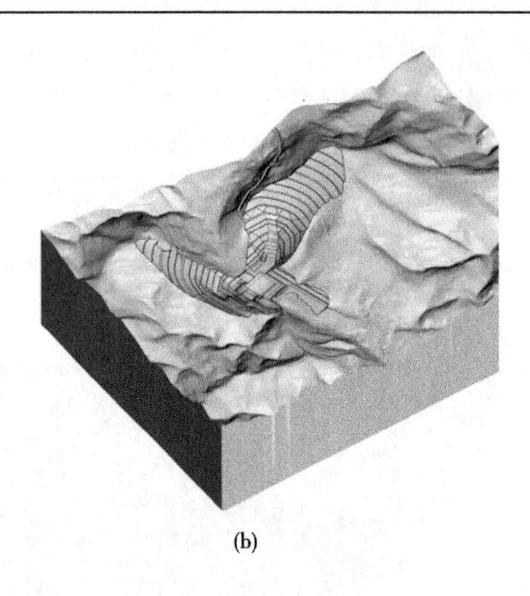

(b)

续图 7

4 结论

（1）迈湾水利枢纽工程建筑物结构类型多、地质条件复杂，为辅助工程方案比选、工程量统计及形象展示设计成果，采用 BIM 技术开展三维协同设计，在短时间内完成了多方案的比选工作，显著提高了设计工作的效率和准确率。

（2）BIM 技术的应用须紧贴工程实际，在吃透基本地形地质条件的前提下，明确方案设计要点与原则，充分发挥 BIM 技术优势，可直观快速地实现方案布置、快速提取工程量形成工程投资等应用需求，使新技术与生产实践有效融合，赋能传统设计工作。

（3）当前常用的 BIM 设计软件主要是 Autodesk、Bentley 及 Dassault 等公司的系列软件，在设计工作中仍存在应用效率不高的情况，还需根据实际需求进行一定的软件定制与二次开发工作；如何更好地将 BIM 技术应用于工程建设全生命周期，充分体现 BIM 技术的应用价值，仍然是值得关注和需要继续探索的方向。

参考文献

[1] 中国水利水电勘测设计协会．水利水电工程信息模型设计应用标准：T/CWHIDA 0005—2019［S］．北京：中国水利水电出版社，2019.

[2] 中华人民共和国国家质量监督检验检疫总局，中国国家标准化管理委员会．中国地震动参数区划图：GB 18306—2015［S］．北京：中国标准出版社，2015.

[3] 中华人民共和国水利部．水工建筑物抗震设计规范：SL 203—1997［S］．北京：中国水利水电出版社，1997.

[4] 中华人民共和国水利部．混凝土重力坝设计规范：SL 319—2018［S］．北京：中国水利水电出版社，2018.

[5] 中华人民共和国水利部．混凝土拱坝设计规范：SL 282—2018［S］．北京：中国水利水电出版社，2018.

[6] 中华人民共和国水利部．碾压式土石坝设计规范：SL 274—2001［S］．北京：中国水利水电出版社，2001.

[7] 赵顺耐．Bentley BIM 解决方案应用流程［M］．北京：知识产权出版社，2017.

[8] 傅志浩，吕彬．基于 ABD 平台的水工结构 VBA 二次开发研究［J］．人民珠江，2018，39（2）：55-59.

[9] 吕彬，傅志浩，燕军乐．基于 Bentley Microstation 平台的水工建筑物快速建模思路、流程及方法探讨［J］．人民珠江，2019，40（S1）：156-159.

[10] 吕彬，傅志浩．基于 Microstation 平台的水利水电工程三维开挖设计软件开发与应用［J］．人民珠江，2021，42（11）：16-23，52.

汉江流域汛期洪水资源利用空间分布评估

邹振华[1]　孙元元[1]　邴建平[2]

（1. 长江水利委员会水文局长江中游水文水资源勘测局，湖北武汉　430012；
2. 长江水利委员会水文局，湖北武汉　430010）

摘　要：汉江流域面临着流域内外用水统筹难度加大、水资源开发和保护协同共生困难等问题。采用扣除法分析评价汉江流域汛期天然洪水资源量、实际利用量及可利用量空间分布。结果表明：汉江流域洪水资源利用主要集中在上中游地区，受河道内生态环境、生产需水量以及工程调控利用能力的约束；皇庄以上流域汛期多年平均洪水资源实际利用量171亿m^3，可利用量249亿m^3，可利用率55.8%，流域洪水资源利用还有潜力可挖。研究成果可作为流域洪水资源高效利用管理决策的基础依据。

关键词：汉江流域；洪水资源量；实际利用量；河道内需水量；可利用量

1　引言

随着我国经济社会的快速发展，水资源需求逐渐增加，但水资源时空分布不均，使我国水资源供需矛盾日益突出。提高水资源利用率、强化节约集约利用是解决水资源短缺和供需矛盾问题的重要途径。许多地区由于工程调控能力或经济发展需水量原因汛期弃水较多，近年来，正尝试通过加强汛期雨水或洪水资源的调控与利用来提高全年的水资源利用率，作为“开源”的一种重要途径，以缓解水资源供需矛盾，促进区域经济发展和生态环境保护。

洪水资源是流域地表水资源的一种特殊形式，是汛期降水形成的河道天然洪水径流量。对于地表水资源开发利用量与可利用量，由于在水资源规划、水量分配与调度、水资源管理等实际应用较多，国内学者在不同区域开展了大量的研究。近年来，关于流域洪水资源利用的研究已然成为一个热点问题，已有不少学者开展了相关研究，并由单一控制工程向流域或区域研究扩展，基于地表水资源利用的研究基础，流域洪水资源利用的相关理论、方法和应用也得到若干发展。举世瞩目的三峡水库试验性蓄水以来的调度运行实践表明，汛期对中小洪水实施滞洪调度，既减轻了长江中下游的防洪压力，又提升了三峡水库洪水资源利用水平，胡向阳等[1-2]研究三峡水库中小洪水资源利用的效益和风险，提出了洪水资源利用的基本原则、控制条件及行之有效的风险对策和措施。方红远等[3]研究了区域洪水资源可利用量概念，采用扣除法和系统分析法计算了海河流域潮白河北京山区洪水资源可利用量。胡庆芳等[4-5]考虑流域洪水资源调控利用能力和洪水期河道内必要需水量等约束因素，提出流域洪水资源利用评价的基本框架和评价方法，研究了海河流域1980—2006年洪水资源量、可利用量、利用潜力，提出了合理利用策略。王宗志等[6-7]认为流域雨洪资源可利用量是雨洪调控利用能力的函数，基于水量平衡方程建立了流域洪水资源利用的概念性模型，采用极限分析理论推导了流域洪水资源利用现状、利用潜力和可利用量评价方法与相互关系，并在南四湖流域开展应用研究，进一步完善了流域洪水资源利用的概念体系和评价方法。李晓英等[8]进一步提出基于二元极限理论的流域洪

基金项目：水利部水旱灾害防御重点实验室开放基金项目（KYFB202112060041）；国家重点研发计划项目（2016YFC0400901）。

作者简介：邹振华（1982—），女，高级工程师，主要从事水文水资源与洪水影响评价研究工作。

水资源利用现状与潜力分析方法，以淮河流域吴家渡水文站以上区域为例计算相关指标，认为提高调控利用能力是提高该区域洪水资源利用水平的关键。李煜连等[9] 通过综合估算方法计算湘江流域洪水资源可利用量，探讨了涔天河水库汛限水位动态调蓄方案下可增蓄水量及由此产生的供水、发电效益和防洪风险。总结以往研究发现，当前洪水资源利用的理论和方法取得了丰富的研究成果，但仍需结合水资源配置、调度与管理的实际需要在更多流域加以应用完善，尤其是细化到子流域及区间。

汉江不仅承担本流域供水，还是国家战略水源地，面临着流域内外用水统筹难度加大、枯期水资源配置矛盾突出、水资源开发和保护协同共生困难等问题。本文以南水北调中线工程水源区且供需矛盾突出的汉江流域为研究区，在以往研究基础上，采用水文模型摸清流域汛期洪水资源量的空间分布，考虑汛期洪水下泄量、工程调控利用能力、河道最小下泄流量管控要求，采用扣除法分析评价不同控制断面以上流域洪水资源利用现状及可利用量，以期为实现流域洪水资源高效利用，提高丹江口水利枢纽蓄满率、保障南水北调中线和汉江中下游供水安全提供决策依据。

2 研究区概况

汉江是长江中游最大支流，发源于秦岭南麓，干流流经陕西、湖北两省，于武汉市汇入长江，支流展延至甘肃、四川、重庆、河南 4 省（市），干流全长 1 577 km，流域面积 15.9 万 km^2。汉江丹江口以上为上游，丹江口至皇庄为中游，皇庄以下为下游。

汉江上中游已建的大型水库主要有丹江口、石泉、安康、黄龙滩、潘口、鸭河口、三里坪等，水库总库容 421.18 亿 m^3，防洪库容 126.59 亿 m^3。丹江口水利枢纽位于湖北省丹江口市汉江干流、丹江汇口下游约 800 m 处，控制流域面积 9.5 万 km^2，具有防洪、供水、灌溉、发电、航运等综合利用效益，是汉江综合利用开发治理的关键性水利工程，是汉江洪水资源利用的核心工程，也是备受重视和关注的南水北调中线的供水水源工程。丹江口水利枢纽后期规模加高工程于 2013 年 8 月通过蓄水验收，水库正常蓄水位 170 m，调节库容 161.22 亿 m^3，具有多年调节能力，防洪限制水位 160 m（夏汛）~163.5 m（秋汛），相应防洪库容 110.21 亿~80.53 亿 m^3。

汉江流域属东亚副热带季风区，冬季受欧亚大陆冷高压影响，夏季受西太平洋副热带高压影响，气候具有明显季节性。流域多年平均降水量 898 mm，年内分配不均，汛期 6—10 月降水量占全年降水量的 65%~70%，流域降水量由南向北、由西向东递减。流域暴雨多发生在 6—10 月，具有前后期暴雨显著特点；夏季暴雨主要发生于陕西白河县以下的堵河、南河和唐白河，秋季暴雨多发生在白河县以上的米仓山、大巴山一带。流域洪水由暴雨产生，也具有较明显的前后期特点；夏季洪水发生在 6—8 月，往往是全流域性洪水，秋季洪水发生在 9—10 月上旬，一般来自上游地区。

3 研究方法与数据

3.1 研究方法

（1）天然洪水资源量。为有效得到全流域各评价断面的天然径流量，特别是汛期洪水量，需要对断面实测流量进行还原，以消除受上游水利工程调控等人类活动的影响。普遍适用的水量还原方法主要考虑上游水利工程调蓄量、上游工农业生活耗水量、跨流域引调水量、蒸发渗漏量等，依据水量平衡原理采用分项调查法进行还原计算。由于汉江流域水利工程众多且耗水量相对较大，采用分项调查法逐项还原较为困难且存在较大误差，为更加准确地评价流域天然径流量，采用降雨径流模型还原计算汉江流域控制断面天然径流过程，本文基于 SWAT 分布式水文模型[10] 模拟分析天然径流过程，由此统计出汛期天然洪水资源量 W_F。

（2）洪水资源实际利用量。在现状流域洪水资源调控利用能力下，实际供河道外生活、生产、生态环境的耗用水量由下式计算：

$$W_{ly(x)} = W_F - W_{s(x)} \tag{1}$$

式中：$W_{ly(x)}$ 为流域汛期洪水资源实际利用量；$W_{s(x)}$ 为出口断面汛期下泄水量，可直接采用控制水文站实测径流量。

由 $W_{ly(x)}$ 与 W_F 比值表示洪水资源实际开发利用程度。

（3）洪水资源可利用量。可根据流域工程最大供水能力与河道外最大用水量的外包值乘以耗水率直接计算，但考虑到历年工程供水能力及河道外用耗水量统计比较困难，本文采用扣除法，在洪水资源量中扣除不可以被利用的河道内需水量及超出工程供水能力和河道外需水量的难以控制利用水量的外包值，估算洪水资源可利用量，公式为

$$W_{kly(x)} = W_F - \max[W_b, W_{qu(x)}] \tag{2}$$

式中：$W_{kly(x)}$ 为现状调控能力 x 下洪水资源可利用量；W_b 为河道内生态环境与生产需水量的外包值；$W_{qu(x)}$ 为汛期难以控制利用水量。

河道内生态环境需水量采用 Q_P 法、Tennant 法[11] 综合分析确定，河道内生产需水量主要考虑航运需水量，采用综合历时曲线法计算相应设计最低通航水深保证率的流量[12]。$W_{qu(x)}$ 由汛期洪水资源量和实际利用水量分析计算。W_b 与 $W_{qu(x)}$ 两者最大值为不可利用水量，记为 $W_{bq(x)}$。

由 $W_{kly(x)}$ 与 W_F 比值表示洪水资源可利用率。

3.2 数据来源

根据汉江流域水利工程及水文站分布情况，选取石泉、安康、黄龙滩、黄家港、三里坪、襄阳、新店铺、郭滩、皇庄、仙桃等控制断面，评价汛期洪水资源量及可利用量。本文收集了汉江流域 96 个雨量站 1956—2016 年长系列逐日降水数据，23 个气象站长系列逐日气温、风速、相对湿度数据，以及汉江干支流主要控制水文站的长系列逐日流量数据和第三次全国水资源调查评价成果，包括汉江上游干流的石泉、安康、白河等水文站，中下游干流的黄家港、襄阳、皇庄、仙桃等水文站，主要支流堵河的竹山和黄龙滩、南河的开峰峪和谷城、唐白河的郭滩和新店铺等水文站。研究数据来源于长江水利委员会水文局、湖北省水文局和国家气象科学数据中心。

4 结果与分析

4.1 天然洪水资源量

根据汉江流域 1956—2016 年汛期 6—10 月天然洪水资源量计算结果，统计代表断面汛期洪水资源量，绘制出空间分布图（见图 1）。

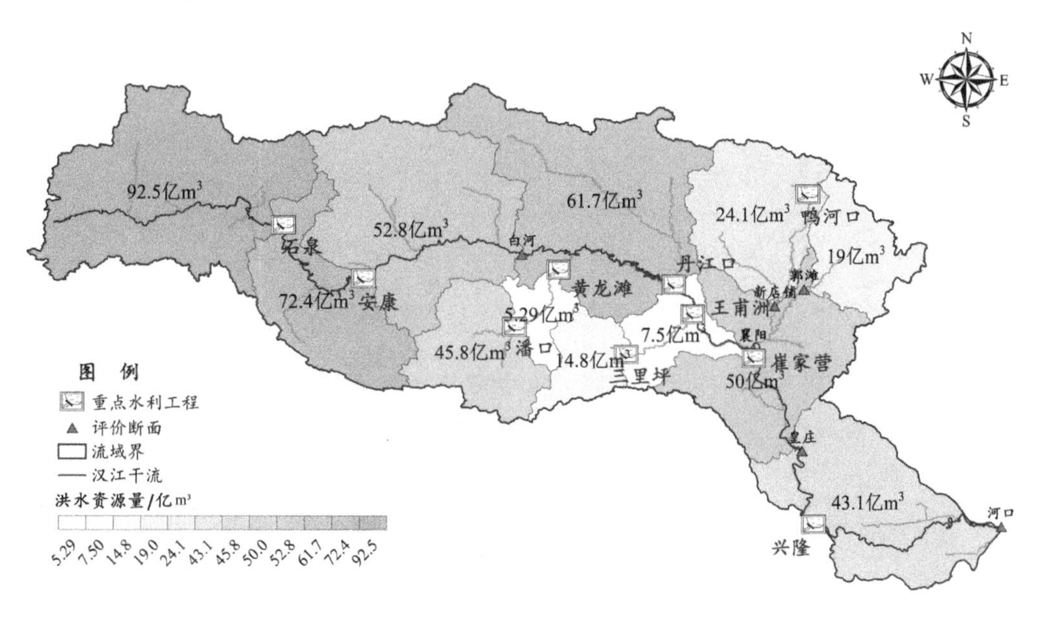

图 1 汉江流域多年平均洪水资源量空间分布

汉江皇庄以上流域汛期多年平均洪水资源量 446 亿 m^3，其中汉江上游流域（丹江口以上）洪水资源量 330 亿 m^3，占皇庄以上的 74.0%；中游流域（丹江口至皇庄区间）洪水资源量 116 亿 m^3；而下游流域（皇庄以下）洪水资源量相对较小。汉江上游流域的石泉至安康区间和堵河潘口以上流域为暴雨区，洪水资源相对较丰富。干流各代表断面以上流域洪水资源量历年最大值与最小值极值比为 4.69~6.08；支流堵河、南河极值比分别为 7.6、5.7，唐白河历年洪水资源变化幅度较大，极值比高达 25.7。

4.2 洪水资源实际利用量

根据代表断面 1956—2016 年历年汛期洪水资源量和实际下泄水量，分析得到断面以上流域历年洪水资源实际利用量，见图 2。

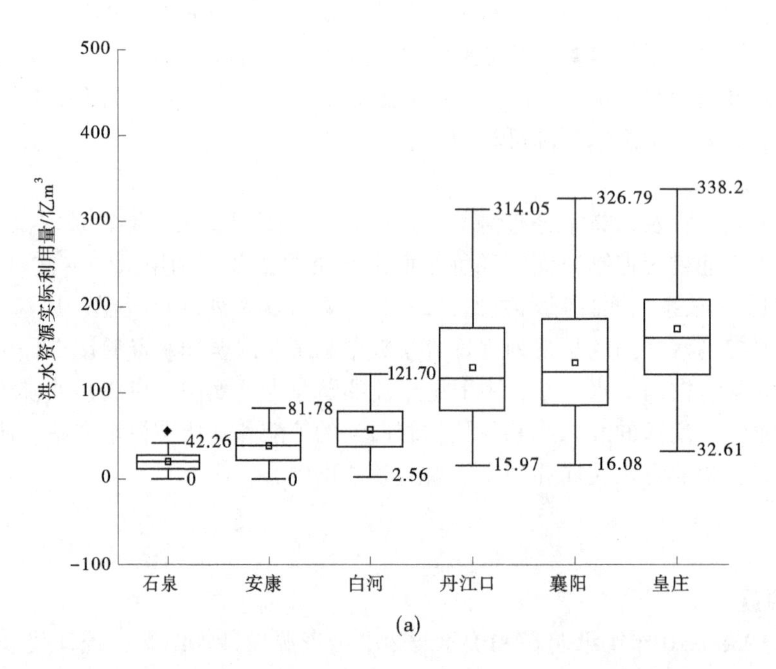

(a)

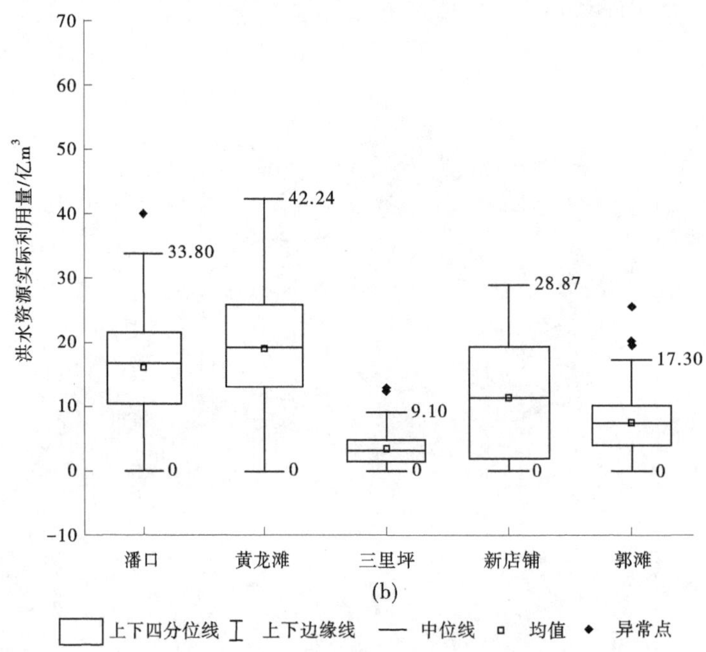

(b)

上下四分位线 上下边缘线 中位线 均值 异常点

图 2 汉江流域代表断面洪水资源实际利用量年际变化箱线

汉江流域洪水资源调控利用主要在上中游地区，干流皇庄以上流域汛期多年平均洪水资源实际利用量 171 亿 m^3，开发利用率 38.3%，其中石泉、安康、丹江口以上实际利用量分别为 20.5 亿 m^3、38.4 亿 m^3、126 亿 m^3，开发利用率 22.2%~38.2%，从上至下逐渐增加。汉江干流各断面以上流域洪水资源实际利用量年际变化相对较大，主要受流域雨洪资源量丰枯变化影响所致。从上游向下游各断面线箱上下边缘线区间不断增大，异常点愈发明显，表明历年洪水利用量震荡剧烈。

汉江支流堵河是汉江流域主要暴雨区之一，雨洪资源量相对较丰富，流域内有潘口和黄龙滩两座大型水库，现状洪水调控利用能力相对较高，黄龙滩以上流域多年平均洪水资源实际利用量 18.7 亿 m^3，开发利用率 36.6%。南河三里坪以上流域面积相对较小，洪水资源总量亦不大，且流域内三里坪水利枢纽 2009 年才投入运行，故流域洪水利用调控能力较弱，洪水利用率相对较低，为 23.9%。唐白河流域的白河上游建有鸭河口大型水利枢纽，且流域内小型引提水工程较多，加之该流域为汉江中游降水低值区，历年降水丰枯差异大，且水资源总量偏小，故流域对汛期洪水资源的需求较高。新店铺、郭滩以上流域多年平均洪水资源实际利用量分别为 11.4 亿 m^3、7.49 亿 m^3，开发利用率为 47.3%、39.4%，总体表现出较高的水资源利用水平。

4.3 洪水资源可利用量

基于本文采用的研究方法分析计算代表断面的河道内生态环境需水量和最小通航流量，并与水利部 2016 年批复的汉江流域水量分配方案中最小下泄流量成果比较，确定代表断面的河道内需水量，成果见表 1。

表 1 代表断面以上流域汛期多年平均洪水资源可利用量

河流	断面	河道内需水量 W_b/亿 m^3	不可利用量 W_{bq}/亿 m^3	可利用量 W_{kly}/亿 m^3	可利用率/%
汉江	石泉	21.9	59.6	33.0	35.7
汉江	安康	41.0	93.3	71.6	43.4
汉江	白河	55.0	123	94.9	43.5
汉江	丹江口	77.0	157	173	52.4
汉江	襄阳	82.8	167	185	52.4
汉江	皇庄	98.0	197	249	55.8
堵河	黄龙滩	11.3	20.4	30.6	59.9
南河	三里坪	3.51	6.34	8.44	57.0
白河	新店铺	5.40	10.2	14.0	58.1
唐河	郭滩	3.61	7.62	11.5	60.5

由长系列年分析可知，枯水年份汛期不可利用水量主要受河道内必要的需水量约束，而丰水年份主要受流域调控利用能力所限。丹江口以上流域不可利用洪水量主要以难以控制利用的水量为主，而丹江口以下汉江中下游流域，除大水年份（如 1964 年、1983 年、2011 年等）存在难以控制利用的水量外，其他部分年份还受限于河道内需水量，特别是枯水年份（如 1957 年、1959 年、1966 年、1991 年、1993 年、1999 年、2015 年等）不允许利用的河道内需水量占据主导地位，说明汉江中下游河道内需水量是洪水资源利用的重要约束因子。

由汛期洪水资源可利用量评价理论与方法计算出汉江干支流代表断面以上流域长系列年洪水资源可利用量，多年平均统计值见表 1。将代表断面以上流域多年平均洪水资源可利用量划分到各分区，得到空间分布见图 3。皇庄以上流域汛期洪水资源可利用量 249 亿 m^3，可利用率 55.8%，其中丹江口以上可利用量 173 亿 m^3，占比 69.5%。主要支流中堵河黄龙滩以上流域洪水资源可利用量最大，为 30.6 亿 m^3，可利用率达 59.9%；南河三里坪以上流域洪水资源可利用率 57.0%，白河新店铺、唐河郭滩以上流域洪水资源可利用率分别为 58. 1%、60. 5%。

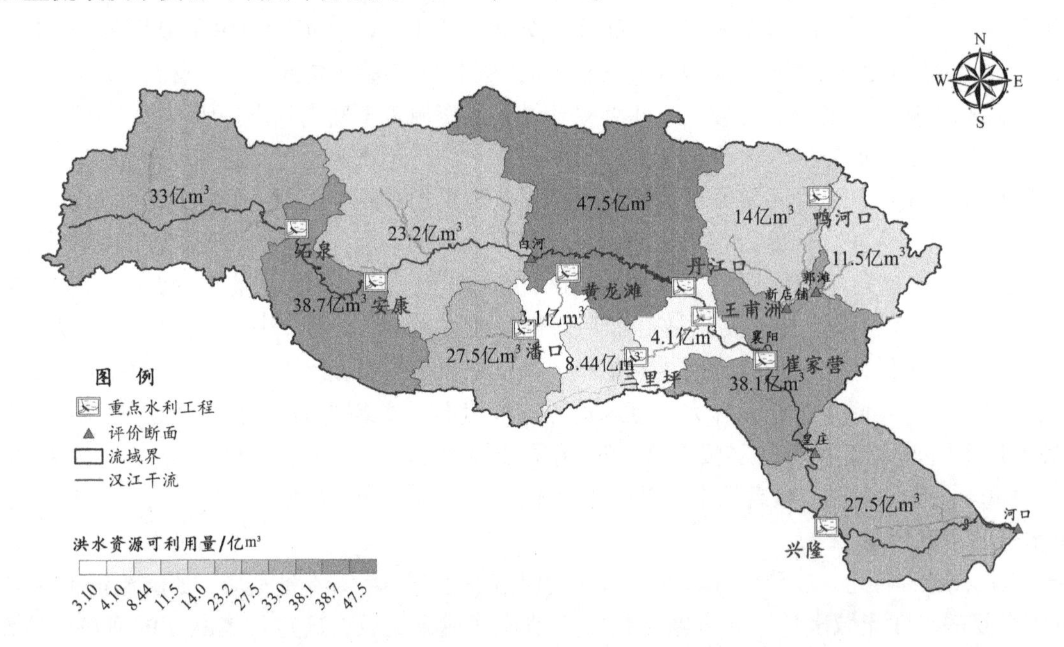

图 3 汉江流域多年平均洪水资源可利用量空间分布

总体来看，汉江流域从上游至下游由于工程调控能力和河道外需水量逐渐增加，洪水资源可利用率也相应增加，主要支流的可利用率相对较大。随着汉江流域规划的大中型水利工程及引江补汉工程的修建，洪水预报精度和预见期也在逐步提高，并且正在尝试开展控制性水库群联合优化调度，在保障流域防洪安全和河流生态环境健康的前提下，汉江流域洪水资源可利用量可进一步提高，尚有利用潜力可挖。

5 结论

（1）汉江流域皇庄以上汛期多年平均天然洪水资源量 446 亿 m³，汉江上游的石泉至安康区间和堵河潘口以上为暴雨区，洪水资源相对较丰富，皇庄以下洪水资源量相对较少。

（2）汉江流域洪水资源调控利用主要集中在上中游地区，从上游至下游洪水资源利用率逐渐增加，洪水资源可利用量受河道内生态环境和生产需水量以及工程调控利用能力约束。皇庄以上流域汛期多年平均洪水资源实际利用量 171 亿 m³，实际利用率 38. 3%，可利用量 249 亿 m³，可利用率 55. 8%，还有一定利用潜力。丹江口以上流域洪水资源可利用量相对较大，主要支流中堵河流域洪水资源可利用量最大。

（3）为提高汉江流域洪水资源利用率，保障南水北调中线和汉江中下游供水与生态安全，有必要深入研究洪水资源利用潜力最优阈值及高效调控利用方案。

参考文献

[1] 胡向阳，邹强，周曼. 三峡水库洪水资源利用Ⅰ：调度方式和效益分析［J］. 人民长江，2018，49（3）：15-22.
[2] 邹强，胡向阳，周曼. 三峡水库洪水资源利用Ⅱ：风险分析和对策措施［J］. 人民长江，2018，49（4）：11-16，22.
[3] 方红远，王银堂，胡庆芳. 区域洪水资源可利用量评价分析［J］. 水利学报，2009，40（7）：776-781.
[4] 胡庆芳，王银堂. 海河流域洪水资源利用评价研究［J］. 水文，2009，29（5）：6-12.
[5] 胡庆芳，王银堂，杨大文. 流域洪水资源可利用量和利用潜力的评估方法及实例研究［J］. 水力发电学报，2010，29（4）：20-27.

[6] 王宗志，程亮，刘友春，等. 流域洪水资源利用的现状与潜力评估方法 [J]. 水利学报，2014，45 (4)：474-481.
[7] 王宗志，王银堂，胡四一，等. 流域洪水资源利用的理论框架探讨：定量解析 [J]. 水利学报，2017，48 (8)：883-891.
[8] 李晓英，郑浩然，吴淑君，等. 基于二元极限理论的流域洪水资源利用现状与潜力分析 [J]. 工程科学与技术，2020，52 (2)：70-77.
[9] 李煜连，钟小敏，帅红，等. 湘江流域洪水资源可利用量与水库调蓄方案研究 [J]. 水电能源科学，2022，40 (1)：78-81，210.
[10] Deng Pengxin, Zhang Mingyue, Bing Jianping, et al. Evaluation of the GSMaP_ Gauge products using rain gauge observations and SWAT model in the Upper Hanjiang River Basin [J]. Atmospheric Research, 2019, 219: 153-165.
[11] 李斐，邓志民，邓瑞，等. 汉江干流生态流量保障措施研究 [J]. 人民长江，2021，52 (2)：50-53.
[12] 徐强强，谢平，李培月，等. 广东省主要河流最低通航水位变异分析 [J]. 水力发电学报，2016，35 (7)：44-54.

海河流域近30年不同类型水体面积变化分析

王庆明[1]　张　越[2]　颜文珠[3]　李恩冲[1]　赵　勇[1]

（1. 中国水利水电科学研究院流域水循环模拟与调控国家重点实验室，北京　100038；
2. 水利部水利水电规划设计总院，北京　100120；
3. 中国水利学会，北京　100053）

摘　要：长序列水体变化是反映海河流域水文、生态演变的关键指标，本文基于Landsat遥感影像数据提取了海河流域1986—2016年中7个时间断面的水体面积，并分析了不同类型水体和不同频率水体的变化规律。结果发现，过去30年海河流域总水体面积主要与降雨量相关，并未发生明显的趋势性变化；不同类型水体对降雨量变化同步性不同，湖泊水面与降雨量变化较为一致，相关系数达到0.94。其次为水库，河流和坑塘与降雨变化同步性较差，主要是受人工干扰强烈；永久性水体、季节性水体和临时性水体分别占总水体面积的54%、39%和7%，过去30年永久性水体面积增加而季节性水体面积减少，说明人工调控对水体面积的影响加深。本文分析了海河流域长序列水体水面变化规律，为深入解析海河流域水资源衰减原因提供了科学支撑。

关键词：海河流域；水体面积；遥感影响；水体类型；水体频率

1　引言

水体面积变化是反映流域水文生态演变的最直观因素[1]，流域水体既有江河湖泊等自然水体，也有水库、坑塘等人工水体，既受气候变化的影响，也受人工调控的影响，研究区域水体面积长序列演变规律，分析水体变化的原因对了解区域水资源演变情势具有重要的意义[2]。尽管水体面积提取技术已经相对成熟，对于类似海河流域这样的一级流域来说，提取水体面积仍存在诸多困难，主要是遥感影像精度越高，涵盖流域需要的影像幅数越多，数据处理的工作量极大，导致目前流域层面的水体面积变化研究较少。另外，流域水体有不同的类型（河流、湖泊、水库、坑塘等），准确识别区分各类水体面积变化，也是当前亟待发展的技术。

目前广泛应用的水体提取方法有单波段法、谱间关系法、水体指数法、面向对象法、决策树法、SVM法、机器学习方法等[3-6]。水体指数法是最常见的水面提取方法，1996年，Mcfeeters基于Landsat-TM影像，提出的归一化差异水体指数NDWI（normalized difference water index）成为经典提取水面方法[7]。后来，不同学者又发展出改进的归一化差异水体指数MNDWI（modified normalized difference water index）、自动水体指数AWEI（automated water extraction index）、改进的自动水体指数MAWEI（modified automated water extraction index）等水体指数方法，并在鄱阳湖[8]、黑龙江流域[9]、东洞庭湖水面[10]、洞庭湖流域[11]开展应用，都取得不错的效果。

海河流域是我国十大一级流域之一，也是我国人类活动对水体干扰最为剧烈的流域，流域内修建了1 300余座大、中、小型水库，拦蓄了将近80%的山区径流；白洋淀、衡水湖、七里海等大型湖泊自然条件下严重萎缩，需要依靠人工补水维持水面；河流干涸更为严峻，大部分河流已经干涸多年，有水河道多半靠城市排水维持水面，近些年随着生态补水的实施，部分河道出现复苏，人工调控的痕

基金项目：国家重点研发计划项目（2021YFC3200204）；国家自然科学基金项目（52025093）。

作者简介：王庆明（1987—），男，博士，高级工程师，研究方向为水文水资源。

迹明显。总的来说，海河流域水体占比较小，受人工干扰强烈，准确提取水体面积是当前的难点，流域内相关研究较少。本文基于 Landsat1/3/4/5/7/8 系列遥感影像，提取海河流域水体面积，并进行水体分类，从多个角度分析海河流域近 30 年水体变化规律，填补了该流域相关研究的空白。

2 研究区域和研究方法

2.1 研究区域

海河流域（N35°～N43°，E112°～E120°）东临渤海、西依太行、南界黄河、北接蒙古高原，全流域地势西北高、东南低，大致分高原、山地、平原 3 种地貌类型，属于温带季风气候。海河流域包括 7 大水系，分别为滦河水系、北三河水系、永定河水系、子牙河水系、漳卫河水系和徒骇马颊河水系，总面积 31.82 万 km^2。海河流域共划分为 14 个三级区，其中山丘区 6 个三级区、平原区 8 个三级区，各三级区分布如图 1（a）所示。根据 Landsant 卫星空间分辨率，涵盖整个海河流域每期需要 28 幅遥感影像，见图 1（b）。

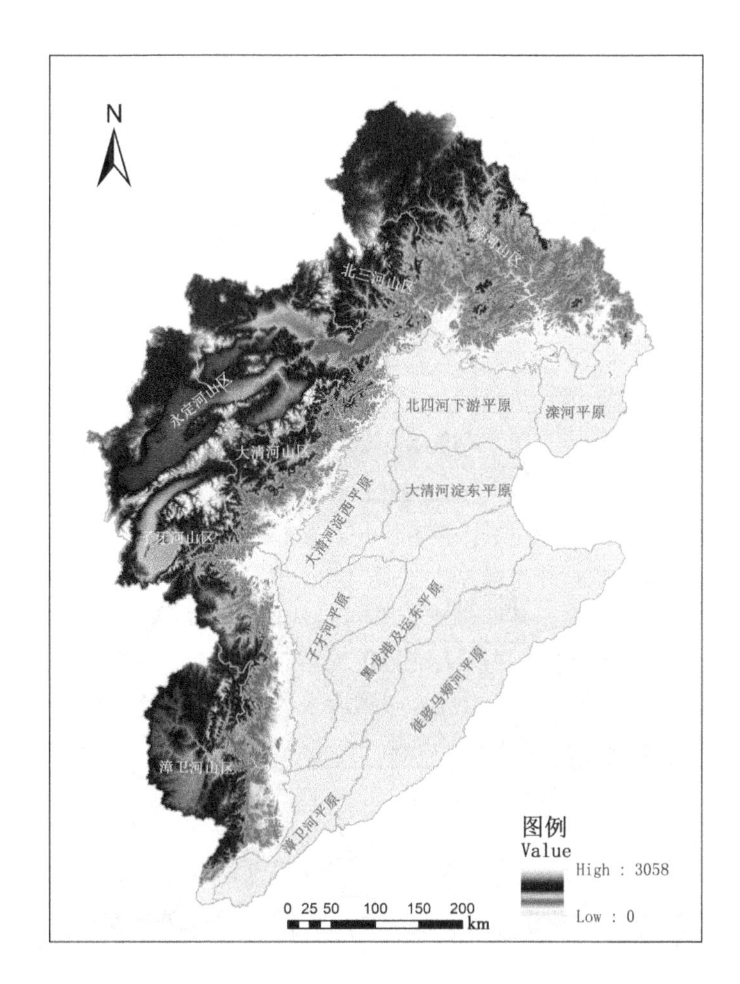

(a)海河流域高程及三级区

图 1　海河流域地理位置

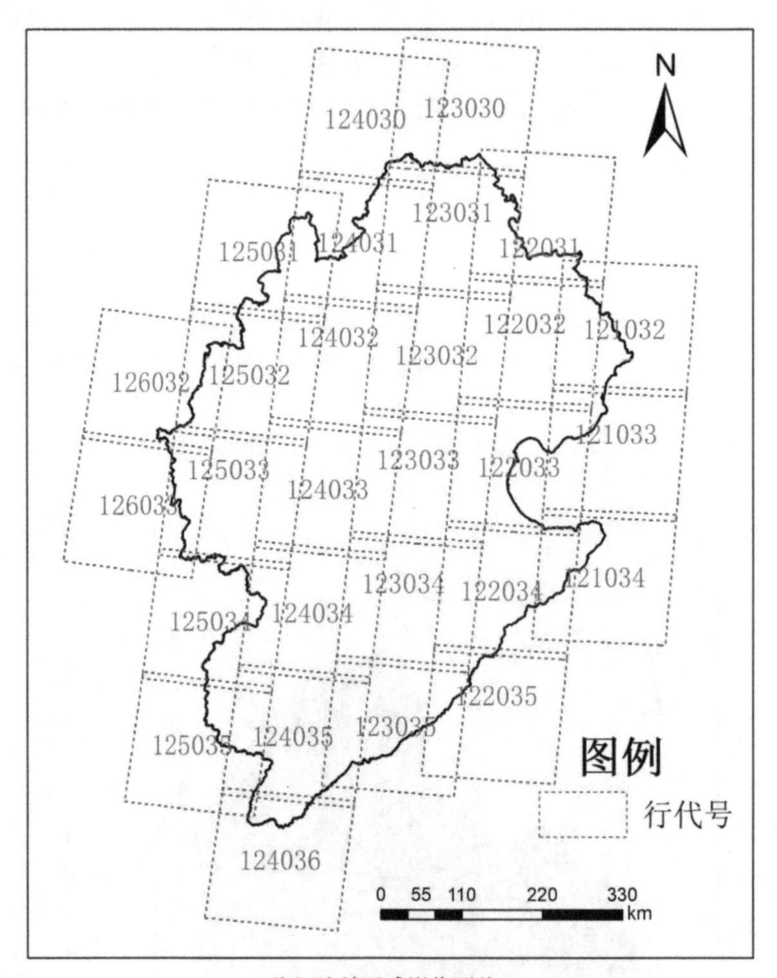

(b)海河流域遥感影像覆盖

续图 1

2.2 数据来源和研究方法

本文基于 Landsat1/3/4/5/7/8 系列数据，选择 1986 年、1990 年、1996 年、2000 年、2005 年、2010 年、2016 年 7 个年度遥感影像，每个年度每个月份选取 1 幅图像清晰、影像云量低于 15%的产品。首先对遥感影像进行辐射定标，再进行大气校正，最后按研究区范围进行影响裁剪、镶嵌融合。

处理好遥感影像后，采用 NDWI 水体指数方法提取水体面积，主要是根据水体在不同波段的波谱特征，NDWI 水体指数涉及 Green 波段和 NIR 波段，在 Landsat 不同系列中找出对应的波段进行计算，公式如下：

$$NDWI = (Green - NIR)/(Green + NIR)$$

根据水体位置和形态对水体进行分类，首先根据水库的位置坐标将水库筛选出来，其次河流通过水体斑块的形状筛选，若斑块长宽比大于 5 识别为河流，再次对剩余的湖泊和坑塘根据面积大小进行区分，面积大于 0.01 km^2 的水体斑块识别为湖泊，面积小于 0.01 km^2 的水体斑块识别为坑塘。

3 结果

3.1 海河流域水体面积提取及变化分析

基于遥感影像提取的海河流域水体空间分布如图 2 所示，海河流域是少见的长宽比小于 1 的流域，河流水系发育较短呈扇形分布，大部分河流单独入海，这也导致海河流域的水体越频临渤海越集中分布。海河流域水体分布整体呈现为上游山区零散分布水体较多，大部分是汇流河道和各类型水库，从出山口到沿海中间的平原水体主要为河流的干流和几个大型湖泊，支流和小型湖泊多数已经干涸，到沿海水体重新汇聚集中，水体密度相对较高。在海河流域 14 个三级区中徒骇马颊河平原水体面积最大，为 753.7 km^2；漳卫河平原水体面积最小，为 51.6 km^2。水体面积占国土面积比例最大在大清河淀东平原，为 4.21 hm^2/km^2；比例最小的在漳卫河平原，为 0.53 hm^2/km^2。

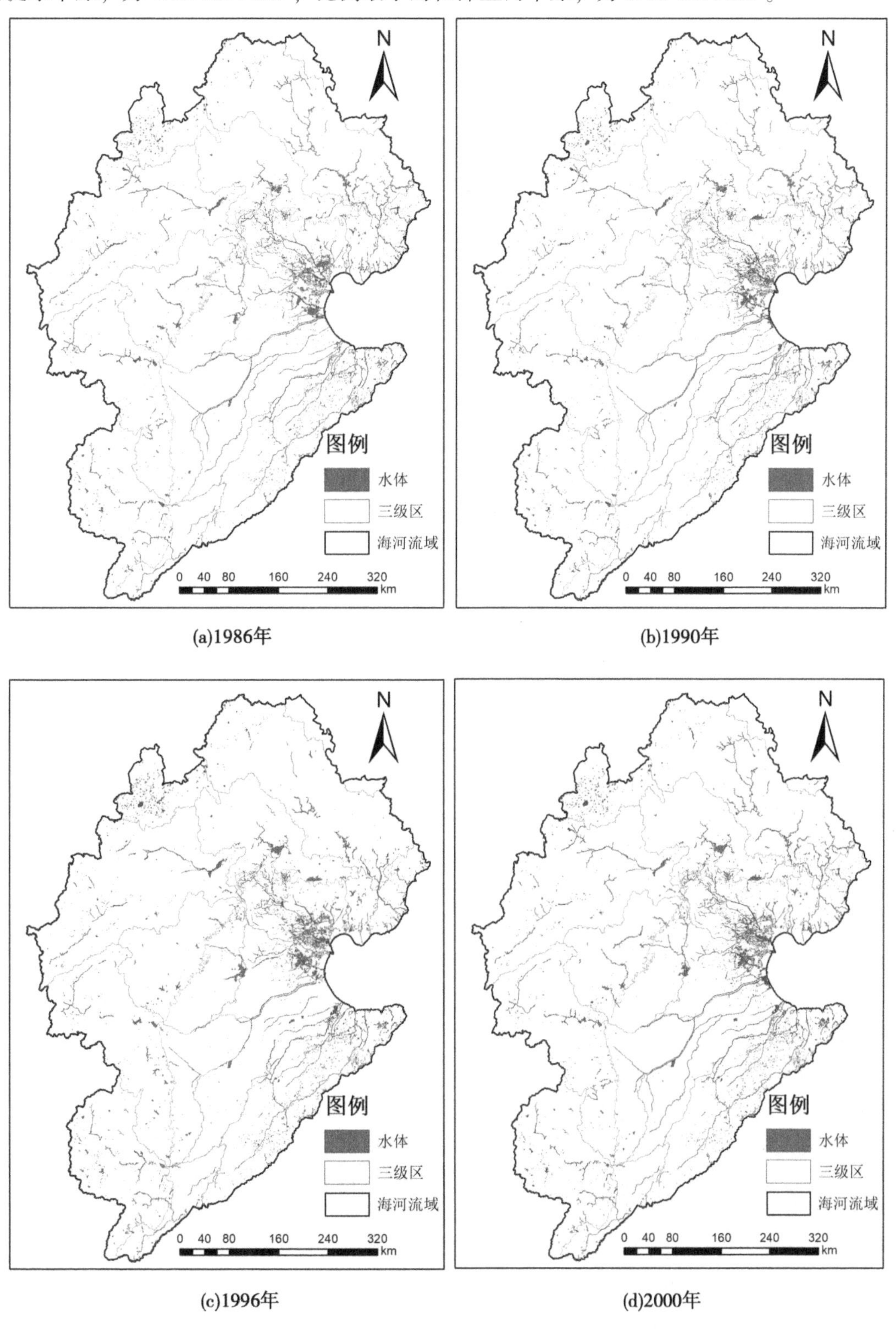

图 2 不同年份海河流域水体空间分布

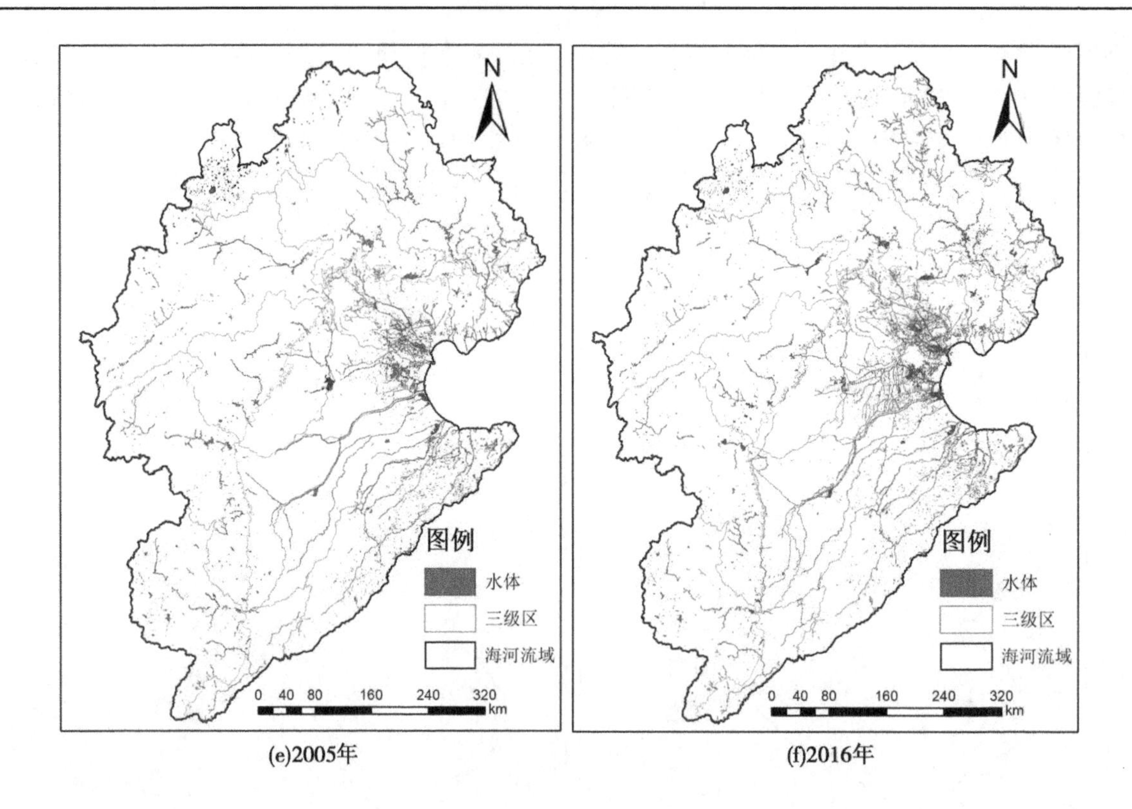

(e)2005年　　(f)2016年

续图 2

由于水体面积受当年降雨影响显著，直接对比不同年份的水体面积无法说明水体是增加还是减少，研究对比了 7 个时间断面的降雨量和水体面积关系，如图 3（a）为 7 期遥感影像的水体面积对比，1986 年的降雨量和 2000 年与 2005 年的降雨量量大致相等，分别为 480 mm、475 mm 和 487 mm，对应的水体面积分别为 3 975 km^2、3 421 km^2 和 3 683 km^2，以 1986 年为基准年，2000 年和 2005 年的降雨量变化分别为-1%和+1.4%，水体面积变化为-14%和-7.3%，同等降雨条件下水体面积减少。但 1990 年和 2016 年的降雨量相近，分别为 657 mm 和 614 mm，对应的水体面积分别为 4 705 km^2 和 4 402 km^2，降雨量减少了 6.5%，水体面积减少了 6.4%，变化基本一致。可能在平水年或者偏枯年份，水体面积对降雨变化比较敏感，越干旱年份，水体减少越剧烈，而在丰水年份，水体变化与降雨变化较为一致，但数据样本较少，只是推测的结论，还需要进一步的验证。图 3（b）为水体面积变化与降雨量的关系，两者大致呈线性分布，线性相关系数达到 0.781 8，这也说明不同年份的水体面积主要与当年降雨量有关，并且整体规律显示近 40 年海河流域的水体面积没有发生显著趋势性的变化。

3.2　海河流域不同类型水体变化分析

不同类型水体的蓄水条件、影响因素均不相同，根据海河流域水体特点，大致可分为水库、湖泊、河流和坑塘四类，如图 4 所示。过去 30 年，水库水体没有呈现显著的变化，因为海河流域水库在 20 世纪 70 年代已经建设完毕，水库的总库容是固定的，其变化主要受山区地表产流量影响。由于大型水库具有多年调节能力，水体面积不一定与当年降雨量变化完全一致，水体面积变化幅度与降雨量变化相比更加平缓。图 4 中小坐标系为各类水体面积变化与降雨量的关系，水库水面变化与降雨量变化一致性较好，相关系数达到 0.533 5。湖泊水面变化同样没有表现出显著的趋势性变化，但波动较水库更为剧烈，受降雨量影响更显著，与降雨量的相关系数也达到 0.944 7，由于海河流域长期干旱缺水，湖泊萎缩严重，湖泊容积远大于实际蓄水量，且海河平原区湖泊多为宽浅型湖泊，水体面积对降雨量变化十分敏感。河流水体面积也未呈现出明显的变化趋势，且与降雨量变化关系不显著，主要原因是海河流域平原区河流大部分已经干旱，干涸的河道即便降雨也会快速入渗，难以形成水面，

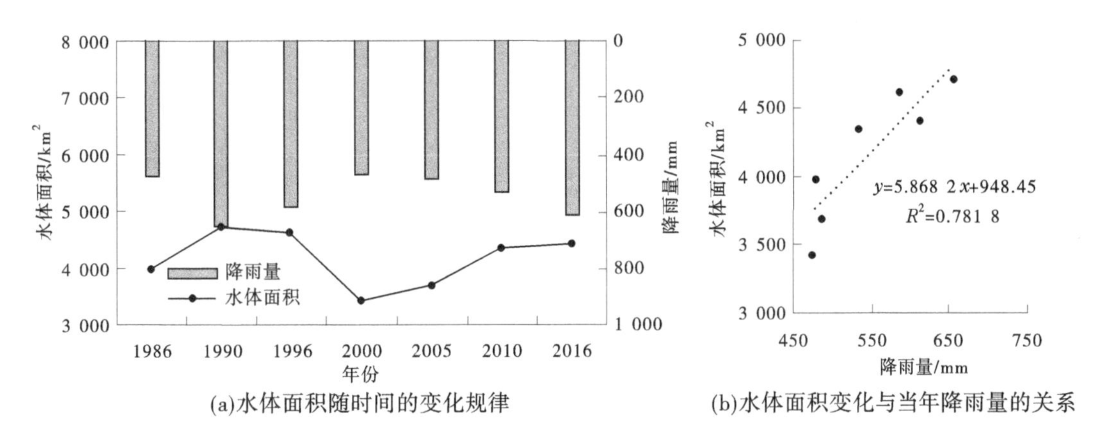

(a)水体面积随时间的变化规律　　(b)水体面积变化与当年降雨量的关系

图3　海河流域水体面积变化及与降雨量关系

而有水的河道，大部分来自城市排水，对气候响应不敏感。坑塘主要来自平原区农田的蓄水工程，在过去30年呈现明显下降趋势，主要原因在于相比20世纪80年代，海河平原区地下水位持续下降，小型坑塘已经很难蓄住水体，农村地区大部分坑塘已经干涸废弃，对降雨量变化也不敏感。

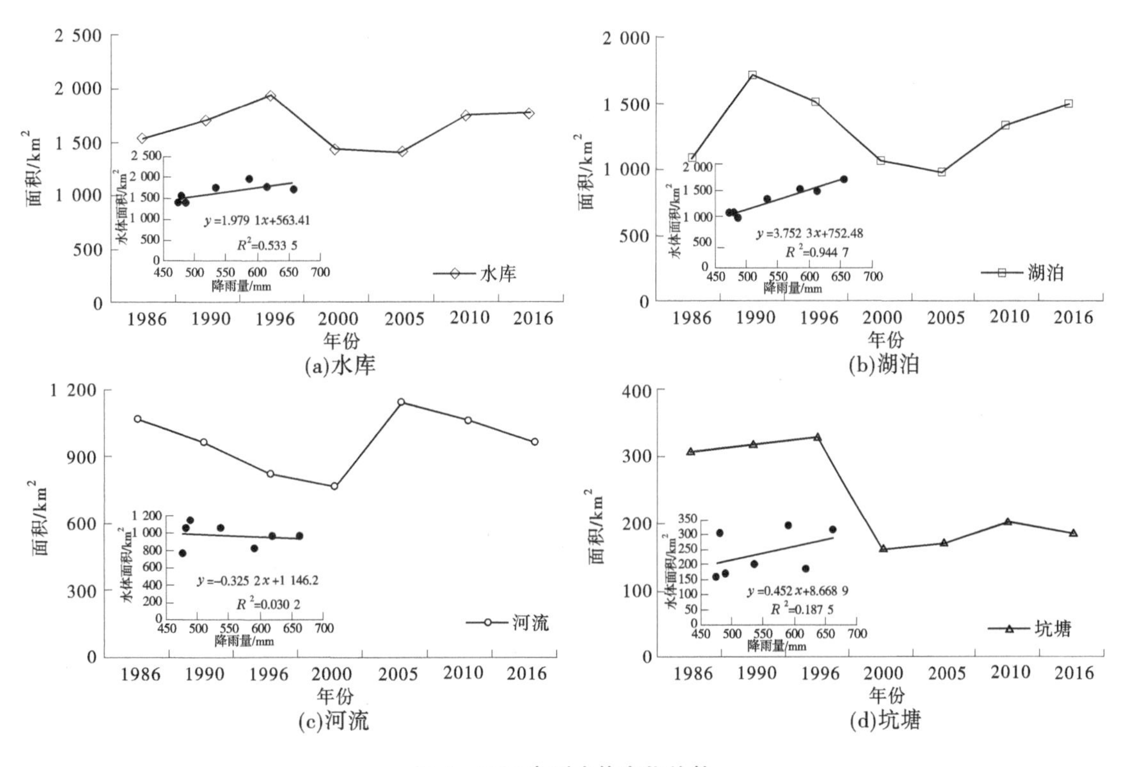

(a)水库　　(b)湖泊

(c)河流　　(d)坑塘

图4　不同类型水体变化趋势

不同类型水体的空间分布如图5所示，其中水库水体面积多年平均为1 647 km²，占水体总面积的39.6%；湖泊水体面积多年平均为1 308 km²，占水体总面积的31.4%；河流水体面积多年平均为968 km²，占水体总面积的23.3%；坑塘水体面积多年平均为239 km²，占水体总面积的5.7%。水库蓄水量是反映流域可利用地表水资源量的关键指标，研究对比了流域内官厅、密云和于桥3座大（1）型水库的水体面积变化，3座水库均为多年调节水库，水体面积可以反映这一时期的蓄水量情况。与1986年相比，2016年官厅水库水体面积由84 km²减少到62 km²，增长率为-26%；密云水库水体面积由66.4 km²增加到76.5 km²，增长率为15.2%；于桥水库由18.9 km²增加到80.8 km²，增长率为327.5%，说明流域更加重视水资源的供给能力。一方面是由于南水北调通水后，部分替代了水库为城市工业、生活的供水量，水库供水量减少；另一方面 2016 年降雨偏丰，山区来水量增加，也为水库蓄水提供了有利条件。总的来说，流域的地表水供水能力较以前有较大的提升。

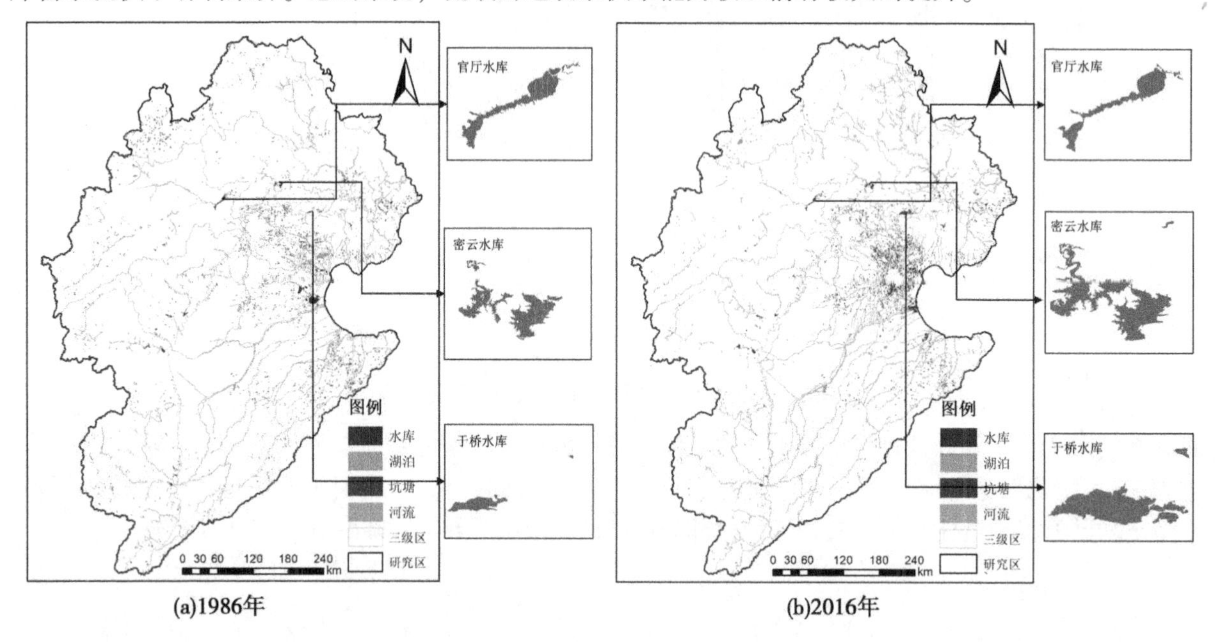

图 5　不同类型水体的空间分布

3.3　海河流域水体面积频率变化分析

水体面积在年内呈现波动性变化，通常汛期水面增加而非汛期水面减少，分析不同频率的水体能够更真实地反映水面的变化。将年内 75%以上时间都有水面的水体称为永久性水体，年内 25%～75%时间有水面的水体称为季节性水体，低于 25%时间有水面的水体称为临时性水体。如图 6（a）所示，海河流域多年平均永久性水体面积为 4 078 km^2，季节性水体面积为 2 974 km^2，临时性水体面积为 557 km^2，分别占总水体面积的 54%、39%和 7%。不同频率水体面积变化如图 6（b）所示，永久性水体呈现略微增加的趋势，增长速率为 99 km^2/年；季节性水体呈现下降的趋势，减少速率约为 22 km^2/年；临时性水体面积较少，变化速率为 0.9 km^2/年，未呈现明显的变化趋势。永久性水体通常为水库和湖泊年内汛后的稳定性水体，不仅受降雨量变化影响，也受人类调控影响，如河湖的生态补水以维持景观水面，水库的水量调度保证一定的蓄水量等；季节性水体主要受降雨变化的影响，汛期降雨多，水体面积增加，非汛期降雨减少，水体面积随之减少，永久性水体增加、季节性水体减少说明流域内人工对水体的调控和干预增加，可维持的水体面积增大。

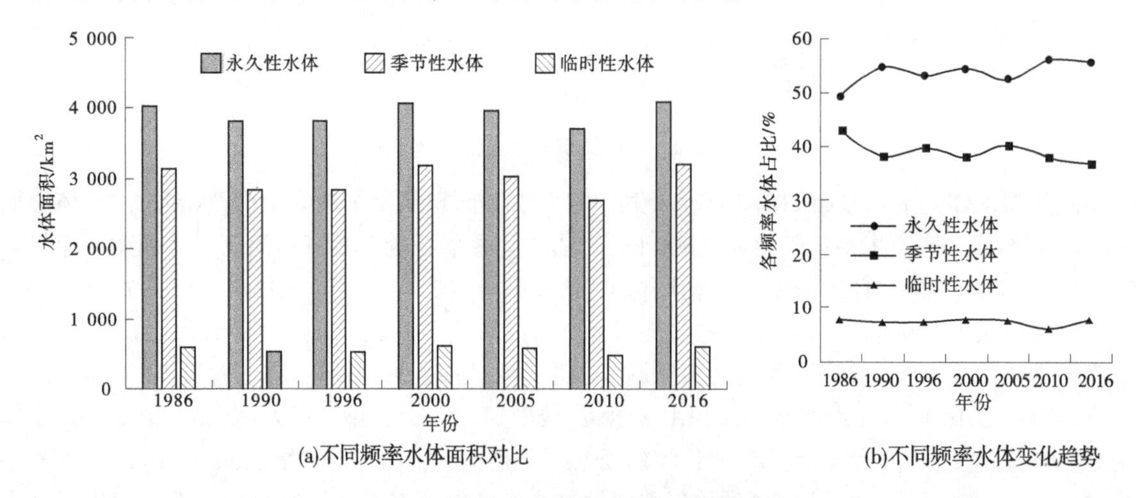

图 6　海河流域不同频率水体变化规律

4 结语

本文分析了过去30年海河流域水体面积的变化，发现海河流域总水体面积主要受降雨量波动变化影响，没有表现出趋势性的变化，但是不同类型水体变化规律并不一致，湖泊和水库水体面积主要受降雨量变化影响，与降雨量变化同步性较强，而河流和坑塘水体面积变化和降雨量不同步，受人类活动影响较为显著。过去30年海河流域的永久性水体面积呈增大趋势，而季节性水体呈减少趋势，说明人工调控措施对水体面积的影响程度在加深，人工补水、蓄水调控等措施正在发挥作用，抵消了降雨在年内的波动性。人工调控对水体面积的定量影响目前没有具体的研究，这是下一步的重点研究方向。

参考文献

[1] 闫少锋，熊瑶，李文豪．基于Google Earth Engine的湖北省近35年地表水变化特征研究［J］．中国农村水利水电，2021（4）：38-44.

[2] 黄菊梅，韩沁哲，姚晟，等．基于卫星遥感的洞庭湖水体面积变化及与水文的相关性［J］．中低纬山地气象，2022，46（1）：27-31.

[3] 吴金婧，胡忠文，罗新，等．基于深度学习的白洋淀水体动态变化分析［J］．环境生态学，2021，3（11）：35-42.

[4] 步凡，王昊，于航．基于遥感的白洋淀长时间序列水面监测研究［J］．资源节约与环保，2021（5）：54-55.

[5] 王振，李均力，包安明，等．1995—2020年新疆巴里坤湖面积时序变化及归因［J］．干旱区研究，2021，38（6）：1514-1523.

[6] 刘清，吴君峰，王浩，等．基于Google Earth Engine云平台的黑龙江流域长时序常年和季节性水面提取及变化分析［J］．环境工程，2021，39（1）：80-88.

[7] 希丽娜依·多来提，阿里木江·卡斯木，如克亚·热合曼，等．基于四种水体指数的艾比湖水面提取及时空变化分析［J］．长江科学院院报，2022（10）：134-140.

[8] 张文，崔长露，李林宜，等．基于长时间序列遥感数据的鄱阳湖水面面积监测分析［J］．水文，2019，39（3）：29-35.

[9] 刘清，吴君峰，王浩，等．基于Google Earth Engine云平台的黑龙江流域长时序常年和季节性水面提取及变化分析［J］．环境工程，2021，39（1）：80-88.

[10] 彭焕华，张静，梁继，等．东洞庭湖水面面积变化监测及其与水位的关系［J］．长江流域资源与环境，2020，29（12）：2770-2780.

[11] 李景刚，李纪人，黄诗峰，等．近10年来洞庭湖区水面面积变化遥感监测分析［J］．中国水利水电科学研究院学报，2010，8（3）：201-207.

组合激光扫描测量技术在水库群库岸地形测绘中的应用研究

孙振勇　冯国正　樊小涛

（长江水利委员会长江上游水文水资源勘测局，重庆　400021）

摘　要： 水库群库岸地形地貌复杂、边坡高陡、消落带高差大。为提升水库库岸地形监测能力，提出基于静态、背包、船载和机载的组合激光扫描测量技术方案。经大量实地试验，相较传统测绘方法，组合激光扫描测量技术外业效率提升3倍以上，大大降低了劳动强度和作业风险，数据获取全面，成果表达丰富。精度分析表明，地物碎部点观测中误差为0.11~0.16 m；断面面积较差相对精度均值小于2%；地形测量体积平均较差为1.03%~1.78%，精度满足测量规范要求，适用于水库群库岸地形测绘。

关键词： 水库群；库岸地形；三维激光；组合激光扫描测量；精度分析

1　引言

水库库岸地形为水利工程建设、水库泥沙淤积观测、水库库容及库容曲线成果、水资源管理、航道整治与保护等工作发挥着重大的数据支撑作用。水库库岸地理信息收集工作贯穿于水利工程建设规划设计阶段、建筑施工阶段与运营管理阶段的全过程，具有较高精度与时效性等要求。

金沙江流域梯级水库群自然地理环境表现出地形地貌复杂、边坡高陡、蓄水后消落带高差大等特性[1]。水库群绝大多数位于高山峡谷区域，两岸边坡与坝顶高差最大可达到1 000 m左右，地形陡峭，坡度较大，部分区域为坡度近90°的垂直陡岸地形[2-3]。金沙江流域属于干热河谷，库岸生态较为脆弱，季节性干旱明显，天然植被稀少，多为裸露岩石，气候条件恶劣，气象时空变化明显，水平梯度、垂直梯度均变化剧烈[4-6]。如白鹤滩库区已有气象资料显示一年有200多天大风天气，主要集中在每年10月底至次年4月，加之水陆交通不便、库区大风浪诸多因素综合影响，水库库岸地形（见图1）观测难度极大[7]。

由于库岸地形复杂、断层褶皱分布广、消落带淤泥、交通不便，采用常规技术方法进行测量工作难度较大，风险源多，作业效率低、周期长、成本高，已不能满足空间信息化的需要，亟待建立新型作业平台，改善生产模式，提高成图效率，降低作业风险。随着科学技术水平（光学技术、电子技术、计算机技术及信息技术等）的不断进步，越来越多的新仪器、新设备、新方法、新技术运用于地形测量，自动化、智能化成为水库库岸地理信息获取技术的发展方向。三维激光扫描技术具有采集速度快、分辨率高、精度高、非接触式测量、原型逼近、实时动态以及自动化程度高等优点，适合水库群库岸地形测量[8-10]。

由于水库群地势复杂，构筑物较多，存在隐蔽区域，需充分发挥三维激光扫描仪的优点，研究多平台组合激光扫描技术，更好地运用于水库群库岸地形测绘。本文针对水库群库岸特性，提出了一套组合激光扫描测量技术方案。开展了地面三维激光扫描系统、背包式三维激光扫描系统、船载三维激

基金项目： 中国长江三峡集团有限公司项目资助（JGAJ421004）。

作者简介： 孙振勇（1985—），男，高级工程师，主要从事水利工程测量、海洋测绘、水文测绘方面的研究工作。

图 1　金沙江下游水库群库岸地形地貌（白鹤滩库区）

光扫描系统、机载三维激光扫描系统的大量组合试验，对给出的组合测量和数据处理方法开展精度验证、数据融合分析，以验证该方案的可靠性和适用性。

2　方案设计

水库群库岸具有坡度大、地形狭窄且破碎、植被覆盖度高和地形复杂等特性，形成开阔区域、植被覆盖区域、峭壁区域等特征地形。借助船只、无人机、背包和测站等移动平台和激光扫描仪，GNSS、IMU 惯导等定位定姿设备，对库岸地形开展组合式测量[11-14]。测深平台搭载单/多波束测深仪、声速剖面仪等水下测深设备，形成水陆一体化测量方案[15]，具体组合路线如图 2 所示。

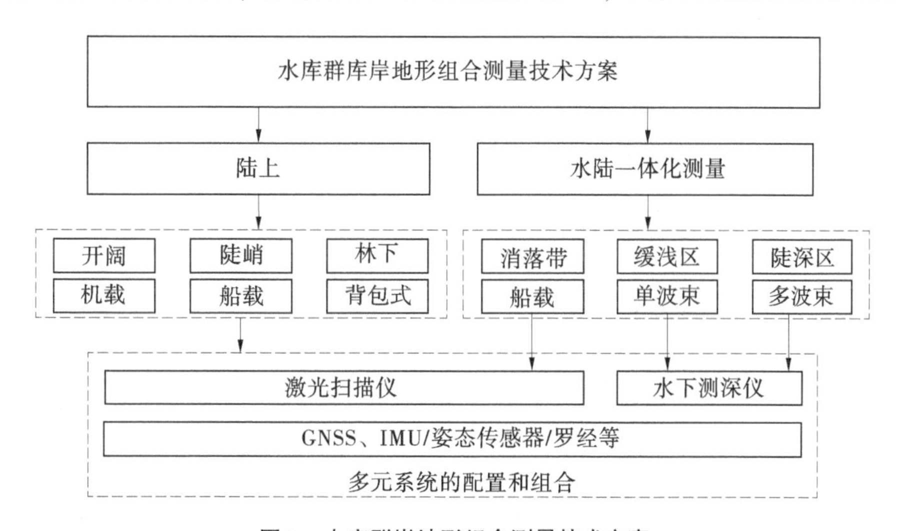

图 2　水库群岸地形组合测量技术方案

2.1 开阔区域

在库岸开阔区域，建议采用无人机进行机载 LiDAR 测量。机载 LiDAR 具有扫测范围广、稳定性和安全性好等特点。开阔区域无明显地物遮挡，GNSS 信号接收良好，尤其适合用机载 LiDAR 进行大范围扫测。由于开阔区域无明显特征，易造成数据冗余，可以借助点云密度和特征进行抽稀。开阔特殊区域，如码头、港口、城镇等也可采用背包式激光扫描系统进行人工走测作业。

2.2 植被覆盖区域

在植被覆盖区域，宜开展背包式激光扫描系统、地面激光扫描系统和联合 RTK 组合式测量。因植被覆盖区域遮挡严重，机载 LiDAR 无法拍摄遮挡地形，同时部分区域 GNSS 信号接收异常，只能借助 IMU 进行匹配式定位，精度较低。背包式测量操作简单、覆盖范围较广，但精度较低；测站式测量操作较为复杂，覆盖范围较少，但是联合 RTK 测量后精度较高。

因此，在 GNSS 信号正常区域，宜采用背包式联合 RTK 测量，少部分区域采用测站式测量，利用部分高精度点云校正低精度点云信息。在 GNSS 异常区域，采用背包式测量，并采用时常走回信号正常区域进行精度校正[16]。

同样地，跨河桥梁、架空构筑物空间位置投影正下方主要采用地面三维激光扫描系统测量。

2.3 高陡边坡区域

在库岸高陡边坡等人迹难至区域，建议使用无人机机载 LiDAR 测量。无人机适用性强，适合测量大部分地形，可以到达船只、人员难以到达的区域作业[17]。但需及时关注天气和电池用量，减少风力影响和电量不够而坠落。如有架站条件的，可采用地面三维激光扫描系统对向扫测作业或作为补充技术手段。

2.4 水陆一体化测量[18-20]

水陆一体化测量技术是将多波束测深系统和船载激光扫描系统相结合，通过集成实现水上水下一体化测绘，同时在同一坐标系统下完成水下、岸上的点云采集工作，提高测绘工作的效率和点云合并的精度。对于水库库区测船能航行的区域，可采用水陆一体化测量模式同时采集陆上库岸带地形和水下地形。测船搭载的船载三维激光扫描系统进行沿岸地形扫描测量，搭载的多波束测深系统同时采集水下地形。

3 试验与精度分析

3.1 方案试验

为验证组合激光扫描测量技术方案在金沙江下游梯级水库群库岸地形测量的适用性，结合项目研究及实践生产，选择向家坝库区等代表性河段开展激光扫描系统适用性试验，主要情况见表 1。试验区包括金沙江下游梯级水电站四库，海拔 260~980 m，地势上含高山、平地，地表覆盖类型含树林地、草地、耕地、建筑区、滩涂等，具有很好的代表性。

表 1 组合激光扫描测量技术方案试验情况

三维激光扫描测量模式	试验区域	试验日期	系统主要硬件设备	试验环境
地面式（静态）	溪洛渡水电站库尾	2018 年 11 月	激光扫描仪：Rigel VZ200	V 形自然河段，海拔 400~650 m
背包式	白鹤滩水电站库区	2022 年 5 月	Li Backpack DGC50	V 形库岸，海拔 650~835 m
船载式水陆一体化	向家坝水电站库区	2017 年 10 月	激光扫描仪：Rigel VZ2000；IMU：OCTANS	V 形库岸，海拔 260~400 m

续表 1

三维激光扫描测量模式	试验区域	试验日期	系统主要硬件设备	试验环境
机载式	乌东德水电站库区	2020 年 5 月	载体：八旋翼无人机； 激光扫描仪：Rigle-1LR； IMU：NovAtel uIMU-IC； 航摄仪：SONY A7R	V 形库岸， 海拔 835~980 m

试验区域同时采用了常规测量方法进行观测，效率对比见表 2。

表 2　组合激光扫描测量技术与常规方法外业效率对比

观测类别	常规方法	组合激光扫描测量技术方案
投入观测组/个	7	4
投入观测人员/（人·次）	46	12
实际观测耗时/d	109	29
外业效率	较常规方法提升 3 倍	
综合效率	较常规方法提升 150%	
投入成本	成本低廉	投入的技术和设备成本相应增加

从表 2 中可以看出，采用常规方法观测，总计投入 7 个作业组 46 人次耗时 109 d 完成数据采集工作；而采用组合激光扫描测量技术测量，投入 4 组 12 人 29 d 即可完成，外业效率是常规观测方法的 3 倍以上，综合效率提升 150%。

3.2　精度分析

精度评定方面，采用常规测量方法与组合激光扫描测量技术获取数据进行比较，并计算中误差。精度比测内容包括地物碎部点，提取横断面面积较差，体积差计算、地形图等高线中误差几个方面进行。

3.2.1　地物碎部点精度统计

采用组合激光扫描测量的点云提取特征点，与 RTK、全站仪常规测点进行坐标较差比较。地面三维激光扫描测量选取 224 点，背包式三维激光扫描测量选取 155 点，船载三维激光扫描测量选取 113 点，机载三维激光扫描测量选取 761 点，各扫描测量方式按数量比例加权计算，较差分布统计见表 3，不同地表物的碎部点中误差统计见表 4。

表 3　组合激光扫描测量地物碎部点较差分布　　%

区间/m	[0，0.10)	(0.10，0.20]	(0.20，0.30]	(0.30，0.40]	>0.40
X	49.9	27.6	16.6	4.4	1.5
Y	55.6	23.4	13.0	5.4	2.6
Z	50.1	30.0	15.6	3.2	1.1

表 4　地表覆盖分类中误差精度统计

类型	点数/个	中误差/m	类型	点数/个	中误差/m	类型	点数/个	中误差/m
草地	1 603	±0.15	树林地	385	±0.16	陡崖	19	±0.12
石地	1 807	±0.16	耕地	168	±0.11	合计	3 982	±0.15

中误差计算按高精度检测计算：

$$M=\pm\sqrt{\frac{\sum_{i=1}^{n}\Delta_i^2}{n}}$$

式中：M 为特征点中误差，m；Δ 为绝对误差，某一观测量测的量值减去真实值，m；i 为某一观测值；n 为观测值个数。

3.2.2　断面面积较差精度统计

在点云数据文件上按离差 0.1 m 范围提取点云数据生成断面，与传统方法测得断面进行比较，断面面积相对较差分布见图 3。共统计断面 692 个，各断面面积较差均小于 2%，小于规范技术要求[21]。

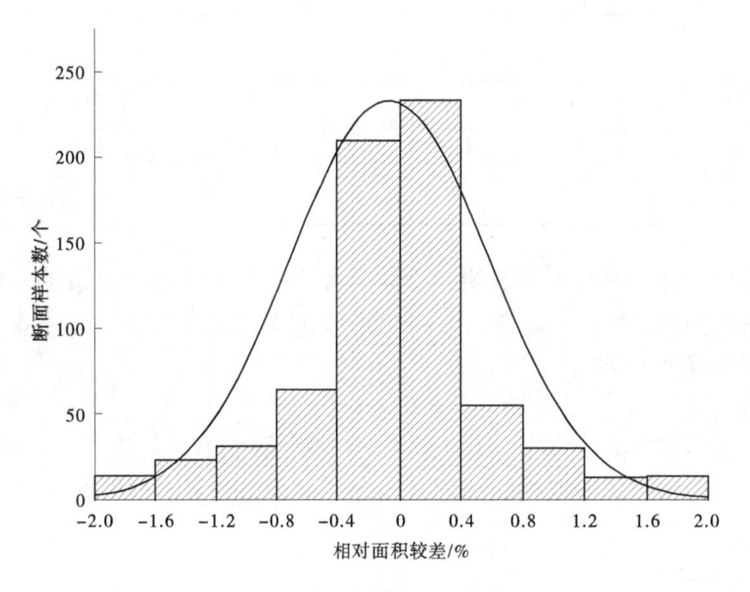

图 3　断面面积相对较差分布

3.2.3　地形测量精度统计

将地形图测点及等高线数据，利用 EPS 生成三角网，三角网最大构网边长 50 m，然后利用三角网内插计算 10 m 方格网数据，计算传统测图与船载三维激光扫描系统相同测量范围内同一高程面之上的土方，利用相对体积统计精度，详见表 5。

表 5　组合激光扫描测量技术与常规方法地形体积比较　　%

三维激光扫描测量模式	较差区间	平均较差
地面式（静态）	[0.22，2.21]	1.46
背包式	[0.16，1.89]	1.78
船载式（水陆一体化）	[0.76，3.49]	1.54
机载式	[0.03，1.51]	1.03

4 结语

组合激光扫描测量技术在水库群库岸地形测绘的优势明显，主要表现在以下几个方面：

（1）相较传统测绘方法，其外业效率提升3倍以上，作业效率高、劳动强度低。

（2）采用非接触主动式直接获取被测物高精度三维数据，很大程度上避免了技术人员的作业风险。

（3）针对不同的地形、植被遮挡等造成真实地面数据获取困难方面，组合激光扫描测量技术采取不同的组合方式多角度进行扫描测量，数据获取更全面、精度更高。

（4）获取的数据成果丰富，含点云数据、影像数据以及DOM，数据成果表达形式多样，可构建高精度DEM、DSM、DLG及实景三维模型等。

经观测试验精度分析与评定，不同地表覆盖类型的地物碎部点观测中误差为0.11~0.16 m。据提取断面与常规方法断面测图比较，断面面积较差均小于2%；地形测量体积平均较差为1.03%~1.78%；组合激光扫描测量技术优于相关规范要求，适用于水库群库岸地形测绘。

参考文献

[1] 张世明，马耀昌，孙振勇，等. 长江上游大中型水利工程河道测绘实践［M］. 南京：河道出版社，2021.

[2] 廖仁强，李伟，向光红. 乌东德水电站枢纽布置方案研究［J］. 人民长江，2009，40（23）：5-6，20，103.

[3] 王俊，刘尧成. 金沙江下游水文泥沙信息化综合管理新技术探讨［J］. 人民长江，2014，45（2）：1-3，7.

[4] 刘世振，邓建华，冯国正，等. 机载LiDAR在山区型河道地形测绘中的适用性研究［J］. 人民长江，2021，52（1）：108-113.

[5] 卢阳，周火明，万丹，等. 金沙江下游干热河谷消落带植被修复试验探讨［J］. 华北水利水电大学学报（自然科学版），2020，41（2）：5-11.

[6] 李贵祥，孟广涛，方向京，等. 云南金沙江流域主要森林植被类型分布格局［J］. 长江流域资源与环境，2008（1）：51-56.

[7] 刘吉，李天斌. 金沙江溪洛渡—白鹤滩段岸坡变形破坏规律［J］. 长江科学院院报，2019，36（6）：31-36，41.

[8] 崔亦芳，丁双林，施攀，等. 三维激光扫描技术在水利工程地形测绘中的应用［J］. 北京测绘，2015（2）：89-92.

[9] 闫利，崔晨风，张毅. 三维激光扫描技术应用于高精度断面线生成的研究［J］. 遥感信息，2007（4）：54-56.

[10] 黄江，石豫川，吉锋，等. 三维激光扫描技术在高边坡危岩体调查中的应用与讨论［J］. 长江科学院院报，2013，30（11）：45-49.

[11] 王远扬，周晓姝. 基于空地一体化移动测量技术的大比例尺地形图更新［J］. 测绘与空间地理信息，2022，45（S1）：218-221.

[12] 徐文学，田梓文，周志敏，等. 船载三维激光扫描系统安置参数标定方法［J］. 测绘学报，2018，47（2）：208-214.

[13] 张建芳. 基于船载激光扫描技术的海岸地形测绘方法［J］. 舰船科学技术，2020，42（16）：46-48.

[14] 杨杰，张源立，田栋，等. 背包式激光扫描仪在块石量方中的应用［J］. 中国水运（下半月），2021，21（1）：165-166.

[15] 周建红，马耀昌，刘世振，等. 水陆地形三维一体化测量系统关键技术研究［J］. 人民长江，2017，48（24）：61-65，105.

[16] 赵彦刚，付守健，陈宏强，等. Heron移动背包三维激光扫描系统在1：500大比例尺测图中的精度评价及效率分析［J］. 测绘通报，2021（10）：114-116.

[17] 冯国正，孙振勇，刘少聪，等. 基于机载LiDAR的水利信息获取技术研究［M］//2020年（第八届）中国水利信息化技术论坛论文集. 2020：163-173.

[18] 孙振勇，李俊，张燕．基于 GPS 无验潮水深测量在自然河段冲淤变化的精度探讨［J］．北京测绘，2016（1）：52-55.
[19] 杨啸宇，韦程文．船载激光扫描技术在海岸侵蚀监测中的应用［J］．测绘通报，2018（S1）：105-107，171.
[20] 陈尚登，杨俊凯，杨振林，等．基于船载三维激光扫描系统的航道沿岸大比例尺测图［J］．水运工程，2017（11）：197-200.
[21] 中华人民共和国水利部．水道观测规范：SL 257—2017［S］．北京：中国水利水电出版社，2017.

双排钢板桩围堰在水闸施工导流中的设计与应用

许正松　杨　琼　沙　涵　王可可

（中水淮河规划设计研究有限公司，安徽合肥　230006）

摘　要：水闸施工导流设计中，均质土围堰常用于挡水建筑物，但对于挡水高度大的土围堰，往往受地形条件、周边建筑物布置及土料不足的影响而无法实施。钢板桩围堰目前已广泛用于水利工程施工导流中，它具有施工方便简单、速度快、结构稳定性好、占地少、土料需要量少等特点，本文以某水闸为例，介绍了双排钢板桩围堰的设计与施工，通过其结构构造、受力特点、稳定性计算、结构计算及施工工艺等方面，阐述双排钢板桩围堰的设计与应用。

关键词：施工导流；双排钢板桩；围堰；土压力

常规水闸施工技术较为成熟、内容简单，且一般工程量不大，为了满足河道汛期行洪的要求，主体结构水下部分多安排在一个非汛期内完成，因此安全可行的施工导流方案至关重要。水闸施工围堰多采用均质土围堰，但挡水高度较高的土围堰由于结构断面尺寸大，土方填筑量大，常受地形条件、周边建筑物的布置以及土料不足的限制难以布置，钢板桩围堰占地面少、施工快、土方填筑量小，很好地解决了土质围堰存在的问题。本文以某水闸为例，通过介绍钢板桩围堰的设计、稳定计算、结构计算和主要施工工艺来说明钢板桩围堰在水闸施工导流中的应用。

1　工程概况和地质条件

1.1　工程概况

某水闸设计洪水标准 20 年一遇，相应设计流量 1 460 m^3/s，校核洪水标准取 100 年一遇，相应设计流量 1 840 m^3/s，主要建筑物级别为二级。闸室总净宽 100 m，单孔净宽 10 m，共 10 孔，总宽度 117. 1 m，闸底板面高程 20. 5 m。

导流建筑物级别四级，其洪水标准 10 年一遇，导流时段为 11 月至次年 5 月，导流方式为一次拦断河床围堰导流，施工期闸上水位 27. 56 m，围堰顶高程取 28. 6 m。水闸左侧为翻水站，通过分流岛连接，翻水站出水渠与水闸主体结构轮廓线间距仅 12 m，且施工期间需保证翻水站的正常运行，受地形及翻水站布置的影响，本工程挡水围堰采用双排钢板桩围堰。

1.2　地质条件

围堰基础以下地层主要为第四系上更新统（Q_3）重粉质壤土、轻粉质壤土、粉砂、粉质黏土，主要物理力学性质见表 1。

场地土层中第①层重粉质壤土，一般属弱透水层，地下水属潜水；第②层轻粉质壤土，属中等透水层，地下水具有承压性，属承压水类型，水位高程约 22. 36 m。

作者简介：许正松（1981—），男，高级工程师，主要从事水工结构设计和水利工程施工研究工作。

表 1　各土层主要物理力学性质

编号	土层名称	平均厚度/m	含水率/%	湿密度/(g/cm³)	孔隙比	渗透系数/(cm/s)	直接快剪	
							黏聚力/kPa	内摩擦角/(°)
①	重粉质壤土	5.8	25.22	1.98	0.714	1.0×10^{-5}	37.2	13.8
②	轻粉质壤土	2.1	25.23	2.01	0.672	2.2×10^{-4}	9.1	26.1
③	重粉质壤土	1.4	24.80	2.01	0.691	8.5×10^{-6}	18.2	8.1
④	轻粉质壤土	7.7	24.55	2.03	0.638	1.1×10^{-4}	11.2	23.6
⑤	粉砂	2.2	21.12	2.03	0.598	8.1×10^{-4}	3.0	29.9
⑥	轻粉质壤土	5.5	22.95	2.04	0.613	6.5×10^{-5}	14.5	26.9
⑦	粉砂	4.0	20.98	2.04	0.589	7.2×10^{-4}	3.0	32.6
⑧	粉质黏土	未揭穿	22.84	2.01	0.665	1.2×10^{-6}	65.4	15.7

2　钢板桩围堰设计与计算

2.1　围堰设计

围堰顶高程 28.6 m，高度 8.0 m，安全等级一级，宽度（排距）6.0 m，河道底高程 20.6 m。围堰采用外高内低的型式，外侧钢板桩顶高程 28.6 m，内侧钢板桩顶高程 27.6 m，桩长均为 18.0 m。为提高围堰的整体稳定性，露出河底面以上的钢板桩每隔 2.0 m 设置 1 道钢拉杆，共计 3 道，横向间距 1.6 m。双排钢板桩内侧背水侧布置无纺土工布，迎水侧加设防渗土工膜。

2.2　围堰稳定计算

根据《钢围堰工程技术标准》（GB/T 51295—2018）[1] 和《水利水电工程钢板桩围堰技术规范》（T/CWEA 12—2020）[2] 的规定，双排钢板桩围堰稳定计算模型可将其作为一个整体，视为重力式挡水挡土结构，主要承受迎水侧的水压力、波浪压力和主动土压力，背水侧的被动土压力、结构自重及自重产生的摩擦力等。稳定计算包括抗滑移、抗倾覆及整体稳定性验算。上述计算采用理正深基坑支护设计软件 7.5。

钢板桩围堰典型断面、抗滑移稳定性计算分别如图 1、图 2 所示。

（1）抗滑移稳定计算公式如下：

$$\frac{E_p + G'\tan\varphi + cB + Q_k}{\sum F_{id} + E_a + F_{wl}} \geqslant K_h \tag{1}$$

式中：K_h 为抗水平滑移安全系数，取 1.2；E_a 为钢板桩围堰外主动土压力合力标准值，kN；E_p 为钢板桩围堰内被动土压力合力标准值，kN；F_{wl} 为钢板桩围堰受到的静水压力合力标准值，kN；F_{id} 为动水压力、风荷载、波浪力、冰压力、系缆力等可变荷载合力标准值，kN；G' 为钢板桩围堰及上部其他结构自重与浮力的合力标准值，kN；B 为围堰宽度，m；Q_k 为计算滑动面上双排钢板桩抗剪强度标准值，kN；c 为计算滑动面上土的黏聚力，kPa；φ 为计算滑动面上土的内摩擦角，(°)。

经计算，E_p = 2 516.96 kN/m，E_a = 990.18 kN/m，抗滑移安全系数 K_h = 3.19>1.2，满足相关规范要求。

（2）抗倾覆稳定计算公式如下：

$$\frac{E_p h_p + G'R}{h_{id}\sum F_{id} + h_a E_a + h_{wl} F_{wl}} \geqslant K_s \tag{2}$$

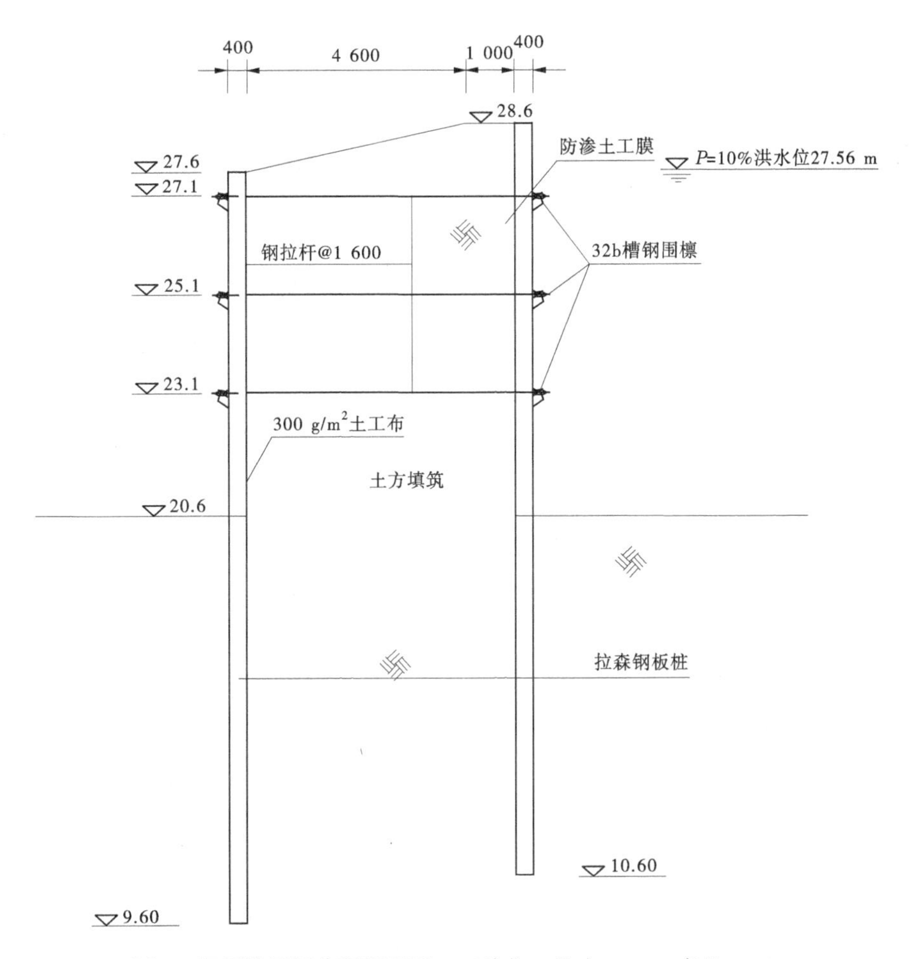

图 1　钢板桩围堰典型断面图　（单位：尺寸，mm；高程，m）

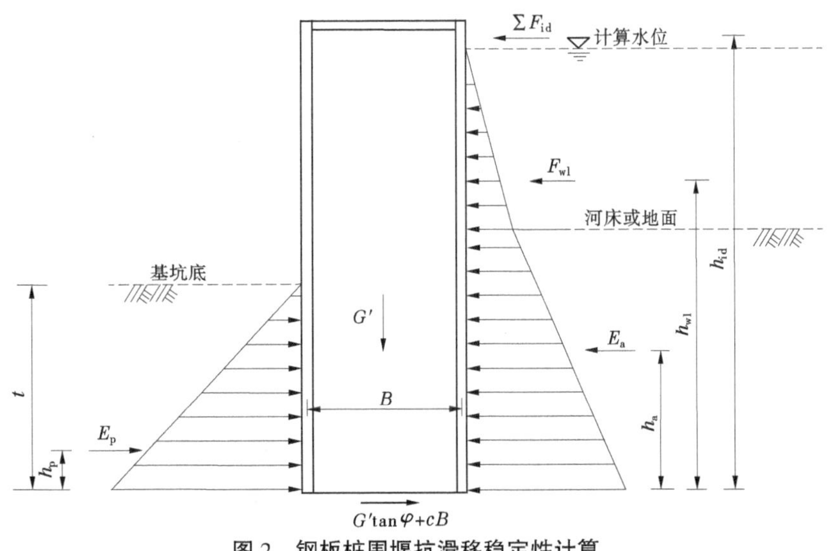

图 2　钢板桩围堰抗滑移稳定性计算

式中：K_s 为抗倾覆稳定安全系数，取 1.3；R 为钢板桩围堰及上部其他结构自重与浮力的合力作用点距前排桩的距离，m；h_a 为围堰结构底端与 E_a 作用点的距离，m；h_p 为围堰结构底端与 E_p 作用点的距离，m；h_{wl} 为围堰结构底端与 F_{wl} 作用点的距离，m；h_{id} 为围堰结构底端与 F_{id} 作用点的距离，m。

钢板桩围堰抗倾覆稳定性计算如图 3 所示。

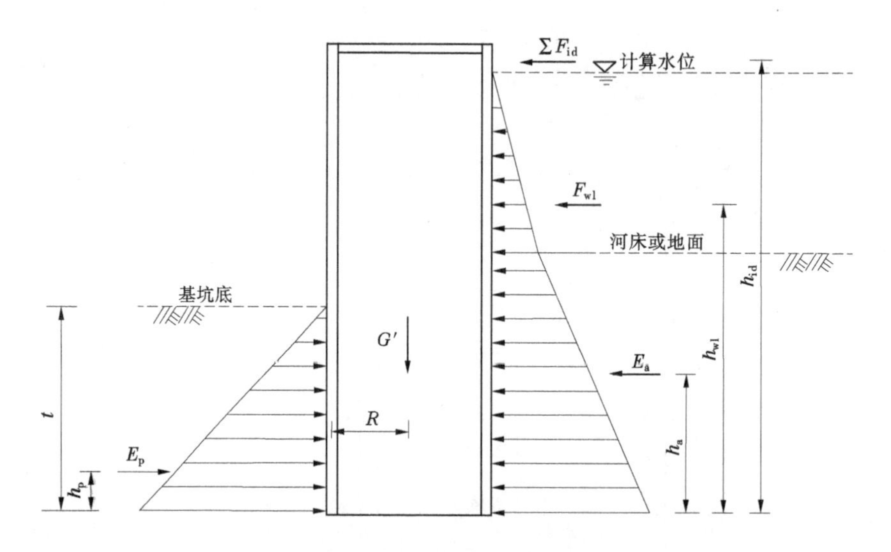

图 3　钢板桩围堰抗倾覆稳定性计算

经计算，抗倾覆稳定安全系数 $K_s=2.42>1.3$，满足相关规范要求。

（3）整体稳定计算采用圆弧滑动条分法计算，经计算，整体稳定安全系数 $K_z=2.68>1.35$，满足相关规范要求。

根据以上计算，本工程双排桩围堰满足稳定性要求。

2.3　围堰结构计算

根据《干船坞设计规范》（CB/T 8524—2011）[3]，双排钢板桩围堰结构可按单排钢板桩参照多层支点排桩计算模型，并采用弹性支点法结合理正深基坑 7.5 软件中单排桩模块进行分析计算。基坑土层指标如上文所述，钢拉杆采用锚杆模拟，基坑模型为设 3 道锚杆的排桩结构。经计算，钢管桩支护结构内外侧最大弯矩 $M_{max}=136.26$ kN·m，最大剪力 $V_{max}=92.83$ kN，拉杆最大轴向力 $N_{max}=154.42$ kN。内力位移如图 4 所示。

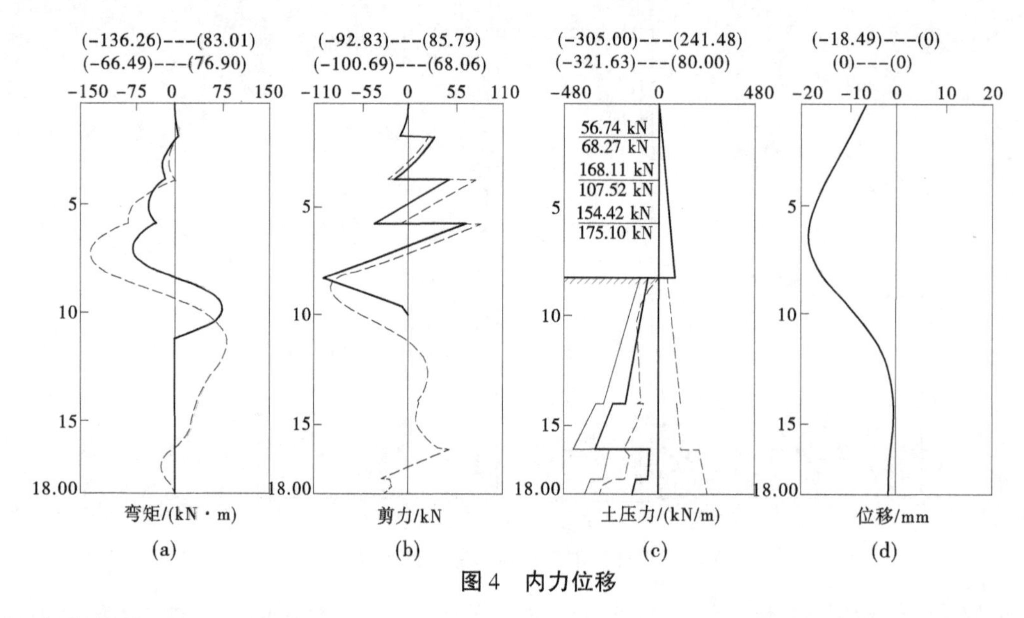

图 4　内力位移

2.3.1　钢板桩选型

钢板桩的单宽强度按下式计算：

$$W_z = \frac{\gamma_0 \gamma_G M}{f_t} \tag{3}$$

式中：γ_0 为结构重要性系数，取 1.1；γ_G 为荷载分项系数，取 1.25；f_t 为钢材的抗弯强度设计值，MPa，钢板桩用 Q235 钢制作，取$f_t = 210$ MPa。

经计算，钢板桩单宽截面模数 W_z = 892.18 cm^3/m，选用 FSP－Ⅲ型拉森钢板桩（W_z = 1 340 cm^3/m），桩长 18 m。

2.3.2 钢拉杆选型

钢拉杆直径按下式计算：

$$d = 2\sqrt{\frac{1\,000\gamma_0 \gamma_G N}{\pi f_y}} \tag{4}$$

根据《钢拉杆》（GB/T 20934—2016）[4]，初步拟定钢拉杆选用 D2 型钢拉杆，拉杆屈服强度 f_y = 460 MPa，栏杆拉力值 N = 212.33 kN，所需直径 d = 24.25 mm，选用直径 d = 28 mm，并根据围堰宽度，选择钢拉杆长度为 6 000 mm，即钢拉杆型号 GLG 460-D2-28×6000。

3 钢板桩围堰施工

钢板桩施工工艺流程：设置打桩定位轴线→钢板桩安装准备→插打钢板桩→铺设土工布和防渗土工膜→安装最下一排拉杆、围檩→堰体土方填筑→安装上部两排拉杆、围檩→堰体土方填筑至设计报告。

3.1 施工准备

（1）钢板桩进场后，应逐根进行外观合格性检查。

（2）装卸钢板桩宜采用两点吊装方法，吊运过程中应避免碰撞摩擦，同时加强对锁口的保护。

（3）钢板桩应按不同规格、长度及施工顺序分类、分层堆放。堆放场地应平整、坚实、排水通畅。每层堆放数量不宜超过 5 根，堆放总高度不宜超过 2 m。

（4）打桩船和运输船应满足施工作业对沉桩稳定性的要求，桩架应满足吊重和架高的要求。

3.2 沉桩

钢板桩沉桩宜根据工程地质条件、钢板桩型号、沉入深度、类似工程施工经验及造价采用锤击法、振动法或静压法等。沉桩采用导向架定位导向装置，导向架导梁的高度宜低于钢板桩顶 300~500 mm，钢板桩的沉桩方法可采用逐根单桩打入或屏风式打入法等，沉桩时应注意对锁口的保护；纵向钢板桩围堰宜采用从上游向下游插打，横向钢板桩围堰宜采用从一岸向对岸或从中间向两岸沉桩的顺序，钢板桩插打困难时可采取高压水冲或螺旋钻引孔等辅助沉桩措施。沉桩过程中，应控制钢板桩的垂直度，第一根桩和角桩垂直度偏差宜不大于桩长的 0.1%，其他桩不大于桩长的 0.5%。钢板桩接桩应采用长度不小于 0.5 m 等强度钢板将上下节钢板桩凹面与凸面进行满焊连接，且相邻钢板桩接头上下错开 2 m 以上。焊缝质量应饱满，焊好后的钢板桩接头应自然冷却后方可继续沉桩。

3.3 围檩及拉杆施工

钢板桩沉桩结束后及时安装围檩、拉杆和土方回填。围檩应与钢板桩可靠连接，并贴合紧密，空隙处宜采用钢板或木块垫实，水下拉杆和围檩安装可由潜水员施工，拉杆与围檩连接应牢固。

双排钢板桩之间的回填应对称、平衡、均匀填筑，回填土宜采用级配良好、摩擦角大的无黏性土。钢板桩上的拉杆孔洞应封堵密实；回填土料时，应注意对钢板桩、围檩及拉杆的保护。

3.4 围堰拆除

钢板桩围堰拆除应编制专项拆除方案，拆除前应对基坑进行充水。按照先支撑，后围檩，最后拔出钢板桩的顺序进行拆除，拔桩顺序应与沉桩时相反，可采用振动拔桩机、液压拔桩机或振动液压拔桩机，拔桩时，可先用打拔桩机夹住钢板桩头部振动 1~2 min，使钢板桩周围的土体松动，然后慢慢地往上振拔。对阻力较大的钢板桩，可采用间歇振动法拔桩，每次振动 5~15 min，也可采用先行往下打入 10~20 cm，交替振打、振拔，直至钢板桩拔出。

4 结语

（1）双排钢板桩围堰有效地解决了水利工程围堰布置空间受限、围堰填筑土料不足等缺点，其结构构造简单、稳定，施工便利，已得到广泛的应用。

（2）双排钢板桩围堰稳定计算可将其作为一个整体，等效为重力式水泥土墙，进行滑移稳定性、倾覆稳定性及整体稳定性验算。

（3）双排钢板桩围堰结构计算可对内、外侧钢板桩分别计算，按照多层支点排桩计算模型，采用平面杆系结构弹性支点法进行分析[5]。

（4）钢板桩围堰施工应编制专项施工方法，加强钢板桩的进场验收和检查，根据地质条件、钢板桩型号及规格选择合适的打桩机械和沉桩方法。同时做好施工期的监测和巡查，发现异常和危险情况及时报告，并采取应急措施。

参考文献

[1] 中华人民共和国住房和城乡建设部．钢围堰工程技术标准：GB/T 51295—2018［S］．北京：中国计划出版社，2018.

[2] 中国水利工程协会．水利水电工程钢板桩围堰技术规范：T/CWEA 12—2020［S］．北京：中国水利水电出版社，2020.

[3] 中华人民共和国工业与信息化部．干船坞设计规范：CB/T 8524—2011［S］．北京：中国船舶工业综合技术经济研究院，2011.

[4] 中华人民共和国国家质量监督检验检疫总局．钢拉杆：GB/T 20934—2016［S］．北京：中国标准出版社，2016.

[5] 中华人民共和国住房和城乡建设部．建筑基坑支护技术规程：JGJ 120—2012［S］．北京：中国建筑工业出版社，2012.

保山市生态水网建设规划研究

张 乾[1] 杨姗姗[2]

（1. 中水北方勘测设计研究有限责任公司，天津 300222；
2. 中国水利学会，北京 100053）

摘 要：基于保山市水系众多、水生态优势较明显、水利基础设施较好的条件，综合考虑新发展阶段治水思路，明确了建成与保山市经济社会高质量发展和生态文明建设要求相适应、与由全面建成小康社会向基本实现现代化迈进起步期相协同的生态水网的总体思路、主要任务和总体布局，为实现保山市高质量发展提供强有力的支撑和保障。

关键词：生态水网；水安全保障；高质量发展

1 保山市生态水网基础

1.1 水生态优势较明显

保山市水系发育，河流众多，纵横交错，河流分属于澜沧江、怒江、伊洛瓦底江三大流域。境内流域面积大于 1 000 km^2 的河流共有 6 条，分别为澜沧江、怒江、勐波罗河、瑞丽江、大盈江、南底河；流域面积在 500~1 000 km^2 的河流有 6 条，分别为龙川江（界头小江）、大勐统河、水长河、苏帕河、施甸河、罗闸河；流域面积在 100~500 km^2 的河流共有 34 条。根据全国第三次水资源调查评价（1956—2016 年）成果，保山市多年平均降水量为 1 477. 4 mm，多年平均地表水资源量为 152. 2 亿 m^3，地下水资源量为 55. 5 亿 m^3，水资源总量为 152. 2 亿 m^3（重复计算量 55. 5 亿 m^3）。纵横交织的河流水系为保山市生态水网建设提供了天然载体。

1.2 水利基础设施较完善

保山市已建成水库 410 座（水电站 137 座），其中大（2）型水库 2 座，中型水库 21 座，小（1）型水库 69 座，小（2）型水库 318 座。已建成水库总库容 10. 3 亿 m^3，兴利库容 6. 62 亿 m^3，供水能力为 7. 16 亿 m^3。已建成塘坝 1 019 座，窖池 142 392 座，两者供水能力合计为 2 423 万 m^3。已建成水闸 113 座，河湖引水工程供水能力为 8. 93 亿 m^3。已建成机电井 3 145 眼，供水能力为 2 309 万 m^3；泵站 296 座，供水能力为 3 832 万 m^3。大规模的水利基础设施为保山生态水网建设提供了重要基础。

2 保山市生态水网总体思路和规划目标

2.1 总体思路

立足新发展阶段，贯彻新发展理念，融入新发展格局，按照“节水优先、空间均衡、系统治理、两手发力”新时期治水思路，对标“两新一高”，以推进水利基础设施高质量发展、提高水安全保障能力、增强人民群众的幸福感为目标，以优化水资源配置格局、增强水旱灾害防御能力为重点，以实施河湖水系综合治理、输排水通道和河湖水系连通、节点控制工程建设为抓手，建设系统完备、安全可靠、空间均衡、健康生态、智能调控、功能协同的水网工程体系，为推进保山市经济社会高质量发展提供强有力的支撑和保障[1]。

作者简介：张乾（1990—），男，工程师，主要从事水资源管理、水利规划和水文预报等工作。
通信作者：杨姗姗（1990—），女，工程师，主要从事水资源管理、水文物理规律模拟及水文预报等工作。

2.2 规划目标

总体目标：建成与保山市经济社会高质量发展和生态文明建设要求相适应、与由全面建成小康社会向基本实现现代化迈进起步期相协同的“系统完备、安全可靠、空间均衡、健康生态、智能调控、功能协同”的保山生态水网工程体系，为保山市经济社会高质量发展提供有力的水利支撑和保障。

展望 2050 年，全面建成与高质量发展和生态文明建设要求相协调、与人民群众美好生活新期盼相适应、与保山市现代化建设进程相匹配的生态水网体系：安澜无虞防洪保安体系全面构建，空间均衡水资源配置格局全面形成，河湖生态系统得到有效保护和修复，数字孪生水网智慧化调控全面实现，上承云南省骨干网、下接各县水网的协同融合共享格局全面形成。人民获得感、幸福感、安全感全面提升，实现“幸福水网、水美保山”的美好愿景。

3 保山市生态水网建设任务

按照保山市水网建设的总体目标，统筹协调水与经济社会、生态环境的关系，全面构建规范有力的水生态空间管控体系、安全可靠的城乡供水保障体系、完善达标的防洪减灾体系、河湖健康的水生态保护体系、底蕴深厚的水文化水景观体系、现代高效的水利现代化管理体系六大体系，六位一体，构建保山生态水网，支撑保山市经济社会高质量发展[2]。

3.1 加强水生态空间管控[3]

在明确涉水生态空间分类分区的基础上，通过制订涉水生态空间管控措施，谋划重大水利基础设施预留空间等，持续提升涉水生态空间的管控能力，推动涉水生态空间与城镇发展空间、农业发展空间、生态保护空间之间的融合，落实“多规合一”。以维持经济社会可持续发展与水生态系统健康为出发点，遵循主体功能区布局和生态安全需要，均衡产业发展格局，合理调整水生态空间布局，明确水生态空间的主要类型、功能定位与范围，优化、保护和恢复河湖水域等水生态空间。通过优化水生态空间格局，促进人水空间格局的均衡协调。恢复受损的水生态空间，逐步恢复水生态空间健康与稳定。

3.2 提高供水安全保障能力

以落实最严格的水资源管理制度为核心，在保障合理用水需求增长的前提下，控制经济社会用水总量，坚持以水定产、以水定城，把水资源水环境承载能力作为区域发展的刚性约束，优化调整人口分布与产业布局，实现经济社会布局与水资源水环境承载力相匹配的可持续健康发展模式；严格用水总量与用水强度双控制，全面评估现状供水能力，科学预测供水增长，优化水资源配置格局；以农业节水为突破口，强化节水措施，全面加强节水型社会建设，提高用水效率与效益；在节水优先、以水定需、优水优用、保障生态的前提下，统筹河道内外的用水要求、统筹各类水源的供水能力、统筹各类用户的用水需求，实现水资源的合理配置。通过水资源的合理配置与高效利用，构建城乡一体化的供水水网，完善供水安全保障工程建设，加强城市供水水源建设，加强水资源战略储备能力建设，谋划一批大中型蓄水工程，实施工程蓄水、流域调水等，实现由河流直接取水为主转变为由蓄水工程供水为主、以单一水源供水模式转变为多水源联合供水格局，提高供水安全保障能力。加强应急保障能力建设，推进应急备用战略水源地配套设施建设，形成完善的供水应急调度机制。

3.3 完善城市防洪排涝体系

以提升保山市防洪减灾能力为总体目标，按照“上蓄、中疏、下排”的基本思路，创新洪涝水治理理念，持续优化防洪与排涝格局，完善城市防洪排涝体系。根据经济社会发展水平，全面提升防洪排涝标准，推进东河、中小河流综合整治，加强山洪灾害防治，持续提高防洪保安水平；秉持生态化理念，推进水系综合整治，通过清淤疏浚、河塘整治等措施，优化涝水蓄滞格局，畅通涝水出路，构建功能系统健全的排涝工程体系；建设标准较高、设施完备、保护生态、智能高效的洪涝综合防治体系和配套完善的非工程措施体系，强化洪水预警和风险管理，不断增强洪涝水科学调度与社会化管理能力，逐步提高调控能力和安全保障水平。打造与城市发展相适应的“防的固、蓄的住、排的出”

的体系完备、标准适宜、安全可靠、协调配套的现代防洪减灾体系，保障保山城乡防洪排涝安全，有效降低洪涝灾害损失，保障经济社会发展。

3.4 加强水生态环境保护与修复

坚持尊重自然、顺应自然、保护自然的原则，遵循水量、水质、水生态三者统一的水资源管理基调，秉承自然恢复和治理修复相结合的方针，系统治理水流流态、自然形态、水体质量、水循环条件。从源头推进水环境保护与治理，加强点源、面源、内源污染控制，恢复健康的水环境系统，强化水环境承载能力约束，严格入河污染物限排。通过区域水污染防治、水资源保护、水环境质量修复，实现保山市及相关县（区、市）区域内水环境质量得到根本改善，打造水清、岸绿的城市及区域生态环境。在山区通过水土保持，把治水与治山、治林结合起来，护好“产水之源”；在坝区的陆域区，把治水与治林、治田结合起来，控好“污水之源”；在水域陆域过渡带和水域区，通过水系连通工程和生态廊道建设，把治水与治田、治湖结合起来，管好“盛水的盆”，治好“盆里的水”。从空间和功能两个维度推进水生态网与国土空间的深度融合，描绘出青山为骨、绿水为脉、林草迤逦、田园锦绣的优美画卷，实现田园风光美如画、绿色青山系乡愁的美丽意境，构筑保山生态安全屏障。

3.5 推进水文化水景观强市

立足保山生态环境、红色旅游资源优势，在满足生态功能、尊重和保护历史的前提下，挖掘、弘扬、传承保山市深厚的水文化底蕴，以水为魂、以文为脉，以水景观建设为载体，大力发展怒江、澜沧江、龙川江等三江旅游休闲，融合城市历史传承与现代发展的要求，推进文旅融合。充分利用保山深厚的历史文化遗存、红色文化资源和丰富的自然景观资源，以“水美保山”为目标，以“水文化软实力提升、精品水文化工程建设”为抓手，推动保山水文化建设落地生根，加快构建保山水文化平台，打造精品文化，建设特色鲜明的主题水利风景区，形成环境优美的水系景观带。结合人文风景以及自然保护区、湿地公园、生态农业区、水利风景区等景观文化，规划建设一批特色水文化景观节点，推进特色水旅游建设和发展，营造底蕴深厚的水文化氛围，将文化魅力转化为经济动力，助推保山高质量发展，引领人民高品质生活，提升人民的获得感、幸福感、安全感。

3.6 打造现代化管理体系

根据保山市社会经济结构转型和发展动能转换的要求，以改革创新为动力，以完善保山市水网建设的体制机制为目标，提升水管理服务水平，着力破除制约水利发展的体制机制障碍，从体制创新、科技创新、法规完善、制度建设、队伍建设等方面，加快河湖空间管控、水资源监管、水生态保护、水工程建设管理改革、水行政体制改革、水利投融资创新、水利行业能力建设等重要领域和关键环节的发展与改革；充分应用云计算、物联网、移动互联、大数据等新兴信息技术，构建智能高效的保山“智慧水利”平台；逐步建成“政府主导、市场运作、权责明确、监管有力、协调有序、运行高效”的现代化水利管理体系，支撑和保障保山市水网建设，全面提升水利服务经济社会发展的能力和水平。

4 保山市生态水网总体布局

针对保山市水资源特点，依托主要江河流域水系特征，以自然河湖水系为基础、引调排水工程为通道、调蓄工程为节点、智慧化调控为手段，集水资源调配、防洪减灾、水生态保护等功能于一体，“通、蓄、连、控”并举，形成“三江多支铸安澜，百库千塘润兰城；河湖渠库连顺畅，旱涝保收源远长”的水网格局。着力构建系统完备、高效实用、智能绿色、安全可靠的全域水网，上下游贯通、干支流协调、丰枯期互补、多水源互济的流域水网，内连外通、蓄泄兼备、旱引涝排、生态宜居的区域水网，通过保山“三域”水网建设，积极融入云南省水网、国家水网，保障区域水安全，实现“幸福水网，水美保山”的美好愿景。

——“三江多支铸安澜”。以澜沧江、怒江、伊洛瓦底江三大江河为骨干，统筹存量和增量，加强互联互通，通过水资源综合利用工程、跨流域跨区域引调水工程，有效贯通三江水系，实现水资源互补互济，构建保山水网主骨架和大动脉，构建保山水网之“纲”。

——“百库千塘润兰城”。以北庙等400余座中小型水库及青华海等众多调蓄湖泊（坝塘）为水流调配结点，充分挖掘现有工程的调蓄能力，加快推进符合区域发展战略的控制性调蓄工程和重点水源工程建设，加强流域水工程联合调度，提升水资源调蓄能力，提高水网多功能、多过程的协同调控水平，发挥工程的综合功能和效益，打牢保山水网之“结”。

——“河湖渠库连顺畅”。坚持自然连通与人工连通相结合，突出水资源集约利用和优化配置，加快河湖渠库连通工程建设，实现三大水系进一步互联互通。结合保山市水安全保障需求，加强重大水资源配置工程与区域重要水资源配置工程的互联互通，推进河湖水系连通工程建设，形成城乡一体、互联互通的水网体系，提升水资源调配和供给保障能力，织密保山水网之“目”。

——“旱涝保收源远长”。保山水网以“三江多支”等骨干输配水通道为“纲”，以河湖连通工程为“目”，以百库千塘等控制性调蓄工程为“结”，沟通澜沧江、怒江、伊洛瓦底江三大水系，连通400余座中小型水库和千座塘坝（湖泊），结合保山坝、潞江坝和腾冲三大灌区建设，确保200万亩良田水旱无忧，助力“滇西边境中心城市”建设发展，巩固边疆脱贫攻坚成果与乡村振兴有效衔接。

5 结语

保山市生态水网的建设是一项复杂的系统工程，是云南省骨干水网的延伸和细化。本文基于保山市基本水情和生态水网需求，初步提出“系统完备、安全可靠、空间均衡、健康生态、智能调控、功能协同”的总体目标；构建规范有力的水生态空间管控体系、安全可靠的城乡供水保障体系、完善达标的防洪减灾体系、河湖健康的水生态保护体系、底蕴深厚的水文化水景观体系、现代高效的水利现代化管理体系六大体系；形成“三江多支铸安澜，百库千塘润兰城；河湖渠库连顺畅，旱涝保收源远长”的水网格局，对指导保山市水利建设发展、生态水网建设有一定的参考价值。

参考文献

[1] 李国英. 推动新阶段水利高质量发展 全面提升国家水安全保障能力——写在2022年“世界水日”和“中国水周”之际［J］. 中国水利，2022（6）：I2-I3.

[2] 李原园，刘震，赵钟楠，等. 加快构建国家水网 全面提升水安全保障能力［J］. 水利发展研究，2021，21（9）：30-31.

[3] 杨晴，王晓红，张建永，等. 水生态空间管控规划的探索［J］. 中国水利，2017（3）：6-9.

输水状态下渠道衬砌水下修复与拼装关键技术研究与应用

郭海亮　赵小明

（中国南水北调集团中线有限公司河北分公司，河北石家庄　050035）

摘　要：南水北调中线工程正式通水以来，面对从规划期补充水源到运行期主力水源、从规划期停水检修到运行期365 d24 h不间断不停水通水运行、从生活供水为主到生活用水与生态补水常态化并行的“三个新变化”。为保证工程运行安全，在不停水、大流量、高流速的运行工况下，对水面以下损坏的衬砌板进行及时、安全、高效的维护，尤为异常紧迫和非常必要。对渠道衬砌水下修复与拼装技术的研究和应用，成功解决了在不停水工况下完成水下修复的工程难题，提高了供水保证率，经济效益及社会效益显著。

关键词：渠道衬砌；水下修复；拼装技术；研究；应用

南水北调中线干线工程河北辖区段总干渠设计流量为125~235 m^3/s，加大流量为150~265 m^3/s，设计水深为6 m。渠堤顶宽5 m，左岸为泥结石路面，右岸为沥青路面。渠道内采用C20F150W6混凝土衬砌，渠坡衬砌厚度为10 cm，渠底厚度为8 cm，混凝土衬砌下部设复合土工膜及保温板。在工程运行7年多来，期间因汛期强降水、高地下水位作用、膨胀土变形、冻胀及温度等原因，个别渠段水下衬砌面板发生破坏变形，破坏类型分为两种：一种为隆起变形，另一种为整体滑落。为避免衬砌面板变形破坏进一步加剧，影响总干渠正常输水、保证工程运行安全，结合目前南水北调通水情况，提出了在不停水工况下，对渠道水下损坏的衬砌结构进行快速修复。

1　技术特点

输水状态下对损坏的衬砌板进行修复是南水北调中线一项重大工程难题，经过不断优化和反复试验，对关键技术和控制指标进行提炼、规范，使该项关键技术更具有指导性，为类似工程提供技术指导和借鉴经验。本技术主要特点如下：

（1）装配式钢围挡实现了渠道大流量通水工况下，降低施工区域流速，保证潜水员安全施工和水质安全问题，同时具有可快速装拆、循环使用等优势。

（2）预制混凝土板结构四周设计燕尾型连锁扣保证了预制混凝土板之间的整体性和稳定性。

（3）预制混凝土板结构缝设计弧形凹槽并嵌填SR塑性止水材料，有效加强了预制板结构缝的防渗功能。

（4）预制混凝土板结构拼装平整度满足了原设计衬砌混凝土边坡糙率要求，同时具备快速修复优势。

2　技术工艺原理

在渠道正常通水工况下（流速≥1.0 m/s），在衬砌板修复范围外设置钢围挡（透水围挡），将水流流速降低至0.5 m/s以内，以减少水下施工对总干渠通水产生污染及在施工区域形成相对静水区，保证潜水人员水下作业安全。首先根据原衬砌板结构尺寸设计及预制四周带燕尾型连锁扣的钢筋混凝

作者简介：郭海亮（1980—），男，高级工程师，主要从事水利水电工程技术管理、运营管理及研究相关工作。

土板，利用研制的水上作业平台、轻型门式起重机及潜水员配合完成水下衬砌板拆除；其次由潜水员进行水下基础处理、防渗及保温系统修复，并对基础处理进行验收；然后潜水员自下而上逐层预制混凝土板拼装和校正检查、结构缝嵌填 SR 塑性止水材料。该技术保证了衬砌板修复后的稳定性、整体性及防渗要求，同时衬砌板拼装后平整度满足了原设计的糙率要求。

3　关键技术研究与应用控制

3.1　关键技术工艺流程

关键技术工艺流程见图 1。

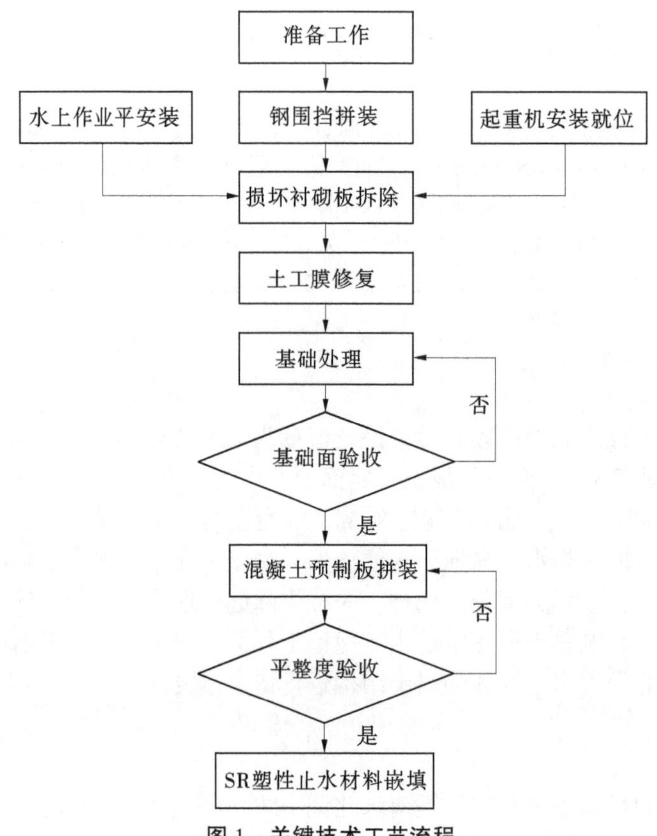

图 1　关键技术工艺流程

3.2　钢围挡

南水北调中线总干渠设计水流流速为 1.0 m/s 左右，最大作业水深 6 m 左右，潜水员无法直接入水作业。通过在修复范围外设置钢围挡，减少水下施工对总干渠水质产生污染及在施工区域形成静水区，保证潜水员安全的水下作业环境。

3.2.1　钢围挡设计

围挡采用三面围挡的形式，其中迎水面拐角处挡板与水流方向形成 30°夹角，以便改善所受水流力的冲刷；顺水流方向挡板与水流方向平行；下游拐角处围挡与水流方向形成 45°夹角，以利于水流不产生漩涡对围挡产生压力，钢围挡设计具体见图 2。

纵向围挡高 6.5 m，超出水面 0.5 m，横向围挡坡面底层模板按坡比及高度定制，上层模板为拼装钢模板。对横向不规则模板进行编号，按照编号进行安装。钢围挡由钢模板架体和钢模板组成，架体由底座、导向槽和斜撑构成。

3.2.2　钢围挡安装

钢围挡架体就位前先确定围挡角度和位置，将第一组架体固定到渠坡上，用钢丝绳与渠道对岸系缆桩牵引固定，将架体缓慢牵引入水。第一组架体安装就位后，第二组架体牵引入水，依次拼装其余几组架体牵引入水，直至最后一组架体拼装入水固定完成。钢围挡施工见图 3。

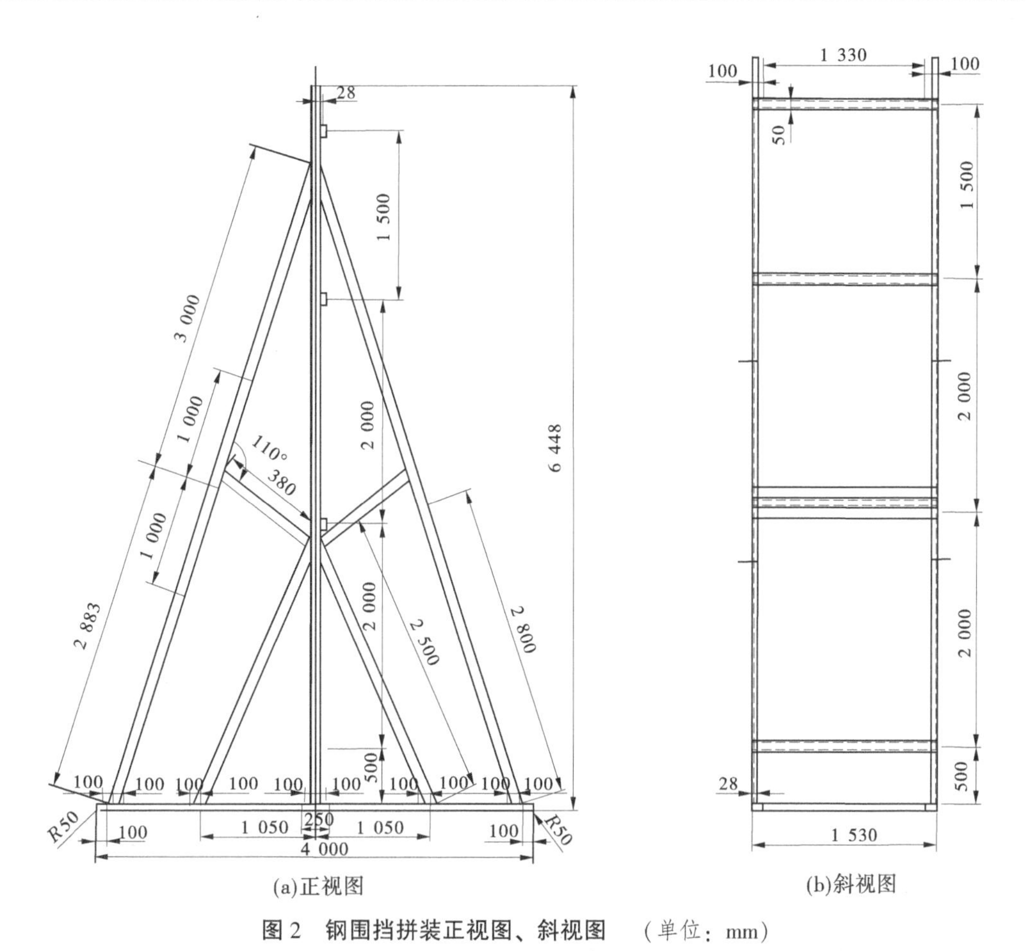

(a)正视图　　(b)斜视图

图 2　钢围挡拼装正视图、斜视图　（单位：mm）

图 3　钢围挡施工图

围挡架体入水完成后，在架体底座用铸铁砝码配重，使架体稳固，防止底座出现滑移等现象。根据稳定性计算，围挡架体底座配重 1 114 kg/m，考虑安全系数，配重质量为 1 200 kg/m，满足最低配重要求。

钢模板安装时使用水上移动作业平台运输，在水面上沿导向槽下放钢模板，确保钢模板放置到底。

3.2.3 钢围挡拆除

待所有施工完成后，进行钢围挡拆除工作。钢围挡拆除与安装步骤相反，把底部放置的铸铁砝码吊出水面，然后利用系缆桩人工将钢围挡支架拉出水面。钢围挡拆除完成后，潜水员清理水下遗留的杂物。

3.3 钢筋混凝土预制板

3.3.1 混凝土预制板结构型式

预制板混凝土等级采用 C35W6F150，结构尺寸为 0.99（0.98）m×1.99（1.98）m×0.1 m，四周设置燕尾形连接锁扣，根据连锁位置的不同，预制板共分 6 种型式，具体见图 4。

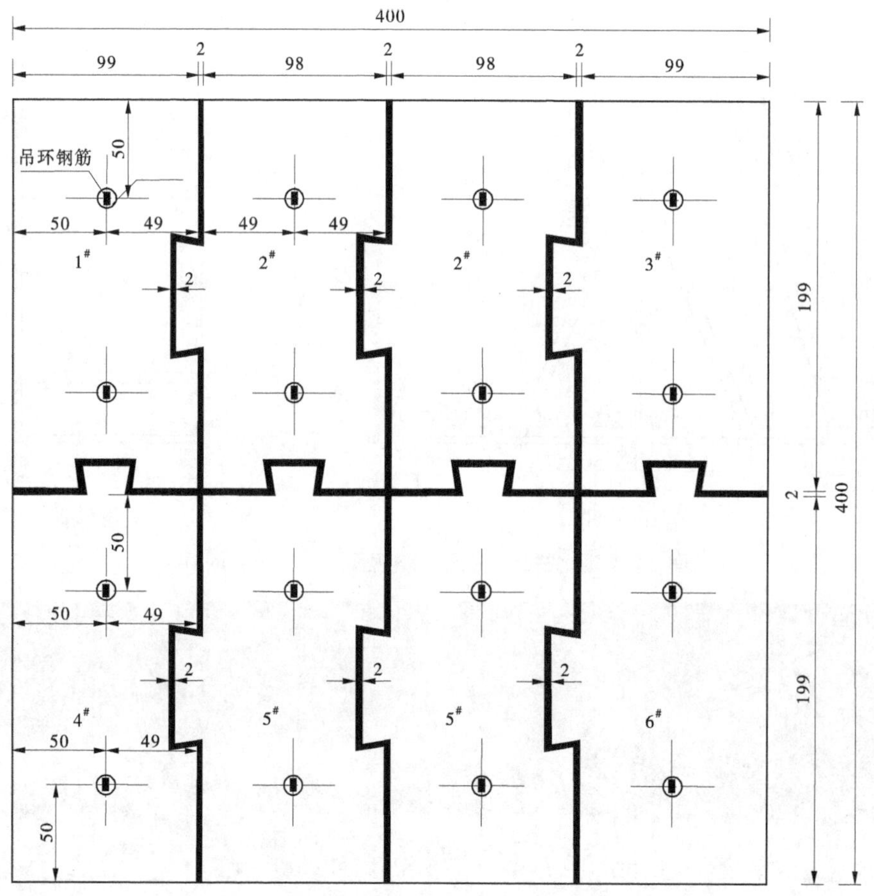

图 4 混凝土预制板结构图 （单位：cm）

3.3.2 钢筋制安

混凝土板宜配置钢筋，一般采用单层布置，可选用直径 10 mm HPB400 级，间距为 15 cm，钢筋位置距底部 1/3 处。混凝土板设置隐形吊环，吊环一般选用直径 8 mm HPB235 级，将吊环与钢筋绑扎连接，吊装完成后填充水下密封胶覆盖。

3.3.3 模板

主要采用定型钢模板，底膜及模板采用 3.5 mm 钢板制作，模板连接处采用螺栓固定，弧形结构缝采用镀锌钢管加工，保证预制板平整度满足误差在±3 mm 范围内，结构尺寸误差在±5 mm 范围内，见图 5、图 6。

3.3.4 混凝土浇筑

混凝土严格按照配合比进行拌制，浇筑时振捣密实，并按规范要求进行抽样检测。混凝土养护可采用毛毡或草帘覆盖，定期洒水保持混凝土表面湿润，养护时间不少于 14 d。

图 5　预制成型混凝土板

图 6　预制环节质量控制

3.3.5　结构缝设计及优化

结构缝设计中为增强防渗效果，在预制板四周中间设置弧形凹槽，既减少了混凝土气泡，又保证缝隙填充密封胶的牢固性，满足了施工要求。优化后效果具体见图 7。

图 7　优化后弧形凹槽

3.4 水下衬砌板拆除

3.4.1 衬砌板分割

混凝土衬砌板采用液压圆盘锯（或链条锯）进行水下分割，或采用风镐破碎。切割时一般预留1~3 cm不切断，避免损伤复合土工膜。对吊运的混凝土衬砌板利用气动钻机在衬砌板上钻孔锚固膨胀螺栓作为吊点，吊运时确认土工膜完全脱离混凝土衬砌板，避免在水下破碎，减少对水质造成污染。

3.4.2 板膜剥离

首先必须将衬砌板与下部土工膜剥离。混凝土衬砌面板和下部土工膜经过长时间的运行，结合较为紧密，分离所用的负荷较大。经方案优化，在水上移动作业平台上采用电动葫芦配合潜水员进行剥离作业，避免复合土工膜二次破坏。

3.5 基础处理

衬砌板拆除后，潜水员对渠坡基础进行水下检查，检查内容包括基础高程、保温板及复合土工膜等情况。

3.5.1 水下土体开挖

经潜水员水下检查发现，基础隆起情况较少，个别部位隆起高度50 cm左右，一般采用多次小量作业。潜水员首先采用液压风镐对隆起部位进行松动，然后人工装至定制的铲运斗中，轻型自行式门式起重机吊装至运输车，运至指定弃渣点。

3.5.2 基础找平

对于基础沉陷部分填筑土工布（400 g/m^2）缝制砂石袋，分层填筑，下层用砂石袋填筑，上层用砂袋找平，保证填筑密实，无缝隙，对于局部凹陷较大的可考虑用水下不分散混凝土回填找平。基础填筑完成后，平整度误差控制在10 mm以内。

3.6 复合土工膜

土工膜铺设主要包括两种情况：一是基础隆起造成土工膜破坏的，二是大面积土工膜敷设破坏的。复合土工膜一般利用改造后的钢管轴进行卷放，可从上游到下游，从底部到上部。复合土工膜采用人工搭接，搭接宽度为30 cm，搭接时上游侧压在下游侧之上，上部压在下部之上。旧土工膜在裁剪时至少保留宽度30 cm。在复合土工膜搭接处中部放置适宜水下作业的腻子材料（SR塑性止水材料），腻子材料制作成直径2 cm长条，到位后手工挤压，尽量粘接上下复合土工膜，提高搭接部位的防渗性能。

3.7 保温板

保温板可参考原设计或结合运行冻胀情况选用适宜的材料和厚度，保温板按照预制混凝土板尺寸进行剪裁，将裁剪好的保温板粘贴在混凝土预制板下面，随混凝土预制板一并铺设安装。

3.8 混凝土板水下拼装

混凝土预制板水下安装包括混凝土板吊装、水下拼装、找平。混凝土预制板的安装顺序遵循自下而上逐层拼装。混凝土预制板吊放到位后，潜水员负责混凝土预制板的角度调整或摆正。混凝土预制板安装过程中，潜水员可进行水下录像和复查，进一步细微调整。混凝土预制板安装后，平整度误差控制在±5 mm以内。拼装完成后施工见图8。

3.9 混凝土结构缝施工

3.9.1 SR塑性止水材料

SR塑性止水材料是专门为混凝土面板坝接缝止水而研制的嵌缝、封缝止水材料，SR塑性止水材料以非硫化丁基橡胶、有机硅等高分子材料为主要原料，经纳米材料改性而成，是国内外面板堆石坝的主要表面接缝止水材料，先后在国内外许多工程上得到成功应用。SR塑性止水材料物理指标见表1。

图 8　拼装完成后施工图

表 1　SR 塑性止水材料物理指标

序号	项目			指标
1	密度/（g/cm^3）			≥1.15
2	施工度（针入度）			1/10 mm：≥80%
3	流动度/mm			≤2
4	流动止水长度/mm			≥135
5	拉伸，黏结性能	常温，干燥	断裂伸长率/%	≥250
			黏结性能	不破坏

3.9.2　SR 塑性止水材料施工

预制板拼装完成后，潜水员采用低压水枪对预制板之间的拼接缝进行水下冲洗清理，将缝隙中的杂质冲洗出缝隙，确保缝隙内洁净。清理作业完成后，潜水员用 SR 塑性止水材料填充对接缝，在 SR 塑性止水材料填入缝腔过程中，利用专用工具捣实，保证缝隙填充饱满，无空隙。结构缝大样图见图 9，嵌填 SR 塑性止水材料施工见图 10。

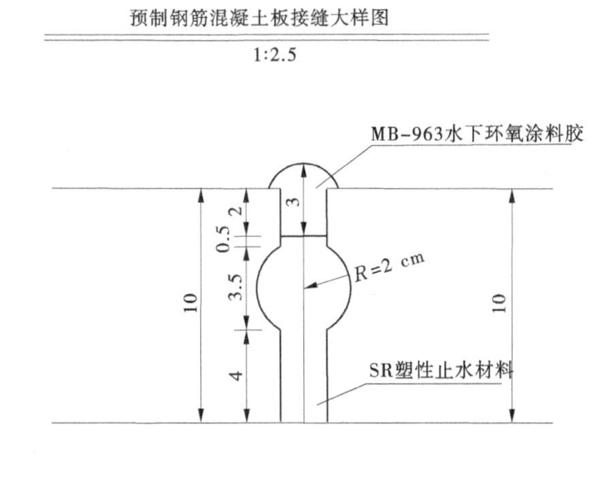

图 9　结构缝大样图　单位：cm

图 10　嵌填 SR 塑性止水材料施工图

3.10　水上移动作业平台

为配合衬砌板水下拆除、预制板拼装、钢围挡安装及拆除，提高衬砌板修复的施工效率，在水中设置移动作业平台。作业平台由槽钢及角钢焊接成的钢桁架和浮筒组成，水上移动作业平台上设置 2 t 电动卷扬机。作业平台由两组组成，每组长 15.9 m、宽 3.0 m，由 42 个浮筒拼接而成，平台平均吃水深度约为 25 cm，满足安全要求。水上作业平台施工见图 11。

图 11　水上作业平台施工图

水上作业平台在右岸绿化带处进行搭设和焊接，制作完成后，使用汽车式起重机吊至水面固定，再进行焊接制作等其他工作。水上作业平台没有动力系统，主要使用人工拖曳。

4　结语

输水状态下渠道衬砌水下修复与拼装关键技术能满足原设计糙率要求，保证了设计流量供水和供水效益，在保障中线供水长远经济效益的同时保证了总干渠渠堤安全，避免（防止）衬砌板隆起（塌陷）部位扩大，引起大范围塌陷的风险，保障了南水北调中线运行通水安全，发挥了中线工程的社会效益。目前，该项技术正在南水北调中线工程全线推广应用，在应用中将对修复技术工艺进一步标准化、规范化，对关键控制指标和质量标准不断优化，形成一套完整的、系统的、科学的技术标准，满足在不同工程和不同工况条件下的推广应用。

参考文献

[1] 中华人民共和国水利部．水工混凝土施工规范：SL 677—2014［S］．北京：中国水利水电出版社，2005.
[2] 郭海亮，苏超．水下混凝土衬砌板修复技术及关键工序控制［J］．海河水利，2021（3）：105-107.
[3] 郭海亮，苏超．输水状态下衬砌面板变形破坏快速修复技术与控制［C］//水利水电工程水下检测与修复研究进展．北京：中国电力出版社，2021.

基于InVEST模型的长江源区水源涵养功能评估

杨　钦[1]　晏点逸[2]　刘　欢[1]　胡　鹏[1]

（1. 中国水利水电科学研究院流域水循环模拟与调控国家重点实验室，北京　100038；
2. 中国长江三峡集团有限公司，湖北武汉　430010）

摘　要：生态系统服务功能定量评估是合理利用资源、保护生态环境、协调人与自然可持续发展的基础，而水源涵养功能是生态系统服务的重要指标之一，开展水源涵养功能评估对区域生态系统的保护具有重要意义。本文基于InVEST模型，对1980年、1990年、2000年、2010年和2020年长江源区生态系统的水源涵养功能进行了计算分析，结果表明：①1980—2020年年均降水量和潜在蒸散发量分别为382.06 mm和907.87 mm，呈现先减少后增加的趋势；②在时间尺度上，水源涵养能力从1980年的788.84×10^6 m^3提高至2020年的1 147.81×10^6 m^3，提升了45.51%，生态系统得到了有效改善；③在空间分布上，长江源区的多年平均水源涵养能力呈现由西北向东南递增的趋势。

关键词：长江源区；水源涵养功能；气候变化；土地利用变化；InVEST模型

1　引言

生态系统服务功能是指自然生态系统为维持人类生存和发展所形成的环境条件与效用，可以让人类从生态系统中直接或间接获取各种利益，是人类赖以生存和发展的基础[1-2]。随着人类活动的不断加剧，水资源短缺的形势更加严峻，加之全球气候变化，极端天气频发，人与生态之间的关系持续恶化[3]。因此，开展生态系统服务功能量化评估，可以合理利用自然资源，有效保护生态环境，对维持区域可持续发展和促进生态文明建设具有指导意义[4]。近年来，随着水源涵养研究的深入，一般认为水源涵养是生态系统将水分保持在生态系统内的过程和能力，是生态系统服务功能研究中最为重要的服务功能之一[5]。

目前评价生态系统水源涵养功能的常用方法有水量平衡法、年径流法、地下径流增长法、降水储存法、综合蓄水能力法和林冠层截留法等[6]。其中，基于Budyko理论的InVEST模型由于可视化程度高、动态性强和数据易获取等优点，被国内外学者广泛应用[7]。InVEST模型中的水源涵养模块基于水量平衡方法，通过考虑不同土地利用类型下土壤渗透性的空间差异，结合地形、地表粗糙程度对地表径流的影响，以栅格为单元定量评价不同地块的水源涵养能力[8]。

长江源区地处青藏高原腹地，在三江源生态系统中占有重要地位，是气候和生态环境变化的敏感脆弱地区，对国内乃至全球的水文循环系统维持都具有重要的意义[9]。因此，本文应用InVEST模型，在综合考虑气候、地形、植被、土壤和土地利用等因素的基础上，评估分析过去40年长江源区水源涵养功能的变化情况，比较不同县级行政区水源涵养功能的异同，为定量评价和客观认识长江源区水源涵养能力提供参考。

基金项目：国家自然科学基金（52122902、U2240202、42001040）；中国水利水电科学研究院基本科研业务费项目（WR0145B072021，WR0145B022021）；流域水循环模拟与调控国家重点实验室自主研究课题（SKL2022ZD01、SKL2022TS07）。

作者简介：杨钦（1991—），男，博士，工程师，研究方向为水生态环境保护与修复等。

2 研究区域和研究方法

2.1 研究区域

长江源区位于北纬 32°30′~35°50′，东经 90°30′~97°10′，平均海拔 4 000 m 左右[10]。源区内主要有北源楚玛尔河、中源沱沱河、南源当曲 3 条主要河流，年平均径流量约 130 亿 m^3，大气降水、冰川融水和地下水是长江源区河水流量及土壤水分的主要来源。源区为典型的高原大陆性气候，干燥，寒冷，缺氧，昼夜温差大，年均气温-5.2~3.4 ℃，年平均降水量为 365 mm，属于高原亚寒带半湿润半干旱区[11-12]。植被类型主要包括高寒草甸、高寒草地和高原沼泽，土壤类型包括高寒草甸土、高寒草地土和沼泽土，冻土分布广泛，几乎覆盖整个区域[13]。研究区含盖青海省的格尔木市、治多县、曲麻莱县、杂多县、玉树市和称多县 6 个县级行政区，包括沱沱河、五道梁、曲麻莱、玉树、杂多、囊谦和清水河等 7 个气象站，以及楚玛尔、沱沱河、雁石坪和直门达等 4 个水文站，其空间分布如图 1 所示。

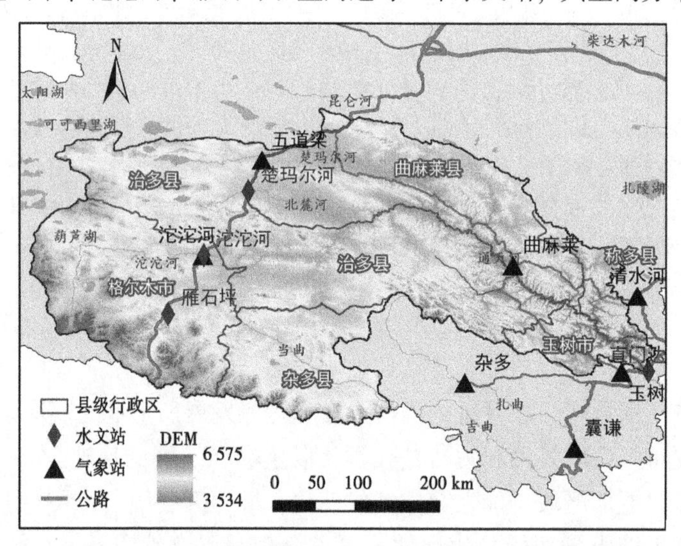

图 1 长江源区地理范围及主要气象站和水文站空间分布

2.2 InVEST 模型

InVEST 模型是由美国斯坦福大学、世界自然基金会和大自然保护协会联合开发的生态系统服务功能评估工具，具备量化和价值化生态系统服务功能，已在北美和中国等应用，并取得了良好的模拟效果[14-15]。本文利用 InVEST 模型中的产水模块对长江源区不同土地利用类型的水源涵养能力进行评估，模型驱动所需的数据主要有地形数据、年均降水量、年均潜在蒸散量、土地利用类型空间分布、土壤径流深、植物有效含水量等。

InVEST 模型的产水模块是一种基于水量平衡的估算方法，某栅格单元的降水量减去实际蒸散发后的水量即水源供给量，包括地表产流量、土壤含水量、枯落物持水量和冠层截留量。

每个栅格单元年产水量计算公式如下：

$$Y_{xj} = \left(1 - \frac{\mathrm{AET}_{xj}}{P_x}\right) \times P_x \tag{1}$$

式中：Y_{xj} 为土地利用类型 j 中栅格单元 x 上的年产水量，mm；AET_{xj} 为土地利用类型 j 中栅格单元 x 上的年实际蒸散量，mm；P_x 为栅格单元 x 上的年降水量。

根据 Budyko 假设计算水量平衡的蒸散量公式如下：

$$\frac{\mathrm{AET}_{xj}}{P_x} = \frac{1 + \omega_x R_{xj}}{1 + \omega_x R_{xj} + \frac{1}{R_{xj}}} \tag{2}$$

式中：R_{xj} 为土地利用类型 j 中栅格单元 x 上 Budyko 干燥指数，即潜在蒸散发量与降水量的比值：ω_x 为植物年需水量与降水量的比值，是描述自然气候与土壤性质的参数。

上述 2 个指标的计算公式如下：

$$R_{xj} = \frac{k_{xj} \times ET_{0x}}{P_x} \tag{3}$$

$$\omega_x = Z\frac{AWC_x}{P_x} \tag{4}$$

式中：ET_{0x} 为栅格单元 x 潜在蒸散量，mm，由气候条件决定；k_{xj} 为植被蒸散系数，是不同发育期中作物蒸散量 ET 与潜在蒸散量 ET_0 的比值，由植被类型决定；AWC_x 为单元格 x 的植物有效含水量，mm，由土壤质地和土壤有效深度决定，可以用来确定土壤为植物生长所储蓄和释放的总水量；Z 为常数，代表降水时间的分布和降水的深度，一般来说，冬季（12 月至翌年 4 月）为 10，雨季或夏季为 1（模型不考虑春秋季）。

2.3 数据来源

本文的气象数据来源于中国气象科学数据共享网（http：//data. cma. cn）和《中华人民共和国水文年鉴》，选取 1980—2020 年的气象数据（主要包括气温、降水、辐射、风速和日照时数等）输入模型，其中降水数据的空间分布情况通过 kriging 空间插值方法获得，潜在蒸散发数据通过参数校正的 FAO56 Penman-Monteith 公式计算获得，然后进行多年平均和空间插值处理。数字高程数据（DEM）和土地利用数据来源于中国科学院地理科学与资源研究所和资源环境科学数据中心，空间分辨率 30 m，其中土地利用数据主要利用 Landsat 影像数据进行解译判读，结合野外调查验证，提取得到长江源区 1980 年、1990 年、2000 年、2010 年和 2020 年 5 期的土地利用类型空间分布情况。土壤数据来源于全国第二次普查数据结果。

3 结果与分析

3.1 水文气象要素年际变化情况

降水和潜在蒸散发是水循环的主要过程，是流域内水量输入输出的重要环节，也是 InVEST 模型产水模块的核心变量，其变化趋势会直接影响区域水源涵养功能改变。在时间尺度上（如图 2 所示），1980—2020 年长江源区的年均降水量 P 为 382. 06 mm，呈现先减少后增加的趋势，最低点出现在 1994 年，年降水量仅有 296. 51 mm，最高点出现在 2018 年，达到 452. 33 mm；1980—2020 年长江源区的潜在蒸散发量 ET_0 均值为 907. 87 mm，呈现先减少后增加再减少的趋势，1997 年的潜在蒸散发最低，仅有 848. 45 mm。在空间分布上（见图 3），长江源区东南部的降水量最高，西北地区降水量最低，潜在蒸散发能力由长江干流向四周逐渐递减。

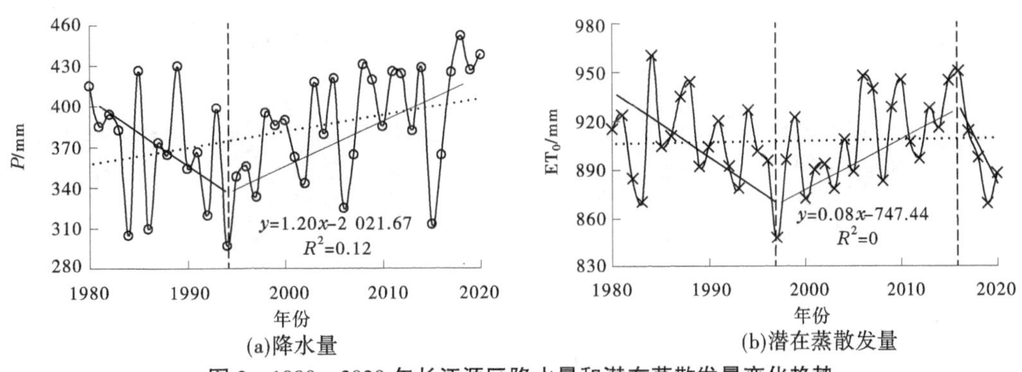

图 2 1980—2020 年长江源区降水量和潜在蒸散发量变化趋势

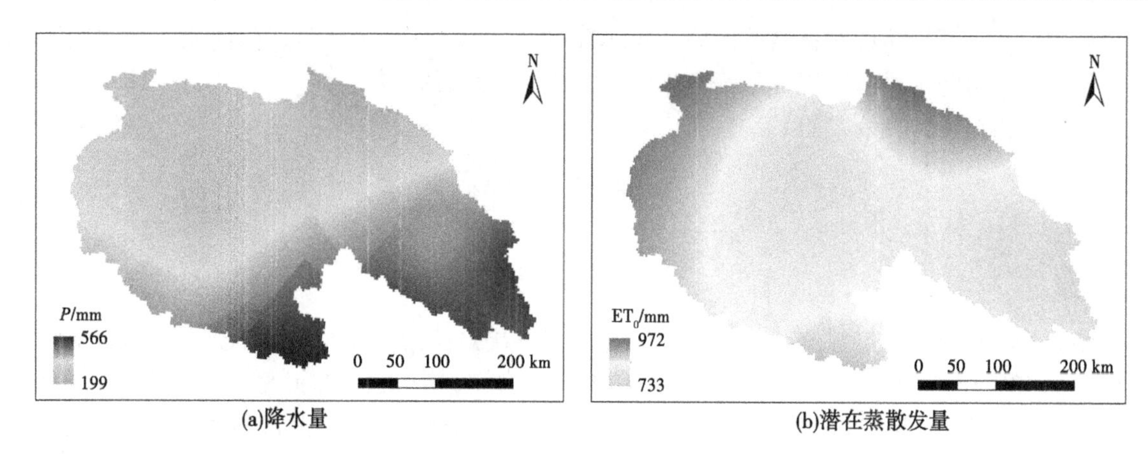

(a)降水量　　(b)潜在蒸散发量

图 3　多年平均降水量和潜在蒸散发量空间分布

3.2　土地利用变化情况

三江源国家级自然保护区的设立，有效地保护了长江源区的自然生态系统，促使人类活动对土地利用变化的影响较小，加之受气候变化影响，过去 40 年长江源区土地利用时空分布情况发生了一定的改变。如图 4 所示，1980—2020 年长江源区的耕地面积从 54.44 km^2 增加至 62.95 km^2，增加了 15.63%，城镇面积从 17.89 km^2 增加至 27.32 km^2，增加了 52.71%，但 2020 年耕地面积和城镇面积均仅分别占全区的 0.05%和 0.02%。此外，长江源区的水域面积、裸地面积和沼泽面积呈现小幅度的增加趋势，林地面积和草地面积呈现小幅度的减少趋势。截至 2020 年，草地面积、裸地面积、水域面积、沼泽面积和林地面积占全区的比例分别为 73.21%、17.75%、5.97%、2.68%和 0.33%。

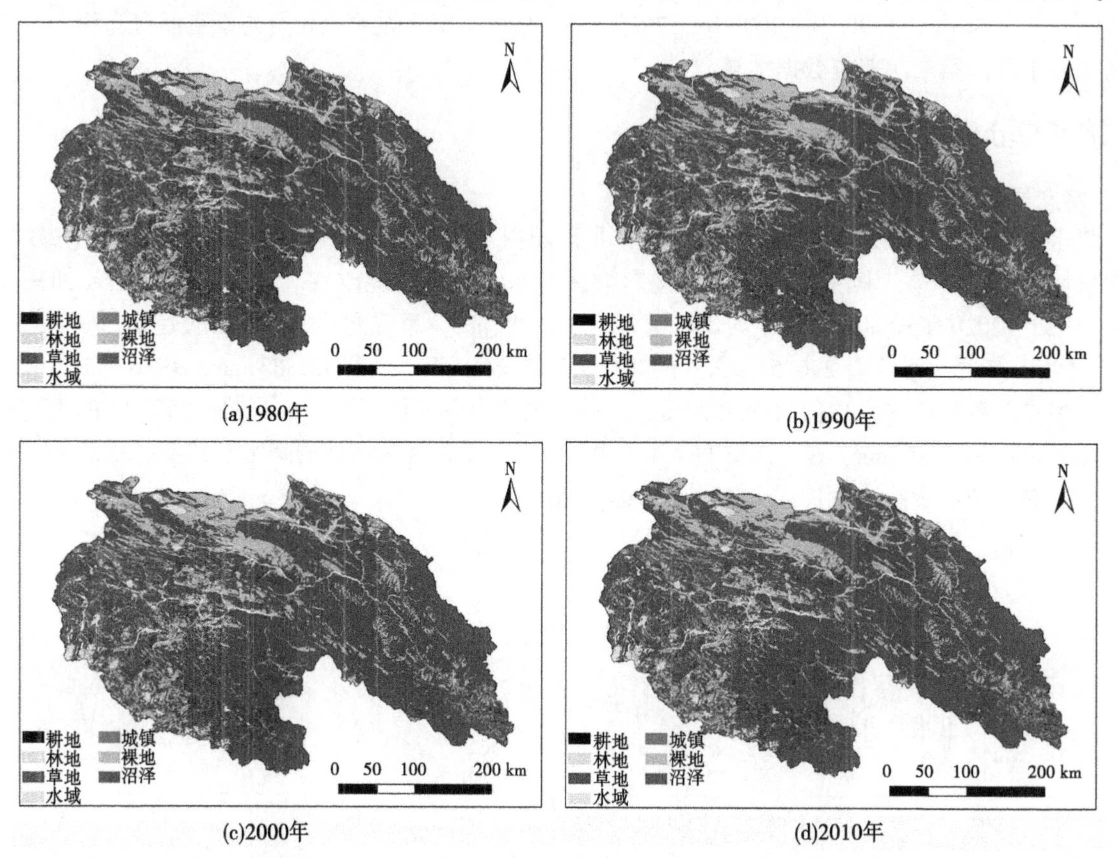

(a)1980年　　(b)1990年

(c)2000年　　(d)2010年

图 4　1980 年、1990 年、2000 年、2010 年和 2020 年长江源区土地利用变化空间分布

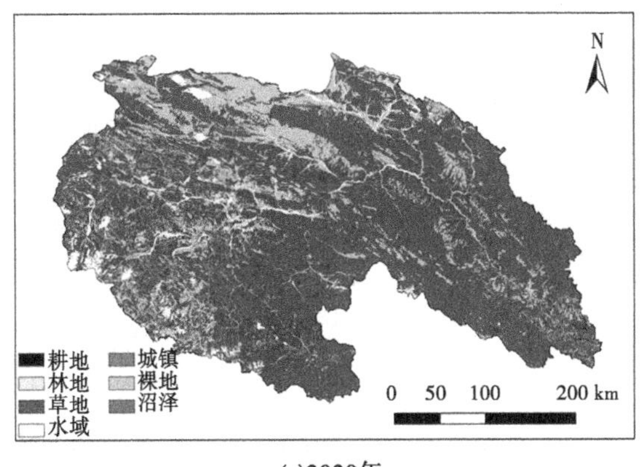

(e)2020年

续图 4

进一步分析 2020 年较 1980 年长江源区土地利用类型的转移情况，可以发现草地转移为其他土地利用类型的面积最多，达到 2 526.51 km²，占总转移面积的 43.35%，其中转移为耕地、林地、水域、城镇、裸地和沼泽的面积分别为 16.46 km²、53.27 km²、936.15 km²、8.53 km²、1 206.96 km² 和 305.15 km²（见表 1）。裸地和水域转移为其他土地利用类型的面积分别排在第二位、第三位，占总转移面积的比例分别为 28.95%和 21.88%。

表 1　2020 年较 1980 年长江源区土地利用变化转移矩阵　　单位：km²

1980	2020							
	耕地	林地	草地	水域	城镇	裸地	沼泽	合计
耕地	43.30	1.28	7.40	1.60	0.83	0.02	0	54.44
林地	0.29	400.66	65.19	2.07	0.81	0.84	0	469.88
草地	16.46	53.27	99 380.05	936.15	8.53	1 206.96	305.15	101 906.55
水域	0.77	2.51	927.07	6 992.58	0.71	267.91	75.92	8 267.46
城镇	2.08	0.20	2.64	0.08	12.68	0.18	0.03	17.90
裸地	0.04	0.85	1 138.82	328.29	3.74	23 149.66	59.25	24 680.65
沼泽	0	0.03	306.84	36.20	0.02	66.54	3 280.69	3 690.32
合计	62.95	458.80	101 828.01	8 296.97	27.32	24 692.11	3 721.05	139 087.21

3.3　水源涵养能力时空变化分析

1980 年、1990 年、2000 年、2010 年和 2020 年，长江源区水源涵养总量分别为 788.84×10^6 m³、391.33×10^6 m³、676.74×10^6 m³、712.93×10^6 m³ 和 $1\ 147.81\times10^6$ m³。20 世纪 80 年代，长江源区的水源涵养能力基本保持天然状态，到 1990 年下降至水源涵养能力的最低值，相较 1980 年下降了 50.39%，2000 年之后长江源区的水源涵养能力持续上升，到 2010 年基本恢复至 1980 年的水平，2020 年长江源区的水源涵养能力提升到了最高值，达到了 1980 年的 145.51%（见图 5）。究其原因，一方面长江源区的水源涵养能力与降水和潜在蒸散发的变化趋势基本一致，因此水源涵养能力的变化可能是受气候变化的影响；另一方面，2000 年 7 月三江源国家级自然保护区获批建立，确定了以高原湿地生态系统为主体功能的自然保护区网络，为长江源区的生态系统、生物多样性的保护与恢复发挥了重要作用。

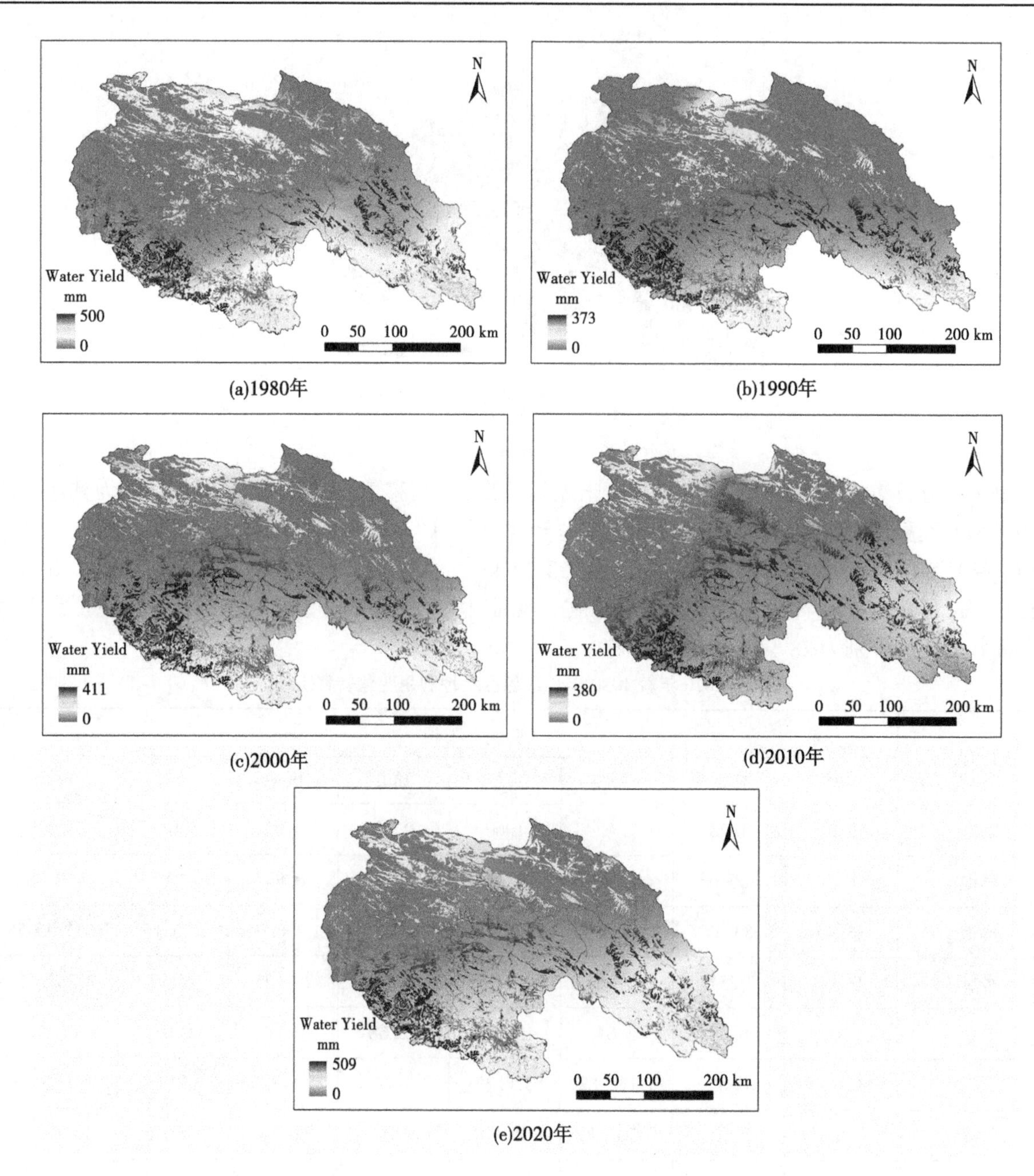

(a)1980年

(b)1990年

(c)2000年

(d)2010年

(e)2020年

图 5 1980 年、1990 年、2000 年、2010 年和 2020 年长江源区水源涵养能力空间分布

3.4 县级行政区水源涵养能力评估

对长江源区各县级行政区的水源涵养能力进行计算，得到不同县级行政区的水源涵养深度和水源涵养总量，如图 6 和图 7 所示。在水源涵养深度方面，6 个县级行政区的多年平均水源涵养深度呈现由西北向东南递增的趋势，其中玉树市的多年平均水源涵养深度最大，达到了 93. 19 mm；接下来为称多县和杂多县，多年平均水源涵养深度分别为 87. 51 mm 和 68. 31 mm；治多县、格尔木市和曲麻莱县的多年平均水源涵养深度相对较小，仅为 52. 69 mm、48. 98 mm 和 38. 09 mm。比较各县级行政区过去 40 年的水源涵养深度变化趋势可以看出，治多县、曲麻莱县和称多县的变化趋势与全区变化趋势基本一致，呈现出 U 形的变化趋势；而格尔木市、杂多县和玉树市 2000 年的水源涵养深度明显高于 1990 年和 2010 年的水平，呈现出 W 形的变化趋势。

在水源涵养总量方面，受各县级行政区在长江源区范围内的面积大小影响，6 个县级行政区的水源涵养总量大小与水源涵养深度不同，其中治多县的多年平均水源涵养总量最大，达到了 258. 09×

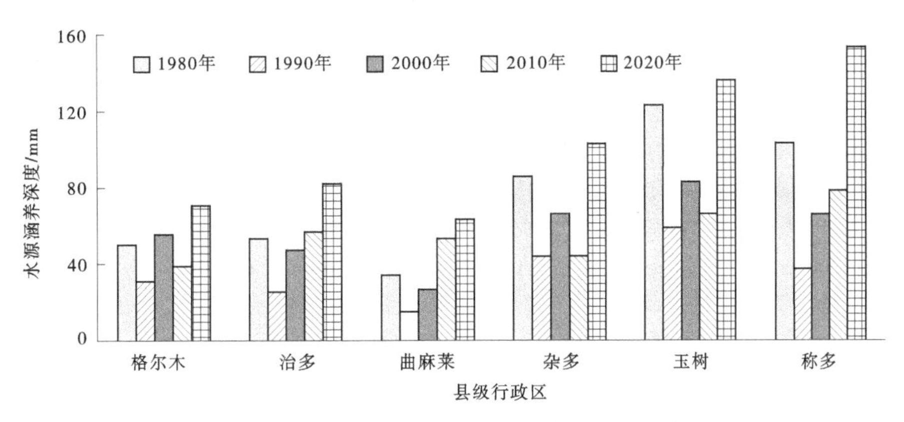

图 6　研究区各县级行政区水源涵养深度及其变化

10^6 m^3；接下来为格尔木市、杂多县和曲麻莱县，多年平均水源涵养总量分别为 156.60×10^6 m^3、117.29×10^6 m^3 和 115.12×10^6 m^3；玉树市和称多县由于长江源区的面积较小，故源区内的水源涵养总量最低，仅有 49.50×10^6 m^3 和 47.88×10^6 m^3。由于水源涵养深度变化趋势不受区域面积大小的影响，因此过去 40 年各县级行政区的水源涵养总量变化趋势与水源涵养深度保持一致。

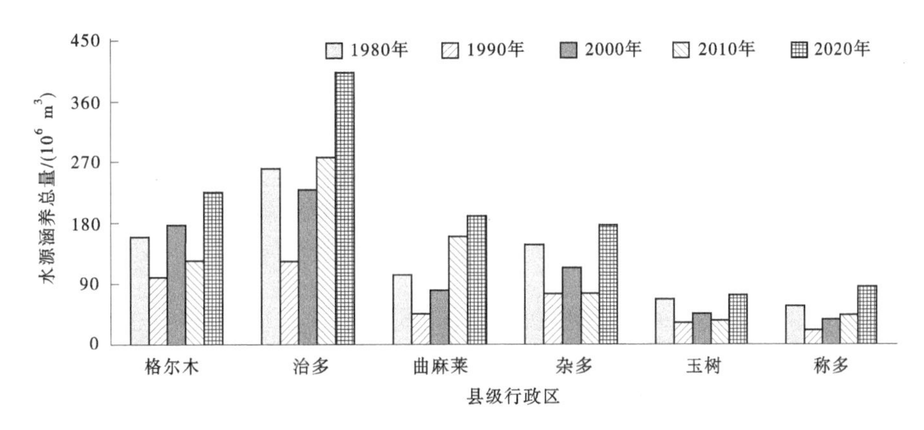

图 7　研究区各县级行政区水源涵养总量及其变化

4　结论

本文分析了长江源区 1980—2020 年水文气象要素和土地利用变化情况，并基于 InVEST 模型对长江源区生态系统 1980—2020 年水源涵养能力进行了时空分析，得出结论如下：

（1）1980—2020 年长江源区的年均降水量和潜在蒸散发量分别为 382.06 mm 和 907.87 mm，呈现先减少后增加的趋势。

（2）在各类土地利用类型中，2020 年长江源区的草地面积占全区总面积的 73.21%，是研究区域水源涵养能力的重要影响因子。

（3）长江源区的水源涵养能力从 1980 年的 788.84×10^6 m^3 提高至 2020 年的 1 147.81×10^6 m^3，提升了 145.51%，生态系统得到了有效改善。

（4）分析各县级行政区的水源涵养能力可以发现，6 个县级行政区的多年平均水源涵养深度呈现由西北向东南递增的趋势，其中玉树市的多年平均水源涵养深度最大，达到了 93.19 mm。

在未来工作中，还可以进一步利用 InVEST 模型的其他模块，对土壤侵蚀、面源污染和生物多样性等方面展开研究，进而实现长江源区生态系统的生境质量综合评估，有效地保护长江源区生态系统的健康稳定，为维持区域可持续发展和生态文明建设提供科学支撑。

参考文献

[1] Shoyama K, Kamiyama C, Morimoto J, et al. A review of modeling approaches for ecosystem services assessment in the Asian region [J]. Ecosystem Services, 2017, 26: 316-328.

[2] Feng H, Jie J, Hong Z, et al. The change of ecological service value and the promotion mode of ecological function in mountain development using InVEST model [J]. Arabian Journal of Geosciences, 2021, 14 (6): 510.

[3] 杨钦，胡鹏，王建华，等．近40年我国水域空间演变规律解析与保护对策建议 [J]．中国水利，2022 (7): 48-52.

[4] 姜晗，吴群．基于LUCC的江苏省生态系统服务价值评估及时空演变特征研究 [J]．长江流域资源与环境，2021，30 (11): 2712-2725.

[5] 葛俸池，许明祥．黄土丘陵沟壑区不同退耕模式的土壤水文性质影响对比 [J]．水土保持学报，2021. 35 (1): 154-160，168.

[6] 陈竹安，刘子强，危小建，等．2000—2019年鄱阳湖生态经济区水源涵养时空变化 [J]．测绘通报，2022 (8): 1-6.

[7] 王冶，薛忠财，王琳，等．承德市武烈河流域水源涵养功能的时空特征 [J]．草业科学，2021，38 (6): 1047-1059.

[8] 余新晓，周彬，吕锡芝，等．基于InVEST模型的北京山区森林水源涵养功能评估 [J]．2012，48 (10): 1-5.

[9] 唐见，曹慧群，陈进．长江源区水文气象要素变化及其与大尺度环流因子关系研究 [J]．自然资源学报，2018，33 (5): 840-852.

[10] 陈进．长江源区水循环机理探讨 [J]．长江科学院院报，2013，30 (4): 1-5.

[11] 杨建平，丁永健，陈仁升．长江黄河源区水文和气象序列周期变化分析 [J]．中国沙漠，2005 (3): 351-355.

[12] 杨建平，丁永建，刘时银，等．长江黄河源区冰川变化及其对河川径流的影响 [J]．自然资源学报，2003，18 (5): 595-603.

[13] 张小咏，李佳，杨艳昭，等．基于SWAT模型的长江源区径流模拟 [J]．西北林学院学报，2012，27 (5): 230-234.

[14] Nelson E, Mendoza G, Regetz J. Modeling multiple ecosystem services, biodiversity conservation, commodity production, and tradeoffs at landscape scales [J]. Frontiers in Ecology and the Environment, 2009, 7: 4-11.

[15] 周彬，余新晓，陈丽华，等．基于InVEST模型的北京山区土壤侵蚀模拟 [J]．水土保持研究，2010，17 (6): 9-13，19.

丹江口库区及上游水生态环境安全保障对策研究

余明星[1]　涂建峰[2]　黄　波[1]　雷明军[1]　孙志伟[1]

（1. 生态环境部长江流域生态环境监督管理局生态环境监测与科学研究中心，湖北武汉　430010；
2. 生态环境部长江流域生态环境监督管理局，湖北武汉　430010）

摘　要： 保障南水北调中线工程水源区水生态环境安全，对确保中线工程稳定供水，维持丹江口库区及上游优良生态，促进区域绿色高质量发展具有重要作用。本文识别分析了丹江口库区及上游水生态环境存在的6个方面风险问题，提出了加强水污染防治、开展水生态修复、强化风险排查整治、提高监控预警能力、健全监测网络体系、完善联防联控机制、推进生态补偿制度和开展专项调查研究8个方面的对策和措施，为保障"一库清水永续北上"提供决策参考。

关键词： 南水北调中线工程；丹江口库区及上游；水生态环境安全；对策建议

南水北调中线工程是缓解我国黄淮海平原水资源严重短缺、优化配置水资源的重大战略性基础设施，向北京、天津、河北、河南等四省（直辖市）24个大中城市的190多个县（市、区）提供生活、生产用水，兼顾农业和生态用水。据《中国南水北调工程效益报告2020》，截至2020年底中线工程累计调水近400亿 m^3，直接受益人口超1.4亿人。

2021年5月14日，习近平总书记在河南省南阳市召开的推进南水北调后续工程高质量发展座谈会上发表重要讲话指出：切实维护南水北调工程安全、供水安全、水质安全；要把水源区的生态环境保护工作作为重中之重[1]。丹江口库区及上游是南水北调中线工程水源区，2025年丹江口水库需稳定达到供水水质要求，其中水源地安全保障区要保障丹江口水库水质绝对安全[2]。如何确保丹江口水库"北供"水安全，稳定优良水质，开展丹江口库区及上游水生态环境风险识别和防范是关键一环。本文总结了丹江口库区及上游面临的水生态环境风险挑战，提出了技术和管理层面的应对措施建议，为保障中线水源区水生态环境安全提供决策参考。

1　区域水生态环境现状

丹江口库区及上游位于秦岭南段余脉伏牛山南麓，总面积9.52万 km^2，涉及河南、湖北、陕西3省14市46县（市、区）和重庆市城口县、四川省万源市、甘肃省两当县部分乡（镇），总人口约1 717万人，生产总值5 376亿元，城镇化率46.8%[3]。区域内地质结构复杂，植物种类繁多，生物多样性丰富，矿产资源分布广泛，河网密布。主干河流为汉江和丹江，流域面积在1 000 km^2 以上的河流有21条，流域面积在100 km^2 以上的河流有220条。

丹江口库区及上游水环境质量持续改善，"十三五"末的2020年，丹江口水库水质为优，库区整体水质为Ⅱ类，处于中营养状态；丹江口库区及上游75个地表水国控监测断面水质，符合或优于Ⅲ类的断面占比97.3%[2]。2021年丹江口水库水质持续为优[4]。近年来神定河、泗河、官山河、老灌河4条入库支流回水区秋季易发生水华，剑河回水区、浪河回水区、老城镇库湾和马镫库湾藻密度较高[2,5]。库周消落区部分湿地萎缩，浮游植物密度增高而种类降低，产漂流性卵鱼产卵总量明显下降，洄游鱼类种类减少[2,5-8]。此外，人为或自然因素导致的水污染事件时有发生，水环境抗风险压

作者简介： 余明星（1982—），男，高级工程师，主要从事流域水生态环境监测与评价等工作。
通信作者： 孙志伟（1965—），男，正高级工程师，主要从事流域水生态环境科研与管理工作。

力较大。

2 丹江口库区及上游水生态环境安全存在的问题

2.1 个别断面水质不能稳定达标

神定河、泗河、浪河、官山河等部分河段水质不稳定，个别月份为Ⅳ类～Ⅴ类，甚至达到劣Ⅴ类，总磷、氨氮、高锰酸盐指数、化学需氧量等参数超标。水源区总氮浓度总体偏高，并呈现逐年升高态势，神定河、泗河和剑河等入库支流总氮浓度较高，汉江上游瀛湖、石门水库等重要湖库总氮浓度居高不下[2,9-11]。受汛期降雨等因素影响，库区总磷浓度呈现波动状态。汉江、堵河总磷浓度 2021 年分别比“十二五”均值上升 98.9%和 39.1%。

2.2 突发水环境事件时有发生

丹江口库区及上游因陆路运输危险化学品等引起的水污染事件时有发生，重大水污染事件隐患仍然存在。2018 年 1 月和 4 月发生的西峡县淇河河段跨省转移倾倒危险废物水污染事件以及 316 国道留坝县境内危险化学品过境车辆罐体破裂导致的粗酚泄露事件，均存在污染物流入支流的情况。据统计，汉中市日均通行危险化学品运输车辆约达 800 台，危险化学品过境公路长达 465.4 km，多临崖邻水，存在水环境安全风险。2015 年汉中市发生危险化学品交通事故 24 起，2020 年下降到 8 起，危险化学品道路运输安全监管工作仍任重道远。

2.3 富营养化演变趋势逐步显现

丹江口水库目前整体上为中营养状态。大坝加高后，丹江口水库岸线长达 4 604 km，形成大量库湾。库湾水体流动性较差，营养盐容易累积，泗河、神定河库湾营养状态指数相对较高，达到轻度或中度富营养，易发生水华[12]。与建库前相比，丹江口水库浮游植物密度增加了一个数量级，浮游植物种类组成由适应河流的固着型硅藻逐渐发展为适应湖泊缓流的硅藻-隐藻-蓝藻-绿藻型[7]。上述变化显现出水生态系统向富营养方向演变的趋势，需引起重视并加以防范。

2.4 消落区浸没对水质存在潜在影响

丹江口大坝加高后，正常蓄水位由 157 m 提高到 170 m，新增淹没面积 307.7 km^2。库区周边形成了大面积的消落带土地，以耕地、草地、林地为主。氮、磷等污染物会因土地淹没浸泡进入水体，对水库水质构成威胁[13]。消落区范围内以库岸带植被为主体的湿地生态系统能分解吸收库区水体中的营养物质，同时保持水土，稳定库岸，维持良好生境状况。水位的周期性涨落使原有消落区植被淹没消亡，新消落区植被进入新一轮演替，对库区水质自然净化可能存在一定的影响。

2.5 尾矿库风险隐患还比较突出

丹江口库区及上游内采选矿企业及尾矿库数量较多，约有尾矿库 300 座。一些尾矿库建设年代久远、建设标准低、管理不到位，已废弃或停用。部分重金属矿和尾矿沿河分布，存在地下水侵浸、尾矿泄露、溃坝等安全和环境隐患。近年来由人为因素、自然因素或历史遗留问题引起的重金属矿或尾矿水污染时有发生，如 2017 年河南省栾川县尾矿库溢流井坍塌导致钼污染，2020 年陕西省白河县废弃硫铁矿污染，以及 2021 年河南省卢氏县老鹳河上游支流五里川河因降雨致锑矿渣渗漏造成锑超标，都对丹江口水库水质造成一定威胁，引起社会广泛关注。

2.6 监控预警能力还十分薄弱

丹江口库区及上游水生态环境综合监测体系尚不完善，环保、水利、农业、自然资源等多个部门围绕自身职责开展了大量工作，但数据整合共享机制尚未形成，缺少能将整个水源区水生态环境信息汇集并实现共享的平台及基于此的预警预报信息系统。预警监控能力有限，自动监测站点密度不高，非常规污染物快速检测能力建设相对滞后。稀有特征重金属污染物和新污染物监测能力整体还不高，水生态监测参数未全面纳入常规监测，不能及时高效识别水生态环境问题与风险。

3 丹江口库区及上游水生态环境安全保障对策和建议

3.1 加强水污染防治

以持续确保丹江口库区及上游水质达标为核心，重点开展汉江、丹江以及库周神定河、泗河、官山河、老灌河等小支流流域水环境综合治理。实施跨区域污染源综合管理，实现上下游联动管控，减少丹江口水库水污染负荷。提高老旧城区、城乡接合部、城中村等地区的污水收集处理能力，保障污水处理设施稳定运行。加强农村污水和垃圾收集处理能力，对农业面源污染实施源头减量、过程控制、末端治理等全过程管控措施。

3.2 开展水生态修复

统筹丹江口库区及上游水土流失整治、岸线恢复、湿地修复，保护水生生物生境，增强水源涵养功能。开展沿河、沿库缓冲带生态保护修复，保护重要生态空间。加快库区消落区生态屏障构建，减少入库污染负荷。开展浮游动植物、底栖生物、水生植物、鱼类全面保护，实施重点水域范围全面禁捕，采取种群恢复、增殖放流等手段，恢复生物多样性。按照保护优先、自然恢复为主原则，推进流域生态环境保护精细化管理和区域绿色高质量发展。

3.3 强化风险排查整治

对丹江口库区及上游工业污染源、污水处理厂、垃圾填埋场、矿山和尾矿库、规模化畜禽养殖场等固定风险源进行详细排查，按照“一源一档”的原则进行信息登记，建立风险源档案，并实施动态化管理。推进入河排污口规范化建设，设立标志牌和监测监控设施，建成丹江口库区及上游入河排污口信息管理系统。加强神定河等入库支流回水区和丹江口水库库湾水华监控，加强危险化学品运输风险管控。编制丹江口库区及上游突发水环境事件应急处置预案，建立环境应急全过程管理体系。

3.4 提高监控预警能力

完善丹江口库区及上游监控预警体系，加强主要入库河流和水库水质监控、生物毒性预警及氮磷通量监测和预判。开展新污染物和锑等非常规重金属监测，强化重点排污企业、尾矿库等风险源监督性监测，充分发挥遥感监测对水华富营养化的监测预警作用。建立水源区水生态环境信息共享机制，搭建水源区水生态环境预报预警系统，实现多源监测信息的汇集、分析和共享，及时对突发水污染事件进行预测预警，对突出水生态环境问题进行精准识别。

3.5 健全监测网络体系

推动丹江口库区及上游建立综合监测网络，实现信息共享，以流域为单元，加快监测和评价标准体系建设。优化整合流域内各部门的水环境、水生态、水资源等水生态环境监测断面和数据，形成整体的丹江口库区及上游综合监测站网，在现有监测体系基础上逐步形成国家、流域、省（区）和监测任务承担单位四级管理架构。建立预警监测、常规监测、调查应急监测体系，做好监测统筹。推动建立流域监测信息共享机制，构建监测大数据平台，统一监测评价标准。

3.6 完善联防联控机制

推动丹江口库区及上游联防联控综合管理体系的建立，开展联合执法和应急、共享信息和会商、协同管控和治理等方面深入合作。借鉴“南阳实践”经验，贯彻“以空间换时间”的原则，编制丹江口库区及上游“一河一策一图”应急响应方案，开展联合突发水污染事件应急演练。完善丹江口库区及上游水生态环境联席会议制度，发挥协商共治平台作用，推进信息资源共享；开展水生态环境状况形势会商与应急联动互商，充分实现水污染联防联治、上下游通报联动，促进协同发力。

3.7 推进生态补偿制度

丹江口库区及上游经济基础薄弱，缺乏将生态财富转化为物质财富的有效途径，亟须推动水源区生态保护补偿机制建设。可以进一步加大中央向丹江口库区及上游财政转移支付的力度，并引导社会资金增加对丹江口库区及上游经济建设和生态环保的投入。建立丹江口库区及上游生态补偿动态调整机制，将生态补偿责任落实和成效评价结果与转移支付挂钩。进一步探索和巩固丹江口库区及上游对口协作常态化工作机制。深入发掘丹江口库区及上游森林、耕地、草地等碳储量潜力，探索性发展碳汇产业。

3.8 开展专项调查研究

系统研究丹江口库区及上游水质巩固、风险防范等关键问题，加大科技支撑，守好一库碧水。一方面继续加强对丹江口库区及上游水生态环境的系统调查和监测，开展长期跟踪评价和科学研究，掌握水生态环境演变规律。另一方面对丹江口水库达到正常蓄水位 170 m 后已出现或可能面临的新的生态环境问题，开展重点专题调查和研究，例如蓄水后新增消落区水生态环境影响、库湾和部分支流水华富营养化演变状况、氮磷营养盐升高成因、水生生物种群结构演变趋势等。

4 结语

保障丹江口库区及上游水生态环境安全事关全局，责任重大。丹江口库区及上游水生态环境保护工作要以习近平生态文明思想为根本遵循，按照高质量发展要求，统筹好经济社会发展和生态环境保护之间的关系，守住生态环境底线，进一步巩固水生态环境治理修复成效。当前需要继续加强丹江口库区及上游水污染防治，深入推进水生态保护与修复，降低突发水污染事故风险，有效防控水华富营养化，确保丹江口库区及上游水生态环境安全和稳定，保障一泓清水永续北上。

参考文献

[1] 新华社．习近平主持召开推进南水北调后续工程高质量发展座谈会并发表重要讲话［EB/OL］．2021-05-14. http：// www. gov. cn/xinwen/ 2021-05/14/content_ 5606498. htm.

[2] 国家发展改革委．国家发展改革委等部门关于印发丹江口库区及上游水污染防治和水土保持“十四五”规划的通知（发改地区〔2021〕1745 号）［EB/OL］．2021-12-01. https：// www. ndrc. gov. cn/ xxgk/ zcfb/ ghwb/202112/ t20211208_ 1307088_ ext. html.

[3] 辛小康，尹炜，齐耀华．丹江口库区及上游地区绿色发展促进水质保护的对策建议［J］．长江技术经济，2021（1）：14-19.

[4] 生态环境部．中国生态环境状况公报 2021［R］．北京：生态环境部，2022.

[5] 井柳新，马乐宽，续衍雪，等．“十四五”丹江口库区及上游生态环境保护思路研究［J］．环境保护，2021，49（14）：59-62.

[6] 包洪福，孙志禹，陈凯麒．南水北调中线工程对丹江口库区生物多样性的影响［J］．水生态学杂志，2015（4）：14-19.

[7] 董磊，吴敏，林莉，等．南水北调中线工程对丹江口水库浮游植物群落结构影响［J］．环境科学与技术，2021，44（S1）：1-7.

[8] 雷欢，谢文星，黄道明，等．丹江口水库上游梯级开发后产漂流性卵鱼类早期资源及其演变［J］．湖泊科学，2018，30（5）：1319-1331.

[9] 宋国强，殷明，张卫东，等．丹江口水库入库河流总氮通量监测［J］．环境科学与技术，2009，32（12）：135-137，198.

[10] 辛小康，徐建锋．南水北调中线水源区总氮污染系统治理对策研究［J］．人民长江，2018，49（15）：7-12.

[11] 张乐群，付昕，白凤朋．丹江口水库典型支流对水库总氮浓度的影响［J］．人民长江，2020，51（7）：40-45.

[12] 卢金友，林莉．汉江生态经济带水生态环境问题及对策［J］．环境科学研究，2020，33（5）：1179-1186.

[13] 曾祉祥，雷沛，张洪，等．丹江口水库典型消落区土壤氮磷赋存形态及释放特征研究［J］．环境科学学报，2015，35（5）：1383-1392.

智慧司库资金管理助力国家水网建设高质量发展

芮京兰[1]　霍紫烟[2]

（1. 南水北调中线实业发展有限公司，北京　100010；
2. 中国南水北调集团江汉水网建设开发有限公司，湖北武汉　430040）

摘　要：近年来，司库资金管理模式越来越受到大型企业集团的青睐，更好地发挥了资金管理提升资金价值的作用。我国为了促进水利事业高质量发展，加快构建国家水网，提升水资源保障能力，大型水利集团企业不断涌现。采用先进的资金管理模式加强对集团企业的资金管理，对水利建设资金进行高效管理，吸引更多的社会资本参与国家水网工程等水利工程建设和运营，对国家水网等重大水利工程建设发展具有重要意义。本文将对水利集团企业智慧司库资金管理体系建设进行探索，以期对未来国家水网建设资金管理提供参考。

关键词：智慧司库；国家水网；资金管理

1　引言

国资委在《关于推动中央企业加快司库体系建设进一步加强资金管理的意见》一文中给出的司库体系的定义是：司库体系是企业集团依托财务公司、资金中心等管理平台，运用现代网络信息技术，以资金集中和信息集中为重点，以提高资金运营效率、降低资金成本、防控资金风险为三项核心目标，以服务战略、支撑业务、创造价值为三大导向，对企业资金等金融资源进行实时监控和统筹调度的管理体系。水利集团企业涉水资金数量大、风险高，建设水利集团企业智慧司库资金管理体系主要是运用大数据、人工智能等现代化手段为司库资金管理体系赋能，提高司库应用的便捷性，增强应用的广泛性，更好地提高水利资金管理效能，防控水利资金风险。

2　水利集团智慧司库资金管理体系建设的必要性

2.1　数字经济发展需要

国家“十四五”规划中强调，要加快数字化时代建设步伐，加快推动企业数字化转型，推进产业数字化变革，打造数字经济新优势。资金流动是经济的血液循环，因此数字经济转型，资金的数字化管理转型必不可少。

国资委相继发布多个文件都明确指出要求中央企业加快司库管理体系建设及落地实施，强化资金管理，实现安全高效。水利部部长李国英在《人民日报》发表署名文章指出：推进南水北调后续工程高质量发展坚持科技引领和数字赋能，综合运用大数据、云计算、仿真模拟、数字孪生等科技手段，提升国家水网的数字化、网络化、智能化水平，更高质量保障国家水安全[1]。水利集团企业作为现代化国有企业和现代水网建设的主力军，涉水业务多元发展，涉水资金来源广泛，资金管理风险不断提高，传统的资金管理模式已不能适应新阶段水利资金管理的需要，必须转变管理模式与管理职能，建设新的资金管理体系，适应国家高质量水网建设的需要。

2.2　水利企业财务管理模式创新的需要

现代化的水利集团企业集水利开发、建设、运营于一体，涉及投资、融资、经营等各个方面，会

作者简介：芮京兰（1978—），女，注册会计师，注册税务师，高级会计师，研究方向为企业数智化财务管理体系建设、集团企业司库管理体系建设。

计核算为主的财务管理模式已不符合经营主体及业务的多元发展要求，必须建立全新的业财融合的财务管理模式，借助数字化、智能化手段建设数智化财务管理体系提高财务管理的水平，资金管理作为财务管理的中心环节，必须创新管理模式融入数智化财务管理体系。

2.3 防控资金风险创造价值的需要

水利投资规模大，资金类型全面、流转环节多、业务类型非标准化、风险高。水利集团企业涉水业务资金来源广、融资形式多样性，需要先进的资金管理体系为支撑，做好资金管理。涉水资金集中管控除可以防控风险外，还可以更好地做到集中力量办大事，降低资金成本，提高资金的使用价值，更好地服务于国家水网等重点水利工程建设。

2.4 国家相关政策为智慧司库体系建设做出了指导

国资委对中央企业司库体系建设提出了指导性的意见和建议，指导意见明确了司库体系建设的目标、路径、管理模式、管理内容、管理手段。通过建设司库体系将银行账户管理、资金集中、资金预算、债务融资、票据管理等重点业务纳入司库体系，强化信息归集、动态管理和统筹调度，实现对全集团资金的集约管理和动态监控，提高资金运营效率、降低资金成本、防控资金风险。国家政策层面的推动，将有效地促进集团司库管理体系的建设发展，为集团资金司库管理体系提供良好的治理环境。水利集团企业作为关系国计民生的大型集团企业应积极响应国家号召，先行先试，积极构建先进的智慧司库资金管理体系，积累经验与标准，探索全行业实施并输出管理标准，实现管理经验价值创造。

3 智慧司库资金管理体系的构建

3.1 智慧司库资金体系建设模式的选择

目前的集团司库管理体系包括两种模式：一种是集团内部独立财务公司形式，另一种是集团内部结算中心形式。两种方式各有利弊，独立财务公司因具有独立的金融业务经营牌照，可以有效地发挥集团司库的外部融资职能及战略管理职能，优化配置资源，但是也存在过度强调资金集中，与集团内公司的业务分离，引发业务与资金的不相融，降低集团内公司的资金集中积极性[2]。内部结算中心模式与集团业务结合比较紧密，因属于集团内部部门，存在管理权限不明，同时开展一些外部融资业务受到限制。新的智慧司库模式，运用信息技术、大数据及互联网+，延长资金管理链条，集团层建立独立财务公司与集团各级公司财务与业务相融合，融合财务公司与内部结算中心的优势，平台支持集团内各层级人员实时操作，审批、可视化分析，建设业务与财务共享共融的资金价值管理体系平台模式。

3.2 智慧司库资金体系的制度建设

搭建智慧司库资金管理体系，必须建立与集团化水利企业战略目标与规划相适应的制度体系，统一的资金管理制度是支持智慧司库体系有效运行的保障。资金管理制度要流程化，流程要做到标准化，为建立智慧司库体系提供可运行的流程支持。按照总部统筹战略层面、智慧司库平台做好实施、基层有效落地执行“三位一体”的组织体系和“统一管理、分级授权”的管理模式建立集团资金管理制度。建立账户统一管理制度，集团公司内所有企业开户由集团领导审批，所有账户由集团公司的司库平台统一管理；建立资金计划管理制度，并与企业预算管理制度相结合，做到无预算不开支，无计划不实施；建立各级资金授权支付审批制度，强化审批流程节点风险控制，控制资金风险；司库平台建立资金池，集团所属企业的所有账户资金由司库平台统一实时调配，明确集团内各级主体的责任；建立票据管理池制度，所有票据由司库平台实施全生命周期统一管理；建立风险管理制度，保障资金安全。

3.3 智慧司库资金管理体系的主要架构

智慧司库资金管理体系的主要架构，包括账户管理、资金池、票据池、供应链融资、债务融资、集团内部融资、平台可视化等，并且与集团各级公司的业务系统、财务平台及外部供应商、税务系统和银行等金融机构建立连接。促进集团企业建立扁平式网格化的管理模式，建立由业务至财务再到资金的全流程管理，形成以资金为中心的穿透式一张网管理格局。借助 IT 技术，实现“互联网+”的资金管理模式，支持集团内多地、多人、实时监控、实时支付、审批资金，不同操作人、审批人、决策人实时获取资金管理信息，进行资金管理业务。

资金动态管理。打通业务流程，建立与业务流程统一的资金管理体系，业务流程执行完成后，借助 RPA 技术，根据预置的资金支付审批条件，智能化完成资金支付流程各环节的操作和审批，动态支付资金，实时反馈余额。采集财务系统数据，动态归集分析资金预算和资金计划，智慧化数据分析资金，平衡集团内不同公司间、同一公司间近期、远期资金需求，做好集团内资金流动性管理和风险管控，为集团层面战略决策提供资金数据支持，提高集团资金价值。

票据集中管理。建立票据池，集中对集团公司所有票据进行全生命周期的管理，从业务收付款程序结束至票据收付开始，全方位采集票据信息，优先使用远期票据作为集团内票据支付备选方案，减少票据贴现，建立集团内开立票据多级联签、集中授权审批制度，实现集团内票据有效循环，实现票据收益最大化，降低票据贴现等成本。借助大数据、云计算、算力算法、人工智能等先进技术，建立智慧票据池，以集中循环优势实现票据价值最大化，降低票据成本。

供应链融资实现产融结合。近年来各类供应链金融产品即各种以核心企业与供应链为基础签发的供应链信用产品广泛应用，产业链内核心企业的信用效应放大，产业链上其他中小企业可以实现低成本融资，有效地融通了供应链，为上下游企业提供优质融资服务。建设内外融通的智慧司库系统，打通产业链客户间的连接，构建集团内外的供应链、融资链，打破产业链数据壁垒，有效实现产融结合，降低产业链融资成本，可以吸引更多社会资本投资水网等水利项目建设。

高效的集团内外部融资体系。智慧司库管理体系因账户管理、资金归集等必须与银行建立实时联接，因此天然可以利用银行等金融机构服务、技术构建债务融资数字化体系，通过数字技术加互联网和大数据分析，为集团公司水利建设项目匹配最佳融资方案，降低融资成本，实现智慧司库体系价值创造。智慧司库平台归集资金，可以有效利用内部资金，为集团内企业发放短期或超短期内部融资贷款，提高集团内资金的流动性价值，降低资金风险。

建立全网监控可视化平台。运用数字技术、互联网技术与服务、大数据、云计算等构建可视化全网监控平台，实现资金管理全程可视可控[3]。提高使用的便捷性，如资金拨付一点到账，无感化实时归集，集团实时监控，资金状况实时可视；集团融资状况全程可视化监控，实时掌握融资需求、融资总量、到期融资。利用好移动互联技术，通过全网监控可视化平台实现集团资金操作员、审批人、各层级管理者随时查看、审批资金管理信息，汇集所需资金管理数据。

3.4 根据行业资金情况完善智慧司库管理体系

水利集团的水利建设资金来源较为多元，国家水网建设资金中会有中央预算投资、地方预算投资、国债投资、企业自筹资金等不同形式的投资，不同投资资金会有不同的管理标准，因此水利集团企业司库体系建设之初应做好多元类型资金管理制度、审批权限及审批流程和控制标准的划分，为实现水利资金智慧管理建立制度支持和流程支持。

3.5 智慧司库体系与集团数智化管理体系同步规划建设

智慧司库资金管理体系与集团业务管理体系和财务管理体系无缝衔接，高效利用国家水网建设资金，要在项目规划设计、投资概算，建设预算、项目建设过程、项目运营过程中加强成本控制，全业务注重资金价值导向，源头控制成本，降低资金耗用，实现降本增效，使有限的水利资金做到好钢用到刀刃上。因此，要同步建设全业务流程的数字化管理体系，实现业务流程的数字化管理，为智慧司库资金管理体系的搭建提供良好的业务财务数字化支撑体系，实现资金数据可以穿透式反映业务管理现状，体现业务活动的价值导向。

3.6 智慧司库资金管理体系需要优秀的管理团队的支持

大数据、人工智能、移动互联网、云计算、区块链等新技术的快速发展，为智慧司库体系的建设提供了技术保障，但是智慧司库管理体系需要既懂财务、资金管理、资本运作又要懂技术的各层级财务管理人才队伍，才能做好司库体系的管理[4]。现有的各层级财务管理人员要不断学习新技术，通过走出去、请进来的学习培训，集团内轮岗学习，尽快达到智慧司库资金管理人才队伍素质标准。对于紧缺的复合型技术人才，现有财务人员难以满足需求的，可以引进外部大型企业集团有相关经验的财务管理人员或资金管理人员或智慧司库建设先驱单位复合型管理人才，做好引进人才在集团内的传、帮、带，以点带面带动现有复合型人才素质的提高。通过多种形式的人才策略，建成高素质的财务管理复合型人才，助推集团企业实现财务管理从信息化向数字化、智能化转型，努力成为水利集团企业数字化转型的先行者、引领者、推动者。

3.7 做好智慧司库资金管理体系的风险管控

资金管理的第一要务是防控资金风险，主要包括资金舞弊风险、资金流动性风险、市场风险、信用风险等。智慧司库资金管理体系集中了集团内的大规模资金，按照风险的影响因素分析，一般也会引发较大风险，智慧司库资金管理体系一定要做好资金风险管控体系的构建。

针对各种资金风险制订风险防控措施，针对资金舞弊风险，一方面多层级审批复核制度与 RPA 智能审批有机结合，可以借助智能化审批手段有效地防控资金舞弊风险；另一方面还要建立各类防控预警机制，如技术防控预警、技术审批标准多层级联控、大额资金支付预警机制等各种预警机制。针对资金流动性风险、市场风险、信用风险等，智慧司库体系本身就具有较好的风险防控能力，只要做好技术手段的支持，建立有效的预警技术服务体系，就可以达到较好的风险防控能力。

4 智慧司库资金管理的成功案例

根据检索到的相关文章记载，上海宝钢上线智慧司库资金管理平台 5 年间，集团财务费用逐年下降，累计下降超过 1 亿元，除财务费用的直接经济贡献外，票据及营运资金管理方面还实现了与业务结算政策的联动，实现了对采购成本的隐性贡献，对表外汇风险敞口的管控形成了未来潜在收益的资产基础[5]。该案例具有成功可复制的经验，但是水利集团企业自身发展具有特殊性，业务具有特殊性，因此还要坚持立足自身条件，守正创新构建适应自身发展的智慧司库资金管理体系。

5 结语

近年来智慧司库资金管理体系在国内的不断发展、不断成熟完善，正在成为未来集团企业资金管理的有效工具。在国家大力推进智慧水网建设的新时代，智慧司库资金管理体系以先进的数字化、智能化管理理念和技术手段，特别适合水利集团企业多层级、多领域的资金管理需要，因此适宜在水利集团企业推广应用，为加快智慧水网建设，实现国家水网智慧化、数字化注智赋能。

参考文献

[1] 李国英．推进南水北调后续工程高质量发展［N］．人民日报，2021-07-29.
[2] 何德荣．航运集团公司的司库管理体系建设［J］．水运管理，2022，44（5）：4-6.
[3] 何光焕．司库式资金集中管理在集团公司的应用［J］．新会计，2019（3）：43-47.
[4] 唐世青，贾若昀．大数据时代水利财务信息化建设思考［J］．中国水利，2020（10）：57-59.
[5] 袁磊，郭亚雯．智慧司库解决方案［J］．财务管理研究，2019（1）：19-33.

顾及高程异常趋势的水域岸线坐标转换方法研究

冯国正　孙振勇　李自斌　陈细润　李启涛

（长江水利委员会水文局长江上游水文水资源勘测局，重庆　400020）

摘　要：高精度三维坐标转换参数是实现GNSS精确定位的基础，水域岸线平面形态复杂、高程异常变化大，坐标转换分段确定难度大。采用传统的平均分段法，不能有效控制高程异常趋势变化。本文从制约高程转换精度原理出发，建立河流沿程高程异常趋势，利用高程异常趋势变化确定坐标转换分段。经实例验证，顾及高程异常趋势分段方法坐标转换内符合精度中误差为0.022 m，外符合精度中误差为0.023 m，精度优于平均分段法。顾及高程异常趋势分段方法从制约坐标转换精度原理出发，首次明确了坐标转换分段方法，避免引入高程异常趋势截断误差。为坐标转换分段提供行之有效的方法，实现高精度三维坐标转换。

关键词：坐标转换；GNSS定位；高程异常；水域岸线；顾及高程异常趋势

水是生命之源、生产之要、生态之基，兴水利，除水害，事关人类生存、经济发展、社会进步，历来是治国安邦的头等大事。水利水电工程的勘测、设计、施工、运行管理和科学研究，治水、兴水等均以水利地理信息为基础支撑，3S技术是目前水利地理信息获取与管理的主要手段[1-2]。GNSS技术属于3S技术之一，主要为导航定位，可实现高精度三维坐标测量[3]。以GNSS定位获取的水利地理信息为WGS-84椭球下的地理坐标及大地高。而我国使用的是平高分离的坐标系统，平面坐标系统为CGCS2000坐标系或城市、工程独立坐标系，高程系统为正常高[4]。因此，需要进行坐标转换才能得到所需坐标系统。

常用的三维坐标系转换模型有Bursa模型、Molodensky模型等。Bursa模型公式简单，参数几何意义明确，不但顾及了三个平移参数，还可以计入旋转参数和尺度参数，适合较大面积区域的坐标转换，在国内外坐标转换中应用最广泛[5-6]。坐标转换区域越大，坐标转换精度越低，为提高转换精度，须将转换区域划分为多个转换区，但分区过多，计算复杂，且野外作业及数据处理时，需频繁地更换参数，因而坐标转换分段是个研究热点与难点[7-8]。目前坐标转换分区主要根据地形的起伏情况和高程异常区域的一般性分布规律进行划分[9-10]。对于带状区域，通常使用平均分段法按照30~50 km平均分段[11]。该方法在50 km范围内精度较高，但未考虑河流形态和高程异常变化情况，对整体区域模型的拟合精度影响较大[9]。同时，以往作业分区工作主要依赖工程经验，需反复比较，才能确定最合适的转换分区，操作烦琐且容易引入主观误差。为提高分区效率和坐标转换精度，本文从制约高程坐标转换精度机制出发，首次提出了顾及高程异常趋势分段的坐标转换方法，利用河流沿高程异常趋势确定高程转换分区，为带状区域坐标转换提供可靠的分区方法，同时有效地避免坐标转换引入高程异常截断误差。

1　原理

1.1　技术路线

坐标转换需要同时顾及平面及高程精度。在不考虑控制点精度的情况下，坐标平面转换控制点应

基金项目：中国三峡建工集团有限公司项目资助（合同编号：JGAJ0421004）。

作者简介：冯国正（1983—），男，高级工程师，硕士，主要从事水文测验与河道勘测技术研究工作。

能控制河流的平面形态；坐标高程转换精度主要制约于同名控制点高程异常是否能控制河流沿程高程异常趋势。综合顾及平面、高程制约因素，即可实现高精度的坐标转换。其技术路线见图 1。

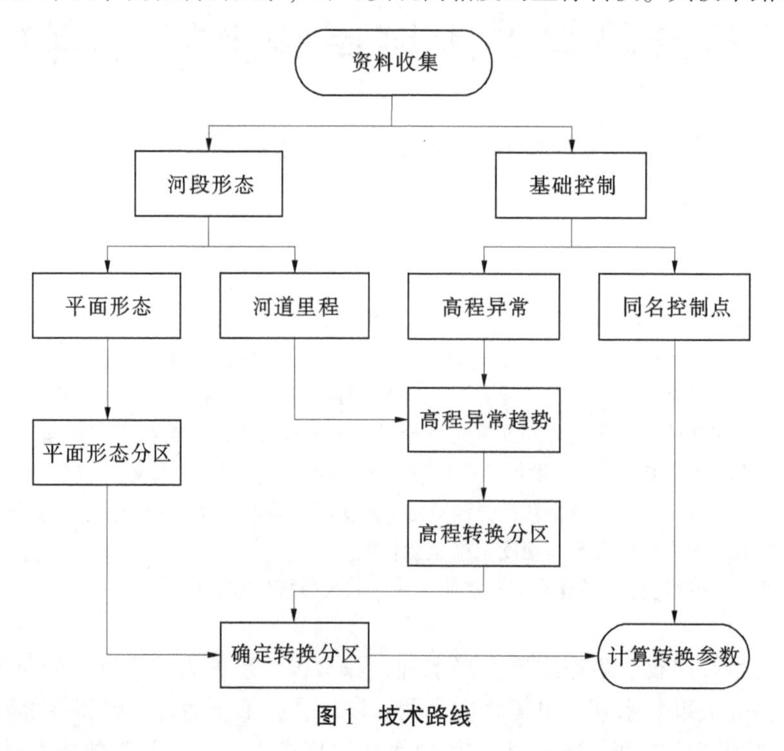

图 1 技术路线

1.2 布尔莎坐标转换模型

在三维坐标转换中，布尔莎坐标转换模型应用最广泛，它通过对坐标系的平移、缩放与旋转完成不同基准下的空间直角坐标转换[12]。该模型共有 7 个转换参数，至少需要 3 个公共已知点，其模型式为

$$\begin{bmatrix} X_2 \\ Y_2 \\ Z_2 \end{bmatrix} = \begin{bmatrix} T_X \\ T_Y \\ T_Z \end{bmatrix} + (1+\lambda)\begin{bmatrix} 1 & \varepsilon_Z & -\varepsilon_Y \\ -\varepsilon_Z & 1 & \varepsilon_X \\ \varepsilon_Y & -\varepsilon_X & 1 \end{bmatrix}\begin{bmatrix} X_1 \\ Y_1 \\ Z_1 \end{bmatrix} \tag{1}$$

式中：X_1、Y_1、Z_1 为源坐标系坐标；X_2、Y_2、Z_2 为目标坐标系坐标；T_X、T_Y、T_Z 为平移量；ε_X、ε_Y、ε_Z 为旋转量；λ 为缩放量。

2 实例

2.1 高程异常计算

利用既有水准高又有大地高的同名控制点计算各点高程异常值，其计算式为

$$\xi = H - h \tag{2}$$

式中：ξ 为高程异常；H 为大地高；h 为正常高。

2.2 高程异常趋势确定

河流控制点一般沿河流走势敷设，高程异常趋势按照河流河道里程及其高程异常确定。表 1 为实例河段高程异常统计。

依据表 1 数据，绘制高程异常趋势线，如图 2 所示。

2.3 坐标转换分区

按照高程异常趋势变化，进行高程异常分段，各分段情况见图 3。

表 1　实例河段高程异常统计

点名	高程异常/m	河道里程/ km
1	−33. 270	0
2	−33. 264	3. 22
3	−33. 239	6. 18
⋮	⋮	⋮
84	−34. 194	159. 46
85	−34. 226	161. 44
86	−34. 260	162. 88

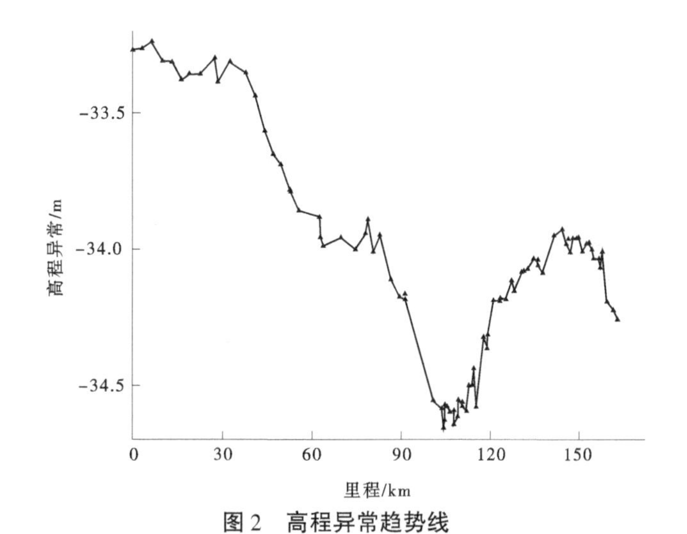

图 2　高程异常趋势线

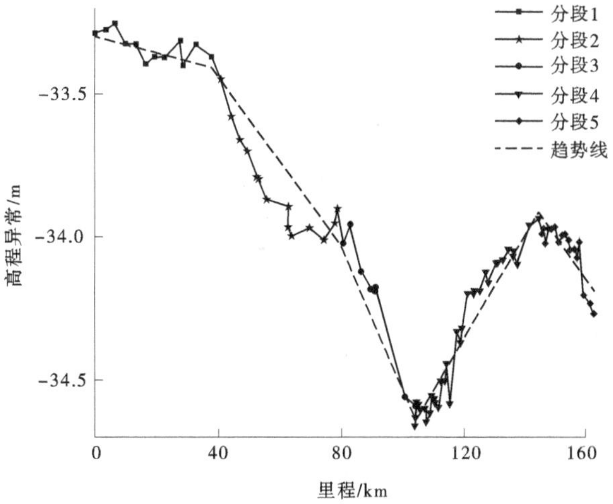

图 3　顾及高程异常分段

3　精度分析

分别对顾及高程异常趋势分段与传统的平均分段法进行精度分析，平均分段约 30 km 分 1 段，共 5 段。两种分段方法数量相同，节点不同。

3.1　内符合精度

利用参与坐标转换参数计算控制点进行内符合精度统计，计算方法如下：

$$v_{残差} = 重合点转换坐标 - 重合点已知坐标 \tag{3}$$

坐标 X 的残差中误差为

$$\mu_X = \pm\sqrt{[vv]_X/(n-1)} \tag{4}$$

坐标 Y 的残差中误差为

$$\mu_Y = \pm\sqrt{[vv]_Y/(n-1)} \tag{5}$$

高程 H 的残差中误差为

$$\mu_H = \pm\sqrt{[vv]_H/(n-1)} \tag{6}$$

则平面点位中误差为

$$\mu_P = \pm\sqrt{\mu_X^2/\mu_Y^2} \tag{7}$$

式中：n 为参与计算点个数。

3.1.1 顾及高程异常趋势分段法

顾及高程异常及平面形态分段法内符合精度高程残差见图4。

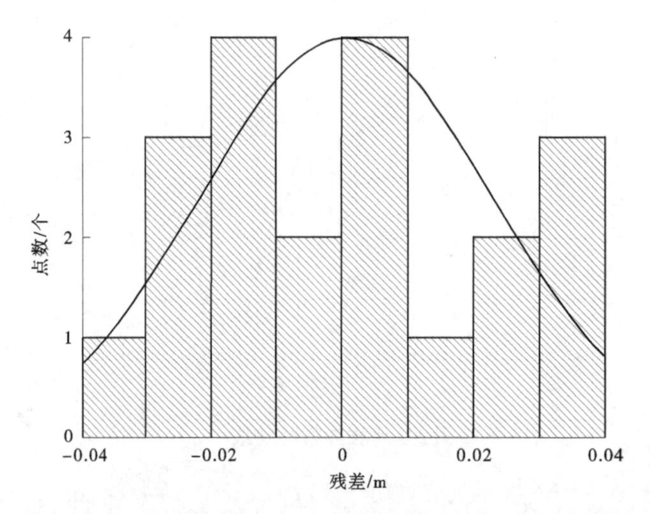

图4 顾及高程异常及平面形态分段法内符合精度高程残差

计算顾及高程异常趋势分段法高程内符合精度中误差为±0.022 m。

3.1.2 平均分段法

平均分段法内符合精度高程残差见图5。

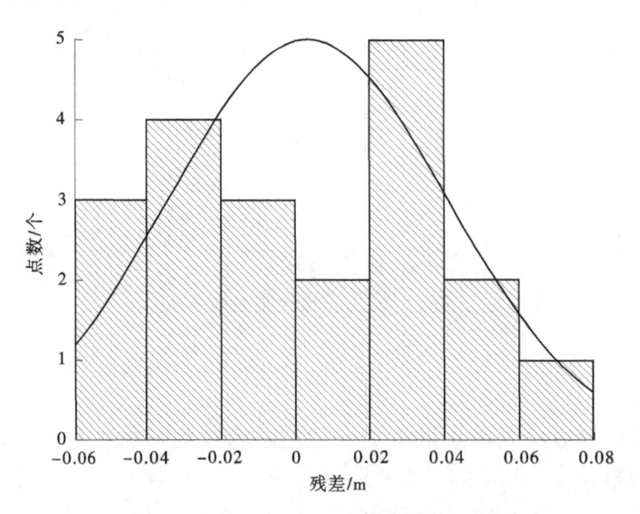

图5 平均分段法内符合精度高程残差

平均分段法高程内符合精度中误差为±0.037 m。

3.2 外符合精度

利用未参与坐标转换参数计算控制点进行外符合精度统计，计算原理同内符合精度。

3.2.1 顾及高程异常趋势分段法

顾及高程异常及平面形态分段法外符合精度高程残差见图6。

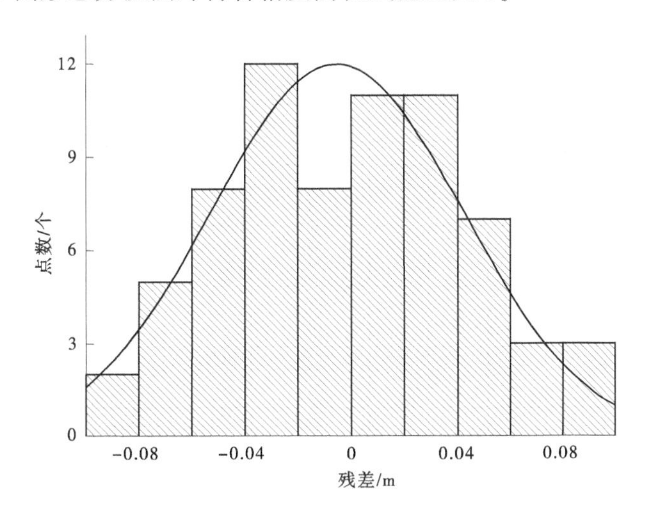

图6 顾及高程异常及平面形态分段法外符合精度高程残差

顾及高程异常趋势分段法高程外符合精度中误差为±0.023 m。

3.2.2 平均分段法

平均分段法外符合精度高程残差见图7。

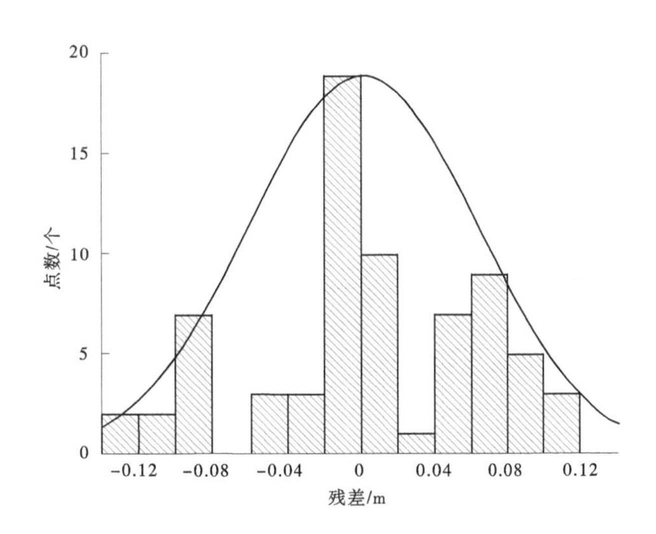

图7 平均分段法外符合精度高程残差

平均分段法高程外符合精度中误差为±0.035 m。

3.3 精度统计

顾及高程异常趋势分段及平均分段法高程转换精度情况见表2。

表 2　顾及高程异常趋势分段及平均分段法高程转换精度统计

方法		顾及高程异常趋势分段	平均分段
内符合精度	最大值	0.038	0.063
	最小值	-0.031	-0.056
	中误差	0.022	0.037
外符合精度	最大值	0.090	0.111
	最小值	-0.092	-0.136
	中误差	0.023	0.035

由表 2 可知，顾及高程异常趋势分段法高程转换精度优于平均分段法。

4　结论

本文针对河流平面形态复杂、高程异常变化大，传统转换分区方法容易引入高程异常截断误差等问题，通过综合分析高程转换误差来源，提出顾及高程异常趋势坐标转换分段方法，经与传统平均分段法进行精度比较，得出如下结论。

（1）顾及高程异常趋势分段法，从高程异常趋势决定高程转换精度机制出发，提出顾及高程异常趋势分段方法，有效地避免了传统平均分段带来的高程异常截断误差。

（2）顾及高程异常分段内符合精度中误差为 0.022 m，外符合精度中误差为 0.023 m，精度优于传统的平均分段法。

（3）顾及高程异常趋势首次明确提出了顾及高程异常趋势的分段方法，避免传统“盲目”平均分段，为坐标转换分段提供行之有效的方法，可实现高精度三维坐标转换。

参考文献

[1] 刘世振，冯国正，张亭，等．一种基于水-雨-工情的新型堤防崩岸综合监测技术应用及探讨［J］．水利水电技术（中英文），2022，53（S1）：107-110.

[2] 周新忠．面向水利地理空间元数据研制与应用的关键技术研究［D］．武汉：武汉大学，2006.

[3] 冯国正，曹磊，马耀昌，等．EGM 2008 模型的无验潮测深技术［J］．测绘科学，2018，43（1）：26-30.

[4] 冯国正，马耀昌，樊小涛，等．基于 EGM2008 的 CORS 三维坐标转换［J］．城市建筑，2013（24）：313-314.

[5] 李军，李楚阳，张建东．不同坐标转换方法适用性分析［J］．测绘技术装备，2014，16（3）：29-31.

[6] 杜迪．改进的人工蜂群算法及其在坐标转换七参数计算中的应用［D］．合肥：安徽大学，2016.

[7] 马耀昌，张世明，孙振勇，等．顾及高程异常趋势变化的带状区域坐标转换分段方法［P］．重庆市：CN112946691A，2021-06-11.

[8] 李聚方，焦爱萍，宋新龙．长江下游区域似大地水准面拟合确定的探讨［J］．人民长江，2010，41（14）：65-67，71.

[9] 李航．基于无缝分区技术的高程异常模型研究［D］．南京：东南大学，2020.

[10] 王勇．基于 GPS 连续运行参考站系统的区域大地水准面精化及分区精化方法的研究与应用［D］．昆明：昆明理工大学，2007.

[11] 解祥成，王琴，郭文周，等．基于 CORS 系统下带状地形坐标转换方法探讨与分析［J］．水资源研究，2015（6）：489-495.

[12] 贺俊凯，徐东升，王明远，等．顾及控制点空间分布的坐标转换模型研究［J］．全球定位系统，2022，47（1）：18-22.

南水北调中线典型渠段典型年份冰情特征分析研究

余海艳[1]　李铁军[1]　李松涛[1]　江兴泊[2]

（1. 中国南水北调集团中线有限公司北京分公司，北京　100038；
2. 黄河水电工程建设有限公司，河南郑州　450003）

摘　要：中国南水北调集团中线有限公司北京分公司辖区工程每年冰期面临的冰情问题十分突出。基于2020—2021年典型冷冬年冰情观测资料，对气温、水温特征及其对冰情发展的影响进行了分析，提出了特征冰情演变的形成条件，为工程冰期输水安全高效运行提供了技术支撑。

关键词：南水北调中线；水温；气温；冰情特征

1　背景

南水北调中线工程是我国跨流域调水工程，也是缓解我国华北地区水资源短缺、优化水资源配置、改善生态环境的重大战略性基础设施。北京分公司所辖工程位于工程最北端，冬季输水面临的冰情问题最为突出，冰情很可能会形成流凌、冰塞、冰坝等冰害，严重影响冬季输水的安全。自全线通水运行以来，冰期输水一直是工程管理工作的重点和难点。本文结合北京分公司辖区工程，选取2020—2021年典型冷冬年观测数据，对气温、水温特征及其对冰情发展的影响进行了分析，提出了特征冰情演变的形成条件，对冰害防控措施有重要指导作用。

1.1　工程情况

北京分公司所辖工程线路全长71.916 km，工程位于北纬40°左右的华北平原地区，属温带大陆性、半干旱季风气候，年均气温平原13.5 ℃、山区9.4 ℃，辖区气候变化大，春季干旱多风，夏季炎热多雨，秋季秋高气爽，冬季寒冷少雪，极端最高气温41.6 ℃，极端最低气温-23 ℃。

1.2　典型年份选取

每年12月1日到次年2月底为南水北调中线工程冰期输水阶段。2020—2021年冰期输水具有十分典型的特点：一是降温速度快。2021年1月初，受强冷空气影响，我国华北地区大幅度降温，北京分公司辖区降温幅度达到了10 ℃以上。二是气温极值低。辖区最低气温-23 ℃，打破了以前历史极端最低气温-21.4 ℃。三是冰情特征明显。该年度冰情包含了初冰、流冰、封冻、融冰等全部阶段，冰情代表性较强。四是封冻范围广。辖区最长封冻范围为31.116 km，是近年以来冰期封冻范围最长的一年。基于以上特点，选取2020—2021年冰期作为典型年份。

2　冰期最低气温和水温特征

2.1　最低气温

根据工程运行经验，最低气温对冰情影响较大，尤其是在初冰期和冰盖封冻期。自2020年11月18日开始，辖区坟庄河节制闸最低气温开始低于0 ℃，2021年1月5日出现大范围降温，大部地区气温下降8~10 ℃。冰期最低气温出现在1月7日，北拒马河南支倒虹吸气温-23 ℃，达到历史极低。1月辖区平均最低气温-12 ℃。辖区内工程总体受气温影响的趋势较一致，一般越往北气温越低。

作者简介：余海艳（1982—），女，高级工程师，主要从事工程管理工作。

2.2 水温

北京分公司所辖工程沿线自南向北共布设瀑河、北易水、坟庄河和北拒马河等 4 座节制闸。由水温变化过程曲线（见图 1）可见，辖区水温有 2 次突然下降过程，分别为 12 月 29—30 日和 1 月 6—7 日，这两次均有寒潮预警。12 月 29 日受强冷空气影响，辖区水温快速下降，4 座节制闸水温下降速率分别为 1.11 ℃/d、1.14 ℃/d、0.81 ℃/d、0.86 ℃/d；1 月 6 日水温下降速率分别为 0.84 ℃/d、0.94 ℃/d、0.54 ℃/d、0.41 ℃/d，均大于 12 月辖区水温平均日降温速率 0.22 ℃/d。水温迅速下降说明大范围强降温对水温的影响很大。南部站点较北部站点的水温下降速率略快。

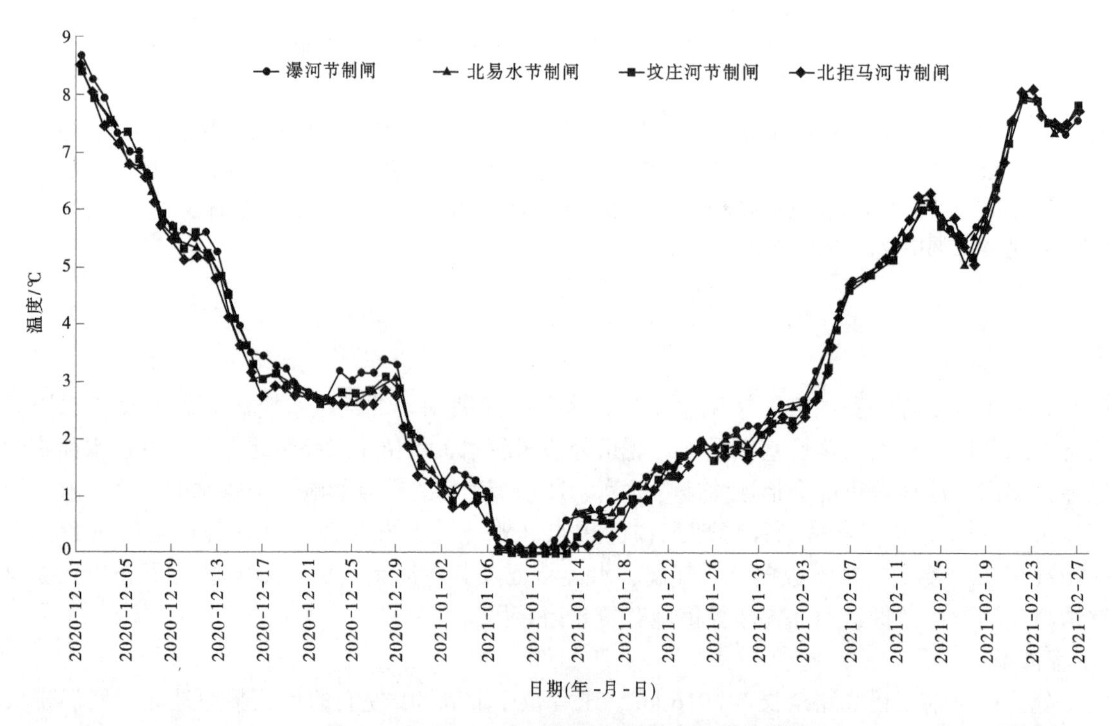

图 1　2020—2021 年冰期重点断面水温变化过程

2021 年 1 月 8 日，坟庄河节制闸水温最先降至冰期最低 0 ℃，持续 6 d 后，随着气温的回暖，水温开始高于 0 ℃（0.29 ℃）。进入 1 月后，辖区一般会出现冰期最低水温并持续数日，需引起高度关注。

2021 年 1 月，4 座节制闸平均水温分别为 1.19 ℃、1.11 ℃、0.96 ℃、0.89 ℃。水温变化与地理位置密切相关，受气温影响后，水温的总体变化趋势较一致，一般越往北平均水温会略低。

2.3 气温和水温的相关性

分析比较瀑河等 4 座节制闸水温和冰期最低气温过程线，见图 2，可以看出：

（1）水温的变化趋势比较平缓，气温相对水温变化幅度较大。

（2）水温受气温影响较大，冬季遭遇大幅度降温后最低气温会明显下降，水温随之下降。

（3）水温的变化受到太阳辐射、气温、地表温度等多种因素的影响，其中气温的观测是重要的影响因素之一。通过对 4 座节制闸最低气温和水温的分析（见表 1），可以发现水温的升降要略滞后于气温变化，这是由于水的比热容比空气的大，吸收或释放同样的热量水温比空气温度要升高或降低得少。从时间上看，1 月 7 日辖区 4 座节制闸都同时出现了冰期最低气温，但是瀑河节制闸在 3 d 后出现最低水温，北易水节制闸在 2 d 后出现最低水温，坟庄河节制闸在 1 d 后出现最低水温，而北拒马河节制闸在当天就出现了最低水温。从空间上看，虽然南部站点水温下降速率略快，但由于北部站点水温初值偏低，因此在最北端的北拒马河节制闸，其水温受气温影响的滞后时间小于南端的瀑河节制闸，即受气温影响后，南部站点的水温变化较北部站点稍有滞后，气温对水温的滞后性表现为北部小、南部大。

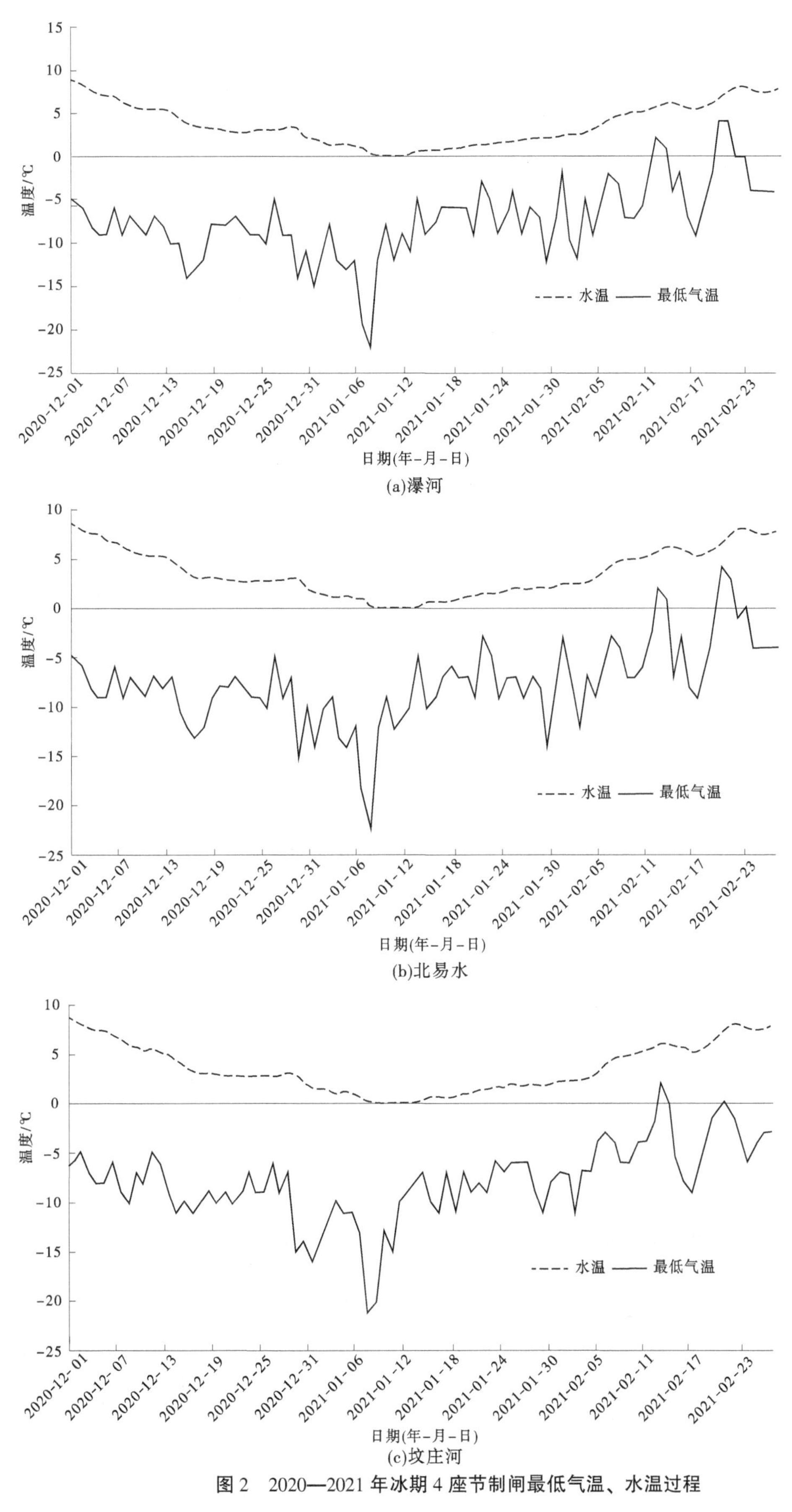

(a)瀑河

(b)北易水

(c)坟庄河

图2　2020—2021年冰期4座节制闸最低气温、水温过程

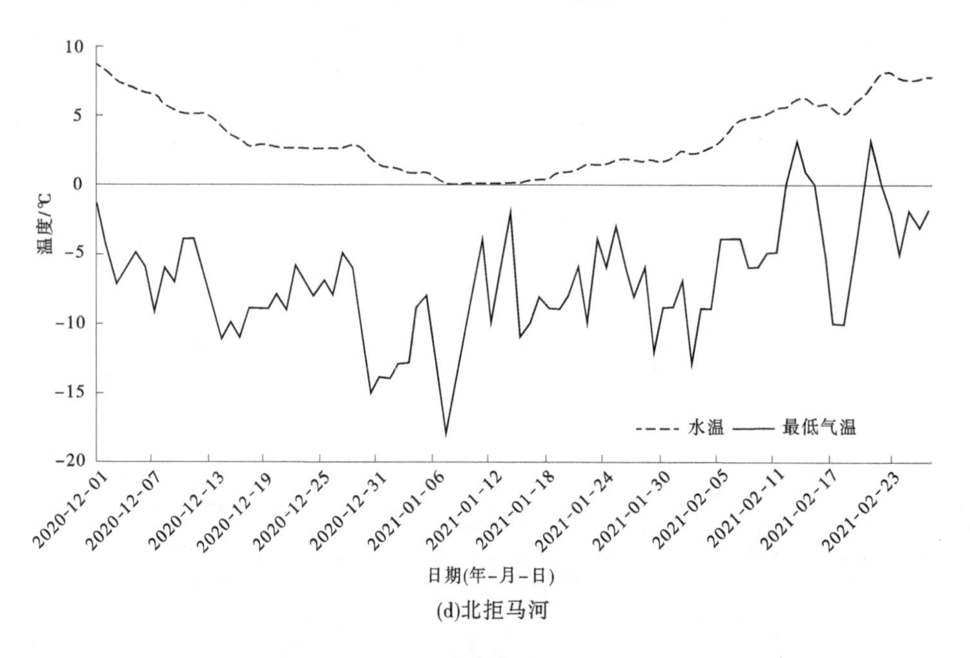

(d)北拒马河

续图 2

表 1　2020—2021 年冰期 4 座节制闸最低气温、水温

站点	最低气温/℃	出现时间（年-月-日）	最低水温/℃	出现时间（年-月-日）	水温滞后时间/d
瀑河节制闸	-22	2021-01-07	0	2021-01-10	3
北易水节制闸	-2	2021-01-07	0	2021-01-09	2
坟庄河节制闸	-2	2021-01-07	0	2021-01-08	1
北拒马河节制闸	-1	2021-01-07	0.12	2021-01-07	0

3　冰情特征

3.1　2020—2021 年冰情总体情况

南水北调中线干线渠水自南向北流动，随着气温的降低，一般在北京分公司辖区最先出现结冰现象。根据冰情特征，冰期可分为初冰期、流冰期、封冻期和融冰期 4 个阶段。北京分公司辖区 2020—2021 年冰期岸冰总长达 86.103 km（左、右岸共计），冰盖总长 31.116 km。其中，冰盖长度占辖区工程总长的 43.27%。

3.1.1　*初冰期*

初生岸冰是渠道最早出现的冰情现象。气温降低后，由于渠道水面以上护坡的温度与气温相近，渠水表面形成薄而透明的冰带，白天气温升高后，往往就地融化或脱岸顺流而下。初生岸冰的出现标志着结冰期的开始。岸冰现象跨越整个冰期，是南水北调中线渠道最常见的冰情现象。2020 年 12 月 15 日，北拒马河节制闸拦冰索前开始出现岸冰，长约 23 m、宽约 4 cm，厚约 0.3 cm；岸冰持续形成。2021 年 1 月 4 日，岸冰总长达 20.41 km，宽 1~40 cm，厚 0.2~6 cm。

3.1.2　*流冰期*

流冰期以流冰花和表面流冰层为主。如果再持续降温，渠道就有可能进入封冻期，因此南水北调中线流冰期比较短暂。1 月 5 日，辖区冰情以岸冰和稀疏流冰为主，其中流冰主要集中在水北沟渡槽出口至北拒马河节制闸，面积约 3 000 m^2。当日岸冰长约 17.31 km，宽 1~40 cm，厚 0.2~6 cm，总面积约 1 129.1 m^2。

3.1.3 封冻期

随着傍晚或夜间气温的降低，流凌密度达到一定程度时，在拦冰索前、渠道与建筑物交叉处、断面显著变化处，由于流凌速度减小或发生回流涡流，流凌冰块输移受阻、壅塞，冻结以后形成初始冰盖，并向上游扩展延长，冰盖面积渐增，渠道开始进入封冻状态。

1月7日，辖区开始出现冰盖共13段，主要分布在：北拒马河节制闸拦冰索前；高子坨桥至下游拦冰索、南拒马河倒虹吸进口、北拒马河南支倒虹吸进口拦污栅前等9段；东楼山西公路桥至朔内西桥、吕村生产桥至瀑河退水闸、匡山桥至马头沟进口等3段。每段冰盖长40~1 700 m，宽20~30 m，厚1~20 cm，总长约7.281 km，面积约4.92万m^2。1月11日，冰盖段数达到最多，共24段，每段冰盖长20~4 590 m、宽19~35 m、厚3~25 cm，总长约31.116 km，面积约77.41万m^2。

3.1.4 融冰期

伴随着气温的回升，岸冰和局部冰盖开始消融变薄，在水流动力作用下，多以文开河的方式消融开裂，冰块随水流向下游漂移。岸冰的消失一般也预示着融冰期的结束。1月13日辖区水温持续上升，冰盖开始消融，长度逐步减小。1月18日冰盖全面消融。2月18日岸冰全部融化，见表2。

表2 2020—2021年冰期北京分公司辖区主要冰情

时间（年-月-日）	气温/℃	水温/℃				主要冰情
		瀑河节制闸	北易水节制闸	坟庄河节制闸	北拒马河节制闸	
2020-12-15	−14~1	3.94	3.7	3.82	3.56	北拒马河节制闸前出现岸冰
2021-01-05	−12~1	1.28	1.01	0.97	0.91	水北沟渡槽至北拒马河节制闸出现流冰
2021-01-07	−23~10	0.24	0.06	0.09	0.12	辖区开始出现冰盖
2021-01-11	−11~2	0	0	0	0.12	冰盖段数达到最多
2021-01-13	−8~7	0.56	0.26	0	0.12	冰盖开始消融
2021-01-18	−11~6	1	0.98	0.75	0.46	冰盖全面消融
2021-02-18	−10~8	5.68	5.53	5.25	5.01	岸冰全部融化

3.2 冰情特征分析

通过对2020—2021年冰情资料进行分析可见：

（1）2020—2021年冰期岸冰于12月中旬开始出现，岸冰的出现与最低气温、水温密切相关，水温在3.56 ℃时形成岸冰。为此，建议当水温低于4 ℃时，需警惕出现岸冰的可能性。

（2）从岸冰出现的位置上看，岸冰主要出现在坟庄河倒虹吸出口、北拒马河南支倒虹吸进口、南拒马河倒虹吸进口、部分渠道转弯处、渠道断面变化处、桥梁附近，与这些地方流速较慢、水面易结冰有较大关系。

（3）1月初，坟庄河节制闸至北拒马河节制闸之间的渠段水温0.91~0.97 ℃，该段开始出现流冰；瀑河节制闸至北易水节制闸之间的渠段水温1.01~1.28 ℃，该段尚未出现流冰。为此，建议当水温低于1 ℃时，需重点关注流冰的形成。

（4）当水温低于0.24 ℃且持续降温时，辖区开始出现冰盖。当辖区水温大部分接近0 ℃时，形成的封冻范围最长。在流冰期至冰盖形成期，要密切关注冰情变化，防止流冰堆积出现冰塞险情。

（5）从冰盖形成的位置上看，一般在北拒马河节制闸拦冰索、拦油索前最先形成冰盖。在河渠交叉建筑物进口拦冰索前、部分渠道转弯处、渠道断面变化处、桥梁附近最易形成冰盖，应重点关注这些部位。

（6）冰盖在1月中下旬开始融化，主要与当日最高气温和水温相关，日最高气温7 ℃、水温0.5

℃左右时，冰盖开始融化；2 月下旬，日最高气温 8 ℃、水温 5 ℃以上时辖区内无冰情。

（7）气温对水温有较大影响，但气温对冰情的影响是间接的，水温对冰情有直接影响。如果气温降低但水温较高的情况下，降温对冰情的影响程度并不大。

4 结语

通过对北京分公司辖区 2020—2021 年典型冷冬年冰期观测数据的分析，研究了冰期水温和气温的特征，提出了岸冰、流冰、冰盖的形成和冰盖消融、岸冰融化等特征冰情演变时的水温、气温条件，总结了岸冰和冰盖易出现的位置，对提前做好南水北调中线冰冻灾害预防措施具有重要的指导作用。为此，冰期要密切关注天气情况，尤其关注寒潮预警，掌握水温变化，加强冰期各项准备工作；在岸冰出现之前，可在节制闸等重要部位前设置拦冰索；在岸冰期和流冰期，需要开启曝气扰冰装置和射流扰冰装置，防止闸门冻结；在冰盖形成前，可通过调度手段高水位低流量形成稳定冰盖；发布冰情预警后，视情况在重点部位开展临时备防，增加人员、设备，为应急抢险做好准备等。

参考文献

[1] 颜炳池．南水北调（中线）冰期输水冰情分析［J］．河南水利与南水北调，2014（11）：51-52.

[2] 程德虎，郝泽嘉，杨金波．南水北调中线典型冰情特征及提升冬季输水能力思路研究［C］//中国水利学会 2019 学术年会论文集 第五分册．北京：中国水利水电出版社，2019：626-632.

[3] 刘建军，滕丽娟，刘嘉伟．南水北调中线干渠冰期输水冰情分析及冰害防治措施［J］．水科学与工程技术，2015（3）：26-28.

天河大型底栖动物监测及水生态修复评估

贺德才　汪炎炎　贺　磊

（湖北省十堰市水文水资源勘测局，湖北十堰　442000）

摘　要：天河直接汇入丹江口水库，全长 99 km，集水面积 1 608 km^2，从 2017 年起，十堰市水环境监测中心从天河中下游六官坪、贾家坊、观音 3 个断面开始做大型底栖动物检测，每年 2 次，共有 11 次底栖动物调查数据和相应的地表水水质分析资料，共调查出 3 门 41 科底栖动物，用《全国重点水域水生态监测工作方案（试行）》FBI 科级生物指数，评估天河水生态修复情况，并与《地表水环境质量标准》（GB 3838—2002）评价的水质类别做了比较，结果接近。

关键词：底栖动物；地表水水质类别；水生态复苏；天河

1　引言

天河是汉江中游左岸一级支流，发源于陕西省山阳县境内，从山阳县西照川南侧葛沟口入郧西县，干流流经土门镇、香口乡、城关镇、观音镇等 4 个乡（镇），于观音镇天河口汇入汉江（丹江口水库库区），天河全长 99 km，集水面积 1 608 km^2。因为是丹江口水库的一级支流，研究其生态健康有重大意义。天河在贾家坊断面上游接纳郧西县城的废污水后，水环境质量下降很快，贾家坊断面水质差，自河湖长制工作开展以后，天河及其支流水生态得到保护，废污水大多能经过处理后排放，贾家坊断面水质从 2021 年开始复苏。十堰市水环境监测中心从 2017 年起开始对天河做底栖动物调查，已积累了较多的原始资料，用 FBI 底栖动物生物指数评估天河水质，并用地表水水质参数做同步监测评价，研究天河水生态情况。

2　研究方法[1]

2.1　材料

天河中下游从上至下六官坪、贾家坊、观音 3 个断面 2017—2022 年每年检测 2 次，共计 11 次底栖动物调查数据和相应的地表水水质分析资料，天河水质监测站网分布见图 1。

2.2　底栖动物监测技术方法

定量样品主要采用索伯网进行采集。索伯网主要适用于可涉水河段底栖动物的采集，其采样框尺寸一般为 0.3 m×0.3 m（宽×高）（可修改尺寸自行定制），40 目孔径筛网。每个监测点位用索伯网采集不少于 3 个重复样。

定性样品主要利用 D 型网和踢网等工具进行采集，监测人员穿防水裤进入监测区，用脚扰动河流底质后收集底栖动物样品，通常要求定性采集的时间不少于 5 min。

样品处理与实验室鉴定：野外底栖动物采集完成后，仔细清洗采样工具，样品过 40 目网筛，现场进行样品的挑拣，并用浓度为 70%～80%的乙醇或 7%的甲醛进行固定后，带回实验室鉴定。

底栖动物包含了几个庞大的无脊椎动物类群，因而鉴定难度大，所以带回实验室用解剖镜放大后鉴定。

作者简介：贺德才（1966—），男，高级工程师，主要从事水文、水资源、水生态管理工作。

通信作者：汪炎炎（1964—），男，高级工程师，主要从事水资源、水环境、水生态监测工作。

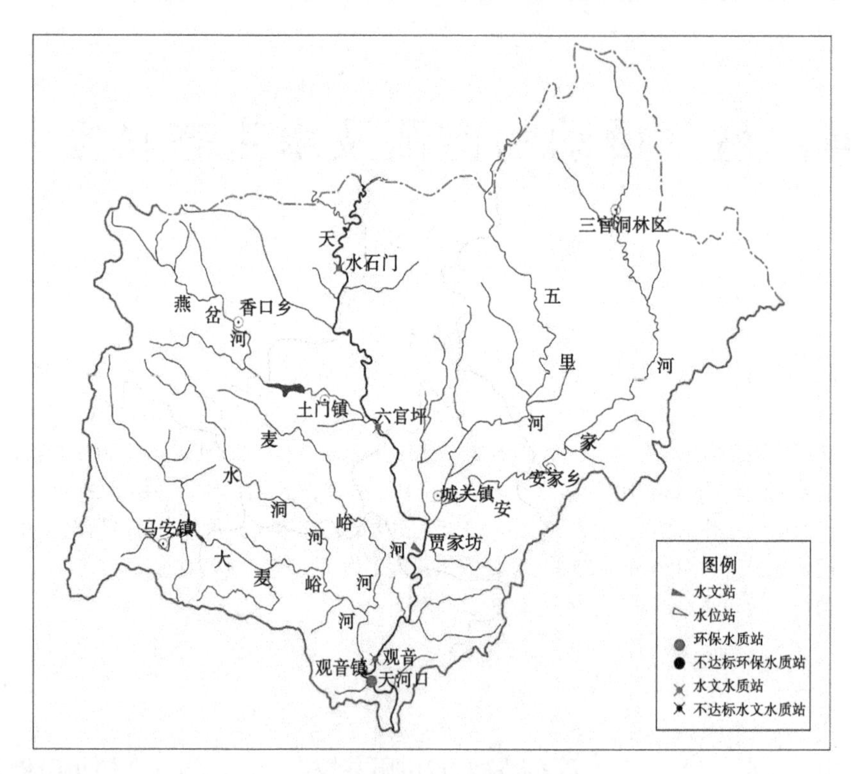

图1　天河水质监测站网分布

2.3　大型底栖动物 FBI 指数

利用大型底栖动物的定量监测数据和各分类单元耐污值数据，对水生态环境质量进行评价。

$$FBI = \sum_{i=1}^{S} n_i t_i / N$$

式中：S 为物种数；n_i 为第 i 个科底栖动物的个体数；t_i 为对应的科级耐污值；N 为样点总个体数。

3　天河底栖动物科级生物和部分调查照片[2]

3.1　天河底栖动物科级生物分类

从 2017 年至 2022 年共计 11 次的六官坪、贾家坊、观音 3 个断面的调查资料，统计出天河底栖动物 3 门 41 科，见表 1。可以看出天河底栖动物比较丰富，多样性比较多。

表 1　天河底栖动物分科

门	纲	目	科
环节动物门	寡毛纲	颤蚓目	颤蚓科
环节动物门	蛭纲	吻蛭目	舌蛭科
环节动物门	蛭纲	无吻蛭目	沙蛭科
节肢动物门	昆虫纲	半翅目	蝎蝽科
节肢动物门	昆虫纲	半翅目	划蝽科
节肢动物门	昆虫纲	半翅目	潜水蝽科
节肢动物门	昆虫纲	蜉蝣目	蜉蝣科
节肢动物门	昆虫纲	蜉蝣目	四节蜉科
节肢动物门	昆虫纲	蜉蝣目	扁蜉科

续表 1

门	纲	目	科
节肢动物门	昆虫纲	蜉蝣目	细蜉科
节肢动物门	昆虫纲	蜉蝣目	短丝蜉科
节肢动物门	昆虫纲	毛翅目	小石蛾科
节肢动物门	昆虫纲	毛翅目	纹石蛾科
节肢动物门	昆虫纲	鞘翅目	溪泥甲科
节肢动物门	昆虫纲	蜻蜓目	蜻蜓幼虫
节肢动物门	昆虫纲	蜻蜓目	蜓科
节肢动物门	昆虫纲	蜻蜓目	丝蟌科
节肢动物门	昆虫纲	蜻蜓目	蜻科
节肢动物门	昆虫纲	蜻蜓目	蟌科
节肢动物门	昆虫纲	双翅目	摇蚊幼虫
节肢动物门	昆虫纲	双翅目	大蚊科
节肢动物门	昆虫纲	双翅目	虻科
节肢动物门	昆虫纲	双翅目	蚋科
节肢动物门	昆虫纲	广翅目	鱼蛉科
节肢动物门	昆虫纲	广翅目	泥蛉科
节肢动物门	甲壳纲	十足目	匙指虾科
节肢动物门	甲壳纲	十足目	长臂虾
节肢动物门	甲壳纲	十足目	淡水螯虾
节肢动物门	甲壳纲	十足目	中华绒螯蟹
节肢动物门	甲壳纲	十足目	钩虾科
软体动物门	腹足纲	基眼目	椎实螺科
软体动物门	腹足纲	基眼目	膀胱螺科
软体动物门	腹足纲	基眼目	肋蜷科
软体动物门	腹足纲	基眼目	田螺科
软体动物门	腹足纲	基眼目	扁蜷螺科
软体动物门	腹足纲	基眼目	豆螺科
软体动物门	腹足纲	基眼目	盖螺科
软体动物门	腹足纲	吸螺目	狭口螺科
软体动物门	双壳纲	帘蛤目	蚬科
软体动物门	双壳纲	蚌目	蚌科
软体动物门	双壳纲	贻贝目	贻贝科

3.2 天河底栖动物科级生物部分调查照片

3.2.1 节肢动物门昆虫纲蜉蝣目

（1）四节蜉科。

个体较小，一般为 3～12 mm，胸部 3 节，前节窄，中节大，后节小，腹部由 10 节组成，前 7 节的两侧具气管鳃，每个鳃由两叶构成，下叶大于上叶，第 7 对鳃为单叶，尾毛 2 条或 3 条，若为 3 条，则中尾毛较短，且两侧具缘毛，两侧的尾毛只内侧具缘毛，见图 2。

图 2　四节蜉科

（2）河华蜉科。

个体较大，有的可达 30 mm，身体较平，体色较鲜艳，上颚向前突出，呈非常明显的或小型的颚牙状，胫节较细且呈圆柱状，鳃 7 对，第 1 对丝状，第 2～7 对为双叉状，鳃端部呈缨毛状，尾毛 3 根，等长，侧面具长的缘毛，见图 3。

图 3　河华蜉科

（3）扁蜉科。

身体各部扁平，头大而宽，具大的复眼，大触角短，位于头部背面，足扁，蟹足状，具 7 对鳃，分布在前 7 节腹节体背或体侧，每个鳃分为背、腹两部分，第 7 对鳃的丝状部分很小或缺失，尾丝 2 根或 3 根，等长且光滑，见图 4。

（4）蜉蝣科。

个体较大，体长一般在 15 mm 以上，稚虫长筒形，两端稍尖，大颚长尖形，向外弯曲，触角长，有缘毛，足强壮，末端具一爪，适于挖掘，鳃 7 对，第 1 对较小，退化为丝状，第 2～7 对鳃分两片，扭转而掩盖腹部，尾毛 3 条等长，见图 5。

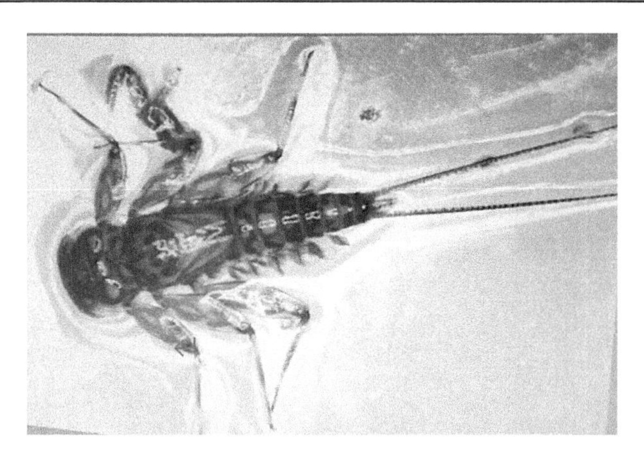

图 4　扁蜉科

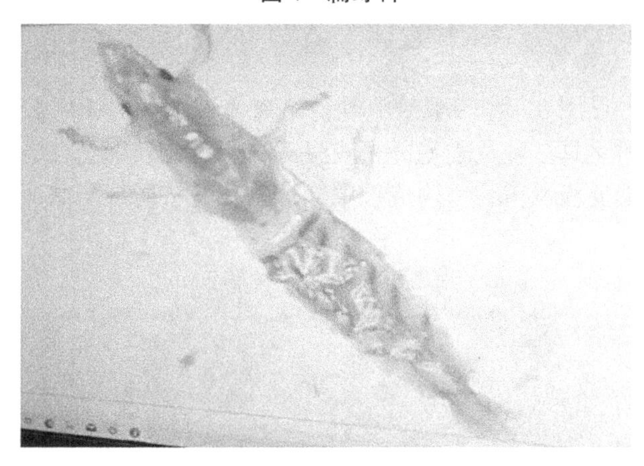

图 5　蜉蝣科

3.2.2　节肢动物门昆虫纲蜻蜓目

典型动物为丝蟌科。前颏前缘中间中裂明显，下唇须深锯齿状，线钩背面具管毛，见图 6。

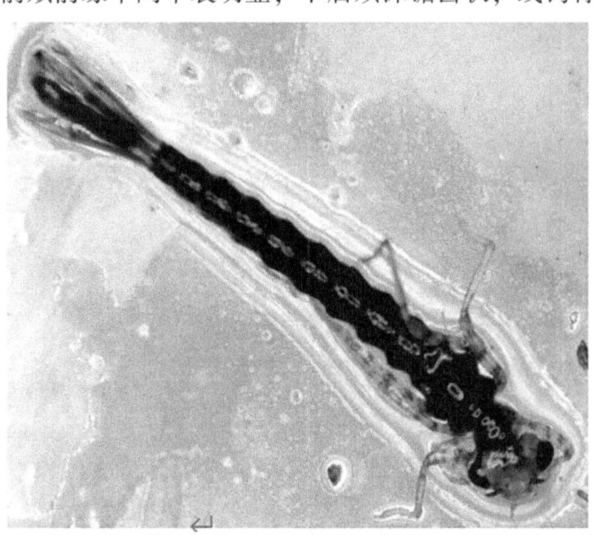

图 6　丝蟌科

3.2.3　节肢动物门昆虫纲鞘翅目

长角泥甲科。身体两端尖，长度不超过 1.3 cm，触角 3 节，上颚具臼叶，胸部发达，胸足 4 节，每只胸足的跗节末端具一爪，腹部分为 9 节，不具气管鳃，腹部末端且臀鳃，第 9 腹节形成肛上板，第 1~8 腹节有环状条纹，见图 7。

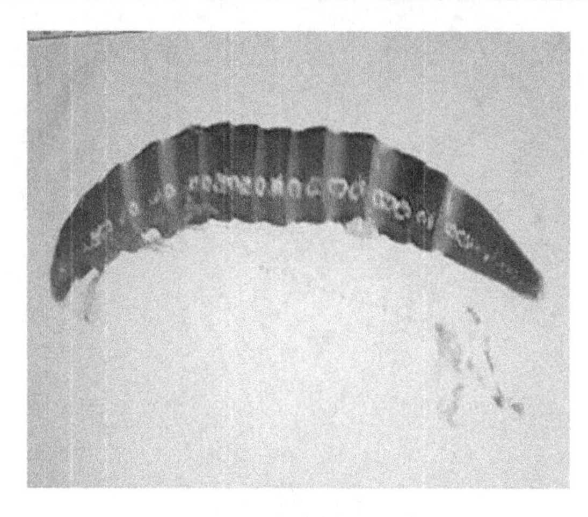

图7　长角泥甲科

3.2.4　节肢动物门昆虫纲毛翅目

典型动物为纹石蛾科，见图8。体大型或中等，幼虫体长一般为10~16 mm，身体不具侧线，体节间缢深，胸足短，第1对足具多棘及刚毛，一般腹部外侧具数列细毛状的分支气管鳃，前、中、后胸节背面均被硬化的正方形盾板覆盖为一块或被中缝分开，各节盾板形状、大小相似。

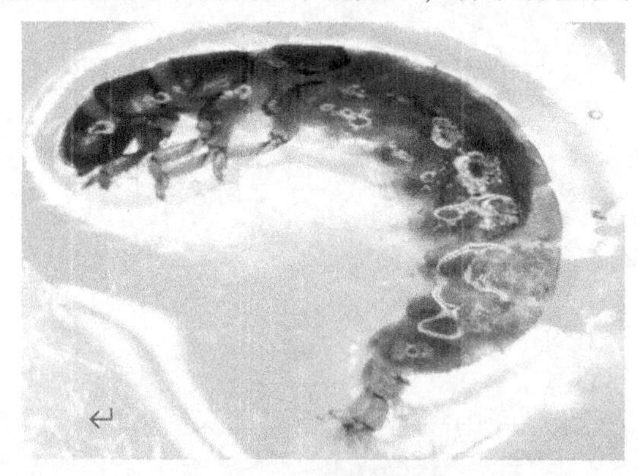

图8　纹石蛾科

3.2.5　节肢动物门昆虫纲双翅目

(1) 摇蚊科。

摇蚊幼虫（见图9）是淡水水域中底栖动物的主要类群之一，它们的数量常占底栖动物个体总数的一半以上，在湖泊中尤为明显，该科种类至今已发现3 500种。

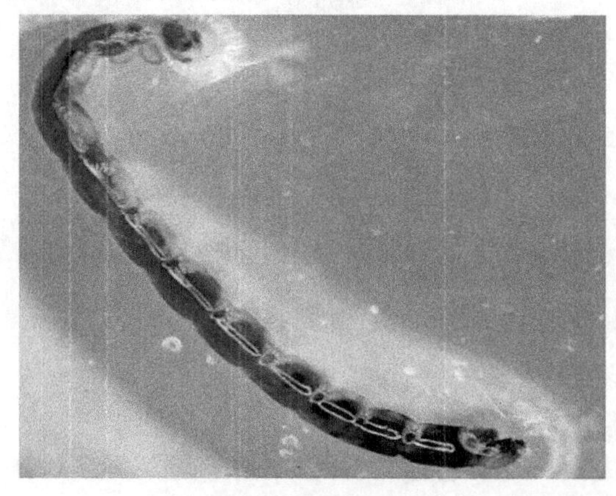

图9　摇蚊幼虫

（2）大蚊科。

体表皮厚，褐绿色，略透明或发白，头壳完整、硬化，头部与前胸可缩入前胸，头壳很发达，上颚可左右活动，适于咀嚼，腹末具由 6 条辐射的叶状突起构成的呼吸盘，体长一般为 10~25 mm，最长可达 8 cm，见图 10。

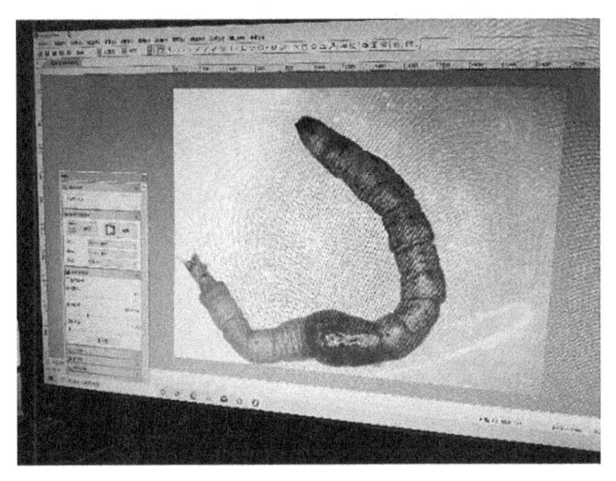

图 10　大蚊科

3.2.6　节肢动物门昆虫纲广翅目

典型动物为鱼蛉科，见图 11。该科幼虫淡黄色，体长可达 30~65 mm，甚至 80 mm，在第 1~8 腹节两侧均具 1 对丝状气管鳃，腹部最后一节具 1 对臀足，每只臀足末端均具 2 个钩爪。

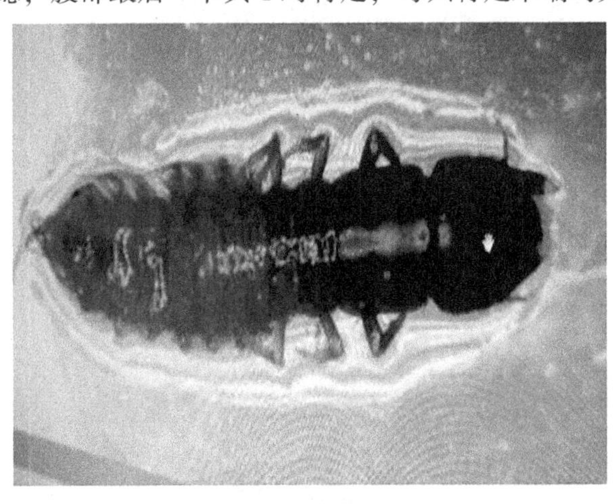

图 11　鱼蛉科

3.2.7　软体动物门双壳纲贻贝目

典型动物为贻贝科，见图 12。贝壳一般为楔形，两壳相等，贝壳的前后两端不等，前端极短，壳顶几乎位于壳之前端，具足丝。

3.2.8　软体动物门双壳纲蚌目

典型动物为蚌科，见图 13。贝壳两侧相等，但前后不对称。外形变大，从近圆形到长棒形；壳顶的花纹一般呈同心圆或折线状及锯齿状花纹；壳面有的光滑，仅具有同心圆生长线，或具有肋及 V 形突起，瘤状结节及放射形成同心圆形的色带。

3.2.9　软体动物门双壳纲帘蛤目

典型动物为蚬科，见图 14。贝壳中等大小到大型，少数小型，壳质厚而坚固，但两侧略对称或不对称，外形呈圆形或近三角形，壳面呈黄褐色、棕褐色及黑褐色，有光泽，具有同心圆粗糙轮脉。

图 12　贻贝科

图 13　蚌科

图 14　蚬科

3.2.10　软体动物门腹足纲基眼目

（1）田螺科。

贝壳大型或中等大小，外形多呈陀螺形、长圆锥形或塔形，各螺层一般膨胀，壳面光滑或具有螺旋纹及螺棱，呈绿褐色或黄褐色，壳口边缘完整，薄，厣为角质薄片，小于壳口，具有同心圆的生长纹，见图 15。

图 15　田螺科

（2）膀胱螺科。

贝壳中等大小，为左旋，壳高 15 mm 左右，壳宽为 8 mm 左右，壳呈膨胀的卵圆形，壳面透明，一般为灰白色或褐色，光滑并有光泽，壳口呈长椭圆形，见图 16。

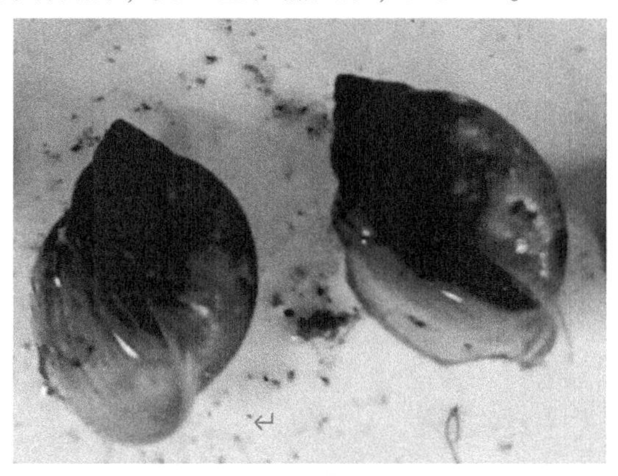

图 16　膀胱螺科

（3）椎实螺科。

贝壳大多为右旋，只有少数左旋，贝壳一般为中等大小，个别属种个体较大，壳质薄，稍透明，外形呈耳装、球形、卵圆形到长圆锥形，无厣，脐孔呈缝状，见图 17。

图 17　椎实螺科

（4）肋蜷科。

贝壳中等大小，成体壳高 30 mm 左右，外形多呈长圆锥形、卵圆锥形，壳面光滑或具有纵肋，或者具有纵肋及螺棱交叉而成的瘤状结节，厣为角质，小于壳口，缩入壳口内，具有螺旋形的生长纹，见图 18。

图 18　肋蜷科

（5）豆螺科。

贝壳小型或中等大小，外形呈卵圆形、卵圆锥形，壳面光滑，或具有螺旋纹及螺棱，脐孔窄小，缝状或钩状，厣为石灰质，具有同心圆的生长纹，见图 19。

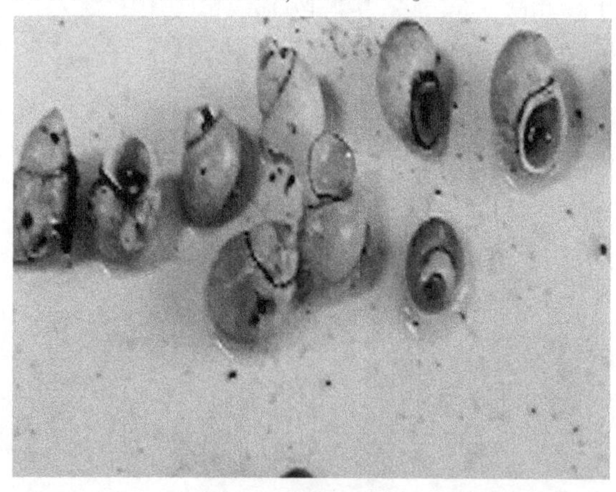

图 19　豆螺科

3.2.11　节肢动物门甲壳纲十足目

典型动物为匙指虾科。典型的虾外形，胸部步足 4 和 5 末端为螯，且尖部具有一束毛发，胸部步足 6~8 的末端为爪器，雌性体长介于 25~40 mm，雄性体长介于 15~25 mm，见图 20。

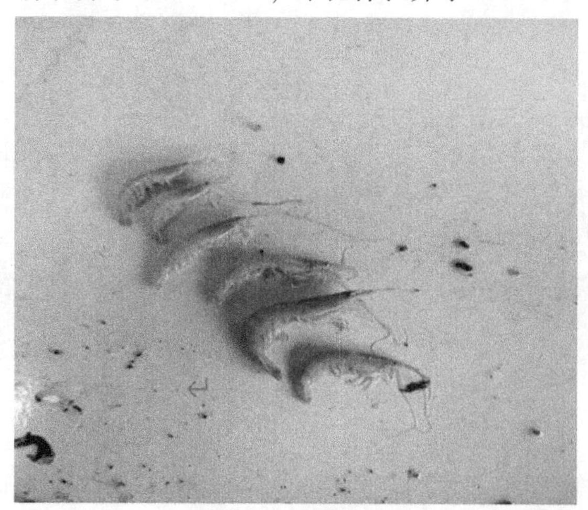

图 20　匙指虾科

4 天河 FBI 值、地表水水质类别比较分析[3]

4.1 大型底栖动物 FBI 科级生物指数评估水生态状况采用标准

大型底栖动物 FBI 科级生物指数评估水生态状况采用标准见表 2。

表 2 大型底栖动物 FBI 科级生物指数评估水生态状况采用标准

FBI 赋分值	地表水水质类别
0~3.5	Ⅰ、Ⅱ、Ⅲ
3.5~5.5	
5.5~6.5	Ⅳ
6.5~8.5	Ⅴ
8.5~10.0	劣Ⅴ

从表 2 可以看出，FBI 赋分值越小，所对应的地表水水质类别越小，水质越好。

4.2 大型底栖动物 FBI 科级生物指数计算值和地表水水质类别

天河大型底栖动物 FBI 科级生物指数计算值与地表水水质类别比较见表 3。从表 3 中可看出，六官坪水质站在郧西县城关镇上游，2018 年 6 月 FBI 值为 6.1，地表水水质类别为Ⅲ类，2019 年 6 月 FBI 值为 5.6，地表水水质类别为Ⅱ类，其他测次 FBI 值小于 5.5，地表水水质类别为Ⅱ类，FBI 科级生物指数表示的水质状态与地表水水质类别基本接近，六官坪断面水质总体良好；2020 年以前，贾家坊断面上游接纳郧西县城关镇废污水，大型底栖动物 FBI 科级生物指数都高于 5.5，地表水水质类别为Ⅳ类、Ⅴ类、劣Ⅴ类，贾家坊断面水质差。2021 年至今，贾家坊断面大型底栖动物 FBI 科级生物指数都低于 5.5，地表水水质类别为Ⅲ类，贾家坊断面水质开始复苏；观音断面在贾家坊断面下游，2020 年以前，大型底栖动物 FBI 科级生物指数经常出现高于 5.5 的情况，地表水水质类别为也经常出现Ⅳ类、Ⅴ类的情况，2021 年后，观音断面水质开始好转，FBI 科级生物指数表示的水质状态与地表水水质类别基本接近。底栖动物能直观地反映出水体质量变化，在水生态健康评价中有重要意义。

表 3 天河大型底栖动物 FBI 科级生物指数计算值与地表水水质类别比较

时间	项目	六官坪	贾家坊	观音
2017 年 5 月	FBI 值	4.9	6.4	6.4
	水质类别	Ⅱ	Ⅴ	Ⅲ
2017 年 10 月	FBI 值	5.3	9.3	6.5
	水质类别	Ⅱ	劣Ⅴ	Ⅴ
2018 年 6 月	FBI 值	6.1	6.0	5.9
	水质类别	Ⅲ	Ⅳ	Ⅲ
2018 年 11 月	FBI 值	3.9	6.0	3.5
	水质类别	Ⅱ	劣Ⅴ	Ⅳ
2019 年 6 月	FBI 值	5.6	9.3	5.8
	水质类别	Ⅱ	劣Ⅴ	Ⅴ
2019 年 11 月	FBI 值	5.2	5.6	6.4
	水质类别	Ⅱ	Ⅳ	Ⅲ

续表 3

时间	项目	六官坪	贾家坊	观音
2020 年 6 月	FBI 值	5.1	5.9	6.0
	水质类别	Ⅱ	Ⅳ	Ⅲ
2020 年 11 月	FBI 值	5.0	6.4	5.0
	水质类别	Ⅱ	Ⅳ	Ⅲ
2021 年 6 月	FBI 值	4.8	4.4	4.6
	水质类别	Ⅱ	Ⅲ	Ⅲ
2021 年 10 月	FBI 值	4.1	3.4	5.0
	水质类别	Ⅱ	Ⅲ	Ⅲ
2022 年 5 月	FBI 值	5.2	5.2	5.3
	水质类别	Ⅱ	Ⅲ	Ⅲ

5 结论

（1）2017—2022 年共监测出天河底栖动物 11 次，检测出 41 科底栖动物。

（2）2020 年以前，贾家坊断面大型底栖动物 FBI 科级生物指数都高于 5.5，地表水水质类别在Ⅳ类、Ⅴ类、劣Ⅴ类，贾家坊断面水质差。2021 年至今，贾家坊断面大型底栖动物 FBI 科级生物指数都低于 5.5，地表水水质类别为Ⅲ类，贾家坊断面水质开始复苏。

（3）六官坪断面、观音断面大型底栖动物 FBI 科级生物指数表示的水质状态与地表水水质类别基本接近。底栖动物能直观地反映出水体质量变化，在水生态健康评价中具有重要意义。

参考文献

[1] 全国重点水域水生态监测工作方案（试行）[S]. 水利部水文司.

[2] [法] Henri Tachet Philippe Richoux. 淡水无脊椎动物系统分类、生物及生态学 [M]. 北京：中国水利水电出版社，2015.

[3] 国家环境保护总局，国家质量监督检验检疫总局. 地表水环境质量标准：GB 3838—2002 [S]. 北京：中国环境科学出版社，2002.

南水北调中线西黑山枢纽清污设备关键技术研究

吕　睦　王培坤

（中国南水北调集团中线有限公司天津分公司，天津　300393）

摘　要：本文介绍了南水北调中线天津干线西黑山枢纽清污设备历年运行和升级改造的基本情况，详细阐述了特殊时期清污设备运行遇到的问题及其对西黑山进口闸过闸流量的影响，同时对问题原因做了重点分析，并提出了提升方案及建议。

关键词：南水北调；清污机；流量；清污频次；清污效率；水下监控

1　基本情况

1.1　工程简介

自2014年12月南水北调中线工程正式通水运行以来，天津干线工程运行平稳，供水量逐年提高，天津14个区（县）全部用上了引江水。截至目前，已累计向天津市供水超83亿 m^3，有效缓解了天津市水资源短缺的局面，增强了天津市境内自然水体的稀释自净能力，改善了水系环境质量，发挥了巨大的经济效益、社会效益和生态环境效益，为“美丽天津”建设提供了有力支撑。

天津干线为全封闭、地埋式输水箱涵。西黑山进口闸（见图1）作为天津干线唯一参与远程调度的调节性闸门，是整个天津干线的“水龙头”，进口闸清污机作为天津干线唯一的拦污设施，承担了较大的运行压力。运管人员的精心管理和维护以及对清污设备的历次升级改造，保障了调度安全和水质安全，但同时暴露出大流量输水工况下清污能力不足、设备故障率偏高等问题，给天津干线正常运行调度带来一定的风险，亟待解决。

图1　西黑山进口闸鸟瞰

作者简介：吕睦（1986—），男，高级工程师，主要从事输水调度工作。

1.2 清污机作用

西黑山进口闸清污机（见图 2）为抓斗式清污机，抓斗的设计结构可以使抓斗与拦污栅栅条紧密结合。清污机启动后，附着在拦污栅上的藻类、垃圾等被打捞上来，拦污栅过水面得到充分清理，过水条件得到改善，既保证了输水调度的稳定运行，又改善了水质。通过几年的运行，西黑山进口闸清污机基本满足设计流量及日常工况下清污工作，在保障天津干线安全供水方面发挥了重大作用。

图 2　西黑山进口闸清污机全景

1.3 建设情况及历次升级改造情况

（1）西黑山进口闸初步设计及施工验收只有左侧 1 台清污机，2014 年 12 月正式通水时，天津干线保持小流量供水，清污机运行正常。

（2）2015 年 4 月，天津分局根据现场需要和设计通知要求在西黑山进口闸前增设了 2#清污机，作为大流量输水条件下的备用清污设备。当时，天津干线供水流量加至 30 m^3/s，最大过栅流速约为 1 m/s，2 台清污机均可正常工作。

（3）2016 年 3 月，天津干线供水流量加大到 40 m^3/s，最大过栅流速约为 1.5 m/s（流速超出设计和规范要求 50%），2 台清污设备陆续出现抓斗不能下沉到底的问题。经分局组织研究，于 2016 年 5 月对 2#清污机小车及抓斗实施了改造，同年 8 月对 1#清污机抓斗及轨道实施了改造。当时 2 台清污机改造要求满足的工况条件均为拦污栅前最大流量 40 m^3/s，最大过栅流速 1.5 m/s，改造后 2 台清污机均可正常工作。

（4）2017 年 4 月以来，西黑山进口闸过闸流量持续加大至 45～55 m^3/s，过栅流速最大可达 3.0 m/s（流速远超设计和规范要求）。在这种高流速条件下，2 台清污机经常出现抓斗不能下沉到底无法正常打捞垃圾现象。天津分局经请示中线建管局，并组织了专家论证会，于 2017 年 11 月对 1#清污机组进行了更新，更新要求满足的工况条件为拦污栅前最大流量 60 m^3/s，最大过栅流速 3.5 m/s，期间 2#清污机因清污效率较低，主要作为备用清污设备使用。

（5）2018 年 3—5 月因藻类集中爆发，清污机使用频次大增，导致清污机故障率升高，1#清污机清污能力得不到有效保障，2#清污机设备运行缺陷尤为明显，主要体现在清污效率低、抓斗受高速水流冲击无法下沉至底部、缺乏松绳及荷重保护导致抓斗卡阻及坠落等方面。经统计，2#清污机组自改造完成已运行近 1 600 h，根据《水利水电工程清污机型式 基本参数 技术条件》（SL 382—2007）的有关规定，2#清污机组基本达到设计寿命。考虑当时加大流量 55 m^3/s 输水计划，天津分局组织专家论证后决定，根据 1#清污机的各项性能指标对 2#清污机进行整体改造更换，并于 2018 年 10 月完成。

清污机改造历程及对应过闸流量见图 3。

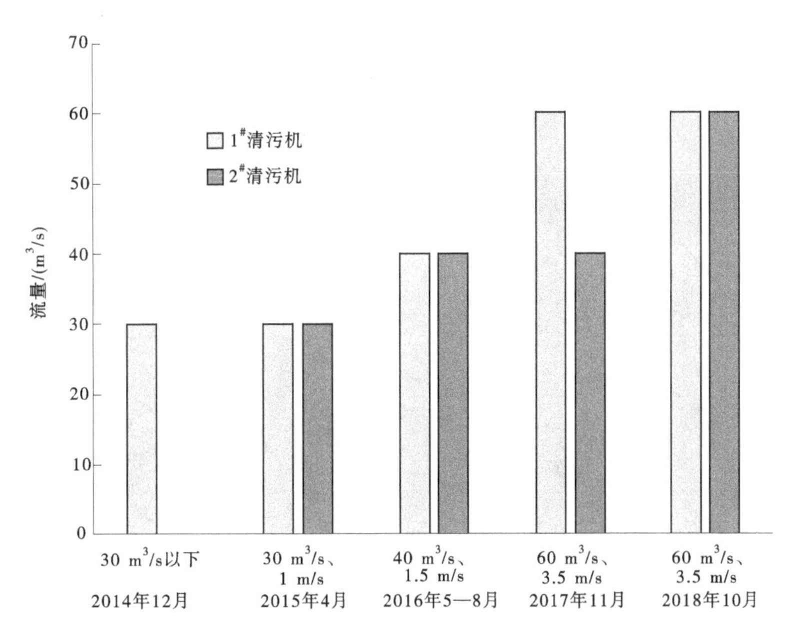

图3 清污机改造历程及对应过闸流量

1.4 清污对过闸流量的实际影响

从近几年清污机的运行情况看，清污对过闸流量的影响（见表1）较大。尤其是藻类爆发期、秋季大风期和大流量输水期等特殊时期，影响明显。

表1 清污对过闸流量的影响

日期（年-月-日）	清污频次/h	流量范围/（m^3/s）	影响比例/%	备注
2018-04-27	1	37.9~43.7	13	藻类爆发期
2018-05-01	1	42.2~46.8	10	藻类爆发期
2018-10-26	1~2	32.0~36.0	11	秋季大风期
2019-10-29	1~2	45.8~49.9	8	秋季大风期
2020-05-21	1	59.8~63.3	6	大流量期间
2020-05-23	1	59.6~63.2	6	大流量期间
2020-10-23	2	46.9~51.2	8	秋季大风期

2 存在的问题及原因分析

2.1 西黑山进口闸拦污栅前易形成垃圾淤堵

（1）在极端天气和大流量输水期间渠道垃圾量陡升，且因西黑山进口闸前过水断面小于总干渠北京方向过水断面，在相同流量下，进口闸前过水断面流速更快，总干渠上游垃圾等杂物更容易被水流带往进口闸方向。这是进口闸拦污栅前形成垃圾淤堵的直接原因。西黑山枢纽工程平面布置见图4。

（2）西黑山进口闸清污设施原设计功能主要为清除拦污栅前拦截的树叶等漂浮物，从近年来清理的垃圾来看，除有树叶、塑料制品等漂浮物外，不同时期还存在大量的藻类、冰絮等悬浮物以及树枝、垃圾等沉积物（见图5、图6）。污物性状发生变化是进口闸拦污栅前形成垃圾淤堵的间接原因。

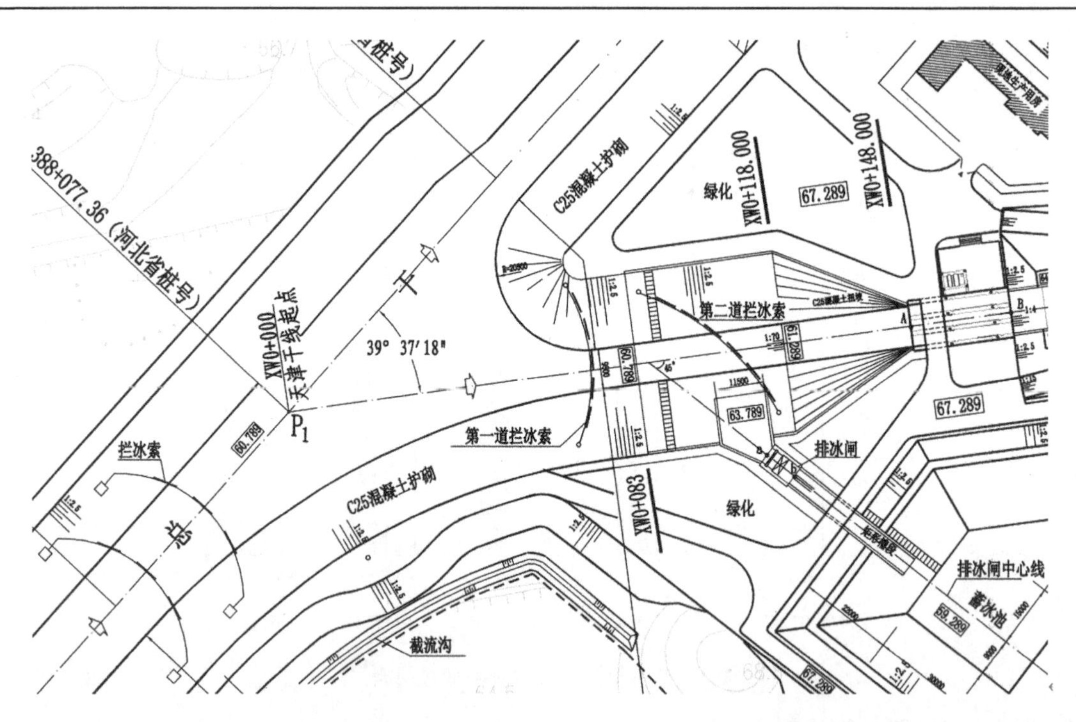

图 4　西黑山枢纽工程平面布置

图 5　藻类垃圾

图 6　树叶垃圾

（3）进口闸清污机为卷扬抓斗式，抓斗下沉依靠自身重力。在大流量工况下流速增快，清污机抓斗被水流冲击与拦污栅贴合造成下沉阻力增大，加之大流量工况下拦污栅前垃圾淤堵速度增快，垃圾淤堵在拦污栅条上进一步增大了清污机抓斗的下沉阻力，致使清污机抓斗靠自身重力不能下沉至拦污栅底部，清污效能降低。近年来，每年 10 月秋季大风季节，因垃圾量骤增，致使拦污栅前从底部开始逐层快速淤积，经常需要调度配合，逐孔关闭闸门，降低流速进行清污，大大降低了清污效率。这是进口闸拦污栅前形成垃圾淤堵的关键原因。

2.2　大流量输水期间清污机易出故障

进口闸前清污机清污频次一般为每 4~6 h 一次，垃圾打捞量每天约 0.5 m^3；遇春秋季大风、夏季暴雨等恶劣天气，垃圾量明显增大或冰期输水需打捞冰絮、流冰时调整为每 2 h 一次，垃圾打捞量每天 3~4.5 m^3；总干渠藻类爆发期及加大流量输水等特殊时期改为每 1 h 一次甚至不间断清污，垃圾打捞量每天约 15 m^3。长时间满负荷甚至超负荷运行，致使清污机钢丝绳、行走车轮、靠辊轴及连接片等部件时常损坏（见图 7~图 9），影响清污机正常运行。

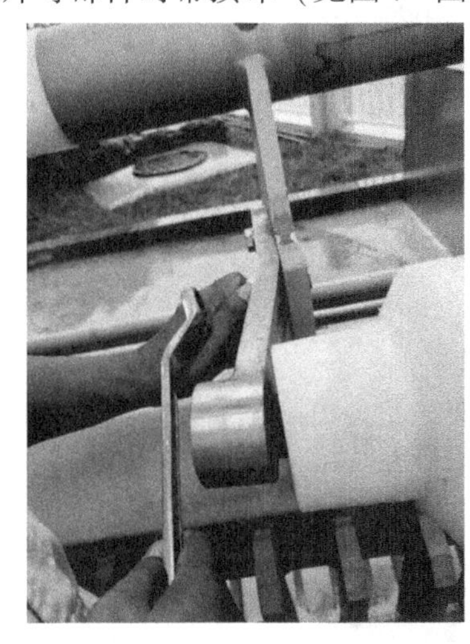

图 7　靠辊轴连接片变形

图 8　钢丝绳断丝

图 9　行走轮磨损

2.3　加大流量输水期难以采用调度方式配合清淤

2020 年 5 月总干渠采用加大流量输水，上游渠底沉积物不断被冲积至进口闸拦污栅前，清污机清污频次不断增加直至不间断运行，但由于水流过栅流速大，清污机抓斗无法下沉到拦污栅底部，对拦污栅造成淤堵，从而影响过闸流量。原计划天津干线进口闸 5 月 20 日早上达到加大流量 60 m^3/s，经多次调整闸门开度，终因受其影响未果。尤其是中孔拦污栅前淤积物较多且不断加剧，拦污栅前后水位落差加大，中孔闸门脱离水面，满足不了调度要求。为确保加大流量输水工作正常开展，不宜采用调度方式配合清淤，最终只能将中孔拦污栅吊起（见图 10），发现其下部已被垃圾全部覆盖。拦污栅吊起后，过闸流量瞬时增长 7.5 m^3/s（见图 11），随后达到加大流量。

图 10　大流量输水期间吊起中孔拦污栅

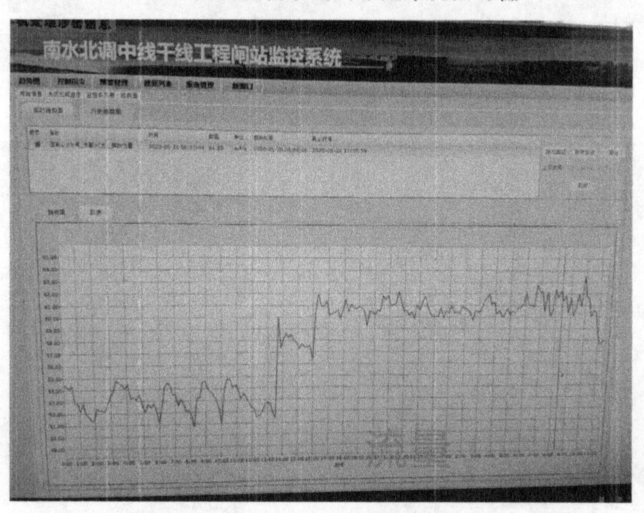

图 11　中孔拦污栅吊起后过闸流量瞬增 7.5 m^3/s

3　提升改造方案及建议

（1）在西黑山进口闸引渠段和文村调节池前分别增设 1 道粗拦污断面和 1 道细拦污断面，从而形成粗、中、细 3 道拦污断面，采用分级过滤、分级清理的方式，缓解垃圾淤堵压力，提高清污效率。因进口闸引渠段存在带水作业等不利条件，现阶段暂不考虑增设清污设施。

（2）将进口闸前卷扬抓斗式清污机改造为单梁耙式清污机（见图 12）。此形式清污机抓斗下沉可采用专门的驱动装置进行驱动，清污形式由原来的下扎抓污变为底部捞污，下沉不受水流流速影响，可有效解决抓斗难以下到底部的问题。同时配置皮带输送机 1 台，用于输送各栅槽收集的污物，以便进行集中处理。

（3）依据近几年西黑山进口闸拦污栅前垃圾打捞的实际经验，基本掌握了垃圾淤堵的规律，但水下垃圾的多少，是否完全清理干净，只能依靠操作人员经验判断，而无直观的图像印证，难以提前研判。为了解决这一困扰，天津分公司组织实施了西黑山进口闸水下监控系统安装项目，时刻观察水下清污机运行情况和拦污栅附近水下污物情况。在具体实施过程中综合考虑现场条件，以图 13 A 孔为例，在图示位置安装 A 孔水下监控摄像机，并配置相应的机械移动轨道机构、伺服设备及电控设备，安装后位置见图 14。

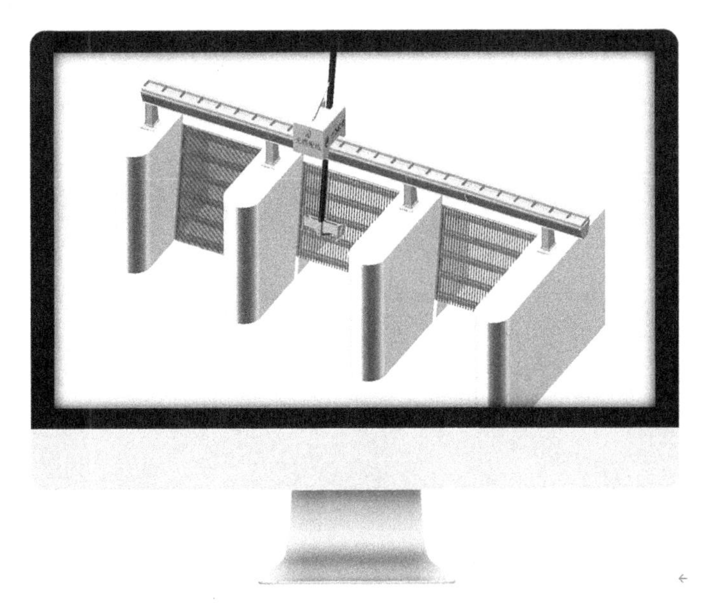

图 12　单梁耙式清污机工作示意图

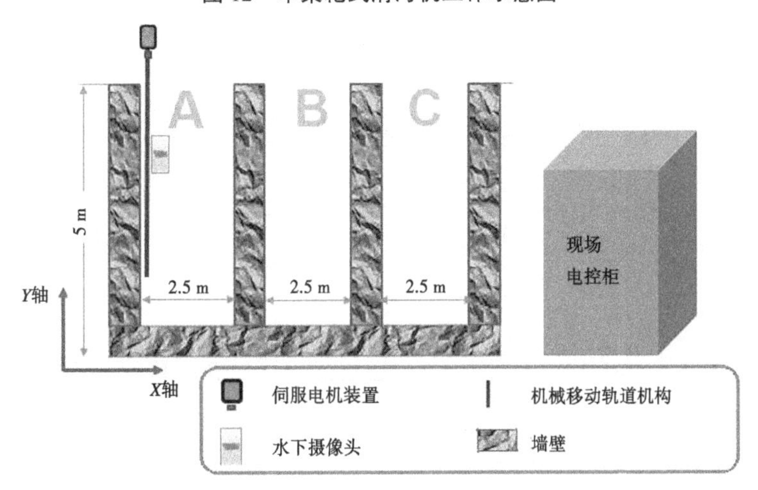

图 13　西黑山进口闸水下摄像机安装示意图

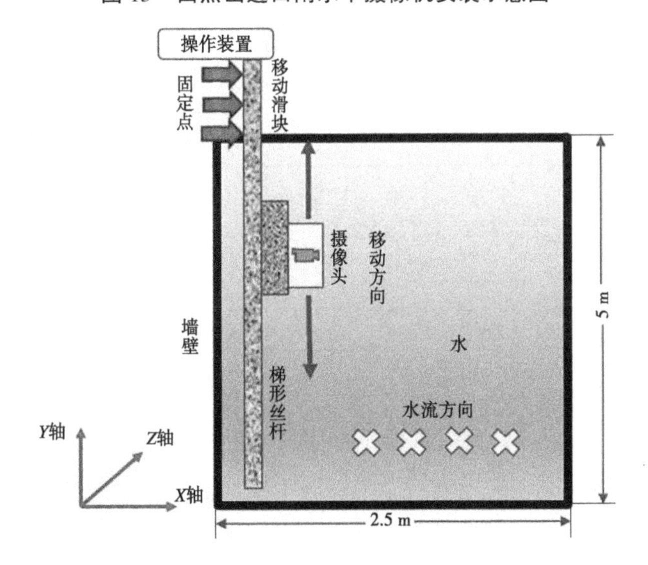

图 14　水下移动装置安装截面图

整个水下监控系统由现场设备、控制设备、操作设备三部分组成。通过调节摄像头的焦距实现 X 轴方向近景/远景的摄像，通过调节摄像头角度实现沿 Z 轴不同角度的摄像，通过现场控制箱可实现摄像头沿 Y 轴方向任意位置的停留并摄像，进而可实现水下 X 轴、Y 轴、Z 轴全景实时监视。

4 结语

西黑山枢纽工程位置特殊、流态复杂，清污设备运行面临极大挑战。清污设备自安装投运以来，根据工况的不断变化，通过 4 次升级改造，经受住了多年输水运行的考验，成功保障了南水北调中线天津干线输水调度安全，也为南水北调中线工程类似输水工况积累了经验。通过水下监控系统安装项目的实施，实现了实时观察水下清污机运行情况和拦污栅附近水下污物情况，为拦污、清污设备故障处理及拦污栅淤堵情况研判提供保障，也为下一步清污设备智能化水平的不断提高打下基础。

参考文献

[1] 吕安生. 抓臂式清污机设计与关键技术研究［D］. 合肥：合肥工业大学，2019.

[2] 石裕财. 基于 PLC 的清污机自动控制改造与实践［J］. 机械工程与自动化，2008（3）：137-139.

[3] 胡绪红，饶平波. 基于 PLC 的移动式清污机控制系统设计［J］. 电子技术与软件工程，2013（5）：107-108.

青县李大干渠河流健康评价研究

曾庆慧[1]　吴思萱[1]　胡　鹏[1]　武中强[2]　曾　冉[3]

（1. 中国水利水电科学研究院流域水循环模拟与调控国家重点实验室，北京　100038；
2. 沧州市肖家楼水利设施管理站，河北沧州　061000；
3. 沧州市水利工程质量技术中心，河北沧州　061000）

摘　要：依据《河湖健康评价指南（试行）》和《河北省河湖健康评价技术大纲（试行）》，以沧州市青县李大干渠为例开展河流健康评价研究。从盆、水、生物、社会服务功能4个准则层选取12个指标对李大干渠健康状态进行了综合评价。结果表明，李大干渠总体健康评价得分为85.85，属于二类河流，河流状态为健康。分析引起河流健康评价部分指标得分较低的原因，对下一步李大干渠管理保护工作提出了建议，为后续河流健康评价提供参考。

关键词：河流健康评价；指南；评价指标体系；李大干渠

1　引言

河流已成为我国水资源短缺、水环境污染、水生态损害等突出水问题表现最为集中的区域，因此对河流生态健康状况进行科学评价，是采取河湖保护举措的重要基础[1-2]。2016年11月以来，中共中央办公厅、国务院办公厅相继印发《关于全面推行河长制的意见》和《关于在湖泊推行湖长制的指导意见》，在全国江河湖泊全面推行河长制湖长制，构建河湖管理保护机制，为维护河湖健康生命、实现河湖功能永续利用提供制度保障[3-4]。本文以沧州市青县李大干渠为例，基于水利部《河湖健康评价指南（试行）》（简称《指南》）[5]、《河北省河湖健康评价技术大纲（试行）》（简称《技术大纲》），开展河流现状调查，综合评价河流健康状态，分析河流不健康成因，为推动河湖长制背景下的河湖管理保护相关工作提供参考[6-7]。

2　研究区概况

李大干渠属县级管理河流，分为南北两段，全长10.47 km。南段流经金牛镇小佟庄、苗庄子、石庄子、吴增口，长度6.25 km。北段流经马厂镇陈缺屯，青县农场李贵庄，长4.22 km。李大干渠河道内有2座开敞式水闸、1座挡水土坝，其中开敞式水闸对河流水域岸线影响较小，而挡水土坝影响河道输水和排沥能力，同时河道还存在农业面源污染、水生态系统退化等问题。

3　河流健康评价方案

3.1　评价范围

根据《指南》和《技术大纲》，结合李大干渠河道实际，评价河段分为南段和北段2个评价单元，其中南段全长6.25 km，北段全长4.22 km。评价基准年为2021年。

基金项目：国家自然科学基金（52009146）；水生态安全保障人才创新团队项目（WR0145B022021）。
作者简介：曾庆慧（1990—），女，高级工程师，主要从事水利水电工程生态环境影响研究工作。
通信作者：吴思萱（1998—），女，硕士研究生，主要从事生态水文学研究工作。

3.2 评价指标体系及权重

根据《指南》和《技术大纲》，结合李大干渠实地调查和资料收集情况，李大干渠健康评价指标体系包括目标层、准则层和指标层3个层级。其中，目标层反映河流健康状况的总体水平；准则层从盆、水、生物和社会服务功能4个方面反映河流健康状况的属性和水平；指标层选取岸线自然指数、生态流量满足程度、水质优劣程度等12个指标，包括8个必选指标和4个备选指标。各备选指标选取过程如下：

（1）河流纵向连通指数。指单位河长内影响河流连通性的建筑物或设施数量，反映了河流的纵向连通性。河流的连通性是河流保持其生态结构和执行其基本生态功能的重要前提和基础[8]，因此河流纵向连通指数是河流健康评价的重要指标。

（2）河流断流程度。河北省作为我国北方典型的水资源匮乏区域，且李大干渠无逐日流量观测条件，通过评价河流断流状况，能够简单直观地反映河流水量的保障情况。

（3）水生植物群落指数。李大干渠水生植物生长较为丰富，宜选用该指标来反映河流水生植物群落的分布状况。

（4）岸线利用管理指数。反映河流岸线保护完好程度。李大干渠目前缺少河岸带宽度及岸线利用管理相关资料，部分资料通过现场调查获取。

李大干渠河流健康评价指标体系及权重详见表1。

表1 李大干渠河流健康评价指标体系及权重

<table>
<tr><th>目标层</th><th colspan="2">准则层</th><th>准则层权重</th><th>指标层</th><th>指标类型</th><th>指标权重</th></tr>
<tr><td rowspan="12">河流健康评价</td><td colspan="2" rowspan="3">盆</td><td rowspan="3">0.2</td><td>河流纵向连通指数</td><td>备选</td><td>0.30</td></tr>
<tr><td>岸线自然指数</td><td>必选</td><td>0.40</td></tr>
<tr><td>违规开发利用水域岸线程度</td><td>必选</td><td>0.30</td></tr>
<tr><td rowspan="4">水</td><td rowspan="2">水量</td><td rowspan="4">0.3</td><td>生态流量满足程度</td><td>必选</td><td>0.30</td></tr>
<tr><td>河流断流程度</td><td>备选</td><td>0.20</td></tr>
<tr><td rowspan="2">水质</td><td>水质优劣程度</td><td>必选</td><td>0.25</td></tr>
<tr><td>水体自净能力</td><td>必选</td><td>0.25</td></tr>
<tr><td colspan="2" rowspan="3">生物</td><td rowspan="3">0.2</td><td>大型底栖无脊椎动物生物完整性指数</td><td>必选</td><td>0.35</td></tr>
<tr><td>鱼类保有指数</td><td>必选</td><td>0.35</td></tr>
<tr><td>水生植物群落指数</td><td>备选</td><td>0.3</td></tr>
<tr><td colspan="2" rowspan="2">社会服务功能</td><td rowspan="2">0.3</td><td>岸线利用管理指数</td><td>备选</td><td>0.40</td></tr>
<tr><td>公众满意度</td><td>必选</td><td>0.60</td></tr>
</table>

3.3 河流健康综合评价赋分方法

对每个评价河段按照目标层、准则层及指标层逐层加权计算得到各子河段健康综合赋分值，按式（1）计算：

$$RHI_i = \sum^{m}\left[YMB_{mw} \times \sum^{n}(ZB_{nw} \times ZB_{nr})\right] \tag{1}$$

式中：RHI_i 为第 i 评价河段河流健康综合赋分；ZB_{nw} 为指标层第 n 个指标的权重（具体值按照专家咨询或当地标准来定）；ZB_{nr} 为指标层第 n 个指标的赋分；YMB_{mw} 为准则层第 m 个准则层的权重。

采用河段长度为权重，按照式（2）进行河流健康综合赋分计算：

$$RHI = \sum_{i=1}^{R_s}(RHI_i \times W_i) / \sum_{i=1}^{R_s} W_i \quad (2)$$

式中：RHI 为河流健康综合赋分；RHI_i 为第 i 个评价河段河流健康综合赋分；W_i 为第 i 个评价河段的长度，km；R_s 为评价河段数量，个。

3.4 河流健康综合评价分类标准

河流健康分为五类：一类河流（非常健康）、二类河流（健康）、三类河流（亚健康）、四类河流（不健康）、五类河流（劣态）。河流健康分类根据评估指标综合赋分确定，采用百分制，河流健康评价分类见表 2。

表 2 河流健康评价分类

分类	状态	赋分范围
一类河流	非常健康	90≤RHI≤100
二类河流	健康	75≤RHI<90
三类河流	亚健康	60≤RHI<75
四类河流	不健康	40≤RHI<60
五类河流	劣态	RHI<40

4 河流健康评价结果

4.1 “盆”准则层

“盆”准则层包括 3 个指标：河流纵向连通指数、岸线自然指数和违规开发利用水域岸线程度。

（1）河流纵向连通指数。李大干渠涉河建筑物和设施共 3 座。其中，吴增口闸大部分时间开启，仅在农田灌溉期间关闸蓄水，苗庄子闸已废弃，李贵庄扬水站不影响河道输水和泄洪能力。根据《指南》中赋分标准，河流纵向连通指数赋分为 100 分。

（2）岸线自然指数。李大干渠南段和北段岸线自然状况良好，河岸土质主要为黏土，流速较缓，为轻度冲刷，岸线内基本覆盖大量植被，仅有极少部分裸露，岸线植被覆盖度极高。李大干渠岸线自然指数南段赋分为 90 分，北段赋分为 100 分，整体赋分为 94 分。

（3）违规开发利用水域岸线程度。根据现场无人机影像调查和实地勘验，李大干渠河道周边无入河排污口和河流“四乱”状况。对李大干渠两子河段的入河排污口规范化建设率、入河排污口布局合理程度及河流“四乱”状况单项赋分，违规开发利用水域岸线程度赋分为 100 分。

4.2 “水”准则层

“水”准则层分为水量和水质 2 大类共 4 个指标。其中，水量包括生态流量满足程度和河流断流程度 2 个指标；水质包括水质优劣程度和水体自净能力 2 个指标。

（1）生态流量满足程度。李大干渠是青县农场范围内的灌溉排涝河道，根据历史调查结合座谈走访，近几年李大干渠均不存在季节性断流情况，宜采用生态流量满足程度进行表征。但由于李大干渠河道等级不高，无实时监测水文站点，没有逐日流量监测数据。根据走访调研，结合水生生物监测情况，李大干渠南北段河道水位及流量均能基本满足水生生物需求，综合判断李大干渠南北段生态流量满足程度赋分值为 80 分。

（2）河流断流程度。根据现场调查，结合相关文献资料，李大干渠近几年未出现过断流情况，河流断流程度赋分值为 100 分。

（3）水质优劣程度。本次水质监测项目包括化学需氧量、氨氮、总氮、总磷、高锰酸盐指数 5 项指标，监测结果见表 3。依据《指南》和《技术大纲》，由最差水质项目的水质类别代表该河流的水质类别。李大干渠南段水质最差指标为总氮，北段水质最差指标为总氮和高锰酸盐指数。经计算，南段和北段水质优劣程度赋分均为 56 分，李大干渠总体水质优劣程度得分为 56 分。

表 3　李大干渠水质监测结果

单位：mg/L

<table>
<tr><th>评价河段</th><th>化学需氧量</th><th>氨氮</th><th>总氮</th><th>总磷</th><th>高锰酸盐指数</th><th>水质类别</th></tr>
<tr><td>南段</td><td>25</td><td>0.223</td><td>1.60</td><td>0.12</td><td>6.37</td><td rowspan="2">V类</td></tr>
<tr><td>评价类别</td><td>Ⅳ</td><td>Ⅱ</td><td>Ⅴ</td><td>Ⅲ</td><td>Ⅳ</td></tr>
<tr><td>北段</td><td>29</td><td>0.218</td><td>1.59</td><td>0.26</td><td>10.59</td><td rowspan="2">V类</td></tr>
<tr><td>评价类别</td><td>Ⅳ</td><td>Ⅱ</td><td>Ⅴ</td><td>Ⅳ</td><td>Ⅴ</td></tr>
</table>

（4）水体自净能力。根据水质监测结果，李大干渠南段和北段溶解氧浓度分别为 5.5 mg/L、9.6 mg/L。对照《指南》中水体自净能力赋分标准表得南段水体自净能力赋分为 71.7 分，北段水体自净能力赋分为 100 分，李大干渠总体水体自净能力赋分为 83.11 分。

4.3　“生物”准则层

该准则层包括大型底栖无脊椎动物生物完整性指数、鱼类保有指数和水生植物群落指数 3 个指标。

（1）大型底栖无脊椎动物生物完整性指数。根据《指南》中大型底栖无脊椎动物生物完整性指数赋分公式，计算得李大干渠南段和北段 BIBI 指数赋分，南段赋分为 31.69，北段赋分为 34.77，见表 4。

表 4　李大干渠 BIBI 指数赋分结果

<table>
<tr><th>评价河段</th><th>样点类型</th><th>BIBI 指数</th><th>BIBIS</th></tr>
<tr><td rowspan="2">南段</td><td>参照点</td><td>1.04</td><td rowspan="2">31.69</td></tr>
<tr><td>采样点</td><td>0.33</td></tr>
<tr><td rowspan="2">北段</td><td>参照点</td><td>1.03</td><td rowspan="2">34.77</td></tr>
<tr><td>采样点</td><td>0.36</td></tr>
</table>

（2）鱼类保有指数。经历史背景调查，选用 20 世纪 80 年代作为历史基点。李大干渠南段和北段均无鱼类历史调查数据，只能通过调查走访、专家咨询确定。结合沿岸渔民的调查走访，证实青县李大干渠水域鱼类种类较以前略有减少。因此，本次鱼类保有指数取值 90%，赋分为 84 分。

（3）水生植物群落指数。经实地勘察，李大干渠南段和北段的水生植物群落种类、分布基本相同，共发现水生植物 29 种，隶属于 21 科 31 属。水生植物群落较丰富，植株茂密，自然生长状况良好，综合确定李大干渠水生植物群落指数赋分为 80 分。

4.4　“社会服务功能”准则层

该准则层包括岸线利用管理指数和公众满意度 2 个指标。

（1）岸线利用管理指数。根据现场调查，李大干渠基本为土质岸坡，仅道路与水工建筑交叉处有零星护砌，李大干渠岸线总长度为 20.94 km，岸线暂未开发利用，赋分为 100 分。

（2）公众满意度。本次采用网络调查的形式，设计李大干渠健康调查问卷，从岸线状况、水质状况等 6 个方面对李大干渠公众满意度进行全面调查。共收集到问卷 100 份，公众满意度赋分为 98.4 分。

4.5　河流健康综合评价

按照目标层、准则层及指标层逐层加权的方法，计算李大干渠健康综合赋分（RHI）：南段赋分

84.59 分，北段赋分 87.73 分，李大干渠总体得分 85.85 分，属于二类河流，河流综合评价等级为“健康”。李大干渠综合赋分结果见表 5 和图 1。

表 5　李大干渠健康综合评价赋分结果

评价河段	河段长度/km	准则层赋分				健康赋分	综合级别
		盆	水	生物	社会服务功能		
南段	6.25	96.00	75.93	64.49	99.04	84.59	健康
北段	4.22	100.00	83.00	65.57	99.04	87.73	健康
总体	10.47	97.61	78.78	64.92	99.04	85.85	健康

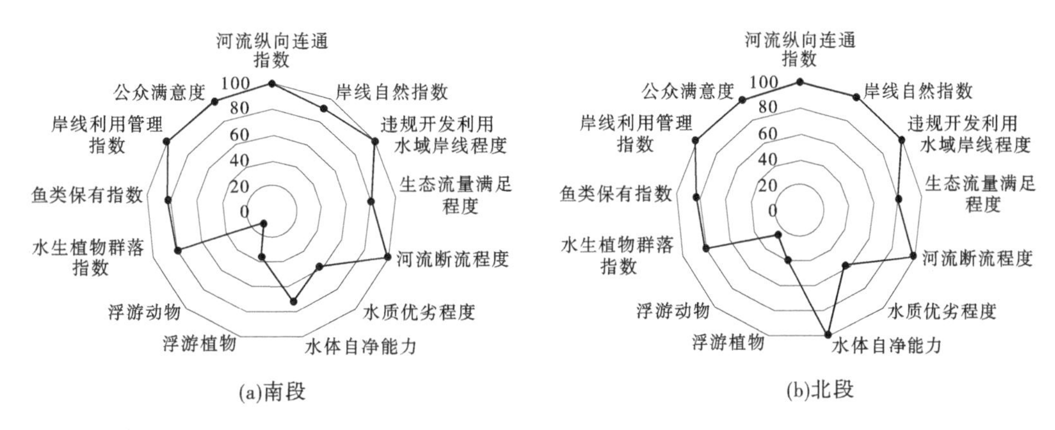

图 1　李大干渠指标层赋分结果

李大干渠总体上在形态结构完整性、水生态完整性与抗扰动弹性、社会服务功能可持续性等方面保持健康状态，但在生物多样性方面还存在一定缺陷，应当加强日常管护，持续对河流健康提档升级。在“水”准则层方面，李大干渠生态流量满足程度有所欠缺，保障程度有待提升。水质状况不良，水质现状为Ⅴ类水体，主要超标指标为总氮、高锰酸盐指数，河流受周边农田化肥、农药施用影响较大。同时水体富营养化程度较高，水体自净能力差。在“生物”准则层方面，李大干渠为“不健康”状态。鱼类保有情况处于合理水平。浮游植物多样性等级处于“一般”水平，北段浮游动物多样性优于南段，但也处于“一般”水平，需要进一步提升生物多样性，提高生态系统稳定性。

5　结语

本文通过构建青县李大干渠河流健康评价指标体系，从盆、水、生物和社会服务功能 4 个方面对李大干渠开展河流健康评价。由评价结果可知，李大干渠河流健康赋分为 85.85 分，处于“健康”状态。在今后的李大干渠管理工作中，应当加强对水环境和水生态的保护和监管力度，建立河流生态监测体系，定期开展健康评价。加强水质监测，控制农田产生的面源污染，改善水环境状况，及时对局部水生态缺陷进行治理修复，提高生物多样性和水生态系统的稳定性，进一步提升李大干渠健康状态。

参考文献

[1] 黄德治，王云森，林蓉璇，等．林芝市河流健康评价体系构建及运用探讨［J］．广东水利水电，2022（6）：27-29.

[2] 刘春伟．临沂市东汶河河流健康状态评价分析与建议［J］．水利技术监督，2022（8）：19-21.

[3] 刘六宴，李云，王晓刚.《河湖健康评价指南（试行）》出台背景和目的意义［J］. 中国水利，2020（20）：1-3.
[4] 徐浩，彭辉，兰峰，等. 基于层次分析法的龙溪河健康评价研究［C］//中国水利学会 2021 学术年会论文集 第二分册，郑州：黄河水利出版社，2021：51-60.
[5] 水利部河湖管理司. 河湖健康评价指南（试行）［S］. 2020.
[6] 李云，戴江玉，范子武，等. 河湖健康内涵与管理关键问题应对［J］. 中国水利，2020（6）：17-20.
[7] 曹磊，吕敏燕. 自贡市胜利一库健康评价实践研究［J］. 绿色科技，2022，24（8）：197-201.
[8] 朱晨春，陈晓宏，杨杰，等. 西北江三角洲河道纵向连通性变化及其成因分析［J］. 水文，2020，40（6）：68-74.

河流生态流量研究进展及实践难题探析

郝春沣　牛存稳　贾仰文　仇亚琴

（中国水利水电科学研究院流域水循环模拟与调控国家重点实验室，北京　100038）

摘　要： 河流生态流量科学评估和落地实践是河流生态系统修复的关键之一，但是相关研究在机制解析和管理实践方面仍面临亟待解决的问题。本文系统回顾了河流生态流量研究进展和发展趋势，阐释了不同类型方法的优缺点及适用条件，并针对河流生态流量在实践中落地难的现象，辨识了缺水地区河流生态流量各利益相关方权责量化和博弈的关键科学问题，提出了重视流域全体利益相关方参与机制的设计和实施等研究建议，可为支撑人与自然争水矛盾突出背景下的河流生态流量综合确定和有效保障提供参考。

关键词： 生态流量；利益相关方；科学评估；落地实践

1　引言

面向河流生态系统的科学保护、合理开发和综合修复需求，河流生态环境流量的保障是关键，其科学评估和落地实践是当前研究及管理中的热点和难点问题。

河流生态流量保障是维持河流健康生命的核心和基础[1]，其既依赖于科学合理且具有现实可行性的生态流量指标评估，也需要河流生态流量利益相关方的参与和认可[2-3]，且具有激励和约束机制，才能够真正落地实施。长期以来，河流生态流量相关研究主要关注前者，即基于河流生态系统保护目标和生态水文响应关系，结合专家意见综合确定生态流量及其过程[4-5]，但是在利益相关方参与方面尚显不足[6-7]。特别是在水资源短缺且经济社会发展迅速的地区，人与自然争水矛盾突出，河流生态流量在实际中往往难以达标[8-9]，成为缺水地区河流生态修复的“卡脖子”环节，也是河流生态流量由研究到实践的“最后一公里”问题。

近年来，随着长江大保护、黄河流域生态保护和高质量发展等国家战略的实施，河流生态流量保障需求日益显现，相关实践问题亟须科学支撑[10]。开展河流生态流量利益相关方协调技术研究，将面向河流生态流量评估和落地的水循环机制和经济机制进行耦合研究，涉及水文水资源、生态环境和经济社会等交叉学科研究和探索，是人类世背景下生态流量研究领域的前沿方向，也是河流生态流量保障迫切需要解决的关键问题。

2　河流生态流量研究进展和趋势

河流生态流量评估方法可以分为水文学方法、水力学方法、栖息地模拟法和整体法[11]。前三种方法侧重于分别针对水文学指标[12]（主要是流量）、水力学指标[13-14]（流速、湿周等）及生物适宜性指标[15-17]（栖息地加权可利用面积等）进行分析，重点关注河流生态环境功能（主要是单项功能）与河道流量过程的关系，主要集中在河流生态系统本身。相对而言，整体法具有较好的综合性[18-21]，可使用若干种不同的方法，研究河道内流量与河流生态系统各类功能需求的响应，并集合水文、生

基金项目： 国家自然科学基金项目（52009140）；国家重点研发计划课题（2021YFC3201105）。

作者简介： 郝春沣（1986—），男，副高级工程师，主要从事水循环模拟与水资源评价相关研究工作。

态、环境、经济社会等不同领域专家意见，最终确定生态流量，因而具有兼顾人类经济社会与河流生态的特点[22]。

河流生态流量评估方法对比见表 1。不同方法的适用范围和应用效果一方面与方法本身的适用性和研究原理有关；另一方面也受河流生态环境流量评估的时空尺度、流域特点、数据监测、技术能力以及经济投入等多方面因素的影响。

表 1　河流生态流量评估方法对比

类别	方法描述	所需信息	典型方法	优点	缺点
水文学方法	基于历史流量信息，选取简单水文指标或流量特征值	历史或模拟流量数据	Tennant 法；7Q10 法；RVA 法	不需要现场测定，原理简单，应用方便	考虑因素单一，没有针对性
水力学方法	采用水力学模型，根据河道水力参数确定河流生态需水	历史或模拟流量数据，河道断面信息	湿周法；R2CROSS 法	考虑了不同河道的影响，数据容易获取	未考虑丰平枯的年际变化和季节性因素
栖息地模拟法	分析指示物种可用栖息地与水力、水文、水质等要素的关系，确定一定数量物种栖息地对应的最优或者临界流量	历史或模拟流量数据，栖息地河段信息，指示物种的栖息地适宜性曲线	IFIM 法；Basque 法；CASIMIR 法	体现了特定物种与河道流量过程的生态联系，有较强的针对性	需要大量生物数据；仅针对特定物种
整体法	采用多种方法，系统分析流量与河流水文、水力、地貌、水质及生态等方面的数量化关系，综合确定生态需水	需要历史流量、现场调查、多学科专家组及公众参与等多方面的实测数据和科学意见	BBM 法；DRIFT 法；基准法；整体评价法；ELOHA 法	考虑河流生态系统的整体需求，具有较好的科学性和可行性	所需资料复杂，研究成本高，耗费时间长

回顾河流生态流量相关研究的发展历程，利益相关方参与程度的不断深入、参与方式的逐渐细化是其显著特点之一[23-24]，而生态流量保障的本质就是在人与自然之间合理分配有限的水资源，因此客观上也需要广泛的经济考量和社会参与[25-27]。从相关研究发展趋势来看，近年来，水文水资源相关研究领域的重心已呈现出由传统的水文学转为生态水文学再到社会水文学的特点[28-29]，而对于河流生态流量的研究，也更加重视人类世的语境[30-31]，利益相关方的角色和作用受到更多重视。

早期采用的生态流量评估方法（Tennant 法、IFIM 法等）[32-33] 通过确定多个层级、对应不同生态环境满足程度的生态流量指标，给利益相关方的决策提供了多种选项，从而体现了经济社会系统和生态系统之间水资源分配的平衡。新近提出的生态流量分析整体法（ELOHA 法等）[34] 及基于原有方法的改进应用（BBM 法等）[35]，通过问卷调研等手段，识别利益相关方对河流生态系统状况及不同生态环境功能和经济社会效用的偏好，并在河流生态修复目标确定、不同功能相应的流量组分计算、生态流量预期效果评估和利益相关方损益反馈等各个环节进行针对性考虑，显著加强了利益相关方在生态流量确定中的参与程度，也有助于提高生态流量在落地过程中的可操作性和可持续性。

3　河流生态流量落地难题及背后的科学问题

河流生态流量利益相关方参与取得了明显的进展和广泛的认可，但是在推动落地实施的环节，针对各利益相关方博弈与协调的量化研究相对较少[36-37]，且缺乏以水循环机制和经济机制为基础的科学支撑。在多数河流生态流量实践中，依靠行政强制结合生态补偿等手段对河道取用水户进行引导或限制（特别是水电站和灌区等）[38-39]，以减少人类对河道径流过程的过度干扰。对河道取用水户等利益相关方的参与和协调，多从其经济效益损失出发，由政府或者河流管理机构作为河流代言人，部分或全部补偿其由于生态流量保障而引起的损失[40-41]，有利于减小河流生态流量落实面临的阻力。部分研究者从管理或法律角度[42] 提出河流生态流量的保障机制，但是未从水循环机制和经济博弈的角度开展分析，因而导致相关对策难以量化和实施。

在河流生态流量利益参与主体方面，有部分研究从流域水资源配置等角度对生态用水予以考虑并对上下游各方进行博弈分析[43]，但关注的焦点是上下游各分区的矛盾，并未细致考虑生态流量相关的管理者、不同类型用水户等各利益相关方。部分研究中采用的博弈模型，仅考虑河道内取用水户[44]，而未将整个流域的利益相关方纳入进来。在博弈理论和方法方面[45]，现有研究多基于参与人完全理性的假设，但是对于生态流量实践中兼具管理者、使用者和受益者等不同身份的利益相关方（如大型灌区）并不完全适用；部分研究者将合作博弈[46]、演化博弈[47-48] 等理论引入水资源配置、生态补偿等相关研究中，主要是在较为宏观的尺度上考虑生态用水目标，但由于缺乏与水循环机制的耦合，各方博弈策略设定和模拟分析多局限于水量分配，而难以涵盖对流域水源涵养等行为的考虑，因而其理论框架和博弈机制均有待完善。

河流生态流量落地难背后的关键科学问题是：缺水地区河流生态流量各利益相关方的权责量化和博弈。河流生态流量过程受自然变异、取用水、流域下垫面改变等影响，但目前生态流量相关研究中往往未将流域土地利用相关方纳入考虑，“问题在河里、根子在岸上”在生态流量评估和实践中偏向于理念而缺乏实际技术支撑，且利益相关方参与机制中偏重于对各方利益诉求的考虑，而缺乏权利与责任之间的结合，使得利益相关方博弈体系不完整、博弈机制缺乏对流域整体和水循环全过程的综合考虑，不利于指导河流生态流量的落地实施和保障。

4 河流生态流量研究建议

未来河流生态流量相关研究应更加重视流域全体利益相关方参与机制的设计和实施。

（1）将流域整体纳入河流生态流量利益相关方框架。从流域水循环角度来看，造成河道径流过程改变的不仅是直接从河道取用水的行为，同时也包括流域植树造林、水土保持、城镇化开发等显著改变下垫面的行为。特别是在我国黄河流域、海河流域、辽河流域等北方地区，在相近的降雨条件下，21 世纪以来的地表径流较 1980 年之前显著衰减，这也是近年来地理和水文水资源相关学科关注的热点问题。因此，将流域下垫面改变的行为纳入河流生态流量利益相关方是必要的，有助于从流域整体层面提升对生态流量的科学认识。

（2）将各利益相关方量化责任纳入河流生态流量博弈研究。河流生态流量各利益相关方在通过水资源开发利用获得经济效益的同时，也对流域水循环造成了显著影响。目前针对河流生态补偿的研究中对各利益相关方责任的考虑不足，其中采用的利益相关方经济效益只是表面的收益，没有反映水资源和生态环境损失的成本，以此分析得到的生态补偿缺乏科学性。因此，需要针对利益相关方对于流域水循环改变的量化责任进行科学解析，并将其纳入各方博弈分析，以此改进生态流量保障的激励约束机制。

5 结语

在河流生态流量保障相关研究中，对利益相关方框架进一步拓展，并将各方责任纳入综合博弈，是该研究领域尚未得到有效解决的科学问题，也反映了水文学与经济、社会等学科进行交叉研究的必要性。在以往研究基础上强化利益相关方参与的水循环机制与经济机制耦合，可使河流生态流量保障的科学基础支撑得到进一步夯实，是未来河流生态流量研究的重要方向之一。

参考文献

[1] 李原园，廖文根，赵钟楠，等．新时期河湖生态流量确定与保障工作的若干思考［J］．中国水利，2019（17）：13-16，8.

[2] Brewer S K，Mcmanamay R A，Miller A D，et al. Advancing environmental flow science：developing frameworks for altered landscapes and integrating efforts across disciplines［J］. Environmental Management，2016，58（2）：175-192.

[3] 陈昂，吴淼，黄茹，等．国际环境流量发展研究［J］．环境影响评价，2019，41（1）：54-57.

[4] Poff N L，Zimmerman J K H. Ecological responses to altered flow regimes：a literature review to inform the science and management of environmental flows［J］. Freshwater Biology，2010，55（1）：194-205.

[5] 董哲仁，张晶，赵进勇．环境流理论进展述评［J］．水利学报，2017，48（6）：670-677.

[6] Jorda-Capdevila D，Rodríguez-Labajos B，Bardina M. An integrative modelling approach for linking environmental flow management，ecosystem service provision and inter-stakeholder conflict［J］. Environmental Modelling & Software，2016，79：22-34.

[7] 李献士，李健．流域生态利益相关者共同治理机制研究［J］．资源开发与市场，2013，29（1）：64-67.

[8] 王建平，李发鹏，孙嘉．关于河湖生态流量保障的认识与思考［J］．水利经济，2019，37（4）：9-12.

[9] Arthington A H. Environmental flows：Saving rivers in the third millennium［M］. Berkeley：University of California Press，2012.

[10] 左其亭．黄河流域生态保护和高质量发展研究框架［J］．人民黄河，2019，41（11）：1-6，16.

[11] Tharme R E. A global perspective on environmental flow assessment：emerging trends in the development and application of environmental flow methodologies for rivers［J］. River Research & Applications，2003，19（5-6）：397-441.

[12] 王西琴，刘斌，张远．环境流量界定与管理［M］．北京：中国水利水电出版社，2010.

[13] 李嘉，王玉蓉，李克锋，等．计算河段最小生态需水的生态水力学法［J］．水利学报，2006，37（10）：1169-1174.

[14] 尚松浩．确定河流生态环境流量的几种湿周法比较［J］．水利水电科技进展，2011，31（4）：41-44.

[15] 王俊娜，董哲仁，廖文根，等．基于水文-生态响应关系的环境水流评估方法——以三峡水库及其坝下河段为例［J］．中国科学：技术科学，2013，43（6）：715-726.

[16] 李卫明，陈求稳，刘德富，等．基于景观生态学指标的鱼类生境质量评价方法研究［J］．长江科学院院报，2014，31（6）：7-11.

[17] Wilding T K，Bledsoe B，Poff N L，et al. Predicting habitat response to flow using generalized habitat models for trout in rocky mountain streams［J］. River Research & Applications，2015，30（7）：805-824.

[18] King J，Louw D. Instream flow assessments for regulated rivers in South Africa using the Building Block Methodology［J］. Aquatic Ecosystem Health & Management，1998，1（2）：109-124.

[19] Arthington A H，Rall J L，Kennard M J，et al. Environmental flow requirements of fish in Lesotho Rivers using the DRIFT methodology［J］. River Research & Applications，2003，19（5-6）：641-666.

[20] Poff N L，Richter B D，Arthington A H，et al. The ecological limits of hydrologic alteration（ELOHA）：a new framework for developing regional environmental flow standards［J］. Freshwater Biology，2010，55（1）：147-170.

[21] 李昌文．基于改进 Tennant 法和敏感生态需求的河流生态需水关键技术研究［D］．武汉：华中科技大学，2015.

[22] Richter B D，Warner A T，Meyer J L，et al. A collaborative and adaptive process for developing environmental flow recommendations［J］. River research & applications，2006，22（3）：297-318.

[23] Webb J A，Watts R J，Allan C，et al. Adaptive management of environmental flows［J］. Environmental Management，2018，61（3）：339-346.

[24] 马赟杰，黄薇，霍军军．我国环境流量适应性管理框架构建初探［J］．长江科学院院报，2011，28（12）：88-92.

[25] Fanaian S，Graas S，Jiang Y，et al. An ecological economic assessment of flow regimes in a hydropower dominated river basin：the case of the lower Zambezi River［J］. Science of the Total Environment，2015，505：464-473.

[26] Pastor A V，Ludwig F，Biemans H，et al. Accounting for environmental flow requirements in global water assessments

[J]. Hydrology & Earth System Sciences Discussions, 2013, 10 (12): 14987-15032.

[27] 张代青，沈春颖，于国荣. 基于河道内流量的河流生态系统服务价值评价模型研究 [J]. 水利经济，2019，37 (5): 16-20, 26.

[28] Savenije H H G, Hoekstra A Y, Van d Z P. Evolving water science in the Anthropocene [J]. Hydrology & Earth System Sciences, 2014, 18 (1): 319-332.

[29] Sivapalan M, Savenije H H G, Blöschl G. Socio-hydrology: a new science of people and water [J]. Hydrological Processes, 2012, 26 (8): 1270-1276.

[30] Poff L R, Matthews J H. Environmental flows in the Anthropocence: past progress and future prospects [J]. Current Opinion in Environmental Sustainability, 2013, 5 (6): 667-675.

[31] Arthington A H, Kennen J G, Stein E D, et al. Recent advances in environmental flows science and water management - innovation in the Anthropocene [J]. Freshwater Biology, 2018, S (1): 1-13.

[32] Tennant D L. Instream flow regimes for fish, wildlife, recreation and related environmental resources [J]. Fisheries, 1976, 1 (4): 6-10.

[33] Armour C L, Taylor J G. Evaluation of the instream flow incremental methodology by US Fish and Wildlife Service field users [J]. Fisheries, 1991, 16 (5): 36-43.

[34] Martin D M, Labadie J W, Poff L R. Incorporating social preferences into the ecological limits of hydrologic alteration (ELOHA): a case study in the Yampa-White River basin, Colorado [J]. Freshwater Biology, 2015, 60 (9): 1890-1900.

[35] O' Keeffe J, Graas S, Mombo F, et al. Stakeholder-enhanced environmental flow assessment: The Rufiji Basin case study in Tanzania [J]. River Research & Applications, 2017, 8: 1-9.

[36] Bryan B A, Higgins A, Overton I C, et al. Ecohydrological and socioeconomic integration for the operational management of environmental flows [J]. Ecological Applications, 2013, 23 (5): 999-1016.

[37] McKay K S. Quantifying tradeoffs associated with hydrologic environmental flow methods [J]. Journal of the American Water Resources Association, 2015, 51 (6): 1508-1518.

[38] Gippel C, Jacobs T, Mcleod T. Environmental flows and water quality objectives for the River Murray [J]. Water Science & Technology, 2002, 45 (11): 251-260.

[39] 胡智丹，郑航，王忠静. 黄河干流水量分配的演变及多数据流模型分析 [J]. 水力发电学报，2015，34 (8): 35-43.

[40] Nicholas P S. Environmental Flows for rivers and economic compensation for irrigators [J]. Journal of Environmental Management, 2009, 90 (2): 1236-1240.

[41] 付意成，阮本清，王瑞年，等. 河流生态补偿研究进展 [J]. 中国水利，2009 (3): 28-31.

[42] 落志筠. 生态流量的法律确认及其法律保障思路 [J]. 中国人口·资源与环境，2018，28 (11): 102-111.

[43] 彭祥，胡和平. 黄河水资源配置博弈均衡模型 [J]. 水利学报，2006，37 (10): 1199-1205.

[44] 付湘，陆帆，胡铁松. 利益相关者的水资源配置博弈 [J]. 水利学报，2016，47 (1): 38-43.

[45] Madani K. Game theory and water resources [J]. Journal of Hydrology, 2010, 381 (3-4): 225-238.

[46] 施锡铨. 合作博弈引论 [M]. 北京：北京大学出版社，2012.

[47] 李宁，王磊，张建清. 基于博弈理论的流域生态补偿利益相关方决策行为研究 [J]. 统计与决策，2017 (23): 54-59.

[48] Estalaki S M, Abed-Elmdoust A, Kerachian R. Developing environmental penalty functions for river water quality management: application of evolutionary game theory [J]. Environmental Earth Sciences, 2018, 73 (8): 4201-4213.

经济社会高质量发展与水资源配置

段文龙[1,2]　王艳华[3,4,5]　吕　望[3,4,5]

（1. 黄河勘测规划设计研究院有限公司，河南郑州　450003；
2. 水利部黄河流域水治理与水安全重点实验室（筹），河南郑州　450003；
3. 黄河水利委员会黄河水利科学研究院，河南郑州　450003；
4. 黄河水利委员会节约用水中心，河南郑州　450003；
5. 黄河流域农村水利研究中心，河南郑州　450003）

摘　要：随着社会经济的快速发展，我国水资源紧缺问题越来越突出，加上经济发展的过程中，不合理的经济发展方式对于水资源造成了一些破坏，现阶段，社会经济发展布局和水资源分布不相匹配，水资源紧缺已成为社会经济高质量发展的制约因素。因此，合理的水资源配置已经成为缓解水资源紧缺问题的重要途径，通过水资源合理配置，可为促进社会经济健康、可持续、高质量发展提供重要支撑。基于此，本文首先分析了水资源配置对社会经济发展的影响，并针对我国水资源配置中存在的问题，提出了几点建议，以供参考。

关键词：社会经济；高质量发展；水资源配置

我国是一个水资源匮乏的国家，从整体来看，我国的淡水资源总量约为28 000亿 m^3，占据全球水资源总量的6%，在世界排名中占据第四位，但是我国的人口众多，人均淡水资源只有2 300 m^3，远远达不到世界的平均水平。现阶段，水资源紧缺已经严重制约了我国社会经济的可持续发展，截至2010年，我国的水资源供给缺口已经达到了1 000亿 m^3，若得不到有效监管，2030年我国水资源供水缺口将达到2 000亿 m^3。在推进南水北调后续工程高质量发展座谈会上，习近平总书记也强调了水资源配置的重要性[1]。因此，对社会经济高质量发展与水资源配置相关问题进行分析研究，找到更加合理的配置方式，对于促进社会经济高质量发展有着积极的现实意义。

1　水资源配置对社会经济发展的影响

1.1　水资源配置对农业的影响

相对来说，我国的水资源并不充分，加上人口众多，人均水资源量更是少之又少。对于农业来说，水资源有着不可替代的作用。然而，在我国的农村地区水资源短缺与浪费的情况都比较严重，农村水资源配置存在的问题主要表现在以下几个方面：首先，农村的水资源本身是有限的，但是一些非农产业也需要用到水资源，这对于农业用水造成了一定的影响；其次，在农业发展的过程中，经常会用到农药、化肥等，这些化学制品的不合理使用对农业用水的水质造成了不利影响，而且还会污染土地，严重制约着农业经济的可持续发展；再次，生活废水的随意倾倒和生活垃圾的堆放也是影响水质的重要原因之一。从我国的农业分布来看，北方农业占全国的60%以上，但是水资源却是总体呈现南多北少的状态，这种情况导致北方的农业用水相对紧张，加上降水呈现季节性的特点，70%~90%的降水集中在7—9月，也使得北方出现季节性缺水的情况，对农业的发展造成一定的不良影响。

作者简介：段文龙（1989—），男，工程师，主要从事黄河泥沙、水利政策研究工作。

1.2 水资源配置对工业的影响

从整体上看，工业用水在总用水量中所占的比例并不大，约为20%，但是随着工业的进一步发展，水资源紧缺的问题也不可避免地对工业的发展造成了一定制约。在过去很长一段时间内，我国的工业发展对水资源问题不够重视，导致水资源的利用率低，我国的工业用水重复利用率仅为50%左右，与发达国家相比还存在很大的进步空间，并且节水意识的缺乏，也使得工业的发展很大一部分是以牺牲环境作为代价的，对于水资源造成了一定的污染和破坏[2]。从我国的工业分布来看，很多对于水资源需求量大的工业集中在北方，不仅进一步加剧了北方水资源紧缺的形势，同时工业在发展过程中，往往伴随着污染物的排放，也会对水资源造成不利影响。水资源紧缺和污染问题如果不能得到有效解决，工业难以进一步发展。

1.3 水资源配置对能源的影响

我国的能源产地也主要在北方，这些能源在我国的经济发展中起着重要作用，有力地推动了我国社会经济的发展。在能源开发与生产的过程中，水资源也是必不可少的，而由于水资源的短缺，能源生产也会受到一定的限制。能源生产与水资源开发之间的关系比较微妙，两者可以说是相互促进的关系，但是在一定的条件下，也存在一定的矛盾。而在能源生产的过程中，不可避免地要用到水资源，比如在开采石油的过程中，进行油田注水会消耗大量的水资源，并且在石油的开采过程中，还会涉及一些污染物质的排放问题，如果不加以合理的处理，不仅会对水资源造成破坏，也会对于生态环境造成极大的污染。

2 我国水资源配置中存在的问题

2.1 水资源配置有待完善

我国的水资源配置机制和格局并不完善，主要是以行政管理的手段进行干预的，这种方法本身具有一定的弊端，不仅无法对水资源进行有效配置，同时也不能满足可持续发展的要求，与我国的市场经济规律之间仍然有较大的差距，这也使得我国的水资源浪费问题没有得到有效解决。在很多人的意识中，水资源属于公共财产，而对于一些大型水工程的投资，并不是每个企业都能负担的，我国政府对此问题进行了综合考量，并且采取了一定的行政管理手段进行水资源配置，以政府为主体进行水资源配置具有一定的公平性，并且对于维护社会稳定和谐有着积极作用，因为政府会考虑到水资源匮乏区域的水供应，并且在整体上做出规划，保障人们的用水需求[3]。但是，这一方式存在的不足之处在于，其虽然在维护社会稳定方面发挥着重要作用，但是政府出台的政策法规等很难实现对于水资源配置的所有情况都有清晰而明确的规范，导致水资源配置方案很难适应情况变化而进行调整，难以提升水资源的利用效益。另外，局部地区存在地下水超采、河道内生态环境用水不足等水资源配置不合理的现象。

2.2 水资源开发引起生态环境破坏

由于历史上对于环境污染不够重视，经济发展一定程度上以牺牲环境为代价，现阶段纵观我国国情，不管是地表的水资源还是地下的水资源，都呈现较为严重的污染状况，其中很大一部分污染来自于废水的排放，工业废水占据一半以上，水质恶化严重。近年来，随着国家加大重视程度，人们的环保意识也在不断提升，但是整体来看，水质仍然呈现恶化的趋势，并且恶化的范围也在不断扩大，如果不采取有效的措施加以处理，继续放任这种情况，很有可能会引起水质危机，对于社会安定和谐造成一定的不良影响。由于水的质量对人们的用水安全造成直接的影响，因此水资源质量出现问题，比起水资源短缺问题还要严重，必须加以重视[4]。现阶段，一些区域为了满足用水需求进行盲目开采，导致出现地下水超采、挤占河道内生态用水等问题，也会进一步导致生态环境的破坏。现阶段，水安全问题、地下水超采治理问题包括生态用水保障问题也是国家进行水治理的重要内容，因此合理的水资源配置已经成为必然的发展趋势，对于促进我国生态环境的可持续发展、社会经济的高质量发展都有着积极的意义。

3 水资源合理配置促进社会经济高质量发展的策略

为了能够缓解水资源紧缺的现状，为人们的用水需求提供有力的保障，关键在于水资源的合理配置。为此，我们在借鉴国外先进经验的同时，也应当充分考虑我国的实际情况，积极采取各种科学有效的措施，对我国的水资源配置进行优化，进而促进我国社会经济的高质量发展。

3.1 完善机制，推动水资源优化配置

首先，对于宏观调控机制进行完善。水资源是国家经济发展的重要支撑，因此为了提升水资源配置的合理性，使水资源得到充分的利用，就需要充分发挥出政府的宏观调控功能，提升水资源配置的成效。在宏观调控中，除了要结合现实情况，分配水资源的使用权和用水指标，还应对我国的水资源现状进行全面了解，并且在此基础上，对于其开发和保护进行统一规划，确定开发和保护的方案。同时，为了进一步提升宏观调控效果，还可以与市场机制结合起来，使水资源的配置更加符合市场规律。其次，建立良好的民主协商机制。从权益的角度来看，水资源配置并不是一个简单的工作，它牵扯到很多人的权益，因此为了提升水资源配置的合理性，就要在对我国水资源情况全面了解的前提下，进行统一的规划，并且通过进行民主协商，尽可能协调不同人群之间的权益。在水资源配置方案的制订中，也应当遵循民主协商的原则，与各个方面进行沟通，达成统一的意见。通过民主协商，能够在极大程度上保障各方面的合法权益，并且有助于实现公平的水资源配置。最后，对决策机制进行优化，在对经济发展状况与水资源状况有全面了解的同时，建立水资源配置模型，将各方面的关系综合起来，进行统一的规划和考量，并且结合现实情况对制度进行优化和创新，形成更加成熟的水资源配置机制。

3.2 提升水资源配置合理性

水资源紧缺问题严重制约着我国社会经济的高质量发展，为了缓解这一问题，就需要对水资源进行合理的配置，提升水资源配置效率。首先，就时空角度而言，建议从构建水网和促进河湖水系连通的角度，对水资源配置的格局进行完善，在这个过程中，可以利用工程建设和调度机制进行促进水资源与社会经济发展布局的时空协调性。就水量及水源结构的角度而言，应当在国务院颁发的最严格水资源管理制度指定的用水总量指标下，合理对地表水、地下水以及非常规水源进行配置，从而提升水资源配置中水源结构的合理性。其次，应提升水资源配置效率。政府发挥自身的宏观调控作用，对水资源进行高效的配置，使得其配置更加合理，能够在最大程度上发挥出自身的作用。一是结合现实情况，进行科学合理的规划；二是落实依法用水，对水资源开发的法律法规进行完善；三是结合区域的实际情况增加植被，加强水土保持工作，减少水资源的流失；四是对水环境进行优化与改善，进而推动生态环境的良性循环，促进人们生活质量提升的同时，促进水资源的可持续发展；五是协调水资源与经济发展之间的关系，做好开发工作。

3.3 产业结构调整，缓解水资源短缺

为了能够实现水资源的合理配置，水资源的开发要结合区域内的人口情况和经济发展情况，并且要遵循可持续发展的原则，对水资源进行合理配置。在缺水的区域，应当对高用水量的产业进行适当限制，在必要的情况下，可以进行产业结构的调整和产业的转型，从而减少水资源的消耗，缓解水资源紧缺的状况。但是这一方式也仅仅只能起到缓解的作用，想要彻底解决缺水区域的水资源问题，还有很长的路要走，其中跨流域调水工程是非常有效的方式，比如我国的南水北调工程就是对水资源进行配置的一项工程，在实践中也取得了很好的效果，不仅有效地减少了南方城市的内涝状况，同时也在极大程度上缓解了北方水资源匮乏的状况，提升了水资源的利用效率。跨流域调水工程是一项大工程，并不是一件容易的事情，为了能够提升工程的合理性，真正达到调水的目的，还应当对流域的情况进行全面的了解，并且在此基础上，进行整体规划和分析，避免由于调水工程给生态环境造成破坏，得不偿失。

3.4　充分发挥市场机制的作用

水资源是一种相对来说比较特殊的资源，其不仅具有自然属性，同时也兼具商品属性，通过发挥市场机制的作用，也能够进一步促进水资源的合理配置。现阶段，我国的供水市场发展受到很多因素的制约，因此还不够成熟，国家也应当采取相应的政策进行引导，从而促使我国的供水市场更加完善。充分发挥市场机制的作用，有助于推进水价改革的进程，进而提升水资源的利用效率，使水资源配置更加合理化，在最大程度上发挥出水资源的作用[6]。通过调节供给和需求之间的关系，进行规范的市场交换，不仅能够使得供需双方的权益都能得到保障，而且对于水资源利用率的提升也有着积极的帮助。通过对水市场进行优化和完善，能够促进环境效益与经济效益的统一，同时发挥政府宏观调控和市场机制的作用，提升水资源的配置效率，对促进我国的社会经济高质量发展也有着积极的意义。

3.5　加强对水资源的保护

现阶段，我国的水资源利用率仍然偏低，这一方面说明了我国的水资源现状不容乐观，但是从另一方面来说，我国在节水方面有很大的进步空间和发展前景，进行科学合理的水资源配置，也应当加入到水资源管理的重要工作中来。除了要大力宣传节水理念，让社会大众积极参与进来，还应当加强对污水的二次利用。污水如果没有经过处理直接排放，不仅浪费了有用的资源，同时还会进一步污染水资源和环境。而对这些污水进行进一步的处理，达到一定的排放标准，或者达到清洁用水的标准，使得污水能够被二次利用，不仅能够有效缓解水资源短缺状况，同时也能够有效减少对环境的污染，改善生态环境，对促进我国水资源和生态环境的可持续发展有着积极的意义。另外，由于用水安全直接关系到人们的生命健康，因此保护日常用水的安全，也直接关系到人们的切身利益，因此加强对供水水源地的保护刻不容缓，一旦供水水源地受到污染，不仅不利于水资源的保护，同时还会威胁到人们的用水安全。

3.6　合理安排生态环境用水问题

对于水资源短缺的区域来说，在经济发展的过程中，往往是水资源配置不合理，工业的发展占用了农业用水，农业想要发展就不得不占用生态环境的用水，这也进一步加剧了水资源紧缺的状况，也使得生态环境更加恶化。因此，对于生态环境用水也应当进行合理的安排，充分结合区域的情况，加强保护的同时，在区域间进行调水工程。调水工程必须进行合理的规划，并且对调水过程中可能涉及的影响因素都要全面考虑，保证调水工程的合理性。尤其是一些水资源缺乏的地区容易出现干旱问题，生态环境也更加脆弱，为了改善生态环境，就需要适当增加生态环境用水，防止生态环境的进一步恶化。对于含沙量较多的河流，应当采取一定的水保措施，结合不同季节和流域的具体情况，进行全面综合的调控，保证水资源配置的合理性。总而言之，无论采取怎样的措施进行水资源配置，都应当从全面的角度出发，进行合理的规划，与此同时，还应当遵循因地制宜的原则，这样才能够使得水资源配置更加合理，促进水资源与经济发展之间的协调。

4　结语

总而言之，随着我国经济的发展，水资源短缺、污染问题也越来越突出，如果不采取有效的措施解决，放任问题持续下去，不仅对生态环境不利，也会对我国的经济发展造成制约。现阶段，我国的水资源配置中还存在一些问题，为了改变这一现状，就要完善机制，提升水资源配置效率，进行产业结构调整，充分发挥市场机制的作用，与此同时，加强水资源的保护，合理安排生态用水问题，进而优化水资源配置，使得水资源配置更加合理和经济发展与环境效益之间的协调及社会经济的高质量、可持续发展。

参考文献

[1] 张帆. 水资源优化配置研究综述 [J]. 合作经济与科技, 2020 (20): 36-37.
[2] 王晓庆. 基于水利枢纽工程水资源配置任务研究 [J]. 水利科学与寒区工程, 2021, 4 (3): 119-121.
[3] 贾正茂, 赵新磊, 崔长勇. 基于协调均衡的水资源配置决策方法研究 [J]. 河南水利与南水北调, 2020, 49 (12): 35-37.
[4] 李伟, 张瑞. 水资源管理制度背景下水资源配置情况 [J]. 城市建设理论研究 (电子版), 2019 (20): 58.
[5] 杜宝义, 孔艳, 韩翠婷, 等. 水资源优化配置策略研究 [J]. 中国水运 (下半月), 2019, 19 (7): 197-198.
[6] 王新友. 流域水资源合理配置与规划分析研究 [J]. 黑龙江水利科技, 2019, 47 (1): 26-29.

浅议金乡水网规划中水文化与水景观的构建与研究

胡月楠　李江峰　郭英卓

（中水北方勘测设计研究有限责任公司，天津　300100）

摘　要： 水文化的快速发展，是推动生态文明建设的迫切需要，是推动社会主义文化繁荣的重要基石[1]。以水传承城市历史文脉，保护城市历史文化遗产、城市传统风貌和自然景观，强化水系在提升城市品质、传承历史文化和凸显民俗风貌等方面的重要载体作用，形成具有地方特色和民族水文化水景观体系是做好一个城市水网规划不可或缺的部分，本文以金乡水网规划为例，阐述水文化与水景观的体系构建，以期对国内众多城市的水网规划建设提供借鉴。

关键词： 水文化；水景观；水网规划；金乡县

2011年水利部制定了《水文化建设规划纲要（2011—2020）》（简称《纲要》），提出加强水文化建设是推动水利又快又好发展的有力支撑。兴水利、除水害，事关人类生存、经济发展、社会进步，历来是兴国安邦的大事。水也是人类文明的源泉。在我国全面推动社会主义文化大发展大繁荣的热潮中，水文化建设不仅迎来了难得的发展机遇，而且对推动水利又好又快发展会日益显示其越来越重要的支撑作用。

很多城市领悟《纲要》精神，研究其城市区域特征，梳理城市文化脉络，挖掘区域水文化元素，将水文化、水景观建设体系应用于河道治理、生态修复、水网规划建设中，打造具有特色的区域城市水网，并取得了良好的效果。山东肥城在现代水网规划中打造具有当地特色的水文化和水景观；河南郑州将地域水文化与城市水系规划建设结合；湖南长沙靖港古镇将水文化与整个建筑的设计风格进行无缝结合，从格局、精神、文化等多个层面，将它们都融合起来。此外，还有基于对我国古代和现代的水文化内涵、特征的对比研究提出的未来中国乡村景观的趋势分析和预测，将水系设计与园林设计相联系的开封水系[2]。

2021年水利部召开全国水利工作会议，明确提出“十四五”时期，我国将以建设水灾害防控、水资源调配、水生态保护功能一体化的国家水网为核心，加快完善水利基础设施体系，解决水资源时空分布不均问题，提升国家水安全保障能力。山东省水利厅党组高度重视山东现代水网建设，金乡县抓住水利建设的有利条件和国家实施扩大内需政策的极好机遇，紧紧围绕经济社会发展的总体目标，打造具有区域特色，历史传承、文化流淌的水网城市。

1　金乡水网规划建设概况

1.1　规划建设总体任务

按照金乡县江北水乡水利建设的总体目标，统筹协调水与经济社会、生态环境的关系，系统谋划江北水乡生态水网格局，建设“百湖千塘”，优化水资源配置，加强水安全保障，构建以改善水生态环境质量、保障生态水系安全和水生态空间均衡为导向的河湖水系健康保障体系。构建“精准先进、智能高效”的现代农业灌排体系，建设彰显金乡县自然资源价值和历史底蕴的水文化景观体系，以智慧水利建设为核心，以科技创新为动力，加强水利行业能力建设。主要建设任务为：构建人水和谐

作者简介： 胡月楠（1980—），女，高级工程师，从事河道生态治理工作。

的生态水网体系；构建高效利用的水资源优化配置体系；构建河湖健康的水生态环境保护体系；构建完善达标的现代防洪减灾体系；构建高效节水的现代农业灌排体系；构建底蕴深厚的水文化景观体系；构建科学规范的水利现代化制度体系；构建基于生态水网的江北水乡水利经济体系。

1.2 水网规划建设总体布局

1.2.1 县域生态水网布局

县域范围内的水网布局要统筹考虑城乡需求，以县城为核心，以乡镇为主要节点，以现有湖泊水系为基础，改善区域水生态环境，提高区域水资源的调配能力，提升区域整体防洪排涝能力，构建“河河相连、河湖相连、河库相连、河沟相连、沟塘相连”的河湖水系连通格局，实现水网连通、循环流动，促进经济社会可持续发展。

规划形成“一核、四环、四廊、百湖”的水系总体布局。

一核：指以金乡县城“九湖五河十八湾”生态水系为核心，打造生态水城；加强城区河道综合治理，提高防洪排涝标准，沟通水系，加强城市水资源配套工程建设，通过活水补源适当抬高水位，形成水循环，使城区水网“活”起来；扩大提升污水收集、处理系统，提高再生水回用水平，严格控制入河污染物排放，改善城区河道水环境，使城区水体“清”起来；全面开展水系生态整治，深入挖掘水文化内涵，加强沟河沿岸生态水景观建设，扩展城市绿色生态空间，提升城市品位，使城区水景“美”起来。

四环：以县域为范围，以穿插承载金乡历史和文化的老城区金马河—莱河—诚信河—金济河，构建底蕴深厚的文化水环；以途经县城辐射区及莱河新区的老万福河—莱河—金马河—大沙河，构建承载未来城市经济发展的新型生活水环；以经过新万福河，串联沿线湖库的新万福河—万河—老万福河—东沟河—丕河—无极河—鱼河—老西河，构建景色秀丽的风景水环；以远离喧闹城区的羊湘河—羊山运河—北大溜河—苏河—兴司边沟河—莱福河—苏河—新西沟河—万马河—新万福河，构建具有重要调节作用的生态环线。

四廊：主要构建大沙河生态廊道、莱河—老万福河生态廊道、新万福河生态廊道和吴河—北大溜河生态廊道。

百湖：指依托现有坑塘或流经乡（镇）的河道，扩塘、扩河成湖，全县共规划湖泊 100 座，一湖一策，展示当地文化，犹如颗颗明珠，镶嵌在水乡大地。

通过四大水环的实施，实现四大水系内外连通，建设百湖，实现以城为核、以点带面、城乡覆盖、融为一体的“中国金乡水城”的布局，全面打造金乡世界蒜都、江北水乡的品牌形象，实现人水和谐发展。

1.2.2 城区水网布局

根据“诚信蒜都、生态水城”的城市发展定位，充分整合城区“五河绕城、三河穿城、四面环水”的自然资源优势，结合城市总体规划，以“九湖五河十八湾”为重点，统筹考虑莱河新城的建设需求，疏通水系，提高城区内的水循环，并结合海绵城市建设，构建河流水系和绿地的蓝绿交织的生态格局，见图 1。

九湖：金水湖、魁星湖、万福湖、长宁湖、太康湖、千寿湖、金鱼湖、山阳湖和金平湖。

五河：大沙河、金马河、金济河、莱河和老万福河。

十八湾：莱河 4 湾（卧鱼湾、莎岭湾、摸鱼儿湾、香土湾）、老万福河 4 湾（冷云湾、白鹤湾、七贤湾、和圣湾）、大沙河 4 湾（凤凰湾、古缗湾、杜康湾、将军湾）、金马河 3 湾（柱马湾、金龙湾、天马湾）、金济河 3 湾（迎子湾、水云湾、棋盘湾），见图 2。

1.2.3 乡（镇）水网布局

主要是羊山镇、胡集镇、马庙镇、鸡黍镇、司马镇、霄云镇、卜集镇、化雨镇、兴隆镇等 9 个乡（镇），围绕各镇经济发展情况，结合实际水文条件，建设河湖水系。

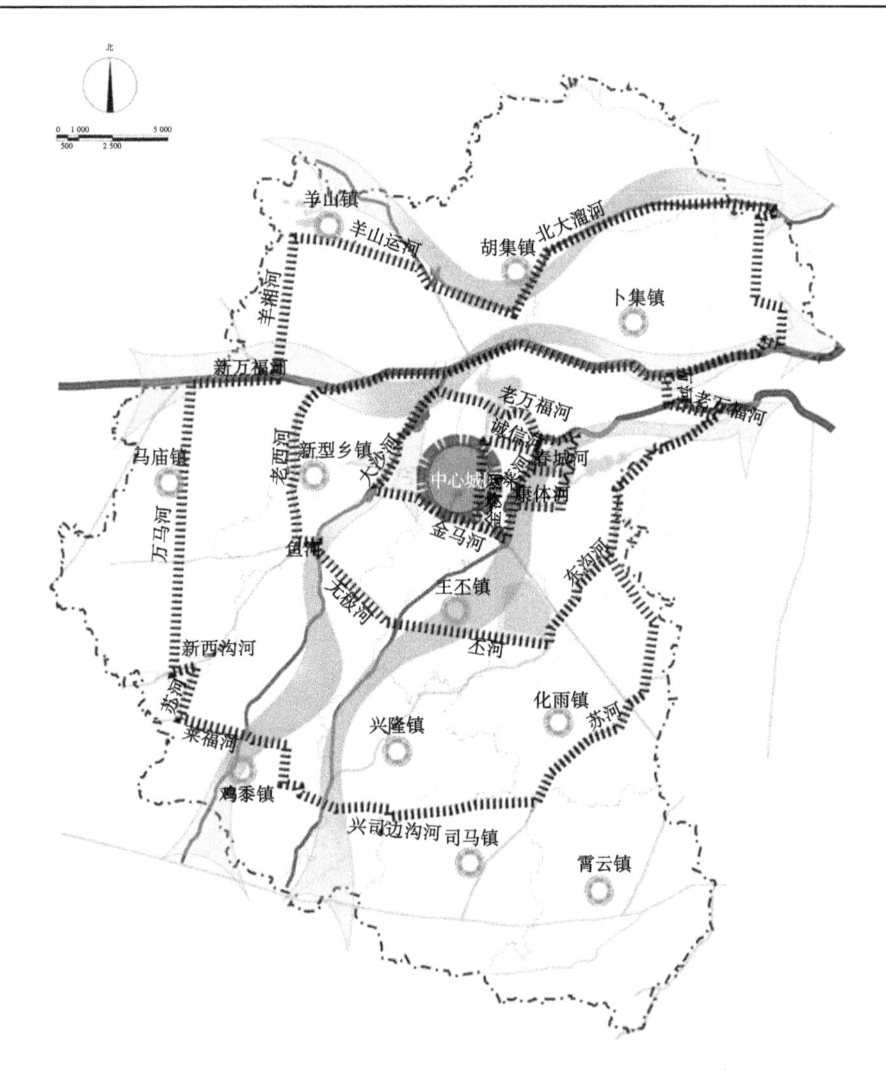

图 1　金乡县水网规划布局

图 2　金乡县中心城区十八湾分布

1.2.4 典型水村水网

选取具有金乡地域特色的乡村，对接美丽乡村、田园综合体建设，依托农田水利建设，充分利用地势和冷库冷却循环水，建设各具特色的乡村水系。

2 金乡水文化、水景观现状评价

金乡县历史悠久，人杰地灵，是中华民族灿烂文化的发祥地之一。除享誉海内外的大蒜文化、诚信文化外，金乡还有着悠久而又丰富的民俗文化，拥有清代的跑竹马、高跷、秧歌、舞狮、山东琴书、四平调等民间优秀传统文艺。金乡县是著名的曲艺之乡，演唱形式以山东琴书、坠子、落子、山东快书、竹板书、渔鼓、大鼓为主。

金乡县文物古迹众多，旅游资源丰富（见表1），目前已打造各类旅游景点40余处，创建国家级

表1 金乡县旅游资源统计

主类	亚类	基本类型	旅游资源单元
A地文景观	AA综合自然旅游地	AAA山岳型旅游地	羊山葛山
B水域风光	BA河段	BAA观光游憩河段	新万福河、老万福河、东鱼河、羊山运河
	BB天然湖泊与池沼	BBB沼泽与湿地	东湖湿地、金水湖湿地、金福湖湿地
C生物景观	CA树木	CAA林地	白洼林场
E遗址遗迹	EB社会经济文化活动遗址遗迹	EBF废城与聚落遗迹	刘庄遗址、山阳故城遗址、缗城堌堆遗址、鱼山堌堆、春城堌堆遗址、小张湾遗址、周堌堆遗址、孙堌堆遗址、孔庄堌堆遗址、李堌堆遗址
F建筑与设施	FA综合人文旅游地	FAC宗教与祭祀活动场所	光善寺、玉露护国禅寺、清真寺、真武庙、文渊阁、魁星楼、二贤祠
		FAI军事观光地	羊山国际军事旅游度假区
		FAD园林游憩区域	星湖公园、万福湖湿地公园、金水湖湿地公园、彭越湖湿地公园
	FC景观建筑与附属型建筑	FCB塔形建筑物	羊山革命烈士纪念塔
		FCH碑碣（林）	郭东藩墓石刻
	FD居住地与社区	FDA传统与乡土建筑	周家堂楼、靳氏族系老楼
		FDB特色街巷	羊山古镇
		FDD名人故居与历史纪念建筑	王杰纪念馆、李目辉纪念馆
		FDE书院	山阳书院
		FDH特色市场	国际大蒜商贸城、南店子大蒜交易市场
	FE归葬地	FEA陵区陵园	鲁西南战役纪念馆
		FEB墓（群）	羊山汉墓群、葛山汉墓群、渔山汉墓群、郭东藩墓、李琴凤墓、朱鲔墓、周一德墓、花鼓古墓群
	FG水工建筑	FGC运河与渠道段落	羊山运河

续表 1

主类	亚类	基本类型	旅游资源单元
G 旅游商品	GA 地方旅游商品	GAA 菜品饮食	蜜制红三刀、金乡烧羊肉、粥、沙家包、金乡烧饼、史俊山羊汤、麻糖
		GAB 农林畜产品及制品	大蒜、圆葱、金谷、金贵酒
H 人文活动	HA 人事记录	HAA 人物	王杰范式
		HAB 事件	鸡黍之约、羊山战役
	HC 民间习俗	HCC 民间演艺	四平调、落子、花鼓
	HD 现代节庆	HDC 商贸农事节	大蒜节、诚信文化节

AAAA 级景区 1 处、国家级 AAA 级景区 2 处，国家级湿地公园（试点）1 处、国家级水利风景区 2 处、省级水利风景区 1 处、省级湿地公园 3 处、省级森林公园 1 处，省级精品采摘园 2 处。同时，金乡县先后荣膺“2014 中国最美休闲小城”“中国最佳生态宜居旅游名县”“中国健康养生休闲旅游最佳目的地”等荣誉称号，年接待游客约 240 万人次。

虽然金乡县自然水资源众多，历史文化悠久，但成型的水域观光资源仅占总旅游资源的 10%，开发空间巨大。可分为 7 个大类 14 个亚类 24 个基本类，共计 70 个基本单元。其中建筑与设施的景观最多，占 44%；生物景观最少，仅占 1%。

目前，金乡文化呈现多样性，然而水文化并没有充分挖掘、开发利用。水文化中并未体现金乡的大蒜文化、山阳文化、诚信文化、军事文化和民俗文化。缺乏升华和传承，导致水文化相关的传统习俗仅仅停留在表面，未形成独特的水文化品牌。同时，金乡水路资源利用率低，相关水上交通缺乏开发拓展，县域内水网分布散乱，缺乏横向回路，造成水上交通的实际利用困难，未形成连续的水上交通线路。

金乡县的水文化景观体系已初步成型，以金水湖为代表的河湖水系景观充分体现了金乡县的水乡特色，并且城市道路尊重河流走向，顺河而建，形成极具特色的城市景观道。但是部分河道需要加强亲水性、生态性和文化性。

金乡县应以区域内优越的水环境和农业资源为基础，统筹城乡发展，结合“中心城区—乡镇—乡村”三级生态水网建设，以水为魂、以文为脉，以水景观建设为载体，构建蓝绿交织、水绿一体城乡生态景观格局，形成环境优美的水系景观带，结合人文风景及自然保护区、湿地公园、生态农业区、水利风景区等特色景观文化节点，营造底蕴深厚的水文化氛围。其中县城应以水系园林为特色，重点建设九湖五河十八湾，打造功能齐全、宜游宜居的现代生态文明城市。乡（镇）以文化、水乡、农业、美食、民俗、村落为载体，结合田园综合体建设，重点开发文化体验、养生休疗、运动娱乐、休闲农业等特色旅游产品，构建良好的人居环境，提升金乡文化旅游竞争力。

3 金乡水网规划建设中水文化水景观体系构建

3.1 水系建设对水文化水景观的要求

按照建成“百湖之乡、百桥之城”的要求，聚焦建设“全国知名生态休闲新坐标”，以水为魂，以文为脉，以水景观建设为载体，中心城区以水系园林为特色，以宜居宜游为目标，让金乡县“城中有水、水中有桥、河湖相映、城水一体”的水乡风貌更加凸显，同时将金乡县历史水文化与水景观建设结合起来，打造精品文化，构建特色鲜明的主题水利风景区，形成环境优美的水系景观带，结合人文风景以及散布于各处的自然保护区、湿地公园、生态农业区、水利风景区等特色景观文化节点，建设“水城、水镇、水村”水文化水景观格局，使“世界蒜都、江北水乡、千年古县、诚信之源”的厚重文化得到充分展现。

3.2 水文化景观建设目标与理念

3.2.1 建设目标

依据金乡县城市总体规划等相关规划，利用县域纵横交错的水网，以骨干水系作为空间构架的基础，通过“河河相连、河湖相连、河库相连、河沟相连、沟塘相连”河湖水系连通格局，打造具有金乡特色的水文化景观空间。充分利用丰富的水系资源，以县域的湖塘为点，以河道沟渠为线，构建水环与滨河廊道。同时，研究布局水系绿道，使金乡的水文化水景观成果体系更全、功能更优、品质更高，达到带动周边滨水区域发展及优化金乡县城外部形象的目的。

3.2.2 建设理念

本次金乡水文化水景观建设要在“中国江北水乡”的整体城市建设理念下，强调“功能为本、突出生态，文化为魂、突出体验”的水文化水景观规划理念。

“功能为本、突出生态”是指滨水区域景观要充分结合水资源、防洪排涝、水质净化、城市滨水游憩等水利功能，尤其是结合水生态功能，充分响应国家海绵城市建设的要求，突出生态为主的建设思路。

“文化为魂、突出体验”是指滨水区域景观要以金乡悠久的历史文化，杰出人物精神为灵魂，要将文化的可参与性体验作为重点，建设绿道等设施，由此也可以带动滨水经济的发展，为金乡的旅游服务业增加亮点。

3.2.3 建设思路

首先，要确定大的文化及景观主题，也就是定好大的文化景观基调，所有的水文化水景观建设都必须按照这个基调的方向性要求去开展，保证金乡城区水文化水景观的统一性和特色性。

其次，结合金乡县的生态水网布局，重点围绕四环、四廊开展河湖连通，并进行绿道休闲系统建设。

3.3 重点水文化景观建设

结合金乡县近期主要城市发展建设，重点建设莱城新区的春城河、康体河、金平湖等。

3.3.1 春城河

按照莱城新区未来的发展方向，春城河的开挖在满足区域排涝的基础上，主要进行生态岸坡建设，对正常水位以上进行生态景观治理，进行绿化美化，同时修建健身场所、小广场等，见图3、图4。

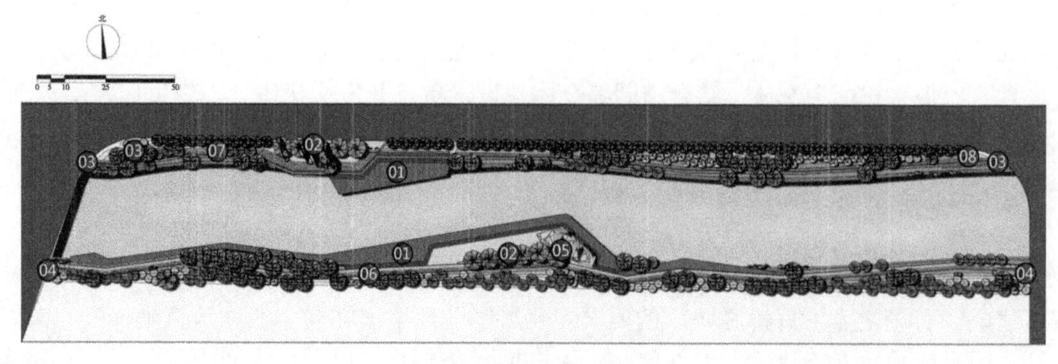

图3 春城河平面图

图 4　春城河效果图

3.3.2　康体河

营造部分生态水面景观，两岸设置通行道路，沿河道两岸进行较高标准的绿化、美化及亮化，见图 5、图 6。

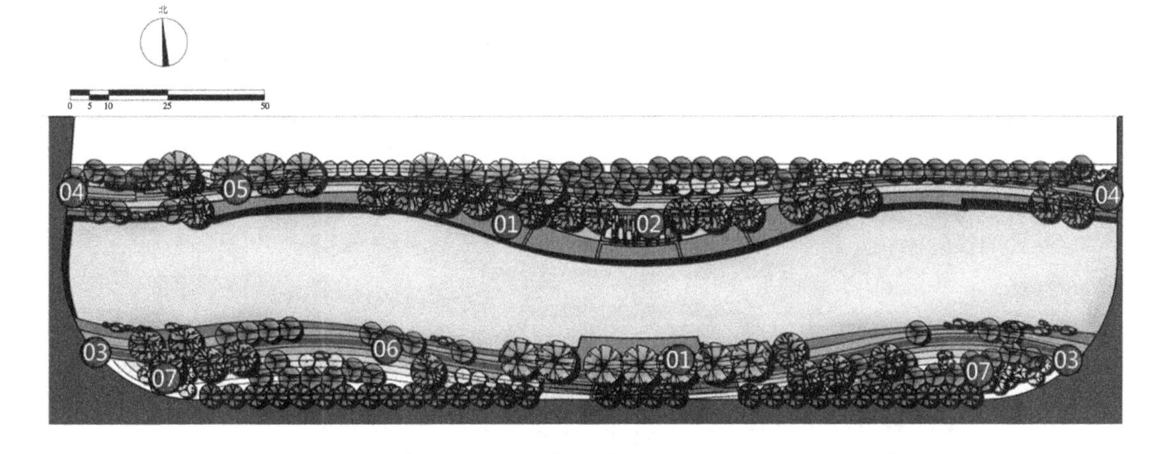

图 5　康体河平面图

图 6　康体河效果图

3.3.3　金平湖

金平湖是莱河新区内重要的城市湖泊，金平湖的治理不仅仅是提升莱城新区水景观水环境的重要措施，同时也有利于生态生源调蓄以及生态雨洪滞蓄功能的增强，是“海绵城市”建设的重要抓手，见图 7、图 8。

图 7　金平湖平面图

图 8　金平湖效果图

4　结语

金乡县利用河网密布的优势，结合河湖连通建设，实现“四个以水”，即以水定城，协同构建城市发展框架；以水兴城，盘活土地资源，提升土地价值；以水惠产，促进需求再生，发掘市场原动力；以水美城，建设生态宜居、环境和谐的江北水城。将城市规划、经济布局的主要产业、特色乡（镇）、农业园区串联整合，系统规划沿河的产业带、功能区以及基础设施建设等，充分发挥区域内河湖坑塘众多的优势。

水网规划、系统治理是新时代水利建设的新要求和方向，与高质量发展和生态文明建设要求相协调、与人民群众美好生活新期盼相适应、与国家现代化进程相匹配的现代化水网体系，为构建新发展格局提供有利支撑，为实现高质量发展提供新的动力。

参考文献

[1] 马建斌，曹源．水文化建设与水文化的传播路径研究［J］．南北桥，2019（5）：2-3.
[2] 邓俊，吕娟，王英华．水文化研究与水文化建设发展综述［J］．中国水利，2016（21）：52-54.
[3] 王平，郦建强，何君，等．现代水网规划编制的战略思考［J］．水利规划与设计，2021（9）：3-6.
[4] 郑云云，张瑞，孙淑侠．浅析西咸新区沣西新城水网规划［J］．陕西水利，2022（9）：37-39.

黑山峡河段开发对下游输沙塑槽作用分析

宋天华[1]　钱　裕[2,3]　梁艳洁[2,3]

（1. 宁夏大柳树水利枢纽工程前期工作办公室，宁夏银川　750001；
2. 黄河勘测规划设计研究院有限公司，河南郑州　450003；
3. 水利部黄河流域水治理与水安全重点实验室（筹），河南郑州　450003）

摘　要：本文利用水动力学模型计算分析了黑山峡河段大柳树高坝、虎峡高坝不同开发方案对维持宁蒙河段中水河槽规模，对宁蒙河段、小北干流和黄河下游的减淤作用。大柳树方案工程规模更大，对上游梯级电站下泄水量的反调节能力更强、塑造的大流量天数更多、拦蓄的泥沙量也更大。大柳树高坝方案能够较大程度地减轻宁蒙河段、小北干流和黄河下游淤积，使宁蒙河段在长时间内冲淤基本维持平衡，平滩流量在拦沙期内维持在 2 500 m³/s 左右，可以作为黑山峡河段开发的推荐方案。

关键词：中水河槽规模；减淤；大柳树；虎峡；黑山峡

1　研究背景

黑山峡河段位于黄河上游，地跨甘肃、宁夏两省（区），河段全长 210 km，是黄河上游最后一个可以修建峡谷高坝大库的河段，在黄河治理开发中具有承上启下的重要战略地位[1-9]。针对河段开发方案，一直存在着高坝、低坝方案的争议[10-11]。经过几十年的研究论证，各方认识逐渐统一，认为黑山峡河段开发建设水利枢纽工程应具备调节水沙、防凌防洪、改善生态、供水、发电等综合利用功能[1,12]。为了满足河段开发功能需求，需要建设高坝大库。本文针对黑山峡河段大柳树高坝、虎峡高坝开发方案对维持宁蒙河段中水河槽规模，对宁蒙河段、小北干流和黄河下游的减淤作用进行计算分析，以期为黑山峡河段开发提供参考。

2　研究方法和数据

2.1　计算方法

本文基于自主研发的水库—河道水沙动力学模型，其中模型的主要控制方程如下：

水流连续方程：

$$B\frac{\partial z}{\partial t}+\frac{\partial Q}{\partial x}=q_l \tag{1}$$

水流运动方程：

$$\frac{\partial Q}{\partial t}+2\frac{Q}{A}\frac{\partial Q}{\partial x}-\frac{BQ^2}{A^2}\frac{\partial z}{\partial x}-\frac{Q^2}{A^2}\frac{\partial A}{\partial x}\bigg|_z=-gA\frac{\partial z}{\partial x}-\frac{gn^2|Q|Q}{A(A/B)^{4/3}} \tag{2}$$

式中：x 为沿流向的坐标；t 为时间，s；Q 为流量，m³/s；z 为水位，m；A 为断面过水面积，m²；B

作者简介：宋天华（1984—），男，工程师，硕士，主要从事水利工程管理工作。
通信作者：钱裕（1981—），男，高级工程师，主要从事河床演变、工程泥沙研究工作。

为河宽，m；q_l 为单位时间单位河长汇入（流出）的流量，m^3/s；n 为糙率；g 为重力加速度，m/s^2。

悬移质不平衡输沙方程：将悬移质泥沙分为 M 组，以 S_k 表示第 k 组泥沙的含沙量，可得悬移质泥沙的不平衡输沙方程为

$$\frac{\partial(AS_k)}{\partial t}+\frac{\partial(QS_k)}{\partial x}=-\alpha\omega_k B(S_k-S_{*k})+q_{ls} \tag{3}$$

式中：α 为恢复饱和系数；ω_k 为第 k 组泥沙颗粒的沉速，m/s；S_{*k} 为第 k 组泥沙挟沙力，kg/m^3；q_{ls} 为单位时间单位河长汇入（流出）的沙量，kg/m^3。

河床变形方程：

$$\gamma'\frac{\partial A}{\partial t}=\sum_{k=1}^{M}\alpha\omega_k B(S_k-S_{*k}) \tag{4}$$

式中：γ' 为泥沙干容重，kg/m^3。

2.2 基础数据

本文主要基础数据是宁蒙河段、小北干流、黄河下游 2020 年实测河道断面资料，黑山峡河段地形资料，主要控制站 1956—2010 年设计水沙系列。

2.3 方案设置

完善的黄河水沙调控工程体系由干流龙羊峡、刘家峡、黑山峡、碛口、古贤、三门峡、小浪底等骨干水利枢纽为主体，海勃湾水库、万家寨水库为补充，与支流陆浑、故县、河口村、东庄等控制性水库共同构成[13-14]。目前干流古贤、碛口、黑山峡等水利枢纽尚未建设。本文以黑山峡河段大柳树高坝开发方案为方案 1，虎峡高坝开发方案为方案 2，以现状工程条件为基准方案 0。

大柳树坝址位于黑山峡峡谷出口以上 2 km，虎峡坝址下距大柳树坝址 33 km，两库主要特征指标见表 1。

表 1 大柳树、虎峡高坝开发方案主要特征指标

项目	大柳树	虎峡
水位指标		
正常蓄水位/m	1 380	1 380
汛限水位/m	1 365	1 365
死水位/m	1 330	1 330
库容指标		
原始库容/亿 m^3	114.5	87.3
原始调节库容/亿 m^3	85.3	68.0
长期调节库容/亿 m^3	46.0	33.6

3 不同方案输沙塑槽作用

3.1 对宁蒙河段的减淤作用

经过水库反调节，进入宁蒙河段，方案 1 汛期水量较基准方案增加 13.2 亿 m^3/a，流量大于 2 500 m^3/s 的天数增加 30.99 d/a，相应水量增加了 68.8 亿 m^3/a；沙量减少 0.55 亿 t/a。方案 2，汛期水量增加 8.7 亿 m^3/a，大于 2 500 m^3/s 的天数增加 30.74 d/a，相应水量增加了 67.8 亿 m^3/a；沙量减少 0.44 亿 t/a。不同开发方案干流进入宁蒙河段水沙量特征值见表 2。

表 2　黑山峡河段不同开发方案干流进入宁蒙河段水沙量特征值

项目	时段	水量/亿 m^3			沙量/亿 t			主汛期流量大于 2 500 m^3/s 水沙		
		汛期	非汛期	年	汛期	非汛期	年	天数/d	水量/亿 m^3	沙量/亿 t
方案 0	1~50	133.54	152.77	286.31	0.79	0.19	0.98	5.20	13.36	0.13
	51~100	134.76	152.69	287.46	0.78	0.18	0.96	5.20	13.36	0.13
	101~162	128.43	153.22	281.65	0.72	0.18	0.90	4.19	10.77	0.10
	1~162	131.96	152.92	284.88	0.76	0.18	0.94	4.81	12.37	0.12
方案 1	1~50	150.18	135.54	285.72	0	0	0	44.5	100.21	0
	51~100	148.48	140.44	288.92	0.10	0.04	0.14	41.2	93.19	0.06
	101~162	138.43	142.66	281.09	0.72	0.20	0.92	24.4	56.16	0.11
	1~162	145.16	139.78	284.94	0.31	0.09	0.40	35.8	81.18	0.06
方案 2	1~50	146.94	138.53	285.47	0.03	0.01	0.04	41.96	94.32	0.02
	51~100	143.94	144.64	288.58	0.32	0.24	0.56	28.54	64.26	0.28
	101~162	132.95	147.55	280.50	0.52	0.34	0.86	40.08	91.07	0.18
	1~162	140.66	143.87	284.53	0.31	0.21	0.51	35.55	80.19	0.17

虎峡方案与大柳树方案相比，大柳树方案库容大，对水量的调节程度更高、塑造的大流量天数更多、拦蓄的泥沙量也更大。

1~162 年系列，方案 1 宁蒙河段淤积 0.27 亿 t/a，较基准方案减淤 0.35 亿 t/a，其中 1~50 年、51~100 年、101~162 年分别减淤 0.59 亿 t/a、0.47 亿 t/a、0.13 亿 t/a。方案 2 宁蒙河段淤积 0.33 亿 t/a，较基准方案减淤 0.29 亿 t/a，其中 1~50 年、51~100 年、101~162 年分别减淤 0.56 亿 t/a、0.29 亿 t/a、0.07 亿 t/a。方案 1 较方案 2 减淤作用增加 0.06 亿 t/a，其中 51~100 年大柳树水库尚在拦沙期，多减淤 0.18 亿 t/a，减淤作用明显。不同方案宁蒙河段冲淤过程见图 1 和表 3。

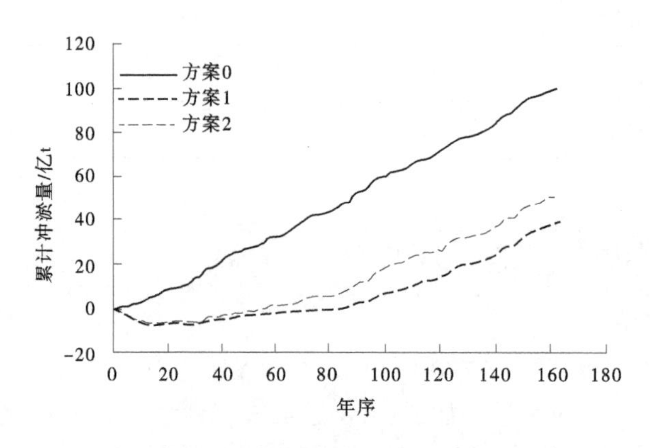

图 1　不同方案宁蒙河段冲淤过程

表 3　不同方案对宁蒙河段冲淤的减淤作用

方案	时段	年均淤积量/亿 t			年均减淤量/亿 t		
		宁夏河段	内蒙古河段	宁蒙河段	宁夏河段	内蒙古河段	宁蒙河段
方案 0	1~50	0.06	0.49	0.55			
	51~100	0.07	0.59	0.66			
	101~162	0.07	0.56	0.63			
	1~162	0.07	0.55	0.62			
方案 1	1~50	-0.09	0.05	-0.04	-0.15	-0.44	-0.59
	51~100	-0.01	0.20	0.19	-0.08	-0.39	-0.47
	101~162	0.06	0.44	0.50	-0.01	-0.12	-0.13
	1~162	0.01	0.26	0.27	-0.06	-0.29	-0.35
方案 2	1~50	-0.09	0.08	-0.01	-0.15	-0.41	-0.56
	51~100	0.04	0.33	0.37	-0.03	-0.26	-0.29
	101~162	0.06	0.56	0.56	-0.01	-0.06	-0.07
	1~162	0.03	0.30	0.33	-0.04	-0.25	-0.29

3.2　维持宁蒙河段中水河槽的作用

方案 1 能够较大程度地减轻宁蒙河段淤积，使宁蒙河段在长时间内冲淤基本维持平衡，宁蒙河段平滩流量恢复，并在拦沙期内维持在 2 500 m^3/s 左右，拦沙期结束后逐渐减小，系列年末平滩流量约 2 000 m^3/s。方案 2 能在水库运用前期恢复并维持 2 500 m^3/s 左右的平滩流量，之后随着水库调控能力的减弱，系列年末平滩流量不足 2 000 m^3/s。不同方案宁蒙河段平滩流量变化过程见图 2。

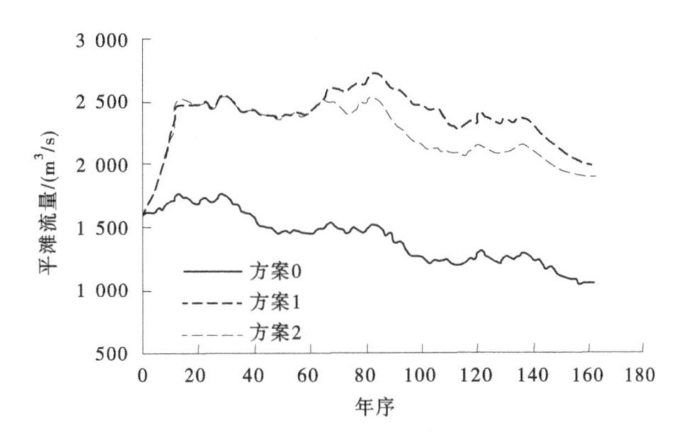

图 2　不同方案宁蒙河段平滩流量变化过程

3.3　对中下游河段的减淤作用

与宁蒙河段类似，黑山峡工程增加了进入黄河中下游汛期的水量和大流量过程。方案 1，小北干流汛期水量增加 18.33 亿 m^3/a，2 000 m^3/s 以上天数增加了 15.87 d/a，相应水量增加 36.55 亿 m^3/a；黄河下游 2 600 m^3/s 以上天数增加 9.71 d/a，相应水量增加 28.73 亿 m^3/a。方案 2，小北干流汛期水量增加 14.98 亿 m^3/a，2 000 m^3/s 以上天数增加了 12.20 d/a，相应水量增加 28.08 亿 m^3/a；黄河下游 2 600 m^3/s 以上天数增加 8.21 d/a，相应水量增加 24.38 亿 m^3/a。

方案 1 小北干流、三小水库和黄河下游长系列分别淤积 0.33 亿 t/a、-0.01 亿 t/a、1.54 亿 t/a，合计为 1.86 亿 t/a；方案 2 分别为 0.42 亿 t/a、-0.01 亿 t/a、1.62 亿 t/a，合计 2.03 亿 t/a。与基准方案相比，方案 1 合计减淤 0.50 亿 t/a，方案 2 合计减淤 0.33 亿 t/a，方案 1 较方案 2 多减淤 0.17 亿 t/a。可见，随着汛期下泄水量、大流量过程增加，水库、河道减淤量增加。调蓄库容越大，减淤作用越明显，见表 4。

表 4　不同方案对中下游水库河道减淤效果　　单位：亿 t

方案	淤积量				减淤量			
	小北干流	三小水库	黄河下游	合计	小北干流	三小水库	黄河下游	合计
方案 0	0.50	0	1.86	2.36				
方案 1	0.33	-0.01	1.54	1.86	0.17	0.01	0.32	0.50
方案 2	0.42	-0.01	1.62	2.03	0.08	0.01	0.24	0.33

注：小浪底水库按正常运用期考虑。

4　结论

（1）大柳树坝址位于黑山峡峡谷出口以上 2 km，虎峡坝址下距大柳树坝址 33 km，两库正常蓄水位、汛限水位、死水位相同，分别为 1 380 m、1 365 m、1 330 m，调节库容大柳树方案大 27.2 亿 m^3。

（2）黑山峡工程对上游梯级电站下泄水量进行反调节，增加汛期下泄水量和大流量过程，调蓄库容越大，对水量的调节程度更高、塑造的大流量天数更多、拦蓄的泥沙量也更大。

（3）由于大柳树方案较虎峡方案库容规模更大，对维持宁蒙河段中水河槽规模，对宁蒙河段、小北干流和黄河下游的减淤作用更大。

参考文献

[1] 张金良，鲁俊，张远生．黄河黑山峡河段开发的战略思考［J］．人民黄河，2020，42（7）：1-4，56.
[2] 司志明．对黄河黑山峡河段开发方案论证有关问题的意见和建议［J］．水利规划与设计，2003（3）：10-14.
[3] 林昭．再论黄河大柳树水利枢纽工程的任务和作用［J］．水利水电工程设计，2000，19（3）：1-2.
[4] 杨松青，陆占军，郑霞．黄河大柳树枢纽工程与西北水资源开发［J］．中国水利，2005（19）：67-69.
[5] 郭潇，冯志军，张卫东．大柳树水利枢纽在西北地区发展中战略地位的思考［J］．中国水利，2005（19）：67-69.
[6] 杨振立，段高云，郭兵托，等．黄河黑山峡河段的功能定位和开发任务［J］．人民黄河，2013，35（10）：40-44.
[7] 王旭强，周涛，袁汝华，等．黄河黑山峡大柳树水利枢纽工程功能分析［J］．水利经济，2018，36（2）：59-61.
[8] 段高云，郭兵托，贺顺德．黑山峡水库对黄河宁蒙河段的综合作用［J］．人民黄河，2010，32（9）：145-147.
[9] 袁斌．大柳树水利枢纽对宁蒙河段的防凌作用研究［J］．宁夏工程技术，2008，7（4）：370-374.
[10] 曲耀光，杨根生．拟建黑山峡水库不必要性的研究［J］．中国沙漠，2004，24（1）：92-98.
[11] 万景文．黑山峡河段应选择四级开发方案：兼对"大柳树是黄河惟一可以实施水沙综合调节水库"的商榷［J］．西北水电，2004（3）：34-39.
[12] 安催花，鲁俊，郭兵托，等．黄河黑山峡水库库容规模需求研究［J］．人民黄河，2022，44（1）：42-46.
[13] 张金良，刘继祥．黄河水沙调控体系与机制建设研究［J］．中国水利，2021（18）：11-13，17.
[14] 张金良，陈翠霞，罗秋实，等．黄河水沙调控体系运行机制与效果研究［J］．泥沙研究，2022，47（1）：1-8.

水利工程环境影响评价中的环境合理性分析

郭　川[1,2]　代晓炫[1,2]　杨凤娟[1,2]　杨戴思[1,2]　彭　湘[1,2]

（1. 中水珠江规划勘测设计有限公司，广东广州　510610；
2. 水利部珠江水利委员会水生态工程中心，广东广州　510610）

摘　要：水利工程设计阶段环境影响评价的目标是识别制约工程方案的环境因素，从尽量降低生态环境影响程度的角度推荐工程方案，并提出调整和优化建议，为政府部门决策提供科学依据。本文从环境保护角度，结合水利水电工程生态环境影响的特点及保护要求，对评价工程方案环境合理性的思路做了探讨研究，旨在为水利工程环境影响评价提供借鉴思路。

关键词：水利工程；环境影响评价；环境合理性；优化调整

水利工程建设通常涉及较大的空间范围，且水利工程的实施可能会给自然地理环境带来不良影响。因此，为了保护工程区域的生态环境，在工程实施前应从环境影响角度进行全方位的评价，选择对生态环境影响较小的工程方案。根据水利工程项目可行性研究阶段编制规程，主要需从环境保护角度评价水源方案、水资源配置方案、工程总体布局及选址选线、建筑物总体布置、施工总体布置、移民安置规划等工程方案的环境合理性[1]。

1　水源方案环境合理性

分析不同水源方案的供水灌溉保障程度、水资源开发利用率、水质优劣和环境风险源，同时预测工程取水对水功能区水环境容量及水生生态特别是鱼类早期资源的影响，提出调整和优化建议。

2　水资源配置方案环境合理性

2.1　需水预测成果合理性

2.1.1　城乡生活用水预测结果的合理性

根据区域人口发展规划、城市总体规划和统计资料，采用趋势预测法预测设计水平年人口和城镇化率，并充分考虑“三孩”政策及区域聚集作用等影响。纵向上分析各市近年来的人口发展趋势，同时与类似工程设计成果和邻近地区规划成果进行横向对比，评估人口增速和城镇化率预测成果的合理性。

2.1.2　工业用水预测的合理性分析

分析区域工业产业体系构成及布局，结合区域发展规划，合理预测年均工业增加值，在经济发展大环境下适度维持一定增长速度。工业用水指标参考邻近地区类似工程和流域区域水资源综合规划成果，考虑水资源条件、工业结构调整、节水优先思路、企业工艺装备水平、企业生产规模、自然因素与取水（供水）条件等因素，分析设计水平年工业用水定额是否符合区域水资源综合规划中的工业用水指标和国家节水要求。

2.1.3　农田灌溉需水预测的合理性分析

根据统计数据及现场调查成果，考虑节水灌溉工程配套实施效果，明确区域耕地总面积和农田有

作者简介：郭川（1989—），女，工程师，主要从事环境影响评价、河湖保护治理等研究工作。

效灌溉面积、区域粮食作物及经济作物种类。关于灌溉面积与种植结构的预测应与区域农业发展规划和农田水利规划等相符合，新增有效灌溉面积可以挖掘评价范围农业发展潜力，符合区域耕地、气候等资源环境禀赋条件，遵循因地制宜发展农业的基本原则。复核灌溉水利用系数是否满足国家最严格水资源管理制度的要求。

2.1.4 林牧渔畜需水预测的合理性分析

林牧渔畜需水量主要由林果地灌溉、鱼塘补水以及畜禽三部分需水组成。根据灌区范围大、小牲畜存栏数现状和近年来大、小牲畜年增长率，参考区域农业和农村经济发展规划，评估设计水平年大、小牲畜数量的合理性，林果灌溉和鱼塘补水用水指标增加的合理性也采用类似方法分析。

2.1.5 需水结构合理性

通常情况下，供水对象包括城市生活和工业用水、村镇生活用水、农田灌溉用水及生态用水。以区域现状产业结构和经济格局为基础，结合区域城市总体规划中的功能定位和经济、产业发展专项规划，考虑工业发展速度和区域聚集作用，评估受水区的需水结构是否合理。

2.2 供水预测合理性

梳理基准年和设计水平年区域水源结构及存在的问题，从现状工程挖潜改造、合理配置、运行调度管理等方面分析供水预测的合理性。在考虑区域内生态环境保护的前提下，首先提高已有供水系统的供水量，同时退减部分地下水和挤占河道内生态等不合理开发利用水量，加强再生水回用，体现合理配置水资源的节水要求。

2.3 调水工程“三先三后”原则符合性

调水工程需遵守“先节水后调水，先治污后通水，先环保后用水”的“三先三后”原则。在调水之前，首先应做好工程区的节水、治污和环保规划，这是实现水资源可持续利用的根本保障。

2.3.1 先节水后调水

从农业灌溉、万元工业增加值用水量及城镇、农村居民生活用水方面，分析区域现状及规划水平年的用水水平是否符合相关政策标准及规划要求的节水程度，提出项目分析范围内施工期和运行期应采取的节水减污措施，以确保所引水量的高效合理使用。

2.3.2 先治污后调水

结合水源保护措施和受水区水污染防治规划，预测在各项污染防治措施落实的情况下，水源区、受水区和退水区的水质是否能够达到其水体功能目标。

2.3.3 先环保后用水

根据工程调度运行原则和水量平衡方案，分析水源区的生态需水满足程度和受水区地下水退还情况，评估工程建设是否符合先环保后用水的原则。

2.4 与“最严格水资源管理制度要求”的符合性分析

根据《中共中央 国务院关于加快水利改革发展的决定》（中发〔2011〕1号）、《国务院关于实行最严格水资源管理制度的意见》（国发〔2012〕3号）和《国务院办公厅关于印发〈实行最严格水资源管理制度考核办法〉的通知》（国办发〔2013〕2号）的要求，各省人民政府均发布了实行最严格水资源管理制度考核的办法，需从用水总量控制目标、用水效率控制目标及主要江河水库功能区水质达标率控制目标等方面明确工程水资源配置方案与“最严格水资源管理制度要求”的符合性。

2.5 与区域已建水源工程水资源配置的符合性分析

统筹考虑流域分界和供水工程体系，明确与已建水源工程的水利联系边界，必要情况下可开展区域水资源配置专题研究，遵循“高水高用、低水低用”的原则，首先满足防洪、生态等基本要求，再考虑供水需求，在满足经济社会发展需水要求的同时，退还流域受挤压的生态水量，压减地下水超采量。

3 工程总体布局及选址选线环境合理性

建设项目的选址和布局不仅需要综合考虑工程地质、资源、能源、生态、劳动力、消费等诸多技术和经济方面的因素，还应符合对环境敏感目标影响最小化的要求，不同项目的选址和布局影响因素错综复杂[2]，水利工程设计和环境影响评价过程中宜对水源工程和输水线路分别分析其环境合理性。

3.1 水源工程选址的环境合理性分析

水源工程坝址选择主要从水库淹没影响、地形地质条件、工程枢纽布置、施工布置等工程角度及经济性方面考虑，环境影响评价则应从对陆生生态、水生生态、社会环境、环境敏感目标等方面分析，特别是淹没区是否涉及自然保护区、森林公园、珍稀保护植物、珍稀保护动物栖息地、古树名木和鱼类“三场”分布，识别制约选址的环境因素。

3.2 输水线路环境合理性分析

输水线路的隧洞、顶管、渠道、泵站及工作井均应尽量避让自然保护区、风景名胜区、森林公园、珍稀动植物集中分布区、文物、水源保护区、生态保护红线等环境敏感因素，并最大限度地减少对区域地表森林、湿地等生态资源的破坏。

4 建筑物总体布置环境合理性

4.1 水源工程正常蓄水位选择的环境合理性分析

从水文情势、水温、水质、生态环境和移民社会影响等方面进行比选，判断环境影响是否属于正常蓄水位选择的限制因素，评估拟定正常蓄水位的合理性。

4.1.1 水文情势变化

建库后库区水位抬升，水体体积和水面面积均有所增加，库区内的流速将减缓，库区江段由急流河道转变为河道型水库，从上游至坝前流速逐渐减小。正常蓄水位越高，其所带来的水文情势变化越大，包括水位抬升、消落高度、库容等变化均相应增大。

4.1.2 水温

根据坝址天然多年平均年径流量和各正常蓄水位对应的库容，判别水库水温结构，分析各蓄水位方案在水温分层方面的区别，考虑工程分层取水措施的效果，预测低温水下泄的影响。

4.1.3 水质

工程运行后，水库水体流速较天然水体有所减缓，污染物降解能力及污染物输出能力有所降低，结合区域负荷及社会发展规划，分析入库污染源，评估各蓄水位方案水库淹没产生的库区和支流库湾污染的可能性，预测区域水功能区水质达标情况。

4.1.4 生态环境

识别各蓄水位方案是否涉及自然保护区、风景名胜区、森林公园等生态敏感区域，分析水库淹没对植物生物量、区域的陆生生态系统产生的影响。在充分考虑过鱼设施的前提下，评估各蓄水位方案对鱼类生境及其他水生生物的影响。

4.1.5 移民社会影响

水库淹没可能涉及一定数量的移民和专项设施迁复建，随着水位的抬高、移民安置人口的增加和淹没影响土地数量的增加，移民安置及社会影响也随之增加。

4.2 水源工程坝型的环境合理性分析

主体工程设计过程中通常从工程安全、经济性等方面来比选水工构筑物型式，环境影响因素主要体现在工程占地、土石方开挖量、过鱼设施布置和运行维护的难易程度等方面。

4.3 输水形式的环境合理性分析

从地质条件、移民征地和环境影响的角度，充分考虑输水线路的构造复杂程度、水文地质条件、压覆矿风险、环境放射性、地表构筑物占地面积和环境敏感目标，选择适宜的输水型式，在减少对地表生态系统破坏的同时，也尽量避让地下水、矿产资源，避免深埋隧洞施工引起的水位下降。

5 施工总体布置环境合理性

5.1 施工布置环境合理性

通过叠图分析，工程施工布置是否压占自然保护区、风景名胜区、森林公园、珍稀动植物集中分布区、文物、水源保护区、生态保护红线等环境敏感目标，以及本区域典型生境和特有景观。若设计过程中存在优化调整，可定性定量描述调整前后的避让效果。

5.2 料场、弃渣场、临时堆土场选址环境合理性

5.2.1 料场

料场选择的原则包括不得压占环境敏感目标，不压占本区域代表性的生境和景观，尽量不占或少占耕地、林地。另外，从减量化的角度，应优先采用工程开挖料，节约料源开采，且将料场布置在水库淹没永久征地范围内，减少土地占用，最大程度地降低对环境的影响。

5.2.2 弃渣场

为减少弃渣占地，弃渣场规划根据主体工程建筑物布置、地形条件、方便弃渣、结合永久占地及场地平整相结合进行布置，施工期间和结束后实施拦挡、边坡稳固、截排水等工程措施，并及时进行植被恢复，减少新增水土流失及对生态环境的影响。弃渣场方案同料场，不得压占环境敏感目标和本区域代表性的生境景观，同时考虑地质稳定性及居民点安全、行洪、弃渣运输与利用等因素[3]。

5.3 施工道路布置环境合理性

工程在布设施工设施时，考虑将施工设施靠近建筑物布置，缩短运距及运行周期，相互关联的设施尽量布置在一起，物资仓库等尽量靠近物资进场方向布置，同时为减少占用临时征地，将临时施工设施结合弃渣场使用，并尽量安排在淹没区和永久征地范围以内。

6 移民安置规划环境合理性

6.1 生产安置环境合理性

从安置方式来看，尽量选择减少新开垦耕地、对环境影响较小的安置方式，如货币安置、内部流转等。从安置点选址方面来看，尽量选取人类活动比较频繁的区域，远离自然保护区、森林公园等环境敏感区。

6.2 搬迁安置环境合理性

结合实地调查，复核各移民安置区域是否涉及自然保护区、风景名胜区等环境敏感区，占地无敏感或特殊植被类型。根据移民安置点设计，评估生活污水和生活垃圾均集中收集处理处置措施的可行性。

7 调度运行方式环境合理性

调度运行方面，以生态流量优先，在满足区域上下游控制断面生态流量刚性约束的前提下，进行防洪调度及供水、灌溉等兴利调度。明确各断面不同时期的生态流量需求，复核生态流量下泄的可行性和满足程度。

8 结论

8.1 环境合理性分析

水利工程建设在优化调配水资源、解决受水区缺水、促进地区经济持续健康发展等方面发挥了重要作用，在勘察设计过程中，应充分考虑环保要求，对水源选择、水资源配置、工程布局、施工布置、移民安置及调度运行方式进行优化调整，尽量减少对生态环境的不利影响，选择环境影响可接受的工程方案[4]。

8.2 建议

水利工程实施具有较长的时间跨度，环境背景呈不断变化状态，同时受制于研究背景、评价技术、评价方法、理论支撑的局限性，在工程建设过程中，应加快完善水文水资源站网建设，合理设置水质在线观测，适时开展环境影响跟踪调查，结合历史监测资料开展工程建设对环境影响的分析评估工作，并根据评估结果及时优化调整工程取水调度规则及环境保护措施。

参考文献

[1] 中华人民共和国水利部．水利水电工程可行性研究报告编制规程：SL/T 618—2021 [S]．北京：中国水利水电出版社，2021.

[2] 胡连伍，陈海霞，高荣，等．基于 GIS 的项目环评选址及布局环境合理性研究 [J]．环境与发展，2017，29 (9)：23-24.

[3] 傅娇艳．输水线路工程弃渣场选址环境合理性探析——以“一闸三线”引水工程为例 [J]．海峡科学，2017 (9)：6-7.

[4] 马静，黄亮．韩江流域规划环境影响评价优化调整研究 [J]．广东水利水电，2016，1 (1)：14-18.

生态流量监测保障存在问题及对策建议

吴　琼[1]　孙元元[2]　朱子园[1]

（1. 长江水利委员会水文局，湖北武汉　430010；
2. 长江中游水文水资源勘测局，湖北武汉　430010）

摘　要：生态流量监测是生态流量调控保障的基础，本文从监测站网、建设运行管理、监测能力、数据时效性、数据整合、数据分析等方面分析了生态流量监测保障方面存在的问题，并以问题为导向提出了对策和建议，为生态水量调度、生态流量预警管控、用水管理等保障措施的实现提供了重要依据，支撑了生态流量管理及最严格水资源管理制度的落实。

关键词：生态流量；监测；保障；问题对策

1　引言

生态流量是维系河湖生态功能、控制水资源开发强度的基础性指标，是统筹生活、生产、生态“三生”用水的重要基础，事关水安全保障和生态文明建设全局，具有基础性、先决性的重要地位，加强河湖生态流量管理，事关水安全保障和生态文明建设的大局，保障河湖生态流量，全面系统地维系江河湖泊健康可持续发展所需的生态流量，已成为我国经济社会可持续发展的重要举措。而加强生态流量管控和保障必须有生态流量监测数据作为强有力的支撑，本文根据面临的新形势、新情况和新问题，深入分析生态流量监测现状及存在的问题，并提出对策和建议，为加强生态流量监测水平和成果质量，实现生态流量的有效管控和保障，合理配置水资源，解决水资源供需矛盾提供了重要参考[1-3]。

2　生态流量监测现状及存在的问题

2.1　现有生态流量监测站网不完善

水资源管理必须有水资源监测数据作为支撑，生态流量的监测则需要相应的监测站网配套。现有水文站网框架体系是以河流水系为基本单元，以防洪、水利建设为主要服务对象，在水资源管理等方面有不小的缺陷，尚不能满足以行政区划为单元的水资源统一管理、调度、保护的需要，也不能很好地与实施最严格水资源管理制度、预防和调处省际河流水事纠纷的要求相适应。随着最严格水资源管理制度、河湖长制落实的不断深化，生态流量监测断面（尤其市、县级的行政区界）需要增设或改造升级监测站点。由于部分现有水文站是以防汛或其他目的建立的，不是基本站，所以在枯季未开展监测或已建设施不能满足常年开展水资源监测的条件。部分生态流量监测断面位于人烟相对较少的区域，建设和运行条件艰苦，部分地区甚至不具备设站条件。站网布局和功能还不能完全满足水资源管理需要。现有水文部门难以采用现有的技术完成其监测任务。

2.2　新建断面建设运行管理困难

（1）部分批复的生态流量断面位置偏远，山溪性河流水沙时空分布不均等，站点运行管理存在很大困难。

作者简介：吴琼（1980—），女，高级工程师，主要从事水文水资源监测及管理工作。

（2）新建断面建设和运行维护经费不足。部分新建站的运维经费仅仅能够保障完成水位的日常监测报汛及每年几次流量测验，因流量测验测次较少，无法进行整编，报汛的相应流量数据精度远不能满足规范要求，不宜作为考核评估依据，仅供参考。

（3）新建监测断面（站）数量大幅增加，现有人员、设备等难以完全满足需要[4]。

（4）近年来，国家对基建项目中土地、车辆等控制严格，部分监测断面（站）需要配置土地用于修建站房，大部分位置偏远的断面（站）需要配置车辆用于巡测与仪器设备运行维护。

2.3 水资源监测能力不足

（1）水资源管理需要实时在线监测数据作为管理依据，但部分测站还是传统测验设施、测验方式，缺乏在线监测设备，无法及时提供水资源管理所需的实时数据。

（2）部分断面仅汛期监测，非汛期无数据，部分断面每天仅报送1次数据，监测频次不能满足实时监管的需要[5]。

2.4 低枯水流量测验研究工作亟待开展

现有水文站主要为了基础资料收集、防汛抗旱而规划建立，注重中高水，规范中要求比较高，而水资源监测站，如生态流量或最小下泄流量管控断面关注低枯水，低枯水测验精度不高，需要加强低枯水流量测验研究工作。

2.5 数据时效性有待提高

过去的水文数据主要有两种用途：防汛与水资源开发利用。防汛时效性要求高，采用实时水情数据。水资源开发利用一般使用以年为尺度的多年长序列资料，时效性要求不太高，但精度要求高，所以采用多级审查过的整编数据。对于当前最严格水资源管理、河湖长制的考核工作如果采用水情数据，则精度略显不足，考核结果说服力不强；如果使用多级审查后的整编数据，则时效性不足，难以实时提供成果数据。

2.6 数据整合存在问题

水文整编数据库主要存储各类水文测站的整编数据，数据精度高，但目前各地水文部门的数据库属于分散管理状态（尚未建立统一的数据库中心），整编资料的时效性相对较差，影响了数据的使用。水库是河流上最重要的水资源控制点，水库的水情调度数据对于水资源调度管理至关重要，虽然目前实时水雨情数据库中已接入了大量与防汛有关的水库水情调度数据，但对于水资源调度管理工作来说仍显不足。根据不同的管理需求，现有的各类监测数据采集储存在不同的系统中，未进行系统的整合与梳理，需要建设一个系统来进行数据汇交和数据管理。

2.7 数据分析评价有待加强

目前生态流量监测数据对于最严格水资源管理考核、河湖长制实施与管理考核、水资源调度工作的支持还不够。行政区界监测、重要控制断面监测的水文整编数据的分析评价工作尚未系统的开展，难以将已有的生态流量监测数据很好地应用到水资源管理服务中。现有的水文整编业务系统提供的水文整编数据、分析成果不能完全满足考核要求，如生态流量达标情况、不达标持续时间等难以用现有的数据和系统进行统计等，业务系统需要进一步完善。水资源管理部门对有关考核指标、考核方法尚未明确和细化，监测数据难以有效地应用到考核中。

2.8 相关规范不完善

针对生态流量的法规性文件不健全，现有法律法规中也仅仅是对水资源管理提出了宏观要求，操作性不强。在水资源站网规划、水资源监测精度标准执行时仍然缺乏明确、权威的技术规范性文件。

2.9 控制指标设定欠妥，部分控制指标值有待调整

重点河湖控制断面生态流量及监测预警指标不完善，尤其是生态流量指标，大部分均为一个值。部分已明确的生态流量保障目标值或最小下泄流量控制指标值由于多种原因已经与实际情况不符，有待进一步核实调整。部分控制指标值设定考虑欠妥，如断面位于天然河流，上下游没有水工程控制，找不到责任主体，又如部分断面设定的指标值过小，难以施测或施测误差较大，对下游用水影响也不

大，上述断面设定指标没有实际意义。

3 对策与建议

3.1 建立多部门（单位）联动长效机制

生态流量管控涉及流域机构、各省水行政主管部门、水文部门和水工程单位等多个部门（单位），需要多方及时沟通协调，亟待建立多部门（单位）联动长效机制。探索流量监测与河湖管理联动的长效机制，监测与监管执法联动快速响应，实施现场同步监测与执法，积极为河湖管理决策提供服务。

3.2 进一步加快监测能力提升

加大投入，加强新仪器新技术的研究和投产，从天基、空基和陆基监测三个层面，构建空天地一体化的立体监测体系，实施水量水质水生态综合监测，探索完善水生生物、水生生境等监测方法实现水生态、水环境监测要素全覆盖，流量、泥沙、水质等要素实现实时在线监测，达到多要素同步监测、同步汇集、同步管理的目标。构建水资源量“监测+监视”新标准。从基本原理、技术指标、安装应用要求及流量计算等方面开展在线监测设备研究工作，将在线与传统、视频与雷达、接触与非接触的多源监测数据通过相关辅助数据和算法模型进行融合，提高监测成果质量。

水文信息监测与调查分析应充分利用先进的监测技术与手段实现全覆盖；部分断面也可以结合水文监测、调查并利用资料移用、插补、遥感等方法提供数据。水文遥感监测技术近年来得到了飞速发展，陆续形成了监测水资源分布的重力卫星技术、监测水体质量的环境卫星技术、测量高层的测高卫星技术和监测地表覆盖的陆地卫星技术。这些卫星遥感技术成本低廉，覆盖范围广，特别适用于地形复杂、人迹罕至、环境恶劣，难以建立水文站的无实测资料地区。采用卫星遥感技术，分别建立遥感光谱与水域面积的定量反演模型，水域面积与河流水位之间的数学相关模型，最终耦合形成河流水位的遥感监测方法，为无实测资料地区的跨界河流水位、流量推算提供了可能，可以获取更多的监测数据。

3.3 进一步提高监测数据时效性

转变水文传统的整编观念，创新整编方式方法，按照目前日清月结的方式，摸索实现实时整编。按时间倒排各级资料审查时间，加快各级审查工作进度。建立统一的水文整编数据库，采用网络整编技术，提升整编工作效率。

3.4 进一步整合数据、完善评价体系

对目前的各类水资源监测数据进行整合，对于现有的水文整编业务系统进行完善，为水资源分析评价打好基础。根据已有水资源控制断面实时监测数据和水文整编数据，对断面生态流量达标情况进行分析判断。在控制断面出现管理指标不达标的情况时，依托现有《监测通报》编制的框架体系，充分发挥水文站点人员分布广的特点，第一时间反馈现场情况。根据现场反馈情况，查找责任主体，并将情况上报水行政主管部门开展下一步管控工作。对相关部门定期发布《监测通报》，通报水资源管理考核不达标情况，为水资源管理提供支撑。

3.5 适时开展监督性监测工作

水文监测中长年监测的水文站建设运行成本高，需要的人力资源多，现有的水文队伍工作内容已经相对比较饱和，在此基础上再大量增加站点存在较大困难。对于水资源管理急需解决的问题有针对性地开展监督性监测，一次性投资成本非常低，运行成本相对可控，需要的人力资源较少。一个水文站（固定断面）所需要的资源，可以在流域数十个监督性监测断面开展工作，覆盖面大幅提升，可以在整个流域面上开展，为水资源监管提供强有力的支撑。因此，在制定水文监测目标时，除考虑固定断面数量外，还应制定监督性监测的断面数量以及总监测次数。

流域机构在利用自身已建水文站网对重要控制断面水量进行监测的同时，充分利用各省（市）水文局建立的水文站、各水利工程提供的水情数据，对重要的水利工程、重要控制断面开展监督性监

测，如枯水期、水电站水情数据异常或不达标时、防办或水资源管理部门发布调度令之后、突发水事件等时机，不定期根据管理需要开展流域面上的监督性监测，利用有限的监测资源发挥最大的监督效力。因此，组建专职的监督性监测队伍，将监督性监测规范化、常态化是流域机构提高水资源监测能力的重要途径，也是加强生态流量监管的有效技术手段。

我国水库众多，在每个水库下游设置水文站对下泄流量进行监测难以实现，大量的水库调度监管只能依托现有水电站的水情数据来开展管控工作。为了保障水资源监测数据的准确性、真实性和有效性，急需开展监督性监测工作。水文部门根据管理需要适时开展监督性监测，可以检校各类来源的水资源监测数据的准确性，也可以大大节约水文部门的人力资源。

3.6 建立水文测站、水库水情数据互校系统

理清水文测站实时水情数据与水电站生态流量数据的对应关系，通过水文测站实时水情数据与水电站下泄流量数据进行对比，可以分析水电站下泄流量推算的准确性。当发现差异较大时，及时分析查找原因。如确认是水电站下泄流量推算精度问题，应开展推流曲线率定工作。当监测结果精度影响水资源管理指标达标考核结果时，可开展现场监督性监测，确认水电站报送的水情数据的准确性，并判断水电站是否按照水行政管理部门审批的调度规程进行调度。

3.7 合理设置和调整控制指标值

进一步复核管控指标，对指标进行细化、优化，根据河流特性和河段测验实际情况，合理设置控制指标值，针对部分不合理的控制指标值应及时调整，研究提出科学的考核评价方法为水资源管理部门提供技术支撑。

参考文献

[1] 李原园，廖文根，赵钟南，等. 新时期强化河湖生态流量管控的总体思路与对策措施［J］. 中国水利，2020（15）：12-14.

[2] 张海滨，尹鑫，李伟，等. 我国河湖生态流量保障对策体系研究［J］. 水利经济，2019，37（4）：13-16.

[3] 王冠军，刘卓，郎励贤，等. 关于加强河流生态流量管控的思考［J］. 中国水利，2022，（1）：19-21.

[4] 吴琼，梅军亚，杜耀东，等. 长江流域水资源监测实践及认识［J］. 人民长江，2022，53（4）：86-90.

[5] 熊明，梅军亚，杜耀东，等. 水资源监测数据的质量控制［J］. 人民长江，2018，49（9）：41-46.

暴雨洪涝灾害引发的生态环境问题及应对策略

吴　静[1,3]　陈　军[2]

（1. 长江勘测规划设计研究有限责任公司，湖北武汉　430010；
2. 珠江水利科学研究院，广东广州　510611；
3. 水利标准国际化与流域管理标准化研究中心，湖北武汉　430010）

摘　要：受全球气候变暖和城市化程度不断提高等影响，近年来极端降雨和洪涝灾害频发。传统的洪涝防治措施主要集中在防洪减灾和消除内涝等方面，对水环境污染和生态破坏方面的次生灾害并未引起足够的重视。在新形势对暴雨洪涝灾害防治提出新要求的背景下，本文深入分析了暴雨洪涝灾害引起的水环境污染以及生态破坏等问题，并指出要以流域-城市作为单一系统进行规划，从系统治理的角度出发，通过洪、涝、污等多种水问题的协同治理，实现洪涝灾害后保护水资源、改善水生态、优化水环境、确保水安全的多重目标。

关键词：暴雨；洪涝灾害；水环境污染；生态破坏；应对策略

1　引言

生态环境的破坏是暴雨洪涝灾害引发的主要次生灾害之一。首先，洪涝灾害影响的是受灾区域及江河下游地区的水环境，大量的致病菌、地面污染物、危险品和危险废弃物等面源污染物及工矿企业废水和生活污水等，会随着洪水的传播而扩散，严重污染水环境。其次，洪涝灾害会对区域生态造成极大的、长期的破坏，例如水土流失、耕地沙化、水生生物栖息地丧失、生物多样性降低等。洪涝灾害造成的环境污染与生态破坏不容忽视，在做好洪涝防治的同时，应进一步将洪涝灾害的生态环境影响评价早期介入，纳入洪涝防治预案中，全面系统地减小洪涝灾害对生态环境的破坏。

2　暴雨洪涝灾害引发的水环境污染

2.1　引发水环境污染问题

城市暴雨来势凶猛、突发性强，一旦引发洪涝灾害，大量的致病菌和污染物汇入洪水，造成灾后的水环境污染成分复杂。致病菌和污染物进入水体后，会造成饮用水水源的污染；而且由于河湖与地下水相互连通，还可能会影响地下水水质。暴雨洪涝灾害引发的水环境污染主要有三条途径：冲刷陆面污染物、释放内源污染物和淋溶大气污染物。

（1）在暴雨洪涝灾害发生时，强降雨导致径流激增，地表及土壤中的大量致病菌和污染物被冲刷进入河水中[1-2]。

（2）洪涝灾害过程中的水流扰动引发的内源污染物释放，会进一步加剧暴雨洪涝灾害后的水环境污染。水流扰动被认为是底泥悬浮污染物再释放的关键因素之一，污染物在水体扰动的作用下通过解吸、扩散等过程重新释放污染上覆水水质，导致水环境中污染物种类和含量大大增加[3]。

基金项目：长江设计集团有限公司自主创新项目（CX2020Z36）。
作者简介：吴静（1988—），男，硕士，工程师，主要从事水利水电工程规划工作。
通信作者：陈军（1989—），男，博士，高级工程师，主要从事水生态环境规划工作。

（3）区域性的强降雨过程是对大气污染物的冲洗和淋溶过程，大气污染物易受雨水冲刷、侵蚀而进入河流，进而污染水环境[4]。

已有研究表明，极端降雨事件对河流水质会造成巨大影响，特别是受非点源污染影响较为显著的区域[5]。

2.2 引发水环境污染的危害

引发水环境污染的危害主要表现在三个方面：致病微生物污染、水质恶化和有毒有害化学物质污染[6]。

（1）致病微生物污染。暴雨洪涝灾害期间，受人畜粪便以及动物尸体等污染，水体内致病微生物数量暴增，各种细菌、病毒等致病微生物的数量都严重超标。杨晴等对浙江省临海市洪灾后生活饮用水水质进行调查分析，在洪水退后的第 1 d、3 d、7 d、14 d、21 d、30 d 分别采集若干水样进行检测，结果显示，水质不合格项目主要是微生物指标中的总大肠菌群，严重影响人民的基本生活用水需要[7]。另外，1975 年河南驻马店因洪涝灾害暴发钩体病 360 万例；1991 年安徽洪涝灾害时出血热的老疫区淮河流域遭灾，出血热的发病率比上年增加了 68.1%。

（2）水质恶化。暴雨洪涝灾害过后，一方面水体中裹挟着大量的泥沙，水面上也漂浮着许多肉眼可见的垃圾；另一方面也会因陆面污染物冲刷、内源污染物释放和大气污染物淋溶三个途径积累较多污物，对水质造成严重污染。车蕊等通过 SWAT2012 建立东江流域高精度模型，研究极端降雨过程中主要污染物通量变化过程及其对水质的影响，结果表明东江水质状况在一定程度上受到降雨的影响，特别是浊度及磷、重金属等污染物，在降雨初期易受雨水冲刷、侵蚀而入河流；同时发现，污染物负荷主要在暴雨径流期呈现明显的增加趋势，呈现时间短、污染物负荷冲击强等特点，对东江饮用水源水质造成较大的影响，严重危害港澳供水安全[5]。

（3）有毒有害化学物质污染。暴雨洪涝灾害期间，工业废水废渣、农药、化肥，甚至是放射性物质等有毒有害的化学物质，都可能因灾进入水环境中。

3 暴雨洪涝灾害引发的生态破坏

暴雨洪涝灾害一旦发生，会对区域生态如农田生态系统和河流生态系统造成几乎不可逆的破坏。

3.1 洪涝灾害对农田生态系统的影响

洪涝灾害对农田生态系统的影响主要包括直接破坏和间接破坏两个方面。洪涝灾害对农田生态系统的直接破坏，是指洪涝灾害会直接冲毁和淹没农作物、农田，最终造成农作物减产甚至绝收。灾害对农田生态系统的间接破坏，则主要包括耕地沙化、水土流失和土地盐渍化三个方面。首先，洪涝灾害发生后，往往会在土地上覆盖厚厚的泥沙，造成耕地沙化，给农业生产的恢复带来困难。其次，洪涝灾害过程中，在暴雨急流的作用下，农田土壤遭到破坏和剥蚀，大量营养土壤存在“水冲土跑”现象，最终造成水分和土壤同时流失，导致土壤层日益贫瘠，土壤层吸水性、持水力降低，危害粮食生产。2012 年的“7·21”北京特大暴雨，引发的洪水来势凶猛，有巨大的冲击力，洪水经过地区遇到比较松散的土壤，将其卷入急流之中，泥沙在洪水流速减缓的地方及入淀口堆积，封堵了入淀口，同时洪水将上游土壤的表层冲到下游，使上游土壤的肥力降低[8]。最后，洪涝灾害过程中若夹杂着海潮洪水，则可能带来大量盐分，待洪水退去，盐分积累在表层土壤中，形成土地盐渍化现象，导致作物根系无法有效吸收土壤中的水分、养分，免疫力降低，易发病虫害，从而降低农产品的产量和品质。

3.2 洪涝灾害对河流生态系统的影响

一方面，有些河道两边由于洪水的冲刷，护坡可能出现裂痕崩塌，一旦河堤决口会危及农业和农村安全。同时，河道会有大量泥沙淤积，存在阻塞河道的风险。另一方面，各种生物群落（浮游生物、底栖动物等）也会因洪水淹没引起群落结构的改变和栖息地的变迁，从而打破原有的生态平衡。首先，洪涝灾害虽然属于短期事件，但对浮游生物群落却能产生长远的影响，主要表现在以下两点：

（1）洪水的冲刷作用直接破坏了河流环境，即破坏了浮游生物的栖息地，同时浮游生物也会随洪水直接流失，导致其生物量、丰度、分布等均受到影响。

（2）洪涝灾害使水体环境如水体营养盐、悬浮颗粒物及水位等发生剧烈变化，进一步影响浮游生物的群落结构[9]。Godlewska 等对波兰 Dobczyce 水库在夏季洪水发生前后的浮游植物、浮游动物优势种群相关研究发现，在洪水发生后，硅藻取代绿藻和金藻成为主要的浮游植物类群，轮虫取代桡足类和枝角类成为主要的浮游动物类群。经论证发现，洪水的发生，既导致水库中的营养物质浓度急剧上升，也引起水体上下层的强烈混合，这给硅藻和轮虫的大量繁殖提供了非常有利的条件[10]。另外，洪水的冲刷作用会破坏原有的河床底质，直接破坏底栖生物栖息地，进而降低底栖动物的丰度、密度和生物多样性[11]。多位研究学者已证明在洪水发生后，河流中的主要优势底栖生物的丰度和生物量均出现了大幅度降低，例如湘西地区河流中的主要优势类群（四节蜉）的丰度、生物量在洪水后降低了约 80%[12]；美国明尼苏达州东南部不同级别冷水溪流的无脊椎动物的密度和类群丰富度在洪水后分别减少了 75%~95%和 30%~70%[13]。虽然生物多样性作为一切生态系统的基础，但因其影响的间接性和难以量化的特征，现阶段往往是以修饰语的形式出现在各种文件中，尚未在城市水管理中给予应有的重视。

4 暴雨洪涝灾害引发的生态环境问题及应对策略

4.1 暴雨洪涝灾害引发的生态环境问题

现阶段我国城市洪涝灾害频发，“城市看海”成为常态。同时，生态环境的破坏是暴雨洪涝灾害引发的主要次生灾害之一，洪涝灾害造成的生态环境破坏不容忽视。但传统的洪涝防治措施和生态环境恢复分属不同领域，水安全、水环境、水生态三者的解决方式，在我国河流修复治理实践中长期被分割甚至对立。防洪涝是水利部门分管；对城市防洪管理影响越来越大的雨洪管理，又属于市政管理的部分；而水环境问题，则更多地涉及生态环境管理部门。因此，传统的多方管理、多头治理模式导致防洪排涝与环境治理、水生态修复成为两个孤立，甚至相互冲突的目标，往往忽略了防洪排涝和水环境治理、水生态修复只是代表了水的质、量和时机作为一个整体不同方面的事实。对水质、景观建设的孤立追求，加上河流修复中概念表述得混淆不清、防洪概念片面化、洪水与内涝的人为分割，使得生态修复的实践者在认知上有意或无意地忽略了河流生态修复与洪涝管理之间存在的必然联系。

4.2 应对策略

笔者认为，暴雨洪涝引发的灾害，应将流域-城市作为单一系统进行规划，从系统治理的角度出发，实现洪、涝、污等多种水问题的协同治理。在洪涝防治方面，既要站在流域角度，开展洪涝治理系统工程；也要站在城市的角度，系统建设城市排水工程体系、提高城市排涝标准、实行防洪排涝实时监测预报预警等。在环境治理和生物修复方面，通过评估洪水污染造成的生态环境影响，研制针对性的水环境治理方案和水生态修复措施，通过人工重建栖息地、恢复植被、引入生物物种、岸线形态软化、蜿蜒化等手段，提升水质，增强生态环境系统韧性、减少暴雨洪涝灾害对生态环境造成的负面影响。

5 结语

在洪涝灾害发生之后，引发的连锁性生态环境破坏不容忽视。一方面暴雨洪涝灾害易造成水环境污染，主要表现在致病微生物污染、水质恶化和有毒化学物质污染。另一方面暴雨洪涝灾害会对区域生态造成几乎不可逆的破坏，包括对农田生态系统直接破坏和间接破坏，以及造成水生物栖息地丧失、生物多样性降低等河流生态系统的破坏。传统的洪涝防治措施和生态环境恢复分属不同领域，水安全、水环境、水生态三者的解决方式，在我国河流修复治理实践中长期被分割甚至对立。笔者认为，针对新形势下洪涝防治的新要求，应将流域-城市作为单一系统进行规划，从系统治理的角度出发，实现洪、涝、污等多种水问题的协同治理。在洪涝防治方面，既要站在流域角度，开展洪涝治理系统工程；也要站在城市的角度，系统建设城市排水工程体系、提高城市排涝标准、实行防洪排涝实时监测预报预警等。在环境治理和生物修复方面，通过评估洪水污染造成的生态环境影响，研制有针对性的水环境治理方案和水生态修复措施，同时把生态修复融入城市规划建设，增强生态环境系统的韧性，减少暴雨洪涝灾害对生态环境造成的负面影响。

参考文献

[1] 肖景贤．洪涝灾害的生态环境影响分析与对策［J］．黑龙江水利科技，2013，12（41）：203-204.

[2] 任丙南，卢海强．洪涝灾害后区域水环境中污染物迁移转化控制研究［J］．灾害学，2021，36（1）：28-31，36.

[3] 朱红伟，尚晓，张坤，等．疏浚水流扰动作用下的河道底泥污染物释放效应［J］．净水技术，2014，33（2）：81-85.

[4] 孟春红，赵冰．城市降雨径流污染因素与防治［J］．灌溉排水学报，2007，26（3）：97-100.

[5] 车蕊，林澍，范中亚，等．连续极端降雨对东江流域水质影响分析［J］．环境科学，2019，40（10）：4440-4449.

[6] 赵影．洪涝灾害的环境卫生管理［J］．安徽预防医学，2002，8（4）：196-200.

[7] 杨晴，侯芳妮，王晓璐，等．浙江省临海市洪灾后生活饮用水水质调查分析［J］．中国卫生检验杂志，2021，31（1）：115-117.

[8] 刘丽娜．“7·21”洪水生态环境影响分析［J］．水科学与工程技术，2013，（z1）：25-27.

[9] 黄振宇，潘保柱．洪水过程对水生态系统影响的研究进展［J］．西安理工大学学报，2020，36（3）：300-306.

[10] Godlewska M，Mazurkiewicz-Boroń G，Pociecha A，et al.，Effects of flood on the functioning of the Dobczyce reservoir ecosystem［J］．Hydrobiologia，2003，504（1）：305-313.

[11] Lamberti G A，Gregory S V，Ashkenas L R，et al. Stream ecosystem recovery following a catastrophic debris flow［J］. Canadian Journal of Fisheries and aquatic sciences，1991，48（2）：196-208.

[12] Li F，Cai Q，Jiang W，et al. Flow - related disturbances in forested and agricultural rivers：influences on benthic macroinvertebrates［J］. International review of hydrobiology，2012，97（3）：215-232.

[13] Mundahl，N D，Hunt A M. Recovery of stream invertebrates after catastrophic flooding in southeastern Minnesota，USA［J］. Journal of Freshwater Ecology，2011，26（4）：445-457.

市县水网建设规划思路构想

施　晔[1,2]　韩妮妮[1,2]　仇永婷[1,2]

(1. 中水珠江规划勘测设计有限公司,广东广州　510610;
2. 水利部珠江水利委员会水生态工程中心,广东广州　510610)

摘　要:随着水安全战略上升为国家战略,水利的战略地位不断提升,水网建设被列入国家八大基础设施网络之首,要求充分发挥水网的安全高效功能,更好地发挥其对经济社会发展的支撑引领作用。但近些年来,随着城市经济社会的高速发展,水利基础设施薄弱与水安全保障战略要求之间的矛盾愈来愈突出,已经成为经济社会可持续发展的重要制约因素,水利高质量发展及经济社会发展对于水网建设的需求越来越迫切,在国家水网、省级水网大框架下,市县水网是解决城市供水、防洪、生态"最后一公里"的最关键一级,本文提出市县水网架构、建设要点以及构建思路,为市县水网建设规划提供借鉴。

关键词:市县水网;水安全保障;防洪治涝;供水安全

1　引言

2021年12月,水利部印发《关于实施国家水网重大工程的指导意见》,要求有序实施省市县水网建设,着力补齐水资源配置、城乡供水、防洪排涝、水生态保护、水网智慧化等短板和薄弱环节,水安全保障能力进一步提升。2022年1月,国家发展和改革委员会、水利部印发《"十四五"水安全保障规划》,以全面推进国家水网工程建设为重点,提出到2025年水旱灾害防御能力、水资源节约集约安全利用能力、水资源优化配置能力、河湖生态保护治理能力进一步加强,国家水安全保障能力明显提升。2022年3月十三届全国人大五次会议"部长通道"上,水利部部长李国英指出国家水网重大工程建设的总体规划要按照纲、目、结三要素进行谋篇布局,建成后的国家水网应具备系统完备、安全可靠、集约高效、绿色智能、循环通畅、调控有序的功能。2022年5月,水利部印发《关于加快推进省级水网建设的指导意见》,明确了加快推进省级水网建设的指导思想和主要目标,提出到2025年,省级水网建设规划体系全面建立。

2021年,随着国家水利基础设施建设的加快,150项重大水利工程已批复67项,累计开工62项,全年完成水利建设投资7 576亿元,提高了我国的整体水安全保障能力[1]。但是随着城市经济社会的快速发展,市县级水质性和区域资源性缺水等水资源问题仍长期不同程度存在,加之水利基础设施建设相对滞后,使得市县水资源匮乏、水环境污染、水生态损害及在防洪、水资源管理等方面问题凸显。因此,市县级水网是解决"最后一公里"的最关键一级,在省级水网框架下进一步优化市县河湖水系布局,推进水利基础设施建设,从而提升市县城乡水利基本公共服务水平。

2　水网内涵及层次架构

水网是以自然河湖为基础,引调排水工程为通道,调蓄工程为节点,智慧调控为手段,集水资源优化配置、流域防洪减灾、水生态系统保护等功能于一体的综合体系[1]。

作者简介:施晔(1986—),男,高级工程师,主要从事水利工程、水文水资源相关工作。
通信作者:韩妮妮(1987—),女,高级工程师,主要从事水利工程、生态环境相关工作。

水网有两方面的重要内涵。其一为"一张多级",指代中国四个主要行政层级中的每一级分别履行特定职责,其中市县级政府将集中精力把地方城市供水系统连接到省级供水主网络。其二为"一张多能",指代一体化现代化水网具备多种功能,主要包括供水保障功能,优化水资源配置格局,提升供水保障能力;防洪排涝功能,完善防洪排水体系,提升防洪排水能力;水系生态功能,强化河湖生态系统保护治理,提升水生态环境质量;智慧水务工程,加强智慧水务建设,提升数字化智慧化调控能力;其他文化景观功能,凸显地域特色等功能[2-3]。

水网系统结构主要分为物理层、调配层和管理层,其中物理层主要包括供水水网涉及的供水水源、供水工程及水输送系统,防洪水网涉及的防洪减灾工程、防减灾对象,以及生态水网涉及的生态水系和水生态环境工程等核心要素;调配层以水资源配置方案、常规及应急供水保障方案、防洪排涝方案、水污染防治方案、水生态修复方案等为主要内容;管理层主要包括水网管理体制机制、水网能力等内容[4]。现代水网架构示意图见图1。

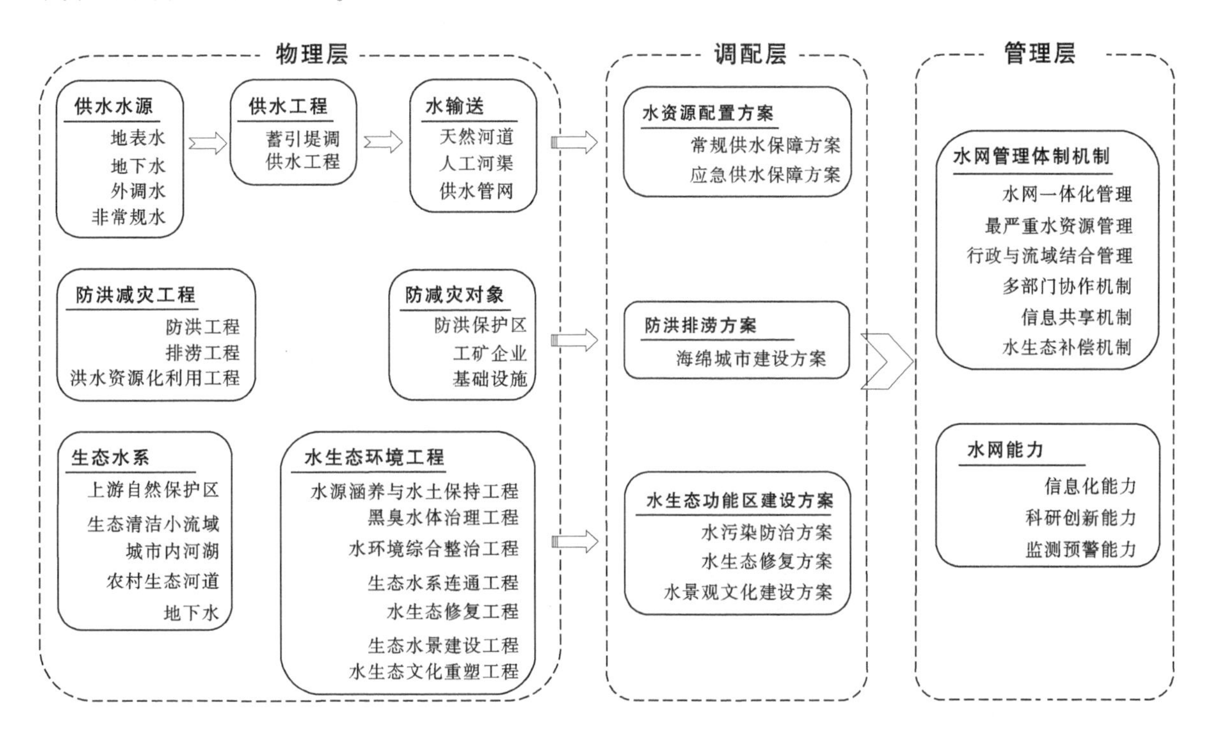

图1　现代水网架构示意图

3　市县水网建设要点

市县水网建设工作要在国家水网、省级水网主框架下开展,通过市县内自然和人工水系重塑,构建安全合理、功能完备的水网结构,筑牢区域水网建设基础。市县水网建设目标是打通国家、省级水网的"最后一公里"问题,解决水网连通、水网调蓄等实际需求。

市县水网建设重在构建水网物理架构,通过谋划一批水网重点建设项目,充分发挥出水网的供水、防洪、生态等功能。以水源互联互通和供水工程挖潜提升为基础,打造互联互备的供水保障网;以防洪治涝薄弱环节建设和联防联控为重点,构筑安全可靠的防洪减灾网;以涉水空间管控和水环境系统治理为抓手,构建生态宜居的水系生态网;以信息化建设和体制机制创新为突破口,建设协同高效的智慧管理网。

4 水网构建思路

市县水网建设，要在全面总结区域水务发展现状及存在问题的基础上，深入分析面临的形势，以“节水优先、空间均衡、系统治理、两手发力”的新时期治水思路为指导，以解决区域在防洪治涝、供水安全、水生态环境及水资源管理方面的突出问题为主要导向，确定地区的水网骨干架构，通过构建防洪减灾网、供水保障网、水系生态网和智慧管理网“3+1 水网”，统筹城市今后一段时间内的水利基础设施网络建设及水资源开发利用、节约、保护、管理等。

在防洪减灾网建设中，以流域为单元，按照“上固-中疏-下防”的建设思路，解决防汛薄弱环节，上游推进水库山塘除险加固，中部实施中小河流治理工程、开展山洪灾害防治工作，下游区域新建河道防洪堤或者海岸防潮堤，组成完备的防洪(潮)减灾体系，运用科学合理的调度手段，结合海绵城市建设理念，全面提高城市防洪(潮)排涝能力。同时，坚持工程措施与非工程措施相结合，加强防洪(潮)风险管理和防洪(潮)设施管理的建设，建立健全防洪(潮)管理体制，完善防洪(潮)保护区的超标准洪水及台风风暴潮防御措施，建立完善预警预报系统，加强应急管理体制机制建设，从被动应对水安全事件转向主动防控水安全风险。

在供水保障网规划中，立足于城市现有的供水及灌排体系，完善水资源配置体系和供水保障体系，通过新建水库、输水渠道管道、提水泵站、河库水系连通等工程连通水源，建设一批水资源配置和供水骨干工程，加强重要引调水、重点水源和城市应急备用水源工程建设，多水源统筹，构建水源输配网络[5]。以城乡供水管网及河湖沟渠为纽带，实现从水源到用户的主要水网脉络，推进城镇供水一张网建设，全面提高水资源调控水平和供水保障能力。

在水系生态网规划中，依托城市现有的重要江河水系及河库湿地基础，首先重塑结构清晰的水网物理架构，然后按“系统治理”原则，流域源头区加强水源地保护和生态涵养；中游区根据治理目标，强化截污控源、节水减排；下游区重点进行水环境治理、水生态修复和水土保持建设[6]，重新塑造水系自然的生态环境，提升水生态系统质量和稳定性，发挥水系的生态廊道功能。

在智慧管理网中，规划以水生态空间管控制度建设为关键引领，以水网工程建管体制机制完善和综合管理能力建设为基本抓手，以深入挖掘和广泛运用水务信息资源为重要环节，构建“一网、一中心、多节点”的监管有力、协调有序、运行高效的水务智慧管理网，保障城市水网能良性运行。

5 结语

在全国推动水利高质量发展的形势要求下，在国家水网、省级水网的推动下，市县水网工程将成为推进市县水利高质量发展的基础支撑，通过在市县全域范围内建成安全、生态、立体、功能强大的水利基础设施综合网络体系，切实解决市县水利发展“最后一公里”问题，实现供水安全可靠、洪涝总体可控、河湖健康生态、管理协同高效的战略目标，最终助力水资源供给能力与现代化国家经济社会发展水平相匹配、防灾减灾能力与现代化国家灾害承受能力相匹配、水生态环境与现代化国家人民美好生活需求相匹配。

参考文献

[1] 左其亭，郭佳航，李倩文. 借鉴南水北调工程经验构建国家水网理论体系[J]. 中国水利，2021(11)：46-48.
[2] 王喜峰. 统筹发展与安全视域下国家水网基础设施建设方略研究[J]. 齐鲁学刊，2022(3)：124-133.
[3] 王雷. 大安市全域水网体系构建与布局思路探析[J]. 吉林水利，2022(6)：52-55.
[4] 蒋任飞，施晔. 现代水网规划理论与实践[M]. 北京：中国水利水电出版社，2018.
[5] 李永华. 现代化水网建设与水资源优化配置探析[J]. 工程建设与设计，2021(2)：46-48.
[6] 王亚雄，秦蓓蕾，赖国友. 南方水网区制造业城市水生态文明建设规划研究——以佛山市为例[J]. 广东水利水电，2022(5)：73-76.

北京水资源安全保障分析研究

姜　珊[1]　张丽燕[1]　黄洪伟[2]　朱永楠[1]　王庆明[1]

(1. 中国水利水电科学研究院流域水循环模拟与调控国家重点实验室,北京　100038;
2. 西北农林科技大学,陕西杨凌　712100)

摘　要:作为我国水资源最为缺乏的城市之一,北京是南水北调工程的主要接收区,并且省外流入水足迹已超过本地消费总水足迹的50%,是典型的实体水和虚拟水联合输入区。本文分析了1997—2020年北京市的供水和用水结构及水源结构演变,解析了2002年、2007年、2012年以及2017年北京市各部门实体水耗用和虚拟水流动情况。发现随着用水效率的提高,工业和服务业的节水空间有限,为保障北京市水资源可持续利用,需要发挥经济机制促进全社会深度节水,统筹实体水、虚拟水管理,加大跨流域调水力度,实现境内水资源与境外水资源综合利用,保障城市的供水安全。

关键词:南水北调工程;实体水;虚拟水;水资源压力;水资源安全

1　引言

随着社会的发展和城市化进程的不断加快,保障城市水资源供给的稳定和充足,已成为现代城市水安全的重要组成部分。从全球范围来看,自20世纪50年代以来,城市淡水用量增长了5倍[1],城市生活用水和工业用水加起来相当于全球淡水提取量的31%[2]。作为我国水资源最为缺乏的城市之一,北京是南水北调工程的主要接收区,并且北京市区域消费总水足迹中的外部水足迹占比就已超过区域消费总水足迹的50%,是典型的实体水和虚拟水联合输入区。2020年北京市的人均水资源量仅为137 m^3,分别为全国平均水平的6.8%和全球平均水平的1.5%,其中南水北调供给北京市的水量超过8.8亿 m^3,占北京市供水结构的22%以上。同时,北京市的食品需求中的虚拟水进口量由35.5亿 m^3 增长到167.6亿 m^3,能源需求中的虚拟水进口量从0.527 6亿 m^3 上升到1.374 7亿 m^3[3]。北京市整体水资源需求呈现对外来实体水和虚拟水的双重依赖,且其依赖性逐年增长,因此为保障北京市的水资源安全,需要综合考虑实体水和虚拟水两方面的统筹安全。

在近现代的水资源可持续利用和发展问题的研究中,外调水和虚拟水贸易被认为是两种能够有效缓解区域水资源压力的方法。北京地处华北平原北部,是典型的北温带半湿润大陆性季风气候。降雨集中于每年的6—8月,其降雨量为全年的峰值,这3个月北京市的降雨量大约占到全年降雨量的80%。作为我国政治经济中心以及北方规模最大的城市,由于经济的快速发展和人口的增长,北京的水资源开发利用率已达112%,正面临巨大的水资源压力。为保障北京市水资源管理,虚拟水成为缓解水资源压力一个新的研究方向[4]。基于此,本文以北京市为研究对象,分析探讨了近20年北京市的用水结构和水源结构演变,系统解析了北京市各个研究部门的实体水耗用和虚拟水流动情况,并在此基础之上进一步探讨北京市应如何应对水资源压力产生所带来的影响,为北京市的水资源管理提供理论指导和数据支撑。

基金项目:国际(地区)合作与交流项目(52061125101)。

作者简介:姜珊(1987—),女,高级工程师,主要从事水文学及水资源工作。

通信作者:张丽燕(1983—),女,高级工程师,主要从事水利信息化工作。

2 北京市水资源安全保障基本态势研判

2.1 本地可供水量呈衰减态势,外调水依赖程度逐步增加

从 20 世纪末,北京市本地可供水量呈现衰减态势,根据 1999—2011 年水资源评价成果,北京市平均降水量为 481 mm,比 1956—2000 年的降水量 585 mm 少了将近 18%,水资源量为 21.6 亿 m^3,比 1956—2000 年系列少了 42%,入境水量也由 1956—2000 年系列的 21.1 亿 m^3 锐减到 4.7 亿 m^3。1999—2020 年,仅有 3 年降雨量超过 1956—2000 年系列多年平均水平。长期以来北京市以地下水供水为主,2002 年以来,北京市逐步推进再生水利用,并持续加大利用力度,一定程度上缓解了水资源短缺形势。近几年,特别是 2014 年南水北调通水以后,北京市供水结构发生了重大改变,外调水在供水体系中逐渐发挥了巨大作用。总体上呈现先下降后上升的趋势,地表水和地下水在供水中的比例不断降低。2020 年北京市供水总量为 40.6 亿 m^3,其中地表水供水量为 8 亿 m^3,占 19.7%;地下水供水量为 13.5 亿 m^3,占 33.3%;再生水供水量为 10.51 亿 m^3,占 29.5%;外调水供水量为 7.1 亿 m^3,占 17.5%。尽管北京市用水总量缓慢增长,但是由于节水与非常规水的充分利用,自 20 世纪 90 年代中期,全市新水取用量持续下降,近几年保持稳定。1994 年北京市新水取用量为 45.87 亿 m^3,2020 年北京市新水取用量仅为 28.6 亿 m^3,下降了 37%。南水北调水的加入和使用更是给予北京市地表水和地下水资源补充,让北京市地表水和地下水供水量及占比下降,对于北京市的用水紧张局面有着极大的缓解作用。

1997—2020 年北京市供水结构变化见图 1。

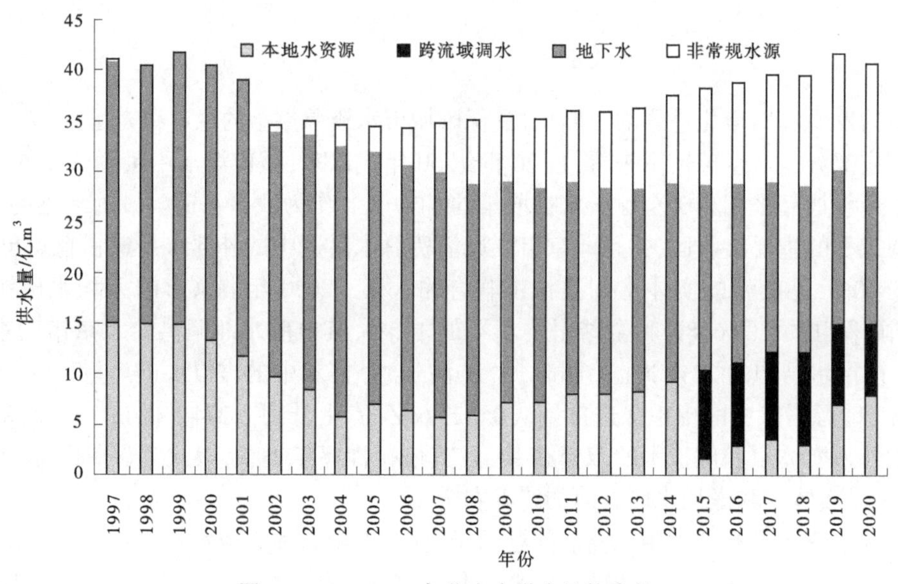

图 1　1997—2020 年北京市供水结构变化

2.2 用水结构发生显著变化,用水总量缓慢增加

1997—2020 年,北京市用水量下降 0.26 亿 m^3,北京市用水结构不断优化,呈现“两增两减”的趋势,工业用水和农业用水因用水效率提高并且受严格管控影响,呈逐年下降趋势,占比分别由 26.9%和 44.2%下降到 7.4%和 8.1%。生活用水受人口规模膨胀、生活质量提高的影响,用水量持续上升,占比由 27.1%提升到 42.3%。生态环境用水逐渐被重视起来,河道基流、湖泊水系、市政绿化等用水量大幅增加,2012 年后环境用水量首次超过了工业用水量。总体上来说,北京市的实体水耗用逐渐由第一产业农业和第二产业工业转向第三产业服务业和生态用水,说明随着社会的发展,北京市实体水耗用呈现向生活和生态等刚性需求转移的趋势。虽然《北京城市总体规划(2016—2035 年)》提出,常住人口控制规模为 2 300 万人。人口规模的控制一定程度上将抑制生活用水需求的快速增长。但另外,随着经济的发展、生活水平的提高,人们对于水公共服务的诉求也将有一定程度提升,生活供水安全保障需求不会降低。

1997—2020 年北京市总用水量见图 2。

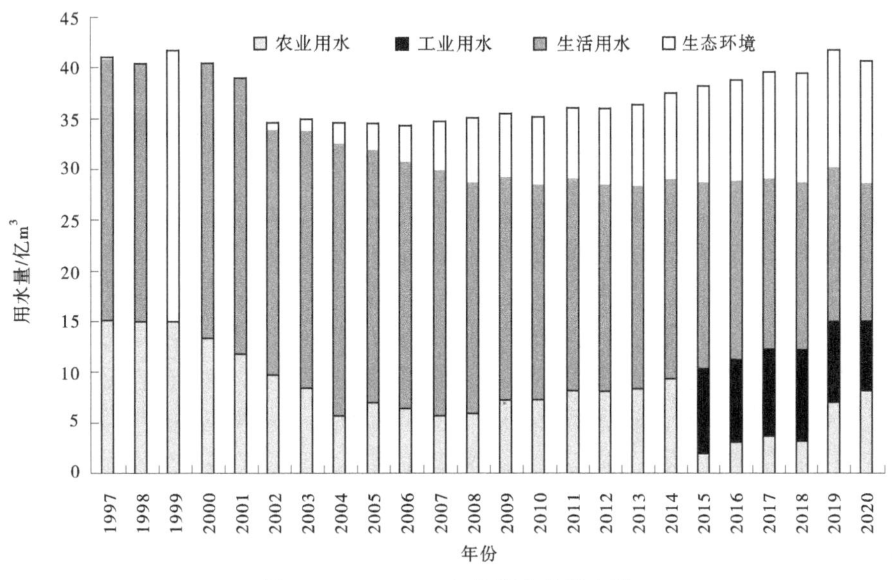

图 2　1997—2020 年北京市总用水量

2.3　用水效率显著提升，达到世界先进水平

北京市大力建设节水型城市，制定北京市最严格水资源管理制度考核办法、节水行动实施方案，进一步强化了把水资源消耗总量和强度"双控"等指标作为属地政府水资源管理的绩效考核责任，将"四定"要求纳入《北京城乡总体规划》，用水效率显著提升。人均用水量从 2000 年的 290 m³ 下降到 2020 年的 185 m³，下降了 36%。万元 GDP 用水量逐年下降，2020 年为 14.1 m³，仅为 2000 年的 7%；随着北京市工业结构的不断调整与升级，工业行业整体用水效率不断提高，万元工业增加值水耗约为 7.1 m³，不足 2000 年的 5%。从国际对比来看（见图 3），在所获取的国际 35 个国家和地区中排名倒数第三，北京市人均用水量只为智利的 8%，属于水资源严重短缺地区。万美元 GDP 用水量处于国际上游水平，仅次于法国；万美元工业增加值用水量属于国际先进水平，优于新加坡。自 2010 年以来，传统高用水工业行业（除电力、热力的生产和供应业及医药制造业）产值在逐年降低，工业产业内部也进行了结构上的优化，第三产业又以交通运输、仓储和邮政业、信息传输、计算机服务和软件业批发和零售业、金融业等低用水产业为主，工业节水和第三产业空间和潜力较小。

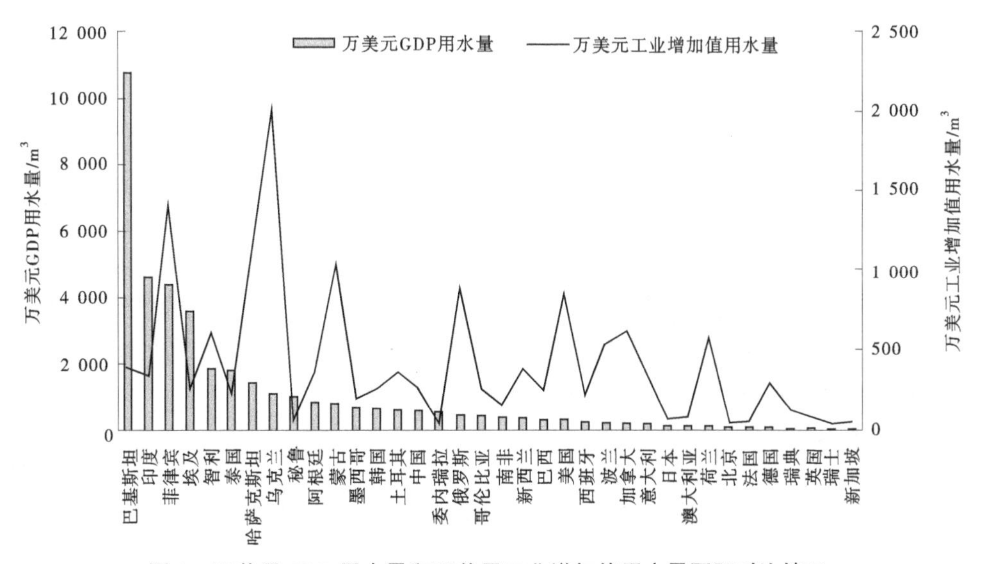

图 3　万美元 GDP 用水量和万美元工业增加值用水量国际对比情况

2.4 水资源压力逐渐增加，依赖省外虚拟水流入

从表 1 中数据可以看出北京市各研究部门的用水系数均是逐年递减的，这说明随着技术的创新与发展，各研究部门获得单位产值所需要的水量是在不断减少的，且需要北京市总用水量所增加的水量也是逐年减小的。农业用水系数一直为最大，服务业则为最小，说明农业增加产值对北京市水资源影响最大，服务业则最小。北京市农业的虚拟水净输出量一直为负值，说明北京市总体上进口的农产品远超其出口农产品的数量，即北京市农业一直是有虚拟水净流入的，典型的虚拟水进口农产品便是粮食，而虚拟水净流入量由 2002 年的 8.29 亿 m^3 增加到 2017 年的 22.39 亿 m^3，说明北京市本地农业种植生产的占比减少，而依靠外部农产品供给的比例增加，即北京市每年的粮食进口量在逐年增加。北京市农业在 3 个典型年份的虚拟水净输出量均为最小值，这说明北京市依靠农产品进口所获得的虚拟水输入一直是最多的，也就说明农业对于外部资源供应的依赖性最高。而农产品是水密集型产品，且价值较低，因此从外部进口农产品可以节约更多的水用于创造价值更高的产品，这有利于北京市的经济发展。而北京市的电气等生产供应业的虚拟水输入量由 2002 年的 4.93 亿 m^3 减少到 2012 年的 3.51 亿 m^3，这说明该部门对于外部资源的依赖性逐渐下降。北京市的工业结构是随着经济和社会的发展而调整的，高耗水低效益的产业逐渐退出了北京市的工业舞台，取而代之的是新兴的低耗水高效益产业。北京市服务业的虚拟水净输出量由 2002 年的 7.25 亿 m^3 增加到 2017 年的 13.13 亿 m^3，且在 4 个典型年份均为虚拟水净输出量最高的部门，作为第三产业，服务业会产生虚拟水的净输出这是必然的，大量的虚拟水流出也会增加北京市的水资源压力，但是其单位水量的消耗和流出所产生的价值也是远远高于第一产业和第二产业的。

表 1　北京市 9 研究部门完全用水系数计算结果　　单位：m^3/元

年份	农业	采选业	纺织服装业	造纸印刷及文教用品制造	石化工业	金属冶炼及制品业	电力、热力、燃气及水的生产和供应业	其他工业	服务业
2002	0.127 0	0.007 6	0.011 9	0.007 2	0.009 8	0.013 4	0.025 2	0.010 5	0.005 9
2007	0.104 9	0.004 1	0.005 7	0.005 1	0.006 8	0.006 0	0.007 1	0.008 4	0.004 5
2012	0.052 0	0.002 0	0.004 0	0.002 9	0.003 4	0.005 0	0.003 0	0.004 6	0.002 3
2017	0.022 1	0.002 5	0.002 9	0.001 4	0.001 9	0.003 7	0.002 5	0.001 3	0.000 7

3　结论与展望

3.1　发挥经济机制促进全社会深度节水

在资源本底条件胁迫和城市快速发展双重作用下，北京市用水呈现“两增两减”的趋势，工业用水和农业用水由于受到严格管控逐年下降，生活用水受人口规模膨胀呈现刚性增加，生态环境用水由于生活质量提高呈现明显增加。在这一过程中，北京市用水效率不断提高，产业结构不断优化，高耗水行业逐渐退出主导地位，家庭生活和公共服务行业用水成为特大城市用水的主要增长点和节水的工作重点。应发挥政府、市场和用户三元主体作用，形成“政府调控、市场引导、个体参与”的联动机制，严控人口规模，建立多用水、多付费的阶梯水价形成机制和由消费者承担公共服务行业水费的管理模式，构建促进用水者自发节水的环境与政策，促进人口、资源、环境与经济社会发展相协调。

3.2　统筹实体水-虚拟水管理

假设北京取水量全部来自于本地区，不考虑实体水和虚拟水流入，仅仅依靠北京市当地的水资源储备，北京市水资源压力始终大于 1，农业用水和工业用水取水会使得北京市的水资源紧缺程度加剧，而服务业则对北京市水资源紧缺的局面有正面的影响，并不足以满足北京市的用水需求，更不能支撑北京市的经济和社会发展。而考虑了实体水和虚拟水流动的情况之后，北京市水资源压力低于 1，但农业对

北京市水资源紧缺程度加深的影响仍然是最大的,其次便是服务业,而工业用水取水对于北京市资源紧缺程度加剧的影响是逐年减小的。北京市在其经济和社会发展过程中,外部输入的实体水和虚拟水使用量占北京市发展所需水资源总量比例越来越大,北京市对于外部水资源输入的依赖性越来越高。为保持北京市当地的水资源系统稳定性,统筹实体水、虚拟水管理,建立区域间农业虚拟水补偿制度,将水资源密集型产品进口到北京,以减少北京市本地的水资源耗用。

3.3 构建多元化的供水安全保障格局

对标世界先进地区,北京市用水效率已经达到国际先进水平,但水资源开发利用率已经高达112%,地下水历史超采严重,全市水资源安全保障程度偏低。基于此,北京市除深度挖掘再生水和雨洪水的有效利用外,还需争取拓展外调水源,结合多水源的合理优化配置和水资源高效利用,提高全市水资源安全保障程度。北京市域内水资源高效利用是保障城市供水安全的基石,由于城市规模和人口规模已远超本地水资源的承载能力,超过1/3水资源是靠超采地下水、透支战略储备、境外调水和再生水利用勉强维持供给,境内水资源储备已严重透支,不仅不能满足作为储备水源的要求,甚至已面临枯竭的风险。随着京津冀协同发展战略的提出,北京市将大幅度调整区域功能定位,区域产业格局、城市格局、人口布局等发生显著调整,对水资源需求将发生变化,亟须构建多源外调水和本地水的立体供水保障格局。

参考文献

[1] Padowski J C, Corrigendum, Gorelick S M. Global analysis of urban surface water supply vulnerability[Z]. Environ. Res. Lett. 2014,9,119501.

[2] Larsen T A, Hoffmann S, Lüthi C,et al. M. Emerging solutions to thewater challenges of an urbanizing world[J]. Science 2016,352,928.

[3] Zhao Y,He G, Wang J,et al. Water stress assessment integrated with virtual water trade and physical transfer water: A case study of Beijing, China[J]. Sci. Total Environ, 2020, 708:134578.

[4] 刘雅婷,王赛鸽,陈彬. 基于投入产出分析的北京市虚拟水核算[J]. 生态学报,2018,38(6):1930-1940.

涵洞式水闸的消能防冲计算

李　凯[1]　张庆杰[1]　赵丽微[2]

（1. 河南黄河勘测规划设计研究院有限公司，河南郑州　450003；
2. 河南黄河空间信息工程院有限公司，河南郑州　450003）

摘　要：《水闸设计规范》（SL 265—2016）中的消能防冲计算通常针对开敞式水闸。涵洞式水闸由于闸室后接较长涵洞，洞内会产生水头损失，出口断面的总能头较闸门上游总能头有一定程度的减小。为合理确定消能防冲布置，需推求涵洞洞内水面线。本文通过定性分析与定量计算，阐明了涵洞式水闸的消能防冲设计理念和计算过程。

关键词：水闸；涵洞；消能防冲

黄河下游耕地资源丰富，是我国重要的粮食主产区，河南、山东两省集中分布着众多引黄灌区，涉及两省 20 个地市百余县，为我国最大的自流灌区之一。黄河下游共有 111 座引黄涵闸。这类涵闸均是位于黄河大堤上的涵洞式水闸，闸室后接涵洞穿越黄河大堤与下游渠道相连。涵洞式水闸与开敞式拦河闸有很大区别。王凤群等讨论了黄河下游涵闸闸墩顶高程的确定[1]。本文主要讨论涵洞式水闸的消能防冲计算。

1　水闸规范中的消能防冲计算

根据《水闸设计规范》（SL 265—2016）附录 B 消能防冲计算[2]，消力池计算示意图见图 1，消力池计算计算深度和长度可按式（1）~式（6）计算：

$$d = \sigma_0 h''_c - h'_s - \Delta Z \tag{1}$$

$$h''_c = \frac{h_c}{2}\left(\sqrt{1 + \frac{8\alpha q^2}{g h_c^3}} - 1\right)\left(\frac{b_1}{b_2}\right)^{0.25} \tag{2}$$

$$h_c^3 - T_0 h_c^2 + \frac{\alpha q^2}{2g\varphi^2} = 0 \tag{3}$$

$$\Delta Z = \frac{\alpha q^2}{2g\varphi^2 h_s'^2} - \frac{\alpha q^2}{2g h_c''^2} \tag{4}$$

$$L_{sj} = L_s + \beta L_j \tag{5}$$

$$L_j = 6.9(h''_c + h_c) \tag{6}$$

式中：d 为消力池池深；σ_0 为水跃淹没系数，可采用 1.05~1.10；h''_c为跃后水深；h_c 为收缩水深；α 为水流动能校正系数，可采用 1.0~1.05；q 为过闸单宽流量；b_1 和 b_2 分别为消力池首端和末端宽度；T_0 为消力池底板顶面算起的总势能；ΔZ 为出池落差；h'_s为出池河床水深；L_{sj} 为消力池长度；L_s 为消力池斜坡段水平投影长度；β 为水跃长度校正系数，可采用 0.7~0.8；L_j 为水跃长度。

式（1）~式（6）背后的计算思路是：高水位下闸孔出流，当闸孔开度小于临界水深时，闸孔出流为急流。而闸后渠道往往坡度较缓，常取 1/3 000~1/5 000，渠道中的水流为缓流。水流由急流变成缓流必然发生水跃。采用稍有淹没的水跃衔接既有利于保证消能效果，又能避免发生远离式水跃导致护砌工

作者简介：李凯（1989—），男，工程师，硕士，主要从事水利工程规划设计工作。

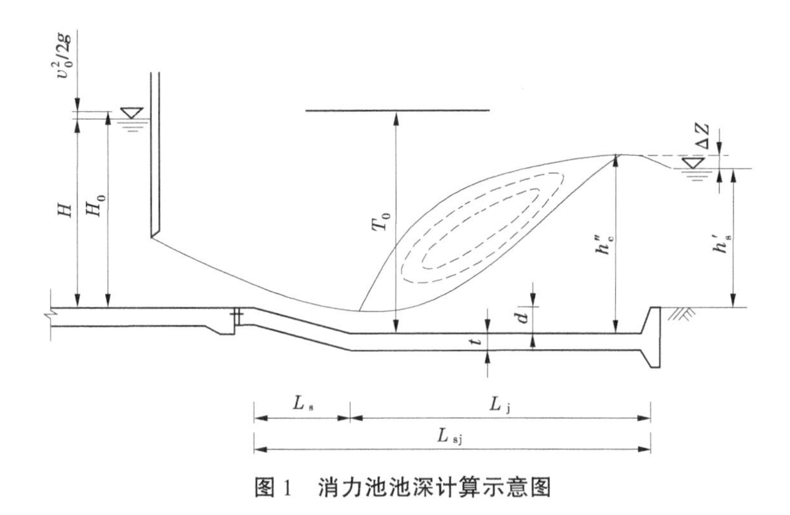

图 1　消力池池深计算示意图

程量的增加。由于闸门后某一位置会出现收缩水深，此处流速最大、水深最小。以此断面作为跃前水深，计算稍有淹没的跃后水深，并以此计算消力池深度和长度。

对于开敞式水闸，以上计算完全满足消能设计要求。而对于涵洞式水闸，由于闸室后接较长涵洞，必须研究洞内水面线，以涵洞出口的总能头确定消能防冲计算。

2　涵洞的洞内水面线定性分析

下面先定性分析涵洞式水闸的洞内水面线。无压流涵洞的洞内水面线可参照明渠非均匀流分析。当洞内流量一定时，由于洞内底坡不同，可形成不同形式的水面曲线。引黄闸由闸室段和涵洞段组成，分别相当于平坡段和正坡段。为分析洞内水面线，先定性绘制出正常水深 N—N 线和临界水深 K—K 线。注意平坡段无法形成均匀流，即没有 N—N 线。当涵洞底坡为陡坡时，K—K 线在 N—N 线上方。若闸门开启高度 $e<h_k$，闸后出流为急流，此时水面线有以下三种可能[3]：

（1）如果平坡段很长，属于 C_0 型的壅水曲线最多上升到 K—K 线，但不能超过 K—K 线，因此当平坡段很长时，必然发生水跃，水流由急流过渡到缓流，此后又由于水深大于临界水深，发生 H_3 型降水曲线，在平坡段末端与 h_c 相交。在陡坡段起点水深 h_c 在 N—N 线上，发生 S_2 型降水曲线，在末端趋近于 N—N 线，如图 2 所示。

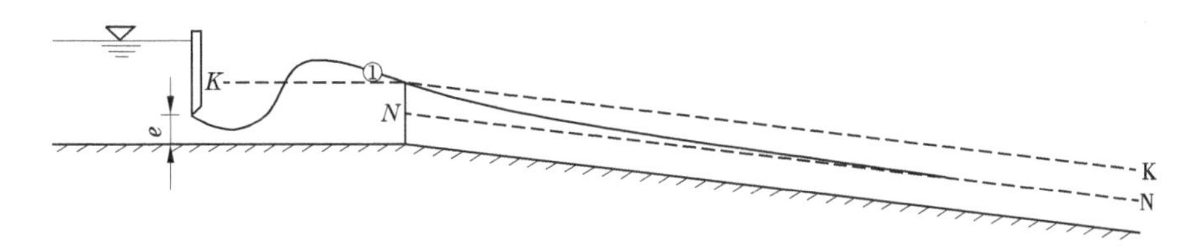

图 2　平坡段较长时陡坡涵洞水面线

（2）如果平坡段较短，属于 C_0 型的壅水曲线刚刚上升到 K—K 线或还未上升到 K—K 线就已到达变坡点，在陡坡段起点水深在 K—K 线与 N—N 线之间，发生 S_2 型降水曲线，在末端趋近于 N—N 线，如图 3 所示。

（3）如果平坡段很短，属于 C_0 型的壅水曲线，到达变坡点时的水深小于陡坡正常水深，即在陡坡段起点水深在 N—N 线以下，发生 S_3 型壅水曲线，下游仍以 N—N 线为渐近线，如图 4 所示。

当涵洞底坡为缓坡时，N—N 线在 K—K 线上方。若闸门开启高度 $e<h_k$，闸后出流为急流，此时不管平坡段有多长，转折处的水面线都在 K—K 线或 K—K 线以下，也即在 N—N 线以下，即缓坡水面线 M_3 型，如图 5 所示。

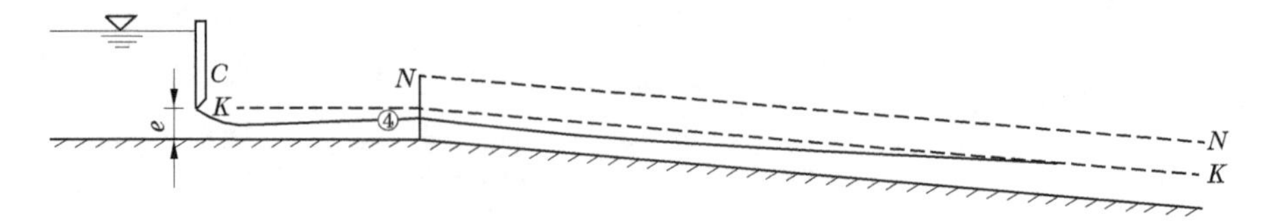

图 3　平坡段较短时陡坡涵洞水面线

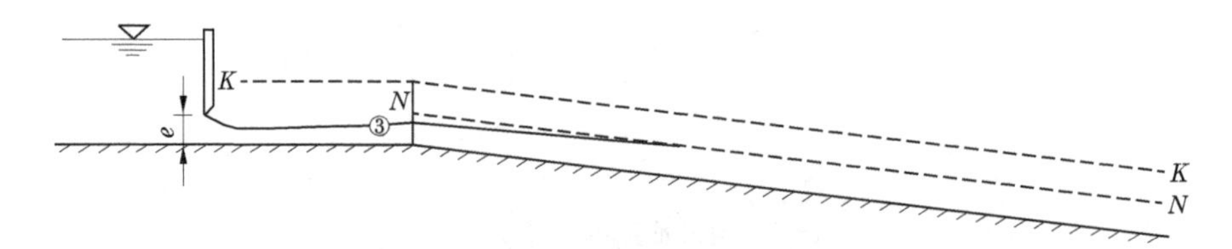

图 4　平坡段很短时陡坡涵洞水面线

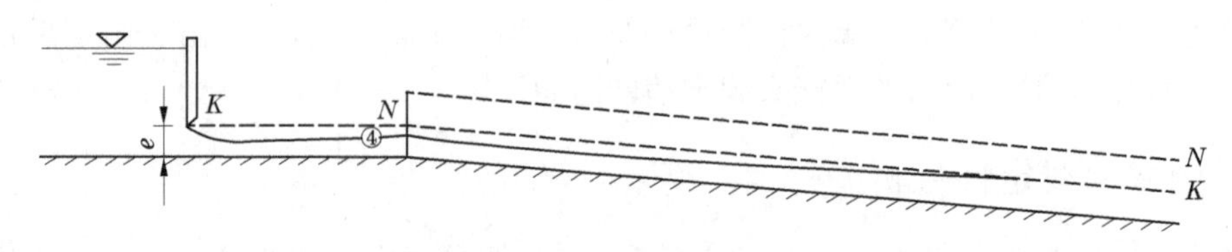

图 5　缓坡涵洞水面线

3　涵洞的洞内水面线定量计算

不论哪种水面曲线，由于闸门开度 $e<h_k$，闸孔出流为急流，因此控制断面均为门后收缩水深，可按急流由涵洞入口向出口推算水面曲线。明渠非均匀流的水面曲线按照水力学公式计算[4]：

$$\Delta s = \frac{\Delta E_s}{i - \bar{j}} \tag{7}$$

式中：Δs 为一流段的长度；ΔE_s 为流段两端断面比能的差值；i 为涵洞底坡；$\bar{j}$ 为流段的平均坡降，可按下式计算：

$$\bar{j} = \frac{1}{2}\left(\frac{v_1^2}{C_1^2 R_1} + \frac{v_2^2}{C_2^2 R_2}\right) \tag{8}$$

式中：v_1、C_1、R_1 和 v_2、C_2、R_2 分别为流段两端的流速、谢才系数、水力半径。由于涵洞中流量一定，每节涵洞长度一定，起始断面的水深一定，从而由式(7)和式(8)试算出下一断面的水深，将各断面水深相连，即为洞内水面线。计算时还应注意到流段两端断面比能正负的问题。断面比能并非沿程减小，而是可能增大也可能减小。若以水深 h 为纵坐标、断面比能 E_s 为横坐标，E_s 与 h 的关系为一条开口向右的二次抛物线，在临界水深 h_c 处，断面比能有最小值 E_{smin}，临界水深 h_k 把图像分为两支：临界水深 h_k 以上，断面比能 E_s 随 h 增大而增大，并以通过原点的45°线为渐近线；临界水深 h_c 以下，断面比能 E_s 随 h 减小而增大，并以水平线为渐近线。因为水面线已确定，水深延程变化即可分析得出，那么每一流段两端断面比能的差值正负号便可得出。

现以邢庙闸为例计算洞内水面线。根据设计方案，邢庙闸设计流量为 15 m³/s，单孔，孔净宽 3 m。闸室长度 12 m，后接 10 节涵洞，单节长 9 m，共 90 m，洞内坡降 i 为 1/300(缓坡)，糙率 n 为 0.014。计算时考虑不利工况为闸前高水位下闸门局部开启门后呈现急流流态。开度提升幅度为每次增加 0.2 m，直至达到设计流量。首先计算不同开度孔流的过闸流量、相应流量下的门后收缩水深、临界水深和涵洞内正常水深。孔流的过闸流量采用以下公式[5]：

$$Q = \sigma_s \mu_0 enb\sqrt{2gH_0} \tag{9}$$

式中：σ_s 为淹没系数，当闸下自由出流时可取1；μ_0 为流量系数；e 为闸门开度；n 为孔数；b 为孔口净宽；H_0 为闸前总水头。

μ_0 可按下式计算：

$$\mu_0 = 0.60 - 0.176\frac{e}{H} \tag{10}$$

门后收缩水深 h_c、临界水深 h_k 可分别用以下公式计算：

$$h_c = \varepsilon e \tag{11}$$

$$h_k = \sqrt[3]{\frac{\alpha q^2}{g}} \tag{12}$$

而正常水深 h_0 可按明渠均匀流计算，取 $i=1/300$。

计算不同开度的过闸流量、收缩水深、临界水深和涵洞内正常水深，结果见表1。

表1 闸孔出流不同开度的计算结果

开度 e/m	闸前水深 H/m	流量系数 μ_0	过闸流量 Q/(m^3/s)	单宽流量 q/[m^3/(s·m)]	收缩水深 h_c/m	临界水深 h_k/m	正常水深 h_0/m
0.2	9.06	0.60	4.77	1.59	0.123	0.647	0.652
0.4	9.06	0.59	9.48	3.16	0.246	1.022	1.054
0.6	9.06	0.59	14.12	4.71	0.369	1.333	1.411
0.8	9.06	0.58	18.70	6.23	0.492	1.608	1.744

门后水深均小于临界水深和正常水深，因此可以判定洞内水面线为 M_3 型，即缓坡上的急流，水深沿程增加，断面比能沿程减小。可按式(7)计算洞内水面线。需要指出的是，因为闸室段长度较短，可忽略这部分长度，将收缩水深当作进口水深计算。因篇幅所限，本文仅列出开度为0.2 m的计算过程(见表2)。

表2 开度为0.2 m时的水面线计算过程

h/m	R/m	C	v/(m/s)	$v^2/2g$	E_s/m	ΔE_s/m	$\bar{v}$	$\bar{R}$	$\bar{C}$	$\bar{j}$	$i-\bar{j}$	Δs	S
0.123	0.11	49.71	12.92	8.52	8.64								
0.161	0.15	51.78	9.90	5.00	5.16	−3.49	11.41	0.13	50.75	0.391	−0.387 4	9	9
0.197	0.17	53.36	8.09	3.34	3.54	−1.62	8.99	0.16	52.57	0.184	−0.180 2	9	18
0.231	0.20	54.64	6.87	2.41	2.64	−0.89	7.48	0.19	54.00	0.103	−0.099 3	9	27
0.265	0.23	55.72	5.99	1.83	2.10	−0.54	6.43	0.21	55.18	0.064	−0.060 5	9	36
0.299	0.25	56.66	5.32	1.44	1.74	−0.35	5.66	0.24	56.19	0.043	−0.039 4	9	45
0.332	0.27	57.49	4.79	1.17	1.50	−0.24	5.05	0.26	57.07	0.030	−0.026 8	9	54
0.365	0.29	58.23	4.36	0.97	1.33	−0.17	4.57	0.28	57.86	0.022	−0.018 8	9	63
0.398	0.31	58.90	4.00	0.81	1.21	−0.12	4.18	0.30	58.57	0.017	−0.013 4	9	72
0.431	0.33	59.52	3.69	0.69	1.13	−0.09	3.84	0.32	59.21	0.013	−0.009 7	9	81
0.464	0.35	60.08	3.43	0.60	1.06	−0.06	3.56	0.34	59.80	0.010	−0.006 9	9	90

由计算结果可以看出,涵洞内水深沿程增加,涵洞出口水深 0.464 m,流速 3.427 m/s。所有开度的计算结果见表 3。

表 3 各级开度下的洞内水面线计算结果

开度 e/m	闸前水深 H/m	过闸流量 Q/(m³/s)	单宽流量 q/[m³/(s·m)]	出口水深 h/m	出口流速 v/(m/s)
0.2	9.06	4.77	1.59	0.464	3.427
0.4	9.06	9.48	3.16	0.572	5.525
0.6	9.06	14.12	4.71	0.692	6.803
0.8	9.06	18.70	6.23	0.817	7.626

至此,各种开度下的涵洞出口水深及流速均已求出。可按《水闸设计规范》(SL 265—2016)附录 B 式(1)~式(4)计算消力池池深。计算结果如表 4 所示。

表 4 各级开度下的消力池计算结果

开度 e/m	假设池深 d/m	涵洞出口总能头 T_0/m	收缩水深 h_c/m	共轭水深 h_c''/m	下游水深 h_s'/m	出池落差 Δz/m	计算池深 d'/m	计算池长 L_{sj}/m
0.2	0	1.06	0.530	0.779	1.049	−0.087	−0.144	2.87
0.4	0.14	2.27	0.594	1.622	1.508	0.057	0.138	6.23
0.6	0.65	3.70	0.657	2.379	1.848	0.175	0.650	13.43
0.8	0.98	4.76	0.758	2.954	2.126	0.272	0.976	14.72

由此可见,闸孔出流时上游总能头已在洞内沿程损失了很多,涵洞出口的总能头仅为上游总能头的一半左右,相应的消力池规模也会减小。若不推求水面线直接按公式计算,得到的消力池池深明显增大,势必会造成一定的工程浪费。

4 结语

本文阐述了涵洞式水闸在高水位孔口出流时的消能防冲设计思路,通过定性分析与定量计算涵洞洞内水面线,求解了涵洞出口总能头,最终合理确定了消力池的长度和深度,对涵洞式水闸的消能防冲设计具有一定的借鉴意义。

参考文献

[1] 王凤群,李国清,王伟峰. 浅析黄河下游涵闸闸墩顶高程的确定[J]. 人民黄河,2021(S1):114-115.
[2] 顾美娟,张平易,许宗喜,等. 水闸设计规范:SL 265—2016[S]. 北京:中国水利水电出版社,2016.
[3] 李家星,赵振兴. 水力学[M]. 南京:河海大学出版社,2001.
[4] 吴持恭. 水力学[M]. 北京:机械工业出版社,2018.
[5] 刘志明,温续余. 水工设计手册 第七卷 泄水与过坝建筑物[M]. 北京:中国水利水电出版社,2014.

遥感降水误差阈值特征对径流模拟的影响评估——以黄河源区黑河流域为例

周毓彦[1]　王建华[1]　刘建伟[1,2]　鲁　帆[1]　张海潮[3]　李晓威[4]
侯保灯[1]　于媛慧[1,5]　胡莹莹[1]　薛　伟[1]　张佳悦[1]

(1. 中国水利水电科学研究院,流域水循环模拟与调控国家重点实验室,北京　100038;
2. 河海大学,江苏南京　210024;
3. 黄河水利水电开发集团有限公司,河南郑州　450099;
4. 河南黄河河务局开封黄河河务局,河南开封　475000;
5. 清华大学,北京　100084)

摘　要:遥感降水数据是地面观测的重要替代数据源,在水资源模拟与预估中具有广泛应用,但遥感降水数据误差对径流模拟的影响需进一步评估。选取 4 套遥感降水数据(CMFD、CPC、TRMM 和 ERA5-Land)和地面降水观测数据,探究遥感降水数据在径流模拟中的能力和降水误差阈值对径流模拟精度的影响。结果显示,基于地面降水数据驱动的径流模拟结果最好(NSE=0.667),其次是基于 CMFD 和 CPC(NSE=0.652~0.659)的径流模拟效果,基于 TRMM 和 ERA5-Land 的模拟效果最低。遥感降水的相对误差相比绝对误差对径流模拟效果的影响更为显著,随相对误差的增大,径流模拟精度指标降低幅度存在由小到大的突变阈值。

关键词:遥感降水;自嵌套 BP 神经网络;径流模拟;误差阈值;黄河源区

1　引言

降水是地球表层系统中连接大气与陆地、海洋之间重要的纽带,而径流是陆地内部和陆地—海洋最活跃的物质交换途径之一。传统降水观测主要集中于气象站和水文站,可以获取较为精确的点尺度观测序列[1]。然后受制于观测站点分布情况、设站时间和设备状况等,器测降水资料时空上连续性较差。近年来,随着科学技术的发展,降水遥感资料日趋丰富,并且多源遥感降水数据覆盖范围广、时效性强的特点,使得其在水文气象灾害、农业灾害监测和预警等方面发挥着重要的作用[2]。尤其是遥感降水产品在少(缺)资料地区作为地面观测的重要补充,具有广阔的应用前景[1-3]。

以往已对多源遥感降水产品的精度和应用开展了大量的评估工作[1-7]。虽然各种遥感降水产品在特定研究区上体现出一定的时空一致性特征,降水反演误差导致了各产品之间明显的站点精度差异性[1-5]。遥感降水在水文过程分析和径流模拟中的应用仍然存在不确定性[1]。通过对比 4 种降水产品在典型干旱内陆盆地的精度差异及其在径流模拟中的应用,发现基于站点的降水产品评价与基于水文

基金项目:2022 年度科技智库青年人才计划(20220615ZZ07110156);国家自然青年科学基金项目(51909275);第二次青藏高原综合科学考察研究(2019QZKK0207);中国水利水电科学研究院基本科研业务费专项项目(WR110145B0052021);流域水循环模拟与调控国家重点实验室开放研究基金项目(IWHR-SKL-KF202204);青海省中央引导地方科技发展资金项目(2022ZY020)。

作者简介:周毓彦(1991—),男,高级工程师,主要从事寒区水循环模拟与水资源适应性利用研究工作。

模型的径流模拟结果存在一定的差异[5],而另外的研究则发现降水产品基于站点的精度与流域水文模拟结果具有一致性[6]。而且融合了站点的卫星遥感降水产品能够很好地模拟黄河源区汛期径流[7]。这说明,传统的基于站点观测数据的降水产品评价结果与实际应用之间的联系有待明确和加强。然而,当前对降水数据的评价和应用研究通常是相互独立的部分,如何将数据评价的成果指导应用于研究工作之中有待深入,尤其是降水误差阈值对水文径流过程模拟影响的相关研究比较少。

水文预报模拟是降水产品的当前热点应用之一[8]。除了传统的水文模型,人工神经网络(ANN)在水文模拟中的能力已得到广泛验证[9-11]。因此,本文基于构建的自嵌套 BP 神经网络,选用站点观测数据和 4 套广泛应用的高时空分辨率降水产品,评估了其在水文模拟中的应用潜力。同时分析了不同降水反演误差阈值情景下,遥感降水在径流模拟中的误差传递效应,对降水产品在水文中应用具有重要参考意义。

2 研究区域与数据

2.1 研究区概况

本文选取黄河源区典型支流黑河流域为研究区,是南水北调西线工程的主要受水区之一。研究区位于青藏高原东部,地理位置和河流分布如图 1 所示。黑河发源于岷山西麓,东南向西北流经若尔盖县,在甘肃省玛曲县汇入黄河。河流长度为 456 km,流域面积为 7 608 km^2。近 30 年年平均降水量 667.8 mm,年平均气温 18 ℃。

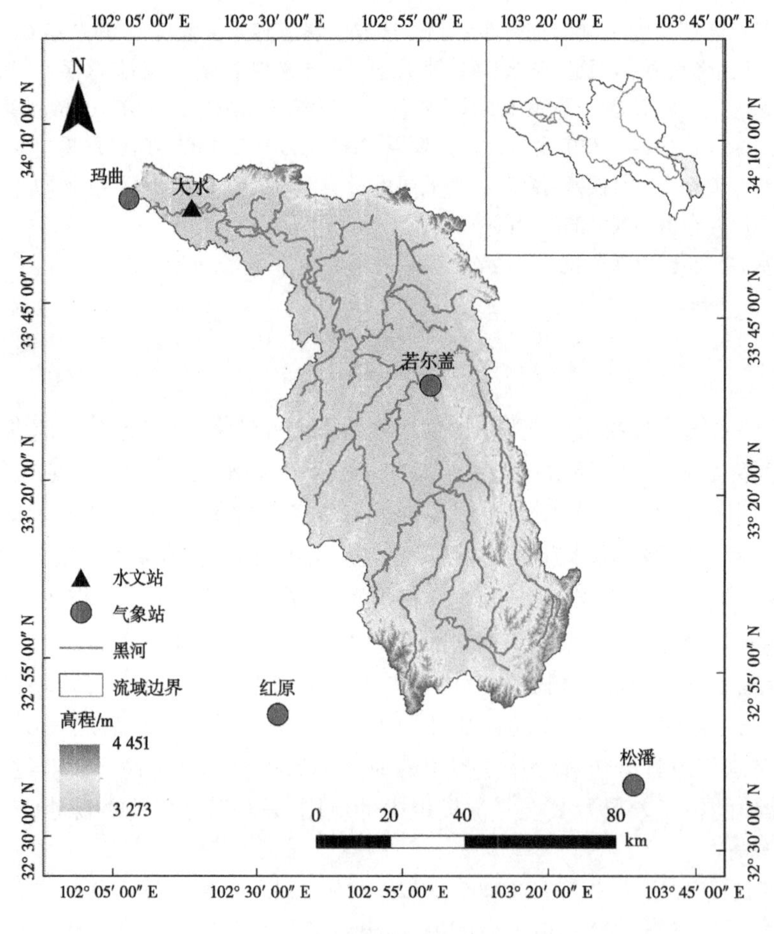

图 1 黑河流域概况

2.2 基于地面监测的水文气象数据

研究选取黑河流域及其周围的玛曲、若尔盖、红原和松潘 4 个气象站点。数据从国家气象科学数据中心(CMA, https://data. cma. cn/)获取。采用日降水、日平均气温、风速、日照时长和相对湿度5个气象要素,覆盖时间为2006年12月30日至2016年12月31日。选用大水水文站2007—2016年共10年的日径流数据对模型进行率定验证。

2.3 遥感降水数据

本文选用了4种常用的高时空分辨率的遥感降水产品,分别介绍如下:

(1)CMFD:中国气象强迫数据集(CMFD,http://data. tpdc. ac. cn/)由国家青藏高原科学数据中心提供,是专门为研究中国地表过程而开发的高时空分辨率网格化近地表气象数据集[12-13]。数据集从1979年1月至2018年12月,时间分辨率为3 h,空间分辨率为0.1°。

(2)CPC:美国国家环境预测中心(NCEP)和美国国家大气研究中心(NCAR)气候预测中心每日降水量全球统一器测降水分析数据(CPC,https://climatedataguide. ucar. edu/),这是一种基于观测的每日降水量分析,涵盖全球陆地区域[14-15]。时间跨度从1979年至今,时间分辨率为1 d,空间分辨率为0.5°。

(3)TRMM:热带降水测量任务多卫星降水分析产品(TRMM,https://disc. gsfc. nasa. gov/)以0.25°空间分辨率和多个时间分辨率提供准全球降水[16]。本文使用空间分辨率为0.25°、时间分辨率为3 h的TRMM 3B42V7降水数据集。

(4)ERA5-Land:欧洲中期天气预报中心(ECMWF)制作了第五代欧洲再分析(ERA5-Land, https://www. ecmwf. int/)陆地部分的增强型全球数据集。ERA5-Land涵盖的时间跨度从1950年至今,空间分辨率在全球范围内提高到9 km,时间分辨率是1 h[17]。从CMFD、CPC、TRMM和ERA5-Land提取了2006—2016年的站点所在网格的日降水数据。

3 模拟与评价方法

3.1 模型

采用BP算法[18-19]的ANN,模型整体由第一层网络和4层嵌套网络共计5层网络构成(见图2)。第一层网络以气象数据驱动,模拟产生的结果与气象数据作为嵌套网络的输入层,驱动下一层网络模型,依次循环。最后一层的结果作为模型最终模拟结果输出。每层网络均由1层输入层、2层隐藏层和1层输出层构成。气象驱动数据由模拟当日、前1日和前2日的站点监测气象要素数据构成。

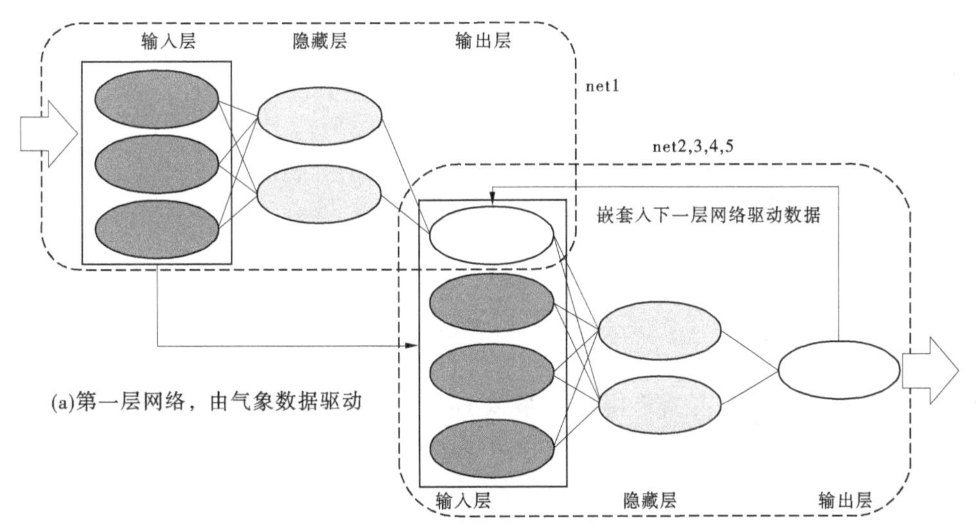

(b)嵌套网络，由上一层网络模拟结果和气象数据共同驱动

图2 自嵌套BP神经网络模型

3.2 试验设计

3.2.1 不同降水驱动的径流模拟试验

为了探究站点观测降水数据与遥感降水数据在径流模拟上的整体效果,分别以5组降水数据作为

输入独立构建神经网络模型,试验次数为 100 次。此外,构建基于地面降水数据的神经网络径流模拟模型,将 4 类遥感降水数据作为替代降水数据源作为驱动模拟径流过程,试验次数为 100 次。

3.2.2 误差阈值设计

为了进一步探究降水误差组分在径流模拟中的传递效应,对记录在遥感产品中的降水数据与站点观测数据的绝对误差进行了统计。绝对误差按照每 2 mm 为一组,其中第一组是低估 30 mm 以上(不含),最后一组是高估 30 mm 以上(不含),降水绝对误差在-0.5 mm 与 0.5 mm 之间的记录为 0,从而根据降水绝对误差将径流实测序列和模拟序列分成 31 组,分别计算各组的序列的指标情况。

将遥感降水和地面站点观测降水数据匹配,将遥感降水产品中的数据分为错报、漏报、低估、高估、准估降水和准估无降水 6 种类型(见图 3)。其中,准估无降水是准确的反演结果,准估降水是一定误差范围内的遥感反演降水也被认为是"准确的",并由上、下两个边界判定。图 3 结果表明,上、下边界不能简单设定为固定参数,因此将下边界(lb)、上边界(up)设定为

$$\text{lb} = \min\{P_{\text{obs}i} - \alpha, (1 - \beta) \times P_{\text{obs}i}\} \tag{1}$$

$$\text{ub} = \max\{P_{\text{obs}i} + \alpha, (1 + \beta) \times P_{\text{obs}i}\} \tag{2}$$

式中:$P_{\text{obs}i}$ 为实测降水量,mm;α 为边界参数 1,取值 1 mm;β 为边界参数 2,取值由模拟试验确定(%)。

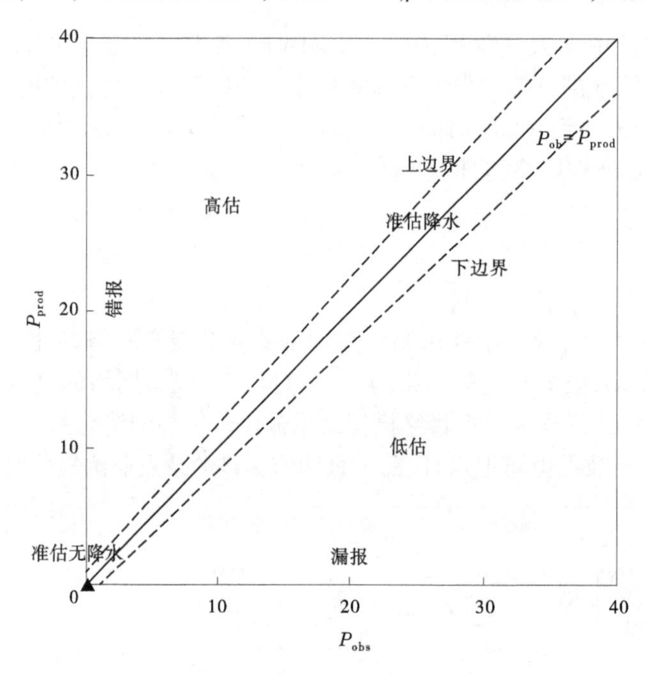

图 3　遥感降水反演类型分类

根据 β 的取值,可以探索不同相对误差阈值对模拟精度的影响。β 从 1%到 30%每间隔 1%进行取值,分析相对误差阈值内和阈值外替换降水驱动后径流模拟结果后的变化情况。

3.2.3 评价指标

为了评估模拟径流的精度,本文采用决定系数(R^2)、纳什效率系数(NSE)和相对均方根误差(RMSE)对径流模拟结果进行了评价。三个指标的计算公式为

$$R^2 = \frac{\left[\sum_{i=1}^{n}(S_i - \overline{S})(O_i - \overline{O})\right]^2}{\sum_{i=1}^{n}(S_i - \overline{S})^2 \sum_{i=1}^{n}(O_i - \overline{O})^2} \tag{3}$$

$$\mathrm{NSE} = 1 - \frac{\sum_{i=1}^{n}(S_i - \overline{O})^2}{\sum_{i=1}^{n}(O_i - \overline{O})^2} \tag{4}$$

$$\mathrm{RMSE} = \sqrt{\frac{\sum_{i=1}^{n}(Q_i - S_i)^2}{n}} \tag{5}$$

式中：Q_i 为实测径流量，m^3/s；S_i 为模拟径流量，m^3/s；n 为径流时间序列长度；$\overline{Q}$、$\overline{S}$ 分别为实测和模拟径流的平均值，m^3/s。

4 结果与讨论

4.1 径流模拟结果分析

5 组降水数据独立建模的水文模拟结果如图 4 所示，基于地面降水驱动的径流模拟结果的 R^2 和 NSE 相较于其他数据的模拟结果更高，RMSE 也更小。这说明基于站点观测降水与网格降水产品相比，在水文模拟中具有更好的精度和应用潜力。此次实验能较好地区分不同数据集的水文模拟潜力，4 种遥感降水的水文模拟潜力也存在一定差异。CMFD 和 CPC 两种融合了站点日降水数据的产品在径流模拟中体现出更好的精度，TRMM 和 ERA5-Land 两种产品在水文模拟结果精度稍低一些。这与前人对降水数据的评价结果类似[20-22]，反演降水精度更高的降水产品在水文模拟中也具有更好的模拟能力。

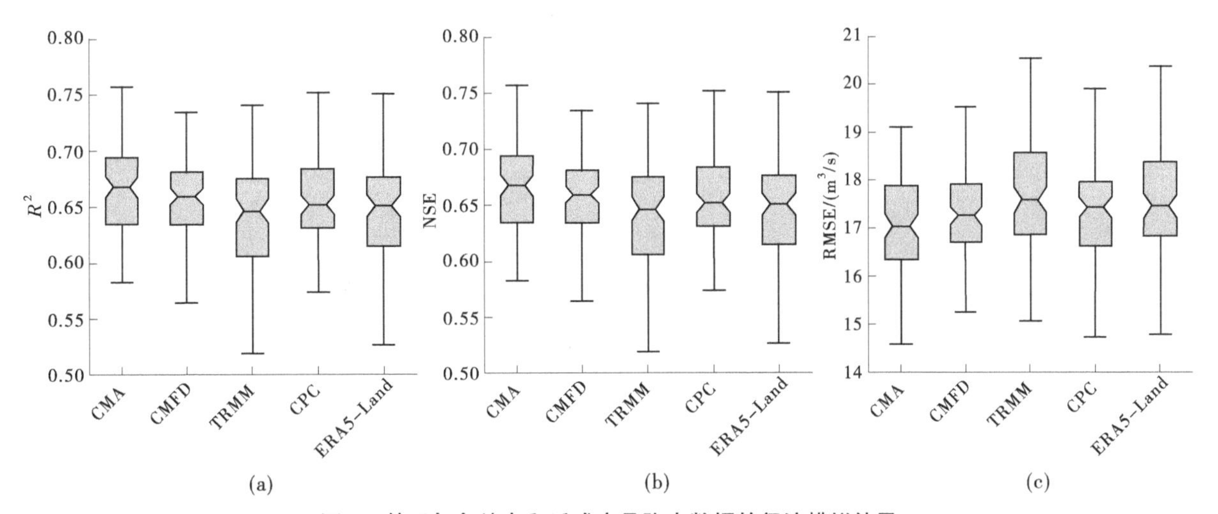

图 4 基于气象站点和遥感产品降水数据的径流模拟结果

上述基于不同产品的差异化建模，神经网络中完全独立的参数方案会削弱降水本身的精度带来的影响。图 5 给出了基于地面降水参数化方案与替代降水驱动的实验结果，虽然模拟结果存在一定的波动，但不同降水产品的降水反演精度传递到了水文模拟的结果中[21,23-24]。各产品 NSE、R^2 的过原点拟合直线的斜率都小于 1，而 RMSE 拟合直线的斜率都大于 1，说明替换降水驱动的径流模拟结果各项指标均低于观测降水模拟的初始结果。降水产品数据与地面降水的差异，使得替换降水驱动后的径流结果降低。一般而言，各指标的拟合直线斜率越接近于 1，则遥感降水数据与观测数据越接近。CMFD 和 CPC 的 R^2 拟合直线斜率为 0.88 左右，而 TRMM 和 ERA5-Land 则低于 0.81；在 NSE 中，CMFD 和 CPC 的拟合直线斜率分别达到 0.78 和 0.74，大于 ERA5-Land 的 0.64，而 TRMM 只有 0.23；RMSE 中的情况与 NSE 中恰好相反的分布特征，拟合直线斜率呈现 TRMM>ERA5-Land>CPC>CMFD>1.18。替换为 TRMM 降水驱动后模拟精度降低最多，CMFD 与观测降水差异性最小，CPC 和 ERA5-Land 介于两者之间，CPC 的模拟结果略低于 CMFD。结果表明，遥感降水产品基于站点降水的反演精度差异会作用于水文模拟应用中，存在明显的“误差传递”效应。替代观测降水的径流模拟结果降低越小，说明遥感降水产品与站点观测数据一致性越好。

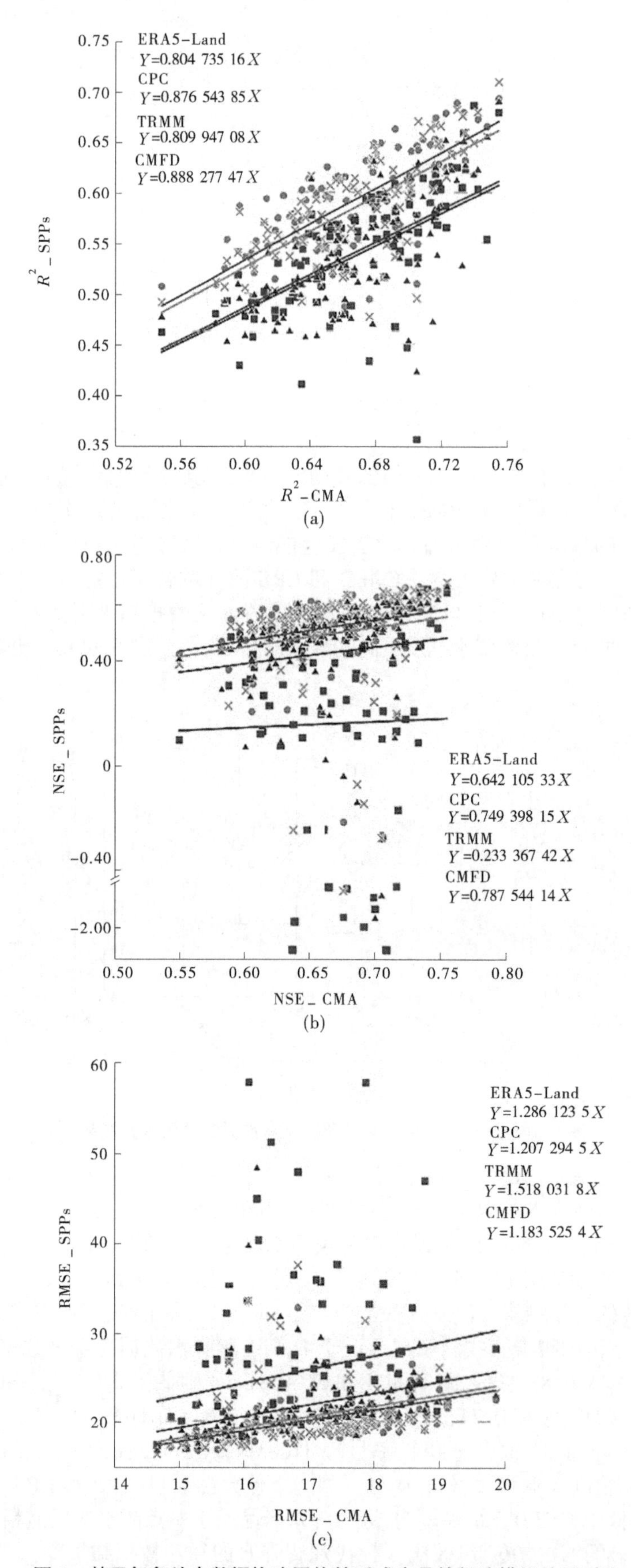

图 5　基于气象站点数据构建网络的遥感产品的径流模拟结果对比

4.2 不同误差阈值的遥感产品径流模拟精度

前文结果显示,基于地面降水构建的神经网络模型替换为遥感降水产品数据驱动后,径流模拟结果会低于模型初始结果。选取其中一次试验的构建的地面降水驱动构建的 ANN 模型(NSE=0.740),表 1 展示了初始结果和将降水驱动数据替换为 4 种遥感降水模拟结果的各项指标情况。由表 1 可知,替换降水驱动后的径流模拟结果精度显著降低,但 R^2 和 NSE 均达到 0.61 以上。

表 1 遥感降水产品在观测降水构建的神经网络中的精度

指标	地面降水数据	CMFD	CPC	TRMM	ERA5-Land
R^2	0.740	0.649	0.675	0.619	0.644
NSE	0.740	0.648	0.673	0.617	0.641
RMSE/(m^3/s)	15.063	17.533	16.907	18.288	17.721

图 4 显示,基于各种产品的独立建模会缩小与地面降水建模的模拟精度差异,这仍然难以消除降水预报误差带来的水文模拟的不确定性。图 6 展示了不同误差水平情境下,替代降水驱动结果与原始模拟结果的各项指标差异。总体看来,降水误差使得径流模拟精度呈现不同程度的下降。误差水平对 NSE 值的影响相对较小,但对 TRMM 产品的 NSE 值影响较明显。降水绝对误差的大小对径流模拟的精度无显著差异性,这可能受降水过程特征和模型选择等因素影响。

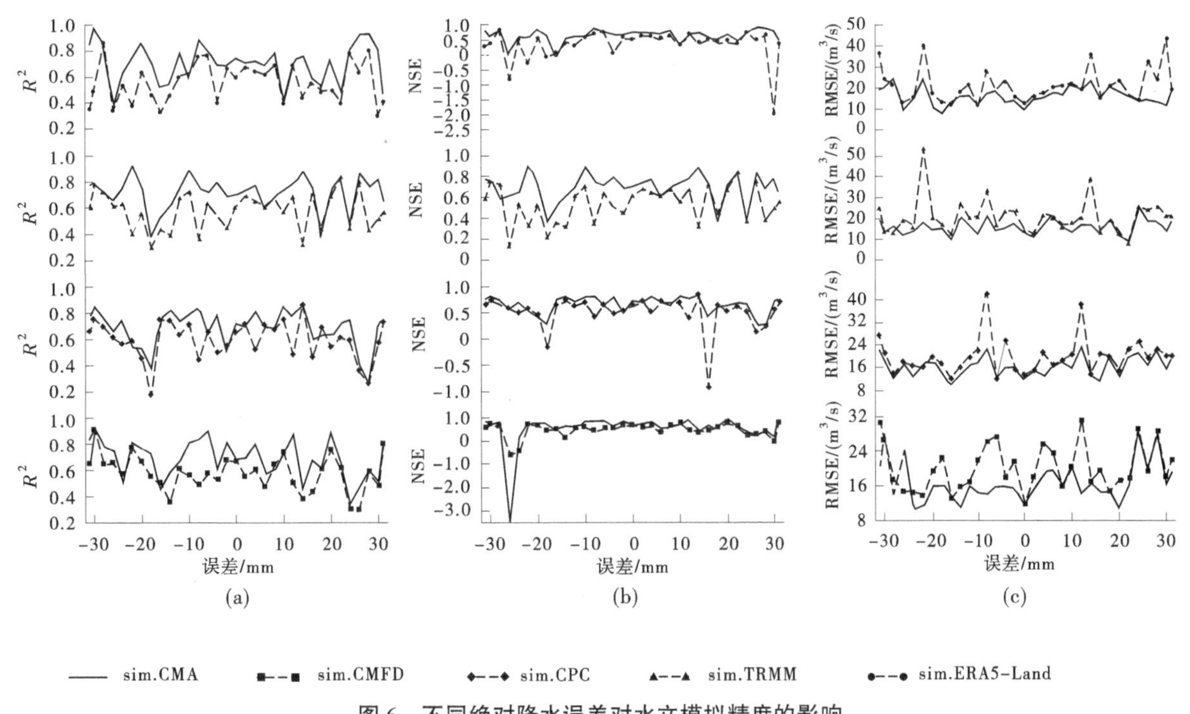

图 6 不同绝对降水误差对水文模拟精度的影响

为进一步评估降水误差对径流模拟的影响,图 7 展示了不同遥感降水数据相对误差阈值范围对径流模拟的影响。可以看到,β 较小时,阈值内降水替换后的模拟精度降低较小,阈值外降水替换后的模拟精度降低较大;随着阈值的增加,CMFD($\beta=11\%$)、CPC($\beta=11\%$)和 TRMM($\beta=5\%$)呈现出明显的突变点,阈值内和阈值外降水替换后模拟精度降低程度相当,而 ERA5-Land($\beta=8\%$)突变后出现一定程度的反弹。结合前面的研究分析,各遥感降水产品的站点精度导致了水文模拟精度的差异,CMFD 和 CPC 具有更好的站点精度和水文模拟能力,则其误差边界阈值(β)更大,而 TRMM 和 ERA5-Land 较低的水文模拟能力与更小的误差边界阈值相对。在突变点之前,误差阈值内的遥感降水替换地面降水数据后,径流模拟精度变化较小,而误差阈值外的遥感降水替换地面降水数据后,径流模拟精度变化较大;

突变点后,误差阈值内和阈值外,替换地面降水数据的模拟径流差异并不明显,说明此时误差阈值区分的两类降水数据在水文模拟中的能力是相近的。因此,基于降水相对误差阈值的划分对径流模拟具有重要影响。

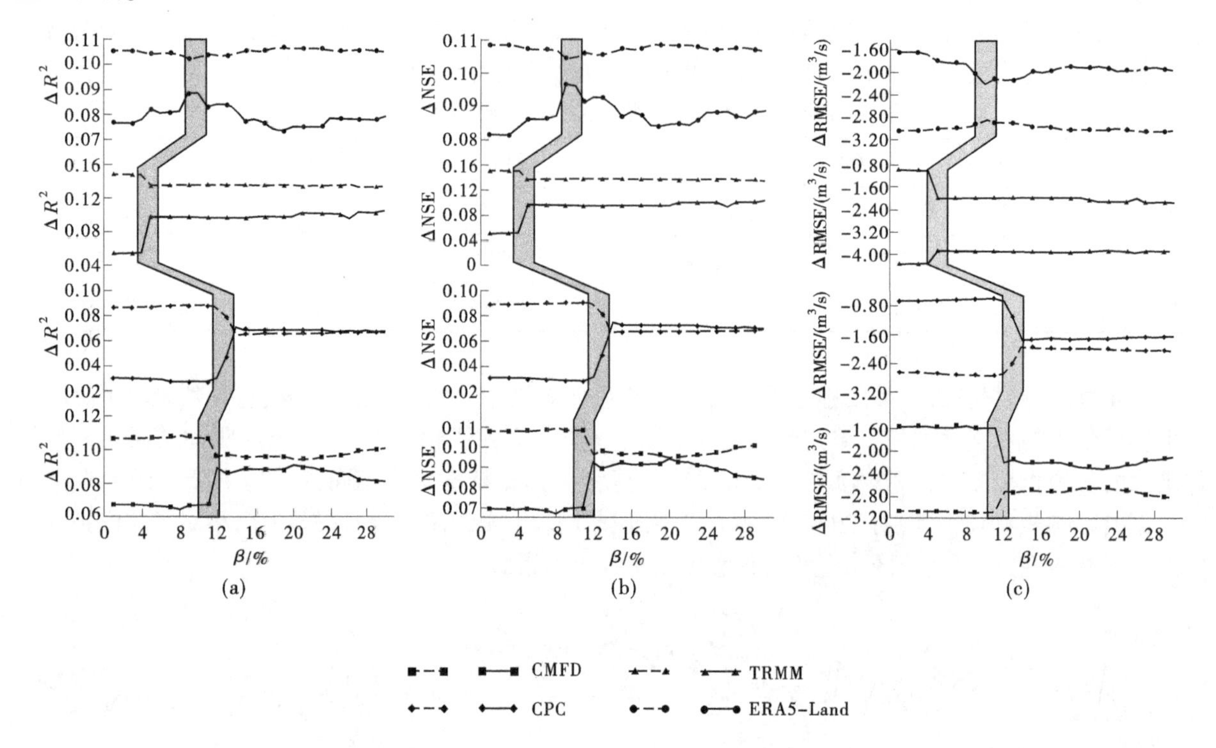

注:初始模拟精度与替换降水后模拟精度的差值,实线表示阈值内,虚线表示阈值外

图 7　不同遥感降水数据相对误差阈值对水文模拟结果的影响

5　结论

本文评估了 4 种遥感降水数据误差对径流模拟效果的影响,取得了以下主要结论:

(1)不同降水数据的径流模拟效果差异性较大,其中基于 CMFD 和 CPC 数据与基于地面降水数据的径流模拟效果最为接近,基于 ERA-Land 和 TRMM 数据的径流模拟效果误差较大。

(2)遥感降水绝对误差对径流模拟效果的影响不显著,但其相对误差阈值对径流模拟效果具有重要影响,随着相对误差阈值增大径流模拟误差存在突变阈值。

参考文献

[1] 吴倩鑫,马思煜,张智华,等. 五种降水产品在疏勒河上游山区和中下游月尺度降水的适用性对比研究[J]. 冰川冻土,2019,41(2):470-482.

[2] 夏昕然,田烨,谭伟丽,等. 多种卫星降水产品在中国的精度评估[J]. 水利水电技术(中英文),2022,53(8):29-40.

[3] 陈裕迪,王洁,马燮铫,等. 五种降水数据产品在元江—红河流域的适应性评估[J]. 水电能源科学,2022,40(3):9-12,16.

[4] 崔豪,王贺佳,肖伟华,等. 三峡库区 CMFD 降水数据适用性评估[J]. 人民长江,2021,52(8):98-104.

[5] 吕爱锋,亓珊珊. 遥感及再分析降水产品在缺资料干旱内陆盆地的适用性评估[J]. 地球信息科学学报,2022,24(9):1817-1834.

[6] 冯克鹏,田军仓,洪阳,等. TRMM/GPM 和 Stage Ⅳ降水产品在小流域水文模拟效用评估[J]. 排灌机械工程学报,2021,39(4):397-403.

[7] 张昂,李铁键,傅汪,等. 基于卫星降水融合产品的黄河源区汛期径流模拟[J]. 应用基础与工程科学学报,2017,25

(1):1-16.

[8] Tong K, Su F, Yang D, et al. Evaluation of satellite precipitation retrievals and their potential utilities in hydrologic modeling over the Tibetan Plateau[J]. ournal of Hydrology,2014,519:423-437.

[9] Li Z, Xu X, Liu M, et al. State-space prediction of spring discharge in a karst catchment in southwest China[J]. Journal of Hydrology,2017,549:264-276.

[10] Liu D, Chen X, Lian Y, et al. Impacts of climate change and human activities on surface runoff in the Dongjiang River basin of China[J]. Hydrological Processes,2010,24(11):1487-1495.

[11] Zhao Y, Guo L, Liang J, et al. Seasonal artificial neural network model for water quality prediction via a clustering analysis method in a wastewater treatment plant of China[J]. Desalination and Water Treatment,2014,57(8):3452-3465.

[12] He J, Yang K, Tang W, et al. The first high-resolution meteorological forcing dataset for land process studies over China [J]. Scientific Data,2020,7(1):25.

[13] Yang K, Jie H,Tang W, et al. On downward shortwave and longwave radiations over high altitude regions:Observation and modeling in the Tibetan Plateau[J]. Agricultural & Forest Meteorology,2010,150(1):38-46.

[14] Chen M, Shi W, Xie P, et al. Assessing objective techniques for gauge-based analyses of global daily precipitation[J]. Journal of Geophysical Research Atmospheres, 2008, 113(D4).

[15] Xie P, Chen M, Yang S, et al. A Gauge-Based Analysis of Daily Precipitation over East Asia[J]. Journal of Hydrometeorology,2007,8(3):607.

[16] Huffman G, Adler R, Bolvin D, et al. The TRMM Multi-Satellite Precipitation Analysis (TMPA) [C]//Springer, Dordrecht, Satellite Rainfall Applications for Surface Hydrology. 2010:3-22.

[17] Muñoz-Sabater J, Dutra E, Agustí-Panareda1 A, et al. ERA5-Land: a state-of-the-art global reanalysis dataset for land applications[J]. Earth System Science Data, 2021, 13(9):4349-4383.

[18] 段勇,任磊. 基于BP神经网络的黄河中游日径流预测研究[J]. 人民黄河,2020,42(S2): 5-8.

[19] 陈守煜,王大刚. 基于遗传算法的模糊优选BP网络模型及其应用[J]. 水利学报,2003(5):116-121.

[20] 刘洁,夏军,邹磊,等. 多卫星遥感降水数据在塔里木河流域的适用性分析[J]. 南水北调与水利科技,2018,16(5):1-8.

[21] 郭禹含,王中根,伍玉良. 多源再分析降水数据在拉萨河流域应用对比研究[J]. 地理科学进展,2017,36(8):1033-1039.

[22] 王书霞,张利平,喻笑勇,等. 遥感降水产品在澜沧江流域径流模拟中的适用性研究[J]. 长江流域资源与环境,2019,28(6):1365-1374.

[23] 徐淑琴,丁星臣,王斌. 多卫星遥感降水产品寒区误差时空特征分析[J]. 东北农业大学学报,2017,48(11):63-73.

[24] 马秋梅. 多源卫星降水产品在长江流域径流模拟中的适用性研究[D]. 武汉:武汉大学,2019.

城市内河涌健康评估与保护对策研究

刘　晋[1,2]　王建国[1,2]　张　康[1,2]　刘　夏[1,2]

(1. 水利部珠江河口治理与保护重点实验室,广东广州　510611;
2. 珠江水利委员会珠江水利科学研究院,广东广州　510611)

摘　要:开展河湖健康评估对加快推进水治理体系和治理能力现代化、建设幸福河湖具有积极的推动作用。本文以广州市黄埔区凤凰湖为研究对象,在现场调查监测的基础上,对凤凰湖进行了科学的健康评估,分析了凤凰湖现状存在的问题,并针对性地提出了管理保护措施。研究结果为类似河湖提供了可复制、可推广的流域生态保护修复与绿色经济发展的可持续发展典范,为河长制的高效运行提供理论依据和技术支撑。

关键词:凤凰湖;健康评估;生态保护

1　引言

水是生态之基、文明之源,构建人水和谐、健康稳定的河湖生态保障体系,对加快推进水治理体系和治理能力现代化、建设幸福河湖具有积极的推动作用。河湖健康评价是河湖长组织领导河湖管理保护工作的重要参考,对于强化河湖管理保护、进一步提升公众对河湖健康认知水平和推动各地进一步深化落实河湖长制等具有重要的现实意义。

河湖健康评估在我国的发展已有十余年,评估体系愈发完善,取得的成果也相当丰硕。2011 年,全国重要河湖健康评估珠江试点领导小组召开第一次会议[1],并审查通过珠江试点实施方案,将桂江水库、百色水库确定为试点评估对象,揭开了我国河湖健康评估工作的序幕;同年,淮河也作为试点开展了河湖健康评估工作[2];2014 年,太湖流域管理局根据流域自身特点,选择太湖作为一期试点评估对象[3],对 2011 年太湖健康状况进行了试评估,在此基础上,以 2012 年实测调查和监测资料为基础,对太湖健康状况评估指标和方法进行了改进,再次进行试评估,进一步完善了太湖健康评估指标体系;2016 年,王乙震等[4]以海河流域为例,分析了河湖健康评估与水功能区划的关系,提出了基于水功能区划的河湖健康评估指标体系的健康河流、湖泊特征,阐述了基于水功能区划的河湖健康评估原则;2020 年,陈进[5]综合国内外河流健康评估理论和实践,通过水功能区达标率和鱼类多样性 2 个指标分析长江水环境和水生态近十多年来的变化情况,系统总结了近几年长江大保护系列行动后长江健康进展情况。

当前,河湖健康评估主要针对长江、珠江等大中型河流,对于城市内小型湖泊的相关研究较少。因此,本文以广州市凤凰湖为例,开展河湖健康评估,旨在完整准确地描述和反映其健康水平和整体状况,在此基础上,有针对性地提出一系列健康保护对策,为"一河一策"实施方案编制工作提供基础依据,研究结果可为同类型河湖提供可复制、可推广的流域生态保护修复与绿色经济发展的可持续发展典范,为河长制的高效运行提供理论依据和技术支撑。

基金项目: 科技基础资源调查专项(2019FY101900)。

作者简介: 刘晋(1984—),男,高级工程师,主要研究方向为水资源与水利工程生态调度。

通信作者: 刘夏(1996—),男,助理工程师,主要研究方向为水资源系统工程。

2 基本情况

2.1 地理位置

凤凰湖位于广州中新知识城南起步区流沙河流域中段，湖水源自帽峰山，汇入平岗河，最终流至增城西福河。湖面水域面积共 15.15 hm^2，可控制集雨面积 5 km^2。湖区具备雨洪调蓄兼公园景观功能，是黄埔区知识城南起步区重要的水利设施，定位为集防洪调蓄、生态、景观、休闲功能于一体的综合性湖区。凤凰湖自然地理位置示意图见图 1。

2.2 水功能区划及水质目标

2.2.1 水功能区

根据《广州市水资源综合规划—水功能区划专题报告》，广州市市区河涌及湖泊周边人口密集，开发利用程度高，一级功能区划均划分为开发利用区。

黄埔区的众多河湖已成为黄埔城市景观的组成部分，水体现状主要功能是景观用水，在城市截污及雨污分流等污水整治工程实施后，城区河涌及湖泊将不再受纳城市污水，功能区划不再考虑纳污功能，其水体功能均定位为景观娱乐用水功能，划分为景观娱乐用水功能区。

2.2.2 水质目标

景观娱乐用水区是指以满足景观、疗养、度假和娱乐需要为目的的江河湖库等水域。目前，凤凰湖水功能定位为景观娱乐用水，其水质标准执行《景观娱乐用水水质标准》(GB 12941—91)并可参照《地表水环境质量标准》(GB 3838—2002)Ⅳ类、Ⅴ类水质标准。根据《黄埔区水系规划(2020—2035)》(2021 年 8 月)，其水质目标执行《地表水环境质量标准》(GB 3838—2002)Ⅳ类水质标准。

2.3 水污染状况

凤凰湖周边已基本完成截污，湖区周边无排污口直排。部分已截污的污水排放口受所收纳的污水收集系统过流能力影响，可能会出现溢流。

凤凰湖所在的广州中新知识城区域位于九龙污水处理系统。目前，凤凰湖周边区域已基本完成截污，工业、农业、餐饮业直排污染源已基本消除，但汛期泄洪会导致湖泊水体污染。凤凰湖的主要功能之一是行洪排涝，流域内的排水体制仍是以雨污合流制为主。每逢下雨，大量雨水流入湖泊，雨污合流水排入湖泊泄洪，会导致泄洪后湖泊水质受到较严重的影响。此外，部分雨水管网可能存在错漏接现象，导致晴天污水溢流入湖造成污染。

2.4 水生态现状

对凤凰湖的连续监测结果显示，凤凰湖水质类别为Ⅳ类~劣Ⅴ类，为中营养或轻度富营养状态。为保护凤凰湖水环境，应对有关设施加强维护、检修、巡查工作，对凤凰湖定期进行清淤，加强了清捞和景观建设，使其湖泊水质整体稳中向好。

因受到泄洪排涝、污水溢流、来水水质和地表径流等多种因素的影响，凤凰湖水质存在波动，难以保持每月稳定达标。

此外，凤凰湖外来入侵物种为齐氏罗非鱼、尼罗罗非鱼及豹纹脂身鲇等，外来物种适应能力强，缺少天敌繁殖过快，造成凤凰湖鱼类结构不合理。

3 凤凰湖健康评价

3.1 评价指标体系

3.1.1 指标框架

(1)目标层：是对河湖健康评价指标体系的高度概括，用以反映河湖健康状况的总体水平，用“湖泊健康(LHI)”表示，可以确定湖泊的整体健康水平。

(2)准则层：是对目标层的进一步说明。

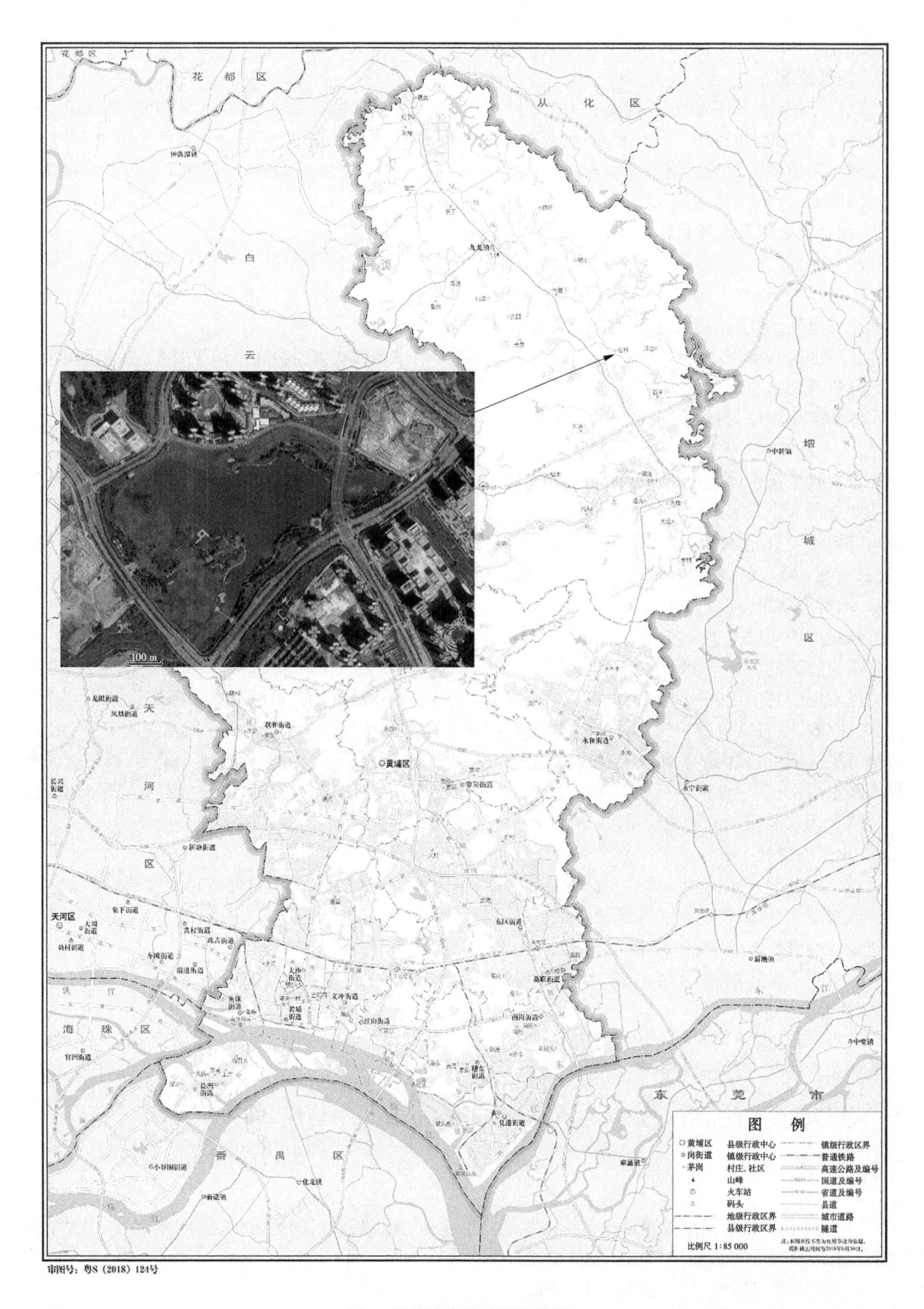

图 1　凤凰湖自然地理位置图

(3)指标层:在准则层下选择若干指标组成,是对目标层含义和范围的进一步明确化和清晰化。

3.1.2 权重确定

为确切地反映各个评价指标对河湖健康整体评价的重要程度,需要用一定的数值来定量描述各个指标的重要性,即“权重”值。目前,河湖健康评价研究中使用较多的方法是层次分析法[6-7],《技术指引》中已给出准则层权重,本次凤凰湖健康评价指标权重拟采用该方法。

(1)目标层、各准则层的赋分权重。目标层、各准则层的赋分权重与《技术指引》一致,具体为:“盆”准则的赋分权重为0.2,“水”准则的赋分权重为0.3,生物准则的赋分权重为0.2,社会服务功能准则的赋分权重为0.3。

(2)指标层对准则层的赋分权重。根据《技术指引》,同一准则层内,当某一指标无法开展健康评价时(并非该评价指标评价分值为0),其对应的权重将按比例分配至该准则层内剩余的所有指标的权重中去。

①“盆”指标层赋分权重。湖泊面积萎缩比例指标的赋分权重为0.33,岸线自然状况指标的赋分权重为0.34,违规开发利用水域岸线程度指标的赋分权重为0.33。

②“水”指标层赋分权重。最低生态水位满足程度指标的赋分权重为0.30,水质优劣程度的赋分权重为0.20,湖泊营养状态指标的赋分权重为0.20,底泥污染状况的赋分权重为0.10,水体自净能力的赋分权重为0.20。

③生物指标层赋分权重。大型底栖无脊椎动物生物完整性指数指标的赋分权重为0.18,鱼类保有指数指标的赋分权重为0.23,水鸟状况指标的赋分权重为0.18,浮游植物密度指标的赋分权重为0.23,大型水生植物覆盖度指标的赋分权重为0.18。

④社会服务功能指标层赋分权重。岸线利用管理指数指标的赋分权重为0.32,碧道建设综合效益指标的赋分权重为0.32,公众满意度指标的赋分权重为0.36。

构建的凤凰湖健康评价指标体系见表1。

表1 凤凰湖健康评价指标体系

目标层	准则层		指标层	指标类型	权重
湖泊健康(LHI)	“盆”		湖泊面积萎缩比例	必选指标	0.066
			岸线自然状况	必选指标	0.068
			违规开发利用水域岸线程度	必选指标	0.066
	“水”	水量	最低生态水位满足程度	监测点位	0.090
		水质	水质优劣程度	监测点位	0.060
			湖泊营养状态	监测点位	0.060
			底泥污染状况	监测点位	0.030
			水体自净能力	监测点位	0.060
	生物		大型底栖无脊椎动物生物完整性指数	备选指标	0.036
			鱼类保有指数	必选指标	0.046
			水鸟状况	备选指标	0.036
			浮游植物密度	必选指标	0.046
			大型水生植物覆盖度	备选指标	0.036
	社会服务功能		岸线利用管理指数	备选指标	0.096
			碧道建设综合效益	备选指标	0.096
			公众满意度	必选指标	0.108

3.2 评价结果

3.2.1 “盆”指标

(1)湖泊面积萎缩比例。选取 2014 年 10 月 28 日影像和 2021 年 1 月 13 日影像计算凤凰湖湖泊萎缩比例。根据遥感影像解译(见图 2),凤凰湖现状年(2021 年)相较历史参考年(2014 年)湖泊面积萎缩比例为 0,线性插值对应赋分为 100 分。

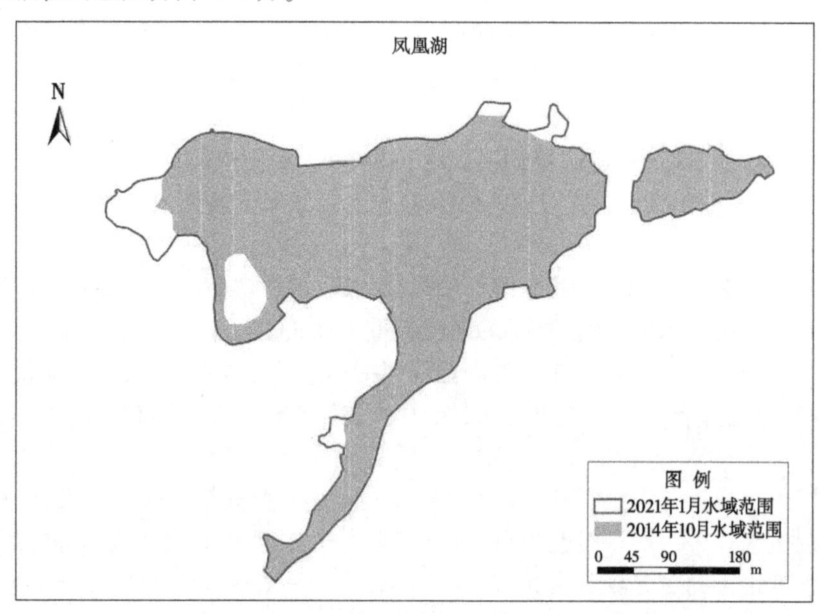

图 2 凤凰湖历史和现状水域范围变化示意图

(2)岸线自然状况评价结果。经现场调查,凤凰湖湖岸防洪堤无明显渗漏、沉降、开裂等堤身损坏堤段,河岸稳定性 BS=1,赋分为 90 分。通过现场调研和遥感影像分析(见图 3)计算,凤凰湖岸坡植被覆盖率为 90.91%。根据赋分标准,凤凰湖植被覆盖率赋分为 100 分。岸线自然状况指标按照河岸稳定性指标(0.4)与岸线植被覆盖率(0.6)2 个指标综合加权计算赋分,因此得出凤凰湖岸线状况指标赋分为 96 分。

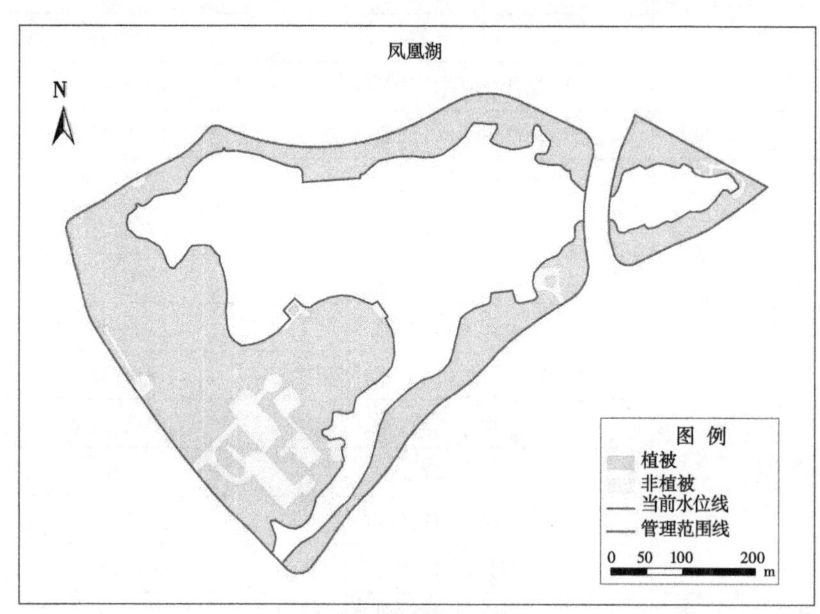

图 3 凤凰湖岸坡植被覆盖率示意图

(3)违规开发利用水域岸线程度。目前,凤凰湖已完成整治,周边没有排污口。按照赋分标准入河排污口规范化建设率赋分100分。据现场调查,凤凰湖水域无入湖排污口,入湖排污口布局合理程度赋分为100分。凤凰湖现已不存在乱占、乱采、乱堆、乱建的情况,“四乱”状况赋分100分。采用各指标的加权平均值,则违规开发利用水域岸线程度赋分为100分。

3.2.2 “水”指标

(1)最低生态水位满足程度。2021年7月1日、7月27日、8月10日和9月10日4 d监测凤凰湖4个监测点位S1、S2、S3和S4的平均水深分别为3.0 m、3.3 m、3.9 m和4.4 m,凤凰湖水深完全可以满足水生植物、鱼类和景观等的需求。根据湖泊最低生态水位满足程度赋分标准,凤凰湖该项赋分为100分。

(2)水质优劣程度。按照《评价技术指引》,水质优劣程度评判,实行全指标监测和评价,包含《地表水环境质量标准》(GB 3838—2002)中除粪大肠菌群的23个基本项目,取5期监测结果的平均值进行分析评价。将水质类别代入赋分标准,凤凰湖水质优劣程度赋分0分。

(3)湖泊营养状态。根据《水环境监测规范》(SL 219—2013)评价湖泊营养状态指数、湖泊营养状态评价标准及分级方法,按照湖泊营养状态指数确定湖泊营养状态赋分,按照赋分标准确定赋分结果为30.7分。

(4)底泥污染状况。底泥污染状况采用底泥污染指数进行赋分,凤凰湖所有监测指标污染指数均小于1。根据赋分标准,赋分结果为100分。

湖泊底泥污染赋分情况见表2。

表2 湖泊底泥污染赋分情况

评价湖	pH	铜/(mg/kg)	锌/(mg/kg)	铬/(mg/kg)	镍/(mg/kg)	铅/(mg/kg)	镉/(mg/kg)	总砷/(mg/kg)	汞/(mg/kg)
凤凰湖	7.04	12.7	80.8	31.1	15.3	30.3	0.04	4.22	0.07
标准值	—	100	250	200	100	120	0.3	30	2.4
污染指数	—	0.1	0.3	0.2	0.2	0.3	0.1	0.1	0
赋分	—	100	100	100	100	100	100	100	100

(5)水体自净能力。选择水中溶解氧浓度衡量水体自净能力,赋分采用线性插值,结果显示,凤凰湖水体自净能力赋分为81.3分。

3.2.3 “生物”指标

(1)大型底栖无脊椎动物多样性指数。选取香浓-威纳多样性指数作为凤凰湖大型底栖无脊椎动物状态的计算指标,对凤凰湖中该类群的健康与否进行赋分评价。

根据赋分标准,通过赋分表计算出香浓-威纳多样性指数所对应的得分,计算得到凤凰湖大型底栖无脊椎动物指标得分为20.53分。

(2)鱼类丰富度指数。根据对凤凰湖2个监测断面鱼类资源的调查及赋分标准,计算出各点位丰富度指数作为该断面鱼类赋分指数的得分。经计算,凤凰湖鱼类赋分为5.6分。

(3)水鸟状况。凤凰湖公园记录到的水鸟共2目2科5种,分别为大白鹭、小白鹭、苍鹭、绿翅鸭和赤颈鸭,均为常见物种。根据赋分标准,对凤凰湖水鸟种类数汇赋分,经计算,凤凰湖水鸟状况得分为75分。

(4)浮游植物密度。浮游植物密度的评价采用本次对凤凰湖3个样点的浮游植物调查结果,取浮游植物密度的平均值进行计算、赋分,赋分标准采用直接赋分法,其赋分结果为26.71分(见表3)。

(5)大型水生植物覆盖度。评价湖泊凤凰湖在2021年共开展2次调查。第一次调查的大型水生植物覆盖度赋分为67.86分,第二次调查的大型水生植物覆盖度赋分为75分,则评价湖泊凤凰湖的大型水生植物覆盖度赋分值为71.43分。

表 3　凤凰湖浮游植物密度与赋分

监测点位	凤凰湖 S1	凤凰湖 S3	凤凰湖 S4	平均
密度/(万个/L)	1 231.31	1 372.43	1 708.35	1 438.03
赋分	28.27	27.19	24.69	26.71

3.2.4　“社会服务功能”指标

(1)岸线利用管理指数。根据收集的凤凰湖的基础资料信息,凤凰湖岸线总长度为 2.79 km,已全部开发利用,且岸线保存完好。由此,计算凤凰湖岸线利用管理指数为 1,赋分值 100 分。

(2)碧道建设综合效益。凤凰湖为黄埔区碧道总体规划中的任务之一,至 2020 年底建设约 4.8 km 碧道,参照赋分标准对其进行赋分,其得分为 97 分。

(3)公众满意度。本次对凤凰湖健康公众满意度调查,共收集到 116 份调查表,调查问卷的公众打分总和为 10 389 分,公众的平均打分为 89.56 分。对照公众满意度指标赋分标准,采用区间内线性插值,凤凰湖公众满意度赋分应为 92.75 分。

3.2.5　凤凰湖健康评价结果

根据 3.1 小节确定的凤凰湖健康指标体系权重,按照目标层、准则层及指标层逐层加权的方法,计算得到凤凰湖健康最终评价结果:凤凰湖健康状况得分为 74.41 分,综合评定为三类湖泊。

凤凰湖在形态结构完整性、水生态完整性与抗扰动弹性、生物多样性、社会服务功能可持续性等方面存在缺陷,处于亚健康状态。

4　凤凰湖健康保护对策

结合前述凤凰湖健康评价结果,提出以下对策与建议。

4.1　夯实水环境治理工作

通过坚持“控(源)、截(污)、清(淤)、补(水)、管(理)”五字治水方针,实施推进网格化治水、排水单元达标攻坚,以及“三源”“四洗”“五清”等一系列实践证明行之有效的做法,从根本上解决凤凰湖的污染问题。

4.2　加强水生态综合治理修复措施

在做好凤凰湖“三源”“四洗”“五清”工作的同时,实施凤凰湖岸线生态护岸工程,着眼于提升湖泊水生态完整性与抗扰动弹性和生物多样性的实际需求,增加生态修复工程,改善湖泊水质。

4.3　实施生态护岸工程

在现有的植物覆盖程度的基础上,继续种植不同品种的植物,进一步提高凤凰湖岸带的植物多样性;在凤凰湖近岸水域种植一些挺水植物,使岸坡植被与近岸植被连成一体,从而防止水土流失,提高湖岸稳定性。

5　结语

(1)凤凰湖在形态结构完整性和社会服务功能可持续性等方面处于非常健康的状态,但在水生态完整性与抗扰动弹性和生物多样性方面还存在一定的缺陷。

(2)有针对性地提出一系列健康保护对策,能够有效改善凤凰湖的健康状况,对于流域生态保护修复具有重要意义。

参考文献

[1] 珠江健康评估试点实施方案出炉 桂江、百色水库为评估对象[J]. 人民珠江,2011,32(2):62.

[2] 舒卫先,水艳,韦翠珍. 淮河流域重要河湖健康评估试点工作的实施与存在问题分析[J]. 治淮,2011(12):33-34.

[3] 翟淑华,徐兆安,吴东浩. 太湖健康评估指标体系完善及试评估[C]//第二届全国流域生态保护与水污染控制研讨会论文集. [出版者不详],2014:37.

[4] 王乙震,郭书英,崔文彦. 基于水功能区划的河湖健康内涵与评估原则[J]. 水资源保护,2016,32(6):136-141.

[5] 陈进. 长江健康评估与保护实践[J]. 长江科学院院报,2020,37(2):1-6,20.

[6] 单美华,舒志毅. 层次分析法及其应用[J]. 实验技术与管理,1991(4):75-79,5.

[7] 马玉莹. 基于网络层次分析法的高职混合教学评价指标权重计算[J]. 电脑与信息技术,2021,29(6):41-42,46.

城区水网优质提升研究——以肇庆国家高新区为例

刘壮添　龙晓飞

（珠江水利委员会珠江水利科学研究院，广东广州　510611）

摘　要：城区水网的质量将直接关系到城市乃至整个社会的健康发展，随着经济社会的发展，人们对水生态环境提出了更高的要求。但是，当前新城区注重开发建设，忽略了水生态环境保护，导致城区水网水环境较差，难以满足城市绿色高质量发展的要求。因此，本文以肇庆国家高新区水网优质提升为例，分析研究区域现状及存在的问题，结合高新区城市空间布局，提出城区水网优质提升的方案，采用水动力模型评估优质提升效果，为城区水网优质提升提供案例借鉴。

关键词：城区水网；优质提升；水动力模型

1　引言

城区水网是构成城市自然环境的重要要素，城区水网的质量将直接关系到城市乃至整个社会的健康发展[1-3]。随着城市化进程的加快，人类生产生活和社会持续稳定发展对城区水网提出更高要求[4-6]。因此，根据实际情况通过对城区水网进行科学有效的调控，增加水力流动性，提高水体自净能力，改善城市水生态环境问题，对地区经济社会发展具有重要的现实意义。

本文以肇庆国家高新区为例，结合城区骨干水网和城市空间布局，提出了水网优质提升方案，并采用水动力模型评估了提升方案的效果。

2　研究区域概况

肇庆国家高新区北高南低、西高东低，北部大南山、大迳山与龙王庙水库构成“两山夹一库”的山水格局，生态环境优越，南部地势平坦，河涌纵横交错，构成高新区的骨干水网。根据相关规划，北部龙王庙水库、大南山、大迳山为生态保护区。南部网河区为高新区主要城区，兴旺河、竹仔渠、在建麒麟湖附近规划为中心服务区，兴旺河、西排渠下游段为南部商务区，罗湖西排渠、大达塘附近为智造产业园，东排渠、长岸排渠附近区域为工业区。根据《肇庆高新技术产业开发区国民经济和社会发展“十四五”规划纲要》，高新区将加快宜居宜业新城建设，强化工业区-生活区-生态区差异化发展，构建生产、生态、生活相融合的科技工业新城。内河水网是城市的动脉，宜居宜业新城建设与差异化发展对高新区的水网布局、排涝格局、水环境与活水格局的优化提出了新的需求。

肇庆国家高新区内河水网主要由兴旺河、西排渠、北主排渠、竹仔渠、东排渠、长岸排渠等河渠及水库湖泊构成。其中，南北走向河道主要有东排渠、兴旺河、西排渠、北主排渠、长岸排渠等；东西走向的河道主要有白沙排渠、竹仔渠、东一支排渠、龙王庙水库排洪渠、龙王庙水库拦洪渠、里塘排渠和大达塘排渠等。区内现有的水库湖泊主要有龙王庙水库、大旺公园人工湖、东围调蓄湖、白沙调蓄湖。肇庆国家

作者简介：刘壮添（1981—），男，高级工程师，主要从事工程水文、水工结构、水利规划方面的研究工作。

高新区河流水系图见图1。

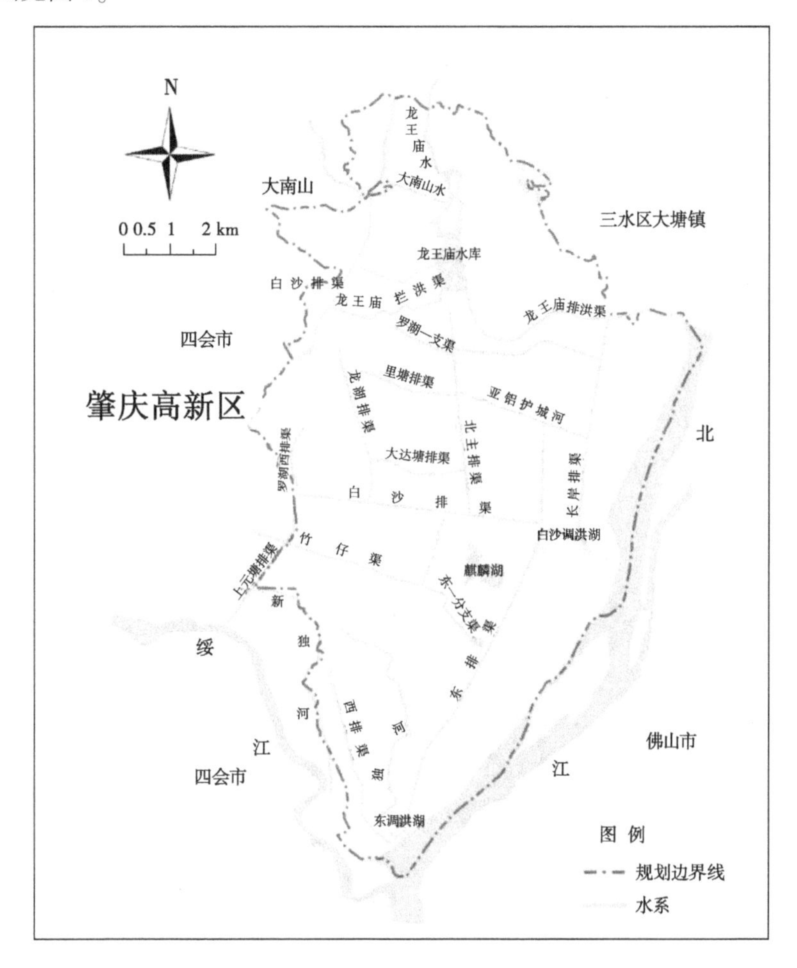

图1 肇庆国家高新区河流水系图

3 水网现状分析

北部龙王庙水库汇水区内，近年来，通过对龙王庙水库库区上游鱼塘的整治、清退，水生态得到明显改善。南部河网区为工业区因建设时间相对较晚，雨污分流等基础设施相对完善，因此工业区内水污染较少，大部分河涌水生态相对较好，而主城区因建设时间较早，雨污分流尚不完善，甚至存在污水直排等问题，且部分河段尚未整治，水生态较差。

高新区内河涌现状活水、生态补水以龙王庙水库为主要水源，北侧三水、西侧四会来水量少，水生态较差，北江枯水期水位较低，基本不具备引水条件。现状内河涌景观水位为2.0 m（珠基，下同），主要从龙王庙水库引水，从独河水闸排水。

4 水网优质提升研究

4.1 构建骨干水网

针对肇庆国家高新区的水系特征，结合“一核两心五片区”的空间需求特征，遵循空间均衡总体要求，按照“片内连通、区间互济”“以大带小、以干强支，以多补少、长藤结瓜”的思路，以骨干水库、调蓄湖工程为节点，将纵横的天然水系和骨干渠系作为经线和纬线，构建“一核两心五片区，三纵两横四湖库”的立体综合骨干水网。“三纵两横四湖库”示意图见图2。

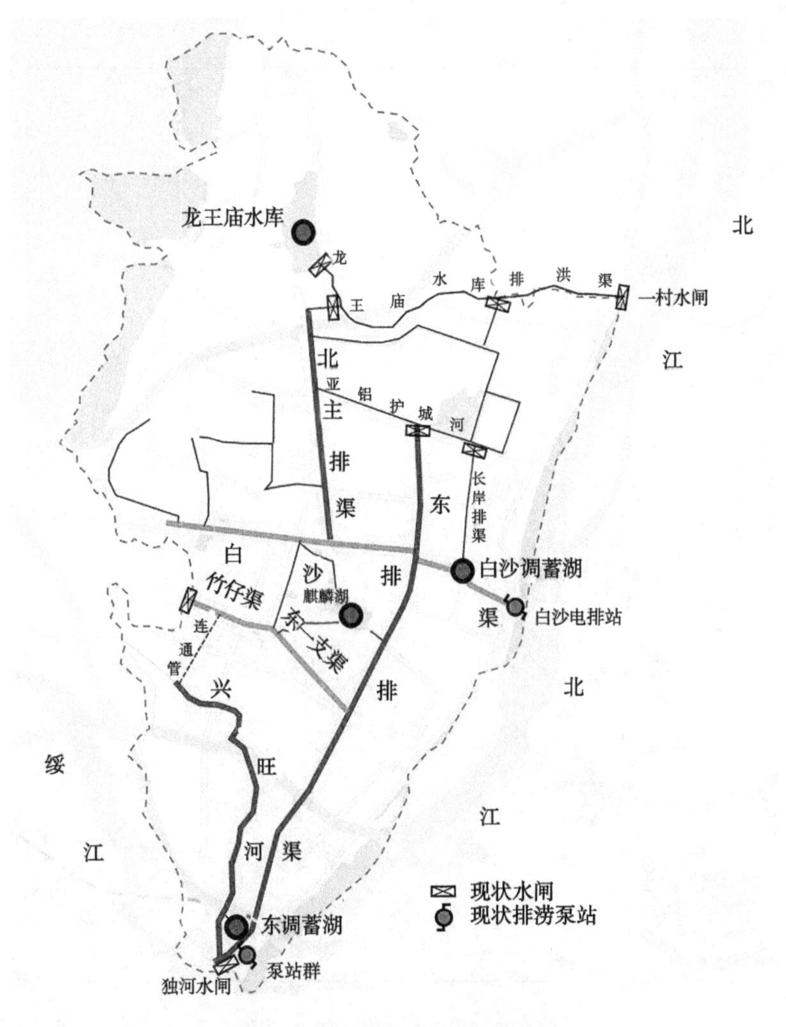

图 2 “三纵两横四湖库”示意图

4.2 水网优质提升布局

本文参考各规范、指南及国内活水工程的案例，确定将水体交换周期作为活水控制指标。高新区内调蓄湖的水体交换周期按照不超过 30 d 控制，内河涌的水体交换周期按照不超过 10 d 控制。

根据现状主体功能分区情况，通过建设节点控制工程，将整个高新区分为五大片区进行活水调度，即北部工业区、智造产业园、麒麟湖、中心主城区（包括中心服务区、中西部工业区和东排渠以西的南部商务区）、东部工业区（包括东排渠以东的南部商务区）。

从肇庆国家高新区的土地利用与功能分区空间布局上看，北部工业区现状农田占比较高，长岸排渠和东排渠上游段主要为灌溉用水，该片区与东部工业区规划用地均以工业用地为主，对景观水体要求不高。

西部智造产业园、中心服务区和南部商务区的区位更加重要，产业更加高端、住宅区分布集中，对水环境质量和活水条件要求较高，因此智造产业园与中心主城区均为活水优先保障的核心区域。

从现状河涌水生态上看，肇庆高新区西部的河涌水生态最差，以竹仔渠、龙湖排渠和兴旺河的水体污染最为严重。由于智造产业园片区地势较高，区内活水调度相对独立，可以单独考虑智造产业园片区活水方案，因此本文将中心主城区的活水保障优先级置于最高。

肇庆国家高新区河涌活水分区布局见图 3。

4.3 拟定骨干引水路径

将龙王庙水库泄水、三水来水、智造产业园西部山水作为活水水源，分别由龙王庙水库排洪渠引水

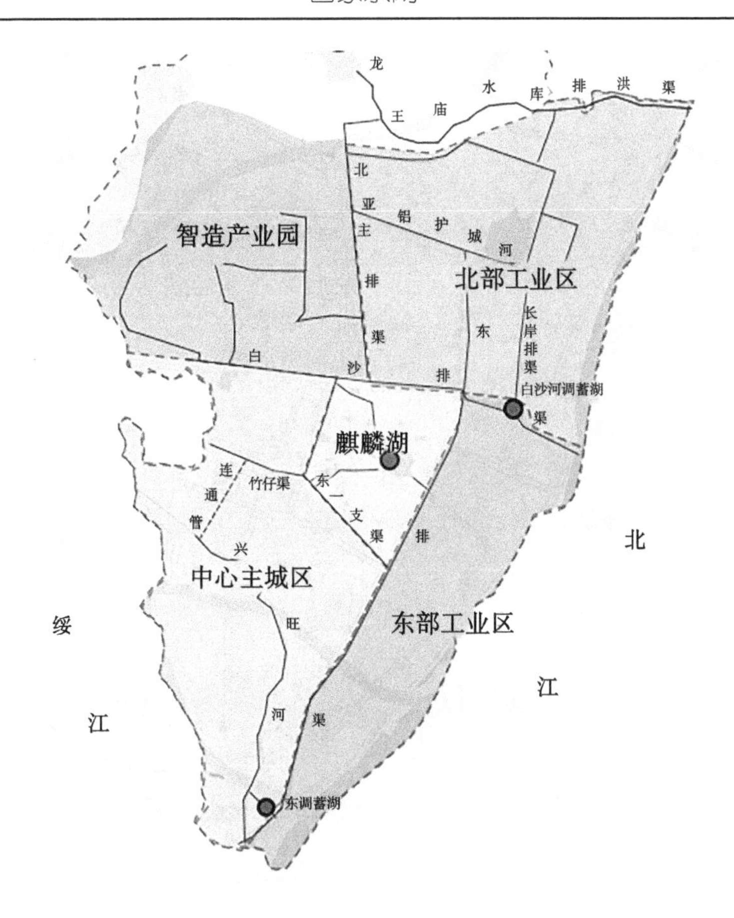

图 3　肇庆国家高新区河涌活水分区布局

至北主排渠,由黎八布过底涵引三水来水至亚铝护城河,由罗湖西排渠引山水至智造产业园,提升北部工业区和智造产业园的水动力和水体自净能力。北部工业区和智造产业园活水经过一轮循环后进入麒麟湖,依靠麒麟湖蓄滞调蓄作用,不仅满足麒麟湖自身的生态景观活水需求,还可维持出水水量稳定,保障了进入下一阶段的活水条件。通过麒麟湖进出口节制闸的工程调度,将麒麟湖水引至中心主城区,改善竹仔渠上游和兴旺河的水力条件,保障中心服务区、中西部工业区和南部商务区的景观水位和活水动力。麒麟湖水经节制闸工程调节后部分进入东排渠,改善东部工业区的水景观和水动力条件。同时,中心主城区经 1 个活水周期后,由兴旺河下游出水,经东调蓄湖进入东排渠,与东排渠下游水体进行交换,多余水量则通过独河水闸排至北江。

通过节制闸工程对各片区水位分级管控,制造区间水位差,加强河涌水动力条件,形成梯级活水格局。

以白沙排渠为界,控制智造产业园和北部工业区两大片区的水位维持在 3.2 m;以麒麟湖外边界为管控范围,控制麒麟湖水位维持在 3.0 m;以东一支渠和竹仔渠为控制段,控制中心主城区北区水位维持在 2.55 m;以竹仔渠为界,控制中心主城区南区水位维持在 2.5 m,改善兴旺河下游水动力条件;通过独河水闸控制围内东部工业区景观水位维持在 2.0 m。

引水路径和管控水位示意图见图 4。

4.4　确定水网优质提升方案

基于现状和拟建的连通工程,将东一北节制闸、东一南节制闸、东排渠节制闸等活水工程,作为控制整个高新区水网五大片区的关键节点,由北向南依次逐片在逐级向下游引水活水。经北部工业区、智造产业园、麒麟湖、中心主城区、东部工业区完成一轮活水,整个区域内河涌的水最后经独河水闸排入

图 4　引水路径和管控水位示意图

北江。

活水调度方案应在保证不影响水库、河涌防洪、排涝、灌溉等功能的基础上开展，在发布暴雨、台风预警时立即停止活水调度，并尽快完成水库、河涌水位预降等准备工作。

为针对高新区的活水问题，优先保障中心主城区，尽量兼顾其他区域的重点提升方案。

提升方案考虑竹仔渠-兴旺河连通工程、新建东一南节制闸、东一北节制闸、东排渠节制闸、兴旺河景观跌水、节制闸实施后的工况。现有活水工程仍按照现状调度规则进行活水，北片区除一村水闸外其他节制闸全开，保证活水路径畅通，白沙电排站和独河泵站群全关，北江水位低于围内水位，独河水闸以现状规则调度，维持内河涌 2 m 景观水位。

规划活水工程用于控制片区水位和引水路径。通过东一北节制闸、东排渠节制闸将整个大旺水网以白沙排渠为界南北分片，活水期间关闸；以麒麟湖西北引水渠为引水路径，开麒麟北节制闸，自北部工业区和智造产业园向麒麟湖引水，同时控制北部两大片区景观水位维持在 3.2 m；通过麒麟湖东侧出水渠节制闸阻断麒麟湖向东排渠送水，活水期间关闸蓄水，通过西南侧出水渠节制闸放水至中心主城区，同时控制麒麟湖景观水位维持在 3.0 m；以东一南节制闸作为东部工业区与中心主城区控制分界点，调配麒麟湖出水至竹仔渠和东排渠的比例，同时控制闸上景观水位维持在 2.55 m；通过竹仔渠-兴旺河连通工程自竹仔渠引水至兴旺河，以兴旺河景观跌水、节制闸工程控制中心服务区景观水位维持在 2.5 m，改善兴旺河下游水动力条件；通过独河水闸将内河涌余水排出，控制围内东部工业区景观水位维持在 2.0 m。于东排渠节制闸处增加提水泵，设计流量为 1.67 m^3/s。龙王庙枯水期补水时段内开泵引水，将东排渠白沙排渠以南的渠水引至北部片区，增加北部工业区长岸排渠和东排渠上下游水动力和水体交换率。

4.5 提升方案效果评估

利用水动力模型,模拟提升方案的实施效果,以水体交换周期为控制指标,重点分析提升方案对北部工业区、智造产业园、麒麟湖、中心主城区、东部工业区的活水改善效果。分析评估50%来水条件枯水月(1月)和丰水月(6月)的实施效果(见图5、图6)。枯水月泄流流量以工作时间日均8 h(9—17时)计算,丰水月以全天24 h计算,三水向黎八布过底涵断面和罗湖片区的来水流量保持与龙王庙水库同频,以24 h均匀入流计算。

枯水月:10 d后长岸排渠水体交换率提升25%,东排渠上游、下游均提升38%,白沙排渠下游提升32%。对于东排渠以西片区,麒麟湖的水体交换周期缩短到7 d,竹仔渠缩短到3 d,兴旺河缩短到5 d,均满足10 d水体交换周期的要求。

丰水月:1 d后北主排渠的水体交换率达到100%,2 d后麒麟湖、竹仔渠、兴旺河以及东排渠的水体交换率达到100%,7 d后白沙排渠上游段、9 d后下游段的水体交换率达到100%,10 d后长岸排渠的水体交换率达到100%。全部排渠均满足10 d的换水周期要求,有效解决了兴旺河现状活水效果不达标问题。

总体而言,提升方案进行分片分级调控景观水位和活水调度后,能够有效解决中心主城区的活水问题,使兴旺河、竹仔渠的水体交换周期缩短到10 d以内,能够保障核心区域的活水效果满足控制指标要求。

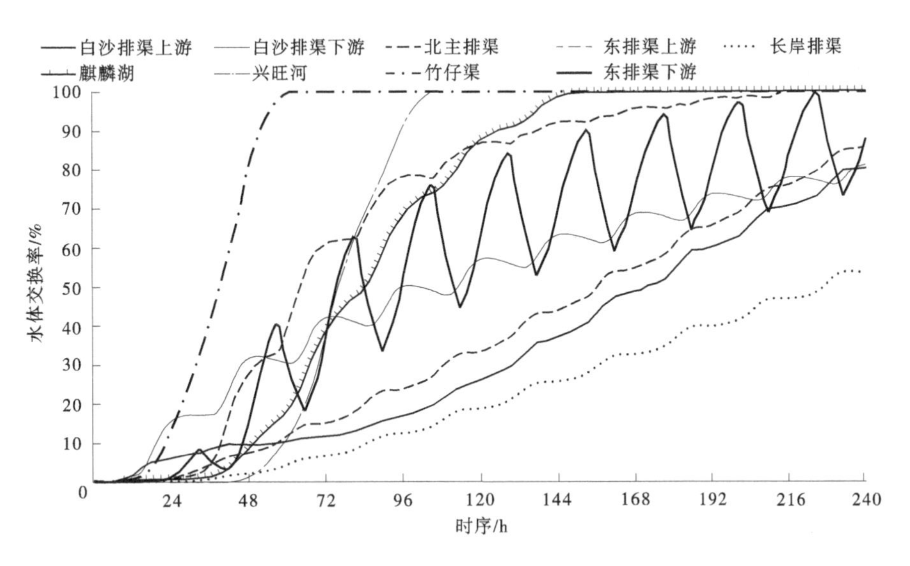

图5 50%来水枯水月提升方案下的水体交换率

5 结语

本研究在现状调查与评价的基础上,分析了肇庆高新区水网现状存在的问题,结合高新区未来发展规划和空间需求,提出了高新区水网提升的骨干水网布局,针对现状问题与空间需求,对城市分区管控,优先保障核心区域水生态要求,提出了水网优质提升建议,拟订了提升方案,并采用数学模型对方案实施效果进行了模拟评估,最后提出了推荐方案,为同类型的高新区水网优质提升提供借鉴。

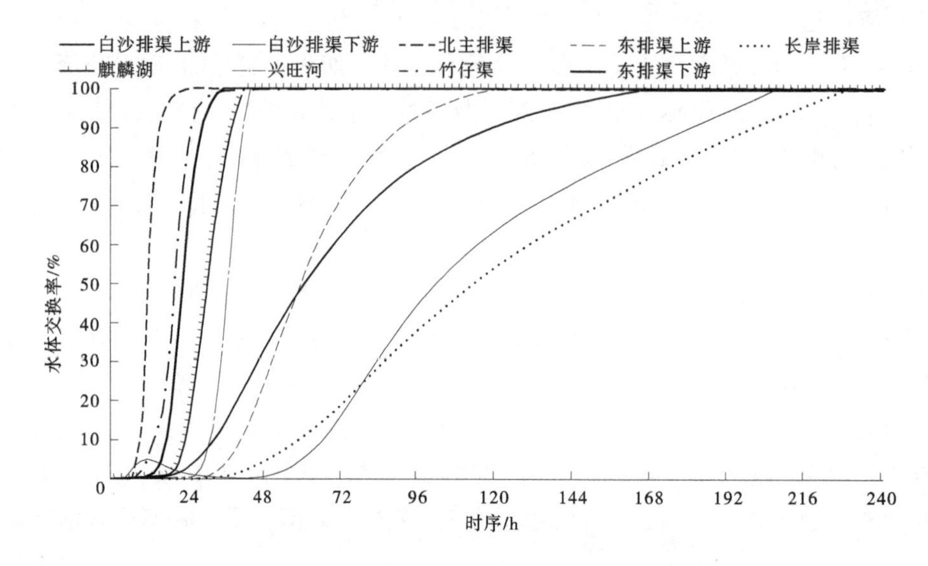

图 6　50%来水丰水月提升方案下的水体交换率

参考文献

[1] 崔广柏,陈星,向龙,等. 平原河网区水系连通改善水环境效果评估[J]. 水利学报,2017,48(12):9.

[2] 胡晓张,李庆敏,刘丙军,等. 珠江三角洲河网区闸泵群分区分级调度结构研究[J]. 人民珠江,2020,41(5):6.

[3] 窦明,靳梦,张彦,等. 基于城市水功能需求的水系连通指标阈值研究[J]. 水利学报,2015, 46(9):8.

[4] 岳启蒙,文倩,贺奕,等. 水生态文明城市建设对城市水生态承载力的影响——以武汉市为例[J]. 生态学报,2021,41(14):12.

[5] 万军, 于雷, 张培培,等. 城市生态保护红线划定方法与实践[J]. 环境保护科学, 2015(1):7.

[6] 孟伟,范俊韬,张远. 流域水生态系统健康与生态文明建设[J]. 环境科学研究, 2015, 28(10):6.

南水北调工程在国家水网构建中的思路与对策

管世珍　谢广东

（中国南水北调集团中线有限公司河南分公司，河南郑州　456150）

摘　要：国家水网的建设是保障国家水安全的重要基石，是解决水资源时空分布极不均衡的有效途径，国家水网的规划以大江大河自然水系、重大引调水工程和骨干输排水通道，构成国家水网的主骨架和大动脉。南水北调是我国最大的引调水工程，在国家经济发展中居于举足轻重的地位。南水北调工程在构建国家水网中，对比已经成熟的交通运输网、能源网和通信网等其他基础设施网络，取长补短，结合国家水网的理论与自身实践，以后续工程建设、智慧水利建设、标准化建设等对策，持续推动南水北调工程高质量发展，实现水资源空间均衡配置。

关键词：南水北调；国家水网；构建；思路；对策

1　引言

水资源时空分布不均，具有总量多、人均少、东多西少、南多北少、夏秋多、冬春少等特点，随着经济社会的发展，我国用水矛盾日益凸显。为缓解水资源危机、全面提升水安全保障能力，以优化水资源配置体系、完善流域防洪减灾体系，提出了国家水网理论，通过协调水资源，加强水网互连互通，构建国家水网体系，为经济社会发展提供有力的水安全保障。

国家水网构建以重大引调水工程为主骨架和大动脉，借助自然河湖，建设控制性调蓄工程，采用信息化智慧水利系统，形成国家层面总调度的构架，实现水资源优化配置、防洪减灾、水生态系统保护等功能。规划建设南水北调中东线工程和正在论证的西线工程，国家前瞻性地采用人工渠系网络、自然水系和人工渠系形成了全国性的水网格局，贯通了长江、淮河、黄河、海河四大流域，形成了南北调配、东西互济的配置格局，保障了水资源的空间均衡配置[1]。

2　构建国家水网面临的形势和重大意义

国家水网的构建，主要以水灾害防控、水资源调配、水生态保护功能一体化为核心，加快完善水利基础设施体系，解决水资源时空分布不均问题，提升国家水安全保障能力。

2.1　面临的形势

（1）由于我国水利基础设施受多种因素影响，各地区差别较大，对于形成全国性的水网，耗费人力、物力较大。国家水网前期建设投资较大，水网建成后，运行管理和工程维护成本高。

（2）国家水网的建设会带来位置影响，天然形成水系和水资源会发生很大改变，水资源空间分布、生态环境及各地区发展模式会发生较大变化，在促进社会经济发展的同时，会对未来区域发展和生态环境产生不可预测的负面影响。

（3）国家水网建设理论基础仍未健全。国家水网建设研究起步晚，基础相对薄弱，对如何开展国家

作者简介：管世珍（1982—），男，工程师，主要从事引调水工程运行管理的关键技术研究工作。

水网建设认识不足,尚缺乏系统的理论体系和思路方法指导。

2.2 重大意义

国家水网建设是高质量发展的重要保障,统筹安全与发展对于国家水网的建设至关重要。水资源的分配影响社会经济发展的各个领域。国家水网的建设必须满足粮食安全、能源安全、生态安全、供水安全等“四大安全”,以南水北调为主骨架大动脉为“纲”组成国家水网体系[2]。

(1)国家水网建设是党中央重大决策部署。加快构建国家水网主骨架和大动脉,为全面建设社会主义现代化国家提供有力的水安全保障,国家水网是推进水利现代化、高质量发展提供新的动力。

(2)解决水资源分布不均衡的必然要求。基于我国国情水情、水资源特性,实施国家水网重大工程,在更大范围、更高水平优化水资源配置格局,对于系统解决我国水资源空间失衡问题具有重要意义。

(3)保障水安全的必然需求。水资源问题是制约我国经济发展的障碍,供水可靠性差、保障程度不高已成为水资源供给的突出问题,实施国家水网重大工程,对于加快破解水资源供需失衡问题,提高供水安全保障水平具有重要意义。

(4)提高水利工程体系韧性、增强水安全风险防控能力的需要。我国水利工程监测网络覆盖率低,工程调度管理信息化、智能化水平不高。通过实施国家水网重大工程,建设更加安全可靠的水网体系[3]。

3 南水北调工程在国家水网建设中的地位与优势

3.1 南水北调工程的地位

在《关于实施国家水网重大工程的指导意见和实施方案 》中明确指出,实施国家水网之“纲”——推进重大引调排水工程建设,从我国水资源分布夏汛冬枯、北缺南丰的特点,可以看出南水北调工程在水网建设中的地位,是实现国家发展战略和现代化建设的重要举措。南水北调工程规划之处,进行了反复论证,东线、中线、西线三条线路的各自特点,加强顶层设计,优化工程战略布局,通过南水北调工程的建设,充分发挥引调水工程在国家区域水资源空间均衡配置和水旱灾害防御中的基础作用。

南水北调工程以“新时代中国特色水利”为指引,以人与自然和谐共生、高质量发展要求、“十六字”治水思路、重大水利工程论证原则为指导思想,为国家水网理论体系的建设提供了依据,该理论体系以综合衡量经济效益、社会效益、生态效益为价值体现,为国家水网“为什么要建”“能不能建”“如何建”三个关键问题提供了关键理论和关键技术。

3.2 南水北调工程的优势

(1)成熟的理论支撑。南水北调工程是人水和谐理论、水资源可持续利用理论、河流健康理论的最佳实践,可以指导国家水网纲领性文件决策,保证人水关系协调、水资源与经济社会可持续发展、河流系统健康,支撑高质量发展。南水北调工程在水循环理论、水网演变理论、水资源优化配置理论等方面已经得到了验证,可以支撑国家水网基础性施工建设,厘清国家水网对水循环作用机制。

(2)拥有关键技术。南水北调工程建设中投资大、影响面广、问题复杂,采取一系列技术手段,对水资源、水生态、水灾害、水工程特征,采用有针对性的问题识别技术。水网建设时针对区域存在的问题,借助南水北调成熟的关键技术,因地制宜规划设计各种水网建设方案,及时发现缺陷和不足,从而采取相关措施解决完善。

4 南水北调工程在国家水网建设中的对策

南水北调工程建设、运行管理经验在水利工程领域得到广泛应用,为保障南水北调在国家水网建设中的作用,发挥更大效益,需要进一步优化配置体系,快速推进智慧水利建设和标准化建设。

4.1 建设多元保障水资源配置体系

（1）立足流域整体和水资源空间均衡配置，推动南水北调东线、中线后续工程建设，探讨西线方案比选论证，建设一批跨流域、跨区域骨干输水通道，已经建成的东线北延工程，已开工建设的引江补汉工程就是保障工程后续供水能力。

（2）建设调蓄水库。南水北调作为线性工程，没有应急水源，为了打牢国家水网之“结”，加快水源工程、应急备用水源、战略储备水源建设，推进控制性调蓄工程建设，形成水资源配置新格局。

（3）建立完善的工程保障机制。探讨适应新时期高质量发展和生态文明建设的南水北调工程水资源配置思路，并提出进一步发挥东线、中线工程生态环境效益的对策。确保南水北调工程安全平稳运行，不断提质增效，必须守住南水北调工程安全、供水安全、水质安全，且不断挖掘工程输水潜力，建立健全统一高效的水资源配置和调度运行机制，充分发挥工程社会效益、经济效益、生态效益[4]。

4.2 加速提升智慧化水平

（1）建设完整的智能水网系统。由涵盖信息感知—数据传输—动态存储—数据挖掘—决策辅助等全流程的水利信息化软硬件系统构成的水信息网，以及由各级调度管理机构、调度决策指令传递通道以及决策指令形成机制等构成的水调度网智能水网，都是由智能化的水物理网、水信息网和水调度网有机耦合而形成的综合性输水调度平台[5]。

（2）建设水利大数据中心。为实现南水北调工程高质量发展，着力推进智慧化水利工程建设，充分利用卫星遥感技术，加大遥感影像更新频次，建立重要断面周期性巡查机制，通过人工智能等技术，采取渠段水情、工情等信息，特别是在汛期、温升变化较大的季节，自动监测干渠水面水质状况，对监测到异常情况，及时判断、预警响应，充分利用现代信息技术，开发了应急管理指挥系统[6]（见图1）。

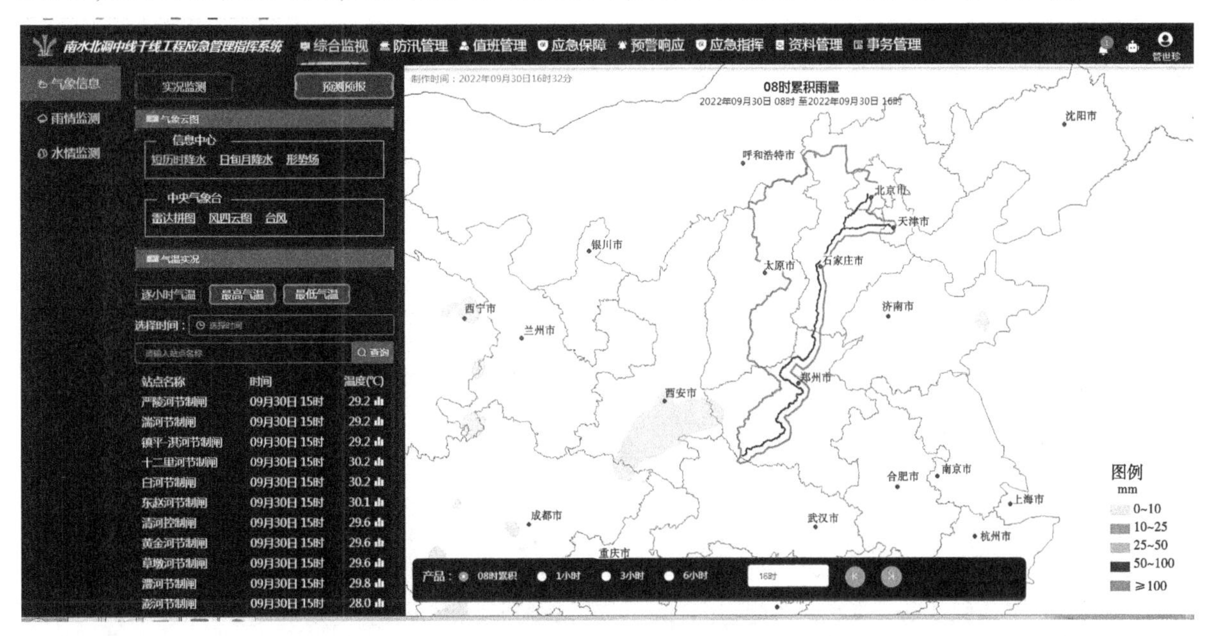

图1 南水北调中线干线工程应急管理指挥系统

（3）南水北调工程调度自动化依托“新基建”和“智慧水利”。在构建国家水网智慧化体系中，以在线精准监测为基础，以网络协同共享为纽带，以数字孪生和智能分析为核心，提高感知能力和调度与决策支持能力。建成集“工程物联、智能控制、智慧调度”融合的一张信息化监测与通信网络；融合到国家水网联合调度中心，建设国家、流域、区域分级调度中心，形成指挥调度体系。水网联合调度中心面向防洪减灾、跨流域水资源调配、应急水量调度，集智慧调度与控制于一体，实现防洪减灾和水资源配置等多目标的联合智慧调度，形成数字孪生国家水网工程[7]。

4.3 推进南水北调水利工程标准化建设

南水北调工程按照因地制宜、循序渐进的工作思路，制定工程标准化管理工作实施方案，统筹推进水利工程标准化管理工作。

（1）建立管理标准体系。制订标准化工作手册示范文本，编制所辖工程的标准化工作手册，针对工程特点，厘清管理事项、确定管理标准、规范管理程序、科学定岗定员、建立激励机制、严格考核评价，按照标准化管理要求，全面开展标准化管理创建工作。

（2）落实管理责任主体。进一步深化工程管理体制改革。厘清工程管理事权，逐个梳理落实工程管理责任主体，明确主体责任。确保管理体制顺畅，工程产权明晰，管理主体责任落实；人员经费、维修养护经费落实到位，使用管理规范；岗位设置合理，人员职责明确且具备履职能力；规章制度满足管理需要并不断完善，内容完整、要求明确、执行严格。

（3）强化安全管理。工程按规定注册登记，信息完善准确、更新及时；按规定对所辖设备设施开展安全鉴定，及时落实处理措施；工程管理与保护范围划定并公告，重要边界界桩齐全明显，无违章建筑和危害工程安全活动；安全管理责任制落实到位，岗位职责分工明确；防汛组织体系健全，应急预案完善可行，防汛物料管理规范，工程安全度汛措施落实。

（4）运行维护管理。建章立制，开展巡视检查、监测监控、操作运用、维修养护和生物防治等维护工作，要求行为规范、记录完整，关键制度、操作规程上墙明示；及时排查、治理工程隐患，实行台账闭环管理；调度运用规程和方案（计划）按程序报批并严格遵照实施，工程外观完好，管理范围环境整洁，标识标牌规范醒目。

（5）提升信息化管理水平。建立开发工程管理信息化平台，将工程基础信息、监测监控信息、管理信息等数据完整输入平台，与各级平台实现信息融合共享、互联互通；整合接入雨水情、安全监测监控等工程信息，实现在线监管和自动化控制，实时掌握各类水利工程安全状态和管理动态，提升监管效能。

（6）做好标准化管理评价。南水北调工程各级管理机构要结合实际，制定本单位的标准化评价细则及其评价标准，建立标准化管理常态化评价机制，深入组织开展标准化评价工作[8]。

5 结语

南水北调工程的建设，畅通南北经济循环，极大改善了北方生态环境，优化了河湖水系布局，加快了构建国家水网主骨架。南水北调工程作为重大战略性基础设施，对于优化水资源配置、保障群众饮水安全、复苏河湖生态环境、畅通南北经济循环的生命线具有不可替代的作用。做好南水北调后续工程规划设计和建设管理，科学规划建设规模和总体布局，实现南北调配的水资源配置格局，为构建新发展格局、推动高质量发展提供有力的水安全保障，成为国家水网建设的重要部分。

参考文献

[1] 郭旭宁，何君，张海滨，等．关于构建国家水网体系的若干考虑[J]．中国水利，2019(15)：1-4.

[2] 王喜峰．统筹发展与安全视域下国家水网基础设施建设方略研究[J]．齐鲁学刊，2022(3)：124-133.

[3] 左其亭，郭佳航，李倩文，等．借鉴南水北调工程经验构建国家水网理论体系[J]．中国水利，2021(11)：22-24，21.

[4] 许继军，曾子悦．适应高质量发展的南水北调工程水资源配置思路与对策建议[J]．长江科学院院报，2021，38(10)：27-32，39.

[5] 匡尚富，王建华．建设国家智能水网工程提升我国水安全保障能力[J]．中国水利，2013(19)：27-31.

[6] 宋东东，李夏，成建国．智慧化驱动的水利高质量发展思考[J]．中国水利，2020(9)：61-64.

[7] 刘辉．国家水网工程智能化建设的思考[J]．中国水利，2021(20)：9-10.

[8] 陈龙．浙江省水利工程标准化管理的探索实践[J]．中国水利，2017(6)：15-17，32.

水生态

国土空间总体规划中水资源承载能力分析方法研究——以普洱市为例

吴欧俣[1,2]　王　琼[2]　李　仲[3]　倪匡迪[4]　周子翔[4]

（1. 云南水利水电职业学院，云南昆明　650499；
2. 中国水利学会，北京　100053；
3. 云南润程建设勘测设计有限责任公司，云南昆明　650000；
4. 云南农业大学，云南昆明　650051）

摘　要：国土空间规划是国家空间发展的指南，是可持续发展的蓝图，水资源作为保障可持续发展的重要要素，需对其承载能力进行分析。该论文通过分析国土空间总体规划要求，按照“节水优先、空间均衡、系统治理、两手发力”的治水思路，分析普洱市水资源现状，研究制定普洱市水资源承载能力分析的基本原则和技术路线，为市域水资源承载能力的研究提供参考。

关键词：国土空间规划；水资源条件；基本原则；技术路线

1　引言

2019年5月9日，中共中央 国务院印发了《中共中央 国务院关于建立国土空间规划体系并监督实施的若干意见》（中发〔2019〕18号），为深入贯彻落实，自然资源部于2019年5月28日印发了《关于全面开展国土空间规划工作的通知》（自然资发〔2019〕87号），对国土空间规划各项工作进行了全面部署[1]，全面启动国家、省、市县国土空间规划编制工作。2020年9月，自然资源部在广泛听取各方面意见的基础上，按照“多规合一”要求，研究制定了《市级国土空间总体规划编制指南（试行）》。

为贯彻落实国家要求，云南省委、省政府做出重要批示，省自然资源厅积极开展全省国土空间规划编制工作，成立了省自然资源厅厅长任主任的国土空间规划编制办公室，建立了云南省国土空间规划编制工作机制。2020年4月，云南省委、省政府发出《中共云南省委 云南省人民政府关于建立全省国土空间规划体系并监督实施的意见》，同月，云南省人民政府新闻办在昆明召开解读新闻发布会，随后省自然资源厅印发《云南省国土空间规划2020年工作要点》。根据工作要点要求，普洱市自然资源局开展《普洱市国土空间总体规划（2020—2035年）》编制工作，规划编制要强化资源环境底线约束，推进生态优先、绿色发展，明确重要资源的利用上限，划定资源控制线，作为开发建设不可逾越的红线[2-4]。在水资源方面，需明确水资源利用上限，按照以水定城、以水定地、以水定人、以水定产原则[5]，优化生产、生活、生态用水结构和空间布局，重视雨水和再生水等资源利用，建设节水型城市[6]。

通过分析国土空间总体规划要求，按照“节水优先、空间均衡、系统治理、两手发力”治水思

作者简介：吴欧俣（1992—），男，讲师，纪检处副处长，主要从事水利工程规划和水利高校教育教学工作。
通信作者：王琼（1982—），女，高级工程师，兼任中国工程教育专业认证协会水利类专业认证委员会副秘书长，主要从事水利类工程教育和水利科普等方面的管理和研究工作。

路[7]，分析普洱市水资源现状，制定普洱市水资源承载能力分析的基本原则和技术路线。

2 基本情况

2.1 地理位置

普洱市位于云南省西南部，地处北纬22°02′~24°50′、东经99°09′~102°19′。南北纵距208.5 km，东西横距北部55 km、南部299 km，全市总面积44 266 km^2；境内辖区思茅区、宁洱哈尼族彝族自治县、墨江哈尼族自治县、景东彝族自治县、景谷傣族彝族自治县、镇沅彝族哈尼族拉祜族自治县、江城哈尼族彝族自治县、孟连傣族拉祜族佤族自治县、澜沧拉祜族自治县、西盟佤族自治县共1区9县。

2.2 河流水系

普洱市江河纵横，溪流众多，各江河溪流从东到西依次分属红河、澜沧江、怒江三大水系。红河水系在普洱市境内径流面积15 341.7 km^2，占总面积的33.9%；澜沧江水系境内径流面积27 768.5 km^2，占总面积的61.2%；怒江水系境内径流面积2 274.8 km^2，占全区总面积的4.9%。径流面积在100 km^2以上的河流有110条，1 000~5 000 km^2的河流有14条，大于5 000 km^2的河流有5条。

2.3 水资源条件

普洱市多年平均水资源量311.14亿 m^3。流域分区中红河流域多年平均水资源量112.6亿 m^3、澜沧江流域多年平均水资源量174.6亿 m^3、怒江流域多年平均水资源量23.94亿 m^3。

根据《普洱市2019年水资源公报》，2019年普洱市水资源量150.8亿 m^3，产水模数为34.01万 m^3/（km^2·a），比多年平均偏小51.5%，其中红河流域水资源量47.76亿 m^3、澜沧江流域水资源量89.11亿 m^3、怒江流域水资源量13.93亿 m^3。

2019年普洱市入境水量439.3亿 m^3，出境水量582.6亿 m^3。区内用水耗费量7.577亿 m^3，人均占有水资源量6 288 m^3，平均每平方千米产水模数34.01万 m^3。

2019年普洱市各流域水资源量统计见表1。

表1 2019年普洱市各流域水资源量统计

水资源分区	水资源量/亿 m^3	产水模数/［万 m^3/（km^2·a）］
红河流域	47.76	31.75
澜沧江流域	89.11	32.85
怒江流域	13.93	64.27
普洱市	150.8	34.01

2.4 水资源空间分布

普洱市水资源分布极不均匀，其趋势与降水量分布一致，其特点是，西南和东南多，北部少；高山多，河谷少。全市年单位面积产水量在20万~220万 m^3/km^2，相差达200万 m^3/km^2。将年产水量在100万 m^3/km^2以上的区域划为多水区；年产水量在40万 m^3/km^2以下的区域划为少水区；年产水量40万~100万 m^3/km^2的区域划为中水区。随区域、海拔的不同，呈现高低相间的分布格局，普洱市可分为14个多水带和4个少水带，其余为中水带，普洱市多年平均水资源分带见图1。

3 基本原则

按照“节水优先、空间均衡、系统治理、两手发力”的治水思路，根据国土空间规划要求及普洱市水资源的特点，制定基本原则。

3.1 节水优先、高效利用

节水优先是新时代水资源开发与保护始终遵循的根本方针。坚持并严格遵循节水优先、高效利用原则，因地制宜地把节水理念、要求及措施落实到各水平年用水结构的定额与标准中。

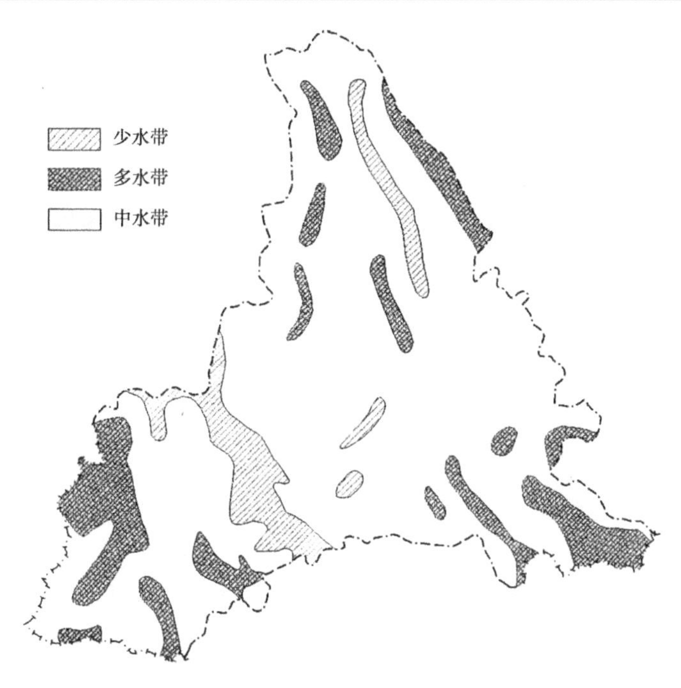

图1 普洱市多年平均水资源分带

3.2 空间均衡、合理分配

以空间均衡为准则，充分考虑普洱市地理环境、社会经济发展、水资源开发利用方式等因素，把水资源承载能力作为刚性约束，坚持以水定城、以水定地、以水定人、以水定产，支撑国土空间总体规划。紧密结合流域和区域功能定位、发展战略和河湖水系特点，以水资源综合规划、流域综合规划、区域规划等为基础，充分考虑近远期规划年对水资源开发利用的不同要求，科学提出水资源可利用方案与供用水方案。

3.3 生态优先、系统治理

突出生态优先原则，秉承“山水林田湖草沙生命共同体”理念，以系统治理为思想和方法，处理水资源与其他要素的辩证关系，考虑预留河道生态环境用水，提出水资源保护利用与管理措施，实现普洱市经济社会与资源环境的和谐发展。

4 研究分区及水平年确定

4.1 研究分区

为保持区域完整性，便于各分区水资源现状评价、合理配置、承载力分析、节约保护和水资源管理等工作的开展，以县级行政区作为研究分区。

普洱市水资源承载力分析的范围为1区9县，总面积44 266 km^2。按照县级行政区进行分区，划分为10个区，见表2。

表2 研究分区

研究分区	思茅区	宁洱县	墨江县	景东县	景谷县	镇沅县	江城县	孟连县	澜沧县	西盟县	普洱市
面积/km^2	3 876	3 666	5 289	4 455	7 519	4 148	3 429	1 893	8 733	1 258	44 266

4.2 研究水平年

为与《普洱市国土空间总体规划（2020—2035年）》相匹配，令现状基准年为2019年，近期研究水平年为2025年，远期研究水平年为2035年，远景展望至2050年。

5 技术路线

按照《市级国土空间总体规划编制指南（试行）》要求及水资源相关理论研究，收集整理普洱市相关部门资料，分析现状水资源供需平衡及开发利用存在问题，充分结合各部门规划成果，根据普洱市水资源本底条件、最大可利用水量、水利设施供水能力、用水总量控制指标等不同条件，提出普洱市各水平年水资源利用方案，按照城镇生活、农村生活、工业生产、农业灌溉的用水结构，分析不同水资源利用方案各水平年的水资源承载力，提出普洱市水资源节约、保护、利用及管理措施。技术路线见图 2。

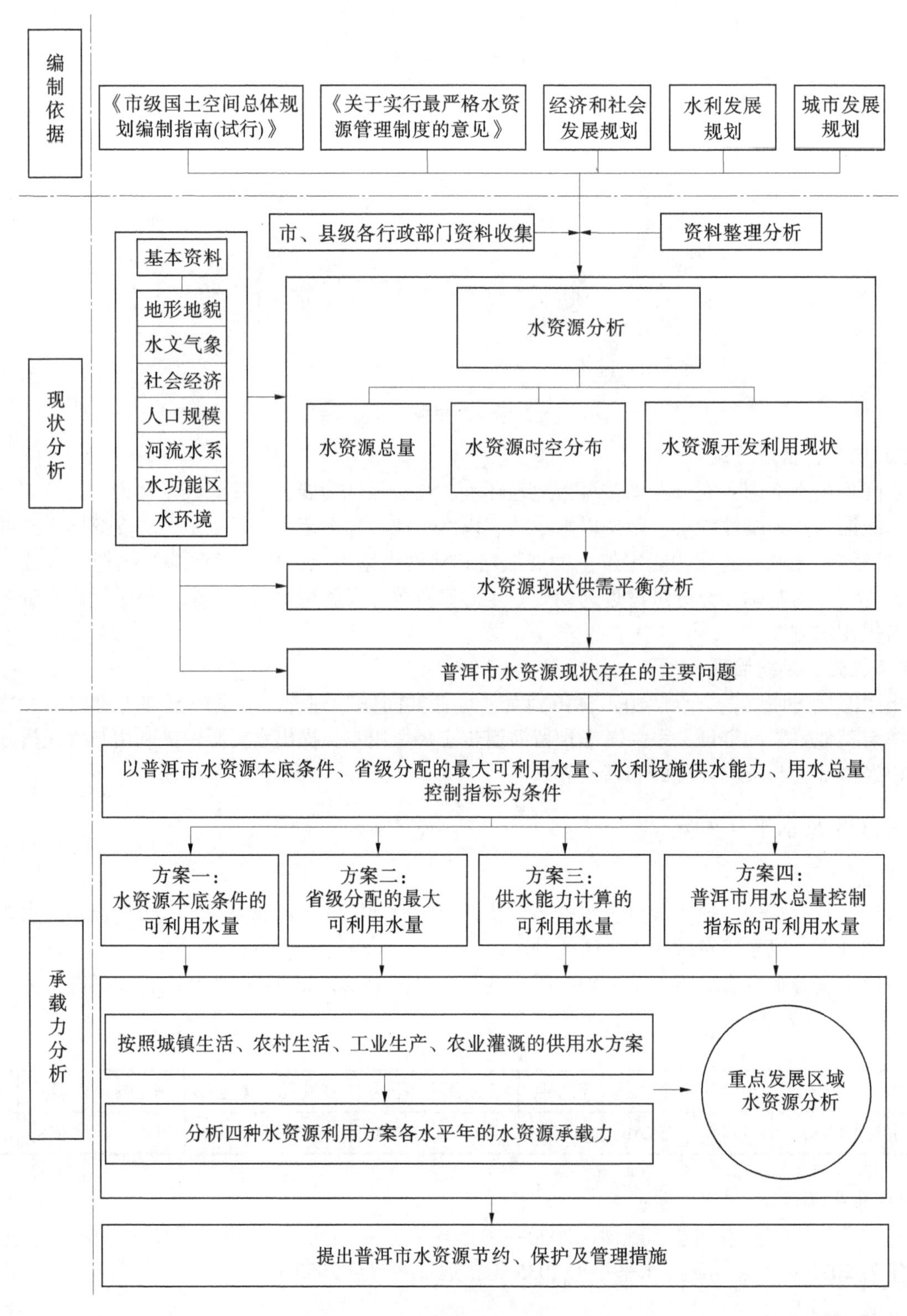

图 2　技术路线

6　水资源可利用量计算与分析

普洱市水资源总量丰富，水资源可利用量以水资源可持续开发利用为前提，水资源的开发利用要对经济社会的发展起促进和保障作用，且又不对生态环境造成破坏。水资源可利用量分析水资源合理开发利用的最大限度和潜力，将水资源的开发利用控制在合理的范围内，充分利用当地水资源和合理配置水资源，保障水资源的可持续利用。

通过计算普洱市严格意义水资源可利用量、最大可利用水量、用水总量控制指标，结合普洱市现状供水能力及规划新增供水能力，确定普洱市水资源的开发利用空间，提出不同条件下各水平年的水资源利用方案。

普洱市位于我国边境地区，涉及国际河流，普洱市主要国际河流包括出境河流、国际界河，由于本次按照水资源本底条件、最大可利用水量、用水总量控制指标计算的可利用水量是以地区区域整体为基准，水资源条件考虑的是各河流水系在普洱市境内产生的地表水资源量，故在计算水资源可利用量时，作为整体不考虑单独将国际河流分开。但在分析水利设施供水能力时，若有工程针对国际河流进行开发利用，则应该参照有关国际协议及国际通用的规则，避免引起国际水事纠纷。

6.1　方案一：按本底条件的可利用水量

根据普洱市水资源概况，普洱市多年平均水资源量为 311.14 亿 m^3，多年平均降水量为 1 569.6 mm，多年平均蒸发量为 1 098.0 mm。普洱市属于降水量较多、蒸发量较小的地区，降水修正系数及蒸发修正系数取值均可大于 1。其中，降水修正系数 $\alpha_1=1.213$、蒸发修正系数 $\alpha_2=1.032$。

普洱市严格意义水资源可利用量为[8]

$$W_{\text{普洱市严格意义水资源可利用量}}=0.4\times1.213\times1.032\times311.14=155.78\ (\text{亿}\ m^3)$$

6.2　方案二：按省级分配的最大可利用水量

现状水资源开发利用的综合分析对地表水资源可利用量的分析计算至关重要。现状（近 10 年）水资源开发利用的综合分析包括水资源开发利用条件、程度、模式、存在问题及潜力分析等。

以严控增量、盘活存量、提高流量为基本导向，确定水资源节约集约利用目标与水资源调控策略，实施水资源消耗总量和强度双控行动。根据资源环境承载能力优化产业布局与用水结构，逐步降低农业用水比例，适当增加城镇用水比例，加大工业和生活节水力度，提高用水效率，促进水资源的可持续利用。

根据《云南省国土空间规划（2020—2035 年）》《云南省水资源保障利用与用水安全研究》，按最大可利用水量分析，云南省 2035 年最大可利用水量为 546.3 亿 m^3，水资源开发利用率达到 24.7%。其中，普洱市水资源量 311.14 亿 m^3，到 2025 年，人均水资源量 11 439 m^3，水资源开发利用率 8.5%，最大可利用水量 26.60 亿 m^3（见表 3）；到 2035 年，人均水资源量 10 956 m^3，水资源开发利用率 16.6%，最大可利用水量 51.70 亿 m^3（见表 4）。

6.3　方案三：按供水能力计算的可利用水量

本方案为普洱市各水源工程设计供水能力下的可供水量，也就是 2025 年、2035 年所有水利工程可发挥的最大供水量，在退还挤占的生态水量后，2025 年普洱市供水能力预计为 20.12 亿 m^3，2035 年普洱市供水能力预计为 25.78 亿 m^3。

表 3 普洱市 2025 年水资源可利用量方案

研究分区	水资源总量/亿 m^3	方案一/亿 m^3	2025 年可利用水量方案/亿 m^3			2025 年开发利用程度		
			方案二	方案三	方案四	方案二	方案三	方案四
思茅区	21.51	10.77	3.89	2.33	1.09	18.1%	10.8%	5.1%
宁洱县	24.25	12.14	2.23	1.67	1.29	9.2%	6.9%	5.3%
墨江县	33.86	16.95	2.69	1.62	1.48	7.9%	4.8%	4.4%
景东县	30.62	15.33	2.36	3.78	2.14	7.7%	12.4%	7.0%
景谷县	44.16	22.11	1.49	2.74	2.49	3.4%	6.2%	5.6%
镇沅县	27.76	13.9	4.53	1.55	1.21	16.3%	5.6%	4.4%
江城县	40.03	20.04	1.99	0.99	0.82	5.0%	2.5%	2.0%
孟连县	15.12	7.57	2.31	0.89	1.27	15.3%	5.9%	8.4%
澜沧县	58.33	29.21	4.22	3.78	2.32	7.2%	6.5%	4.0%
西盟县	15.50	7.76	0.89	0.79	0.49	5.7%	5.1%	3.2%
普洱市	311.14	155.78	26.60	20.12	14.60	8.5%	6.5%	4.7%

表 4 普洱市 2035 年水资源可利用量方案

研究分区	水资源总量/亿 m^3	方案一/亿 m^3	2035 年可利用水量方案/亿 m^3			2035 年开发利用程度		
			方案二	方案三	方案四	方案二	方案三	方案四
思茅区	21.51	10.77	7.57	2.89	1.19	35.2%	13.4%	5.5%
宁洱县	24.25	12.14	4.33	1.85	1.43	17.9%	7.6%	5.9%
墨江县	33.86	16.95	5.22	2.34	1.59	15.4%	6.9%	4.7%
景东县	30.62	15.33	4.58	3.99	2.29	15.0%	13.0%	7.5%
景谷县	44.16	22.11	2.90	3.99	2.59	6.6%	9.0%	5.9%
镇沅县	27.76	13.90	8.80	1.82	1.44	31.7%	6.6%	5.2%
江城县	40.03	20.04	3.88	1.43	0.85	9.7%	3.6%	2.1%
孟连县	15.12	7.57	4.49	1.74	1.33	29.7%	11.5%	8.8%
澜沧县	58.33	29.21	8.20	4.82	2.48	14.1%	8.3%	4.2%
西盟县	15.50	7.76	1.73	0.92	0.51	11.2%	5.9%	3.3%
普洱市	311.14	155.78	51.70	25.78	15.68	16.6%	8.3%	5.0%

6.4 方案四：按用水总量控制的可利用水量

6.4.1 用水总量控制指标

根据《云南省用水总量控制指标方案》、《普洱市实行最严格水资源管理制度意见》（普政办发〔2014〕9号）、《普洱市“十三五”水资源消耗总量和强度双控行动实施方案（普政复〔2017〕197号）》，普洱市实行最严格水资源管理制度用水总量控制指标方案以2020年和2030年指标作为阶段管理目标，分别为14.60亿 m^3 和15.14亿 m^3，由于《云南省用水总量控制指标方案》暂未制定及向各州（市）分解2025年及2035年指标，普洱市2025年、2035年用水总量控制指标根据线性插值计算，分别为14.60亿 m^3 和15.68亿 m^3。普洱市用水总量控制指标分解以县（区）为计算单元，按照普洱市的用水总量控制指标，参考各县（区）现状用水水平，分析得到各县（区）2025年、2035年的用水总量控制指标（见表5）。

表 5　用水总量控制指标按研究分区符合情况分析　　单位：亿 m^3

研究分区	用水总量指标		总用水量		中水利用量		总量-用水（扣中水）		符合性	
	2025 年	2030 年	2025 年	2035 年	2025 年	2035 年	2025 年	2035 年	2025 年	2035 年
思茅区	1.09	1.14	1.09	1.19	0.02	0.02	0.02	−0.03	符合	超总量
宁洱县	1.29	1.36	1.29	1.43	0.02	0.02	0.02	−0.04	符合	超总量
墨江县	1.48	1.53	1.48	1.59	0.02	0.02	0.02	−0.03	符合	超总量
景东县	2.14	2.21	2.14	2.29	0.03	0.03	0.03	−0.04	符合	超总量
景谷县	2.49	2.54	2.49	2.59	0.04	0.04	0.04	−0.01	符合	超总量
镇沅县	1.21	1.33	1.21	1.44	0.02	0.02	0.02	−0.09	符合	超总量
江城县	0.82	0.83	0.82	0.85	0.01	0.01	0.01	0	符合	符合
孟连县	1.27	1.30	0.88	1.33	0.01	0.02	0.40	−0.01	符合	超总量
澜沧县	2.32	2.40	2.32	2.48	0.03	0.04	0.03	−0.04	符合	超总量
西盟县	0.49	0.50	0.49	0.51	0.01	0.01	0.01	0	符合	符合
普洱市	14.60	15.14	14.21	15.68	0.21	0.24	0.60	−0.30	符合	超总量

需要说明的是，普洱市用水总量控制指标包括各县（区）工业、农业、生活（含城镇公共用水）、河道外生态用水等指标，不含水力发电、河湖生态补水等河道内用水量。

6.4.2　用水总量指标符合性分析

按照《云南省水资源综合规划》《云南省水资源保障利用与用水安全研究》，普洱市 2020 年和 2030 年用水总量不突破云南省确定的 2020 年和 2030 年普洱市用水总量控制目标，2035 年在考虑雨水和再生水等资源进行中水利用后的用水总量原则上不突破 2030 年用水总量控制目标。

本方案中，2025 年普洱市总用水量为 14.21 亿 m^3，扣除中水利用量后为 14.00 亿 m^3，低于云南省下发的 2025 年用水总量控制指标。2035 年普洱市总用水量为 15.68 亿 m^3，扣除中水利用量后为 15.44 亿 m^3，已超出 2030 年用水总量控制指标 15.14 亿 m^3（见表 5）。

在各研究分区中，思茅区 2025 年及 2030 年用水总量控制指标分别为 1.09 亿 m^3 和 1.14 亿 m^3，低于思茅区现状水利设施供水能力 1.68 亿 m^3；景东县 2025 年及 2030 年用水总量控制指标为 2.14 亿 m^3 和 2.21 亿 m^3，低于景东县现状水利设施供水能力 2.94 亿 m^3；澜沧县 2025 年及 2030 年用水总量控制指标分别为 2.32 亿 m^3 和 2.40 亿 m^3，低于澜沧县现状水利设施供水能力 2.85 亿 m^3；西盟县 2025 年及 2030 年用水总量控制指标分别为 0.49 亿 m^3 和 0.50 亿 m^3，低于西盟县现状水利设施供水能力 0.66 亿 m^3。普洱市内存在各县用水总量分配不合理的问题。

7　结语

国土空间规划的核心要义是统筹山水林田湖草沙等多要素在空间上的合理布局与均衡发展。水资源作为山水林田湖草沙生命共同体的一个重要要素，既是保障可持续发展的重要要素，也是经济、产业、城镇、农业农村发展的制约因素[9]。分析制定水资源承载能力基本原则和技术路线，是实现国土空间规划“以水四定”的重要基础[10]，是明确当地水资源的利用上限，强化资源环境底线约束的必要条件，同时为市域水资源承载能力的研究提供一定参考。

参考文献

[1] 陈玉．国土空间规划体系下县级规划的编制研究［J］．城市建筑，2022，19（16）：60-62，66.

[2] 张乔，高传龙，黄建中．区县级国土空间水系专项规划的转型探索——以《深圳市龙华区碧道规划》为例［J］．建筑与文化，2022（8）：74-77.
[3] 丁美凤．关于县级国土空间规划编制的思考［J］．华北自然资源，2022（1）：133-135.
[4] 买静．市、县级国土空间总体规划编制技术的浙江探索［C］//中国城市规划学会．面向高质量发展的空间治理——2021 中国城市规划年会论文集（20 总体规划）．北京：中国建筑工业出版社，2021：2-15.
[5] 刘合林，余雷，唐永伟，等．山地地区县级国土空间总体规划分区划定路径——以湖北巴东县为例［J］．规划师，2022，38（1）：119-125.
[6] 邹兵．自然资源管理框架下空间规划体系重构的基本逻辑与设想［J］．规划师，2018（7）：5-10.
[7] 宋志，乐琪浪，陈绪钰，等．水资源承载力评价方法初探以及在“以水四定”中的运用［J］．沉积与特提斯地质，2021，41（1）：106-111.
[8] 曹升乐，孙秀玲，庄会波，等．水资源管理“三条红线”确定理论与应用［M］．北京：科学出版社，2020.
[9] 王新哲．地级市国土空间总体规划的地位与作用［J］．城市规划学刊，2019（4）：31-36.
[10] 管娟，莫霞．基于生态保护与开发平衡的县级国土空间规划编制探索［J］．规划师，2021，37（S1）：43-48.

赤水河流域水生态环境保护研究

张登成　李　斐　陈　蕾　翟红娟

（长江水资源保护科学研究所，湖北武汉　430051）

摘　要：本文梳理了赤水河流域水生态环境现状，结果表明，赤水河干流以及支流大同河、习水河的上中游水质稳定在Ⅰ～Ⅱ类，习水河下游水质为Ⅲ类，满足水功能区水质目标要求；赤水河、茅台和赤水控制断面生态流量满足程度超过98%；流域共有鱼类134种，包括长江上游特有鱼类40种。流域当前存在的环境问题包括支流水污染风险增大、鱼类资源量下降、支流生态流量泄放不足、流域保护与发展协调难度大等，提出强化流域水环境保护、加强水生生物保护、强化支流生态流量管理以及建立流域生态补偿体制机制等对策措施，以期为流域经济社会高质量发展提供技术支撑。

关键词：赤水河；水生生物；生态流量；生态补偿

赤水河系长江上游右岸的重要一级支流，流域主要涉及云南省昭通市的镇雄县、威信县；贵州省毕节市的七星关区、大方县、金沙县，遵义市的遵义县、仁怀市、桐梓县、赤水市、习水县；四川省泸州市的叙永县、古蔺县、合江县、江阳区、纳溪区等三省15个县（区、市）。赤水河干流全长436.5 km，流域面积2万 km^2，河口多年平均流量284 m^3/s。

赤水河流域具有独特的历史人文景观和自然地理环境，流域内先后批准建立了世界自然遗产地1处，国家级自然保护区4个、省级自然保护区1个，国家级风景名胜区1个、省级风景名胜区7个，国家级地质公园1个，国家级森林公园3个、省级森林公园5个，国家湿地公园1个，对水资源和生态环境保护提出了较高的要求。

本文利用2018年赤水河流域水功能区水质监测资料、2007—2014年干支流水生生物调查资料以及赤水河、茅台和赤水水文站1980—2016年长序列逐月流量资料，梳理了赤水河流域水环境、水生态、生态流量保障现状，分析了流域当前存在的主要生态环境问题，在此基础上针对性地提出流域水生态保护与修复建议，以期为赤水河流域经济社会高质量发展和生态环境保护提供技术支撑。

1　赤水河流域水生态环境现状

1.1　水环境现状

根据长江流域重要水功能区水质监测成果，赤水河干支流共有11个水质监测站点，其中赤水河干流5个，即洛甸河、赤水河、茅台、涟鱼溪、合江码头；支流习水河3个，分别为石笋、虎头、柳马埂村；支流大同河3个，分别为观音阁村、两汇电站、大同（见表1）。

作者简介：张登成（1990—），男，工程师，主要从事水生态保护与修复、水利水电工程环境影响评价工作。

表 1 赤水河干支流水质监测站点一览表

序号	河流	站点名称	所在水功能区	水质目标
1	赤水河干流	洛甸河	长江上游珍稀、特有鱼类自然保护区（赤水河云南段）	Ⅱ
2		赤水河	赤水河滇黔川缓冲区	Ⅱ
3		茅台	长江上游珍稀、特有鱼类自然保护区（赤水河贵州段）	Ⅱ
4		涟鱼溪	赤水河黔川缓冲区	Ⅲ
5		合江码头	长江上游珍稀、特有鱼类自然保护区（赤水河四川段）	Ⅱ~Ⅲ
6	习水河	石笋	习水河习水赤水保留区	Ⅱ
7		虎头	习水河黔川缓冲区	Ⅲ
8		柳马埂村	习水河合江保留区	Ⅲ
9	大同河	观音阁村	大同河古蔺、叙永保留区	Ⅲ
10		两汇电站	大同河川黔缓冲区	Ⅲ
11		大同	大同河赤水保留区	Ⅲ

各水质监测站点水质评价指标包括：pH、溶解氧、高锰酸盐指数、五日生化需氧量、化学需氧量、氨氮、总磷、硒、挥发酚、氰化物、砷、汞、六价铬、铜、镉、铅、锌、氟化物、石油类、阴离子表面活性剂、硫化物等 21 项。

评价方法采用单因子法，评价结果表明，赤水河干流总体水质较好，除赤水河站点总磷、涟鱼溪站点高锰酸盐偶有超标外，5 个站点水质全年稳定在Ⅰ~Ⅱ类，满足所在水功能区水质目标要求。习水河石笋、虎头站点水质稳定在Ⅰ~Ⅱ类，柳马埂村站点水质为Ⅲ类，大同河各站点除两汇电站站点高锰酸盐偶有超标外，水质均可维持在Ⅰ~Ⅱ类，均可满足所在水功能区水质目标要求（见图 1）。

1.2 水生态现状

在参考历史调查资料和查阅国内公开发表刊物的基础上，结合 2007—2014 年中国科学院水生生物研究所、水利部中科院水工程生态研究所对赤水河干流以及二道河、古蔺河、桐梓河、大同河、习水河等支流调查成果，分析赤水河流域水生生态现状。

赤水河流域共有浮游植物 64 种（属），分属 7 门，其中干流有浮游植物 42 种（属），支流有 43 种（属）。赤水河流域主要由硅藻门、绿藻门、蓝藻门组成，其余藻类所占比例较小，常见种为尖针杆藻、隐头舟形藻、扁圆卵形藻、变异直链藻、肘状脆杆藻。流域共有浮游动物 79 种，其中原生动物 50 种、检出轮虫 22 种、枝角类 5 种、桡足类 2 种。原生动物中肉足虫 10 种，占 20%；纤毛虫 40 种，占 80%。流域共有固着藻类 14 属 57 种，其中舟形藻属 13 种，菱形藻属 9 种，曲壳藻属、桥弯藻属各 8 种，异极藻属 6 种，固着藻类的优势种为极小曲壳藻变种。流域共检出底栖动物 80 种，隶属 6 门 8 纲 18 目 39 科 52 属，其中水生昆虫 60 种，占 75%；软体动物 10 种，占 12.5%；寡毛类 3 种，占 3.75%；甲壳动物 2 种，占 2.5%；其他类群 5 种，占 6.25%。

赤水河干流是长江上游为数不多、仍然保持天然状态的河流之一。赤水河中鱼类种类丰富、特有鱼类分布具有独特性和异质性，是长江上游珍稀特有鱼类国家级自然保护区的重要组成部分，充足的流程和自然的水文节律为产漂流性卵的鱼类提供了良好的繁殖条件。根据调查以及文献资料，赤水河流域共有鱼类 134 种，包括圆口铜鱼、长薄鳅、鲈鲤、岩原鲤等 40 种长江上游特有鱼类。根据鱼类早期资源调查成果，赤水河干流分布有集中的产漂流性卵鱼类产卵场 7 处，分别为复兴、丙安、葫市、元厚、土城、太平、二郎产卵场等，产卵种类主要包括银鮈、犁头鳅、紫薄鳅、花斑副沙鳅、中华沙鳅、飘鱼、岩原鲤、长鳍吻鮈、长薄鳅等，其中复兴、丙安和太平 3 个产卵场产卵规模较大，早期资源量分别为（150.58~177.62）$\times10^6$ 粒、（45.37~86.24）$\times10^6$ 粒、（44.12~73.17）$\times10^6$ 粒。

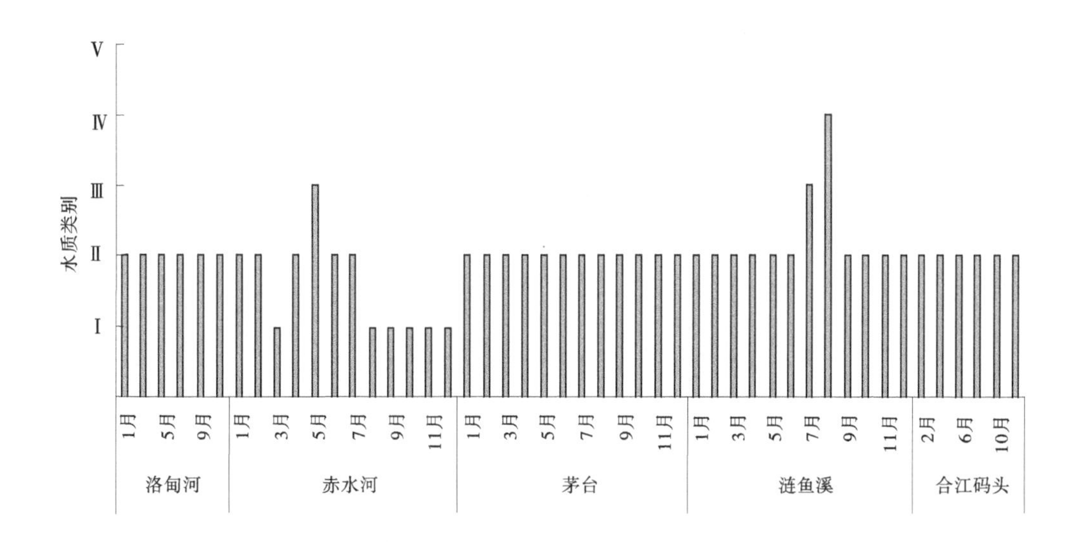

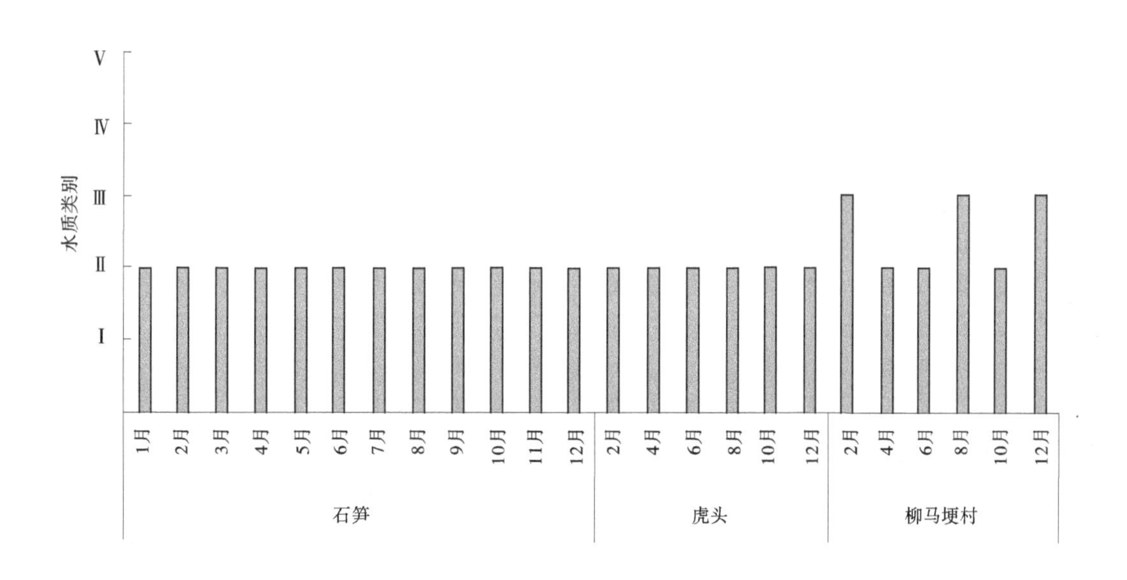

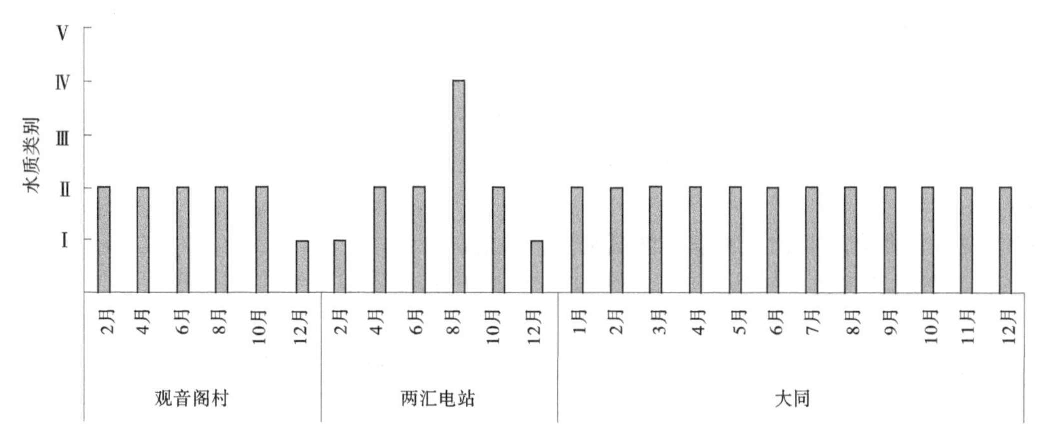

图1　2018年赤水河干支流水质监测结果

1.3 生态流量保障现状

目前，流域内明确生态基流或最小下泄流量的控制断面位于赤水河干流，包括赤水河、茅台和赤水水文站 3 个控制断面，其生态基流分别为 11 m^3/s、23 m^3/s 和 59 m^3/s。

根据 1980—2016 年赤水河、茅台和赤水水文站逐月径流过程，赤水河站生态基流满足程度为 100%；茅台站生态基流满足程度为 98.9%，其中不达标月份为 1992 年 12 月、2011 年 1—3 月和 2012 年 9 月；赤水水文站生态基流满足程度为 99.4%，不达标月份为 1992 年 12 月、2010 年 2 月和 2011 年 9 月（见表 2）。总体而言，赤水河干流生态基流满足程度较高，但近年来生态基流破坏频率有所增加。

表 2 1980—2016 年主要控制断面生态基流满足程度

序号	断面名称	生态基流/（m^3/s）	满足程度/%	不达标月份
1	赤水河	11	100	—
2	茅台	23	98.9	1992 年 12 月、2011 年 1—3 月和 2012 年 9 月
3	赤水水文站	59	99.4	1992 年 12 月、2010 年 2 月和 2011 年 9 月

2 存在的生态环境问题

2.1 支流污染风险增大，水质保护面临压力

赤水河干流水质总体良好，可基本满足水功能区水质目标要求，但由于赤水河下游河段城镇人口集中分布，河道常年通航，沿河建有化肥、造纸等大中型企业以及竹加工业，水质除常年受工业废水影响外，还受城镇居民生活废水、过往船舶污水垃圾及农业面源污染的影响，目前虽然水质状况较好，但也存在部分断面偶有超标的现象。此外，盐津河、沙坝河等支流现状水质较差，流域水环境保护面临压力。

2.2 水生生物资源需加强养护，开展水生态保护及修复

随着赤水河流域社会经济的发展，人类活动的影响也不断加剧，鱼类资源量呈下降趋势，同时呈现出鱼类小型化趋势。近十多年的调查均没有发现白鲟、达氏鲟等珍稀鱼类的踪迹，齐口裂腹鱼等长江上游特有鱼类在鱼类资源调查中罕见捕获。随着赤水河流域全面禁渔政策的实施，渔业资源量下降的趋势将得到遏制。

2.3 支流水电开发导致河道减水，生态流量亟须保障

2005 年 4 月，国务院办公厅以国办函〔2005〕29 号文批准，将赤水河干流及部分支流河段纳入长江上游珍稀特有鱼类国家级自然保护区。因此，整个干流尚未开展水电梯级建设，基本上保持原生态河流。但在洛甸河、母享河、扎西河、桐梓河、古蔺河、大同河、习水河等支流上修建了一些小型电站，部分已建引水式水电站由于未泄放生态流量，对生态环境造成一定程度的破坏和影响，应引起足够重视。

2.4 保护与发展协调难度较大，生态补偿机制亟待建立

赤水河流域的社会经济欠发达，自然资源丰富，矿产和水资源开发利用程度较低，开发需求强烈。但由于流域内自然保护区、风景名胜区众多，特别是长江上游珍稀特有鱼类国家级自然保护区的确定，将赤水河干流均划为保护区范围。流域水资源和水生态环境保护要求在一定程度上制约了流域经济社会发展，迫切需要建立流域生态补偿机制，保障流域水资源与水生态环境保护政策的有效性和长效性，实现流域保护与区域经济发展双赢的局面。

3 水生态保护与修复建议

3.1 强化流域水环境保护

3.1.1 加快经济结构调整，优化产业布局

根据国家的产业政策，密切结合区域的资源环境特点，优化产业布局。积极加快发展特色种植业，重点扶持和大力发展林业，优化和巩固畜牧、养殖和建材业；加强和提高以酿酒业为代表的农副产品深加工和与之配套的包装、装潢等产业；大力培育和发展特色工艺品及绿色产品等替代新兴产业；严禁建设化工等重污染类型工业，淘汰土法炼硫等不符合国家产业政策的产业、落后工艺和设备；按照国酒茅台生产环境保护和建设的要求，合理调整仁怀市城市发展方向；优化区域产业、产品结构，增强区域发展功能，满足流域水资源承载力和水环境承载力的要求，促进区域社会、经济、环境协调发展。

3.1.2 加强污染源控制

加强赤水河干流沿岸城镇污水和垃圾处理设施建设；加强对流域内威信、赤水、仁怀、习水、桐梓、合江、古蔺等重点江段污染源的监测，严格控制污染较重的企业的发展；赤水河沙滩乡及其上游干流段禁止开展畜禽与投饵水产养殖、水上娱乐等一切与保护水环境无关的活动；严禁利用溶洞、渗坑等排放废污水、堆放固体废弃物；茅台镇上游流域内严禁新建化工类、煤矿洗选、造纸和其他重污染型企业；关闭露天酿酒作坊、证照不全的酒类企业；抓好沙坝河和盐津河等污染严重河流的小流域综合治理。

3.1.3 加强水资源保护能力建设

完善赤水河流域地表水水质监测网络建设，强化重要省界、重要水源地和重要水域自动监测和远程监控，加强应对突发性水污染事故和应急监测的能力建设，开展干流、主要支流入江口等监督性巡测，加强水资源保护管理决策支持系统建设。

3.2 加强流域水生生物保护

3.2.1 开展物种资源保护

建立救护快速反应体系，对误捕、受伤、搁浅、罚没的水生野生动物及时进行救治、暂养和放生；人工增殖放流是保护鱼类种质资源和物种的重要手段，在赤水河干流茅台和合江以及桐梓河、习水河等较大支流建设增殖放流站，定期开展长薄鳅、黑尾近红鲌、青石爬鮡、中华倒刺鲃、白甲鱼、岩原鲤等珍稀特有鱼类的人工增殖放流。

3.2.2 生境保护与修复

针对赤水河干流及重要支流上已建的河道整治工程（包括防洪堤、护坡、护岸）以及河道采砂对支流水域生境造成的破坏，应采取相应的生态修复措施，开展河道形态再自然化研究、保证微生境结构复杂度和河流流态多样性，对支流破碎化和受损的水域生境进行必要的工程修复。影响不大的治理开发活动确有必要进行的，应充分论证，并采取必要的保护措施。

桐梓河、同民河等支流河口水域为鱼类的集中产卵场，应强化流域污染源控制，维护下游良好的水环境质量，保护鱼类重要生境；古蔺河已建引水式电站导致坝下河段减水，对水生生境影响较大，应加强监管，保障生态流量下泄。

3.2.3 加强水生生物监测体系建设

完善技术支撑体系，加强监测体系建设。在赤水河干流上、中、下游分设 1 个常规监测断面，在习水河、大同河、同民河、古蔺河、桐梓河、二道河等 6 条主要支流各设 1 个常规监测断面，对长薄鳅、异鳔鳅鮀、圆口铜鱼、细鳞裂腹鱼和长鳍吻鮈等珍稀特有鱼类资源、重要渔业资源变动、鱼类产卵场与繁殖地等进行监测。

3.3 强化支流生态流量管理

赤水河流域水利水电工程主要集中在支流，如古蔺河、桐梓河、习水河、大同河等，前期调查流

域内已建工程生态流量泄放执行力度较差。根据《生态环境部关于加强长江经济带小水电站生态流量监管的通知》（水电〔2019〕241 号），应坚持生态优先、绿色发展的原则，组织开展小水电生态流量确定、泄放设施改造、生态调度运行、监测监控等工作，切实加强小水电生态流量监督管理。对于流域内水电站，逐一核实生态流量保障情况，对不满足要求的水电梯级应明确生态流量目标，并开展生态流量泄放设施和监控设置建设。

此外，支流水库运行过程中，采用生态友好型的调度方式，确保下游生态需水量满足鱼类生长、繁殖等生命活动的需要。建议在 3—5 月产黏沉性卵鱼类的主要繁殖季节，尽量维持下游河段水位稳定，保障受精卵的正常孵化以及仔幼鱼的正常生长；在 6—7 月产漂流性卵鱼类的主要繁殖季节，根据上游来水情况，通过梯级联合调度营造一定洪水过程，以满足产漂流性卵鱼类的繁殖需求。

3.4 建立流域生态补偿体制机制

根据赤水河流域的生态功能定位，水资源和生态环境保护是赤水河流域管理的优先任务。建立赤水河流域生态补偿机制是加强水资源和生态环境保护的重要措施，对于保护珍稀特有鱼类、生物多样性、水环境和国酒茅台的生存与发展具有深远的意义。

赤水河流域生态补偿的重点领域是生态功能区保护、水源地保护和水质保护。建立赤水河流域生态补偿机制应坚持开发者保护和受益者补偿的原则、责权利统一原则、公平性原则、可持续性原则、政府与市场相结合原则。流域生态补偿标准的确定可主要参考各地生态保护者的投入和机会成本的损失，生态受益者的获利，生态破坏的恢复成本、支付意愿和受偿意愿，生态足迹等进行核算，采用自上而下和自下而上相结合的方法，经过补偿者和被补偿者协商，最终确定符合国家政策、补偿者和被补偿者都能接受的补偿标准。

赤水河流域生态补偿主体是国家、三峡集团公司和以茅台酒集团为代表的流域内受益企业；补偿对象是流域生态环境的保护者，包括地方政府、社会组织和个人，以及因生态保护导致的利益受损者，包括企业、居民和政府；补偿方式采用以政府补偿为主、市场补偿为辅，具体包括资金补偿、政策补偿、实物补偿、技术补偿和项目补偿。

构建赤水河流域生态补偿长效机制，完善赤水河流域生态补偿政策措施、制度建设，健全生态补偿法律法规，提高公众的生态补偿意识，将赤水河流域纳入国家生态补偿试点，保障流域生态补偿的顺利实施。

4 结论

赤水河流域具有独特的生态环境和资源优势，目前干流尚未修建水利工程，保持天然的河流特征，生态环境状况良好，水域生态系统较有代表性。目前赤水河干支流水质总体较好，鱼类多样性丰富，干流控制断面生态流量保障程度高，在当前长江大保护的背景下，针对当前流域存在的环境问题，应尽快落实相关的水生态环境保护措施，以期为流域经济社会高质量发展提供有效支撑。同时，需要开展流域水质、水文要素、水生生物资源的持续监测，掌握水生态环境变化的时空规律，为赤水河流域水生生物多样性保护、水资源与生物资源协调发展提供科学依据。

参考文献

[1] 水利部长江水利委员会．赤水河流域综合规划［R］．武汉：水利部长江水利委员会，2021.
[2] 刘飞，刘定明，袁大春，等．近十年来赤水河不同江段鱼类群落年际变化特征［J］．水生生物学报，2020，44（1）：122-132.
[3] 长江水资源保护科学研究所．赤水河流域综合规划环境影响报告书［R］．武汉：长江水资源保护科学研究所，2020.
[4] 刘飞．赤水河鱼类群落生态学研究［D］．武汉：中国科学院水生生物研究所，2013.

[5] 王俊．赤水河流域鱼类群落空间结构及生态过程研究［D］．武汉：中国科学院水生生物研究所，2015.
[6] 黎良，袁维林，刘飞．赤水河赤水市江段鱼类资源现状［J］．长江流域资源与环境，2015，24（11）：1884-1890.
[7] 吴金明，赵海涛，苗志国，等．赤水河鱼类资源的现状与保护［J］．生物多样性，2010，18（2）：162-172.
[8] 张登成，王孟，李斐，等．赤水河流域综合规划对鱼类资源的影响及保护对策研究［J］．环境科学与管理，2021，46（9）：35-40.
[9] 陈蕾，邱凉，翟红娟．赤水河流域水资源保护研究［J］．人民长江，2011，42（2）：67-70.
[10] 翟红娟，邱凉．赤水河流域水资源保护与开发利用［J］．环境科学与管理，2011，36（8）：38-40.

径流变化对河流廊道宽度影响研究

刘盈斐[1]　石瑞花[2]

(1. 中国水利水电科学研究院，北京　100038；
2. 中水东北勘测设计研究有限责任公司，吉林长春　130021)

摘　要：河川径流量级和频度的变化长期累积效应下会影响河流廊道内植被的组成和分布。本文分析了径流变化对河岸植被产生的影响；以植被群落的组成和分布为依据，提出一种“基于水位变动的植被群落宽度法”研究径流变化对河流廊道宽度，即植被分布的影响；以嫩江江桥水文断面为例，给出了该方法的原理和步骤。结果表明，枯水位、正常水位和设计高水位对应的流量是影响植被组成和分布的关键点，径流减小，无植被区分布范围扩大，草灌区和乔灌草区分布范围减小，河流生物活动的廊道范围缩减。

关键词：径流变化；河流廊道；廊道宽度；河岸植被；嫩江

1　引言

河流廊道是流域内以河流为纽带所维系的带状湿地，表现为沿河流分布而不同于周围基质的植被带，包括河道边缘、河漫滩、堤坝和部分高地。河流廊道宽度可以控制水流和矿物质养分的流动，对一些物种的迁移也起着通行或阻断作用，在河流生态系统中具有重要的功能意义。人类活动引起的径流变化强烈地影响着廊道内植被的组成、物候、结构和生产力[1]，季节性洪峰流量的丧失会导致岸边植被恢复力降低或消失，植被生长的速度减缓；长时间的小流量会导致水生生物聚集，植被减少、多样性消失；淹没时间的长短会影响植被的覆盖类型，如延长淹没时间，会导致植被功能发生变化，对树木产生致命的影响。

关于河流廊道宽度，目前国内开展了一些定性研究，国外一般是根据廊道的功能划分类型，然后通过耗时较长的试验给出满足某种功能特定的宽度值，如在保护河流生物多样性方面，Rabent[2] 提出保护鱼类、两栖类的廊道宽度值应大于 7 m；Cross and Brinson[2] 建议保护哺乳、爬行类动物的适宜廊道宽度值为 15～30 m；Newbold et al.[3] 提出保护无脊椎动物种群的廊道宽度值为 9～20 m；Spackman et al.[4] 认为保护鸟类种群的廊道宽度值为 75～175（150）m。在水土保持方面，Cooper et al.[5] 提出防止水土流失的适宜廊道宽度值为 30 m。在防治污染方面，Peterjohn et al.[6] 建议为了有效过滤硝酸盐，廊道宽度值为 16 m；Correllt et al.[2] 提出的控制磷的流失的廊道宽度值为 30 m；Keskitalo[2] 提出控制氮素的廊道宽度值为 30 m。

定性研究不能满足河流生态修复的需要，而试验又是耗时长、不经济的，且研究成果不具备通用性。不同的河流有不同的环境状况，从而应该对应不同的廊道宽度值。提出一种通用、可行的廊道宽度定量研究方法解决不同河流的具体情况是目前河流生态修复研究工作的难点和关键。本文尝试提出一种河流廊道宽度的定量研究方法，希望可以抛砖引玉。

2　数据资料与研究方法

2.1　研究区概况

嫩江是我国东北地区重要的河流，发源于大兴安岭伊勒呼里山中段南侧，海拔 1 030 m，河源至

作者简介：刘盈斐（1980—），女，副高级工程师，主要从事水文学与水资源研究与管理工作。

河口全长1 370 km，流域面积29.7万 km^2。近20年来，嫩江干游的调水工程、尼尔基和支流众多水库的修建等人为因素极大地改变了嫩江径流特征和形成规律，据卫星遥感影像解译数据，1986—2000年15年期间，湖泊减少了21.4%，沼泽减少了9.3%，草地减少了13.8%，旱田在1996—2000年5年期间增加了24.6%[7]。历史上，嫩江下游的大部分地区每隔一两年就被洪水淹没一次，洪水带来了维系植物生长的养分，形成了草原、沼泽、湖泊、森林带相间，沼泽湿地和河流湿地兼备的独特淡水湿地景观。1990年，位于嫩江右岸一级支流洮尔河上的察尔森水库建成，在此之前，嫩江流域未建设大型控制性水利工程。因此，本研究以1990年为界，1990年以前为天然状况，1990年以后为受人类活动影响期，并以嫩江下游段的江桥站水文断面为研究对象，见图1。

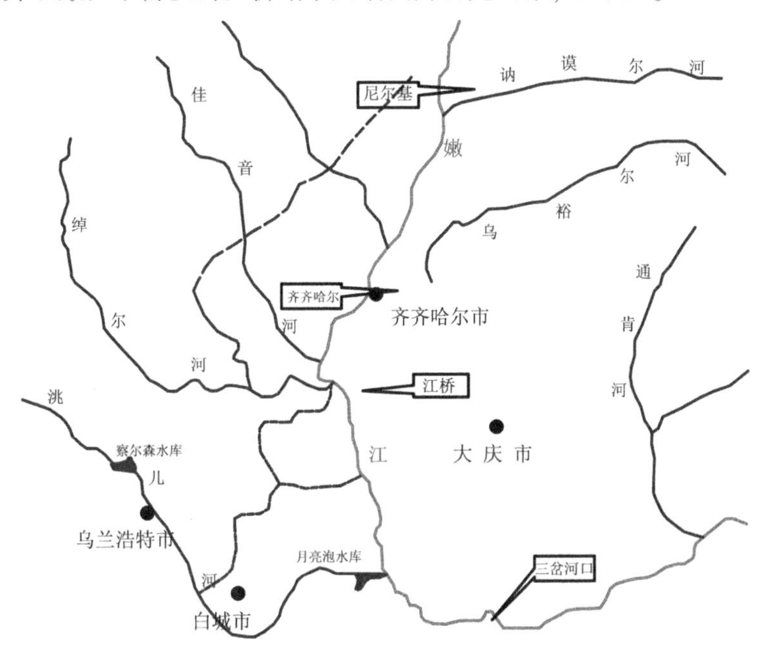

图1　嫩江下游段研究区位置示意图

2.2　河流廊道内植被群分布与水位关系研究——基于水位变动的植被群落宽度法

2.2.1　植被群分布划分

根据河流廊道内由水域向高地的植被群分布进行不同层次的划分。通过现场查勘，发现不同类型植被的分布宽度，尤其是植被交替过渡带与水位变动存在一定的关系，因此将河流廊道内沿河滩地分布的植被群落由水域向岗地划分为三个层次，见图2。

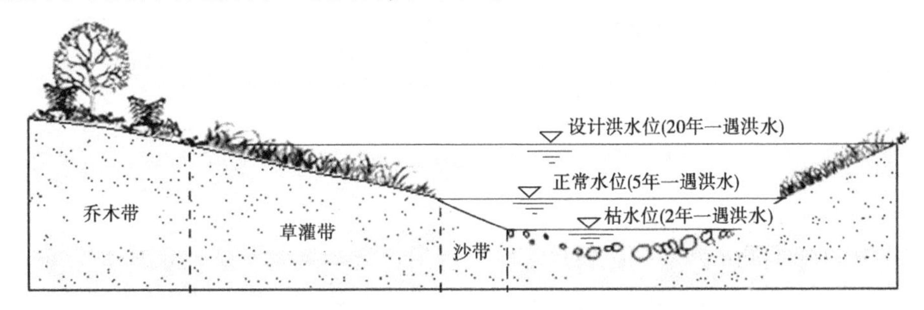

图2　河流廊道内植被群落分布与水位关系示意图

（1）沙带。位于枯水位和正常水位之间，该区内主要是沙滩地，没有植被。

（2）草灌带。位于正常水位和设计洪水位之间，该区内主要分布有草本及灌木。

（3）乔木带。位于设计洪水位之外，该区内柳树、杨树等大型乔木开始出现。

2.2.2　典型断面选取

利用水位-流量关系，求出设计洪水流量对应的水位，在实测大断面图上找到淹没点，根据淹没点可以分析植被群落分布范围的变化情况。

本文以嫩江下游的江桥站水文断面为研究对象，点汇 1969—1987 年的实测大断面，见图 3。由图 3 可知，1969—1987 年，江桥站水文断面的滩地、支槽历年变化在 1.0 m 左右，滩地变化不大，主槽变化较大，经综合比较，选择 1987 年（6 月）的实测大断面为典型断面。

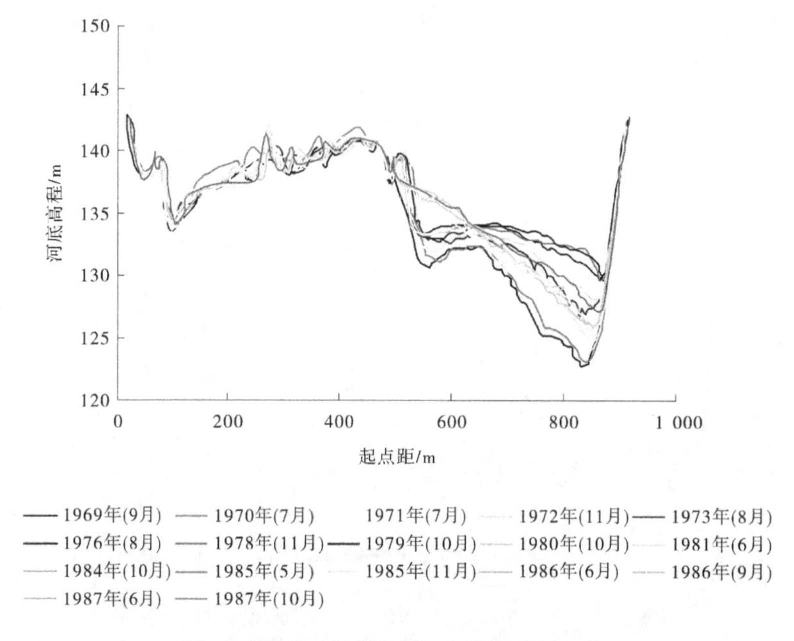

图 3 嫩江下游江桥站实测大断面比较

2.2.3 典型断面的水位-流量关系

根据江桥站典型年（1969—1987 年）实测流量和水位资料，利用 Excel 绘制水位-流量关系的 *XY* 散点图，为该散点图添加趋势线[8]。江桥站水文断面河道是复式断面，*XY* 散点图存在两条直线趋势线，从而得到江桥站水文断面的水位-流量关系，见图 4。

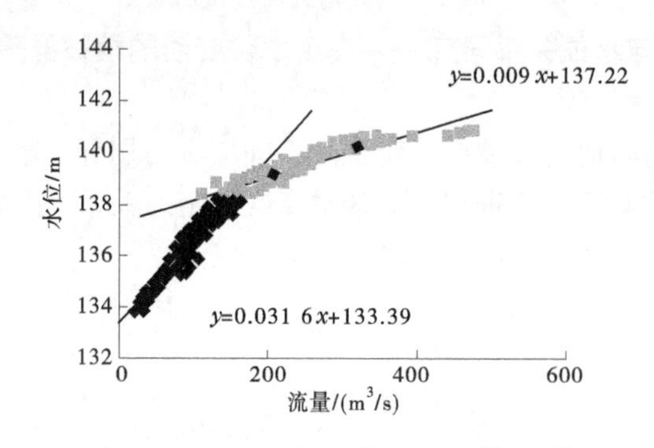

图 4 江桥站水文断面的水位-流量关系

2.2.4 植被群分布对应的水位和流量转折点

利用 1905—2000 年实测洪水系列，根据实测洪水洪峰流量系列及经尼尔基水库调节后洪水洪峰流量系列，按公式 $P=m/(n+1)$ 及 $P=M/(N+1)$ 计算经验频率。频率曲线线型选用 P-Ⅲ型，采用矩法公式计算并初估统计参数的均值和 C_v 值，C_s 按 C_v 的倍比取值，最后经适线法确定统计参数，得到尼尔基水库修建前后的洪水频率计算成果（见表 1）。

将表 1 中建库前后的流量值代入图 4 的水位-流量关系式，可得到建库前后各频率洪水对应的水位值，见表 1。将建库前不同频率洪水的水位值点汇在实测大断面上得到图 5。由图 5 可知，当 $P=0.5\%$ 时，洪水漫堤流入松嫩平原；当 $P\leqslant5\%$ 时，洪水在主槽内；当 $P=2\%$ 时，洪水淹没滩地。因此，本文选 $P=50\%$（2 年一遇洪水，相当于造床流量对应的枯水位）、$P=20\%$（5 年一遇洪水，对应正常水位)、$P=5\%$(20年一遇洪水，设计洪水位)、$P=1\%$(100年一遇洪水，堤防设计洪水位)这4个频率洪水位分析植被群落分布宽度的变化，并且做出如下定义：①无植被区，$P=50\%\sim20\%$；②草灌分布区，$P=20\%\sim5\%$；③乔木分布区，$P=5\%\sim1\%$。

表1　江桥站设计洪峰流量及水位

频率	0.5%	1%	2%	5%	10%	20%	50%
建库前流量/(m^3/s)	16 800	14 300	12 000	8 850	6 540	4 380	1 810
建库前水位/m	143.12	142.52	141.94	141.07	140.37	139.63	138.08
建库后流量/(m^3/s)	13 910	12 010	10 060	7 560	5 710	3 930	1 740
建库后水位/m	142.43	141.94	141.41	140.69	140.10	139.46	137.96

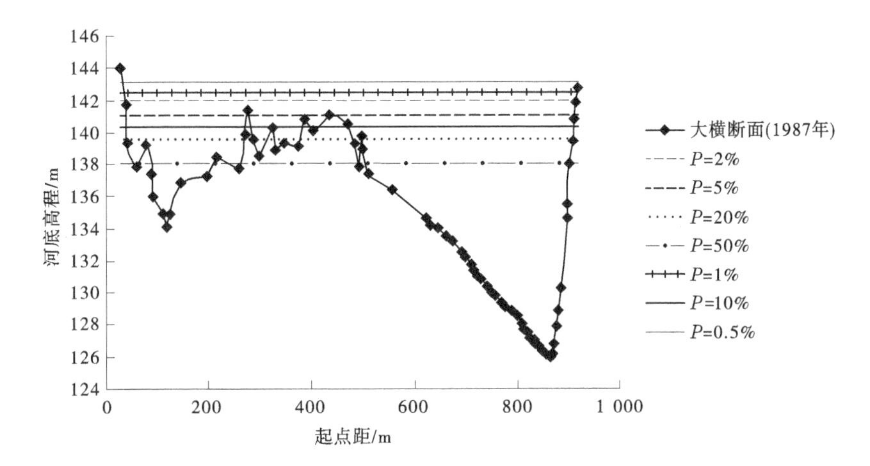

图5　建库前设计频率洪水位在实测大断面上的位置

3　结果与分析

按照上述方法点绘出建库后$P=50\%$、20%、5%、1%(100年一遇以上的洪水将淹没堤防)的水位在大断面上的位置，见图6，根据图5和图6计算径流变化对植被分布的影响，计算结果见表2。

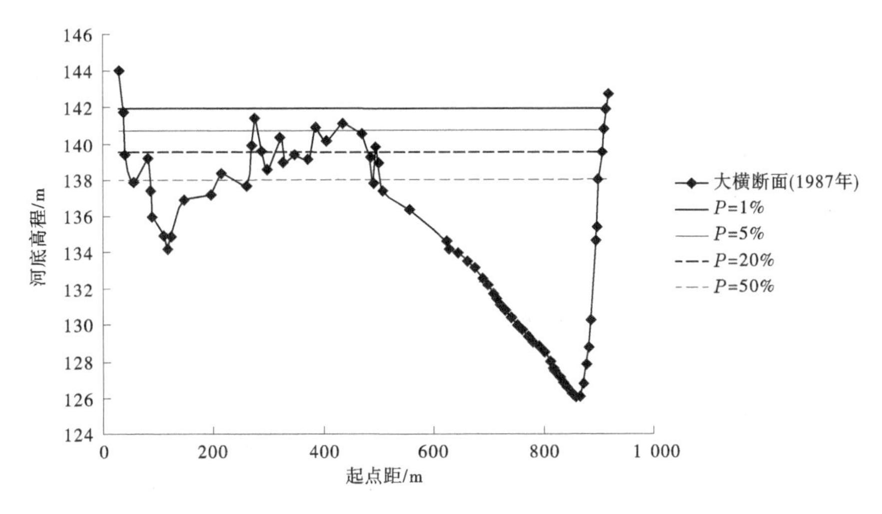

图6　建库后设计频率洪水位在实测大断面上的位置

表 2　建库前后各频率洪水水面和滩地宽度间距的变化　　单位：m

项目		$P=1\%$	间距	$P=5\%$	间距	$P=20\%$	间距	$P=50\%$
建库前	水面宽	883.12		869.47		734.19		556.54
	水面间距		13.65		135.28		177.65	
	滩地宽			3.28		134.67		289.80
	滩地间距				131.39		155.14	
	左岸水面线与大断面交点坐标	917.40		910.62		907.32		899.54
	左岸间距		6.78		3.29		7.78	
	右岸水面线与大断面交点坐标	34.28		37.87		38.47		53.20
	右岸间距		3.59		0.60		14.73	
建库后	水面宽	877.23		823.31		724.00		539.04
	水面间距		53.92		99.31		184.96	
	滩地宽			48.02		144.46		305.39
	滩地间距				96.43		160.94	
	左岸水面线与大断面交点坐标	913.92		909.37		907.00		899.05
	左岸间距		4.55		2.37		7.95	
	右岸水面线与大断面交点坐标	36.69		38.03		38.54		54.62
	右岸间距		1.34		0.51		16.07	
建库前后宽度变化①	水面宽	-5.89	40.27	-46.16	-35.97	-10.19	7.31	-17.50
	滩地宽			44.74	-34.96	9.79	5.80	15.59
	左岸	-3.48	-2.23	-1.25	-0.92	-0.32	0.17	-0.49
	右岸	2.41	-2.25	0.16	-0.09	0.07	1.34	1.42
	陆面宽②		**-4.48**		**-35.97**		**7.31**	

注：①建库前后宽度变化是建库后的值减去建库前的值，负值表示宽度减小，正值表示宽度变大。
②陆面宽指实测大断面上中间的滩地宽度和左右岸滩地宽度之和，表中的粗体部分反映了植被群落宽度的变化情况。

由表 2 可以看出，建库以后各频率洪水的水面宽度都较建库前有所缩小，滩地宽度相应增加。不同洪水频率形成的水面宽度间距增减不一，具体来讲，堤防内的陆面宽度 2 年一遇洪水和 5 年一遇洪水之间的间距变大，即建库后无植被区的宽度增加；5 年一遇洪水和 20 年一遇洪水之间的间距变小，即建库后草灌区的宽度减小；20 年一遇洪水和 100 年一遇洪水之间的间距变小，即建库后乔木区的宽度减小，其中草灌区的变化幅度最大，达到 35.97 m。由此可见，人类活动引起的径流变化是影响岸边植被群落分布的重要因素，表现为滩地植被分布范围缩小、滩地沙化，植被群落结构由乔、灌、草的多层次组合向单一化转变。

4　结论

河流生态系统受到人类活动的干扰与破坏已成为目前社会关注的焦点，受损河流的生态修复研究和实践正在受到人们的广泛重视。了解径流变化对河流廊道宽度或植被分布的影响情况，发挥已建工程的调蓄作用对有序开发水资源、逐步恢复和维持河流生态系统的服务功能、规避风险等具有重要意义。

本文提出的基于水位变动的植被群落宽度法包括五个步骤：①确定廊道范围内的植被类型并对植被群落进行分区；②选取典型断面；③拟合典型断面的水位-流量关系；④求出植被类型分布对应的水位和流量转折点，即将植被类型的分区情况对应到典型断面上；⑤根据分区情况，利用历史水文资料分析廊道宽度演变规律，并提出修复意见。

该方法实质上是一种河流廊道宽度的量化研究方法，它不是采用耗时长的模拟实验，而是通过河流真实演变过程的资料和数据分析得到的，解决了河流廊道生态修复过程中廊道宽度无法定量给出的问题，研究成果具有通用性和可操作性。

参考文献

[1] Jacob Bendix, Hupp C R. Hydrological and geomorphological impacts on riparian plant communities [J]. Hydrological Processes, 2000, 14: 2977-2990.

[2] Large A R G, Petts G E. Rehabilitation of river margins [J]. River Restoration, 1996, 71: 106-123.

[3] Newbold J D, Erman D C, Roby K B. Effects of logging on macroinvertebrates in streams with and without buffer strips [J]. Canadian Journal of Fisheries and Aquatic Science, 1980, 37: 1076-1085.

[4] Spackman S C, Hughes J W. Assessment of minimum stream corridor width for biological conservation: species richness and distribution along mid-order streams in Vermont [J]. USA Biological Conservation, 1995, 71: 325-332.

[5] Cooper J R, Gilliam J W, Jacobs T C. Riparian areas as a control of nonpoint pollutant [C] //Correll D L ed. Paper presented at: Watershed Research Perspectives. Washington D C: Smithsonian Institution Press, 1986.

[6] Peterjohn W T, Correl D L. Nutrient dynamics in an agricultural watershed: Observations of the role of a riparian forest [J]. Ecology, 1984, 65 (5): 1466-1475.

[7] 徐东霞，章光新，尹雄锐．近 50 年嫩江流域径流变化及影响因素分析 [J]．水科学进展，2009，20（3）：416-421.

[8] 贾艳红．松花江中下游河相特性分析 [D]．哈尔滨：哈尔滨工业大学，2005.

引黄灌区农业面源污染生态治理模式浅析

韩　冰[1,2,3]　张　杨[1,2,3]　陈融旭[1,2,3]

（1. 黄河水利科学研究院，河南郑州　450003；
2. 河南省黄河水生态环境工程技术研究中心，河南郑州　450003；
3. 河南省黄河流域生态环境保护与修复重点实验室，河南郑州　450003）

摘　要：随着现代农业的快速发展，化肥、农药的大量使用使得黄河流域农业面源污染负荷居高不下，流域河湖水质受到严重影响。本文通过文献整理分析了黄河流域典型区域农业面源污染特征，总结了我国农业面源污染生态治理技术研究进展，结合引黄灌区灌排渠系特征、农村水系连通建设，提出了基于输移过程拦截和原位处理的分布式农业面源污染生态治理模式，为引黄灌区农业面源污染生态治理提供参考。

关键词：黄河；引黄灌区；农业面源污染；生态治理

黄河流域农耕历史悠久，是我国主要农业区之一，分布有大型灌区 84 处、中型灌区 663 处，2018 年灌溉面积达 1.26 亿亩，粮食产量约占全国总产量的 1/3。随着黄河流域现代农业的快速发展，农业面源污染在流域污染总量中的占比不断攀升。陶园等[1] 基于两次全国污染源普查数据对黄河流域农业面源污染时空变化的分析结果表明，与 2006 年相比，2017 年黄河流域污染物排放总量显著减少，但农业源产生的化学需氧量、氨氮污染量占污染总量的比例分别增加至 56% 和 83%。流域农业面源污染治理成为新时期黄河流域生态保护的重要课题，探索绿色、经济、高效的农业面源污染治理模式成为黄河流域尤其是引黄灌区的重大科技需求。

当前，我国持续开展农村水系连通和坑塘治理、“水美乡村”建设等一系列农村生态工程，为在土地平坦广阔、灌排渠系丰富、大小村落散布的广大引黄灌区推广基于污染拦截和原位处理的分布式农业面源污染生态处理模式提供了政策机遇。本文分析了黄河流域典型区域农业面源污染特征，总结了我国农业面源污染生态治理技术研究进展，提出了适宜引黄灌区农业面源污染生态治理的分布式处理模式，为引黄灌区农业面源污染生态治理提供了新的思路。

1　典型灌区农业面源污染负荷发展趋势

黄河流域分布有河套平原、汾渭平原、黄淮海平原等粮食主产区，这些区域农业面源污染负荷均呈现逐年增加的态势，对河湖水系水质造成了严重的影响。尽管我国在加强现代农业建设方面持续开展了许多工作，如推进节水农业、测土配方施肥、作物病虫害生态防治、种植结构优化等措施，但由于黄河流域农业种植规模庞大、果菜需求不断增加，化肥、农药的需求随之增加，未来一段时间内，农业面源污染仍将保持较高负荷。

1.1　河套平原

河套平原分布有黄河流域 3 个特大型灌区之一的河套灌区。河套灌区西与乌兰布和沙漠相接，东

基金项目：国家自然科学基金（51979120）；中央级公益性科研院所基本科研业务费专项（HKY-JBYW-2019-10，HKY-JBYW-2021-05）；黄科院科技发展基金资助项目（黄科发 202002）。

作者简介：韩冰（1985—），男，工程师，主要从事水生态治理修复研究工作。

通信作者：陈融旭（1990—），女，工程师，主要从事水生态治理修复研究工作。

至包头市郊区，南临黄河，北靠阴山，东西长250多km，南北宽40~60 km，总土地面积1 679.3万亩。引黄灌溉面积达1 000多万亩（2018年），占总土地面积的59.5%，是全国重要的商品粮油基地[2]。

据报道，河套灌区近年来化肥施用量高达1 050 kg/hm^2，远高于352 kg/hm^{2}的全国平均水平，其中氮肥施用量达到340 kg/hm^2，远高于我国小麦氮肥169 kg/hm^{2}的推荐用量。曹连海等[3]利用水足迹评价理论对河套灌区的农业面源污染进行评价，发现2005—2008年河套灌区化肥、农药的灰水足迹有逐年增大的趋势，存在化肥和农药利用率较低的情况。河套灌区的农业面源污染集中表现在总排干沟及乌梁素海的水污染。根据杨明利等[4]的研究，2001年之后，总排干沟水质每况愈下，直至2010年才开始有所好转。贾红梅等[5]总结了2002—2009年总排干和乌梁素海氮污染特征，发现其间4月总排干氮污染最严重，乌梁素海年际变化规律不明显，入口处受总排干的影响，氮污染严重，常年属Ⅴ类水，湖中和出口处水质好转，但仍属Ⅳ类水。田志强等[6]对2009—2017年总排干氮污染负荷进行了估算，发现2012年之后点源污染得到有效控制，农业面源氮污染加剧，总体上氮污染得到一定的控制。孙鑫等[7]通过采样调查发现，2016年乌梁素海总氮平均浓度在秋季达到最高（2.9 mg/L），总磷平均浓度在冬季达到最高（0.1 mg/L）。由于乌梁素海氮、磷浓度沿入口处向外呈梯度分布，总排干入口处附近氮、磷浓度应较平均浓度更高，可见乌梁素海农业面源污染仍处于较高水平。

1.2 汾渭平原

汾渭平原是黄河流域汾河平原、渭河平原及其周边台原阶地的总称，北起山西省阳曲县，南抵陕西省秦岭山脉，西至陕西省宝鸡市，呈东北—西南方向分布，长约760 km，宽40~100 km，土地总面积7万km^2，是黄河中游最大的冲积平原。汾渭平原地势平坦，耕地集中连片，是黄河中游区光热水土条件匹配最好的区域，农业开发历史悠久，水利灌溉发达，农业机械化程度高。

据报道，汾河流域平均化肥施用量从1979年的244.5 kg/hm^{2}增加到2012年的667.5 kg/hm^2，化肥平均利用率仅为30%~35%[8]。汾渭平原农业生产过剩氮由2006年的112万t增加到2014年的137万t[9]。霍岳飞等[10]对汾河水库及主要入库河流水质进行了分析，发现2002—2011年总氮和COD（化学需氧量）超标严重，主要来自生活污染和农业面源污染。董雯等[11]对渭河西安—咸阳段水质进行了调查，发现总氮、总磷浓度范围分别为0.80~47.5 mg/L和0.01~5.38 mg/L，其中农业面源污染贡献率占35%，而流域内以耕地为主的沣河农业面源污染负荷占60%左右。刘吉开等[12]预测未来渭河流域陕西段总氮、总磷负荷增加，农业面源污染问题将越来越突出。

1.3 黄淮海平原

黄淮海平原即华北平原，是我国第二大平原，面积广袤、地势低平，是典型的冲积平原，北抵燕山南麓，南达大别山北侧，西倚太行山—伏牛山，东临渤海和黄海，跨越京、津、冀、鲁、豫、皖、苏7个省（直辖市）。土地面积30万km^2，土层深厚、土质肥沃，耕作历史悠久，是以旱作为主的农业区，粮食作物以小麦、玉米为主。黄河流域内黄淮海平原主要分布有河南和山东两省的部分地区。

黄淮海平原2006年和2014年过剩氮分别达600万t和643万t，呈上升趋势[9]。陈冲[13]的研究表明，1978—2012年，河南、山东两省农业氮/磷过剩量均值分别达182.5万t/35万t、252.8万t/52.6万t，主要来源为农业种植和畜牧养殖，且仍存在进一步加重的风险。据报道，2010年东平湖上游大汶河流域内农业源氮、磷污染排放量分别占排放总量的74.5%、83.9%，表明农业面源污染已成为流域内最大的污染源[14]。

2 引黄灌区农业面源污染迁移转化特征

2.1 农业面源污染迁移转化规律

农业面源污染往往来源于化肥、农药的过量使用和畜禽养殖废水排放，具有广泛性、随机性、脉冲性的特点，通过农田漫灌、降水径流、地下渗漏和自然挥发等途径进入河湖水体[15]。吴晓妮等[16]

对不同农田种植方式（蔬菜地、玉米地、大棚种植区）周边典型自然沟渠及土质沟渠进行自然降雨过程中径流氮、磷含量进行了分析，发现蔬菜地和大棚种植区的农田径流氮含量高于玉米地，大棚种植区径流的磷含量显著高于蔬菜地和玉米地。降雨是影响径流污染物含量的最重要因素之一，但天然沟渠对氮、磷的拦截效应有限。王晓玲等[17] 的研究显示，降雨径流越大，生态沟渠的氮、磷拦截效果越差，表明降雨对农业面源污染的净化有负面影响。余红兵等[18] 对灌溉和降雨条件下生态沟渠水体氮、磷变化特征进行监测研究，发现灌溉初期氮、磷输出最高，灌溉后和降雨后均开始递减。以上研究表明，农业面源污染迁移虽然具有一定的规律，但影响其迁移的途径如农田灌溉、降水径流等具有一定的不确定性。农业面源污染往往表现出某一时段或某一河段的高污染负荷，继而持续较长时间的降解过程，这使得其对水质产生较大的危害，又对其在水环境中自然降解不利。在当前源头治理进展缓慢的情况下，输移过程污染物拦截和污染水体原位治理成为农业面源污染治理的主要途径。

2.2 灌排体系对农业面源污染迁移转化的影响

黄河流域灌区一般都具有完善的灌排体系，农田退水通过排水系统进入下游天然水体，其挟带的氮、磷等污染物对下游水体的水质造成一定的冲击。在这条农业面源污染输移途径上，排水系统和下游受纳水体都应是农业面源污染防治工程首先考虑的实施部位。

黄河流域灌区众多，各灌区渠系丰富，往往由干、支、斗、农、毛渠及沟畦构成。以河套灌区为例，灌区共分为五个灌域：一干灌域、解放闸灌域、永济灌域、义长灌域和乌拉特灌域。灌区的设计灌溉面积为 1 100 万亩，实际灌溉面积为 861 万亩。灌区现有总干渠 1 条，干渠 13 条，分干渠 48 条，支、斗、农、毛渠 8.6 万多条；排水系统有总排干沟 1 条，干沟 12 条，分干沟 59 条，支、斗、农、毛沟 1.7 万多条，各类建筑物 13.25 万座[19]。另外，河套灌区还分布有大小湖泊、海子和湿地。灌区的斗渠衬砌采用土壤固化剂预制板，农渠采用混凝土整浇 U 形渠道，毛渠采用未衬砌梯形断面，灌溉方式为畦灌[20]。灌区农作物灌溉，分夏灌、秋灌和秋后灌三个阶段，夏灌从 5 月上旬到 6 月底，秋灌从 9 月初到 9 月中旬。这两个阶段的灌水都是作物生长期的灌溉。秋后灌是作物收割后的储水灌溉，每年从 10 月初开始至 11 月初结束。灌区退水则由各排水沟汇至总排干和 7 排干、8 排干、9 排干汇入乌梁素海，经退水渠退入黄河。

黄河下游灌区渠系布置与河套灌区相似。以濮阳市南小堤灌区为例，具有总干渠 1 条，长 35 km，建筑物 111 座，；干渠 6 条，长 69 km，建筑物 412 座；支渠 19 条，长 121 km，建筑物 515 座；斗农渠 1 247 条，长 1 207 km，建筑物 3 389 座；配套干沟 4 条，长 109 km，建筑物 230 座；支沟 10 条，长 123 km，建筑物 335 座；灌区内沟渠纵横，机电井星罗棋布。黄河下游灌区普遍采用“集中水流快浇”的轮灌制度，在每级渠道的下级渠道轮流配水[21]。灌溉退水往往在沟渠内保留用于地下水补给，降雨量大时通过沟渠退水进入下游天然河道。

3 我国农业面源污染生态治理现状

农业面源污染往往通过雨水冲刷、灌溉退水、水产养殖等途径进入周边水体，导致河流水质恶化、湖泊富营养化等问题[22]。基于从这些输移途径进行氮、磷拦截的角度，近年来出现了一些以水生植物为主体的农业面源污染治理技术，主要有生态沟渠、稳定塘、人工湿地等。

3.1 生态沟渠

生态沟渠是指具有一定宽度和深度，由水、土壤和生物组成，具有自身独特结构并发挥相应生态功能的农田沟渠生态系统，又称农田沟渠湿地生态系统[23]。生态沟渠常栽植湿生植物、挺水植物、沉水植物等，对氮、磷拦截效应明显，常用于农田退水、养殖废水、水产养殖水体的净化，具有占地少、造价低、易管理等优势[24-26]。顾兆俊等[27] 的研究显示，美国、加拿大有 65%的农田利用沟渠网排水，并提出水产养殖和其他农业生产废水均应通过生态沟渠排放，以有效控制农业面源污染。有研究表明[28]，与简易土质排水沟渠和混凝土板型沟渠相比，生态沟渠对农田径流水中的氮、磷元素可以起到拦截作用。李伟[29] 针对菜地中三种沟渠的氮、磷拦截能力进行了比较，得到了相同的结论。

据报道，生态沟渠常用于稻田排水，并具有良好的氮、磷拦截效果。例如，王振旗等[30]利用三维植物网护坡技术，构建了一种抗侵蚀型稻田生态沟渠，其48 h总氮、总磷去除率分别可达57.8%和45.3%；叶振威等[31]对平原河网地区生态沟渠的氮、磷拦截效率进行了研究，发现水稻生育期生态沟渠对农田径流氮、磷的去除效果良好。

生态沟渠作为湿地生态系统的一种形式，主要是以水生植物为基础构建的水生生态系统发挥氮、磷拦截的生态功能。刘泉等[32]通过研究发现，有水草的生态沟渠段比无水草段对氮、磷含量的削减有显著效果。余红兵[33]对几种植物在生态沟渠中的氮、磷去除能力进行了比较，发现与铜钱草、灯心草相比，穗花狐尾藻和美人蕉对氮、磷的吸收能力最强，年富集量也最大。由此可见，沉水植物在生态沟渠中具有良好的应用潜力，可通过与挺水植物间的合理配置发挥其生态功能。

3.2 稳定塘

稳定塘旧称氧化塘或生物塘，是一种利用天然净化能力对污水进行处理的构筑物的总称。通常是将土地进行适当的人工修整，建成池塘，并设置围堤和防渗层，依靠塘内生长的微生物来处理污水。其净化过程与自然水体的自净过程相似，主要利用菌藻的共同作用处理废水中的有机污染物。稳定塘污水处理系统具有基建投资和运转费用低、维护和维修简单、便于操作、能有效去除污水中的有机物和病原体、无须污泥处理等优点。在我国，特别是缺水干旱的地区，稳定塘是实施污水资源化利用的有效方法。

近些年，稳定塘在农业面源污染防治方面应用越来越广泛。邹红仙[34]利用改进型稳定塘技术对接纳大棚种植区农业面源污染的地表水进行处理，发现以黑藻、马来眼子菜等沉水植物为主的沉水植物塘对氨氮、总氮和总磷的净化效果较好，7 d去除率达68%~89%，稳定塘系统对氨氮、总氮和总磷的7 d去除率达到74%~99%。常雅军等[35]采用接触氧化塘、稳定塘和沉水涵养塘耦合的多功能生态塘进行水产养殖废水的净化效果研究，发现其对总氮、总磷和氨氮均有良好的去除效果。潘涌璋等[36]利用高级综合稳定塘技术对养猪场废水进行了处理，结果表明，在废水COD_{Cr}（化学需氧量，重铬酸钾法）为15 899 mg/L、BOD_5（五日生化需氧量）为10 840 mg/L、氨氮为1 283 mg/L和SS（悬浮固体）为3 024 mg/L的条件下，出水COD_{Cr}为71.5 mg/L、BOD_5为23 mg/L、氨氮为66.5 mg/L和SS为34 mg/L，几种污染物去除率均达95%以上。用于处理农村生活污水的稳定塘出水水质稳定，其出水可实现污水资源化，用于绿化、农田灌溉等[37]。与生活污水相比，受到农业面源污染的水体经稳定塘处理后资源化利用风险更小，在农田灌溉、水产养殖方面有更广泛的应用前景。

3.3 人工湿地

人工湿地是一种以水生植物生态系统为主体处理污水的技术，具有氮、磷去除能力强，投资低，处理效果好，操作简单，运行维护费用低等优点[38]。按照水流方式的不同主要分为四种类型：表流型湿地、潜流湿地、垂直流湿地和潮汐流湿地。人工湿地系统在我国广大城镇和农村地区的农业面源污染治理方面具有良好的应用前景。汪庆兵等[39]对人工湿地系统的农业面源污染氮、磷削减作用进行了研究，发现某河小流域湿地复合系统全年平均总氮去除率达到60%以上，平均总磷去除率达到78%以上。范志锋等[40]的研究发现，复合型人工湿地对农业面源污染水体中氮、磷和重金属去除效果明显，出水完全达到温室蔬菜灌溉水环境质量标准的要求。另外，人工湿地对养殖废水的氮、磷去除也有较好的效果[41]。

近些年，人们将人工湿地与水产养殖、水稻种植等相结合，取得了较好的经济效益。例如，李谷等[42]将人工湿地应用到池塘养殖，在提高养殖产品档次、改善养殖产品质量、节约水资源及有效解决废水排放等方面有良好效果。据报道，稻田人工湿地作为人工湿地的一种特殊形式，对氮、磷的去除应用与基础研究较多，在稻田氮、磷迁移转化规律和人工湿地水处理机制方面有较为丰富的成果，且得到了较为广泛的推广应用，但在系统化、精细化控制等技术模式方面还需进一步研究[43]。

4 适宜引黄灌区农业面源污染生态治理模式

本文统筹考虑引黄灌区农业面源污染特点及迁移规律，充分利用灌区排水体系和农村废弃沟道、坑塘，依托农村水系连通和坑塘治理、“水美乡村”建设等农村生态工程，构建了基于输移过程拦截和原位治理的分布式农业面源污染生态治理模式（见图1）。该生态治理模式以水生植物为主体，以村构建沟塘串联的生态净化单元，形成逐级净化的生态净化节点，通过多节点有机结合，对农业面源污染水体全面深度净化，出水可用于生态景观用水和灌溉用水（见图2）。

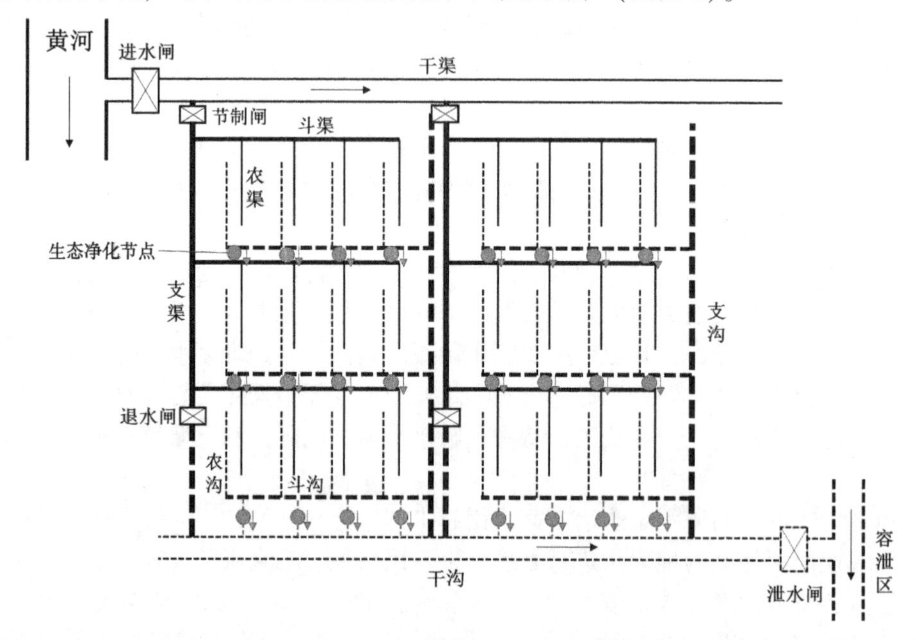

图1　分布式农业面源污染生态治理模式构想

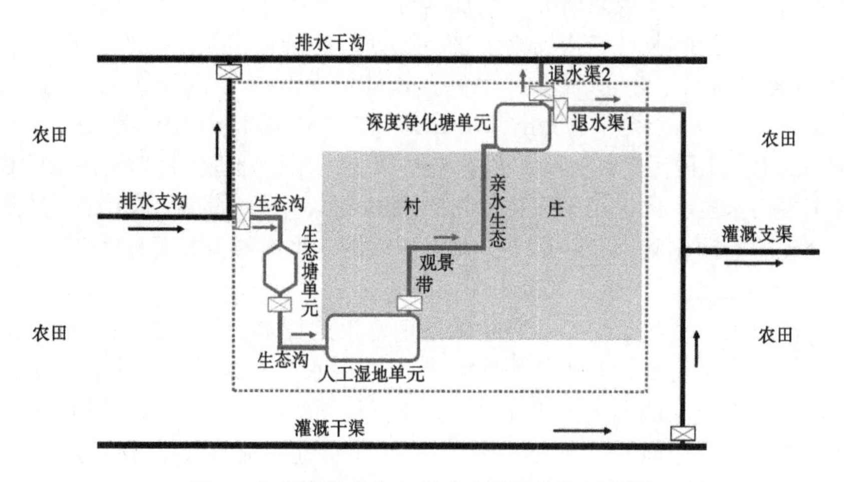

图2　生态净化节点各级生态单元结构示意图

该生态治理模式中生态净化节点主要包括以下生态净化单元：一级生态沟+生态塘单元、二级生态沟+人工湿地单元、亲水生态景观带+深度净化塘单元等，通过三级生态净化使高污染负荷水体净化为符合地表水Ⅲ类标准的水体。其中，一级生态沟作用为去除进水中的大部分悬浮颗粒物，大幅提高水体透明度；生态塘单元作用为调节水体水量，并大幅去除水体中的氮、磷等污染物，为人工湿地单元提供适宜的进水条件；二级生态沟作用为进一步去除水中的悬浮颗粒物，为人工湿地单元提供适宜的水体透明度；人工湿地单元是以水生植物为主构建的湿地系统，主要作用是发挥挺水植物和沉水植物的水体净化功能，去除水体中的氮、磷等污染物，使水质达到接近地表水Ⅴ类标准，为亲水生态景观带提供生态用水；深度净化塘单元作用为接纳亲水生态景观带出水，通过深度净化将水质提升到地表水Ⅲ类标准。

参考文献

[1] 陶园，徐静，任贺靖，等．黄河流域农业面源污染时空变化及因素分析［J］．农业工程学报，2021，37（4）：257-264.

[2] 李琴．建国以来河套灌区水利事业发展视域下的社会变迁研究［M］．呼和浩特：内蒙古师范大学，2019.

[3] 曹连海，吴普特，赵西宁，等．内蒙古河套灌区粮食生产灰水足迹评价［J］．农业工程学报，2014（1）：63-72.

[4] 杨明利，赵峰．河套灌区水污染防治建议［J］．内蒙古水利，2013（1）：61.

[5] 贾红梅，李青丰，胡杨，等．河套灌区总排干沟沿程及乌梁素海污染特征［J］．环境与发展，2012（4）：72-78.

[6] 田志强，霍轶珍，韩翠莲，等．河套灌区总排干沟氮污染负荷分割与估算［J］．内蒙古农业大学学报（自然科学版），2019，40（3）：75-79.

[7] 孙鑫，李兴，李建茹．乌梁素海全季不同形态氮磷及浮游植物分布特征［J］．生态科学，2019，38（1）：64-70.

[8] 王国安，牛静．中国农业面源污染的成因及治理——基于汾河流域研究成果［J］．世界农业，2012（3）：69-71.

[9] 郑微微，易中懿，沈贵银．中国农业生产水环境承载力及污染风险评价［J］．水土保持通报，2017，37（2）：261-267.

[10] 霍岳飞，王尚义．山西省汾河水库水环境质量研究［J］．山西师范大学学报（自然科学版），2019，33（4）：96-100.

[11] 董雯，王瑞琛，李怀恩，等．渭河西咸段水质时空变异特征分析［J］．水力发电学报，2020，39（11）：82-91.

[12] 刘吉开，万甜，程文，等．未来气候情境下渭河流域陕西段非点源污染负荷响应［J］．水土保持通报，2018，38（4）：82-86.

[13] 陈冲．黄淮海平原农业面源污染与农业产出增长——基于1978—2012年面板数据的实证研究［J］．青岛农业大学学报（社会科学版），2014（3）：25-30.

[14] 栗文佳，陈影影，于世永，等．近40年来东平湖水环境变迁及驱动因素［J］．环境工程，2018，36（10）：53-57.

[15] 肖文涛．农村面源污染特点及成因浅析［J］．中国新通信，2016，18（11）：107.

[16] 吴晓妮，付登高，段昌群，等．柴河流域种植方式与沟渠类型对农田径流氮、磷含量的影响［J］．水土保持学报，2016，30（6）：38-42.

[17] 王晓玲，乔斌，李松敏，等．生态沟渠对水稻不同生长期降雨径流氮磷的拦截效应研究［J］．水利学报，2015，46（12）：1406-1413.

[18] 余红兵，肖润林，杨知建，等．灌溉和降雨条件下生态沟渠氮、磷输出特征研究［J］．长江流域资源与环境，2014，23（5）：686.

[19] 汪雨．河套灌区灌溉水利用系数计算及农业用水总量分析［M］．扬州：扬州大学，2017.

[20] 王海宏，龚时宏，王建东，等．内蒙古河套灌区末级渠系改造模式优化研究［J］．灌溉排水学报，2016，35（1）：89-93.

[21] 吉光泽．引黄灌区渠系优化配水技术［J］．水利水电技术，1992（8）：46-48，17.

[22] 杨林章，王德建，夏立忠．太湖地区农业面源污染特征及控制途径［J］．中国水利，2004（20）：29-30.

[23] 李昱，孟冲，李亮，等．生态沟渠处理农业面源污水研究现状［C］//中国环境科学学会．2019中国环境科学学会科学技术年会论文集（第二卷）．［出版者不详］，2019.

[24] 张树楠，肖润林，刘锋，等．生态沟渠对氮、磷污染物的拦截效应［J］．环境科学，2015，36（12）：4516-4522.

[25] 陶玲，李谷，李晓莉，等．基于固着藻类反应器的生态沟渠构建［J］．农业工程学报，2011（1）：297-302.

[26] 陈海生，王光华，宋仿根，等．生态沟渠对农业面源污染物的截留效应研究［J］．江西农业学报，2010，22（7）：121-124.

[27] 顾兆俊，刘兴国，程果锋，等．生态沟渠在淡水池塘养殖废水治理中的作用及构建技术［J］．科技创新与应用，2019（26）：127-132.

[28] 田上，沙之敏，岳玉波，等．不同类型沟渠对农田氮磷流失的拦截效果［J］．江苏农业科学，2016，44（4）：373-377.

[29] 李伟．菜地排水氮、磷的高效生态拦截技术研究［M］．北京：中国科学院研究生院，2010.

[30] 王振旗，沈根祥，钱晓雍，等．抗侵蚀型生态沟渠构建及其稻田应用效果［J］．环境工程学报，2014，8（9）：

4047-4052.
[31] 叶振威，张鸣，陈义浦，等．平原河网区农田渗滤沟道及氮磷拦截效果试验研究［J］．水利与建筑工程学报，2018，16（6）：239-243.
[32] 刘泉，李占斌，李鹏，等．汉江水源区生态沟渠对径流氮、磷的生态拦截效应［J］．水土保持通报，2016，36（2）：54-58.
[33] 余红兵．生态沟渠水生植物对农区氮磷面源污染的拦截效应研究［M］．长沙：湖南农业大学，2012.
[34] 邹红仙．改进型稳定塘系统净化地表水的模拟研究［M］．昆明：云南大学，2014.
[35] 常雅军，陈婷，周庆，等．多功能生态塘对高密度水产养殖尾水的净化效果［J］．江苏农业学报，2018，34（2）：340-346.
[36] 潘涌璋，唐纪进．高级综合稳定塘处理养猪场废水［J］．水处理信息报导，2005（1）：58.
[37] 吴召富．南四湖流域农村生活污水现状调查与处理工艺研究［D］．青岛：中国海洋大学，2014.
[38] 许春华，周琪，宋乐平．人工湿地在农业面源污染控制方面的应用［J］．重庆环境科学，2001，23（3）：70-72.
[39] 汪庆兵，张建锋，刘光彦，等．人工湿地系统对农业面源污染 TN/TP 的消减作用——以安吉县深溪河小流域为例［J］．中国农学通报，2014，30（23）：197.
[40] 范志锋，李平，王丽卿，等．复合型人工湿地系统在农业面源污染水处理上的应用［J］．上海海洋大学学报，2010（2）：259-264.
[41] 杨长明，顾国泉，邓欢欢，等．风车草和香蒲人工湿地对养殖水体磷的去除作用［J］．中国环境科学，2008（5）：89-93.
[42] 李谷，钟非，成水平，等．人工湿地-养殖池塘复合生态系统构建及初步研究［J］．渔业现代化，2006（1）：12-14.
[43] 郭海瑞，赵立纯，窦超银．稻田人工湿地氮磷去除机制及其研究进展［J］．江苏农业科学，2018，46（6）：23-26.

小流域生态补偿机制的探索与应用
——以厦门汀溪流域为例

刘国庆

（福建省厦门水文水资源勘测分中心，福建厦门　361011）

摘　要：厦门市土地面积小、水资源紧缺、人口密度大，加之不合理开发利用，导致汀溪流域水资源大为减少，水环境恶化和生态系统退化。为了改善与恢复汀溪流域生态系统，需要对流域的生态建设者和受损者进行补偿。本文论述了汀溪流域现有的生态补偿政策，明晰了生态补偿基本原则和考核奖惩机制，阐明了汀溪水库上游流域进行生态补偿的必要性与合理性，探讨了生态补偿机制构建的驱动力，系统分析了汀溪流域上游12个行政村2016—2020年的水质情况，对执行评估进行深刻剖析，为构建及完善小流域生态补偿机制奠定基础。

关键词：生态补偿；汀溪流域；厦门

生态补偿作为一种新型的环境管理制度[1]，在协调生态环境保护各种利益关系、维护社会公平等方面起到了显著的作用，流域生态补偿最早起源于德国1976年开始实施的Engriffsregelung政策和美国1986年实施的湿地保护No-net-loss政策[2]，其实质就是通过一定的政策手段实行生态保护外部性的内部化，让生态保护的受益者支付相应的费用，使生态建设和保护者得到补偿，通过制度创新解决好生态投资者的回报，激励人们从事生态保护投资并使生态资本增值[3]。当前，国内生态补偿的研究处于高速发展阶段，对流域生态补偿特别是小流域生态补偿机制的研究还较少。本文从小流域生态补偿机制的应用入手，以保护生态环境和保障当地居民发展权为目标，对汀溪流域生态补偿机制做了探讨，为小流域生态补偿机制的永续发展及加快当地经济社会发展提供科学参考。

1　汀溪流域生态补偿的必要性和重要性

厦门汀溪水库修建于20世纪60年代，作为厦门地区重要的生产生活水源地，长期承担着饮用、灌溉、工业用水供水任务。由于经济建设初期对环境保护认识不足，汀溪流域周边填塘平沟、截弯取直、破坏天然水道现象屡有发生，早期的防洪工程建设中，河道硬质化，渠道暗涵化，明沟“三面光”，流域水资源外供量大，留给流域自身发展用量不足，生态水量缺乏，景观环境水位难以保持，水生动植物生存条件差，环境容量有限，环境承载力不足，生态系统脆弱[4]，周边村落在落实农业生产承包责任制后较为注重农产品产量，对化肥施用等控制较少，加之家禽家畜养殖业兴起，导致流域及水库水质进一步恶化。根据厦门水环境监测中心数据，汀溪流域及水库水质自2000年后逐步恶化，总磷与总氮超标现象时有发生。

如今汀溪水库饮用水源水质是环保目标责任书考核、创模复核以及国家级生态市创建必须考核的指标，厦门市政府于2013年试点启动汀溪流域生态补偿工作，随着该工作的大规模展开，人们开始了解生态补偿状况，了解生态补偿的好坏及程度，同时发现提高生态补偿的质量、效率和公平性的必要性。

作者简介：刘国庆（1986—），男，工程师，主要从事水环境监测与水生态评价工作。

2 汀溪流域现有生态补偿政策

2012 年，厦门市政府编制了《同安汀溪水库水源保护区农村综合整治和生态补偿实施方案》，并配套完成《同安区汀溪水库水源保护区生态补偿实施细则》，2013 年试点实施，具体措施为：

（1）汀溪水库饮用水保护区范围内全面实施生猪和牛蛙的禁养。

（2）加快开展汀溪饮用水源地保护区汇水范围内村庄生活污水治理。

（3）加强农业面源污染控制，禁止一级保护区内施用化肥和化学农药。在汀溪水库水源保护区范围内，指导农民对现有农田进行水改旱耕作，减少水田播种面积，鼓励农民退耕还林。

（4）全面启动汀溪水库流域汇水范围内 12 个行政村（汀溪镇的五峰、造水、汪前、前格、半岭、西源、荏畲、顶村、堤内，莲花镇的小坪、尾林、水洋）（见图 1）的生态村建设，通过货币补偿、政策补偿、科技扶持三管齐下，在保护区内实施生态补偿，充分调动村民保护水源地生态的自觉性和积极性。

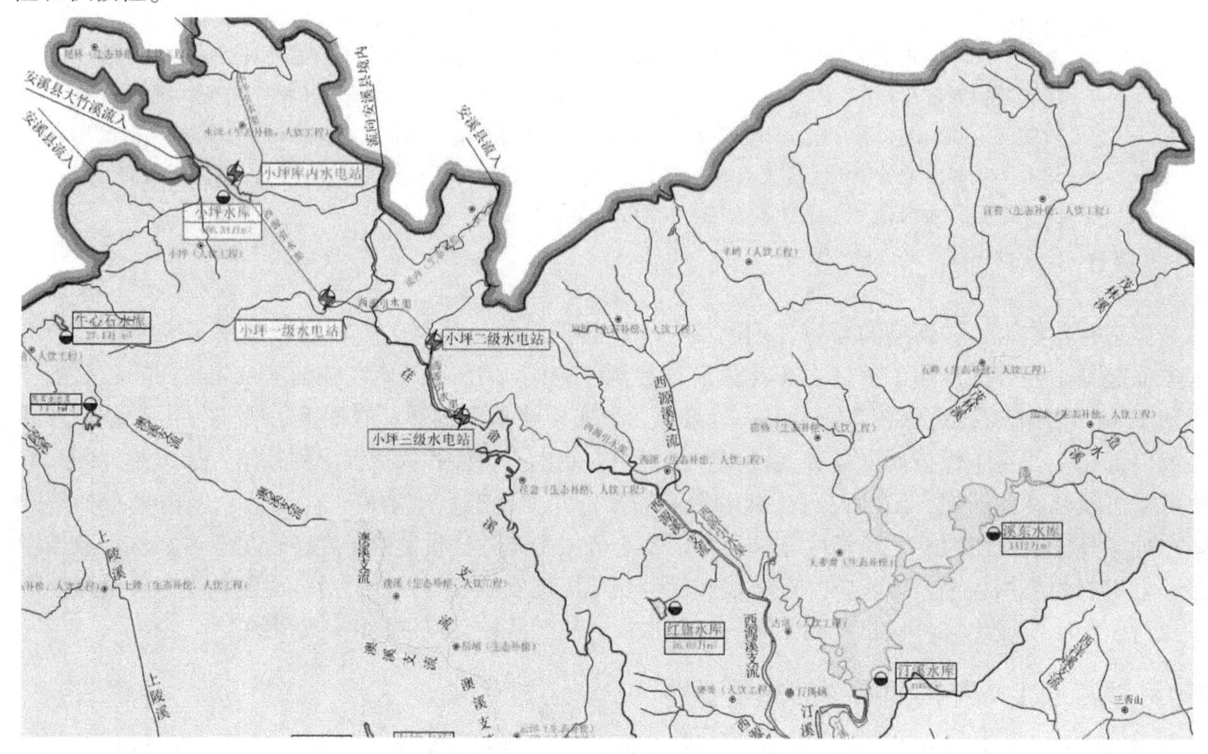

图 1　汀溪流域上游 12 村站点分布

该政策推行后取得了积极的效果，流域水质恶化情况得到了遏制，也极大地减少了群体事件发生的概率。但也存在估算不准确、实施不精准、没有合适效果评估体系等问题。

3 汀溪流域生态补偿标准与技术选择

3.1 汀溪流域生态补偿标准

生态补偿标准是生态效益补偿的核心[5]，水质目标是货币补偿奖惩衡量最主要的依据之一。根据厦门市水利、环保部门监测核定的各行政村断面水质类别，以对应行政村市财政转移支付资金总额为基数，将市财政转移支付的生态补偿款按比例进行核增或核减。其中，当年断面水质达到Ⅰ类标准的，核增 20%；当年断面水质属于Ⅱ类、Ⅲ类标准的，不增不减；当年断面水质属于Ⅳ类标准的，核减 20%；当年断面水质属于或超过Ⅴ类标准的，核减 100%。

3.2 汀溪流域 12 村近年来水质情况

同安区汀溪水库水源保护区汇水范围内 12 个行政村，2020 年底总人口数 17 215。

2016年以来，汀溪水库上游流域水质整体较好，基本都能达到Ⅲ类水及以上。半岭、汪前、小坪等村近两年甚至达到Ⅰ类水标准。西源、堤内村水质整体为Ⅲ类水，经过几年的系统治理，有向好的趋势。其他村整体在Ⅱ类水附近，水质较为稳定。经过政府的系统推进和村民的意识提高，汀溪上游的水质持续稳定向好，见表1。

表1　2016—2020年汀溪流域12个行政村监测断面的水质情况

监测断面	2016年	2017年	2018年	2019年	2020年
五峰	Ⅲ	Ⅱ	Ⅱ	Ⅱ	Ⅱ
半岭	Ⅲ	Ⅱ	Ⅱ	Ⅰ	Ⅰ
汪前	Ⅱ	Ⅱ	Ⅰ	Ⅱ	Ⅰ
前格	Ⅱ	Ⅱ	Ⅱ	Ⅱ	Ⅱ
造水	Ⅱ	Ⅱ	Ⅱ	Ⅱ	Ⅱ
西源	Ⅲ	Ⅲ	Ⅲ	Ⅱ	Ⅲ
小坪	Ⅱ	Ⅱ	Ⅰ	Ⅰ	Ⅰ
水洋	Ⅲ	Ⅱ	Ⅲ	Ⅲ	Ⅲ
尾林	Ⅱ	Ⅱ	Ⅱ	Ⅱ	Ⅱ
顶村	Ⅲ	Ⅲ	Ⅲ	Ⅱ	Ⅱ
堤内	Ⅲ	Ⅳ	Ⅲ	Ⅲ	Ⅲ
茌畲	Ⅲ	Ⅲ	Ⅱ	Ⅱ	Ⅱ

2016—2020年，汀溪水库上游12个行政村Ⅱ类水占比持续维持在50%~67%；Ⅲ类水占比达到25%~35%；Ⅰ类水逐年增加，2020年占比达到25%；2018年开始消除Ⅳ类水，全年整体达标，见图2。经过连续五年的系统治理，生态环保意识已深入人心。生态补偿机制初见成效，为保护饮用水源地提供了良好的支撑。

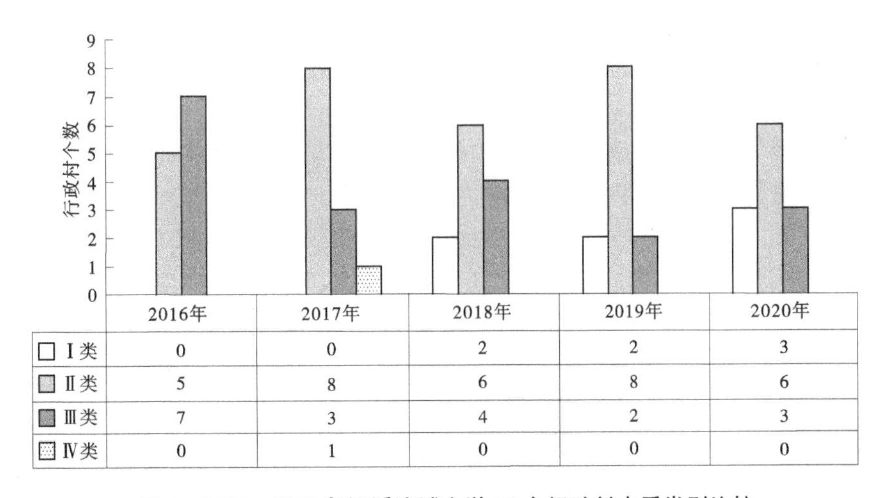

	2016年	2017年	2018年	2019年	2020年
Ⅰ类	0	0	2	2	3
Ⅱ类	5	8	6	8	6
Ⅲ类	7	3	4	2	3
Ⅳ类	0	1	0	0	0

图2　2016—2020年汀溪流域上游12个行政村水质类别比较

4　汀溪流域生态补偿机制构建的驱动力

首先，货币化补偿是生态补偿机制的重要一环[6]，厦门市政府的极力推动和引导起着重要作用。水资源紧缺的现状使市政府部门从全局出发，引导汀溪流域水资源合理利用与保护，同时制定相关管理制度和细则，引导流域水量分配和上下游共建与补偿。按照“谁保护、谁受益”的原则，2016—

2020 年，汀溪水库上游流域货币化补贴按要求、按时、按需准确完成，发放金额持续增长，人民环保意识普遍提高，人民群众普遍受益（见表 2）。

表 2　2016—2020 年汀溪流域 12 个行政村人口及发放补偿金情况

年份	人数/人	发放金额/万元
2016	15 813	3 778. 44
2017	16 397	4 365. 76
2018	16 670	4 699. 82
2019	16 940	5 264. 58
2020	17 215	5 430. 83

厦门市以监测断面水质和水量为标准的补偿机制的实施，极大地调动了汀溪流域上游地区水资源保护的积极性，加快了污水处理站等水环境保护项目的建设步伐，提升了周边村民生活、生产环保意识，支付形式与环保意识相挂钩，效果显著、立竿见影。

值得提出的是，补偿金的投放也存在不够精准、实时反馈效果较弱、政府负担逐渐加重等问题。

5　汀溪流域生态补偿执行评估

汀溪流域生态补偿机制以专项资金的形式，对该流域环境改善起到了良好的效果，主要表现在以下方面：

（1）构建了基于水质类别为判定标准的生态补偿机制与良好的环境保护机制，提高了上游地区环境保护的积极性。通过流域生态补偿，从一定程度上缓解了上游环境治理的压力，改善了汀溪流域上下游的关系，大大提高了上游居民地区环境保护与治理的积极性。

（2）拉动了上游地区环境保护投入。具体体现在：①加固同南公路防护设施的建设，加高加长防撞护栏、设置必要的防污染收集池，避免污染物扩散影响整个库区的水质供水安全。②启动茂林溪和造水溪等汇水区支流的污水截流工程、清洁河道工程和生态修复工程，在汀溪水库库尾实行围堰清淤，扩大库容量，提高水体自净能力，减少污染物直接冲入库区的风险。在各级地方政府的推动下，水资源保护补偿专项资金按时下拨，分配到位。③同安区污水处理厂等多处在建大型环保项目得到补助，补偿机制正式发挥效益。

（3）汀溪流域水环境质量得以改善，基本上达到了市政府下达的水质目标，并表现出逐年向好的趋势。生态补偿专项资金的使用都规定了明确的考核目标，形成了流域环境保护新的约束机制。在生态补偿机制的约束下，上游地区环境污染治理和项目控制的阻力明显减小，流域水环境质量得以明显改善。

（4）强化了流域上下游的协作互动关系。通过生态补偿，政府和居民上下一条心，汀溪流域上下游协作关系明显改善，迈出了良性合作的第一步，促进了汀溪流域的共建共享。

值得说明的是，汀溪流域生态补偿机制是明显的“输血型”机制，通过简单的货币化补偿很难从根本上保证效果的可持续性。从长远来看，建立“造血型”生态补偿机制势在必行。利用生态环境优势，开发绿色资源从而实现产业转型升级，不仅需要考虑保护生态的政策目标，而且要满足补偿群众的经济损失。

6　结语

流域生态补偿应走“服务于流域、取之于流域、用之于流域”的道路。厦门汀溪流域水质控制与生态补偿机制在一个行政区范围内运行的成功案例，其经验在于政策与规则制定合理，易于执行和统一协调，受益区和保护区责任清晰，补偿制度和规则细化到位，依据水质类别情况作为补偿判定，量化清晰，做到了生态补偿效果与补偿金额的一致。

在汀溪流域生态恢复建设初期，生态补偿应以国家和社会补偿为主、流域自身补偿为辅。利用生态环境优势，开发绿色资源从而实现产业转型，不但能够满足保护生态的政策目标，而且切实补偿了群众的经济损失。同时，根据不同村落环境容量，加强生态移民的可行性研究，优化生态补偿效果评估及反馈机制研究，才能更为精准地实施小流域生态补偿，助力汀溪流域的生态环境得以全面恢复。

参考文献

[1] 斯丽娟．甘肃生态补偿机制研究［D］．兰州：兰州大学，2011.

[2] 王贵华，方泰华，张珞平．流域生态补偿途径研究进展［J］．浙江万里学院学报，2010，23（2）：42-47.

[3] 毛显强，钟瑜，张胜．生态补偿的理论探讨［J］．中国人口·资源与环境，2002，12（4）：38-41.

[4] 王宁，吴连丰．海绵城市建设实施方案编制要点解析——以厦门市为例［C］//中国城市规划学会．新常态：传承与变革2015中国城市规划年会论文集．北京：中国建筑工业出版社，2015.

[5] 吴学灿，洪尚群，李风歧．生态补偿的评价［J］．资源开发与市场，2005，21（6）：534-535.

[6] 金蓉，石培基，王雪平．黑河流域生态补偿机制及效益评估研究［J］.2005，27（7）：4-6.

三峡库区支流治理现状及对策

宋思敏[1]　何林应[1]　王卓微[2]　朱吾中[1]　黄　伟[2]

（1. 长江水利水电开发集团（湖北）有限公司，湖北武汉　430014；
2. 中国水利水电科学研究院，北京　100038）

摘　要：本研究以三峡库区支流作为研究对象，对三峡库区多条重要支流的治理情况开展调研评估，在此基础上提出未来的治理方向及相应对策。结果表明，自三峡后续工作实施以来，一系列项目的落实对三峡库区重要支流确保边坡稳定和防洪安全、改善生态环境和人居环境、减少入库污染和水土流失起到了重要作用。受人类活动和三峡蓄水影响，目前三峡库区重要支流依然存在水土流失、岸坡局部不稳定、洪水灾害等问题和风险，亟待进一步从水污染、水生态、水土保持、河道与岸线整治及河流管理保护策略上提出相应整治措施。

关键词：三峡工程；支流；治理现状

1　研究背景与意义

三峡库区水系发育，江河纵横，除长江干流河系和嘉陵江、乌江外，区域内还有流域面积 100 km^2 以上的支流 152 条。库区当地天然河川多年平均径流量为 405.6 亿 m^3，库区的过境水量达 4 000 多亿 m^3[1-2]。由于水库水位的变化，库区消落区呈现生态脆弱、敏感和易污染、易破坏的特点[3-5]。因此，了解三峡库区重要支流治理现状和存在的主要问题[6-8]，提出加强三峡库区重要支流系统治理的措施建议，可为开展三峡库区重要支流系统治理提供技术支持，为三峡后续工作规划按量化指标顺利实施提供决策依据，促进三峡后续工作规划总体目标的全面实现。作为“长江大保护”的重要组成部分，对三峡库区支流开展调研、评估，并提出相应对策亟待进行。

本研究以三峡库区支流作为研究对象，对三峡库区多条重要支流开展系统治理的现状进行调研评估，调查主要内容包括：三峡库区社会经济、水文地质等基本情况，重要支流流域概况及治理情况，支流生态环境、地质灾害现状及存在的问题。支流治理情况重点调查三峡后续工作已实施相关项目情况，包括岸线环境综合治理项目、污染治理项目、生态修复与水土保持项目、支流地质灾害防治项目等，并在此基础上进一步提出未来治理方向及相应对策。

2　三峡库区支流治理现状

三峡水库淹没影响范围涉及湖北省 4 个区县、重庆市 22 个区（县）和三峡库区沿岸 26 个区（县），面积共计约 5.76 万 km^2，区域总人口 2 112.18 万，实现地区生产总值 15 576.49 亿元。基于宏观地质判断配合数值分析方法，将三峡水库岸坡的稳定条件分为好、较好、较差和差四种类型，其中以稳定条件好的岸坡为主，占库岸总长的 85.8%，但稳定条件差的库岸仍占库岸总长的 1.5%，三峡水库消落区呈现范围广、线路长、面积大等特点。按所处区位的不同，消落区可分为城镇型消落区、农村型消落区、风景旅游区消落区及孤岛消落区等。根据三峡库区消落区相关研究资料及库区 1∶1万地形图量算，三峡库区消落区面积为 302.0 km^2（不含孤岛），消落区岸线总长 5 711.0 km。

作者简介：宋思敏（1985—），女，高级工程师，主要从事水利规划设计、三峡库区岸线保护利用等研究工作。
通信作者：黄伟（1982—），男，正高级工程师，主要从事生态流量、水环境承载能力及水环境管理等研究工作。

三峡库区蓄水后，前期调研表明库岸总体稳定，但仍存在易发生地质灾害的河段。库区岸线因水位消落和波浪淘刷造成的局部塌岸，库区蓄水后库岸再造过程中的岸坡坡比调整和岸线调整、水土流失等问题仍亟待解决。针对三峡库区支流当前存在的问题，本节主要从水环境、水生态和地质灾害三个方面出发，对支流治理现状及需求开展详细论述。

2.1 水环境现状

在水环境方面，三峡库区重要支流水质总体良好，水质以Ⅱ~Ⅲ类为主，Ⅲ类及以上水质监测断面占监测断面总数的80%以上。2008年以来，三峡库区工业污染废水排放量下降，城镇生活污水排放量上升，农药和化肥使用及流失量有所下降，船舶污染物排放有所下降。三峡库区工业污染排放量由2008年的5.58亿t下降到2019年的1.04亿t，但三峡库区城镇生活污水排放量由2008年的5.93亿t上升到2019年的13.02亿t。在农业面源污染方面，2019年三峡库区农药、化肥全年施用量分别为414.5 t、8.95万t，比2008年分别削减22.10%、36.39%；农药、化肥全年流失量分别为31.6 t、0.79万t，比2008年分别削减9.71%、36.80%。

2.2 水生态现状

在水生态方面，2000年以来三峡库区水土流失面积逐步减小，水土流失面积占三峡库区面积的比例从2000年的50.65%减少到2019年的32.90%。轻度水土流失面积占水土流失总面积的比例呈增加趋势，中度、强烈及以上水土流失面积占水土流失总面积的比例逐步减小。不同年份下三峡库区不同程度水土流失面积与占水土流失总面积的比例如表1所示。

表1　三峡库区不同程度水土流失面积与占水土流失总面积的比例

年份	三峡库区统计面积/km^2	水土流失总面积/km^2	轻度		中度		强烈及以上	
			面积/km^2	占比/%	面积/km^2	占比/%	面积/km^2	占比/%
2000	58 358	29 559	5 185	17.54	13 590	45.98	10 784	36.48
2007	58 358	28 247	6 342	22.45	10 134	35.88	11 771	41.67
2018	57 700	19 234	13 890	72.22	2 702	14.05	2 642	13.74
2019	57 700	18 985	14 190	74.74	2 776	14.62	2 019	10.63

三峡库区支流消落区面积157 km^2，占全库区消落区总面积的52%，比干流消落区面积偏多。消落区主要以坡度小于25°的平缓消落区为主。三峡水库属于河道型水库，两岸沟壑纵横、地势陡峻，相对高差大，水土流失严重，大部分地区为强度和中度侵蚀。三峡水库蓄水运行后，在雨水和库水位周期性地大幅度涨落的水动力作用下，消落区坡面上的植被和土壤结构被进一步破坏，除局部平坝地型的消落区库段外，大部分消落区库段的土壤重力侵蚀和冲刷作用进一步加剧，陡坡土层流失而基岩裸露。消落区生物的多样性严重破坏，生态系统类型减少、结构和功能趋向简单化，生态系统稳定性降低、更加脆弱。就植被类型而言，消落区内植被优势物种年际间存在较大变化，群落结构稳定性较差，消落区植被正处于演替阶段，生态系统还不够稳定。

三峡库区主要支流富营养状况基本稳定，回水区富营养化程度高于非回水区。2008—2019年，三峡库区长江主要支流监测断面综合营养状态为贫营养-富营养状态。其中，水体处于富营养状态的断面占监测断面总数的20.1%~34%；处于中营养状态的断面占监测断面总数的63.9%~77.3%；处于贫营养状态的断面占监测断面总数的1.8%~4.5%。富营养状态断面比例自2010年以后呈波动下降的趋势，水体富营养程度基本稳定。2008—2019年，三峡库区长江主要支流回水区断面中，水体处于富营养状态的断面占回水区断面总数的25.0%~39.7%；非回水区断面中，水体处于富营养状态的断面占非回水区断面总数的18.6%~27.1%。三峡175 m试验性蓄水以来，主要支流水华发生情况基本保持稳定。香溪河、沿渡河、青干河、梅溪河、御临河、小江、汤溪河、磨刀溪、黎香溪、渠溪河等支流回水区有水华现象出现，主要发生在春季和秋季。水华优势种主要为硅藻门的小环藻、甲藻门的多甲藻及隐藻门的隐藻。

2.3 地质灾害

三峡库区位于中国地形第二级台阶和第三级台阶过渡带，地质环境复杂，历史上就是地质灾害多发区。由于库区移民搬迁以就地后靠选址为主，新建的搬迁城镇几乎都会受到滑坡等地质灾害的威胁。自 2001 年以来，国家全面开展了地质灾害的防治，完成了 400 多处滑坡崩塌防治、300 余段库岸防护和 2 900 余处高切坡治理等工程项目，显著提高了移民城镇整体地质安全水平。

2008 年 9 月末，三峡水库开始 175 m 试验性蓄水，2008 年、2009 年试验性蓄水坝前最高水位分别为 172.8 m、171.4 m，2010—2019 年试验性蓄水坝前最高水位均为 175.0 m。第一次 175 m 试验性蓄水水位升降引发了大量老滑坡复活和新生滑坡发生。在 175 m 试验性蓄水期间，库区共发生滑坡 453 处，滑坡总体积约 3.8 亿 m^3。其中，在 2008 年 9 月至 12 月 31 日首次水位升降过程造成老滑坡复活和新生滑坡 333 处，占总数量的 79%。2011 年以后蓄水期间发生的滑坡明显下降至 10 处左右。对 453 处水库滑坡分析表明，约有 119 处为新生滑坡，占总数量的 26.1%。距 2009 年调查，三峡库区涉水滑坡坍塌共计 1 946 处。因此，可以粗略推断，175 m 试验性蓄水以来引发了 23%的滑坡变形失稳。

水库蓄水后，对长江干流关注度高，干流地质灾害工作深度明显大于支流。但是，支流与干流一样会有水位升降，其诱发的滑坡也时有发生。支流滑坡的发生与干流滑坡的形成机制、诱发机制并无太大差异，但其关注度低于干流滑坡。2019 年 6 月至 2020 年 5 月，三峡水库试验性蓄水期间，重庆市库区诱发或加剧的库岸坍塌 27 处，崩滑体变形 4 处，涉水滑坡 8 处。库岸坍塌共计 27 处，塌岸长度 4 758.80 m、塌岸区面积 21.17 亩（约 1.41 hm^2），受影响设施 27 处，其中支流 23 处。崩滑体变形共计 4 处，崩滑体体积 2 627.07 万 m^3，其中 3 处发生在支流。支流涉水滑坡 3 处，滑坡面积 112.70 亩（约 7.51 hm^2），滑坡体体积 37.80 万 m^3。

3 三峡库区支流治理存在问题

3.1 水污染治理方面的问题

三峡库区生活污水排放量增加，城镇污水收集处理率不高，污水处理运行机制不健全。支流沿线各乡镇基本已经建成污水处理厂，但部分乡镇缺少二、三级配套污水管网，有损坏，修补不及时，雨污分流不彻底，污水收集率低等问题。乡镇污水处理设施运行机制不健全，运行经费得不到有效保障，主体责任不明确，导致部分乡镇污水处理设施不能正常运行。

农村生活污水缺乏收集处理设施，生活垃圾收运能力不足。大部分乡镇的污水处理厂处理范围仅限于集镇，但对于农村，由于居民点空间分布分散、农村生活污水收集处理设施缺乏、农民环保意识薄弱等，农村生活污水难以收集处理。农村生活污水一部分还田利用，大部分农村居民点就地排放或经化粪池简单沉淀后排放。支流沿线集镇和村庄已配备垃圾收集设施，但垃圾收运能力不足，覆盖范围不够，且由于村民生活习惯和环境保护意识不高等，仍存在垃圾随意丢弃现象。

农业面源污染控制力度不足，农田种植氮、磷流失量大。农药化肥流失污染、作物秸秆污染、养殖污染等面源污染防治效果不佳；种植业结构不合理，整体水平不高，生产方式仍然比较粗放，绿色生态产业发展尚不成熟。农业生产过程中使用大量化肥、农药。农业生产活动中的氮素和磷素等营养物、农药以及其他有机污染物或无机污染物，在降水和径流冲刷作用下进入支流水体，影响水质。

3.2 生态保护与修复方面的问题

三峡库区支流为山区河流，所流经的地区坡面陡峻，径流模数大，汇流时间较短。受地形和降雨时程分配影响，径流年内变化剧烈，汛期洪水暴涨暴落，容易形成水灾，不利于水资源利用，枯水期径流量又很小，甚至可能造成河道断流，水资源严重不足。三峡库区支流上引水式电站较多，其生态的流量泄放不足以及拦河水坝使得水流不畅，造成局部河段无明流的现象，由此引发流域水环境质量恶化及生态系统退化。

三峡水库蓄水后支流富营养化和水华相对蓄水之前加重。近年来，水库水华发生趋于平稳，库区部分支流局部水域偶有水华发生，未出现覆盖范围广、影响程度大的水华。由于支流富营养化和水华受流域人类活动和水库调度的双重影响，加之三峡水库蓄水对水生态环境的影响具有动态性、长期性、复杂性，未来支流富营养化和水华演变趋势如何尚不明确，需要减少入库污染物的同时，进一步跟踪观测研究。

受三峡蓄水影响，消落区生物种类大为减少。生物的多样性被严重破坏，生态系统类型减少、结构和功能趋向简单化，生态系统稳定性降低、更加脆弱。三峡水库蓄水运行后，消落区植被减少，在雨水冲刷和库水淘刷作用下，消落区土壤重力侵蚀和冲刷加剧，土壤侵蚀和水土流失加重。支流水土保持工作成效显著，2000年以来水土流失面积逐步减少，但是陡坡耕种和工程建设引起的水土流失问题仍然存在。

3.3 地质灾害问题

三峡工程库区地质灾害防治是一项长期的任务。三峡后续工作实施以来，滑坡塌岸工程治理、监测预警与应急抢险已经超额完成了规划的工作量，但是库区地质灾害隐患点仍然不断出现，需动态监测。由于经费不足、到位不及时等多种因素，部分原纳入后续规划的项目未实施。过去对支流关注度低，新申报的175 m试验性蓄水影响处理项目中，支流沿线比重较大，如三峡水库试验性蓄水2019年6月至2020年5月期间申报的项目。其中，重庆库区诱发或加剧的库岸坍塌、崩滑体变形和涉水滑坡共39处，其中支流29处，占74.36%。

3.4 监管问题

库区支流存在挤占河流岸线、挤占三峡库容的现象。三峡库区属山区丘陵区，建设用地相对短缺。支流岸线长，监管难度大，存在工程建设挤占河道的问题。有些城镇建设弃土弃渣或场地平整的土石方堆弃到支流河道，挤占河流岸线、挤占三峡库容。采砂形成的堆场、渣场侵占河道，影响行洪，容易加重水土流失。

支流沿线污染点多面广，在线监控覆盖面不大，水务和环保部门的执法监管工作任务繁重且艰巨，目前监管机构的人员开展监管巡查工作的覆盖面有限，水务和环保部门只能定期或不定期地对流域范围内河道水库进行监管巡查，日常监管巡查不足，亟须加强日常监管巡查力度。

部门间联合执法不足，信息化建设滞后。各部门还未全面开展各自负责的治理和保护工作，对支流的管理还没有形成合力，在执法监管上还没有形成沟通协调机制和联动机制，执法能力稍显不足。河道管理信息化建设滞后，远不能满足河长制管理工作的需要。一方面，水资源管理信息化建设程度不高，流域内各行业取、排水监测不到位，取用水底数不清，计划和节约用水等无法充分落实，各行业排水量及污染物入河量难以得到有效控制，对河道内私搭乱建、垃圾堆放和非法采砂等行为不能做到及时的监控和处理。另一方面，河长制管理监督信息系统建设滞后，各部门工作信息不互通，管理、巡查、监督、举报信息不到位，公众参与难度大，难以实现“高效、精准、科学”的河道执法监管模式，缺少环境保护应急能力及在线监控平台，不能确保准确、及时掌握河流生态环境变化情况。

4 三峡库区重要支流系统治理的建议

4.1 水污染防治

在城镇生活污染治理方面，一是针对已有污水处理厂设计污水处理能力不足的地区，新建或改扩建污水处理厂。二是配套完善管网设施，实施雨污分流。三是高效运行场镇污水处理厂，建立健全运行台账，确保其稳定正常运行、达标排放。对于农村生活污水、生活垃圾收集处理，因地制宜地选择适合当地的集中式或分散式污水处理设施，推进流域各支流沿岸较集中农村居住点的小型生活污水处理设施及污水收集管网建设，扩大生活污水处理范围，逐步提高农村生活污水处理率。

在农业面源污染防治方面，需要加强流域农药和化肥使用的环境安全监督管理，实施化肥、农药“零增长”行动。一是发展现代生态循环农业和开展农业废弃物资源化利用，切实提高农田的相关环保要求，减少农业种植面源污染；二是加快测土配方施肥技术的推广应用，引导农民科学施肥，在政策上鼓励施用有机肥，减少农田化肥氮磷流失；三是推广商品有机肥，逐年降低化肥使用量；四是开展农作物病虫害绿色防控和统防统治，引导农民使用生物农药或高效、低毒、低残留农药，切实降低农药对土壤和水环境的影响，实现化学农药使用量零增长；五是健全化肥、农药销售登记备案制度，建立农药废弃包装物和废弃农膜回收处理体系。

4.2 生态保护与修复

针对于消落区保留保护与生态修复，可将山高坡陡、岩石裸露、人烟稀少，以及饮用水源保护地等消落区作为保留保护区，以保留自然状态的方式进行保护（重大地质灾害隐患治理除外）。界定保护范围，制定管护制度，落实管护责任，增强管护能力，减少和避免人类活动的干扰，促进自然发育，修复生态系统的结构和功能。

将城集镇、重要旅游风景区和人口密集的农村居民点周边消落区作为生态修复区。根据不同区域环境状况和水文特征，构建乔灌草相结合的生态系统，保护生物多样性，增强降解污染、净化水质、涵养水源、改善景观等功能。

在消落区植被恢复和生态修复中的植物选择上，从最低水位线到最高水位线的不同高程上要选择使用具有不同耐淹能力和恢复生长能力的植物，并要考虑不同的生长型类型。总的原则是耐淹能力强的植物要种植在低高程带，耐淹能力相对较弱的植物要种植在更高的高程带上，保证不同高程带上种植耐淹能力合适的植物。从生长型来看，考虑到不同生长型植物耐淹能力的差异，同时兼顾三峡水库的管理规定，在消落区的低高程区域选择使用以草本植物为主的植物，随高程的逐渐增高，依次增加灌木物种，在消落区最高水位线附近可选用耐淹的乔木物种。需要注意的是，为形成合理的群落结构，以保证正常的群落生态功能发挥，草本植物物种在考虑其耐淹能力大小的基础上，在消落区不同高程区域均要选用。

4.3 水土保持

通过预防和治理两方面开展水土保持工作。

预防措施可包括以下几方面：

（1）加强对现有林草植被和水土流失治理成果的管护，防止人为破坏。大力实施生态修复、疏幼林补植及抚育更新，对大于25°的陡坡耕地全面实施退耕还林还草，绿化荒山荒坡，提高林草植被覆盖率，增强其涵养水源、净化水质的能力。

（2）做好库区水土流失治理。坚持山、水、林、路、库综合治理，构建生态保护、生态治理、生态修复三道防线，减少入库泥沙，防治面源污染，保障水体质量。

（3）严格控制区内的生产建设活动，防止人为新增水土流失。实施库区生态移民搬迁工程，减轻居民生产生活引发的水土流失和面源污染，在重点地段设置物理隔离措施，如隔离围网等，建设水土保持监测与信息化系统。

治理措施综合考虑水土流失严重、治理需求迫切、集中连片、治理程度较低的区域，确定重要区域水土流失综合治理、坡耕地综合整治和生态清洁小流域建设等重点项目的范围、任务和规模。

（1）重要区域水土流失综合治理依托国家水土保持重点工程，以小流域为单元，山、水、田、林、路、村综合规划，工程措施、林草措施、耕作措施、生态修复措施、生态清洁措施有机结合，沟坡兼治，生态与经济并重，优化水土资源配置，提高土地生产力，发展特色产业，持续改善生态环境，保护水源水质。

（2）依托国家坡耕地水土流失综合治理专项工程，以“梯田+田间生产道路+坡面水系”布局为主，因地制宜地实施水平梯田、坡式梯田、等高植物篱等，控制水土流失，保护耕地资源，提高土地生产力；依托土地整治和农业综合开发高标准基本农田建设项目，加快推进高标准基本农田建设，增加耕地数量、提升耕地质量；依托退耕还林工程，对全市25°以上坡耕地、三峡库区15°~25°非基本农田坡耕地和重要水源地15°~25°非基本农田坡耕地继续实施退耕还林还草，发展特色经济林木。

（3）对具有常年流水的溪沟、水库水源保护的小流域，按照构筑“生态修复、生态治理、生态保护”三道防线理念，结合农村环境整治，综合应用多种治理措施进行水土流失综合治理。

4.4 河道与岸线环境综合治理

三峡工程建设期和三峡后续工作期间，陆续实施了一部分城镇段库岸治理类项目，取得了显著成效，积累了丰富经验。库岸治理需要考虑的因素包括河道行洪、边坡稳定、地质安全、生态环境、岸线利用、库容保护、人居环境等。已实施的库岸治理类项目有些考虑因素比较全面，采取了综合治理措施，建成后效益显著；有些项目治理措施切合实际，方案经济合理；有的项目措施单一，效益有限。随着库区经济发展和城市化进程，库岸综合治理的需求也在不断增加。以城集镇等人口密集的居民点周边消落区作为重点区域，关注库岸稳定性差、影响交通通行、房屋居住安全的库岸，以生物措施与工程措施相结合，开展综合整治，保障人民群众生命财产和库周基础设施安全，改善生态环境，提升人居品质，科学利用岸线资源。

4.5 加强管理保护，落实保障措施

持续开展河道乱占、乱采、乱堆、乱建“四乱”问题清理整治，并进一步做好保洁、清漂和加强环境监督管理。针对消落区存在的问题，主要是加强消落区土地耕种管理，逐步引导群众退出消落区耕种，并进一步强化水库库容管理，禁止在有效库容范围内开展筑坝拦汊、填库造地等各种减少水库库容的活动。全面清查流域内早期建设的水电站和水库等拦河工程，严格制定和落实水电站的最小生态流量下泄管理办法，督促业主进一步加强完善下泄生态流量的工程措施和监测措施，定期开展下泄流量监督管理。全面推行河长制，强化河长履职尽责，推动河长制尽快从“有名”向“有实”转变，深入实施“一河一策”，科学合理制定年度“一河一策”目标任务，促进河湖治理体系和治理能力现代化，持续改善河湖面貌。

5 结论

三峡后续工作一系列项目的实施，对三峡库区重要支流确保边坡稳定、防洪安全、改善生态环境和人居环境、减少入库污染和水土流失起到了重要作用。重要支流水质总体为良好，流域主要污染源包括工业污染、城镇生活污水、农业农村面源污染等。受人类活动和三峡蓄水影响，存在水土流失问题。支流存在岸坡局部不稳定、洪水灾害等问题和风险，同时河流管护、污水和垃圾收集处理的生活方式、行为习惯和管理水平有待提高。

参考文献

[1] 王鹏．长江三峡库岸稳定性研究［D］．江苏：南京大学，2006.

[2] 黄波林，殷跃平，李滨，等．三峡工程库区岩溶岸坡岩体劣化及其灾变效应［J］．水文地质工程地质，2020，47（4）：51-61.

[3] 林俊杰，杨振宇，刘丹，等．干湿交替下三峡支流消落带沉积物粒径组成及氮分布特征［J］．土壤学报，2016（3）：602-611.

[4] 林俊杰，张帅，杨振宇，等．干湿循环对三峡支流消落带沉积物中可转化态氮及其形态分布的影响［J］．环境科学，2015（7）：2459-2464.

[5] 张晟，李崇明，郑坚，等．三峡水库支流回水区营养状态季节变化［J］．环境科学，2009，30（1）：64-69.

[6] 张晟，李崇明，付永川，等．三峡水库成库后支流库湾营养状态及营养盐输出［J］．环境科学，2008，29（1）：7-12.
[7] 曹承进，郑丙辉，张佳磊，等．三峡水库支流大宁河冬、春季水华调查研究［J］．环境科学，2009，30（12）：3471-3480.
[8] 刘德富，杨正健，纪道斌，等．三峡水库支流水华机理及其调控技术研究进展［J］．水利学报，2016，47（3）：443-454.

亚热带地区水库水生态健康评价方法研究

饶伟民[1,2]　杨凤娟[1,2]　谢海旗[1,2]

（1. 中水珠江规划勘测设计有限公司，广东广州　510610；
2. 水利部珠江水利委员会水生态工程中心，广东广州　510610）

摘　要：以珠海市竹银水库为研究对象，开展了亚热带水库水生态健康评价。参考相关标准、指南和研究，从评价指标筛选、评价指标体系构建、权重赋予等方面构建了竹银水库水生态健康评价指标体系；基于资料收集和现场调查，系统梳理水库水生态健康评价相关资料和数据，应用构建的评价指标体系对竹银水库水生态健康进行了综合评价。研究工作对探索建立与水生态文明建设相适应的水库生态健康评价指标体系，构建适用于亚热带地区水库水生态评价创新方法具有重要意义。

关键词：评价方法；水生态健康；亚热带水库

河湖（库）是重要的淡水生态系统，是陆地生态系统和水生生态系统之间物质循环、能量流动和信息传递的主要渠道，具有生态系统产品功能、生命支持功能，还具有调节功能、文化功能[1-2]，其水生态健康与否对人类社会至关重要。生态系统健康总体上是对生态系统状态特征进行系统诊断的理论与方法，相关研究总结了有关生态系统健康的含义[3]，主要具有双重含义：一是生态系统自身的健康，即生态系统是否可维持自身结构、功能与其过程的完整；二是生态系统对于评价者而言是否健康，即生态系统服务功能能否满足人类需求，这是人类关注生态系统健康的实质[4]。

确定生态系统健康标准是对生态系统进行健康评价的关键。对生态系统健康进行研究，首先应确定研究途径，其次提出评价方法，然后围绕特定生态系统制订评价方案。我国经过几十年的不断深入研究，对生态系统进行健康评价的研究由河流扩展到湖泊、水库等其他流域类型，逐渐形成了评价的体系，并从行业层面推动《河湖健康评价指南（试行）》颁布，对全国河湖健康评价工作具有重要的指导意义。水库水生态健康评价与天然河湖健康评价相比，评价指标、标准和方法均存在一定的差异，本研究以亚热带地区珠海市竹银水库为研究对象，从生态健康、功能健康两个方面着手，探索构建亚热带地区水库水生态健康调查和评价体系，为管理者采取措施进一步促进水库生态功能、社会服务功能正常发挥提供参考。

1　水库概况

竹银水库地理位置为东经 113°16′11″，北纬 22°20′23″，是保障珠海、澳门两地供水安全的重大工程，水库于 2011 年竣工并投入使用。竹银水库承担供水功能为供水，水库控制集水面积 2.99 km^2，总库容 4 018 万 m^2，调节库容 3 811 万 m^2。竹银水库集水面积较小，集水范围内自产水量较少，水库水源主要来自泵站从西江引水，近年来引水量约为 4 200 万 m^2/a，是典型的河道抽水型水库，主要通过 1#输水隧洞与外界进行水体交换，水库下游溢洪道无生态流量下放需求。根据历年遭遇咸潮时间及供水要求，竹银水库在汛期保持低水位运行，汛末（8 月底）开始抽水充库，枯水期前（10 月底）蓄满，当供水系统中的河道取水口受咸潮影响无法取水时，由竹银水库联合其他水源保障城市供水。

2　评价方法构建研究

水文水资源、物理形态、水质、水生生物、水源地管理保护情况等均是影响水库水生态健康状况

作者简介：饶伟民（1988—），男，工程师，主要从事生态规划、环境治理研究工作。

的因子，因此构建的体系应是综合考虑以上各方面因子、能充分反映水库自然情况和社会服务情况的监测评价体系。本研究参考同类或近似的标准规范，借鉴国内外河湖（库）生态健康评价有关研究成果，结合水源地功能、管理保护需要，采用多指标综合指数理论及方法原理构建包括目标层、准则层、指标层的水生态多因子监测及评价指标体系。指标体系结构力求较完整地体现竹银水库水生态健康程度，系统表征与水生态健康状况有关的各类要素的健康水平，同时能对水库存在问题、水源保护关键点水动力状况、水质和饮用水源地保护情况等侧重反映。

2.1 评价指标筛选

本研究通过 3 个角度进行评价指标筛选：参考相关标准规范、相关研究，结合水库实际情况自选指标。

2.1.1 参考相关标准规范

本研究对《河流健康评价指标、标准与方法（试点工作用 1.0 版）》、《辽宁省河湖（库）健康评价导则》（DB21/T 2724—2017）、《河湖健康评价指南（试行）》进行梳理分析，结合水库实际情况筛选适宜指标。

（1）水文水资源。

上述标准规范关于水文水资源的指标包括入库流量变异程度、生态基流满足程度、水土流失治理程度、最低生态水位满足程度 4 个，结合水库实际情况筛选适宜指标。

竹银水库建库前库区为干旱丘陵地，无明显河道，水库现状水源主要为磨刀门水道抽水，建库前后均无下放生态基流要求。因此，入库流量变异程度、生态基流满足程度不纳入评价指标体系。珠海市竹银水源工程任务为供水，通过蓄水调咸，抢淡充库。水库水位以服从调度规则为首要优先级，随调度而发生变化。因此，最低生态水位满足程度不纳入评价指标体系。

水土保持可涵养水源，减少地表径流，增加植被覆盖，防止土壤侵蚀，促进水库集水范围内生态环境的保护与修复。水土流失治理程度是评估河湖集水区范围内水土流失治理面积占总水土流失面积的比例，一定程度上可反映水库集水范围内生态环境状况。因此，将水土流失治理程度纳入评价指标体系。

（2）物理形态。

上述标准规范关于物理结构的指标包括库岸带稳定性指标、库岸带植物覆盖度指标、库岸带人工干扰程度、湖库连通指数、库容淤积损失率、天然湿地保留率 6 个。

竹银水库建库前后均无明显湖泊、湿地与其相连，因此湖库连通指数、天然湿地保留率不纳入评价指标体系。库岸带稳定性指标、库岸带植物覆盖度指标、库岸带人工干扰程度代表水库库岸带状况直接关系到物理结构状况，纳入评价指标体系；库容是表征水库规模的主要指标，库容损失与否直接关系到水库功能的发挥，将库容淤积损失率纳入指标体系。

（3）水质。

水质是影响水源地功能发挥的重要因子，上述标准规范关于水质的指标包括入库排污口布局合理程度、水体整洁程度、水质优劣程度、营养状态、底泥污染状况、水功能区达标率、水温变异程度、DO（溶解氧）水质状况、耗氧有机污染状况、重金属污染状况。

根据指标选取相对独立原则，上述标准规范所列 10 个指标，部分指标相互之间有重复，在满足反映水质状况前提下，结合相关法规条例要求和水库实际情况进行指标选取。在《中华人民共和国水污染防治法》（2017 年 6 月修订）、《广东省饮用水源水质保护条例》（2010 年 7 月修订）、《广东省珠海市饮用水源水质保护条例》（2006 年 9 月）中对排污口设置、倾倒垃圾均提出相应禁止要求，因此选取入库排污口布局合理程度、水体整洁程度指标代表排污管理和水体感官方面。其余 8 个指标均是代表水质具体检测值的指标，本研究选取水质优劣程度代表水质整体状况，选取营养状态代表水库所面临的水华风险。水功能区达标率本次不选取，将会在自选指标中提出饮用水水源地水质达标率指标作为水源地水质达标的体现。

（4）生物。

上述标准规范关于生物的指标包括浮游植物密度指标、鱼类保有指数、浮游动物生物损失指数、大型水生植物覆盖度、底栖动物生物完整性。竹银水库为供水功能水库，无其他功能。

竹银水库建库前库区所在区域为干旱丘陵地，为陆生环境，无水生生物生境。该水库消落带明显，不适合水生高等植物的生长，因此大型水生植物覆盖度指标不纳入本指标体系。上述标准规范中提出的浮游动物、底栖生物等指标为与历史数据（1980s）或理想背景参照的评价对比，为备选指标，由于竹银水库无相关指标的历史数据和理想背景资料，不纳入指标体系。浮游植物密度指标以自选指标水华蓝藻种类丰度代替，以评价水源地水华发生的风险。

（5）社会服务功能。

上述标准规范关于社会服务功能的指标包括公众满意度指标、防洪指标、供水指标、航运指标、水资源开发利用指标、历史文化价值指数6个。

竹银水源工程建设任务为供水，无防洪、航运功能，且建库前库区所在区域无特殊文物保护对象，因此本项目不选取这3个方面指标。此外，由于竹银水源工程在枯水期且咸潮上溯导致竹洲头泵站无法取水时才发挥供水作用，工程设计供水保证率97%，在咸潮上溯前由河道抽取河水蓄存在水库，其供水保证率依赖河道取水得以保证，因此本项目不对该指标进行评价。此外，水库现状水源主要为磨刀门水道抽水，因此水资源开发利用指标不纳入评价指标体系。公众满意度是评价公众对河湖环境、水质水量、舒适型等的满意程度，采用公众调查方法评估，本次纳入评价指标体系。

2.1.2 参考相关研究

本研究梳理了4个位于亚热带地区的水库健康评价研究，进行适宜指标分析。将研究中针对特别案例提出的自选指标进行梳理，在相关标准规范已提出的指标不重复列出。江门市大沙河水库健康评价案例中提出“大坝质量状况”[5]，惠州市鸡心石水库评价案例中提出“库区阻隔状况”[6]，广州市福源水库[7] 和木强水库[8] 案例中提出“安全指标”。从以上研究看出，安全指标与大坝质量状况指标内涵基本相同，主要是指对水库大坝安全进行鉴定。竹银水库在研究期及之前未开展水库大坝安全鉴定工作，该类指标暂不纳入指标体系，以本次物理结构调查代替。竹银水库为饮用水源地，以供水功能为主，库区阻隔状况不适用于本次评价。

2.1.3 结合水库实际情况自选指标

本研究结合水源地管理需要，提出水动力条件、水华蓝藻种类丰度（评价水源地水华发生风险）、饮用水水源地水质达标率、饮用水水源地规范化建设程度4个自选指标，水动力条件是影响水库水华的重要因子，饮用水水源地水质达标与否直接关系到饮水安全，饮用水水源地建设规范与否对于水源地水质、饮水安全又有重要影响，因此选择这3个指标与前述选取指标共同形成评价指标体系。

2.2 评价指标体系结构与权重

根据评价指标筛选，形成评价指标体系并赋予权重，指标体系以竹银水库水生态健康为目标层，并根据水库生态保护和功能服务设置生态健康、功能健康2个子目标层，子目标层下共分5个准则层及12个指标；指标权重是各个指标对评价总目标的贡献率大小的表达，它一方面体现了指标本身在系统中的作用和指标价值的可靠程度，另一方面体现了决策者对该指标的重视程度。本文参考《河流健康评价指标、标准与方法（试点工作用1.0版）》《河湖健康评价指南（试行）》相关标准规范初步分配子目标层、准则层和指标层权重，并结合水库特点和实际情况，通过咨询相关专家确定权重赋值（见表1）。该指标体系结构力求较完整地体现竹银水库水生态健康程度，系统表征与水生生态健康状况有关的各类要素的健康水平，同时与河长制任务呼应。

表 1　竹银水库水生态健康评价指标体系与权重

<table>
<tr><th>目标层</th><th>子目标层</th><th>准则层</th><th colspan="2">指标层</th><th>河长制任务</th></tr>
<tr><td rowspan="14">竹银水库水生态健康</td><td rowspan="11">生态健康（0.7）</td><td rowspan="2">水文水资源（0.2）</td><td colspan="2">水土流失治理程度（0.5）</td><td rowspan="6">水资源保护</td></tr>
<tr><td colspan="2">水动力条件（0.5）</td></tr>
<tr><td rowspan="4">物理形态（0.3）</td><td rowspan="3">库岸带情况（0.7）</td><td>库岸带稳定性指标（0.25）</td></tr>
<tr><td>库岸带植被覆盖度指标（0.5）</td></tr>
<tr><td>库岸带人工干扰程度（0.25）</td></tr>
<tr><td colspan="2">库容淤积损失率（0.3）</td></tr>
<tr><td rowspan="4">水质（0.35）</td><td colspan="2">入库排污口布局合理程度（0.2）</td><td rowspan="4">水污染防治</td></tr>
<tr><td colspan="2">水体整洁程度（0.2）</td></tr>
<tr><td colspan="2">水质优劣程度（0.3）</td></tr>
<tr><td colspan="2">营养状态（0.3）</td></tr>
<tr><td>生物（0.15）</td><td colspan="2">水华蓝藻种类丰度（1.0）</td><td>水生态保护</td></tr>
<tr><td rowspan="3">功能健康（0.3）</td><td rowspan="3">社会服务功能（1.0）</td><td colspan="2">公众满意度（0.3）</td><td>社会服务</td></tr>
<tr><td colspan="2">饮用水水源地水质达标率（0.4）</td><td>水资源保护</td></tr>
<tr><td colspan="2">饮用水水源地规范化建设程度（0.3）</td><td>水资源保护</td></tr>
</table>

注：括弧内为权重值。

（1）生态健康与功能健康权重分配，参考《河湖健康评价指南（试行）》确定赋值。

（2）生态健康子目标下各准则层，考虑到水质是供水水库需重点关注的一方面，权重比其他准则层略高，各准则层下的指标权重参考《河流健康评价指标、标准与方法（试点工作用 1.0 版）》进行初步分配，并结合水库实际和特点，通过咨询相关专家确定权重赋值。

（3）结合水库实际和特点，社会服务功能准则层下各指标通过咨询相关专家确定权重赋值，以饮用水水源地水质达标率权重最高。

2.3　评价分级

水生态健康评价分级参照《河湖健康评价指南（试行）》进行设计，根据上述指标体系进行评分，得到的水库健康得分按照表 2 进行健康等级划分。水库水生态健康分为 5 级：非常健康、健康、亚健康、不健康、劣态。水库健康等级、类型、颜色代码设计见表 2。

表 2　水库水生态健康评价分级

分级	状态	赋分范围	颜色
1 级	非常健康	90≤HI≤100	蓝
2 级	健康	75≤HI<90	绿
3 级	亚健康	60≤HI<75	黄
4 级	不健康	40≤HI<60	橙
5 级	劣态	HI<40	红

3　调查与监测

本研究从水文水资源、物理形态、水质、水生生物和社会服务功能 5 个方面开展资料收集、现场调查和监测分析工作，获取竹银水库水生态评价的基础数据，指标分值参考《河湖健康评价指南

（试行）》等相关标准规范的方法进行计算，根据研究构建的评价方法对竹银水库水生态健康进行评价。水质及生物调查点位见图 1，物理形态调查点位见图 2，水文水资源以模型研究为主、社会服务功能以问卷调查为主。

注：图中星号为采样位置。

图 1　水质及生物调查点位

图 2　物理形态调查点位

（1）水文水资源。根据《珠海市水土流失现状调查》、《珠海市水土保持规划（2017—2030 年）》以及现场查勘水库现状确定水土流失治理程度。采用 MIKE 21 水动力模块模拟竹银水库的水位及流场变化进而分析水动力条件。

（2）物理形态。岸带稳定性状况、岸带植被覆盖度、岸带人工干扰程度按照相关指南的方法进行实地调研获取基础数据，并评价赋分。

（3）水质。收集到政府部门关于竹银水库的长期水质监测数据进行分析评价。

（4）生物。开展竹银水库水生生物采样监测工作，指标包括底栖动物指数、浮游动物生物量、浮游植物密度。其中，浮游植物调查中蓝藻密度的统计数据将用于水生态健康评价，底栖动物指数、浮游动物生物量用于水生态分析。

（5）社会服务功能。走访水资源中心、水库管理处、水文测报中心和水务局等水务相关单位以及水库周边村庄村民，并派发公众满意度调查问卷进行满意度调查。

4 评价结果及分析

从水文水资源状况、物理结构状况、水质状况、水生生物状况、社会服务功能状况 5 个准则层对竹银水库水生态功能特征进行健康评价。竹银水库水生态状况综合评价结果为 77 分，属于健康状态，该结果表明竹银水库水生态现状总体良好。

4.1 水文水资源状况

根据资料分析及水库现场查勘，竹银水库集水范围内无严重水土流失现象，植被覆盖率良好，水土流失治理程度赋分为 100 分。竹银水库与外界水体交换方式单一，是其水动力条件较差的主要原因。根据水库水华相关科研成果[9]，选择与竹银水库地理位置、气候等条件相近的水库作为参考，确定 0.075 m/s 为竹银水库藻类生长的临界流速，小于该流速有水华暴发的潜在风险。采用 MIKE 21 水动力模块模拟竹银水库 2018 年的水位及流场变化进行分析，提取竹银水库 13 个流速评价点模拟流速，其中 12 个评价点流速全年小于水华发生临界流速，只有输水隧洞出口位置在蓄水期受抽水入库影响，水动力条件相对较好，但持续时间仅 22 d。经计算，竹银水库 2018 年水动力条件指标得分为 0.46 分。

加权计算后，得出竹银水库水文水资源准则层得分为 50.23 分，水动力条件差是主要原因。竹银水库为河道抽水型水库，除汛末抽水充库、枯期供水与外界发生水体交换外，其余时段水体基本处于静置状态，水库换水周期约为 1.1 次/a，周期较长，水动力条件较差。

4.2 物理结构状况

经调查评价，竹银水库岸带稳定性状况、岸带植被覆盖度、岸带人工干扰程度、库容损失率评价赋分分别为 61 分、58 分、100 分、100 分，加权计算后，得出物理结构准则层得分为 79 分，处于健康状态。

竹银水库岸坡稳定性在坝前区和库中区较差，库尾区相对较优；库中区和库尾区植被覆盖度较好（乔木、灌木、草本分配较均衡），坝前区相对较差；库岸带无人工干扰迹象；库容淤积损失率低。其中，岸坡稳定性和植被覆盖度是限制竹银水库物理结构健康现状的两个主要因素。

4.3 水质状况

从入库排污口布局合理程度、水体整洁程度、水质优劣程度和营养状态 4 个指标层对竹银水库水体质量进行健康评价。竹银水库划定了集中式饮用水源地保护区域，对集水范围实行封闭管理，无入库排污口分布，水库入库排污口布局合理程度指标评价结果为 100 分，处于非常健康状态；水体整洁程度评价结果为 93 分，处于非常健康状态；在不考核总氮指标的情况下，水库水质分别为《地表水环境质量标准》（GB 3838—2002）Ⅲ类及以上标准，且饮用水源地补充项目 5 项均满足饮用水源地标准，水质优劣程度评估结果均为 100 分，属于理想状态；营养状态指标评估结果为 86 分，处于健康状态。

加权计算后，水质准则层得分 95 分，其中营养状态指标是水质状态的主要制约因素。由于水库通过竹洲头泵站及平岗泵站从磨刀门水道直接调水入库，两泵站处抽调的江水总氮和总磷浓度较高，抽调江水入库的过程向水库内输入了氮、磷营养盐，导致水库呈现营养化趋势。

4.4 水生生物状况

生物准则层仅包含 1 个指标（水华蓝藻种类丰度），得分为 94 分，处于非常健康状态。断面样品分析结果显示，水库水体均存在水华蓝藻种类，当气候、水动力条件适宜时，易引发蓝藻水华，水华风险不容忽视。

蓝藻种类中，微囊藻、假鱼腥藻和长胞藻均能形成表面水华，其在竹银水库中分布较为普遍，竹洲头泵站取水是该部分水华蓝藻的来源之一，在抽水进入竹银水库后水文条件改变，易形成优势藻类。

4.5 社会服务功能状况

基于竹银水库的公众满意度、饮用水源地水质达标率和饮用水源地规范化建设程度指标赋分结果（分别为76分、100分、81分），加权计算得到竹银水库的社会服务功能准则层赋分值为87分。竹银水库公众满意度、水源地环境保护状况、饮用水源地水质达标率3个指标赋分值均较高，是竹银水库社会服务功能处于健康状态的重要基础。通过分析，竹银水库现有3个监测断面的水质均满足集中式饮用水水源地要求，能够保障竹银水库发挥其珠海、澳门重要饮用水水源地的功能。但仍存在蓝藻水华风险等影响供水安全的威胁，在水源地管理保护中不容忽视。

5 结语

本研究基于珠海市竹银水库，从评价方法构建研究、调查评价与分析等方面开展了水库水生态健康评价研究工作，并识别了水库健康压力因素和主要问题，对探索建立与水生态文明建设相适应的水库生态健康评价指标体系，构建适用于亚热带地区水库水生态评价创新方法，促进河长制与湖长制工作管理和保护体制机制创新具有重要意义。

参考文献

[1] Daily G. Nature's services: societal dependence on natural ecosystems [M]. Island Press, 1997.

[2] MA (Millennium Ecosystem Assessment) Ecosystem and Human Well-beings [J]. A Framwork for Assessment. American Island Press, 2003.

[3] 杨斌，隋鹏，陈源泉，等. 生态系统健康评价研究进展 [J]. 中国农学通报，2010 (21): 301-306.

[4] Rapport D J. Ecosystem services and management options as blanket indicators of ecosystem health [J]. Journal of Aquatic Ecosystem Health, 1995, 4 (2): 97-105.

[5] 杨宝林. 江门市大沙河水库健康评估分析 [J]. 广东水利水电，2017，7 (7): 4-9.

[6] 陈昊. 惠阳区试点水库健康评估分析及初步探讨 [J]. 人民珠江，2014 (6): 134-136.

[7] 李丹，钟铮，余帆洋. 广州市福源水库健康评估 [J]. 广东水利水电，2019 (7): 66-72，77.

[8] 李丹，李品一，张明珠，等. 广州市木强水库健康评估、病因诊断及预测预警 [J]. 人民珠江，2018，39 (10): 39-43，62.

[9] 周静，苟婷，张洛红，等. 流速对不同浮游藻类的生长影响研究 [J]. 生态科学，2018，37 (6): 75-82.

强潮海岸潟湖“纳潮活海”调度研究

李寿千[1]　王海鹏[1]　黄廷杰[1]　杨黎勇[2]　陈文阳[3]　曾华荣[3]

（1. 南京水利科学研究院，江苏南京　210000；
2. 厦门路桥工程投资发展有限公司，福建厦门　361000；
3. 厦门市筼筜湖保护中心，福建厦门　361000）

摘　要：“纳潮活海”是强潮海岸潟湖水环境安全的重要保证。本文以厦门岛西海岸筼筜湖为例，建立筼筜湖纳潮闸水工模型，研究不同潮水位、不同开度下的水跃形态，提出了纳潮限制流量，研究不同渠水位、不同开度下的过流能力曲线，计算了筼筜湖不同潮型下的纳潮能力，在此基础上，提出满足纳潮能力、纳潮流量及日常安全运行管理的纳潮调度方案，增加了湖区水体流动时机，更大程度地保证湖区水环境，为强潮海岸潟湖纳潮能力评估及调控提供科学依据。

关键词：纳潮闸；过流能力；纳潮能力；调度

我国海岸分布多个潟湖，利用涨落潮进行“纳潮活海”是其水质水环境的重要保证。

天然的潟湖纳潮能力多数取决于岸线形态以及潟湖口门尺寸，恶劣的岸线形态会导致近岸区域存在水体不流动死角，而口门尺寸将直接影响纳潮量的大小[1]。蒋增杰等[2] 参考 Paker 和柏井的海水交换定义[3] 对黎安港口的海水交换能力进行研究，得出纳潮通道的长度、宽度与水体交换能力成正比，狭长的纳潮通道会延长海水半交换周期，影响潟湖内水质及生态。国内对于天然潟湖纳潮能力的主流研究方法有线性回归分析法和数学模型模拟法两种。宫清华等[4] 引入海湾地貌的形状指数与分维数两个指标（分别反映岸线曲折度以及岛屿等板块结构的繁杂程度），得出两个指标与纳潮能力大小呈高度正相关。张鹏等[5] 基于 FVCOM 模型模拟海州湾欧拉余流场情况和纳潮量等分布情况，得出天然潟湖纳潮能力与口门处水动力条件息息相关，在设计规划纳潮管控时需充分考虑流域自身水动力条件。

目前，对天然与海相通的潟湖纳潮能力研究较多，而口门通道建设闸站后，改变了原有纳排过程，受闸控下强潮海岸潟湖的纳潮能力研究较少。强潮海岸大的潮差增大了纳潮时机、保证纳潮总量的同时，也增大了瞬时纳潮流量，给调度运行安全管理带来不便；在日常潟湖纳潮调度中，在满足纳潮总量的同时，宜尽可能减小纳潮瞬时流量，延长纳潮及水体流动时间，更大程度地保证湖区水环境。本文以厦门岛西海岸筼筜湖为例，建立筼筜湖纳潮闸水工模型，开展过流能力、纳潮能力、闸门调控方案研究，为强潮海岸潟湖纳潮能力评估及调控提供科学依据。

1　工程概况

筼筜湖位于厦门岛内西部，原为厦门西海域的一港湾，于 1971 年在海湾口修筑了一条南北向的海堤（西堤），由港湾变成湖泊，形成一基本封闭的水域，湖底标高−4.0～−2.50 m（1985 国家高程基准，下同）。筼筜湖水域面积 1.5 km^2，汇水流域面积 37.1 km^2，主河长 10.21 km。筼筜湖湖区北、东、南三面环山，流域上游山地植被良好，山坡较陡；流域下游是湖周边平地，为繁华的厦门市区。

筼筜湖泵闸工程由 1 座 1 孔净宽 6 m 纳潮闸、1 座 2 孔单孔 6 m 排潮闸以及 50 m^3/s 排涝泵站组

基金项目：国家重点研发计划项目（2021YFC3001003）。

作者简介：李寿千（1986—），男，高级工程师，主要从事河流海岸动力学研究工作。

成。纳潮闸布置在北岸侧，为单孔 6 m 宽闸与纳潮渠平顺衔接；排潮闸布置在南岸侧，为 2 孔 6 m 宽闸，以利于利用排水闸上部空间布置安装间。排涝泵站布置在纳潮闸与排潮闸之间[6]。纳潮闸、排潮闸单宽过流能力均为 15 m^3/s，其调度运行原则如下：控制水位-0.7~0 m；湖区水位达不到 0 m 时，根据外海潮位与内湖水位情况，平湖启闭闸门，伺机纳潮；当湖区水位已经达到 0 m，根据外海潮位与内湖水位情况，平潮启闭闸门，伺机排潮，直至内湖水位排至-0.7 m[7]。

工程区域外海潮汐参证站为鼓浪屿站，潮汐属于正规半日湖，其实测最高潮位 4.45 m（1996 年 8 月 1 日），历史最高潮位 4.54 m（1933 年 10 月 20 日），历年最低潮位-3.30 m，平均高潮位 2.44 m，平均低潮位-1.55 m，平均潮差 3.99 m，最大潮差 6.42 m，最小潮差 0.99 m，平均海面 0.33 m。以鼓浪屿站潮位过程为依据，选择四种典型潮型进行纳潮能力计算，包括典型小潮（2020 年 8 月 12 日）、典型大潮（2020 年 8 月 21 日）、多年平均潮型及两年一遇潮型。

2 模型设计与建立

设计并建立筼筜湖纳潮闸水工模型，并开展不同水位组合、不同闸门开度下的过流能力试验，提出闸站过流能力曲线。

2.1 模型设计

考虑模拟范围、试验场地、模型相似条件，综合选取模型比尺为 1∶15，且为正态模型。进口为外海，出口为渠水位（导流堤）附近，原型渠道轴线长约 600 m，模型长约 40 m。根据重力相似，确定模型其他相关比尺如表 1 所示，水工模型范围及布置如图 1 所示。

表 1　水工模型比尺

相似条件	名称	比尺符号	比尺数值
几何要素	平面长度	λ_L	15
	水深	λ_h	15
水流要素	流速	v	3.87
	糙率	n	1.57
	流量	λ_Q	871

图 1　筼筜湖纳潮闸水工模型范围及布置

2.2 模型建立

水工模型即南京水利科学研究院铁心桥试验研究基地建成，由于纳潮闸本身为钢闸，渠道采用混凝土建成，模型中，钢闸采用有机玻璃制作，渠道采用混凝土抹面制作，其中导流明渠底部通过验证后进行拉毛加糙处理，保证糙率相似[8]。模型占地 500 m^2，模型进口采用量水堰控制流量，出口采用翻板尾门控制水位，沿程布设 15 把水尺观测水位，采用 PIV 流速观测系统测量表层流态，采用无线旋桨流速仪测量垂线流速，采用无人机观测水跃流态。

2.3 模型试验工况

纳潮闸门上方建有胸墙，闸门全开时开度为 3.5 m，试验包括 1.7 m、2 m、2.3 m、2.6 m、2.9 m、3.2 m、3.5 m 共计 7 组开度。

纳潮闸宽度为 6 m，单宽过流能力为 15 m^3/s，总过流能力为 90 m^3/s，试验包括 10 m^3/s、20 m^3/s、30 m^3/s、40 m^3/s、50 m^3/s、60 m^3/s、70 m^3/s、80 m^3/s、90 m^3/s 共计 9 组流量。湖区控制水位为-0.7~0 m，试验包括-0.7 m、-0.35 m、0 m 三组水位。测量内容为水位、流态、流速。

3 纳潮流态

通过上述水工模型试验可以发现，水流由纳潮闸导流明渠进入湖区纳潮明渠过程中，由于断面突然扩大，水流由急流转换至缓流过程中，将发生水跃形态，水跃的发生形态取决于流量和水位的组合，给出判别水跃形态的流量和水位相关图谱（见图 2）。

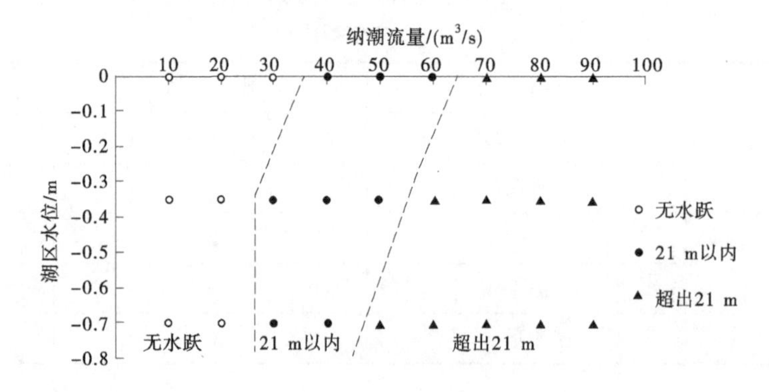

图 2 水跃发生的临界条件

当湖水位为-0.7 m 时，纳潮量为 30 m^3/s 时开始出现水跃，随着流量的增大，水跃长度增大，至 50 m^3/s 时，水跃长度超出消力池范围（21 m）。当湖水位为-0.35 m 时，纳潮量为 30 m^3/s 时开始出现水跃；随着流量的增大，水跃长度增大，至 60 m^3/s 时，水跃长度开始超出消力池范围（21 m）。当湖水位为 0 m 时，纳潮量为 40 m^3/s 时开始出现水跃，随着流量的增大，水跃长度增大，至 70 m^3/s 时，水跃长度超出消力池范围（21 m）。

总体而言，纳潮量为 20 m^3/s 时开始出现水跃，纳潮流量为 60 m^3/s 时，水跃开始跃出原消力池范围，因此保证消能防冲安全的限制流量为 60 m^3/s。

4 纳潮能力

4.1 过流能力曲线

通过上述水工模型试验，获得不同出口水位下过流能力曲线，如图 3 所示。在外海潮位小于 0.5 m（对应流量为 30 m^3/s）情形下，过流能力受到内湖水位的影响；但在外海潮位大于 0.5 m（对应流量为 30 m^3/s）情形下，纳潮闸导流明渠出口出现水跃，过流能力不再受湖区水位的影响，随着外海潮位的增加，过流流量呈线性增加，过流流态均为堰流形式。

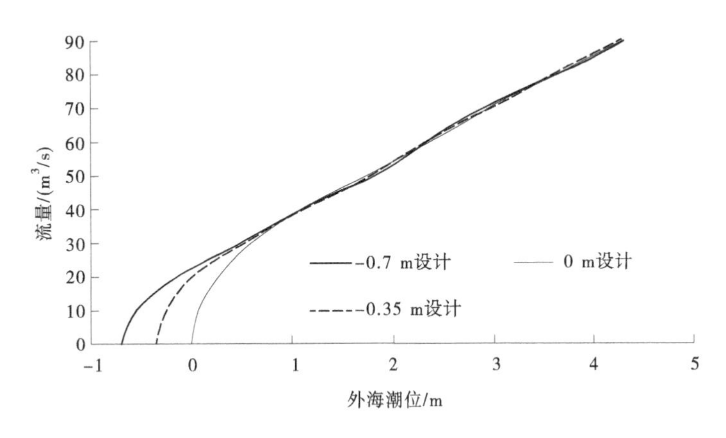

图3　纳潮闸全开过流能力曲线

4.2　纳潮能力计算

在上述纳潮闸过流能力曲线的基础上，纳潮量计算采用如下方法：将潮位过程分成48个时间段，认为各时间段潮位恒定，根据外海潮位及明渠水位，结合过流能力曲线，计算过流能力及纳潮水量；进一步结合库容曲线，计算内湖水位变化；进一步结合明渠与内湖水位关系，得到明渠水位；判断外海潮位是否大于明渠水位，如果大于明渠水位，继续循环计算，直至小于明渠水位。该方法的计算流程如图4所示。

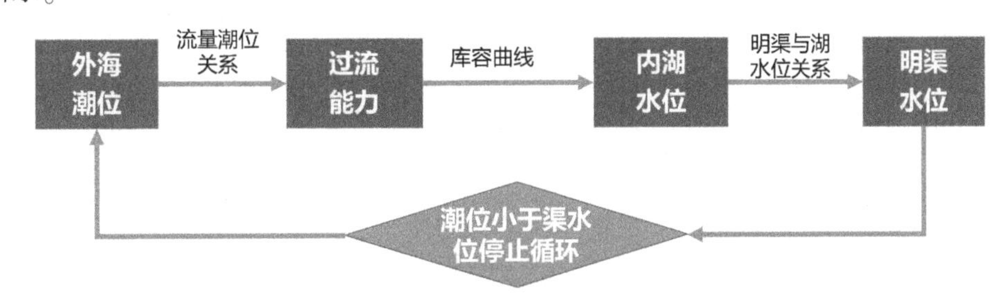

图4　纳潮能力计算方法

统计四种潮型下各纳潮过程中最大流量及纳潮高度，列于表2，可见对于小潮及多年平均潮型，最大纳潮流量均小于60 m^3/s，纳潮高度基本满足0.7 m的设计要求，无须进行限流；对于大潮及两年一遇潮型，最大纳潮流量均超过60 m^3/s，超过了纳潮明渠消能防冲要求，且纳潮高度均超过0.7 m，需要进行限流，即实施调控措施。

表2　四种潮型下最大流量及纳潮量

潮型	最大流量/（m^3/s）	湖区纳潮高度/m
小潮	49.46	0.69
多年平均	54.96	0.75
大潮	68.99	0.78
两年一遇	78.01	1.09

5　纳潮调度方法

5.1　纳潮调度原则

（1）筼筜湖纳潮需要满足设计纳潮能力的需要。筼筜湖湖区设计调度水位为−0.7~0 m，即单潮纳潮高度为0.7 m，根据纳潮能力计算，由于厦门西海域潮差较大，小潮潮差大于4 m，使得各潮型下均基本满足纳潮能力。根据筼筜湖多年纳排潮管理经验，日常调度水位为−0.5~0 m，即单潮纳潮高度为 0.5 m，可满足日常水环境调度需求，因此纳潮高度宜大于 0.5 m。

（2）贯筜湖纳潮应当满足消力池的消能防冲安全的需要。根据纳潮流态研究，在流量大于 60 m^3/s 情形下，纳潮闸导流明渠出口水跃将超出消力池范围，该工况长时间运行将加剧冲刷危及建筑物安全。在大潮及两年一遇潮型且高潮大水头差情形下，瞬时纳潮流量经常出现超过 60 m^3/s 的情况，需要对闸门进行局开控制流量，限制流量为 60 m^3/s。

（3）贯筜湖纳潮应当满足日常安全运行管理的需要。纳潮闸日常运行中，除每天需要进行两次启闭外，还需要在大潮时实时动态调整闸门开度以限制瞬时流量，日常运行管理工作量较大。同时，闸门经常局部开启对钢闸门底部磨损较大，不利于工程安全。纳潮闸共设置了 3 道闸门槽，中间门槽用于工作闸门，因此考虑采用最外侧闸门槽设置固定开度闸门限制瞬时流量，工作闸门只进行启闭运行。固定开度闸门在限制最大瞬时流量的同时，也影响了总的纳潮能力，因此需要探讨既满足纳潮能力又满足限制流量的固定闸门开度。

5.2 纳潮调度方法

选择最外侧门槽通过局部开启方式进行限流，开展不同开度条件下过流能力试验，设计 1.7 m、2 m、2.3 m、2.6 m、2.9 m、3.2 m、3.5 m 共计 7 种开度，给出了不同开度条件下的过流能力曲线，如图 5 所示。

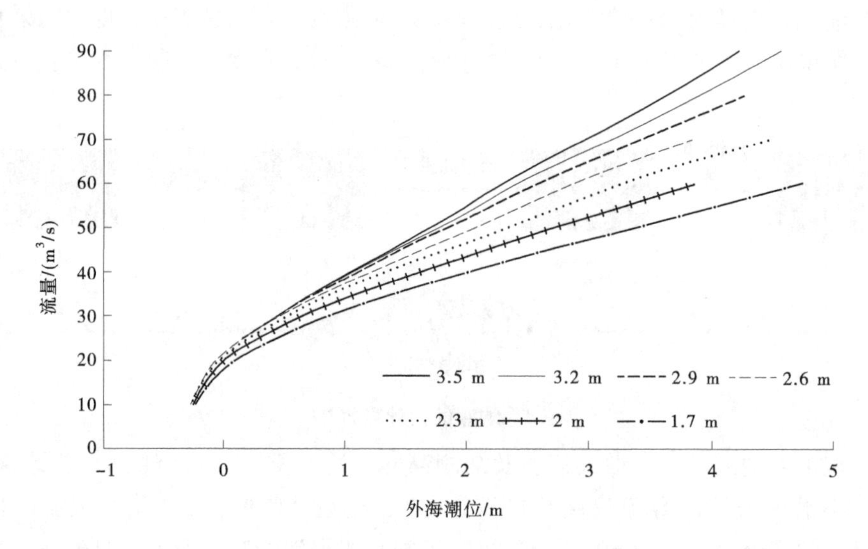

图 5 闸门不同开度条件下过流能力曲线

依据上述过流能力曲线，计算四种潮型在各开度下的纳潮过程，统计各纳潮过程最大流量如图 6 所示，统计各纳潮过程纳潮高度如图 7 所示。可见，随着闸门开度减小，各潮型下最大纳潮流量及纳潮高度均呈减小趋势；小潮、多年平均潮、大潮下纳潮高度相近，两年一遇潮型下纳潮高度显著高于其他潮型。

闸门限流原则为常态潮型即小潮、多年平均潮、大潮情形下，最大纳潮流量小于 60 m^3/s，纳潮高度大于 0.5 m，同时兼顾两年一遇潮型。根据上述原则，结合图 6 及图 7，建议闸门限流开度为 2.5 m，此时常态小潮、多年平均潮、大潮情形下，最大纳潮流量小于 60 m^3/s，纳潮高度大于 0.65 m；同时，两年一遇潮型下，最大纳潮流量为 65 m^3/s，纳潮高度大于 0.98 m，可通过提前关闭中间门槽工作闸门进行控制，满足纳潮要求。该方案的实施，使得同样纳潮高度下纳潮时间有所延长，增加了湖区水体流动时机，更大程度地保证湖区水环境。

6 结论及建议

（1）建立了 1∶15 贯筜湖纳潮闸工程水工模型，系统开展了不同开度、不同流量、不同出口水位下的过流试验，获得了不同运行工况下纳潮闸的水跃形态图谱及过流能力曲线。

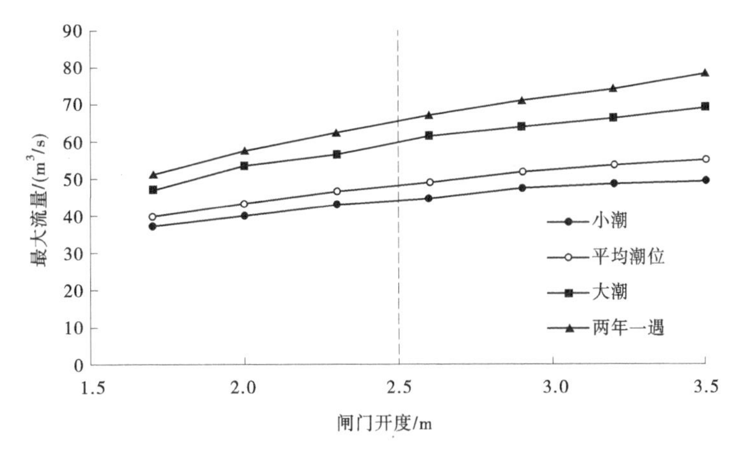

图6　四种潮型在不同开度下最大纳潮流量

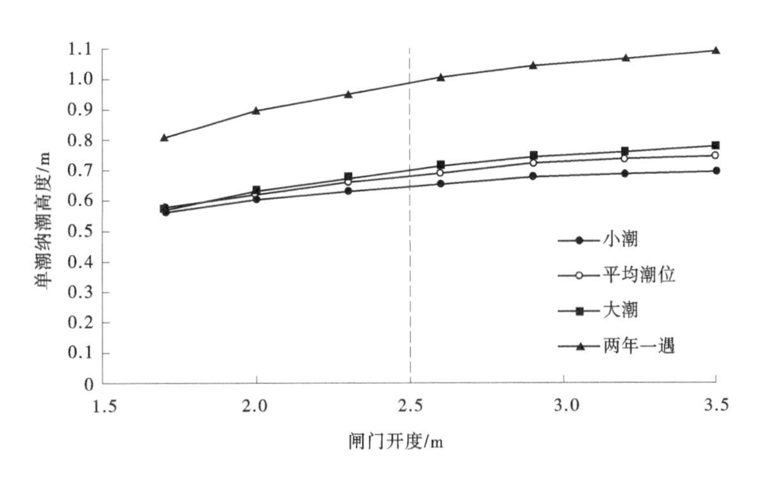

图7　四种潮型在不同开度下纳潮高度

（2）纳潮流量为30 m^3/s时纳潮闸导流明渠出口开始出现水跃，纳潮流量为60 m^3/s时，水跃开始跃出原消力池范围，确定保证消能防冲安全的纳潮闸限制流量为60 m^3/s。

（3）开展筼筜湖不同潮型下纳潮流量及纳潮能力的计算，小潮及多年平均潮型，纳潮流量均小于限制流量，纳潮高度基本满足0.7 m，无须限流。大潮及两年一遇潮型，纳潮流量均大于限制流量，纳潮高度均超过0.7 m，需要限流，即采取调控措施。

（4）提出纳潮闸门调控原则，即需要同时满足纳潮能力、限制流量及日常安全运行管理。提出了闸门调控方案，建议采用最外侧门槽进行闸门局开限流，闸门限流开度为2.5 m，满足调控原则要求。

参考文献

[1] 张静，张玉萍．威海双岛湾湾内水体交换研究［J］．港工技术，2017，54（2）：6-8，71.

[2] 蒋增杰，方建光，张继红，等．海南黎安港纳潮量及海水交换规律研究［J］．海南大学学报（自然科学版），2009，27（3）：261-264.

[3] 陈伟，苏纪兰．狭窄海湾潮交换的分段模式Ⅰ．模式的建立［J］．海洋环境科学，1999（2）：59-65.

[4] 宫清华，周晴，李平日，等．珠江口伶仃洋地貌特征演变与纳潮能力变化研究［J］．海洋学报，2019，41（1）：98-107.

[5] 张鹏，张瑞瑾，黄靖茗，等．基于FVCOM模型的海州湾纳潮量和水交换能力研究［J］．水利水电技术（中英文），2021，52（7）：143-151.

[6] 中国市政工程中南设计研究总院有限公司．篔筜湖第二排涝泵站及西堤闸工程初步设计文件［R］．厦门：中国市政工程中南设计研究总院有限公司，2019.
[7] 中国市政工程中南设计研究总院有限公司．篔筜湖第二排涝泵站及西堤闸工程施工图设计文件［R］．厦门：中国市政工程中南设计研究总院有限公司，2019.
[8] 中华人民共和国水利部．水工（常见）模型试验规程：SL 155—2012［S］．北京：中国水利水电出版社，2012.

基于 B-IBI 的永定河干流生态健康评估

徐　鹤[1]　缪萍萍[1]　顾宏霞[2]

（1. 水利部海河水利委员会水资源保护科学研究所，天津　300170；
2. 天津市碧波环境资源开发有限公司，天津　300102）

摘　要：自永定河综合治理与生态修复工作启动以来，河道通水长度和时长逐步增加，水质、生态逐步向好。2021 年春季生态补水期，在永定河干支流布设 30 处采样点对底栖动物进行监测，共采集底栖动物 4 门 44 种。采用底栖动物生物完整性指数法对永定河干流生态健康进行评估。结果表明，永定河干流健康状况普遍较好，仅莲石湖 1 处样点为较差等级。

关键词：生物完整性指数；底栖动物；永定河干流

生物完整性指数（index of biological integrity，IBI）由美国生物学家 Karr 于 1981 年首次提出，是指支持和维护一个与地区性自然生境相对等的生物集合群的物种组成、多样性和功能等的稳定能力，是由多个生物状况参数组成的，通过比较参数值与参考系统的标准值得出该生态系统的健康状况[1]。IBI 体系提出至今，已成为水生态健康定量评价的热门方法，基于鱼类、浮游植物、浮游动物、附着藻类、底栖生物等构建的 IBI 评价体系的研究均得到了广泛开展[2]。底栖动物具有生活范围较固定、生命周期长且群落结构与生存环境密切相关的特点，其群落结构的变化常作为水质的指示指标，更适于 IBI 评价方法[3]。

自 2016 年《永定河综合治理与生态修复总体方案》印发实施以来，各省市积极推进河道治理、水源地保护等项目实施，取得了显著成效。通过不断强化流域生态水量统一调度，河道通水长度和时长逐步增加，2021 年实现 26 年来首次 865 km 河道全线通水入海；河流水质明显改善，生物多样性显著提高，湿地鸟类种群数量逐年增加。

开展永定河干流基于大型底栖动物生物完整性指数法（B-IBI）的水生态系统健康评价，以期对永定河水生态系统保护和修复管理提供数据支撑与措施方向。

1　材料与方法

1.1　研究区概况

永定河上游有桑干河、洋河两大支流，于河北省张家口怀来县朱官屯汇合后称永定河，在官厅水库纳妫水河，经官厅山峡于三家店进入平原。三家店以下，两岸均靠堤防约束，卢沟桥至梁各庄段为地上河，梁各庄以下进入永定河泛区，永定河泛区下口屈家店以下为永定新河。永定河朱官屯至屈家店全长 307 km。

1.2　采样点布设

为更好地掌握永定河生物多样性状况，2021 年永定河春季生态补水期间，开展永定河调水沿线

基金项目：京津冀协同发展“六河五湖”综合治理与复苏河湖生态环境关键技术研究（SKR-2022033）；水体污染控制与治理科技重大专项（2018ZX07101005）；下垫面变化条件下洋河流域生态水量配置与调度研究（2020-28）。

作者简介：徐鹤（1984—），女，高级工程师，主要从事水资源保护与水生态修复工作。

底栖动物采样调查工作。其中，永定河干流在八号桥、妫水河口、官厅水库出库等13处布设采样点，上游洋河和桑干河共布设17处采样点。永定河干流固安断面因干涸时间较久，本次未采集到底栖动物，在计算分析时不予考虑。

1.3 样品采集与处理

在浅水区域，利用网径40目、采样面积0.09 m^2 的索伯网置于河床，搅动采样框内底质，将框内的底栖动物刷入网内；对于水深超过0.5 m的采样点，使用1/40 m^2 的彼得森采泥器。每个站点所采集的样品经过40目尼龙筛网现场筛洗后带回实验室，置于白瓷盘中，将所有底栖动物逐一挑出，并用75%酒精固定保存。底栖动物的鉴定在解剖镜和显微镜下进行。根据每个站点的采样面积，最终换算出各站点底栖动物各分类单元的密度。

1.4 B-IBI 评价指标体系确定

1.4.1 参照点及干扰点的选取

参照点指的是未受人类活动干扰的采样点，受到人类活动干扰严重的采样点称为干扰样点。参照点的选取目前尚无统一标准，随着社会迅猛的发展，水资源高度开发利用，永定河干流不受干扰的河段较少，本次研究选取桑干河石匣里、揣骨疃、洋河友谊水库及永定河雁翅等4处干扰相对小的采样点作为参照点。永定河干流剩余11个采样点为干扰点（见图1）。

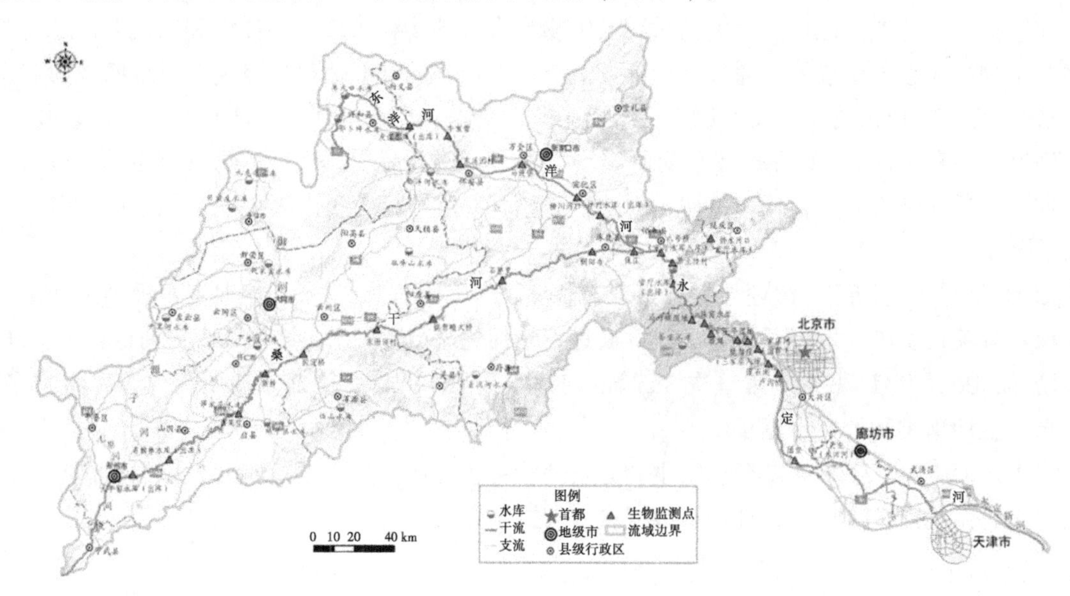

图1 采样点分布示意图

1.4.2 备选评价指标的选取

评价指标须对环境因子的变化反应敏感，计算方法简便，所包含的生物学意义明确。可用于评价底栖动物生物完整性的指标很多，为准确反映环境变化对永定河干流目标生物（个体、种群、群落）数量，参考国内研究情况，结合本次监测结果，从体现底栖动物丰富度、组成、耐污能力和摄食类群等方面，选取18个指标建立评价体系。备选评价指标定义及对干扰的反应见表1[4]。

1.4.3 核心指标的选取

结合采样点数据情况对核心指标进行筛选，主要有以下3个步骤[5]：

（1）指标数值分布范围筛选。计算分析候选生物参数在参照点中的数值分布范围，对参数数值分布范围小、标准差过大的指标予以剔除。计算结果见表2。

表1 备选评价指标定义及对干扰的反应

类型	编号	候选指标	定义及计算方法	对干扰的反应
丰富度	M1	总分类单元数	根据分类水平要求，鉴定出的样点底栖动物群落所有分类单元数	降低
	M2	Shannon 多样性指数	$H=-\sum_{i=1}^{S}P_i\ln P_i$，$P_i=\frac{n_i}{N}$ 式中：H 为 Shannon 指数；n_i 为第 i 种底栖动物的个体数量；N 为底栖动物的个体数量	降低
	M3	双翅目分类单元数	节肢动物门下双翅目中所有种的数量	可变
	M4	软体类和甲壳类分类单元数	软体类和甲壳类下所有种的数量	降低
组成	M5	优势分类单元个体数量百分比	各采样点采集到的所有种类中数量最多的一种的个体数量占所有种类的个体数量的百分比	升高
	M6	双翅目个体数量百分比	双翅目个体数占样点总个体数的百分比	升高
	M7	颤蚓类个体数量百分比	颤蚓类个体数占总个体数的百分比	升高
	M8	软体动物个体数量百分比	软体动物个体数占总个体数的百分比	降低
耐污能力	M9	Hilsenhoff 生物指数 HBI	$\mathrm{HBI}=\sum_{i=1}^{S}t_i\times\left(\frac{n_i}{N}\right)$ 式中：n_i 为第 i 种的个体数；N 为所有个体数；t_i 第 i 种的耐污值	升高
	M10	BMWP 指数	$\mathrm{BMWP}=\sum_{i=1}^{S}F_i$ 式中：F_i 为科 i 的敏感值	降低
	M11	敏感类群物种数	耐污值≤4 的物种数	降低
	M12	耐污类群物种数	耐污值≥6 的物种数	升高
	M13	敏感类群个体数量百分比	耐污值≤4，敏感类群个体数占样点总个体数的百分比	降低
	M14	耐污类群个体数量百分比	耐污值≥6，耐污类群个体数占样点总个体数的百分比	升高
摄食类群	M15	捕食者个体数量百分比	生存方式为捕食的种类个体数量与总数之比	下降
	M16	直接收集者个体数量百分比	生存方式为直接收集的种类个体数量与总数之比	下降
	M17	过滤收集者个体数量百分比	生存方式为过滤收集的种类个体数量与总数之比	下降
	M18	刮食者个体数量百分比	生存方式为刮食的种类个体数量与总数之比	下降

表2 参照点备选评价指标分布情况分析结果

候选指标编号	平均值	最小值	25%分位数	中位数	75%分位数	最大值	标准差
M1	16.5	12.0	13.0	17.0	19.5	20.0	3.4
M2	1.2	0.9	0.9	1.1	1.7	1.8	0.4
M3	6.8	5.0	5.3	7.0	8.0	8.0	1.5

续表 2

候选指标编号	平均值	最小值	25%分位数	中位数	75%分位数	最大值	标准差
M4	2. 3	1. 0	1. 3	2. 0	3. 5	4. 0	1. 3
M5	64. 6	42. 4	47. 5	67. 0	79. 3	82. 0	16. 8
M6	44. 0	7. 6	11. 6	45. 3	75. 0	77. 6	33. 7
M7	1. 6	0	0	0. 7	4. 0	4. 8	2. 3
M8	26. 1	0	0. 6	16. 3	61. 3	71. 6	33. 3
M9	5. 5	4. 9	5. 1	5. 6	5. 8	5. 8	0. 4
M10	52. 0	21. 0	24. 5	52. 0	79. 5	83. 0	28. 9
M11	4. 0	1. 0	1. 3	3. 5	7. 3	8. 0	3. 2
M12	4. 3	2. 0	2. 0	3. 5	7. 3	8. 0	2. 9
M13	7. 1	0. 4	1. 2	6. 9	13. 3	14. 3	6. 3
M14	34. 7	3. 5	8. 5	35. 6	60. 0	64. 1	26. 6
M15	8. 5	1. 3	2. 1	5. 3	18. 2	22. 2	9. 4
M16	70. 5	38. 9	43. 1	73. 7	94. 7	95. 7	27. 7
M17	7. 0	0	0	2. 9	18. 1	22. 2	10. 5
M18	1. 6	0	0. 1	0. 5	4. 3	5. 6	2. 6

（2）指标判别能力筛选。绘制箱型图，分析剩余参数在参照点和受损点的分布情况，根据箱体的重叠情况，对 IQ（inter quartile）赋予不同的值：如无重叠，IQ=3；部分重叠，但各自中位数值都在对方箱体范围之外，IQ=2；仅 1 个中位数值在对方箱体范围之内，IQ=1；各自中位数值都在对方箱体范围之内，IQ=0。IQ≥2 的参数指标视为有较强的判别能力，对其进行进一步分析，对 IQ≤1 的参数指标予以剔除。对 Shannon 多样性指数等 13 个指标予以剔除，保留总分类单元数（M1）、双翅目分类单元数（M3）、Hilsenhoff 生物指数 HBI（M9）、BMWP（M10）和捕食者个体数量百分比（M15）等 5 个指标。主要指标箱型图见图 2。

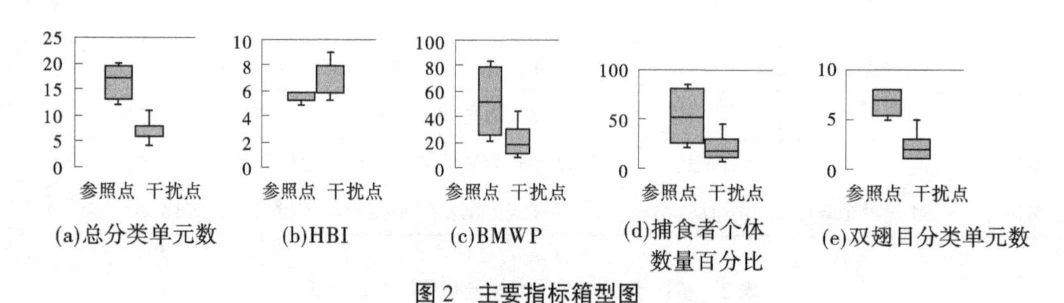

图 2　主要指标箱型图

（3）指标冗余筛选。利用 SPSS 软件，对剩余指标的参数进行 Pearson 相关性分析，当两个指数间的相关系数 r>0. 75，表明两个指数间所反映的信息大部分是重叠的，保留其中 1 个指标即可。筛选时，尽量选择不同类型的指标，以便全面地反映水生态健康状况。分析结果见表 3。根据相关性结果，M1 和 M3 指标相关性系数大于 0. 75，保留 M1，则最终以 M1、M9、M10 和 M15 作为评价指标。

表 3　指标相关性分析结果

指标	M1	M3	M9	M10	M15
M1	1	0.786**	−0.402	0.731**	−0.252
M3	0.786**	1	−0.114	−0.461*	−0.266
M9	−0.402	−0.114	1	−0.558*	0.012
M10	0.731**	−0.461*	−0.558*	1	−0.055
M15	−0.252	−0.266	0.012	−0.055	1

注：*代表 $p<0.05$；**代表 $p<0.01$。

1.4.4　评价指标计分标准的建立

为统一各参数评价量纲，采用常用的比值法计算标准化生物指数值[6]。其中，对于受干扰越强而值越低的生物指数，以 95%分位数为最佳期望值，各参数的分值等于参数实际值除以最佳期望值；对于受干扰越强而值越高的指数，则以 5%分位数为最佳期望值，其分值为（最大值-实际值）/（最大值-最佳期望值）。依此计算各样点核心参数的指数分值。计算后分值的分布范围为 0~1，若大于 1，则记为 1。最后将各参数值累加得到各样点的 B-IBI 指数分值，计算公式见表 4。

表 4　比值法计算 4 个核心指标参数公式

指标	对干扰的反应	计算公式	指标	对干扰的反应	计算公式
M1	降低	M1/18.7	M10	降低	M10/50
M9	增加	（9.08−M9）/（9.08−5.34）	M15	降低	M15/73.9

按照参照点 B-IBI 值分布的 25%分位数法进行指标体系的最终划分，如果样点 B-IBI 值大于或等于 25%分位数值，则表示该样点受到的干扰很小，处于健康状态。如果样点 B-IBI 值小于 25%分位数值的分布范围，可根据需要进行四等分，分别代表不同的健康程度，最终确定永定河干流底栖动物完整性评价标准，结果见表 5。

表 5　永定河干流健康评价标准

健康状态	健康	亚健康	一般	较差	极差
B-IBI 值	≥2.08	1.56~2.08	1.04~1.56	0.52~1.04	<0.52

2　结果与分析

2.1　永定河干流大型底栖动物群落特征

总体上看，永定河干流生物物种丰富度较高，共采集到底栖动物 4 门 44 种，包括水生昆虫 25 种，甲壳类 4 种，软体动物 5 种，寡毛类 5 种，蛭类 3 种，线虫、涡虫各 1 种。

从耐污值来看，敏感类群个体所占比例为 5.6%，耐污类群个体所占比例为 19.7%。从底栖动物数量来看，占比前三种的分别是钩虾（69.1%）、直突摇蚊（13.3%）、霍甫水丝蚓（2.6%）。从类群出现频率来看，出现频率最高的 3 个种分别为苏氏尾鳃蚓（50%）、直突摇蚊（50%）、多足摇蚊（41.7%）和钩虾（41.7%）。从摄食类型来看，直接收集者类群占比最大（43.2%），其次为捕食者（34.1%）。

2.2　永定河干流生态健康情况

总体上看，永定河干流的水生态健康水平整体较好。在本次 B-IBI 评价样点中，达到健康的样点比例达 27.3%，亚健康的占 45.4%，一般等级的占 18.2%，较差的占 9.1%。各样点生态健康评估结果见表 6。

表 6　永定河干流各样点生态健康评估结果

样点名称	评分	健康等级	样点名称	评分	健康等级
八号桥	1.14	一般	王平湿地	2.90	健康
妫水河口	2.55	健康	陇驾庄（三家店入库）	2.78	健康
官厅水库（出库）	1.76	亚健康	三家店闸（出库）	1.83	亚健康
黑土洼村	1.95	亚健康	莲石湖	0.56	较差
沿河城	1.62	亚健康	卢沟桥	2.06	亚健康
珠窝水库	1.27	一般			

3　结论与讨论

本次研究基于 18 个候选参数，通过筛选，确定了总分类单元数、HBI、BMWP、捕食者个体数量百分比等 4 个指标作为构建永定河干流 B-IBI 指数的核心指标。将永定河干流生态健康状况的等级划分标准化确定为：B-IBI≥2.08 健康，1.56≤ B-IBI< 2.08 亚健康，1.04≤B-IBI<1.56 一般，0.52≤B-IBI<1.04 较差，B-IBI<0.52 极差。评价结果显示，永定河干流生态健康状况普遍较好，70%以上样点处于健康及亚健康水平，仅莲石湖样点为较差等级，其主要原因为，受非输水期河道断流影响，水体流动性较差，底栖动物主要为颤蚓科和摇蚊科等耐污性高的物种，造成评估分值低。

本次样点主要集中在永定河干流山峡段，平原段仅莲石湖和卢沟桥两处，随着永定河生态补水工作的推进，平原段通水河长和通水时间逐年增加，为进一步研究生物完整性及河流健康情况，应增加下游河道样点分布。

对健康评估分值偏低的样点，结合单项评估指标分值，进一步调研其水质及生境状况，分析影响原因并提出可行性措施，提升永定河生态质量。同时，建议每年开展生物多样性调查和生态健康评估工作，跟踪永定河生态修复实施效果。

参考文献

[1] 孙永坤. 基于生物完整性指数的胶州湾生态环境综合评价方法研究［D］. 青岛：中国科学院海洋研究所，2013.

[2] 陈宇飞，严航，夏霆，等. 基于浮游动物生物完整性指数的太湖流域生态系统评价［J］. 南京工业大学学报（自然科学版），2022，44（3）：335-343.

[3] 栗晓燕，于鲁冀，吕晓燕，等. 基于 B-IBI 评价淮河流域（河南段）河流生态健康［J］. 生态学杂志，2018，37（7）：2213-2220.

[4] 刘越. 应用 IBI 评价辽河水生态系统健康的研究［D］. 大连：大连海洋大学，2022.

[5] 李文君，康立新，赵燕楚，等. 基于大型底栖动物完整性指数的白洋淀湿地水生态系统健康状况评价研究［J］. 环境科学与管理，2022，47（3）：164-168.

[6] 桑翀. 基于水质指数与生物完整性指数（周丛藻类和底栖动物）的新疆额尔齐斯河水质评价［D］. 武汉：华中农业大学，2020.

城市内湖底泥污染时空分布与生态评价研究

邵军荣　黄晓敏　崔佳鑫　高兆波

（长江勘测规划设计研究有限责任公司，湖北武汉　430015）

摘　要：内湖兼具城市调温、调湿、调洪等重要功能，其水环境问题日益突出影响城市的可持续发展。底泥作为内湖水体的污染内源，对内湖水环境影响显著，系统分析内湖底泥环境影响因素并进行生态评价对改善内湖水环境具有重要意义。以亚洲最大内湖汤逊湖为例，在湖区布设131个监测点，分别于2018年冬、2019年夏对监测点进行柱状底泥采样与检测。从时空上较系统地对底泥厚度在湖区分布特点、底泥中主要营养盐和重金属含量与分布进行分析，并对底泥中营养盐和重金属进行生态评价，为汤逊湖水环境改善提供参考。

关键词：城市内湖；底泥生态评价；厚度；营养盐；重金属

城市内湖具有调节城市温湿度、调蓄涝水、水景观等功能。但是，随着经济快速发展，城市内湖水体的水环境问题日益突出[1]。党的十八大以来，生态优先理念深入人心，城市内湖的水环境综合治理备受关注。武汉市部署以“三湖三河”流域水污染治理为重点，全面开展全市河湖流域水环境“清源、清管、清流”行动。

城市内湖作为主要受纳水体，水环境影响因素主要分为内源[2-4]和外源[5]。当前，由于外源输入涉及对象为水体本身，从出入口到整个湖区，点源、面源污染的汇流、输移与削减研究均较多，由于研究手段丰富且成熟，相关研究比较深入[6-9]。内源研究由于涉及不同深度的底泥以及采样、分析等[10-13]，研究手段有限，还缺乏较系统的研究。

以亚洲最大城市内湖汤逊湖为例，在湖区布设131个监测点，分别于2018年冬、2019年夏对监测点进行柱状底泥采样与检测。从时空上较系统地对底泥厚度在湖区分布特点、底泥中主要营养盐和重金属含量与分布进行分析，并对底泥中营养盐和重金属进行生态评价，为汤逊湖流域水环境综合整理提供参考。

1　研究方法

1.1　研究区域概况

汤逊湖位于武汉市东南部，是亚洲最大的城市内湖，水域面积47.62 km^2，流域面积240.48 km^2，涉及洪山区、东湖高新区、江夏区3个行政区，以江夏大道为界，西部为外汤逊湖，东部为内汤逊湖（见图1）。流域范围内现状总人口为67.73万（2018年末）。

1.2　监测点布置与样品检测

分冬、夏两次进行调查和实验，冬季调查于2018年11月开展，共设调查样点68个；夏季调查于2019年7—8月开展，共设调查样点63个（见图2）。

综合考虑内源污染治理措施实施后续处理工艺选择及未来水质改善后底泥作为内源的二次污染释放风险的需求，确定底泥污染现状调查的检测指标为：含水率、总有机质、TN、TP、Cr、Ni、Cu、Zn、Pb、Cd、As和Hg共12项。每一个样点所采集的柱状泥样据实验目的以2 cm、5 cm、10 cm和20 cm分层进行检测，每项指标的检测方法见表1。

作者简介：邵军荣（1985—），男，高级工程师，主要从事水环境综合治理研究工作。

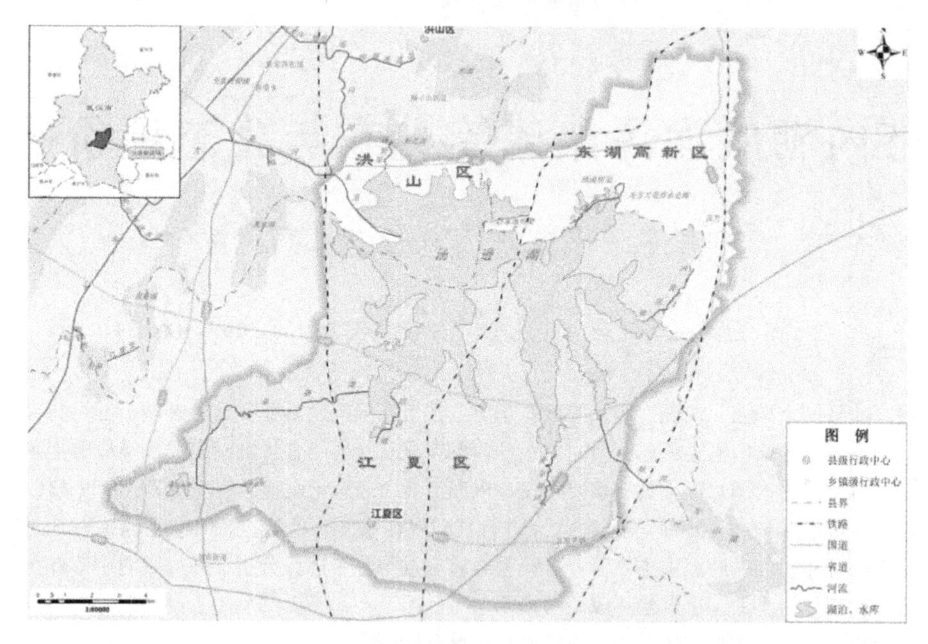

图 1　汤逊湖区位及行政区划范围

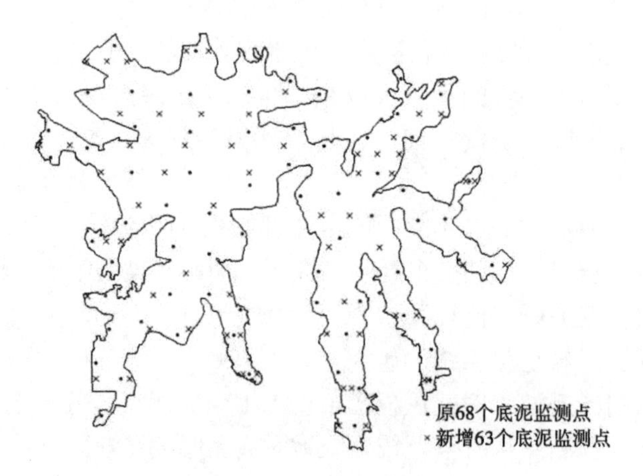

图 2　汤逊湖底泥采样点布设示意图

表 1　底泥检测指标及方法

指标	检测方法
含水率	《城市污水处理厂污泥检验方法》(CJ/T 221—2005)(2)重量法
总有机质	《土壤 有机碳的测定 重铬酸钾氧化-分光光度法》(HJ 615—2011)
TN	《城市污水处理厂污泥检验方法》(CJ/T 221—2005)(49)碱性过硫酸钾消解紫外分光光度法
TP	《城市污水处理厂污泥检验方法》(CJ/T 221—2005)(50)氢氧化钠熔融后钼锑抗分光光度法
Cr	《城市污水处理厂污泥检验方法》(CJ/T 221—2005)(35)常压消解后二苯碳酰二肼分光光度法
Ni	《城市污水处理厂污泥检验方法》(CJ/T 221—2005)(31)常压消解后原子吸收分光光度法
Cu	《城市污水处理厂污泥检验方法》(CJ/T 221—2005)(21)常压消解后原子吸收分光光度法
Zn	《城市污水处理厂污泥检验方法》(CJ/T 221—2005)(17)常压消解后原子吸收分光光度法

续表 1

指标	检测方法
Pb	《城市污水处理厂污泥检验方法》(CJ/T 221—2005)(25)常压消解后原子吸收分光光度法
Cd	《城市污水处理厂污泥检验方法》(CJ/T 221—2005)(39)常压消解后原子吸收分光光度法
As	《城市污水处理厂污泥检验方法》(CJ/T 221—2005)(44)原子荧光法
Hg	《城市污水处理厂污泥检验方法》(CJ/T 221—2005)(43)原子荧光法

1.3 数据处理与评价

应用 arcgis 软件通过反距离权重法对 131 个样点底泥深度进行插值计算。采用营养盐生态风险指数 IN 对营养盐生态风险进行评估；采用潜在生态风险指数法（RI）开展重金属生态风险评价。

营养盐生态风险指数 IN 计算公式：

$$IN_i = \begin{cases} (C_i/C_{si}) \times 0.5 & (C_i \leqslant C_{si}) \\ (C_i - C_{si})/(C_{mi} - C_{si}) \times 0.5 + 0.5 & (C_{si} < C_i \leqslant C_{mi}) \\ (C_i - C_{mi})/(C_{di} - C_{mi}) \times 0.5 + 1.0 & (C_{mi} < C_i \leqslant C_{di}) \\ (C_i/C_{di}) \times 0.5 + 1.0 & (C_i > C_{di}) \end{cases} \tag{1}$$

$$IN = \max\{IN_1,\ IN_2,\ \cdots,\ IN_i\} \tag{2}$$

式中：IN_i 为底泥中需要综合考虑的影响评价的营养盐因子 i 的生态风险指数，分析底泥中营养盐的生态风险指数必须涵盖多个营养盐因子；C_i 为底泥中营养盐因子 i 的实测含量，mg/kg；C_{si} 为底泥中该营养盐因子 i 的安全层最大含量，mg/kg；C_{mi} 为底泥中该营养盐因子 i 的过渡层最大含量，mg/kg；C_{di} 为底泥中该营养盐因子 i 的污染层最大含量，mg/kg。

潜在生态风险指数法（RI）计算公式：

$$C_f^i = \frac{C_D^i}{C_B^i} \tag{3}$$

$$E_r^i = T_r^i C_f^i \tag{4}$$

$$RI = \sum_{i=1}^{n} E_r^i \tag{5}$$

式中：C_f^i 为单一污染物污染指数；C_D^i 为样品的实测值；C_B^i 为污染物的背景值；T_r^i 为重金属在水、沉积物和生物之间的响应因子；E_r^i 为污染物的潜在生态风险系数。

2 结果与讨论

2.1 底泥厚度分布

通过对柱状泥样的观测得到 131 个监测样点的底泥深度，应用 arcgis 软件通过反距离权重法对 131 个样点底泥深度进行插值计算，得到汤逊湖底泥深度空间连续分布（见图 3）。汤逊湖湖底泥淤积深度分布范围为 18~150 cm，平均深度为 92 cm，外汤逊湖底泥深度整体高于内汤逊湖，外汤逊湖湖心区域底泥最深。

2.2 营养盐含量与分布

通过对汤逊湖近十年水质变化（见表 2）分析发现，主要超标污染物为化学需氧量、氨氮、总氮

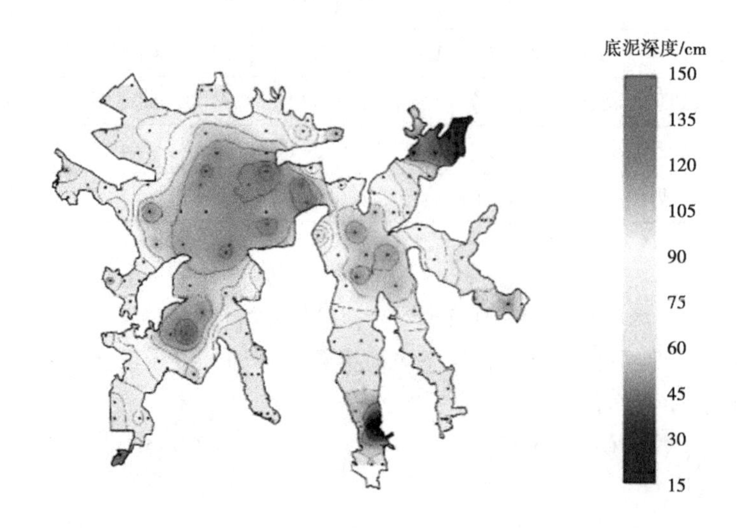

图 3　汤逊湖底泥深度分布（黑点为采样点）

（TN）、总磷（TP）。如表 2 所示，汤逊湖整体水质恶化趋势尚未得到有效抑制。近 5 年，透明度、化学需氧量指标较为稳定，氨氮指标有所降低，总氮和总磷指标持续增高。因此，选取底泥总氮和总磷作为主要营养盐进行分析。

表 2　汤逊湖近十年水质变化

年份	水质状况	超标因子（倍数）
2001	Ⅲ	—
2002	Ⅲ	—
2003	Ⅲ	—
2004	Ⅲ	—
2005	Ⅲ	—
2006	Ⅳ	化学需氧量（0.1）、总磷（0.18）
2007	Ⅳ	化学需氧量（0.35）、总磷（0.58）
2008	Ⅴ	化学需氧量（0.3）、总磷（1.54）
2009	Ⅴ	化学需氧量（0.25）、总磷（0.48）
2010	Ⅳ	化学需氧量（0.15）、总磷（0.46）
2011	Ⅳ	总磷（0.68）、化学需氧量（0.35）、生化需氧量（0.25）
2012	Ⅳ	总磷（0.56）、化学需氧量（0.35）、生化需氧量（0.02）
2013	Ⅳ	总磷（0.82）、化学需氧量（0.48）
2014	Ⅴ	总磷（1.86）、化学需氧量（0.45）、氨氮（0.40）、生化需氧量（0.18）
2015	Ⅴ	总磷（1.76）、化学需氧量（0.53）、生化需氧量（0.18）、氨氮（0.10）、高锰酸盐指数（0.02）
2016	Ⅴ	总磷（1.54）、化学需氧量（0.43）、生化需氧量（0.10）
2017	Ⅴ	总磷（2.10）、化学需氧量（0.52）、生化需氧量（0.15）、氨氮（0.01）
2018	劣Ⅴ	总磷（3.52）、化学需氧量（0.51）、总氮（2.24）

对底泥冬季 TN 含量的调查结果显示，汤逊湖表层底泥 TN 变幅为 375.2～6 154 mg/kg，平均为 2 946.3 mg/kg。各子湖表层底泥 TN 含量差异较大，外汤主湖北部、西部和东部最高，内汤主湖南部、中洲湖、红旗湖和麻雀湖 TN 含量较低（见图 4）。从整个泥柱来看，TN 含量随泥深加深逐渐减小，当泥深大于 60 cm 时，变化减缓［见图 5（a）］）。

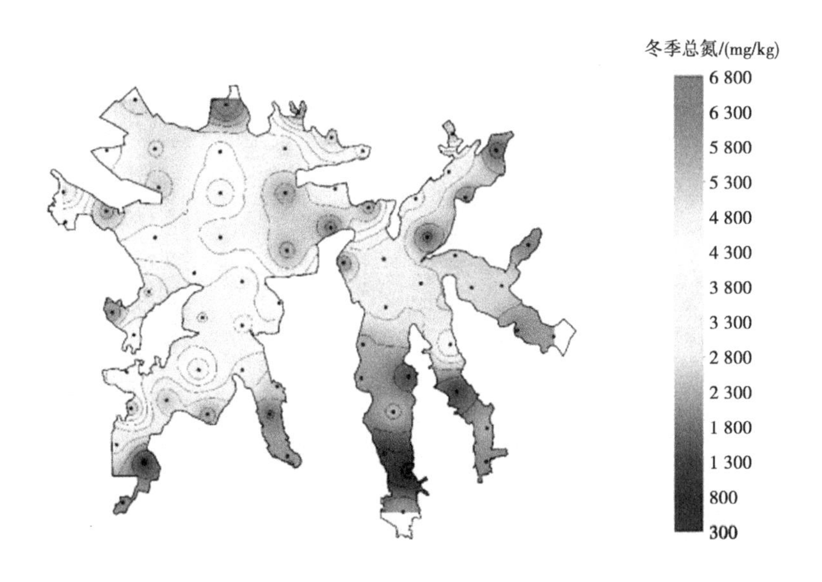

图 4　汤逊湖表层底泥冬季 TN 含量分布

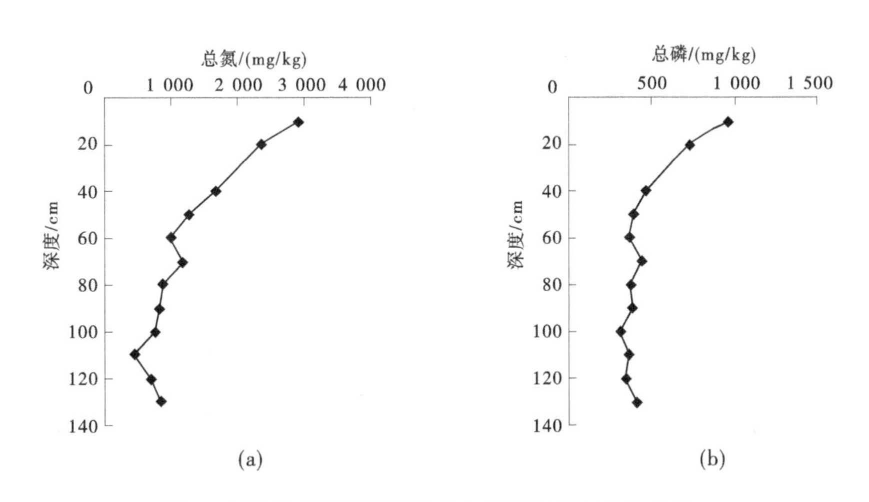

图 5　汤逊湖底泥冬季营养盐含量沿泥深变化的趋势

对底泥冬季 TP 的调查结果显示，汤逊湖表层底泥 TP 变幅为 144.9～3 004.3 mg/kg，平均为 968.7 mg/kg。各子湖表层底泥 TP 含量分布同样呈现区域特点，内汤主湖东北部、沙嘴湖，外汤主湖的中部和东北部含量较高（见图 6）。从整个泥柱来看，TP 含量随泥深加深逐渐减小，当泥深大于 40 cm 时，变化减缓［见图 5（b）］）。

对汤逊湖表层底泥夏季 TN 的调查结果显示，大桥湖西部、南部底泥 TN 最高，其次是外汤主湖和内汤主湖南部，杨桥湖、红旗湖和内汤主湖北部 TN 含量相对较低（见图 7），整个汤逊湖的 TN 平均含量为 2 363.7 mg/kg。从整个泥柱来看，TN 含量随泥深加深变幅越来越小，当泥深大于 40 cm 时，变化减缓［见图 8（a）］）。

对汤逊湖表层底泥夏季 TP 的调查结果显示，外汤主湖、麻雀湖南部、内汤主湖东北部和红旗湖

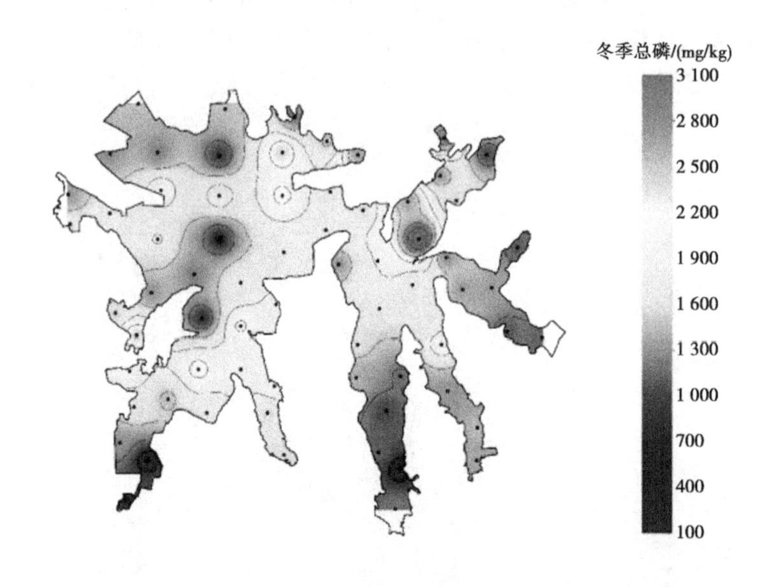

图 6　汤逊湖表层底泥冬季 TP 含量分布

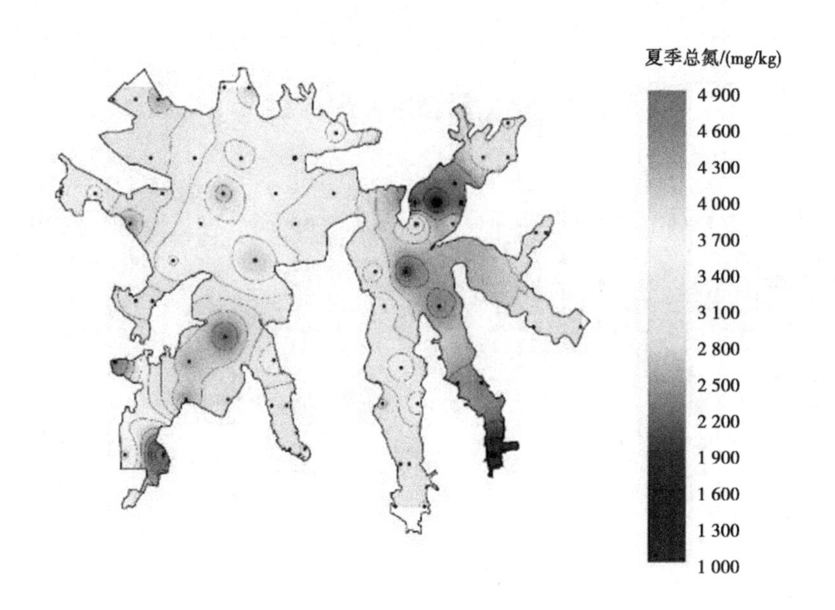

图 7　汤逊湖表层底泥夏季 TN 含量分布

底泥 TP 含量整体偏高（见图 9），全湖调查区表层底泥 TP 平均含量 911.2 mg/kg。从整个泥柱来看，TP 含量随泥深加深变幅越来越小，在底泥深度大于 60 cm 时，变化趋势减缓［见图 8（b）］。

从上述结果可以看出，汤逊湖夏季表层底泥氮磷平均含量均低于冬季，可能是夏季底泥营养盐释放加强所导致的。夏季温度较高，矿化过程加强、氧和硝酸盐在底泥中的渗透深度降低；夏季水生植物光合作用增强，水体 pH 值上升；而且夏季有大量藻类对磷的利用，多方面因素促进沉积物中不同形态营养盐释放，从而导致夏季底泥中营养盐含量低于冬季。

2.3　重金属含量与分布

汤逊湖冬季表层沉积物重金属平均含量相差很大，各元素平均含量的大小顺序为 Zn > Cr > Pb >

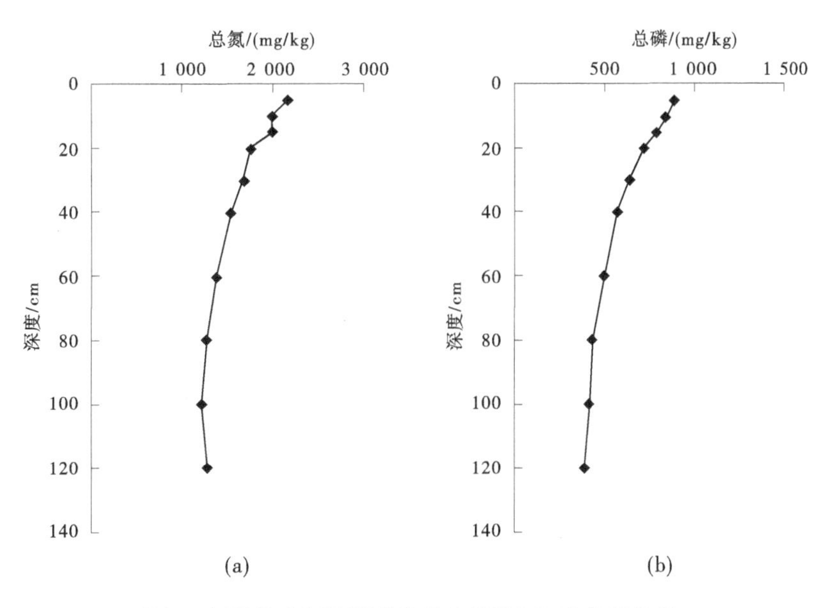

图 8　汤逊湖底泥夏季营养盐含量沿泥深变化的趋势

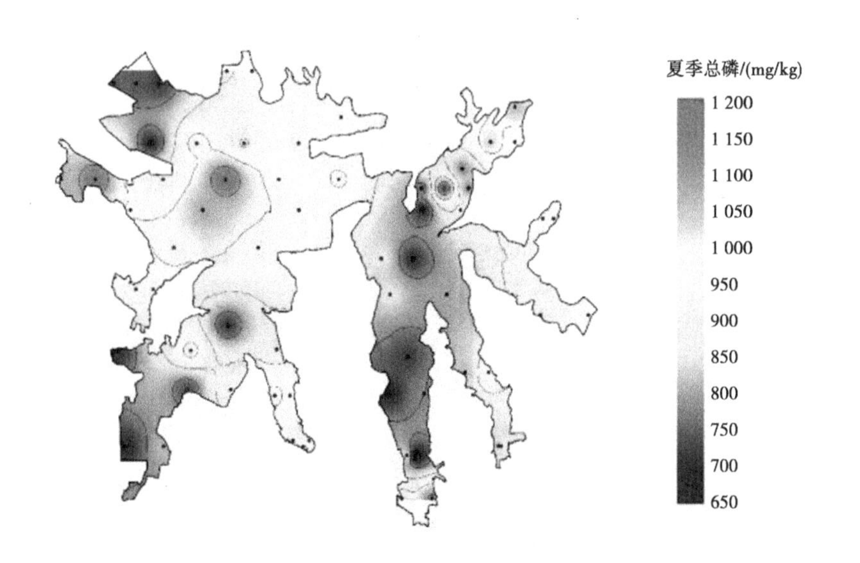

图 9　逊湖表层底泥夏季 TP 含量分布

Cu > Ni > As > Cd > Hg，分别为 143.1 mg/kg、92.6 mg/kg、40.9 mg/kg、39.1 mg/kg、37.7 mg/kg、10.6 mg/kg、0.47 mg/kg 和 0.23 mg/kg。各采样点重金属元素的含量也有所不同，Zn 和 Cr 元素的含量变化分别为 40.1 ~ 344.0 mg/kg 和 36.0 ~ 233.7 mg/kg；Pb、Cu、Ni 和 As 的含量范围分别为 10.5 ~ 75.4 mg/kg、11.2~83.8 mg/kg、11.8~127 mg/kg 和 3.8~22.5 mg/kg；Cd 和 Hg 含量的变幅分别为 0.07~1.51 mg/kg 和 0.03~0.57 mg/kg。Zn 和 Pb 含量的高值部分主要分布在内汤逊湖和外汤逊湖的北部湖区，Cu 和 Ni 主要分布在杨桥湖，As 主要分布在杨桥湖西部、内主汤中部和外主汤北部，Cd 主要分布在内主汤北部、外主汤的中部区域及大桥湖的西南部，而 Hg 的高值部分分布广泛，主要在内主汤中部和北部、外汤的西北、西北和东部（见图 10）。

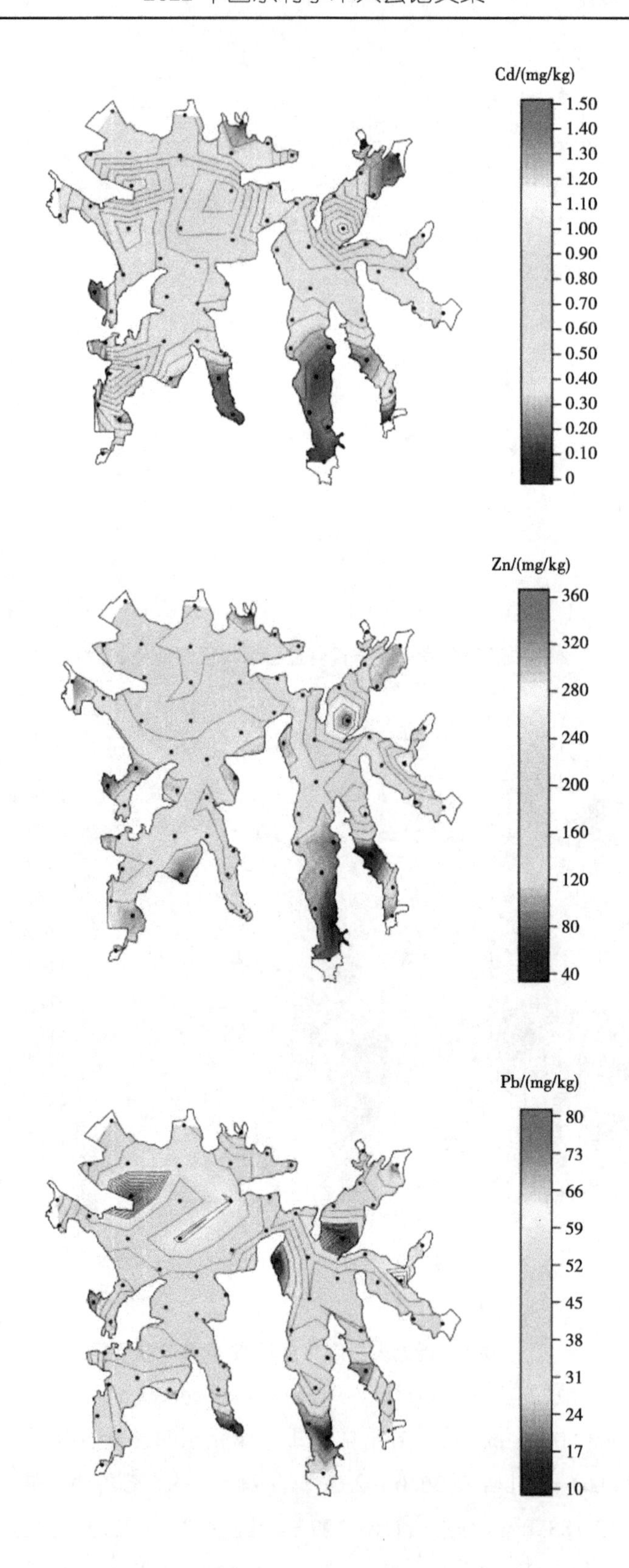

图 10　汤逊湖表层底泥冬季重金属含量分布

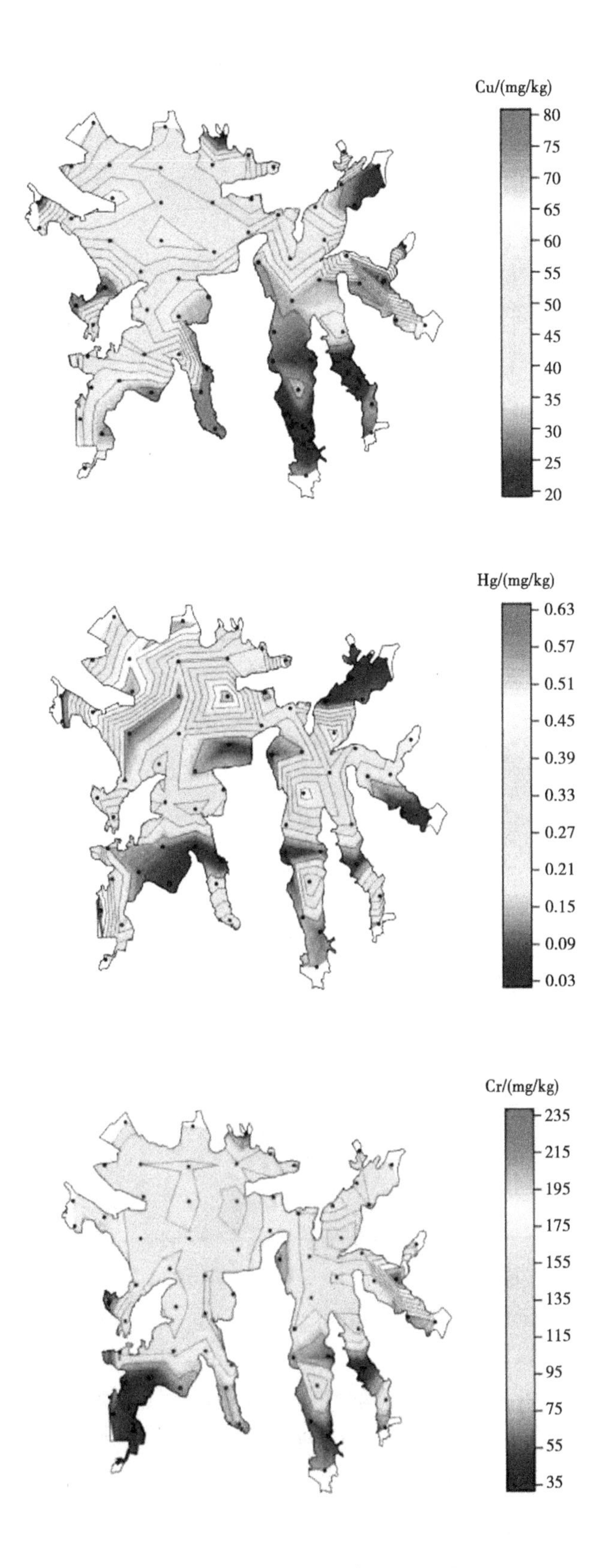
Cu/(mg/kg)
80
75
70
65
60
55
50
45
40
35
30
25
20
Hg/(mg/kg)
0.63
0.57
0.51
0.45
0.39
0.33
0.27
0.21
0.15
0.09
0.03
Cr/(mg/kg)
235
215
195
175
155
135
115
95
75
55
35

续图 10

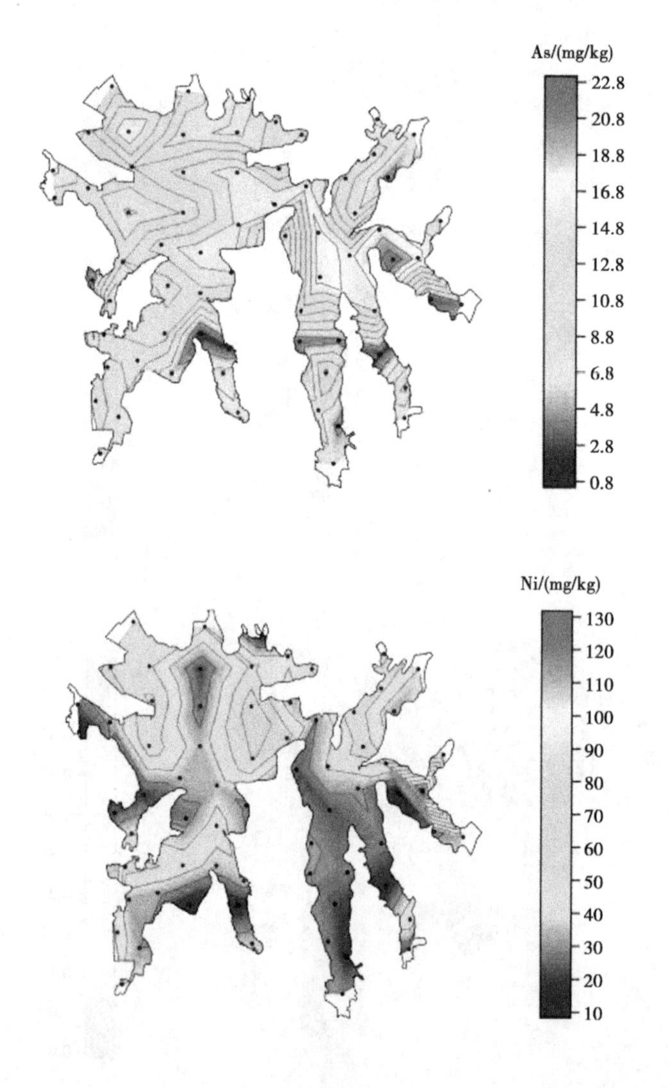

续图 10

冬季底泥重金属 Cu、Zn、Pb、Cd、As 和 Hg 含量沿底泥深度方向呈现减小趋势，变化最为明显的为 Hg 和 Cd，而 Ni 和 Cr 含量并未呈现明显变化趋势（见图 11）。

汤逊湖夏季表层沉积物重金属平均含量的大小顺序为 Zn > Cr > Cu > Ni > Pb > As > Cd > Hg，分别为 165.6 mg/kg、121.4 mg/kg、51 mg/kg、50.9 mg/kg、41.4 mg/kg、15.5 mg/kg、0.41 mg/kg 和 0.22 mg/kg。Zn 和 Cr 元素的含量变化分别为 59.7~382.5.0 mg/kg 和 69~210 mg/kg；Cu、Ni、Pb 和 As 的含量范围分别为 20~74 mg/kg、20~71 mg/kg、24.6~65.4 mg/kg 和 3.12~25.7 mg/kg；Cd 和 Hg 含量变幅分别为 0.2~0.66 mg/kg 和 0.06~0.6 mg/kg。

2.4 营养盐生态评价

基于汤逊湖冬季泥柱 TN 和 TP 的生态风险评估结果显示，表层底泥处于中度污染水平，且随底泥深度增加，TN 和 TP 的生态风险逐渐减小。对 TN 而言，深度超过 60~70 cm 时污染等级为健康，处于安全层。对 TP 而言，深度超过 30~40 cm 时污染等级为健康。由此可见，汤逊湖底泥营养盐冬季 TN 的生态风险高于 TP（见图 12）。

从冬季 TN 和 TP 营养盐综合生态风险评估结果看，随着底泥深度增加，底泥营养盐综合的生态风险逐渐减小，泥深超过 20 cm 时，底泥营养盐生态风险整体处于中度污染等级，属污染层；泥深 20~50 cm 处底泥营养盐生态风险整体处于轻度污染等级，属过渡层；超过 60~70 cm 时整体上处于安全层（见图 13）。

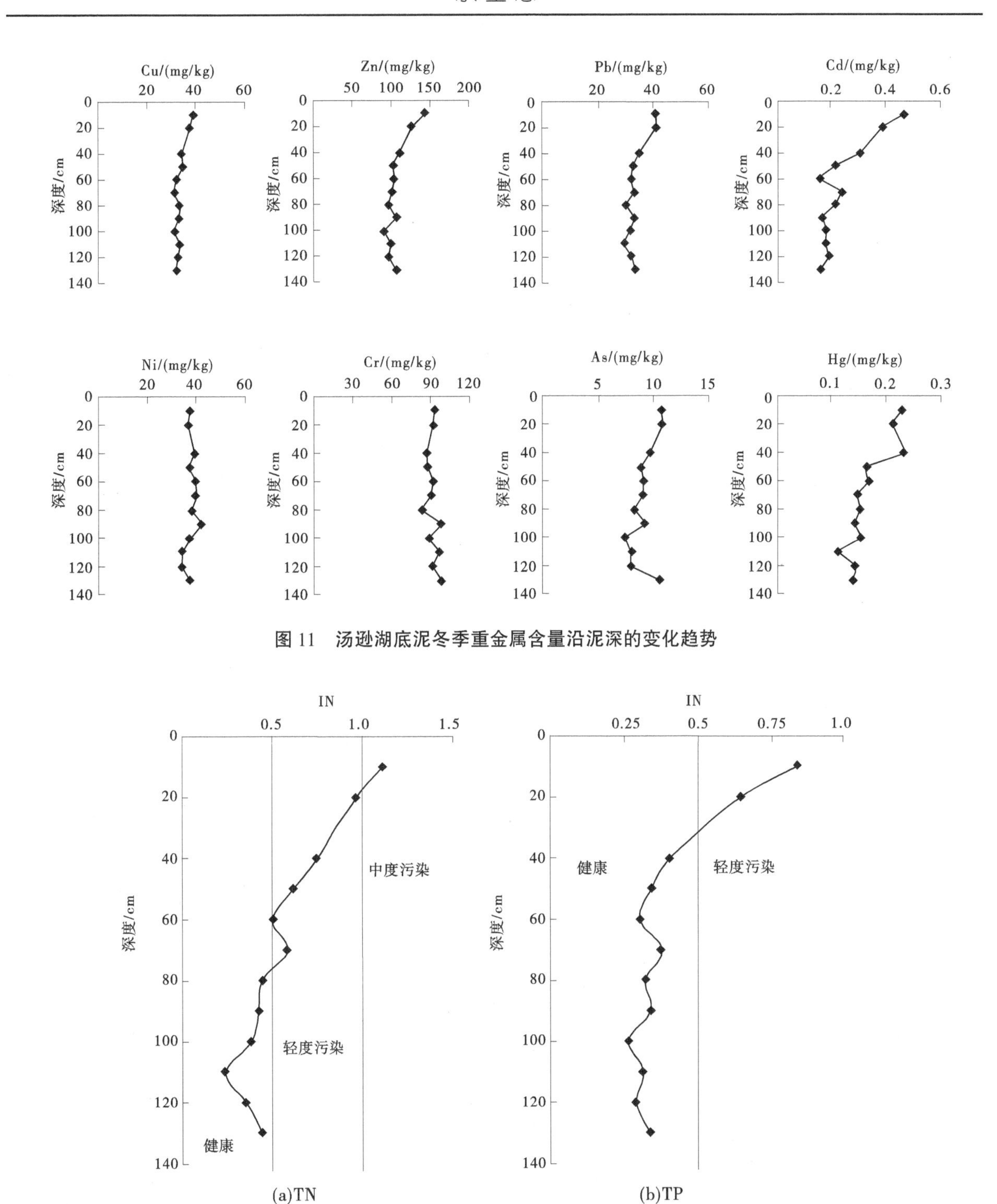

图 11 汤逊湖底泥冬季重金属含量沿泥深的变化趋势

图 12 汤逊湖冬季泥柱 TN 和 TP 生态风险指数沿泥深的变化趋势

底泥夏季 TN 和 TP 的生态风险评估结果与冬季含量评估结果类似，表层底泥处于中度污染水平，且随泥深增加，TN 和 TP 的生态风险逐渐减小。但是，对 TN 而言，20 cm 以下整体为轻度污染等级，属过渡层。对 TP 而言，深度超过 30~40 cm 时污染等级为健康。由此可见，夏季也是 TN 的生态风险高于 TP（见图 14）。

从夏季 TN 和 TP 营养盐综合生态风险评估结果看，表层 20 cm 处于中度污染水平，随着底泥深度增加，综合生态风险逐渐减小，但整体为轻度污染等级（见图 15）。

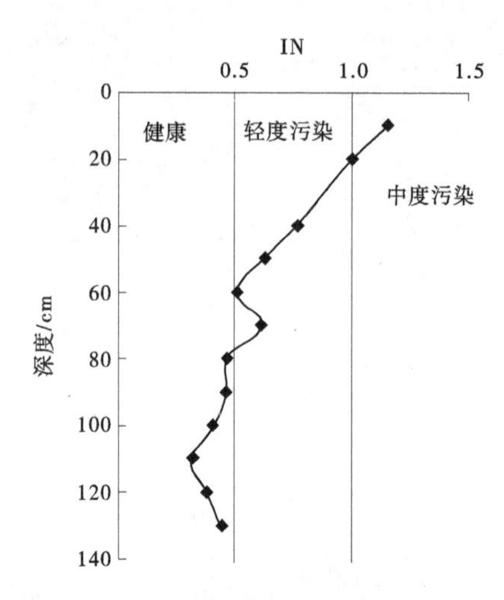

图 13　汤逊湖冬季泥柱 TN 和 TP 综合生态风险指数沿泥深的变化趋势

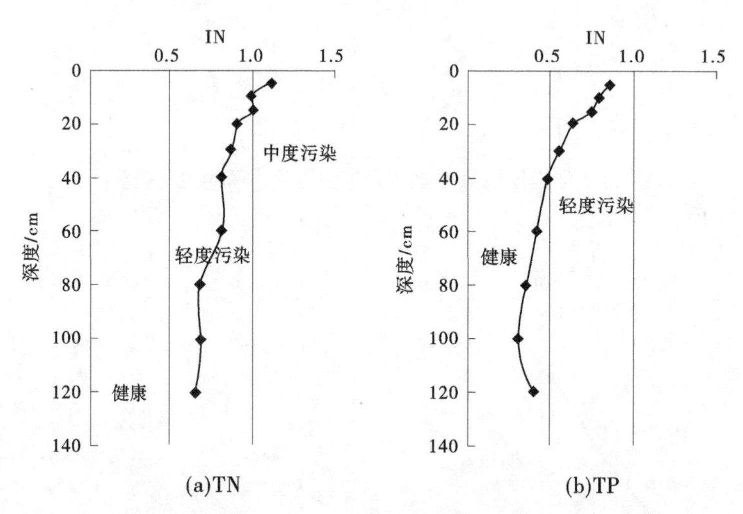

图 14　汤逊湖夏季泥柱 TN 和 TP 生态风险指数沿底泥深度的变化趋势

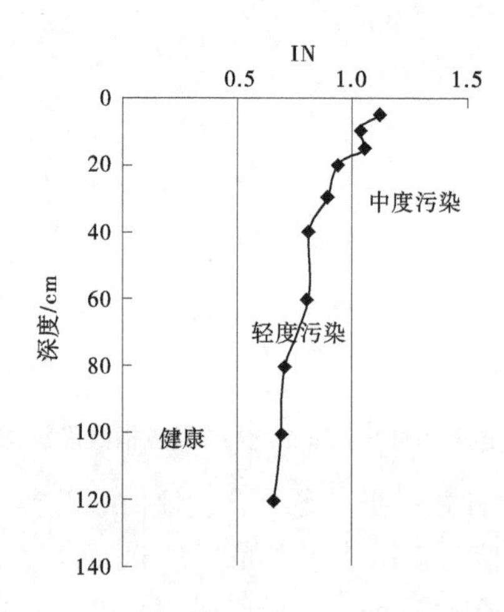

图 15　汤逊湖夏季泥柱营养盐综合生态风险指数沿泥深的变化

2.5　重金属生态评价

基于底泥冬季样品所有重金属的综合潜在风险分析结果显示，表层底泥至 50 cm 深度时，整体处于中度生态风险；超过 50 cm 时，整体处于低度生态风险（见图 16）。其中，中度生态风险样本超过

60%，表明汤逊湖底泥重金属污染整体处于中度污染水平。较高污染和中度污染区域集中在内汤主湖东北部和南部、外汤主湖的西北部和东部。此外，汤逊湖约50%的点位底泥重金属含量的最低安全层超过50 cm（见图17）。

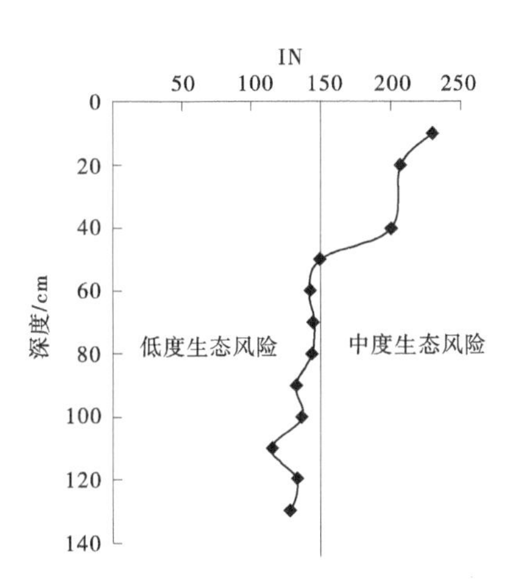

图16 汤逊湖冬季底泥柱重金属的综合生态风险评估

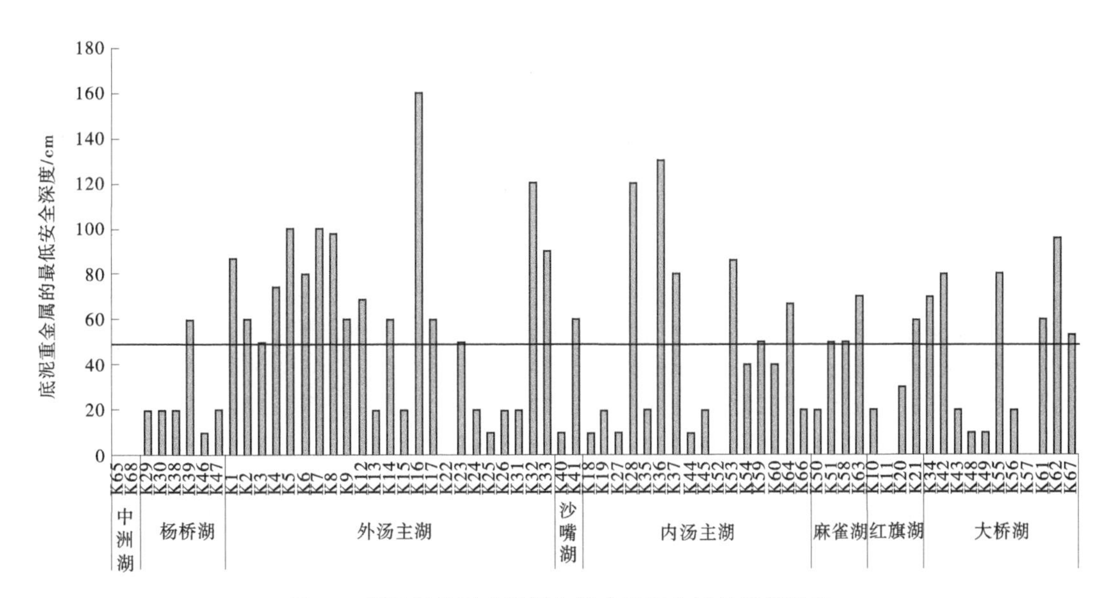

图17 汤逊湖冬季底泥重金属含量安全层的最低深度

夏季重金属单因素评估结果与冬季结果类似，Cu、Zn、Pb、Cr、As和Ni处于低度生态风险；Hg和Cd污染稍重，处于中度生态风险。重金属综合风险评估结果显示，除内汤主湖部分位点表层底泥处于高度生态风险外，汤逊湖底泥重金属整体处于中度生态风险（见图18）。

3 结论

（1）汤逊湖底泥淤积深度分布范围为18~150 cm，平均深度为92 cm，外汤逊湖底泥深度整体高于内汤逊湖，外汤逊湖湖心区域底泥最深。

（2）总氮和总磷是汤逊湖影响水环境的主要营养盐指标。夏季表层底泥氮磷平均含量均低于冬季。湖区东北部的总氮、总磷含量偏高；随着泥柱加深逐渐减小，达到一定泥深时变化减缓。

（3）汤逊湖表层沉积物重金属平均含量相差很大，主要分布在外汤湖西北部和东部，内汤湖东北部和南部。Zn和Cr元素的含量在冬季和夏季均最高，变化幅度也最大。

（4）冬季汤逊湖底泥TN的生态风险高于TP；夏季二者风险水平相当。随着底泥深度增加，底

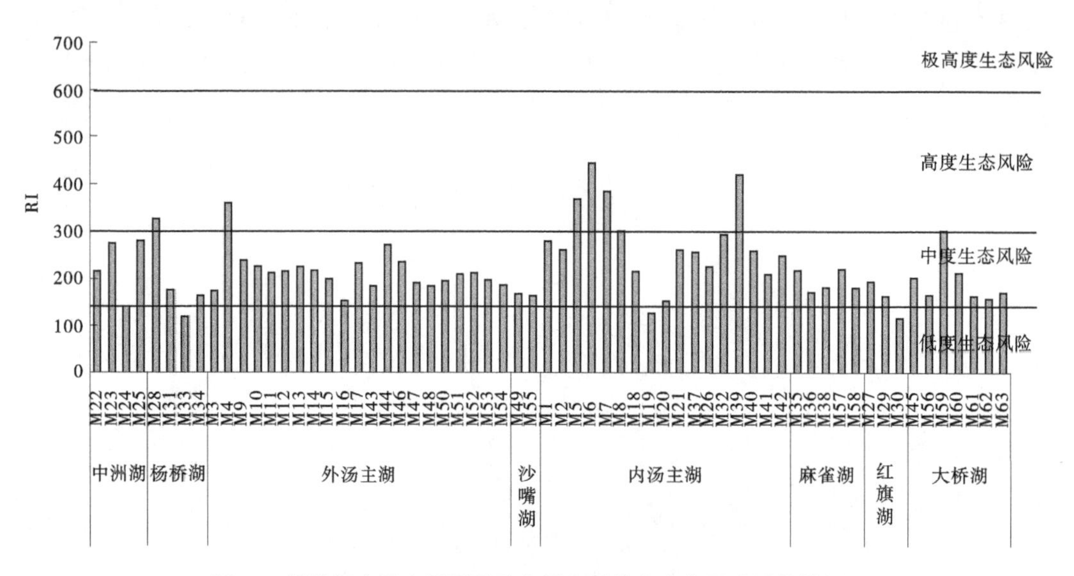

图 18　汤逊湖表层底泥夏季重金属含量综合生态风险评估结果

泥营养盐综合的生态风险逐渐减小。夏、冬两季汤逊湖底泥重金属污染均处于中度污染水平。

参考文献

[1] 马振强，李捷，隋军，等．城市内湖水质改善对策研究——以广州市南湖为例［J］．给水排水，2021，57（S2）：248-252，280.

[2] 孙博闻，孙文宁，傅长锋，等．白洋淀底泥重金属空间分布特征及污染评价［J］．水利水电技术（中英文），2021，52（11）：173-185.

[3] 杨桐，苏云华，王丹，等．洱海典型湖湾沉积物氮、磷和有机质分布特征及污染评价［C］//中国环境科学学会环境工程分会．中国环境科学学会 2021 年科学技术年会——环境工程技术创新与应用分会场论文集（三）．北京：工业建筑杂志社有限公司，2021：95，630-635.

[4] 邹民虎．太湖西岸宜兴城市内湖沉积物氮形态分布及污染评价［D］．西安：西安建筑科技大学，2018.

[5] 张智，杨骏骅．城市内湖综合治理及效果评价［J］．安全与环境工程，2006（1）：23-25，36.

[6] 邵军荣，吴时强，周杰，等．水体交换年龄模型研究［J］．水科学进展，2014，25（5）：695-703.

[7] 高小孟，李一平，杜薇，等．太湖梅梁湾湖区悬浮物动态沉降特征的野外观测［J］．湖泊科学，2017，29（1）：52-58.

[8] 施媛媛，李一平，程月，等．大型浅水湖泊磷模型参数不确定性及敏感性分析［J］．环境科学，2019，40（10）：4478-4486.

[9] 王亚宁，李一平，程月，等．大型浅水湖泊水质模型边界负荷敏感性分析［J］．环境科学，2021，42（6）：2778-2786.

[10] 杨帆，何丹丹，袁隆湖，等．湖南省水域底泥污染评价及资源化利用分析［J］．中国给水排水，2022，38（13）：97-104.

[11] 白冬锐，张涛，包峻松，等．苏州古城区域河道底泥的重金属污染分布及生态风险评价［J］．环境科学，2021，42（7）：3206-3214.

[12] 李宝，张智慧，王志奇，等．山东南四湖底泥典型重金属的形态分布、稳定度与风险评价［J］．环境化学，2022，41（3）：940-948.

[13] 陈路锋，潘钰，曹梦西，等．武汉城市湖泊表层底泥汞分布、风险评价及影响因素［J］．地球与环境，2022，50（3）：388-396.

基于 DPSIR 框架的长三角示范区河湖健康评估研究

蔡　梅　韦婷婷　陆志华　潘明祥

（太湖流域管理局水利发展研究中心，上海　200086）

摘　要：本文基于 DPSIR 评估概念框架，从社会经济影响、生态环境状况、生态服务功能、调控管理四个方面，构建了示范区“一河三湖”生态环境评估指标体系，评估了示范区河湖生态环境状况。评价结果表明，示范区 2020 年度河湖生态环境总体处于良好状态，饮用水水源地安全供水保障程度高，区域整体水质处于良好水平，骨干河湖生态系统整体良好，区域节水能力总体较高，但还存在总磷、总氮污染负荷高，淀山湖、元荡水生态系统脆弱，湿地、生态护岸占比较低，生态亲水空间不足，绿色产业产值较低，生态农业规模较小等短板和弱项。

关键词：DPSIR；河湖健康；长三角示范区

1　引言

河湖健康是保障流域水安全和经济可持续发展、实现人与自然和谐的基础。如何评估受损或处于人为干扰下的河湖健康状况，以判断经济社会发展的可持续性，逐渐成为社会研究热点[1-3]。河湖健康评估的关键环节是建立科学的指标体系和评价标准，国内外常用的构建河湖健康评估指标体系的模型主要有“压力-状态-响应（PSR）”模式[4]、“驱动力-状态-响应（DSR）”模式[5]、“驱动力-压力-状态-影响-响应（DPSIR）”模式[6]。其中，DPSIR 模型因其综合性、整体性、系统性和灵活性等优点，被广泛应用于复杂环境系统的评价中，具有较多的应用实例[7-9]。

长三角生态绿色一体化发展示范区建设是实施长三角一体化发展战略的突破口[10]。示范区内河网水系密布、湖泊众多，是历史上江南鱼米之乡的代表地区。河湖水系是示范区江南水乡的核心要素，是示范区生态绿色一体化高质量发展的重要支撑。为全面掌握示范区生态本底和变迁情况，反映示范区发展现状中生态绿色发展的成色，准确把脉示范区生态环境突出问题，本文基于 DPSIR 框架，研究构建了适宜于示范区重要河湖健康的评估指标体系，通过层析分析法明确各指标的权重，以 2020 年为评估年，识别出示范区生态环境影响关键因子和突出问题，并在此基础上提出示范区和河湖健康保护及管理的对策，以期为建立示范区生态环境常态化调查评估制度，促进示范区生态绿色发展成色的逐步提升提供科学依据和技术支撑。

2　研究区概况

2.1　基本情况

长三角示范区位于太湖流域下游，地处沪苏浙三省（市）交界处，范围包括上海市青浦区、江苏省苏州市吴江区、浙江省嘉兴市嘉善县，总面积约 2 412.81 km^2。示范区属平原地貌，地势低平，地面高程大部分在镇江吴淞高程 4 m 以下。示范区属北亚热带南部季风气候。气候温和湿润，四季分明，年平均气温 15.5 ℃。雨量充沛，多年平均降水量 1 057 mm，全年降水天数多年平均 133 d，年日照 1 932 h。

2.2　河湖水系

示范区是太湖流域水面率最高的地区之一，范围内河网纵横交错，湖荡水面簇聚，区内现状河道

作者简介：蔡梅（1985—），女，高级工程师，主要从事水环境治理与规划工作。

约 6 786 条，湖荡约 499 座。根据示范区各区县水利志数据和全国第三次水资源调查评价数据，现状示范区河湖总面积约 488.8 km²，河湖水面率为 20.3%，坑塘养殖水面率为 5.8%。目前，示范区已经形成“三横两纵，多点多支”的水系格局[11]（见图 1）。

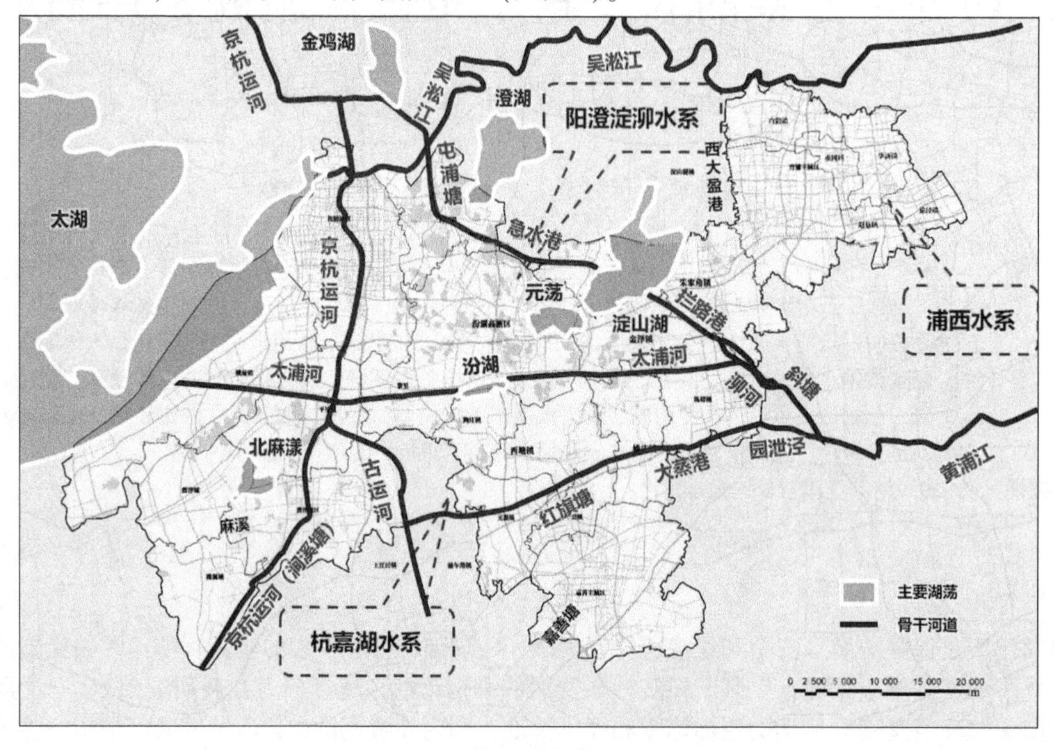

图 1 示范区主要水系分布

吴江区境内水系以太浦河为界，分为浦南、浦北两大片，浦南属于杭嘉湖水网区、浦北属于淀泖水网区。江南运河纵贯南北两片，承担调节及承转境内水量的功能。吴江区共有河道 2 500 多条，总长约 2 300 km，河网密度 1.96 km/km²，河湖水面率 24.4%，境内骨干水系包括京杭运河、太浦河、頔塘。

嘉善县地处杭嘉湖平原水网地区，属运河水系。整体水流方向自西南向东北，由嘉兴、江苏过境水和本地产水排向上海金山、青浦入黄浦江。境内共有大小河道 2 241 条，总计长 1 829.5 km，河网密度为 3.61 km/km²，河湖水面率 13.2%。主要骨干河道有芦墟塘、三里塘、和尚塘、红旗塘、白水塘及中心河。

青浦区位于太湖下游，太湖流域东排涝水由吴淞江、急水港、太浦河、大蒸塘等河流经本区境泄于黄浦江归海。全区河流总长度 2 507.9 km，河网密度为 3.74 km/km²，河湖水面率为 18.67%。骨干河道包括吴淞江—苏州河、油墩港、太浦河、红旗塘—大蒸港—圆泄泾、淀浦河、拦路港—泖河—斜塘 6 条河道，总长度 102.7 km。

3 DPSIR 指标体系构建

3.1 指标选取

基于广泛应用的“驱动力-压力-状态-影响-响应（DPSIR）”概念框架，依据《湖泊生态安全调查与评估技术指南》《河湖健康评价指南（试行）》《河流水生态环境质量评价技术指南（试行）》《湖库水生态环境质量评价技术指南（试行）》等河湖生态环境调查评估相关技术文件，结合示范区规划纲要及总体方案等相关规划要求，以及示范区生态环境特点，引入绿色发展指标，从社会经济影响、生态环境状况、生态服务功能、调控管理四个方面，构建了包括 1 个目标层 4 个方案层 17 个因素层和 33 项指标的示范区河湖健康评估指标体系（见图 2）。

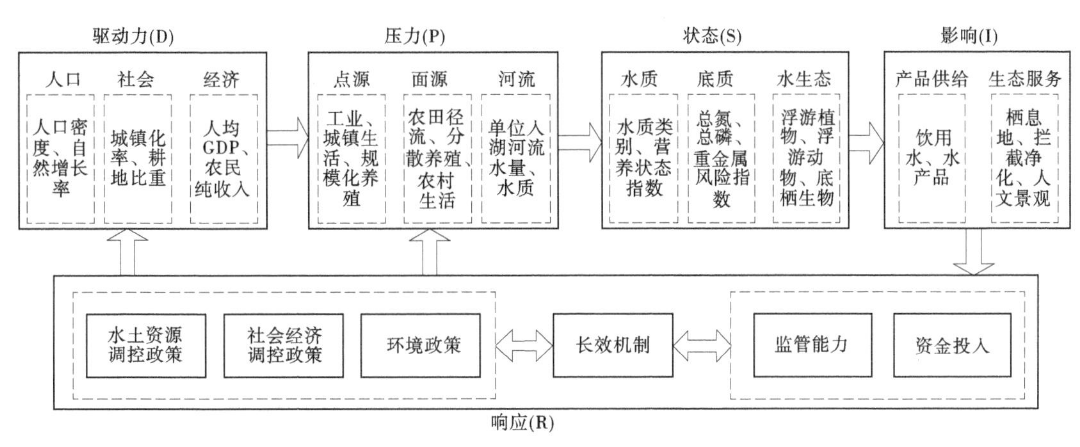

图 2　DPSIR 河湖健康评估概念框架

在此基础上，参考相关技术标准、规划目标、发展理论等，研究确定各指标的参照标准。采用层次分析法结合专家论证，研究确定指标权重，形成一套完整的示范区河湖健康评估体系[12-13]，如表 1 所示。

表 1　示范区“一河三湖”生态环境评估指标体系

目标层	方案层及权重		因素层及权重		指标层及权重	
示范区生态环境	社会经济影响（驱动力、压力）	0.20	人口	0.15	人口密度	1
			经济	0.10	人均 GDP	1
			社会	0.15	人类活动强度指数	1
			污染物排放情况	0.60	单位面积 COD 排放量	0.25
					单位面积 NH_3-N 排放量	0.25
					单位面积 TP 排放量	0.25
					单位面积 TN 排放量	0.25
	生态环境状况（状态）	0.35	区域水环境质量	0.25	地表水达到或优于Ⅲ类的断面比例	0.35
					湖库综合营养指数	0.35
					河流综合污染指数	0.3
			河流水生态状况	0.15	着生藻类多样性指数	0.5
					大型底栖无脊椎动物生物完整性指数	0.5
			湖泊水生态状况	0.45	浮游植物密度	0.2
					浮游动物多样性指数	0.2
					大型底栖无脊椎动物种数	0.2
					水生植物群落状况	0.2
					鱼类物种数	0.2
			湖泊沉积物	0.15	沉积物 TP 含量	0.3
					沉积物 TN 含量	0.3
					沉积物重金属风险指数	0.4

续表 1

目标层	方案层及权重		因素层及权重		指标层及权重	
示范区生态环境	生态服务功能（影响）	0. 20	水资源服务功能	0. 40	生态水位满足程度	0. 2
					饮用水水源地取水口水质达标率	0. 4
					饮用水水源地年度供水保证率	0. 4
			水源涵养功能	0. 15	林木覆盖率	1
			栖息地功能	0. 15	湿地面积占比	1
			拦截净化功能	0. 15	生态岸线占比	1
			生态景观功能	0. 15	亲水空间建设情况	1
	调控管理（响应）	0. 25	政策法规	0. 15	政策法规制定落实情况	1
			联保共治	0. 15	联保共治相关制度措施落实情况	1
			污水处理标准	0. 10	污水处理技术标准选用和执行情况	1
			绿色发展	0. 60	生态环境保护投入指数	0. 25
					绿色产业产值占 GDP 比例	0. 1
					生态农业面积占比	0. 1
					城镇污水集中收集率	0. 2
					农村生活污水处理率	0. 15
					万元 GDP 用水量下降率（五年）	0. 1
					区域再生水利用率	0. 1

3. 2 结果分级

环境与生态的质量-效应变化符合 Weber-Fishna 定律，即当环境与生态质量指标成等比变化时，环境与生态效应成等差变化[14]。根据该定律，进行指标无量纲化和标准化。分级赋分的指标在赋分区间内按照线性变化进行赋分。人均 GDP 和湖库综合营养指数两个指标在小于参照值时为正向型指标，大于参照值时为负向型指标。

正向型指标：
$$r_{ij}=\frac{x_{ij}}{s_{ij}} \tag{1}$$

负向型指标：
$$r_{ij}=\frac{s_{ij}}{x_{ij}} \tag{2}$$

式中：x_{ij} 为 i 指标在采样点 j 的实测值；s_{ij} 为指标因子的参考标准；r_{ij} 为评估指标的无量纲化值，此处需满足 $0\leqslant r_{ij}\leqslant 1$，大于 1 的按 1 取值。

生态环境状况以生态环境综合指数（ecological environment comprehensive index，EECI）进行表示，通过逐级加权计算获得，其结果是 1 个 1~100 的数值。

$$A_k = \sum_{j=1}^{m} W(CA)_i \times r_{ij} \times 100 \tag{3}$$

$$\text{EECI} = \sum A_k \times W_k \tag{4}$$

式中：A_k 为第 k 个方案层得分值计算结果；$W(CA)_i$ 为 C 层指标因子相对于方案层 A 的权重系数；EECI 为生态环境综合指数；W_k 为第 k 个方案层对目标层的权重系数。

参考《湖泊生态安全调查与评估技术指南》，本次把示范区河湖健康综合得分分为优、良、中、差、劣五个等级，见表 2。

表 2 示范区“一河三湖”生态环境评估分级标准

生态环境综合得分	生态环境等级
80≤EECI≤100	优
60≤EECI<80	良
40≤EECI<60	中
20≤EECI<40	差
EECI<20	劣

4 评估结果及分析

4.1 评估结果

采用构建的评估指标体系，以 2020 年度示范区相关数据为基础，评估得出示范区河湖健康综合得分为 74 分，生态环境等级为良。其中，社会经济影响层 62 分，生态环境状况层 70 分，生态服务功能层 75 分，调控管理层 87 分。评价结果如图 3 和图 4 所示。

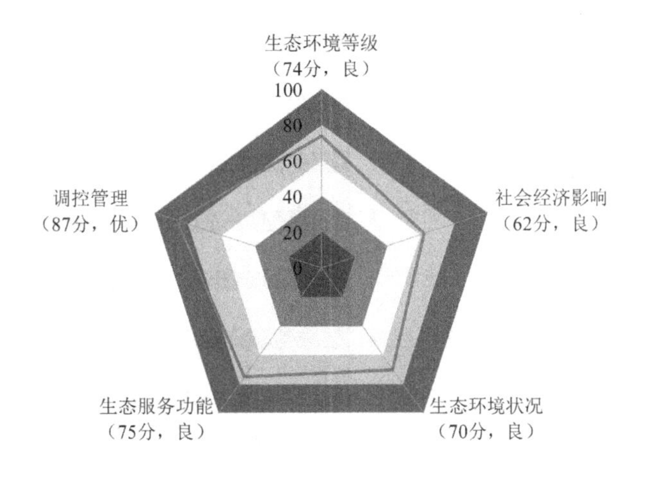

图 3 2020 年示范区“一河三湖”生态环境评估结果

4.2 评估结果分析

（1）从社会经济影响来看，示范区人口、经济、社会对生态环境产生的压力仍然较大，2020 年，人口密度总体偏大，人均 GDP 在太湖流域内相对偏低（为太湖流域人均 GDP 的 75%），人类活动强度指数达到 77.8%，社会发展对生态环境的干扰仍然强烈。单位面积 COD、NH_3-N、TP、TN 排放量得分分别为 83.8 分、87.8 分、36.9 分、35.2 分，表明随着区域水环境综合治理不断推进，COD、氨氮治理成效较为显著，但社会经济发展对于生态环境的驱动力和压力仍然较大，区域氮磷污染负荷较高，污染治理压力较大。

（2）从生态环境状况来看，2020 年，地表水达到或优于Ⅲ类的断面比例为 79.7%，水环境总体处于良好状态。太浦河水质较好，生态系统总体处于健康状态，河流综合污染指数 0.79，着生藻类多样性指数达到 4.58，总体为清洁水平。淀山湖总体处于中度污染状态，沉积物重金属风险较低，综合营养状态指数 55.9，属于轻度富营养，但湖泊水生态系统健康状况较差，蓝藻水华时有发生，水生植物覆盖度较小，生境相对脆弱，存在一定的生态环境风险。

（3）从生态服务功能发挥情况来看，“一河三湖”生态水位满足程度、饮用水水源地取水口水质达标率、饮用水水源地年度供水保证率均为 100%，说明“一河三湖”水资源服务功能发挥良好。林

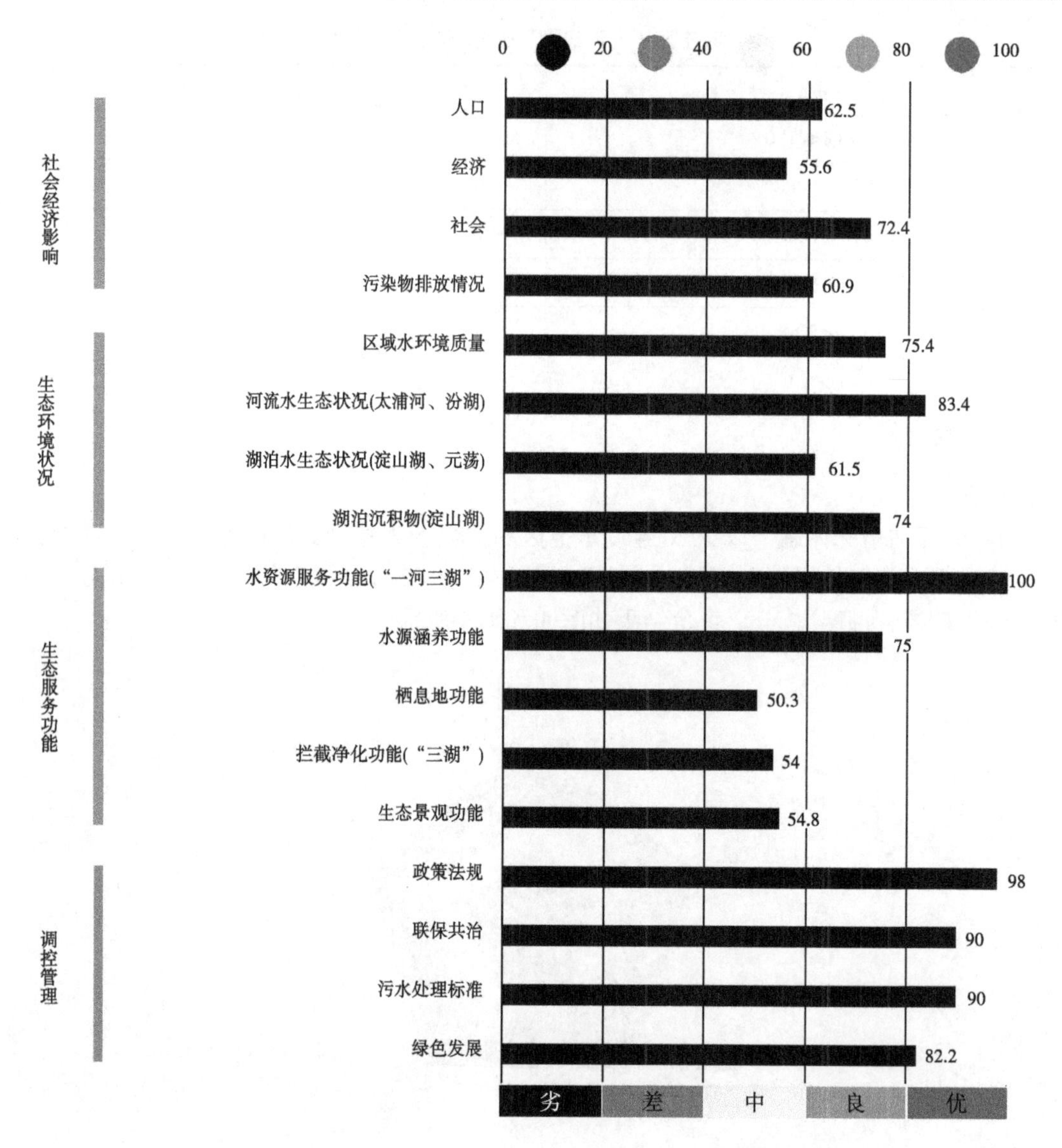

图 4　2020 年示范区“一河三湖”生态环境评估因素层得分

木覆盖率为 15%，水源涵养功能也发挥良好。但湿地面积占比、生态岸线占比相对较小，亲水空间建设面积偏低，说明栖息地功能、拦截净化功能、生态景观功能尚发挥不足。

（4）从调控管理方面来看，调控管理对生态环境保护的响应效果已初显，区域政策法规制定落实、联保共治相关制度措施落实、污水处理技术标准选用和执行等情况相对较好。区域重视生态环境保护，2020 年生态环境保护投入比例达到当年 GDP 的 4.8%，投入力度较大，在推动城镇污水集中收集、农村生活污水处理、工业节水、再生水利用等方面，进展良好。但绿色发展未得到充分体现，绿色产业产值占 GDP 比例、生态农业面积占比相对偏低，产业结构转型的需求仍然迫切，调控管理力度有待进一步加强。

（5）综合来看，近年来，示范区两区一县在跨界水体的联保共治方面做出了巨大努力，生态环境保护投入力度持续加大，已逐步探索走出了一条可持续发展的道路，示范区社会经济发展与生态环境保护初步呈现“双赢”局面。现状示范区饮用水水源地安全供水保障程度高，区域整体水质处于良好水平，太浦河生态系统整体良好，淀山湖沉积物重金属风险较低，淀山湖、元荡生态水位满足程度达到 100%，示范区林木覆盖率较高，水源涵养功能良好，万元 GDP 用水量明显下降，区域再生水利用水平较高。但是，与示范区社会经济发展及生态环境质量之间更高水平、更高质量的协调发展、示范引领长三角地区更高质量一体化发展等要求相比，总体存在总磷、总氮污染负荷高，淀山湖、元荡水生态系统脆弱，湿地、生态护岸占比较低，生态亲水空间不足，绿色产业产值较低，生态农业规模较小等短板和弱项。

5 结论与展望

（1）本文基于 DPSIR 框架，从社会经济影响、生态环境状况、生态服务功能、调控管理四个方面，构建了包括 1 个目标层 4 个方案层 17 个因素层和 33 项指标的示范区“一河三湖”生态环境评估指标体系。由评价结果可知，示范区河湖水系生态健康状况总体属于良好状态，但是社会经济发展对于生态环境的驱动力和压力仍然存在，区域氮磷污染负荷较高，导致河湖氮磷污染形势严峻；河湖生境相对脆弱，湖泊水体富营养化明显，具有蓝藻水华暴发的潜在风险；河湖生态系统的生态服务功能尚未完全发挥，湿地、河湖缓冲带、生态护岸等生态空间仍显不足，栖息地功能和拦截净化功能较弱；调控管理对生态环境保护的响应效果已初显，但绿色发展未得到充分体现，调控管理力度有待进一步加强。

（2）未来，建议示范区以面源污染防治为重点，以减磷降氮为关键，持续加强源头污染防控，减少氮、磷入河湖污染负荷；加强湿地保护和河湖水生态修复，增强示范区河湖水生态系统多样性；深化完善示范区联保共治长效机制，全面提升水生态环境质量，持续强化水环境风险防控；建立健全绿色发展体制机制，提升社会经济高质量发展水平，筑牢示范区生态环境保护基底。

参考文献

[1] 冯宁，毛锋，李晓阳，等. 滇池生态安全综合评估研究［J］. 环境科学，2010，31（2）：282-286.

[2] 李玉照，刘永，颜小品. 基于 DPSIR 模型的流域生态安全评价指标体系研究［J］. 北京大学学报（自然科学版），2012，48（6）：971-981.

[3] 唐涛，蔡庆华，刘建康. 河流生态系统健康及其评价［J］. 应用生态学报，2002，13（9）：1191-1194.

[4] 解雪峰，吴涛，肖翠，等. 基于 PSR 模型的东阳江流域生态安全评价［J］. 资源科学，2014，36（8）：1702-1711.

[5] 刘子豪，谭刚，刘新平，等. 基于 DSR 框架下中国水权制度及政策指向分析［J］. 中国农村水利水电，2021（2）：102-112.

[6] 张颖，刘凌，燕文明. 区域水环境安全评价指标体系与评价方法［J］. 水电能源科学，2009，27（1）：54-57.

[7] 王国重，李中原，张继宇，等. 基于 DPSIR 和云模型的宿鸭湖水库水环境安全评估［J］. 中国农学通报，2019，35（17）：124-129.

[8] 董殿波，孙学凯，魏亚伟，等. 基于 DPSIR 模型的水丰湖生态安全评估［J］. 河北大学学报（自然科学版），2017，37（6）：630-639.

[9] 陈广，刘文龙，朱端卫，等. DPSIR 模型在流域生态安全评估中的研究［J］. 环境科学与技术，2014，37（6N）：464-470.

[10] 于娜，郭芮恩. 长三角一体化示范区高质量发展存在的问题及对策建议［J］. 现代商业，2022（7）：73-75.

[11] 太湖流域管理局水利发展研究中心. 长三角生态绿色一体化发展示范区水利规划（2020—2035 年）［R］. 上海，2021.

[12] 方晓，胡琏林，樊子豪，等. 基于 AHP 层次分析法的郑州市东风渠生态健康评价［J］. 河南农业大学学报，2021，55（3）：544-550.

[13] 张明月，王立权，赵文超，等. 基于层次分析法的呼兰河健康评价研究［J］. 水利科技与经济，2021，27（6）：37-40.

[14] 王爽. 辽河流域下游河流健康评估指标体系研究［J］. 水土保持应用技术，2021（1）：28-31.

拒马河北京段水生生物多样性调查及评价

余　杨　葛金金　渠晓东　杜龙飞　张宇航

（中国水利水电科学研究院，北京　100038）

摘　要：拒马河是北京市内的生物多样性较高的河流。2021 年 9 月和 2022 年 4 月对拒马河北京段的水生生物状况进行调查，采集到鱼类 25 种，隶属于 5 目 8 科。鲤科鱼类占所有鱼类总数的 66.7%，其中黑鳍鳈和宽鳍鱲为北京市二级保护水生野生动物。拒马河 4 个断面的鱼类香农-维纳多样性指数为 1.09~1.89，辛普森指数为 0.51~0.76。调查共采集到底栖动物 36 种，其中节肢动物门占总物种数的 75.0%。拒马河底栖动物香农-维纳多样性指数为 1.69~2.34，辛普森指数为 0.68~0.89。拒马河的底栖动物多样性处于较高的水平，该河段的底栖动物优势类群以相对清洁的指示物种为主。

关键词：拒马河；鱼类；底栖动物；生物多样性

1　引言

拒马河属于海河流域大清河水系支流，在北京境内的河段长 61 km。由于其独特的地理位置和自然条件，流域内生物多样性突出，水生动植物生物资源比较丰富，于 1996 年被北京市政府批准为市级水生野生动物自然保护区[1-2]。近年来，由于自然环境变化和人类活动的综合影响，保护区的水域生态环境状况发生了很大的变化，集中表现为水环境质量恶化、保护区水位持续下降、河流连通性下降，河底挖沙、河道固化导致水生生物栖息生境不断丧失[3-5]。

拒马河当前面临的生态环境问题在国内城市周边的中小河流中十分普遍，对此类河流开展水生态调查，并有针对性地开展一系列管理和保护工作，是恢复和保护受损河流生态系统的关键。本研究以河流大型底栖动物和鱼类为对象，对拒马河北京段的水生态状况进行调查，并利用生物多样性指标对水生态状况进行评价，以期为拒马河水生态保护提供支撑。

2　研究区及方法

2.1　调查点位设置

在拒马河北京段上、中、下游区域分别设立调查监测点。采样点尽可能涵盖主要水体类型以及重要的鱼类活动场所，以及有人为改造的代表性水域。根据拒马河生境尺度的形态特征、支流汇入情况、交通便利性、人类干扰程度等因素，共设置 4 个采样断面，分别为大沙地、八渡、鱼古洞和张坊大桥，于 2021 年 9 月和 2022 年 4 月共开展 2 期调查监测。

2.2　调查内容和方法

调查内容包括河流底栖动物种类组成、密度、生物量，鱼类种类组成与数量。

鱼类调查方式主要采用地笼（规格：长 1 000 cm、宽 30 cm、高 25 cm）和流刺网（规格：长 5 000 cm、高 150 cm、网目尺寸 3 cm）进行捕捞，兼顾调查底层鱼类和中上层鱼类资源。此外，以市场调查的方式，选择对在河流内从事捕捞渔民的渔获物进行收购，作为补充调查。

底栖动物采用加重的彼得森（面积 0.025 m^2）或箱式采泥器进行不可涉水河段的采集，可涉水

基金项目：北京市五大水系水生态调查监测与评价。

作者简介：余杨（1984—），男，高级工程师，主要从事水生态保护和水污染风险评价工作。

河流采用索伯网（筛网孔径 420 μm，采样面积 0.09 m^2）和 D-型网进行采集。

2.3 评价方法

2.3.1 物种多样性指数

除分析水生生物种类组成、密度、生物量外，采用香农-维纳多样性指数（H'）、辛普森指数（D）计算不同断面的生物多样性特征，其计算公式如下：

$$H' = -\sum_{i=1}^{s} p_i \ln p_i \quad (p_i = \frac{n_i}{N}) \tag{1}$$

$$D = 1 - \frac{\sum_{i=1}^{s} n_i(n_i - 1)}{N(N-1)} \tag{2}$$

式中：n_i 为第 i 种的个体数；N 为总个体数；p_i 为第 i 种个体数占总个体数的比值；s 为总物种数。

2.3.2 优势度指数

采用 Pinkas 等（1971）提出的相对重要性指数（index of relative importance，IRI）评价鱼类在群落中的重要性，计算公式如下：

$$IRI = (N + W) \times F \times 10^4 \tag{3}$$

式中：N 为某一种类的尾数占总尾数的百分比；W 为某一种类的质量占总质量的百分比；F 为出现的频率。

当 IRI>500 时，该种为优势种；当 IRI 为 100~500 时，该种为常见种；当 IRI 为 10~100 时，该种为一般种（程济生和俞连福，2004）。

3 调查结果

3.1 鱼类

通过对拒马河保护区 4 个断面的初步调查，共鉴定出鱼类 25 种，隶属于 5 目 8 科（见表 1），其中鲤科鱼类 13 种，占所有鱼类总数的 52%。鱼类的生态类型分析结果显示，按栖息水层，底层鱼类占 52%，中下层鱼类占 40%；按食性，肉食性鱼类占总数量的 12%、杂食性占 76%、碎屑食性占 12%。

表 1 拒马河鱼类调查物种名录

种类名录		生态类型	调查断面			
			大沙地	八渡	鱼古洞	张坊大桥
鲤科 Cyprinidae						
鲫	*Carassius auratus*	L，O	○		○	○
棒花鱼	*Abbottina rivularis*	D，O		○		
拉氏鱥	*Phoxinus lagowskii*	L，O	○	○		
尖头鱥	*Phoxinus oxycephalus*	L，O	○			
棒花鮈	*Gobio rivuloides*	D，O		○		
麦穗鱼	*Pseudorasbora parva*	D，O	○	○	○	○
黑鳍鳈	*Sarvovhilichthys nigripinnis*	L，O	○	○	○	○
中华鳑鲏	*Rhodeus sinensis*	L，DE			○	
高体鳑鲏	*Rhodeus ocellatus*	L，DE	○			
大鳍鱊	*Gnathopogon mantschuricus*	L，DE	○			

续表 1

种类名录		生态类型	调查断面			
			大沙地	八渡	鱼古洞	张坊大桥
鲤科 Cyprinidae						
马口鱼	*Opsariichthys bidens*	U，C	○			
宽鳍鱲	*Zacco platypus*	L，O	○			○
点纹银鮈	*Squalidus wolterstorffi*	L，O		○	○	○
鳅科 Cobitidae						
大鳞副泥鳅	*Misgurnus miszolepis*	D，O	○		○	○
花斑副沙鳅	*Parabotia fasciata*	D，O		○		
中华花鳅	*Cobitis sinensis*	D，O	○			
泥鳅	*Misgurnus anguillicaudatus*	D，O	○			○
达里湖高原鳅	*Triplophysa dalica*	D，O	○			
中华刺鳅科 Mastacembelidae						
中华刺鳅	*Mastacembelus sinensis*	D，O			○	
虾虎鱼科 Gobiidae						
子陵吻虾虎鱼	*Rhinogobius giurinus*	D，C			○	○
波氏吻虾虎鱼	*Rhinogobius cliffordpopei*	D，C	○			
沙塘鳢科 Odontobuidae						
小黄黝	*Micropercops swinhonis*	D，O	○	○	○	○
青鳉科 Adrianichthyidae						
青鳉	Oryzias latipes	U，O			○	
丝足鲈科 Osphronemidae						
圆尾斗鱼	*Macropodus opercularis*	L，O		○	○	
鲇科 Siluridae						
鲇	*Silurus asotus*	D，O	○			○
种类总数	25		16	9	11	10

注：U：中上层 Upper；L：中下层 Lower；D：底层 Demersal；DE：碎屑食性 Detritivore；C：肉食性 Camnivore；O：杂食性 Omnivore。

3.2 底栖动物

调查共采集到底栖动物 36 种，分别隶属线虫动物门（Nematoda）、扁形动物门（Platyhelminthes）、环节动物门（Annelida）、软体动物门（Mollusca）和节肢动物门（Arthropoda）。其中，主要以节肢动物门为主，占总物种数的 75.0%，为 27 种；其次为软体动物门，占 11.1%。

在张坊大桥断面，共采集到 14 种底栖动物，分别隶属扁形动物门、环节动物门和节肢动物门。其中，以节肢动物门的昆虫纲（Insecta）种类数最多，共 11 种，占该断面总种类数的 78.6%。昆虫纲中则以双翅目（Diptera）的摇蚊科（Chironomidae）为最优势类群，合计 4 种。

在八渡水文站断面，共采集到 15 种底栖动物，分别隶属环节动物门和节肢动物门。其中，以节肢动物门的昆虫纲种类数最多，共 12 种，占该断面总种类数的 80.0%。昆虫纲中则以双翅目（Diptera）的摇蚊科（Chironomidae）为最优势类群，合计 5 种。

在鱼古洞断面，共采集到 14 种底栖动物，分别隶属环节动物门、软体动物门和节肢动物门。其中，以节肢动物门的昆虫纲种类数最多，共 6 种，占该断面总种类数的 42.9%。昆虫纲中摇蚊科（Chironomidae）为最优势类群，合计 3 种。

在大沙地断面，共采集到 15 种底栖动物，分别隶属环节动物门、软体动物门、线虫动物门和节肢动物门。其中，以节肢动物门的昆虫纲种类数最多，共 11 种，占该断面总种类数的 73.3%。昆虫纲中摇蚊科（Chironomidae）为最优势类群，合计 5 种。

4 讨论

4.1 鱼类

4.1.1 物种组成

在调查水域未采集到珍稀保护鱼类。所调查的拒马河样点中多以中底层小型鱼类为主，鱼类繁殖速度快、生长周期短。拒马河 4 个断面鱼类中麦穗鱼、黑鳍鳈和鲫为优势种。其中，黑鳍鳈为北京市二级保护水生野生动物[6]，此次调查中分布在多个断面，表明其栖息生境未受到明显破坏。

2004 年、2018 年中国水产科学研究院开展了 2 次拒马河综合科学考察。2004 年通过全年春、夏、秋 3 次采样，在琅琊河（接近大沙地断面）、八渡和张坊大桥断面分别发现鱼类 9 种、9 种和 1 种。将本次调查结果与 2018 年相近断面结果进行比较，2018 年的琅琊河、九渡（八渡未设断面）和张坊大桥断面鱼类种类数分别为 13 种、11 种和 7 种，略少于本次调查中的种类数量。总体来看，本次调查结果与历史同期监测结果相比，未发生明显降低，部分断面鱼类的种类略有上升。

4.1.2 生物多样性

拒马河 4 个断面的鱼类香农-维纳多样性指数为 1.09~1.89，其中大沙地断面的香农-维纳多样性指数最高，鱼古洞断面的香农-维纳多样性指数最低（见图 1）。拒马河 4 个断面的鱼类辛普森指数为 0.51~0.76，其中八渡水文站断面的辛普森指数最高，鱼古洞断面的辛普森指数最低（见图 2）。调查中发现保护区内八渡至鱼古洞段建有较多水泥坝和土石坝，大多数坝主要用于蓄水旅游。大坝的建设带动了保护区内旅游经济的发展，一定程度上提高了当地居民的生活水平，但是太多蓄水旅游坝的建设，直接造成了拒马河生境的片段化和破碎化，保护区内鱼类无法完成正常的生理洄游，这可能是八渡水文站断面和鱼古洞断面鱼类生物多样性降低的主要原因。

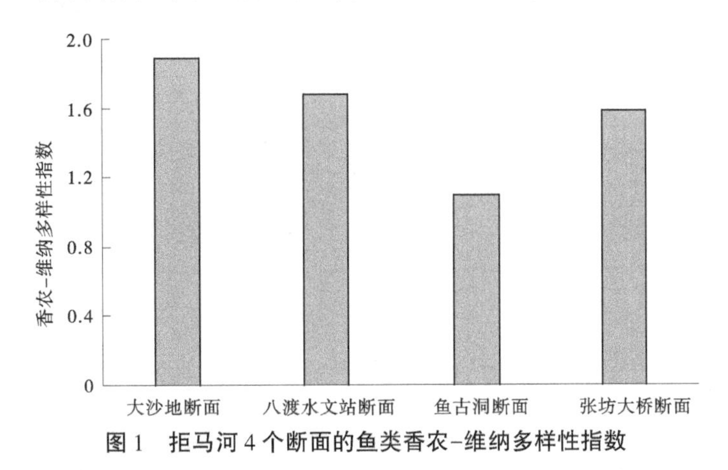

图 1 拒马河 4 个断面的鱼类香农-维纳多样性指数

4.2 底栖动物

4.2.1 密度和生物量

（1）底栖动物密度。

拒马河 4 个断面的底栖动物密度变化范围为 60 ~ 199 ind./m^2，平均密度为 119 ind./m^2。在物种组成上，以节肢动物门的蜉蝣目和双翅目为主。在空间分布上，底栖动物密度最高出现在大沙地，优势类群为节肢动物门四节蜉属一种（*Baetis* sp.）。八渡水文站底栖动物密度为 77 ind./m^2，仅稍高于鱼古洞断面，以节肢动物门扁蜉属一种（*Heptagenia* sp.）、斑点流粗腹摇蚊（*Rheopelopia maculipen-*

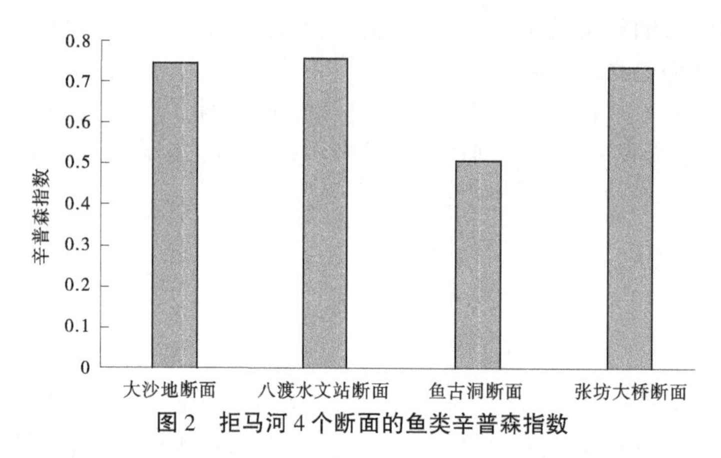

图 2　拒马河 4 个断面的鱼类辛普森指数

nis）和蜉蝣属一种（*Ephemera* sp.）为主。

（2）底栖动物生物量。

拒马河 4 个断面的底栖动物生物量在 0.98~24.84 g/m^2，平均为 7.57 g/m^2。在空间分布上，底栖动物生物量显示出与密度不同的空间格局。其中，生物量最高的是鱼古洞断面，生物量主要由软体动物贡献。大沙地断面和张坊大桥断面的底栖动物生物量由节肢动物门贡献。

4.2.2　生物多样性

拒马河 4 个断面的底栖动物香农-维纳多样性指数为 1.44~1.94，其中张坊大桥断面的香农-维纳多样性指数最高，八渡水文站断面的香农-维纳多样性指数最低（见图 3）。拒马河 4 个断面的底栖动物辛普森指数为 0.78~0.90，其中鱼古洞断面的辛普森指数最高，八渡水文站断面的辛普森指数最低（见图 4）。八渡河段水深相对较深，形成了以静水底栖动物为优势的群落结构。从生物多样性的比较来看，拒马河的底栖动物多样性处于较高的水平，底栖动物的生境未受到破坏。从敏感指示物种来看，该河段的底栖动物优势类群依然以相对清洁的指示物种为主。

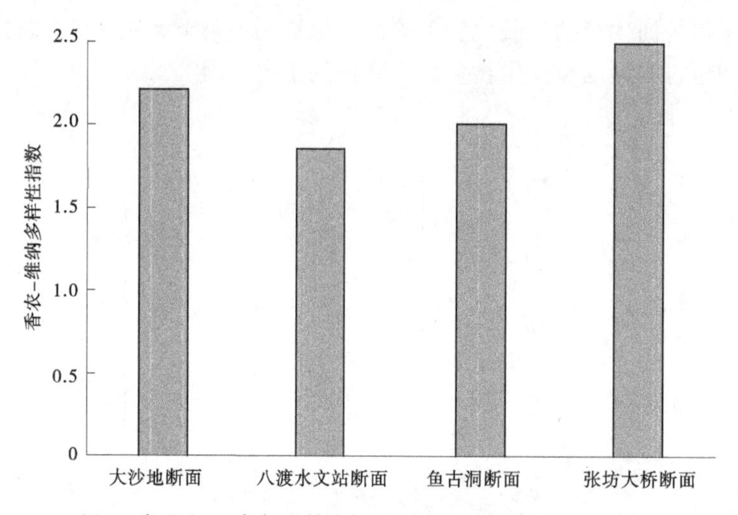

图 3　拒马河 4 个断面的底栖动物香农-维纳多样性指数

5　结论

（1）根据实地调查结果，拒马河共采集到鱼类 25 种，分别隶属于 5 目 8 科，均为自然分布的土著鱼类，包括北京市二级保护水生野生动物黑鳍鳈和宽鳍鱲。区系组成以鲤科为主，占到鱼类种类总数的 52%。与 2004 年和 2018 年的监测资料相比，鱼类多样性程度未发生明显降低，部分断面鱼类多样性上升。

（2）采集到底栖动物 36 种，分别隶属线虫动物门、扁形动物门、环节动物门、软体动物门和节

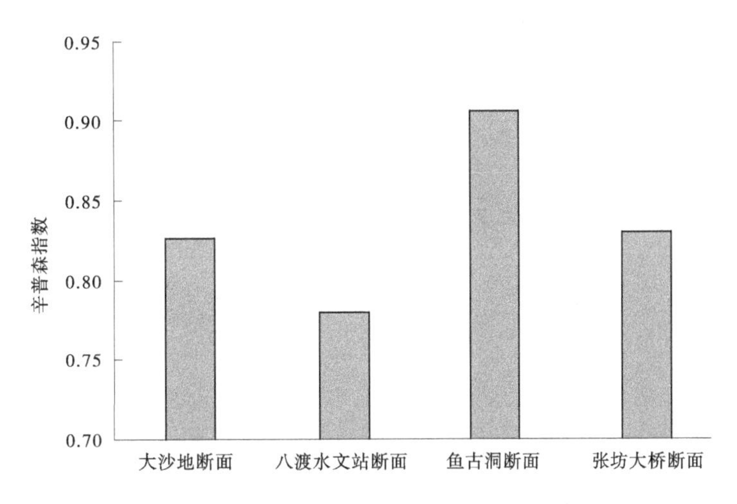

图4　拒马河4个断面的底栖动物辛普森指数

肢动物门。其中，主要以节肢动物门为主，占总物种数的75.0%。拒马河的底栖动物多样性处于较高的水平，该河段的底栖动物优势类群以相对清洁的指示物种为主。

参考文献

[1] 李博，时慧．北京拒马河流域水生植物资源调查及保护建议［J］．中国水产，2017（12）：67-68.

[2] 袁立来，王晓梅，杨文波，等．基于鱼类生物完整性指数的拒马河北京段河流健康评价［J］．生态毒理学报，2021（4）：160-169.

[3] 张慧智，李红，王植，等．北京市拒马河流域可持续发展对策研究［J］．生态经济（学术版），2012（1）：50-53.

[4] 丁志宏，李伟，赵勇刚．近20年来拒马河流域土地利用变化及其驱动力研究［J］．海河水利，2013（5）：27-29.

[5] 张春光，赵亚辉，邢迎春．北京及其邻近地区野生鱼类物种多样性及其资源保育［J］．生物多样性，2011，19（5）：597-604.

[6] 张春光，赵亚辉．北京及其邻近地区的鱼类：物种多样性、资源评价和原色图谱［M］．北京：科学出版社，2013.

浮游藻类与着生藻类相关性分析

冷维亮　朱琳琳

（潍坊市水文中心，山东潍坊　261061）

摘　要：藻类作为水生生态系统的初级生产者，可反映外界环境的变化以及污染物对水体环境和生态系统的影响，常作为指示生物用于河流健康评价。本研究选择白浪河湿地作为研究对象，对浮游藻类和着生藻类群落进行了调查、测定和研究，从物种组成、生物量和生物多样性等方面对二者的相关性进行了分析。分析结果表明，二者在研究中呈现较高的一致性。

关键词：河流健康评价；浮游藻类；着生藻类；白浪河湿地

1　引言

藻类作为水生生态系统的初级生产者，可反映外界环境的变化以及污染物对水体环境和水生生态系统的影响，因此常作为指示生物类群用于河流健康评价。在水环境和河流健康评价中，浮游藻类和着生藻类在适宜性上的差别和相关性尚无太多研究。

为此，本研究选择白浪河湿地作为研究对象，共布设了4个研究断面，对研究断面的浮游藻类和着生藻类群落进行了调查、测定和研究，从物种组成、生物量和生物多样性3个方面对二者的相关性进行了比较分析。

2　白浪河湿地概况及点位布设

潍坊白浪河国家湿地位于山东潍坊经济开发区境内，总面积713.06 hm^2，其中湿地面积264.48 hm^2，主要以河流湿地和沼泽湿地2个类型为主。湿地狭窄处仅0.3 km，宽阔处2 km，全长约10 km。

本次监测内容包括藻类的种类组成、密度和生物量等。依照典型性和代表性的原则，结合白浪河湿地实际情况，对采样点进行布设（见表1、图1）。

表1　各采样点坐标

编号	经度	纬度
道和殿	119°05′35.72″	36°39′48.67″
拱桥	119°05′42.10″	36°39′45.95″
闻莺对岸	119°05′32.34″	36°39′31.86″
柳岸闻莺桥	119°05′44.07″	36°39′29.65″

作者简介：冷维亮（1983—），男，工程师，主要从事水文水资源研究和水环境监测工作。

图1 采样点分布

3 采集、鉴定与计算

3.1 浮游藻类

3.1.1 浮游藻类的采集

定性样品用浮游生物定性网于水面和0.5 m深处采集，定量样品采集混合水样1 L[1]。

3.1.2 浮游藻类的鉴定

使用浮游生物计数框对浮游藻类细胞数采用视野法进行计数[2]。藻类相对体积质量接近于1，故可直接由藻类体积换算为生物量（湿重）。

3.2 着生藻类

在样点断面内随机选取3~5块主要类型的石块，用尼龙刷将着生藻刷下，并用无藻水冲洗石块多次，记录刷液总体积，将其中一部分转入100 mL塑料瓶中，带回实验室鉴定。取样石块在现场擦干后用锡箔包裹测定其表面积，用于最后计算着生藻的生物量[3]。

4 监测结果与比较分析

4.1 水生态群落结构特征及评价方法

4.1.1 丰富度指数

丰富度是表示群落中种属丰富程度的指数，本研究采用马格里夫丰富度指数[4]，常用的表示丰富度指数公式如下：

$$R = (S - 1)/\ln N \tag{1}$$

式中：S为物种数目；N为所有物种的个体数之和。

4.1.2 多样性指数

香农-维纳多样性指数（H）的计算公式如下：

$$H = -\sum_{i}^{s} (P_i \ln P_i) \tag{2}$$

式中：P_i为第i种的个体数占所有种个体总数的比例。

4.1.3 均匀度指数

均匀度是指群落中物种个体分布的均匀程度，通常用均匀度指数表达物种在群落内的分布均匀状况。均匀度指数的计算公式为

$$E = H/\ln S \tag{3}$$

4.2 物种组成比较

白浪河湿地 4 个样点的样品中鉴定出浮游藻类 7 门 74 属种，其中绿藻门的种类最多，有 28 种，占总数的 38%；其次为硅藻门，有 18 种，占总数的 24%；另外，蓝藻门有 12 种，占 16%；裸藻门 1 种、金藻门 9 种、隐藻门和甲藻门各 3 种。着生藻类为 6 门 87 属种，其中绿藻门的种类最多，有 40 种，占总数的 46%；其次为硅藻门，有 21 种，占总数的 24%；另外，蓝藻门有 14 种，占 16%；裸藻门 5 种、金藻门 4 种、甲藻门 3 种。

从物种组成来看，浮游藻类和着生藻类种类数量和门、属占比非常接近，可以认为在本次监测中二者呈现较高程度的一致性。

4.3 生物量比较

各点浮游藻类密度变幅为 18.56×10^6 ~ 35.83×10^6cells/L，均值为 25.58×10^6cells/L，其中最高值出现在道和殿，最低值出现在闻莺对岸。各采样点浮游藻类细胞密度处于 1×10^7 ~ 1×10^8cells/L，指示水体处于中度富营养水平（见图 2）。

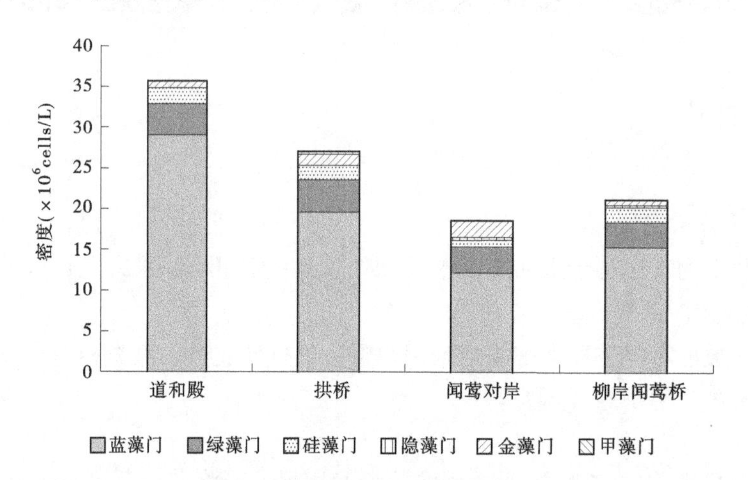

图 2 各样点浮游藻类细胞密度

浮游藻类生物量变幅为 1.70~2.21 mg/L，均值为 1.95 mg/L，其中最高值出现在拱桥，最低值同样出现在闻莺对岸（见图 3）。生物量水平指示水体处于中度富营养水平。

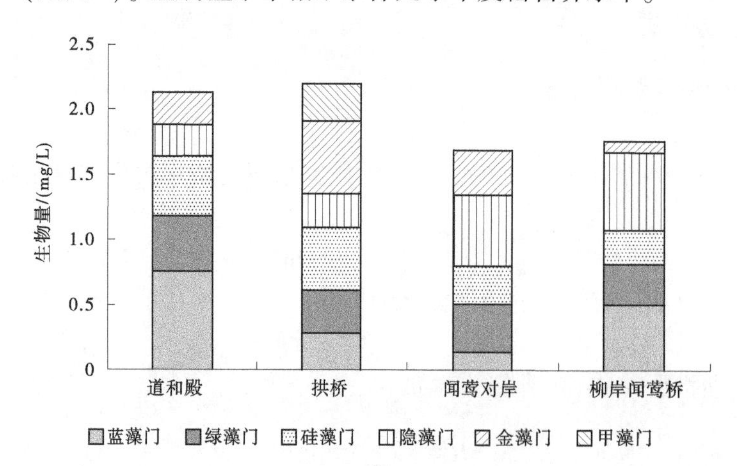

图 3 各样点浮游藻类生物量

各点着生藻类密度变幅为 1.42×10^6 ~ 6.56×10^6 cells/cm^2，均值为 4.34×10^6cells/cm^2，其中最高值出现在柳岸闻莺桥，最低值出现在闻莺对岸（见图 4）。

着生藻类生物量变幅为 0.05~0.18 mg/cm^2，均值为 0.13 mg/cm^2，其中最高值出现在柳岸闻莺桥，最低值同样出现在闻莺对岸（见图 5）。生物量水平指示水体处于中度富营养水平。

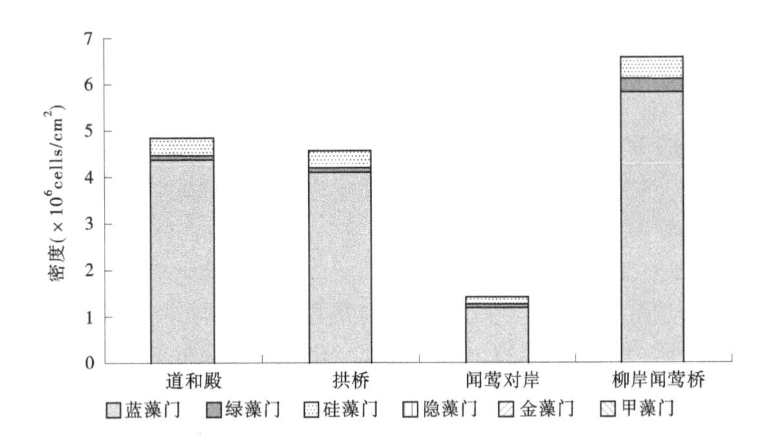

图4　各样点着生藻类细胞密度

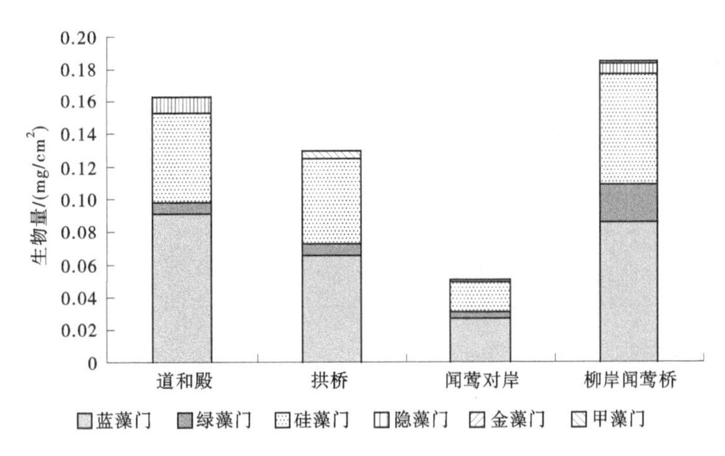

图5　各样点着生藻类生物量

从浮游藻类和着生藻类的生物量来看，因二者分布情况及样品采集、检测方式的不同，数据结果存在较大的量级差异。但二者的浓度趋势指示一致（见图6），最高值均出现在拱桥，最低值均出现在闻莺对岸，且生物量水平均指示水体处于中度富营养水平。所以，在生物量监测中，二者同样呈现出较高的一致性。

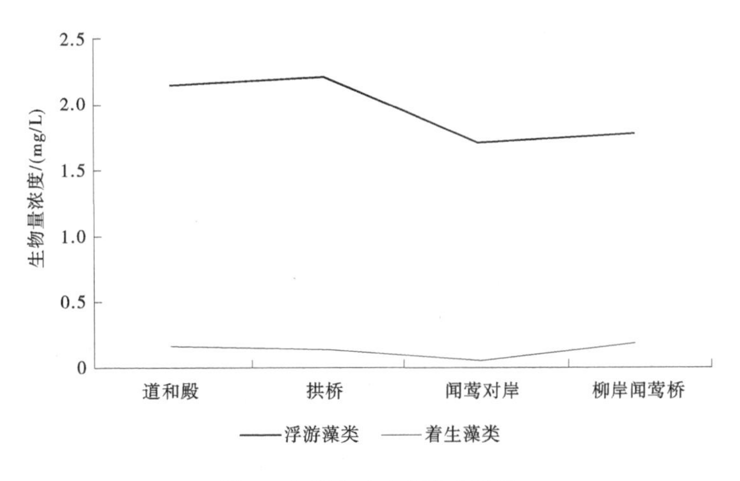

图6　各样点生物量浓度比较

4.4 生物多样性比较

藻类作为原始生产者，其组成与多样性的变化将直接影响生态系统的结构与功能[5]。受污染的水体，相似性增大，一些耐受污染的种类细胞数增加，所以多样性指数越小，水体富营养化程度越严重[6]。均匀度是实际多样性指数与理论上最大多样性指数的比值，反映各物种个体数目分配的均匀程度。通常以均匀度大于 0.3 作为生物群落多样性较好的标准进行综合评价。

采样点的浮游藻类群落结构为蓝藻-绿藻-硅藻型[7]，蓝藻门占比最高。丰富度指数（R）变幅为 1.36~2.34，均值为 1.85，表明水体处于中轻度污染；香农-维纳多样性指数（H）变幅为 1.66~2.54，各样点差异较大，均值为 2.12，表明水体受有机物污染较小；均匀度指数（E）变幅为 0.16~0.33，各样点之间差异较小，均值为 0.27，小于 0.3，表明物种分布不均匀，且水体状况一般，处于中污染状态（见图 7）。

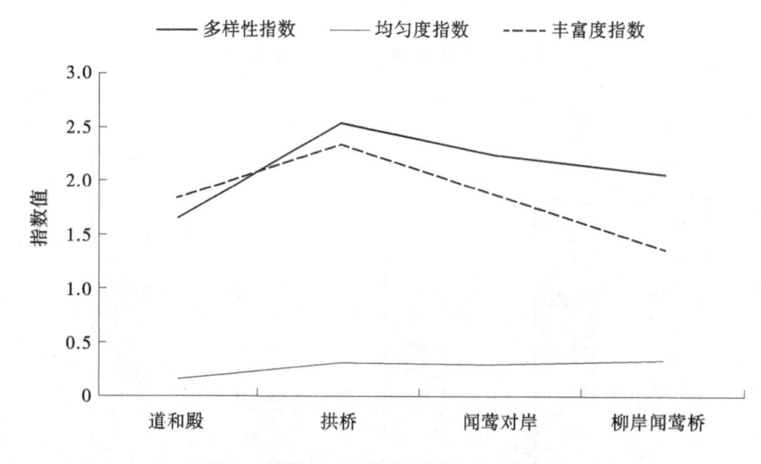

图 7 各采样点浮游藻类生物多样性

着生藻类群落结构为蓝藻-绿藻-硅藻型，蓝藻门占比最高。丰富度指数（R）变幅为 1.14~1.37，均值为 1.26，表明水体处于中度污染；香农-维纳多样性指数（H）变幅为 1.93~2.30，各样点差异较小，均值为 2.12，表明水体受有机物污染较小；均匀度指数（E）变幅为 0.23~0.29，各样点之间差异较小，均值为 0.27，表明物种分布不均匀，处于中污染状态（见图 8）。

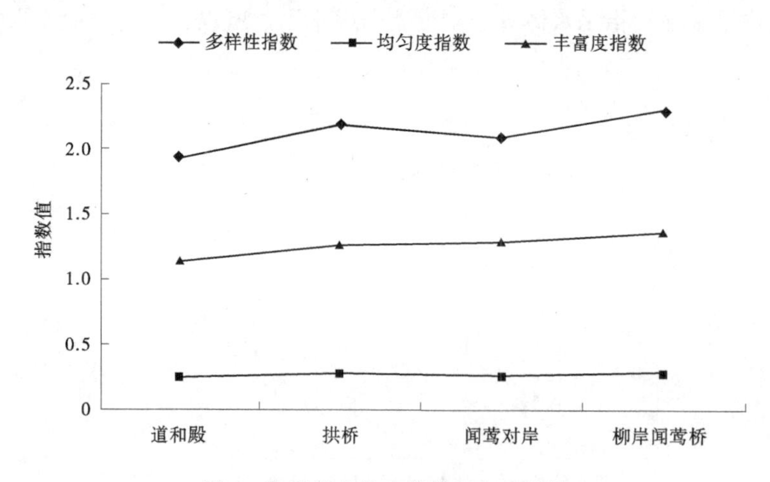

图 8 各采样点着生藻类生物多样性

从生物多样性来看，浮游藻类和着生藻类的群落结构均为蓝藻-绿藻-硅藻型，且蓝藻门均占比最高。浮游藻类的丰富度指数（R）均值为 1.85，高于着生藻类的（1.26），表明水体主体部分污染程度轻于岸边部分，符合一般污染分布规律；各采样点香农-维纳多样性指数（H）数值均非常接近，指示水平基本一致（见图 9）。所以，在生物多样性方面，浮游藻类和着生藻类的监测结果和水体指示水平同样有较高程度的一致性。

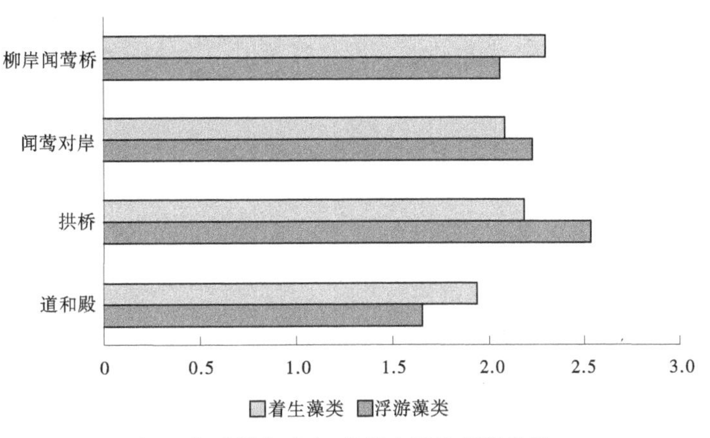

图9 各采样点香农-维纳多样性指数比较

5 结论

本研究选择白浪河湿地作为研究对象，共布设了4个研究断面，对研究断面的浮游藻类和着生藻类群落从物种组成、生物量和生物多样性3个方面进行了相关性比较分析。

从物种组成来看，浮游藻类和着生藻类种类数量和门、属占比非常接近。从生物量来看，虽然存在较大的量级差异，但二者的最高值均出现在柳岸闻莺桥，最低值均出现在闻莺对岸，且生物量水平均指示水体处于中度富营养水平。从生物多样性来看，研究区的浮游藻类和着生藻类群落结构均为蓝藻-绿藻-硅藻型，且蓝藻门均占比最高，其他种类占比也比较接近，二者香农-维纳多样性指数（H）、均匀度指数（E）对水体富营养和受污染程度的指示结果基本一致，丰富度指数（R）的指示结果符合污染分布规律。综上所述，在本次研究中，浮游藻类和着生藻类在河流健康评价中呈现较高程度的一致性。

参考文献

[1] 沈韫芬，章宗涉，龚循矩．微型生物监测新技术［M］．北京：中国建筑工业出版社，1990.

[2] 沈韫芬，顾曼如，冯伟松．水污染的微型生物监测［J］．生命科学，1997（2）：81-85.

[3] 胡鸿钧，魏印心．中国淡水藻类—系统、分类及生态［M］．北京：科学出版社，2006.

[4] 黄祥飞．中国生态系统研究网络观测与分析标准方法——湖泊生态系统调查观测与分析［M］．北京：中国标准出版社，2000.

[5] Dunck B，Schneck F，Rodrigues L. Patterns in species and functional dissimilarity：Insights from periphytic algae in subtropical floodplain lakes［J］．Hydrobiologia，2016，763（1）：237-247.

[6] 吴天浩，刘劲松，邓建明，等．大型过水性湖泊——洪泽湖浮游藻类群落结构及其水质生物评价［J］．湖泊科学，2019，31（2）：440-448.

[7] 李斌斌，李锐，谭巧，等．长江上游宜宾至江津段周丛藻类群落结构及水质评价［J］．西南大学学报（自然科学版），2018，40（3）：10-17.

白洋淀硼元素的来源识别及生态风险评价

徐东昱[1]　张永婷[2]　高　博[1]

（1. 中国水利水电科学研究院 水生态环境研究所，北京　100038；
2. 甘肃省地矿局四勘院，甘肃酒泉　735000）

摘　要：硼（B）作为一种潜在的有毒元素，研究其在水环境沉积物中的分布和生态风险有着重要意义。本文以白洋淀为研究区域，揭示了沉积物中B元素的来源及其生态风险。结果表明，白洋淀沉积物B含量为55.98~71.43 mg/kg，平均含量为61.00 mg/kg，其赋存形态主要以残渣态存在，在沉积物中的迁移能力较弱。沉积物中B的富集系数均值为1.92，受到一定程度的人为因素影响；潜在生态风险指数表明沉积物中B处于轻度生态风险等级；基于隶属函数的综合评价显示白洋淀各采样点B的生态风险强弱为：端村>圈头>枣林庄>采蒲台>何庄子>烧车淀>王家寨。

关键词：硼；沉积物；富集因子；生态风险评价；白洋淀；隶属函数

1　研究背景

潜在有毒元素（PTEs）具有天然的高含量低活性属性[1]，因其具有普遍性、持久性和潜在毒性的特点而被广泛关注。关于潜在有毒元素的研究较多的是沉积物[2]、土壤[3-4]、水体[5]、生物体[6]等介质中的重金属元素（Cd、As、Cr、Cu、Pb、Ni和Zn），其次为类金属元素（As[7]、Hg[8]等），对硼元素的研究鲜有报道。硼（B）是一种典型的地壳元素，广泛存在于火山、沉积、深成和变质的环境中[9]，在自然界不以单质存在，主要以含氧化合物的形式存在[10]，它具有与金属相似的性质，B及其化合物具有高毒性和不可降解性[11-12]。土壤和岩石中的B含量为30 mg/kg，地表淡水中B浓度为0.01~2 mg/L，海水中的B浓度达到5 mg/L左右[13]。B是人体必需的微量元素，适量的B在人体胚胎的形成、骨骼的发育和稳定细胞代谢等方面发挥着重要作用，但过量摄入会引发B中毒事件[10]，严重时可致死。据报道，成人摄入B含量在5~20 g时可造成死亡，婴儿摄入B含量在3~5 g时可造成死亡。B过量摄入人体内，会造成肠胃功能紊乱和皮肤损坏[14]。随着近几年对B元素研究的深入，B被视为一类新兴的环境激素，影响人类健康。目前，B及其化合物在电池材料、发光材料、催化材料和医学诊断等诸多领域有着广阔的应用[15]。随着经济建设的发展，含B元素的洗涤剂、清洁产品、眼镜、防冻剂等通过人为活动大量排放于水体[16-17]，进而流入江河湖泊，引发了一系列的水环境问题。沉积物是湖库生态系统的重要组成部分，是污染物的源和汇[18]。当沉积物环境受到微生物和外部环境扰动时，沉积物会将污染物释放到上覆水中，从而造成水体二次污染[19]，对生态环境造成一定程度的破坏，而且污染物进入生物体内，最终会通过食物链威胁人类的身心健康。因此，研究沉积物中PTEs的污染具有重要意义。

白洋淀所属海河流域大清河水系，由143个淀泊组成，总面积366 km^2，蓄水量10.7亿m^3，是华北地区最大的天然淡水湖，在气候调节、洪水调蓄及区域生态平衡的维持等方面发挥着不可或缺的优势[20]，其水生态环境质量决定了淀区以及雄安新区的发展。20世纪70年代初以来，白洋淀水质总体呈恶化趋势，主要问题为河流污染输入、工农业污水排放、底泥及生物质内源性污染等造成的氮磷

基金项目：国家重点研发计划项目（2019YFD1100205）。

作者简介：徐东昱（1984—），女，高级工程师，主要从事湖库污染物水环境过程及其效益研究工作。

营养盐和重金属的累积[21]。因此，急需开展白洋淀沉积物中污染物的生态风险评价。作为一种潜在有毒元素，对于白洋淀沉积物中B的认知尚不清楚。本文通过对白洋淀不同地区采集表层沉积物样品，对B元素进行来源识别、形态赋存特征和迁移性分析及生态风险综合评价，以期为白洋淀沉积物B的污染防控提供理论依据和技术支撑。

2 材料与方法

2.1 研究区概况

白洋淀（115°45′E~116°07′E，38°44′N~38°59′N）是河北省最大的湖泊，素有“北国江南”“华北明珠”之美称。常年平均气温7.3~12.7 ℃，属半湿润半干旱气候。年均降水量564 mm，主要集中在6—8月[22]。

2.2 采样点布设及样品采集

在研究区域布设了7个采样点（见图1），用抓斗式采泥器现场采集了7个表层沉积物样品置于密封袋中并带回实验室。将表层沉积物冷冻干燥，过筛备用。表层沉积物采样点及其理化性质见表1。

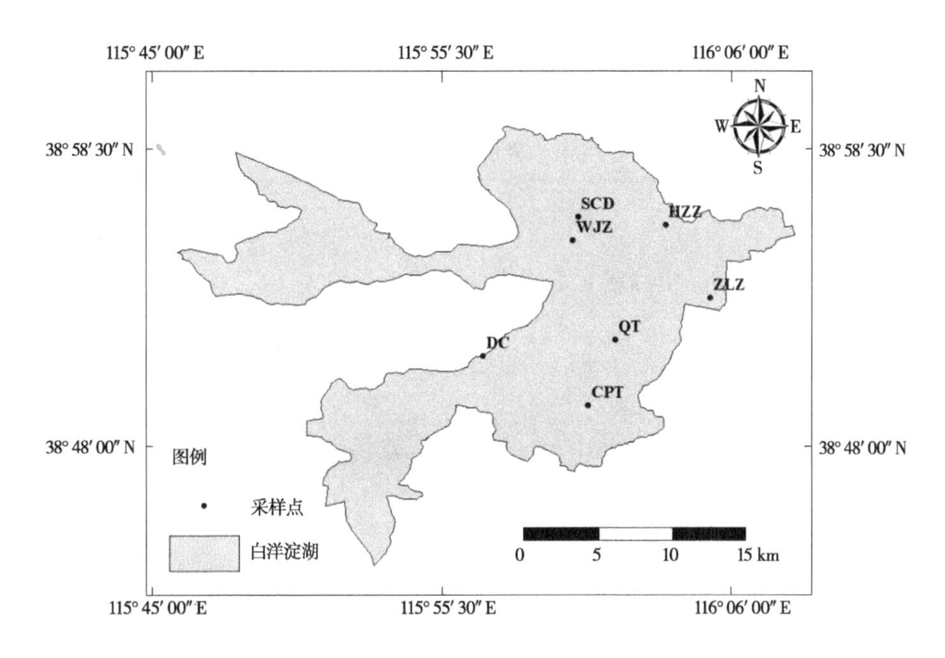

图1 研究区及采样点布设

表1 表层沉积物采样点及其理化性质

采样点名称	经度	纬度	pH (沉积物：水=1：2.5)	含水率/%	说明
HZZ	116°03′31.09″	38°58′20.59″	7.65	67.60	何庄子
WJZ	116°00′14.06″	38°55′15.76″	7.54	70.00	王家寨
SCD	116°00′24.63″	38°56′06.49″	7.49	52.20	烧车淀
DC	115°56′58.92″	38°51′11.05″	7.62	52.40	端村
CPT	116°00′46.42″	38°49′25.74″	7.7	39.00	采蒲台
QT	116°01′43.43″	38°51′45.61″	7.64	34.60	圈头
ZLZ	116°05′12.61″	38°53′14.85″	7.55	53.10	枣林庄

2.3 样品的处理与测定

采用 HNO_3 - HF - H_2O_2 对沉积物样品进行混酸消解，具体操作参见已发表文献［2］。利用电感耦合等离子体质谱仪（ICP-MS）测定样品中的 B 含量。为了提高样品分析的准确性和可靠性，以中国地质科学院地球物理和地球化学勘查研究所生产的标准物质 GSD-10 作为质量控制。

B 形态采用欧盟的 BCR 提取法进行分析[23]，其形态可分为酸溶解态/可交换态（F1）、可还原态（F2）、可氧化态（F3）、残渣态（F4）等四种形态，前三种形态为 B 的有效态（F1+F2+F3），各形态总量之和为 B 的总量。F1、F2、F3 各形态提取液分别为醋酸（0.11 mol/L）、盐酸羟铵（0.5 mol/L）、过氧化氢（300 mg/g）和醋酸铵（1.0 mol/L），具体操作方法参考文献［24］。

2.4 风险评价方法

本文采用沉积物富集系数（EF）法和潜在生态风险指数法两种不同的评价方法对白洋淀沉积物 B 进行潜在生态风险评价，最后以两种评价方法作为评价指标，利用隶属函数综合评价，以获得不同采样点位的综合生态风险。

2.4.1 沉积物富集系数法

富集系数法可以用来识别元素来源（自然来源和人为来源），表明元素的相对富集程度。该方法可以有效校正沉积物粒度和矿物组成变化对污染物含量的影响[25]。富集系数一般以 1.5 作为识别的标准值[26]。当 EF<1.5 时，认为自然环境是元素的主要来源，反之则受到人为活动的干扰。根据 EF 值，富集程度可分为[27]：轻度富集（EF<2）、中度富集（2≤EF<5）、显著富集（5≤EF<20）、高度富集（20≤EF<40）、极高度富集（40≤EF）。具体计算公式如下：

$$EF = \frac{(C_n/C_{Li})_{Sample}}{(C_n/C_{Li})_{Crust}} \tag{1}$$

式中：$(C_n/C_{Li})_{Sample}$ 为沉积物样品中测定元素浓度的比值，mg/kg；$(C_n/C_{Li})_{Crust}$ 为目标元素与参考元素在大陆地壳中的浓度比。

本文选取锂（Li）作为参考元素。B 和 Li 在大陆地壳中的浓度分别为 10 mg/kg 和 13 mg/kg[28]。

2.4.2 潜在生态风险指数法

基于 Håkanson[29] 的方法，对沉积物中单一污染物元素污染的环境影响[30] 计算公式如下：

$$E_r^i = T_r^i \cdot C_f^i \tag{2}$$

$$C_f^i = \frac{C_D^i}{C_R^i} \tag{3}$$

式中：E_r^i 为单一污染物潜在风险指数；T_r^i 为污染物毒性相应因子（B 的毒性因子=2）[31]；C_f^i 为单一污染物污染系数；C_D^i 为样品实测浓度；C_R^i 为沉积物污染物背景参考值，本文以大陆地壳中 B 含量作为背景参考值，为 10 mg/kg[28]。

单一污染物潜在生态风险指数等级划分具体见表 2。

表 2 单一污染物潜在生态风险指数等级划分

单一污染物潜在风险指数 E_r	生态风险等级
$E_r < 40$	轻度
$40 \leq E_r < 80$	中度
$80 \leq E_r < 160$	强
$160 \leq E_r < 320$	很强
$E_r \geq 320$	极强

2.4.3 隶属函数法

隶属函数是目前常用的数学评价方法，根据模糊数学的原理，对所评价指标进行综合评价，计算公式如下：

$$\mu(m_i)=\frac{m_i-m_{imin}}{m_{imax}-m_{imin}} \tag{4a}$$

$$\mu(m_i)=1-\frac{m_i-m_{imin}}{m_{imax}-m_{imin}} \tag{4b}$$

式中：$\mu(m_i)$ 为指标 i 的隶属函数；m_i 为指标 i 的测定值；m_{imin} 和 m_{imax} 为指标 i 的最小值与最大值。

当计算指标与生态风险呈正相关时，用式（4a）；当计算指标与生态风险呈负相关时，用式（4b）。本文富集系数和生态风险指数均与生态风险呈正相关，故只采用式（4a）进行隶属函数的计算分析。

3 结果与分析

3.1 白洋淀表层沉积物 B 含量

白洋淀表层沉积物 B 含量分布如表 3 和图 2 所示。B 含量为 55.98~71.43 mg/kg，平均浓度为 61.00 mg/kg。采样点 DC 的浓度最高，为 71.43 mg/kg，采样点 CPT 的浓度最低，为 55.98 mg/kg，最大值是最小值的 1.28 倍。HZZ、WJZ、SCD、QT、ZLZ 等采样点的表层沉积物 B 含量分别为 64.00 mg/kg、61.47 mg/kg、59.51 mg/kg、57.27 mg/kg、57.36 mg/kg。可见，除采样点 HZZ、WJZ、DC，其余采样点沉积物中 B 浓度均低于平均含量（61.00 mg/kg）。与其他地区湖库沉积物相比，白洋淀沉积物中 B 浓度均高于三峡水库[32]（55.10 mg/kg）、密云水库[33]（31.26 mg/kg）、青海湖[34]（58.88 mg/kg）、察尔汗盐湖[35]（5.77 mg/kg）以及塞尔维亚水库[36]（10.72 mg/kg），分别约是密云水库的 2 倍、察尔汗盐湖的 10.6 倍、塞尔维亚水库的 5.7 倍。此外，图 2 表明白洋淀各采样点沉积物 B 含量均高于河北省土壤 B 背景值（38.40 mg/kg）[37]、中国水系沉积物 B 含量[38]（48 mg/kg）和大陆地壳 B 含量[29]（10 mg/kg），说明 B 在白洋淀沉积物中存在一定程度的累积。

表 3 不同采样点沉积物中 B 的含量、富集系数及生态风险指数

采样点名称	B 的测定含量/（mg/kg）	EF	E_r
HZZ	64.00	1.53	12.80
WJZ	61.47	1.65	12.29
SCD	59.51	1.75	11.90
DC	71.43	1.89	14.29
CPT	55.98	2.16	11.20
QT	57.27	2.30	11.45
ZLZ	57.36	2.18	11.47
平均值	61.00	1.92	12.20

3.2 表层沉积物 B 形态分布特征

B 的生物有效性和毒性与其化学赋存形态分布特征密切相关。白洋淀表层沉积物 B 的四种赋存形态分布见图 3。酸溶解态（F1）的含量为 0.73~1.97 mg/kg，占 B 总量的 1.28%~3.32%；可还原态（F2）的含量为 7.87~9.77 mg/kg，占 B 总量的 11.58%~15.90%；可氧化态（F3）含量为 1.85~2.69 mg/kg，占 B 总量的 3.01%~4.80%；残渣态（F4）含量为 44.20~59.29 mg/kg，占 B 总量的 76.87%~83.00%。残渣态（F4）无法被生物利用，故残渣态含量越高，占比越大，其对水环境的影响越小；反之，其毒性对生态环境的影响越大[39]。从图 3 可知，B 的赋存形态含量大小依次为残渣态>可还原态>可氧化态>酸溶解态，主要以残渣态形态存在，这说明白洋淀沉积物 B 生物有效性小，故对水环境危害较低。酸溶解态（F1）主要表示 B 在沉积物中的迁移能力，其在沉积物中的占比

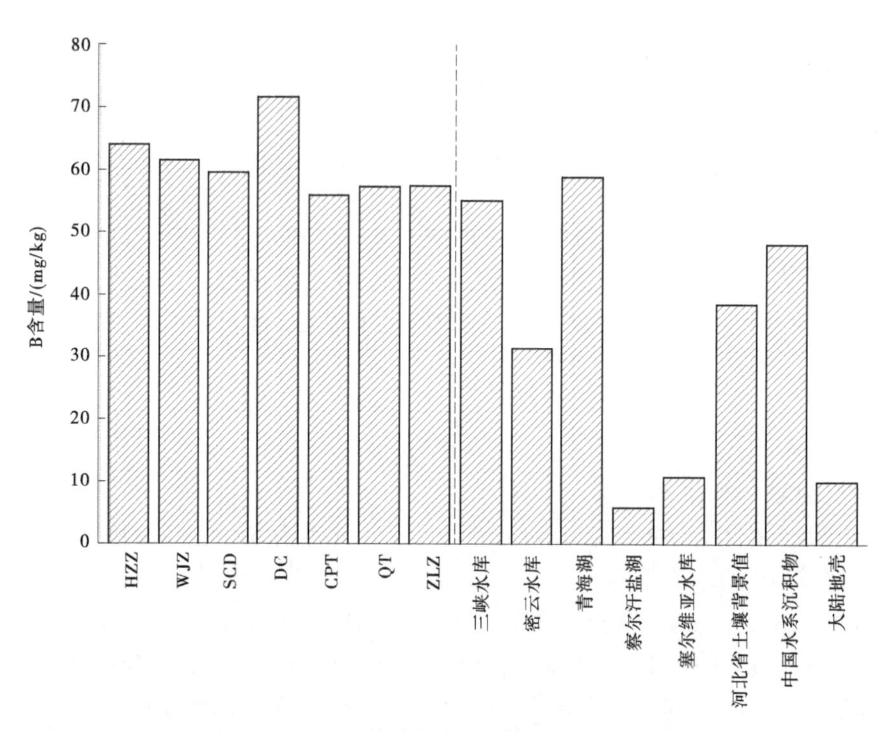

图 2　白洋淀沉积物及其他地区的 B 含量

（1%~10%）较低，说明 B 在白洋淀沉积物中的迁移能力较弱。

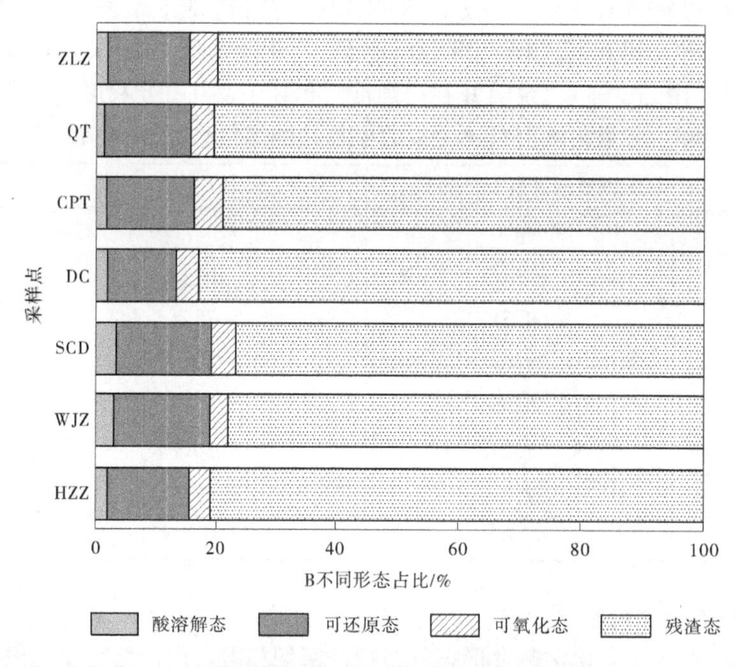

图 3　白洋淀表层沉积物 B 的不同赋存形态分布特征

3.3　沉积物 B 的富集特征

表 3 计算出了白洋淀不同采样点沉积物中 B 的富集系数（EF）。EF 最大值为 2.30，最小值为 1.53，均值为 1.92。HZZ、WJZ、SCD、DC、CPT、QT、ZLZ 各采样点处的表层沉积物 B 的 EF 分别为 1.53、1.65、1.75、1.89、2.16、2.30、2.18。根据 EF 评价等级划分标准，CPT、QT、ZLZ 等三个采样点沉积物中 B 属于中度富集，其余采样点沉积物 B 属于轻度富集，富集程度从高到低分别为 QT>ZLZ>CPT>DC>SCD>WJZ> HZZ。总体来看，B 富集系数小于 2，表明 B 在白洋淀表层沉积物中存

在轻度富集。

EF 值也可反映出自然或人为因素对元素的贡献度，可为识别元素来源提供参考依据。本研究中白洋淀各采样点沉积物中 B 的富集系数均大于 1.5[27]（见图 4），说明 B 来源于非地壳物质，受人为因素影响较大。

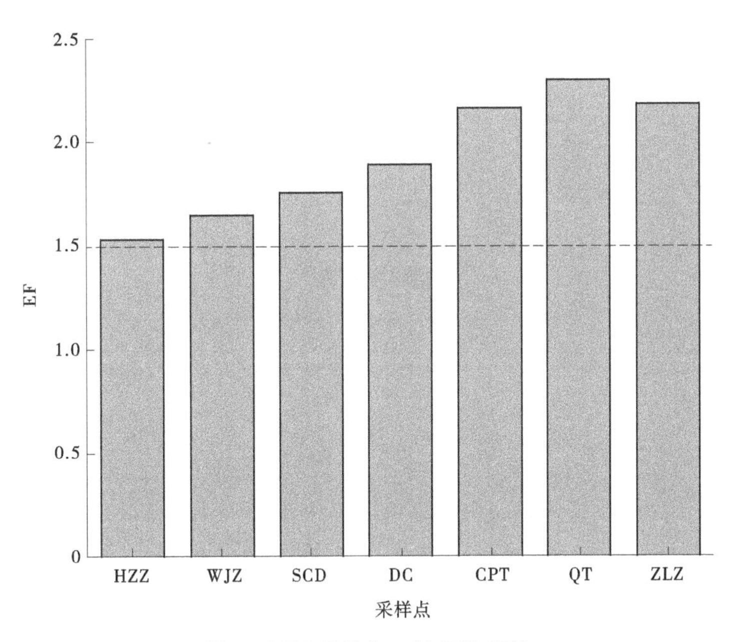

图 4　不同采样点 B 的富集系数

3.4　沉积物 B 的潜在生态风险评价

白洋淀各采样点表层沉积物中 B 的潜在生态风险指数计算结果见表 3。可以看出，各采样点 B 的生态风险指数 E_r 在 11.20~12.80 范围内变化，均值为 12.20，表明白洋淀沉积物中 B 风险较低，处于轻度生态风险等级（E_r <40）。

3.5　沉积物 B 生态风险综合评价

为了消除单一评价方法对结果的片面性，本文利用模糊数学的隶属函数法将富集系数法和潜在生态风险指数法的评价数据标准化，进而对白洋淀各采样点沉积物 B 的生态风险强弱进行综合评价。将各指标的隶属函数值取平均值，并根据均值进行排序，隶属函数均值越大，表明生态风险越强。由表 4 可知，白洋淀各采样点 B 的生态风险强弱依次为 DC>QT>ZLZ>CPT>HZZ>SCD>WJZ。

表 4　隶属函数值及综合排名

采样点	EF	E_r	平均值	排名
HZZ	0	0.518	0.259	5
WJZ	0.156	0.353	0.254	7
SCD	0.286	0.227	0.256	6
DC	0.468	1.000	0.734	1
CPT	0.818	0	0.409	4
QT	1.000	0.081	0.540	2
ZLZ	0.844	0.087	0.466	3

4　结论

本文以白洋淀沉积物为研究对象，对 B 元素进行了来源分析及生态风险综合评价，主要得出以下结论：

（1）白洋淀沉积物 B 含量均值为 61.00 mg/kg，高于河北省土壤背景值、中国水系沉积物背景值和大陆地壳中的 B 含量。

（2）白洋淀沉积物中 B 主要以残渣态形态存在，占 B 总量的 76.87%～83.00%，这说明 B 在沉积物中的迁移能力较弱，对水环境的危害较小。

（3）单元素潜在生态风险指数表明，白洋淀沉积物中 B 的潜在生态风险较低。富集因子评价结果表明，B 来源于非地壳物质，受人为因素影响较大。

（4）基于隶属函数的生态风险综合评价结果显示，白洋淀各采样点沉积物中 B 的生态风险强弱依次为端村>圈头>枣林庄>采蒲台>何庄子>烧车淀>王家寨。

参考文献

[1] 张富贵，彭敏，贺灵，等．贵州省典型铅锌矿区潜在有毒元素（PTEs）物源甄别、生态风险评价及控制因素［J］．环境科学，2022（4）：2081-2093.

[2] GAO L，GAO B，XU D Y，et al. Multiple assessments of trace metals in sediments and their response to the water level fluctuation in the Three Gorges Reservoir，China［J］. Science of the Total Environment，2019，648：197-205.

[3] GUO G H，WANG Y T，ZHANG D G，et al. Source-specific ecological and health risks of potentially toxic elements in agricultural soils in Southern Yunnan Province and associated uncertainty analysis［J］. Journal of hazardous materials，2021，417：126144.

[4] ZHAO G J，LI X Q，ZHU J W，et al. Pollution Assessment of Potentially Toxic Elements（PTEs）in Soils around the Yanzhuang Gold Mine Tailings Pond，Pinggu County，Beijing，China［J］. International Journal of Environmental Research and Public Health，2021，18（14）：7240.

[5] PANDA G，POBI K K，GANGOPADHYAY S，et al. Contamination level，source identification and health risk evaluation of potentially toxic elements（PTEs）in groundwater of an industrial city in eastern India［J］. Environmental geochemistry and health，2021：1-25.

[6] 刘金铃，徐向荣，丁振华，等．海南珊瑚礁区鱼体中重金属污染特征及生态风险评价［J］．海洋环境科学，2013，32（2）：262-266.

[7] 张真，董俊秀，刘晓雯，等．东平湖表层沉积物中砷赋存特征及风险评价［J］．环境化学，2020，39（11）：3190-3199.

[8] 张成，陈宏，孙荣国，等．三峡水库消落带不同水位高程土壤汞风险评价［J］．水土保持学报，2014，28（1）：242-245，252.

[9] GREW E S. Boron-the crustal element［J］. Elements，2015，11：162-163.

[10] 苏文洪，苏锐浩，黄旭群．ICP-MS 在两种调谐模式下测定水中硼元素［J］．供水技术，2021，15（1）：55-57.

[11] 刘勇，刘燕，朱光旭，等．石灰对 Cu、Cd、Pb、Zn 复合污染土壤中重金属化学形态的影响［J］．环境工程，2019，37（2）：158-164.

[12] SHAO X，HUANG B，ZHAO Y，et al. Impacts of human activities and sampling strategies on soil heavy metal distribution in a rapidly developing region of China［J］. Ecotoxicology and Environmental Safety，2014，104：1-8.

[13] YOSHIDA M，WATABIKI T，ISHIDA N. Spectrophotometric determination of boric acid by the curcumin method［J］. The Japanese journal of legal medicine，1989，43（6）：490-496.

[14] 赵清志，安桂华．硼对人体的毒性作用［J］．国外医学（医学地理分册），2000（1）：29-30，49.

[15] 毕胜南，仲剑初，齐野，等．硼酸等含硼化学品最新研究进展与产业化趋势［J］．无机盐工业，2020，52（1）：5-8.

[16] BOCÜK H，YAKAR A，TÜRKER O C. Assessment of Lemna gibba L.（duckweed）as a potential ecological indicator for contaminated aquatic ecosystem by boron mine effluent［J］. Ecological Indicators，2013，29：538-548.

[17] TÜRKER O C，BOCÜK H，YAKAR A. The phytoremediation ability of a polyculture constructed wetland to treat boron from mine effluent［J］. Journal of Hazardous Materials，2013，252：132-141.

[18] 申恒伦，张清源，王洪凯，等．临沂水源地水库沉积物重金属分布来源及生态风险评价［J］．长江流域资源与环境，2021，30（5）：1211-1220.
[19] 高秋生，田自强，焦立新，等．白洋淀重金属污染特征与生态风险评价［J］．环境工程技术学报，2019，9（1）：66-75.
[20] ZHU Y Y，JIN X，TANG W Z，et al. Comprehensive analysis of nitrongen distributions and ammonia nitrogen release fluxes in the sediments of Baiyangdian Lake，China［J］. Journal of Environmental Sciences，2019，76：319-328.
[21] JI Z，ZHANG H，ZHANG Y，et al. Distribution，ecological risk and source identification of heavy metals in sediment from the Baiyangdian Lake，Northern China［J］. Chemosphere，2019，237：144425.
[22] 高彦春，王金凤，封志明．白洋淀流域气温降水和径流变化特征及其相互响应关系［J］．中国生态农业学报，2017，25（4）：467-477.
[23] PUEYO M，MATEU J，RIGOL A，et al. Use of the modified BCR three-step sequential extraction procedure for the study of trace element dynamics in contaminated soils［J］. Environmental pollution，2008，152（2）：330-341.
[24] 郭威，殷淑华，徐建新，等．三峡库区（重庆—宜昌段）沉积物中钒的污染特征及生态风险评价［J］．环境科学，2016，37（9）：3333-3339.
[25] WU Y H，HOU X H，CHENG X Y，et al. Combining geochemical and statistical methods to distinguish anthropogenic source of metals in lacustrine sediment：a case study in Dongjiu Lake，Taihu Lake catchment，China［J］. Environmental Geology，2007，52（8）.
[26] WANG N N，WANG A H，KONG L H，et al. Calculation and application of Sb toxicity coefficient for potential ecological risk assessment［J］. The Science of the total environment，2018：610-611.
[27] SUTHERLAND R A. Bed sediment-associated trace metals in an urban stream，Oahu，Hawaii［J］. Environmental Geology，2000，39：611-627.
[28] TAYLOR S R，MCLENNAN S M. The continental crust：its composition and evolution［J］. The Journal of Geology，1985，94（4）：57-72.
[29] HÅKANSON L. An ecological risk index for aquatic pollution control. a sedimentological approach［J］. Water Research，1980，14（8）：975-1001.
[30] 方明，吴友军，刘红，等．长江口沉积物重金属的分布来源及潜在生态风险评价［J］．环境科学学报，2013，33（2）：563-569.
[31] XU D Y，GAO B，PENG W Q，et al. Boron toxicity coefficient calculation and application for ecological risk assessment in reservoir sediments［J］. Science of the Total Environment，2020：739.
[32] XU D Y，GAO B，GAO L. Influence of hydrological regime on spatiotemporal distribution of boron in sediments in the Three Gorges Reservoir，China［J］. Journal of Hydrology，2021：601.
[33] HAN L F，GAO B，ZHOU Y D，et al. Comprehensive assessment of seldom monitored trace elements pollution in the riparian soils of the Miyun Reservoir，China［J］. Environmental Science and Pollution Research，2016，23：20772-20782.
[34] ZHANG X，LIN C Y，GUO B B，et al. Distribution and geochemical processes of boron in the multimedia of Lake Qinghai，China［J］. Elsevier，2018，44：1035-1042.
[35] FAN Q S，MA Y Q，CHENG H D，et al. Boron occurrence in halite and boron isotope geochemistry of halite in the Qarhan salt Lake，western China［J］. Sedimentary Geology，2015，322：34-42.
[36] DJIKANOVIC V，SKORIC S，SPASIC S，et al. Ecological risk assessment for different macrophytes and fish species in reservoirs using biota-sediment accumulation factors as a useful tool［J］. Environmental Pollution，2018，241：1167-1174.
[37] 中国环境监测总站．中国土壤元素背景值［M］．北京：中国环境科学出版社，1990.
[38] 迟清华．应用地球化学元素丰度数据手册［M］．北京：地质出版社，2007.
[39] 鞠莉．沉积物中重金属的形态分析及生物有效性的研究［D］．济南：山东大学，2007.

水质监测预警机制构建探索

黄　倩

（湖北省黄石市水文水资源勘测局，湖北黄石　435000）

摘　要： 为了贯彻河湖长制，掌握全市重点河湖的水质变化情况，为河湖监管和考核提供数据支持，探索建立水质监测预警机制。本文总结了作为一线水质检测机构，如何识别污染风险源，构建适应自身水平能力、判断准确、相应迅速、切实可行的预警机制，为地方水污染防治、水环境改善做出贡献。

关键词： 水质预警；风险源识别；检测机构

水质监测预警制度是全面推行河湖长制的重要举措，该制度的建立能帮助各级河湖长掌握河湖的水质变化情况，追溯污染来源，落实水环境治理责任，更好地服务各级河湖长开展工作，最终实现“水清、岸绿、河畅、景美”的目标。水文局作为服务河湖长制的重要组成部分，应敏锐识别风险源，进行风险等级评估，及时向当地河湖长办及上级部门预警预报。监测预警，是指当断面水环境质量变差、重金属等有毒有害项目超标或存在完不成年度水质目标的风险的提醒。

1　风险源识别

1.1　现场采样

水污染事件常常是由群众首先发现的，与传统理化分析相比，采样人员往往能在第一时间关注到水体在臭（生活污水和工业废水中有机物分解、微生物降解等均可产生异臭）、色（纺织、印刷、有机合成等工业废水，常含大量染料、生物色素等）等感官性状指标，以及水华、漂浮物、油膜、死鱼、植被枯黄死亡等方面的异常情况。该方式灵敏、直观，能够有效识别风险源。

1.2　现场监测

现场监测项目一般包括地表水水质监测常规五项，分别为水温、pH、溶解氧、电导率和浊度。现场监测项目方便快捷，可以在宏观上初步判断水体污染状况。

水的物理化学性质与水温密切相关，水中溶解性气体的溶解度、水中微生物活动、pH、电导率等都受水温变化的影响。pH 是水中氢离子活度的负对数，天然水的 pH 多在 6~9，pH 异常时可表征水体酸碱污染，pH 检测对藻类生长也有明显的判断效果。溶解氧是指溶解在水中的分子态氧，当溶解氧降低时，代表水体可能受到有机、无机还原性物质污染。溶解氧与鱼类生存关系极为密切，一般保障鱼群生存的最低浓度为 4 mg/L。根据《渔业水质标准》（GB 11607—1989），任何时候，水中溶解氧不得低于 3 mg/L。电导率是以数字表示溶液传导电流的能力，可用于间接推测水中离子成分的总浓度。大多数水体保持相当恒定的电导率，由于洪水、排污、地下水渗漏等引起的变化，都可能造成电导率的大幅波动，因此电导率作为水体水质发生变化的早期指标具有十分重要的意义。浊度是由于水中含泥沙、黏土、有机物等悬浮物质造成的，可以提示农业、工业、生活污水的入侵。

现场监测项目一般都是综合性指标，不具有特征指向性，只能结合水体特性和经验做早期预判，

作者简介： 黄倩（1989—），女，工程师，主要从事水资源调查、水环境管理工作。

提示可能存在的水污染风险。

1.3 异常数据的确认

经实验室分析锁定污染物后，为避免采样带来的误差，可组织进行二次采样。采样时应避开死水区、回水区、排污口，选择河段较为顺直、河床稳定、水流平稳、水面宽阔、无浅滩位置。为缩小污染源范围，可同步设置背景断面和对照断面。

为保证检测过程得到有效控制，要求对每批次样品采取全程空白、全程平行、室内空白、室内平行、加标回收率等质控手段，各项质控测定率不低于5%。当对检测结果的准确度或可靠性有疑问时，技术负责人可安排对该样品进行人员比对（不同的人员对同一样品用相同的仪器和相同的方法进行检测）或仪器比对（相同的人员对同一样品用不同的仪器和相同的方法进行检测）或方法比对（相同的人员对同一样品用相同的仪器和不同的方法进行检测）测试来验证检测结果。比对测试相对偏差应符合《水环境监测规范》（SL 219—2013）中的要求。

复采复测的目的是对于水质变化较大的河流，比如从Ⅲ类变成Ⅴ类，或者突然出现重金属等有毒有害项目超标时，力保数据的准确性和代表性。因此，作为监测机构先自行排查实验和采样造成的误差，将核对好的数据上报。但在面对有可能造成重大危害的突发水污染事件之前，应衡量好准确性与时效性的关系，在保证可靠的前提下，尽量缩短预警时间。

2 风险等级评估

分析结束并进行水质评价后，即可对水体风险等级进行评估。水质监测预警等级划分为两级，分别为一级、二级，一级为最高级别。

同时满足以下情形的，属二级：

（1）断面当月水质类别和累计水质类别均较上年同期下降1个类别及以上，并且下降为Ⅲ类以下的（如水质同比由Ⅲ类下降为Ⅳ类等情形）。

（2）断面累计水质类别未达到当年水质目标。

（3）断面不符合更高等级预警条件。

同时满足以下情形的，属一级：

（1）断面当月水质类别和累计水质类别均较上年同期下降2个类别及以上，并且下降为Ⅲ类以下的（如水质同比由Ⅲ类下降为Ⅴ类等情形）。

（2）断面累计水质类别未达到当年水质目标。

断面累计水质类别，以当年1月至当月逐月水环境质量监测结果的算术平均值进行评价确定。

断面水环境质量评价依据《地表水环境质量标准》（GB 3838—2002）和《地表水资源质量评价技术规程》（SL 395—2007），评价结果应说明水环境质量状况，超标断面应说清超标项目和超标倍数。预警等级及时向当地河湖长办及上级部门报告。

3 问题及对策

（1）由于现场感官判断方式较为主观、原始，常常不受重视，因此要加强对采样人员的培训，提高对水环境状况说明的规范性、用词的准确性、判断的敏感性。当发现异常情况时，需要现场定位、拍照，并仔细描述，有必要时及时上报。

（2）风险评估任务繁重，尤其是布设的站点多、频次高时，依靠人工评价识别工作量太大，且容易遗漏，应当建立统一的水质评价系统，可进行趋势分析及合理性检验，当水质出现恶化、重金属等有毒有害项目超标时，发出预警提醒。

（3）对监测指标的特性分析不够深入，检测能力覆盖不足。例如，氮磷超标，无法明确污染来源为生活污水还是种养殖污染，应利用参数之间的数量关系，探索建立多指标综合评价体系，提高预警预报质量。

（4）很多水体的污染来源还没有摸清，治理时力有不逮，即使发布预警，水污染防治效果仍然不明显，应建立台账，开展重要水体的污染负荷调查。

（5）自下而上的水质监控机制不畅通。一般来说，当地以下居民和政府工作人员，更容易发现突发水污染事故，但是由于机制不畅通，自下而上，广泛社会参与的上报水质预警信息情况很少，应利用公众号、小程序等建立和倡导社会广泛参与的水质信息沟通平台。

4 结论

作为“尖兵”和“哨耳”，水文监测机构要利用调查采样、现场检测、实验室分析、水质评价、趋势分析等各种手段识别风险源，进行风险等级评估，建立在能力范围内切实有效的预警预报机制。

参考文献

［1］国家环境保护总局，《水和废水监测分析方法》编委会．水和废水监测分析方法［M］．4 版．北京：中国环境科学出版社，2002.

［2］国家环境保护总局．地表水环境质量标准：GB 3838—2002［S］．北京：中国环境科学出版社，2002.

［3］中华人民共和国水利部．地表水资源质量评价技术规程：SL 395—2007［S］．北京：中国水利水电出版社，2007.

［4］国家环境保护局．渔业水质标准：GB 11607—1989［S］．北京：中国标准出版社，1989.

长江涵闸通江湖泊健康评价与对策分析
——以白荡湖为例

柴朝晖[1,2]　王　茜[1,2]　章运超[1,2]　陈　齐[1,2]

(1. 长江水利委员会长江科学院，湖北武汉　430010；
2. 长江中下游河湖治理与防洪重点实验室，湖北武汉　430010)

摘　要： 湖泊健康评价可为水资源利用和生态环境的保护提供理论指导，基于国内外河流健康评价指标体系，结合长江下游涵闸通江湖泊白荡湖的自然地理、水系状况等，采用层次分析法，建立了包括水资源、物理、化学、生物、社会服务功能五个方面共16个表征指标的评价体系，对白荡湖的健康状况进行评价，最终得出龙溪河健康状况综合赋分77.93分。结果表明，白荡湖整体处于健康状况，其中水资源和化学评价结果为健康、物理和生物状况评价结果为亚健康，社会服务功能评价结果为非常健康，需加强河湖连通、水环境生态修复治理、水生生物资源保护等工作。

关键词： 湖泊健康；水质；指标体系；水生生物；白荡湖

1　引言

湖泊具有调节河川径流、提供水源、繁衍水生生物、沟通航运、改善区域生态环境等多种功能，在社会发展过程中发挥着重要作用。随着城市化、工业化等快速发展，长江中下游湖泊不同程度上受到了人类活动的干扰，原先100多个通江湖泊如今只剩下鄱阳湖、洞庭湖和石臼湖与长江自然连通，其他湖泊大多以涵闸形式与长江连接，且出现了不同程度的水质恶化，形态、结构、水文条件变化，生境退化，水生生物锐减等问题[1-2]。运用合理有效的方法量化评价湖泊健康水平，查找其存在的健康问题，已成为普遍关注的热点问题。

迄今为止，大量的方法和指标已被用于河湖健康评价研究中，包括水体中营养物质和污染物含量、浑浊度、pH等理化参数，浮游生物、藻类、植物、鸟类、鱼类、大型底栖动物等生物参数[3-8]。本文以长江下游涵闸通江典型湖泊——白荡湖为例，从水资源、物理、化学、生物和社会服务功能五个方面开展了健康评价，并基于健康评价结果提出了针对性的措施，以期为相关工作提供支撑。

2　材料和方法

2.1　研究区域概况

白荡湖位于长江下游左岸，铜陵市枞阳县境内，管理范围总面积约48.02 km^2，地理位置和水系如图1所示。湖面呈不规则多边形状，东西向长约11.5 km，南北最大宽约10.6 km，年均宽约4.0 km。湖底高程约8.00 m，多年平均水位约10.10 m，20年一遇设计洪水位14.55 m、50年一遇设计洪水位15.00 m。汛限水位12.50 m以上至20年一遇洪水位蓄洪容量1.46亿m^3，至50年一遇防洪水位蓄洪容量1.84亿m^3。沿湖分布有汤沟、横埠、金社、项铺、会宫、官埠桥、藕山等乡镇。白荡

基金项目： 中央级公益性科研院所基本科研业务费项目（CKSF2022166/HL）。

作者简介： 柴朝晖（1986—），男，副高级工程师，室主任，主要从事河湖保护与治理的相关工作。

湖作为安徽省安庆沿江湿地自然保护区的一部分，是铜陵市西部和长江左岸重要的生态屏障，具有防洪、除涝、灌溉、生态及维护生物多样性等综合功能。

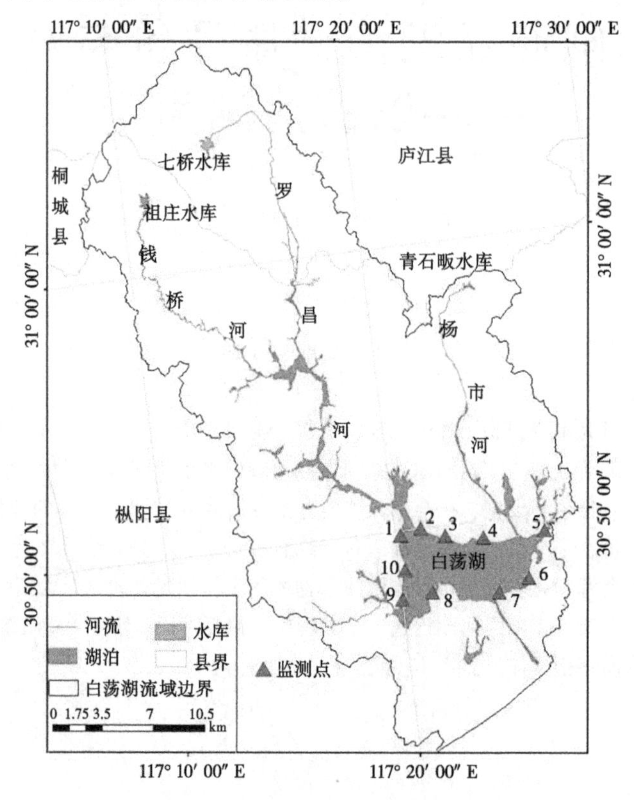

图 1　白荡湖地理位置及水系

2.2　监测与调研

2021 年 10 月在白荡湖设置了 10 个监测（采样）点进行岸坡、植物、藻类等情况监测和采样，并进行水质、鱼类、水鸟等现场资料的收集。

2.2.1　湖岸带监测

湖岸带状况监测采用无人机航拍加现场拍照的方式获取调查监测区域的岸坡基质、角度、高度、冲刷情况、植被覆盖度等。

2.2.2　浮游植物采样

用浮游生物定性网在选定的采样点于水面和 0.5 m 深处做“∞”形循回缓慢拖动，时间为 5～10 min。水样采好后，将网从水中提出，待水滤去，轻轻打开集中杯的活栓，放入贴有标签的标本瓶中；定量样用采水器，采集混合水样 1 L，采集所得水样立即使用鲁哥氏液固定，而后带回实验室进行分类鉴定和计数。

2.2.3　其他指标

由于白荡湖设有湖心水质监测点 1 处，监测频次为每月 1 次，鱼类、水鸟等指标难以通过短期的监测进行定量描述，因此主要通过调研，收集生态环境、农业农村相关部门资料获得。

2.3　健康评价指标体系构建

综合考虑影响湖泊健康状况的各种因素，遵循科学性、可适用性及可操作性的原则，通过现状分析、标准对照，并借鉴国内外河湖健康评价方法[9-11]，结合研究区域的现状，从水文水资源、物理、化学、生物和社会服务功能五个方面构建了白荡湖健康评价指标体系。

2.3.1　水资源评价指标

将流域水面率、生态水位满足程度作为水资源评价指标。流域水面率指标是为了评价湖泊水量状况，计算公式如下：

$$W_p = (A_w/A) \times 100\% \quad (1)$$

式中：W_p 为流域水面率；A_w 为流域水面面积，km^2；A_w 为流域总面积，km^2。

流域水面率指标评价标准见表1。白荡湖流域总面积775 km^2，白荡湖多年平均水位约为10.10 m，湖泊水面面积51.49 km^2，经计算，流域水面率约为6.64%，通过线性插值，得到流域水面率得分为64.92分。

表1　流域水面率指标评价标准

等级	水面率/%	赋分
很健康	>15	100
健康	10~15	75~100
基本健康	5~10	60~75
不健康	1~5	20~60
很不健康	0~1	0~20

生态水位满足程度是指为了维护不同时期生态系统的功能湖泊生态水位所能达到的程度。白荡湖健康评价中采用最小生态水位进行评价，赋分标准可参考文献［12］。白荡湖最小生态水位，根据湖泊水位与水面面积或库容曲线中水面面积或库容增加率的最大值相应水位确定（9.0 m）。根据高庙山水位站2020年水位数据，2020年日均水位都高于最低生态水位9.0 m，最低生态水位水面率赋分为100分。

2.3.2　物理评价指标

将湖岸稳定性、湖岸带植被覆盖率、湖泊面积萎缩比例、河湖连通阻隔状况作为物理评价指标，其中湖岸稳定性、湖岸带植被覆盖率和湖泊面积萎缩比例计算方法和赋分标准见文献［12］。根据现场调查、遥感影像解译等结果，白荡湖湖岸稳定性、湖岸带植被覆盖率和湖泊面积萎缩比例得分分别为74.6分、87.5分和95分。

河湖连通阻隔状况主要是评价入湖河流和出湖河流与湖泊之间的水流畅通情况，主要根据闸坝建设和调度情况进行赋分（见表2）。入湖河流罗昌河、杨市河与白荡湖之间无涵闸阻隔，影响湖泊连通性的主要是出湖的白荡闸，白荡闸关闸期主要集中在5—8月，大水年关闸天数统计均值87.15 d，通过线性插值，得到湖泊连通阻隔状况得分为30.94分。

表2　河湖连通阻隔状况指标评价标准

连通状况	年阻隔时间/d	赋分
顺畅	0	100
较顺畅	30	70
阻隔	60	40
严重阻隔	130	20
完全阻隔	365	0

2.3.3　化学评价指标

将水质优劣程度、溶解氧浓度、湖泊营养状态作为化学评价指标，指标的评价标准可参考文献［12］。根据白荡湖湖心水质监测点2020年1—12月水质监测数据，白荡湖水质指标在Ⅰ～Ⅲ类，较差的指标为总氮、氨氮、粪大肠菌群，溶解氧浓度年均值为8.5 mg/L。因此，白荡湖水质优劣程度、溶解氧浓度和营养状态指标得分分别为 81.6 分、100 分和 51.6 分。

2.3.4 生物评价指标

将鱼类保有指数、水鸟状况、浮游植物密度和大型水生植物覆盖度作为生物评价指标，指标的评价标准可参考文献［12］。根据现场调研、查询资料和取样测量，白荡湖 1980 年以前白荡湖水系鱼类种类数共 38 种，包括青鱼、草鱼、鲢鱼、鳙鱼等，现状（2018 年）鱼类有 31 种，消失的鱼类有银鱼、赤眼鳟、暗纹东方鲀、长吻鮠、鲥鱼、胭脂鱼、鲟鱼；水鸟资源丰富；浮游植物密度较大，约为 2 166.652 5 万 cells/L，计算得到白荡湖鱼类保有指数、水鸟状况、浮游植物密度和大型水生植物覆盖度指标分别为 70.54 分、95 分、21.25 分、75 分。

2.3.5 社会功能评价指标

将防洪达标率、供水水量保证程度、公众满意度作为社会功能评价指标，指标的评价标准可参考文献［12］。根据管理部门资料、现场走访和调查，白荡湖万亩以上圩口堤顶高程 16 m，满足 20 年一遇防洪标准，其他圩口堤顶高程在 14.5～15.5 m，满足 10～20 年一遇防洪标准；白荡湖目前年内农田灌溉用水供应充足，环湖供水保证率均在 95%以上；公众对河湖环境、水质水量、涉水景观等很满意的占绝大多数。因此，白荡湖防洪达标率、供水水量保证程度、公众满意度指标分别为 100 分、100 分和 86.6 分。

各项指标确定后，按照目标层、准则层及指标层逐层加权的方法，计算得到河湖健康最终评价结果，计算公式如下：

$$RH = \sum^{m} [YMB_{mw} \times \sum^{n} (ZB_{nw} \times ZB_{nr})] \tag{2}$$

式中：RH 为湖泊健康综合赋分；ZB_{nw} 为指标层第 r_i 个指标的权重；ZB_{nr} 为指标层第 r_i 个指标的赋分；YMB_{mw} 为准则层第 m 个准则层的权重。

根据健康得分情况，将河湖健康分为五类：非常健康（90≤RH≤100）、健康（75≤RH<90）、亚健康（60≤RH<75）、不健康（40≤RH<60）、很不健康（RH<40）。

3 结果与对策分析

3.1 白荡湖健康状况及存在问题

图 2 和表 3 给出了白荡湖健康评价赋分结果，从中可以看出，白荡湖整体处于健康状态，但在物理、化学和生物状况方面存在一些问题。

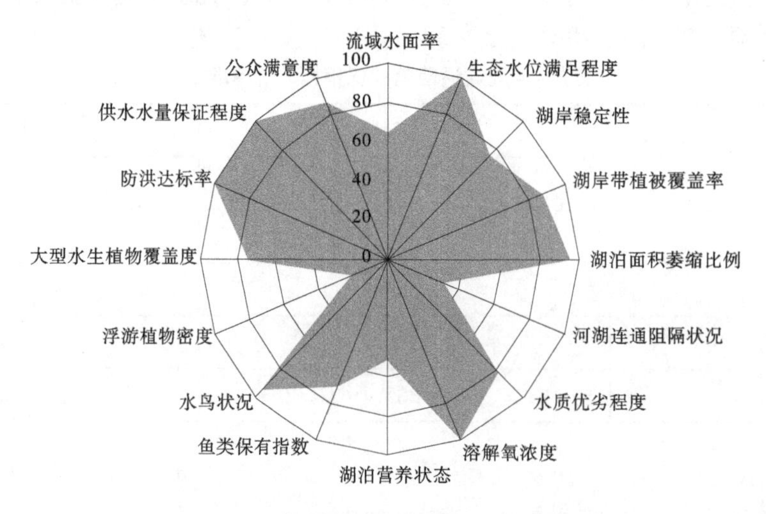

图 2 白荡湖健康评价指标层赋分示意图

表3 白荡湖健康评价赋分成果

目标层	准则层	准则层权重	指标层	指标层权重	指标层赋分	准则层赋分	最终得分
健康状态	水资源	0.2	流域水面率	0.6	64.92	78.95	77.93（健康）
			生态水位满足程度	0.4	100		
	物理	0.2	湖岸稳定性	0.25	74.6	72.01	
			湖岸带植被覆盖率	0.25	87.5		
			湖泊面积萎缩比例	0.25	95		
			河湖连通阻隔状况	0.25	30.94		
	化学	0.2	水质优劣程度	0.333	81.6	77.73	
			溶解氧浓度	0.333	100		
			湖泊营养状态	0.334	51.6		
	生物	0.2	鱼类保有指数	0.25	70.54	65.45	
			水鸟状况	0.25	95		
			浮游植物密度	0.25	21.25		
			大型水生植物覆盖度	0.25	75		
	社会服务功能	0.2	防洪达标率	0.333	100	95.52	
			供水水量保证程度	0.333	100		
			公众满意度	0.334	86.6		

3.1.1 物理方面

物理方面的主要问题是湖泊连通性低下（30.94分，很不健康状态）。20世纪50年代之前，白荡湖湖区由白荡湖、塔湖、陈阳湖等多个南北向大小湖泊串湖而成，且与长江天然沟通。1953年，出于防洪考虑，建成白荡闸，白荡湖与长江分隔。目前，白荡闸在汛期关闭防止江水倒灌进湖区，枯水期随着长江水位的回落，长江水位低于白荡湖水位，湖水经白荡闸排入长江。经统计，白荡闸平均每年关闸87 d。闸门关闭使得水系一定程度上受到阻隔，阻塞了水生动物的洄游，破坏了鱼类等水生动物的栖息场所并导致水系紊乱，进而降低了水体的自净能力，也加速了水体的富营养化进程。

3.1.2 化学方面

化学方面的主要问题是白荡湖存在一定的富营养化。根据2020年湖心水质监测资料，按照总磷、总氮、叶绿素、高锰酸盐指数、透明度指标计算的白荡湖营养状态指数分别为42.51、55.53、50.00、47.95、77.40，均值为54.68，表明白荡湖均处于轻度富营养状态。水体富营养化会使水的透明度降低，阳光难以穿透水层，从而影响水中植物的光合作用，还可能造成溶解氧的过饱和状态，对水生动物构成危害，造成鱼类死亡。同时，水体富营养化的水体表面会生长着以蓝藻、绿藻为优势种的大量水藻，底层堆积的有机物质在厌氧条件下分解产生的有害气体和一些浮游生物产生的生物毒素也会伤害鱼类。

3.1.3 生物方面

生物方面的主要问题有两类：一是浮游植物密度高，浮游植物是湖泊生态系统的主要贡献者，在湖泊生态系统中占有重要地位。本次调查监测结果显示，白荡湖浮游植物密度较高，处于很不健康状态。二是鱼类种数降低，消失的鱼类包括银鱼、赤眼鳟、暗纹东方鲀、长吻𬶮、鲥鱼、胭脂鱼、鲟鱼等。鱼类保有指数指标反映了河流生态系统中高级物种受损失状况，一定程度上反映出湖区生物多样性降低。

3.2 对策分析

根据健康评价和白荡湖主要存在问题的分析结果，在此对白荡湖的健康发展提出以下几点建议：

（1）开展环湖涵闸科学调度，实施江湖连通工程。

完善白荡湖环湖闸站多目标调度管理办法，增加环湖周边闸坝在全年内开闸时段及开启程度，在无防汛压力的情况下，利用自然水循环，提高内湖与长江的沟通能力。必要时可借助各种引提工程措施，增加湖泊水动力，使湖泊保持活力，从根本上扭转江湖阻隔对湖泊生态环境带来的不利影响。

（2）推进河湖"清四乱"常态化、规范化。

在前期集中开展白荡湖"清四乱"专项行动的基础上，做好巩固提升工作，推进河湖"清四乱"常态化、规范化，加大对乱占乱用河湖岸线违法违规行为的查处力度。

（3）推进白荡湖流域水环境生态修复治理。

落实《铜陵市"十四五"水生态环境保护规划》，开展白荡湖流域水环境生态修复治理项目，全面开展沿湖范围内农业养殖整治，对各类入湖口规范监督管理，严防超标水体入湖，同时对沿湖范围农村生活污水收集处理。对白荡湖入湖滨岸建设生态缓冲带，通过植物净化有效地降低农村面源污染对水质的影响，同时在入湖支流种植 2 种以上水生生物，构建多层次的生态格局，提高生物多样性指数等。

（4）加强河湖水生生物资源保护。

完善增殖放流管理机制，科学开展白荡湖增殖放流，加强放流效果跟踪评估。加快恢复水生生物种群适宜规模，针对沿湖局部水生生境脆弱、土著水生植被消失等问题，开展水生植被恢复与重建工程建设，增加水生生物多样性。

4 结语

本文构建白荡湖健康评估指标体系，针对水资源、物理、化学、生物和社会服务功能五个方面进行健康评估。赋分结果显示，白荡湖整体处于健康状态，在物理和生物状况方面的赋分为亚健康状态。为了维护白荡湖的健康发展，提出开展环湖涵闸科学调度，推进河湖"清四乱"常态化、规范化，推进白荡湖流域水环境生态修复治理，加强河湖水生生物资源保护等建议。

参考文献

[1] 柴朝晖，姚仕明，刘同宦，等．人工通江湖泊非汛期生态调度方案研究［J］．长江科学院院报，2020，37（6）：28-33.

[2] 胡金，万云，洪涛，等．基于河流物理化学和生物指数的沙颍河流域水生态健康评价［J］．应用与环境生物学报，2015，21（5）：783-790.

[3] Bozzetti M, Schulz U H. An index of biotic integrity based on fish assemblages for subtropical streams in southern Brazil［J］. Hydrobiologia, 2004, 529: 133-144.

[4] 周启刚，彭春花，刘栩位，等．基于 VOR 模型的三峡库区消落带 2010—2020 年生态系统健康评价［J］．水土保持研究，2022，29（5）：310-318.

[5] 李凤清，蔡庆华，唐涛，等．基于河流环境与生物复合指标评价辽北地区河流生态系统健康［J］．应用与环境生物学报，2010，16（1）：38-45.

[6] 章欣仪，刘伟成，张川，等．水域生态系统健康评价研究进展［J］．浙江农业科学，2022，63（9）：238-243.

[7] 张泽中，和春华，苏之鸿，等．改进突变模型在河流健康评价中的应用［J］．人民黄河，2022，44（6）：94-99.

[8] 黄凯，姚垚，王晓宁，等．基于鱼类完整性指数的滦河流域生态系统健康评价［J］．环境科学研究，2018，31

(5): 901-910.

[9] 廖静秋，曹晓峰，汪杰，等. 基于化学与生物复合指标的流域水生态系统健康评价——以滇池为例 [J]. 环境科学学报，2014，34 (7): 1845-1852.

[10] Heino J，Muotka T，Mykra H，et al. Defining macroinvertebrate assemblage types of headwater streams: implications for bioassessment and conservation [J]. Ecological Applications，2003，13 (3): 842-852.

[11] 中华人民共和国水利部. 河湖健康评估技术导则：SL/T 793—2020 [S]. 北京：中国水利水电出版社，2020.

[12] 吴俊燕，赵永晶，王洪铸，等. 基于底栖动物生物完整性的武汉市湖泊生态系统健康评价 [J]. 水生态学杂志，2021，42 (5): 52-61.

淄博市地下水质量评价

商颖欣　赵兴龙　曾　丹

（淄博市水文中心，山东淄博　255000）

摘　要：本文采用2016—2020年255眼监测井水质资料，对淄博市地下水质量进行了全面评价。针对地下水化学特征，对地下水化学类型、矿化度、总硬度、酸碱度进行了分析，淄博市地下水化学类型以4区为主，矿化度（M）以0.5 g/L $<M\leq$1 g/L为主，总硬度（N）主要为300 mg/L $<N\leq$450 mg/L，pH值为6.5≤pH≤8.5。评价了地下水质现状，水质类别以Ⅲ类水为主，主要指标变化趋势基本呈稳定状态。对重要地下水引用水源地做了质量评价，水质均达到Ⅲ类标准，全部达标。

关键词：淄博市；地下水质量；评价

1　概况

淄博市位于山东省中部，南依泰沂山麓，北濒黄河，西邻济南，东接潍坊，市域形态南北狭长，东西宽87 km，南北长151 km，总面积5 965 km^2。辖张店、淄川、临淄、博山、周村五区和桓台、高青、沂源三县以及高新技术产业开发区和文昌湖省级旅游度假区。

本次地下水质质量评价范围为各地下水类型区、各水文地质单元；评价主要对象为浅层地下水和地下水饮用水源地水质。为全面反映地下水质变化情况，收集2016—2020年255眼监测井水质资料，保证了地下水评价井点的代表性，全市井点密度23 km^2/井，各区县井点密度为10~37 km^2/井。

2　地下水水化学特征

2.1　地下水水化学类型

选用K^++Na^+、Ca^{2+}、Mg^{2+}、HCO_3^-、SO_4^{2-}、Cl^-等项目，采用舒卡列夫分类法，确定地下水化学类型。根据地下水中6种主要离子（Na^+、Ca^{2+}、Mg^{2+}、HCO_3^-、SO_4^{2-}、Cl^-，K^+合并于Na^+）分析结果，将6种主要离子中物质的量含量大于25%的阴离子和阳离子进行组合，可组合出49型水，并将每型用一个阿拉伯数字作为代号，见表1。

表1　舒卡列夫分类

超过25%物质的量的离子	HCO_3^-	$HCO_3^-+SO_4^{2-}$	$HCO_3^-+SO_4^{2-}+Cl^-$	$HCO_3^-+Cl^-$	SO_4^{2-}	$SO_4^{2-}+Cl^-$	Cl^-
Ca^{2+}	1	8	15	22	29	36	43
$Ca^{2+}+Mg^{2+}$	2	9	16	23	30	37	44
Mg^{2+}	3	10	17	24	31	38	45
Na^++Ca^{2+}	4	11	18	25	32	39	46
$Na^++Ca^{2+}+Mg^{2+}$	5	12	19	26	33	40	47
Na^++Mg^{2+}	6	13	20	27	34	41	48
Na^+	7	14	21	28	35	42	49

作者简介：商颖欣（1987—），女，工程师，主要从事水环境监测与评价工作。

将49型水归并为12个区，见表2。

表2　水化学类型分区

分区	类型	分区	类型
1区	1~3型	7区	29~31型、36~38型
2区	4~6型	8区	32~34型、39~41型
3区	7型	9区	35型、42型
4区	8~10型、15~17型、22~24型	10区	43~45型
5区	11~13型、18~20型、25~27型	11区	46~48型
6区	14型、21型、28型	12区	49型

根据各监测井点水化学类型，绘制淄博市地下水化学类型分布（见图1），按行政分区进行地下水化学类型分布情况统计，见表3。全市地下水类型以4区为主，面积3 073 km^2，占评价面积的51.5%，在中部和南部区县广泛分布；其次是1区，面积为1 494 km^2，占评价面积的25.0%，主要分布在沂源县和临淄区北部；5区面积1 074 km^2，占评价面积的18.0%，主要分布在高青县和桓台县；8区面积166 km^2，占评价面积的2.8%，主要分布在高青县木李、花沟、常家和高城镇一带；7区面积70 km^2，占评价面积的1.2%，主要分布在张店区南定、马尚镇和高新区四宝山街办西南部；2区面积54 km^2，占评价面积的0.9%，主要分布在高青县黄河沿岸；6区面积34 km^2，占评价面积的0.6%，主要零星分布在高青县常家镇东部、唐坊镇东部以及淄川区洪山和寨里镇一带。

表3　淄博市地下水化学类型分布情况统计

评价面积/km^2	1区		2区		4区		5区		6区		7区		8区	
	面积/km^2	占评价面积/%	面积/km^2	占评价面积/%	面积/km^2	占评价面积/%	面积/km^2	占评价面积/%	面积/km^2	占评价面积/%	面积/km^2	占评价面积/%	面积/km^2	占评价面积/%
5 965	1 494	25.0	54	0.9	3 073	51.5	1 074	18.0	34	0.6	70	1.2	166	2.8

2.2　地下水矿化度

根据各监测井矿化度监测资料，按矿化度 $M \leqslant 0.3$ g/L、0.3 g/L$<M\leqslant$0.5 g/L、0.5 g/L$<M\leqslant$1 g/L、1 g/L$<M\leqslant$2 g/L、2 g/L$<M\leqslant$3 g/L、3 g/L$<M\leqslant$5 g/L和$M>$5 g/L，绘制淄博市地下水矿化度分布图（见图2）。按行政分区进行面积分布情况统计，见表4。全市地下水矿化度以0.5 g/L$<M\leqslant$1 g/L为主，占评价总面积的60.2%，主要分布在临淄、淄川、博山、周村、文昌湖和沂源等区县；其次为1 g/L$<M\leqslant$2 g/L，占评价面积的25.8%，主要分布在张店、高新区、高青和桓台等区县；矿化度0.3 g/L$<M\leqslant$0.5 g/L的占评价面积的9.0%，分散在临淄齐都、淄川岭子、博山域城、池上和沂源南鲁山镇等地；矿化度2 g/L$<M\leqslant$3 g/L的占评价面积的4.8%，主要分布在桓台县东北部和高青县；矿化度3 g/L$<M\leqslant$5 g/L的占评价面积的0.2%，零星分布在高青县唐坊程家、田镇李兴耀、木李一带。

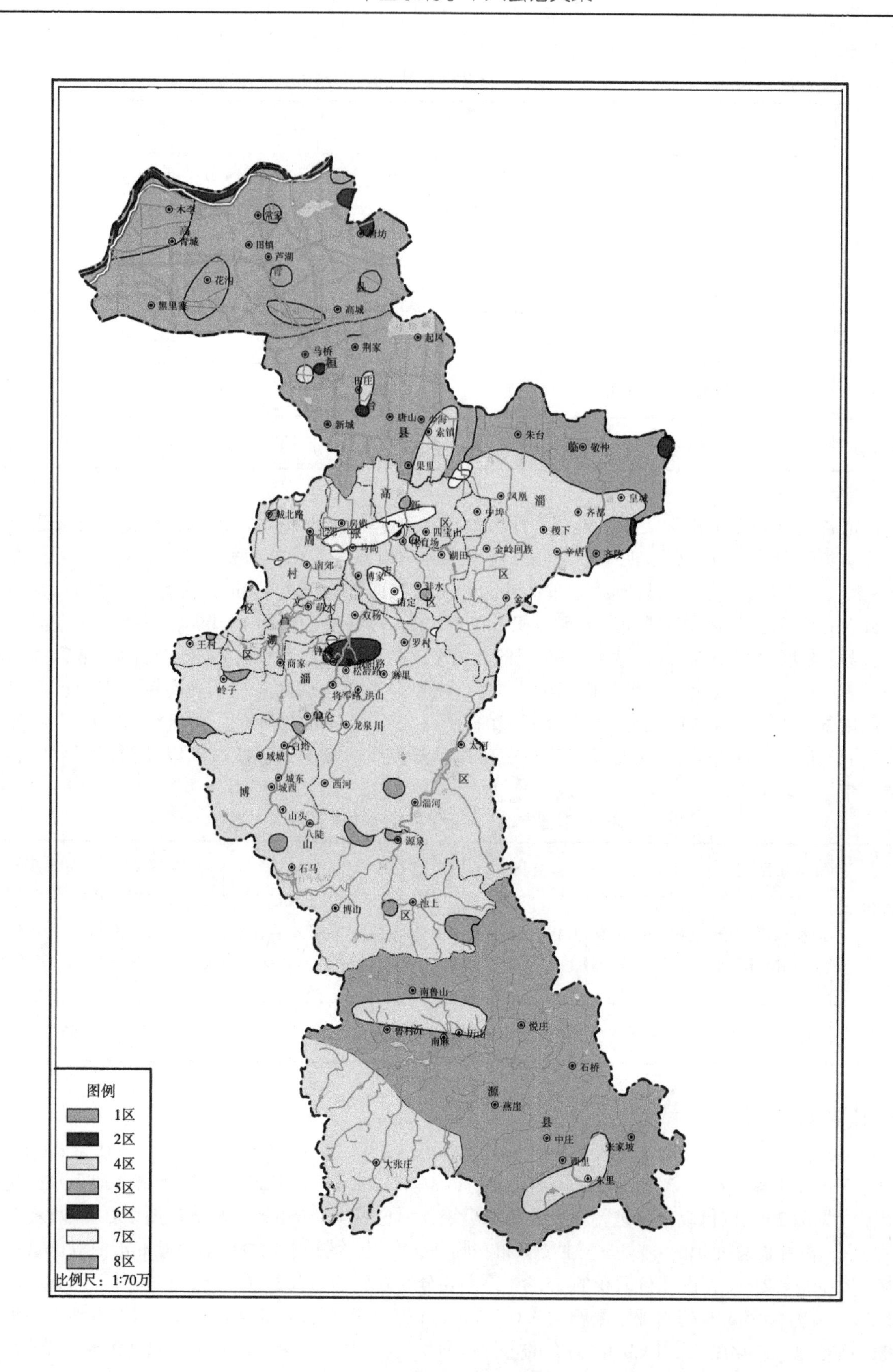

图 1　淄博市地下水化学类型分布

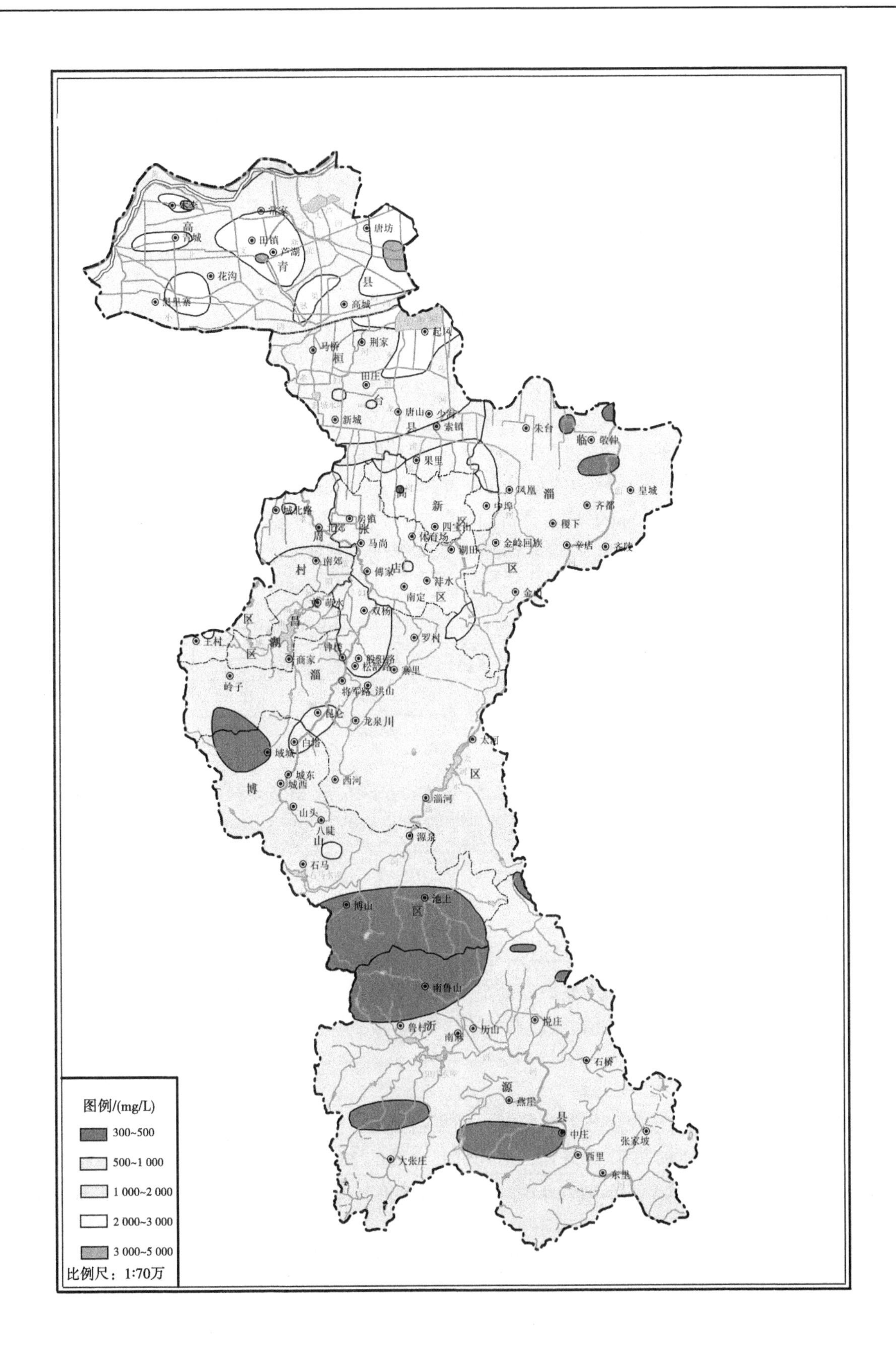

图 2　淄博市地下水矿化度分布

表 4　淄博市地下水矿化度分布面积统计

评价面积/km^2	矿化度 M/（g/L）									
	$0.3<M\leq0.5$		$0.5<M\leq1$		$1<M\leq2$		$2<M\leq3$		$3<M\leq5$	
	面积/km^2	占评价面积/%	面积/km^2	占评价面积/%	面积/km^2	占评价面积/%	面积/km^2	占评价面积/%	面积/km^2	占评价面积/%
5 965	536	9.0	3 592	60.2	1 539	25.8	284	4.8	14	0.2

2.3　地下水总硬度

根据各监测点总硬度监测资料，按总硬度 $N\leq150$ mg/L、150 mg/L$<N\leq300$ mg/L、300 mg/L$<N\leq450$ mg/L、450 mg/L$<N\leq650$ mg/L 和 $N>650$ mg/L 绘制淄博市地下水总硬度分布（见图 3）。按行政分区进行地下水总硬度面积分布情况统计，见表 5。从中可见，全市地下水总硬度主要为 300 mg/L$<N\leq450$ mg/L，占评价面积的 58.3%，主要分布在沂源、博山、淄川、临淄和文昌湖等区县；$N>650$ mg/L 的占评价面积的 27.7%，主要分布在张店、高新区、高青和桓台等区县；在 150 mg/L$<N\leq300$ mg/L 的占评价面积的 9.0%，主要分布在淄川岭子、博山区域城、池上、沂源南鲁山和大张庄等地；在 450 mg/L$<N\leq650$ mg/L 的占评价面积的 5.0%，零星散落在各区县。

表 5　淄博市地下水总硬度分布面积统计

评价面积/km^2	总硬度 N/（mg/L）							
	$150<N\leq300$		$300<N\leq450$		$450<N\leq650$		$N>650$	
	面积/km^2	占评价面积/%	面积/km^2	占评价面积/%	面积/km^2	占评价面积%	面积/km^2	占评价面积/%
5 965	540	9.0	3 475	58.3	298	5.0	1 652	27.7

2.4　地下水酸碱性

根据各监测点 pH 值监测资料，按 pH<5.5、5.5≤pH<6.5、6.5≤pH≤8.5、8.5<pH≤9.0 和 pH>9.0 进行分区评价。从中可见，全市地下水 pH 值为 6.5≤pH≤8.5。

3　地下水水质现状

3.1　评价方法

根据《地下水质量标准》（GB/T 14848—2017），采用单项指标法进行单井水质类别评价，单井水质类别按评价指标中最差指标的水质类别确定。参评指标选取 pH 值、总硬度、溶解性总固体、硫酸盐、氯化物、氨氮、挥发酚、耗氧量、氟化物、氰化物、砷、硝酸盐氮、亚硝酸盐氮、六价铬、汞、铅、锰、铁、镉等 19 项。

3.2　评价结果

根据各单井水质类别，按井点数汇总统计，结果见表 6。符合Ⅱ类水的共 12 个井点，占评价井点数的 4.7%；符合Ⅲ类水的共 97 个井点，占评价井点数的 38.0%；符合Ⅳ类水的共 53 个井点，占评价井点数的 20.8%；符合Ⅴ类水的共 93 个井点，占评价井点数的 36.5%。说明Ⅲ类水是全市地下水的主要水质类别。

表 6　淄博市地下水不同水质类别井数统计

评价井点数	水质类别井点数			
	Ⅱ类	Ⅲ类	Ⅳ类	Ⅴ类
255	12	97	53	93

在此基础上，绘制淄博市地下水水质现状分布图（见图 4），按行政分区统计不同水质类别的分布

面积，结果见表7。全市以Ⅲ类水为主，占评价面积的57.9%，主要分布在博山、淄川、临淄、沂源和文昌湖等区县；其次为Ⅴ类和Ⅳ类水，分别占评价面积的29.1%和9.1%，主要分布在张店、高新区、周村、高青和桓台等区县；Ⅱ类水分布面积较小，仅占评价面积的3.9%，主要分布在南部山区。

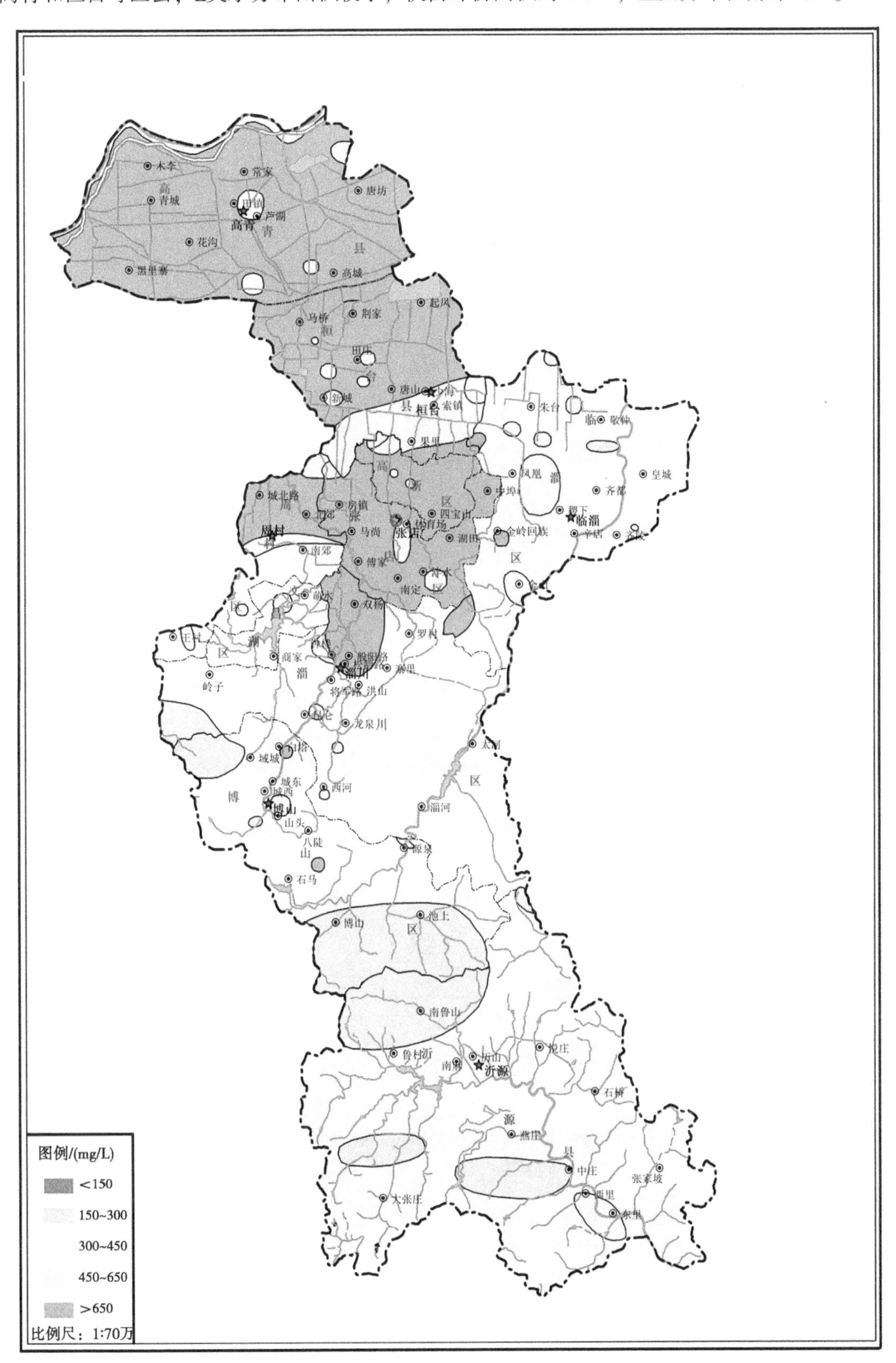

图3 淄博市地下水总硬度分布

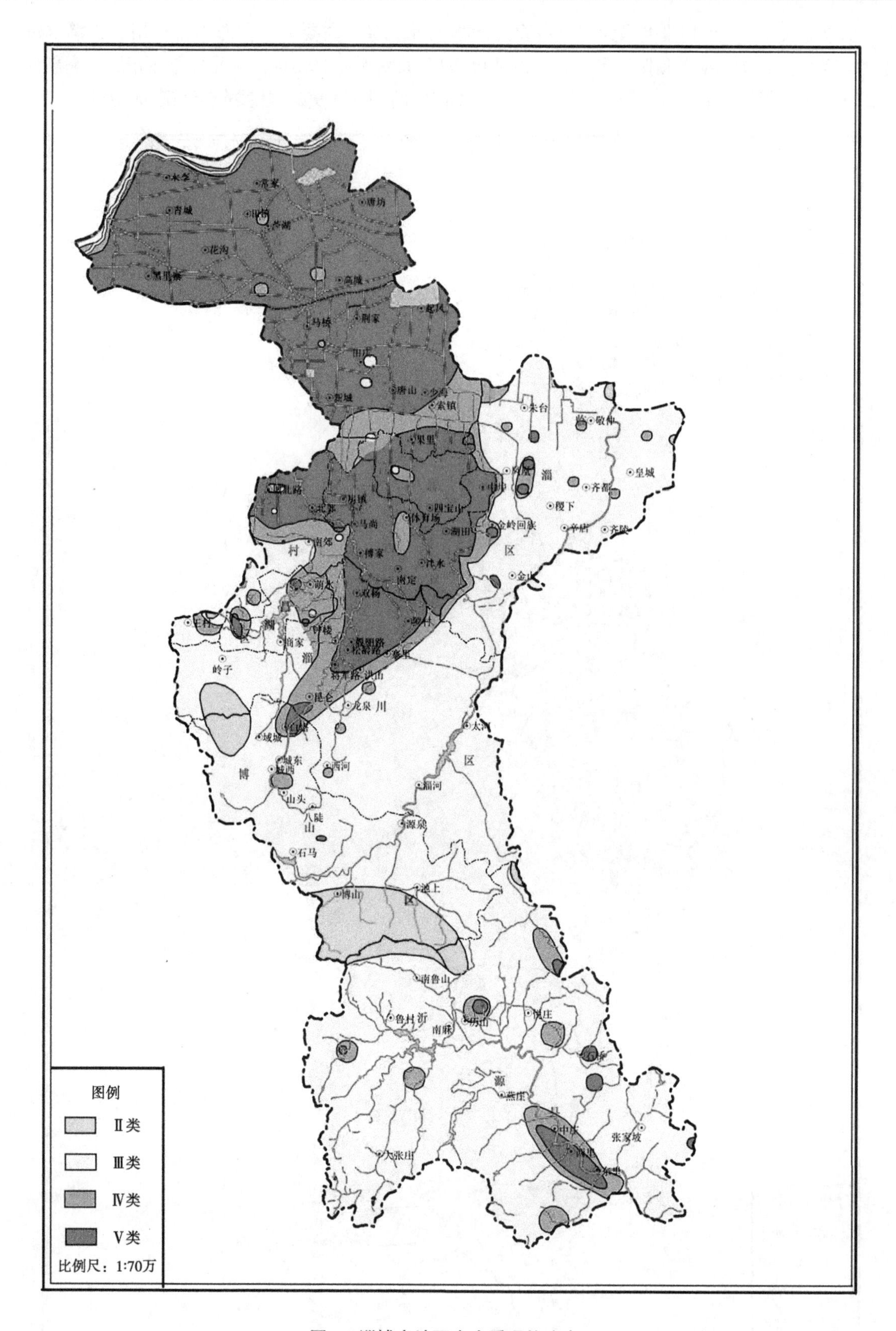

图 4　淄博市地下水水质现状分布

表 7　淄博市地下水不同水质类别面积统计

评价面积/km^2	Ⅱ类		Ⅲ类		Ⅳ类		Ⅴ类	
	面积/km^2	占评价面积/%	面积/km^2	占评价面积/%	面积/km^2	占评价面积/%	面积/km^2	占评价面积/%
5 965	232	3.9	3 451	57.9	546	9.1	1 736	29.1

4　地下水质变化趋势

4.1　评价方法

选取沂源县、淄川区、周村区、张店区、临淄区各 1 眼监测井作为代表井，利用 2000—2016 年水质资料，对总硬度、矿化度、耗氧量、氨氮、硝酸盐氮、氟化物、氯化物和硫酸盐 8 项指标进行变化趋势分析。

采用评价指标监测值的年均变化率进行单井水质变化趋势分析，将评价指标的变化趋势分成水质恶化（RC>5%）、水质稳定（-5%≤RC≤5%）和水质改善（RC<-5%）三类。

根据评价指标在 2000 年（t_1）监测值 C_1、在 2016 年（t_2）监测值 C_2，计算评价指标的年均变化量 ΔC：

$$\Delta C = (C_2 - C_1)/(t_2 - t_1) \tag{1}$$

评价指标监测值的年均变化率 RC 则为

$$RC = \Delta C/C_1 \times 100\% \tag{2}$$

4.2　评价结果

按上述方法，对代表井水质变化趋势进行分析，结果见表 8。从中可见，各代表井点水质主要指标变化趋势基本呈稳定状态，有 2 处井点硝酸盐氮恶化，有 1 处井点耗氧量改善。

表 8　地下水水质变化趋势分析成果

监测井	年均变化率 RC_i/%（变化趋势）							
	总硬度	矿化度	耗氧量	氨氮	硝酸盐氮	氟化物	氯化物	硫酸盐
沂源县代表井	1.36（水质稳定）	0.75（水质稳定）	-5.41（水质改善）	0（水质稳定）	-1.14（水质稳定）	0（水质稳定）	3.46（水质稳定）	4.94（水质稳定）
淄川区代表井	2.29（水质稳定）	0.73（水质稳定）	-2.63（水质稳定）	0（水质稳定）	9.89（水质恶化）	-3.57（水质稳定）	4.25（水质稳定）	2.92（水质稳定）
周村区代表井	-0.26（水质稳定）	0.29（水质稳定）	-3.80（水质稳定）	0（水质稳定）	4.60（水质稳定）	3.30（水质稳定）	2.71（水质稳定）	0.21（水质稳定）
张店区代表井	-0.31（水质稳定）	-1.06（水质稳定）	3.78（水质稳定）	0（水质稳定）	3.08（水质稳定）	-3.97（水质稳定）	0.43（水质稳定）	2.72（水质稳定）
临淄区代表井	-1.28（水质稳定）	4.43（水质稳定）	-0.05（水质稳定）	0（水质稳定）	5.22（水质恶化）	-3.25（水质稳定）	-2.49（水质稳定）	-3.98（水质稳定）

5　地下水饮用水水源地水质

5.1　评价方法

评价对象为列入《全国重要饮用水水源地名录》的 4 处地下水水源地和列入《山东省重要饮用

水水源地名录》的 8 处地下水水源地。评价方法与地下水水质评价方法相同。水质类别评价为Ⅰ~Ⅲ类的水源地评价为水质达标水源地。

5.2 评价结果

经评价，全市 12 处主要地下水饮用水水源地水质均为Ⅲ类标准，参评指标无一指标超过Ⅲ类，水质达标。

6 结论

（1）淄博市地下水化学类型以 4 区为主，占评价面积的 51.5%，在中部和南部区县广泛分布；全市地下水矿化度以 $0.5\ g/L<M\leq1\ g/L$ 为主，占评价面积的 60.2%，主要分布在临淄、淄川、博山、周村、文昌湖和沂源等区县；全市地下水总硬度主要为 $300\ mg/L<N\leq450\ mg/L$，占评价面积的 58.3%，主要分布在沂源、博山、淄川、临淄和文昌湖等区县；全市地下水 pH 值为 $6.5\leq pH\leq8.5$。

（2）淄博市地下水水质类别以Ⅲ类水为主，按监测井点统计占 38.0%，按评价面积统计占 57.9%，主要分布在南部山区和淄河流域。受水文地质条件影响，Ⅴ类水也占有一定比例，主要分布在中北部平原区。2000 年以来，地下水主要指标变化趋势基本呈稳定状态。

（3）主要地下水饮用水源地水质均达到Ⅲ类标准，全部达标。

参考文献

[1] 刘莎．榆林风沙滩区地下水水质评价［J］．地下水，2022，44（4）：46-49.

[2] 申一顺．沈阳张官、杨官地下水水质综合评价［J］．吉林水利，2022（5）：43-46，51.

[3] 朱亮，刘景涛，杨明楠，等．青海省北川河流域地下水水化学特征与水质评价［J］．水土保持通报，2022，42（2）：235-241，249.

[4] 裴钰，焦珣，田涛．陕西省地下水环境质量状况及污染防治对策探析［J］．地下水，2021，43（5）：101-102.

[5] 刘超．锦州市地下水化学类型及水质评价研究［J］．水与水技术，2021（0）：40-44.

[6] 丁厚钢．淄博市周村区地下水质评价分析［J］．地下水，2022，43（6）：71-72，102.

泸州市大桥河江阳段小流域水生态修复设计

黄文达[1,2]　黄　翠[1,2]　曾　劲[1,2]

（1. 中水珠江规划勘测设计有限公司，广东广州　510610；
2. 水利部珠江水利委员会水生态工程中心，广东广州　510611）

摘　要：大桥河位于泸州市城区远郊，集雨区为农村，主要污染源是以农村生活污染、农田径流污染和水产养殖污染为主的农业面源污染。针对该流域污染特征，为实现污染物减量控制，结合区域生态环境条件，基于自然化修复的生态理念，对大桥河江阳段（上游 3.2 km 河段，区间集雨面积 11.41 km^2）小流域开展水生态修复工程设计，主要内容有生态湿地（2 168 m^2）、生态缓冲带（63 000 m^2）、水生植物塘（7 190 m^2）和生态浮岛（1 042 m^2），构筑生态缓冲净化区，有利于削减入河污染物，改善大桥河生态环境。大桥河江阳段小流域水生态修复设计对于类似水体的生态清洁型小流域建设具有参考意义。

关键词：泸州市江阳区；大桥河；水生态修复；生态清洁型小流域

小流域是以分水岭和出口断面为界形成的集水单元（集水面积在 50 km^2 以下）[1]。自 1980 年提出"水土保持小流域治理"，小流域综合治理主要侧重于水土保持工作，涉水措施以小型蓄水用水工程为主[2]。随着社会经济发展，小流域的水环境恶化、水污染、水生态破坏等问题日渐突出，生态清洁型小流域也随之被提出[3]。从小流域水体治污控污和水生态修复着手，建立生态清洁型小流域，改善水生态环境，是我国生态环境建设工作的一大创举[4]。水生态修复是生态清洁型小流域建设的重点内容，与地区生态环境改善和社会经济效益密切相关，治理工作的推动及有效落实，是可持续发展战略进一步深化的重要体现[5-6]。大桥河属长江右岸一级支流，水质介于Ⅲ～Ⅴ类（2020—2021 年），受农业面源污染影响较大。因此，对大桥河的污染现状及特征进行分析，循因施策，实施水生态修复工程，建设大桥河生态清洁型小流域，对长江大保护有重要意义。

1　河流概况

大桥河起源于王河水库，由西向东经分水岭镇、黄舣镇流入合江县，汇入长江，纳支流曹家河、石高滩河、盘水山河，流域面积 67.7 km^2，主河长 21 km。泸州市江阳区内，河长 14.84 km，集水面积 32.54 km^2，河道坡降 5.03‰。

大桥河江阳段小流域水生态修复工程河段为大桥河王河水库以下王河村、清凉寺村和白马村部分河段，涉及河长 3.2 km，区间集雨面积 11.41 km^2。

2　污染源分析

现场调查发现，项目区污染源是以农村生活污染、农田径流污染和水产养殖污染为主的农业面源污染，污染源分布如图 1 所示。

2.1　农村生活污水

项目区农村生活污水主要来自王河村、清凉寺村 2 个行政村。尽管已开展农村生活污水治理工作，但污水有效收集处理率低，化粪池或沼气池出水、洗涤、洗浴和厨房排水以面源污染的形式随降

作者简介：黄文达（1987—），男，工程师，主要从事水生态环境治理和水生态评价研究工作。

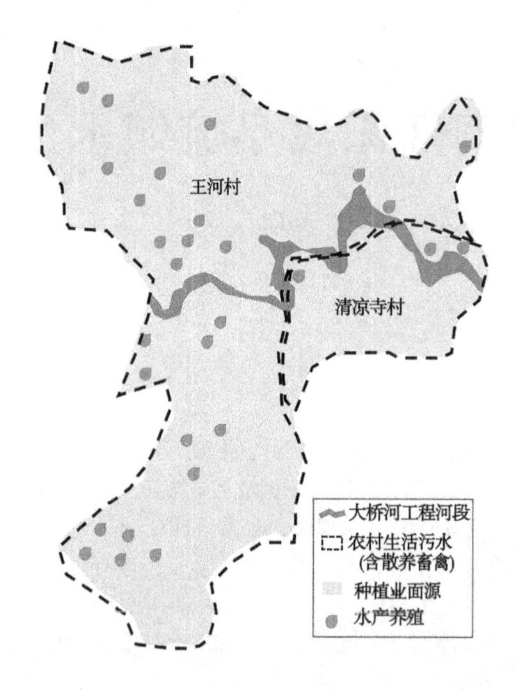

图 1　项目区污染源分布

雨进入河道。项目区农村人口居住相对分散，农村生活污水排放强度相对较低，较难形成连续入河的排污口，会在房前屋后或附近的沟渠蓄积，形成高源强污水，随初期雨水排入河道会导致河道水质在短时间内污染严重，尤其是多日干旱天气后，在坑塘沟渠长时间积累的污染物被冲入河道，若遇降雨历时短，河道水动力不足，高浓度污水将长时间停留于河道内，使河道水质迅速恶化[7]。

2.2　种植业面源污染

项目区内河道两岸多为耕地及经果林，残留的化肥、农药在雨季随雨水排入河道，污染水体。项目区内种植面积约 3 100 亩，主要种植蔬菜和果树，因此源强系数采用农业面源源强系数，参考《全国水环境容量核定指南》《排放源统计调查产排污核算方法和技术手册》，COD_{Cr}、NH_3-N、TP 污染源强分别取 14.9 t/（km^2·a）、0.3 t/（km^2·a）、0.04 t/（km^2·a），入河系数取 0.15。经计算，项目区内种植径流面源污染物 COD_{Cr}、NH_3-N、TP 入河污染负荷量分别为 7.44 t/a、0.15 t/a、0.02 t/a（见表 1）。

表 1　大桥河江阳段种植面源污染负荷计算参数及结果

工程服务范围内种植面积/亩	污染源强［t/（km^2·a）］			产生污染负荷量/（t/a）			入河污染负荷量/（t/a）		
	COD_{Cr}	NH_3-N	TP	COD_{Cr}	NH_3-N	TP	COD_{Cr}	NH_3-N	TP
4 993.97	14.9	0.3	0.04	49.61	1.00	0.13	7.44	0.15	0.02

2.3　水产养殖

项目区汇水范围内有多个鱼塘，均为农户散养，未涉及规模化养殖。项目区内鱼塘换水频率较低，鱼塘水体水质较差。水产养殖废水主要通过雨天溢流和干塘排入河道，具有规模不稳定、排放时间随机性、水质浓度不确定性等特征，难以收集处理。此外，河道内有水产养殖历史，目前处于逐步清退状态，但长久以来投饵养鱼积累的营养物质已形成内源污染。

项目区内鱼塘约 120 亩，溢流水污染物浓度参考当地鱼塘水体的实测浓度，在不考虑其他污染物汇入的情况下，计算方法为：污染负荷入河量= 多年平均降雨量×鱼塘面积×污染物浓度×入河系数。其中，COD_{Cr}、NH_3-N、TP 排放浓度分别按 38 mg/L、0.17 mg/L、0.27 mg/L 进行估算。鱼塘溢流水量采用多年平均降雨量 1 157 mm 计算，入河系数取 0.15。经计算，项目区内水产养殖污染物 COD_{Cr}、

NH_3-N、TP 入河污染负荷量分别为 0.505 t/a、0.002 t/a、0.004 t/a（见表 2）。

表 2　大桥河江阳段鱼塘水溢流污染负荷计算参数及结果

工程服务范围内鱼塘面积/亩	多年平均降雨量/mm	污染物浓度/（mg/L）			产生污染负荷量/（t/a）			入河污染负荷量/（t/a）		
		COD_{Cr}	NH_3-N	TP	COD_{Cr}	NH_3-N	TP	COD_{Cr}	NH_3-N	TP
114.78	1 157	38	0.17	0.27	3.37	0.015	0.024	0.505	0.002	0.004

3　水生态修复工程设计采用

针对工程河段污染来源，结合区域水文、地质、生态条件，开展水生态修复工程，设计采用以植物主导的 4 项生态修复技术：生态湿地、生态缓冲带、水生植物塘、生态浮岛，工程总体布置见图 2。工程以控制工程河段沿岸农业面源污染，削减入河污染物为主要任务。

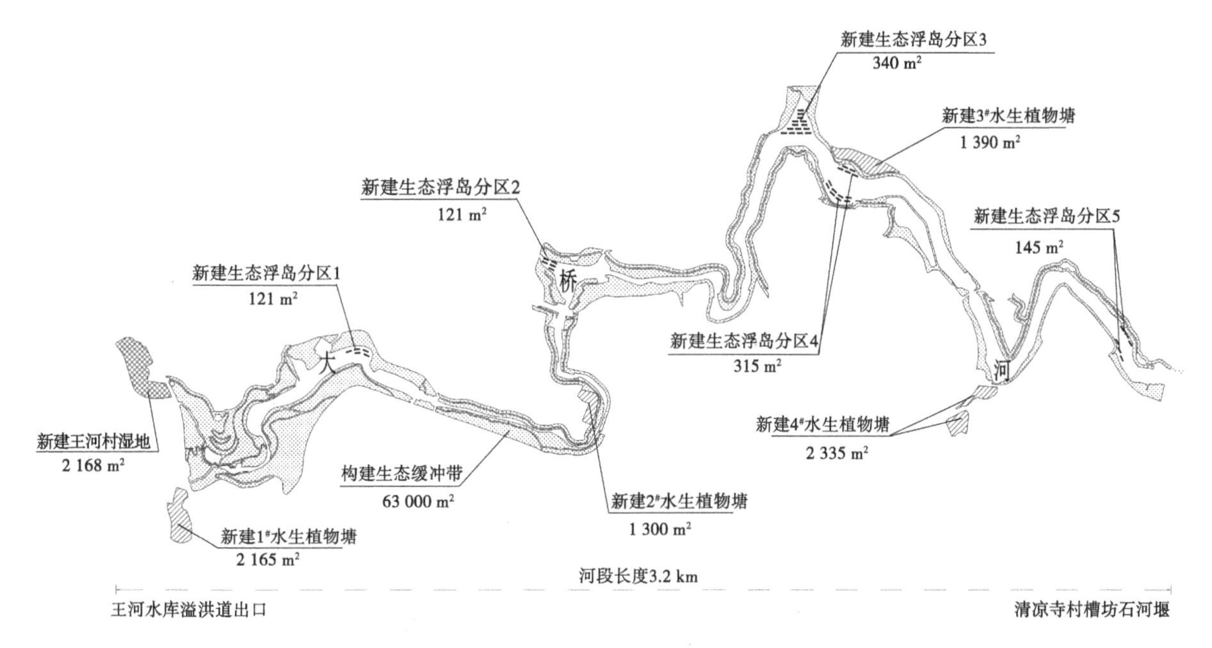

图 2　大桥河江阳段小流域水生态修复工程总体布置

3.1　生态湿地设计

3.1.1　技术流程

工程河段上游王河水库大坝北侧的居民点相对集中，农村生活污染显著，设计生活污水经管道收集进行预处理，随后经生态湿地系统的物理、化学和生物等净化过程，水中的各种污染物都得到降解[8]，出水排入大桥河。

3.1.2　工程布置

在王河村水库坝下现状鱼塘位置修建生态湿地，根据现状地形条件进行布置（见图 2），分 3 级湿地处理（一级垂直潜流人工湿地+二级水平潜流人工湿地+三级水平潜流人工湿地，648 m^2），末端为第四级采用表流湿地（1 520 m^2）。

3.1.3　工程规模

据调查，王河村约有居民 60 户，按 1 户 4 人计算，共计约 240 人。参照《村镇供水工程技术规范》（SL 310—2019），结合村落居住环境特征，人均用水量取 100 L/d，污水排放系数取 0.85，地下水渗入系数取 10%，经计算，污水排放量取值 24 m^3/d。

3.1.4　主要设计参数

工程河段上游王河水库大坝北侧未建生活污水收集管道，现状缺乏水质监测条件。因此，参考国内部分污水处理厂进水水质[9]和泸州镇村生活污水水质范围[10]，项目区生活污水浓度（人工湿地进水浓度）设为 COD_{Cr} 200 mg/L，NH_3-N 20 mg/L，TP 3 mg/L。参照《人工湿地水质净化技术指南》设定和计算湿地设计参数（见表 3），生态湿地的 COD_{cr}、NH_3-N、TP 削减量可达 1 669 kg/a、158 kg/a、25 kg/a。

表 3　王河村生态湿地设计参数

参数		第一级湿地至第三级湿地	第四级湿地
流量/（m^3/d）		24	24
面积/m^2		648	1 520
BOD_5 负荷/［kg/（hm^2·d）］		40	2
表面水力负荷/［m^3/（m^2·d）］		<0.1	<0.1
设计水深/m		1.2	0.5
进水浓度	NH_3-N/（mg/L）	20	3
	COD_{Cr}/（mg/L）	200	21
	TP/（mg/L）	3	0.225
出水浓度	NH_3-N/（mg/L）	3	1.95
	COD_{Cr}/（mg/L）	21	9.45
	TP/（mg/L）	0.225	0.112 5

3.2　生态缓冲带设计

种植面源污染具有分散性、随机性、广泛性和难以监测性等特征[11]，工程河段两岸大片园地、耕地、农田及经果林退水沿着岸坡快速流入河道，为项目区农业面源的控制造成一定难度。为此，在工程河段两岸因地制宜构建沿河生态缓冲带，降低径流速度，增强河岸带对两岸种植面源污染的拦截作用，削减入河污染[12]。

基于植物修复设计优先选择土著植物，避免外来入侵物种的原则，本次参照泸州市常见园林植物品种，选择搭配种植 17 种乔木、3 种灌木、5 种观赏草、7 种地被植物、5 种挺水植物（见表 4），构建生态缓冲带植物群落。生态缓冲带布置于王河村王河水库溢洪道出口至清凉寺村槽坊石河堰 3.2 km 河段（见图 2），水陆植被修复总面积约 63 000 m^2。

表 4　大桥河江阳段生态缓冲带植物群落构建

序号	植物名称	单位	数量	序号	植物名称	单位	数量
一	乔木			3	小叶女贞	株	57
1	银杏	株	103	三	观赏草		
2	乌桕	株	181	1	细叶芒	m^2	1 957
3	蓝花楹	株	158	2	粉黛乱子草	m^2	5 613
4	美丽异木棉	株	20	3	紫穗狼尾草	m^2	3 976
5	朴树	株	51	4	紫叶狼尾草	m^2	505
6	柳树	株	19	5	血草	m^2	493

续表 4

序号	植物名称	单位	数量	序号	植物名称	单位	数量
7	水杉	株	630	四	地被植物		
8	苹婆	株	47	1	巴西野牡丹	m^2	2 295
9	枫杨	株	85	2	毛杜鹃	m^2	2 483
10	香樟	株	102	3	银边麦冬	m^2	266
11	丹桂	株	85	4	大花萱草	m^2	419
12	樱花	株	801	5	红花酢浆草	m^2	24
13	碧桃	株	560	6	台湾二号草皮	m^2	26 764
14	丛生紫荆	株	6	7	油菜花籽	m^2	5 230
15	紫薇	株	25	五	水生植物		
16	木芙蓉	株	71	1	黄菖蒲	m^2	3 282
17	鸡爪槭	株	136	2	香蒲	m^2	2 605
二	灌木			3	再力花	m^2	2 648
1	四川丁香	株	97	4	风车草	m^2	4 436
2	杜鹃球	株	153	5	灯芯草	m^2	4 476

3.3 水生植物塘设计

工程河段两岸现状分布有多个伴河鱼塘、水塘等小水体。根据大桥河江阳段场地条件、集雨范围及汇流情况分析，筛选出 4 个集雨面积较大的临河鱼塘，将其生态化改造为水生植物塘（1#鱼塘：2 165 m^2，2#鱼塘：1 300 m^2，3#鱼塘：1 390 m^2，4#鱼塘：2 335 m^2，布置见图 2），利用水生植物吸收转化作用，削减农田径流中的氮磷等污染物，并改善鱼塘水质[13]。

水生植物塘坡比基本维持水塘现状坡比，且不大于 1∶1.5，平均水深为 1.5 m（≤2 m），沉水植物布置于 0.6~2 m 水深范围，挺水植物布置于 0~0.6 m 水深，浮叶植物布置于 0.5~2 m 水深。

大桥河江阳段水生植物塘选择 8 种水生植物搭配种植：苦草、睡莲、黄菖蒲、香蒲、再力花、风车草、灯芯草、芦竹。水生植物塘总面积为 7 190 m^2，预留水面 20%，水生植物种植的总面积为 5 680 m^2（沉水植物布置 3 400 m^2；挺水植物布置 2 280 m^2，各挺水植物品种种植面积比例相同；浮叶植物穿插种植 2 840 m^2）（见表 5）。

表 5　水生植物塘种植水生植物品种及数量

序号	植物名称	种植面积/m^2
1	苦草	3 400
2	睡莲	2 840
3	黄菖蒲	380
4	香蒲	380
5	再力花	380
6	风车草	380
7	灯芯草	380
8	芦竹	380

3.4 生态浮岛设计

生态浮岛对水质净化最主要的功效是利用植物的根系吸收水中的富营养化物质，如TP和NH_3-N等，使得水体的营养得到转移，减轻水体由于封闭或自循环不足带来的水体腥臭、富营养化现象[14]。

工程河段内建有多个石河堰，改变了河道水文条件，引起部分河段水体流速下降、自净能力减弱，加之河道壅水投饵养鱼，营养盐累积，继而导致水华现象时有发生。因此，通过在河道布设生态浮岛，增强河道的水质净化能力，有利于削减水中污染物。于大桥河工程河段分5个区域共布置生态浮岛43个（规格均为10.54 m×2.3 m，每个生态浮岛含180个生态浮岛单体，生态浮岛单体由330 mm×330 mm×160 mm PVC方形浮盘和De160 PE管加固框架构成）（见表6），总面积1 042 m^2（见图2）。生态浮岛中种植黄菖蒲3 870株（1株/个方形浮岛盘）和风车草3 870丛（3~4芽/丛，1丛/个方形浮岛盘）。

表6 大桥河江阳段生态浮岛设计参数

分区	设计水位/m	10%洪水位/m	河床底高程/m	浮岛数量/个	浮岛面积/m^2
1	315.15	316.41	312.27	5	121
2	294.40	295.80	293.20	5	121
3	286.13	287.08	284.42	14	340
4	286.13	287.08	284.07	13	315
5	284.36	285.26	282.51	6	145

4 结论

针对泸州市大桥河江阳段以农村生活污染、农田径流污染和水产养殖污染为主的农业面源污染，本工程基于近自然化修复的生态理念，通过设计采用以植物主导的4项生态修复技术：生态湿地（2 168 m^2）、生态缓冲带（63 000 m^2）、水生植物塘（7 190 m^2）、生态浮岛（1 042 m^2），在岸上、岸坡和河道构筑生态缓冲净化区，工程建成和投入使用后，将增强区域内污染处理能力，有利于削减入河污染物，改善大桥河生态环境。本项目的实施可为其他类似的小流域水生态修复提供借鉴和参考。

参考文献

[1] 张鸣．浅析生态清洁小流域建设现状与展望［J］．建筑工程技术与设计，2018（22）：4640.
[2] 李仁辉，潘秀清，金家双．国内外小流域治理研究现状［J］．水土保持应用技术，2010（3）：32-34.
[3] 祁生林，韩富贵，杨军，等．北京市生态清洁小流域建设理论与技术措施研究［J］．中国水土保持，2010（3）：18-20.
[4] 余新晓．小流域综合治理的几个理论问题探讨［J］．中国水土保持科学，2012，10（4）：22-29.
[5] 张洪江，张长印，赵永军，等．我国小流域综合治理面临的问题与对策［J］．中国水土保持科学，2016，14（1）：131-137.
[6] 毕小刚，杨进怀，李永贵，等．北京市建设生态清洁型小流域的思路与实践［J］．中国水土保持，2005（1）：22-24，55.
[7] 孙步旭，张毅．城市内河水质污染成因浅析［J］．黑龙江环境通报，2019，43（2）：62-64.
[8] 刘强，李亚峰，程琳．人工湿地对污染物的净化功能及存在问题［J］．辽宁化工，2008（4）：255-257.
[9] 郭泓利，李鑫玮，任钦毅，等．全国典型城市污水处理厂进水水质特征分析［J］．给水排水，2018，54（6）：12-15.

［10］白恒，马腾飞，彭川，等．新时代下镇村污水处理站的发展及挑战——以泸州市镇村污水处理站建设为例［J］．环境保护与循环经济，2020，40（11）：76-81.
［11］崔键，马友华，赵艳萍，等．农业面源污染的特性及防治对策［J］．中国农学通报，2006（1）：335-340.
［12］汤家喜，孙丽娜，孙铁珩，等．河岸缓冲带对氮磷的截留转化及其生态恢复研究进展［J］．生态环境学报，2012，21（8）：1514-1520.
［13］高吉喜，叶春，杜娟，等．水生植物对面源污水净化效率研究［J］．中国环境科学，1997（3）：56-60.
［14］吕家展，张顺涛，李葱碧，等．生态浮岛种植水生植物水质改善效果评价［J］．环境科学与技术，2017，40（S1）：191-195.

受潮汐影响的滨海区内河水体水质提升方案探讨
——以海口市新埠岛外沙河水质提升工程为例

黄 翠 黄文达 游锦敏

（中水珠江规划勘测设计有限公司，广东广州 510610）

摘 要：为提升海口市新埠岛外沙河水质，重点以河道排污口、纳污范围的管网为研究对象，调查了现状管网系统的运行工况，剖析了现状河、网一体存在的问题。通过对雨污水管网进行排查，摸清了现状排水系统的运行水位、上下游关系、功能性缺陷等问题。根据污水管网超高水位运行和滨海潮汐影响的现状，本文提出了几种方案措施：推行严格雨污分流，合流片区通过泵站将污水接入市政污水系统，对排污的雨水口进行溯源排查整改，加强管道的定期检测和维护等。具体方案可供地势较低的滨海城市相关内河水质提升和污水管网改造工程参考。

关键词：滨海区；潮汐影响；污水管网；超高水位运行；水质提升

1 项目概况

1.1 项目背景

2015 年 4 月，国务院印发《水污染防治行动计划》，要求到 2020 年，地级及以上城市建成区黑臭水体控制在 10%以内；到 2030 年，城市建成区黑臭水体总体得到消除。为了实现《水污染防治行动计划》考核目标，海口市启动了辖区内水体水环境治理工程，新埠岛外沙河是治理水体之一，水质目标分两步走：①2016 年 11 月 30 日前，水体基本消除黑臭；②2018 年 11 月 30 日前，水体指标达到或优于《地表水环境质量标准》（GB 3838—2002）Ⅴ类标准。

根据《海口市新埠岛片区控制性详细规划》，新埠岛产业定位主要为旅游业、房地产业、文化体育和娱乐业等。新埠岛发展目标：打造成海口市旅游休闲的窗口，构建成与海口西海岸和东海岸旅游相竞合的旅游地，塑造成海口市作为海南旅游路线起始基地地位的重要一级。

1.2 现状概况

1.2.1 水文、地质及气象

外沙河发源于新埠岛南端，上游连接南渡江，下游汇入横沟河，流经东坡、中坡、上村等 7 个村庄，最后汇入横沟河，是新埠岛重要的排涝河流，长度为 2.85 km 左右，多年平均流量 0.06 m^3/s，集水面积为 2.14 km^2，是季节性河流和感潮段河道，径流主要受降雨和潮汐涨落影响。根据海口站 1974—2015 年潮位资料统计，多年平均潮位 0.73 m（1985 国家高程基准，下同），多年平均最高潮位为 2.14 m，多年平均最低潮位为-0.68 m，实测最高潮位为 3.45 m（2014 年 9 月 16 日），实测最低潮位为-0.88 m（1984 年 1 月 19 日）。

工程区地处南渡江出海口段，地貌上属河口三角洲冲洪积平原地貌单元。区内地势总体较平坦，地面高程一般在 3~10 m；地势由南向北、由西向东略微倾斜。工程区位于琼北新生代断陷盆地内，工程区地震动峰值加速度为 0.30g，相应地震基本烈度为Ⅷ度，区域构造稳定性较差。海口市暴雨天气系统主要是热带风暴和台风为主的热带气旋天气系统，暴雨范围广、雨量大，暴雨历时 1~3 d，暴

作者简介：黄翠（1986—），女，高级工程师，主要从事生态水环境治理和给排水研究工作。

雨主要发生在4—11月。

1.2.2 水体水质

工程未启动前，外沙河上游河段水质最差，发黑变臭的原因主要在于各类污染源直接排入河道，超过河道纳污能力。通过现场查勘，河道主要污染源包括旱季生活污水、合流制溢流和内源污染。外沙河各水质指标中，阴离子表面活性剂、总氮、总磷超过地表水V类标准，水体总体为劣V类水。

1.2.3 排水系统概况

海口市中心组团（118.37 km^2）海甸溪以南片区的污水通过海甸污水泵站（41万t/d）泵入海甸岛，新埠岛污水通过新埠岛泵站（5万t/d）泵入海甸岛，污水继而排入白沙门污水处理厂（50万m^3/d）处理。由于整个排水收集范围雨污分流不彻底，河道截流工程多，河水倒灌进入污水管道的现象普遍存在，海甸岛污水系统承接了两个泵站的大规模来水，污水管道长期呈现高水位、污水浓度不高的状态。目前，新埠岛泵站虽然有能力正常运行，但受制于海甸岛的污水管网高水位，大部分时间只能低负荷运行，整个污水管网水位往往较高。

1.2.4 新埠岛污水工程现状

新埠岛大多数地块在新埠岛开发建设总公司开发时同步建立了雨、污水管，新建区域均为雨污分流区，主要分布在外沙河的中游左右岸和下游左岸；老旧城中村为雨污合流区，污水经合流管汇集后直接排入外沙河。

2 排水系统存在问题及原因分析

2.1 污水管网超高水位运行

项目组在高潮位（潮位约2.0 m）状态下观测到污水主管（DN300~DN600）水位离地面只有1.1~1.3 m（井底标高-1~-2.72 m，地面高程3.1 m左右），污水管内水位高程约1.8 m，而外沙河沿河排口的管内底高程在-0.25~1.66 m，若按照海口的常规做法采用“沿河大截流+拍门”的方式将污水自流接入市政污水管，后果是水往低处走，市政污水管收集的污水往往从截流井的雨水通道排口泄入河道，出现更严重的河道排污问题。由于外沙河沿河并未开展截污工程，河水倒灌入污水系统的可能性可排除。经调研，新埠岛泵站虽然有能力正常运行，但常常受制于海甸岛的污水管网高水位，新埠岛泵站只能低负荷运行，故整个新埠岛的污水管水位偏高。

2.2 合流区域污水直排河道的现象普遍

外沙河上游两岸和下游右岸现状为成片城中村，城中村的排水体制均为雨污合流。经统计，外沙河流域内的合流片区纳污范围为94.93 hm^2，平均日污水量3 551 m^3/d，均排入了外沙河，年产生五日生化需氧量BOD_5约207 t，化学需氧量COD_{Cr}约335 t，氨氮NH_3-N约20.5 t，总磷TP约2.1 t。

此外，合流制溢流污染带来的面源污染是城市河道水环境质量下降的原因之一。由于外沙河中上游没有完善的市政管网系统，雨污合流管承接了大量生活污水直接排入河道；雨季由于水量很大、流速大，旱季沉积于管渠底部的大部分污染物被雨水冲刷，导致管道污水中污染物浓度大幅上升。合流管带来的初雨面源污染若不经处理直排水体，会对水体水质产生较严重影响。

2.3 雨污分流区分流不彻底

新埠岛新建和已建开发区主要为一类住宅区、二类住宅区以及商业服务用地，用地面积约1.4 km^2，建设标准较高。已建区域虽然按照严格雨污分流建设，但是随着时间的推移，仍有一部分错接、混接污水进入雨水系统的现象，导致雨污分流片区的雨水管仍有少量污水排入河道，影响河道水质和感官。

2.4 管道堵塞严重

为查明本工程接入的市政污水管线是否正常运行，工程开始前采用CCTV、QV等检测设施检测现状地下管线情况。调研发现，地下管线由于地处隐蔽地下，初期建设和后期运营多有不到位的地方，主要问题有以下几类：①部分管道淤泥沉积严重，导致污水管道不通畅；②局部污水井内堆积建筑垃圾或其他垃圾导致管道堵塞；③大多数检查井内油脂浮渣结团、结块，水面不可见，油脂的长期积累影响管道过水。

3 工程方案

城市黑臭水体整治指南提出，从源头控制污水向城市水体排放是黑臭水体整治最有效的工程措施，也是其他技术措施的前提。为了提高水体水质，研究者从不同方面提出很多值得借鉴的措施[1-4]。因本工程研究对象为滨海潮汐河道，地面高程较低，海水倒灌雨污系统的风险大，工程外部条件较复杂，工程方案需慎重考虑。

项目前期测量及雨污水管网排查工作基本厘清了管网连接关系、水位、管道缺陷等，为设计方案的确定提供了基础。在管网摸查基础上，针对性地采取了四种工程措施，解决了河道水质污染的问题。

3.1 逐步改造有条件的合流制区域，推行雨污分流

截流并网工程是海南“十二五”期间广泛推行的污水管网建设模式。海口市在污水厂建设后，建立了截流管。“十三五”期间，由于雨污合流制范围太多或雨污分流不彻底的情况较多，沿河又建立了大批截流管。截流管将雨水管、合流管、污水管直接连通，使排水系统和河道直接连通，高潮位时，河水通过大量老旧的防倒灌设施缝隙倒灌进入污水系统，挤占污水空间，导致污水整体浓度低、盐度高，影响污水厂的处理效率；低潮位时，管网内的高水位污水又从防倒灌设施溢出，流入河道，影响河道水质。因此，海口市受潮汐影响的河道反复黑臭的现象较普遍。现场发现，大量的防倒灌设施，如鸭嘴阀、拍门等防倒灌效果较差，这是因为鸭嘴阀和拍门等随着海水潮涨潮落盐度的影响以及海洋生物顽强的附着、阳光的暴晒等，老化、腐蚀和闭合不严的情况严重，这些现象在靠海的陆、岛地区尤其严重。

所以，在受潮汐影响的地面高程较低的新埠岛继续按照粗放的排污口大截流的形式大面积实施治污，必然会重蹈覆辙，呈现河道反复黑臭的问题。因此，新埠岛治污的思路必须要转为以雨污分流为主体。雨污分流大致分为两块：①排水单元改造；②市政污水管分流改造。排水单元改造即对建成区排水单元进行雨污分流改造，包括建筑立管改造、部分末端接户管道改造，从源头实现雨污分流，提高进入污水系统的污水浓度。市政污水管分流改造主要是除社区外的其他市政道路的雨污分流改造。

3.2 确有必要截流的要避免重力流截流并网，采用截流后将污水提升至市政污水管

由于新埠岛外沙河上游两岸和下游右岸为大片城中村，虽然部分城中村已纳入“十三五”期间的棚户区改造规划，但具体实施日期比规划延后。新埠岛现状有大片的城中村，其排污口集水范围涉及雨污合流的城中村，上游污水来源复杂，实施从住户到市政道路的严格雨污分流投资高、实施难度大、周期较长，一旦棚户区改造启动，项目投入也会被推倒重来。因此，考虑沿河截流的方式降低合流排口对水体的影响。

考虑到新埠岛内的污水系统属超高水位运行，为防止大截流后污水从沿河截流井溢流入河造成水体黑臭，建议将截流的污水采用泵站提升的方式将污水泵入现状市政污水系统。此方案可实现合流系统向市政污水管的单项流动，从而避免市政污水向合流管和截流井及河道流动。在截流井使用拍门、挡潮闸等防倒灌设施时，为避免闭合不严、短期老化严重等情况，注意考虑设备的耐盐防腐、防止海洋生物附着的措施。

外沙河上游无堤岸且两侧民宅紧邻河道，由于征地协调不了，截污管道不得已敷设于河道内，通过镇墩架管的方式沿着河道敷设，管道敷设至新埠大道桥后采用外包混凝土埋管的方式敷设于河底，最终通过合流泵站（总设计流量 9 000 m^3/d）提升至现状西苑路污水检查井。

3.3 对现有排污的雨水口进行溯源排查整改

根据掌握资料、测量和现场踏勘情况，沿河排污口基本分三类：①合流管；②雨水管；③单户小排水管。对合流管和单户小排水管进行截流后，需对漏排污水的雨水管采取措施。外沙河沿河的雨水

管均为严格雨污分流片区的雨水排口，漏排污水的排口有5个，位置分散，排污量较少（5个排口平均日污水量加合为100 m^3/d），若采取截流模式，截污效率低，不够经济，且雨季增加的雨水挤占合流管的过流空间。因此，推荐对现有排污的雨水口进行溯源排查整改，从下游至上游依次打开检查井，通过QV或管道检测机器人等设备查明污水错接入雨水的点位，将其接入污水系统。针对雨水管漏排污水的情况，溯源排查整改的方式可以减少工程规模，大大减少工程投资，降低工程对周围环境的干扰。

3.4 加强对管道的定期检测和维护，加强执法

以往地下管线工程的验收工作不严格的居多，所以会出现管道不畅通、有缺陷等各种问题。因此，建设方需明确地下管线工程验收标准，如采用第三方机构CCTV检测，出具CCTV检测报告，明确管道施工完毕后的缺陷问题并及时整改。排水管理公司也应定期排查管网健康情况，确保污水管网系统正常运行。另外，含油废水如果不经处理直接排放，将对污水系统造成严重影响。油脂的积累附着在管道上，降低管道的过水断面、产生恶臭，还会导致土著微生物死亡，影响污水厂的处理效率。《建筑给水排水设计标准》（GB 50015—2019）要求职工食堂和营业餐厅的含油污水，应经除油装置后方可排入污水管道。因此，在餐饮业的排污许可基础上，应强化监管，确保其隔油池的设置及正常运行。环境类执法追溯困难，为精准控制偷排，防止超标污水排入污水管，应健全智慧水务，加强执法，强化查处力度和违法排水有奖举报制度。

4 工程实施情况及效果

根据现场实际情况，考虑到业主资金的控制，工程实施了外沙河上游合流管沿河截流工程（通过泵站将截流污水打入现状道路市政污水管），对西苑路污水管进行了清淤清障。2017年底工程投入运行至今，外沙河水体能稳定达到《地表水环境质量标准》（GB 3838—2002）中的Ⅴ类标准，满足工程水体水质目标。

5 结语

在滨海受潮汐影响的区域，截污纳管方案不合理，工程可能适得其反，导致河道水质越截越差，直接影响到黑臭水体的治理效果。厂、网、河之间有着密切的联系，网是污水系统健康的根本，只有网健全、完善了，厂和河才能健康运行。所以，必须通过扎实的管网排查工作，沉下心来掌握现状雨污水管网的基本情况、运行水位、功能缺陷、结构缺陷等信息，才能有的放矢地制订符合现场实际的污水管网补短板、强弱项的方案，水体才能实现真正的长治久清。

参考文献

[1] 王少林．城市黑臭水体整治中控源截污改善措施的思考［J］．净水技术，2017，36（11）：1-6.
[2] 胡和平．污水管网高水位运行工况下的截污方案探讨［J］．给水排水，2019，45（4）：50-55.
[3] 魏忠庆．排水系统截污纳管存在的问题及对策［J］．中国给水排水，2017，33（18）：14-16.
[4] 邹伟国．城市黑臭水体控源截污技术探讨［J］．给水排水，2016，42（6）：56-58.

基于 MODIS 的太湖水体叶绿素 a 浓度反演模型的对比分析

王鹏飞　徐金涛

（中国南水北调集团中线有限公司河北分公司，河北石家庄　072350）

摘　要：近年来太湖水质状况虽然有所好转，但实时监测和整治太湖水体污染的工作还需进一步扩展。本文研究总结了国内外四种基于 MODIS 的叶绿素浓度遥感反演模型，分别为波段比值模型、波段差值模型、NDVI 模型及 APPEL 模型，遥感数据为 2009 年 10 月 6 日的 MOD021KM 影像数据，水质实测数据为 ENVI IDL 技术殿堂上传的太湖叶绿素 a 浓度反演点数据，采样时间与遥感数据时相吻合，根据所选模型和数据进行反演，对其精度进行对比分析，从而选出最适合监测太湖水质的反演模型，对水体富营养化的叶绿素浓度监测研究具有重要意义。

关键词：太湖；叶绿素 a；MODIS；波段比值模型；波段差值模型

1　引言

湖泊既能提供淡水资源，又能维护地区的生态平衡，随着经济社会的不断发展，我国的许多大型湖泊都受到了严重的污染，使得可利用的淡水资源越来越少，因此亟须一种精确、高效和简单的方法来进行湖泊水质的监测。

目前，监测大型湖泊的主要是各个离散的监测点，数量有限且精度不高，由于获取的离散数据不能全面地反映出湖泊营养化的总体状况，同时受到人力和物力等制约条件的影响，花费的时间和成本增多。随着遥感技术的发展，应用遥感技术监测湖泊营养化状况越来越广泛，遥感技术具有实时、大面积覆盖以及低成本等特点，特别适用于湖泊营养化状况的实时监测。

藻类中含有部分叶绿素，根据叶绿素浓度可以间接反映水体中藻类的数量。本文根据大量文献，选取四种较为实用的反演模型，根据收集的 MODIS 影像和相关实测数据，进行叶绿素浓度反演，对反演结果进行精度分析比较，挑选出最适合太湖水质监测反演模型。通过该模型，快速精确地反演水体叶绿素 a 浓度，获取水体中藻类的生长状况及规模等信息，帮助相关部门及早发现甚至预测水华暴发的地点，促进水资源保护，更加有效地整治太湖水体的富营养化问题。

2　研究区概况与数据预处理

2.1　研究区概况

太湖是我国的第三大淡水湖泊，位于长江三角洲，介于北纬 30°55′40″～31°32′58″和东经 119°52′32″～120°36′10″。太湖的东侧主要是水网及平原，西侧和西南侧主要是丘陵及山地。太湖流域属于亚热带季风地带，气候宜人。

太湖湖泊面积为 2 427.8 km^2，水域面积占湖泊面积的 96.31%，湖岸线长达 393.2 km。然而太湖的水质逐渐恶化，富营养化程度加重，经常发生水华现象。从水体中氮、磷的营养成分分析，可从富营养化和中-富营养化水平这两个指标反映。1960 年总氮值仅为 0.23 mg/L，一直增长到近年的 2.37

作者简介：王鹏飞（1995—），男，助理工程师，主要从事水利工程运行管理工作。

mg/L，增长了近10倍。太湖水域中的富营养化面积的比例越来越高，治理太湖刻不容缓。

2.2 研究数据及预处理

本文所选用的遥感数据是搭载在Terra卫星上MODIS传感器的MOD021KM数据产品。该数据的空间分辨率为1 km，时间分辨率为5 min。本数据的时相为2009年10月6日，经纬度介于东经119.8°，北纬31.6°，西经120.7°，南纬30.8°，卫星的过境时间为02：35：00。

地面实测数据采用ENVI IDL技术殿堂上传的太湖叶绿素a浓度反演点数据，共38个实测点，但由于MOD02数据的空间分辨率为1 km，部分实测点离得太近，无法同时加载到遥感影像上，因此根据实测点的经纬度删除了3个点，剩余35个实测点在太湖水体中的空间位置如图1所示。

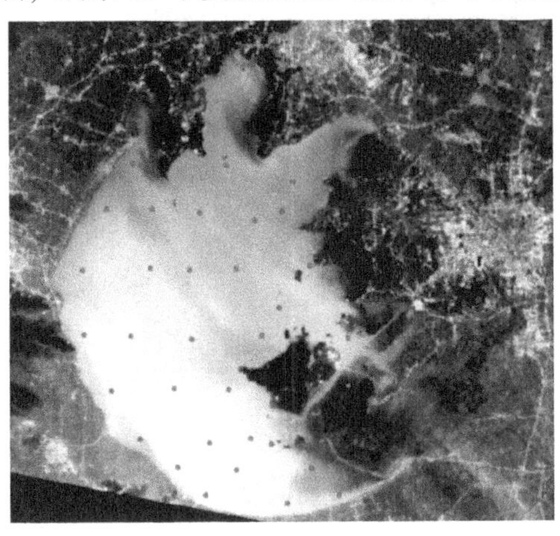

图1　地面实测点分布

数据预处理如下：

（1）几何校正。由于MOD02数据未自带中心波长，需先进行几何校正，校正后的MOD02图像相对于原始图像的长宽比与方向均发生变化，赋予了地图信息和坐标系信息，增加了中心波长。图2和图3为几何校正前后的图像对比。

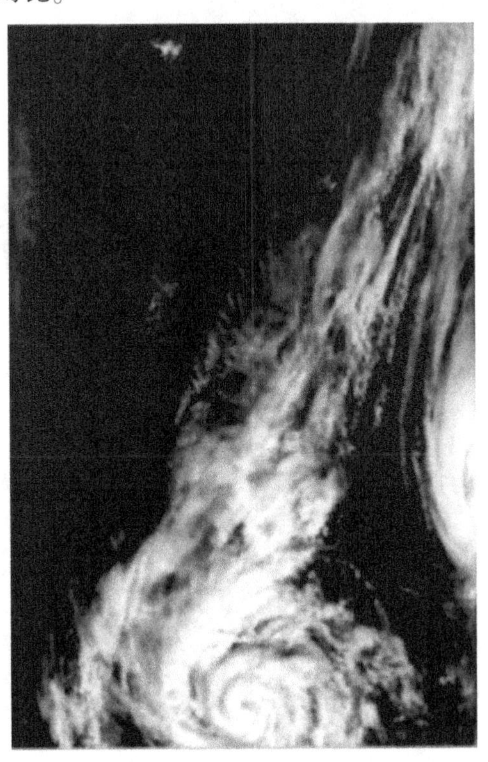

图2　几何校正前图像

图 3　几何校正后图像

（2）图像裁剪。通过 ROI 对图像进行裁剪，将太湖水域的矢量文件转化为 ROI 文件，图像裁剪的结果如图 4 所示。

图 4　图像裁剪后图像

由于大气校正所需数据为辐射率数据，而裁剪后的图像包含辐射率和发射率数据，因此需要进行波段裁剪，使 MOD02 图像仅包含辐射率数据。

由于裁剪前采用影像反射率数据中的 1、4 和 3 波段来显示真彩色图像，而裁剪后，图像中只剩下了辐射率数据，因此改换用辐射率数据中的 1、12 和 3 波段来显示真彩色图像，故颜色发生了变化。图像中有些许绿色的区域为太湖水华暴发的区域，富营养化程度严重，而中部的蓝白色区域则是正常的水体颜色，东南方向有部分黑色区域，是由于该区域的水深较浅，水底辐射出的电磁波占主要部分。

（3）大气校正。其精度直接决定影像反射率的精度，反演选用FLAASH方法进行高精度的大气校正。由于受城市影响小，选用Rural气溶胶模型，利用K-T算法进行反演。校正后影像如图5所示。

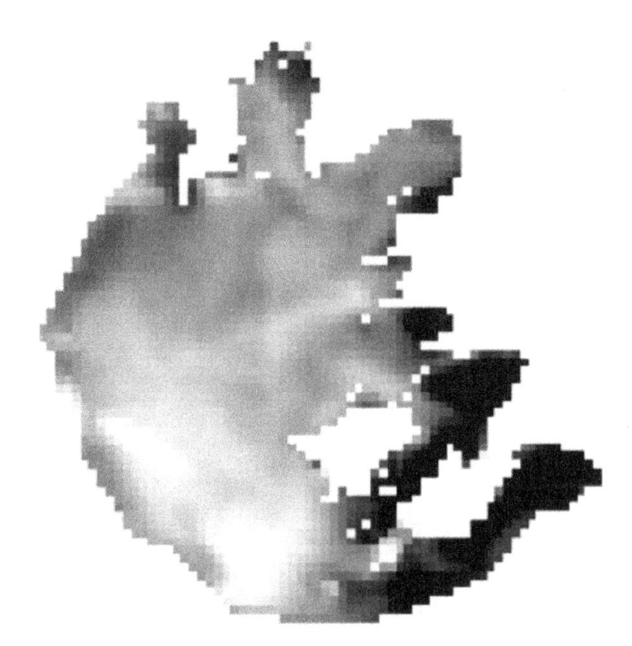

图5　大气校正后影像

大气校正完成后，影像的颜色有了少量的变化，但肉眼难以辨别，说明该MODIS产品受大气效应的影响较小，校正前后变化不大，但为了提高反演的精度，仍需进行大气校正。

3　反演算法与模型建立

3.1　研究思路

本文研究思路主要是利用四种算法建立四种模型，比较精度后分别反演得到叶绿素浓度的分布图。

3.2　算法介绍

本文研究主要利用波段比值、波段差值、NDVI、APPEL四种算法建立模型。

3.2.1　*波段比值法*

波段比值法的基本原理是遥感图像增强处理中的比值运算。通过对遥感影像的特定波段进行比值运算，可检测波段的斜率信息并加以拓展，减少某些地物的信息，提高不同地物之间的对比度，从而减弱背景条件的影响，突出局部地物的信息，更加准确地提取各种原本因背景而难以分辨的地物信息，以及提高遥感反演的精度。

波段比值法通常选用近红外波段与红波段的比值作为变量进行叶绿素a浓度的反演。肖青等采用2003年10月28日TM影像的TM4和TM3的比值作为变量建立波段比值模型，其反演模型是一个回归方程，按式（1）计算：

$$Chl-a=0.10049\times TM4/TM3-0.015776 \tag{1}$$

式中：TM4为0.76~0.96 μm近红外波段；TM3为0.62~0.69 μm红波段。

该模型的反演结果与实验室分析结果比较的均方根误差RMSE为0.011 8 mg/L，相关系数r为0.970 2，最终反演结果的精度非常高。

王世新等[1] 采用多个时相的MODIS数据，建立了对应于不同季节的太湖水体叶绿素a浓度遥感反演模型，选用R3和R1的比值作为变量建立波段比值模型，该模型按式（2）计算：

$$Chl - a = 177.89 \times (R3/R1) - 102.59 \tag{2}$$

其决定系数 R^2 为 0.743 6，最终反演结果的精度也比较高。

3.2.2 *波段差值法*

波段差值模型的基本原理是遥感图像增强处理中的差值运算。由于地物的光学性质不同，同一图像中不同地物的反射率差值不同，则两个波段的 DN 值相减后，可以减弱无关背景的影响，突出感兴趣的地物。

王世新等[1] 采用多个时相的 MODIS 数据，建立了对应于不同季节的太湖水体叶绿素 a 浓度遥感反演模型，对于夏季、秋季水体，他们选用 R1 和 R2 的差值作为变量建立波段差值模型，按式（3）计算：

$$Chl - a = -2\,913.8 \times (R1 - R2) + 58.962 \tag{3}$$

其决定系数 R^2 为 0.870 4，反演精度比较高。王珊珊等[2] 采用环境一号卫星的 CCD 传感器数据，选用其 B2 和 B3 波段的差值作为变量建立波段差值模型，按式（4）计算：

$$Chl - a = 2\,310.8 \times (B3 - B2) + 54.888 \tag{4}$$

其决定系数 R^2 为 0.685 1，反演精度略低。

3.2.3 *NDVI 模型算法*

归一化差分植被指数 NDVI 指的是遥感影像上近红外波段和红波段的反射率之差与其反射率之和的比值。顾亮等[3] 经过相关性分析，选用 MODIS 影像的 R3 和 R17 波段进行非线性归一化处理生成 NDVI 指数，将该指数作为变量建立反演模型，按式（5）计算：

$$Chl - a = 25.278 \times (R17 - R3)/(R17 + R3) + 20.693 \tag{5}$$

决定系数 R^2 为 0.641 3，但国内外应用 NDVI 反演Ⅱ类水体叶绿素 a 浓度的研究较少，具有广阔的研究前景。

3.2.4 *APPEL 模型算法*

APPEL 模型的原理与三波段模型的原理类似。MODIS 影像中的所有波段都包含水体内叶绿素、CDOM（有色溶解性有机质）、TSS（总悬浮固体）等信息量及比例各不相同，叶绿素的最大反射率集中在近红外波段，而水体几乎吸收全部位于近红外波段范围内的电磁波，所以 band-2 近红外波段包含叶绿素的信息最多，但是该波段易受到 CDOM、TSS 和粒子后向散射的影响。为了尽可能减少 CDOM 对反演精度的影响，Anas 等采用对有机物质具有最大反射率的 band-3 蓝波段来获取 CDOM 的最大反射率，然而蓝波段易受到叶绿素的影响，他们采用 band-2 近红外波段来获取叶绿素的最大反射率，减弱了水在红波段和近红外波段的强吸收作用，采用 band-1 红波段来获取 TSS 的最大反射率来减少 TSS 的影响。APPEL 模型按式（6）计算：

$$APPEL = R(\lambda_{B2}) - \{[R(\lambda_{B3}) - R(\lambda_{B2})] \cdot R(\lambda_{B2}) + [R(\lambda_{B1}) - R(\lambda_{B2})]\} \tag{6}$$

APPEL 模型属于半模型，其反演精度比大多数经验模型高，目前应用较为广泛。

El-AlemA 等[4] 采用上述的 APPEL 模型进行了多次叶绿素浓度反演，其中精度最高的反演模型按式（7）计算：

$$Chl - a = 8.573\,9 \times \mathrm{Exp}(28.176 \times S1) \tag{7}$$

$$S1 = B2 - [(B1 - B2) + (B3 - B2) \cdot B2]$$

其决定系数 R^2 为 0.95。

3.3 模型建立

3.3.1 *波段比值模型*

根据叶绿素 a 的光谱特性，胡雯等[5] 研究，MODIS 影像上的 B2 近红外波段、B16 红波段和 B17 红波段与近红外波段交界处的波段范围，这三个波段与叶绿素 a 浓度的相关性较高，其 B1、B3、B4、B10 以及 B11 波段与叶绿素 a 浓度的相关性较低，因此本文选择 B2 波段和 B4 波段作为波段比值模型的两个变量，这个波段组合既是一个相关性高、一个相关性低的波段组合，又是近红外波段和可见光波段的组合，并且比值运算可减弱大气和镜面反射的影响，适合用于反演叶绿素 a 浓度。

其中 x 轴表示单波段影像上的对应点的 DN 值，y 轴表示对应点的叶绿素浓度的真实值（见图 6），本文选择了一个二次多项式作为波段比值模型的公式，按式（8）计算：

$$Chl-a = 0.0139 + 0.0958X - 0.0476X^2 \tag{8}$$

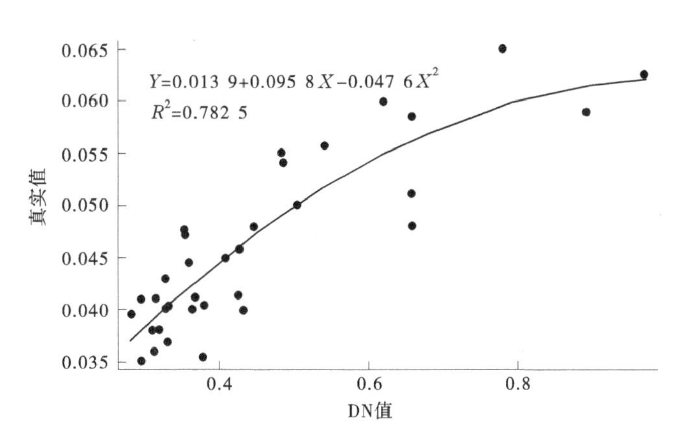

图 6　波段比值法线性回归方程

3.3.2　波段差值模型

王世新等采用 2003 年 10 月 28 日和 2004 年 8 月 19 日的 MODIS 影像和实测数据进行研究，对 MODIS 影像的波段进行若干种组合，将这些波段组合与实验室中的叶绿素浓度值进行相关性分析，结果显示，在波段差值组合中，R1 与 R2 的差值与叶绿素浓度的相关性最高。波段差值法线性回归方程见图 7。

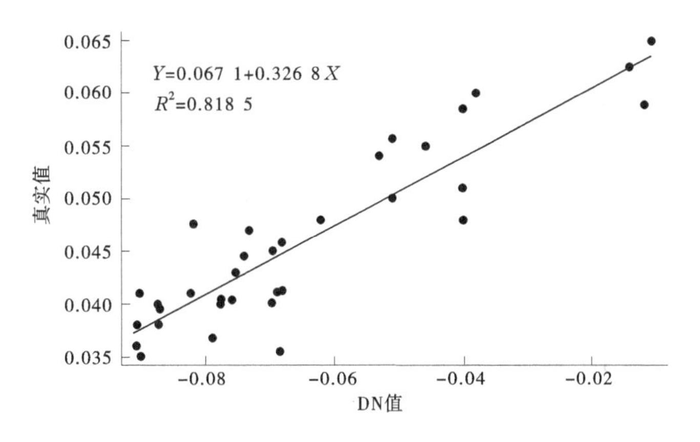

图 7　波段差值法线性回归方程

本文选择了一个线性回归方程作为波段差值模型的公式，按式（9）计算：

$$\begin{aligned} Chl-a &= 0.0671 + 0.3268 \times (B19 - B3) \\ X &= B19 - B3 \end{aligned} \tag{9}$$

3.3.3　NDVI 模型

顾亮等[3] 根据 MODIS 影像上各波段的反射率范围，对相应遥感数据进行归一化处理，B3 蓝波段和 B17 近红外波段这两个波段组合的相关系数最高，因此本文将 B3 波段和 B17 波段作为归一化差分植被指数模型的两个变量。NDVI 线性回归方程如图 8 所示。

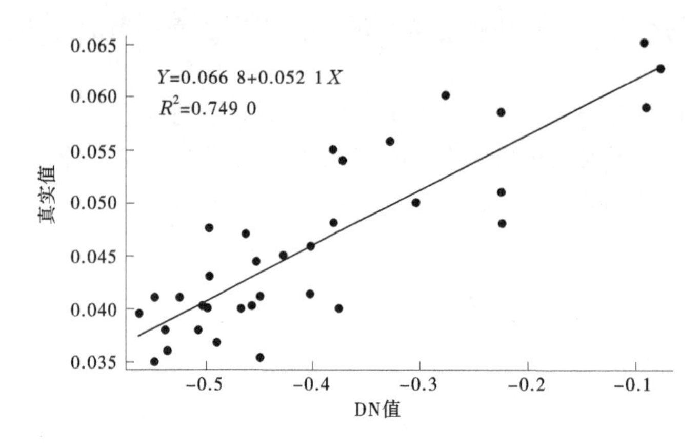

图 8　NDVI 线性回归方程

本文选择了一个线性回归方程作为 NDVI 模型的公式，按式（10）计算：

$$\mathrm{Chl-a} = 0.066\,8 + 0.052\,1 \times \frac{\mathrm{B17-B3}}{\mathrm{B17+B3}} \tag{10}$$

$$X = \frac{\mathrm{B17-B3}}{\mathrm{B17+B3}}$$

3.3.4　APPEL 模型

根据 K. Ya. kondratyev 等[6] 的研究，为了减少 CDOM 对反演精度的影响，采用对有机物质具有最大反射率的 B3 蓝波段来获取 CDOM 的最大反射率，而蓝波段易受到叶绿素的影响，采用 B2 近红外波段来获取叶绿素的最大反射率。为了减少 TSS 的影响，采用 B1 红波段来获取 TSS 的最大反射率，由于水体对红波段的后向散射弱，因此后向散射的影响可以忽略。本文选用 B1 波段、B2 波段和 B3 波段作为 APPEL 模型的三个变量，输入生成的单波段影像和实测数据自动建立反演模型，最终结果如图 9 所示。

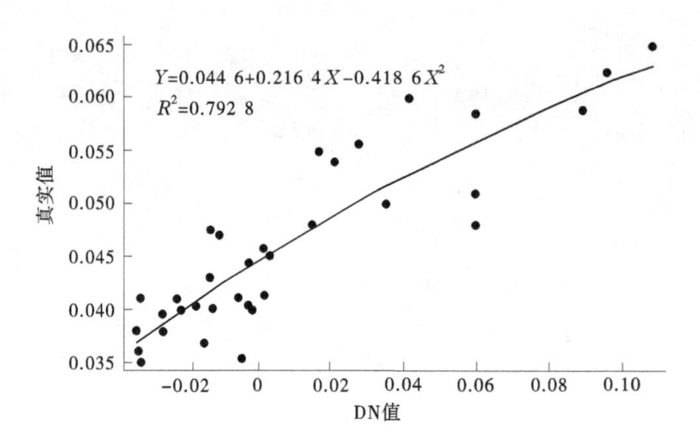

图 9　APPEL 法线性回归方程

根据决定系数 R^2 最终选择一个二次多项式作为 APPEL 模型的公式，按式（11）计算：

$$\mathrm{Chl-a} = 0.044\,6 + 0.216\,4X - 0.418\,6X^2 \tag{11}$$

$$X = \mathrm{B2} - [(\mathrm{B3} - \mathrm{B2}) \times \mathrm{B2} + (\mathrm{B1} - \mathrm{B2})]$$

3.4　叶绿素 a 浓度反演

建立完遥感反演模型后，根据反演模型的公式，将反演结果的影像制作成太湖水体叶绿素 a 浓度分布图，如图 10 所示。

通过四张叶绿素 a 浓度分布图呈现出湖心区域的叶绿素浓度低，而湖岸地带的叶绿素浓度较高的情况。根据往年的污染调查，太湖流域的许多工厂都往太湖排放废水，导致太湖的湖岸地带富营养化程度严重，这也是太湖富营养化的最主要原因，所以湖岸地带的叶绿素浓度普遍较高。太湖的西北部

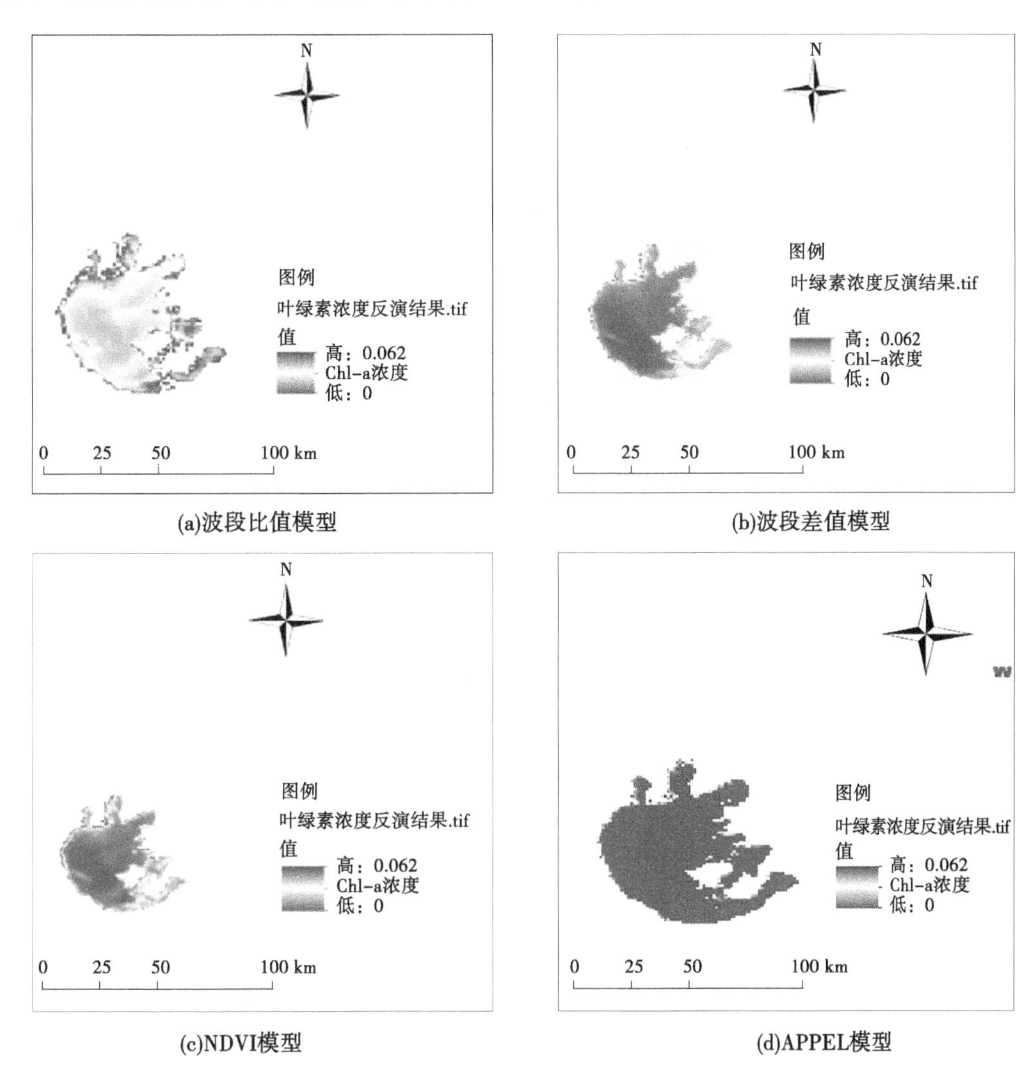

图10 叶绿素a浓度分布

邻接无锡市和宜兴市，说明这两个地方太湖的污染情况较为严重，还需进行大规模的污染治理。

4 模型精度分析

4.1 相关性分析

本文选择2009年10月6日的35个实测点用于反演模型的建立，剩余的12个实测点用于反演结果的相关性分析，计算得到相关系数 r。相关系数 r 是研究变量之间线性相关程度的使用最为广泛的变量，最终相关分析的结果如图11~图14所示。根据相关系数 r 得出，APPEL模型的效果最好，达到0.94。

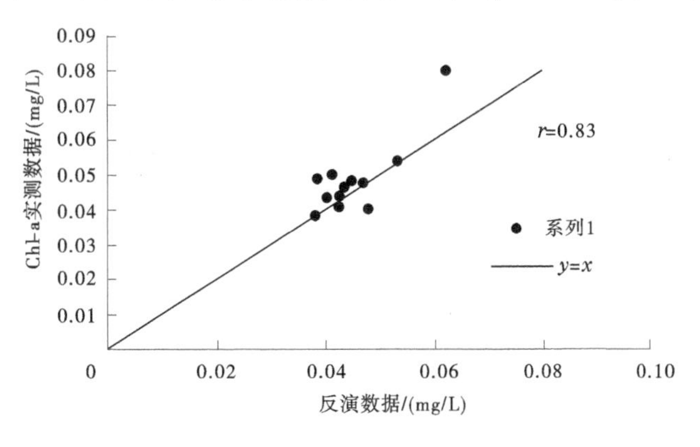

图11 波段比值模型相关性分析

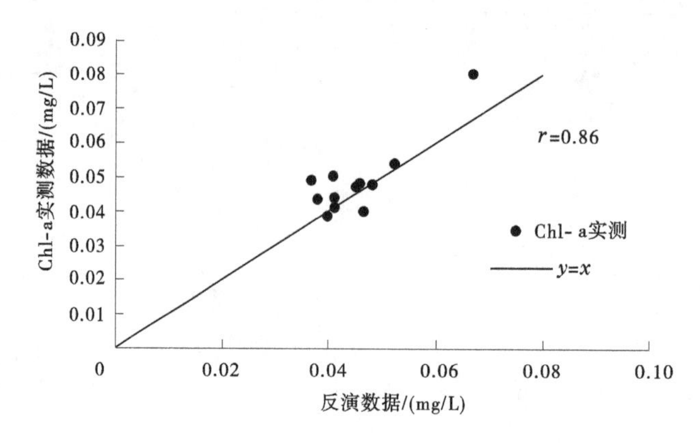

图 12　波段差值模型相关性分析

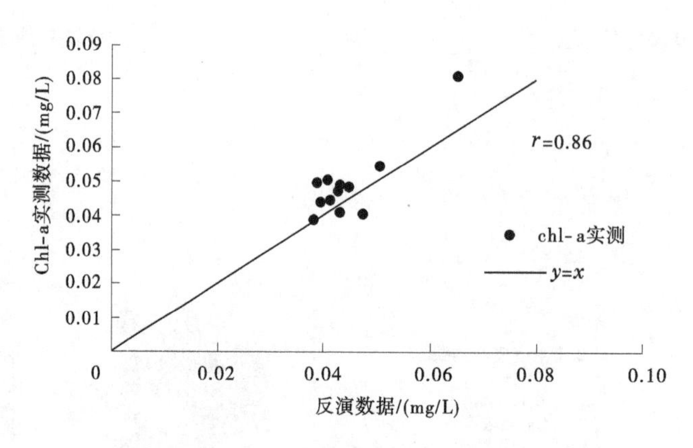

图 13　NDVI 模型相关性分析

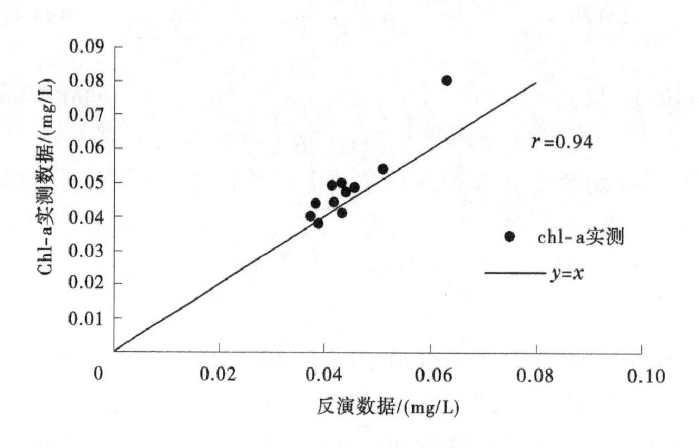

图 14　APPEL 模型相关性分析

4.2　精度对比

本文采用均方根误差 RMSE 以及平均相对误差 MRE 作为精度指标。均方根误差是反演数值与用于验证的相应实测数值偏差的平方与验证点数 n 比值的平方根，按式（12）计算：

$$\mathrm{RMSE} = \sqrt{\frac{1}{n}\sum_{i=1}^{n}(a_{反演} - a_{实测})^2} \tag{12}$$

平均相对误差就是平均偏差占平均值的百分数，按式（13）计算：

$$\mathrm{MRE} = \sum_{i=1}^{n}\frac{1}{n}\left|\frac{a_{实测} - a_{反演}}{a_{实测}}\right| \tag{13}$$

最终得到四个反演模型的精度指标如表 1 所示。

表1 各模型精度指标

项目	波段比值模型	波段差值模型	NDVI 模型	APPEL 模型
均方根误差 RMSE/（mg/m^3）	0.70	0.61	0.65	0.60
平均相对误差 MRE/%	9.39	8.95	10.78	8.24

根据两个精度指标所得结果可以看出，APPEL 模型的精度最高，其次是波段差值模型，而后是 NDVI 模型，最后是波段比值模型。

5 结论

本文利用太湖水域的 MODIS 影像和相应地面实测数据，建立四种叶绿素反演模型。经过精度分析，首先得出 MODIS 影像适用于太湖水域的叶绿素浓度的遥感反演，本文采用的是空间分辨率 1 km 的 MODIS 影像，对于遥感反演来说，空间分辨率越低，反演精度越高，但是空间分辨率 1 km 的 MODIS 影像中包含 22 个波段，波段范围从可见光波段到红外波段，其光谱分辨率很高，所以研究过程中可采用的波段组合方式很多。

本文根据相关文献选择相关系数最高的波段组合，建立遥感反演模型，其中 APPEL 模型的相关系数最高为 0.94，均方根误差为 0.60 mg/m^3，平均相对误差为 8.24%；波段比值模型效果最差，相关系数为 0.83，均方根误差为 0.70 mg/m^3，平均相对误差为 9.39%。APPEL 模型是一种半经验模型，该模型大幅度降低了有色有机物、悬浮物以及水体的影响，反演精度大大提高，根据本文的精度分析，APPEL 模型最适用于太湖水体叶绿素浓度 a 的反演。

参考文献

[1] 王世新，焦云清，周艺，等. 应用 MODIS 监测太湖水体叶绿素 a 浓度季节变化研究［J］. 遥感信息，2008（1）：47-53.

[2] 王珊珊，李云梅，王永波，等. 太湖水体叶绿素浓度反演模型适宜性分析［J］. 湖泊科学，2015，27（1）：150-162.

[3] 顾亮，张玉超，钱新，等. 太湖水域叶绿素 a 浓度的遥感反演研究［J］. 环境科学与管理，2007（6）：25-29.

[4] El-AlemA，Chokmani K，Laurion I，et al. Comparative analysis of four models to estimate chlorophyll-a concentration in case-2 waters using MODerate Resolution Imaging Spectroradiometer（MODIS）Imagery［J］. Remote Sensing，2012，4（8）：2373-2400.

[5] 胡雯，杨世植，翟武全，等. NOAA 卫星监测巢湖蓝藻水华的试验分析［J］. 环境科学与技术，2002（1）：16-17，39-47.

[6] Kondratyev K Ya，Pozdnyakov D V，Pettersson L H. Water quality remote sensing in the visible spectrum［J］. International Journal of Remote Sensing，1998，19（5）：957-979.

基于集对分析法和减法集对势的黄河上游玛曲至循化段水质分析

牛晓赟　蔡建生

（黄河水利委员会上游水文水资源局，甘肃兰州　730000）

摘　要：黄河上游玛曲至循化段是维护黄河流域生态平衡的重要水源涵养地，该河段的水质直接关系着黄河流域的水生态和环境安全，对该河段进行水质分析具有重要的现实意义。根据流量随时间的变化规律，有汛期和非汛期之分。采用五元集对分析法分析各站点水质，再根据五元减法集对势识别该河段主要污染物指标，并对其未来发展趋势做出预测。结果表明，该河段水质总体上达到Ⅱ类水质标准，非汛期水质优于汛期水质，三个站点中贵德水质最优，玛曲水质相对较差，高锰酸盐指数和氨氮指标相对于其他指标正向发展态势较弱，需重点进行调控。

关键词：水质分析；五元集对分析法；五元减法集对势；黄河上游玛曲至循化段

1　引言

黄河是我国的第二大长河，在我国社会经济发展和生态安全方面发挥着举足轻重的作用[1]。黄河上游玛曲至循化段是黄河上游重要的组成部分，该河段所属区域的水环境质量直接影响着黄河上、中、下游地区水域生态安全和环境质量安全。因地制宜地开展水质分析工作，可以为水环境管理和水污染治理等工作提供可靠的科学依据[2]，是水环境治理和管理的重点和基础。

水质评价是指用特定的方法定量分析水质状况[3]，我国对水质评价方法已有较为深入的研究，常见的方法有单因子分析法[4-5]、污染指数评价法[6-8]、模糊数学法[9-10]、人工神经网络法[11-12]等。上述方法都存在各自的优势和不足，单因子分析法只反映最差指标的水质，无法反映整体情况；污染指数评价法受权重影响较大；模糊数学法和人工神经网络法操作较为复杂。本文采用五元集对分析法，相较于以上方法，集对分析法可以有效表达重要的关系结构，对不确定性关系提供了新思路，该方法不仅可以分析水质，还可以对各水质指标未来的趋势进行预测，为决策者提供更加科学、精准、有效的参考。

2　分析方法

为准确分析黄河上游玛曲至循化段的水质状况，根据流量特点，从汛期和非汛期两个角度入手，根据现有水质指标构建水质指标体系，采用熵权法和层次分析法组合赋权得到组合权重。引入五元集对分析法计算出综合评价等级值，并结合五元减法集对势对不同站点不同指标的发展趋势进行研究，为黄河上游水环境保护和治理工作提供理论依据。

2.1　权重计算

2.1.1　熵权法

熵权法是一种客观赋权方法，可以体现各指标的差异性[13]，利用信息熵计算出各指标的熵权，通过熵权对各指标权重进行修正，得到客观的指标权重。熵权法的评价结果主要来源于客观数据资

作者简介：牛晓赟（1996—），女，助理工程师，主要从事水文与水资源的研究工作。

料，该方法的最大优势是几乎不受主观因素的影响，在最大程度上避免了因赋权人的主观意识而造成的干扰。

2.1.2 层次分析法

层次分析法是通过分析问题的总目标，从系统的角度出发，分解目标问题为多个因素，然后依据各因素的主导关系，建立层次结构模型。根据一定准则对每一层因素的相对重要性进行量化，再将多个决策方案两两进行比较，确定相对重要性[9]，最终把问题归结为上下层权重的确定上，进而获得令人满意的决策结果。

2.2 集对分析法

集对分析法是我国学者赵克勤于1989年首次提出的一种不确定性关系分析法[14-15]，核心思想是根据问题的实际背景，找出两个具有一定联系的集合组成集对，建立两个集合的同一、差异和对立的联系度表达式[16]，进而解决不确定性问题[17]。在水质分析中，根据保护目标将水质标准划分为Ⅰ~Ⅴ类，五元联系数 u 的表达式为

$$u = a + b_1 I_1 + b_2 I_2 + b_3 I_3 + cJ$$
$$a、b_1、b_2、b_3、c \in [0,\ 1] \text{且} a + b_1 + b_2 + b_3 + c = 1 \tag{1}$$

式中：a、b_1、b_2、b_3、c 为集对的同一度、偏同差异度、差异度、偏反差异度和对立度；I_1、I_2、I_3、J 为差异度联系数和对立度联系数。

断面水质样本与评价标准之间的联系数可分为指标数联系数和指标值联系数。前者根据样本指标落入某级标准的个数，从宏观上衡量水质样本与该级标准的接近程度；后者则是通过样本指标值与标准值的模糊计算，从微观上反映样本与各级标准的连续接近程度。计算断面水质样本的指标数联系数和指标值联系数，并将计算结果进行耦合得到样本与水质等级之间的平均五元联系数，由此进行等级评定。

2.2.1 指标数联系数

指标数联系数由各指标值落在等级 k 中的个数来确定，第 i 个样本的指标数联系数可由式（2）计算[18]：

$$u_{1i} = v_{1i1} + v_{1i2} I_1 + v_{1i3} I_2 + v_{1i4} I_3 + v_{1i5} J \tag{2}$$

其中

$$v_{1i1} = \sum_{j=1}^{n_1} \omega_j,\quad v_{1i2} = \sum_{j=n_1+1}^{n_1+n_2} \omega_j,\quad v_{1i3} = \sum_{j=n_1+n_2+1}^{n_1+n_2+n_3} \omega_j,$$
$$v_{1i4} = \sum_{j=n_1+n_2+n_3+1}^{n_1+n_2+n_3+n_4} \omega_j,\quad v_{1i5} = \sum_{j=n_1+n_2+n_3+n_4+1}^{n_1+n_2+n_3+n_4+n_5} \omega_j$$

式中：u_{1i} 为第 i 个样本的五元指标数联系数；$v_{1i1} \sim v_{1i5}$ 为样本 i 与五个等级的指标数联系数分量；$n_1 \sim n_5$ 为样本 i 的指标落在五个等级的个数；ω_j 为第 j 个指标的综合权重值。

2.2.2 指标值联系数

通过计算各指标的指标值联系数及相对隶属度，并结合权重计算样本的指标值联系数。第 i 个样本的第 j 个指标与等级 k 的接近程度可用 u_{2ijk} 这一反映可变模糊关系的相对差异度函数表示，u_{2ijk} 可由式（3）~式（7）计算[19]：

$$u_{2ij1} = \begin{cases} 1 & S_{0j} \leqslant X_{ij} \leqslant S_{1j} \\ 1 - \dfrac{2(X_{ij} - S_{1j})}{S_{2j} - S_{1j}} & S_{1j} \leqslant X_{ij} \leqslant S_{2j} \\ -1 & S_{2j} \leqslant X_{ij} \leqslant S_{3j} \\ -1 & S_{3j} \leqslant X_{ij} \leqslant S_{4j} \\ -1 & S_{4j} \leqslant X_{ij} \leqslant S_{5j} \end{cases} \tag{3}$$

$$u_{2ij2}=\begin{cases}1-\dfrac{2(S_{1j}-X_{ij})}{S_{2j}-S_{1j}} & S_{0j}\leqslant X_{ij}\leqslant S_{1j}\\ 1 & S_{1j}\leqslant X_{ij}\leqslant S_{2j}\\ 1-\dfrac{2(S_{1j}-X_{ij})}{S_{1j}-S_{0j}} & S_{2j}\leqslant X_{ij}\leqslant S_{3j}\\ -1 & S_{3j}\leqslant X_{ij}\leqslant S_{4j}\\ -1 & S_{4j}\leqslant X_{ij}\leqslant S_{5j}\end{cases} \tag{4}$$

$$u_{2ij3}=\begin{cases}-1 & S_{0j}\leqslant X_{ij}\leqslant S_{1j}\\ 1-\dfrac{2(S_{2j}-X_{ij})}{S_{2j}-S_{1j}} & S_{1j}\leqslant X_{ij}\leqslant S_{2j}\\ 1 & S_{2j}\leqslant X_{ij}\leqslant S_{3j}\\ 1-\dfrac{2(X_{ij}-S_{3j})}{S_{4j}-S_{3j}} & S_{3j}\leqslant X_{ij}\leqslant S_{4j}\\ -1 & S_{4j}\leqslant X_{ij}\leqslant S_{5j}\end{cases} \tag{5}$$

$$u_{2ij4}=\begin{cases}-1 & S_{0j}\leqslant X_{ij}\leqslant S_{1j}\\ -1 & S_{1j}\leqslant X_{ij}\leqslant S_{2j}\\ -1 & S_{2j}\leqslant X_{ij}\leqslant S_{3j}\\ 1-\dfrac{2(S_{4j}-X_{ij})}{S_{4j}-S_{3j}} & S_{3j}\leqslant X_{ij}\leqslant S_{4j}\\ 1 & S_{4j}\leqslant X_{ij}\leqslant S_{5j}\end{cases} \tag{6}$$

$$u_{2ij5}=\begin{cases}-1 & S_{0j}\leqslant X_{ij}\leqslant S_{1j}\\ -1 & S_{1j}\leqslant X_{ij}\leqslant S_{2j}\\ 1-\dfrac{2(S_{3j}-X_{ij})}{S_{4j}-S_{3j}} & S_{2j}\leqslant X_{ij}\leqslant S_{3j}\\ 1 & S_{3j}\leqslant X_{ij}\leqslant S_{4j}\\ 1-\dfrac{2(X_{ij}-S_{4i})}{S_{5j}-S_{4j}} & S_{4j}\leqslant X_{ij}\leqslant S_{5j}\end{cases} \tag{7}$$

式中：$S_{1j}\sim S_{5j}$ 为第 j 个指标在水质标准之间的临界值；S_0、S_5 为Ⅰ类和Ⅴ类的另一临界值。

水质类别的相对隶属度根据式（8）计算：

$$v'_{2ijk}=0.5+0.5u_{2ijk} \tag{8}$$

对隶属度进行归一化处理，进而得到各指标的指标值联系数分量：

$$v_{2i1}=\frac{v'_{2ijk}}{\sum_{k=1}^{5}v'_{2ijk}} \tag{9}$$

结合各指标综合权重值，根据各指标的指标值联系数分量得到指标值联系数，如式（10）所示：

$$u_{2i}=v_{2i1}+v_{2i2}I_1+v_{2i3}I_2+v_{2i4}I_3+v_{2i5}J \tag{10}$$

$$\left.\begin{aligned}v_{2i1}&=\sum_{j=1}^{n}w_j v_{2ij1}\\v_{2i2}&=\sum_{j=1}^{n}w_j v_{2ij2}\\v_{2i3}&=\sum_{j=1}^{n}w_j v_{2ij3}\\v_{2i4}&=\sum_{j=1}^{n}w_j v_{2ij4}\\v_{2i5}&=\sum_{j=1}^{n}w_j v_{2ij5}\end{aligned}\right\}\tag{11}$$

式中：n 为参与评价的指标个数；$v_{2i1} \sim v_{2i5}$ 为指标值联系数分量；u_{2i} 为指标值联系数。

2.2.3 等级评定

运用级别特征值法根据式（12）计算样本五元平均联系数对应的评价等级值[20]：

$$p_i = \sum_{k=1}^{5} v_{ik} k \tag{12}$$

式中：p_i 为样本的评价结果。

2.3 五元减法集对势

五元减法集对势是由三元减法集对势类推而来的一种集对势函数，在识别水质指标发展态势和确定主要污染物指标等方面得到了良好的应用。本研究在集对分析法的基础上，构造五元减法集对势，对黄河上游玛曲至循化段各指标发展趋势和主要污染物指标进行了识别和分析。五元减法集对势根据式（13）计算：

$$s(u) = (a-c)(1+b_1+b_2+b_3) + 0.5 \times (b_1-b_3)(b_1+b_2+b_3) \tag{13}$$

式中：a、b_1、b_2、b_3、c 为样本对应五个等级的平均联系数分量；$s(u)$ 为减法集对势函数。

根据 $s(u)$ 的值域范围将减法集对势划分为五个区间，分别为 $[-1, -0.6)$，$[-0.6, -0.2)$，$[-0.2, 0.2)$，$[0.2, 0.6)$，$[0.6, 1]$，用以分别表示反势、偏反势、均势、偏同势、同势五个势态。其中，集对势值与 1 越接近，则正向发展的态势越强；集对势值与-1 越接近，则负向发展的态势越强。

3 实例应用

3.1 研究区域概况及数据来源

本研究选取了黄河上游段三个典型水文站，即玛曲水文站、贵德水文站和循化水文站，均为国家基本测站，均地处于黄河河源区和干流区。所属区域都是重要的水源涵养地，是维护黄河流域内生态平衡的关键地区，肩负着为我国北方地区提供生态屏障的重任，对黄河流域水资源可持续开发利用具有决定性作用，在黄河流域生态保护和治理中扮演着重要角色。三个水文站点的分布如图 1 所示。

由于黄河上游段水量在时间上存在分布不均匀的情况，本研究将评价年份划分为汛期（6—9 月）和非汛期（1—5 月、10—12 月），数据收集了 2014—2021 年三站的各指标月平均值。根据《地表水环境质量标准》（GB 3838—2002）的相关规定，选取了 8 项水质指标：溶解氧、高锰酸盐指数、化学需氧量、五日生化需氧量、氨氮、汞、氟化物、总磷。各断面污染指标监测值如图 2 所示。

3.2 综合权重值赋权结果

通过熵权法和层次分析法混合加权法可以得到各指标在汛期和非汛期的综合权重如图 3 和图 4 所示。

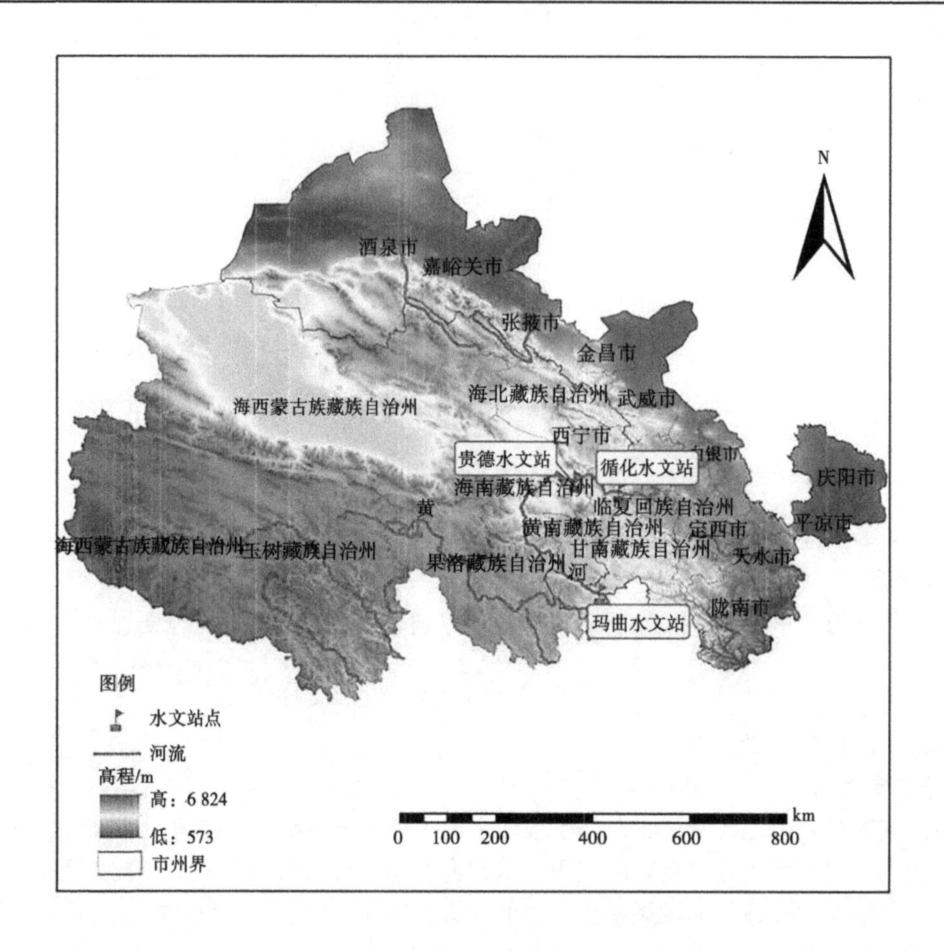

图 1　水文站点分布

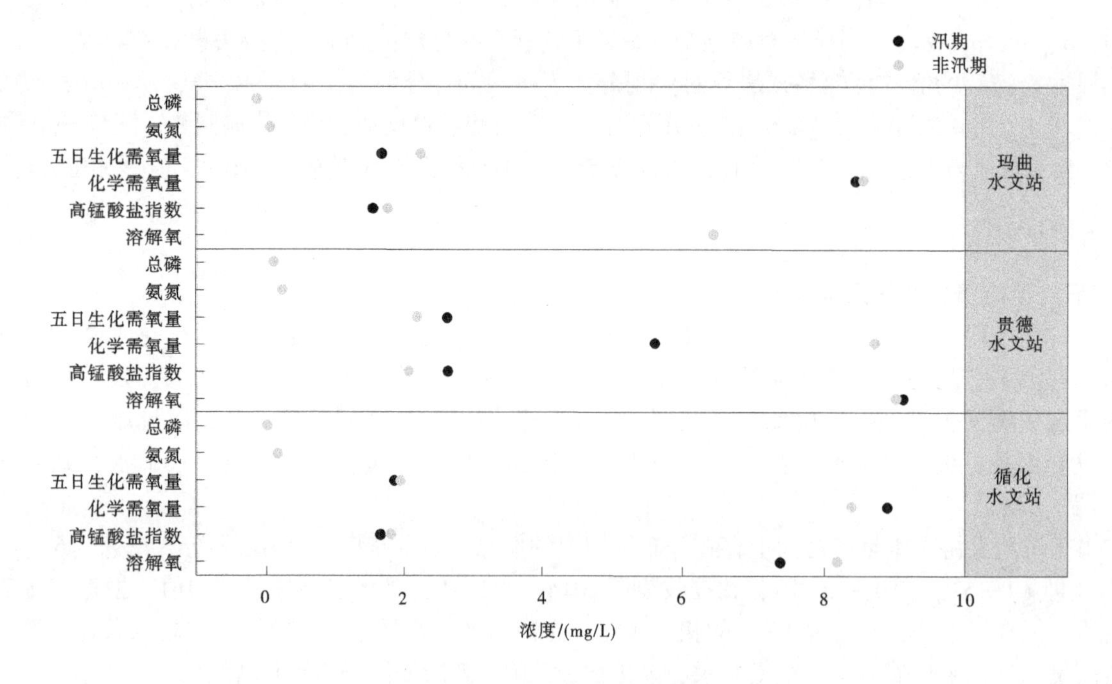

图 2　断面污染物指标监测值统计

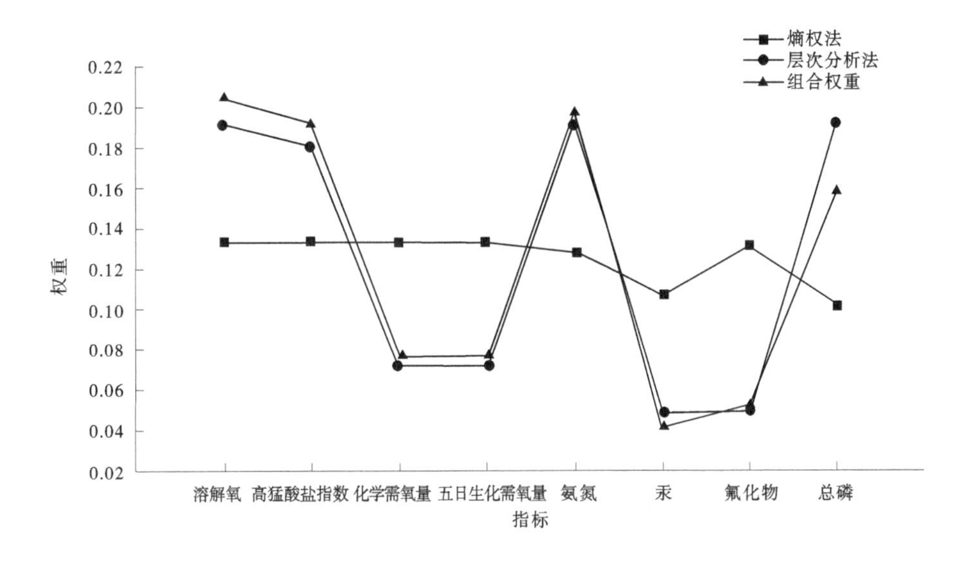

图3　汛期水质评价指标权重

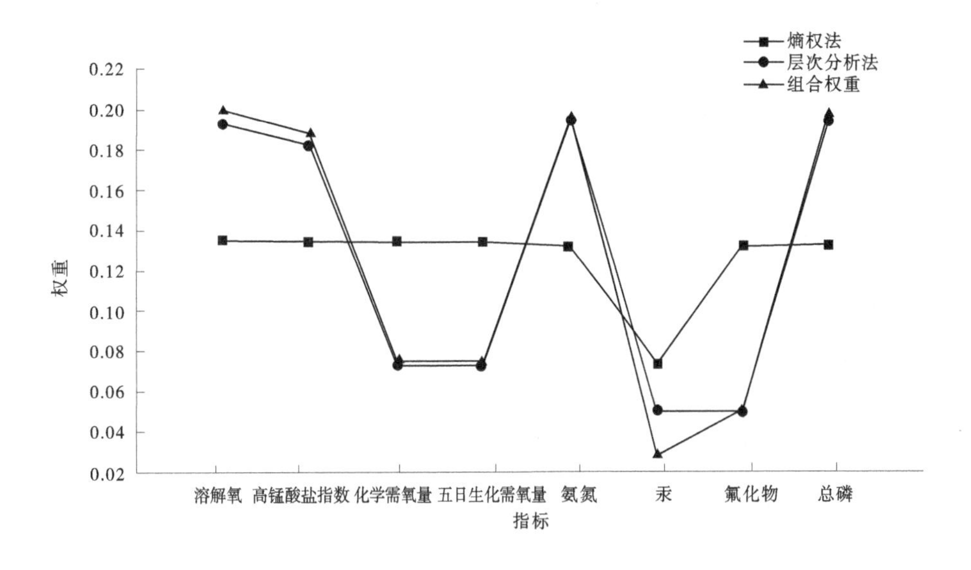

图4　非汛期水质评价指标权重

3.3　水质分析等级值评定

将2014—2021年各站点各指标月平均数据和各指标综合权重值代入式（1）~式（13）中，得到各站点的评价等级值，各站点水质评价等级如图5所示，可以看出，无论在汛期还是非汛期，玛曲水文站、贵德水文站和循化水文站的评价等级值均为［1.00，1.30），水质都属于Ⅱ类，满足水环境功能基本要求；在三个站点中，贵德水文站非汛期的水质基本满足Ⅰ类水质要求，评价等级值最低，水质最优；玛曲水文站水质评价等级值最高，汛期和非汛期评价等级值均值为1.27，水质相较于其他两个站点相对较差。综合来看，各站点水质呈现出非汛期水质优于汛期水质的变化规律。非汛期水质优于汛期水质的原因是：汛期各区域存在水土流失现象，降雨形成径流将污染物带入河道中；汛期处于农耕和禽畜养殖时节，农药化肥和禽畜粪便随降雨进入河道造成污染；汛期气温高，水体温度适合藻类大量繁殖[21]，造成水体污染。

3.4　水质指标发展趋势分析

各指标在汛期和非汛期的减法集对势态势分布见图6和图7，从图6、图7可以看出：

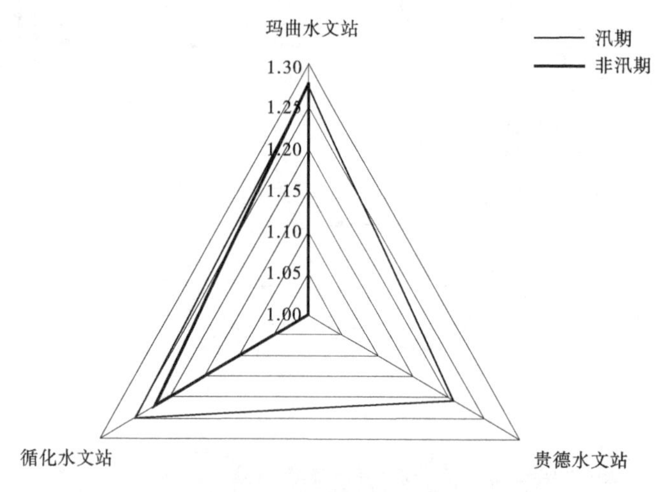

图 5　各站点水质评价等级

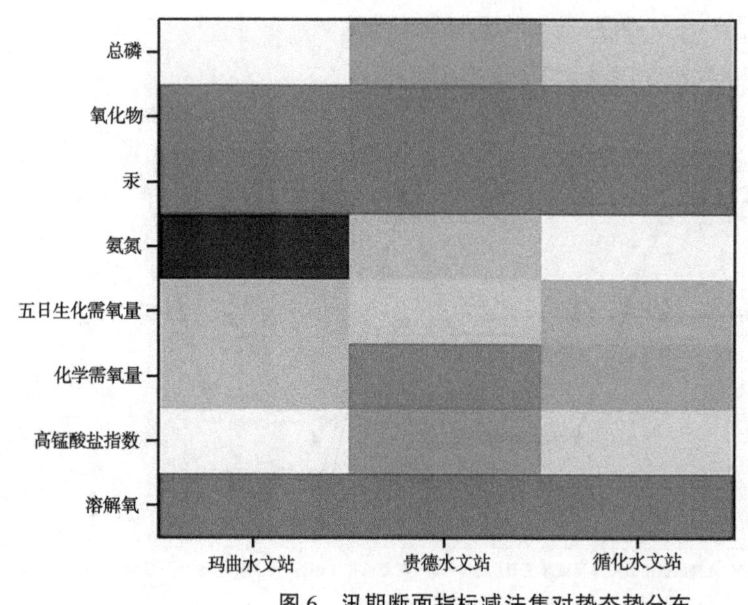

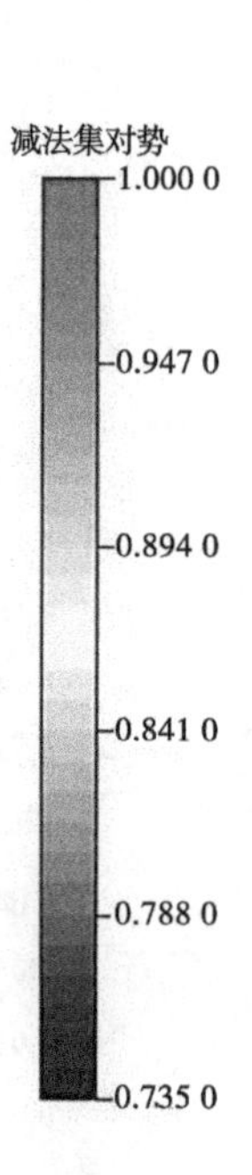

图 6　汛期断面指标减法集对势态势分布

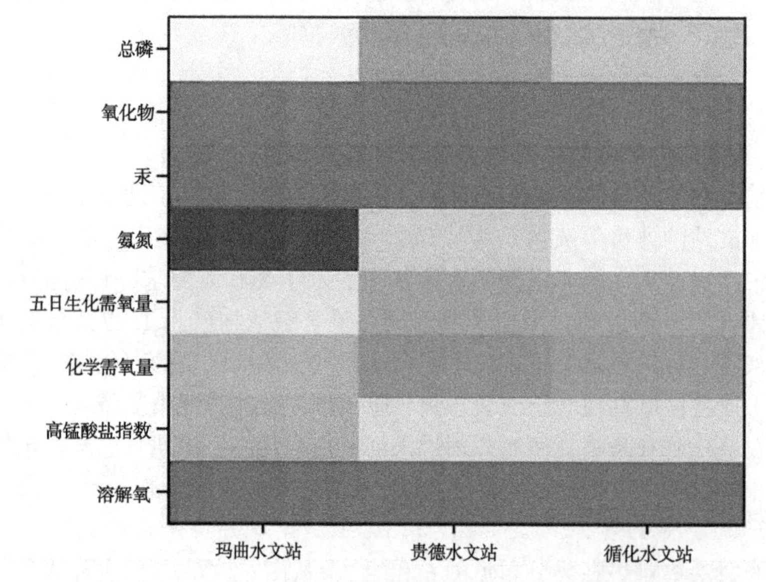

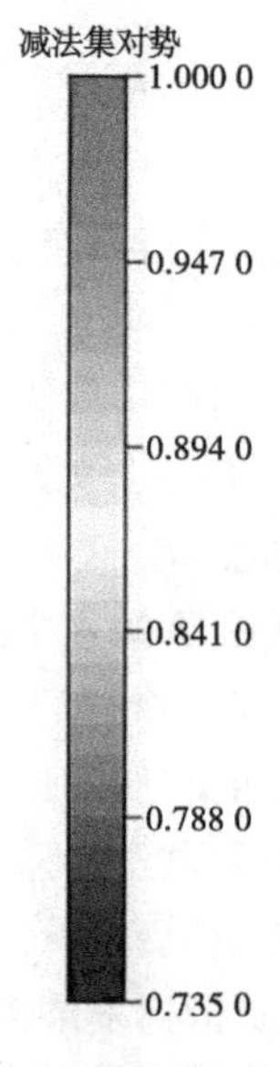

图 7　非汛期断面指标减法集对势态势分布

（1）从单指标角度分析，高锰酸盐指数指标和氨氮指标相较于其他指标，正发展态势较弱。高锰酸盐指数是反映水体受有机物及无机可氧化物质污染的综合指标[22]，当水体中藻类丰度较大时，高锰酸盐指数也会随之增大[23]；氨氮是水体中的主要耗氧污染物，农业排放的农药、化肥、工业废水、生活污水及禽畜养殖污水排放、雨水径流等都会引起氨氮含量增大[24]。

（2）在非汛期和汛期，所有水质指标在各断面均表现为同势，这表明黄河上游玛曲至循化段水体在各期内都为正向发展态势，总体态势较优。在汛期，玛曲断面的氨氮指标和贵德断面的高锰酸盐指数指标较其他指标正向发展态势稍弱；在非汛期，玛曲断面的氨氮和高锰酸盐指数指标较其他指标正向发展态势稍弱。在汛期，贵德断面高锰酸盐指数正向发展态势略弱的原因是在贵德水文站的上游建有龙羊峡水电站，水电梯级开发会让天然河流从急流河道型向静水型转变，河流的流速减缓，水中溶解氧降低，水体自净能力减弱[25]；汛期正值夏季，库区水体温度升高，环境适合水体中的藻类大量繁殖，水体中的藻类数量增多后，高猛酸盐指数也会随之增大。

（3）总体来看，三个站点的水质中，贵德水文站水质最好，其次是循化水文站，最后是玛曲水文站。玛曲水文站水质相对其他两个站点水质较差的原因主要有以下几点：①玛曲水文站地势平坦，水流较为平缓，水体透明度升高，营养盐累积等问题[26]；②受渔场营养物质排放等的影响，水体中营养物质含量偏高；③玛曲地处于青藏高原东北缘，高海拔和大地貌单元塑造的特殊气候条件，导致该地生态系统比较脆弱敏感，荒漠化等生态问题普遍出现，生态系统的破坏导致水环境状态变差[27]；④玛曲县内人口大多以藏族为主，畜牧生产是主要的生计方式。养殖业的无序发展、规模控制不当、禽畜粪便随地排放等现象，加重了入河污染负荷；⑤近几年玛曲县旅游业的发展对环境的影响也在加剧。

3.5 河段水体保护建议

通过分析黄河上游玛曲至循化段水质情况，针对目前该河段在水环境保护方面存在的问题和不足，提出黄河上游段水资源保护有关建议：①落实禁养区划定方案，优化畜禽养殖业布局和规模，加强禽畜养殖污染控制，制订措施，加强相关科技支撑；争取实施玛曲沙化草原综合治理、退化草原人工种草生态修复、退牧还草、加大草原保护执法监管力度。②深入开展禁挖野生药材、严禁破坏草原植被、禁牧等执法活动，科学利用草场。③强化上游意识，将建设黄河上游水源涵养国家级创新示范区为目标，扛起上游责任。将乡村振兴和文旅相结合，完善旅游设施，挖掘和开发旅游资源，为保护黄河、保护草原提供有力的产业支撑。④开展跨流域生态补偿试点，开展横向生态补偿工作，在改善上下游生态环境的同时供给优质生态产品。

4 结论

集对分析法可为水资源的高质量保护和高效治理提供有效参考，本文基于黄河上游玛曲至循化段8年的水质资料，构建了耦合权重的五元集对分析模型，对该河段水质进行了分析研究，并结合五元减法集对势对各站点指标的发展态势做出了分析预测，得到了如下结论：

（1）总体来看，黄河上游玛曲至循化段水质总体上满足Ⅱ类水质要求，水质情况良好，可以满足水环境功能基本要求。三个站点的水质中，贵德水文站水质最优，非汛期水质达到Ⅰ类水质要求，玛曲水文站水质相对较差，汛期和非汛期水质均为Ⅱ类。原因可能是贵德县生态治理和环境保护工作更加完善和突出，而玛曲县的自然地理环境、游牧禽畜养殖、垃圾处理、水土流失现象等方面因素对水质影响较大。

（2）从时间角度看，各测站非汛期水质明显优于汛期水质。出现该现象的原因是各测站所属区域均存在水土流失、农药化肥使用量大、禽畜养殖不规范、汛期藻类繁殖等问题。

（3）从单指标角度看，高锰酸盐指数指标和氨氮指标相较于其他指标，正发展态势较弱。水体中藻类的含量增高引起高锰酸盐指数指标增大，水土流失、农业施肥、畜牧业和渔业养殖等因素引起氨氮含量增大。

（4）基于五元减法集对势的集对分析方法能够客观、精准地反映水质等级，与实际相符，对各指标的发展态势有科学合理的预测，该方法在水质分析中体现了较好的适用性。

参考文献

[1] 刘彦龙，郑易安．黄河干流水质评价与时空变化分析［J］．环境科学，2022，43（3）：1332-1345.

[2] 焦士兴，许萍．水环境质量的综合评价方法研究［J］．云南地理环境研究，2004（2）：63-66.

[3] 景朝霞，夏军，张翔，等．汉江中下游干流水质状况时空分布特征及变化规律［J］．环境科学研究，2019，32（1）：104-115.

[4] 杜娟娟，李荣峰．基于单因子指数法的沁河水质评价与分析［J］．山西水利科技，2015（4）：62-64.

[5] 毛飞剑，何义亮，徐智敏，等．基于单因子水质标识指数法的东江河源段水质评价［J］．安全与环境学报，2014，14（5）：327-331.

[6] 张富康，冯民权．基于熵权综合污染指数法的汾河中游水质分析［J］．人民黄河，2022，44（5）：109-114，120.

[7] 张洁，焦树林，赵梦，等．贵州百花湖流域主要地表河流水质评价分析［J］．人民长江，2021，52（6）：13-19.

[8] 宁阳明，尹发能，李香波．基于综合污染指数法和灰关联分析法的长江黄石段水质评价［J］．湖北师范大学学报（自然科学版），2020，40（3）：39-46.

[9] 乔雨，梁秀娟，王宇博，等．组合权重模糊数学法在水质评价中的应用［J］．人民黄河，2015，37（5）：77-79.

[10] 张振珠，李亚．模糊数学法在化工区地下水水质评价中的应用［J］．环境保护，1991（3）：18-20，8.

[11] 江春波，张明武，杨晓蕾．华北衡水湖湿地的水质评价［J］．清华大学学报（自然科学版），2010，50（6）：848-851.

[12] 陈昌亮，肖长来，赵琳琳，等．白城市地下水质量现状评价［J］．人民黄河，2013，35（11）：38-40.

[13] 杜书栋，关亚楠，李欣，等．基于熵权法改进的综合污染指数的水质评价——以白云湖为例［J］．环境科学学报，2022，42（1）：205-212.

[14] 赵克勤．集对分析及其初步应用［M］．杭州：浙江科学技术出版社，2000.

[15] XIANG Wei qi，YANG Xiao hua，LI Yu q. A set pair analysis model for suitability evaluation of human settlement environment［J］. Thermal Science，2021，25（4）：2109-2116.

[16] 刘童，杨晓华，赵克勤，等．基于集对分析的水资源承载力动态评价——以四川省为例［J］．人民长江，2019，50（9）：94-100.

[17] 朱恒华，刘治政，贾超，等．熵权-集对分析法在大武地下水水质评价中的应用［J］．地下水，2021，43（2）：11-16.

[18] 金菊良，沈时兴，郦建强，等．基于联系数的区域水资源承载力评价与诊断分析方法［J］．华北水利水电大学学报（自然科学版），2018，39（1）：1-9.

[19] 金菊良，吴开亚，魏一鸣．基于联系数的流域水安全评价模型［J］．水利学报，2008（4）：401-409.

[20] 金菊良，李征，陈梦璐，等．基于五元减法集对势的山东省旱情动态评价［J］．人民黄河，2021，43（3）：63-68，83.

[21] 陈晓峰，周伟杰，钮伟民，等．环太湖流域藻类密度和主要污染指标的相关性研究［J］．环境与健康杂志，2011，28（5）：422-424.

[22] 陈连炳．水环境高锰酸盐指数监测的研究［J］．低碳世界，2021，11（11）：13-14.

[23] 杨琛，李强．北方中小河流春季 pH 值和高锰酸盐指数超标情况分析与对策［J］．中国新技术新产品，2020（17）：134-135.

[24] 阳成贵．导致河道水中氨氮和总磷超标的主要污染物成因及防治探析［J］．环境与发展，2018，30（4）：143，145.

[25] 陈建发，颜斐进，方胜强，等．梯级电站建设运营对下游水质的影响［J］．长江大学学报（自然科学版），

2012，9（1）：47-49，6.
[26] 赵梦瑶，梁恩航，陈颖，等．黄河玛曲至临河段硅藻群落组成及水质评价［J］．北京大学学报（自然科学版），2022，58（1）：169-176.
[27] 王新源，兰芳芳，马仲武，等．治沙措施通过植物群落的质量效应驱动土壤因子变化——以玛曲高寒草甸沙化区为例［J］．生态学报，2023（1）：1-12.

宜春市重要湖泊水生态现状调查评价及建议

廖　凯[1,2]　龙　彪[1,2]　易袁姝楠[1,2]　周明春[3]　杨艺涵[1,2]　吴绍云[1,2]

（1. 赣江下游水文水资源监测中心，江西宜春　336000；
2. 江西省鄱阳湖水文生态监测研究重点实验室，江西南昌　330002；
3. 生态环境部长江流域生态环境监督管理局生态环境监测与科学研究中心，湖北武汉　430000）

摘　要：本文以江西省宜春市境内 3 个 1 km^2 以上湖泊为研究对象，分别在 2021 年春秋两个季度对湖泊的水质状况、浮游植物、浮游动物、底栖动物进行了调查，涵盖常见理化指标、群落结构、物种组成、生物多样性等内容。针对调查结果进行了相关评价，并基于评价结果和实地考察情况提出了相应的对策建议。

关键词：水质；水生态；湖泊管理；群落结构

1　引言

近年来，随着经济社会的快速发展和城镇化进程的加快，湖泊数量减少[1]、湖泊面积萎缩[2]、湖泊水体污染[3]、水体环境变差[4]、生态系统退化[5] 等问题也日益突出。为摸清宜春市重要湖泊水生态环境现状，加强河长制、湖长制考核，支撑河湖生态保护和修复，对辖区内大于 1 km^2 的 3 个湖泊开展水生态调查监测工作，系统调查了水质状况、浮游植物、浮游动物、底栖动物等内容，进行相应评价分析，提出了相关建议。

2　研究区域与调查方法

2.1　区域概况

江西省宜春市为长江中游城市群重要成员，位于江西省西北部，地处东经 113.90°~116.45°，北纬 27.55°~29.10°。东境与南昌市接界，东南与抚州市为邻，南陲与吉安市及新余市毗连，西南与萍乡市接壤，西北与湖南省的长沙市及岳阳市交界，北与九江市相邻，总面积 18 670 km^2。本次共调查宜春市区管辖范围内 1 km^2 以上的 3 个重要湖泊——药湖、浠湖、毛坊湖。

所调查的 3 个湖泊均未通江，其中面积最大的湖泊为药湖（6.08 km^2），其次为浠湖（3.11 km^2），最小的湖泊为毛坊湖（2.50 km^2），主要功能均为渔业养殖。所调查的湖泊及采样位置如图 1 所示。

2.2　监测指标

水生态调查监测指标包括 pH 值、总氮（TN）、总磷（TP）、氨氮（NH_3-N）、亚硝酸盐氮、溶解氧（DO）、高锰酸盐指数（COD_{Mn}）等水质指标，以及浮游植物、浮游动物、底栖动物等水生态内容。

2.3　调查时间与方法

2021 年度对宜春市的 3 个湖泊开展了 2 次水生态调查监测，野外调查时间分别为春季（2021 年 4 月）和秋季（2021 年 10 月）。

根据《水环境监测规范》（SL 219—2013）、《渔业生态环境监测规范》（SC/T 9102—2007）、《水

作者简介：廖凯（1992—），男，助理工程师，主要从事水质、水生态监测及评价工作。

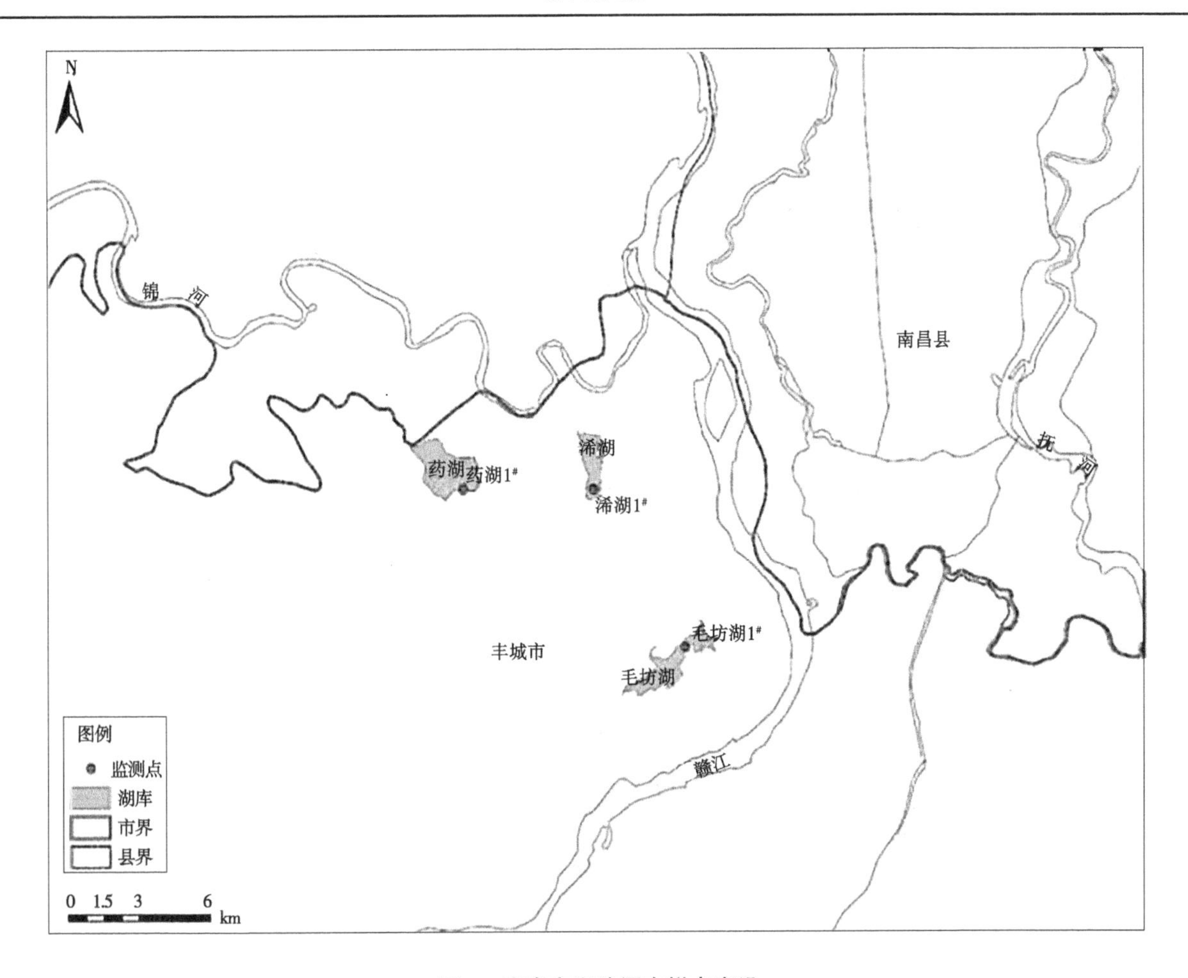

图1 宜春市湖泊调查样点布设

质 湖泊和水库采样技术指导》（GB/T 14581—93）等相关标准规范进行水质水生态监测。

2.4 评价方法

2.4.1 水质指标评价

选取《地表水环境质量标准》（GB 3838—2002）为评价标准，采用单因子进行评价，根据参评指标中类别最高的一项确定为该断面的水质状况。参评的水质指标有 pH 值、溶解氧、高锰酸盐指数、氨氮、总磷共5项。

2.4.2 富营养化评价

采用《地表水资源质量评价技术规程》（SL 395—2007）对湖泊水体富营养化状况进行评价，以叶绿素 a、总磷、总氮、透明度、高锰酸盐指数为富营养化状况评价指标。采用线性插值法将水质项目浓度值转换为赋分值。

2.4.3 浮游植物评价

浮游植物数量是反映湖泊状况的重要指标，藻类密度的高低可直接指示湖泊浮游植物状况。藻类密度指单位体积湖泊水体中的藻类个数。根据《河湖健康评估技术导则》（SL/T 793—2020），采用分段插值法确定浮游植物密度赋分值，具体赋分标准见表1。

表1 湖泊浮游植物密度赋分标准

浮游植物密度/（万个/L）	≤40	100	200	500	1 000	2 500	≥5 000
赋分	100	75	60	40	30	10	0

3 调查现状

3.1 水质现状

毛坊湖因秋季干涸未采集到水样，其余湖泊均在 4 月、10 月采样。pH 值变化幅度为 6.6~7.1，溶解氧变化幅度为 6.7 ~7.5 mg/L，总氮变化幅度为 0.87 ~2.62 mg/L，总磷变化幅度为 0.024 ~0.112 mg/L，氨氮变化幅度为 0.131 ~0.802 mg/L，高锰酸盐指数变化幅度为 2.5 ~9.2 mg/L。详细水质指标监测成果如表 2 所示。

表 2 水质指标监测成果

湖泊名称	监测项目						
	时间	pH 值	DO/（mg/L）	TN/（mg/L）	TP（mg/L）	NH_3-N/（mg/L）	COD_{Mn}/（mg/L）
毛坊湖	春季	7.0	7.5	2.01	0.027	0.514	2.5
	秋季	因干涸未采样					
浠湖	春季	6.8	7.4	2.42	0.024	0.718	3.8
	秋季	6.7	7.2	2.14	0.085	0.802	7.6
药湖	春季	7.1	6.7	0.87	0.044	0.212	3.2
	秋季	6.6	7.2	2.62	0.112	0.131	9.2

3.2 浮游植物

2021 年宜春市 3 个湖泊浮游植物群落结构组成见图 2，春季种类数为 38 种，秋季种类数为 39 种，春季甲藻门、蓝藻门种类数高于秋季。全年浮游植物种类数 41 种，其中绿藻门占浮游植物种类数比例最高为 33%，其次为硅藻门占比 27%，蓝藻门占比 24%，甲藻门占比 7%，隐藻门占比 5%，金藻门和裸藻门占比均为 2%。

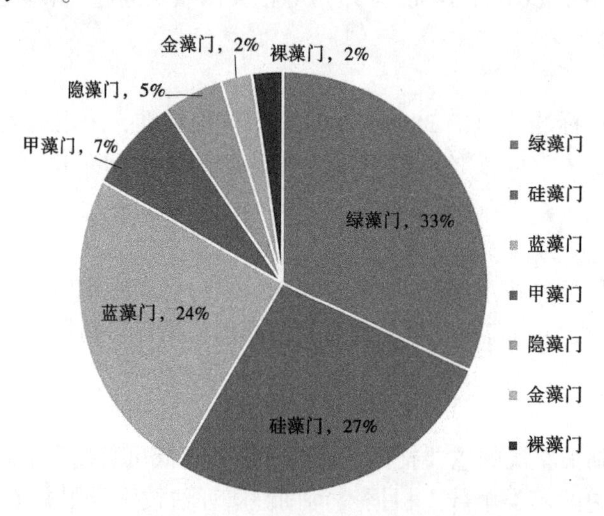

图 2 湖泊浮游植物群落结构组成

春季浮游植物密度变幅介于 412.3 万~4 752.1 万 cells/L，平均密度为 2 298.7 万 cells/L。秋季浮游植物密度变幅介于 1 878.8 万~1 929.0 万 cells/L，平均密度为 1 903.9 万 cells/L。浠湖春季浮游植物的平均密度低于秋季浮游植物的平均密度，药湖春季浮游植物的平均密度高于秋季浮游植物的平均密度。

3.3　浮游动物

各湖泊春季种类数（不含无节幼体）为16种，秋季种类数（不含无节幼体）为14种，全年种类数（不含无节幼体）为20种。全年浮游动物（不含无节幼体）群落结构组成中原生动物占30%、轮虫占35%、枝角类占25%、桡足类占10%。

各湖泊浮游动物生物密度如图3所示，春季浮游动物生物密度总体介于2 136~4 428 ind./L，平均密度为2 919 ind./L。其中，药湖浮游动物生物密度最高，浠湖浮游动物生物密度最低。秋季浮游动物生物密度介于5 622~38 205 ind./L，平均密度为21 914 ind./L。其中，浠湖浮游动物生物密度最高，药湖浮游动物生物密度最低（毛坊湖因干涸无监测数据）。秋季浮游动物平均生物密度高于春季浮游动物平均生物密度。

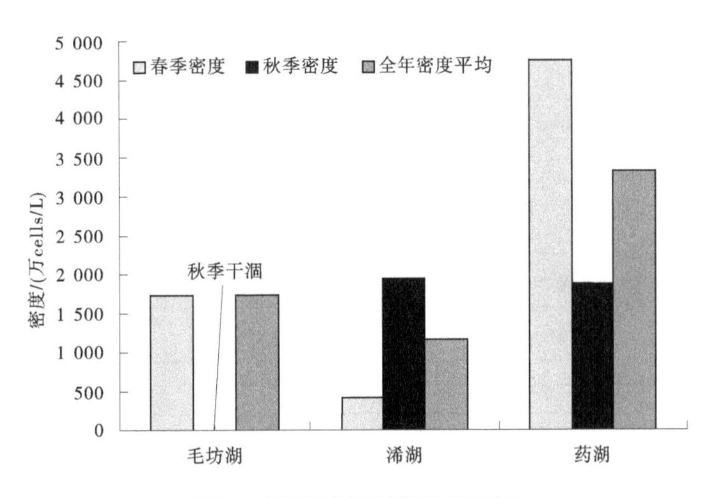

图3　各湖泊浮游动物生物密度

所调查的3个湖泊春季浮游动物物种数变动介于9~12种，Shannon-Wiener指数变动介于1.238~1.577，其中毛坊湖浮游动物多样性最高，其次是浠湖，药湖最低；秋季浮游动物物种数变动介于9~12种（毛坊湖因干涸无监测数据），Shannon-Wiener指数变动介于0.922 8~1.331，其中浠湖浮游动物多样性最高，其次是药湖。

3.4　底栖动物

春季共检出底栖动物13种，其中寡毛类4种、软体动物2种、水生昆虫7种。从组成来看，毛坊湖底栖动物种类数较多，有8种；浠湖和药湖的种类数均为4种。就底栖动物类群而言，春季寡毛类占比31%，软体动物占比15%，水生昆虫占比54%。秋季毛坊湖和浠湖共检出底栖动物8种，药湖未采样。其中寡毛类3种、软体动物2种、水生昆虫3种。从组成来看，毛坊湖种类数较多，有5种；其次为浠湖，有4种。就底栖动物类群而言，秋季寡毛类占比37%，水生昆虫占比38%，软体动物占比25%。底栖动物名录见表3。

表3　底栖动物名录

种类	Taxa	毛坊湖	浠湖	药湖
环节动物门	Annelida			
寡毛纲	Oligochaeta			
克拉泊水丝蚓	*Limnodrilus claparedeianus*	*		
水丝蚓属	*Limnodrilus* sp.	*		
巨毛水丝蚓	*Limnodrilus grandisetosus*		*	
仙女虫属	*Nais* sp.	*		

续表 3

种类	Taxa	毛坊湖	浠湖	药湖
苏氏尾鳃蚓	*Branchiura sowerbyi*	*		
节肢动物门	Arthropoda			
昆虫纲	Insecta			
雕翅摇蚊属	*Glyptotendipes* sp.			*
小摇蚊属	*Microchironomus* sp.		*	
长足摇蚊属	*Tanypus* sp.	*	*	
摇蚊属	*Chironomus* sp.	*	*	*
枝角摇蚊属	*Cladopelma* sp.	*		
隐摇蚊属	*Cryptochironomus* sp.			*
划蝽科	Corixidae	*		
蠓科	Ceratopogonidae	*		
软体动物门	Mollusca			
腹足纲	Gastropoda			
梨形环棱螺	*Bellamya purificata*	*	*	*
凸旋螺	*Gyraulus convexiusculus*		*	
瓣鳃纲	Lamellibranchia			
圆背角无齿蚌	*Anodonta woodiana pacifica*		*	

注：*表示有分布。

春季底栖动物密度变幅为1 012~1 472 ind./m^2，平均值为1 209 ind./m^2，其中药湖底栖动物密度最高，其次为浠湖，毛坊湖最低。底栖动物生物量变幅为3.256~60.544 g/m^2，平均值为22.469 g/m^2，其中药湖底栖动物生物量最高，其次为浠湖，毛坊湖底栖动物生物量最低。秋季底栖动物密度变幅为96~608 ind./m^2，平均值为352 ind./m^2，其中毛坊湖底栖动物密度较高，浠湖较低。底栖动物生物量变幅为38.528~146.048 g/m^2，平均值为92.288 g/m^2，其中浠湖底栖动物生物量较高，毛坊湖底栖动物生物量较低。

春季宜春市3个湖泊物种数变动为4~8种，Shannon-Wiener指数变动为0.740~1.724，其中毛坊湖底栖动物多样性最高，其次是浠湖，药湖最低。秋季宜春市2个湖泊物种数变动为4~5种，Shannon-Wiener指数变动为0.890~1.242，其中浠湖底栖动物多样性较高，毛坊湖较低。

4 评价结果

4.1 水质评价

对水质监测指标进行评价[6]，各湖泊各时期在总氮参评下均为劣Ⅴ类水质。总氮不参评情况下：春季毛坊湖、浠湖和药湖水质类别评价均为Ⅲ类；秋季毛坊湖因干涸无监测数据，浠湖水质类别评价为Ⅳ类（总磷超标70%、高锰酸盐指数超标30%），药湖为Ⅴ类（总磷超标1.2倍、高锰酸盐指数超标50%）；全年毛坊湖水质类别均为Ⅲ类，浠湖、药湖水质类别均为Ⅳ类。

4.2 富营养化评价

按照富营养化评价方法对毛坊湖、浠湖和药湖进行评价[7]，各湖泊均出现不同程度的富营养化。

其中，春季毛坊湖、浠湖、药湖均为轻度富营养，秋季浠湖、药湖均为中度富营养。全年毛坊湖为轻度富营养，浠湖、药湖均为中度富营养。

4.3 浮游植物密度评价

根据浮游植物密度指标的赋分标准[8]，各湖泊赋分值均低于60分，浮游植物密度过高。春季3个湖泊赋分值为1.0~45.8分，其中浠湖赋分值最高，药湖赋分值最低；秋季湖泊赋分值为17.6~18.3分，其中，药湖赋分值最高，浠湖赋分值最低。全年浮游植物密度指标赋分情况：毛坊湖20.2分（不健康）、浠湖27.7分（不健康）、药湖6.7分（病态）。

4.4 原因分析

各湖泊水生态调查状况不是很理想，结合实地考察情况，可能有以下几个原因：

（1）三个湖泊均处于城区，受人类活动影响较大，如农业生产、养殖捕捞等均对湖泊生态状况造成影响，导致浠湖、药湖水质总磷、高锰酸盐指数等监测指标超标。

（2）浠湖、药湖湖区有不同程度的死鱼现象，具体原因未明。死鱼现场的产生本身代表生态系统出现一定问题，而系统中分解者不能及时处理死鱼又将导致水体进一步恶化，造成水体有害菌群繁殖及富营养化，加剧水生态环境恶化，造成恶性循环。

（3）毛坊湖秋季出现干涸，对于水生态生物影响较大，环境发生巨大变化，许多水生生物会出现不同程度的伤亡，极大地影响了水生态健康状况，降低了秋季生物多样性。

5 结语

（1）对宜春市3个1 km^2以上的湖泊进行水生态调查，初步摸清了湖泊水质水生态现状，掌握了浮游动植物、底栖动物群落结构、种群密度等信息。水质、富营养化、浮游植物密度等指标评价结果表明：3个湖泊的水质类别均有不同程度的超标，并呈现一定的富营养化，普遍存在浮游植物密度过大等问题。同时在现场调查中也发现三个湖泊受人类活动影响较大，生态环境较不好，部分湖泊还有死鱼、干涸等异常状况。

（2）针对这些问题，建议加强湖泊管理，减少人为活动带来的不利影响，尤其是控制氮磷等营养盐的输入；同时及时关注湖泊状况，进一步探究死鱼的原因，当出现异常情况时及时处理；积极探索制定湖泊生态水位，保持湖泊必要的水面宽度和水位高度，在水位低时适当引水防止干涸；切实维护生态平衡，构建合理的生物群落结构，降低生态风险。

参考文献

[1] 朱志龙．建国以来湖北省湖泊变迁综述［C］//中国科学技术协会，湖北省人民政府．健康湖泊与美丽中国——第三届中国湖泊论坛暨第七届湖北科技论坛论文集．武汉：湖北科学技术出版社，2013：321-325.

[2] 吴昊．大庆市湖泊面积退缩特征分析［D］．哈尔滨：东北农业大学，2020.

[3] 黄兰兰，吕文杰，郑元昊，等．开封城市湖泊水污染现状研究［J］．环境科学导刊，2020，39（1）：10-16.

[4] 徐锦前，钟威，蔡永久，等．近30年长荡湖和滆湖水环境演变趋势［J］．长江流域资源与环境，2022，31（7）：1641-1652.

[5] 徐力刚，谢永宏，王晓龙．长江中游通江湖泊洪泛湿地生态环境问题与研究展望［J］．中国科学基金，2022，36（3）：406-411.

[6] 国家环境保护总局．地表水环境质量标准：GB 3838—2002［S］．北京：中国环境科学出版社，2002.

[7] 水利部水文局．地表水资源质量评价技术规程：SL 395—2007［S］．北京：中国水利水电出版社，2007.

[8] 中国水利水电科学研究院．河湖健康评估技术导则：SL/T 793—2020［S］．北京：中国水利水电出版社，2020.

大型底栖动物 BMWP 指数在济南河流的应用

王帅帅[1] 商书芹[1] 刘 鹏[1] 曹龙智[1] 郭 伟[1] 谭 璐[1] 殷旭旺[2]

（1. 济南市水文中心，山东济南 250014；
2. 大连海洋大学水产与生命学院，辽宁大连 116023）

摘 要：为研究大型底栖动物 BMWP 指数在济南河流健康评价的应用性，于 2021 年 5 月和 9 月，在济南市 7 条河流设置 14 个采样点，进行大型底栖动物调查，并同期检测水环境指标。结果表明：①济南市河流春季 BMWP 指数明显好于秋季；济南南部和中部河流，BMWP 指数优于济南北部河流。②BMWP 指数对济南市河流健康情况具有较好的指示性。③BMWP 指数对济南市河流的机污染有较好的指示性。

关键词：大型底栖动物；BMWP 指数；河流健康评价；济南

大型底栖动物是河流生态系统中的重要生物类群，具有维系河流生态系统结构和功能的重要作用[1-2]。基于大型底栖动物对河流湖泊等水体开展水生态健康评价的方法已被广泛应用[3-5]。大型底栖动物于 1978 年首次在英国被提出，之后被全球多个国家（泰国、土耳其、西班牙、巴西等）进行修订及应用[6-10]。国内应用 BMWP（biological monitoring working party）指数评价水体健康程度研究较少，仅在珠江[11]、太子河[12]、龙岗河[1] 等部分水域开展过相关研究。近年来，针对济南大型底栖动物研究较多，但主要基于 B-IBI 指数开展济南市水体健康评价[11-15]，对 BMWP 指数未见研究。

BMWP 指数采用科级水平的分类和鉴定结果来快速评价水体健康情况。根据大型底栖动物特性，分别赋予 1~10 分，对样点出现的敏感物种分别赋分，加和后即为样点的 BMWP 指数得分。BMWP 指数分值越高，说明样点健康状况越好[11-12]。本研究基于 2021 年济南市流域大型底栖动物调查结果，应用 BMWP 指数对济南市 7 条主要河流开展健康评价，验证 BMWP 指数评价法在济南市河流健康评价中的应用性。

1 材料和方法

1.1 采样时间及采样点设置

2021 年 5 月和 9 月，对济南市玉符河、大汶河、北大沙河、护城河、小清河、沙河、徒骇河开展 2 次大型底栖动物调查，7 条河流共设置 14 个监测点位，采样点分布如图 1 所示。

1.2 大型底栖动物及水环境指标监测方法

在济南市 7 条主要河流共设置 14 个监测点位，在所选定点位的 100 m 范围之内，使用彼得逊采泥器随机采集 2 个平行样本。将网内所采集之物经过 60 目的网筛转入 300 mL 塑料瓶中，并加入 90%的酒精保存以待鉴定。在实验室内，采用人工挑拣的方法，将底栖动物样品转入 200 mL 的广口塑料瓶中，同时加入 95% 的酒精溶液保存待检。在显微镜或解剖镜下进行分类和计数，样品尽量鉴定到属或种[16-18]。

基金项目：山东省水利厅、山东省财政厅“水生态文明试点科技支撑计划”（SSTWMZCJH-SD02）；辽宁省兴辽英才计划项目（XLYC1807228）。

作者简介：王帅帅（1989—），男，工程师，主要从事水生态监测与保护工作。

通信作者：殷旭旺（1980—），男，教授，主要从事水域生态学研究工作。

图 1　济南河流大型底栖动物采样点分布

水环境指标检测使用 A329 型多参数测定仪现场检测水温、pH 值、电导率、溶解氧指标，使用 2100Q 型浊度仪检测浊度指标。氨氮、高锰酸盐指数、总磷指标采集样品带回实验室按照标准方法检测[19-20]。

1.3　BMWP 指数计算

$$\mathrm{BMWP} = \sum t_i$$

式中：t_i 为样点中出现的物种的科一级敏感值。

物种的科一级敏感值范围为1~10，对样点中所出现物种的科级敏感值求和即为该样点BMWP指数得分，BMWP指数分越高，代表本样点健康程度越好。本研究采用的科级敏感值参考水利部《全国重点水域水生态监测工作方案（试行）》中规定标准，并参考了国内其他地区耐污值的相关研究[1,12]，在结合济南地区特点和专家意见后对济南市大型底栖动物科级敏感值进行修订应用，见表1。

表1　济南市大型底栖动物科级敏感值

敏感值	济南市大型底栖动物
10	扁蜉科、蜉蝣科、细裳蜉科、盖蝽科
9	扁泥虫科
8	蜓科、大蜓科、溪蟹科
7	四节蜉科
6	纹石蛾科、鳌虾科、田螺科、豆螺科、蚬科、蚌科
5	蝎蝽科、划蝽科、仰泳蝽科、蚋科、龙虱科、长臂虾科、匙指虾科
4	负子蝽属
3	膀胱螺科、拟沼螺科、石蛭科、颚蛭科、吻蛭科、舌蛭科
2	沙蛭科
1	颤蚓科

1.4　数据整理、分析和处理

本研究中，使用Excel 2010对数据进行整理和计算，使用ArcGIS10.2软件绘图。

2　结果分析

2.1　济南市河流水环境指标评价结果

依据《地表水环境质量标准》（GB 3838—2002）评价济南市7条河流各监测点位水质，结果见表2。水环境指标评价结果表明，济南市河流中，玉符河、护城河水质较好，均优于Ⅲ类水标准；大汶河、小清河次之，部分点位超过Ⅲ类水标准；沙河、徒骇河水质最差，每个点位水质都超过Ⅲ类水标准。主要污染指标为氨氮和高锰酸盐指数。

表2　济南市河流水环境指标评价结果

河流	点位名称	采样时间		超Ⅲ类指标
		春季	秋季	
护城河	西门桥		Ⅱ	
	大明湖		Ⅱ	
玉符河	并渡口	Ⅱ	Ⅱ	
	宅科		Ⅱ	
北大沙河	崮山	Ⅱ	Ⅲ	
小清河	吴家堡		Ⅳ	氨氮
	睦里庄	Ⅱ	Ⅱ	
	五龙堂	Ⅲ	Ⅴ	氨氮
	黄台水文站	Ⅳ	Ⅲ	

续表 2

河流	点位名称	采样时间		超Ⅲ类指标
		春季	秋季	
大汶河	王家洼		Ⅱ	
	莱芜	Ⅳ	Ⅱ	高锰酸盐指数
	站里	Ⅱ	Ⅱ	
沙河	刘家堡桥		Ⅳ	高锰酸盐指数
徒骇河	营子闸	Ⅳ	Ⅳ	高锰酸盐指数

注：未监测点位无数据。

2.2 济南市河流大型底栖动物群落结构分析

2021年，济南市河流共发现大型底栖动物39属（种），隶属于3门6纲11目19科。其中，软体动物门最多，有19种，占底栖动物总数的48.7%；节肢动物门次之，有15种，占38.5%；环节动物门最少，只有5种，占12.8%。

2.3 济南市河流健康评价

本文中，结合济南市河流调查的大型底栖动物数据及相关研究结果，主要借鉴冷龙龙等[21]在浑河、太子河流域相关研究中采用的划分方法，将BMWP指数划分为五个等级，分别为：≥81为健康、51~80为良好、25~50为一般、10~24为差、0~9为极差。

根据上述评价标准，通过计算济南市河流2021年BMWP指数对其进行健康评价，评价结果见表3。结果显示，从监测河流来看，7条河流中达到健康级别的有3条，其余4条河流为一般。从监测点位来看，14个监测点位中，达到良好级别的有4个、一般的有5个、差的有1个、极差的有4个。造成河流评价结果优于点位评价结果的原因是评价河流时汇总一条河流多个点位大型底栖动物数据，所以河流大型底栖动物数据出现次数多于单个监测点位出现次数，BMWP指数得分相应变高。

表3 济南市河流 BMWP 指数

河流	点位名称	采样时间		各点位年度BMWP指数	河流年度BMWP指数
		春季	秋季		
护城河	西门桥		0	0	29
	大明湖		29	29	
玉符河	并渡口	46	37	77	81
	宅科		4	4	
北大沙河	崮山	23	14	37	37
小清河	吴家堡		18	18	110
	睦里庄	62	6	68	
	五龙堂	35	30	59	
	黄台水文站	35	9	38	
大汶河	王家洼		0	0	89
	莱芜	36	21	54	
	站里	25	12	37	
沙河	刘家堡桥		9	9	30
徒骇河	营子闸	33	14	47	43

注：未监测点位无数据。

2.4 济南市河流 BMWP 指数分析

由济南市河流春、秋两季各点位 BMWP 指数季度变化（见图 2）可知，春季 BMWP 指数明显好于秋季；由济南市河流各点位 BMWP 指数空间变化可知，济南南部黄河流域和中部的淮河流域河流，BMWP 指数优于济南北部的海河流域河流。

图 2　济南河流春秋两季各点位 BMWP 指数变化

3 讨论

3.1 BMWP 指数与水质评价结果比较分析

以 pH 值、溶解氧、总磷、氨氮、高锰酸盐指数 5 项常规水质指标评价济南河流水质的结果与 BMWP 指数评价河流健康情况比较，可知 BMWP 指数评价结果与水质评价结果总体来说较为一致。BMWP 指数高的玉符河、大汶河，水质评价结果也较好；BMWP 指数较低的沙河和徒骇河，水质评价结果也较差。从超标项目来看，对于高锰酸盐指数污染的河流，BMWP 指数响应十分明显；氨氮项目超标的河流，响应并不明显。从不同类型河流来看，受人类影响较大的河流，BMWP 指数评价结果与水质评价结果一致性较差。分析原因可能是护城河河底硬化且定期清淤，导致大型底栖动物生境破坏，无法准确反映河流健康情况。

3.2 BMWP 指数适用性分析

通过大型底栖动物 BMWP 指数评价济南市河流健康情况结果来看，BMWP 指数对济南市河流水质有一定指示作用。总体来说，随着水质变差，BMWP 指数也会随之降低。但 BMWP 指数在受人类影响大的河流健康评价时，指示作用不明显。护城河水质评价结果为Ⅱ类水，但 BMWP 指数评价结果为一般。

4 结论

本研究通过对比水质评价结果与 BMWP 指数评价结果可知，BMWP 指数对于高锰酸盐指数指征的有机污染有较好的指示性，此结论与其他科研人员相关研究结论一致[1,16]。通过计算济南市河流 BMWP 指数并进行河流健康评价，从评价结果来看，BMWP 指数对于济南市河流具有较好的指示性。综上所述，BMWP 指数在济南市河流健康评价中具有较强应用性。

参考文献

[1] 渠晓东，陈军，陈皓阳，等．大型底栖动物快速生物评价指数在城市河流生态评估中的应用［J］．水生态学杂志，2021，42（3）：14-22.

[2] STEINBERG D K，CONDON R H. Zooplankton of the York River［J］．Journal of Coastal Research，2009，57：66-79.

[3] 池仕运，竺维佳，施练东，等．应用底栖动物完整性指数评价水源地水库溪流健康状态［J］．水生态学杂志，2012，33（2）：16-25.

[4] 都雪，杨敬爽，宋聃，等．查干湖大型底栖动物群落结构及与环境因子的关系［J］．水产学杂志，2020，33（6）：61-67.

[5] Rosenberg D M，Resh V H. Freshwater biomonitoring and benthic macroinverterbrates［M］．New York：Chapman and Hall，1993.

[6] HELLAWELL J M. Biological indicators of freshwater pollution and environmental management［M］．Amsterdam：Elsevier Applied Science Publishers，1986.

[7] COTA L，GOULART M，MORENO P，et al. Rapid assessment of river water quality using an adapted BMWP index：a practical tool to evaluate ecosystem health［J］．Internationale Vereinigung fur Theoretische und Angewandte Limnologie Verhandlungen，2003，28（4）：1713-1716.

[8] ALBA-TERCEDOR J，SÁNCHEZ-ORTEGA A. Un método rápido y simple para evaluar la calidad biológica de las aguas corrientes basado en el de Hellawell（1978）［J］．Limnetica，1988，4：51-56.

[9] ZEYBEK M，KALYONCU H，KARAKAŞ B，et al. The use of BMWP and ASPT indices for evaluation of water quality according to macroinvertebrates in De irmendere Stream（Isparta，Turkey）［J］．Turkish Journal of Zoology，2014，38（5）：603-613.

[10] MUSTOW S E. Biological monitoring of rivers in Thailand：use and adaptation of the BMWP scor［J］．Hydrobiologia，2002，479（1/3）：191-229.

[11] 刘玉，VERMAAT J E，RUYTER E D D，等．ISO-BMWP 底栖动物 监测法在中国河流有机污染评价中的修正及应用［J］．中山大学学报（自然科学版），2004，43（4）：102-105.
[12] 冷龙龙，张海萍，张敏，等．大型底栖动物快速评价指数 BMWP 在太子河流域的应用［J］．长江流域资源与环境，2016，25（11）：1781-1788.
[13] 马思琦，杨柏贺，王汨，等．基于底栖动物生物完整性指数 B-IBI 的济南地区水体健康评价［J］．长江大学学报（自然科学版），2019，16（11）：107-111，10.
[14] 封得华，李萌，王瑾，等．济南流域大型底栖动物群落生物完整性评价［J］．河北渔业，2018（12）：42-46，51.
[15] 曹龙智，李萌，商书芹，等．基于底栖动物完整性指数 B-IBI 的济南地区水环境健康评价［J］．河北师范大学学报（自然科学版），2018，42（2）：165-170.
[16] 王桢瑞．中国动物志—软体动物门—双壳纲［M］．北京：科学出版社，2002.
[17] 赵文．水生生物学［M］．北京：中国农业出版社，2005.
[18] 韩茂森，束蕴芳．中国淡水生物图谱［M］．北京：海洋出版社，1995.
[19] 水利部．水环境监测规范：SL 219—2013［S］．北京：中国水利水电出版社，2013.
[20] 中华人民共和国卫生部．生活饮用水标准检验方法：GB/T 5750—2006［S］．北京：中国标准出版社，2006.
[21] 冷龙龙，渠晓东，张海萍，等．不同大型底栖动物快速生物评价指数对河流水质指示比较［J］．环境科学研究，2016，29（6）：819-828.

深圳河干流浮游动物调查研究

刘国珍[1,2]　杨留柱[1,2]　吴门伍[1,2]

（1. 珠江水利委员会珠江水利科学研究院，广东广州　510610；
2. 水利部珠江河口治理与保护重点实验室，广东广州　510610）

摘　要：深圳河的生态环境直接影响到深港两岸，20 世纪 90 年代开始，深港联合开展了四期整治工程，深圳河干流的生态环境得到改善，为获取河流生态基础资料，以及为河流生态健康状况评价提供依据，通过开展深圳河干流浮游生物调查工作，统计冬季和夏季水生浮游动物的分布、种类、密度等参数，分析冬夏季浮游动物的变化特征，研究优势种群及种群时空分布特点。结果表明，浮游动物物种丰富度较低，冬季种群种类和密度均优于夏季，密度分布显示优势种群为原生动物类，种群分布在时空上有加大差异；同时，根据种群分布及特性，指导下一阶段的调查方向。

关键词：深圳河；浮游动物；种群

1　背景

深圳河位于珠江口伶仃洋东侧，东经 114°00′00″～114°12′50″、北纬 22°27′～22°39′，是深圳与香港特别行政区的界河，北侧为深圳，南侧为香港。

深圳河发源于沙湾河黄牛湖水库上游海拔 214. 5 m 的牛尾岭，后向西南流经深圳市区后注入深圳湾，全长 37 km，河道平均比降 1. 1‰，深圳河干流自深圳河口至三叉河口，深圳河干流地理位置及走向见图 1。

图 1　深圳河干流地理位置及走向

基金项目：国家自然科学基金青年基金（42006157）；广州市科技计划项目（202002030468）；河海大学水文水资源与水利工程科学国家重点实验室“一带一路”水与可持续发展科技基金（2020492111）；中国水利水电科学研究院水利部泥沙科学与北方河流治理重点实验室开放研究基金（IWHR-SEDI-202105）。

作者简介：刘国珍（1983—），男，高级工程师，主要从事河口规划、河流动力学、河道生态整治等工作。

通信作者：杨留柱（1983—），男，高级工程师，主要从事水利规划等工作。

深圳河作为界河，深圳侧为典型的城市环境[1]，改革开放以来深圳河流域城市化面积逐渐增加；香港侧为农田、鱼塘等自然环境[2]。深圳河出口为深圳湾，深圳侧是国家级福田红树林自然保护区，香港侧是米埔国际自然保护区。

作为深圳经济特区和深港两地共有的一条河流，20 世纪 60 年代，深圳河沿岸基本处于自然状态，水质良好，“水草丰茂、渔歌互答”。深圳经济特区成立后，大规模城市开发建设活动在成就深圳市经济发展奇迹，城市建设及工业生产直接将大量的废水、污水排放进深圳河及其支流，污染水质，破坏生态，使深圳河的生态环境问题日益突出。近年来，随着深港联合[3] 开展的河道整治以及深港各自流域内的污水收集处理[4]，河流水质污染得到显著改善，过去的常年黑臭现象基本消除。

兰建洪等[5-6] 长期从事深圳河干流的管理和科研工作，各专业科研工作者采用不同的研究手段，从洪涝治理、生态研究[7]、水质分析[8] 和化学污染物[9] 等角度，为深圳河治理积累了宝贵的经验和资料。

为掌握深圳河的现状生态特征，以及为今后深圳河生态环境系统改善奠定数据基础，开展深圳河水生生物调查，本次调查工作主要针对深圳河干流的浮游动物。

2 调查方法

2.1 调查内容

调查浮游动物种类组成、密度、优势种。主要调查监测浮游原生动物和大、中型浮游动物，前者主要包括鞭毛虫、肉足虫和纤毛虫等，后者主要包括轮虫、枝角类和桡足类等。

2.2 调查方法

浮游动物定性样品采用 13 号浮游生物网在水面下 50~100 cm 处进行“∞”字形捞取；浮游动物定量样品用 5 L 有机玻璃采水器取上、中、下层混合水样 20 L，然后用 13 号浮游生物网过滤浓缩，样品用 5%的甲醛固定，带回室内，在光学显微镜下进行鉴定。

2.3 样品采集

浮游原生动物的采集方法：在各采样点用有机玻璃采水器采集混合水样 5 L，5%甲醛固定 24 h 以上，浓缩至 30 mL。

大、中型浮游动物采集方法：使用 13 号浮游生物网过滤 30 L 混合水样，样品用 5%甲醛溶液固定并保存；带回实验室分析鉴定。采集样品时，用浮游生物网尽量收集样品，用于种类的定性研究。

2.4 统计

原生动物计数方法：将样品摇匀，取 0.1 mL 的浓缩样品至浮游生物计数框中，光镜（10×25）下对各种原生动物计数；重复计数，取平均值，所得结果换算成浮游原生动物单位体积密度；部分纤毛虫种类采用蛋白银染色法进行鉴定。

轮虫和桡足类幼体用 1 mL 浮游生物计数框计数，并换算成单位体积密度。

枝角类、桡足类、水母类、糠虾类、毛颚类（箭虫）、被囊类（住囊虫）和各类浮游动物幼虫等全数计数。

单位体积浮游动物的数量按下式计算：

$$N_0 = \frac{V_s \cdot N}{V \cdot V_a}$$

式中：N_0 为 1 L 水样中浮游动物的数量；V 为采样体积，mL；V_s 为样品浓缩后的体积，mL；V_a 为计数样品体积，mL；N 为计数所获得的个数，个。

3 监测结果

分别在冬、夏两季对应断面取样，采样断面布置见图 2，根据镜检结果进行统计分类，分析浮游动物的种类特点及分布。

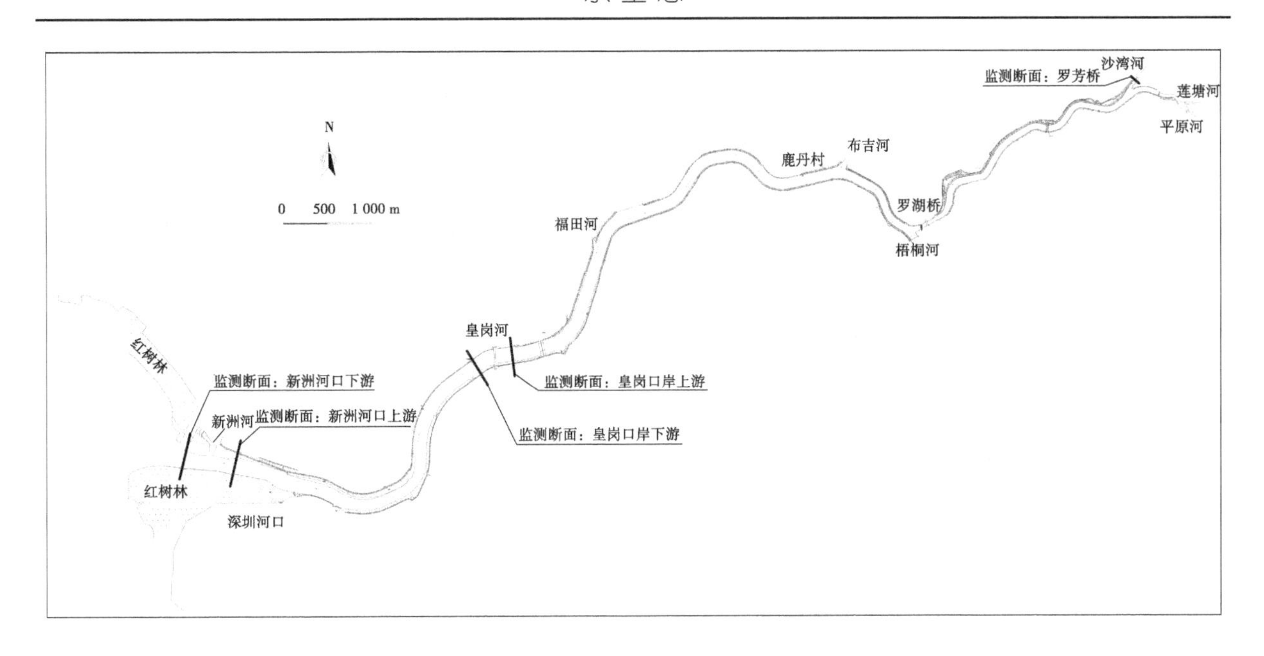

图 2　深圳河干流浮游动物监测断面布置

3.1　冬季

调查水域共检测浮游动物 3 大类 17 种属。其中，原生动物种类为 4 种，占总种类数的 23.53%；轮虫的种类为 7 种，占总种类数的 41.18%；桡足类种数为 6 种，占总种类数的 35.29%；未检出枝角类（见表 1）。

表 1　深圳河各监测断面浮游动物门类组成（冬季成果）

门类			原生动物	轮虫	桡足类	合计
罗芳桥		种数	4	6	4	14
		占比/%	28.57	42.86	28.57	100
皇岗口岸	上游	种数	4	6	4	14
		占比/%	28.57	42.86	28.57	100
	下游	种数	4	5	3	12
		占比/%	33.33	41.67	25.00	100
新洲河口	上游	种数	4	6	5	15
		占比/%	26.67	40.00	33.33	100
	下游	种数	4	5	5	14
		占比/%	28.58	35.71	35.71	100

从种群密度来看，深圳河各监测断面位置浮游动物密度为 13 521.0～33 739.4 ind./L，平均为 24 067.8 ind./L。其中，以皇岗口岸上游监测断面最高，达到 33 739.4 ind./L；新洲河口上游监测断面最低，为 13 521.0 ind./L。从各类群密度来看，各监测断面均为原生动物密度最高，轮虫次之，桡足类最低（见表 2）。

表 2　深圳各监测断面浮游动物密度分布（冬季成果）　　单位：ind./L

主要类别	浮游动物密度					均值
	罗芳桥	皇岗口岸上游	皇岗口岸下游	新洲河口上游	新洲河口下游	
原生动物	26 500.8	28 637.2	20 052.1	10 090.4	14 308.4	19 917.8
轮虫	4 663.2	4 511.7	3 661.5	2 890.1	2 233.7	3 592.0
桡足类	350.8	590.5	700.6	540.5	607.4	557.9
桡足类无节幼体	0	0	0	0	0	0
合计	31 514.8	33 739.4	24 414.2	13 521.0	17 149.5	24 067.8

3.2　夏季

通过分析夏季调查结果，各监测水域共检测浮游动物 3 大类 13 种属，其中，原生动物种类为 6 种，占总种类数的 46.15%；轮虫的种类为 5 种，占总种类数的 38.46%；桡足类种数为 2 种，占总种类数的 15.39%；枝角类未检出（见表 3）。

表 3　深圳河各监测断面浮游动物门类组成（夏季成果）

门类			原生动物	轮虫	桡足类	合计
罗芳桥		种数	4	3	0	7
		占比/%	57.14	42.86	0	100
皇岗口岸	上游	种数	4	2	1	7
		占比/%	57.14	28.57	14.29	100
	下游	种数	5	3	0	8
		占比	62.50	37.50	0	100
新洲河口	上游	种数	6	4	1	11
		占比/%	54.55	36.36	9.09	100
	下游	种数	6	4	1	11
		占比/%	54.55	36.36	9.09	100

种群分布密度显示，浮游动物平均密度为 1 333.4~4 666.9 ind./L，平均为 3 200.16 ind./L。其中，皇岗口岸附近水域最高，达到 4 666.9 ind./L；新洲河口上游最低，为 1 333.4 ind./L。除皇岗口岸上游断面，轮虫种类占优，其他各监测断面基本表现为原生动物密度最高，轮虫次之，桡足类最低（见表 4）。

表 4　深圳各监测断面浮游动物密度分布（夏季成果）　　单位：ind./L

主要类别	浮游动物密度					均值
	罗芳桥	皇岗口岸上游	皇岗口岸下游	新洲河口上游	新洲河口下游	
原生动物	1 333.4	1 333.4	4 000.2	666.7	2 000.1	1 866.76
轮虫	666.7	2 000.1	666.7	666.7	0	800.04
桡足类	0	0	0	0	666.7	133.34
桡足类无节幼体	666.7	1 333.4	0	0	0	400.02
合计	2 666.8	4 666.9	4 666.9	1 333.4	2 666.8	3 200.16

3.3 冬夏比对

两次监测结果浮游动物种类数及各类群在种类数占比差异较大。在总种类数上，冬季较夏季高出4种，除原生动物外，轮虫、桡足类种类数冬季均高于夏季。在种类数占比方面，冬季以轮虫和桡足类为主，原生动物种类较低，呈现：轮虫种类>桡足类种类>原生动物种类；夏季则以原生动物与轮虫为主，而桡足类种类则较少，呈现：原生动物种类>轮虫种类>桡足类种类。

浮游动物密度存在较大差异，冬季明显大于夏季，相差一个数量级。

3.4 优势种

分析调查成果，监测水域浮游动物优势种共4种，为原生动物的褐砂壳虫、漫游虫、针棘匣克虫、细微梭鞭毛虫。从出现频次和占比来看，原生动物针棘匣克虫与褐砂壳虫为第一优势种，漫游虫与细微梭鞭毛虫为第二优势种（见表5）。

表5　深圳河各监测断面浮游动物优势种密度及占比

门类			褐砂壳虫	漫游虫	针棘匣克虫	细微梭鞭毛虫
罗芳桥		密度/（ind./L）	0	0	0	1 333.4
		占比/%	0	0	0	50
皇岗口岸	上游	密度/（ind./L）	0	666.7	0	0
		占比/%	0	14.29	0	0
	下游	密度/（ind./L）	1 333.4	1 333.4	666.7	0
		占比/%	28.57	28.57	14.29	0
新洲河口	上游	密度/（ind./L）	666.7	666.7	0	0
		占比/%	50	50	0	0
	下游	密度/（ind./L）	0	0	2 000.1	0
		占比/%	0	0	75	0

4 结论与展望

4.1 结论

（1）浮游动物物种丰富度较低，冬季浮游动物种类多于夏季，主要以原生动物为主，轮虫次之，枝角类密度较低。

（2）不同调查时间的调查结果差别较大，冬季动物密度比夏季高一个数量级。

（3）原生动物密度最高，其中原生动物中褐砂壳虫、漫游虫、针棘匣克虫、细微梭鞭毛虫优势度较高。由于桡足类与枝角类对污染较为敏感，检出虫类极少，且均为耐污种类，轮虫则以$\alpha-\beta$型为主，可能与水环境不乐观相关联。

（4）皇岗口岸位于深圳河下游段，动物密度最大；罗芳桥位于支流沙湾河口附近，密度次之；新洲河口位于深圳河下游河口水域，动物密度最小；密度上，总体表现为中间高、两边低。

4.2 展望

（1）调查结果表明，冬夏浮游动物种群密度差异非常明显，鉴于单次调查取样存在一定随机性，可能影响到结果，需要开展跨年度、长序列的采样分析。

（2）现场调查发现，部分排污管依然直排入深圳河，存在污染河道底泥和水质的可能性，后续将结合污水处理厂的迁建，开展对应的监测调查，建立一手资料，跟踪分析深圳河治理的成效。

（3）深圳河作为典型的城市性河流，受人类活动影响较大，近年来“清四乱”、生态治理、沿河产业结构调整等，使得河道环境处于不断动态调整中，单次调查的结果适用性受限。同时，不同专业之间互动性不足，生态资料的整合联动不够，可开展联合行动，不仅可节省投入，还能较为系统地进行基底资料积累。

参考文献

[1] 崔志杰，冯明军，胡清，等．城市河流水质时空变化及富营养化评价：以深圳河及新洲河流域为例［J］．绿色科技，2021，23（4）：1-6.

[2] 段余杰，吴门伍，胡小冬，等．深圳河湾生态环境及保护对策分析［J］．人民珠江，2017，38（1）：79-82.

[3] 郑湘萍，莫春梅．深港区域生态环境协同发展机制创新研究［J］．特区实践与理论，2022（3）：94-99.

[4] 兰建洪，陆伟雄，黄立邦．治理深圳河第四期工程——可持续发展兼生态友好型新措施［J］．水利水电技术，2015，46（2）：5-7，13.

[5] 兰建洪，吴小明．深圳河治理工程回顾评价及未来治理方向探讨［J］．广东水利水电，2015（12）：40-43.

[6] 吴门伍，严黎，吴小明，等．人类活动对深圳河生态环境影响分析［C］//中国水利学会．中国水利学会2016学术年会论文集（上册）．南京：河海大学出版社，2016：333-338.

[7] 闵凤阳，王家生，朱孔贤，等．河长制下的城市水环境治理——以深圳市深圳河流域为例［J］．中国水利，2019（14）：16-17.

[8] 冷玉波，张华．基于鸟类生物多样的深圳河四期工程生态修复效果评价［J］．水力发电，2019，45（5）：7-11，27.

[9] 毛雪慧．城市河流治理前后水生态影响因素研究［J］．绿色科技，2021，23（24）：18-23.

浅议郑州黄河水资源利用现状及对节水型社会建设建议及措施

何 辛[1] 辛 虹[2] 刘茂魁[3]

（1. 黄河水务集团股份有限公司，河南郑州 450003；
2. 河南黄河河务局郑州河务局，河南郑州 450003；
3. 河南黄河河务局开封河务局，河南开封 475000）

摘 要：随着郑州市建设国家中心城市步伐逐渐加快，黄河水资源供需矛盾愈发凸显，受河势变化、河道下切和取水许可指标限制等因素影响，造成大部分涵闸引水能力衰减，较大程度上制约了郑州引黄供水的发展。黄河作为郑州市重要的过境水源，郑州河段全长 160 km，辖区内共建引黄取水工程 17 座，承担着沿线农业灌溉、生活、生态及工业供水任务。据统计，自建设形成引黄供水体系以来，已累计引用黄河水 115.21 亿 m^3，为郑州及周边地区发展提供了坚实的水源保障。

关键词：水资源利用现状；节水型社会；建议及措施

1 郑州引黄供水工程概况

目前，郑州辖区内共建引黄供水工程 17 座。按管理权限划分，国家建设与管理的有 9 座（其中在控导工程上建设的有 3 座、在黄河大堤上建设的有 6 座），地方建设与管理的有 8 座。设计总流量为 390.67 m^3/s，取水指标为 4.58 亿 m^3（其中，地表水 4.02 亿 m^3、地下水 0.56 亿 m^3）。

2 郑州引黄供水发展现状

近年来，引黄供水作为郑州治黄事业健康发展的重要经济支撑，也是服务地方经济社会发展和助力生态文明建设的重要内容。随着郑州市建设国家中心城市步伐逐渐加快，黄河水资源供需矛盾愈发凸显，受河势变化、河道下切和取水许可指标限制等因素影响，造成大部分涵闸引水能力衰减，出现“引不出，用不上”等问题，较大程度上制约了郑州引黄供水的发展。

特别是小浪底水库运用以来，由于水库拦沙和调水调沙，黄河下游河道河床持续冲刷下切，同流量水位降低。据统计，相较 2000 年，2020 年引黄涵闸设计引水相应黄河流量对应的水位，高村以上河段下降了 2.51～3.90 m，高村以下河段下降了 1.81～3.90 m。黄河下游河床下切导致引黄涵闸闸前引水位下降，引水条件与设计情况相比发生了变化，造成部分河段涵闸引水困难，特别是每年 3 月、4 月的春灌时节，黄河来水量小，水位低，部分河段引黄涵闸（见图 1）出现了无法正常引水的情况，影响了农业生产适时灌溉，严重制约了下游引黄灌区的生存和发展，影响了下游两岸及相关地区粮食安全、城镇生活和工业用水，对供水区生态环境造成了一定程度的影响。

作者简介：何辛（1989—），男，工程师，主要从事引黄涵闸供水、泵站工程建设及运行管理工作。

(a)

(b)

图 1　引黄涵闸

3　水资源利用情况

3.1　生活用水

郑州黄河辖区内的生活取水口有 7 处取水工程，分别为桃花峪引黄渠首闸、东大坝引黄渠首闸、河洛引黄供水工程、巩义第三水厂石板沟提水工程、石佛水厂取水井群、东周水厂取水井群和大河庄园实业有限公司井群 7 处取水工程，年许可水量为 20 815 万 m^3。生活用水减少的原因主要是南水北调 2015 年投入运行后，自来水公司取用黄河水逐步有所减少。

3.2　工业用水

郑州黄河辖区内有 3 处工业取水工程，滩小关取水井群主要供中孚实业有限公司取水，河洛引黄供水工程 90%供工业用水，孤柏嘴提水工程供中铝河南分公司生产用水。郑州工业用水年许可指标 4 000 万 m^3。

3.3　农业用水

辖区内农业用水取水工程有 9 处，分别为赵沟提灌站、李村提灌站、东大坝引黄渠首闸、马渡引黄闸、杨桥引黄闸、三刘寨引黄闸、赵口引黄闸，以及黄河滩区的锐青取水井群和郑州丰乐农庄(见图 2)。除去赵口闸供向开封和许昌的 13 000 万 m^3，郑州农业用水年许可指标 11 525 万 m^3。

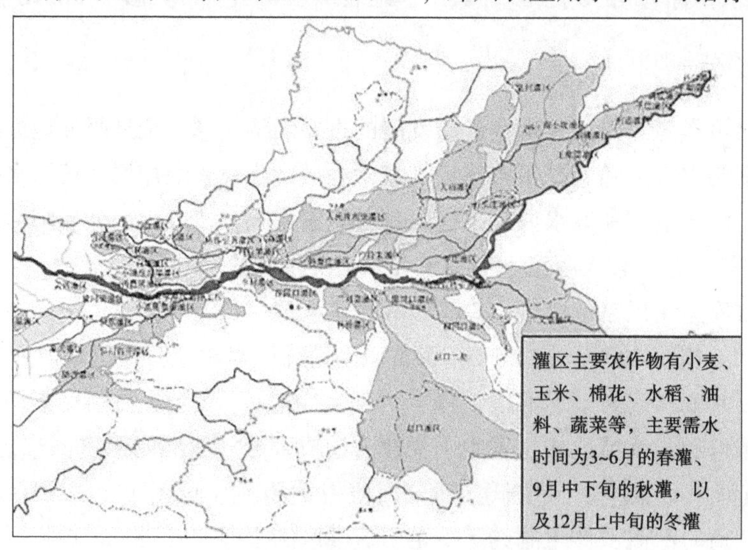

图 2　引黄灌区主要农作物分布

3.4　生态用水

目前，有生态用水许可水量的有桃花峪渠首闸和花园口引黄闸，生态取水指标 1 500 万 m^3，桃花峪渠首闸 2010 年 1 月开始向郑州西南部的潮河、十七里河、十八里河试引生态用水，2011 年 3 月至今，正式向南部四河供水；花园口引黄闸自 2012 年 10 月龙湖调蓄工程竣工通水后，一直为龙湖供水，供水路线提水进入李西河沉沙池，通过东风渠、魏河向龙湖供水，近几年供水量不断增加；杨桥闸、三刘寨闸、赵口闸主要向贾鲁河注入黄河水，一是保持贾鲁河有充足的水量及时补充河两测的地下水，二是降低贾鲁河河水的污水浓度，使贾鲁河河水达到国家要求的水质标准，减少对河两岸作物及生活引水的污染，从而满足贾鲁河用水需求，保持生态平衡。

近几年黄河水资源利用情况见表 1。

表 1　近几年黄河水资源利用情况　　单位：亿 m^3

年份	2013	2014	2015	2016	2017	2018	2019	2020
用水总量	10.96	9.43	7.15	5.19	5.13	5.82	6.05	6.93
生活用水量	2.10	2.20	2.29	1.67	1.17	0.92	0.71	0.41
农业用水量	2.30	0.84	1.25	1.06	2.04	2.12	2.60	2.39
生态用水量	6.30	6.19	3.39	2.24	1.73	2.58	2.54	3.91
工业用水量	0.26	0.20	0.22	0.22	0.19	0.20	0.20	0.22

4　影响郑州黄河水资源利用的问题分析

4.1　河势变化导致涵闸供水保障能力不足

受黄河主河道下切影响，郑州黄河河务局管辖的 7 座涵闸的共性问题在于存在不同程度的引水困难，供水保证率较低，无法满足沿黄城市、灌区的生态用水、生活用水和农业用水需求。例如，作为河南省最大农业灌区的配套涵闸——赵口引黄闸，因大河小流量常态化运行，在 2015 年仅引用黄河水 9 989 万 m^3（该闸年平均引水在 2 亿 m^3 左右），引水主要月份也主要集中在黄河汛期期间。由此可见，涵闸闸底板相对抬高成为引水困难的主要制约因素。

4.2　取水许可指标存在不平衡现象

2010 年，黄河水利委员会批复郑州市各引水口门的引水许可总指标为 4.58 亿 m^3（其中，农业用水指标为 1.95 亿 m^3，非农用水指标为 2.63 亿 m^3）。目前，辖区内大部分涵闸均存在超指标引水情况，并且取水许可指标存在不平衡现象，尤其是惠金供水处的花园口引黄闸和马渡引黄闸。花园口闸作为向郑州市北部三河一渠一湖（贾鲁河、魏河、索须河、东风渠、龙湖）供水及向北郊地下水补源的重要涵闸，全年取水指标仅为 500 万 m^3（生态），年引水总量在 1 亿 m^3 左右；马渡引黄闸主要承担郑州市祭黄（祭城村至黄庄村）公路以东及莆田环城铁路以东地区农业引黄灌溉任务，全年取水指标为 1 000 万 m^3（农用水），受河床下切影响及下游渠道损坏影响，全年长期无法引水。两者对比，显现取水指标不平衡现象。

4.3　水资源监管存在漏洞

当前，郑州辖区内水资源监管漏洞主要存在于赵口灌区春灌时期的远端供水及滩区地下水。前者由于涉及面积大、区域广、渠道多、输水线路长等，存在用水户利用监管漏洞，农水他用，向新建调蓄工程内蓄水等问题；在许昌鄢陵段，由于长距离供水过程中存在多处供水渠道与自然河流出现交叉的情况，造成引水用途监管难度加大；滩区地下水则因水费政策、地方自建自管等因素制约，水资源监管工作存在一定的盲区。

4.4　供水管理科技化、信息化水平较低

目前，郑州引黄涵闸主要测流方式为渠首人工便携式流速仪测流（见图 3），未能实现全面动态流量监测，存在计量精度不高、受使用局限性较大等特点。加之个别涵闸在用水高峰期时段，还存在两水混供（农业水、非农业水）现象，也是造成计量不准确的主要原因，计量设备急需升级改造。

(a)

(b)

(c)

图 3 人工便携式流速仪测流

4.5 南水北调中线工程通水后引黄生活用水总量下降

自 2012 年南水北调中线工程通水以来，郑州市增加了新的水源地，市自来水公司以南水北调水源转换黄河水和既有水厂深度处理工艺技术改造为重点，新建刘湾、航空港区、罗垌 3 座水厂，完成柿园、白庙两大水厂改造和南水北调水源转换，逐步形成以南水北调为主、黄河水及地下水为补充的多水源共同供水保障体系，供水区域和供水结构的调整将黄河水源改变为郑州市居民生活用水的备用水源。

4.6 农业用水价格偏低

目前，黄河下游按照《关于调整黄河下游引黄渠首工程和岳城水库供水价格的通知》（发改价格〔2013〕号），农业用水价格维持 4—6 月每立方米 0.012 元，其他月份每立方米 0.01 元。郑州辖区内管辖的赵口引黄闸对应的赵口灌区，水价偏低造成水资源浪费的局面时常发生，无法唤起人们的节水意识，也违背了水是商品的规律。

5 提高郑州黄河水资源利用措施

针对黄河水资源利用，要求推进水资源节约集约利用。结合郑州黄河水资源利用实际，建议从以下措施进行贯彻落实。

5.1 抓牢涵闸改建机遇，融入地方水生态建设

郑州引黄涵闸有 2 座（马渡、赵口）将进行黄河下游涵闸改建计划和 6 座取水工程纳入郑州市沿黄口门提升项目。通过改建，使涵闸恢复大部分时间的自流能力，保证供水效率。在涵闸改建期间，供水部门可以积极争取地方资金或者自身筹措，建设小流量的闸前应急泵站，构建引黄渠首闸与泵站联合供水的保障体系，保证供水效益。主动与地方政府和用水户对接，将供水项目开发融入区域发展规划，积极参与城市生态水系、引黄调蓄工程、灌区渠系改造等项目规划、建设，实现服务社会与自身发展同步。

5.2 科学核定取水许可指标

结合近年来供水实际，供水部门需加大与用水户的走访调研力度，准确掌握辖区内现有及潜在用水户的用水需求，在核发取水许可证时，建议上级单位针对各引水口门的用水性质和实际引水量科学核定取水指标。同时，贯彻落实节水优先的水利工作方针，加强用水定额管理，严格用水总量控制，倡导灌区加大节水设施建设，使用水户节约用水。

5.3 强化引黄供水全过程监管

在赵口灌区春灌时期、远端供水期间，强化用水需求和用水过程监管。建议借鉴中小型水库暗访

督查的“四不两直”方式，对重点非农业口门实施不定期的现场检查，并在现场派驻管理人员，实行全天候盯守查核，昼夜不间断监测，防止用水户农水他用，擅自变更取水用途的行为；实行超许可预警，实时结合用水户的需求及涵闸取水许可指标，向用水户下达预警通知；在大型赵口农业灌区的重要引水、分水枢纽安装必要的监控装置或使用无人机巡查，利用科技手段，加强供水过程的监管。

5.4 利用现代化信息技术，提高测报能力

目前，河南黄河河务局郑州河务局通过争取上级及本级资金投入，已在3座涵闸下游渠道干流安装远程雷达测流系统，但在一些全非农口门还未安装，如桃花峪闸；建议加大资金投入，在所辖涵闸及重要分水口加装远程雷达测流系统，保证取水口门流量监测的准确性，减少人工投入，规范引水测流工作。

5.5 扩大引黄供水新途径，提高市场竞争力

近年来，郑州黄河供水部门通过主动服务、参与地方水生态体系建设等工作方法，力争增加生态环境用水，满足郑州市区及周边地区河渠及调蓄工程用水需求，努力增大供水区域；同时密切关注利用黄河水源建设的桥南水厂、侯寨水厂，最大程度地发挥黄河水资源的供水效益，为打造沿黄大都市和沿黄地区高质量发展提供水资源保障。

5.6 优化用水结构

郑州市是河南省省会，是国家中心城市，是全省的政治、经济、文化、金融、科教中心，时空分布不均，农业与非农（生活、生态、工业）引水用途管理粗放，需要进一步完善、优化取水许可管理。

5.7 发挥价格杠杆作用，促进节水意识形成

农业用水要实现节约用水，不但要对灌区进行节水改造建设，而且要依靠水价的杠杆作用，与供用水双方经济利益密切挂钩，才能有效地激发灌区节水的积极性。供水部门要立足前沿，深入调研，积极推动农业水价改革，从而发挥水价对农业水资源利用的调节作用。

参考文献

[1] 赵秉栋，赵庆良，焦士兴，等．黄河流域水资源可持续利用研究［J］．水土保持研究，2003（4）：102-104.
[2] 郑州黄河河务局．郑州黄河志［M］．郑州：黄河水利出版社，2018.

面向水华防控的汉江中下游水工程多目标优化调度

朱 迪 周研来 郭生练 陈 华 林康聆

（武汉大学 水资源与水电工程科学国家重点实验室，湖北武汉 430072）

摘 要： 面向汉江中下游水华防控，综合考虑水库库容余留效益和水电站发电效益，本文构建了水工程多目标优化调度模型，以 2018 年汉江中下游沙洋断面以下江段发生的完整水华事件为例，采用 NSGA-Ⅱ算法进行求解，获取生态、水量和发电目标的 Pareto 解集。研究结果表明：①生态和发电目标呈现协同关系，且两者与水量目标形成竞争制约关系；②相较常规调度结果，本文优选的调度方案在减小丹江口余留库容和增加引江补汉工程平均补水流量的情况下，可显著提高汉江中下游水工程的生态、水量和发电综合效益。研究结果可为汉江中下游水华防控提供技术支撑。

关键词： 水华防控；生态调度；水工程调度；多目标优化；汉江中下游

1 引言

水华是水体富营养化的极端情况，常见于湖泊、水库等流速较低的水体，对生态系统和人类健康造成严重不良影响。受人类活动日益增加的影响，自 20 世纪 90 年代以来，我国汉江中下游水体富营养化逐年加剧，多次爆发较为严重的水华事件，严重威胁沿江水生态环境和取用水安全，引起了社会广泛的关注与担忧[1]。近年来，许多学者围绕汉江水华成因分析与治理防控等两大方面开展了研究工作。

在汉江水华成因分析方面，以往研究认为汉江水华是水文、气象和水质等多因素综合作用的结果[2]。枯水期间，较低的流量、较缓的流速、春季较高的气温以及严重过量的氮、磷等营养物质等是水华发生的主要原因[3]。据此，现有研究提出了汉江中下游水华发生的水文、气象和水质阈值，为水华防控提供了有力支撑[4]。在汉江水华治理防控方面，有学者从强化污染源防控、优化水量调配以及加强管理措施等定性方面进行了探讨与研究[5-6]；也有学者基于水华发生的流量阈值，考虑通过水工程调度实现水华防控[7-8]。但这些研究更多关注流量等水文因素对汉江水华的影响，未能考虑水质因素。

汉江作为国家水资源配置的重要战略水源地、长江流域绿色发展先行区、我国中部重要生态经济带[9]，兴建了多座大中型水利枢纽、调水补水工程，在防洪、发电、供水、生态等方面发挥重要作用。然而围绕汉江中下游水华防控与供水、发电等多目标协同调度的研究目前较为少见。随着汉江中下游水华形势日益严峻，开展水华防控背景下的多目标水工程联合调度研究是十分迫切和必要的。因此，本文综合考虑汉江中下游水华防控、社会经济以及水工程情况，构建了面向水华防控的汉江中下游水工程多目标优化调度模型，并采用 NSGA-Ⅱ算法（非支配排序遗传算法）求解，解析汉江中下游水工程在生态-水量-发电调度目标间的相互关系，为充分发挥水工程协同调度的综合效益提供支撑。

基金项目： 国家重点研发计划（2021YFC3200304）。

作者简介： 朱迪（1995—），男，博士研究生，研究方向为水库调度研究。

通信作者： 周研来（1985—），男，教授，主要从事水库群水资源调控研究工作。

2 研究区域概况

汉江流经陕西省和湖北省，于武汉汇入长江，全长 1 577 km，流域面积约为 15.9 万 km^2，多年平均径流量 577 亿 m^3，为长江八大支流之一。本文研究区域为汉江中下游丹江口水利枢纽至汉口江段，选取干流丹江口、寺坪、三里坪和鸭河口等 4 座水库，以及丹江口水库下游王甫洲、新集、崔家营、雅口、碾盘山、兴隆等 6 座航电枢纽。汉江中下游干流主要水利枢纽特性、主要调水工程调水规模见表 1 和表 2。基于水库、航电枢纽、水文站点和干支流的拓扑关系，将丹江口以下概化为 6 个用水区域，并设置 2 个水华防控断面，分别为沙洋站和仙桃站，如图 1 所示。

表 1 汉江中下游干流主要水利枢纽特性

项目	丹江口	寺坪	三里坪	鸭河口	王甫洲	新集	崔家营	雅口	碾盘山	兴隆
集水面积/万 km^2	9.52	0.22	0.65	0.30	9.59	10.32	13.06	13.31	14.03	14.43
正常蓄水位/m	170	315	416	179.5	88	78	64.5	57	52.5	38
死水位/m	150	294	392	160	87.25	77.7	64	56.5	52.1	
总库容/亿 m^3	290.5	2.69		13.39	3.095	4.05	2.45	4.07	9.02	4.85
死库容/亿 m^3	126.9~100	1.02	2.62	1.80	1.215	2.938	1.82	3.09	7.94	
调节库容/亿 m^3	98.2~190.5	1.62	2.11	10.40	0.28	0.234	0.4	0.41	0.83	
装机容量/MW	900	60	70	12.8	109	110	90	74.2	180	40
年发电量/（亿 kW·h）	33.78	1.72	1.843	0.35	5.81/4.25	4.94	3.898	3.43	5.7	2.25

表 2 汉江中下游干流主要调水工程调水规模

项目	南水北调中线工程	引江济汉工程	鄂北水资源配置工程
多年平均调水量/亿 m^3	95（一期）	37（补汉江水量 31 亿 m^3）	7.7
渠首引水规模/（m^3/s）	350~420	350~500	38
实施情况	建成	建成	在建

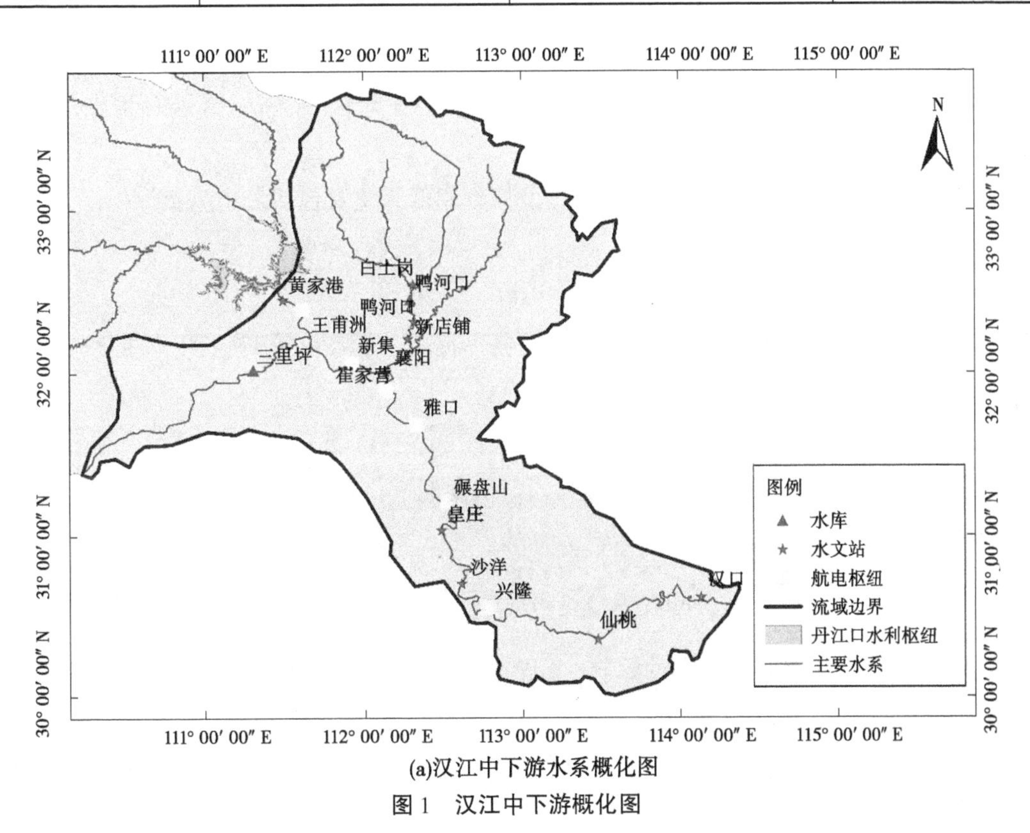

(a)汉江中下游水系概化图

图 1 汉江中下游概化图

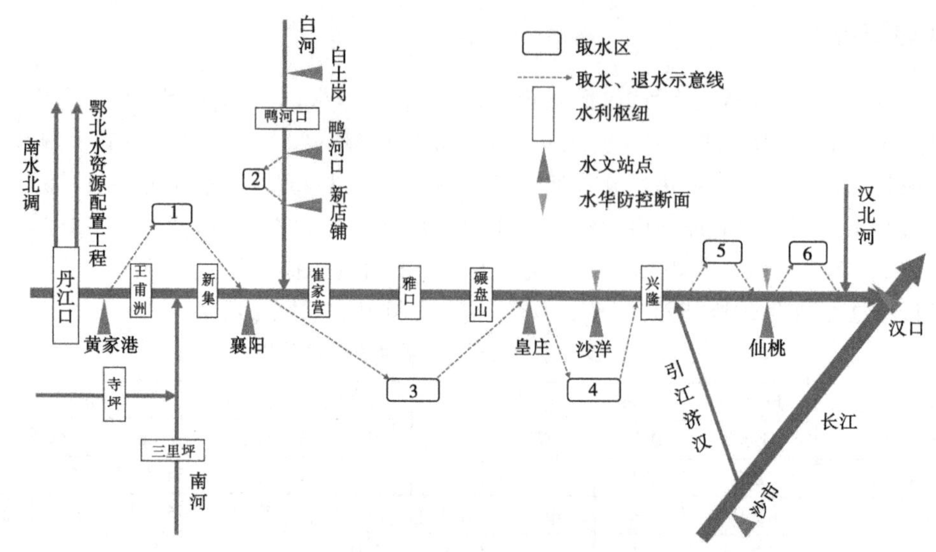

(b)汉江中下游水资源系统概化图

续图1

3 模型建立与求解

3.1 模型建立

3.1.1 目标函数

（1）生态目标函数。水华防控背景下，以水华防控相关指标的超标数表示，即通过水工程联合调度尽可能控制断面的水华发生的相关指标在阈值范围外。本文选择水华防控断面的总氮（TN）、总磷（TP）浓度，以及最小流量作为水华防控相关指标。

$$\min f_1 = \sum_{l=1}^{L}\sum_{t=1}^{T}\sum_{m}^{M}\varphi[Y_{l,m}(t) - Y_{l,m}^*] \tag{1}$$

式中：$Y_{l,m}$（t）为第 l 个断面 t 时段第 m 种指标的数值；$Y_{l,m}^*$ 为第 l 个断面第 m 种指标水华爆发的阈值[10]；φ（$*$）表示阶跃函数，定义如下所示：

①对于正向指标，即指标数值越高，水华爆发概率越低，主要包括最小流量等指标。

$$\varphi[Y_{l,m}(t) - Y_{l,m}^*] = \begin{cases} 0 & Y_{l,m}(t) \geqslant Y_{l,m}^* \\ 1 & Y_{l,m}(t) < Y_{l,m}^* \end{cases} \tag{2}$$

②对于负向指标，即指标数值越高，水华爆发概率越高，主要包括 TN、TP 等指标。

$$\varphi[Y_{l,m}(t) - Y_{l,m}^*] = \begin{cases} 0 & Y_{l,m}(t) < Y_{l,m}^* \\ 1 & Y_{l,m}(t) \geqslant Y_{l,m}^* \end{cases} \tag{3}$$

（2）水量目标函数。水库余留水量效益最大，即调度期末，各水库尽可能余留更多的库容，以保障后续兴利效益。

$$\min f_2 = \sum_{i=1}^{N}\left[\frac{V_i^{\max} - V_i(T+1)}{V_i^{\max}}\right] \tag{4}$$

式中：V_i（T+1）为调度期末第 i 水库的库容，m^3；$V_i^{\max}$ 为第 i 水库调度期内所允许的最大库容，一般可取为水库正常高水位对应的库容值，m^3。

（3）发电目标函数。调度期内，汉江中下游丹江口、寺坪、三里坪等3座水利枢纽以及干流6座航电枢纽的总发电量最大。

$$\max f_3 = \sum_{i=1}^{N} \sum_{t=1}^{T} k_i Q_{\mathrm{fd},\ i}(t) H_i(t) \Delta t \tag{5}$$

式中：k_i 为第 i 个水库出力系数；$Q_{\mathrm{fd},i}$（t）为第 i 水库第 t 时段的发电流量，$\mathrm{m^3/s}$；H_i（t）为第 i 水库第 t 时段的发电水头，m；Δt 为调度计算时长，d。

3.1.2 约束条件

本文考虑的约束条件除水库水量平衡约束、水库水位限制与边界约束、水电站出力限制约束、用水区水量平衡约束等约束条件外，还需要考虑水质指标的相关约束。本文采用一维水质迁移转化方程进行水质浓度的模拟计算，具体可参考文献［10］。

3.2 模型求解

本文建立的水工程调度模型旨在协调水华防控、水量调配以及水电站发电等多方面需求，属于水工程多目标优化调度范畴，因而采用了 Deb 等[11] 提出的带精英策略的快速非支配排序遗传算法进行求解。该算法因其求解速度快、解集的收敛性好等优点，被广泛用于水库多目标优化调度领域。本文以各时段水库出库流量、兴隆断面补水流量序列作为决策变量，相应的算法求解步骤可参考文献［11］。

4 计算结果分析

4.1 数据与参数选择

4.1.1 数据来源

收集 2018 年 2 月 13 日至 3 月 9 日汉江中下游丹江口水库至汉口段的各水库日径流入库流量资料，根据《汉江干流综合规划报告》计算各主要用水区的需水数据。依据《地表水环境质量标准》（GB 3838—2002）[12] 和《水华程度分级与监测技术规程》（DB44/T 2261—2020）[13]，初步判定丹江口出库流量水质为Ⅱ类，其他水库出库流量、引江济汉工程水质为Ⅲ类，用水区退水按一级标准排放，水华防控相关指标的阈值范围见表 3。

表 3　水华防控相关指标的阈值范围

指标	阈值范围
断面 TN 平均浓度/（mg/L）	≥1.0
断面 TP 平均浓度/（mg/L）	≥0.07
沙洋断面流量/（$\mathrm{m^3/s}$）	≥850
仙桃断面流量/（$\mathrm{m^3/s}$）	≥800

4.1.2 算法参数选择

NSGA-Ⅱ算法决策变量个数为 125，种群规模为 500，计算迭代次数为 1 000，交叉和变异概率分别设置为 0.8 和 0.1，采用 MATLAB gamultiobj 工具箱进行并求解计算。

4.2 生态、水量与发电目标间关系分析

采用 NSGA-Ⅱ算法对上述生态-水量-发电多目标模型进行优化求解，将获取的多目标 Pareto 解集与常规调度结果进行对比，如图 2 所示。

从图 2 可知，常规调度的生态、水量和发电的目标计算结果分别为 87、0.974 和 4.85 亿 kW·h，明显远离于多目标 Pareto 解集，尤其是库容余留效益要明显劣于 Pareto 解集。这说明多目标 Pareto 解集可以通过泄放更少的水量，实现更高的水量和生态目标效益，并在调度期末保留更大的库容。从图 2 中 Pareto 解集分布来看，随着水华指标超标数的减少，生态效益增加，发电量呈现增加趋势，但库容余留效益指标增加，库容余留效益减小。这说明生态目标和发电目标之间呈现协同关系，一方效

益的提高会促进另一方效益的增加，这是因为随着上游水库出库流量的增加，水电站发电量会有一定程度的提高，下游水华防控断面的流量也会增加，进而降低防控断面的 TN 浓度和 TP 浓度，从而降低水华指标超标数，改善生态目标。水量目标与生态目标、发电目标呈现竞争关系，即水量目标的改善伴随着生态和发电目标的恶化。这是因为本文选择库容余留效益作为水量目标，库容余留效益大，可以保障水库后续兴利效益，但也意味着要减少出库流量，影响水电站发电效益和下游断面水华防控效果。

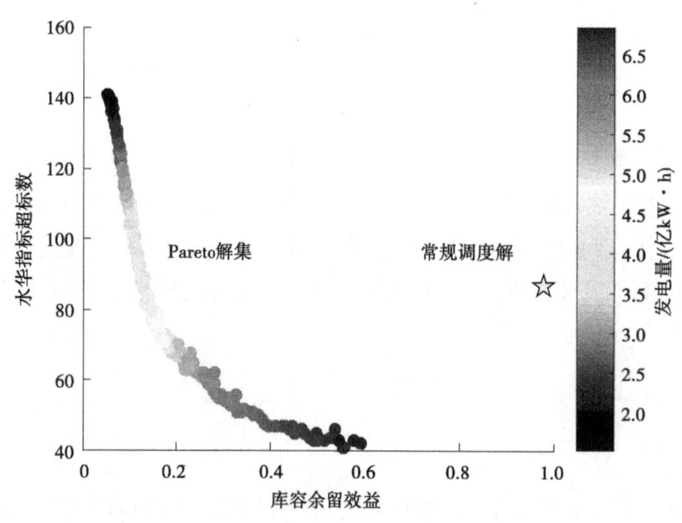

图 2　不同目标 Pareto 解集分布与常规调度对比

4.3　优选解集调度结果分析

结合汉江中下游水华防控需求，本文选择图 2 中生态目标最好的 Pareto 解作为优选解，其生态目标、水量目标和发电指标与常规调度解的对比结果如表 4 所示。

表 4　优选解与常规调度解指标对比

目标类型	指标	优选解	常规调度解	变化率/%
生态目标	沙洋断面 TN 平均浓度/（mg/L）	1.35	1.86	-27.42
	沙洋断面 TP 平均浓度/（mg/L）	0.08	0.12	-33.33
	沙洋断面最小流量/（m^3/s）	742	656	13.11
	仙桃断面 TN 平均浓度/（mg/L）	0.68	0.89	-23.60
	仙桃断面 TP 平均浓度/（mg/L）	0.04	0.05	-20.00
	仙桃断面最小流量/（m^3/s）	1 140	982	16.09
水量目标	丹江口水库余留库容/亿 m^3	216.41	225.97	-4.23
	寺坪水库余留库容/亿 m^3	1.57	1.18	33.05
	三里坪水库余留库容/亿 m^3	3.44	2.79	23.30
	鸭河口水库余留库容/亿 m^3	9.91	9.08	9.14
	引江济汉工程平均补水流量/（m^3/s）	432	350	23.43
发电目标	总发电量/（亿 kW·h）	6.84	4.85	41.03

从表4可知，所选优选解，除丹江口余留库容比常规调度解减小9.56亿m^3外，其他指标明显优于常规调度解。其中，发电目标提升最为明显，从4.85亿kW·h增加至6.84亿kW·h，增长率为41.03%。生态目标中，沙洋断面和仙桃断面的TN、TP平均浓度相较常规调度削减了20.00%~33.33%，断面最小流量分别增加了13.11%和16.09%。沙洋断面的TN平均浓度以及仙桃断面的各项指标，均在水华防控相关指标的阈值范围外。水量目标方面，调度期末，优选解的丹江口水库余留库容比常规调度解减少了4.23%，但支流其他三座水库的余留库容要比常规调度解高9.14%~33.05%，且优选解的引江济汉工程平均补水流量比常规调度高23.43%。

从整体上看，本文选择的优选解，通过增加丹江口水库下泄和引江济汉工程补水流量，降低水华防控断面的TN浓度和TP浓度，增加断面流量，改善防控断面的水质条件，并增加水电站发电量和支流水库余留库容，实现汉江中下游生态、水量和发电的多目标优化与改进。

5 结论

本文以水华防控相关指标的超标数最小为生态目标、水库库容余留效益最大为水量目标、水电站发电量最大为发电目标，构建了面向水华防控的汉江中下游水工程多目标优化调度模型，以2018年2月13日至3月9日汉江中下游沙洋段以下发生的水华事件为例，采用NSGA-Ⅱ算法进行求解。通过与常规调度结果进行对比，分析了汉江中下游生态、水量和发电目标间的相关关系，得出主要结论如下：

（1）受水库下泄和引江济汉工程补水影响，生态和发电目标间呈现协同关系，并与水量目标形成竞争关系，表现为生态目标和发电目标的改善会减少水库余留库容，影响水量目标效益。

（2）本文选择生态目标最好的Pareto解作为优选解，相较常规调度的结果，优选解的调度方案通过减少丹江口水库4.23%的余留库容和增大23.43%的引江济汉工程平均补水流量，沙洋和仙桃水华防控断面的TN、TP平均浓度削减了20.00%~33.33%，最小流量分别提高了13.11%和16.09%，水电站增发电量41.03%，并增加了支流水库群9.14%~33.05%的余留库容，显著改善了汉江中下游生态、水量和发电效益。

本文探究了汉江中下游水华防控、余留库容效益和发电目标间的相互关系，为提高汉江中下游水工程联合调度的综合效益提供理论支撑。

参考文献

[1] 李建，尹炜，贾海燕，等．汉江中下游硅藻水华研究进展与展望［J］．水生态学杂志，2020，41（5）：136-144.

[2] 王俊，汪金成，徐剑秋，等．2018年汉江中下游水华成因分析与治理对策［J］．人民长江，2018，49（17）：7-11.

[3] 程兵芬，夏瑞，张远，等．基于拐点分析的汉江水华暴发突变与归因研究［J］．生态环境学报，2021，30（4）：787-797.

[4] 田晶，郭生练，王俊，等．汉江中下游干流水华生消关键因子识别及阈值分析［J］．水资源保护，2021，22：1-11.

[5] 张潮，张德兵，袁静，等．2021年汉江中下游水华监测分析［J］．水资源研究，2021，10：235.

[6] 李建，尹炜，贾海燕，等．汉江中下游水华防控生态调度研究［J］．湖泊科学，2022，34（3）：740-751.

[7] 殷大聪，尹正杰，杨春花，等．控制汉江中下游春季硅藻水华的关键水文阈值及调度策略［J］．中国水利，2017（9）：31-34.

[8] 吕孙云，许银山，兰岚，等．基于优化-模拟技术的生态库容［J］．水科学进展，2013，24（3）：402-409.

[9] 国务院．国务院关于汉江生态经济带发展规划的批复［J］．中华人民共和国国务院公报，2018（30）：78-79.

[10] 郭生练，田晶，杨光，等. 汉江流域水文模拟预报与水库水资源优化调度配置［M］. 北京：中国水利水电出版社，2020.

[11] Deb K, Pratap A, Agarwal S, et al. A fast and elitist multiobjective genetic algorithm: NSGA-Ⅱ［J］. IEEE Transactions on Evolutionary Computation, 2002, 6 (2): 182-197.

[12] 国家环境保护总局. 地表水环境质量标准：GB 3838—2002［S］. 北京：中国环境科学出版社，2002.

[13] 广东省生态环境厅. 水华程度分级与监测技术规程：DB 44/T 2261—2020［S］.

淀山湖淀中站近年来开展蓝绿藻连续自动监测结果分析

戚浩强　刘　君　徐　辉　吴军新

（上海市水文总站，上海　200232）

摘　要：根据2020年1月至2021年12月淀山湖淀中站水质自动监测系统的水质监测数据，研究了淀山湖蓝绿藻变化规律以及与其他水质参数指标之间的相关关系。结果表明：①淀山湖夏季8月、9月蓝绿藻密度最高，当水温持续高于28 ℃，且营养物质充足时，蓝绿藻呈现爆发性增长趋势，表明水温是重要的影响因子。②蓝绿藻密度与水体中多项参数显著相关，其中与氮磷比值和总磷含量关系尤为密切，因此加大流域水污染治理，降低主要污染物浓度，是治理蓝藻水华的根本之策。③水质监测自动站能提供实时有效数据，是研究水体污染变化规律的有效手段。

关键词：淀山湖；水质自动监测站；蓝绿藻；相关性分析

1　引言

淀山湖位于上海市青浦区，总面积62 km^2，平均水深2.1 m，距上海市中心区60 km，是上海市最大的淡水湖泊。作为上海市最大最重要的湖泊，也是上海重要的水源地之一，其区域水环境状况直接关系着周围区域的水环境 、水生态安全，特别是近年来人类活动的影响，导致湖泊富营养化，蓝藻水华不断出现，使水源保护区面临十分严峻的考验[1-2]。

2007年，上海市水务局对淀山湖综合整治工作形成八条意见向市政府报告，其中第二条为：增设淀山湖水文水质自动监测站，对总氮、总磷、叶绿素、蓝绿藻等常规水质指标进行实时监测。根据市发改委和市水务局相关批复精神，淀山湖淀中站项目于2010年7月开工，2011年11月完工。该项目具有18项水文水质监测参数，能实时掌握和收集淀山湖水质在不同时间的质量状态和变化过程，从而为综合整治淀山湖提供决策数据，并长期为水生态保护、水资源管理提供科学依据。对于湖泊富营养化导致的蓝藻水华现象，很多学者做过相关研究[3-4]，但利用蓝绿藻连续自动监测数据分析淀山湖水华现象目前还是空白。本文依据近年来上海市水文总站积累的淀山湖蓝绿藻自动监测数据，分析蓝绿藻时间分布密度，以及与相关水质指标的相关关系，初步掌握淀山湖区蓝藻水华发生规律，对水华预警提供一定的参考借鉴。

2　材料和方法

2.1　采样点位、数据采集频次和时间跨度

以淀山湖淀中站为采样点，具体位置位于上海市青浦区金泽镇蔡浜村东侧1.5 km淀山湖内，如图1所示。从上

图1　淀中站具体方位

作者简介：戚浩强（1983—），男，工程师，主要从事水环境监测方面的工作。

海市水文总站水质在线监测系统数据库中调取从 2020 年 1 月 1 日 0 时至 2021 年 12 月 31 日 24 时，每 6 h 自动监测系统的各项水质指标数据，包括水温、pH 值、溶解氧 、氨氮、总磷、总氮、高锰酸盐指数、蓝绿藻密度、叶绿素含量等指标，以此推演淀山湖水质的变化趋势。

2.2 数据来源

数据来源于淀中站水质自动监测系统，其中蓝绿藻叶绿素数据来源于 HACH 公司 Hydrolab DS5 多功能探头。

3 结果与分析

3.1 蓝绿藻密度

从图 2 可以看出，淀中站 2020 年和 2021 年蓝绿藻密度的月均值均成单峰型结构，最低值出现在 2020 年 3 月（106.3 万 cells/L）和 2021 年 2 月（546.4 万 cells/L），随后就一直上升，6 月开始藻密度迅速增加，到 2020 年 9 月（1 509 万 cells/L）和 2021 年 8 月（1 540 万 cells/L）为最高。

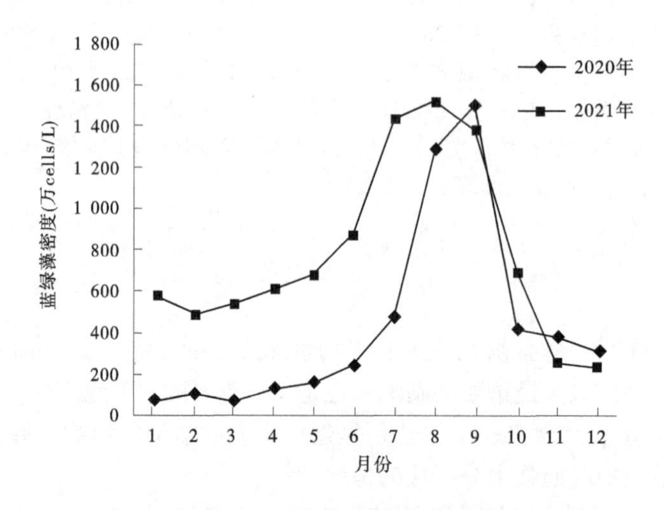

图 2 淀中站蓝绿藻的月变化

最低值出现在 2020 年 3 月和 2021 年 2 月，可能与冬季水温低，蓝绿藻自然消减的速率有关[5]。2021 年最低值早于 2020 年出现，可能与 2021 年冬季平均水温高于 2020 年 2 ℃以上有关（见图 3）。2020 年 8 月藻密度迅速增加，而蓝绿藻最高值出现在 9 月，可能是当年 6 月、7 月水温维持在 26 ℃左右，水温最高值出现在 8 月（29.1 ℃），而 9 月 、10 月水温则下降迅速，高水温持续时间短导致藻类生长虽因温度降低速率下降，但整体仍然属于增长期阶段，因此高峰可能存在滞后的现象。2021 年蓝绿藻密度和水温最高峰均出现在 8 月，笔者认为主要原因是 2021 年夏季平均水温均高于 2020 年，且 2021 年夏季水温变化幅度不大，6 月 、7 月 、8 月均高于 28 ℃以上，给藻类高速生长提供了充分的时间和温度条件，后期由于营养物质的匮乏，藻类自身生长受限等，随着温度的迅速下降，藻类密度也开始呈现下降趋势。

3.2 叶绿素

从图 3 和图 4 可知，2020 年和 2021 年淀中站水体叶绿素含量在夏季明显出现升高趋势[6-7]，最高值出现在 9 月，这与水温和蓝绿藻变化趋势基本趋同[8]。但在冬春季变化趋势较为复杂，2020 年冬春季一直维持在较低的含量水平，但 2021 年 5 月开始有明显的升高趋势。同时 2021 年夏秋季的叶绿素含量水平又比 2020 年高了 1 倍左右。这可能与 2021 年平均水温高于 2020 年相关。

3.3 蓝绿藻密度与各水质指标的相关性分析

统计 2020 年 1 月至 2021 年 12 月淀中站水质在线监测系统水温、pH 值、溶解氧、氨氮、高锰酸盐指数、总氮、总磷月均浓度以及氮磷比值与蓝绿藻密度和叶绿素含量之间相关性。样本数 $n=24$，

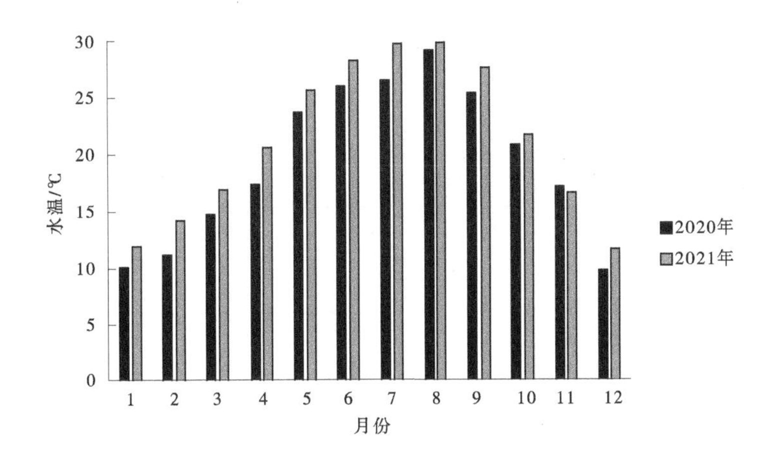

图3　淀中站水温的月变化

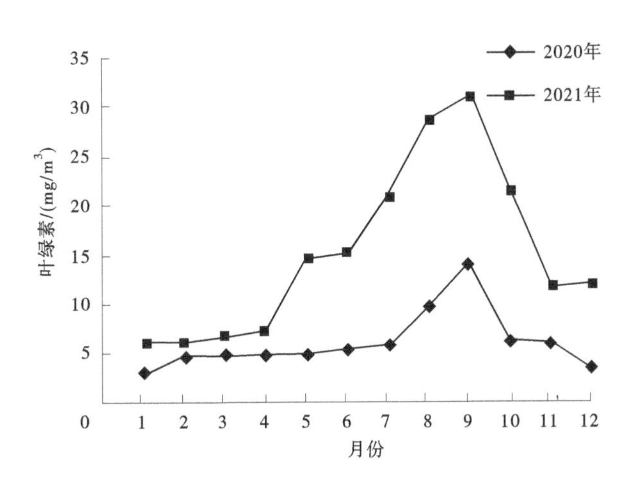

图4　淀中站叶绿素的月变化

使用SPSS统计软件进行计算。由表1显示，蓝绿藻密度与水温、总磷、高锰酸盐指数显著正相关，与溶解氧、总氮、氮磷比值显著负相关。蓝绿藻密度与叶绿素含量之间相关系数最高为0.779，显示为显著正相关，这表明蓝绿藻为水体中叶绿素含量做了主要贡献，是其主要的来源[8]。与水温的相关系数为0.728，显著正相关，表明温度是决定蓝绿藻密度的重要因素之一。分析图2和图3蓝绿藻密度与温度的变化趋势，可以发现当水温高于28 ℃时，水体中营养物质充足，蓝绿藻密度会迅速增加并呈现爆发趋势，这给蓝藻水华的预警提供了重要的指标提示。

表1　水质浓度与蓝绿藻密度和叶绿素含量之间的相关系数

要素	蓝绿藻密度	叶绿素含量
水温	0.728**	0.607**
pH值	0.135	0.212
溶解氧	-0.614**	-0.511**
氨氮	-0.033	-0.095
总磷	0.564**	0.697**
总氮	-0.476**	-0.292

续表 1

要素	蓝绿藻密度	叶绿素含量
氮磷比值	-0.657**	-0.609**
高锰酸盐指数	0.450*	0.685**
叶绿素含量	0.779**	—
蓝绿藻密度	—	0.779**

注： ** 表示在 0.01 级别（单尾），相关性显著。

* 表示在 0.05 级别（单尾），相关性显著。

有多位学者的研究表明[9-11]，蓝绿藻和水体中氮磷含量之间的关系密切呈规律性变化。氮磷浓度在一定的低浓度水平时，增加氮磷浓度能明显促进藻类的生长，但当浓度高于一定值时，对藻类的生长影响不明显。同时氮磷比值小更有利于藻类的生长，呈现此消彼长的负相关关系。从近两年自动站的监测数据来看，总氮含量基本在 1.5 mg/L 以上，最高到 3 mg/L，总磷含量为 0.1~0.2 mg/L，氮磷比值夏季在 15 以下，冬春季则更高（见图 5），相关文献表明这一条件较为适宜藻类的生长繁殖[10]。蓝绿藻与总氮、氮磷比值的相关系数分别为-0.476 和-0.657，呈现显著性负相关；蓝绿藻与总磷相关系数为 0.564，显著正相关。这种变化趋势也与相关文献报告相吻合[11]。

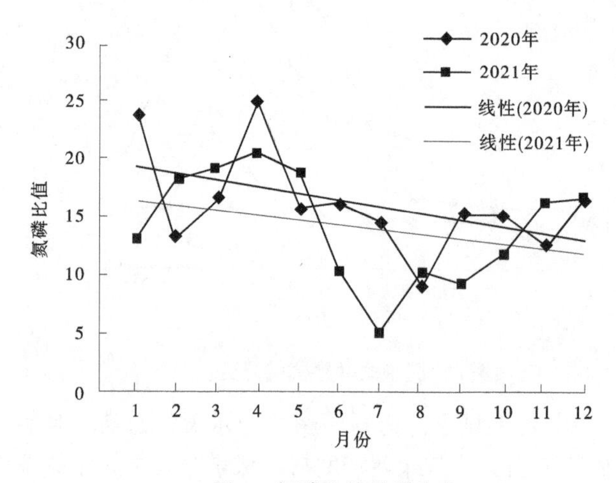

图 5　氮磷比值的月变化

4　讨论

（1）根据近年来淀山湖淀中站自动站监测数据，淀山湖蓝绿藻密度在每年 2 月、3 月最低，8 月、9 月最高。当水温高于 28 ℃，且水体中营养物质满足生长条件时，蓝绿藻密度呈现爆发式增长，这表明温度是影响蓝绿藻爆发的主要因子，这给蓝藻水华预警提供了指标提示。

（2）蓝绿藻密度与水体中多项参数显著相关，其中与氮磷比值和总磷含量关系尤为密切，氮磷比值低，且总磷浓度升高时，更利于蓝绿藻的爆发性生长。在夏季蓝绿藻爆发期时，水体中叶绿素含量主要来自蓝绿藻，呈现显著正相关性。因此，加大流域水污染治理、降低主要污染物浓度，是治理蓝藻水华的根本之策。

（3）随着水质监测自动化技术的发展，水质自动监测站能对水体进行实时连续监测，因此能够连续积累大量的原始水质数据。这对在一定时间尺度上分析水体相关指标的变化趋势提供了极大的便利，也更能精确掌握相关指标之间的时空变化规律，为揭示水体污染物变化规律，进行水环境治理提供更坚实的依据。

参考文献

[1] 张德林，陆佳麟，张佳婷，等．气象条件对淀山湖水质影响的研究［J］．湖泊科学，2016，28（6）：1235-1243.

[2] 程曦，李小平．淀山湖氮磷营养物20年变化及其藻类增长响应［J］．湖泊科学，2008，20（4）：409-419.

[3] 程波，张泽，陈凌，等．太湖水体富营养化与流域农业面源污染的控制［J］．农业环境科学学报，2005（S1）：118-124.

[4] 荆红卫，华蕾，孙成华，等．北京城市湖泊富营养化评价与分析［J］．湖泊科学，2008，20（3）：357-363.

[5] 张军毅，陆敏，叶凉，等．夏季梅梁湖蓝绿藻密度和叶绿素的时空分布特征［J］．长江流域资源与环境，2010，19（Z1）：97-100.

[6] 吴传庆，杨志峰，王桥，等．叶绿素a浓度的动态峰反演方法［J］．湖泊科学，2009，21（2）：223-227.

[7] 伦凤霞，晁敏，沈新强，等．洋山深水港区域夏季叶绿素a分布及年际变化［J］．海洋渔业，2009，31（2）：173-178.

[8] 乐成峰，李云梅，孙德勇，等．太湖叶绿素a浓度时空分异及其定量反演［J］．环境科学，2008，29（3）：619-626.

[9] 龙天渝，周鹏瑞，吴磊．环境因子对香溪河春季藻类生长影响的模拟实验［J］．中国环境科学，2011，31（2）：327-331.

[10] Kim H S，Hwang S J，Shin J K，et al. Effects of limiting nutrients and N：P ratios on the phytoplankton growth in a shallow hypertrophic reservoir［J］．Hydrobiologia，2007，589（1）：255-267.

[11] 韩志萍，邵朝纲，张忠山，等．南太湖入湖口蓝藻生物量与TN、TP的年变化特征及相关性研究［J］．海洋与湖沼，2012，43（5）：911-918.

中国内陆产漂流性卵鱼类的物种与分布

曾庆慧　唐家璇　胡　鹏　杨泽凡

（中国水利水电科学研究院 流域水循环模拟与调控国家重点实验室，北京　100038）

摘　要：明晰中国内陆产漂流性卵鱼类的物种与分布是产漂流性卵鱼类资源保护、生态流量目标制定和水库生态调度等研究的基础。本文通过文献调查，参照《中国内陆鱼类物种与分布》，查阅了1960—2017年56本主要流域、地方鱼类志以及4个鱼类数据共享网站，系统梳理了中国内陆产漂流性卵鱼类的物种分布情况。研究结果表明，目前可确定中国内陆产漂流性卵鱼类有55种，分属4目7科36属。其中，中国特有种27种，受威胁物种15种。长江区、珠江区和西南诸河区是产漂流性卵鱼类分布和保护的热点区域。

关键词：产漂流性卵鱼类；物种与分布；濒危、特有情况；生态流量

1　研究背景

随着社会经济的发展，人类对水电能源的需求不断增加，截至第一次水利普查，中国已建水库9万余座，水电站46 000余座[1]。大量水利水电工程的修建，一方面在支撑人类社会生存发展、优化能源结构、实现节能减排等方面发挥着巨大作用[2-3]；另一方面也引发了河流纵向连通受阻[4]、天然水文情势改变[5-6]等问题，对河流生态系统产生了诸多不利影响。产漂流性卵鱼类作为水生态系统保护的重要和优先指示物种，不仅产卵过程需要一定的水文水动力条件，产出的漂流性鱼卵也需要流水支持其漂流发育，因此其种群繁衍受水文情势改变等因素的影响往往较大，生存繁衍现状不容乐观[7]。目前，关于产漂流性卵鱼类保护的研究多集中于具体河流的产卵场调查/推求、早期资源调查方面，对中国内陆产漂流性卵鱼类的物种与分布情况等缺乏系统的认知。因此，本文拟梳理总结中国内陆产漂流性卵鱼类的物种与分布信息，以期为产漂流性卵鱼类资源保护和敏感期生态流量目标制定等提供支撑。

2　数据来源

根据作者长期野外工作经验，参照《中国内陆鱼类物种与分布》[8]，查阅了1960—2017年56本主要流域及地方鱼类志，如《东北地区淡水鱼类》[9]《西藏鱼类及其资源》[10]《长江上游珍稀特有鱼类国家级自然保护区科学考察报告》[11]《黄河鱼类志》[12]《中国条鳅志》[13]等，并结合4个鱼类数据共享网站（1. Fishbase：https：//fishbase. org；2. GBIF：https：//www. gbif. org/；3. Freshwater Biodiversity Data Portal：https：//data. freshwaterbiodiversity. eu/；4. THE IUCN RED LIST OF THREATENED SPECIES：https：//www. iucnredlist. org/），系统梳理了中国内陆产漂流性卵鱼类的记载情况。

3　结果及分析

3.1　中国内陆产漂流性卵鱼类物种情况

现阶段共确定中国内陆产漂流性卵鱼类55种，分属4目7科36属（见表1）。由于人力有限、

基金项目：国家自然科学基金（52009146）；水生态安全保障人才创新团队项目（WR0145B022021）。

作者简介：曾庆慧（1990—）女，高级工程师，主要从事水利工程生态环境影响研究工作。

通信作者：唐家璇（1997—），男，硕士，研究方向为生态水文学和生态水力学。

资料难以获取等限制因素，以及部分鱼类缺乏相关研究，已确定的我国内陆产漂流性卵鱼类可能还存在遗漏，有待进一步补充。

表1 我国内陆产漂流性卵鱼类物种名录（55种）

编号	物种名称	拉丁文名	目	科	属
1	鲥	*Tenualosa reevesi*	鲱形目	鲱科	鲥属
2	草鱼	*Ctenopharyngodon idella*	鲤形目	鲤科	草鱼属
3	鳡	*Elopichthys bambusa*	鲤形目	鲤科	鳡属
4	鯮	*Luciobrama macrocephalus*	鲤形目	鲤科	鯮属
5	青鱼	*Mylopharyngodon piceus*	鲤形目	鲤科	青鱼属
6	鳤	*Ochetobius elongatus*	鲤形目	鲤科	鳤属
7	拟赤梢鱼	*Pseudaspius leptocephalus*	鲤形目	鲤科	拟赤梢鱼属
8	赤眼鳟	*Squaliobarbus curriculus*	鲤形目	鲤科	赤眼鳟属
9	兴凯鲌	*Chanodichthys dabryi shinkainensis*	鲤形目	鲤科	红鳍鲌属
10	蒙古鲌	*Chanodichthys mongolicus mongolicus*	鲤形目	鲤科	红鳍鲌属
11	贝氏䱗	*Hemiculter bleekeri*	鲤形目	鲤科	䱗属
12	䱗	*Hemiculter leucisculus*	鲤形目	鲤科	䱗属
13	鳊	*Parabramis pekinensis*	鲤形目	鲤科	鳊属
14	寡鳞飘鱼	*Pseudolaubuca engraulis*	鲤形目	鲤科	飘鱼属
15	似鳊	*Pseudobrama simoni*	鲤形目	鲤科	似鳊属
16	银鲴	*Xenocypris argentea*	鲤形目	鲤科	鲴属
17	细鳞鲴	*Xenocypris microlepis*	鲤形目	鲤科	鲴属
18	鳙	*Aristichthys nobilis*	鲤形目	鲤科	鳙属
19	大鳞鲢	*Hypophthalmichthys harmandi*	鲤形目	鲤科	鲢属
20	鲢	*Hypophthalmichthys molitrix*	鲤形目	鲤科	鲢属
21	圆口铜鱼	*Coreius guichenoti*	鲤形目	鲤科	铜鱼属
22	铜鱼	*Coreius heterodon*	鲤形目	鲤科	铜鱼属
23	北方铜鱼	*Coreius septentrionalis*	鲤形目	鲤科	铜鱼属
24	条纹似白鮈	*Paraleucogobio strigatus*	鲤形目	鲤科	似白鮈属
25	长鳍吻鮈	*Rhinogobio ventralis*	鲤形目	鲤科	吻鮈属
26	突吻鮈	*Rostrogobio amurensis*	鲤形目	鲤科	突吻鮈属
27	东北鳈	*Sarcocheilichthys lacustris*	鲤形目	鲤科	鳈属
28	蛇鮈	*Saurogobio dabryi dabryi*	鲤形目	鲤科	蛇鮈属
29	光唇蛇鮈	*Saurogobio gymnocheilus*	鲤形目	鲤科	蛇鮈属
30	银鮈	*Squalidus argentatus*	鲤形目	鲤科	银鮈属
31	宜昌鳅鮀	*Gobiobotia filifer*	鲤形目	鲤科	鳅鮀属
32	潘氏鳅鮀	*Gobiobotia pappenheimi*	鲤形目	鲤科	鳅鮀属
33	短身鳅鮀	*Gobiobotia abbreviate*	鲤形目	鲤科	鳅鮀属

续表 1

编号	物种名称	拉丁文名	目	科	属
34	异鳔鳅鮀	*Xenophysogobio boulengeri*	鲤形目	鲤科	异鳔鳅鮀属
35	裸体异鳔鳅鮀	*Xenophysogobio nudicorpa*	鲤形目	鲤科	异鳔鳅鮀属
36	倒刺鲃	*Spinibarbus denticulatus denticulatus*	鲤形目	鲤科	倒刺鲃属
37	河口孟加拉鲮	*Bangana tonkinensis*	鲤形目	鲤科	孟加拉鲮属
38	唇鲮	*Semilabeo notabilis*	鲤形目	鲤科	唇鲮属
39	长腹沙鳅	*Botia longiventralis*	鲤形目	花鳅科	沙鳅属
40	宽体沙鳅	*Botia reevesae*	鲤形目	花鳅科	沙鳅属
41	壮体沙鳅	*Botia robusta*	鲤形目	花鳅科	沙鳅属
42	中华沙鳅	*Botia superciliaris*	鲤形目	花鳅科	沙鳅属
43	长薄鳅	*Leptobotia elongata*	鲤形目	花鳅科	薄鳅属
44	小眼薄鳅	*Leptobotia microphthalma*	鲤形目	花鳅科	薄鳅属
45	红唇薄鳅	*Leptobotia rubrilabris*	鲤形目	花鳅科	薄鳅属
46	紫薄鳅	*Leptobotia taeniops*	鲤形目	花鳅科	薄鳅属
47	双斑副沙鳅	*Parabotia bimaculata*	鲤形目	花鳅科	副沙鳅属
48	花斑副沙鳅	*Parabotia fasciata*	鲤形目	花鳅科	副沙鳅属
49	短身金沙鳅	*Jinshaia abbreviata*	鲤形目	爬鳅科	金沙鳅属
50	中华金沙鳅	*Jinshaia sinensis*	鲤形目	爬鳅科	金沙鳅属
51	犁头鳅	*Lepturichthys fimbriata*	鲤形目	爬鳅科	犁头鳅属
52	巨魾	*Bagarius yarrelli*	鲇形目	鮡科	魾属
53	中华鲱鲇	*Clupisoma sinense*	鲇形目	锡伯鲇科	鲱鲇属
54	鳜	*Siniperca chuatsi*	鲈形目	鮨鲈科	鳜属
55	大眼鳜	*Siniperca knerii*	鲈形目	鮨鲈科	鳜属

已确定的55种产漂流性卵鱼类中，鲤形目鱼类有50种，占比91.0%，分属3科：鲤科37种，花鳅科10种，爬鳅科3种；鲇形目鱼类有2种，占比3.6%，鮡科和锡伯鲇科各1种；鲈形目鱼类有2种，占比3.6%，皆属鮨鲈科；鲱形目鱼类1种，占比1.8%，属鲱科，如图1所示。

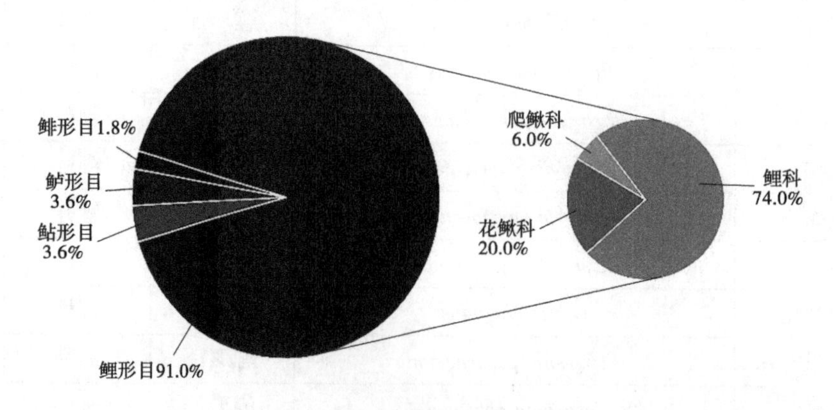

图1 中国55种内陆产漂流性卵鱼类物种目的分布及鲤形目科的分布

在属的分布方面，根据图 2 可知，55 种产漂流性卵鱼类所属的 36 属中，鲤科有 27 属，其中 2 属有 3 种产漂流性卵鱼类，分别为鳅鮀属和铜鱼属，6 属有 2 种产漂流性卵鱼类，其余 19 属都只有 1 种产漂流性卵鱼类；花鳅科有 3 属，其中薄鳅属和沙鳅属有 4 种产漂流性卵鱼类，副沙鳅属有 2 种；爬鳅科有 2 属，其中犁头鳅属有 1 种产漂流性卵鱼类，金沙鳅属有 2 种。鲱科、鮡科、锡伯鲇科都只有 1 属，且都只有 1 种产漂流性卵鱼类；鮨鲈科有 1 属，有 2 种产漂流性卵鱼类，皆属鳜属。

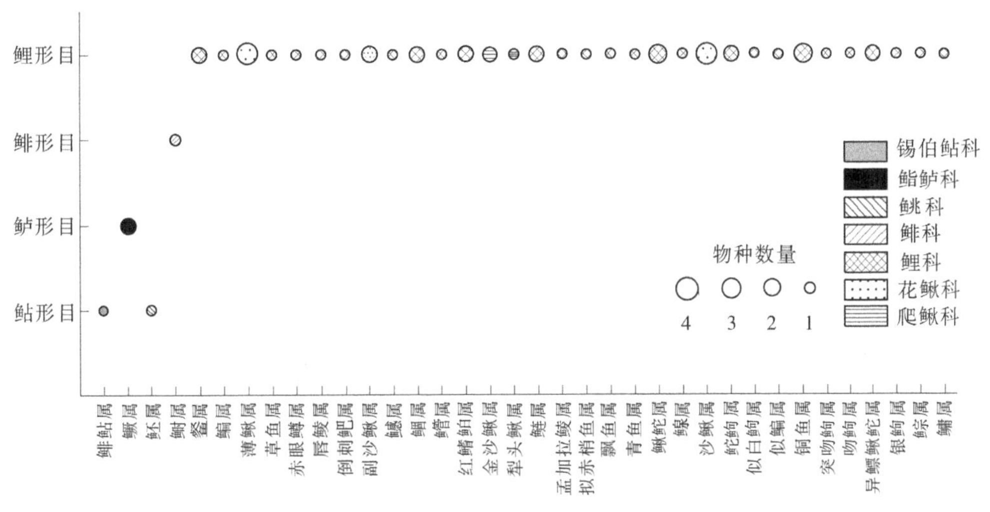

图 2　中国 55 种内陆产漂流性卵鱼类各属物种数量

3.2　中国内陆产漂流性卵鱼类濒危、特有情况

中国内陆产漂流性卵鱼类的濒危、特有情况对产漂流性卵鱼类的保护具有重要的意义，是应重点关注的方面。濒危情况（见图 3）方面，55 种产漂流性卵鱼类中，受威胁物种（被列为极危、濒危和易危的物种）的数量为 15 种，占比 27.3%。其中，有 5 种鱼类被列为极危，占比 9.1%，鲤科 4 种，分别为鯮、鳤、圆口铜鱼和北方铜鱼；鲱科 1 种，为鲥。有 3 种鱼类被列为濒危，占比 5.5%，皆属鲤科，分别为唇鲮、大鳞鲢和长鳍吻鮈。有 7 种鱼类被列为易危，占比 12.7%，花鳅科 5 种，分别为紫薄鳅、长薄鳅、小眼薄鳅、红唇薄鳅和中华沙鳅；鲤科 1 种，为河口孟加拉鲮；鮡科 1 种，为巨魾。在其他 33 种非受威胁物种中，有 2 种鱼类被列为近危，占比 3.6%，花鳅科和爬鳅科各 1 种。有 31 种鱼类被列为无危，占比 56.4%，其中鲤科 25 种，花鳅科 2 种，鮨鲈科 2 种，爬鳅科和锡伯鲇科各 1 种。另外，还有 7 种鱼类由于数据缺乏，无法确定濒危等级。

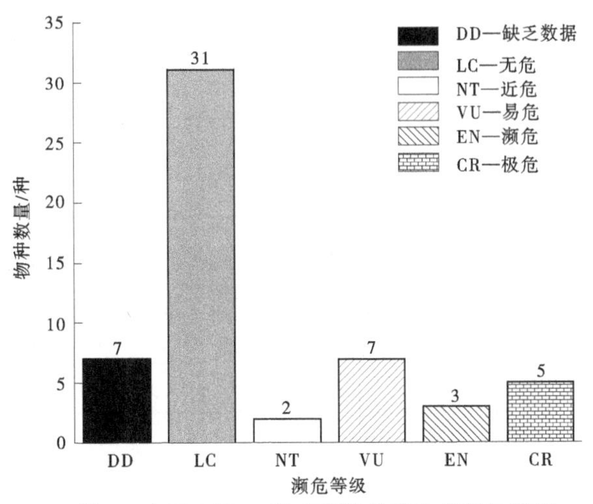

图 3　中国内陆 55 种产漂流性卵鱼类濒危情况

特有种情况（见图 4）方面，55 种产漂流性卵鱼类中，中国特有种鱼类有 27 种，皆属于鲤形目，其中鲤科 16 种、花鳅科 8 种、爬鳅科 3 种；非中国特有种鱼类有 28 种，分属 6 科，其中鲤科 21 种，花鳅科 2 种，鮨鲈科 2 种，鲱科、鳅科、锡伯鲇科各 1 种。

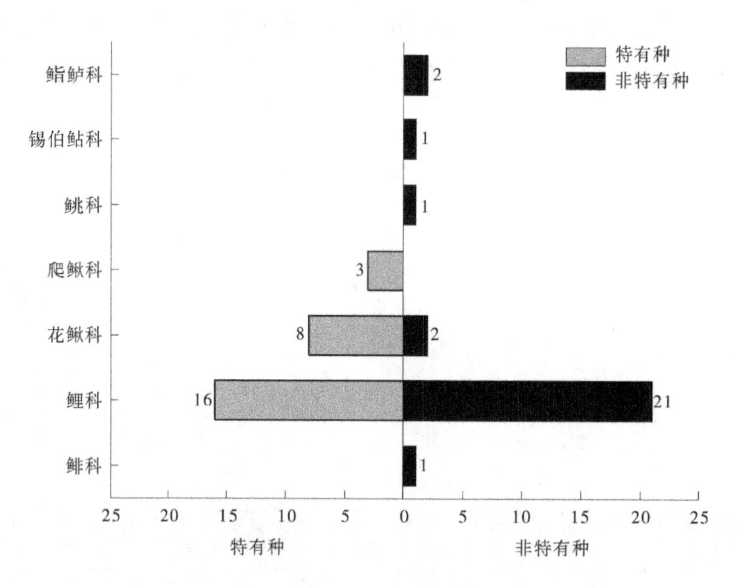

图 4　中国 55 种内陆产漂流性卵鱼类特有种、非特有种情况

3.3　中国内陆产漂流性卵鱼类分布情况

以水资源一级区为基本单元，根据地方、流域鱼类志以及《中国内陆鱼类物种与分布》[8] 中关于产漂流性卵鱼类分布的描述，得到了 55 种产漂流性卵鱼类在十大水资源一级区的分布情况，并将仅分布于单个水资源一级区的产漂流性卵鱼类定义为水资源一级区特有种，后文简称一级区特有种。

十大水资源一级区产漂流性卵鱼类分布情况如表 2 和图 5 所示。十大水资源一级区中，长江区产漂流性卵鱼类物种最为丰富，有 41 种产漂流性卵鱼类；西北诸河区产漂流性卵鱼类物种最少，仅有 5 种。其余 8 个水资源一级区拥有的产漂流性卵鱼类物种数量分别为：珠江区 24 种、东南诸河区 22 种、黄河区 21 种、松花江区 21 种、海河区 17 种、辽河区 16 种、淮河区 15 种和西南诸河区 14 种，差别不显著。

表 2　十大水资源一级区产漂流性卵鱼类分布情况

一级区名称	物种数量	一级区特有物种数量	受威胁物种数量
松花江区	21	5*	0
辽河区	16	0	0
海河区	17	0	0
黄河区	21	1	1
淮河区	15	0	0
长江区	41*	15*	10*
东南诸河区	22*	0	3
珠江区	24*	1	6*
西南诸河区	14	4*	4*
西北诸河区	5	0	0

注：“*”表示该项物种数量在十大水资源一级区中排名前三。

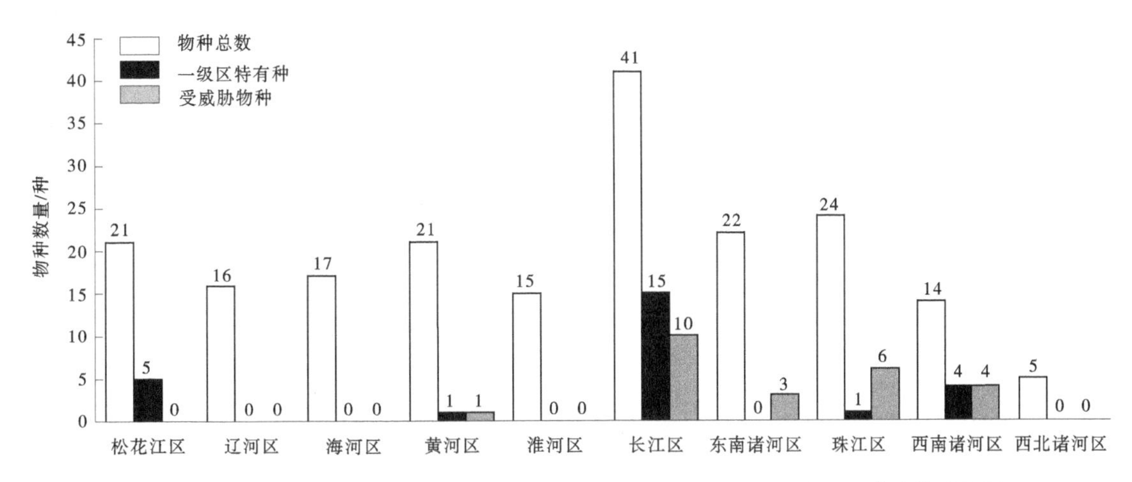

图5　十大水资源一级区产漂流性卵鱼类物种总数、一级区特有种及受威胁物种数量

在一级区特有种分布情况上，仅长江区（15种，占比36.6%）、松花江区（5种，占比23.8%）、西南诸河区（4种，占比28.6%）、珠江区（1种，占比4.5%）和黄河区（1种，占比4.8%）五个水资源一级区拥有流域特有的产漂流性卵鱼类，其余5个水资源一级区无特有产漂流性卵鱼类物种。

在水资源一级区受威胁产漂流性卵鱼类（被列为易危、濒危和极危的产漂流性卵鱼类）分布情况上，长江区受威胁产漂流性卵鱼类有10种，占比24.4%，其中有5种为长江区特有，分别为小眼薄鳅（VU）、红唇薄鳅（VU）、紫薄鳅（VU）、圆口铜鱼（CR）和长鳍吻鮈（EN）。珠江区受威胁产漂流性卵鱼类有6种，占比25%，其中大鳞鲢（EN）为珠江区特有。西南诸河区受威胁产漂流性卵鱼类有4种，占比28.6%，其中河口孟加拉鲮（VU）和巨魾（VU）为西南诸河区特有。东南诸河区受威胁产漂流性卵鱼类有3种，占比13.6%，且都非东南诸河区所特有。黄河区受威胁产漂流性卵鱼类有1种，占比4.8%，且该种为黄河区特有的产漂流性卵鱼类，为北方铜鱼（CR）。

综上可以看出，长江区、珠江区和西南诸河区不仅拥有较多种类的产漂流性卵鱼类，并且一级区特有种和受威胁的产漂流性卵鱼类物种数量也较高，是产漂流性卵鱼类研究和保护的热点区域，应加强对产漂流性卵鱼类的保护，可采取修建过鱼设施、增殖放流等措施。

4　结论

本文通过资料收集和文献调查的方法，对中国内陆产漂流性卵鱼类的物种情况、濒危和特有情况、在水资源一级区分布情况信息进行了整合和梳理，得到了以下主要结论：

（1）目前，确定的中国内陆产漂流性卵鱼类有55种，分属4目7科36属。其中，鲤形目占绝对优势，有50种，分属3科27属；鲇形目有2种，分属2科2属；鲈形目有2种，皆属鮨鲈科鳜属；鲱形目有1种，属鲱科鲥属。

（2）55种产漂流性卵鱼类中，有48种具有濒危状况评估结果：极危5种，濒危3种，易危7种，近危2种和无危31种。

（3）十大水资源一级区中，长江区产漂流性卵鱼类物种、一级区特有种和受威胁物种的数量皆是最多，珠江区和西南诸河区中国特有的产漂流性卵鱼类物种和受威胁的产漂流性卵鱼类物种较多，仅次于长江区，上述三个水资源一级区是产漂流性卵鱼类研究和保护的热点区域。

参考文献

[1] 水利部，国家统计局．第一次全国水利普查公报［M］．北京：中国水利水电出版社，2013.
[2] 王文铭，艾尉．低碳经济背景下我国水电发展前景分析及建议［J］．中国水利，2010（14）：25-26.

[3] 周建平，杜效鹄，周兴波. 全球水电开发现状及未来趋势 [J]. 中国电业，2020 (7)：26-29.
[4] 侯佳明. 基于改进阻隔系数法的全国主要河流纵向连通性评价 [D]. 北京：中国水利水电科学研究院，2020.
[5] 李明. 梯级水电开发对岷江上游径流特征的累积影响 [D]. 成都：成都理工大学，2014.
[6] 张爱民. 梯级水电开发对长江干流生态水文情势影响研究 [D]. 郑州：华北水利水电大学，2018.
[7] 胡鹏，唐家璇，杨泽凡，等. 漂流性鱼卵安全漂流的临界水动力条件实验研究 [J]. 水利学报，2021，52 (12)：1430-1438.
[8] 张春光，赵亚辉，等. 中国内陆鱼类物种与分布 [M]. 北京：科学出版社，2016.
[9] 解玉浩. 东北地区淡水鱼类 [M]. 沈阳：辽宁科学技术出版社，2007.
[10] 西藏自治区水产局. 西藏鱼类及其资源 [M]. 北京：中国农业出版社，1995.
[11] 危起伟. 长江上游珍稀特有鱼类国家级自然保护区科学考察报告 [M]. 北京：科学出版社，2013.
[12] 李思忠. 黄河鱼类志 [M]. 青岛：中国海洋大学出版社，2017.
[13] 朱松泉. 中国条鳅志 [M]. 南京：江苏科学技术出版社，1989.

蓝藻水华应急防治处理技术研究进展

丁志良[1,2,3]　张　事[1,2,3]　高兆波[1,2,3]　王　健[1,2,3]

（1. 长江勘测规划设计研究有限责任公司，湖北武汉　430010；
2. 水利部长江治理与保护重点实验室，湖北武汉　430010；
3. 流域水安全保障湖北省重点实验室，湖北武汉　430010）

摘　要：社会经济的高速发展加快了人类活动的强度和范围，使得我国近70%的湖泊水库面临富营养化问题，导致水质恶化，蓝藻水华季节性频发，严重影响了湖库水生态系统及饮用水源的安全。本文综述了蓝藻控制的主要手段，包括生物、化学、物理去除方法，其中膜过滤处理技术为湖泊及水厂等的安全供水提供了一定的保障，但是藻类引起的膜污染问题又严重限制了膜过滤处理含藻水的发展和推广。因此，膜过滤处理含藻水过程中膜污染特性及其控制研究对膜处理技术在水厂快速除藻领域的应用和推广具有重要意义。

关键词：蓝藻水华；防治；膜过滤；膜污染

水是生命之源，它哺育了地球上所有的生命，同时孕育了人类文明，是人类生产和生命活动必不可缺的物质。诺贝尔奖获得者 Richard Errett Smalley 列出了人类社会未来50年所面临的十大问题，其中能源与水危机分别被排在第一、二位[1]。我国淡水资源数量位居世界第六位，但人均水资源占有量只相当于世界人均水量的1/4，被联合国列为13个贫水国之一[2]。

1　湖库蓝藻水华暴发及其对饮用水安全的危害

随着我国社会经济的迅速发展和城市化进程加速，大量的城市废水、工业污水和农业面源污染带来的氮和磷等营养元素进入河流湖泊，水体富营养化进程加速，进而导致蓝藻水华频繁发生，严重危及水生态系统。据统计可知，在20世纪70年代末，我国约有91.80%的湖泊处于中营养状态，贫营养状态占3.2%，富营养化状态占5.0%。到了80年代，富营养化湖泊由之前的5.0%增加到55.01%，湖泊水污染情况恶劣[3]。进入21世纪后，社会活动的高度活跃，导致湖泊富营养化愈加恶劣。据2019年《中国生态环境状况公报》显示，在我国正常监测营养状态的107个重要湖库中有30个湖库水质呈富营养化状态，在国家的重点监测湖泊中，昆明滇池、安徽巢湖和江苏无锡太湖（见图1）也均处于高度富营养化状态[4]（中国生态环境状况公报，2019）。

蓝藻水华的频繁暴发引起了社会的关注和政府的高度重视。因此，针对饮用水水源地的蓝藻暴发，急需寻找一种高效、经济、简便的藻类应急处理方法，减少其对水环境的破坏，保障水生态系统与饮用水安全。

2　蓝藻水华的控制与去除策略

目前，蓝藻水华的防治去除手段主要有间接防控和直接除藻两种方式。间接防控主要是指通过水体营养盐浓度或水动力调控的方式控制抑制蓝藻的生长或聚集，其中就包括污染源截留[5]、底泥疏

基金项目：湖北省博士后创新实践岗位项目（2022CXGW001）。
作者简介：丁志良（1981—），男，高级工程师，主要从事河湖水生态修复技术工作。
通信作者：张事（1991—），男，工程师，主要从事河湖水生态修复技术工作。

图 1　2020 年太湖无锡黄泥田蓝藻水华

浚钝化以及植物修复[6] 等。这些方法能够从根源上解决蓝藻水华暴发问题，但是该方法周期较长，对于目前我国湖库等已经暴发的蓝藻水华现象来说，无法做到及时有效的应急措施，特别是下游的水厂更是无法达到直接除藻的效果。直接除藻可以快速有效地对藻类进行实时的控制，具体包括生物、化学、物理等方法。

2.1　生物方法

生物方法处理藻类主要是应用于长期控制湖泊和水库富营养化产生的藻类暴发。近年来，关于利用水生动植物控制湖泊和水库富营养化的报道屡见不鲜。Pogozhev 等[7] 研究表明，长刺溞（*Daphnia longispina*）可以有效减少铜绿微囊藻的生物量。张丽彬等[8] 也发现浮游动物群体，尤其是甲壳类群体，在适当条件（氮、磷含量，温度）下，可以对蓝藻群体生长起有效的控制作用。比较经典的生物操纵控藻是通过放养肉食性鱼类消灭浮游动物食性鱼类，优化鱼类群落以达到促进浮游生物对蓝藻的捕食作用[9]。微生物控藻法主要是通过杀藻细菌以及真菌等来达到控制蓝藻水华。其中，包括溶藻细菌、藻类噬菌体和一些真菌可以直接破坏藻细胞的特定结构从而达到控制藻类暴发的目的。赵以军等[10] 报道过黏细菌 *Myxobacter* 可以有效控制藻类暴发，改善水质。

生物除藻法属于生态友好型除藻工艺，可以根据不同的湖泊和水库选择适宜的生物除藻手段。但是该方法治理含藻水的见效周期过长，并且受气候等环境影响。对于到达水厂的藻类通过生物除藻法来说更是无从下手，无法满足现在突发性藻类暴发带来的饮用水污染问题。

2.2　化学方法

目前，在水源地和水厂的藻类去除工艺中，物化除藻相对比较成熟，目前也有大量的研究针对水厂的藻类去除及水质净化进行了深入的探究。研究较多的化学除藻法主要包括利用絮凝剂、强氧化剂、杀藻剂等，借助絮凝剂的水解特性使蓝藻凝聚沉降，或者利用其强氧化能力破坏蓝藻的细胞壁使其裂解死亡，或易于后续的混凝处理。

目前，研究使用较多的絮凝剂包括聚合氯化铝（PAC）、Al（SO_4）$_3$、$FeCl_3$ 等无机絮凝剂，壳聚糖以及可人工合成的有机高分子絮凝剂。Jin et al.[11] 在去除饮用水中铜绿微囊藻的过程中使用壳聚糖的衍生物作为混凝剂，在低剂量（1.5 mg/L）情况下能够有效地去除水体中的藻类。对于强氧化除藻，目前研究比较多的是臭氧、ClO_4、$KMnO_4$ 以及新型绿色氧化剂 K_2FeO_4。Chang et al.[12] 同样也直接通过臭氧氧化破碎微囊藻并且降解微囊藻毒素的中间体，进而达到直接去藻的目的。$KMnO_4$ 作为典型的杀藻剂历史悠久，本身具备较高的氧化性，能够有效去藻，其还原产物 MnO_2 对水体的无机物还具有吸附作用[13]。Emília et al.[14] 在去除发电厂冷却水中的绿藻时发现 K_2FeO_4 的质量浓度越高，绿藻的去除效果越好；同时张忠祥等[15] 也发现投加 4 mg/L 的 K_2FeO_4，铜绿为微囊藻的去除率可以达到 73.0%。

随着研究的不断深入和技术的进步，越来越多的组合工艺在水厂的除藻领域得到了进一步的发展。马军等[16] 研究了臭氧预氧化强化混凝除藻的控制效果，研究结果表明强氧化剂会破坏藻细胞表面结构，引起胞内有机物释放，从而恶化高藻水水质。Wang et al. 通过 Fe（Ⅱ）/过氧硫酸钠预氧化强化混凝去除饮用水中的铜绿微囊藻及控制 AOM，发现藻细胞相对完整，K^+ 释放率降低了 37.87%，细胞死亡率降低了 7.43%，IOM 的释放量较少。

以上的化学除藻手段能够有效地去除水体中藻类，但是同时会带来一些次生危害，比如过多投加 $KMnO_4$ 会导致残余的锰和色度有所增加，藻细胞内容物的释放会产生对环境有毒的三卤甲烷（THMs）和卤乙酸（HAAs）等消毒副产物[18]。对于水厂的含藻水处理来说，过多的化学试剂的添加对饮用水安全也带来了一定的隐患。

2.3 物理方法

相对生物和化学除藻方法，物理方法未额外添加其他的化学物质或者生物材料，对整个水环境，特别是饮用水源地是绿色友好的，能够保证次生污染的影响。目前使用较多的物理除藻手段包括超声法、紫外光法和膜分离法等。

超声除藻主要是通过超声波的空化作用产生大量的气泡，超声形成的数以万计的小气泡破裂后的局部温度和压强分别高达 5 000 K 和 50 MPa，形成所谓的“热点”，并因此产生强氧化性自由基（·OH 和 H·），进而致使藻细胞破裂。Zhang et al.[19-20] 均发现超声可以强化水处理工艺去除藻细胞，但是同时会使得溶液中藻毒素等污染物质的浓度急剧上升。虽然超声波除藻效率较高，但是由于其也受到实际水域中降雨、光照强度和温度等自然因素的影响，并且水体湍流、风速都会造成水域中蓝藻分布发生变化[21]，所以在实际水体的除藻过程中超声波法的使用受到一定的限制，并且使用过后水体中的藻毒素明显提高也限制了其进一步发展。紫外光法除藻的相关研究及应用要追溯到 20 世纪 90 年代，主要通过以 DNA 作为主要靶点，损伤 DNA 造成藻细胞蛋白质转录和合成受阻，同时会破坏藻类的光合作用进而达到除藻的效果[22]。

膜分离技术运用到水厂处理含高藻水的技术拥有很广的前景，并且随着处理工艺的不断革新以及膜材料的不断开发，大量的水厂都陆续开始将膜组件安装到处理单元中，含藻水的膜处理技术慢慢成为一种主要处理方法。Campinas et al.[23] 在探索超滤组合工艺处理含藻水过程中发现除藻效率接近 100%，出水中几乎没有藻细胞。马蓉等[24] 在对含藻微污染水的处理过程中发现因为尺寸排除效应，超滤对藻细胞的去除率很高（约 100%）。但是 Wang et al.[25] 在中试生产收获栅藻的过程中，发现超滤错流收获 53 m^3的尖状栅藻悬浮液，膜平均通量仅为 53.6 L/（m^2·h），并且即使调整处理工艺手段也无法数量级地提高过滤通量，这样的过滤方式在突发性藻类暴发时无法快速解决藻类问题。Xiao et al.[26] 通过微滤采集能源藻类过程中多次过滤循环的平均通量可达 1 845 L/（m^2·h），是超滤的 30 倍。为了及时迅速应对突发性藻类暴发给饮水水源地带来危害，微滤的研究及发展需要进行深入的探索。以上研究表明，膜过滤技术应用于藻水分离具有很大的优势和潜力。

3 膜过滤去除藻类的研究现状

3.1 膜过滤处理含藻水的膜污染探究

大量研究表明，膜过滤在处理含高藻水过程中存在过滤通量较低、膜污染严重等问题[27]，也有学者研究发现造成膜污染的主要因素均是 AOM 与藻细胞[28-30]，关于藻细胞和 AOM 在过滤过程中对膜污染的影响机制，目前也有大量的研究所及高校投入研究。

有很多研究者发现，过滤过程中藻细胞会影响过滤通量的变化。Boksoon et al.[31] 在处理含有铜绿微囊藻的含藻水中发现，膜过滤过程中膜表面会累积形成一层致密的藻细胞饼层，进而使得膜过滤通量急剧下降。Babel et al.[32] 研究发现，沉积在膜表面的藻细胞饼层在性质上是可压缩的，且压缩指数为 0.439，并且发现污染层压缩是膜通量快速下降的关键诱因。相对藻细胞来说，AOM 的成分相对复杂，其对膜污染的影响研究相对也更加全面。Zhang et al[33] 发现 EOM 是造成小球藻膜过滤过程中饼层阻力增大的主要因素，并且主要是在黏液层和藻饼层中积累引起膜污染。Qu et al.[34-35] 进一步探索超滤处理铜绿微囊藻过程中发现饼层堆积、疏水物质黏附也是引起超滤膜污染的主要机制，并且 EOM 中尺寸在 100 KDa-0.45 μm 的有机物是主要堵膜物质。李磊等[36] 在探索不同生长时期的铜绿微囊藻的胞外有机物过滤特性时发现多糖类物质更能够紧密地黏附在滤膜上，是主要的堵膜物质。

此外，对含藻水膜污染类型的研究也有诸多报道。根据污染形成位置及方式，膜污染的类型可分为四种：孔隙堵塞、吸附污染、饼层污染和凝胶层污染（见图 2）。Qu et al.[38] 研究发现藻细胞、AOM 在超滤过程中会堵塞膜孔，造成图 2（a）中的膜污染。藻细胞在过滤过程中会吸附 SMPs、胞外聚合物等生物聚合物，生物聚合物会被吸附到膜表面和膜孔表面造成吸附污染［见图 2（b）］[39]。Bilad et al.[40-41] 研究发现藻细胞、藻细胞碎片、无机胶体颗粒、高分子量 AOM、生物聚合物等混杂物在膜表面的沉积和堆积，形成了饼层造成饼层污染［见图 2（c）］。最后，图 2（d）中的凝胶层污染主要是在某些情况下生物聚合物和 AOM，而不是微藻细胞和细胞碎片，在膜表面和膜孔表面聚集形成具有一定黏性和弹性的凝胶层。但是在实际的过滤过程中，这些污染类型往往是几个或多个同时交互存在的。

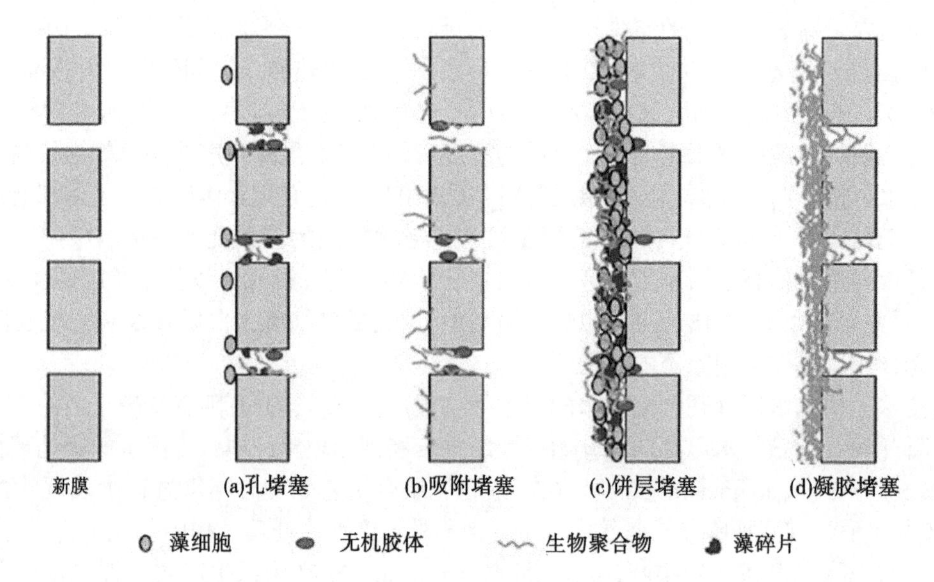

图 2　含藻水膜污染过程中的膜污染机制分析[37]

3.2　藻细胞与藻源型有机物的交互污染研究

由于含藻水的复杂性，过滤过程中对膜污染的影响往往不是藻细胞或者 AOM 的单一影响，而是两者的共同作用。目前，两者对膜污染的共同作用的研究相对较少，但是关于过滤过程中有机物和无机颗粒对膜污染的共同作用的研究已有相关报道。

Loulergue et al.[42] 在研究膜生物反应器中颗粒减污的作用机制中发现污泥颗粒的添加改变了饼层结构特性，渗透性变得更强。饼层中颗粒的存在影响溶解性有机物的组成，降低其污染倾向。Mahlangu et al.[43] 发现有机物与颗粒污染物的复合污染导致的通量下降幅度大于单一污染。此外，发现对于可压缩的颗粒除水力阻力增大外，由于颗粒饼层的压缩导致通量也进一步下降。研究者通过将不同的无机胶体与有机物混合的方法分别探索其是如何相互作用的。与无机颗粒相比，藻细胞具有一些特殊的特性，如压缩性，同时 AOM 的成分及特性都相对较为复杂，这可能使它们之间的相互作用更加多样。

3.3　交互污染的防控探究

目前，针对过滤含藻水的膜污染控制的研究主要集中在以下几个方面：高效抗污染性能的新型膜材料的开发；通过调控过滤工艺运行参数、优化运行条件，从而达到控制膜污染积累的目的；也可以调控微藻的生物量及其特性（对藻液进行预处理）来达到控制膜污染的目的。

Zhang et al.[44] 研究发现利用0.1 μm陶瓷膜过滤AOM，先大孔径（0.45 μm、1 μm和5 μm）预过滤可减少污染堵塞，延缓过滤通量的下降。有研究者采用相转化法，将聚乙烯吡咯烷酮（PVP）作为添加剂，增加PVDF膜的亲水性和孔隙率。通过改性的膜表面亲水性提高，减少藻源型亲水性有机物的污染，进而可以对高浓度藻类的收获具有较好的防污性能[45]。此外，很多研究者通过藻液预处理最终达到减缓膜污染的效果。Qu et al.[34] 发现胞外有机物（EOM）中投加适量的钙离子，可减少可逆污染，增大过滤通量。高锰酸钾原位形成的二氧化锰可增加藻的团聚性，同时吸附水体中的EOM，缓解UF膜的污染堵塞问题[46]。

Zhao et al.[47] 研究发现超滤错流过滤含藻水过程中，轴向振动膜较水下过滤膜有更好的过滤性，可以有效地减少藻细胞饼层的形成，这种带穿孔圆盘的动态超滤可以分别提高过滤通量至少11倍[48]。Babel et al.[49-50] 发现在小球藻收获中先进行壳聚糖絮凝预处理使得藻细胞粒径增大，进而提高过滤通量且降低饼层含水率，并且化学絮凝和臭氧预处理能有效减小饼层阻力，提高过滤通量。

4 展望

人类活动造成的水体富营养化现象，目前传统的处理技术已经无法满足当下的水安全及水环境要求，膜法水处理技术能够去除蓝藻的同时净化水体，因此大量研究针对膜处理技术研究探索，但是这些研究主要是集中在藻细胞或者AOM造成膜污染的单一控制阶段，未能有效地解决两者在过滤过程中的交互污染作用，在根本上还是无法缓解膜污染问题，进而也无法实现快速解决突发藻类暴发带来的“用水难”的应急除藻问题。基于这些研究基础，未来拟从减少膜材料对AOM的截留及改善藻细胞饼层结构，改善藻细胞与AOM之间的交互作用的角度出发缓解膜污染，从而提高膜过滤效率。

参考文献

[1] 柳斌．超滤处理含藻水的藻源混合污染特性与工艺调控研究［D］．哈尔滨：哈尔滨工业大学，2018.

[2] 许丽婷．水权法律问题研究［D］．兰州：兰州大学，2006.

[3] 高俊峰．太湖蓝藻水华生态灾害评价［M］．北京：科学出版社，2014.

[4] 中华人民共和国生态环境部．2019中国生态环境状况公报［R/OL］．（2020-06-02）［2022-11-02］. https://www. mee. gov. cn/hjzl/sthjzk/zghjzkgb/202006/P020200602509464172096.

[5] 邓建明，李大平，陶勇．水华蓝藻暴发的预防与控制技术研究进展［J］．水处理技术，2009，35：23-26.

[6] 潘攀．富营养化水体藻华打捞及植物修复的生态效果与影响因素研究［D］．苏州：苏州大学，2010.

[7] I P P, N G T. The effect of zooplankton on microalgae blooming and water eutrophication［J］．Water Resources，2001，7：420-427.

[8] 张丽彬，王金鑫，王启山，等．浮游动物在生物操纵法除藻中的作用研究［J］．生态环境学报，2007，16（6）：1648-1653.

[9] 卫臻，卫晓露，朱明，等. 生物操控技术在城市静态受污染水体生态修复中的应用［J］．水资源保护，2009，25（6）：45-45.

[10] 赵以军，刘永定. 有害藻类及其微生物防治的基础——藻菌关系的研究动态［J］．水生生物学报，1996，20（2）：173-181.

[11] Jin Y，Pei H，Hu W，et al. A promising application of chitosan quaternary ammonium salt to removal of Microcystis aeruginosa cells from drinking water［J］．Science of The Total Environment，2017，583：496-504.

[12] Chang J，Chen Z l，Wang Z，et al. Ozonation degradation of microcystin-LR in aqueous solution：Intermediates，byproducts and pathways［J］．Water Research，2014，63：52-61.

[13] 张龙，乔俊莲，雷青. 高锰酸钾预氧化强化混凝去除绿藻的研究［J］．环境科学学报，2013，33（1）：73-78.

[14] Kubiňáková E，Híveš J，Gál M，et al. Effect of ferrate on green algae removal［J］．Environmental Science & Pollution Research International，2017，24（27）：21894.

[15] 张忠祥，宋浩然，张伟，等. 高铁酸钾预氧化强化混凝除藻效能及机理研究［J］. 中国给水排水，2019（15）：31-36.

[16] 马军，方晶云，王立宁，等. 臭氧预氧化对藻细胞及藻类有机物特性及其混凝处理效能的影响［J］. 中国给水排水，2006（21）：425-431.

[17] Wang B, Zhang Y, Qin Y, et al. Removal of Microcystis aeruginosa and control of algal organic matter byFe（Ⅱ）/peroxymonosulfate pre-oxidation enhanced coagulation［J］. Chemical Engineering Journal, 2021, 403：126381.

[18] 李多，苗时雨，张怡然，等. 高锰酸钾预氧化-强化混凝控制饮用水消毒副产物的研究［J］. 水处理技术，2014（2）：26-30.

[19] Zhang G, Zhang P, Wang B, et al. Ultrasonic frequency effects on the removal of Microcystis aeruginosa［J］. Ultrasonics Sonochemistry, 2006, 13（5）：446-450.

[20] 王波，张光明，王慧. 超声波去除铜绿微囊藻研究［J］. 环境污染治理技术与设备，2005，6（4）：47-49.

[21] 马健荣，邓建明，秦伯强，等. 湖泊蓝藻水华发生机理研究进展及展望［J］. 生态学报，2013，33（10）：3020-3030.

[22] Zen'Ichiro K, Koichi S, Yasushi I, et al. Effet of ultraviolet radiation on the survival of the dinoflagellate peridinium bipes causing freshwater red tide in reservoirs［J］. Japanese Journal of Water Treatment Biology, 1990, 26（2）：17-22.

[23] Campinas M, Rosa M J. Evaluation of cyanobacterial cells removal and lysis by ultrafiltration［J］. Separation & Purification Technology, 2010, 70（3）：345-353.

[24] 马蓉，吕锡武，李发战. 超滤组合工艺出水及消毒方法［J］. 水处理技术，2005（12）：74-75.

[25] Wang L, Pan B, Gao Y, et al. Efficient membrane microalgal harvesting：Pilot-scale performance and techno-economic analysis［J］. Journal of Cleaner Production, 2019, 218：83-95.

[26] Xiao J, Liu R, Yang L, et al. Macrofiltration-A leap towards high efficiency microalgal harvesting：A case study using Scenedesmus acuminatus［J］. Algal Research, 2019, 37：1-10.

[27] Chen Y, Bai F, Li Z, et al. UV-assisted chlorination of algae-laden water：Cell lysis and disinfection byproducts formation［J］. Chemical Engineering Journal, 2019：123165.

[28] Liu B, Qu F, Liang H, et al. Algae-laden water treatment using ultrafiltration：Individual and combined fouling effects of cells, debris, extracellular and intracellular organic matter［J］. Journal of Membrane Science, 2017, 528：178-186.

[29] Zhang X, Devanadera M C E, Roddick F A, et al. Impact of algal organic matter released from Microcystis aeruginosa and Chlorella sp. on the fouling of a ceramic microfiltration membrane［J］. Water Research, 2016, 103：391-400.

[30] Huang W, Chu H, Dong B, et al. Evaluation of different algogenic organic matters on the fouling of microfiltration membranes［J］. Desalination, 2014, 344：329-338.

[31] Kwon B, Park N, Cho J. Effect of algae on fouling and efficiency of UF membranes［J］. Desalination, 2005, 179（1-3）：203-214.

[32] Babel S, Takizawa S. Microfiltration membrane fouling and cake behavior during algal filtration［J］. Desalination, 2010, 261（1-2）：46-51.

[33] Zhang X, Fan L, Roddick F A. Feedwater coagulation to mitigate the fouling of a ceramic MF membrane caused by soluble algal organic matter［J］. Separation & Purification Technology, 2014, 133：221-226.

[34] Qu F S, Liang H, Wang Z Z, et al. Ultrafiltration membrane fouling by extracellular organic matters（EOM）of Microcystis aeruginosa in stationary phase：Influences of interfacial characteristics of foulants and fouling mechanisms［J］. Water Research, 2012, 46（5）：1490-1500.

[35] Qu F. Ultrafiltration（UF）membrane fouling caused bycyanobateria：Fouling effects of cells and extracellular organics matter（EOM）［J］. Desalination, 2012, 293（3）：30-37.

[36] 李磊，张艳，马放，等. 铜绿微囊藻分泌物对超滤膜污染的影响［J］中国给水排水，2014（15）：39-43.

[37] Liao Y, Bokhary A, Maleki E, et al. A review of membrane fouling and its control in algal-related membrane processes［J］. Bioresource technology, 2018, 264：343-358.

[38] Qu F, Liang H, Tian J, et al. Ultrafiltration（UF）membrane fouling caused bycyanobateria：Fouling effects of cells and extracellular organics matter（EOM）［J］. Desalination, 2012, 293：30-37.

[39] Zhang W, Zhang W, Zhang X, et al. Characterization of dissolved organic matters responsible for ultrafiltration membrane fouling in algal harvesting [J] . Algal Research, 2013, 2 (3): 223-229.

[40] Bilad M R, Arafat H A, Vankelecom I F J. Membrane technology in microalgae cultivation and harvesting: A review [J]. Biotechnology Advances, 2014, 32 (7): 1283-1300.

[41] Drexler I L C, Yeh D H. Membrane applications for microalgae cultivation and harvesting: a review [J] . Reviews in Environmental Science and Bio/Technology 2014, 13 (4): 487-504.

[42] Loulergue P, Weckert M, Reboul B, et al. Mechanisms of action of particles used for fouling mitigation in membrane bioreactors [J] . Water Research, 2014, 66: 40-52.

[43] Mahlangu T O, Thwala J M, Mamba B B, et al. Factors governing combined fouling by organic and colloidal foulants in cross-flow nanofiltration [J] . Journal of Membrane Science, 2015, 491: 53-62.

[44] Zhang X, Fan L, Roddick F A. Understanding the fouling of a ceramic microfiltration membrane caused by algal organic matter released from Microcystis aeruginosa [J] . Journal of Membrane Science, 2013, 447 (22): 362-368.

[45] Hu W, Yin J, Deng B, et al. Application of nano TiO_2 modified hollow fiber membranes in algal membrane bioreactors for high-density algae cultivation and wastewater polishing [J] . Bioresource technology, 2015, 193: 135-141.

[46] Qu F, Xing D, Liu B, et al. Control of ultrafiltration membrane fouling caused by Microcystis cells with permanganatepreoxidation: Significance of in situ formed manganese dioxide [J] . Chemical Engineering Journal, 2015, 279: 56-65.

[47] Zhao F, Chu H, Tan X, et al. Comparison of axial vibration membrane and submerged aeration membrane in microalgae harvesting [J] . Bioresource technology, 2016, 208: 178-183.

[48] Kim K, Jung J Y, Shin H, et al. Harvesting of Scenedesmus obliquus using dynamic filtration with a perforated disk [J]. Journal of Membrane Science, 2016, 517: 14-20.

[49] Babel S, Takizawa S. Chemical pretreatment for reduction of membrane fouling caused by algae [J] . Desalination, 2011, 274 (1): 171-176.

[50] Lee D J, Liao G Y, Chang Y R, et al. Chitosan coagulation-membrane filtration of Chlorella vulgaris [J] . Bioresource technology, 2012, 30 (11-12): 1317-1322.

小浪底和西霞院水库漂浮物综合防治措施研究

谷源泉　董　华　翟冬毅

（黄河水利水电开发集团有限公司，河南济源　459017）

摘　要：近年来，小浪底和西霞院水库运行过程中常在近坝库区出现大量漂浮物，堵塞电站机组拦污栅进口，同时对库区水生态安全造成一定影响，为保障枢纽安全运行、机组发电效益和库区水面清洁，本文从设施设备安全运行和库区生态环保方面统筹考虑，坚持“问题导向、综合防治、以防为主”治理原则，长远考虑漂浮物处理的减量化、资源化、专业化和规范化，对“管、控、排、捞、防”综合防治措施进行研究，旨在解决小浪底及西霞院水库漂浮物问题，对保证小浪底和西霞院库区水生态及枢纽安全运行有极其重要的指导作用。

关键词：漂浮物；综合防治；小浪底；西霞院

1　工程概况

黄河小浪底水利枢纽工程位于河南省洛阳市孟津县小浪底，在洛阳市以北黄河中游最后一段峡谷的出口处，南距洛阳市 40 km，上距三门峡水利枢纽 130 km，下距河南省郑州花园口 128 km。黄河小浪底水利枢纽工程是黄河干流三门峡以下唯一能取得较大库容的控制性工程，是治理开发黄河的关键性工程，黄河小浪底工程控制流域面积 69. 42 万 km^2，占黄河流域面积的 92. 3%，控制黄河输沙量近 100%，水库总库容 126. 5 亿 m^3，其中长期有效库容 51 亿 m^3、淤沙库容 75. 5 亿 m^3，小浪底工程可保持长期防洪库容 40. 5 亿 m^3，工程以防洪、减淤为主，兼顾供水、灌溉和发电，蓄清排浑，除害兴利，综合利用[1]。

西霞院反调节水库（简称西霞院工程）位于小浪底水利枢纽下游 16 km 的黄河干流上，左、右岸分别为洛阳市的吉利区和孟津县。开发任务是以反调节为主，结合发电，兼顾供水、灌溉等综合利用。其总库容 1. 62 亿 m^3，有效库容 0. 452 亿 m^3，总装机容量 140 MW，年发电量 5. 83 亿 kW · h，利用有效库容进行反调节，从根本上消除小浪底电站下泄的不稳定流对下游造成的不利影响，同时提高小浪底电站调峰能力，并通过合理调度运用，使小浪底水利枢纽发挥最大的社会效益、经济效益。

2　水库漂浮物情况

2. 1　漂浮物来源

2. 1. 1　小浪底水库漂浮物来源

小浪底水库水位每年升降幅度大，库区树木、渔网、农作物等漂浮物易在大坝右岸前、进水塔后和左岸副坝前等区域聚集，汛期尤其明显，部分污物通常在水流作用下进入进水塔内流道，堵塞电站拦污栅进口和检修闸门槽，影响坝前水面整洁。截至目前，拦污栅没有发生过严重淤堵情况。2018 年，高压冲沙系统封堵期间，排沙洞事故闸门门槽内聚集污物量大且较为集中，已严重影响到闸门止水和正常启闭，同时污染了库区水面清洁和生态环境，危害枢纽安全运行，如图 1 所示。

作者简介：谷源泉（1992—），男，工程师，主要从事水电站水库运行管理工作。

图1　小浪底大坝前漂浮物聚集情况

2.1.2　西霞院水库漂浮物来源

西霞院水库水面大、水浅，易滋生水草[2]，在水位变动或上游来水扰动下，水草易被水流带走形成漂浮物，同时周边居民的生活垃圾随雨水带到水库，形成的漂浮物在左右岸坝肩前、左右导墙外侧和厂房坝段前聚集。夏季温度高，水草繁殖旺盛，漂浮物影响尤其突出。拦污栅进口曾多次出现堵塞压差偏大的情况。2018年6月，西霞院拦污栅发生因水草过多严重淤堵情况，已影响拦污设施和机组的安全运行，如图2所示。

图2　西霞院大坝前漂浮物聚集情况

2.2　主要拦清漂设备设施

2.2.1　小浪底水库主要拦清漂设备设施

小浪底水库3个发电塔进口设18扇主拦污栅[3]，6扇副拦污栅，1台清污机，以机械、水力清污为主，人工清污为辅。水力清污是指将拦污栅前潜入水下的体积质量大的污物通过清污机械将其下压至拦污栅底槛下部的泄洪排沙洞口，再由动态水流带入排沙洞排至下游。清污机主要以压污为主、抓污为辅，由坝顶门机的副钩操作。现清污效果一般，投入使用较少。小浪底清污机如图3所示。

2.2.2　西霞院水库主要拦清漂设备设施

西霞院水库4台机组进口设12扇主拦污栅，3扇副拦污栅，1台清污机。清污机械为液压抓斗式清污机[4]，由门机回转吊操作，主要用于坝前的漂浮物清理。但发电洞事故门门槽内经常聚集大量杂物，目前现场无可靠有效的机械设备进行清污。西霞院清污机如图4所示。

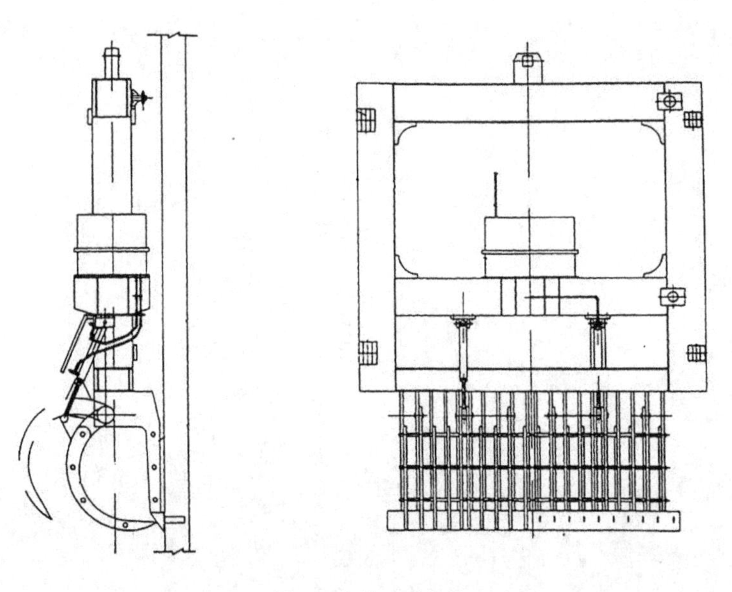

图 3　小浪底清污机

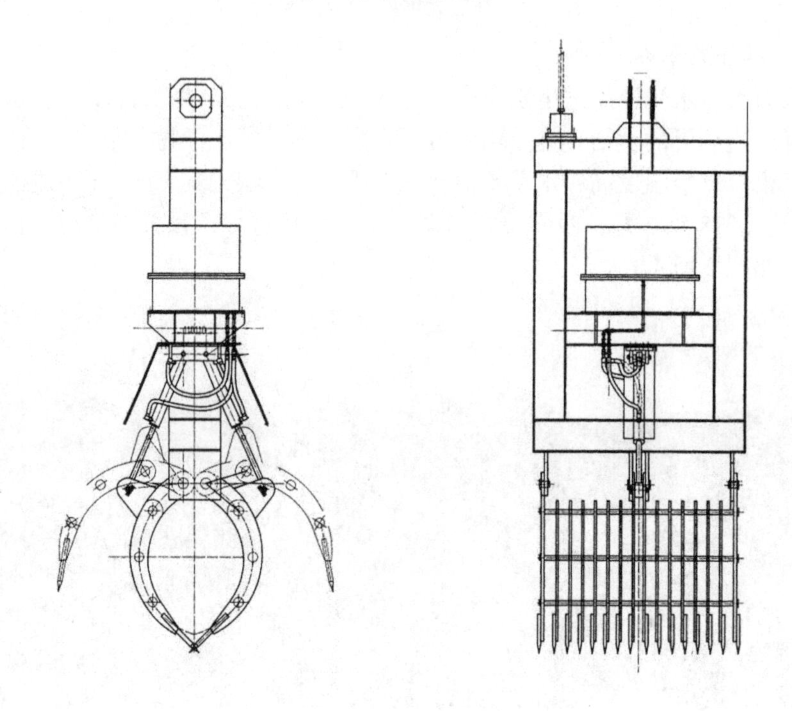

图 4　西霞院清污机

3　治理总体思路

小浪底水库和西霞院水库漂浮物处理要从设施设备安全运行和库区生态环保方面统筹考虑，坚持“问题导向、综合防治、以防为主”治理原则，长远考虑漂浮物处理的减量化、资源化、专业化和规范化。

3.1　坚持问题导向

首要任务是解决影响枢纽安全生产运行的漂浮物，目前主要解决西霞院水库水草堵塞发电洞拦污栅问题。

3.2 综合防治措施

漂浮物应采取“管、控、排、捞、防”综合防治措施，通过摸索形成规范化做法。

“管”是指岸上管生态和环境保护，从源头上研究管控措施。

“控”是指控制漂浮物入库量，以及减少坝前、闸前漂浮物数量，采取措施层层防控。

“排”是指结合调度运行，提前制订方案，集中排漂。

“捞”是指坚持在库区经常性打捞，闸前定期打捞。

“防”是指通过晾晒水草和疏通水流对西霞院水库水草进行根治。

4 治理具体方案和对策

4.1 岸上“管”控

（1）与库区管理等相关单位对接，全面落实小浪底库区和西霞院库区库周（库岸）环境整治、生活垃圾处理处置等工作，关注库周环境，做好与地方协调，及时反映；协调库区中心做好库区水质监测工作，及时进行库岸巡查，管控库周生活垃圾入库，治理网箱养鱼，整治周边环境。

（2）对打捞上来的漂浮物进行就近分类处置。对具备回收条件的漂浮物，选择相关资质企业回收利用，实现资源化[5]处置。对不可回收的漂浮物，按照依法合规要求运送到规范垃圾点，实现无害化处理。

4.2 层层防“控”

（1）压差监控。小浪底水库拦污栅上、下游水位差一般控制不超过3 m，当水位差达0.5 m时，密切关注变化趋势。西霞院水库拦污栅压差达到1.5 m时，密切关注变化趋势，达到2 m时适当调整机组出力，在确保机组运行工况稳定的同时，降低拦污栅压差，达到2.5 m时申请停机处理。

（2）巡清防控。日常巡视结合水工建筑物巡视，每两周1次，在库水位大幅变动期、泄洪排沙期等特殊情况下开展专项检查，巡视重点为小浪底水利枢纽主坝前、进水塔后、机组拦污栅进口、副坝前以及工作码头附近和西霞院反调节水库左右岸坝肩前、左右导墙外侧、厂房坝段拦污栅进口等。专项检查在库水位变动期、泄洪排沙期或夏季汛期来水量大时开展，加密巡查，每天巡查1次。

4.3 集中“排”漂

为提高水资源利用率和排漂效果，当漂浮物在小浪底进水塔前聚集时，可适时启用相近库水位高程的明流洞排漂，进水塔发电洞门槽孔口上方悬浮污物可考虑利用清污机抓斗下压至排沙洞口排出。

西霞院水库遇大量漂浮物聚集时，采取先全开2~3孔开敞式泄洪闸，再按序关闭7号、8号、9号、10号机组方式排出。当巡视发现水库上游有大团水草顺流而下时，应提前打开排沙洞和泄洪闸排漂。

4.4 定期打“捞”

（1）清污机清污。西霞院厂房坝段前漂浮物可利用清污机抓斗及时抓污，利用门机挟带清污机抓斗将厂房坝前污物及时抓走，同时自制抓钩利用门机将孔口拦污栅前污物抓走。小浪底水库进水塔门槽内漂浮物可用清污机抓斗抓污，对不能采用引排的漂浮物，应首先利用门机配套的清污机设备进行清污，清污效果不好的清污机应进行改造升级，确保栅前和门槽内污物正常清理。

（2）人工清污。对不能排漂清理和清污船清理的漂浮物采取停机人工清漂措施。清漂应自制或配置相应的专业打捞工具，确保清污人员安全和清污效率。

（3）提栅清污。如栅前人工清理难以达到效果，则可将拦污栅提至坝顶进行人工清污，提主拦污栅时应放副拦污栅挡污。

（4）清污船[6]清漂。全自动清漂船由船体、驾驶室、动力系统、操纵系统、收集装置、中部存储装置等组成。前收集舱利用液压油缸可自动调节入水深度，在航行时可伸出水面以减小阻力增大航行速度，在打捞作业时也可根据漂浮物厚度自由调节收集深度。船舶中部为存储输送舱。当收集的垃圾达到一定量时，启动输送带向后移动一段距离，使垃圾继续向中舱后部移动，继续存放垃圾。收集舱前端两侧可选装展开式收集摆臂。

（5）清污频次。首先认真做好水面漂浮物日常巡视和清理，每月定期集中全面开展 4 次清漂，其中小浪底水库坝前清漂 2 次，西霞院水库坝前清漂 2 次。根据小浪底及西霞院工程坝前漂浮物堆积情况，4 次清漂时间为每月上旬和下旬。在水面漂浮物高发阶段，尤其是水位变动期、泄洪排沙期，必须要进一步加强日常巡查，不定期开展水面漂浮物专项清理工作，一旦发现水面漂浮垃圾，立即组织清理，确保不留死角和盲点。

4.5 “防”治管理

（1）降水晾晒治水草。西霞院水库每年 3—4 月为水草生长期，5—6 月为水草日繁茂期。每年 5 月上中旬，在预报未来 3~4 d 晴天时，先用 2 d 时间将西霞院库水位降至 130 m，然后维持该水位 2 d，使马住封闭水域河底完全出露，经过 2 d 暴晒，水草全部干枯殆尽，再用 2 d 时间提升库水位，恢复正常运用。

（2）疏通水流治水草。在连地河口附近将隔离连地河水与黄河水的纵堤扒开一段口子，使黄河水进入马住封闭水域，将相对静止、富营养化的水体变为流动的黄河水。只要开口宽度足够大，引入足量的黄河水，就可以防止水草生长，根治水草困扰。

5 实施效果

2019 年汛后工程运用以来，库区漂浮物处理工作始终按照总体方案相关举措开展实施。小浪底水库机组通过运行水头间接了解拦污栅淤堵情况，目前尚未出现拦污栅淤堵情况，通过巡清防控，在漂浮物大量聚集时，采用泄洪洞及时排漂结合人工定期打捞，有效避免了 2020 年汛期闸门卡阻情况。西霞院水库发电拦污栅通过监控系统监视拦污栅前后水头，计算拦污栅前后压差，了解拦污栅淤堵情况，当河道内污物较多，拦污栅淤堵严重，人工清理工作量较大，四台机组全部停机时，通过排沙洞、泄洪闸排漂，近两年利用此方法排漂效果明显，减少了人力打捞漂浮物工作量，节约了成本。目前，小浪底水库和西霞院水库尚未引入清污船进行库区漂浮物清理。

通过加强沿岸村镇环境治理工作，严格控制倾倒入河垃圾，有效减少了漂浮物的产生，有效实现了漂浮物减量化；对于清漂船打捞出的植物残骸进行堆肥处理，堆肥时对环境无二次污染，实现了漂浮物无害化和资源化；对于生活垃圾漂浮物，具有回收利用价值的选择具有相关资质的企业进行回收利用，实现资源化；不可回收利用的运送到规范的垃圾处理场，进行无害化处理。目前，枢纽区附近现有相对规范的垃圾处理场有两处，孟津、济源各一处，运输距离分别约为 19.5 km 和 33 km。

6 结语

目前，国内应用较传统的水面漂浮物清理技术主要有机械吊漂打捞、船只捞漂、打捞船、拦污漂、清漂船。但漂浮物处理应用方式均比较单一，常规清漂船方法清漂能力极其有限，同时大体量漂浮物中夹杂着数量较多的大体积树木和树根等，必须依靠人工将大体积树木和树根等打捞完成后才能采用清漂船开展正常集中打捞作业，采用打捞船或船只人工捞漂等方式效率低。

在小浪底水库和西霞院水库采取“管、控、排、捞、防”综合防治措施，以漂浮物处理的减量化、资源化、专业化和规范化为目标，通过“管”加强了沿岸村镇环境治理工作，控制了倾倒入河垃圾数量，减少漂浮物的产生，实现了漂浮物减量化，同时改善了水体环境。通过定期巡检及时打捞并对漂浮物分类处置，减少了漂浮物对水体的污染，实现了漂浮物资源化和无害化处理，对黄河中下游两岸居民的生产生活提供了安全保障，为黄河创造了良好生态水环境，有效解决了小浪底及西霞院水库漂浮物问题。

参考文献

[1] 殷保合．黄河小浪底水利枢纽［M］．北京：中国水利水电出版社，2004.
[2] 孟良宇，赖贤声．一种新型河道水草清理机器［J］．农家参谋，2020（4）：213.
[3] 鲁诗刊．大藤峡水利枢纽南木副坝取水口拦污栅设计［J］．广西水利水电，2022（1）：70-71.
[4] 尹峻，李家明，朱钱肖．清污机运行可靠性优化提升［J］．云南水力发电，2022，38（6）：315-317.
[5] 邢瑜，杨天件，廖岩，等．海洋疏浚物资源化利用的思考与建议［J］．环境保护，2022，50（13）：51-53.
[6] 倪东升．对现有清污船技术的分析和创新设计［J］．科教导刊（上旬刊），2011（19）：239-240.

小流域水沙两相硝酸盐来源定量解析探讨

刘文祥　孙　昆　闫建梅　石劲松　卢　阳

（长江水利委员会长江科学院 重庆分院，重庆　400026）

摘　要：针对流域硝酸盐污染问题，本文综述了流域水体硝酸盐和泥沙来源的同位素解析方法，综合分析了常用的面源污染负荷估算模型特点。为快速获取小流域硝酸盐的水沙两相来源，本文提出了硝酸盐氮氧同位素与水化学特征相结合、环境放射性核素与单体化合物稳定性碳同位素联合示踪方法，辨析流域水沙两相硝酸盐来源贡献，估算小流域不同水体和土地利用类型的硝酸盐负荷。本研究结果将为流域硝酸盐污染排放控制和生态治理、流域水体质量安全保障提供技术支撑。

关键词：水体；泥沙；硝酸盐；来源；负荷

流域地表水硝酸盐污染已成为全球性的水环境问题。大气沉降、土壤有机无机氮和微生物的硝化作用，以及化肥、生活污水和工农业废水是流域水体硝酸盐污染的主要来源，其中农业生产活动引起的硝酸盐污染尤为突出[1]。地表水硝酸盐等含氮物质超标也会加速水生植物和藻类大量繁殖，引起水体溶解氧下降[2]，水体呈现富营养化，最终导致生物多样性下降，水生生态系统遭到破坏[3]。此外，地表水硝酸盐超标影响人类健康[4-5]。因此，有效治理地表硝酸盐污染是水环境保护的重要问题。然而，由于面源污染，特别是硝酸盐污染产生范围广且随机，机制复杂，污染物存在隐蔽性和不确定性以及时空差异性，导致面源污染在调查、监测、模拟和治理方面有较大困难[6-7]。如何正确认识面源污染并采取有效的源头控制措施，已经成为当今世界关注的热点问题。以硝酸盐污染为例，当前小流域硝酸盐控制的关键是减少污染物入河、库、湖等水体。本研究拟通过流域硝酸盐来源解析方法综述，剖析常用面源污染估算模型特点，提出辨析水沙两相硝酸盐的来源方法，估算水沙两相硝酸盐负荷。本研究结果将有助于开展污染源头控制，对流域水体硝酸盐污染防控和保护流域水生态环境具有重要意义。

1　流域硝酸盐来源解析方法

1.1　流域水体硝酸盐同位素示踪方法

1.1.1　流域水体硝酸盐同位素示踪原理

由于大气沉降、土壤、肥料等不同来源的 NO_3^--N 中稳定氮同位素比值（$\delta^{15}N$）不同，$\delta^{15}N$ 被广泛应用于各种水环境中示踪无机氮的来源迁移和转化研究[8]。然而不同来源的 NO_3^--N 的 $\delta^{15}N$ 值之间存在覆盖现象，增加了水体硝酸盐污染来源判定的不确定性。而基于不同来源的 NO_3^- 中的 $\delta^{18}O$-NO_3 和 $\delta^{15}N$-NO_3 特征值差异，可以确定不同来源的相对贡献[9-10]。

水体氮氧同位素特征值（$\delta^{15}N$-NO_3^-、$\delta^{18}O$-NO_3^-）由水样氮氧同位素比值与标准样品同位素比值的千分偏差值（δ）来确定：

$$\delta(‰) = \left(\frac{R_{样品}}{R_{标准}} - 1\right) \times 1\,000‰ \tag{1}$$

基金项目：中央级公益性科研院所基本科研业务费项目（CKSF2021464/CQ）。

作者简介：刘文祥（1989—），男，工程师，主要从事流域面源污染来源解析研究工作。

通信作者：石劲松（1987—），男，高级工程师，主要从事土壤侵蚀与水土保持解析研究工作。

式中：$R_{样品}$和$R_{标准}$分别为样品和标准样品中重同位素与轻同位素的比值。

氮同位素采用大气氮（N_2）作为参考标准；氧同位素采用维也纳标准平均海水作为参考标准。

基于流域水体硝酸盐不同来源的$\delta^{15}N-NO_3^-$、$\delta^{18}O-NO_3^-$，采用贝叶斯模型计算不同硝酸盐源的贡献率：

$$X_{ij} = \frac{\sum_{k=1}^{k} p_k q_{jk}(S_{jk} + C_{jk})}{\sum_{k=1}^{k} p_k q_{jk}} + \varepsilon_{ij} \tag{2}$$

$$S_{jk} \sim N(\mu_{jk,}\ ,\ \omega_{jk}^2) \tag{3}$$

$$C_{jk} \sim N(\lambda_{jk,}\ ,\ \tau_{jk}^2) \tag{4}$$

$$\varepsilon_{jk} \sim N(0,\ \sigma_j^2) \tag{5}$$

式中：X_{ij}为第i个流域汇水区混合水体样品中的第j个氮氧同位素比值指标（$\delta^{15}N-NO_3^-$、$\delta^{18}O-NO_3^-$）；S_{jk}为第k个水体硝酸盐来源第j个同位素的比值；μ_{jk}为第j个同位素比值的平均值；ω_{jk}^2为第j个同位素比值的方差；C_{jk}为第k个水体硝酸盐来源的第j个同位素的分馏因子；λ_{jk}为第j个同位素的分馏因子的平均值；τ_{jk}^2为第j个同位素的分馏因子的方差；p_k为从贝叶斯混合模型计算出的第k个来源的贡献率；q_{jk}为第k个水体硝酸盐的第j个同位素的浓度；ε_{ij}为残留误差，平均值为0；σ_j^2为第j个同位素的浓度的方差。

1.1.2 流域水体硝酸盐同位素示踪方法应用

Li et al.[11] 分析了长江不同水体氮氧双同位素特征，识别出化肥和城市生活污水是水体硝酸盐的主要污染来源。Liu et al.[12] 利用氮氧双同位素解析了黄河的硝酸盐污染来源，发现黄河上游的生活污水、中下游的生活污水和含氮肥料是河流硝酸盐主要的陆地污染来源，而大气降水仅占全部硝酸盐来源的0~7%。Jin et al.[13] 对珠江上游那辣小流域的硝酸盐氮氧同位素进行了分析，计算得出化肥和土壤氮素对流域硝酸盐的贡献率超过50%，提出科学施肥是控制流域硝酸盐的关键。

由于不同来源硝酸盐氮氧同位素特征值重叠和生物地球化学过程中的同位素分馏，限制了氮氧同位素准确估算硝酸盐来源的适用性[14]。将硝酸盐同位素特征值与水化学成分（如NO_3^-/Cl^-）[15] 或其他同位素（如$^{18}O-H_2O$, ^{11}B）[16-17] 结合可以精确识别水体硝酸盐不同来源。基于贵州草海丰水期的NO^{3-}、Cl^-浓度和氮氧同位素特征，殷超等[18] 发现农业活动对河流硝酸盐的贡献率超过50%，大气降水的贡献主要体现在湖水中。因此，应用氮氧双同位素示踪技术，并结合水化学特征，能够提高水体硝酸盐来源的定量化识别精度。

1.2 流域泥沙硝酸盐同位素示踪方法

由于流域泥沙中的硝酸盐来自不同土地利用类型土壤，应用氮氧双同位素很难辨析不同土地利用类型土壤输出泥沙对输入水体硝酸盐的贡献。如何定量解析流域泥沙来源贡献成为流域泥沙硝酸盐来源解析的关键[19]。因此，需要首先定量不同土地利用类型土壤侵蚀产沙量，然后基于土壤硝酸盐浓度估算输入水体的硝酸盐量，最终才能实现流域泥沙硝酸盐来源的定量解析[20]。

特定单体化合物稳定性碳同位素分析技术（CSSI）是一种能够辨识不同土地利用类型对河库泥沙贡献比例的生物指纹技术[21]，在辨识湖泊、水库的泥沙来源方面具有专一、快速、动态等优点。环境放射性核素示踪技术（FRN）是基于环境放射性核素特征估算土壤侵蚀速率的，可以确定不同土地利用类型土壤侵蚀速率的时空变异。因此，应用环境放射性核素辨析不同侵蚀类型对流域出口泥沙的贡献，并结合单体化合物稳定性碳同位素示踪技术可以辨析泥沙的不同土地利用类型来源的贡献与负荷，基于泥沙和不同土地利用类型中硝酸盐含量，定量解析泥沙硝酸盐的来源贡献。当前，FRN和CSSI联合示踪技术主要用于定量解析不同土地利用类型对流域出口泥沙贡献，尚未在泥沙硝酸盐来源解析中应用。

2 流域硝酸盐来源定量估算方法

流域面源污染负荷模型是通过现场实地调查，结合地理信息系统（GIS）、遥感（RS）等技术，明确流域污染物的时空分布特征，解析污染物的主要来源，估算污染物负荷含量，分析污染物对流域水环境的影响[22]。目前，应用于小流域农业面源污染的模型主要有 SWAT、AGNPS、AnnAGNPS、HSPF、DPeRS 和 STEM-NPS 等（见表 1），各个面源污染模型的原理不同，需要根据不同研究区域不同工况选择合适的面源污染模型。这些模型在流域面源污染研究中不断完善，也在流域污染物负荷的模拟中取得了较好的研究成果，但是这些模型未区分泥沙和水体的硝酸盐，也未能反映水沙两相硝酸盐年际变化。

表 1 常用的面源污染估算模型

模型名称	模型输入参数	模型原理	适用范围	参考文献
土壤水分评价工具 SWAT	流域地形数据、土地利用数据、土壤数据和气象数据	模拟的流域水文过程包括坡面产流汇流和河道汇流，前者控制各子流域内河道的水、沙、营养物质等的输入量；后者决定水、沙等物质从河网向流域出口的输移量	基于流域尺度模拟不同土壤类型、土地利用类型和管理条件的水、泥沙和营养物质的分布和迁移转化，估算总径流量、营养盐负荷等	[23]
农业非点源污染模型 AGNPS	流域特征和气象参数，土壤、植被、河道特征参数	模型主要由 3 部分组成：径流模拟，非点源污染的基础；泥沙模拟，主要反映迁移机制；最后是污染物模拟	不仅能预报流域的非点源污染负荷，而且可以用来进行风险和投资/效益分析	[24]
年化农业面源污染模型 AnnAGNPS	地形数据、土壤数据、土地利用类型数据、污染负荷参数、气象参数	以水文学为基础，综合流域产汇流、基于产汇流的沉积物产生及迁移、基于产汇流和沉积物产生的养分及农药的迁移传输、污染物对受纳水体的影响等过程	广泛应用于模拟估算非点源污染负荷、关键源区识别研究，适用于流域面积不超过 3 000 km^2 的中小尺度流域模拟	[25]
水文模拟模型 HSPF	透水单元、不透水单元、河道与水库	分布式综合水文模型能够自动提取流域地势地貌、土地利用方式和土地植被覆盖等空间数据，并进行非点源污染负荷在长时间序列上的连续模拟	用于地面河流，壤中流过程、累积、迁移和转化的综合性的模拟，适用于较大流域范围且具有较高模拟精度	[26]
遥感分布式面源污染评估模型 DPeRS	遥感数据、地形数据、土壤数据、气象数据、氮磷平衡数据	基于遥感分布模型，包含农田氮磷平衡量估算、植被覆盖度反演、溶解态面源污染负荷估算、颗粒态面源污染负荷估算和面源污染入河量估算等模块，可实现流域面源污染负荷的像元尺度估算	可根据管理需求开展流域、行政区和国家等不同层次的面源污染监测与评估，实现遥感像元尺度的面源污染负荷空间可视化，可直观提供面源污染的重点区，对面源污染源进行解析	[27]
分布式面源污染模型 STEM-NPS	土壤数据、土地利用数据、气象数据	模型以栅格为基本模拟单元，包括水文模块和污染物输移模块，前者实现各栅格地块的径流模拟、径流路径识别及汇流时间计算；后者计算各栅格地块的面源污染源头发生量、输移过程截留量及最终的入水体量	模型结构简单、适配性强的特点，可精准刻画径流路径的空间差异性及其对污染物输移的影响，在景观生态学等研究方向上具有良好的应用前景	[28]

3 流域水沙两相硝酸盐解析与负荷估算方法

3.1 流域水体硝酸盐不同来源负荷解估算

流域硝酸盐污染主要包括流域水体硝酸盐和泥沙硝酸盐两部分，根据硝酸盐氮氧同位素特征解析流域硝酸盐的不同来源贡献，采用流域出口水体和泥沙监测估算不同污染来源的硝酸盐负荷。基于流域出口水体径流量和硝酸盐浓度以及硝酸盐源的贡献率，估算流域水体硝酸盐不同来源的负荷：

$$C_m = \sum_{i=1}^{n} C_i Q_i \qquad (i = 1,\ 2,\ 3,\ \cdots,\ n) \tag{6}$$

$$L_t = \sum_{m=1}^{12} C_m Q_m \qquad (m = 1,\ 2,\ 3,\ \cdots,\ 12) \tag{7}$$

$$L_k = L_t \cdot p_k \tag{8}$$

式中：L_k 为流域水体的硝酸盐第 k 个来源的通量；p_k 为第 k 个水体硝酸盐来源的贡献率；C_m 为流域出口水体每月排放加权硝酸盐浓度；C_i 和 Q_i 分别为每月 i 个采样区间水体的硝酸盐浓度和排放速率；L_t 为流域出口一个水文年的硝酸盐通量；Q_m 为流域出口断面月径流量。

3.2 流域泥沙硝酸盐不同来源贡献解析

流域泥沙主要来源于表层土壤和次表层土壤侵蚀，表层侵蚀主要是来自坡面不同土地利用类型的土壤侵蚀，而次表层侵蚀来自沟蚀、沟壁重力侵蚀等不同侵蚀类型。

$$f_{s1} C_{s1} + f_{s2} C_{s2} = C_m \tag{9}$$

$$f_{s1} + f_{s2} = 1 \tag{10}$$

式中：f_{s1} 和 f_{s2} 分别为表层土壤侵蚀和次表层土壤侵蚀对泥沙沉积物的贡献率；C_{s1} 和 C_{s2} 分别为表层土壤和次表层土壤的环境放射性核素的活度；C_m 为泥沙沉积物中环境放射性核素的总活度。

基于流域出口泥沙和不同土地利用类型的土壤的脂肪酸碳同位素比值及有机碳含量，通过单体化合物稳定性碳同位素示踪技术可以确定不同土地利用类型对流域出口泥沙沉积物的贡献；然后根据流域出口泥沙输出通量和不同土地利用类型土壤对流域出口泥沙的贡献值，获得不同土地利用类型的泥沙输出通量。

$$S_n = \left(\frac{\dfrac{I_n}{C_n}}{\displaystyle\sum_{n}^{l} \dfrac{I_n}{C_n}} \right) \times 100 \tag{11}$$

式中：S_n 为第 n 个土地利用和/或植被类型的土壤对泥沙的贡献率（%）；I_n 为使用同位素混合模型计算出的泥沙中第 n 个土地利用和/或植被类型的土壤碳同位素百分比值（%）；C_n 为第 n 个土地利用和/或植被类型的土壤的有机碳含量（%）。

最后根据不同土地利用类型的土壤硝酸盐浓度与其对应的泥沙输出通量乘积计算不同土地利用类型的泥沙硝酸盐负荷。

4 结论

本文采用氮氧同位素示踪技术结合水化学特征可以解析流域水体硝酸盐来源贡献，利用联合环境放射性核素和单体化合物稳定性碳同位素指纹技术辨析泥沙沉积物来源，估算了不同土地利用类型对泥沙硝酸盐的贡献，最终实现水沙两相硝酸盐来源解析。尽管本文提出了流域水沙来源解析方法，但是未来研究还需结合室内模拟方法，区分流域泥沙残留硝酸盐和溶解硝酸盐比例，准确估算流域水沙两相硝酸盐的来源贡献与负荷。

参考文献

[1] Yu C, Huang X, Chen H, et al. Managing nitrogen to restore water quality in China [J]. Nature, 2019, 567 (7749): 516-520.

[2] Cornell S. Atmospheric nitrogen deposition: revisiting the question of the invisible organic fraction [J]. Procedia environmental sciences, 2011, 6: 96-103.

[3] Bouwman A F, Beusen A H, Griffioen J, et al. Global trends and uncertainties in terrestrial denitrification and N_2O emissions [J]. Philos Trans R Soc Lond B Biol Sci, 2013, 368 (1621): 20130112.

[4] Edition F. Guidelines for drinking-water quality [J]. WHO Chronicle, 2011, 38 (4): 104-108.

[5] 张颖琦，沈俊毅，徐映如，等. 亚硝酸盐对人体的危害及检测方法的进展 [J]. 职业与健康，2015，31 (6): 851-855.

[6] 杨善莲，郑梦蕾，刘纯宇，等. 农业面源污染模型研究进展 [J]. 环境监测管理与技术，2020，32 (3): 8-13.

[7] 田军林，郝守宁. 面源污染估算模型研究进展 [J]. 中国农学通报，2022，38 (11): 111-115.

[8] Sigman D M, Altabet M A, Mccorkle D C, et al. The $\delta^{15}N$ of nitrate in the Southern Ocean: nitrogen cycling and circulation in the ocean interior [J]. Journal of Geophysical Research, 2000, 105 (C8): 19599-19614.

[9] Ye F, Ni Z, Xie L, et al. Isotopic evidence for the turnover of biological reactive nitrogen in the Pearl River Estuary, south China [J]. Journal of geophysical research. Biogeosciences, 2015, 120 (4): 661-672.

[10] Bu H, Song X, Zhang Y, et al. Sources and fate of nitrate in the Haicheng River basin in Northeast China using stable isotopes of nitrate [J]. Ecological engineering, 2017, 98: 105-113.

[11] Li S, Liu C, Li J, et al. Assessment of the sources of nitrate in the Changjiang River, China using a nitrogen and oxygen isotopic approach [J]. Environmental science & technology, 2010, 44 (5): 1573-1578.

[12] Liu T, Wang F, Michalski G, et al. Using ^{15}N, ^{17}O, and ^{18}O to determine nitrate sources in the Yellow River, China [J]. Environmental science & technology, 2013, 47 (23): 13412-13421.

[13] Jin Z, Wang J, Chen J, et al. Identifying the sources of nitrate in a small watershed using $\delta^{15}N$-$\delta^{18}O$ isotopes of nitrate in the Kelan Reservoir, Guangxi, China [J]. Agriculture, Ecosystems & Environment, 2020, 297: 106936.

[14] Yue F, Li S, Liu C, et al. Tracing nitrate sources with dual isotopes and long term monitoring of nitrogen species in the Yellow River, China [J]. Scientific reports, 2017, 7 (1): 8511-8537.

[15] Xia Y, Li Y, Zhang X, et al. Nitrate source apportionment using a combined dual isotope, chemical and bacterial property, and Bayesian model approach in river systems [J]. Journal of Geophysical Research: Biogeosciences, 2017, 122: 2-14.

[16] Vrzel J, Vuković-Gači ć B, Kolarević S, et al. Determination of the sources of nitrate and the microbiological sources of pollution in the Sava River Basin [J]. Science of the total environment, 2016, 573: 1460-1471.

[17] Meghdadi A, Javar N. Quantification of spatial and seasonal variations in the proportional contribution of nitrate sources using a multi-isotope approach and Bayesian isotope mixing model [J]. Environ Pollut, 2018, 235: 207-222.

[18] 殷超，杨海全，陈敬安，等. 基于水化学和氮氧同位素的贵州草海丰水期水体硝酸盐来源辨析 [J]. 湖泊科学，2020，32 (4): 989-998.

[19] Huang Y, Huang J, Ervinia A, et al. Tracking riverine nitrate sources under changing land use pattern and hydrologic regime [J]. Marine pollution bulletin, 2020, 152: 110884.

[20] Ding J, Xi B, Xu Q, et al. Isotopic evidence of nitrate sources and its transformations in a human-impacted watershed [J]. Environmental science-processes & impacts, 2019, 21 (3): 575-583.

[21] Gibbs M M. Identifying Source Soils in Contemporary Estuarine Sediments: A New Compound-Specific Isotope Method [J]. Estuaries and coasts, 2008, 31 (2): 344-359.

[22] 罗娜，李华，樊霆，等. HSPF 模型在流域面源污染模拟中的应用 [J]. 浙江农业科学，2019，60 (1): 141-145.

[23] 陈铁，孙飞云，杨淑芳，等. 基于 SWAT 模型的观澜河流域城市面源污染负荷量化及影响效应评估 [J]. 环境工程学报，2020，14 (10): 2866-2875.

[24] 孙金华，朱乾德，颜志俊，等. AGNPS 系列模型研究与应用综述 [J]. 水科学进展，2009，20 (6): 876-884.

[25] 赵串串, 冯倩, 侯文涛, 等. 基于AnnAGNPS模型的灞河流域非点源污染模拟研究 [J]. 环境污染与防治, 2019, 41 (3): 317-322.

[26] 刘友存, 邹杰平, 尹小玲, 等. HSPF模型在流域水文与水环境研究中的进展 [J]. 冰川冻土, 2021, 43 (1): 225-232.

[27] 冯爱萍, 黄莉, 王雪蕾, 等. 浦阳江流域（浦江县段）面源污染模型估算及河流生态缓冲带重点区域识别 [J]. 环境工程学报, 2022, 16 (1): 73-84.

[28] 李思思, 张亮, 刘宏斌, 等. 基于径流路径的分布式面源污染模型研发与应用进展 [J]. 生态学报, 2022, 42 (6): 2477-2488.

中小河流生态治理模式及生态修复技术

汪贵成　黄　伟

（长江河湖建设有限公司，湖北武汉　430010）

摘　要：目前，我国中小河流治理取得了阶段性成果，河流生态环境持续改善。在长期的中小河流生态治理工作中，将生态水利理念应用在中小河流治理工程中，逐步形成了依据不同分区分类中小河流生态治理模式，建立了相应的生态修复技术。本文结合我国中小河流治理中生态修复措施的实施情况，就中小河流生态治理模式及其应用技术进行分析和讨论，解析中小河流生态治理的成效和问题，为新时期我国中小河流生态治理工作提供参考。

关键词：中小河流治理；生态治理模式；生态修复技术

1　引言

我国中小河流众多，流域面积 50 km^2 及以上河流 45 203 条，总长度为 150.85 万 km，流域面积 100 km^2 及以上河流 22 909 条，总长度为 111.46 万 km[1]。相对于大江大河，中小河流总长度更长，串联的城市、乡村、产业和人口更多，人民群众对其依存度也更高[2]。但与大江大河相比，中小河流治理的工作总体滞后，中小河流流域的水资源短缺、水环境污染、水土流失、洪涝灾害等问题日益突出[3]。中小河流的问题引起了国家、行业主管部门及地方政府的高度重视。2008 年中央一号文件明确提出“各地要加快编制重点地区中小河流治理规划，增加建设投入”的要求，2009 年 10 月，水利部、财政部印发了《重点地区中小河流近期治理建设规划》，由此开启了我国系统性大规模的中小河流治理序幕。经过十余年的努力，目前我国中小河流治理取得了阶段性成果，截至 2021 年底，中小河流累计完成治理河长超过 10 万 km，中小河流防汛抗洪能力和防灾减灾能力得到明显提升，河流沿线的重要城镇、耕地和基础设施等得到有效保护，洪涝灾害风险明显降低，河流生态环境持续改善，取得显著的社会效益、经济效益和生态效益。本文结合我国中小河流治理中生态修复措施的实施情况，就中小河流生态治理模式及其应用技术进行分析和讨论，解析中小河流生态治理的成效和问题。

2　我国河流生态治理理论的发展

我国水利发展相继经历了工程水利、环境水利、资源水利、生态水利、智慧水利等认识与发展阶段[4-5]，每一个发展阶段都是在原有基础上的提高，是水利工作观念意识、管理体制、技术手段等方面的不断提升、完善，是与该阶段社会经济发展水平和观念模式相适应的产物。

董哲仁[6] 结合国外近自然河流治理原理，围绕水利工程对生态影响问题，阐述了水利工程对河流生态系统的胁迫效应，将水工学与生态学相结合，提出了“生态水利工程学”的概念，认为生态水利工程是既能满足人类经济社会发展需求，又能满足水生态系统健康需求的水利工程，通过综合运

作者简介：汪贵成（1981—），男，高级工程师，长江河湖建设有限公司总经理助理，主要从事水利水电工程施工工作。

通信作者：黄伟（1974—），男，高级工程师，长江河湖建设有限公司工程部副主任，主要从事水利水电工程施工管理工作。

用工程与非工程措施，进行适度正向扰动，或在生态系统自修复能力范围内的负向扰动，使水生态系统结构完整性和整体平衡性得以维持，从而保障水生态系统服务功能的正常发挥，使生态系统的健康和可持续性得到恢复或改善。强调基于人与自然的和谐共生关系，遵循尊重自然、顺应自然、保护自然的基本理念，使水利工程不但满足人类社会防洪、供水、灌溉、航运等需求，同时满足水生态系统的健康需求[7]。生态水工学的提出和发展为生态水利研究奠定了理论基础。

生态水利最初由刘昌明[8]提出，建议充分考虑水资源的可持续利用，把生态水利与环境水利结合在一起，开展全面研究，最终实现水资源的供需平衡。随后，孙宗凤[9]认为，生态水利是指使环境永续利用的生态体系，并在分析生态水利和生态水工学研究的基础上，对生态水利的含义进行了概括。经过多年的研究和实践，生态水利理论得到持续发展和丰富[4,10-11]，基本形成了生态水利内涵、研究内容、发展方向的理论框架。其发展大体经历了“生态工程—生态水利工程—生态水利”3个阶段。其中，生态工程与生态水利工程侧重于从工程学与水利工程学角度出发，重点解决生态保护、修复或改善目标下的工程建设问题；生态水利则要求用生态学的基本观点，解决水利工程规划、设计、建设与运行全过程问题，为生态系统健康发展与水资源高效开发利用服务[4]。

我国中小河流治理理念也与我国水利发展相适应，融入了生态水工学和生态水利的理论，其目的是运用科学化、合理化和生态学的治理技术及措施，营造出一个健全、稳定、协调的河流生态系统，实现河流生物的多样性、水质的优良性、水体与河岸的连续性、河岸带功能延伸性、河流生态系统完善性，让河流更好地为人类发展服务。

3 中小河流生态治理模式

国务院《关于切实加强中小河流治理和山洪地质灾害防治的若干意见》（国发〔2010〕31号）中提出了“要尊重自然规律，在保障防洪安全的前提下，兼顾水资源综合利用和生态需要，尽量保持河道自然形态，促进人水和谐”的总体要求。这种近自然河流治理的要求体现在中小河流治理规划和实施工作中，并促进了我国中小河流生态治理模式的建立和技术的发展。

在中小河流生态治理工作中，面对资源约束趋紧、生态系统退化、环境污染严重的局面，越来越多的河道治理工程采取防洪、生态相结合的综合治理模式，在提升防洪减灾能力的基础上，从河流水系自身的自然规律出发，重点突出生态治河理念，更多地关注恢复和维持河流及河岸生态系统。工程布局结合河流自然形态，宜宽则宽、宜弯宜弯，断面设计中采用多元化结构形式以及生态护坡护岸，重点突出恢复河流生态多样性[12]。有研究者依据不同区域的地貌特点、气候条件、河流特性等，将河流划分为4个不同类型，总结提出6种中小河流治理模式[13]。王武[14]研究形成了ARSH集成分类系统，包括四大类模式：不同区域河流生态治理恢复保护模式、不同河段河流生态治理恢复保护模式、不同规模河流生态治理恢复保护模式、不同健康状况河流生态治理恢复保护模式。针对城市河流，陈子龙等[15]认为城区中小河流治理修复应以水质提升为基础，保障河岸生态过程完整性，融合城市特色生态景观及城市功能，提升城市品质和活力，并提出四项修复策略，分别为外源管控与内源治理提升水质、分类分级差异化修复河岸、串联河岸周边开敞空间及河岸复合功能置入。

总体上，中小河流生态治理采用了近自然河流治理模式，依据中小河流分区分类的方法，在确保防洪防灾安全的前提下，保持河流的纵向、横向和垂向三维连通性，保护和恢复河流形态的多样性和生境的异质性，改善和维持水质、水生生物群落结构及物种多样性。近自然河流治理相比传统模式更加适应当前人们对河流的生态、景观、文化等多元化需求。

4 中小河流生态修复技术及案例

中小河流生态保护与修复应以整个流域为着眼点，整合和协调生态、防洪、游憩等功能，从恢复河道形态、营造生境与栖息地、恢复生物多样性、营造休闲游憩场地等多个维度进行综合考虑[2]。生态修复一般分为人工修复、自然修复两类。生态缺损较大的区域，以人工修复为主，人工修复和自然修复相结合，人工修复促进自然修复。现状生态较好的区域，以保护和自然修复为主，人工修复主要是为自然修复创造更好的环境，加快生态修复进程，促进稳定化过程[16]。综合目前我国中小河流生态修复技术措施，主要包括生态护岸技术、河流生境修复技术、生物修复技术。

4.1 生态护岸技术

利用植物或者植物与土木工程相结合，以保护和创造生物良好的生态环境和自然环境为前提，对河道坡面进行防护的一种新型护岸形式。在茂名市电白区黄羌河治理中采用全自然护岸、半自然护岸和多自然护岸 3 种类型，主要技术措施包括植物护岸、土工材料复合种植基护坡、绿化混凝土护岸、格宾石笼护岸、机械化叠石护岸、生态浆砌石挡土墙护岸、多孔预制混凝土块体护坡、自嵌式挡土墙护岸等。

4.2 河流生境修复技术

河流生境一般指包括河床、河岸、滨岸带在内的河流的物理结构，河流生境为河流生物提供了生存繁殖所必需的条件，同时是保持河流健康的必要因素。河流生境修复主要采用河道生态补水、构建生态河床、构建深潭浅滩、营造生物栖息地等方式。南京市外秦淮河在治理过程中主要技术措施包括生态调度、鱼道设施、河道清淤清障技术、河流湿地构建技术、浅滩深塘结构再造技术等。

4.3 生物修复技术

生物修复是指利用特定的生物吸收、转化、清除或降解环境污染物，从而使受污染环境能够部分或完全地恢复到原初状态的生物措施。目前，相关的生物修复技术措施主要包括微生物修复技术，即把天然具有或经后期培育具有将目标污染物转化为无害物质的微生物投入到目标区域里，构建微生物生态系统，以达到改善水质的目的；苏州阳澄湖生态修复采用植物修复技术，即通过水生植物（如挺水植物、沉水植物、浮水植物等）对污染物的吸收、同化等作用实现对污染物的控制；生物操纵技术通过控制水中的浮游动物、底栖动物、鱼类等各级消费者与目标生产者之间的关系，修复甚至补充新的消费者到破损的食物链中，通过它们的生命活动（如生长、繁殖等）对污染物进行破碎、分解以及同化等，从而达到修复水质，控制整个生态系统污染问题的目的。

5 结语

虽然当前我国中小河流治理取得了阶段性成果，但中小河流治理总体滞后，达标率低，隐患多；中小河流治理模式单一，与河流生态要求不协调等问题依然存在。水利部近期已经部署启动中小河流治理总体方案编制工作，要求以流域为单元，逐流域规划、治理、验收、建档立卡，全面提升中小河流防洪减灾能力，提供水安全保障。中小河流生态治理应以流域为整体，统筹考虑各要素保护需求，系统地谋划布局各项生态保护和修复工程。需要在治理过程中贯彻生态水利理念，建立起人水和谐、可持续发展的水生态系统。

参考文献

[1] 中华人民共和国水利部，中华人民共和国国家统计局．第一次全国水利普查公报［M］．北京：中国水利水电出版社，2013.

[2] 张向，李军华，董其华，等．新时期中小河流治理对策［J］．中国水利，2022（2）：30-31，35.

[3] 张晓兰．我国中小河流治理存在的问题及对策［J］．水利发展研究，2005（1）：68-70.

[4] 邓铭江，黄强，畅建霞，等．广义生态水利的内涵及其过程与维度［J］．水科学进展，2020，31（5）：775-792.

[5] 左其亭．中国水利发展阶段及未来“水利 4.0”战略构想［J］．水电能源科学，2015，33（4）：1-5.

[6] 董哲仁．生态水工学的理论框架［J］．水利学报，2003（1）：1-7.

[7] 董哲仁，赵进勇，张晶．生态水利工程概念内涵及技术体系构建［C］//董力．建设生态水利推进绿色发展论文集．北京：中国水利水电出版社，2020：177-185.

[8] 刘昌明．中国 21 世纪水供需分析：生态水利研究［J］．中国水利，1999（10）：18-20.

[9] 孙宗凤．生态水利的理论与实践［J］．水利水电技术，2003（4）：53-55.
[10] 姜翠玲，王俊．我国生态水利研究进展［J］．水利水电科技进展，2015，35（5）：168-175.
[11] 程冬兵，周蕊．生态水利内涵与水土保持的关系［J］．中国水利，2019（8）：49-51.
[12] 董琳景，文洲，任涵璐．近自然型河流修复理论对海河流域中小河流治理的借鉴和应用［C］//2018（第六届）中国水生态大会论文集，2018：281-289.
[13] 杨小宸．辽宁省中小河流生态治理模式探讨［J］．水利规划与设计，2019（4）：126-128，132.
[14] 王武．河流生态治理恢复保护模式及分类系统研究［C］//辽宁省水利学会2016年学术年会论文集.2016：61-64.
[15] 陈子龙，杨钧月．城市双修背景下城区中小河流治理与生态修复实践［C］//中国城市科学研究会.2019城市发展与规划论文集．北京：中国城市出版社，2019：1-7.
[16] 袁卫玲．关于中小河流治理中的生态修复［J］．湖南水利水电，2013（5）：70-72.

基于多元线性回归对太浦河水源地 2-MIB 的预警研究

代倩子　季冠宁　徐兆安　徐　枫　陈　方

（太湖流域水文水资源监测中心 太湖流域水环境监测中心，江苏无锡　214024）

摘　要：为分析影响太浦河水源地 2-MIB 浓度的主要影响因子，对水源地 2-MIB 浓度进行预警，以及时采取措施保障水源地供水安全，本文以 2021 年太浦河相关监测数据为基础，利用 R 语言软件对太浦河水源地 2-MIB 相关环境与水质因子开展相关性分析，采用普通最小二乘法进行参数估计，构建多元线性回归模型。结果表明，该模型回归系数 $R=0.909$，$p<0.01$，预测 2-MIB 浓度值与实测浓度值相对误差基本在 20%~30%，并针对太浦闸下不同 2-MIB 浓度提出了调度建议，可在一定条件下为太浦河水源地 2-MIB 供水安全预警提供科学支撑。

关键词：2-MIB；预警；相关性分析；多元回归；太浦河水源地

1　引言

二甲基异莰醇（2-methylisoborneol，2-MIB）是饮用水中常见的嗅味物质，较低浓度即可引起强烈的气味[1]，《生活饮用水卫生标准》（GB 5749）中规定其标准限值为 10 ng/L。研究表明，2-MIB 主要来源于产嗅蓝藻和放线菌，而浅水湖泊中的 2-MIB 主要由丝状蓝藻[2] 产生，包括浮丝藻属、颤藻属和伪鱼腥藻属等，其产生 2-MIB 的能力受温度、光照、营养盐、水深和水动力条件、遗传基因等共同影响[3]。

太浦河承接东太湖来水，其下游干流段设有 2 个国家重要饮用水水源地取水口，涉及供水人口 759 万。东太湖来水通过太浦闸下泄会直接影响太浦河干流 2-MIB 浓度，一方面近年东太湖 2-MIB 有超过 1 100 ng/L 的检出，东太湖高浓度的 2-MIB 浓度可能通过下泄提高太浦河干流浓度；另一方面在东太湖 2-MIB 不能持续产生的情况下提高下泄水量会稀释下游 2-MIB 浓度。2021 年 8 月，太浦河下游 2-MIB 浓度升高，最高检出浓度达 1 400 ng/L，对水源地供水安全造成威胁，因此亟须建立一种模型用于太浦河下游水源地 2-MIB 的预警。现阶段，关于河流水质模型的研究报道较多，熊鸿斌等[4] 基于 MIKE11 模型，通过水环境模拟预测改善污染河流水质效果的方法；张锦鹏等[5] 基于 EFDC 模型，模拟预测了洱海不同水域的水温。但这些方法需掌握大量的水文、地形等资料，且模型构建较为复杂、前期投入成本高[6]。多元回归方法基于数理统计原理，模型构建较为方便，在短时间内能获得计算结果。虽然该方法精度不及基于水质模型预测的结果，但在有充足的采样数据前提下，结果仍具有一定的参考意义。本文基于 2021 年太浦河监测数据，采用多元回归的方法，通过筛选与 2-MIB 浓度相关的因子，采用向前逐步回归的方式构建模型，用于太浦闸下泄流量与水源地太浦河取水口 2-MIB 关系对应，为太浦闸调度和水源地 2-MIB 预警提供参考。

2　材料与方法

2.1　研究区域概况

研究区域位于太浦河，水系及监测站点分布如图 1 所示。该区域属于亚热带季风性气候区，气

作者简介：代倩子（1991—），女，工程师，科员，主要从事水质水生态监测与评价工作。

候温和湿润，年均温度为 15.8 ℃，年均降水量为 1 093.5 mm。太浦河是太湖流域洪水与水量调度的骨干河道，也是黄浦江重要源流，具有防洪、排涝、供水、航运、生态等功能。太浦闸位于太湖东侧、太浦河进口处，目前净宽 120 m、设计流量 784 m^3/s，是太湖流域控制性的水利工程之一[7-8]。

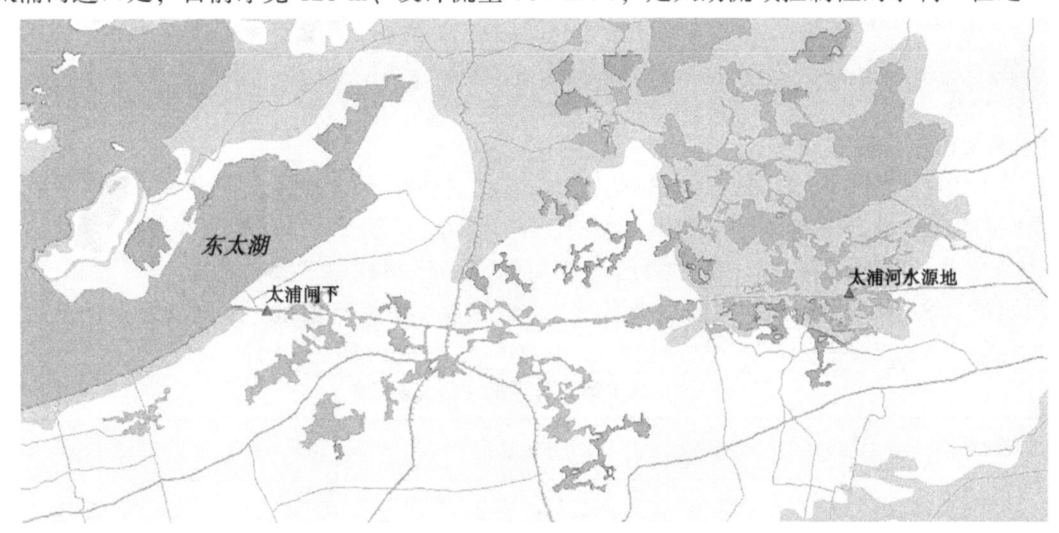

图 1　太浦河水系及监测站点分布

2.2　数据来源

本文采用的水量监测数据为太浦闸自动站每 5 min 1 次的自动监测数据，水质监测数据为 2021 年 8—10 月太湖流域水文水资源监测中心关于太浦闸下、太浦河水源地取水口相关监测数据，其中水温采用《水质 水温的测定 温度计或颠倒温度计测定法》（GB 13195—1991），pH 值采用《水质 pH 值的测量 玻璃电极法》（GB 6920—1986），溶解氧采用《水质 溶解氧的测定 电化学探头法》（HJ 506—2009），2-MIB 采用《生活饮用水臭味物质 土臭素和 2-甲基异莰醇检验方法》（GB/T 32470—2016），致嗅藻类计数采用《内陆水域浮游植物监测技术规程》（SL 733—2016）。

2.3　模型建立

通过 SPSS 软件开展太浦河水源地取水口 2-MIB 浓度 N（C）与水质、环境因子的相关性分析，选取并确认与 N（C）有关的环境和水质因子。采用太浦河水源地取水口 2-MIB 浓度 N（C）作为被解释变量，与其相关性较强的因子为解释变量，对最终参与到回归模型构建的指标进行归一化处理［见式(1)］，然后采用普通最小二乘法进行参数估计，利用 R 语言软件初步建立多元线性回归模型［见式(2)］。

$$X = (X_i - X_{\min})/(X_{\max} - X_{\min}) \tag{1}$$

式中：X 为归一化后的变量；X_i 为变量；$X_{\min}$ 为其系列中最小值；$X_{\max}$ 为其系列中最大值。

$$\mathrm{N}(C) = a + \beta_1 X_1 + \beta_2 X_2 + \beta_3 X_3 + \beta_4 X_4 + \beta_5 X_5 + \cdots \tag{2}$$

式中：a 为常数项；$\beta_1 \sim \beta_5$ 为解释变量系数。

采用向前逐步回归的方式消除自相关因子，筛选并确认最终回归方程。

3　结果与讨论

3.1　相关因子筛选

选取可能影响太浦河水源地取水口 2-MIB 的因子开展相关性分析。2021 年 8 月正值汛期，太浦闸大流量向下游排水，太浦河水源地取水口的 2-MIB 浓度 C 可能受太浦闸下 2-MIB 通量 W_0（下泄流量 Q_0 与 2-MIB 浓度 C_0 的乘积）、产嗅藻数量（总量 TZ、束丝藻 SZ、伪鱼腥藻 YZ、颤藻等）、pH 值（PH）、水温（WT）、溶解氧（DO）等因素影响，相关性分析结果见表 1。由表 1 可见，太浦河水源地取水口 2-MIB 浓度与太浦闸下 2-MIB 浓度、下泄流量、通量、水温以及束丝藻数量呈显著相关。

表 1　太浦河水源地取水口 2-MIB 浓度与环境因子相关性

参数	C_0	Q_0	SZ	YZ	CZ	TZ	PH	WT	DO	W_0
相关系数	0.947**	0.621**	0.729**	−0.274	0.587*	0.101	−0.166	−0.494*	0.137	0.981**

注：**在 0.01 水平上显著相关；*在 0.05 水平上显著相关。

3.2　回归模型构建与检验

为预测太浦河水源地取水口处 2-MIB 浓度，筛选相关性分析的结果选用达到显著水平以上的指标参与模型的构建，由于太浦闸下 2-MIB 通量 W_0 与 C_0、Q_0 有直接关系且相关性更强，因此在 W_0 与 C_0、Q_0 中选用 W_0 作为分析指标。最终筛选并参与到回归模型构建的指标有太浦闸下 2-MIB 通量 W_0、束丝藻数量 SZ 和水温。采用向前逐步回归的方式构建逐步回归模型，不同变量条件下建立的模型如表 2 所示。

表 2　不同变量条件下的模型拟合状况

序号	回归模型	AIC 值
方程 1	$C \sim X(W_0) + X(SZ) + X(WT) + Z$	−92.83
方程 2	$C \sim X(W_0) + X(SZ) + Z$	−94.74
方程 3	$C \sim X(W_0) + Z$	−94.88

通过逐步分析的结果显示，方程 3 的 AIC 值最低，说明方程 3 拟合程度最优[9]，且各项之间不存在共线性，最终筛选得到的指标仅有太浦闸下 2-MIB 通量 W_0，回归方程具体如下：

$$N(C) = 0.0710 + 0.9533 \times N(W_0)$$

式中：C、W_0 均为归一化处理后的数值。回归方程的检验结果如表 3 所示。

表 3　回归模型结果检验

参数	系数	误差	F 值	p 值
常数项	0.071	0.017 6	4.037	<0.01
通量系数	0.953 3	0.072 6	13.14	<0.01
回归系数：0.909；p 值<0.01				

3.3　预测值与实测值比对

根据预测的结果，将太浦河水源地取水口的 2-MIB 浓度的实测值与预测值进行比较可见（见图 2），太浦河水源地的实测值和预测值基本接近，绝对误差基本保持在 70~110 ng/L，相对误差以 20%~30%为主，预测浓度值与实测浓度值数量级保持一致，预测结果可作为决策参考支撑。

3.4　太浦闸控制流量估算

为保证下游太浦河水源地取水口的 2-MIB 浓度控制在 500 ng/L 以下，降低水厂处理难度及出水不达标风险，利用上述建立的回归模型，模拟来水不同 2-MIB 浓度条件下，太浦闸流量控制值，估算结果见表 4。其中，当太浦闸下的 2-MIB 浓度在 1 500 ng/L 时，太浦闸的下泄流量控制在 330 m^3/s 以内；当太浦闸下的 2-MIB 浓度在 1 000 ng/L 时，太浦闸的下泄流量控制在 500 m^3/s 以内。

验证太浦河水源地 2-MIB 浓度与太浦闸下 2-MIB 浓度和太浦闸流量之间关系，发现均满足上述太浦闸流量控制值的结果，因此本模型对调节太浦闸下泄水量控制下游金泽水库取水口 2-MIB 浓度具一定的参考意义。

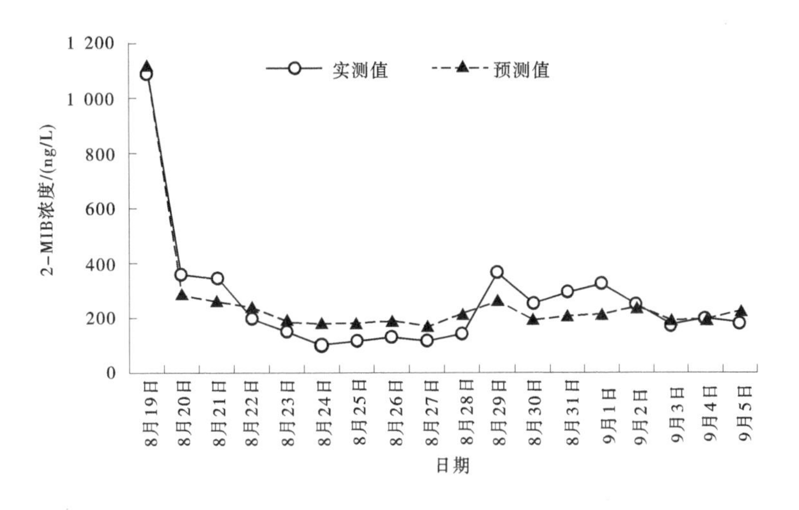

图 2　太浦河水源地取水口 2-MIB 浓度预测值与实测值比较

表 4　不同 2-MIB 浓度太浦闸流量控制值估算结果

序号	太浦闸下 2-MIB 浓度/（ng/L）	太浦闸流量控制值/（m^3/s）
1	1 500	330
2	1 000	500
3	800	620
4	500	900

4　结论与展望

本文基于多元线性回归建立了太浦闸大流量下泄期间太浦河水源地 2-MIB 的预警模型，预测的 2-MIB 浓度值与实测浓度值相对误差基本在 20%~30%，并针对太浦闸下不同 2-MIB 浓度，提出了保障太浦河水源地取水口 2-MIB 控制在 500 ng/L 以下的太浦闸调度建议，可在一定条件下为太浦河水源地 2-MIB 供水安全预警提供科学支撑。但本次研究期间太浦河支流汇入 2-MIB 较少，本文未考虑支流 2-MIB 汇入对太浦河水源地的影响；且因研究时段较短，水温变化幅度不大，因此在不同场景下运用时，需进一步优化验证模型。同时，实际工程调度中应结合丰枯条件，考虑防洪抗旱等因素。

参考文献

[1] Benanou D, Acobas F, De Roubin M R, et al. Analysis of offflavors in the aquatic environment by stir bar sorptive extraction-thermal desorption-capillary GC/MS /olfactometry [J]. Analytical and bioanalytical chemistry, 2003, 376 (1): 69-77.

[2] 陈克云. 水体藻源嗅味物质产生特征与生物降解研究 [D]. 济南：山东师范大学，2011.

[3] 庞一鸣，陈淑华，徐杭州，等. 伪鱼腥藻（*Pseudanabaena* sp.）及其产生 2-甲基异莰醇（2-MIB）的研究进展 [J]. 生态学杂志，2021，40（5）：1530-1548.

[4] 熊鸿斌，陈雪，张斯思. 基于 MIKE11 模型提高污染河流水质改善效果的方法 [J]. 环境科学，2017，38（12）：5063-5073.

[5] 张锦鹏，吴越，田泽斌，等. 基于 EFDC 模型的洱海水温模拟 [J]. 环境工程技术学报，2020，10（3）：368-376.

[6] 孙佳颖，徐卫东．河流水质预测模型研究进展［J］．山西建筑，2010，36（36）：360-361.
[7] 林洁．太湖地区典型农田气候变化特征分析与土壤水分的模拟预测［D］．南京：南京农业大学，2012.
[8] 王磊之，胡庆芳，戴晶晶，等．面向金泽水库取水安全的太浦河多目标联合调度研究［J］．水资源保护，2017，33（5）：61-68.
[9] 宋喜芳，李建平，胡希远．模型选择信息量准则 AIC 及其在方差分析中的应用［J］．西北农林科技大学学报，2009，37（2）：88-92.

城市非常规水利用在南方丰水地区实践与应用

刘　晋[1,2]　黄春华[1,2]　张　康[1,2]　刘　夏[1,2]

（1. 水利部珠江河口治理与保护重点实验室，广东广州　510611；
2. 珠江水利委员会珠江水利科学研究院，广东广州　510611）

摘　要：近年来，受用水总量控制“红线”限制，我国北方地区在水资源开发利用过程中非常注重非常规水源，南方地区作为传统意义上的丰水地区，对于非常规水开发利用的研究则相对欠缺。本文以广东省韶关市南雄市为例，分析城市污水处理厂再生水的水量和水质，结合当地最严格水资源管理制度及各行业用水户的用水要求，明确了该非常规水源取用的可行性，并提出了城市污水处理厂再生水可作为区域内某热电厂取水水源的方案。本文的分析讨论可丰富城市污水处理厂再生水等非常规水源在城市内部利用的实例研究，也可为建设项目取水实践工程提供参考和借鉴。

关键词：污水处理厂再生水；非常规水源利用；建设项目取水

1　引言

近年来，随着我国实行最严格水资源管理制度考核，各级人民政府积极响应，明确提出了辖区内各级行政区的用水要求，严格规定了各级行政区的用水总量控制指标，对用户单位，尤其是高耗水行业规模以上用水大户的用水水平提出了更高要求。在此背景下，再生水等非常规水源的利用成为了缓解用水总量控制“红线”限制压力、提升水资源利用效率的重要措施。

非常规水源的利用在我国尚处于摸索阶段，针对非常规水源利用的理论研究和实践应用也越来越多。司鹏飞等[1]通过历史资料统计等方法，分析了太原市再生水的分布特征和利用现状，提出城市杂用水和景观用水是太原市短期内再生水利用的最优用户，为今后一段时间太原市的再生水利用指明了方向；张雄等[2]通过分析北京再生水回用现状及再生水在民俗旅游村的需求，提出了再生水在民俗旅游村的回用策略，并在北京市通州区于家务回族乡仇庄村进行了工程实践，取得了良好的效果，研究结果为农村高质量水景观环境的建设和水资源可持续利用提供模式参考；刘鹏等[3]利用自产地表水损耗和入河水量蒸发渗漏两种方法，分析再生水排放对滏阳河河道实测径流量的影响，并结合入河再生水水质情况，分析再生水排放对河道径流水质的影响；李一等[4]从再生水灌溉对作物产量、品质和土壤的影响，总结了再生水在草本作物和木本作物灌溉中应用的优劣，研究结果能够使再生水灌溉对农业生产的节水增产更加高效；钱筱暄等[5]结合芜湖市污水处理设施、污水排放和经济社会发展现状，分析了再生水利用潜力和前景，编制了芜湖市再生水利用建设方案，研究结果对芜湖市再生水利用具有一定的指导作用。

目前，国内针对非常规水源利用的研究尚处于起步阶段，但取得的成果已相当丰硕，能够在一定程度上指导非常规水源利用的实践与应用。然而，目前的相关研究主要是探究非常规水利用在景观、农业等特定行业的可行性，鲜有针对城市污水处理厂再生水进行非常规水源分配的研究。因此，本文

基金项目：珠江流域水资源多目标调度技术与应用（2017YFC0405900）。
作者简介：刘晋（1984—），男，高级工程师，主要从事水资源与水利工程生态调度工作。
通信作者：刘夏（1996—），男，助理工程师，主要从事水资源系统工程研究工作。

以广东省韶关市南雄市城市污水处理厂为例，结合当地最严格水资源管理制度及各行业用水户对取用水的相关要求，提出该非常规水源在城市内各行业的利用方案，研究结果可为同类型地区的城市再生水利用提供参考与借鉴。

2 城市再生水概况

2.1 城市再生水水量

南雄市污水处理厂主要为珠江污水处理厂，该厂是为城市居民生活污水提供净化服务的一家新办外来投资企业，经营范围包括城市污水处理和管理，水处理、环保绿化工程设计和安装。南雄市珠江污水处理厂设计规模为 5 万 m^3/d，位于南雄市全安镇三枫电站旁（见图 1），主要采用新型生物填料及先进的曝气生物流化池（ABFT）工艺。

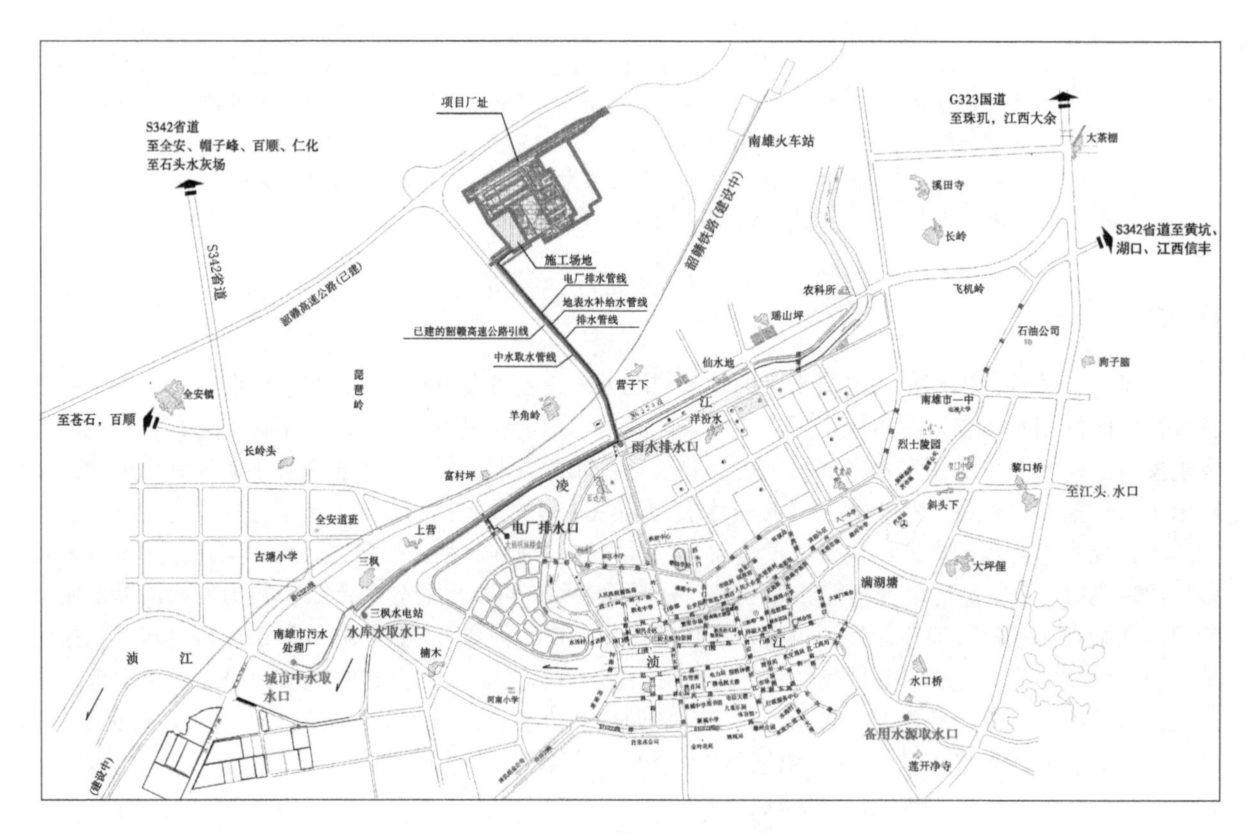

图 1 南雄市珠江污水处理厂位置概况

南雄市珠江污水处理厂收集范围主要为南雄市新城区和老城区的工业废水和生活污水。由于工业生产的发展以及人口的增长，污染物逐步增加，节能降耗减排工作成效明显，对工业污染企业的污染控制，市区内主要为生活污水，重污染的工业废水量基本为零。

南雄市城区主要是南雄市政府所在地雄州镇，城区面积 24.6 km^2，人口约 12 万。南雄市星翔供水有限公司负责保障市区生产、生活、经营用水的重任，其位于南雄市雄中路 71 号，由原南雄市自来水公司改制而成，于 2003 年 6 月 1 日成立，目前属外资港商企业，主要拥有制水厂 1 间，日供水设计能力 5 万 m^3。据统计，南雄市城区居民现状用水量达 960 万 m^3/a，合 2.63 万 m^3/d，根据《南雄市国民经济和社会发展第十二个五年规划纲要》，现状南雄市城镇生活污水处理率为 76%，因此污水处理厂现状收集污水量为 2 万 m^3/d。

2.2 城市再生水水质

2.2.1 现状出水水质评价

依据南雄市环保局对南雄市珠江污水处理厂运行期监测统计结果进行分析（见表1），可以看出，南雄市珠江污水处理厂运行期出口水质各项指标的年平均值中除粪大肠菌群数符合《城镇污水处理厂污染物排放标准》（GB 18918—2002）中的一级标准的B标准外，其他各项指标达到一级标准的A标准，满足设计要求。

表1　南雄市珠江污水处理厂运行期监测结果统计　　单位：mg/L

污染物	第1季度		第2季度		第3季度		第4季度		平均	
	进口	出口	进口	出口	进口	出口	进口	出口	进口	出口
化学需氧量	97.3	20.9	98.8	21.7	97.8	13.4	152	36.1	111.48	23.03
生化需氧量	28.4	3.22	22.1	4.4	19.2	2.32	32.4	8.24	25.53	4.55
悬浮物	32	8	78	8	81	11	87	11	69.50	9.50
动植物油	0.04	0.04	0.98	0.1	0.56	0.09	0.55	0.08	0.53	0.08
石油类	0.274	0.04	2.73	0.31	0.83	0.13	0.22	0.06	1.01	0.14
阴离子表面活性剂	0.05	0.05	0.204	0.05	0.26	0.05	0.124	0.057	0.16	0.05
总氮	3.85	2.68	5.22	3.89	8.36	4.92	11.2	8.63	7.16	5.03
氨氮	2.53	0.41	3.84	0.248	6.33	0.19	17.6	5.06	7.58	1.48
总磷	0.322	0.31	0.368	0.148	0.177	0.088	0.163	0.079	0.26	0.16
色度	16	4	16	4	8	4	16	4	14.00	4.00
pH值	7.5	7.48	7.67	7.16	7.18	7.3	7.29	7.06	7.41	7.25
粪大肠菌群数/个	24 000	9 200	24 000	9 200	24 000	9 200	24 000	5 400	24 000	8 250

2.2.2 现场检测出水水质

以上水质监测统计结果主要是基于南雄市环保局对南雄市珠江污水处理厂的实时监测，未包含部分一类污染物，因此是收集韶关市环境监测中心站对南雄市珠江污水处理厂运行期的污水排放状况进行的监测情况，其监测项目包括GB 18918—2002中的12项基本项以及5项一类污染物指标，监测结果见表2。

从表2可以看出，南雄市珠江污水处理厂出口水质各项指标均符合《城镇污水处理厂污染物排放标准》（GB 18918—2002）中的一级标准的B标准。

3 用水现状分析

3.1 用水量与用水结构

根据《2021年韶关市水资源公报》对南雄市的用水量进行统计，结果见表3。

表 2　南雄市珠江污水处理厂水质监测结果　　单位：mg/L

项目	污染物	一级标准的 B	运行期 1 监测结果			运行期 2 水质分析	
			进口	出口	评价结果	分析成果	评价结果
基本控制项目	化学需氧量	60	56. 2	11. 6	√	14	√
	生化需氧量	20	19	6	√	4. 2	√
	悬浮物	20	18	8	√	6	√
	动植物油	3	0. 4	0. 1（L）	√		
	石油类	3	0. 3	0. 1（L）	√	未检出（<0. 04）	√
	阴离子表面活性剂	1	0. 28	0. 06	√		
	总氮	20	8. 94	6. 04	√		
	氨氮	8（15）	4. 83	0. 184	√	1. 03	√
	总磷	1. 5	0. 97	0. 44	√	1. 13	√
	色度	30	8	4	√		
	pH 值	6~9	7. 13	7. 15	√	7. 02	√
	粪大肠菌群数	10 000	≥240 000	20	√	7.3×10^{3}	√
部分一类污染物	总汞	0. 001	0. 000 01（L）	0. 000 46	√		
	总镉	0. 01	0. 004	0. 004（L）	√		
	总砷	0. 1	0. 090 3	0. 001	√		
	总铅	0. 1	0. 001（L）	0. 001（L）	√		
	六价铬	0. 05	0. 004（L）	0. 004（L）	√		

表 3　2021 年南雄市用水情况　　单位：亿 m^3

行政区	生产			生活	生态	总用水量
	农业	工业	城镇公共	居民生活	生态环境	
南雄市	2. 72	0. 451	0. 065	0. 181	0. 022	3. 439

由表 3 可以看出，2021 年南雄市河道外总用水量为 3. 439 亿 m^3，其中农业用水量 2. 72 亿 m^3、工业用水量 0. 451 亿 m^3、城镇公共用水量 0. 065 亿 m^3、居民生活用水量 0. 181 亿 m^3、生态环境用水量为 0. 022 亿 m^3，分别占总用水量的 79. 09%、13. 12%、1. 89%、5. 26%、0. 64%。

3. 2　用水水平与用水指标

根据《2021 年韶关市水资源公报》对南雄市各项用水指标进行统计分析，结果见表 4。

表4　2021年评价区域用水指标统计分析

行政区	人均GDP/万元	人均综合用水量/m^3	万元GDP用水量/m^3	万元工业增加值用水量/m^3		农田实灌亩均用水量/m^3	居民生活人均用水量/(L/d)	
				含火电	不含火电		城镇生活	农村生活
南雄市	3.73	762	204	42	28	678	94	189
韶关市	5.44	621	114	42	35	749	189	130
广东省	9.8	282	22	17.6	9.2	690	287	180

由表4可以看出，2021年南雄市的综合用水水平在韶关市处于中等水平。但在广东省属于较低水平。其中工业用水粗放是影响南雄市用水效率低的主要原因，具有较大的节水潜力。

4　再生水利用可行性分析

由前述分析可以看出，南雄市用水主要分为农业用水、城镇公共用水、居民生活用水、生态环境用和工业用水。

4.1　农业用水

根据《农田灌溉水质标准》(GB 5084—2021)，南雄市珠江污水处理厂再生水的水质达到农业用水标准，但由于南雄市灌区基本位于郊区，距离污水处理厂较远，且输水配套设施不完善，因此难以将污水处理厂再生水用于农业。

4.2　城镇公共用水

由于南雄市城镇公共用水点十分分散，对于污水处理厂再生水利用管网铺设的要求较高，结合南雄市现状条件来看，将其作为城镇公共用水水源的可操作性较差，因此暂不作为城镇公共用水水源。

4.3　居民生活用水

居民公共用水对于再生水管网铺设的要求同样较高，且容易造成水质污染事件，因此暂不作为居民生活用水水源。

4.4　生态环境用水

南雄市珠江污水处理厂位于浈江右岸，若考虑将污水处理厂再生水作为生态环境用水，则需将再生水补至浈江以满足河道生态用水。根据南雄市水质监测站2018年水质检测结果，浈江近年水质类别维持在Ⅰ～Ⅲ类，因此南雄市珠江污水处理厂再生水的水质劣于浈江水质，直接排放会影响浈江水质，因此无法作为生态环境用水水源。

4.5　工业用水

据统计，工业用水中的火力发电厂和钢铁厂等高耗水企业的取用水量较大，但对取用水水质的要求不高，能够直接取用污水处理厂再生水，且已在我国北方地区得到应用。

经过现场调研，污水处理厂周边3.2 km处恰好有一家热电厂（具体位置见图1），且输水管线铺设相对完善，可考虑将其作为污水处理厂再生水的主要用户，具体分析过程如下。

4.5.1　热电厂基本概况

热电厂容量为2×350 MW，超临界“上大压小”抽凝供热机组，同步建设高效电除尘器、烟气湿法脱硫装置、SNCR脱硝装置、运煤铁路专用线、热网工程等。机组年运行小时数为6 830 h，职工人数初步核定为256人。

4.5.2　热电厂用水水量要求

根据热电厂所处地区的气象条件，循环冷却需水量计算结果见表5。

表 5　2×350 MW 燃煤机组二次循环冷却需水量

机组容量/MW	凝汽量/（t/h）		凝汽器冷却需水量/（m^3/h）		水水换热器冷却需水量/（m^3/h）	总循环水量/（m^3/h）	
	纯凝工况	额定抽汽工况	纯凝工况	额定抽汽工况		纯凝工况	额定抽汽工况
1×350	621	423	40 365	27 495	4 200	44 565	31 695
2×350	1 242	846	80 730	54 990	8 400	89 130	63 390

热电厂 2×350 MW 机组补充水量见表 6。

表 6　2×350 MW 机组补充水量

序号	名称		取新鲜水量/（m^3/h）	
			纯凝工况	额定抽汽工况
1	冷却塔补充水	热季	1 353	948
		冷季	1 060	749
2	化学水处理系统补给水		89	619
3	工业服务用水		65	65
4	生活用水		2	2
5	未预见用水		35	35
6	合计	热季	1 544	1 669
		冷季	1 251	1 470
7	日补给水量/万 m^3	热季	3. 706	4. 006
		冷季	3. 002	3. 528
8	年补给水量/万 m^3		1 139. 93	

4. 5. 3　热电厂用水水质要求

电厂的工业用水水质符合水功能区管理目标要求即可。但依据《火力发电厂水工设计规范》（DL/T 5339—2018），原水经处理后，电厂的用水水质有以下要求：

（1）电厂循环冷却水要求去除水中杂物及水草，当水中含砂量较大，且砂粒较粗、较硬时，宜对冷却用水进行沉砂处理。

（2）冷却塔循环供水系统的补给水中悬浮物含量超过 50～100 mg/L 时宜做预处理，经处理后的地面水的悬浮物含量不宜超过 20 mg/L，pH 值不应小于 6. 5 且不宜大于 9. 5。

（3）工业用水水质要求：悬浮物的含量，宜小于 50 mg/L，工业用水中转动机械轴承冷却水的碳酸盐硬度宜小于 250 mg/L（以 $CaCO_3$ 计），pH 值不应小于 6. 5 且不宜大于 9. 5。

根据污水处理厂运行期水质监测数据可知，污水处理厂再生水能够满足热电厂的用水水质要求，同时，热电厂自身对使用再生水设计有深度处理系统，主要处理单元包括机械加速澄清池、加药系统、V 形滤池等。经实证分析，澄清池能有效去除原水中悬浮物和胶体颗粒，对有机物的去除率达 40%～60%，最高可达 75%，总磷去除十分明显，去除率最高可达 90%，且配备成套加药系统，能有效杀菌和调整余氯，在水处理技术中被广泛应用，因此再生水经过深度处理后能达到《工业循环冷却水处理设计规范》（GB/T 50050—2017）工业用水的水质需求，能够作为热电厂循环冷却水的取水水源。

综上所述，南雄市珠江污水处理厂再生水能够满足附近 3. 2 km 处某热电厂循环冷却水的水质要求，因此可以作为该热电厂循环冷却水的部分水源。

5 结语

（1）南雄市污水处理厂的再生水水质能够满足热电厂工业用水的要求，可用于热电厂循环水系统冷却塔补水。

（2）城市污水处理厂的再生水经处理后可作为热电厂的工业用水水源，这对于缓解区域用水总量控制压力有着积极意义，能够为同类型地区的城市污水处理厂再生水利用提供参考。

参考文献

［1］司鹏飞，周爱娟，高艳娟，等．太原市再生水利用潜力分析［C］//中国环境科学学会．中国环境科学学会2022年科学技术年会论文集（二）．2022：865-874.

［2］张雄，李冰心，谷阳，等．再生水回用于民俗旅游村水景观的工程实践［J］．安徽农业科学，2022，50（14）：179-185.

［3］刘鹏，赵子岳，焦跃腾，等．滏阳河流域入河再生水对实测径流的影响分析［J］．河北水利，2022（6）：34-35.

［4］李一，刘宏权，陈任强，等．再生水灌溉对作物和土壤的影响［J］．灌溉排水学报，2022，41（S1）：26-33，43.

［5］钱筱暄，孙传辉．芜湖市再生水利用潜力与应用前景初探［J］．江淮水利科技，2021（6）：28-30.

岸线利用可行性论证探讨
——以青洲柳江特大桥为例

刘壮添　刘　培

（珠江水利委员会珠江水利科学研究院，广东广州　510611）

摘　要：河流岸线是重要的自然资源，为加强珠江流域重要河道岸线保护，水利部印发了《珠江–西江经济带岸线保护与利用规划》。规划实施后，随着经济社会发展，部分地区对岸线利用需求发生了变化。为了兼顾经济社会发展和岸线保护的需求，在整体保护岸线资源的前提下，进行岸线利用可行性研究论证是必要的。本文以鹿寨—钦州港公路（鹿寨至鱼峰段）青洲柳江特大桥岸线利用可行性论证为例，阐述了岸线利用可行性论证的内容，并通过逐项分析论证岸线利用可行性，为工程建设岸线利用提供合法合规的技术支撑。

关键词：岸线规划；岸线利用；可行性论证

1　引言

河流岸线为沿岸地区经济社会发展提供重要支撑，具有防洪、生态、社会、经济等多重属性[1-3]。平衡好保护与利用之间的关系，在执行河湖岸线保护政策是必要的。如果采用一刀切管控方式，虽然可以保护岸线，但会严重制约经济社会的发展。因此，根据实际情况，明确当地岸线的保护目的，分析工程建设的影响，实现岸线精细化保护与利用，对沿岸地区经济社会发展具有重要的现实意义。

《珠江–西江经济带岸线保护与利用规划》（简称《岸线规划》）对岸线进行功能分区并提出管控要求，岸线分为保护区、保留区、控制利用区和开发利用区四类。其中，岸线保留区的定义为规划期内暂时不宜开发利用或者尚不具备开发利用条件、为生态保护预留的岸段。在岸线保留区，地区基于经济发展提出了岸线利用需求，这就与保留区的保护要求不一致。为了兼顾岸线保护与经济发展，论证岸线利用可行性是必要的。本文以鹿寨—钦州港公路（鹿寨至鱼峰段）青洲柳江特大桥为例，从项目选址唯一性、论证可行性、建设影响和补救措施四个方面，论证了岸线利用的可行性。

2　岸线、功能分区定义

河流岸线是指河道两侧一定范围内水陆相交的带状区域，是河流自然生态空间的重要组成，也是沿岸地区经济社会发展的重要支撑，具有防洪、生态、社会、经济等多重属性，在沿江防洪保安、生态环境保护、社会经济建设等方面具有重要作用[4-5]。2019 年 11 月，水利部印发《珠江–西江经济带岸线保护与利用规划》[6]，充分考虑防洪、河势、供水、生态等保护要求，统筹经济社会发展对岸线利用的需求，对岸线进行功能分区并提出管控要求。

考虑河湖岸线的自然属性、经济社会功能属性以及保护和利用要求，对不同功能定位的岸线区段划定岸线功能区，分为岸线保护区、岸线保留区、岸线控制利用区、岸线开发利用区，各分区定义

作者简介：刘壮添（1981—），男，高级工程师，主要从事工程水文、水工结构、水利规划方面的研究工作。

如下：

（1）岸线保护区。岸线开发利用可能对防洪安全、河势稳定、航道稳定、供水安全、生态环境、重要枢纽工程安全等有明显不利影响的岸段。

（2）岸线保留区。规划期内暂时不宜开发利用或者尚不具备开发利用条件、为生态保护预留的岸段。

（3）岸线控制利用区。岸线开发利用程度较高，或开发利用对防洪安全、河势稳定、供水安全、生态环境可能造成一定影响，需要控制其开发利用强度、调整开发利用方式或开发利用用途的岸段。

（4）岸线开发利用区。河势基本稳定、岸线利用条件较好，岸线开发利用对防洪安全、河势稳定、供水安全以及生态环境影响较小的岸段。

《岸线规划》共划定岸线功能区 2 133 个，其中保护区、保留区、控制利用区、开发利用区的长度分别为 1 104 km、2 560 km、1 063 km、123. 4 km，分别占岸线总长的 22. 8%、52. 8%、21. 9%、2. 5%，充分体现了保护优先的理念。

3　岸线利用新需求

我国对江河岸线的开发利用由来已久，江河岸线利用与沿岸地区水资源特点、土地资源利用及经济社会发展状况等密切相关，经济社会发展对岸线的利用需求与岸线保护需求存在局部的不一致现象，如岸线利用项目位于岸线保留区，尤其以桥梁案例居多。桥梁属于道路跨河的形式，道路建设往往属于国家建设交通强国决策部署，承担强化交通基础设施支撑作用，对经济社会发展具有重要意义。若按照岸线规划的功能区管控要求否决桥梁建设，则对经济社会发展影响巨大。因此，可以根据《岸线规划》成果及岸线功能区管控要求，结合项目建设背景，论证岸线利用可行性，达到既满足《岸线规划》对岸线功能区管控要求，又为建设项目提供符合法律法规的技术论证支撑。

4　岸线利用可行性论证内容

岸线利用可行性研究内容主要包括项目选址唯一性、论证可行性、建设影响和补救措施等。具体论证包括以下内容：

结合工程附近地形地貌及城市规划空间布局，分析项目选址对土地、交通规划等因素的影响，论证过程选址的唯一性。分析工程所在岸线功能区的划分依据，以及该功能区的管控要求，结合拟建工程的必要性，研究岸线利用论证的可行性。进行河床演变分析，判别河道岸线是否稳定，识别是否存在河势变化剧烈、险工险段等影响岸线保护与利用的岸段。根据现有各项规划，分析工程所在岸段防洪、供水、生态等保护要求，以及港口、城市开发等岸线利用需求。根据工程段岸线功能区划分依据和管控要求，结合保护要求和利用需求变化，分析工程建设与功能区管控要求的适应性以及工程段岸线利用的条件。从水文水资源、水环境、社会环境、环境敏感区等方面分析岸线利用的影响，并提出补救措施。

5　岸线利用可行性论证案例

5.1　项目建设背景及意义

鹿寨—钦州港公路（鹿寨至鱼峰段）是《广西高速公路网规划（2018—2030 年）》中 2019—2023 年计划实施的项目。项目路线起点位于柳州市雒容镇连丰村料旺屯南侧，设置雒容北枢纽立交接汕昆高速和泉南高速（桂柳段），终点位于柳州市鱼峰区里雍镇见前村南侧，设置见前枢纽立交接入梧柳高速（见图 1），路线全长 28. 357 km。

按照《广西高速公路网规划（2018—2030 年）》“1 环 12 横 13 纵 25 联”布局，本项目是《广西高速公路网规划（2018—2030 年）》“纵 5”线的重要组成部分，局部路段还与“横 5”共线。项目的实施是落实国家建设交通强国决策部署，强化交通基础设施支撑作用，对构建面向东盟的国际大

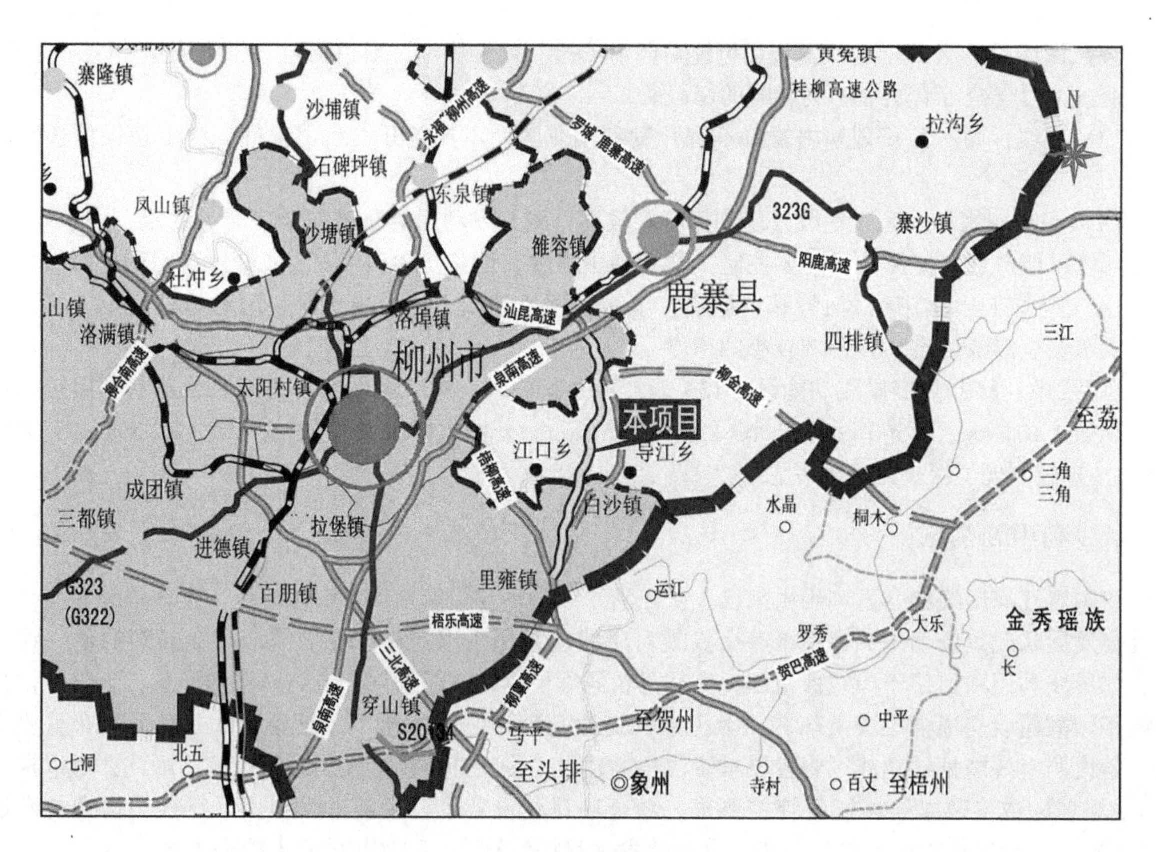

图 1　拟建工程地理位置

通道，打造西南中南地区开放发展新的战略支点，推进“一带一路”建设，进一步完善广西高速公路网，充分发挥高速公路网络连通效应，加快沿线工业化与城镇进程，促进区域协调发展，实现交通+旅游，打造桂中全域旅游均具有重要的意义。

5.2　岸线现状利用分析

根据现场调查，拟建公路涉及锁匙筒滩鱼类产卵场和江口至锁匙筒鱼类索饵场。因桥梁工程建设需占用锁匙筒滩鱼类产卵场 1 307 m^2，且工程施工对上游江口至锁匙筒鱼类索饵场造成一定影响。因此，拟建工程所在岸段内对锁匙筒滩鱼类产卵场和江口至锁匙筒鱼类索饵场有生态保护需求。

工程所处河道属山区河流，由于地质构造的因素，该河段两岸多为丘陵，阶地较高，地势较陡，基岩裸露或沙砾覆盖，河床多由岩石组成，山前为侵蚀构造的低山丘陵地带，河床两岸多由不同的岩石组成，河岸抗冲能力强，河道横向变形小（见图 2）。

5.3　选址唯一性

项目线位的选择受柳州市和藤县城市规划影响较大。根据项目在《广西高速公路路网规划》中的定位及规划大致走向，综合考虑多方因素，初步拟定 2 条工程线位选址如下。

5.3.1　D9 线

D9 线于 D9K15+140.944 处与 DK 线分离后继续向南，经下湾村、南蛇村后设置导江互通连接导江经江口至柳州二级公路，在马朝村西侧设置柳江特大桥跨越柳江，向南经石行村、大旺村后转向西南，在王眉村跨越红罗河后与 DK 线相接，终点桩号 D9K28+264.469，D9 线全长 13.124 km。

5.3.2　DK 线

DK 线依次经过柳江主航道、青洲、龙河洲等滩涂。左汊为现行航道，路线与主航道夹角约 86°，DK 线长度 12.556 km。

D9 线与 DK 线方案示意图见图 3。

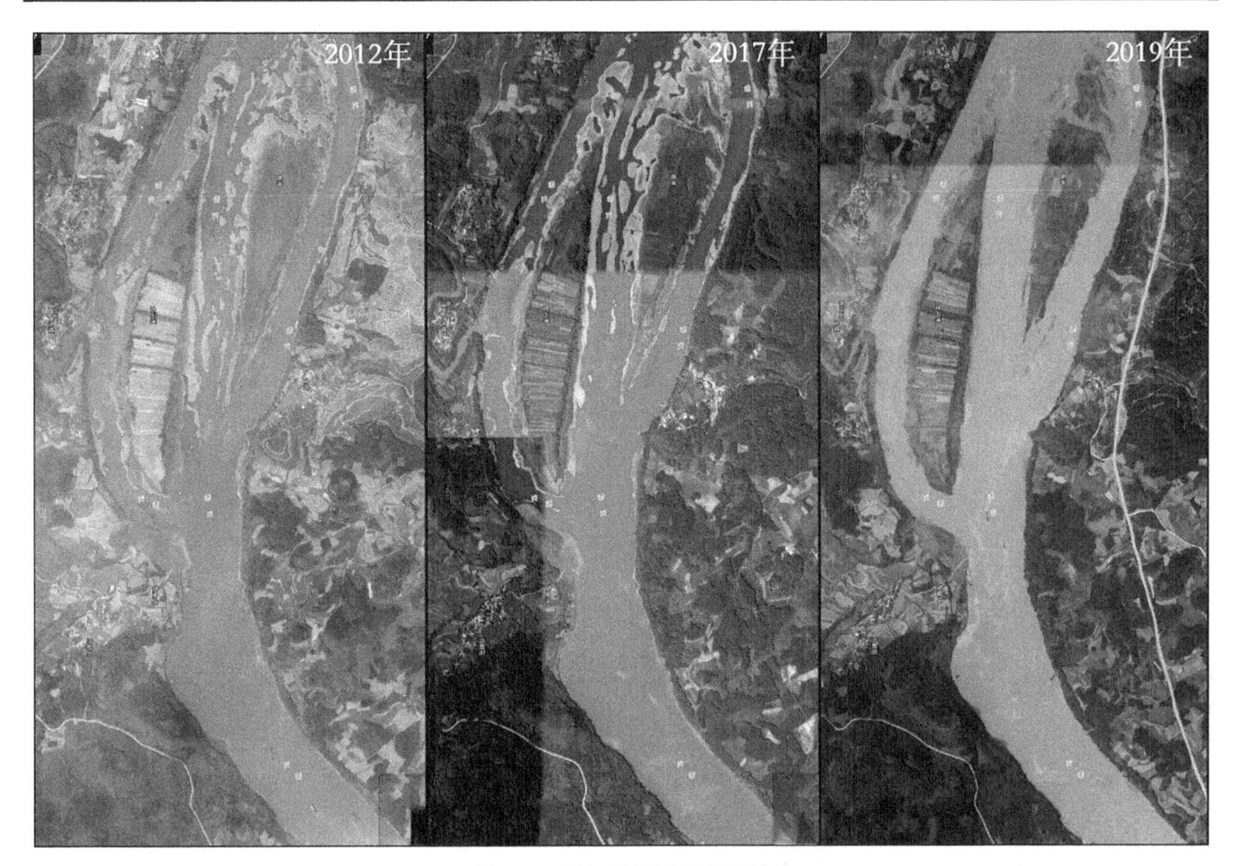

图 2　工程河段历史卫星影像

由于项目建设区域大量农田分布于低缓山坡或丘陵之上，DK 线大部分路段在坡脚布线，占地总量 1 483.7 亩，其中基本农田 217.4 亩；D9 线由于沿村庄附近布线，占地总量 1 609.4 亩，其中基本农田 508.6 亩，因此从占用基本农田的情况来说，DK 线方案较为有利。DK 线及 D9 线左右岸均为岸线保留区，属于现状经济社会发展水平相对较低、规划期内暂无开发利用需求的岸段。综合考虑以上因素，推荐采用 DK 线方案。

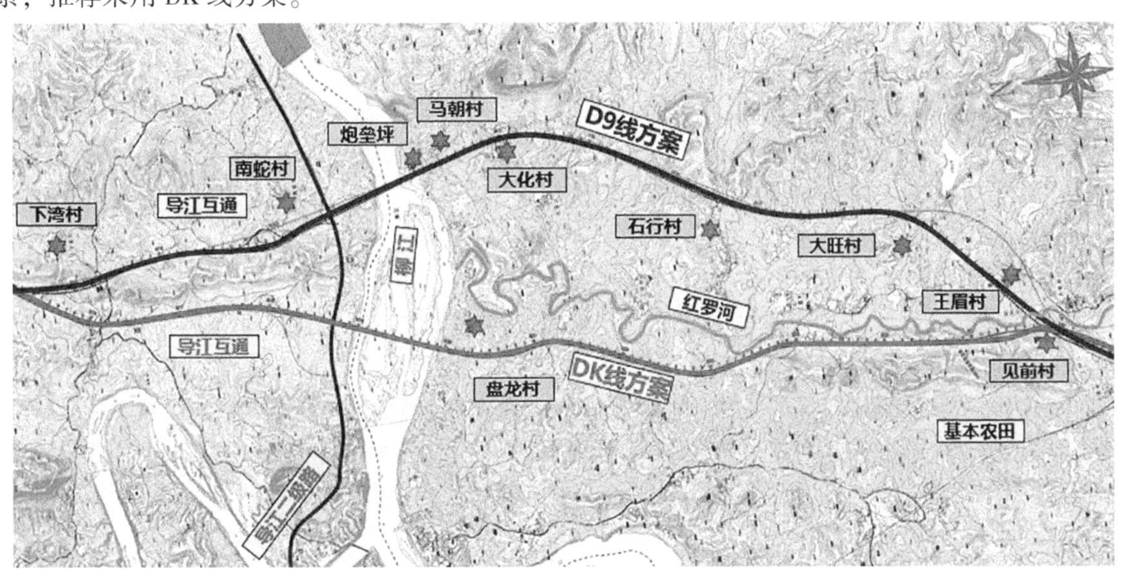

图 3　D9 线与 DK 线方案示意图

5.4　论证可行性

根据《岸线规划》成果，拟建工程左右岸均为岸线保留区，属于现状经济社会发展水平相对较低、规划期内暂无开发利用需求的岸段（见图 4）。根据规划中对岸线保留区的管理要求，因规划期内暂无开发利用需求划定的岸线保留区，今后因经济社会发展确需开发利用的，经充分论证并按照法律法规规定履行相关审批程序后，可根据所在河段实际情况并参照岸线控制利用区或开发利用区管控要求进行管理。鹿寨至鱼峰高速公路是支撑广西快速发展的重要基础设施，工程属于事关公共利益的项目，符合《岸线规划》关于岸线功能区相关管控要求。因此，本项目的建设与《珠江-西江经济带岸线保护与利用规划》是相符的。

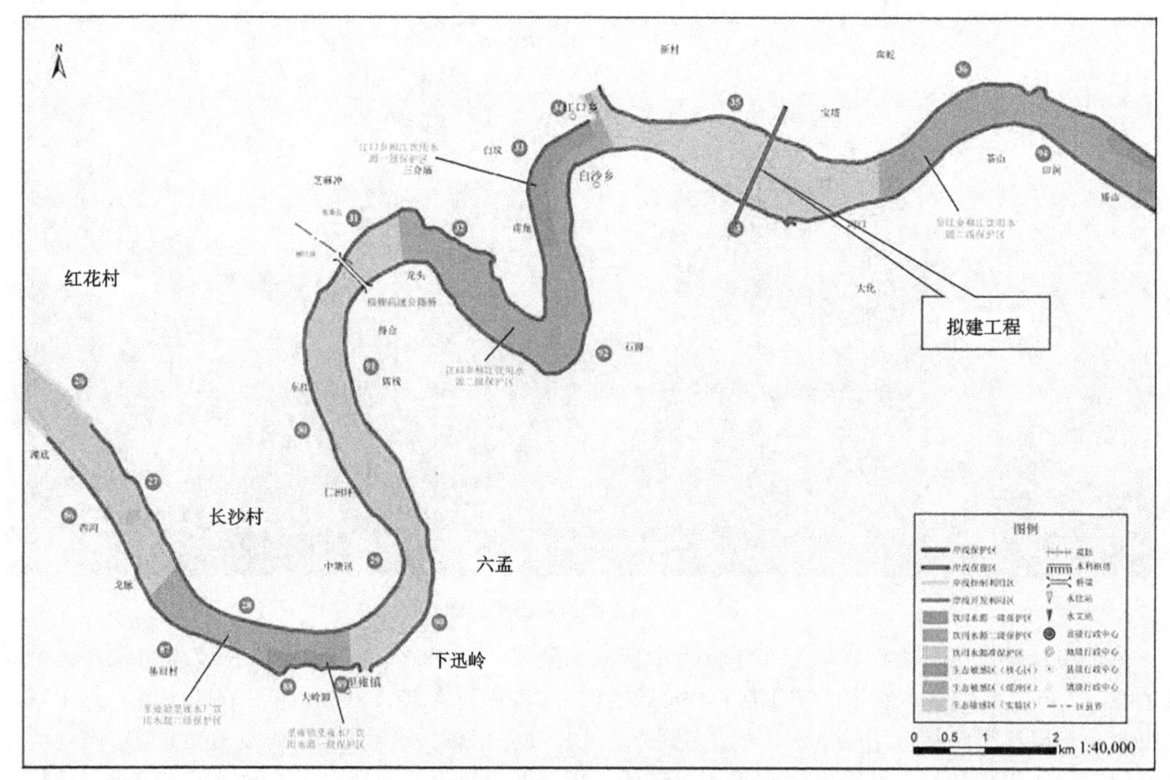

图 4 拟建工程所在位置岸线功能区分布

5.5 河道影响分析

对工程建设后进行分析，发现工程建设后流速、流向、流态的变化主要集中在工程附近水域，其他水域则变化相对较小，受工程影响，河势将会发生一定的调整，但整体河势将维持稳定。工程建设对河势的影响有限，并非河势敏感区域，工程段岸线有开发利用的条件。拟建大桥桥址处柳江两岸现状为天然岸坡，目前没有堤防规划，工程附近无其他防洪工程。因此，工程建设不会对现有防洪工程造成不利影响。

5.6 规划适应性分析

根据《岸线规划》成果，工程处岸线属于现状经济社会发展水平相对较低、规划期内暂无开发利用需求的岸段。根据规划中对岸线保留区的管理要求，因规划期内暂无开发利用需求划定的岸线保留区，今后因经济社会发展确需开发利用的，经充分论证并按照法律法规规定履行相关审批程序后，可根据所在河段实际情况并参照岸线控制利用区或岸线开发利用区管控要求进行管理。鹿寨至鱼峰高速公路是支撑广西快速发展的重要基础设施，工程属于事关公共利益的项目，符合《岸线规划》关于岸线功能区相关管控要求。

5.7 环境合理性分析

本工程建设范围内不涉及集中式饮用水水源保护区、涉水的自然保护区、风景名胜区、重点保护与珍稀水生生物的栖息地、重要水生生物的自然产卵场及索饵场、越冬场和洄游通道等敏感目标。

工程建设过程中施工人员生活污水、临时工程产生的生产废水均会对水环境造成影响。设置沉淀池、隔油池等有效防治设施，加强施工管理后，可有效降低施工期对水环境的影响，且随着施工期的结束，上述影响也将消失。因此，本工程对水环境影响不大，工程与环境影响相适应。

5.8 补救措施

虽然拟建工程岸线利用切实可行，但也需要根据该处岸线保留区的实际情况，提出营运期对锁匙筒滩鱼类产卵场和江口至锁匙筒鱼类索饵场生态补偿建议。建设单位应在施工前编制保护方案，严禁在柳江及滩涂内设置施工营地等临时占地、及时进行对河道和洪泛平原湿地扰动范围的恢复。此外，桥梁钻渣不得随意堆弃于河流河床范围内，在桥头晾干后运至附近弃渣场处置，钻渣堆放不新增临时占地，应做好水中墩钻孔灌注桩等施工期水环境环保措施，完工后应当负责将水底的残留物质清除干净。进行生态补偿措施，恢复水生植物，营运期需每年给予生态修复费，用于鱼类增殖放流，不会影响黄颡鱼产量。

6 小结

本文从项目选址唯一性、论证可行性、建设影响和补救措施四个方面论证了岸线利用可行性，并为同类型的岸线利用可行性提但供了论证思路。《岸线规划》逐步实施后，为加强河道岸线保护与利用工作提供了重要基础。随着经济、社会的快速发展，局部区域对划定的岸线功能区的利用需求也会变化。建议水行政审查部门出台岸线可行性利用论证导则，规范岸线可行性利用论证的申报流程，为今后的论证工作提供官方标准，利于论证工作的规范化和审批工作的开展。

参考文献

[1] 谈广鸣，姚仕明，黎礼刚．河湖岸线和内河洲滩资源高效利用与保护中的关键科学技术问题与预期成果展望［J］．工程科学与技术，2019（3）：1-8.
[2] 蔡晶，陈星，张其成，等．河流岸线开发适宜性及发展潜力研究［J］．人民长江，2020（1）：36-43.
[3] 李铭华，樊昆澎，朱相丞．南京市长江岸线整改项目防洪影响论证实践［J］．中国水利，2020（12）：39-40.
[4] 陈鹏，卢金友，姚仕明，等．河湖岸线分类体系及保护与利用对策研究［J］．长江技术经济，2022（1）：1-8.
[5] 王德维，殷怀进．城区河道岸线管控研究［J］．水利规划与设计，2019（8）：5-7，15.
[6] 水利部珠江水利委员会．珠江-西江经济带岸线保护与利用规划［R］．广州：水利部珠江水利委员会，2019.

荆江河段磷通量时空变化特征及影响因素研究

郭子扬[1]　黄　海[2]　张　磊[2]　关见朝[2]　王大宇[2]　贾红霞[2]

（1. 中央民族大学 生命与环境科学学院，北京　100081；
2. 流域水循环模拟与调控国家重点实验室 中国水利水电科学研究院，北京　100048）

摘　要：长江上游水库群联合调度，使荆江河段水沙条件显著变异，总磷通量大幅减少，对生态环境造成深远影响。基于水沙磷实测资料，开展了荆江河段磷通量时空变化特征及影响因素研究。结果表明，三峡水库下泄磷量是荆江河段磷的主要来源，宜昌站总磷浓度呈现逐步下降趋势，宜昌站溶解态磷浓度呈现逐年上升趋势，荆江段总磷的输送形式由建库前以颗粒态磷为主转变为建库后以溶解态磷为主，荆江段总磷浓度呈现趋势性减少是颗粒态磷减少所致，由于长江上游水库群调蓄引起的汛期输沙量急剧减小是导致荆江河段总磷通量骤减的关键因素。

关键词：荆江；磷；水沙变异

1　引言

河流源源不断地将水、沙和磷等物质从上游输送至下游，提供了重要的物质来源[1]。水库的修建改变了天然的输送通道[2]，重塑了物质能量的时空分布特征，使得坝下游河段输沙量骤减、床沙粗化、河势调整等[3]。由于泥沙颗粒是磷元素的重要载体，水沙条件变异势必影响磷的迁移输运过程、颗粒态和溶解态磷的配比组成以及水生动植物的营养条件和栖息地环境，给水生态环境造成深远影响[4]，引起了国内外诸多学者的关注。

近年来，长江上游水库群联合调度削弱了长江的连续性，引起长江中下游流量、含沙量、磷浓度等发生变化，清水下泄导致河道冲刷、床沙粗化，深刻影响长江中下游生境演化[5]。荆江紧邻三峡水库（见图1），水沙变异的影响尤为剧烈，磷作为水体中重要的营养元素，吸附在泥沙颗粒表面随水流迁移，受长江上游水库群联合调度影响，荆江河段总磷通量显著减少。因此，开展荆江河段磷通量时空变化特征及影响因素研究，对荆江河段水沙调控和生态修复具有重要的科学意义与工程应用价值。

2　磷来源解析

基于2010年三峡库区水文站、大气站总磷数据，统计结果表明，约48.8%的磷在库区沉积，51.2%的磷输送到下游荆江段，三峡总磷出库量为3.84万t[6]。沿岸工农业生产和生活污水排放也是荆江磷的重要来源，荆江河段沿岸磷入汇总量约为0.9万t，其中，农业面源总磷排放、工业废水、城镇生活污水贡献率分别为74.8%、14.8%、10.4%[7]。因此，三峡水库下泄磷量是荆江河段磷的主要来源，占荆江河段来磷量的80.3%。

基金项目：国家自然科学基金青年科学基金（52009145）；中国水利水电科学研究院基本科研专项项目（SE0145B042021，SE110145B0022021，SE0199A102021）。

作者简介：郭子扬（1995—），男，硕士研究生，研究方向为水力学及河流动力学。

通信作者：黄海（1990—），男，副高级工程师，主要从事水力学及河流动力学研究工作。

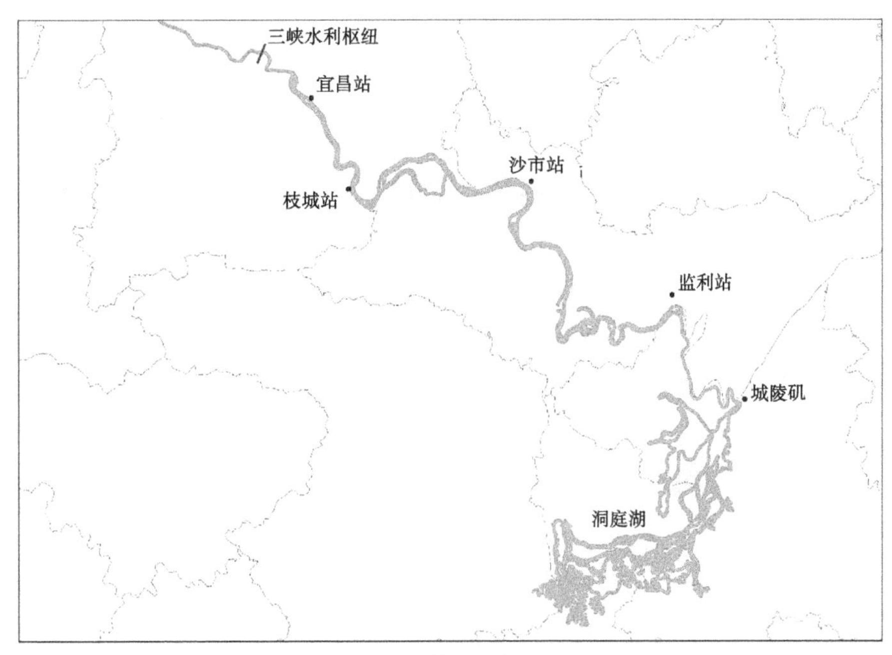

图1　荆江示意图

3　荆江磷时空变化特征

宜昌站是位于荆江段上游的首个水文测站，其总磷浓度的变化反映了三峡下泄磷量和荆江上游磷含量的变化情况。如图2所示，宜昌站总磷浓度自1998年以来呈现逐步下降趋势，根据总磷浓度可分为三个阶段：1998—2003年多年平均总磷浓度约0.17 mg/L，维持在地表水Ⅲ类水质标准，2003年后荆江总磷浓度急剧下降；2004—2016年多年平均总磷浓度约为0.11 mg/L，2017年后总磷浓度继续下降；2017—2021年多年平均总磷浓度约为0.08 mg/L，2021年总磷浓度最低仅为0.057 mg/L，达到地表水Ⅱ类水质标准。

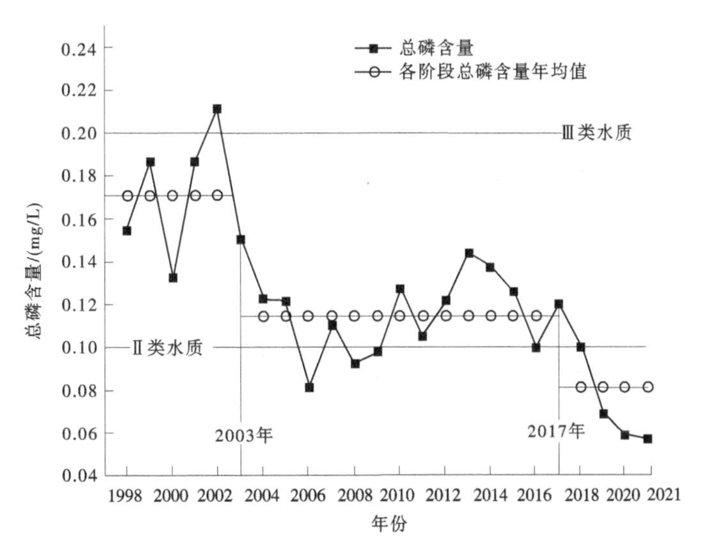

图2　宜昌站总磷浓度变化

如图3、图4所示，1970年至今宜昌站溶解态磷浓度呈现逐年上升趋势，由20世纪80年代约0.02 mg/L上升至近年来的约0.09 mg/L。宜昌站磷的输移形式发生了转变，总磷的输送形式由建库前以颗粒态磷为主转变为建库后以溶解态磷为主。

长江上游水库群联合调度不仅改变了宜昌站总磷的年际变化规律，还改变了总磷及其组成的年内

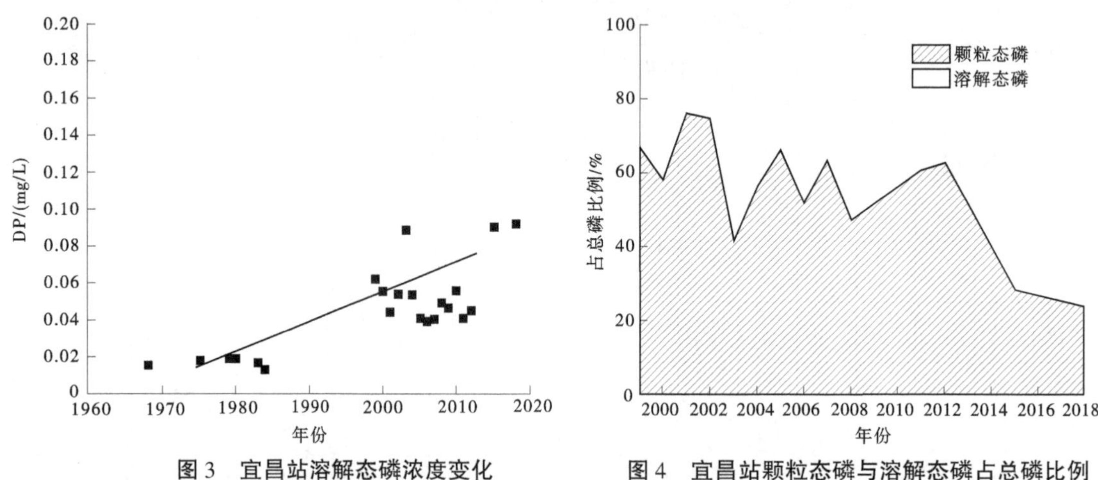

图 3　宜昌站溶解态磷浓度变化　　图 4　宜昌站颗粒态磷与溶解态磷占总磷比例

分布状况。对比宜昌站建库前（2001—2002 年）和建库后（2017—2018 年）两个时段总磷通量和颗粒态磷通量占比的年内变化特征（见图 5）可知，两个时段总磷通量主要集中于 5—10 月。建库前（2001—2002 年），5—10 月总磷通量约为 8. 2 万 t，占全年的 84. 9%；建库后（2017—2018 年），5—10 月总磷通量约为 4. 5 万 t，占全年的 76. 1%。建库后（2017—2018 年），5—10 月总磷通量相较于建库前减少了 45%。此外，磷的输送形式发生明显变化，建库前（2001—2002 年）宜昌断面颗粒态磷通量占总磷通量的比例为 50%~87%，建库后（2017—2018 年）减少为 14%~35%，总磷的输送转变为以溶解态磷为主、颗粒态磷为辅的形式。

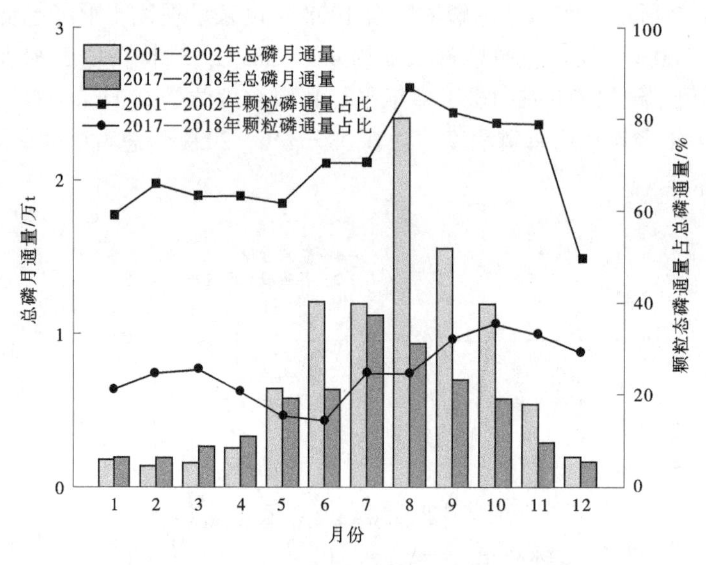

图 5　宜昌站总磷通量和颗粒态磷通量占比变化

如图 6 所示，基于 1998—2021 年荆江各测站总磷数据统计，可知建库前（1998—2002 年）荆江河段总磷浓度均值在 0. 05~0. 17 mg/L，呈现出沿程递减的趋势；建库后（2003—2021 年）荆江河段总磷浓度均值在 0. 11~0. 14 mg/L，呈现出沿程递增的趋势。

4　水沙变异对磷通量变化的影响机制

4.1　水沙变异

由表 1、图 7 可知，三峡建库前后荆江河段年径流量变幅不大，建库后（2003—2018 年）各主要控制站多年平均径流量相比蓄水前（1956—2002 年）变化幅度在-7%~3%，但输沙量急剧减小，荆江主要控制站输沙量减幅在 81%~93%。

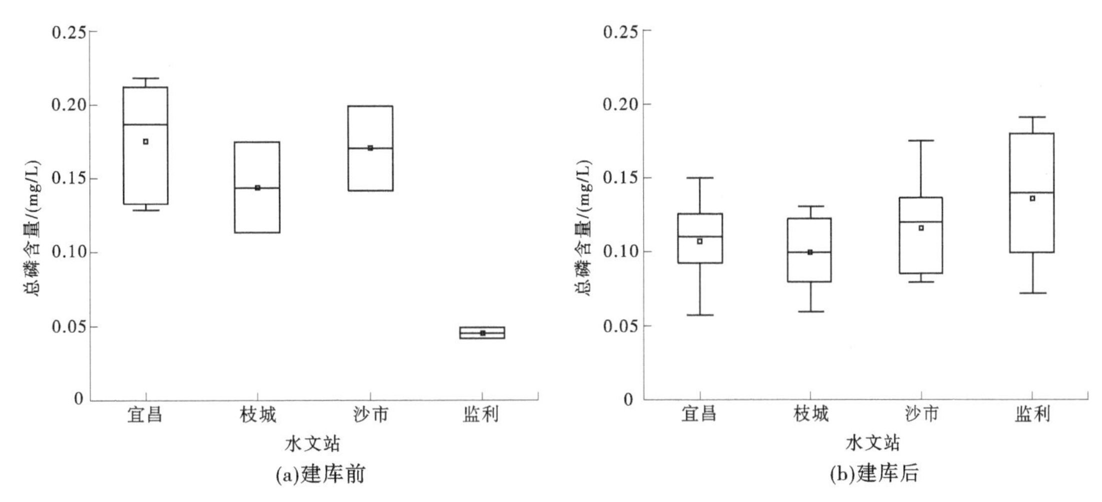

图6 2018年长江干流总磷浓度年均值的空间分布

表1 荆江主要水文站径流量和输沙量

项目		宜昌站	枝城站	沙市站	监利站
径流量/亿 m^3	1956—2002年	4 369	4 450	3 942	3 576
	2003—2018年	4 092	4 146	3 831	3 677
	变幅/%	-6	-7	-3	3
输沙量/万t	1956—2002年	49 200	50 000	43 400	35 800
	2003—2018年	3 583	4 340	5 381	6 930
	变幅/%	-93%	-91%	-88%	-81%

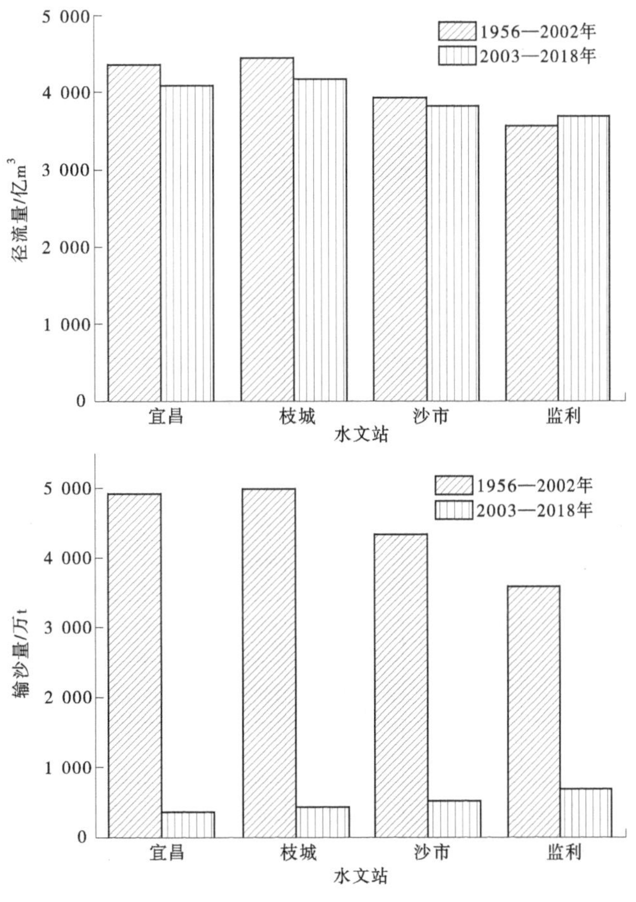

图7 三峡水库蓄水运用前后荆江各站径流量及输沙量变化

4.2 影响机制讨论

磷在水体中的形态分为溶解态磷和颗粒态磷，总磷通量表示单位时间内通过河流断面的溶解态磷和颗粒态磷通量之和，Brian et al.[8] 指出泥沙颗粒对磷具有吸附解吸作用，磷与悬浮泥沙浓度具有较好的相关关系，本文引入颗粒态磷吸附系数 α 以表示单位质量泥沙颗粒所吸附磷的含量，颗粒态磷浓度和悬浮泥沙浓度关系如下：

$$W_{TP} = W_{PP} + W_{DP} \tag{1}$$

$$W_{TP} = Q \cdot (C_{PP} + C_{DP}) \tag{2}$$

$$C_{PP} = \alpha \cdot C_{SS} \tag{3}$$

式中：W_{TP} 为总磷通量；W_{PP} 为颗粒态磷通量；W_{DP} 为溶解态磷通量；C_{PP} 为颗粒态磷浓度；C_{DP} 为溶解态磷浓度；Q 为河流径流量；C_{SS} 为悬浮泥沙浓度。

将式（3）代入式（2）得到：

$$W_{TP} = \alpha \cdot Q_s + Q \cdot C_{DP} \tag{4}$$

式中：Q_s 为输沙量，表示一定时段内通过河道断面的泥沙质量。

假设表征单位质量泥沙颗粒所吸附磷的含量的颗粒态磷吸附系数 α 建库前后变化不大，基于上文分析，可知建库后（2003—2018 年）各主要控制站多年平均径流量相比蓄水前（1956—2002 年）变化不大，变幅在-7%~3%，但输沙量急剧减小，荆江主要控制站输沙量减幅在 81%~93%，宜昌站溶解态磷浓度由建库前（1968—2002 年）的 0.031 mg/L 增加到建库后（2003—2018 年）的 0.057 mg/L，结合式（4）可知，荆江段总磷浓度呈现趋势性减少是颗粒态磷减少所致。

如图 8 所示，荆江河段颗粒态磷通量主要集中在汛期（5—10 月），由于长江上游水库群联合调度的影响，导致汛期输沙量较建库前大幅减少，由建库前（2001—2002 年）的 2.6 亿 t 减少为建库后（2017—2018 年）约 0.2 亿 t，直接导致汛期宜昌站的颗粒态磷通量从建库前的 6.4 万 t 急剧减少为建库后的 1.1 万 t，减幅高达 82.6%。因此，由于长江上游水库群调蓄引起的汛期输沙量急剧减少是导致荆江河段总磷通量骤减的关键因素。

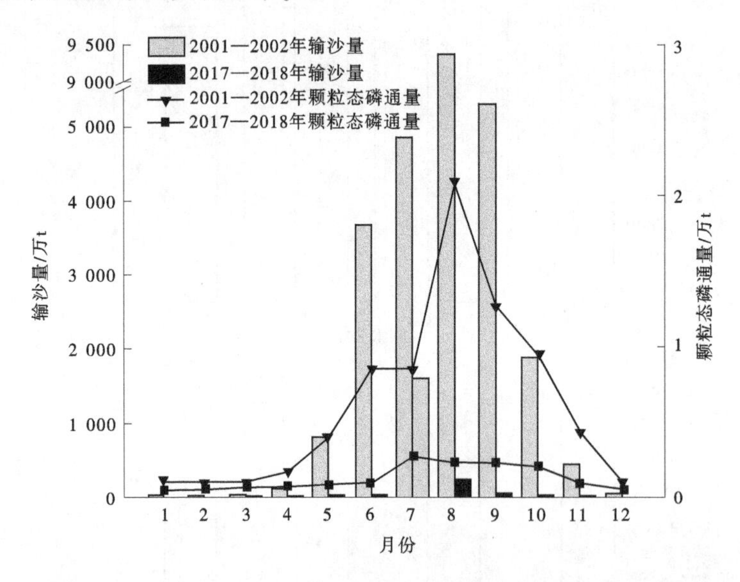

图 8 2001—2002 年与 2017—2018 年宜昌站颗粒态磷通量与输沙量的年内变化

5 结论

本文基于水文泥沙及磷的实测资料，开展了荆江河段磷通量时空变化特征及影响因素研究，揭示了水沙变异对磷通量时空变化影响机制，得到以下结论：

（1）三峡水库下泄磷量是荆江河段磷的主要来源，占荆江河段来磷量的 80.3%。

（2）宜昌站总磷浓度自 1998 年以来呈现逐步下降趋势，从建库前约 0.17 mg/L 降至近年来的 0.08 mg/L。

（3）宜昌站溶解态磷浓度呈现逐年上升趋势，由 20 世纪 80 年代约 0.02 mg/L 上升至近年来约 0.09 mg/L。

（4）荆江段总磷的输送形式由建库前以颗粒态磷为主转变为建库后以溶解态磷为主。

（5）建库前（1998—2002 年）荆江河段总磷浓度均值在 0.05~0.17 mg/L，呈现出沿程递减的趋势；建库后（2003—2021 年）荆江河段总磷浓度均值在 0.11~0.14 mg/L，呈现出沿程递增的趋势。

（6）荆江段总磷浓度呈现趋势性减少是颗粒态磷减少所致。

（7）由于长江上游水库群调蓄引起的汛期输沙量急剧减少是导致荆江河段总磷通量骤减的关键因素。

参考文献

[1] Dagg M, Benner R, Lohrenz S , et al. Transformation of dissolved and particulate materials on continental shelves influenced by large rivers: plume processes [J] . Continental Shelf Research, 2004, 24 (7-8): 833-858.

[2] Friedl G , A Wüest. Disrupting biogeochemical cycles-Consequences of damming [J] . Aquatic Sciences, 2002, 64 (1): 55-65.

[3] Xu K , Milliman J D , Yang Z , et al. Climatic and Anthropogenic Impacts on Water and Sediment Discharges from the Yangtze River (Changjiang), 1950-2005 [M] . John Wiley & Sons, Ltd, 2008.

[4] Chen J, Fang X, Wen Z, et al. Spatio-Temporal Patterns and Impacts of Sediment Variations in Downstream of the Three Gorges Dam on the Yangtze River, China [J] . Sustainability, 2018, 10 (11) .

[5] Zhang J, Zhang Z F, Liu S M , et al. Human impacts on the large world rivers: Would the Changjiang (Yangtze River) be an illustration? [J] . Global Biogeochemical Cycles, 1999, 13 (4): 1099-1105.

[6] 唐小娅，童思陈，黄国鲜，等. 三峡水库总磷时空变化特征及滞留效应分析 [J] . 环境科学，2020，41 (5)：2096-2106.

[7] 杨卫，李瑞清. 长江和汉江总磷污染特征及成因分析 [J] . 中国农村水利水电，2021 (1)：42-47.

[8] Brian, Kronvang, Anker, et al. Suspended sediment and particulate phosphorus transport and delivery pathways in an arable catchment, Gelbk Stream, Denmark [J] . Hydrological Processes, 1997, 11 (6): 627-642.

西江梧州—三水段浮游动物群落结构特征与环境因子的关系

方艳红[1,2]　王文君[1,2]　陈　锋[1,2]　常秀岭[1,2]　胡　莲[1,2]

（1. 水利部中国科学院水工程生态研究所，湖北武汉　430079；
2. 水利部水工程生态效应与生态修复重点实验室，湖北武汉　430079）

摘　要：根据不同水文时期枯水期（2020 年 11 月）、丰水期（2021 年 6 月）对西江梧州—三水段浮游动物群落进行调查，结果显示浮游动物 127 种，两次调查浮游动物共有优势种 8 种。浮游动物平均密度和平均生物量分别为 2 766.31 ind./L、0.818 2 mg/L；不同水文时期浮游动物密度和生物量差异极显著，枯水期高于丰水期；在空间分布上 S4 德庆位点最高，S2 封开位点偏低。枯水期原生动物密度与 TN、轮虫密度与 NH_4^+-N 相关性显著。运用 RDA 分析得出 WT、Chl. a、NH_4^+-N 是西江梧州—三水段浮游动物影响较大的环境因子。根据浮游动物群落结构特征对水质初步评价为轻污染水体，需要加强水生生物、水质监测，为西江经济带水生态环境健康发展提供安全保障。

关键词：西江；梧州—三水段；丰水期、枯水期；浮游动物；群落结构；水环境因子

浮游动物个体微小，是水生生物食物链的重要环节，在水生态系统的结构和功能中发挥着重要作用[1-2]。浮游动物对环境变化敏感，受多种环境因子的影响。浮游动物群落结构特征和多样性指数是水域生态系统功能的重要评价指标之一[3]。近年来，浮游动物群落结构特征与水环境因子方面的研究广泛运用于环境监测、生态修复等方面，能综合体现各种水环境因子在一定时期内累积所产生的生态效应。

西江是珠江最大的支流，发源于曲靖市境内的马雄山东麓。西江干流在梧州桂江汇入，以下江段称为西江，流经广东省的封开县、郁南县、德庆县、云浮市、肇庆市、佛山市。该水域地处亚热带季风气候，水面宽阔、水流平缓，具有良好的水生态环境，水生生物资源丰富[4-5]。目前，关于西江浮游动物报告文献较少，本研究根据不同水文时期在枯水期、丰水期对西江梧州—三水段浮游动物进行两次调查，分析枯水期、丰水期浮游动物群落结构特征与水环境因子关系，为西江流域水环境保护、修复提供基础数据。

1　材料与方法

1.1　调查点位与时间

本次调查不同的水文时期：枯水期（2020 年 11 月）、丰水期（2021 年 6 月）；根据水流方向设置 7 个位点：S1（梧州）、S2（封开）、S3（郁南）、S4（德庆）、S5（云浮）、S6（高要）、S7（三水），如图 1 所示。

1.2　样品收集与处理

浮游动物样品采集参照《淡水浮游生物调查技术规范》（SC/T 9402—2010）[6] 进行。定性样品：原生动物和轮虫采集用 25 号浮游生物网、枝角类和桡足类采用 13 号浮游生物网在水下 50 cm 处做

基金项目：科技基础资源调查专项（2019FY101900）。
作者简介：方艳红（1982—），女，高级工程师，主要从事水生生态调查与修复研究工作。

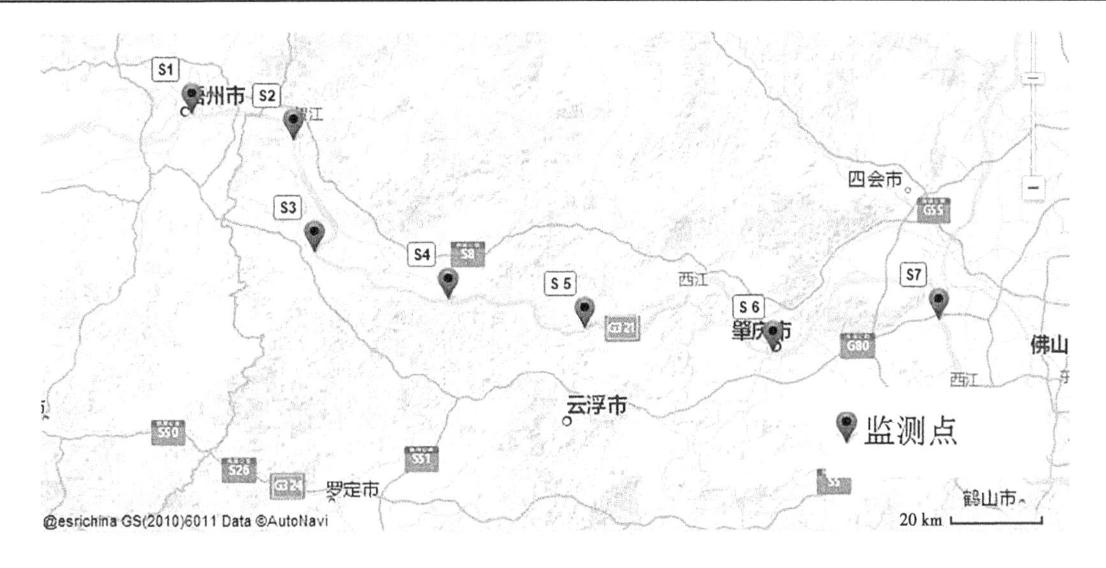

图 1　监测位点

"∞"字形缓慢拖曳 6 min 采集。原生动物和轮虫定量样品用 2.5 L 采水器分层采取，取混合水柱 1 L，加入 1.5%鲁哥氏染色液带回实验室沉淀 48 h，充分沉淀后用虹吸法吸取上清液，留下含沉淀物的水样 50 mL，放入定量样品瓶中。枝角类和桡足类定量样品采集分层水体 40 L，用 25 号浮游生物网过滤，浓缩至 100 mL 样品瓶中备用。浮游生物种类鉴定参照《微型生物监测新技术》[7]《中国淡水轮虫志》[8]《中国动物志 节肢动物门 甲壳纲 淡水枝角类》[9]《中国动物志 节肢动物门 甲壳纲 淡水桡足类》[10] 等鉴定。浮游动物现存量（密度和生物量）计算方法参照《淡水浮游生物研究方法》[11]、《淡水生物调查技术规范》（DB43/T 432—2009）[12]、《淡水浮游生物调查技术规范》（SC/T 9402—2010）[6] 执行。

水环境指标 pH 值、WT（水温）、DO（溶解氧）现场使用便携式多参数测量仪 YSI ProQuatro 测量，使用塞氏盘法测定 SD（透明度）。水质指标 TN（总氮）、TP（总磷）、NH_4^+-N（氨氮）、Chl. a（叶绿素 a）根据《水和废水监测分析方法》[13] 中列举的标准和分析方法进行监测与检测分析。

1.3　数据处理

采用优势度 Y（Y>0.02 为优势种[14]）、Shannon-Wiener 多样性指数 H'、Pielou 均匀度指数（J）和 Margalef 丰富度指数（D）对浮游动物群落结构进行分析。相应公式如下：

$$\left.\begin{aligned} Y &= \frac{N_i}{N}f_i \\ H' &= -\sum_{i=1}^{s}\frac{N_i}{N}\log_2\frac{N_i}{N} \\ J &= \frac{H'}{\log_2 S} \\ D &= \frac{S-1}{\ln N} \end{aligned}\right\}$$

式中：N_i 为第 i 种物种密度；N 为该物种群落总密度；S 为该物种群落总种类数；f_i 为第 i 种物种出现频率。

所有数据用 excel 进行统计，数据分析应用 SPSS22 进行分析，应用 Canoco4.5 进行 RDA 分析。

2 结果与分析

2.1 水质分析

本次调查西江梧州—三水段水体理化指标见表 1，枯水期 SD、pH 值、DO、TN、NH_4^+-N、Chl. a 指标高于丰水期。丰水期 WT、TP 指标高于枯水期。

表 1 西江梧州—三水段水体理化指标

水体理化指标	枯水期	丰水期
WT/℃	22	26
SD/cm	105	48
pH 值	9.6	7.82
DO/（mg/L）	8.42	6.2
TN/（mg/L）	1.736 8	1.478 7
TP/（mg/L）	0.024 2	0.081 1
NH_4^+-N/（mg/L）	0.222 9	0.134 1
Chl. a/（μg /L）	5.128 9	2.584 4

2.2 浮游动物群落特征

2.2.1 浮游动物种类组成

本次调查西江梧州—三水段，共鉴定出浮游动物 127 种，其中原生动物种类最多 51 种（占 40.16%），其次是轮虫 48 种（占 37.80%），桡足类 19 种（占 14.96%），枝角类 9 种（占 7.08%）。不同水文时期浮游动物种类无明显差异（$p>0.5$），丰水期浮游动物种类丰富（94 种），枯水期浮游动物种类偏少（67 种）。从图 2 可以看出，丰水期原生动物、轮虫所占比例高于枯水期（除 S3、S4 位点外）。

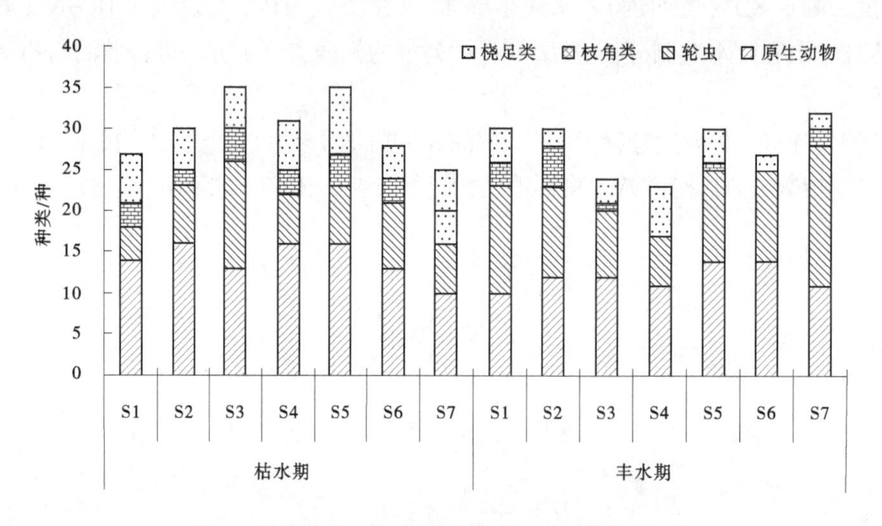

图 2 西江梧州—三水段浮游动物密度种类及组成

2.2.2 浮游动物优势种

本次调查枯水期优势种 15 种，丰水期优势种 13 种，两次调查共有优势种 8 种，分别是绿急游虫 *Strombidium viride*、旋回侠盗虫 *Strobilidium gyrans*、陀螺侠盗虫 *Strobilidium velox*、针簇多肢轮虫 *Polyarthra trigla*、长额象鼻溞 *Bosmina longirostris*、球状许水蚤 *Schmackeria forbesi*、右突新镖水蚤

Neodiaptomus schmackeri、无节幼体 *Nauplius* 等（见表2）。

表2　西江梧州—三水段浮游动物优势种

优势种	枯水期	丰水期
刺胞虫 *Acanthocystis* sp.		0.07
绿急游虫 *Strombidium viride*	0.175	0.09
旋回侠盗虫 *Strobilidium gyrans*	0.12	0.18
陀螺侠盗虫 *Strobilidium velox*	0.13	0.04
王氏似铃壳虫 *Tintinnopsis wangi* Nie.	0.22	
螺形龟甲轮虫 *Keratella cochlearis*	0.42	
晶囊轮虫 *Asplancha* sp.	0.06	
针簇多肢轮虫 *Polyarthra trigla*	0.19	0.19
暗小异尾轮虫 *Trichocerca pusilla*		0.07
秀体溞 *Diaphanosoma* sp.		0.24
短尾秀体溞 *D. brachyurum*	0.07	
长额象鼻溞 *Bosmina longirostris*	0.43	0.04
简弧象鼻溞 *B. coregoni*		0.06
球状许水蚤 *Schmackeria forbesi*	0.1	0.05
右突新镖水蚤 *Neodiaptomus schmackeri*	0.04	0.06
汤匙华哲水蚤 *Sinocalanus dorrii*	0.03	
锯齿明镖水蚤 *Heliodiaptomus serratus*	0.05	
英勇剑水蚤 *Cyclops strenuuss*	0.03	
广布中剑水蚤 *Mesocyclops leuckarti*		0.022
无节幼体 *Nauplius*	0.48	0.14

2.2.3　浮游动物密度和生物量分析

从图3可以看出，浮游动物密度变化范围在550.4～5 761.88 ind./L，平均为2 766.31 ind./L，其中原生动物占93.76%、轮虫占6.17%、枝角类占0.01%、桡足类占0.06%。不同水文时期浮游动物密度变化差异极显著（$p<0.01$），枯水期、丰水期平均密度分别为4 060.58 ind./L、1 472 ind./L，枯水期明显高于丰水期。在空间分布上，枯水期浮游动物密度最高位点出现在S4德庆（5 761.88 ind./L），丰水期浮游动物平均密度最高位点出现在S3郁南（2 150.32 ind/L），丰水期、枯水期最低位点均出现在S2封开，分别为2 523.98 ind./L、550.4 ind./L。

本次调查浮游动物生物量变化范围在0.042 9～0.302 9 mg/L，平均为0.163 3 mg/L，其中原生动物占79.40%、轮虫占12.54%、枝角类占2.12%、桡足类占5.94%。生物量变化趋势与密度相似，枯水期高于丰水期。在空间分布上，枯水期最高位点出现在S4德庆（0.302 9 mg/L）、最低值出现在S2封开（0.163 6 mg/L）；丰水期最高点出现在S3郁南（0.123 7 mg/L）、最低值出现在S2封开（0.042 9 mg/L）。

2.2.4　浮游动物多样性指数分析

本次调查西江梧州—三水段浮游动物Shannon-Wiener多样性指数H'为1.86～3.18，平均为2.45；Margalef丰富度指数D为1.52～2.46，平均为1.79；Pielou均匀度指数J为0.5～0.72，平均为0.63。从表3可以看出，丰水期H'、J指数的平均值高于枯水期，枯水期D指数的平均值高于丰水期。

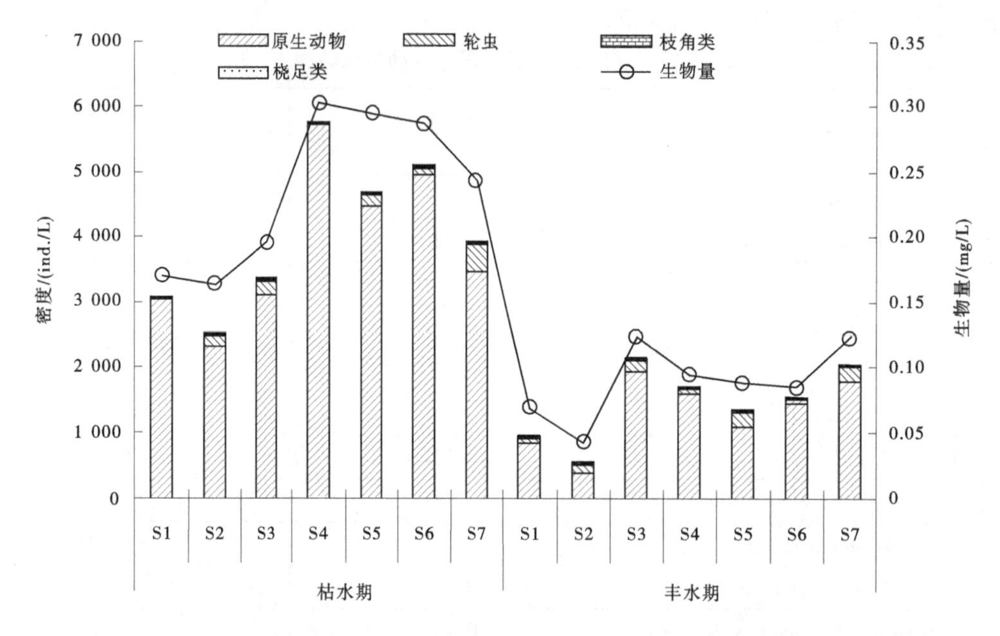

图 3 西江梧州—三水段浮游动物密度和生物量分布

表 3 西江梧州—三水段浮游动物多样性指数

监测位点	枯水期			丰水期		
	H'	*D*	*J*	*H'*	*D*	*J*
S1	2.01	1.87	0.5	2.43	1.9	0.64
S2	2.18	1.53	0.59	3.1	2.38	0.78
S3	3.18	2.46	0.72	2.61	1.43	0.73
S4	1.86	1.96	0.45	2.45	1.61	0.66
S5	1.9	2.01	0.46	2.21	1.39	0.64
S6	2.59	1.52	0.68	2.21	1.09	0.7
S7	2.73	1.81	0.68	2.85	2.23	0.68

2.3 浮游动物与环境因子的相关性分析

本次调查浮游动物密度和生物量与水环境因子相关性分析见表 4。枯水期原生动物密度与 TN 显著性正相关，轮虫与 NH_4^+-N 显著性正相关，其他指标与水环境因子相关性不显著。

2.4 浮游动物与环境因子的关系

运用 Canoco4.5 软件进行 DCA 分析，结果显示最大的梯度长为 0.869，小于 3，因此选择 RDA 分析浮游动物优势种密度与环境因子的关系（见图 4）。浮游动物优势种选取西江梧州—三水段枯水期、丰水期共有优势种 8 种。RDA 第一轴特征值为 0.787，第二轴特征值为 0.186，环境变量对响应变量总解释率为 97.3%，蒙特卡洛置换检验表明 WT、Chl. a、NH_4^+-N 是梧州—三水段浮游动物影响较大的环境因子。陀螺侠盗虫 *Strobilidium gyrans* 受 NH_4^+-N 影响较大，绿急游虫 *Strombidium viride* 受 WT、Chl. a 影响较大，旋回侠盗虫 *Strobilidium gyrans* 受 SD 影响较大。

表 4　不同水文时期浮游动物密度和生物量与水环境因子相关性分析

水文时期	指标	SD	WT	pH 值	DO	NH_4^+-N	TN	TP	Chl. a
枯水期	原生动物密度	-0.35	0.449	0.137	0.371	-0.149	0.837*	-0.513	0.41
	轮虫密度	0.714	0.38	0.519	0.534	0.802*	-0.494	-0.239	0.442
	枝角类密度	-0.286	-0.464	-0.421	-0.169	0.398	-0.19	0.172	-0.114
	桡足类密度	-0.039	-0.258	-0.382	0.153	-0.074	0.145	-0.396	0.023
	浮游动物生物量	-0.188	0.481	0.196	0.534	0.079	0.699	-0.63	0.52
丰水期	原生动物密度	0.103	0.634	0.52	0.001	-0.418	-0.569	0.475	0.694
	轮虫密度	-0.01	0.352	0.52	-0.344	-0.198	-0.608	-0.216	0.153
	枝角类密度	-0.043	-0.416	-0.458	-0.268	0.208	0.323	-0.146	-0.269
	桡足类密度	-0.406	0.24	0.434	-0.39	-0.149	-0.161	-0.207	-0.137
	浮游动物生物量	0.193	0.58	0.497	-0.064	-0.482	-0.644	0.41	0.61

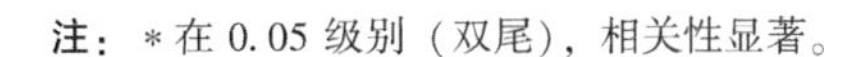
注：* 在 0.05 级别（双尾），相关性显著。

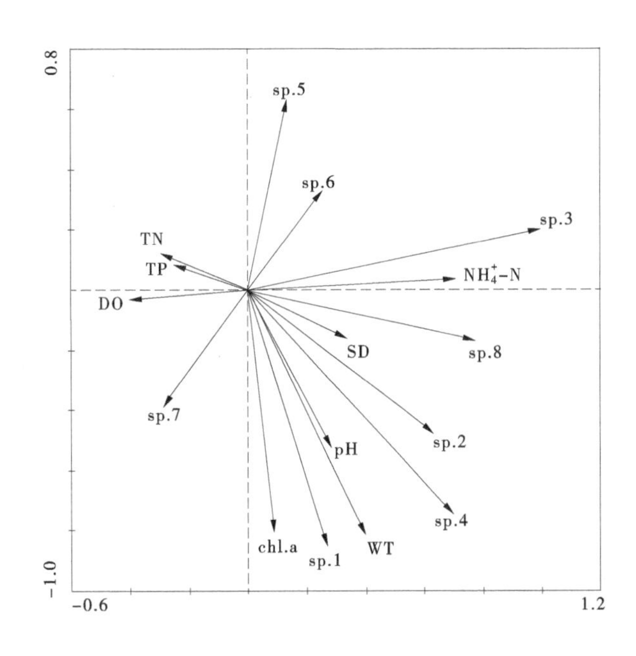

注：sp. 1—绿急游虫 *Strombidium viride*；sp. 2—旋回侠盗虫 *Strobilidium gyrans*；sp. 3—陀螺侠盗虫 *Strobilidium velox*；sp. 4—针簇多肢轮虫 *Polyarthra trigla*；sp. 5—长额象鼻溞 *Bosmina longirostris*；sp. 6—球状许水蚤 *Schmackeria forbesi*；sp. 7—右突新镖水蚤 *Neodiaptomus schmackeri*；sp. 8—无节幼体 *Nauplius*。

图 4　西江梧州—三水段浮游动物群落与环境因子的关系

3　讨论

3.1　西江梧州—三水段浮游动物群落特征

西江梧州—三水段本次调查鉴定出浮游动物 127 种，其中原生动物种类最丰富，其次是轮虫、桡足类，枝角类所占比例较小。本次调查结果与西江工程治理江段浮游动物种类组成相似[15]。调查水域属亚热带季风气候，两次调查水温在 22～26 ℃，在原生动物最适宜温度范围内，其密度和生物量占绝对优势[6]。调查水域不同水文时期浮游动物密度和生物量差异显著，主要因为枯水期透明度高，水体中 Chl. a、NH_4^+-N 含量丰富，有利于浮游动物生长繁殖等生命活动，密度和生物量较高；丰水期水量较大、水体浑浊、水温较高，对浮游动物生长繁殖有所影响，密度和生物量稍低。浮游动物密度和生物量在空间分布上枯水期 S4 德庆位点最高，主要因为该水域水上居民较多，水体周围营养盐丰富，适宜浮游动物生长繁殖；S2 封开位点浮游动物密度和生物量偏低，主要因为流位点为渡口，来往船只密集，水面漂浮物和油污较多，对浮游动物有所影响。

3.2 浮游动物与水环境的相关性分析

本次调查浮游动物群落特征与水环境因子相关性分析得出枯水期 TN、NH_4^+-N 与浮游动物密度相关性显著；RDA 分析得出 WT、Chl. a、NH_4^+-N 是梧州—三水段浮游动物影响较大的水环境因子。高原等[16] 研究报道封开浮游动物优势种密度与 TN 和 pH 值等水环境因子显著相关；肇庆浮游动物优势种密度与 TN 极显著相关、与 Chl. a 显著正相关，与本次调查结果基本一致。本次调查原生动物陀螺侠盗虫受 NH_4^+-N 影响较大，绿急游虫受 WT、Chl. a 影响较大，旋回侠盗虫与 SD 关系较为紧密，在一定程度上反映了不同物种对水环境因子的响应有所不同。

3.3 水质评价

本次调查浮游动物 Shannon-Wiener 多样性指数 H' 枯水期为 1.86~3.18；丰水期为 2.21~3.1，Pielou 均匀度指数 J 枯水期为 0.46~0.72，丰水期为 0.64~0.78。从表 5 可以看出，利用 Shannon-Wiener 多样性指数 H'、Pielou 均匀度指数 J 评价[17-18] 西江梧州—三水段水质状况为轻污染状态。从水文情势上看，丰水期水质优于枯水期。浮游动物多样性水质评价结果与王腾等[19] 评价西江水质质量好的结果较吻合。本次调查水体理化指标参照《地表水环境质量标准》（GB 3838—2002）西江梧州—三水段多项水质标准为Ⅰ类标准，TP、TN、Chl. a 有所超标，水质较好。此调查结果与梁颖国[20] 评价西江流域封开江口—高要段水质较为清洁状态相似。从浮游动物群落指标和水体理化指标看西江梧州—三水段水质是轻污染状态。

表 5　浮游动物多样性指数评价等级

水污染程度	H'	J
严污染	<1	0~0.3
中污染	1~2	0.3~0.5
轻污染	2~3	0.5~0.8
清洁	>3	>0.8

4 主要结论和展望

4.1 主要结论

本次调查西江梧州—三水段浮游动物种类丰富，密度和生物量组成中原生动物占有绝对优势。在不同水文情势下，枯水期密度和生物量高于丰水期。在空间分布上，浮游动物密度丰水期 S4 德庆位点最高，S2 封开位点浮游动物密度和生物量偏低。

浮游动物群落结构特征与水环境因子相关性分析得出枯水期原生动物密度与 TN 相关性显著，轮虫与 NH_4^+-N 相关性显著。RDA 分析得出 WT、Chl. a、NH_4^+-N 是西江梧州—三水段浮游动物影响较大的水环境因子。采用浮游动物群落指标评价西江梧州—三水段水质状况属于轻污染状态。

4.2 展望

西江是大湾区重要的供水水源，供水安全涉及西江经济带、大湾区城市的长远发展，加强西江流域水生生物、水环境、水生态的监测，为西江水生态保护和修复提供良好的基础支撑。为西江生态廊道、珠江-西江经济带、粤港澳大湾区等区域的水生态安全、水安全提供坚实的安全保障。

参考文献

[1] 刘建康，黄祥飞，林婉莲，等．东湖生态学研究［M］．北京：科学出版社，1995.

[2] 杨宇峰，黄祥飞．浮游动物生态学研究进展［J］．湖泊科学，2000，12（1）：81-89.

[3] HANSSON L，GUSTAFSSON S，RENGEFORS K，et al. Cyanobacterial chemical warfare affects zooplankton community composition［J］．Freshwater Biology，2007，52（7）：1290-1301.

[4] 王超，赖子尼，李新辉，等．西江下游浮游植物群落周年变化模式［J］．生态学报，2013，33（14）：4398-4408.

[5] 董雅欠，赵文，季世琛，等．北京潮白河水系浮游动物群落结构特征及水质评价［J］．大连海洋大学学报，2020，35（6）：424-431.

[6] 中华人民共和国农业部．淡水浮游生物调查技术规范：SC/T 9402 —2010［S］．北京：中国农业出版社，2010.

[7] 沈韫芬，章宗涉，龚循矩，等．微型生物监测新技术［M］．北京：中国建筑工业出版社，1990.

[8] 王家楫．中国科学院水生生物研究所．中国淡水轮虫志［M］．北京：科学出版社，1961.

[9] 蒋燮治，堵南山．中国动物志 节肢动物门 甲壳纲 淡水枝角类［M］．北京：科学出版社，1979.

[10] 沈嘉瑞，戴爱云，宋大祥．中国动物志 节肢动物门 甲壳纲 淡水桡足类［M］．北京：科学出版社，1979.

[11] 章宗涉，黄祥飞．淡水浮游生物研究方法［M］．北京：科学出版社，1991.

[12] 湖南省质量技术监督局. 淡水生物调查技术规范：DB43/T 432—2009［S］．北京：中国标准出版社，2009.

[13] 国家环境保护总局，《水和废水监测分析方法》编委会．水和废水监测分析方法［M］. 4 版．北京：环境科学出版社，2002.

[14] 罗民波，陆健健，王云龙，等．东海浮游植物数量分布与优势种［J］．生态学报，2007，27（12）：5076-5085.

[15] 梁志宏，秦孝辉，王建国，等．西江干流治理工程江段浮游生物监测与水质评价［C］//中国水利学会. 中国水利学会论文集，北京：中国水利水电出版社，2019：609-617.

[16] 高原，赖子尼，杨婉玲，等．2014—2015 年珠江春季禁渔前后浮游动物群落变化［J］．生态环境学报，2017，26（9）：1562-1569.

[17] 白海峰，王怡睿，宋进喜，等．渭河浮游生物群落结构特征及其与环境因子的关系［J］．生态环境学报，2022（1）：117-130.

[18] 高宏伟，李文香，侯淑敏，等．基于浮游动物多样性指数的渭河陕西段水质评价研究［J］．现代农业科技，2015（23）：210-211，213.

[19] 王腾，刘永，全秋梅，等．广东江门市主要淡水河流浮游动物群落结构特征［J］．南方水产科学，2021，17（4）：9-17.

[20] 梁颖国．西江流域封开江口～高要段水质评价［J］．广东水利水电，2013（A01）：58-61.

汉江中下游非汛期浮游植物群落结构特征及水质评价

曹玥祺[1,2]　贾　迪[1,2]　林　莉[1,2]　董　磊[1,2]　潘　雄[1,2]

（1. 长江科学院 流域水环境研究所，湖北武汉　430010；
2. 流域水资源与生态环境科学湖北省重点实验室，湖北武汉　430010）

摘　要：汉江的水质直接关系到用水安全。为了掌握当前汉江中下游水生态系统健康状况，本文选取非汛期冬季汉江中下游包含丹江口水库、王甫洲枢纽等主要水利工程在内的河段中 11 个典型断面开展采样研究，分析了浮游植物群落结构与环境因子之间的相关性。结果表明：①汉江丹江口水库至王甫洲枢纽段浮游植物以硅藻和绿藻为主；②采样区域浮游植物个体分布较均匀，为贫营养水体，处于 β-中污染状态；③浮游植物密度与氨氮呈显著正相关，氨氮是非汛期丹江口水库至王甫洲枢纽河段浮游植物密度的主要影响因子。

关键词：汉江中下游；丹江口水库；浮游植物；水质评价

浮游植物是一种微生物，在水生生态系统中起着重要作用，作为食物链中的主要生产者，为浮游动物和鱼类等高等生物提供食物来源，负责全球近一半的净初级生产力[1]。在水域生态系统的物质循环和能量流动中，浮游植物扮演着不可或缺的角色，是水域生态系统服务功能的关键支撑者[2]。它们的丰度和群落组成直接影响水生生态系统的平衡。由于浮游植物分布在世界各地，生长周期短，对环境变化敏感，因此浮游植物也在生态生物评估中被广泛用作反映水体质量情况的生物指标[3]。

汉江作为长江最大的支流，是重要的生活用水、农业用水水源地，其干流以丹江口以上为上游，丹江口至汉口段为中下游，设有多个水利枢纽和水文站，包括丹江口、王甫洲、新集、崔家营、碾盘山和新隆[4]。其中，丹江口水利枢纽是南水北调中线工程的水源地[5]，具有防洪、供水、发电和航运等功能；王甫洲水利枢纽为丹江口水利枢纽的反调节电站，是汉江干流上 16 级开发中的第 10 级，两者之间水力联系紧密，水生态环境息息相关。受南水北调中线一期工程影响，汉江干流（丹江口至王甫洲段）水温降低、流量减小，水体流动性变差，影响浮游植物的生长与生存，从而影响汉江水体水质[6]。

文威等[7] 2016 年通过分析汉江中下游水电梯级开发对工程所在河段的影响，发现王甫洲枢纽水温主要受丹江口下泄低温水影响，且其河段水质并未受水电梯级开发影响而恶化。陈珊等[8] 探究了丹江口水库浮游植物群落结构及季节性变化趋势，结果表明不同时期藻类群落结构和优势种存在变化，主要受总磷、氨氮等浓度的影响。董磊等[9] 基于 2018 年 12 月至 2019 年 11 月实测数据和文献调研资料分析了南水北调中线工程对丹江口水库浮游植物群落结构的影响，发现汉江库区、丹江库区

基金项目：武汉市应用基础前沿项目（2020020601012285）；中央级公益性科研院所基本科研业务费专项（CKSF2021480/SH）。

作者简介：曹玥祺（1999—），女，硕士研究生，研究方向为流域水环境与生态。

通信作者：林莉（1983—），女，教授级高级工程师，主要从事水环境保护研究工作。

的浮游植物细胞密度差别不大，但存在季节性差异，并且从建库前至2019年丹江口水库浮游植物细胞密度增加了一个数量级，浮游植物种类也发生了变化。本文选取非汛期冬季汉江中下游包含丹江口水库、王甫洲枢纽等主要水利工程在内的河段进行研究，分析浮游植物群落结构及其与环境因子之间的相关性，为汉江干流水环境监测与治理、水生态系统健康状况评估提供基础资料和数据支撑。

1 材料与方法

1.1 研究区域与采样点设置

1973年建成的丹江口大坝下闸蓄水后形成丹江口水库，水库位于汉江中上游，伏牛山和秦岭余脉交接处，水域面积400 km^2，横跨湖北、河南两省，由汉江库区和丹江库区组成，整体呈“V”字形。王甫洲水利枢纽位于湖北省老河口市境内汉江干流上，上距丹江口水利枢纽约30 km，是汉江中下游衔接丹江口水利枢纽的第一个发电航运梯级。

采样时间为2022年1月，根据汉江上游至王甫洲枢纽水域水文特征、水利枢纽位置，基于典型性、代表性等原则，布设11个采样断面（见图1）。图1中S1~S11对应的采样点分别为：汉江上游、远河河口、肖川龙口、林场、凉水河、丹江口坝前、丹江口坝下、汉丹港、王甫洲上游、王甫洲坝前和王甫洲坝下。

图1 采样点布设

1.2 样品采集与检测

浮游植物的定性样品用25号浮游生物网在水面下0.5 m处以“∞”字反复拖动5 min，再将采集到的样品转移至50 mL样品瓶中，加4%甲醛固定。定量样品用1 L采水器采集不同深度（表层、水下0.5 m和0.5~1.0 m）水样，混合后取1 000 mL水样现场加入15 mL鲁哥氏液，带回实验室后沉淀、浓缩至30~50 mL，用以定量计数。

浮游植物的鉴定和定量分析参照《中国淡水藻类——系统、分类及生态》[10]，水温（WT）、溶解氧（DO）、pH、溶解性总固体（TDS）、氧化还原电位和电导率等常规水质理化指标用多参数水质仪（YSI EXO2，美国YSI公司）现场测定。用采水器采集1 L表层水样，4 ℃避光保存，带回实验室依据《水和废水监测分析方法》（第四版）[11] 对总磷（TP）、总氮（TN）、硝酸盐氮（NO_3^--N）、氨氮（NH_4^+-N）等水质指标进行检测。

1.3 数据处理

研究区浮游植物优势度与物种多样性特征主要通过优势度（Y）、Margalef丰富度指数（D）、Shannon-Wiener多样性指数（H）、Pielou's evenness均匀度指数（J）来体现，相关公式如下：

$$Y=\frac{N_i}{N}\times f_i \tag{1}$$

$$D = \frac{S - 1}{\ln N} \tag{2}$$

$$H = -\sum_{i=1}^{S} (P_i \cdot \ln P_i) \tag{3}$$

$$J = H/\ln S \tag{4}$$

式中：N_i 为物种 i 的个体数量；N 为所有物种的总个体数；f_i 为第 i 种物种在各采样点出现的频率，$Y \geqslant 0.02$ 即为优势种；S 为物种的种类数；$P_i = N_i/N$。

利用 SPSS 25 进行相关性分析，其他数据整理、分析与绘图用 Microsoft Office 和 Origin 2021 处理。

2 结果与分析

2.1 浮游植物组成及优势种

本次调查共检测出浮游植物 6 门 48 种，如图 2 所示。其中硅藻门（*Bacillariophyta*）18 种，占总类数的 37.50%；绿藻门（*Chlorophyta*）16 种，占总类数的 33.33%；裸藻门（*Euglenophyta*）5 种，占总类数的 10.42%；隐藻门（*Cryptophyta*）4 种，占总类数的 8.33%；蓝藻门（*Cyanophyta*）3 种，占总类数的 6.25%；甲藻门（*Pyrrophyta*）2 种，占总类数的 4.17%。种类数以硅藻门最多，绿藻门次之，甲藻门最少。各采样点浮游植物组成如表 1 所示，位于下游的王甫洲坝下的浮游植物种类最多，远河河口和凉水河的种类最少。变异直链藻（*Melosira varians*）只在汉江上游检出；角甲藻（*Ceratium*）只在远河河口检出；角星鼓藻（*Staurastrum*）、小头菱形藻（*Nitzschia microcephala*）只在肖川龙口检出；尖细栅藻（*Scenedesmus acuminatus*）、平滑四星藻（*Tetrastrum* sp.）只在林场检出；二尾栅藻（*antinomy quadricanda*）只在丹江口坝前检出；螺旋纤维藻（*Ankistrodesmus spiralis*）只在丹江口坝下检出；弓形藻（*Schroederia* sp.）、卵形隐藻（*Cryptomonas ovata*）只在王甫洲上游检出；假鱼腥藻（*Pseudanabaena* sp.）、色球藻（*Chroococcus* sp.）、肾形藻（*Nephrocytium agardhianum*）只在王甫洲坝下检出。

把 $Y \geqslant 0.02$ 的定义为优势种，汉江上游的优势种为直链藻（*Melosira* sp.），远河河口和丹江口坝下的优势种为细鞘丝藻（*Leptolyngbya* sp.），其他采样点浮游植物分布均匀，均没有优势种。整个采样区域的优势种为具尾蓝隐藻（*Chroomonas caudata*）、细鞘丝藻（*Leptolyngbya* sp.）、尖尾蓝隐藻（*Chroomonas acuta*）、舟形藻（*Navicula* sp.）、小环藻（*Cyclotella* sp.）和四角藻（*Tetraedron* sp.），对应的 Y 值分别为 0.049 2、0.047 7、0.033 8、0.025 8、0.023 8 和 0.020 9。

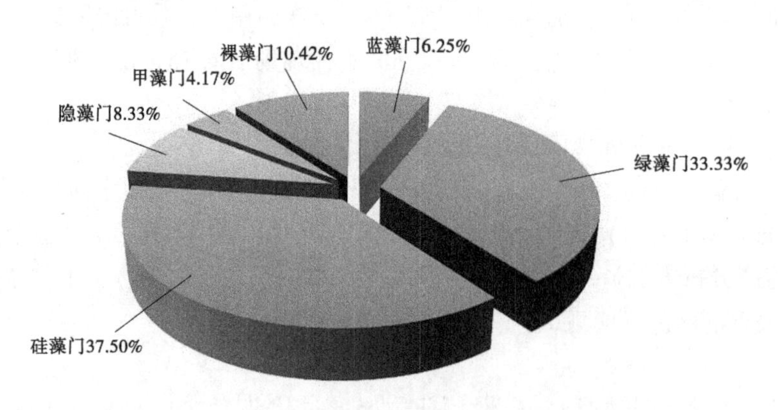

图 2 汉江干流浮游植物的种类组成

2.2 浮游植物密度

由图 3 可知，各采样点的浮游植物密度存在一定的差异，丹江口坝前和汉江上游这两个采样点浮游植物密度较高，分别达到 1.28×10^6 cell/L 和 1.16×10^6 cell/L；凉水河、汉丹港和林场三个采样点的浮游植物密度较低，分别为 4.78×10^5 cell/L、5.28×10^5 cell/L 和 6.04×10^5 cell/L；平均浮游植物密度为 8.37×10^5 cell/L。浮游植物细胞密度 $\leqslant 5\times10^5$ cells/L，水体为极贫营养水体，$\leqslant 1.0\times10^6$ cells/L 为贫营养水体，$1.0\times10^6\sim9.0\times10^6$ cells/L 为贫中营养水体[12]，故采样区域主要为贫营养水体和贫中营养水体。

表 1　各采样点浮游植物种类数

浮游植物组成	汉江上游	远河河口	肖川龙口	林场	凉水河	丹江口坝前	丹江口坝下	汉丹港	王甫洲上游	王甫洲坝前	王甫洲坝下
蓝藻	—	1	—	—	—	1	1	—	—	1	2
绿藻	2	—	4	4	4	3	6	3	5	1	4
硅藻	6	5	8	4	5	7	5	5	7	6	6
隐藻	3	2	2	3	—	3	—	2	2	2	3
甲藻	—	1	—	—	—	—	—	1	—	1	—
裸藻	2	2	—	1	2	—	2	2	1	3	2
总计	13	11	14	12	11	14	14	13	15	14	17

注：“—”表示该种浮游植物未被检测出。

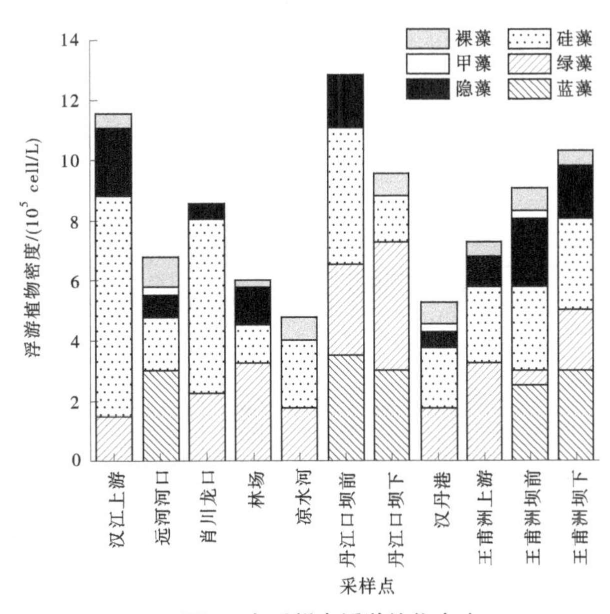

图 3　各采样点浮游植物密度

2.3　浮游植物多样性特征

浮游植物的多样性指数常常用来判断水体营养状况，Shannon-Wiener 多样性指数（H）>3 表示物种种类丰富，个体分布均匀，水体为寡污带；$2<H\leqslant3$，物种种类较丰富，个体分布比较均匀，水体为 β-中污染；$1<H\leqslant2$，物种种类一般，水体为 α-中污染；$0<H\leqslant1$，物种种类贫乏，水体为多污带。Pielou' s evenness 均匀度（J）为 0.8~1.0，水体清洁；0.5~0.8，水体轻污染；0.3~0.5，水体中污染；0~0.3，水体重污染[8]。Margalef 丰富度指数（D）>3，水体轻污染；$1<D\leqslant3$，水体中污染；$0<D\leqslant1$，水体重污染[13]。

由图 4 可知各采样点的多样性指数（H）在 1.935~2.619，均值为 2.344，最大值出现在王甫洲坝下，最小值出现在远河河口。均匀度指数（J）在 0.807~0.985，均值为 0.904，最大值出现在凉水河，最小值出现在远河河口。丰富度指数（D）在 2.211～3.095，均值为 2.754，最大值出现在王甫洲上游，最小值出现在远河河口和凉水河。说明采样区域整体物种种类较丰富，个体分布较均匀，水体为 β-中污染，但远河河口水质相对较差。

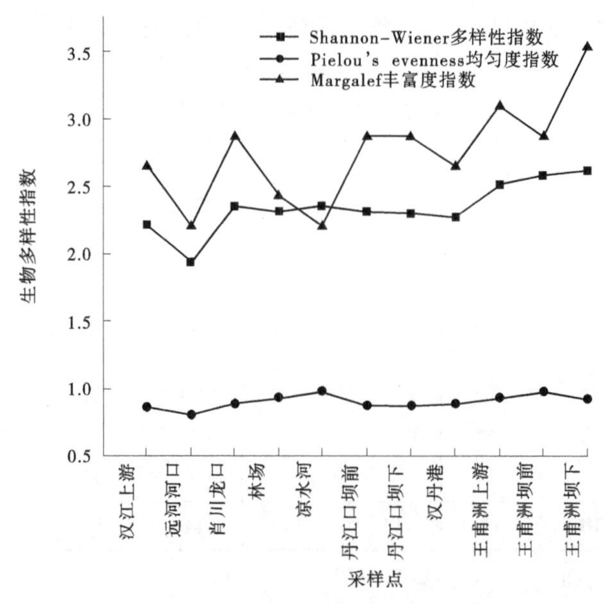

图 4　采样点生物多样性指数

2.4　浮游植物密度与环境因子的关系

如图 5 所示，依据《地表水环境质量标准》（GB 3838—2002），采样区域水体水质维持在地表水Ⅱ～Ⅲ类，水质良好。浮游植物密度与环境因子之间具有一定的相关性，可以反映水环境变化状况，为水生态环境的保护提供科学的管理信息[9]。

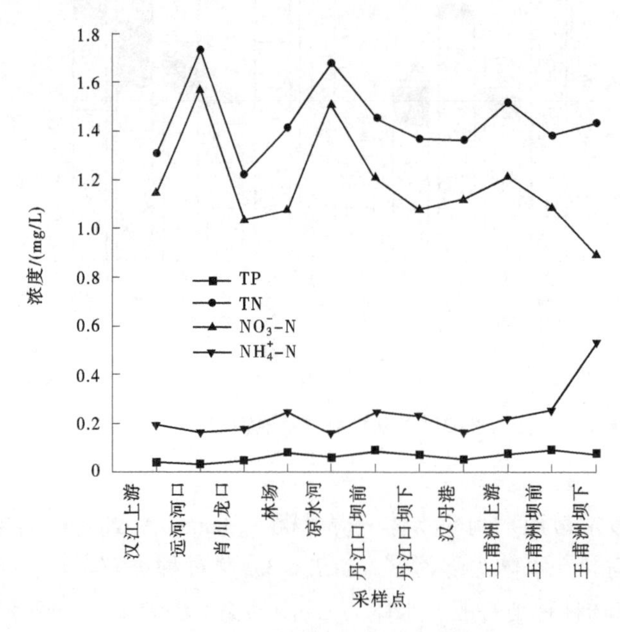

图 5　各采样点环境因子数据

使用 Spearman 秩相关检验浮游植物密度与各环境因子之间的相关性，结果如表 2 所示，表明浮游植物密度与氨氮呈显著正相关，说明氨氮是影响研究区域浮游植物细胞密度的主要因子，这与陈康等[14] 在鄱阳湖流域的研究结果相似。

表 2 浮游植物密度与各环境因子之间相关性

项目	TP	TN	NO_3^--N	NH_4^+-N	DO	TDS
相关系数	0. 313	-0. 264	-0. 246	0. 607*	0. 200	-0. 219
显著性	0. 348	0. 433	0. 466	0. 048	0. 555	0. 518

注：* 表示显著相关。

3 结论

（1）丹江口水库至王甫洲枢纽段总共检测出浮游植物 6 门 48 种，以硅藻和绿藻为主。其中，优势种为具尾蓝隐藻（*Chroomonas caudata*）、细鞘丝藻（*Leptolyngbya* sp.）、尖尾蓝隐藻（*Chroomonas acuta*）、舟形藻（*Navicula* sp.）、小环藻（*Cyclotella* sp.）和四角藻（*Tetraedron* sp.）。

（2）丹江口坝前和汉江上游两个采样点浮游植物密度较高，平均浮游植物密度为 8.37×10^5cell/L。根据优势种、生物多样性指数、丰富度和均匀度指数分析，丹江口水库至王甫洲枢纽段物种个体分布较均匀，为贫营养水体，处于 β-中污染状态。

（3）氨氮是非汛期丹江口水库至王甫洲枢纽河段浮游植物密度主要影响因子，该水域水质受周边人类活动影响较大。

参考文献

[1] Litchman E. Resource Competition and the Ecological Success of Phytoplankton [C] //Evolution of Primary Producers in the Sea Elsevier, 2007: 351-375.

[2] Sulawesty F, Yustiawati, Syawal M S. Phytoplankton distribution in Ranggeh River and its relationship with physicochemical parameters [J] . IOP Conference Series: Earth and Environmental Science, 2020, 535 (1): 012024.

[3] Liu Y, Xu X, Wang T, et al. Microscopic view of phytoplankton along the Yangtze River [J] . Science China Technological Sciences, 2019, 62 (11): 1873-1884.

[4] 杜红春. 汉江干流浮游生物群落结构和功能群特征及水质评价 [D] . 武汉：华中农业大学, 2020.

[5] 申恒伦, 徐耀阳, 王岚, 等. 丹江口水库浮游植物时空动态及影响因素 [J] . 植物科学学报, 2011, 29 (6): 683-690.

[6] 丁洪亮, 程孟孟, 胡永光, 等. 丹江口-王甫洲区间生态调度认识与实践 [J] . 人民长江, 2022, 53 (3): 74-78.

[7] 文威, 李涛, 韩璐. 汉江中下游干流水电梯级开发的水环境影响分析 [J] . 环境工程技术学报, 2016, 6 (3): 259-265.

[8] 陈珊, 张静, 叶丹, 等. 丹江口水库藻类季节性变化及其影响因素初探 [J] . 中国水利学会, 中国水利学会 2019 学术年会论文集第五分册. 北京：中国水利水电出版社, 2019: 118-124.

[9] 董磊, 吴敏, 林莉, 等. 南水北调中线工程对丹江口水库浮游植物群落结构影响 [J] . 环境科学与技术, 2021 (S01): 1-7.

[10] 胡鸿钧, 魏印心. 中国淡水藻类——系统、分类及生态 [M] . 北京：科学出版社, 2006.

[11] 国家环境保护总局,《水和废水监测分析方法》编委会. 水和废水监测分析方法 [M] . 4 版. 北京：中国环境科学出版社, 2002.

[12] 谭香, 夏小玲, 程晓莉, 等. 丹江口水库浮游植物群落时空动态及其多样性指数 [J] . 环境科学, 2011, 32 (10): 2875-2882.

[13] Brower, J E. Field and laboratory methods for general ecology [M] . W. C. Brown Publishers, 1984.

[14] 陈康, 孟子豪, 李学梅, 等. 鄱阳湖流域柘林水库秋季浮游植物群落结构及其构建过程驱动机制 [J] . 湖泊科学, 2022, 34 (2): 433-444.

开封滩区生态治理对防洪影响的研究分析

谢亚光[1,2]　许明一[1,2]　梁艳洁[1,2]　高　兴[1,2]　朱呈浩[1,2]

（1. 黄河勘测规划设计研究院有限公司，河南郑州　450003；
2. 水利部黄河流域水治理与水安全重点实验室（筹），河南郑州　450003）

摘　要：黄河滩区治理事关黄河流域的安宁与稳定，对黄河流域抵御洪水的危害有着重要的意义。本文通过采用二维河道平面水流数学模型针对开封滩区生态治理对防洪的影响进行了数值模拟。结果表明，生态治理工程前后规划区域内河段最高水位降幅在 0.01~0.03 m，平均降幅 0.02 m，淹没范围变化不大，工程后局部水深略有增加，工程前后流场变化不大，局部流速增大 0.01~0.05 m/s。

关键词：开封滩区；数值模拟；生态治理

1　引言

黄河以“善淤、善徙、善决”文明于世，素有“三年两决口，百年一改道”之说。黄河下游河道高悬于黄淮海平原地面之上，现状河床平均高出背河地面 4~6 m，其中新乡市河段高于地面 20 m[1-2]。目前，黄河下游滩区仍居住着约 190 万人，下游洪水依然对滩区百姓生命财产安全构成严重威胁。长期以来，围绕滩区如何治理一直是众多学者关注的焦点。张金良等[3-7] 提出了“三滩分治”构想：由黄河大堤向主槽滩地依次分区改造为高滩、二滩和嫩滩，各类滩地设定不同的洪水上滩标准，高滩区域作为居民安置区，二滩发展高效生态农业等，嫩滩建设湿地公园，与河槽一起承担行洪输沙功能。

开封滩区位于黄河南岸，地势西高东低，北高南低，东西长约 70 km，南北平均宽约 5 km，总面积 339.74 km^2。开封地处黄河“豆腐腰”最脆弱位置，受黄河水患最深，该河段历史上出现过 338 次决口，7 次大水进城，形成了“城摞城”世界奇观。黄河开封段尽管已建成标准化堤防，但该河段面临的防洪形式依然严峻，由于堤身填筑土质多为砂土及砂壤土，黏粒含量低，抗冲能力差，当大洪水上滩后，易引发堤防淘刷、坍塌、决口等险情，特别是在“二级悬河”问题突出的兰考河段，洪水漫滩后极易产生“横河、斜河”顶冲堤防发生冲刷破坏甚至决口。此外，柳园口—东坝头河段约 52 km 的黄河右岸大堤属无险工段，一旦发生大洪水漫过控导工程上滩的情况，抢险战线长，抢护难度较大。

本文考虑了开封滩区生态治理工程的可行性，以治理前后滩区为研究对象，通过建立二维平面数学模型，研究了开封滩区生态治理工程对防洪的影响。

2　工程区域情况

2.1　河段概况

开封地处黄河“豆腐腰”河段，“二级悬河”严重发育起始河段。该河段堤距宽达 5.5~12.7 km，河槽宽 1.5~7.2 km，滩地宽 0.3~7.1 km，河道纵比降一般为 1.75‱~2.1‱。因河面很宽，致使溜势分散，泥沙易于淤积，滩槽高差一般不及 1 m，花园口至来童寨甚至出现了槽高于滩的现象，加之主溜摆动频繁，摆动幅度最大达 5~7 km，新淤滩岸抗冲能力弱，主溜冲刷滩岸坐弯后，易形成

作者简介：谢亚光（1987—），男，工程师，主要从事水力学及河流动力学的研究工作。

畸形河势，堤防安全时常受到威胁。该段河道微湾或比较顺直，其平面外型一般是宽窄相间，平均曲折系数为1.1左右。平槽流量下的河相关系 $B^{0.5}/H$ 为20~40，河流综合稳定性指标（该指标小于5属于游荡型；大于15为弯曲型；分汊型介于5~15）约为1.4，显然该河段属于典型的游荡型河道。黄河开封段共有堤防88 km，级别为1级，设防流量为防御花园口22 000 m^3/s，防洪标准近1 000年。

2.2 水文条件

黄河下游洪水主要由中游地区暴雨形成，洪水发生时间为6—10月。黄河中游的洪水分别来自河龙间、龙三间和三花间这三个地区。小浪底水库建成后，黄河下游防洪工程体系的上拦工程有三门峡、小浪底、陆浑、故县、河口村五座水库；下排工程为两岸大堤，设防标准为花园口22 000 m^3/s 流量；两岸分滞工程为东平湖滞洪水库，进入黄河下游的洪水须经过防洪工程体系的联合调度。表1为黄河水利委员会发布的防洪工程运用后黄河下游不同重现期洪水流量。

表1 工程运用后各站不同量级洪水流量

单位：m^3/s

水文站	1 000年	200年	100年	20年	10年	5年
花园口	22 600	17 700	14 800	12 200	10 000	8 000
夹河滩	20 900	16 500	13 700	10 700	10 000	8 000
石头庄	20 600	16 100	13 200	10 600	10 000	8 000
高村	19 900	15 500	13 000	10 400	10 000	8 000

2.3 工程概况

工程方案总体布局见图1，对洪水有影响的主要治理措施包括淤筑高滩、二滩整治、嫩滩及河槽治理。其中，高滩为滩区居民安迁场所，采用填筑方式构建，分为迁宜居区、商业配套区、产业发展区、农科孵化区等；二滩依托滩区土壤及复垦耕地等条件，整合农业中试上下游产业功能，延展农业、文旅复合发展布局；嫩滩为滩区生态的缓冲屏障，分为滨水滩地拓展区、湿地科研探索区、湿地生态保育区，发展策略为“严守生态，固土复原”，禁止开发建设。高滩位于黄河大堤的临河侧，规模按照安置现状人口进行规划，开封黄河滩区一共布置三个高滩，分别为高滩1、高滩2、高滩3，其滩顶面积分别为1.30 km^2、3.99 km^2、4.70 km^2。二滩为高滩至黄河控导工程之间的区域。对搬迁后的村庄进行土地整治，本次规划对现有村庄进行部分保留。由于对二滩进行了村庄的拆除和土地的平整，滩地行洪糙率降低，对行洪有利。嫩滩位于控导工程与黄河主槽之间。嫩滩区域承担黄河行水输沙的基本功能，本次规划对嫩滩进行一定程度的疏浚，扩大现有河槽的过流能力。当前河道疏浚的目标，按照主槽达到安全通过5年一遇及以上洪水为目标。典型断面疏浚见图2。

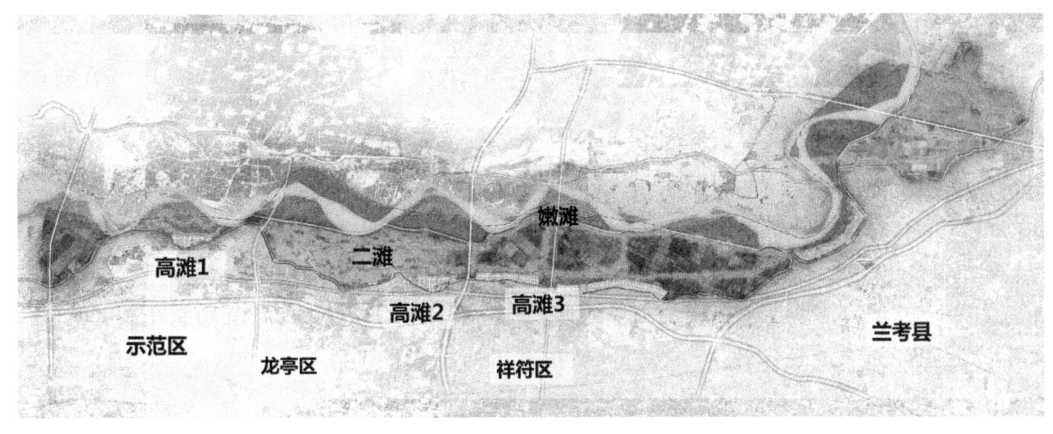

图1 开封黄河滩区生态治理总体布局

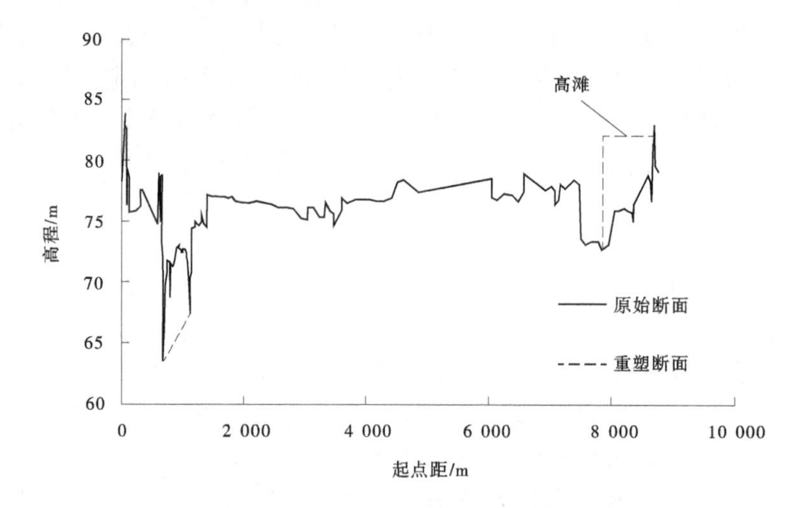

图 2　开封黄河滩区典型断面疏浚

3　模型建立

3.1　控制方程及定解条件

采用河道平面二维水流数学模型进行计算，基本方程包括水流连续方程与水流运动方程：

$$\frac{\partial Z}{\partial t}+\frac{\partial(hu)}{\partial x}+\frac{\partial(hv)}{\partial y}=0 \tag{1}$$

$$\frac{\partial(hu)}{\partial t}+\frac{\partial u(hu)}{\partial x}+\frac{\partial v(hu)}{\partial y}=-gh\frac{\partial Z}{\partial x}+D\left[\frac{\partial^2(hu)}{\partial x^2}+\frac{\partial^2(hu)}{\partial y^2}\right]-\frac{gn^2(hu)\sqrt{u^2+v^2}}{h^{\frac{4}{3}}} \tag{2}$$

$$\frac{\partial(hv)}{\partial t}+\frac{\partial u(hv)}{\partial x}+\frac{\partial v(hv)}{\partial y}=-gh\frac{\partial Z}{\partial y}+D\left[\frac{\partial^2(hv)}{\partial x^2}+\frac{\partial^2(hv)}{\partial y^2}\right]-\frac{gn^2(hv)\sqrt{u^2+v^2}}{h^{\frac{4}{3}}} \tag{3}$$

式中：h 为水深，m；u 为 x 方向的流速，m/s；v 为 y 方向的流速，m/s；Z 为水位，m；n 为糙率系数；D 为紊动黏性系数，m^2/s。

3.2　计算范围及网格剖分

3.2.1　计算范围及网格剖分

数学模型的计算范围上边界为辛寨断面，下边界至高村水文站测量断面，河道长约 137.44 km，建模范围见图 3。模拟区域内的离散采用三角形网格，对区域内堤防、道路、河道整治工程等周围网格适当加密，共布置网格 83 564 个。

3.2.2　地形概化

为分析工程建设造成的壅水、淹没影响，本次结合工程河段河道冲淤演变预估分析，从偏于安全的角度考虑，选择主槽过流能力最小的地形条件（主要是河槽地形）进行洪水影响分析计算。因此，采用 2000 年汛前地形条件作为本次模型计算的地形条件。滩地地形采用黄河下游实测 1∶10 000 河道地形图（结合场区范围内测量的 1∶2 000 地形图进行了补充）。主槽地形需要利用 2000 年汛前实测大断面资料生成。根据整理的滩地地形和主槽地形资料，进行滩槽地形拼接，生成全河道三维地形，检查拼接位置处地形连贯性并进行必要的修正。生成后的地形图见图 3。

3.2.3　计算边界条件

计算河段总长度约为 137.44 km，上游边界条件给来流量，下游边界为水位控制条件，两岸水边界流速为 0。

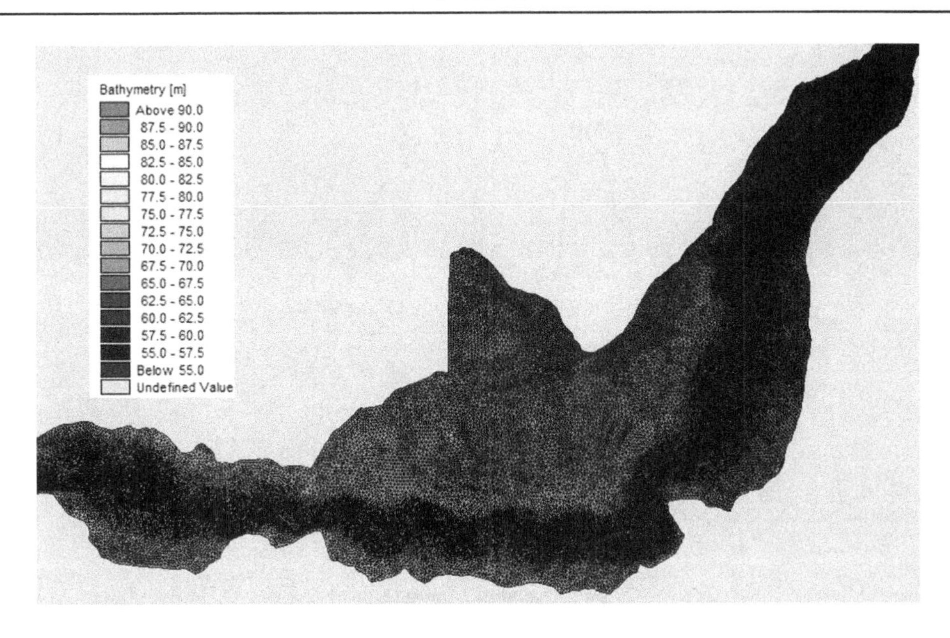

图3 模型计算网格及地形插值图

3.3 模型率定及模型验证

模型主槽糙率采用黄河水利委员会发布的河段实测糙率，对于滩地糙率，采用黄河防总发布的2000年该河段沿程水位流量成果验证，通过不断调整糙率，使模型计算所得的河道测验断面水位计算值和实测水位误差不超过3 cm，验证计算成果与已有成果吻合较好。

4 计算方案及结果分析

4.1 计算方案

本次计算共2个工况（见表2）：工况1不考虑工程措施，为原状方案；工况2考虑开封滩区生态治理工程。

表2 计算工况

工况	方案
工况1	原状
工况2	考虑开封滩区生态治理工程

4.2 模型进出口边界条件

考虑下游大堤设防标准和滩区安全建设防洪标准，选用1 000年一遇（“82·8”型洪水）洪水过程，采用黄河中游五库联调的洪水演进结果。进口断面采用花园口断面流量过程（见图4）。该场洪水持续15 d，最大洪峰流量为21 003 m^3/s，洪量为135.37亿m^3。模型出口边界采用黄河水利委员会发布的2000年高村水位-流量关系，见图5。

4.3 计算结果及分析

图6、图7分别显示了工况1、工况2的计算河段最大淹没水深。整体来说，在1 000年一遇（“82·8”型洪水）洪水过程作用下，两种工况规划区域淹没范围变化不大，工况2部分区域水深略有增大，这是由于拆除房屋、土地平整造成的。表3统计分析各断面水位变化，洪水位变化主要集中在规划区域附近河段，最高洪水位降幅在0.01~0.03 m，平均降幅在0.02 m左右。

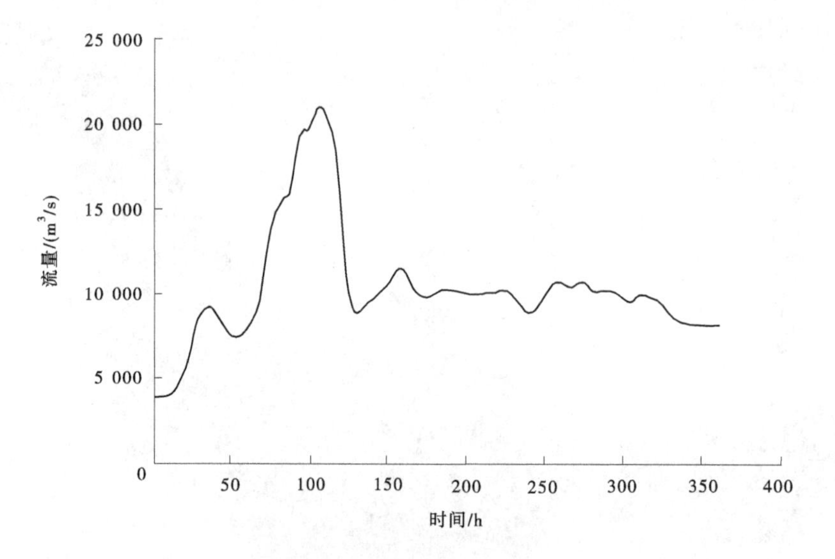

图 4 模型进口流量过程

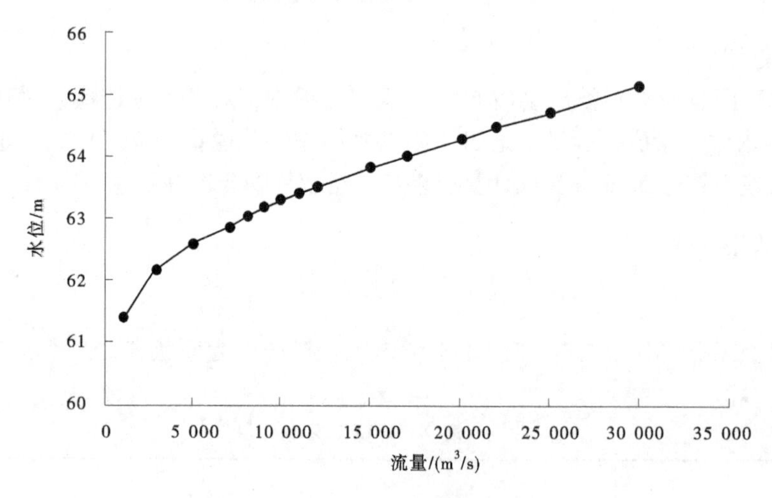

图 5 高村水位-流量关系（2000 年）

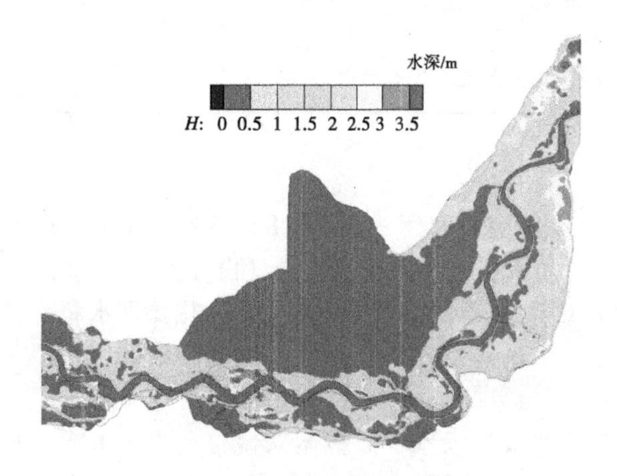

图 6 现状河段最大淹没水深

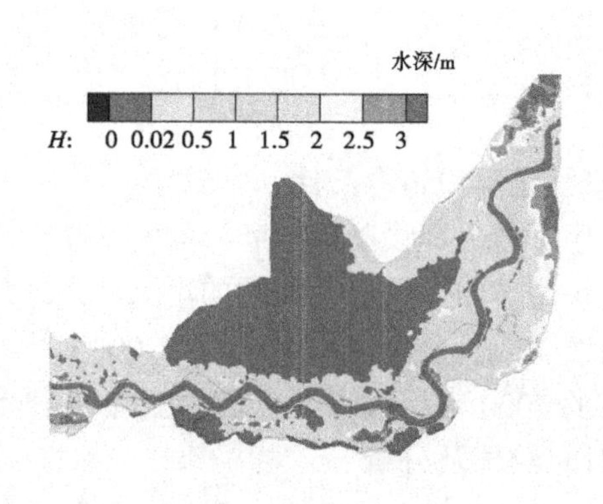

图 7 工程后河段最大淹没水深

表 3 规划项目建设前后典型断面最高洪水位变化

断面名	荆宫隆	陈桥	袁坊 1	曹岗	厂门口	小河头	清河集	堤湾
水位降幅/m	0.02	0.03	0.02	0.03	0.01	0.03	0.02	0.01

图 8、图 9 分别显示了工况 1、工况 2 的计算河段流场分布。整体来说，在 1 000 年一遇（“82·8”型洪水）洪水过程作用下，两种工况规划区域内流场变化不大，高滩 1 至高滩 3 由于挤占部分河道，局部流速增大 0.01~0.05 m/s；河道主槽主流线没有明显变化，说明滩区治理工程对规划区域内河势变化影响较小。

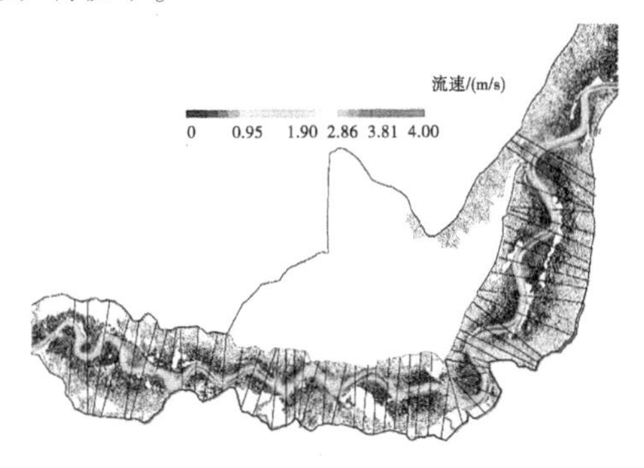

图 8 现状河段流场分布

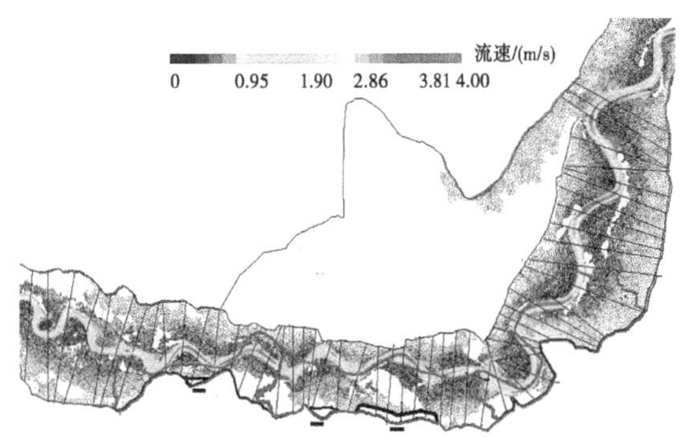

图 9 工程后河段流场分布

4.4 合理性分析

根据土地现状利用调查，开封滩区土地总面积为 339.74 km^2，其中，耕地面积占 55.79%，水域及水利设施用地面积占 17.07%，林地面积占 14.85%，农村宅基地面积占 7.02%。规划方案实施后，滩区村庄被拆除、平整土地，治理后滩地糙率下降，阻水构筑物减少。从整体来看，滩地糙率减小，过洪面积扩大，数学模型计算河道沿程洪水位降低是合理的。

5 结论

本文采用河道平面二维数学模型对开封滩区生态治理工程前后进行了模拟。从计算结果可以看出，生态治理工程前后规划区域内河段最高水位降幅在 0.01~0.03 m，平均降幅 0.02 m，淹没范围变化不大，工程后局部水深略有增加，工程前后流场变化不大，局部流速增大 0.01~0.05 m/s。根据计算结果可以看出，采用“三滩分治”方案解决下游防洪问题从理论上来说是可行的，然而，由于黄河下游滩区治理牵连较多，涉及面广，且存在问题复杂，采用“三滩治理”方案仍需要更深一步的探索。

参考文献

[1] 张金良．黄河下游滩区再造与生态治理［J］．人民黄河，2017，39（6）：24-33.
[2] 张金良，仝亮，王卿，等．黄河下游治理方略演变及综合治理前沿技术［J］．水利水电科技进展，2022，42（2）：41-49.
[3] 张金良，刘继祥，万占伟，等．黄河下游河道形态变化及应对策略——“黄河下游滩区生态再造与治理研究”之一［J］．人民黄河，2018，40（7）：1-6，37.
[4] 张金良，刘继祥，罗秋实，等．不同治理模式下黄河下游水沙运行机制研究——“黄河下游滩区生态再造与治理研究”之二［J］．人民黄河，2018，40（8）：1-7.

[5] 张金良. 基于悬河特性的黄河下游生态水量探讨——“黄河下游滩区生态再造与治理研究”之三［J］. 人民黄河，2018，40（9）：1-4.
[6] 张金良，刘继祥，李超群，等. 黄河下游滩区治理与生态再造模式发展——“黄河下游滩区生态再造与治理研究”之四［J］. 人民黄河，2018，40（10）：1-5，24.
[7] 张金良，刘生云，暴入超，等. 黄河下游滩区生态治理模式与效果评价——“黄河下游滩区生态再造与治理研究”之五［J］. 人民黄河，2018，40（11）：1-4，33.

河流滩区土壤有机碎屑饵料分布特征研究

李 然[1] 叶 茂[2] 陈 卓[1] 冯镜洁[1] 毛英翥[1] 李克锋[1]

（1. 四川大学水力学与山区河流开发保护国家重点实验室，四川成都 610065；
2. 中国三峡建工（集团）有限公司，四川成都 610065）

摘　要：滩地土壤中有机碎屑是河道内鱼类饵料的重要来源。本文采集了雅砻江泸宁水文站断面不同高程点的土壤样品，采用硅胶悬浊液密度分离方法进行有机碎屑饵料的分析提取。分析表明，土壤中的碎屑饵料在汛后较汛前普遍降低，说明汛期高水位下水流对滩区的频繁淹没和冲刷作用可以将滩地上的碎屑带走。在常年水位以上降雨产流过程对小颗粒碎屑的搬运作用较强，而在常年水位以下水流对碎屑颗粒的直接冲刷作用与颗粒尺寸的关系不显著。降雨径流和水流冲刷作用主要使表层土壤中碎屑含量明显降低。本文研究可以为进一步揭示滩地向河槽内碎屑饵料的补给规律提供科学依据。

关键词：有机碎屑；饵料；滩地；土壤；淹没条件

1 引言

河流滩地是指陆地与河水发生相互作用直至河水影响消失的地带[1-2]，具有多种独特的生态功能[3-4]。滩地土壤中有机碎屑是有机颗粒的主要成分，也是河道内鱼类饵料的重要来源，在水生态系统的养分循环和能量流动以及生态系统碳汇贡献起着非常重要的作用[5]。滩地有机碎屑主要为动植物死亡凋落形成的动植物残体或者有机物黏附在细淤泥或沙粒周围形成聚集物[6]。生态系统中碎屑食物链途径主要为“再循环的有机物→碎屑→底栖动物→小型鱼虾类→渔业捕捞和食鱼性鱼类”[7]。例如，微生物会将植物凋落物中的有机物质聚集并降解，在破碎过程中，较粗的有机物质会转化为细碎的有机物质而成为有机碎屑[8]。

国内外有机碎屑饵料的研究较多集中在海洋、湖泊及河口生态系统。Crawshaw et al.[9] 发现不同的碎屑饵料类型对河口沉积物的氮循环和细胞外酶活性有影响。Peel et al.[10] 研究得到，浮游植物支撑了湖中大量消费生物食物来源，并对植物有机碎屑储备量做出了重要贡献。Mazumder et al.[11] 对马来西亚的热带红树林和澳大利亚东南部的红树林研究表明，两者的同位素特征有显著的相似性，且对海洋生态系统有机碎屑的贡献较大。Ma Jie et al.[12] 利用分子生物标志物揭示了富营养化湖泊沉积物中不同有机植物碎屑的共同代谢效应。Augusto et al.[13] 发现巨型无脊椎动物在分解有机碎屑方面起着重要作用。杨冠林等[14] 建立了基于拉格朗日法的输运模型模拟研究海藻场有机碎屑离岸输运与沉降动力学机制。

近年来，山区河流开发与工程建设对河流生态系统影响备受关注，但对于河流生态系统物质和能量循环重要组成部分的有机碎屑饵料影响研究相对较少。Meijboom et al.[15] 研究提出了土壤中有机碎屑饵料的提取方法，并将土壤中有机碎屑饵料大小分成大颗粒碎屑（>250 μm）和小颗粒碎屑（150~250 μm）。为此，本文选择雅砻江大河湾河段为研究河段，开展河岸滩区有机饵料碎屑的提取

基金项目：国家自然科学基金重点项目（52039006）。

作者简介：李然（1968—），女，研究员，主要从事环境与生态水力学研究工作。

通信作者：冯镜洁（1986—），女，副研究员，主要从事环境与生态水力学研究工作。

和分布规律研究，以期为开展滩地与河槽间物质循环交换研究提供科学依据。

2 碎屑饵料现场样品采集与提取

2.1 采样地点与频次

2.1.1 采样地点与采样深度

选择雅砻江泸宁水文站断面进行土壤样品采集，该河段是雅砻江流域生物多样性保护的重要河段。采样断面地理位置示意图见图 1。

土壤中的有机碎屑主要通过雨水冲淋或河水冲刷进入水体形成河流营养物质的重要补给，补给量与碎屑饵料所在土层深度以及碎屑颗粒的大小和密度相关。为此，样品采集分别考虑 1 656 m、1 646 m 和 1 642 m 三个高程点。

土壤样品的采集用环刀分别采集表层 10 cm（简称表层样品）和底层 10~20 cm 的土壤样品（简称底层样品）。为避免采样的随机误差，每种土壤深度采集三个样品进行混合。采集得到的土壤样品在实验室内进行自然风干后分别装入封口袋，用以碎屑饵料的分离提取以及含量分析。土壤碎屑饵料采样示意图见图 2。

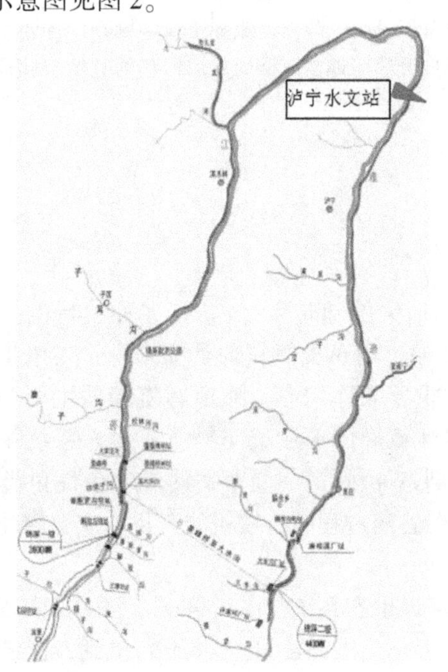

图 1 采样断面地理位置示意图

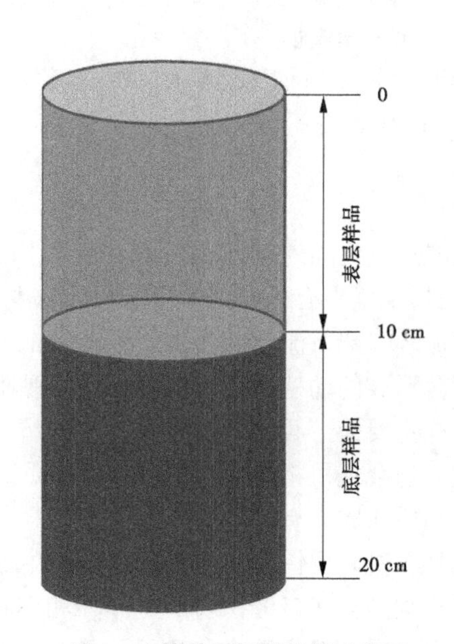

图 2 土壤碎屑饵料采样示意图

2.1.2 采样频次和时间

采样时间分别选择在 2020 年和 2021 年的汛前、汛中和汛后，见表 1。从第一次样品采集（2020 年 5 月 7 日）至最后一次样品采集（2021 年 6 月 30 日）共持续 420 d。

表 1 土壤碎屑饵料样品采集统计

序号	频次编号	采集时间（年-月-日）	采集深度/cm	说明
1	20200507	2020-05-07	10 和 20	汛前
2	20200822	2020-08-22	10 和 20	汛中
3	20200911	2020-09-11	10 和 20	汛中
4	20201130	2020-11-30	10 和 20	汛后
5	20210424	2021-04-24	10 和 20	汛前
6	20210630	2021-06-30	10 和 20	汛中

2.2 土壤碎屑饵料提取与分析方法

参照 Meijboom et al.[15] 提出的 Ludox 硅胶悬浊液分离方法，经过颗粒筛分和密度分馏过程提取得到有机碎屑饵料，将土壤中有机碎屑饵料大小分成大碎屑（>250 μm）和小碎屑（150~250 μm），同时根据密度将碎屑分为高密度组分（>1.40 g/cm^3）、中密度组分（1.20~1.40 g/cm^3）、低密度组分（<1.20 g/cm^3）。

2.2.1 颗粒筛分

碎屑饵料样品去除植物根系和残株。采用孔径 250 μm 和 150 μm 的筛子对样品进行筛分并用水清洗去除土壤。大于 250 μm 的碎屑饵料称为大碎屑，150~250 μm 的碎屑为小碎屑。对于小于 150 μm 的部分由于难以与土壤进行分离，本文试验中未进行提取。

2.2.2 密度分馏

将碎屑饵料在 LudoxTM 中分馏。Ludox 是一种由二氧化硅颗粒制成的水性胶体分散体。颗粒分散在碱性介质中（0.2%NaOH，pH9.1），该碱性介质与二氧化硅表面反应产生负电荷。Ludox 的干燥颗粒具有化学惰性和耐热性。

3 采样点淹没条件变化分析

土壤碎屑含量及其向河道内的补给与水流淹没条件相关。图 3 为采样期间泸宁水文站水位变化过程示意图。对比水位与各采样点高程，统计得到各采样点被水淹没的天数，即只要该日内出现水位高于采样点高程的情况即计为 1 d。在采样期间内，高点（1 656 m 高程）从未发生过淹没，简称未淹（NS）。中点（1 646 m 高程）部分时段淹没，简称部分淹（PS），其中淹没时间共 169 d，占总天数的 40.2%，最长一次的持续淹没时间为 159 d。低点（1 642 m 高程）一直处于水流淹没状态，即淹没天数为 420 d，简称全淹（FS）。

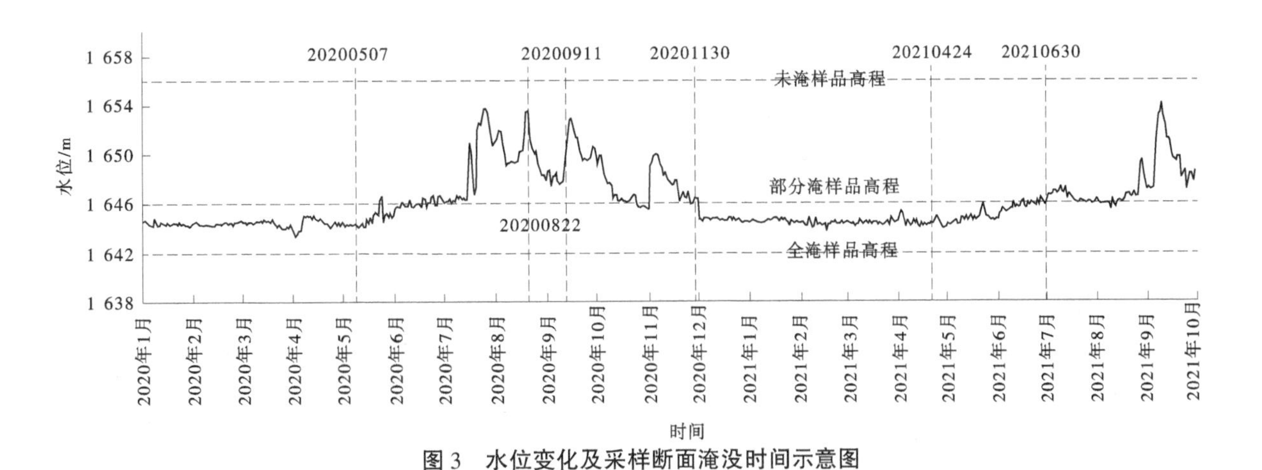

图 3 水位变化及采样断面淹没时间示意图

4 碎屑饵料含量调查结果分析

4.1 汛期前后土壤饵料含量对比分析

图 4 为不同时期土壤中碎屑饵料含量对比。可以看出，不同时期的饵料含量变化较大，特别是 1 646 m 高程（PS）汛前、汛中、汛后平均值差别最大，分别为 11.1 g/kg、4.2 g/kg、3.2 g/kg，汛后较汛前降低 7.9 g/kg，占汛前含量的 70.9%。由此表明，水流的频繁淹没和冲刷作用可以将滩地上的饵料带入河槽内部，为河槽不断进行饵料的补充。

对历次取样中不同高程点碎屑占比分析可以得到，汛前（20200507 和 20210424）1 646 m 高程（部分淹 PS）的饵料含量占比较高，分别为 51.8%和 49.3%；汛中（20200822 和 20210630）大幅减少；汛后进一步减少至 19.2%。这一变化表明，在汛前由于冬季和春季长时间的积累，使土壤中各

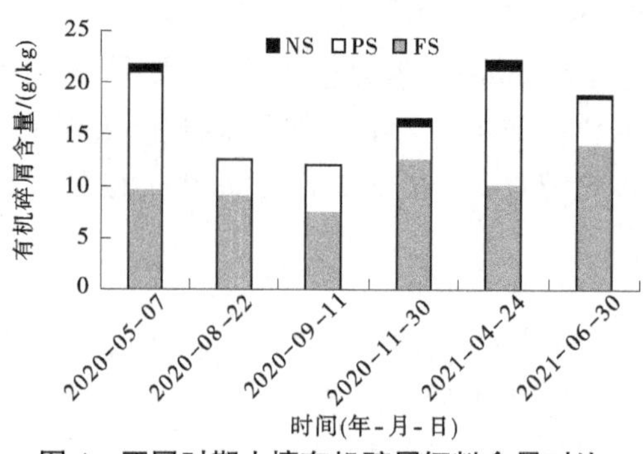

图 4　不同时期土壤有机碎屑饵料含量对比

高程点的饵料含量普遍较高，进入汛期后高水位淹没和水流冲刷使淹没高程以下的土壤中饵料含量减少。

4.2　不同大小的有机碎屑含量对比分析

图 5 为 1 656 m 高程（NS）两种大小颗粒的饵料含量百分比对比。从图 5 中可以看出，汛前（20200506 和 20210424）大颗粒碎屑占比均为 62%；汛中（20200822、20200911 和 20210630）大颗粒饵料含量占比增加，三次采样分别为 80%、74% 和 84%；汛后（20201130）大颗粒饵料含量占比为 74%。对比说明，汛中和汛后的大颗粒含量占比明显高于汛前，这是由于该高程点虽未受到河流淹没冲刷的影响，但降雨形成的径流冲刷作用依然会对碎屑输运造成影响，小颗粒碎屑更容易流失进入河道，导致小颗粒碎屑占比降低，大颗粒碎屑占比增加。

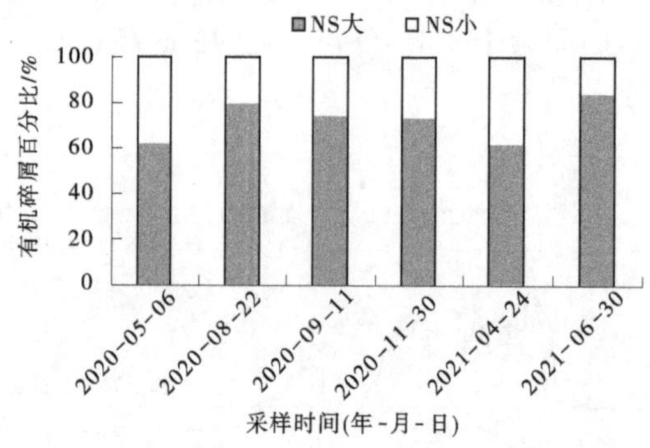

图 5　1 656 m 高程（NS）不同大小饵料含量百分比

同理，对 1 646 m 高程（PS）不同大小颗粒的碎屑含量占比分析得到，汛前（20200506 和 20210424）两次取样的大颗粒碎屑占比分别为 69%、73%；汛中（20200822、20200911 和 20210630）三次取样的大颗粒碎屑占比分别为 65%、60% 和 60%；汛后（20201130）大颗粒碎屑占比为 66%。同样分析得到 1 642 m 高程（FS）不同大小碎屑占比，汛前（20200506 和 20210424）两次取样的大颗粒碎屑占比分别为 72% 和 65%；汛中（20210630）大颗粒碎屑占比为 64%；汛后（20201130）大颗粒碎屑占比为 61%。与 1 646 m 高程（PS）类似，一年内大小颗粒占比无明显差别，表明河流对不同颗粒的冲刷作用相当。

图 6 为 1 646 m 高程（PS）两种大小的碎屑中不同密度组分的含量对比。可以看出，汛前、汛后和汛中均表现为高密度>中密度>低密度。其中，在大颗粒的碎屑中，高密度组分范围为 1.9（20201130）~7.1 g/kg（20210424）；小颗粒碎屑中，高密度组分含量变化范围为 0.9（20201130）~2.7 g/kg（20200507）。

高、中、低三种密度的碎屑含量年内变化均呈现为汛前>汛中>汛后。对于高密度组分，大颗粒碎屑汛后（1.9 g/kg）较汛前（6.8 g/kg）减少 4.9 g/kg，占汛前的 72.1%；小颗粒碎屑汛后（0.9 g/kg）较汛前（2.5 g/kg）降低 1.6 g/kg，占汛前的 64%。中密度组分，大颗粒碎屑汛后（0.3

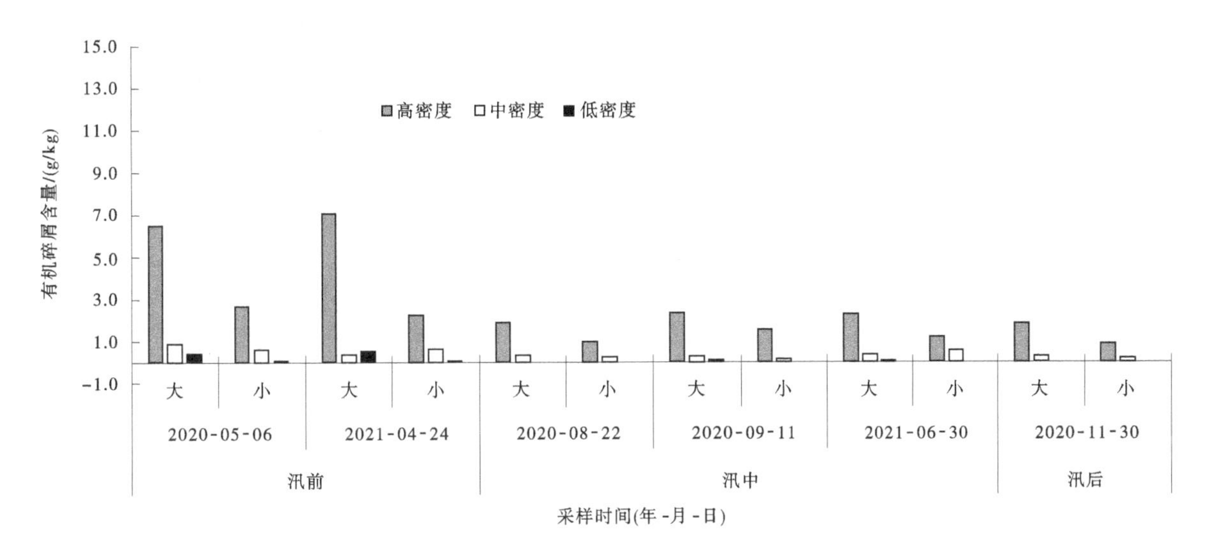

图 6　1 646 m 高程（PS）不同密度组分的碎屑含量对比

g/kg）较汛前（0.7 g/kg）降低 0.4 g/kg，占汛前的 57.1%；小颗粒碎屑中，汛后（0.2 g/kg）较汛前（0.7 g/kg）减小 0.5 g/kg，占汛前的 71.4%。低密度组分，大颗粒碎屑汛后（0.03 g/kg）较汛前（0.50 g/kg）降低 0.47 g/kg，占汛前的 94%；小颗粒碎屑汛后（0.03 g/kg）较汛前（0.10 g/kg）减小 0.07 g/kg，占汛前的 70%。

对 1 646 m 高程（PS）不同密度组分占比分析得到，大颗粒碎屑中，高密度组分汛前（20200507 和 20210424）占比分别为 83%和 89%，汛中（20200822、20200911 和 20210630）占比分别为 84%、86% 和 84%，汛后（20201130）占比为 86%。小颗粒碎屑中，高密度组分汛前（20200507 和 20210424）占比分别为 79%和 76%，汛中（20200822、20200911 和 20210630）占比分别为 79%、88%和 68%，汛后（20201130）占比为 81%。可以看出，一年内各密度组分的占比变化均不明显，表明水流的淹没和冲刷作用对碎屑的密度变化响应不显著。

4.3　不同深度的土壤碎屑含量对比分析

图 7 和图 8 分别为 1 656 m 高程（NS）和 1 646 m 高程（PS）不同土层深度有机碎屑含量对比。从图 7 和图 8 中可以看出，在未淹和部分淹条件下的土壤中，表层和深层的碎屑含量均表现为汛前>汛中>汛后，表明降雨径流冲刷作用以及汛期高水位条件下水流冲刷作用使土壤表层含量降低明显。其中，在 1 656 m 高程（NS），汛前（20200506 和 20210424）表层含量占比分别为 64%、63%，汛中（20200822、20200911 和 20210630）占比分别为 58%、52%、44%，汛后（20201130）占比为 32%；在 1 646 m 高程（PS），汛前（20200506 和 20210424）表层碎屑占比分别为 70%以及 68%，汛中（20200822、20200911 和 20210630）占比分别为 42%、44%、45%，汛后（20201130）占比为 40%。

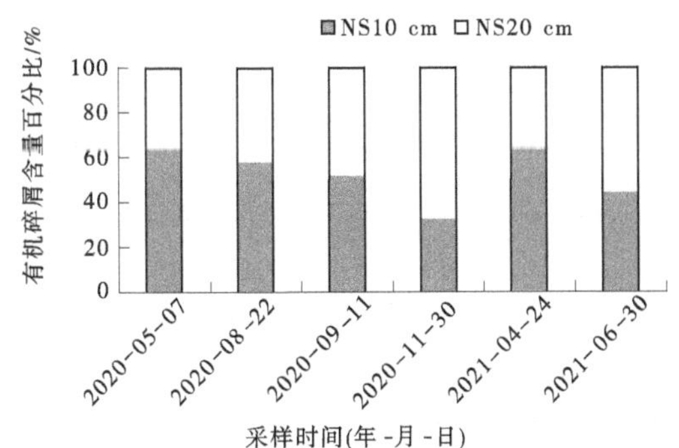

图 7　1 656 m 高程（NS）不同土壤层深度有机碎屑含量占比对比

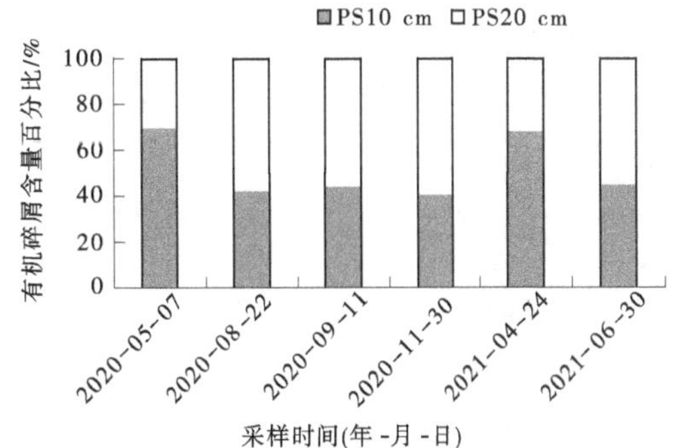

图 8　1 646 m 高程（PS）不同土壤层深度有机碎屑含量占比对比

对 1 642 m 高程（FS）结果分析表明，汛前（20200506 和 20210424）表层碎屑含量占比分别为 36%、38%，汛中（20210630）占比为 45%，汛后（20201130）占比为 39%。不同时期的占比差别不明显，说明处于常年持续淹没条件下的土壤中碎屑含量占比变化不大。

进一步对 1 646 m 高程（PS）两种土层深度的密度组分碎屑含量对比分析表明，两个土层中的密度组分变化均呈现为高密度>中密度>低密度。其中，表层中高密度碎屑含量在汛前平均为 13.4 g/kg，汛中为 3.0 g/kg，汛后为 2.2 g/kg，汛后较汛前降低 11.2 g/kg，占汛前的 83.6%。底层高密度含量汛前平均为 5.1 g/kg，汛后为 3.3 g/kg，较汛前减少 1.8 g/kg，占汛前的 35.3%。中密度组分和低密度组分的变化均与此类似，表现为汛后较汛前明显减少，表明汛期水流的冲刷作用使土壤中各个密度组分的碎屑均显著减少。对比分析发现，不同土层中的各密度组分占比变化在汛前、汛中和汛后变化不明显，表明密度对土壤中碎屑流失的影响不显著。

5 小结

采用硅胶悬浊液密度分层的方法，分别采集雅砻江典型断面不同高程的土壤样品进行有机碎屑饵料的提取，据此分析了土壤饵料碎屑含量的分布特征。土壤中的碎屑饵料在汛后较汛前普遍降低，表明水流的频繁淹没和冲刷作用可以将滩地上的碎屑带入河槽内部。在常年水位以上，汛中和汛后的大颗粒含量占比明显高于汛前，表明降雨形成的坡面流冲刷作用对小颗粒碎屑的搬运作用较强，在常年水位以下部分时段或长期淹没的高程，大小颗粒占比在年内变化不明显，说明水流对碎屑颗粒的直接冲刷作用与颗粒尺寸的关系不显著。表层和深层土壤中的碎屑含量整体表现为汛前>汛中>汛后，表明降雨径流冲刷作用以及汛期高水位条件下水流冲刷作用主要使表层土壤中碎屑含量明显降低。

参考文献

[1] Campbell A G, Franklin J F. Riparian vegetation in Oregon's western Cascade mountains: composition, biomass, and autumn phenology [M]. Seattle: University of Washington Press, 1979.

[2] Gregory S V, Swanson F J, Mckee W A, et al. An Ecosystem Perspective of Riparian Zones [J]. Bioscience, 1991, 41 (8): 540-551.

[3] 陈吉泉. 河岸植被特征及其在生态系统和景观中的作用 [J]. 应用生态学报, 1996 (4): 439-448.

[4] 王琼, 范康飞, 范志平, 等. 河岸缓冲带对氮污染物削减作用研究进展 [J]. 生态学杂志, 2020, 39 (2): 665-677.

[5] Kai G, Wen Z, Shuanglin D, et al. Structure of suspended particles and organic carbon storage in jellyfish-shellfish fish-prawn polyculture ponds [J]. Acta Ecologica Sinica, 2016, 36 (7): 1872-1880.

[6] 李云凯, 刘恩生, 王辉, 等. 基于 Ecopath 模型的太湖生态系统结构与功能分析 [J]. 应用生态学报, 2014, 25 (7): 2033-2040.

[7] 刘恩生, 李云凯, 臧日伟, 等. 基于 Ecopath 模型的巢湖生态系统结构与功能初步分析 [J]. 水产学报, 2014, 38 (3): 417-425.

[8] Webster J R, Benfield E F. Vascular plant breakdown in freshwater ecosystems [J]. Annual Review of Ecology & Systematics, 1986, 17 (1): 567-594.

[9] Crawshaw J, O Meara T, Savage C, et al. Source of organic detritus and bivalve biomass influences nitrogen cycling and extracellular enzyme activity in estuary sediments [J]. Biogeochemistry, 2019, 145 (3): 315-335.

[10] Peel R A, Hill J M, Taylor G C, et al. Food web structure and trophic dynamics of a fish community in an ephemeral floodplain lake [J]. Frontiers in Environmental Science, 2019, 7 (192): 18.

[11] Mazumder D, Saintilan N, Yusoff F M, et al. Equivalence of trophic structure between a tropical and temperate mangrove ecosystem in the Indo-Pacific [J]. Marine and Freshwater Research, 2019, 70 (10): 1436-1444.

[12] Ma Jie, Xu Xiaoguang, Yu Cencen, et al. Molecular biomarkers reveal co-metabolism effect of organic detritus in eutrophic lacustrine sediments [J]. The Science of the Total Environment, 2020, 698: 134328.

[13] Augusto F G, Figueiredo A F, Camargo P B, et al. C3 and C4 plant leaf breakdown and assimilation by aquatic macroinvertebrates in streams of the Brazilian Atlantic Forest [J]. Marine and Freshwater Research, 2020, 71 (7): 814.

[14] 杨冠林，林军，章守宇，等. 基于拉格朗日法的海藻场有机碎屑离岸输运研究 [J]. 渔业科学进展，2022，43 (5): 49-60.

[15] Meijboom F W, Hassink J, Von Noordwijk M. Density fractionation of soil macroorganic matter using silica suspensions [J]. Soil Biology and Biochemistry, 1995, 27 (8): 1109-1111.

东北地区重点河流生态流量可达性分析

陈 伟 李光华 贺石良 董丽丹

（松辽水利委员会流域规划与政策研究中心，吉林长春 130021）

摘 要：以流域综合规划、水资源综合规划、水资源保护规划、水量分配方案等已有成果，对生态流量保障情况进行评价，分析生态流量保障程度及不足原因。在此基础上进行生态基流理论计算，分析理论计算成果合理性与可达性，最终确定重要河流及其主要控制断面生态水量，形成推荐成果，研究提出重要河流生态水量（流量）保障思路与对策。

关键词：松花江流域；生态流量；生态基流；可达性分析

1 引言

保障河湖生态流量是加强水资源开发利用管控、推进河湖生态保护修复的基本要求，事关生态文明建设和水利改革发展的全局[1-2]。针对人类活动对不同河流的生态流量保障研究，国外研究学者Pradeep et al.[3] 提出人类活动对哥伦比亚河生态基流影响下降了17%，Grafton et al.[4] 指出近50年来黄河径流都有减少趋势，人类活动取用水是最主要的原因，张建云等[5] 研究指出近61年期间，国内主要江河实测径流量除长江外均呈现不同程度的下降，为使人类活动不至于破坏河流生态系统自身的弹性，生态基流的概念应运而生[6]。2015年4月，中共中央 国务院印发《关于加快推进生态文明建设的意见》，要求："保护和修复自然生态系统""研究建立江河湖泊生态水量保障机制"[7]。栾清华等[8] 基于基流比例法估算了永定河一级支流洋河干流的生态基流需求。2018年5月，全国生态环境保护大会在北京召开，习近平总书记在大会上发表重要讲话，全面总结了党的十八大以来我国生态文明建设和生态环境保护工作取得的历史性成就、发生的历史性变革，深刻阐述了加强生态文明建设的重大意义和必须坚持的重要原则，对打好污染防治攻坚战、推进生态文明建设做出了全面部署，是指导新时代生态文明建设的纲领性文献。

2018年7月，水利部办公厅印发《水利部办公厅关于开展河湖生态流量研究工作的通知》（办资源〔2018〕137号）。为此，对东北地区重点河流生态流量进行研究，贯彻落实习近平总书记在全国生态环境保护大会上的讲话精神，切实保障域内重要河流生态功能[5]。

2 研究区域

2.1 研究范围

本次研究范围以第三次全国水资源调查评价中提出的重要江河流域为基础，以主要江河流域水量分配方案等成果中已明确生态流量要求的跨省区河流、生态敏感河流，以及在流域和区域水资源配置中作用重要的河流为重点，兼顾各类河流的不同规模大小、不同水文情势与水资源特点、不同水资源开发利用程度、不同生态功能要求等方面的代表性，综合分析选定重点河流范围。

在确定重要河流范围基础上，根据流域上下游协调、干支流均衡，结合重要生态敏感区和保护对象分布等因素，兼顾生态问题断面和生态良好断面，选择其中重要的断面作为重要河流主要控制断

作者简介：陈伟（1983—），男，高级工程师，主要从事流域规划、水资源研究等方面的工作。

面[9]。按照以上原则，确定本次研究范围为东北地区松花江流域 9 条河流 22 个控制断面。

2.2 生态保护对象

研究范围生态保护对象类型包括与水相关的省级及以上自然保护区、国家级水产种质资源保护区、国际及国家重要湿地等。

生态保护对象功能定位包括生物多样性保护、水源涵养等；生态保护需求类型包括湿地生境维系、鱼类生境维系、河流廊道功能维护、河口生态维护等。敏感生态保护对象包含国家Ⅰ级、Ⅱ级重点保护鸟类、珍稀濒危鱼类等。

3 生态流量确定及可达性分析

3.1 已有成果生态流量复核分析

经计算，松花江流域已明确生态流量的 9 条河流 15 个断面中，生态基流保障程度达到 90%以上的包括尼尔基水库 2006 年 6 月至 2016 年、江桥、大赉等 12 个断面 17 个分期，生态基流保障程度不足 90%的包括尼尔基水库 1980 年至 2006 年 5 月、碾子山非冰冻期、文得根非汛期等 6 个断面 9 个分期。松花江流域重要河流及其主要控制断面生态流量保障情况见表 1。

表 1 松花江流域重要河流及其主要控制断面生态流量保障情况

<table>
<tr><th rowspan="3">序号</th><th rowspan="3">河流水系名称</th><th rowspan="3">主要断面名称</th><th colspan="3">生态基流保障程度/%</th></tr>
<tr><th colspan="3">不同时段值</th></tr>
<tr><th>汛期</th><th>非汛期</th><th>冰冻期</th></tr>
<tr><td rowspan="3">1</td><td rowspan="3">嫩江</td><td>尼尔基水库</td><td colspan="3">1980 年至 2006 年 5 月 68，2006 年 6 月至 2016 年 99</td></tr>
<tr><td>江桥</td><td colspan="3">92</td></tr>
<tr><td>大赉</td><td colspan="3">95</td></tr>
<tr><td>2</td><td>诺敏河</td><td>古城子</td><td colspan="2">非冰冻期 94</td><td>97</td></tr>
<tr><td>3</td><td>雅鲁河</td><td>碾子山</td><td colspan="2">非冰冻期 86</td><td>94</td></tr>
<tr><td rowspan="2">4</td><td rowspan="2">绰尔河</td><td>文得根</td><td>92</td><td colspan="2">58</td></tr>
<tr><td>两家子</td><td>86</td><td colspan="2">59</td></tr>
<tr><td>5</td><td>洮儿河</td><td>察尔森水库</td><td colspan="2">灌溉期（5—9 月）86，
非冰冻期（4 月、10—11 月）51</td><td>31</td></tr>
<tr><td rowspan="2">6</td><td rowspan="2">第二松花江</td><td>丰满水库</td><td colspan="3">5—6 月：1980—2003 年 56，2004—2016 年 81；
其他月份：1980—2003 年 95，2004—2016 年 94</td></tr>
<tr><td>扶余</td><td colspan="3">100</td></tr>
<tr><td rowspan="2">7</td><td rowspan="2">松花江</td><td>哈尔滨</td><td colspan="3">97</td></tr>
<tr><td>佳木斯</td><td colspan="3">98</td></tr>
<tr><td rowspan="2">8</td><td rowspan="2">拉林河</td><td>磨盘山水库</td><td colspan="3">100</td></tr>
<tr><td>蔡家沟</td><td>92</td><td>97</td><td>99</td></tr>
<tr><td>9</td><td>牡丹江</td><td>大山嘴子</td><td colspan="2">非冰冻期 98</td><td>100</td></tr>
</table>

3.2 生态基流理论计算成果及推荐成果

3.2.1 理论计算成果

以 1956—2000 年天然径流系列为基础，分别采用 Q_p、Tennant 法分析计算松花江流域 9 条河流

22个断面的生态基流，并采用1980—2016年实测径流系列计算满足程度。松花江流域生态基流理论计算成果（1956—2000年）见表2。

表2　松花江流域生态基流理论计算成果（1956—2000年）

序号	控制断面	生态基流（m^3/s）			
		冰冻期（12月至次年3月）	满足程度	非冰冻期（4—11月）	满足程度
1	尼尔基水库	1.90	100%	34.95	99%
2	江桥	19.64	96%	71.37	99%
3	大赉	23.13	97%	75.81	98%
4	小二沟	2.42	94%	21.53	94%
5	古城子	2.74	97%	30.42	94%
6	扎兰屯	0.05	100%	3.54	93%
7	碾子山	0.57	94%	6.28	89%
8	文得根	1.61	95%	6.42	99%
9	两家子	0.88	80%	7.07	93%
10	察尔森水库	0.86	52%	2.91	74%
11	洮南	0.10	65%	5.39	60%
12	丰满水库	4.26	100%	42.51	100%
13	扶余	2.27	100%	51.72	100%
14	哈尔滨	27.00	100%	144.71	100%
15	通河	16.50	100%	171.19	100%
16	依兰	48.70	100%	201.11	100%
17	佳木斯	92.58	100%	232.63	100%
18	磨盘山水库	0.45	100%	1.76	100%
19	五常	0.42	99%	5.47	96%
20	蔡家沟	0.24	99%	11.22	97%
21	大山嘴子	1.05	100%	14.19	98%
22	牡丹江	1.17	100%	32.87	99%

3.2.2　推荐成果

综合对比分析已有成果、本次理论计算成果，确定推荐方案：

（1）已有成果已经明确的断面，生态基流原则上采用已有成果。松花江流域包括嫩江的尼尔基水库、江桥、大赉等断面，诺敏河的古城子断面，雅鲁河的碾子山断面（冰冻期），绰尔河的文得根、两家子等断面，洮儿河的察尔森水库断面，第二松花江的丰满水库、扶余等断面，松花江干流的哈尔滨、佳木斯等断面，拉林河的磨盘山水库、蔡家沟等断面，牡丹江的大山嘴子断面共计9条河流15个断面。

（2）已有成果中未涉及的断面，原则上采用1956—2000年天然径流系列计算，满足程度一般应达到90%以上。松花江流域包括诺敏河的小二沟断面，雅鲁河的扎兰屯、碾子山（非冰冻期）等断面，洮儿河的洮南断面，松花江干流的通河、依兰等断面，拉林河的五常断面，牡丹江的牡丹江断面共计6条河流8个断面。

（3）按照河流水系的完整性，统筹协调上下游、干支流。

松花江流域生态基流推荐成果见表3。

表3　松花江流域生态基流推荐成果

序号	河流水系名称	主要控制断面名称	生态基流/（m^3/s）
1	嫩江	尼尔基水库	35
		江桥	35
		大赉	35
2	诺敏河	小二沟	冰冻期2.42，非冰冻期21.53
		古城子	冰冻期2.65，非冰冻期31.28
3	雅鲁河	扎兰屯	冰冻期0.05，非冰冻期3.54
		碾子山	冰冻期0.56，非冰冻期6.28
4	绰尔河	文得根	汛期17.4，非汛期5.8
		两家子	汛期19.2，非汛期6.4
5	洮儿河	察尔森水库	冰冻期2.53，非冰冻期2.53
		洮南	冰冻期0.10，非冰冻期5.39
6	第二松花江	丰满水库	永庆水库最小下泄流量：5—6月361，其他月份161
		扶余	100
7	松花江	哈尔滨	250
		通河	262
		依兰	276
		佳木斯	290
8	拉林河	磨盘山水库	0.5
		五常	冰冻期0.5，非汛期5.47，汛期10.94
		蔡家沟	冰冻期0.5，非汛期11.23，汛期22.46
9	牡丹江	大山嘴子	冰冻期1.16，非冰冻期13.86
		牡丹江	冰冻期1.21，非冰冻期32.87

3.3　生态流量目标可达性分析

3.3.1　生态流量满足情况评价

经计算，松花江流域9条河流22个断面中，生态基流满足程度达到90%以上的包括尼尔基水库2006年6月至2016年、江桥、大赉等19个断面28个分期，生态基流满足程度不足90%的包括尼尔基水库断面1980年至2006年5月、碾子山非冰冻期、文得根非汛期等7个断面9个分期。松花江流域重要河流及其主要控制断面生态流量满足情况见表4。

表 4　松花江流域重要河流及其主要控制断面生态流量满足情况

序号	河流水系名称	主要控制断面名称	生态基流满足程度/%	
			冰冻期	非冰冻期
1	嫩江	尼尔基水库	1980 年至 2006 年 5 月 68，2006 年 6 月至 2016 年 99	
2		江桥	92	
3		大赉	95	
4	诺敏河	小二沟	93	100
5		古城子	97	100
6	雅鲁河	扎兰屯	100	86
7		碾子山	94	92
8	绰尔河	文得根	汛期 92，非汛期（含冰冻期）58	
9		两家子	汛期 86，非汛期（含冰冻期）59	
10	洮儿河	察尔森水库	68	
11		洮南	65	76
12	第二松花江	丰满水库	5—6 月：1980—2003 年 56，2004—2016 年 81；其他月份：1980—2003 年 95，2004—2016 年 94	
13		扶余	100	
14	松花江	哈尔滨	97	
15		通河	96	
16		依兰	99	
17		佳木斯	98	
18	拉林河	磨盘山水库	100	
19		五常	97	100
20		蔡家沟	99	100
21	牡丹江	大山嘴子	100	100
22		牡丹江	100	100

3.3.2　可达性分析

基于满足情况评价结果，考虑工程调节、节水潜力，以及有关水资源配置方案实施进展情况等因素，对生态基流满足程度不足 90%的控制断面进行不同水期生态基流可达性分析。

嫩江尼尔基水库断面：经过尼尔基水库的调蓄作用，2006 年 6 月至 2016 年尼尔基水库断面生态基流满足程度达到 99%，河道内生态基流能够达到。

雅鲁河碾子山断面非冰冻期（4—11 月）：经分析，已有成果确定的碾子山断面非冰冻期（4—11 月）生态基流 7.67 m^3/s 偏大，本次研究对其进行了调整，非冰冻期（4—11 月）生态基流推荐成果采用 Tennant 法计算，为 6.28 m^3/s。碾子山断面非冰冻期（4—11 月）生态基流推荐成果满足程度为 89%，基本达到要求。

绰尔河文得根断面、两家子断面：绰尔河流域规划建设文得根水库。文得根水库是一座以调水为主、灌溉结合发电的多年调节的大型水利枢纽，位于绰勒水库上游，是引绰济辽的水源工程，水库建成后，通过文得根水库与绰勒水库的联合动态调度，能够满足文得根断面、两家子断面的生态基流用水要求。

洮儿河察尔森水库断面、洮南断面：洮儿河察尔森水库断面生态基流满足程度为68%，2017年察尔森水库除险加固后增加了两台生态小机组，为生态放流任务提供了充分的条件，通过其合理调度，察尔森水库断面、洮南断面生态基流能够达到要求。

第二松花江丰满水库断面：第二松花江丰满水库断面5—6月最小下泄流量（含下游用水）满足程度1980—2003年为56%，2004—2016年略有提高，为81%。通过与电力部门的沟通协商，丰满水库的调度规则中规定了水库5—6月需优先满足下游用水（主要是农灌用水），丰满水库年度水量调度按照重建后的调度规则调度，能够满足第二松花江丰满水库断面生态基流。

4 重要河流生态水量保障思路对策

针对以上情形，提出重要河流及主要控制断面生态流量保障措施如下：

（1）落实最严格水资源管理制度，推进生态文明建设。

实行用水总量和用水强度双控，保障河道内生态环境用水空间。用水强度控制应着眼于用水结构的优化调整和用水工艺的提升，调整农业种植结构、工业产业结构和用水结构，通过各项综合措施提高水资源的利用效率，抑制需求过度增长，避免经济社会用水挤占河道内生态环境用水。

（2）优化水资源配置格局，强化河道内生态环境用水地位。

统筹考虑“三生”用水，强化河道内最小生态环境用水地位。在水资源配置过程中，用水次序依次为生活用水、河道内最小生态环境用水、工业及城镇用水、农业及河道外生态用水，最大程度地保障了河道内最小生态流量的需求，通过水资源合理配置措施，优化河道内生态环境用水状况及用水过程。

（3）发挥控制性工程的兴利调节作用，保障河道内生态环境用水。

对于河流天然来水年际变化较大、缺乏调蓄工程的河流，应积极推进水资源综合规划、流域综合规划等已列的控制性工程建设，新建工程以保障河流生态流量作为先决条件，通过水库的调蓄作用和科学调度保障河道内生态、河道外经济社会用水需求；若规划无控制性工程的河流，则根据天然低流量大小，确定生态基流与基本生态水量。

参考文献

[1] 中共中央 国务院 关于加快推进生态文明建设的意见［J］. 水资源开发与管理，2015（3）：1-7.

[2] 何振芳，郭庆春，邓焕广，等．南水北调调蓄湖泊水质参数遥感反演及其影响因素［J］. 水资源保护，2021，37（3）：87-95，144.

[3] PRADEEP K N，DAVID A J. Distinguishing human and climate influences on the Columbia River：changes in mean flow and sediment transport［J］. Journal of Hydrology，2011，404（3）：259-277.

[4] GRAFTON R Q，PITTOCK J，DAVIS R，et al. Global insights into water resources，climate change and governance［J］. Nature Climate Change，2013，3（4）：315-321.

[5] 张建云，王国庆，金君良，等．1956—2018年中国江河径流演变及其变化特征［J］. 水科学进展，2020，31（2）：153-161.

[6] 陈昂，隋欣，廖文根，等．我国河流生态基流理论研究回顾［J］. 中国水利水电科学研究院学报，2016，14（6）：401-411.

[7] 李扬，孙翀，刘涵希．福建省域河流生态流量监管与控制目标核定［J］. 水资源保护，2020，36（2）：92-96.

[8] 栾清华，刘存，张俊，等．基于基流比例法的洋河干流生态基流估算［J］. 水利水电技术，2018，49（6）：101-108.

[9] 金纯，姜翠玲，吴为．基于水力水文学法的大渡河上游生态流量确定［J］. 水利水电科技进展，2021，41（2）：8-14.

水利工程专用食品级润滑脂的研究与应用进展

孔垂雨[1]　耿红磊[1]　古文倩[2]

（1. 水利部水工金属结构质量检验测试中心，河南郑州　450044；
2. 黄河机械有限责任公司，河南郑州　450006）

摘　要：针对水利工程启闭机钢丝绳和轴承用工程机械用润滑脂存在污染性、抗水性差、高低温性能差、防护性能弱等情况，结合水利工程各类启闭机的运行工况、运行环境及维护保养周期等特点，研究开发了水利工程专用食品级润滑脂，满足水利工程各类启闭机的润滑使用要求。重点介绍了水利工程专用食品级润滑脂的特性、标准制定和推广应用情况。

关键词：启闭机；食品级润滑脂；研究；应用进展

1　项目研究背景

启闭机是指水利工程中用来开启和关闭闸门、起吊和安放拦污栅的专用永久设备，其质量状况关系到水利工程正常运行和人民生命财产安全，直接影响到社会稳定[1]。为确保启闭机安全运行和闸门顺利启闭，对钢丝绳和轴承等关键部件进行良好的润滑极其重要。

某工程启闭机钢丝绳进行工地现场全行程运转试验时，发生卷筒轴的止轴板固定螺栓断裂情况（见图1），结合当时40 ℃环境温度，检测认为连续运行卷筒轴轴承过热导致出现轴承润滑脂失效，使得轴承和卷筒轴黏连在一起，轴发生周向运动所致，润滑失效严重影响启闭机的安全运行。

某调水工程启闭机安全检测时发现，钢丝绳在工作过程中存在润滑脂结斑变质掉落水中的情况（见图2），轴承在工作过程中润滑脂从轴承部位挤出掉落水中的现象，这都会对水质造成污染；在采用高压水枪清除或擦拭法更换钢丝绳以及轴承润滑脂时，也有不同数量的润滑脂掉入水中，存在污染水体的风险。

图1　止轴板固定螺栓断裂情况

图2　启闭机钢丝绳表面润滑脂结斑变质掉落情况

作者简介：孔垂雨（1986—），男，高级工程师，处长，主要从事水工金属结构检测技术研究工作。

经过深入探讨分析，发现启闭机使用的通用工业润滑脂无法满足水利工程启闭机特殊运行、南北方温度差异等工况需要，对启闭机运行造成安全隐患，并且通用工业润滑脂含铅等重金属物质掉入水体会对水质造成污染，对饮用水源地和输调水工程带来水质安全风险。因此，开发高性能无污染的水利工程专用食品级润滑脂极为必要。

2 水利工程专用食品级润滑脂的特性

2.1 水利工程润滑脂的性能要求

启闭机的工作环境中经常有雨水、冰雪、二氧化碳、含硫气体、风沙、盐雾、盐水及细菌等，这些对钢丝绳及绳芯纤维有较大的腐蚀作用，润滑脂润滑性和防腐蚀性直接影响到钢丝绳和轴承的使用寿命。水利工程在我国南北方各地均有分布，冬夏季温差较大，因此要求所用润滑脂具有良好的高低温性；同时，水利工程启闭机大小不一，大型工程的启闭机设备庞大，其轴承承载负荷较高，要求轴承所用润滑脂具有良好的极压抗磨性；供水工程、饮用水调水工程或饮用水源地工程用启闭机的钢丝绳和轴承等所用润滑脂应无毒无害，对水体不能造成任何污染[2-3]。

2.2 水利工程专用食品级润滑脂的特性

针对现有启闭机用润滑脂的不足，水利部水工金属结构质量检验测试中心与中国石化润滑油有限公司润滑脂分公司联合开展技术攻关，研发了适用于水利工程钢丝绳和轴承的润滑脂，解决了常规润滑脂带来的水体污染问题，并具有优异的高低温性能、抗水性、防锈性、黏附性，在低温条件下也具有很好的润滑作用，并制定出水利工程专用食品级钢丝绳表面润滑脂以及水利工程专用食品级启闭机轴承脂的技术指标，防止启闭机上润滑脂掉入水中造成的水体污染，保证了饮用水安全。

在对水利工程调研的基础上，依据启闭机设备在润滑性、高低温性能、抗水性、防锈性、黏附性、极压抗磨性、无污染等方面的要求，制备了水利工程专用食品级钢丝绳表面润滑脂和轴承润滑脂样品，并通过第三方权威机构进行理化性能、盐雾、重金属检测、毒理学、涉水等试验测试。为进一步验证水利工程专用食品级润滑脂的可靠性、安全性和实用性，选择了南水北调中线河南分局管辖的双洎河渡槽和小浪底水利枢纽下属西霞院水电站两个工地进行现场试验，试验效果良好。最终，确定了水利工程专用食品级钢丝绳表面润滑脂的定型产品长城 SLE-G 钢丝绳表面润滑脂质量指标和试验方法（见表 1）和水利工程专用食品级轴承润滑脂的定型产品长城 SLE-Z 轴承润滑脂 1 号、T1 号、2 号、T2 号的质量指标和试验方法（见表 2）。

表 1 钢丝绳表面润滑脂的质量指标及其试验方法

项目	质量指标	试验方法
外观	浅黄色至白色均匀油膏	目测
不工作锥入度/0.1 mm	220~295	GB/T 269
滴点/℃　不低于	260	GB/T 3498
防腐蚀性（52 ℃，48 h）	合格	GB/T 5018
盐雾试验（45 号钢，168 h，5%NaCl 溶液）/级　不大于	A	SH/T 0081
滑落试验（80 ℃，1 h）	合格	NB/SH/T 0387—2014 附录 B
低温性能（-40 ℃，30 min）	合格	NB/SH/T 0387—2014 附录 C
急性经口毒性测试	无毒	GB 15193.3
重金属测试	合格	IEC 62321
涉水试验	合格	GB/T 5750

表 2　轴承润滑脂的质量指标及试验方法

项目	质量指标				试验方法
	1 号	T1 号	2 号	T2 号	
外观	浅黄色至白色均匀油膏				目测
工作锥入度/0.1 mm	310~340	290~320	265~295	245~275	GB/T 269
滴点/℃，　不低于	240		260		GB/T 3498
低温转矩（-40 ℃）/（mN · m）					SH/T 0338
起动转矩　不大于	700		900		
运转转矩　不大于	150		200		
防腐蚀性（52 ℃，48 h）	合格				GB/T 5018
盐雾试验（45 号钢，168 h，5%NaCl 溶液）/级　不大于	A				SH/T 0081
极压性能（四球机法）烧结负荷（P_D 值）/N　不小于	1961				SH/T 0202
抗磨性能（四球机法）（1 200 r/min，392 N，75 ℃，60 min）磨痕直径/mm　不大于	0.60				SH/T 0204
急性经口毒性试验	无毒				GB 15193.3
重金属测试	合格				IEC 62321
涉水试验	合格				GB/T 5750

2017 年 11 月 16 日，水利部在天津市主持召开"水利工程专用食品级润滑脂"新产品鉴定会。与会专家通过对研制报告、使用情况报告、产品性能检测报告和查询报告等资料的审查，经过质询、答疑后一致认为开发的"水利工程专用食品级润滑脂"填补了我国水利工程专用食品级润滑脂的空白，产品性能达到国际先进水平。

3　标准制定

3.1　企业标准

在产品试制成功后，国内尚无国家标准或行业标准，因此中国石化润滑油有限公司润滑脂分公司于 2017 年 8 月制定并发布了《水利工程专用食品级钢丝绳表面润滑脂》（Q/SH303 0707—2017）和《水利工程专用食品级启闭机轴承润滑脂》（Q/SH303 0708—2017）等两项企业标准，作为组织生产的依据，标准规定了水利工程专用食品级钢丝绳表面润滑脂和轴承润滑脂的要求和试验方法、检验规则及标志、包装、运输和贮存。该企业标准是生产水利工程专用食品级钢丝绳表面润滑脂和轴承润滑脂的主要依据。

3.2　行业标准

在水利工程专用食品级润滑脂产品应用成熟后，相关部门在水利工程启闭机设计、制造安装及验收、安全运行等行业标准制修订过程中均对水利工程专用食品级润滑脂进行了规定。

（1）《水利水电工程启闭机设计规范》（SL 41—2018）[4] 第 3.1.25 款规定：饮用水源、饮用水调水工程中的启闭机，在其吊具轴承、钢丝绳等对水质有不良影响的润滑部位，应使用水利工程专用食品级润滑脂。SL 41—2018 从启闭机设计层面规定水利工程专用食品级润滑脂的应用范围及要求。

（2）《水工钢闸门和启闭机安全运行规程》（SL/T 722—2020）[5] 条文说明第 4.10 条"固定卷样式启闭机维护项目及要求"中规定：对环保要求较高的工程，如供水工程等，在更换大齿轮、小齿轮、钢丝绳润滑脂和减速器润滑油时建议采用食品级润滑油和润滑脂。SL/T 722—2020 从启闭机安全运行层面规定了食品级润滑脂的应用条件。

(3)《水利水电工程启闭机制造安装及验收规范》(SL/T 381—2021)[6] 第5.6款规定：饮用水源地和供水工程中的启闭机应使用食品级润滑油、脂和环保型液压油。SL/T 381—2021从启闭机制造安装及验收层面规定了食品级润滑脂的使用范围。

3.3 团体标准

为进一步规范水利工程食品级润滑脂的应用，水利部水工金属结构质量检验测试中心与中国石化润滑油有限公司润滑脂分公司联合主编了《水利水电工程食品级润滑脂应用导则》(T/CWEA 17—2021)[7]，该标准于2021年12月20日发布，2022年3月20日实施，规定了水利水电工程食品级润滑脂的质量指标、工程应用、贮存和验收等相关要求，适用于水利水电工程中供水工程、饮用水源、饮用水调水工程设备的启闭机钢丝绳、轴承等部件润滑脂的选择。

自此，水利工程专用食品级润滑脂在生产、启闭机设计、启闭机制造安装和运行等环节中的技术要素全部在标准中得以体现，为水利工程专用食品级润滑脂的推广应用奠定了基础。

4 推广应用

4.1 产品证书

2018年10月19日，水利工程专用食品级润滑脂获得美国NSF（美国农业部非食品化合物注册）食品安全与饮用水安全与处理方面认证，可作为食品加工区及周围使用的附带食品接触润滑剂，被授权可以使用NSF标志。2019年4月12日，长城SLE-Z轴承润滑脂1号、T1号、2号、T2号和长城SLE-G钢丝绳表面润滑脂获得中国环境标志（Ⅱ型）产品认证证书。2019年7月25日，水利工程专用食品级润滑脂列入《2019年度水利先进实用技术重点推广指导目录》，获得水利先进实用技术推广证书。2021年4月，获得水利部综合事业局昆仑科技奖一等奖。2022年4月，获得河南省科学技术厅科学技术奖一等奖。

4.2 应用情况

2020年11月，水利部水工金属结构质量检验测试中心召开水利工程食品级润滑脂技术推介会，向参会的设计、制造、建设、运行管理等单位重点推荐。水利工程专用食品级润滑脂具备常用工业级润滑脂的所有性能并有大幅提升，且具有安全无污染的特性，尤其适用于供水工程、饮用水源、饮用水调水工程设备的启闭机钢丝绳、轴承等部件的润滑，目前已在南水北调中线干线工程、小浪底水利枢纽工程、内蒙古河套灌区永济灌域南边分干渠、广东粤港珠三角供水工程等十余个项目上得到应用，效果良好。

4.3 应用前景

据不完全统计，我国已建或在建的引调水工程共130余项[8]，其中16项仅承担生活供水，84项承担生活供水、灌溉供水、工业供水、生态供水等多重供水任务。另外，随着城镇化进一步加速，在目前水资源短缺的背景下，工程供水任务从以工业供水和灌溉供水为主转向兼向生活和生态供水，引调水工程的供水任务逐步向生活和生态供水倾斜。由此可见，在承担生活供水的引调水工程启闭机所用食品级润滑脂需求巨大，具有广阔的推广应用前景。

5 结语

水利工程专用食品级润滑脂在提高饮用水质安全、保障设备安全运行上有创新性突破，显著降低了润滑脂对水源的污染，另外该产品已形成生产、设计、应用等全过程的标准体系，为水利工程专用食品级润滑脂的推广应用奠定了基础。今后，一方面紧密结合推动新阶段水利高质量发展需求，重点加强产品的推广与应用；另一方面加大力度改进工艺降低成本，使其在价格方面具备一定的优势，更好地为加快水环境治理和水生态文明建设提供技术支持。

参考文献

[1] 孔垂雨，洪伟，张海龙．水利工程启闭机事中事后监管的现状与思考［J］，水利技术监督，2022（6）：9-12.
[2] 曹树林，古小七，陈先月，等．水利工程专用食品级启闭机轴承润滑脂的研制及应用［J］，石油商技，2018（1）：11-15.
[3] 包锐、张光辽、谷连帅，等．水利工程专用食品级钢丝绳表面润滑脂的研制及应用［J］，石油商技，2018（2）：31-35.
[4] 中华人民共和国水利部．水利水电工程启闭机设计规范：SL 41—2018［S］．北京：中国水利水电出版社，2018.
[5] 中华人民共和国水利部．水工钢闸门和启闭机安全运行规程：SL/T 722—2020［S］．北京：中国水利水电出版社，2020.
[6] 中华人民共和国水利部．水利水电工程启闭机制造安装及验收规范：SL/T 381—2021［S］．北京：中国水利水电出版社，2022.
[7] 中国水利工程协会．水利水电工程食品级润滑脂应用导则：T/CWEA 17—2021［S］．北京：中国水利水电出版社，2021.
[8] 高媛媛，徐子凯，姚建文，等．中国引调水工程及区域分布特点分析［J］．南水北调与水利科技，2016，14（1）：173-177.

白洋淀生态需水量分析与研究

白亮亮　穆冬靖　齐　静　刘江侠

（水利部海河水利委员会科技咨询中心，天津　300170）

摘　要：本文采用枣林庄水文站1980—2016年平均逐月蒸发和降水资料，结合白洋淀生态水位，计算分析了白洋淀及其下游津保航道的生态需水量，包括蒸发、渗漏以及下游航运和入海生态水量需求。结果表明，随着白洋淀生态补水力度的加大，白洋淀生态水位基本稳定在7.0 m左右，该水位条件下白洋淀及其下游津保航道生态需水总量为3.62亿m^3。本文的研究结果可为白洋淀生态补水配置、水资源保障和生态水网工程规划提供参考和支撑。

关键词：雄安新区；白洋淀；津保航道；生态需水

1　引言

2018年12月，国务院批复《河北雄安新区总体规划（2018—2035年）》[1]。要求开展生态保护与环境治理，建设新时代的生态文明典范城市。强化白洋淀生态整体修复和环境系统治理，建立多水源补水机制，逐步恢复淀区面积，有效治理农村面源污染，确保淀区水质达标，逐步恢复“华北之肾”功能，远景规划建设白洋淀国家公园。近年来，随着引黄入冀补淀工程的实施，白洋淀生态环境得到了明显改善，但考虑到黄河水量的丰枯调整，引黄入冀补淀工程的分配指标1.1亿m^3已不能完全满足其生态用水需求，水资源保障不足，这与恢复“华北之肾”功能，建成新时代的生态文明典范城市不符。《国家节水行动方案》提出要把节水贯穿到经济社会发展全过程和各领域，强化水资源承载能力刚性约束。雄安新区需水是在“以水而定，量水而行”的基础上，对标世界最先进的节水水平前提下进行预测，白洋淀作为雄安新区重要组成部分，有必要分析和确定其合理的生态需水，为雄安新区水资源保障提供依据。

2　研究区概况

白洋淀湿地位于河北省保定市以东，地理坐标为北纬38°43′~39°02′，东经115°38′~116°07′，是华北地区面积最大的淡水湿地[2]。白洋淀由140多个大小不等的淀泊组成。白洋淀上游入淀河流主要有白沟引河、萍河、瀑河、漕河、府河、唐河、孝义河及潴龙河等。目前，白洋淀上游8条入淀河流中，漕河、孝义河、瀑河、白沟引河仅部分季节有水，潴龙河、唐河、萍河长期断流，唯一常年有水的河是府河。下游接赵王新河、赵王新渠入东淀，东淀下游分别经海河干流和独流减河入海。白洋淀及上游入淀河流水系见图1。

3　白洋淀水位年际变化

受天然来水和补水量的影响，白洋淀水位随年代发生不同变化，20世纪50~80年代，受上游开发及气候等因素的影响，淀内水位逐渐降低，从50年代的平均水位7.28 m降至80年代的4.88 m；水面面积从50年代的293 km^2降至80年代的68 km^2。80年代曾发生多次彻底干淀现象，淀内基本无

作者简介：白亮亮（1986—），男，高级工程师，主要从事遥感水文水资源研究工作。

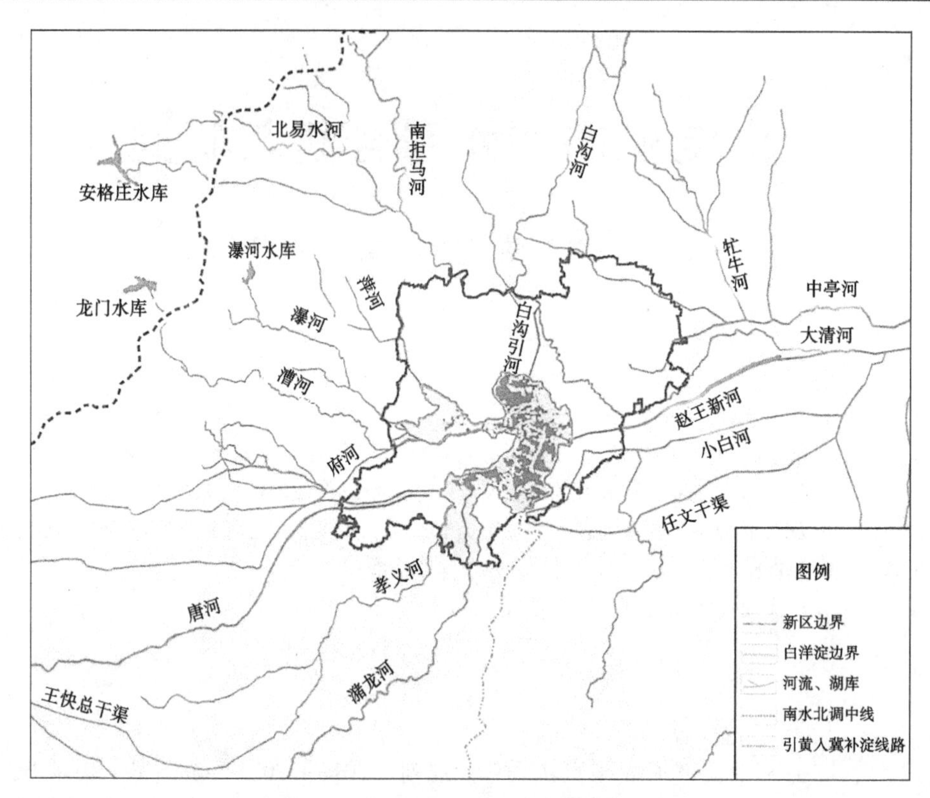

图 1　白洋淀及上游入淀河流水系

水，1984—1988 年连续 5 年干涸，1988 年夏白洋淀得以重新蓄水。

90 年代，白洋淀上游降水充沛，同时受上游水库开闸泄洪的影响，入淀水量增加，淀内水位提升至 6.40 m，水面面积达到 192 km²。2000 年以来，白洋淀以上降水减少，存在干淀现象，在实施上游水库放水和引黄、引岳补淀等人工补水措施后，至 2012 年年均水位在 5.0~6.0 m，水面面积在 90~200 km²，2013 年后，水位在 6.0 m 以上，2017 年新区成立后，加大了白洋淀生态补水力度，水位基本稳定在 7.0 m 左右。2001—2020 年白洋淀平均水位年际变化见图 2。

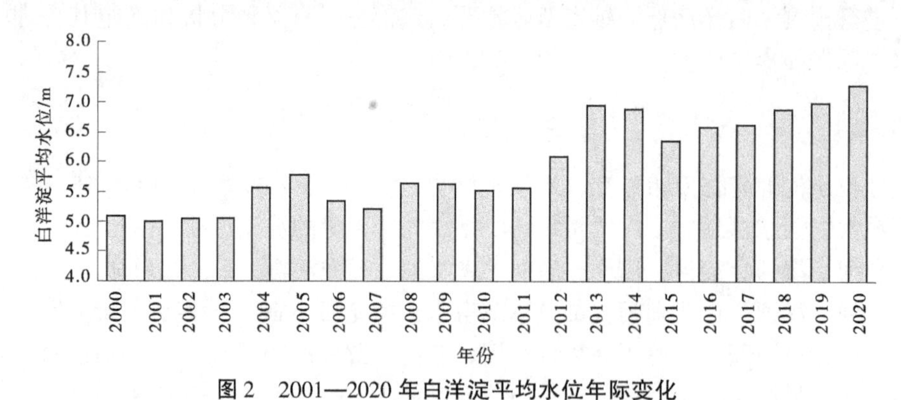

图 2　2001—2020 年白洋淀平均水位年际变化

4　白洋淀生态需水

4.1　白洋淀蒸发渗漏量分析

近年来随着白洋淀生态补水的实施，白洋淀正常水位达到 6.5~7.0 m。本文的白洋淀蒸发渗漏量按 7.0 m 水位进行计算，对应的水面面积为 304 km²，其中芦苇面积 78.72 km²，约占白洋淀面积的 30%。白洋淀蒸发损失量利用净损失法计算，其中净蒸发量采用枣林庄水文站 1980—2016 年多年平均逐月蒸发，同时考虑了湿地植被（主要为芦苇、稻田）和淀区陆地农作物蒸散发量，扣除同期降雨确定。水面面积采用白洋淀水位-面积关系表对应水面面积，苇田耗水量与稻田相近，其耗水量（蒸腾量）采用自然水面蒸发的1.2倍计算。计算结果表明，当白洋淀水位为7.0 m时，水面蒸发量为1.28亿m^3，植被蒸散发（芦苇、稻田和农作物）量为0.45亿m^3。枣林庄1980—2016年多年平均逐月蒸发量和降水量见表1。

表1　枣林庄1980—2016年多年平均逐月蒸发量和降水量　　单位：mm

月份	蒸发量	降水量	差值
1	17	1	16
2	25	4	21
3	66	11	55
4	114	22	92
5	139	31	108
6	142	65	77
7	118	158	-40
8	102	98	4
9	85	56	28
10	63	19	44
11	34	12	22
12	18	2	16
全年	923	479	444

白洋淀渗漏量主要为周边堤防与白洋淀周边排泄量之和，渗漏量参照河北省水科所模拟的白洋淀不同水位-周边渗漏量拟合曲线[3]，依据对应水位确定渗漏量。白洋淀淀区水位达到7.0 m时，周边渗漏量为11.15万m^3/d，结果表明当白洋淀水位为7.0 m时，渗漏量为0.41亿m^3。因此，白洋淀蒸发渗漏需水总量为2.14亿m^3，其中水面蒸发量为1.28亿m^3、植被蒸散发量（芦苇、稻田和农田蒸散发量）为0.45亿m^3、白洋淀渗漏量为0.41亿m^3。白洋淀蒸发渗漏需水量统计见表2。

表2　白洋淀蒸发渗漏需水量统计

生态水位/m	白洋淀蒸发渗漏需水量/亿m^3			
	水面蒸发量	芦苇、稻田和农田蒸散发量	白洋淀渗漏量	合计
7.0	1.28	0.45	0.41	2.14

4.2　下游津保航道需水量分析

津保航道包括赵王新河段（枣林庄枢纽到西码头闸段）和大清河段（西码头闸到独流减河进洪闸段），全长75 km，主要以防洪排涝、生态为主，兼顾输水、景观、航运，未来规划Ⅲ级航道旅游通航水平。考虑《河北省大运河文化保护传承利用实施规划——河道水系治理管护专项规划》[4]中对白洋淀下游河道旅游通航的要求，下游津保航道基本生态需水量主要考虑航运、航道两岸岸边植被用水需求。计算结果表明，津保航道蒸发渗漏量为0.52亿m^3、岸边植被需水量0.01亿m^3、航道下泄水量为 0.20 亿 m³，总的需水量为 0.73 亿 m³。依据《海河流域综合规划（2012—2030 年）》[5]，独流减河入海水量为 1.24 亿 m³，按照大清河北支和南支的贡献率，测算南支即白洋淀应下泄水量为 0.95 亿 m³。综上所述，下游津保航道生态需水量为 1.48 亿 m³，见表 3。

表 3　下游津保航道及生态需水量　　单位：亿 m³

河段	分段			蒸发渗漏量	岸边植被需水量	下泄水量	生态需水量
津保航道	赵王新河	枣林庄枢纽	西码头闸	0.45	0.008	0.95	1.48
	大清河	西码头闸	独流减河进洪闸	0.07	0.006		
合计				0.52	0.01		

4.3　白洋淀总生态需水量

综合考虑白洋淀蒸发渗漏和下游津保航道及生态水量需求，白洋淀生态水位稳定在 7.0 m 时，总生态需水量为 3.62 亿 m³，其中白洋淀蒸发渗漏损失量为 2.14 亿 m³、下游津保航道生态需水量为 1.48 亿 m³。白洋淀总生态需水统计见表 4。

表 4　白洋淀生态需水预测

生态水位/m	白洋淀蒸发渗漏损失量/亿 m³				生态需水量/亿 m³	合计/亿 m³
	水面蒸发量	芦苇、稻田和农田蒸散发量	白洋淀渗漏量	小计		
7.0	1.28	0.45	0.41	2.14	1.48	3.62

5　结论与建议

近年来，随着雄安新区建设和华北地区河湖复苏行动的开展，为改善白洋淀水生态水环境状况，河北省统筹利用引黄水、引江水、上游水库水及再生水，积极向白洋淀进行生态补水。现状水资源开发利用条件下，若不考虑引江和上游水库等生态补水措施，白洋淀还有一定的生态用水缺口。因此，需要统筹当地地表水与外调水等水源，常态化补水与相机补水相结合，多源互补、丰枯互济，才能保障白洋生态用水需求，改善淀区水动力条件，提升淀区自净能力。

5.1　提升水源工程保障能力

建立水库补淀绿色通道，规划完善上游大中型水库入淀通道，实施河湖水系连通工程建设，加强水库联合调度，保障白洋淀生态用水需求。未来结合地下水超采治理和水资源配置安排，有计划地关停生活、工业和部分农业灌溉地下水井，涵养地下水，恢复地下水战略储备功能。

5.2　发挥外调水供水工程效益

现状外调水工程主要有南水北调中线一期工程和引黄入冀补淀工程，规划建设的引江补汉工程和东线二期工程增加新区水量份额，解决白洋淀用水需求。规划建设雄安干渠、天津干渠引水支渠、保沧干渠引水支渠共 3 条外调水供水工程，形成雄安新区“三横”骨干供水格局，提高供水保证率。

5.3　建立生态用水补偿机制

落实《白洋淀生态环境治理和保护条例》，建立以水为核心的生态空间管控制度。通过资金补偿等方式，逐步建立健全新区对白洋淀以上地区生态补偿机制。制定以地方补偿为主、中央财政给予支持的补偿资金筹集机制。

5.4　提升智慧化管理水平

基于不同的水文、气象和社会经济条件，构建生态流量调度预案等，为实现白洋淀水资源优化配置和科学调度提供智慧化预案。构建生态流量监管平台，实现白洋淀及主要入淀河流生态流量（水量、水位）保障情况在线监管。

参考文献

[1] 中国城市规划设计研究院．河北雄安新区总体规划（2018—2035 年）［R］．北京：中国城市规划设计研究院，2019.

[2] 许士国，马涛，王昊．芦苇沼泽湿地蒸散发分离量测方法及应用研究［J］．中国科学：技术科学，2012，42（3）：325-332.

[3] 刘建芝，魏建强．白洋淀蒸发渗漏与补水量计算分析［J］．水科学与工程技术，2007（1）：15-16.

[4] 河北省水利厅．河北省大运河文化保护传承利用实施规划——河道水系治理管护专项规划［R］．石家庄：河北省水利厅，2021.

[5] 水利部海河水利委员会．海河流域综合规划（2012—2030 年）［R］．天津：水利部海河水利委员会，2013.

以郑州雨园为例探讨海绵城市年径流总量控制率分析方法

韩卫娜[1]　纪思羽[2]　张瑞粉[3]　王　雅[3]

（1. 黄河勘测规划设计研究院有限公司，河南郑州　450003；
2. 郑州市经纬广场，河南郑州　450003；
3. 郑州市碧沙岗公园，河南郑州　450003）

摘　要：以河南省郑州市雨园为研究对象，借助传统的分区加权计算法和构建 SWMM 模型分别计算该区域采用低影响开发设施后的年径流总量控制率，对比分析两种方法的优劣性，为其他地区开展类似研究和公园海绵城市设计提供参考。

关键词：年径流总量控制率；海绵城市；低影响开发设施；SWMM

1　研究背景

海绵城市指城市在适应环境变化和应对雨水带来的自然灾害等方面具有良好的消纳能力，国际通用术语为“低影响开发雨水系统构建”。2014 年 11 月，我国住房和城乡建设部结合国外先进雨水管理理念提出了《海绵城市建设技术指南——低影响开发雨水系统构建（试行）》，为我国海绵城市建设提供技术指导。如今，海绵城市已成为构建绿色建筑建设、低碳城市发展、智慧城市形成的一种创新形式。

2　研究对象

郑州市位于华北平原南部、黄河下游，为北温带大陆性季风气候，冷暖气团交替频繁，春夏秋冬四季分明。全年平均降雨量为 640 mm 左右，降雨时间主要集中在每年的 7 月、8 月、9 月，降雨时间、降雨空间分布不均，属于典型的资源型缺水城市。

郑州雨园位于郑州市中心城区中东部，以周边道路中心线为界，划定绿地海绵汇水范围为 21 979 m^2，其中绿化面积为 13 989 m^2，占总用地面积的 63.65%。

郑州雨园的建设目标是有效削减径流总量及径流峰值，控制园区内雨水不外排，设计目标年径流总量控制率为 85%。结合郑州市水文条件、降雨特征、内涝防治等要求，在充分考虑项目立地条件、雨水径流控制目标及实施可行性、科学性的情况下，在郑州雨园内设置蓄水池、湿塘、雨水花园、旱溪、植草沟、透水铺装等低影响开发设施。其中，绿化面积的 25% 为下沉式绿地，以增加雨水渗透量，净化雨水；下沉式绿地的下凹深度根据植物耐淹性和土壤渗透性确定，为 100～200 mm。公园内小广场、园路、汀步等区域按照 80% 面积设置渗透铺装；使用材料有生态砂基透水砖、透水混凝土、植草砖等。借助这些工程手段及透水基层下的排水沟，将渗透的雨水传输至地下雨水管道和下凹式绿地，以达到转输雨水、降低地表径流、补充城市地下水的目的。

作者简介：韩卫娜（1982—），女，高级工程师，主要从事市政道桥设计工作。
通信作者：纪思羽（1988—），女，工程师，主要从事园林绿化管理工作。

3 人工测算方法

3.1 汇水分区划分

该公园共设置一个外排出水口，故属于相对独立的排水分区。以郑州市金水区管网 CAD 图纸为基底，结合郑州雨园总平面图及景观设计方案，再依据地形、标高等信息绘制出 10 个典型地块排水分区，并针对各个分区具体情况，因地制宜地布置若干低影响开发设施，每个分区都作为独立的单元进行核算。

从合理性和计算便捷性考虑，采用分区加权法计算年径流总量控制率，将每个分区的年径流总量控制率按照各分区汇水面积进行加权平均，计算项目可达到的年径流总量控制率。

3.2 设施规模计算

设计低影响开发设施时，设施本身具有的调蓄容积应满足“单位面积控制容积”指标要求。分区的设计调蓄容积采用容积法计算[1]，公式如下：

$$V = 10H\phi F \tag{1}$$

式中：V 为设计调蓄容积，m^3；H 为设计降雨量，按 1 h 降雨量考虑，mm；ϕ 为综合雨量径流系数，按照表 1 进行加权平均计算；F 为汇水区面积，hm^2。

表 1　海绵设施布设一览表

分区	面积/m^2	渗透铺装面积/m^2	不透水铺装面积/m^2	绿地面积/m^2	水体面积/m^2	建筑面积/m^2	综合雨量径流系数	年径流总量控制目标/%	设计降雨量/mm	调蓄容积/m^3
S1	1 679. 15	637. 52	107. 25	822. 66	0	111. 73	0. 30	50	11. 5	5. 88
S2	1 764. 68	168. 22	355. 59	982. 48	38. 40	219. 99	0. 43	60	15. 5	11. 69
S3	2 105. 15	511. 36	32. 16	1 561. 63	0	0	0. 20	85	34. 2	14. 25
S4	2 334. 04	655. 23	57. 66	1 492. 42	13. 10	115. 63	0. 25	75	24. 5	14. 44
S5	2 317. 23	245. 78	52. 78	1 374. 97	580. 94	62. 77	0. 42	70	21. 2	20. 46
S6	2 523. 86	295. 67	32. 82	1 775. 02	0	420. 35	0. 30	85	34. 3	26. 16
S7	2 666. 09	682. 46	75. 83	1 786. 60	61. 28	59. 93	0. 25	80	29. 6	19. 42
S8	2 702. 85	179. 38	93. 78	1 645. 84	737. 63	46. 22	0. 43	75	24. 5	28. 53
S9	1 497. 69	425. 42	0	1 072. 27	0	0	0. 19	85	34. 3	9. 89
S10	2 388. 27	554. 79	288. 79	1 474. 78	0	69. 92	0. 30	75	24. 5	17. 41
合计	21 979. 01	4 355. 83	1 096. 66	13 988. 67	1 431. 35	1 106. 54	0. 31	75	24. 5	168. 13

径流系数是联系降雨量和径流量的纽带，通过对径流系数进行分析可以判断监测数据准确性以及得到典型地块的径流总量控制率[2]。不同汇水面性质的雨量径流系数选取《建筑与小区雨水利用工程技术规范》(GB 50400—2016) 中关于径流系数的参考建议值，然后采用加权法计算各个汇水分区的综合雨量径流系数，公式如下：

$$\phi_{综合} = (\phi_{铺装} F_{铺装} + \phi_{绿地} F_{绿地} + \phi_{水面} F_{水面} + \phi_{建筑} F_{建筑})/F_{总面积} \tag{2}$$

加权计算得到整个汇水区的综合雨量径流系数 $\phi_{综合}=0.31$。具体分区见图 1，各分区详细情况见表 1。

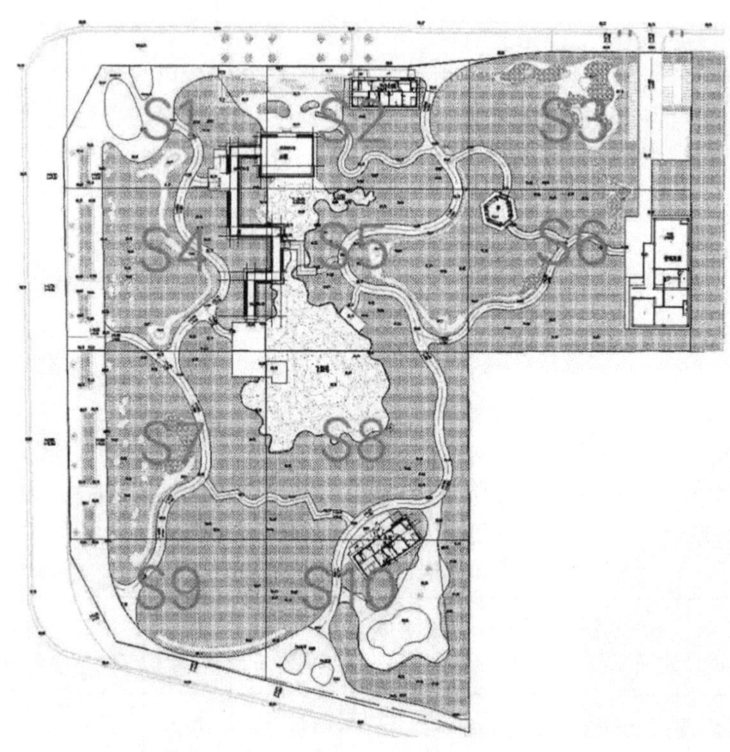

图 1　雨园分区情况示意图

参照《郑州市海绵城市规划设计导则（试行）》（郑政办文〔2016〕50 号），结合各个汇水分区基底情况及所设低影响开发设施可分别得出分区 S1～S10 的年径流总量控制率及对应设计降雨量，代入式（1），进一步计算得出各汇水分区的调蓄容积。分区 S1～S10 的调蓄容积之和，即为整个郑州雨园的调蓄总容积。最终 $V_{总}=167.07\ m^3$，雨园整体年径流总量控制率为 75%，能够基本满足《郑州市海绵城市规划建设管理指导意见（试行）》中“新开发区域，年径流总量控制率宜为 75%～85%”的目标要求，但未达到设计方案中年径流总量 85%的控制目标。

4　构建 SWMM 模型

以研究区域附近监测中心收集的数据为基础，建立对应的 SWMM 模型，对郑州雨园的雨水径流情况进行模拟，并通过数据对 SWMM 模型进行参数率定和校验以保证模拟结果的准确性。

4.1　SWMM 模型概化及汇水区划分

分析研究本区域的雨水管线、地面高程等有关资料后，以各子汇水区降雨强度完全相同为假设对该公园进行模型概化，具体步骤如下：

（1）标注区域内的社会单元，结合已创建的排水管拓扑结构，删除多余排水管网。

（2）结合郑州雨园施工图等相关资料划分子汇水区，将地表径流分配到相应雨水井，并标示雨水径流走向。

（3）将采用的低影响开发设施分别布置于所在汇水区。

结合该公园 CAD 设计图纸及 SWMM 建模要求，最终将该研究区域划分为 10 个汇水分区，包含 21 个雨水井、68 条管道和 1 个排放口。

4.2　模型参数与基础数据

涉及参数包括子汇水区面积、不透水率、各类低影响开发参数的设置等，另有一部分参数是模型运算过程中衍生出的一些参数。结合 SWMM 用户手册及相关参考文献［3-4］折中取推荐值。

4.3 降雨情况

根据《城市暴雨强度公式编制和设计暴雨雨型确定技术导则》中推荐的短历时雨型，由于芝加哥雨型的降雨强度过程容易模拟，降雨峰值不受降雨历时影响，且对资料的详尽度要求较低，故采用其作为本研究的设计雨型。

郑州地区暴雨强度公式采用：

$$i = \frac{18.348 \times (1 + 0.892\lg P)}{(t + 15.1)^{0.824}} \tag{3}$$

式中：i 为暴雨强度，mm/min；P 为重现期，年；t 为降雨历时，min。

式（3）为中国机械工业第四设计研究院根据 26 年降雨资料采用数理统计法编制，收录在《给水排水设计手册》《建筑给水排水设计手册》《民用建筑工程设计技术措施——给水排水》等众多较权威的设计手册及华北六省市区 12 系列标准图集的建筑、给排水专业图集中，是历史最悠久、影响最广泛的公式。

根据式（3），分别选取 6 种重现期 0.5 年、1 年、2 年、3 年、5 年、10 年。为了与人工测算方法中的降雨时间保持一致，设定降雨历时为 1 h，雨峰系数 $r=0.4$（暴雨强度最大时），得到设计暴雨强度数据见表 2。

表 2　郑州市不同重现期 1 h 降雨量

重现期 P/年	1 h 累计降雨量/mm	重现期 P/年	1 h 累计降雨量/mm
0.5	23.043	3	44.908
1	31.502	5	51.144
2	39.960	10	59.602

4.4 模拟结果

根据郑州雨园雨水系统模型在不同重现期下总降雨量和地表径流的实际情况，结合式（4）可得年径流总量控制率，见表 3。

$$年径流总量控制率 = \frac{总降雨量 - 地表径流}{总降雨量} \times 100\% \tag{4}$$

表 3　不同重现期年径流总量控制率

重现期/年	总降雨量/mm	蓄水量/mm	地表径流量/mm	径流系数	年径流总量控制率/%
$P=0.5$	25.082	14.762	6.346	0.253	74.7
$P=1$	34.003	15.983	11.731	0.345	65.5
$P=2$	42.902	17.442	18.019	0.420	58.0
$P=3$	48.113	18.395	21.940	0.456	54.4
$P=5$	54.686	19.231	27.070	0.495	50.5
$P=10$	63.605	20.016	34.410	0.541	45.9

4.5 径流总量分析

通过 SWMM 软件模拟，结合表 3 发现：①随着重现期增大，总降雨量、蓄水量、地表径流量均逐步增大。当重现期大于 2 年之后，蓄水量增速明显变缓，蓄水量逐渐接近稳定值；这说明此时土壤的吸水能力已接近饱和，各种低影响开发设施的储水量也达到了最大峰值。②随着重现期逐步增大，径流系数也逐渐增大，这说明公园内设置的低影响开发措施对重现期较小的降雨效果显著，但面对暴雨或者更为严峻的降雨时，发挥作用有限，这与宫永伟等[3] 的研究结论“低影响开发设施主要针对城市中小降雨，雨水径流控制效果显著，而对暴雨事件的控制效果较差”相一致。

5 结论

运用人工测算和 SWMM 软件模拟两种方法分析研究郑州雨园海绵城市建设情况，得到的研究结果如下：

（1）不同重现期下，两种方法得到的年径流总量控制率最大值分别为 75%和 74.7%，均未达到设计方案中 85%的控制目标，原因在于郑州雨园施工过程中建设经费有所压缩，导致材料的选用标准和施工工艺有调整；而且模拟计算的地表径流为理想状态，与实际情况有一定出入；地下管网也较为复杂，其内部拓扑关系与建模数据存在客观误差。

（2）在理想状态下，年径流总量控制目标主要通过控制中小降雨事件实现。

（3）当研究对象汇水面积较大，需要进一步详细划分各子区块年径流总量控制率，且具备详尽基础资料时（如土壤情况、绿化情况、铺装情况、竖向情况等），建议优先选用 SWMM 软件模拟，能够得到更为准确的结果。

海绵城市建设是一个复杂性、系统性工作，年径流总量控制率的计算只是海绵城市设计的基础步骤，其海绵作用的发挥离不开合理的汇水区划分、竖向设计、排水设计、植物选择等工作。因此，一定要从整体化、精细化的角度科学开展海绵城市设计。当前环境气候变化，持续降雨、暴雨等恶劣天气频发，而我国 70%以上的城市设计暴雨重现期只有 1 年，建议在设计之初提高设计暴雨重现期，这样才能达到理想控制效果，切实解决城市内涝问题。

参考文献

[1] 潘国庆，车伍，李俊奇，等．中国城市径流污染控制量及其设计降雨量［J］．中国给水排水，2008，24（22）：25-29.

[2] 胡欣逸．海绵城市年径流总量控制率的计量计算方法研究——以重庆市璧山区为例［D］．重庆：重庆大学，2019.

[3] 宫永伟，傅涵杰，印定坤，等．降雨特征对低影响开发停车场径流控制效果的影响［J］．中国给水排水，2018，34（11）：119-125.

[4] 姜芊孜，俞孔坚，王志芳．基于 SWMM 的陂塘系统雨洪调蓄能力及应用研究［J］．中国给水排水，2018，34（11）：132-138。

大清河水生态系统恢复探讨

齐　静　穆冬靖

（水利部海河水利委员会科技咨询中心，天津　300170）

摘　要：20 世纪 70 年代以来，随着大清河流域大中型水库的建设和水资源开发利用的提高，中下游河流开始发生不同程度的干涸断流，湿地面积大幅减少，地下水超采严重。随着雄安新区的成立，恢复大清河流域水生态系统的迫切性更为突出。本文在分析流域水生态环境的基础上，分析多水源多渠道水源供给，确定了补水河流及补水线路，提出了"十四五"期间大清河流域（白洋淀）通过生态补水方式恢复水生态系统的建议，可为今后一段时间流域水生态系统恢复提供参考。

关键词：水生态系统恢复；生态补水；补水水源；补水方案

1　引言

大清河流域水资源禀赋条件差，人均水资源量 152 m^3，仅相当于全国平均水平的 7.6%。长期以来由于经济社会用水大大超过水资源承载能力，造成河湖生态用水被挤占，地下水严重超采，引发了河道断流、湖泊湿地萎缩、地下水资源枯竭等生态环境问题[1-3]。

党中央、国务院高度重视河湖保护与地下水超采治理工作。习近平总书记多次做出指示批示，必须高度重视水资源短缺、地下水问题，修复华北平原地下水超采及地面沉降。李克强总理强调，加强水利建设，解决华北地下水严重超采和亏空。胡春华副总理多次主持召开专题会议，研究部署华北地区河湖复苏与地下水超采治理工作。

为解决华北地区地下水超采问题，2019 年水利部、财政部、国家发展改革委、农业农村部联合印发了《华北地区地下水超采综合治理行动方案》。2021 年 12 月，水利部印发《关于复苏河湖生态环境的指导意见》和《"十四五"时期复苏河湖生态环境实施方案》，提出断流河流、萎缩干涸湖泊修复与地下水超采综合治理等目标和要求。

为恢复华北地区水生态，解决华北地区地下水超采，水利部从 2018 年开始组织开展了河流生态补水工作，均涉及大清河流域。2018 年开展了滹沱河、滏阳河、南拒马河等 3 条试点河流生态补水工作。2019 年，利用南水北调中线水、上游水库水、再生水、引黄水等水源为南拒马河、瀑河、唐河、沙河—潴龙河、白洋淀等补水，累计补水 11.18 亿 m^3。2020 年，利用南水北调中线水、上游水库水、再生水、引黄水等水源为南拒马河、瀑河、唐河、沙河—潴龙河、北拒马河、白洋淀等补水，累计补水 15.01 亿 m^3。2021 年夏季实施了滹沱河、大清河（白洋淀）生态补水，累计补水 0.56 亿 m^3。

2　补水水源分析

根据近年大清河流域河流历次实际补水情况分析，白洋淀上游入淀河流补水水源主要为上游水库水和南水北调中线水[3]，白洋淀补水水源主要为上游河流入淀水、引黄水、再生水，赵王新河和大清河补水水源为白洋淀下泄水量。独流减河进洪闸以下现状常年有水，水源主要为再生水（2019 年

作者简介：齐静（1979—），女，高级工程师，主要从事水资源规划、防洪规划等工作。

开始）和引滦水。

2.1 当地地表水

采用1956—2016年水文系列进行分析，经调算正常来水年份，西大洋水库、王快水库、安格庄水库可向下游河道下泄生态水2.0亿~3.0亿 m^3。旺隆水库可根据上游来水情况相机补水。

2.2 再生水

保定市鲁岗污水处理厂、银定庄污水处理厂、溪源污水处理厂3座污水处理厂处理后再生水可通过府河进入白洋淀，污水处理厂设计处理规模分别为8万 m^3/d、8万 m^3/d、16万 m^3/d，现状年处理污水量约7 910万 m^3。高阳县联合环境水务（高阳）有限公司污水设计处理规模为20万 m^3/d，2016年污水实际处理量6 461万 m^3，污水处理再利用量62万 m^3，其余均排入孝义河。

2.3 外流域调水

引黄入冀补淀工程渠首设计引水总流量为150 m^3/s，其中河北省受水区设计引水流量为67.8 m^3/s。2020年11月，签订的《引黄入冀供水协议》规定，南水北调东、中线工程生效后，河北省多年平均引黄水量6.2亿 m^3（渠首断面）。年度供水规模及各线路具体供水规模视当年黄河水情及河北省用水计划，由黄河水利委员会商河北省及沿线有关省水利厅确定。

南水北调中线工程河北段渠首流量235~265 m^3/s，出河北境流量50~60 m^3/s，在保障正常供水目标的前提下，可利用丹江口水库蓄水量或丰水年部分弃水，通过北易水退水闸、北拒马河退水闸、沙河退水闸、瀑河退水闸和唐河退水闸，分别向南拒马河、北拒马河、沙河—潴龙河、瀑河和唐河补水，各退水闸设计流量分别为30 m^3/s、25 m^3/s、82.5 m^3/s、50 m^3/s、67.5 m^3/s。

3 补水河流及线路

现状北拒马河的北拒马河退水闸至永乐村，南拒马河的北易水退水闸至易县定兴界，赵王新河的枣林庄枢纽至冀津界等3段为常年有水河段，河长约105 km，其余河段均存在不同程度的断流（干涸）。

按照补水水源情况和河流现状情况分析，可对北拒马河、南拒马河、瀑河、唐河、沙河—潴龙河等5条河流进行生态补水，其中南拒马河、瀑河、沙河—潴龙河等3条河流视水源情况可择机实施集中贯通补水，集中贯通补水期间，实现入淀河流—白洋淀—赵王新河—大清河河段全线贯通，下游水面与独流减河进洪闸相接。白洋淀依靠上游入淀河流来水、再生水和引黄水进行生态补水，白洋淀下泄生态水补充赵王新河和大清河干流（见表1）。

表1 大清河生态补水河流线路情况

水系	河流线路	补水河长/km	补水河段范围	
			起始断面	终止断面
北支	北拒马河—白沟河	95.3	北拒马河退水闸	白洋淀
	北易水河—南拒马河	79.0	北易水退水闸	白洋淀
南支	瀑河	61.1	瀑河退水闸	白洋淀
	唐河	107.4	唐河退水闸	白洋淀
	沙河—潴龙河	140.3	沙河退水闸	白洋淀
	赵王新河	45.3	枣林庄枢纽	入大清河口
	大清河干流	30.2	赵王新河汇入口	独流减河进洪闸

4 补水方案

4.1 年补水方案

经分析正常来水年份，大清河生态环境复苏年补水量 7.7 亿～10.1 亿 m^3、其中引江水补水 4.2 亿～5.0 亿 m^3、引黄水补水 1.8 亿～2.0 亿 m^3、当地水库补水 1.1 亿～2.1 亿 m^3、再生水补水 0.6 亿～1.0 亿 m^3。

北拒马河：正常来水年份，南水北调中线水从北拒马河退水闸向下游补水，年补水量 0.4 亿～0.5 亿 m^3，入渗水量 0.3 亿～0.4 亿 m^3。

南拒马河：正常来水年份，安格庄水库下泄 0.5 亿～0.6 亿 m^3；南水北调中线水从北易水退水闸向下游河道补水 0.8 亿～1.0 亿 m^3；再生水补水 0.1 亿～0.2 亿 m^3；年补水量 1.4 亿～1.8 亿 m^3，入渗水量 0.5 亿～0.6 亿 m^3。

唐河：正常来水年份，西大洋水库下泄水量 0.2 亿～0.7 亿 m^3；南水北调中线水从唐河退水闸向下游河道补水 0.8 亿～0.9 亿 m^3；再生水补水 0.1 亿～0.2 亿 m^3；年补水量 1.1 亿～1.8 亿 m^3，入渗水量 0.8 亿～1.2 亿 m^3。

瀑河：正常来水年份，南水北调中线水从瀑河退水闸向下游补水 1.0 亿～1.2 亿 m^3，入渗水量 0.7 亿～0.8 亿 m^3。

沙河—潴龙河：正常来水年份，王快水库下泄水量 0.4 亿～0.8 亿 m^3；南水北调中线水从沙河退水闸向下游河道补水 1.2 亿～1.4 亿 m^3；年补水量 1.6 亿～2.2 亿 m^3，入渗水量 1.4 亿～1.8 亿 m^3。

白洋淀：正常来水年份，引黄入冀补淀工程补水 1.8 亿～2.0 亿 m^3；再生水补水 0.4 亿～0.6 亿 m^3；上游河流入淀水量 1.0 亿～1.2 亿 m^3；年入淀水量 3.2 亿～3.8 亿 m^3，入渗水量 0.2 亿～0.3 亿 m^3。

4.2 集中贯通补水方案

根据上游来水及水库蓄水情况分析，一般可选择每年主汛期前的 4—5 月实施补水约 30 d，择机进行集中贯通补水。集中贯通补水可在南拒马河、瀑河和沙河—潴龙河等 3 条河流中选择。在保障防洪安全的前提下力争向下游赵王新河、大清河延伸。贯通可按两组线路考虑，一组为南拒马河、瀑河，另一组为沙河—潴龙河。

如选择南拒马河、瀑河进行集中贯通补水，需补水 0.7 亿～0.8 亿 m^3。可选择南水北调中线补水 0.5 亿～0.6 亿 m^3，当地水库补水 0.1 亿～0.2 亿 m^3。南拒马河补水方案可选择安格庄水库、旺隆水库以 10～20 m^3/s 下泄补水，南水北调中线水以 6 m^3/s 从北易水退水闸向下游补水，共补水 0.3 亿～0.4 亿 m^3，实现南拒马河贯通，下泄水量经新盖房枢纽进入白沟引河并向白洋淀补水 0.1 亿～0.2 亿 m^3；瀑河补水方案可选择南水北调中线水从瀑河退水闸以 12 m^3/s 向下游补水，补水 0.3 亿～0.4 亿 m^3，实现瀑河贯通，并向白洋淀补水 0.1 亿～0.2 亿 m^3。选择沙河—潴龙河进行集中贯通补水，需补水 3.0 亿～3.5 亿 m^3。

集中贯通期间，入淀河流可依靠安格庄水库、旺隆水库、王快水库、西大洋水库、瀑河水库、南水北调中线等水源实施补水，其中南水北调中线补水 0.6 亿～1.4 亿 m^3，本地水库下泄 0.5 亿～1.0 亿 m^3。白洋淀承接上游河流入淀水量，保持水位不低于 6.5 m。赵王新河、大清河可利用白洋淀下泄水量补水 0.4 亿～0.6 亿 m^3，与独流减河连通。正常来水情况下，贯通补水量 1.1 亿～2.4 亿 m^3，入渗水量 0.3 亿～0.8 亿 m^3。独流减河段可依靠再生水年均补水 1 亿～1.5 亿 m^3，维持常年有水。在来水较多的情况下，沙河—潴龙河实施贯通补水量需增加 2 亿～3 亿 m^3。

赵王新河：利用白洋淀下泄水量补水 0.4 亿～0.6 亿 m^3。

大清河：承接赵王新河来水 0.3 亿～0.4 亿 m^3。通过集中贯通补水（补水时长约 45 d），白洋淀以上南拒马河、瀑河和沙河—潴龙河至少 1 条河流可实现贯通。白洋淀可通过引黄入冀补淀补水 1.8 亿～2.0 亿 m^3，通过上游河流入淀 1.0 亿～1.2 亿 m^3，再生水补水 0.4 亿～0.6 亿 m^3，保障年入淀水量 3.2 亿~3.8 亿 m^3，满足白洋淀蒸发渗漏需水 2.6 亿 m^3，（对应水位 7.0 m，1985 国家高程基准）并向下游延伸。独流减河进洪闸以下独流减河有再生水和引滦水汇入，可实现常年有水。

5 结语

在加强河道管护，落实大清河岸线保护与利用规划约束，构建责任明确、分级管理、监管严格、保护有力的河湖管理保护机制；强化取用水管理，加强生态水量保障，统筹多水源合理配置，提高水资源集约节约利用水平，优化生态水量调度；强化取用水管理，严控区域地下水超采，实施大清河地下水超采综合治理，逐步实现地下水采补平衡等措施基础上，利用上游水库水、再生水、引江水、引黄水等实施生态补水，维持白洋淀生态水位，有序恢复入淀河流生态，逐步提升地下水位，填补地下水亏空，推动赵王新河实现旅游通航。打造以白洋淀为中心的“一线（北支白沟河—赵王新河—大清河—独流减河）一淀”河湖水生态廊道，形成连接北京—雄安—天津的京津冀南部生态屏障。

实现“十四五”期间，正常来水年份年补水 7.7 亿~10.1 亿 m^3，入渗水量 3.9 亿~5.1 亿 m^3；力争实现每年 1~2 条入淀河流全线贯通，集中贯通补水 1.1 亿~2.4 亿 m^3。白洋淀水位不低于 6.5 m，连通赵王新河，并向赵王新河下泄生态水量。赵王新河在集中贯通补水期间满足Ⅳ级航道通航要求。大清河流域内地下水基本实现采补平衡，地下水位持续回升。

参考文献

[1] 谭红武，陈一迪，诸葛亦斯，等. 白洋淀上游河流生态流量确定研究［J］. 中国水利，2021，922（16）：22-24.

[2] 王庆明，姜珊，李森，等. 大清河流域山区径流量衰减影响因素［J］. 南水北调与水利科技（中英文），2021，19（4）：669-679.

[3] 侯思琰，徐鹤，刘德文，等. 大清河流域主要河流与湿地生态水量计算与保障分析［J］. 吉林水利，2021，471（8）：1-4.

基于 AQUATOX 的石家庄景观水体生态模拟

翟晶烁

（河北省石家庄水文勘测研究中心，河北石家庄　050000）

摘　要：石家庄属于资源型缺水地区，尤其是城市景观水体更为短缺，本文利用 AQUATOX 水生态系统模型，模拟城市景观水体利用污水处理厂退水补水后藻类浓度变化情况，得到藻类的生长规律和富营养化暴发的时间。城市景观水体退水补水后，拟利用投放水生动植物与水库换水相结合的方式对水质进行改善，进而避免引发富营养化。为城市景观水体生态系统达到平衡状态提供科学依据。

关键词：AQUATOX 水生态系统模型；城市景观水体；退水补水

水是生命之源、生产之要、生态之基。石家庄市水资源面临的形势十分严峻，随着经济社会的快速发展，水资源短缺、水污染严重、水生态环境恶化等问题日益突出，已成为制约经济社会可持续发展的主要瓶颈。石家庄属于资源型缺水地区，是全国 35 个严重缺水城市之一。

污水处理厂退水是重要的水资源之一，可以作为河道、湖泊、塘坝等景观用水或者其补充水源。但由于其水质相对较差、水中缺少完整的生物链、缺少自净能力等问题，容易导致水体容易发生富营养化[1]，出现生态失衡。因此，充分开发出水资源潜力，利用水生态模型来研究富营养化和污水处理厂退水对生态系统的影响已成为当务之急[2]。

1　研究区域概况

1.1　水文地质概况

石家庄市是河北省的省会，地处河北省中南部，环渤海湾经济区，位于北纬 37°27′~38°47′，东经 113°30′~115°20′。石家庄地区全境属海河流域，暖温带大陆性季风气候。降水主要受大气环流天气系统和地形条件的影响。全市多年平均年降水量 538.3 mm，平水年（$P=50\%$）降水量 509.5 mm，偏枯年（$P=75\%$）降水量 408.3 mm。石家庄市年水面蒸发量的分布相对差别不大，为 900~1 200 mm。

1.2　补水水源

由于渗透、蒸发等因素，水面水量不断减少，为了维持水面水位相对恒定，需要连续或进行间断补给。石家庄有 28 个城镇污水处理厂在运行（数据来自河北省污染源自动监控系统），污水处理厂设计标准均达到《城镇污水处理厂污染物排放标准》(GB 18918—2002）中一级标准的 A 标准。水库由于客观条件承担连续补水任务难度大，因此利用污水处理厂退水作为补水水源既解决了补水水量问题，又解决了污水处理厂退水的排放问题，污水资源化利用既经济又环保，符合实际。

2　AQUATOX 水生态系统模型的城市景观水体生态模拟

2.1　模型简介

AQUATOX 水生态系统模型是美国环境保护署发布的一种水生生态系统模型，它是评价水生态系统中各个组成部分对水环境影响的一种通用生态风险模型。它能模拟出污染物（如有机物，营养盐

作者简介：翟晶烁（1990—），女，工程师，主要从事水环境监测工作。

等）在水体中的迁移路径，分析污染物对鱼、无脊椎动植物和水生植物的影响。通过建立水质与生物利用之间的生物反应因果链，AQUATOX 水生态系统模型可以模拟特定营养物质对水生态系统的影响[3]，其运行过程见图 1。该模型能准确预测水体中有机质和养分的时空变化，为城市景观水体的精华构建提供方案。

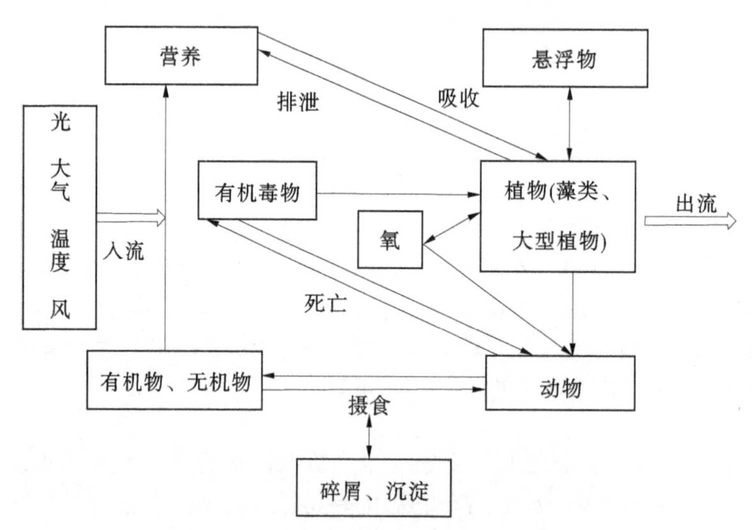

图 1　AQUATOX 水生态系统模型的运行过程

2.2　模型参数的选择

2.2.1　建模类型

建模类型有六种选择，分别为池塘、湖沼、河流湿地、水库、封闭水域、河口湾。根据城市景观水体的蓄水水深、蓄水水面宽度、景观下游有橡胶坝等客观地理条件，更符合池塘模型。

2.2.2　模拟时间周期

本研究模拟时段为 2023 年 1 月 1 日至 2024 年 12 月 31 日，共计两年。相对误差设为 0.01，最小步幅为 24 h。

2.2.3　水温

城市景观水体水温见表 1。

表 1　城市景观水体水温

月份	1	2	3	4	5	6	7	8	9	10	11	12
平均温度/℃	3.4	5.5	8.5	18	21	23	28	29	27	21	17	4.2

2.2.4　模型主要驱动变量

模型主要驱动变量见表 2。

表 2　模型主要驱动变量

类别	变量名称	初始数据
气象	平均光照强度	344 L y/d
	平均风速	2.6 m/s
营养盐	氨氮	0.012 5 mg/L
	硝酸盐氮	2.63 mg/L
	总磷	0.005 mg/L

续表 2

类别	变量名称	初始数据
氧	溶解氧	14.35 mg/L
	二氧化碳	1.311 mg/L
流入物质负载	硝酸盐氮	1.44 mg/L
	硝酸盐氮	6.01 mg/L
	总磷	0.15 mg/L
有机物	硅藻	1.5×10^{-7} mg/L dry
	绿藻	7.56×10^{-8} mg/L dry
	蓝藻	4.875×10^{-8} mg/L dry
	水藓	1.56×10^{-5} g/m^2 dry
	软水草	1.65×10^{-5} g/m^2 dry
	鲤鱼	1×10^{-6} g/m^2

3 水生态模拟

3.1 营养盐模拟

按照湖沼学惯例，营养物可用元素形式（如磷酸盐、磷、氨氮、氮）表示。磷酸盐可视为可用或正磷酸盐，如果部分磷酸盐负荷不可用，则需对可用部分校正。硝酸盐和亚硝酸盐是联合考虑的，因为亚硝酸盐通常可以忽略[4]。

氮、磷作为蓝藻生长必需的营养元素，其含量与蓝藻生长、产毒呈一定的相关性[5]，而蓝藻生长对磷的需求要比氮小得多，因此磷通常是水体蓝藻暴发的关键因素，如果营养盐的数量远远超过蓝藻的生长所需，那营养盐对其生长限制就会降低。Wicks 等对南非 Hartbeespoort 水库为期两年半的调查结果显示，水体中总氮和正磷酸盐含量未与水体蓝藻毒素总量呈相关关系，主要是它们的含量超过浮游植物生长的需要[6]。

3.1.1 磷的模拟

第一年总磷的浓度：在 1—3 月逐渐升高，随着春夏季的到来，4 月之后磷的浓度迅速降低，5 个月之后从 9 月浓度开始上升。第二年总磷的浓度变化趋势如同第一年。在连续模拟两年的条件下，在第二年末浓度可以回到初始值（见图 2）。

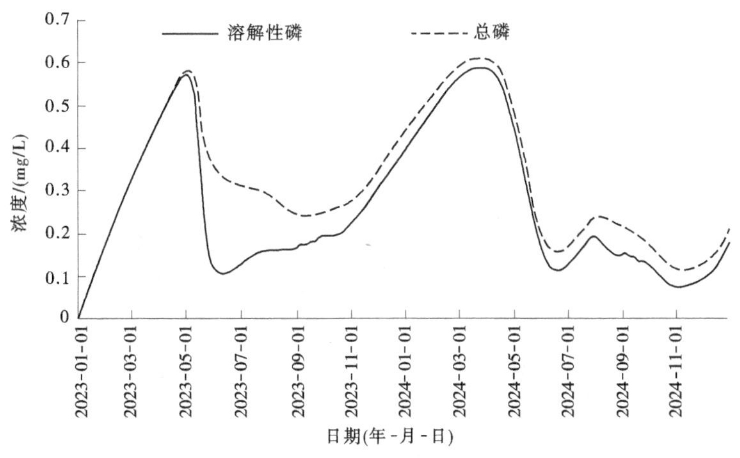

图 2 溶解性磷和总磷含量变化趋势模拟

氮、磷是模拟城市景观水体的生态系统中营养盐的主要组成部分。图 3 植物中的磷曲线反映出水生植物（主要是浮游藻类）磷的变化，水体里的磷能够转移固定在植物中。

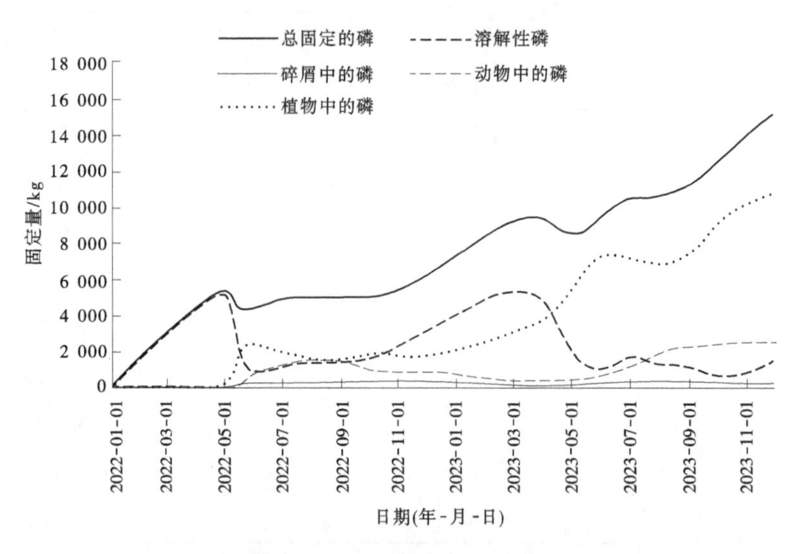

图 3　磷在不同种类物质中的固定量模拟

3.1.2　氮的模拟

城市景观水体中三种形态氮的含量变化如图 4 所示。总氮中大部分的存在形式为硝酸盐（NO_3，mg/L）。氨氮（NH_3-NH_4^+，mg/L）与硝酸盐（NO_3，mg/L）对应出现峰值与谷值，说明二者存在相互转化[7]。城市景观水体由污水处理厂退水补水，营养物持续输入量较大。在 5—8 月浓度低于初始值，在次年 5—8 月浓度有下降趋势。从整体上看，两年总氮的浓度为上升趋势。

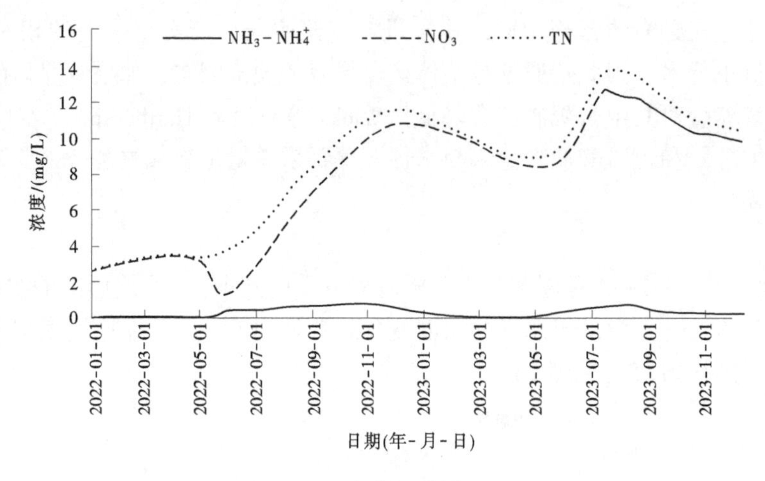

图 4　水中氮的模拟

从图 4 和图 5 中可以看出在生态系统中的氨和磷可以固定在水生植物中。

3.2　植物模拟

研究水体属浅水塘坝，具有流动性差、表面积大、蒸发量大、远离上游水源地等特点。补充水源为石家庄某污水处理厂退水，由于退水中营养物多，因此易造成水体富营养化。

在光照和温度到达一定程度之后，硅藻开始大量生长，可见光照和温度对硅藻的生长影响较大；绿藻的含量很少，接近零；蓝藻在夏末含量上升，但含量相对很小，随着温度降低蓝藻量下降趋于零；第二年硅藻、绿藻不再生长，蓝藻的生长趋势如同第一年（见图 6）。

恢复水生植物是水生态系统构建的一个有效途径，通过水生植物人工培植来达到控制富营养化的目的。根据景观湖泊的基本情况，景观湖泊内已经大量种植了水生植物，加入水藓类、软水草等植物。从模拟初期湖中分别加入水藓 1.56×10^{-5} g/m^2 dry、软水草 1.65×10^{-5} g/m^2 dry，模拟见图 7。

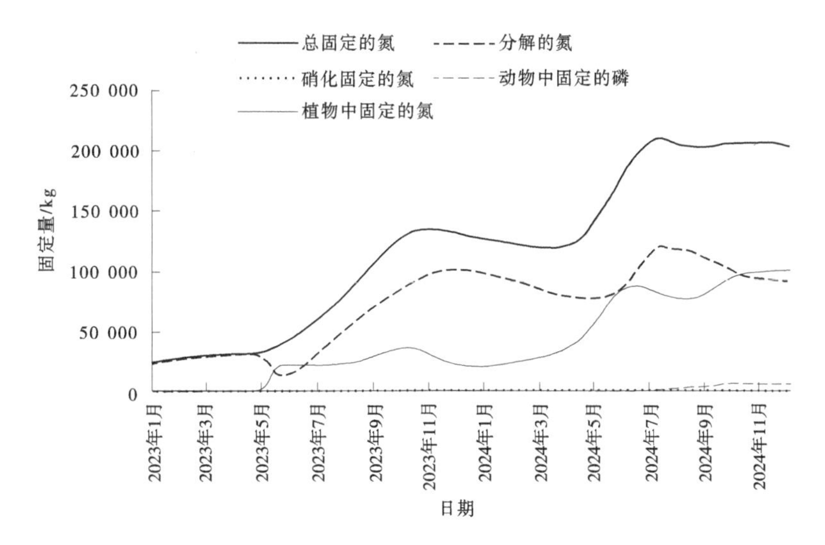

图 5　氮在不同种类物质中的固定量模拟

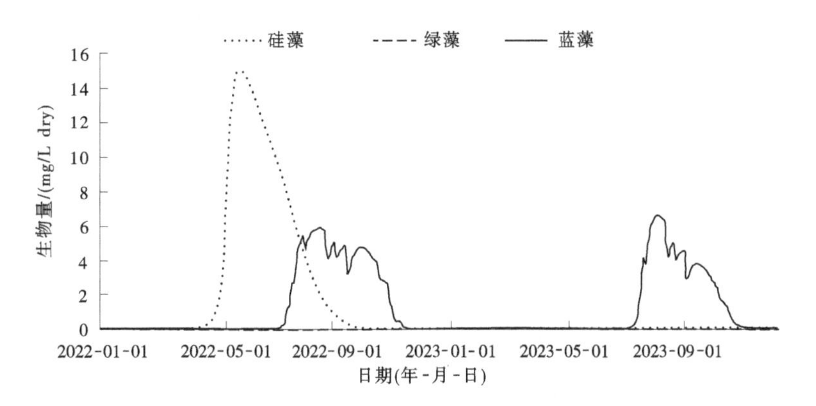

图 6　藻类生物量模拟

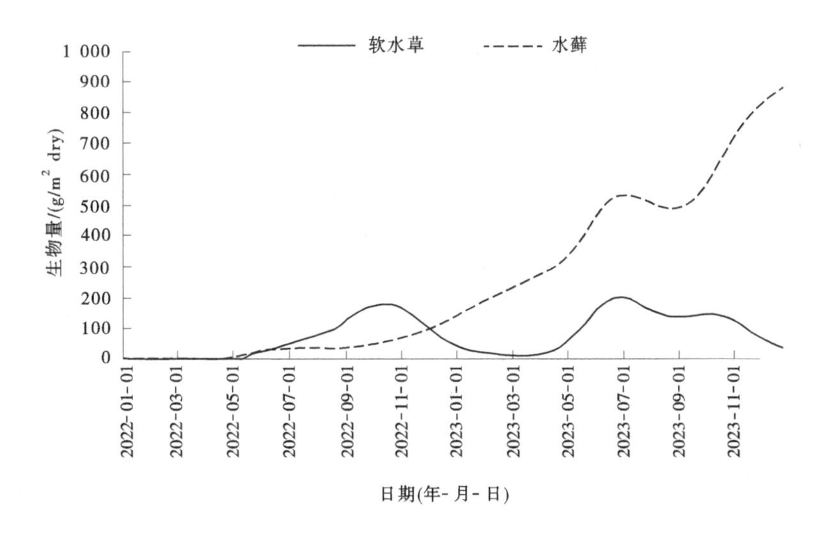

图 7　大型植物量模拟

由图 6 和图 7 的综合结果可以看出，在藻类爆发期，水生植物对硅藻的生物量起到了一定的制约作用，是由于生态系统中的氨和磷可以固定在水生植物中。在研究的水生态系统中，绿藻和硅藻的生长在一定程度上是相互制约的，水生植物的人工投放从整体上控制了硅藻和绿藻的生物量上升，其中硅藻的含量降低很多，降低了水体中硅藻水华暴发的概率。但是实践中很难保持水生生物稳定存在。一般在实际的应用中，一方面需要避免水体中污染物浓度过高；另一方面依靠水生植物对营养盐的固定来避免富营养化的暴发条件不够充分，建议在每年秋冬季利用水库水源对城市景观水体补水换水。

3.3 水生生物量模拟

鱼类对城市景观水体水生态也有影响。在模型的运行过程中，水生动物对无机物、有机物、藻类、植物均有固定的作用。投放鱼类，可以起到控制无脊椎动物数量的作用，营养物质在动植物体内均有分布，形成一个完整的食物链（见图8）。

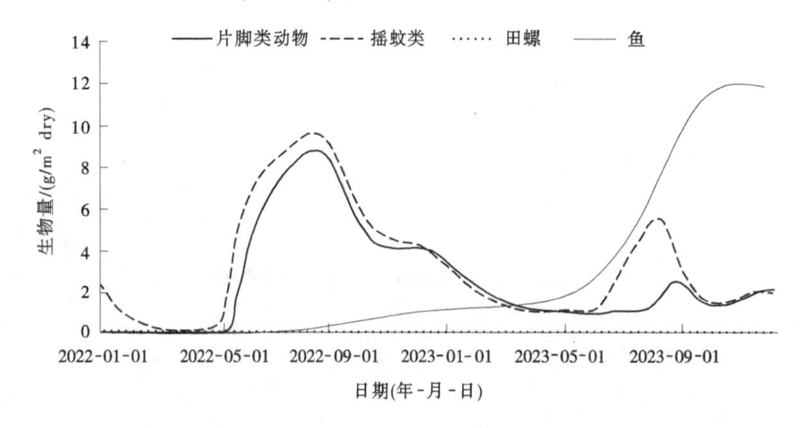

图8 水生生物量模拟

4 结论与展望

通过AQUATOX水生态系统模型模拟城市景观水体利用退水作为补充，基于藻类、水生生物、鱼类的净化能力设计了城市景观水体生态净化方案，构建水生态平衡系统。在年初第一季度中，由于水温较低，水体中的植物生长缓慢，所以城市景观水体中的总磷、总氮浓度随退水补给影响明显，呈增高趋势。从5月开始水中磷的含量逐渐降低。在植物中固定的氮、磷含量逐步增高。从春夏季以来水中总磷的含量逐渐降低。在植物中固定的总磷、总氮含量逐渐增高。氮磷元素在水体中含量与固定在植物中的量呈负相关。

通过对城市景观水体两年的模拟发现，在第二年中总磷的含量基本恢复为初始值。总氮的浓度虽然能够控制在一定范围内，但是整体浓度逐步升高，总体含量在累积。由于污染负荷入湖量较大，在一年以后可以通过水库对所研究城市景观水体进行替换性的补水。在水中大型植物的生长变化、水中动物的生长趋势中可以看出在第二年末有暴发趋势，发出预警。因此在一年以后，对大型水生植物进行打捞收割，有计划地将水体中被大型植物与动物固定的总磷、总氮转移出水体。可以考虑将鱼类人工打捞，控制鱼类的数量。

目前，模拟也有一些不完善之处，未考虑作为城市景观水体，游客对水体的影响，需要采取一定的管理手段对旅游造成的污染进行控制。由于数据有限，本文只计算了两年水体中生态系统变化规律，希望在未来的生态系统构建研究中，可以将模型建立在更长的时间线上。

通过模拟藻类、大型植物、微生物、动物对总磷、总氮等使水体富营养化的物质进行吸收固定、硝化分解、转换等作用，降低了水体中化学物质的浓度，从而提高水体自净能力，达到了既利用退水补水，又使其生态系统达到一个平衡的状态，降低项目建设的试错成本，具有一定的应用前景。

参考文献

[1] 乔菁菁，王沛永．基于 Aquatox 的北京奥林匹克森林公园主湖生态净化模拟［J］．风景园林，2017（4）：99-

105.
[2] 金贤，朱亮．基于能力成熟度模型的湖泊水生态系统服务功能评价研究［J］．环境科技，2018，31（6）：43-48.
[3] 胡思燚，张诗军，任晨媛，等．基于 AQUATOX 的城市景观湖泊的水环境模拟与控制［J］．环境工程，2020，38（9）：82-88.
[4] 曹小娟．洞庭湖 AQUATOX 模拟与生态功能分区［D］．湖南：湖南大学，2006.
[5] 蔡金傍．水库微囊藻毒素变化规律及数值模拟研究［D］．江苏：河海大学，2008.
[6] 杨漪帆．淀山湖生态模型与富营养化控制研究［D］．上海：东华大学，2008.
[7] 陈彦熹．非常规水源补给型景观水体的模拟研究［D］．天津：天津大学，2010.

东江航道改造枢纽江段鱼类产卵场及鱼类群落分布研究

徐观兵　刘　诚　王建平　张金明　马茂原

（珠江水利委员会珠江水利科学研究院，广东广州　510611）

摘　要：为明确东江航道改造枢纽江段鱼类产卵场及鱼类群落分布现状，采用实地调查法对剑潭至木京枢纽江段鱼类产卵场及鱼类群落分布进行研究。结果表明，调查区域没有发现相对集中、规模化的鱼类产卵场，在调查区域四大家鱼集中产卵场可能已经被破坏；此次调查共捕获鱼类692尾，鲤科鱼类种类最多，占总种数的60.61%，广东鲂是此次调查的优势物种。调查江段鱼类产卵场在时间与空间上的分布都呈现下降趋势；鱼类群落在各坝段呈碎片化分布，鱼类受大坝阻隔影响明显，该江段需要修建过鱼设施。

关键词：航道改造；鱼类产卵场；鱼类群落分布；东江航道

1　引言

东江是珠江水系三大河流之一[1]，发源于江西省寻乌县桠髻钵，上游称寻乌水，南流入广东境内，至龙川县合河坝定南水汇入后，称东江，干流自发源地至东江口全长562 km，流域面积35 340 km^2，占珠江流域面积的5.96%。东江干流梯级开发的任务主要是供水、发电、灌溉、航运和改善水环境等综合利用，规划在东江干流共布置15个梯级电站，其中东江河源至石龙航道扩能升级工程涉及的电站枢纽主要有剑潭、下矶角、沥口、风光和木京。

已建的木京、沥口、剑潭枢纽前期均未修建鱼道等过鱼设施，造成鱼类洄游通道被隔断，同时水利枢纽的建设也阻碍了河流上下游能量、物质及信息交流，切断了上下游长期的生态联系。因此，在进行航道扩能升级的同时还需在木京、沥口、剑潭枢纽新建鱼道，以恢复鱼类洄游通道，保证鱼类正常基因交流。鱼道建设前期研究对于鱼道设计十分重要[2-3]，我国众多的鱼道建设工程案例表明，在进行鱼道设计与建设前，需要围绕鱼道开展前期性的基础性研究，尤其是对枢纽运行特性、鱼类群落组成、洄游习性、栖息分布特征、游泳能力等方面开展研究[4-5]。使鱼道在设计时能充分兼顾“鱼”与“水”的关系，同时为鱼道设计提供所必需的基础数据和理论支撑。基于此，本文开展了东江航道改造枢纽江段鱼类产卵场及鱼类群落分布研究，以期为东江枢纽鱼道设计建设提供理论依据与数据支撑。

2　研究方法

2.1　调查方法

鱼类产卵场与鱼类资源调查时间为2020年8月24日至2020年9月24日。鱼类产卵场调查方法

基金项目：国家自然科学基金（50909110）；广州市科技计划项目（201804010202）。

作者简介：徐观兵（1990— ），男，博士，研究方向为生态水力学。

通信作者：刘诚（1976—），男，正高级工程师，主要从事河口海岸相关研究工作。

主要采用文献调研法和现场实地调查法。文献调研法主要通过查阅相关文献资料，收集东江鱼类产卵场的历史分布资料，了解东江鱼类产卵场分布情况；现场实地调查法通过现场调查、走访的方式，询问或了解东江流域的渔民、钓鱼爱好者，获得鱼类的繁殖时间、场所位置等信息。鱼类群落分布调查方法是在调查区域设置采样点，通过雇用当地渔民进行现场网捕，调查相关河段的鱼类资源情况。一般采用刺网、张网等不同类型的网具进行采集。通过捕获的渔获物，鉴别鱼类种类，同时记录捕获鱼类的数量，测量鱼类的体长、体重等形态学参数，测量结束后，对鱼类进行拍照保存。

2.2 调查范围

东江航道改造枢纽江段鱼类产卵场及鱼类群落结构现状研究调查范围为剑潭至木京枢纽江段，如图1所示。共设20个调查采样点，调查点具体位置信息见表1。

图1 调查范围示意图

表1 网捕采样点具体位置

序号	采样点	经度/(°)	纬度/(°)	采样点范围
1	博罗大桥下	114.275 236	23.157 190	剑潭枢纽下游
2	横坑村附近	114.301 157	23.158 354	
3	泗湄洲	114.318 538	23.156 105	
4	惠博花园酒店附近	114.391 451	23.121 456	剑潭枢纽—下矶角枢纽
5	文星公园附近	114.398 875	23.109 931	
6	桥东市场附近	114.416 771	23.091 082	
7	独洲附近	114.457 755	23.132 467	
8	水口邮局附近	114.504 747	23.138 032	
9	渔民村下游	114.594 848	23.156 677	

续表1

序号	采样点	经度/（°）	纬度/（°）	采样点范围
10	天罡村附近	114.592 080	23.206 325	下矶角枢纽—沥口枢纽
11	大岭村附近	114.539 230	23.296 265	
12	横岭村附近	114.550 281	23.400 244	
13	观澜大桥下	114.602 294	23.400 028	
14	河唇附近	114.666 367	23.455 845	沥口枢纽—风光枢纽
15	古竹镇附近	114.698 210	23.519 696	
16	潭头村附近	114.682 503	26.622 232	
17	东源大桥附近	114.744 601	23.777 137	风光枢纽—木京枢纽
18	大王宫附近	114.756 961	23.782 341	
19	东江画廊附近	114.757 218	23.794 534	木京枢纽上游
20	德新附近	114.774 814	23.812 517	

3 结果

3.1 鱼类产卵场调查结果

3.1.1 鱼类产卵场历史资料分析

对东江鱼类产卵场历史资料进行收集查询，发现历史上东江干流龙川县附近和新丰江锡场区都曾是东江鱼类重要的产卵场，龙川县是东江四大家鱼产卵场所在地，鱼类繁殖活动主要集中在4月底至6月初，新丰江锡场区是鲥鱼、鲢鱼、鳙鱼的产卵场。在东江惠州段也存在鱼类产卵场，鱼类产卵场主要在罗阳剑潭—潭公庙江段及龙溪礼村—园洲江段约25 km的水域中，在该水域中产卵的主要鱼类有鲤鱼、鲫鱼、鲶鱼、鲮鱼。然而在新丰江电站建成投产后，鲥鱼、鳙鱼和鲢鱼的产卵场已被淹没，鱼类产卵场较少。

3.1.2 鱼类产卵场现场调查结果

通过现场调查，结合走访东江流域渔民得到的资料，发现在此次调查区域内没有发现相对集中、规模化的鱼类产卵场，除在各枢纽坝区河道内，在浅滩和水流流速较缓、水草丰富的地方可能存在部分适合产沉性、黏性卵鱼类的产卵场，在涨水季节可能会成为其产卵场外，调查区域内四大家鱼集中产卵场可能已经被破坏，满足不了鱼类产卵的要求。

3.2 鱼类资源调查结果

3.2.1 鱼类资源现状

此次调查共捕获鱼类692尾，隶属于6目10科27属33种，其中鲤科鱼类最多，共20种，占总种数的60.61%。本次鱼类资源调查中，渔获物数量最多的种类是广东鲂，共捕获75尾，占本次调查渔获物总量的10.84%，是此次调查的优势物种；其次是鲮鱼，共捕获65尾，占本次调查渔获物总量的9.39%，优势种鱼类形态特征如图2所示，具体渔获物数量与质量见表2。

3.2.2 不同江段鱼类种类组成与资源量

不同江段鱼类种类及采样数量如图3所示，在剑潭枢纽下游段，本次调查共捕获鱼类12种，其中露斯塔野鲮是仅在剑潭枢纽下游捕获的鱼类。在剑潭枢纽至下矶角枢纽段共捕获鱼类16种，其中鳗鲡、团头鲂、泥鳅、斑鳠是仅在剑潭枢纽至下矶角枢纽段捕获的鱼类。在下矶角枢纽至沥口枢纽段共捕获鱼类15种，其中海南华鳊是仅在下矶角枢纽至沥口枢纽段捕获的鱼类。在沥口枢纽至风光枢纽段共捕获鱼类16种，其中马口鱼、宽鳍鱲、鳊鱼、南方拟䱗、麦瑞加拉鲮和子陵吻虾虎鱼是仅在沥口枢纽至风光枢纽段捕获的鱼类。在风光枢纽至木京枢纽段共捕获鱼类10种，其中䱗和翘嘴鲌是仅在风光枢纽至木京枢纽段捕获的鱼类。在木京枢纽上游段共捕获鱼类9种，其中斯氏鲂是仅在木京枢纽上游段捕获的鱼类。

(a)广东鲂

(b)鲮鱼

图2 调查江段优势种鱼类形态特征

表2 东江鱼类渔获物数量与种类的统计

种类	数量/尾	尾数百分比/%	体长范围/cm	体重范围/kg	总体重/kg	质量百分比/%
七丝鲚	62	8.96	14~24	0.01~0.43	2.36	0.94
鳗鲡	5	0.72	39~70	0.07~0.77	1.39	0.56
马口鱼	13	1.88	10.4~14.4	0.02~0.06	0.09	0.04
宽鳍鱲	4	0.58	9~12.5	0.02~0.04	0.2	0.08
草鱼	47	6.79	16~51	5.1~11	11.16	4.47
赤眼鳟	8	1.16	9.6~37.5	0.01~0.8	1.66	0.66
鳊鱼	11	1.59	3~5.3	0.003~0.004	0.033	0.01
海南华鳊	3	0.43	15~16.1	0.03~0.04	0.12	0.05
南方拟䱗	3	0.43	7.9~15	0.01~0.41	0.44	0.18
䱗	33	4.77	9.5~16	0.01~0.05	0.5	0.20
翘嘴鲌	7	1.01	8~11	0.01~0.02	0.12	0.05
斯氏鲂	6	0.87	25.4~36.3	0.32~1.02	3.07	1.23
团头鲂	1	0.14	21.50	0.17	0.17	0.07
广东鲂	75	10.84	3~36.3	0.003~1.4	14.56	5.83
鲮鱼	65	9.39	8~19	0.01~0.21	2.71	1.08
麦瑞加拉鲮	31	4.48	8.8~25.2	0.02~0.31	3.04	1.22
露斯塔野鲮	18	2.60	13~34	4.1~9.6	6.09	2.44
鲤鱼	49	7.08	9.4~35.9	0.08~1.09	29.46	11.79
鲫鱼	16	2.31	16~35	0.16~0.98	7.14	2.86
鳙鱼	26	3.76	34.5~47.9	0.82~1.78	20.39	8.16
鲢鱼	62	8.96	36~60	0.92~3.4	105.18	42.09
泥鳅	10	1.45	7.5~11	0.02~0.05	0.36	0.14

续表 2

种类	数量/尾	尾数百分比/%	体长范围/cm	体重范围/kg	总体重/kg	质量百分比/%
鲇	4	0.58	26~38.5	0.11~1.25	2.01	0.80
胡子鲇	8	1.16	27.6~53	2~2.28	4.28	1.71
下口鲇	38	5.49	18~27.8	0.2~0.54	15.63	6.25
黄颡鱼	37	5.35	10~24	0.02~1.02	7.84	3.14
瓦氏黄颡鱼	8	1.16	17.4~23.5	0.08~0.2	1.08	0.43
斑鳠	4	0.58	37~43	0.54~0.75	1.29	0.52
子陵吻虾虎鱼	2	0.29	3~3.8	0.003~0.005	0.01	0
斑鳢	4	0.58	16.6~39.5	0.06~1.01	1.96	0.78
齐氏罗非鱼	4	0.58	5~9.7	0.01~0.04	0.08	0.03
尼罗罗非鱼	20	2.89	6.9~19	0.01~0.26	3.8	1.52
莫桑比克罗非鱼	8	1.16	14.7~22.6	0.11~0.26	1.69	0.68
合计	692	100			249.913	100

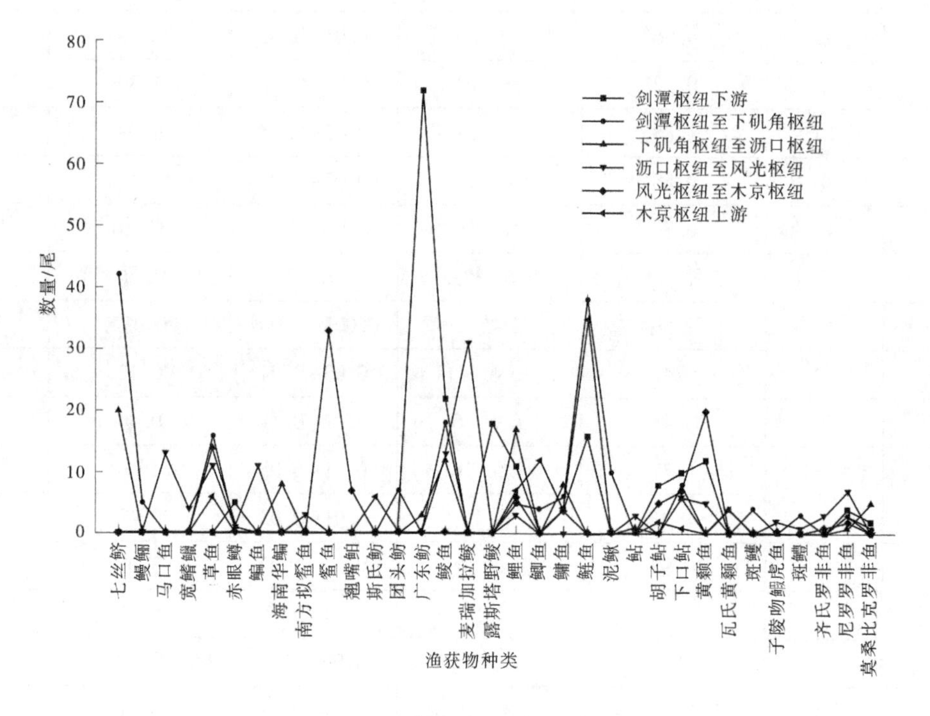

图 3 不同江段鱼类种类及采样数量

4 讨论

与历史上曾报道的产卵场位置和规模相比，目前东江鱼类产卵场已经大幅减小。相关研究人员如张豫等[6] 通过实地调查东江干流（惠州段）发现，东江干流（惠州段）四大家鱼传统产卵场由于水利工程的影响，产卵场规模已大大缩小，大部分产卵场已消失，而现有产卵场由于渔民不合理地捕捞，导致鱼类的产卵场被破坏。谭细畅等[7] 在 2010 年对东江鱼类产卵场现状调查研究表明，东江鱼类产卵场功能已经严重退化，历史上东江四大家鱼鱼苗年捕捞量达 2.0 亿尾，而 2010 年东江河源段主要繁殖鱼苗量仅为 11.4×10^6 尾，相比之下鱼类产卵量严重下降，在河源段未采集到四大家鱼鱼苗，说明东江中上游四大家鱼产卵场基本已经消失。

造成这一现象的主要原因可能是东江流域水利枢纽的建造，使河道的水文、水温、流速等水文因子都发生了改变，以前适合四大家鱼产卵的地方水位升高、水流流速变缓，这对产漂流性卵的四大家鱼有很大的影响。造成东江鱼类产卵场发生变化的另一个主要原因可能是随着东江地区经济的发展，东江流域日益严重的采砂现象，采砂导致江底的底泥和草场被吸走、清除，河道水文条件被改变，鱼类产卵环境遭到极大的破坏。此外，部分位于城镇居民区周围的产卵场，由于人类生活污水直接排入江中，造成水质污染严重，导致在产卵期间无法满足四大家鱼产卵条件。

对不同江段采样的鱼类进行对比后发现，在调查区域内共有种只有 3 种，分别是下口鲇、鲤鱼和尼罗罗非鱼，部分鱼类如露斯塔野鲮、鳗鲡、团头鲂等鱼类仅在特定枢纽江段存在，而鲢鱼、草鱼、鳙鱼、广东鲂等鱼类在各江段也是呈不连续的状态，这与刘毅等[8] 在 2009 年 9 月至 2011 年 3 月对东江流域龙川县枫树坝以下至博罗县罗阳之间的河段进行鱼类资源调查得出的结果具有较大的差异，刘毅等调查发现各河段共有种有 39 种，鲢鱼、草鱼、鳙鱼、鳗鲡等鱼类都是各江段共有鱼类。同时，本次调查发现广东鲂、草鱼、鲢鱼、七丝鲚等洄游性鱼类或经济性鱼类在各坝段呈碎片化分布，这说明鱼类受大坝阻隔影响明显，江段亟须修建过鱼设施。

5 结论

为明确东江航道改造枢纽江段鱼类产卵场及鱼类群落分布，采用实地调查法对剑潭至木京枢纽江段鱼类产卵场及鱼类群落分布进行研究。研究结果表明，调查区域没有发现相对集中、规模化的鱼类产卵场，除在各枢纽坝区河道内，在浅滩和水流流速较缓、水草丰富的地方可能存在部分适合产沉性、黏性卵鱼类的产卵场，在涨水季节可能会成为其产卵场外，调查区域内四大家鱼集中产卵场可能已经被破坏，满足不了鱼类产卵的要求。调查江段鱼类产卵场在时间与空间上的分布都呈现下降趋势；鱼类群落在各坝段呈碎片化分布，鱼类受大坝阻隔影响明显，该江段需要修建过鱼设施。

参考文献

[1] 杨芳，邹华志，卢陈，等．东江三角洲咸潮加剧原因和对策探讨［J］．中国水利，2022（4）：28-30.

[2] 杨秀荣，朱成冬，范穗兴．鱼道设计关键技术问题探讨［J］．水利规划与设计，2020（12）：114-120.

[3] 谭细畅，黄鹤，陶江平，等．长洲水利枢纽鱼道过鱼种群结构［J］．应用生态学报，2015，26（5）：1548-1552.

[4] Huang G，Wang Q，Chen X，et al. Evaluating impacts of an extreme flood on a fish assemblage using hydroacoustics in a large reservoir of the Yangtze River basin，China［J］．Hydrobiologia，2019，841（1）：31-43.

[5] 连玉喜，黄耿，Mal gorzata Godlewska，等．基于水声学探测的香溪河鱼类资源时空分布特征评估［J］．水生生物学报，2015，39（5）：920-929.

[6] 张豫，陆永球，郭凤清，等．基于鱼类名录的 30 年来东江干流（惠州段）鱼类多样性变化［J］．中国环境科学，2014，34（5）：1293-1302.

[7] 谭细畅，李跃飞，李新辉，等．梯级水坝胁迫下东江鱼类产卵场现状分析［J］．湖泊科学，2012，24（3）：443-449.

[8] 刘毅，林小涛，孙军，等．东江下游惠州河段鱼类群落组成变化特征［J］．动物学杂志，2011，46（2）：1-11.

水阳江中上游水生生物阻隔及保护对策研究

周亚群　陈立强　尹　星　李丽华　喻光晔

（淮河水资源保护科学研究所，安徽蚌埠　233000）

摘　要：水阳江中上游现建有多级拦河闸坝，在分析其对水生生物特别是鱼类的生态阻隔效应基础上，结合港口湾水库灌区工程提出了“以新代老”的水生生态修复对策，以使流域水资源开发利用符合新时代生态文明建设和水利高质量发展的要求，对比降大的山区性河道的生态阻隔消除及生态修复具有重要的参考价值。

关键词：水阳江；生态阻隔；生态流量；鱼道；栖息地

1　引言

河流生境是河流生态系统的重要组成部分，是河流生物赖以生存的基础，为大型底栖动物和鱼类等水生生物提供相对稳定的生存空间[1]。董哲仁[2] 提出河流物理形态多样性是生境多样性和生物群落多样性的基础，水利工程会引起河流生境的均一化及非连续化，从而降低生物群落多样性水平及生物栖息地质量。耿福春[3] 提出在长期自然演变过程中，一些水生生物形成在不同水域进行迁徙的习惯，但水利水电工程的建设阻断了其洄游的线路，阻断了不同生物的遗传交流，使群体丧失多样性遗传，降低了适应能力。大坝的修建会对坝下游底栖动物的食物资源种类和分布造成影响，从而影响功能摄食类群[4]。水利水电工程建设在带来巨大的经济效益和社会效益的同时，也一定程度上改变了原有河流型水生生态系统的水文状况，特别是拦河筑坝会引起水生生境的破碎化[5]。如何充分认识水利水电工程对河流重要水生生物的影响，继而形成科学可行的生态调控方法和技术，在发挥水电工程效益的同时减轻其生态环境影响，这对当前生态文明建设具有重要意义[6]。

2　水阳江中上游河道连通性分析

水阳江为长江南岸支流，发源于安徽省绩溪县和宁国市南部山区，上游有东津、中津、西津 3 条主要支流，西津河从港口湾水库至宁国市市区全长共 21 km，其后与东、中津汇合成水阳江。水阳江干流孙家埠以上为上游河道，孙家埠至双桥为中游河道，双桥以下为下游河道。西津河上建有港口湾水库，水库坝址下游至宣城断面河段全长 66.5 km，自上游至下游分布有 7 座拦水建筑物，依次为东风坝、刘村坝、凤凰坝、西津河二河坝、月亮湾水电站、佟公坝及杨村电站；此外，水阳江支流中津河上有 1 座拦河建筑物檀树坝，檀树坝（中津河）至东津河河口距离约 8 km。上述拦河闸坝的建设导致水阳江中上游河道的纵向连通性受阻，闸坝蓄水期会形成坝下减水段，相应下游河道的水量、水位、流速等均不同程度地下降，各拦河闸坝减水段长度见表 1。

3　流域水利工程开发对水生生物的影响

3.1　水文情势变化的影响

水库的修建抬高了水位，将淹没大部分产卵场，并对大坝下游的产卵场和栖息水域造成影响，

作者简介：周亚群（1989—），女，工程师，主要从事环境影响评价和相关技术咨询工作。

同时破坏了水生生物生长、产卵、繁殖所必需的水文条件和生长环境，从而使某些鱼类特有的繁殖生境消失[5]。港口湾水库为多年调节型水库，对下游西津河和水阳江干流中上游的水文情势影响较大。从宣城水文站和港口湾水文站建库前后流量变化分析，水库运行期，西津河、水阳江干流月平均流量秋冬季增加、春夏季减少、年内流量分配趋于均匀化，造成水阳江干流3月、4月、6月、7月平均流量分别减少21%、26%、33%、33%，相应干流水位、流速的降低影响对水流流速有需求的鱼类的产卵。同时，由于水位下降、水面面积减小，对完成生活史所需求的环境范围较大的鱼类栖息繁衍产生不利影响。流量的减小和浮游生物、底栖动物、水草等鱼类饵料生物量的减少，进一步加大了对鱼类繁衍的不利影响。

表1　水阳江中上游拦河闸坝减水情况

名称	坝高/m	回水段长度/km	减水段长度/km
东风坝	2	2	1.7
刘村坝	2	3	3.1
凤凰坝	2	3	4.3
西津河二河坝	2	1.6	0.5
月亮湾电站	5	7.1	5.1
佟公坝	4.5	5.7	13.8
杨村电站	5	7.1	5.6
檀树坝	2	2	1.6

水阳江中上游已建的刘村坝、佟公坝、杨村电站等多座小型拦河建筑物，在蓄水期，其坝址下游河道形成减水段，水位降低、流量和水面面积减小，对闸坝下水生生物和鱼类资源造成不利影响。

3.2　生态流量下泄不足

水阳江上游支流西津河上已建的港口湾水库，于2001年3月初下闸蓄水。当水库水位汛期高于汛限水位131.1 m或非汛期高于正常蓄水位133.1 m时，结合泄洪洞、溢洪道等防洪设施下泄洪水量，泄水流量一般大于120 m^3/s；水库水位高于124.1 m时，上游来水均尽量通过发电站发电下泄（两台机组发电下泄流量120 m^3/s，单机组发电下泄流量60 m^3/s）；当水库水位低于124.1 m时，根据下游灌溉和城镇供水需求，仍通过电站下泄60 m^3/s（最小为48 m^3/s）流量进行补水。因该水库建设较早，建设期间未设置专项生态流量泄放设施。经统计，水库运行至2013年，在多年下泄流量中共有34个单月的平均流量不足计算的生态流量，占所有月份总数的23%，大部分为枯水期的月份；同时下泄流量通过电站下泄，不是瞬时连续流量，水库电站发电根据电网需求和调度方案水位间歇式下泄水量，因此水库运行以来，坝下流量不符合生态量管理要求。

此外，水阳江中上游现有的多座小型拦河闸坝均没有生态流量下泄专用设施，当电站不发电时造成下游河道断流，对河道水生生态环境造成严重破坏。根据历史下泄流量统计结果，特枯年刘村坝、佟公坝下泄的月均流量均不能满足计算的生态流量。

生态流量下泄不足直接威胁下游河道中的水生生物及其生境，特别是产卵繁殖期鱼类，不利于鱼类上溯、洄游。

3.3　水生生物阻隔

拦河闸坝的修建会导致水生生态系统生境的不连续，阻断了洄游性鱼类的洄游通道，对生活史过程中需要大范围迁移的鱼类种类往往是灾难性的，使它们的生长、繁殖、摄食等正常活动受到阻碍，影响鱼类种群的补充[5]。同时修建水坝引起水生生境破碎化，阻碍了不同水域水生生物群体之间的遗传交流，导致种群整体遗传多样性丧失，鱼类物种的活力下降[5]。经调查，水阳江中上游已建的港口湾水库和多座小型拦水闸坝阻断了河流的连续性，造成水阳江干流水生生境片段化，影响鱼类的繁殖、索饵、洄游。虽然水阳江上游没有发现有长距离洄游习性的鱼类，但拦河建筑物阻隔造成鱼类种质资源和遗传基因的上下游无法传递，对当地鱼类资源造成较大负面影响。水阳江中上游及西津河现有水资源开发利用模式已不符合新时代生态文明建设和水利高质量发展的要求。因此，恢复水阳江干流的纵向连通性、开展水生态修复工作迫在眉睫。

4 水生生态与鱼类保护对策

4.1 生态流量保障措施

结合港口湾水库灌区工程，研究提出在港口湾水库泄洪洞处增加生态放水阀，泄洪洞优先保证生态流量（9.0 m^3）下泄的要求，生态放水闸的最低过流水位取港口湾水库的死水位（117 m）。刘村坝、佟公坝、东风坝、月亮湾电站、杨村电站处的生态流量均由新建生态放水闸来保证，凤凰坝和二河坝的生态流量拟结合鱼道进行下泄，各拦河闸坝的生态流量下泄要求和设计参数见表 2[7]。

表 2 拦河闸坝生态放水闸（阀）设计参数

名称	生态流量/（m^3/s）		设计流量/m^3	
	8 月至次年 3 月	4—7 月	8 月至次年 3 月	4—7 月
港口湾水库	3	9	9	9
东风坝	3.04	9.12	10	10
刘村坝	3.1	9.3	10	10
月亮湾电站	4.9	14.7	5	电站机组发电尾水流量
佟公坝	6.9	20.7	8	
杨村电站	8.2	24.6	9	

根据港口站断面水位流量关系，西津河水库坝下河段 4—7 月喜流水性鱼类产卵高峰期流量 9 m^3/s、水位约 77.4 m、流速约 0.75 m/s，满足主要保护鱼类光倒刺鲃产卵需求；8 月至次年 3 月，下泄量为 3 m^3/s，对应水位降低 0.2 m，该河段流速降低至 0.5 m/s 左右，仍可满足喜流鱼类栖息生境要求。根据宣城站断面水位流量关系，4—7 月佟公坝以下河段下泄 20.7 m^3/s 的流量，对应水位约 9.6 m，此时港口站断面水面宽度大于 120 m，在中泓形成深近 5 m、宽 90 m 左右的深水区，同时形成宽大于 30 m、水深 0.6~1.2 m 的浅水区，中泓深水区流速较快，浅水区水生植被茂盛，水流较慢，适宜大型鱼类如草鱼生长、觅食肥育，同时满足产黏性卵鱼类在近岸浅水区产卵；在 8 月至次年 3 月，水阳江佟公坝段保证生态流量下泄 6.9 m^3/s，对应水位约 9.2 m，从典型河道断面形状分析，仍能形成稳定的深水区和浅水区供各生境利用类群鱼类栖息、生长。从表 2 可知，4—7 月各拦河闸坝下泄的生态流量是其他时段的 3 倍，河段流速、流量会明显增加，同时上游至下游河流流速呈由快变慢的梯度变化，可刺激产漂流性卵的鱼类上溯产卵。上述生态流量下泄基本可保障各生境利用类群、繁殖生态类群鱼类的水深、流速、流量变化及洄游需求。

4.2 过鱼设施建设

综合考虑各拦河闸坝形式和高程差等因素，通过港口湾水库灌区工程“以新代老”拟在东风坝、刘村坝、凤凰坝、西津河二河坝、月亮湾水电站、佟公坝、杨村电站及檀树坝建设仿生态鱼道，消除现有河道生态阻隔。

鱼道进出口段均采用仿自然通道的生态式鱼道结构形式。鱼道标准段一般采用梯形断面（见图 1），底宽约 2.0 m，两侧边坡为 1：2.0~1：4.0，槽身在开挖或填筑至设计断面后，铺设复合土工膜防渗，铺筑范围为池底至设计水位以上 0.4 m，土工膜表面覆盖壤土层，厚 0.2~0.3 m，壤土层以上为卵石层，卵石层厚度 0.2 m，卵石铺筑范围为设计水位线以下渠坡及渠底，以模仿天然河道，并增加渠道糙率，减小鱼道内水流流速。渠坡在设计水位以上部分采用草皮护坡防护。鱼道槽身纵向间隔 8 m 设置漂石或块石拦挡水流，降低水流平均流速的同时，还可为鱼类提供庇护。选择直径 0.6~1.2 m 的漂石或块石，块石堆砌中，应保持块体与块间形成大小不一、上下连通的空洞，成为体形较小鱼类或幼鱼上溯的通道。每道拦挡在一侧留有约 1 m 宽豁口供较大鱼类通过。通道断面平均流速在 0.47 m/s 左右，满足游泳能力较弱鱼种通过要求，最大流速 0.95 m/s，鱼道内设计流量 0.57 m^3/s，池室单位水体功率耗散 46 W/m^3，本次鱼道设计长度较短，不考虑设置休息池。

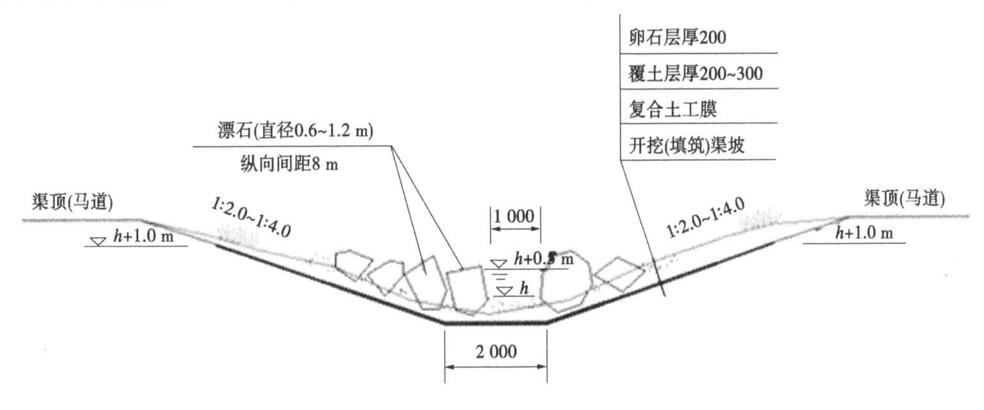

注：*h* 为设计水位。

图 1　鱼道标准段横断面图　（单位：mm）

4.3　鱼类栖息地保护与生境修复

4.3.1　栖息地保护范围

结合港口湾水库灌区工程，研究提出水生栖息地保护对策。西津河水库坝下至宁国市港口路西津河桥断面总长 14 km 河段，该河段由上游港口湾水库直接来水，刘村坝以上段为典型河谷型河道，天然比降相对下游河段大，河道内存在较多激流带，水质较好，水体溶氧丰富，河底底质以砂砾、砾石为主，两岸植被茂盛，适宜喜流水型鱼类产卵繁殖。刘村坝以下段河流相对较为平缓，天然比降小，河谷较开阔，边滩、心滩较发育，河床底质多砂石、卵石并向泥沙、淤泥过渡，岩基相对较少，水草丰茂，比较适合喜产黏性卵和食草型鱼类的栖息、产卵和繁殖。鱼类栖息地保护位置空间分布见图 2。

图 2　鱼类栖息地保护位置空间分布

4.3.2　主要生境修复方式

水库及下游拦河闸坝实行生态流量保障措施，保障下游河道生态流量；下游拦河闸坝建设鱼道恢复河流连通性，保证鱼道正常稳定运行，便于下游鱼类上溯。进行局部河段河道重塑，修复因拦河闸坝建设破坏的河床；限制旅游设施过度建设，移除硬质护岸；提供河床砂砾补给，建设人造浅滩、自然生态型驳岸或向河道内设置废弃树枝、树根等方式营造鱼类庇护所。

4.3.3 管理措施

按照鱼类栖息地保护河段规划的要求，明确管理责任主体；设立相应的鱼类保护站，树立界碑、界桩、标识牌；配备专门管理人员，开展日常保护巡查；限制水域开发，禁止开展与水生生态保护无关的涉水工程建设；4—7 月为禁渔期，禁止一切渔业捕捞生产行为。在鱼类栖息地保护水域开展科研调查等活动，需提前向管理部门申请，提交调查方案经管理部门同意；管理部门积极开展渔政普法及栖息地保护工作宣传，提高当地居民、社会团体保护意识。

4.3.4 开展相关科研工作

管理部门委托专业研究机构，定期开展鱼类栖息地保护科学研究，结合鱼类栖息地水生生境调查与跟踪监测数据，评估栖息地保护效果，建立栖息地保护效果评价指标体系，为优化栖息地保护措施提供依据。

5 结论

水阳江中上游建有港口湾水库、刘村坝、佟公坝等多座拦河建筑物，造成河道生境片段化和水生生物阻隔，加上各拦河闸坝均无生态流量下泄设施和鱼类通道，对水阳江流域水生生物和鱼类生态阻隔效应显著。为恢复水阳江干流的纵向连通性，研究提出在各拦河闸坝上新建生态放水闸、过鱼设施，通过西津河鱼类栖息地建设，进一步保护和恢复水生生境。上述保护对策可通过正在建设的港口湾水库灌区工程实施，采用“以新带老”的方式补建，有效减缓水阳江中上游已建拦河闸坝对水生生物的阻隔影响，以使水阳江中上游及西津河水资源开发利用符合新时代生态文明建设和水利高质量发展的要求。

参考文献

[1] 张兰平，孙亚玲，刘进琪．渭河上游水生物河流生境状态研究［J］．甘肃水利水电技术，2019，55（1）：9-12.

[2] 董哲仁．河流形态多样性与生物群落多样性［J］．水利学报，2003，44（11）：1-6.

[3] 耿福春．水利水电工程对重要水生生物的影响与调控［J］．农田水利，2018（9）：64.

[4] Chester H，Norris R. Dams and flow in the Cotter River，Australia：Effects on instream trophic structure and benth-nic metabolism［J］．Hydrobiologia，2006，572（1）：275-286.

[5] 周小愿．水利水电工程对水生生物多样性的影响与保护措施［J］．中国农村水利水电，2009（11）：144-146.

[6] 毛劲乔，戴会超．重大水利水电工程对重要水生生物的影响与调控［J］．河海大学学报（自然科学版），2016，44（3）：240-245.

[7] 李丽华，陈立强，喻光晔，等．已建拦河工程生态流量下泄方式研究［J］．治淮，2017（12）：10-11.

对郑州水资源生态发展新模式的探讨

辛　虹[1]　何　辛[2]　毛乾帅[1]　陈永涛[1]

（1. 河南黄河河务局郑州河务局，河南郑州　450003；
2. 黄河水务集团股份有限公司，河南郑州　450003）

摘　要：郑州水资源引黄供水的发展，是一个复杂的系统工程，以前作为涵闸管理单位只需做好渠首供水工作，确保工程发挥效益即可。现随着用水需求、引水格局的变化，供水产业链逐步延伸。新时代、新思路、新经济下的管理模式、发展模式需要不断发展、完善。为进一步挖潜拓源发掘供水新机遇，寻求新的经济增长点，加快引黄供水产业发展，多次考察调研，进一步摸清供水硬件短板，及时整合优化供水运行机制，激发了属地单位优势和动力。通过调研发掘了新的水费增长点，为今后供水设计、统筹施策提供了依据，同时为郑州河务局完善供水工作思路、制订针对性措施和科学决策打下良好基础。

关键词：引黄供水；生态发展；模式；探讨

1　郑州水资源引黄供水基本情况

1.1　涵闸基本概况

辖区内现有引水工程 17 处，其中，引黄涵闸 10 座（河洛、赵口、三刘寨、杨桥、马渡、东大坝、花园口、桃花峪、牛口峪、金沟），提水泵站等地方取水工程 8 处（石板沟、赵沟、孤柏嘴、桃花峪、东大坝、杨桥、三刘寨、赵口）。

1.2　取水指标情况

取水指标情况见表 1。

表 1　取水工程取水指标分配情况　　单位：万 m^3

取水工程	河洛	孤柏嘴	桃花峪	花园口	东大坝	马渡	杨桥	三刘寨	赵口	牛口峪
水指标	2 000	1 200	9 000	500	500	1 000	7 000	2 500	8 500	8 505
性质	工业	工业	生活、生态	生态	生活、农业	农业	农业	农业	农业	生态

2　全面调研谋求发展

2.1　引黄供水融合地方经济发展

随着郑州建设国家中心城市步伐的加快及城区规模的不断扩大，用水量急剧上升，郑州以南水北调为水源的水厂均达到饱和，部分水厂出现原水供应不足等情况。自郑州市投资建设以黄河水为水源的桥南、侯寨、龙湖水厂后，黄河水将再次成为城市居民生活用水的重要组成部分。在落实调研的同时，积极谋划拓展城市居民供水，及时与郑州市自来水公司进行对接，全面了解郑州引黄生活用水规划及新建水厂施工进度，为今后的新增供水打下基础。桥南水厂从花园口水源地调蓄池内取水，主要

作者简介：辛虹（1964—），女，高级工程师，主要从事引黄涵闸、引黄供水工程建设及运行管理工作。

供应惠济区居民生活用水需求，总设计规模为 25 万 m^3/d，分两期建设：一期工程建设规模为 15 万 m^3/d，计划 2020 年完工；二期工程建设规模为 10 m^3/d。龙湖水厂已纳入建设规划，正完善相关审批手续。侯寨水厂从桃花峪闸引水，经石佛沉砂池进入输水管道，进行加压流入郑州市海拔最高的水厂，一期工程建设规模为 10 万 m^3/d，远期规划规模为 25 万 m^3/d，目前已完成并网通水，解决了西南片区长期饮用地下水的难题。新建的水厂将不断完善郑州市政供水，优化郑州供水格局，黄河水惠及更多郑州市民。

2.2 提高占位长远综合谋划

郑州是一个水资源依赖入境水源的城市，为充分解决水资源紧缺的问题，水资源循环再利用势在必行。为做好郑州引黄供水长远综合谋划，也为了充分了解郑州污水处理厂对郑州引黄供水的影响，以及城市生活污水再处理、再利用情况，对郑州市马头岗、郑东新区两座大型现代化污水处理厂进行实地调研，并对贾鲁河中水退水河段水质进行察看。目前，郑州市污水处理能力已达 190 万 t/d，服务面积近 310 km^2，已远大于郑州市最高供水 150 万 t/d 的供水能力，中水管网的建设在对黄河原水带来一定冲击的同时，也对下游农业灌溉带来一定影响。

2.3 检视调研初见成效

以挖潜拓源增加非农业水量为目标，先后对中牟（圃田泽、潘安湖、运粮河水系）、开封（马家河、惠济河生态补水、跨区输水线路）、赵口灌区进行较大范围的实地调研，大力开发受水范围和新增供水项目，为今后河南黄河河务局郑州河务局供水再发展拓土深耕。

通过上述调研，先后落实了开封惠济河生态供水，中牟运粮河、潘安湖生态供水，太康、鄢陵协议供水，侯寨水厂居民生活供水等新增供水项目，与 2021 年相比，落实新增项目水费累计达到 1 500 余万元。形成了地方受益、河务受惠、群众满意的供水良性循环，推进了黄河水助力地方经济、生态发展，实现互利共赢、共同发展、共享发展的新格局。

通过调研，在落实增长引水水费的同时，也摸清了周口（周口新区、太康县）、商丘（睢县）、许昌（鄢陵县、长葛县）等跨区水系、供水需求、最新调蓄工程、水利工程等情况，进一步普及宣传了黄河引水相关政策，为供水长远发展战略和实施方案制订提供了经验积累。

2.4 务实调研落实初心，服务农业践行使命

2022 年夏季以来，河南各地先后出现不同程度的旱情，各灌区先后启动不同级别的抗旱应急响应。为确保河南省作为国家粮食主产区抗旱用水需求，河南黄河河务局郑州河务局落实不忘初心、紧系责任使命，努力实现社会效益与经济效益并重，以实际行动和作为贯彻习近平总书记提出的“让黄河成为造福人民的幸福河”的讲话精神。调研组及时赴受灾严重的鄢陵县、太康县进行实地查看，并将政府用水申请及时上报、最快落实。经过水资源按程序审批，落实农业协议水价支援抗旱，并安排专人负责引水畅通，确保农作物及时进行灌溉。同时做好应急抗旱取水沿途监督，及时掌握灌区引水情况和灌溉动态，严查违规放水、农水他用情况发生，确保抗旱用水专审专用。分别落实鄢陵县、太康县协议农业用水 6 775 万 m^3 和 2 000 万 m^3。

3 调研找短板、整改重实效

3.1 调研供水管理新模式

为进一步厘顺供水体制，形成合力、加快发展，经过摸排调研，充分征求意见，进行了优化结构体制改革，充分激发了属地水管单位优势和动力，进一步合理调配了基层供水人力资源，适机引入劳动竞争机制，提高了基层供水队伍的工作效率和活力，使供水管理及运行规范和谐、职工队伍建设存在的问题和短板得到更有效的改善，基层矛盾不断被化解。管理模式的创新，催生了供水发展新思路、新举措、新动力的不断凝聚，落实水费实现新的突破。

3.2 开展内部调研，摸清工程短板、落实面貌提升

在搞好外部供水调研的同时，也对抓好自身内部调研不放松，针对存在问题和工程短板，不断加

大投入落实工程面貌再提升。

对排查发现的问题，及时下达整改清单，逐项抓落实，按期限时整改，先后排查出赵口引黄闸启闭机磨损、老化，牛口峪拦污机长期故障并存在设计缺陷，荥阳桃花峪闸、花园口闸计量设施不完善，牛口峪闸计量设施设计缺失等具体问题，及时与相关方联系并加以解决。消除了工程安全隐患，提升引黄工程面貌，完善内业资料整理，实现工程管理规范化、精细化运行。

4 整改后尚存的主要问题

通过内、外部的系统调研，在即行即改存在问题的同时，尚有以下突出问题需要重视并逐步加以解决：

（1）灌区下游供水较为困难，尤其跨区远端供水困难更加突出，由于渠道距离长、沿途损失大、渠道存在分段管理、渠道使用费没有规范等，严重影响了跨区远端引水的积极性，需沿途各市及地方多部门参与，联合统一加大综合协调力度逐步形成长效机制。

（2）远端供水除沿途正常损失外，由于渠道引水口门众多，偷引偷放水情况比较严重，远远无法保障远端引水户购买水量的按期到达，有必要在沿途重要分水口加装视频监控，有效保障远端用水户的合法权益。

（3）一批涵闸将陆续落实改建，尤其赵口灌区农灌节水二期改造项目的实施、干渠衬砌工程实施及赵口涵闸改建期间如何保障引水，是个较为突出的问题，需及早协调并制订具体方案加以解决。

（4）牛口峪涵闸已实现通水，但目前远未达到设计正常通水能力，长效运行管理模式尚未形成，尽快形成引水规模，签订长效科学的管理运行机制，减少对其他引水口门带来冲击。

（5）邙山大型引水泵站将竣工验收、投入使用，如何有效管理、科学管理，实现供水利益最大化，落实长效协议的签订，提升桃花峪闸的生态引水量，将对水费稳定增长产生重要影响。

（6）关注对接郑州市侯寨、桥南、龙湖等几座以黄河为水源地的城市居民生活用水情况，做大做强新增供水业务，实现引黄供水的可持续发展。

（7）引黄涵闸供水保障率低的问题依然突出，统筹兼顾，确保水费稳中有升，持续发力存在许多工作要做。

（8）供水运行体制优化改革后，尚有许多具体问题需要不断协调、解决、磨合、完善，形成属地与供水的有机融合，尽快形成支撑供水产业发展的合力等。

（9）巩固扩大引黄供水成果，争取全力彻底解决上级下达的整改问题清单，争取在巩义石板沟水厂取得新突破。

5 下步工作建议

针对上述存在问题，将坚持问题为导向，以“抓党建、聚民心，强业务、树形象，兴经济、惠民生”的治黄新思路为指导，注重实际效果，解决实际问题，推进供水产业的加快发展。现提出以下工作建议：

（1）充分发挥供水职能部门优势，继续定期开展调研，及时发现新情况，创造新思路，解决新问题，努力了解地方用水新需求，全力推动政府新投资引水工程项目建设。

（2）加大工作力度，重点解决好长期困扰河南黄河河务局郑州河务局多年的引水保障率偏低的实际问题，继续推进“五闸（已改为八处）三站两管理两调蓄”工作的推进与落实。

（3）继续牢牢抓住郑州国家中心城市建设发展带来的商机和机遇，充分利用黄河水资源优势，与地方不断扩大融合，全力做好水文章，做大做强供水产业，实现供水可持续发展。

（4）紧紧牵住牛口峪引水这个“牛鼻子”，加强渠首管理和引水许可管理等关键环节，实现黄河水资源的可持续利用，实现水费收益的最大化。

（5）加大跨区生态引水攻关力度，以加强引导地方建设调蓄水库为工作重点，有效改善引渠上游用水理念，加强农业节水意识的宣传，为协议农业水向全非农用水转变而努力。

6 结语

河南水资源短缺、战略储备水源少是主要水问题。解决水问题，要加强用水需求管理，通过采取工程技术等综合措施，合理配置水资源，提高用水效率。在新时代、新思路、新经济的管理模式、发展模式下，需进一步挖掘拓展供水新机遇，寻求新的经济增长点，发掘新的水费增长点，加快引黄供水产业链发展，造福于民。

河流型湿地生态环境存在的问题与保护对策研究

李汉卿　尹　星

（淮河水资源保护科学研究所，安徽蚌埠　233001）

摘　要：河流型湿地是以自然河流为主体构成的湿地类型。我国河流型国家湿地公园占全国湿地公园总数的59.2%，是我国湿地生态环境的重要组成部分。河流型湿地因特殊自然禀赋的影响，呈现典型的河流型特征，表现为物种资源丰富、水陆交替变化、受人为干扰程度大等。本研究以典型的河流型湿地——安徽淠河国家湿地公园为例，通过开展湿地生态环境现状调查，分析湿地生态环境存在的问题，在此基础上提出生态环境保护对策，以期为推动河流型湿地保护与恢复工作提供借鉴。

关键词：河流型湿地；生态环境；保护对策

1　引言

河流型湿地是以自然河流为主体构成的湿地类型[1]，包括围绕自然河流水体而形成的河床、滩地、洪泛区，冲积而成的三角洲、沙洲等。目前，我国河流型湿地面积105 521 km^2，占全国自然湿地面积的22.6%[2]。我国共建立国家湿地公园898处，总面积36 422.89 km^2，其中河流型国家湿地公园532处[3]，面积18 605.64 km^2，分别占全国的59.2%、51.1%。因此，河流型湿地是我国国家湿地公园最常见的类型，是我国湿地生态环境的重要组成部分。

河流型湿地是地表水资源、地下水资源、生物资源等各种自然资源的综合体，其在净化水质、蓄洪防旱、调节气候和维护生物多样性等方面发挥着不可替代的作用，在全球湿地生态保护中处于极其重要的地位。河流型湿地因受区域地理位置、气候条件等特殊自然禀赋的影响，呈现典型的河流型特征，具体表现为：

（1）物种资源十分丰富。水作为河流型湿地的载体，促进了干支流、上下游、左右岸、水陆域的物质交换及能量流动，同时河流长期的泥沙淤积，为湿生植物提供了生长的沃土，为野生动物提供了适宜的栖息环境。因此，这种特殊的自然条件造就了河流型湿地丰富的物种资源。

（2）呈现季节性变化特征。河水的流动性决定了河流型湿地会受到季节性洪水的影响使其水位频繁波动，湿地的边缘呈现不稳定的状态[4]。夏季雨水充沛，水位抬升，滩地被淹没，冬季则水位回落，滩地裸露。因此，河流型湿地呈现水陆交替的季节性变化特征。

（3）受人为干扰程度大。河流型湿地多位于城市空间内，受人类活动影响较大。河流污染、非法采砂、过度捕捞、河道断流等人类不合理的活动极易造成湿地生境条件改变，生物多样性减少，生态功能降低。

本文以典型的河流型湿地——安徽淠河国家湿地公园为例，通过开展湿地生态环境现状调查，分析湿地生态环境存在的问题，在此基础上提出生态环境保护对策，以期为推动河流型湿地保护与恢复工作提供借鉴。

作者简介：李汉卿（1990—），男，工程师，主要从事水资源保护、生态环境保护与污染治理等工作。

2 安徽淠河国家湿地公园概况

安徽淠河国家湿地公园位于安徽省六安市区西北部淠河中游。地理坐标为东经116°18′14″~116°31′37″，北纬31°33′04″~31°53′08″。湿地公园总面积4 560. 91 hm^2，其中湿地面积3 858. 99 hm^2，湿地率84. 61%，是典型的河流型湿地。湿地所在区域属北亚热带季风气候，四季分明，季风显著，气候温和。由于受季风影响，降水量时空分布不均，6—8月降水量占全年的40%以上，年际变化较大，丰枯水年份降水量可相差数倍。

安徽淠河国家湿地公园在江淮流域具有一定的典型性和代表性，过渡带的气候特征及其多样的植被类型基本反映了江淮流域湿地植物的类型和多样性。根据现场调查与资料整理，安徽淠河国家湿地公园保护区内分布有维管束植物298种，隶属于96科228属；陆生脊椎动物有4纲24目55科104种；鱼类5目11科31种，以鲤科鱼类占绝对优势；两栖类5科15种；爬行类2目8科26种；鸟类129种，隶属14目34科。保护区内有国家Ⅱ级保护植物2种（野大豆、野菱），国家Ⅰ级重点保护野生动物2种（中华秋沙鸭，黑鹳），国家Ⅱ级重点保护野生动物7种，安徽省重点保护野生动物22种。

3 生态环境存在的问题

3.1 自然生境条件破坏

安徽淠河国家湿地公园依托于淠河。由于多年来人工采砂活动的影响，淠河河道原始地貌遭受破坏，现状河滩内分布有大小不一的采砂深坑，规模较大且分布较集中的采砂坑位于沙岗头河段。过度采砂造成河道主槽下切，滩地后退，河床裸露，河岸遭到破坏，水土流失严重，造成部分湿地生境条件破坏，尤其是枯水期滩地裸露，植被稀疏，生物栖息地减少，威胁湿地公园生态系统稳定和生物多样性维护。

3.2 水质污染

安徽淠河国家湿地公园内有窑岗嘴、新安渡口两个水质监测断面。根据六安市生态环境局发布的2020年1—12月六安市水环境质量月报，新安渡口监测断面在2020年1—4月氨氮含量超过《地表水环境质量标准》（GB 3838—2002）中Ⅲ类标准要求；窑岗嘴监测断面在2020年3月、5月、6月化学需氧量或氨氮含量亦超过Ⅲ类标准要求。湿地公园内水质尚无法保证全年稳定达标。

根据调研，淠河水质污染主要来源于雨水排放和支流来水。淠河两岸因降雨形成的雨水径流挟带较多的有机物、氮化物等污染物，雨水未经处理而通过雨水排水涵洞直接排入淠河，对淠河水质有一定的影响。部分支流（如堰沟、大滩截洪沟）受上游村庄生活污水、农业面源污染及内源污染影响，水质较差，来水直接影响淠河水质。

3.3 水环境调节能力较弱

淠河所在区域水量分配严重不均，汛期上游来水量较为丰富，而非汛期上游来水量较小，因此淠河历史上水患频繁，十年九灾，同时又常遇大旱，严重缺水。1959年，横排头水利枢纽工程建成，淠河河道径流被分为两部分：一部分以300 m^3/s 的设计流量由淠河总干渠引用灌溉，另一部分洪水从横排头水利枢纽工程溢流坝下泄至淠河河道[5]。2009年以后，六安城区的新安橡胶坝、城北橡胶坝相继建成，明显改善了淠河六安城区段的水环境现状，但由于新安橡胶坝距离横排头水利枢纽工程较远约35 km且水位调节能力有限，因此水环境调节能力依然较弱。

3.4 管理机制不健全

《安徽六安淠河国家湿地公园管理办法》规定，安徽六安淠河国家湿地公园管理委员会负责主管湿地公园的保护、建设与管理等工作，发改、林业、财政、国土、规划、建设、环保、水利、文化广播等行政主管部门，应当按照各自职责，做好湿地公园的相关管理工作。但由于湿地保护涉及部门较多，缺少有效的湿地保护合作协调机制，部门职能交叉问题未能得到解决，导致有关部门之间不能形成湿地生态保护工作合力。

4 生态环境保护对策

4.1 工程措施

4.1.1 截污控源

针对淠河两岸雨水直排问题，可建设雨水调蓄池，雨水经收集处理后再排入淠河。另外，可以在雨水排水涵洞入淠河口建立人工湿地。通过物理、化学和生物作用，可有效削减水体中氮、磷等营养物质[6-7]，恢复或重建水生态系统，提高水体自净能力。根据《人工湿地污水处理工程技术规范》（HJ 2005—2010），人工湿地系统化学需氧量、氨氮、总磷去除效率分别为50%~80%、20%~75%、35%~80%。

支流水体内源污染控制最有效的途径是清淤疏浚。针对淠河两岸的支流（如堰沟、大滩截洪沟、洪家堰沟等）开展清淤工程，可清除污染底泥，加大河流水体交换量和蓄水量，从而改善水质。村庄生活污水需进行截流，经处理达标后排放。面源污染亦可通过人工湿地建设，对氮、磷等面源污染物进行拦截、吸收、净化，减少支流水体水质污染。

4.1.2 滨岸带植被修复

针对采砂导致的河道原始地貌损毁问题，可开展滩地整治和滨岸带植被生态修复。滩地整治可修复滩岸，稳定河势，减少水土流失。滨岸带植被生态修复可通过乔木、灌木、草本植物的合理配置，营造滨水植被缓冲带，恢复滩岸湿地植被群落系统，构建完整的河道生态系统，从而促进水生动植物的生长和湿地生境的恢复。

4.1.3 保障生态用水

保障生态用水是保障河流型湿地生态系统的基础，也是恢复生物多样性、提升生态系统稳定性的关键。《淠河生态流量控制试点调度方案》已确定采用非汛期多年平均流量的10%作为监控断面的生态流量，横排头水利枢纽工程坝下流量为4.38 m^3/s。下一步需做好生态流量下泄的调度管控、监督考核和效果评估，同时淠河中游的城南水利枢纽、新安橡胶坝、城北橡胶坝也应制订生态流量下泄方案，切实保障河流型湿地生态用水。

4.1.4 季节性水位调控

河流型湿地的季节性水位变化规律是湿地植被生长、组成、分布、结构以及演替的关键因素。通过水闸水坝等设施进行水位调控，控制水量分流并将其纳入自然系统，可有效提高靠近河岸区域的水位，形成有助于湿地野生动植物生存的栖息场所[8]。建设中的淠河城南水利枢纽可进一步提高淠河水环境调节能力。在坚持全面规划、统筹兼顾、综合管理的原则下，在防洪排涝标准不降低的前提下，根据湿地植物生长规律和水鸟栖息特点建立季节性水位调控机制。通过对城南水利枢纽、新安橡胶坝、城北橡胶坝的联合调度，重点控制雨季、旱季水位，减少水位的剧烈波动，创造贴近自然的水位变化，进而形成结构完整、功能健全的河流型湿地生态系统。

4.2 非工程措施

4.2.1 明确各部门对湿地保护的主体责任

按照2017年国家林业局等八部委印发的《贯彻落实〈湿地保护修复制度方案〉的实施意见》有关联席制度要求，建立湿地保护修复联席会议制度，明确各部门在湿地保护中的主体责任，坚持实行综合协调制度、分部门具体实施的全市湿地保护管理体制，最终形成湿地由属地地方政府管理、市有关部门积极配合的属地保护管理机制[9]。同时，六安市政府要加大对湿地保护的考核问责，确保各部门认真履行湿地保护责任和义务。

4.2.2 探索建立湿地生态补偿机制

按照《关于深化生态保护补偿制度改革的意见》等有关文件要求，结合安徽淠河国家湿地公园保护与利用的实际，按照“谁开发谁保护、谁破坏谁恢复、谁受益谁补偿、谁排污谁付费”原则，探索建立多元化的湿地生态补偿机制。积极出台退耕还湿、湿地季节性水位调控、湿地野生动植物恢复等方面的补偿政策，建立湿地生态补偿长效机制，逐步推进湿地生态系统结构和功能的恢复。

4.2.3 科普宣教

湿地保护需要全民行动，人人参与。加强湿地保护的科普宣教，可让保护湿地的观念深入人心。湿地本身就是一个自然的大讲坛，湿地公园更是自然的课堂，应该将这些湿地资源利用起来，通过信息手段开展湿地的科普宣教活动，提高全民的湿地保护意识[10]。安徽淠河国家湿地公园有丰富的野生动植物资源，是进行植物学和动物学研究的良好场所，更是人们认识湿地、了解湿地的平台。此外，其美丽的自然风光、悠久的历史文化，更是人们健身娱乐、陶冶身心的最佳场所。安徽淠河国家湿地公园是六安市的一张“名片”，要坚持“绿水青山就是金山银山”的生态理念，组织利用各种形式进行宣传教育，保护好、利用好这张“名片”。

5 结语

湿地作为全球三大生态系统之一，是人类十分重要的生存环境。河流型湿地是自然湿地的重要组成部分，在湿地生态保护中处于极其重要的地位。“绿水青山就是金山银山”，保护生态环境就是保护生产力，改善生态环境就是发展生产力。坚持尊重自然、顺应自然、保护自然的生态理念，对受损的河流型湿地进行保护与恢复，营造集自然生态、科普教育、休闲娱乐为一体的湿地景观，吸引更多的人关注湿地、走进湿地、保护湿地，更好地推动人与自然和谐发展。

参考文献

[1] 董克宝．河流型湿地景观环境用水闸坝联合调度研究［D］．沈阳：沈阳农业大学，2016.

[2] 国家统计局．中国统计年鉴 2020［M］. 北京：中国统计出版社，2021.

[3] 郭子良，张曼胤，崔丽娟，等．中国国家湿地公园的建设布局及其动态［J］．生态学杂志，2019，38（2）：532-540.

[4] 文茜．城市河流型湿地景观设计研究［D］．南宁：广西大学，2020.

[5]《中国河湖大典》编纂委员会．中国河湖大典（淮河卷）［M］. 北京：中国水利水电出版社，2010.

[6] 杨长明，张翔，郝彦璋，等．人工湿地污水生态处理技术研究现状、挑战与展望［J］．工业水处理，2021，41（9）：18-25.

[7] Lin Yingfeng, Jing S, Lee D, et al. Nitrate removal from groundwater using constructed wetlands under various hydraulic loading rates［J］. Bioresource Technology, 2008, 99（16）: 7504-7513.

[8] 邵诗文，城市河流型湿地公园生态修复设计研究——以山东省枣庄市蟠龙岛湿地公园为例［D］．北京：北京林业大学，2019.

[9] 刘杉，王景利，张景新，等．关于完善天津市湿地生态保护政策的几点思考［J］．天津农业科学，2018，24（10）：76-77，85.

[10] 王翔，湿地保护的重要性与湿地生态保护措施分析［J］．科技风，2020（3）：149.

南方河流生态廊道保护与修复路径研究

施　晔[1,2]　王　菲[1,2]　钟翠华[1]　韩妮妮[1,2]

（1. 中水珠江规划勘测设计有限公司，广东广州　510610；
2. 水利部珠江水利委员会水生态工程中心，广东广州　510610）

摘　要：河流生态廊道建设是水生态文明建设的基础工作，对于构建区域生态安全格局具有重要意义。在给出河流生态廊道广义概念及狭义概念的基础上，从南方河流生态廊道的特点切入，提出了南方河流生态廊道保护与修复策略，在生态廊道空间范围划分与评价指标体系建立的基础上，识别河流生态廊道功能状态，并提出相应的保护与修复关键技术体系，可为区域河流生态廊道建设工作提供一定的借鉴。

关键词：生态廊道；南方河流；保护与修复；路径

河流既是天然的生态廊道，又是城市发展、人居环境的重要载体。当前河流生态廊道建设在治水工作中占据重要地位，尤其是对大江大河和重要湖泊湿地的生态保护和治理，事关区域生态安全，意义重大，也具有十分紧迫性。因地理、气候、水热条件等因素影响，我国南北方地区河流水系特征差异明显。南方地区水网发达，河流结构复杂多样，生物物种也尤为丰富，但因受不合理开发模式和人类活动等影响，部分河流存在空间持续萎缩、生态系统遭破坏、生态功能有所减弱等问题，亟须有针对性地对河流生态廊道开展保护与修复工作。基于以上背景，本文从河流生态廊道概念出发，结合南方地区水系特点，提出南方河流生态廊道保护与修复路径，为地方开展河流生态廊道建设工作提供思路。

1　河流生态廊道概念

河流廊道概念来源于景观生态学理论，但在规划与管理实践中，不同学科、不同学者对河流廊道的理解也各不相同。按景观生态学理解，廊道是指不同于周围景观基底的线状或带状地带，是连接生态斑块的重要桥梁[1]。按河流生态学理解，河流廊道是一个结构功能统一体，结构是功能得以发挥的物质基础，功能是结构演化的外在体现[2]，而生态廊道是指具有保护生物多样性、过滤污染物质、保持水土、防风固沙、调控洪水等生态服务功能的廊道类型[2]。从水利角度出发，河流廊道是指河流本身以及沿河分布而不同于周围基底的植被带，包括河道、河漫滩、河岸带植被、堤坝和部分高地等具有不同价值的沿河土地[3]。因此，河流生态廊道应是能很好地连接河流两岸不同斑块、上下游河段不同物候类群、维持区域生物多样性的生态空间，是进行物质输送、能量传递、信息传递的重要纽带，对维持河流生态系统健康稳定有非常重要的作用[4]。

本文依据廊道基本理论对河流生态廊道的概念进行界定，认为狭义的河流生态廊道是指河流水系本身及不同于周围景观基质的植被带，由河槽、河漫滩及高地边缘过渡带组成，具有一定连续性、宽度及生态服务功能的线性廊道，其主体研究对象是河流水系中的生态系统及生境要素。广义上的河流生态廊道应该考虑为大尺度下的水系水网，包含流域内互为关联的不同类型水体，具体在狭义基础上还应该包括河流水系连接的湖泊、水库、河渠、池塘、湿地、河汊、蓄滞洪区以及河口地区等。

作者简介：施晔（1986—），男，高级工程师，主要从事水生态环境保护规划与设计工作。

2 南方河流生态廊道的特点

南方地区一般指我国东部季风区的南部，热带、亚热带季风气候区，具体指秦岭—淮河一线以南，青藏高原以东地区[5]。按照流域水系划分，南方河流主要包含长江水系、珠江水系、东南诸河、西南诸河等几大水系。因受流域地形地貌、气候条件、经济社会等影响，南方地区水网发达，天然河网密度大，降水丰富，径流量大，河流汛期长，水量季节变化明显，同时，南方河流航运价值高，但梯级众多，与北方相比，陆生、水生植物群落也更为丰富，生物多样性高。因此，从生态廊道结构和功能等角度出发，南方河流生态廊道主要表现出以下特点：

一是廊道结构具有较强的多样复杂性。例如，珠江流域，上游段以高山、峡谷河流为主，河床深切，河岸陡峭险峻；中下游河流以山地河流为主，河道由河涌、两岸斜坡组成，具有一定的河漫滩地；下游河口以丘陵、平原河流为特点，如三角洲河网地区，河道一般较宽，纵坡缓，具有较宽的河漫滩地。针对具体河段而言，在河漫滩、河岸植被等方面，上、中、下游的不同特点也体现得较为明显。其中，在峡谷河段，体现为无河漫滩发育；在高原地区，河岸植被以高原草甸、草地或高山植被为主；在丘陵地区，沿河森林植被茂盛，可为生物提供多种多样的栖息场所；在平原河网区域，河漫滩发育充分，河岸植被多种多样，陆生、水生植物群落丰富，·生物多样性丰富。

二是廊道的“生命共同体”特征体现得更为突出，各生态要素之间的联系也更为紧密。南方河流上游、中游支流众多，河口区域水网发达，河流廊道基底和斑块类型多样，山水林田湖草沙生命共同体特征较北方而言更为明显。从基底看，南方河流所处流域地形地貌多样，因此也形成了多种多样的景观生态基底。例如，长江流域流经山地、高原、盆地（支流）、丘陵、平原、河网等，其河流廊道所处的基底也相应体现为山地森林基底、高原草甸基底、丘陵农田基底、平原农田、河口水网基底等多种类型，与北方相比，多样性更为明显。从斑块来看，南方地区流域内具有多种多样的自然特征，包括各类型湖泊、低洼水塘、水库、湿地、河涌、沟渠、河漫滩等。不同地貌类型基底、斑块依托河流廊道进行上下游物质交换、能量流动和信息传递，完成水文循环、生命信号传递，联系尤为紧密。

三是南方水生态系统面临的形势更趋严峻。南方地区人口密度大，经济发达，但环境问题较为突出，部分河流水生态系统出现失衡趋势。究其原因，一方面由于规划引导落后于现状发展，无序开发导致部分河段缩窄甚至被侵占，河段渠系化严重，堤岸结构硬化，导致水岸物质能量交换受阻，水网有效连通性呈退化趋势；另一方面，河道形态发生改变，降低了河道涵养水源的能力，加上局部水污染加剧导致河流廊道的生物多样性降低。南方河流尤其是下游经济发达地区水污染严重，而区域经济逐渐向上游转移，上游工业发展及畜禽养殖又增加了下游污染风险，使得流域水环境风险呈现复合态势，不仅水质、水生态差，还伴随着河道两岸景观破坏等问题，导致水生态系统面临形势较为严峻[6]。

总体上，南方河流具有上述特征，因此在制定南方河流生态廊道保护与修复路径时，需对现状及问题识别得更加准确，措施体系更加注重综合性。

3 南方河流生态廊道保护与修复路径

3.1 界定廊道空间范围

河流生态廊道空间范围主要包括横向、纵向、垂向与时间尺度等四个维度。纵向上以地貌分区为主；横向上是结合土地类型（由其主导廊道结构稳定，包括廊道的数目、宽度、形状、组成、连通性、异质性等稳定）、功能正常发挥进行范围确定，并由土地类型主导；垂向上则是在二维平面往垂向角度延伸至满足结构稳定和功能正常发挥所需的垂向范围；时间尺度上应根据河流生态廊道的生态系统稳定可持续发展需要随时间推移发生变化时，对纵、横、垂三向进行调整。从实践应用的角度出发，本次适用于南方河流生态廊道范围的一般划分标准。具体地，本次以地貌分区进行纵向廊道类型一级分类划分，引入土地胁迫指数作为二级因子，以河流生态廊道各类主导功能为三级指标，共同组成纵横两向的划分标准体系。

（1）结合河流生态廊道的地貌特征进行一级分类划分。南方河流地貌特征体现为流经地貌类型多样，不同河段两岸拥有不同的地貌，为形成多样的廊道提供了物理基础。可按山地、高原、盆地（支流）、丘陵、平原不同地貌类型进行划分。

（2）引入土地胁迫指数作为划分河流生态廊道范围的二级因子。本文中土地胁迫指数指研究区域内土地质量遭受胁迫的程度，多利用单位面积上土地沙化、土地开发、水土流失等胁迫类型面积表示。河流生态廊道土地胁迫强度划分三个等级，即无胁迫或轻度胁迫、中度胁迫、重度胁迫，参照《生态环境状况评价技术规范》（HJ 192—2015）对河流生态廊道土地胁迫指数进行计算和划分。

（3）以河流生态廊道各类主导功能为三级指标，包括水源涵养、水土保持、特殊空间保护、生物多样性、防洪、防污、景观、文化载体等主导功能。综合一级分类、二级因子、三级指标，形成纵横两向的划分标准体系表，河流可按照生态系统的整体性、系统性、功能性进行分段划分，当该河段具备多种功能时，其生态廊道范围按照各功能划分方法计算取值，最后取其外包值。

3.2 开展廊道评估工作

通过建立科学的评价指标体系，选取能够科学、系统、准确地反映河流生态廊道各类功能完善程度的指标，同时要求评价所需基础数据易获得、可监测，计算方法简单，具有现实可操作性，从而准确识别现状问题、科学评判河流水系生态廊道状态。要明确河流生态廊道的功能类别，主要包括两大类：生态服务功能和社会服务功能。这两大类功能可以进一步细分，生态服务功能可以分为栖息地功能、通道功能、自净功能；社会服务功能可以分为防洪功能、供水功能、通航功能、景观文化载体功能等[7-9]（见表1）。对于某一个特定的河段或者流域，以上这些功能不一定是同时具备的，可能只具备其中一部分，不具备其他，或者其中部分功能相对其他来说更重要，占主导地位。例如，人类干扰程度非常高的城市建成区的河流或河段，其主导功能一般是社会服务功能；人类干扰程度相对较低的山区河流或河段，其主导功能一般是生态服务功能。因此，我们在进行具体河流生态廊道功能评价时，需要先确定其（或河段）需要发挥的功能，在需要发挥的功能中确定主导功能，重点评价其主导功能的受损程度。

表1 河流生态廊道功能评价指标体系

一级功能分类	二级功能分类	评价指标
生态服务功能	栖息地功能	河床底质构成指数、河道蜿蜒度、河岸稳定性、河岸带宽度、岸线植被覆盖率、生态流量满足程度、流量过程变异程度、水质状况指数
	通道功能	河流纵向连通指数、横向连通性指数、岸线植被连续性
	自净功能	水体自净能力
社会服务功能	防洪功能	防洪达标率
	供水功能	供水水量保证程度、集中式饮用水水源地水质达标率
	通航功能	通航保证率
	景观文化载体功能	水景观建设率、景观障碍点密度[7]

3.3 明确廊道关键技术

在生态廊道划分、问题识别的基础上，对应保护与修复的需求分析，建立适用于南方河流生态廊道保护与修复的技术体系，主要包括水源涵养与水土保持技术、栖息地功能保护与修复技术、河流廊道连通性保护与修复技术、水文情势保护与修复技术、水环境保护与治理技术等五大类技术措施，每类措施又细分至具体工程措施、非工程措施。

3.3.1 水源涵养与水土保持技术

（1）封禁治理技术。

封禁治理是利用森林的更新能力，在自然条件适宜的地区实行定期封禁，禁止垦荒、放牧、砍柴等人为的破坏活动，以恢复森林植被的一种育林方式。通过划定封禁区域，对每片封禁治理区划定界线，插牌定界，制定管护责任制度及村规民约，禁止任何人擅自在封禁区内进行砍伐、采薪、放牧等生产性活动，确保封禁区内林、灌、草防护功能迅速得到恢复。

（2）水土保持技术。

主要采取坡改梯建设技术、经果林建设技术和生态农业推广技术来进行水土保持。通过修筑水平梯田、治理坡面水系与地力培肥等工程措施，改造部分坡耕地和荒山荒坡；再通过种植经果林，减轻水土流失，巩固治理成果，激发流域内群众治理的积极性，促进水土保持产业化。根据南方不同地区的实际情况，可推广农林混合种植经营、林药混合种植经营、林牧经营、林菌经营、林渔经营、林畜渔经营、林草渔经营、植物篱（经济林）农作物复合型等生态农业经营模式。

（3）石漠化处理技术。

针对我国南方岩溶地区八类地形区，采取不同的蓄水、保土、恢复植被以及促进经济发展措施，进行石漠化综合治理，并形成综合治理模式。治理途径可以分为自然恢复与人工干预两种。自然恢复主要指在消除人为干扰因素的前提下，通过岩溶生态系统自身的生产与恢复潜力来实现石漠化治理的过程，自然恢复途径的主要措施有封山育林、环境移民、生态保护区建设等生态措施；人工干预主要是指在生物、农艺、工程等人工措施的帮助下实现岩溶生态系统植被恢复与生态重建的目标，主要包括退耕还林还草等生物措施，套种轮作等农艺措施以及坡改梯、小型水利设施建设等工程措施。

3.3.2 栖息地功能保护与修复技术

（1）生境形态维护技术。

针对重要生物栖息地包括洄游通道保护、鱼类“三场”、珍稀濒危物种、重要经济价值水生生物栖息地等，采取保障洄游通道的畅通、建立替代生境拓展鱼类的生存空间、补建过鱼设施、生境再造等恢复水生生物的栖息环境，并划定保护区范围，严格管理保护，严格控制涉及重要生境的水利开发活动。

（2）河漫滩修复技术。

河漫滩是河流生态结构中典型的群落过渡带，具有连通水域和陆域的作用，是动植物群落生存与河流能量转换的重要场所。河漫滩修复需从河漫滩重塑、种植设计、防护工程设计等方面开展。河漫滩重塑就是对地形地貌进行有条件的微处理以形成多元化的滩区地貌。河漫滩植被体系构建应当以保护河流生态系统的良性循环为目的。同时对河道边坡应当进行防护，除满足防洪安全、岸坡冲刷侵蚀防护、休闲游憩等功能外，还须兼顾维护各类生物适宜栖息和生态景观完整性的功能。

3.3.3 河流廊道连通性保护与修复技术

（1）横向连通性保护与修复。

通过河湖水系连通工程，建立河流、湖泊、湿地等水体间的水力联系，进一步优化南方河湖水系格局，形成引排顺畅、蓄泄得当、可调可控的水网体系。同时，通过退渔还湖、退田还湖、恢复湖泊湿地河滩等措施清理河湖岸线，拓宽水生态空间。此外，通过河滨带植被重建、生态岸坡改造等措施，恢复南方河流与陆地过渡边缘带的连通性。

（2）纵向连通性保护与修复。

河流的纵向连通性是指在河流系统内生态元素在空间结构上的纵向联系，河流的断点或节点等障碍物数量越多，纵向连通性越差，因此主要通过闸坝拆除、增设鱼道、增设升鱼机等措施，改善南方河流的纵向连通性。

3.3.4 水文情势保护与修复技术

（1）生态流量保障。

通过水量与水文过程的还原计算，以满足河流的最小生态需水、敏感期生态需水为目标，制订河流生态流量保障方案，通过建设水量监测断面及监测设施、配套制度管理措施，加强对南方河流生态流量的监测与管理。

（2）生态补水及调度。

为满足下游河道基本功能的生态需水量、特殊生态保护目标、重要湖泊湿地维持生态系统运转、提高河网水动力等需求，进行区域或流域层面的生态补水及调度，包括单个梯级、多梯级联合的生态调度技术、跨流域调水技术等[10]。在下游河口地区，还需要采取压咸补淡技术，避免咸潮入侵。

3.3.5 水环境保护与治理技术

（1）水环境治理。

针对南方河流的水污染特点，以内源治理为基础，通过环保疏浚、管网定期清淤等措施，削减入河污泥来源、减少底泥中污染物向水体释放，同时加强围网养殖污染治理、航运污染治理，减少外源输入，并通过生物浮岛工程、跌水复氧工程、人工曝气等措施[11]，提升水体自净能力。

（2）水污染防治。

水污染防治的重点是节水减排，核心是控源截污。通过采取农业、生活及工业节水措施，推进节水型社会建设，减少用水量，从源头减少污水的产生。控源截污主要从排水管线摸查整改、入河排污口整治、截污纳管、提高处理能力四个方面入手，通过完善管网建设、强化排污口管控、改扩建污水处理厂等，完善城市基础设施建设。

4 结语

河流生态廊道建设事关地方生态安全，对于构建区域生态安全格局意义重大。南方河流所处的流域地形地貌多样，景观生态基底、组合形式也多种多样，河流廊道结构也较为丰富。河流生态廊道保护与修复是一个长期、系统且复杂的工程，本文提出的南方河流生态廊道保护和修复路径尚不全面，需要根据实际工程案例进一步更新完善，才能保障南方河流生态廊道各项功能的实现。

参考文献

[1] 邓金杰，陈柳新，杨成韫．高度城市化地区生态廊道重要性评价探索——以深圳为例［J］．地理研究，2017，36（3）：573-582.

[2] 朱强，俞孔坚，李迪华．景观规划中的生态廊道宽度［J］．生态学报，2005，25（9）：2406-2412.

[3] 王芳，汪耀龙，谢祥财．生态学价值视角下的城市河流绿道宽度研究进展［J］．中国城市林业，2019（1）：57-61.

[4] 翟学正，刘颖，赵琪，等．生态廊道修复技术及在大清河的应用［J］．中国水利，2021（16）：30-32.

[5] 顾晋饴，陈融旭，王弯弯，等．中国南北方城市河流生态修复技术差异性特征［J］．环境工程，2019，37（10）：67-72.

[6] 宋关玲，王岩．北方富营养化水体生态修复技术［M］．北京：中国轻工业出版社，2015.

[7] 衡先培．全域旅游背景下河流生态廊道规划设计［J］．水利技术监督，2022（4）：97-100.

[8] 吴静，黎仁杰，程朋根．城市生态源地识别与生态廊道构建［J］．测绘科学，2022，47（4）：175-180.

[9] 宋海龙．云南省大理市环洱海湖滨生态廊道生态景观规划研究［J］．热带农业工程，2022（2）：106-109.

[10] 肖江，赵斯佳，胡斌．中小河道生态水利设计实践［J］．水利技术监督，2022（4）：211-215.

[11] 祝紫玲．流域生态修复和社会系统功能提升研究［J］．水利技术监督，2021（12）：81-84.

运用模糊综合指数法评价汉江洋县断面水质状况

蒋丹哲

（汉中水文水资源勘测中心，陕西汉中　723000）

摘　要：汉江洋县断面为国家重点水质监测站，监测频次为12次/年，水功能区控制目标为Ⅱ类。本文选取汉中市汉江干流洋县水质监测断面2017—2021年近5年的水质监测数据，应用模糊综合指数法（FCIM）评价汉江洋县断面的水质变化状况，重点选取了六种主要污染指标的年平均值进行水质评价，同时对DO值评价进行了方法修正，并与综合指数法、内梅罗污染指数法结果进行对比，结果表明汉江洋县断面年均水质稳定，符合水功能区水质目标，且模糊综合指数法评价更为全面客观。

关键词：汉江；模糊综合指数法（FCIM）；水质目标

1　概述

汉江，古称汉水，源于陕西宁强县，全长1 577 km，其中陕西汉中境内干流长277.8 km，汉中辖区内自西向东流经宁强县、勉县、汉台区、城固县、洋县、西乡县，经西乡入安康石泉县。汉江横穿洋县城区，是生态景观河流，同时对洋县农业的灌溉有着重要的支撑作用。

洋县，位于陕西省南部，汉中盆地东缘，北依秦岭，南靠巴山，东接佛坪、石泉县，西毗城固县，北界留坝、太白县。第七次人口普查数据显示，截至2020年11月，洋县常住人口34.53万。洋县境内汉江支流众多，自北向南，多呈平行状，如溢水河、傥水河、酉水河、金水河等（见图1）。

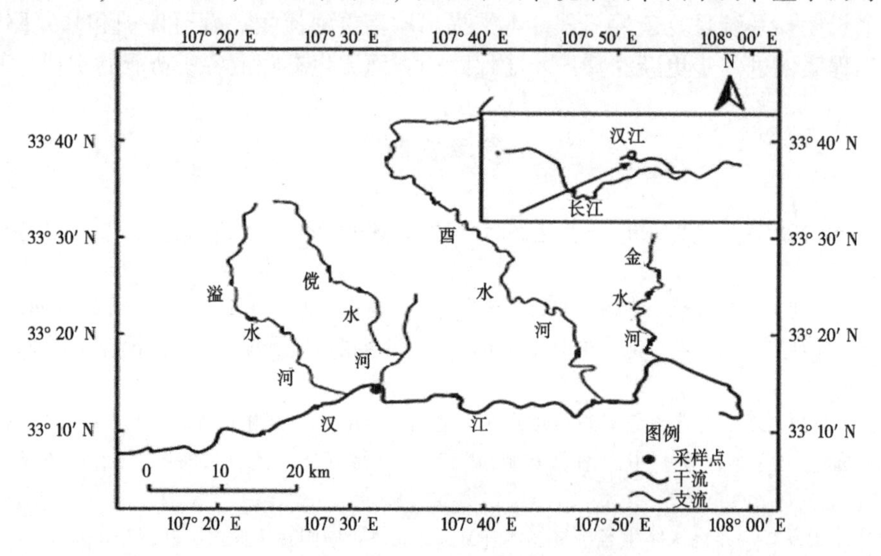

图1　汉江洋县段流域示意图

作者简介：蒋丹哲（1990—），男，助理工程师，主要从事水环境监测和评价等工作。

洋县断面位于傥水河入汉江口处，傥水河横穿洋县主城区，断面位置水质情况能重点反映人口的生产活动对汉江水质的影响。本文主要选取氨氮（NH_3-N）、总磷（以P计）、溶解氧（DO）、高锰酸盐指数（COD_{Mn}）、化学需氧量（COD_{Cr}）、五日生化需氧量（BOD_5）六个主要水质指标进行模糊综合指数评价。模糊综合指数法可以客观评价水质，相比于分类别评价法更准确直观，运用模糊综合指数法对汉江洋县断面近五年水质进行评价，能直观地看出其水质近几年污染物变化情况及污染程度，对汉江干流水质研究及管理部门在治理和决策上提供科学依据，具有一定的参考价值。

2　建立水质评价模型

2.1　模糊综合指数法模型的建立

设水环境质量因子为 n 个，评价标准等级为 m 种，构成评价因子集 U 和评价标准集 V，则 $U=\{u_1, u_2, u_3, \cdots, u_n\}$，$V=\{v_1, v_2, v_3, \cdots, v_m\}$。模糊关系矩阵 R 则由 U 和 V 构成，R 可表示为

$$R=\begin{bmatrix} r_{11} & r_{12} & \cdots & r_{1m} \\ r_{21} & r_{22} & \cdots & r_{2m} \\ \vdots & \vdots & & \vdots \\ r_{n1} & r_{n2} & \cdots & r_{nm} \end{bmatrix} \tag{1}$$

式中：n 为污染因子个数，$i=1, 2, 3, \cdots, n$；m 为水体质量级别，$j=1, 2, 3, \cdots, m$；r_{ij} 为第 i 种污染物的水质监测值被评价为第 j 类水质级别的可能性，即隶属程度。

评价因子集 U 中各类污染因子在水体质量总因子中的权重权数为 a_i（$i=1, 2, 3, \cdots, n$），构成权重矩阵 $A=(a_1, a_2, a_3, \cdots, a_n)$，其中 $\sum_{i=1}^{n} a_i=1$。

构造水质模糊综合指数评价关系矩阵 B，其中 $B=A \cdot R$，$B=(b_1, b_2, b_3, \cdots, b_n)$。

2.2　模糊综合指数法的计算

2.2.1　水质类别的分类

依照《地表水环境质量标准》(GB 3838—2002) 将地表水水质类别分为五级，选取6种主要污染物作为研究对象，各类污染物分级见表1。

表1　地表水污染因子分级标准[1]　　单位：mg/L

污染因子		水质类别				
		Ⅰ	Ⅱ	Ⅲ	Ⅳ	Ⅴ
氨氮（NH_3-N）	≥	0.15	0.5	1.0	1.5	2.0
总磷（以P计）	≥	0.02	0.1	0.2	0.3	0.4
DO	≤	饱和率90%或7.5	6	5	3	2
COD_{Mn}	≥	2	4	6	10	15
COD_{Cr}	≥	15	15	20	30	40
BOD_5	≥	3	3	4	6	10

2.2.2　模糊关系矩阵 R 的计算

矩阵 R 表示每一个污染物对每一级水体质量的隶属程度。根据水体质量类别分类，R 可以用以下线性函数来确定。

第一级水（$j=1$），隶属函数为

$$r_{ij}=\begin{cases}1 & (X_i \leqslant S_{ij})\\ \dfrac{X_i - S_{i(j+1)}}{S_{ij} - S_{i(j+1)}} & (S_{ij} < X_i < S_{i(j+1)})\\ 0 & (X_i \geqslant S_{i(j+1)})\end{cases} \tag{2}$$

第二级至第（$m-1$）级水，隶属函数为

$$r_{ij}=\begin{cases}1 & (X_i = S_{ij})\\ \dfrac{X_i - S_{i(j-1)}}{S_{ij} - S_{i(j-1)}} & (S_{i(j-1)} < X_i < S_{ij})\\ \dfrac{X_i - S_{i(j+1)}}{S_{ij} - S_{i(j+1)}} & (S_{ij} < X_i < S_{i(j+1)})\\ 0 & X_i \text{ 为其他数值}\end{cases} \tag{3}$$

第 m 级水，隶属函数为

$$r_{ij}=\begin{cases}1 & (X_i \geqslant S_{ij})\\ \dfrac{X_i - S_{i(j-1)}}{S_{ij} - S_{i(j-1)}} & (S_{i(j-1)} < X_i < S_{ij})\\ 0 & (X_i < S_{i(j-1)})\end{cases} \tag{4}$$

式中：X_i 为第 i 种污染物的实测值；S_{ij} 为第 i 种污染物对应 j 级评价的标准值。

当 $S_{i1}=S_{i2}$，实测值 $X_i<S_{i1}$ 时，r_{ij} 各取 0.5。

2.2.3　权重系数的计算

权重系数表示某种污染物因子对水体环境质量影响的大小程度，本文用污染贡献率计算方法求污染物权重系数，计算如下：

$$\alpha_i = \frac{C_i/\overline{S_i}}{\sum_{i=1}^{n} C_i/\overline{S_i}} \tag{5}$$

式中：C_i 为第 i 种污染物的实测值；$\overline{S_i}$ 为第 i 种污染物 m 个集合的算数平均值，即 $\overline{S_i} = \frac{1}{m}\sum_{j=1}^{m} S_{ij}$。

隶属值要求 S_{ij} 随级别数递增，而 DO 值越大水质越好，故在实际计算中将 DO 值计算进行修正；沈时兴[2]、林秀芳[3] 等取式（6）进行修正计算。

$$\alpha_i = \frac{\overline{S_i}/C_i}{\overline{S_i}/C_i + \sum_{i=1}^{i-1} C_i/\overline{S_i} + \sum_{i+1}^{n} C_i/\overline{S_i}} \tag{6}$$

大量数据表明，在水质情况不好时，式（6）能较好地反映实际水质状况；水质较好时，DO 的权重过大，与现实相悖。DO 值受温度影响很大，取年均值计算过于粗略，本文引入不饱和率 U 反映 DO 值及污染程度，计算如下：

$$U_i = 1 - \frac{\mathrm{DO}_t}{\mathrm{DO}_{st}} \tag{7}$$

式中：U_t 为温度 t 时的不饱和率；DO_t 为温度 t 时实测值；DO_{st} 为温度 t 时的饱和 DO，年均值 U 取 U_t 平均值。为便于计算，将表 1 进行表 2 所示的修正（以 DO=7.5 mg/L 作为 90%饱和度）。

表 2　地表水 DO 分级标准

	Ⅰ类	Ⅱ类	Ⅲ类	Ⅳ类	Ⅴ类
DO（以不饱和率 U 计）≥	0.10	0.28	0.40	0.64	0.76

2.2.4　模糊综合指数 FCI 的计算

构造综合评价矩阵 B 及水质标准类别矩阵 S：已知模糊关系矩阵 R 及权重关系矩阵 A，其综合评价方法矩阵表示为：$B=A\cdot R$。水质标准类别矩阵 S 可表示为：$S^T=[1,2,3,4,5]$，模糊综合指数 $FCI=B\cdot S$。

3　汉江洋县断面水质评价

选取洋县断面 2017—2021 年五年 6 种主要污染物的水质数据（见表 3），同时对表 3 中 DO 值进行修正（见表 4）。

表 3　洋县断面 2017—2021 年水质监测数据（年平均）

水质指标	水样实测值/（mg/L）				
	2017 年	2018 年	2019 年	2020 年	2021 年
氨氮（NH_3-N）	0.246	0.265	0.184	0.253	0.276
总磷（以 P 计）	0.06	0.06	0.06	0.04	0.05
DO	7.5	8.5	9.4	8.9	8.6
COD_{Mn}	2.6	3.1	2.9	2.8	2.8
COD_{Cr}	5	6	7	8	6
BOD_5	0.9	1.0	0.8	0.8	0.8

表 4　洋县断面 2017—2021 年 DO 不饱和率（年平均）

2017 年	2018 年	2019 年	2020 年	2021 年
22%	8%	6%	9%	14%

3.1　隶属度的计算

R_i 为样本 i（i=1，2，3，4，5）对应的隶属关系矩阵，分别对应 2017—2021 年五年的数据。以样本一中 COD_{Mn} 为例。$X_5=2.6$ mg/L，依据式（3）求得：$S_{41}<X_4<S_{42}$，$r_{41}=\dfrac{2.6-4}{2-4}=0.7$，$r_{42}=\dfrac{2.6-2}{4-2}=0.3$，$r_{43}=0$，$r_{44}=0$，$r_{45}=0$，则 R_i 计算结果如下（DO 取不饱和值）：

$$R_1=\begin{bmatrix}0.73 & 0.27 & 0 & 0 & 0\\0.50 & 0.50 & 0 & 0 & 0\\0.33 & 0.67 & 0 & 0 & 0\\0.70 & 0.30 & 0 & 0 & 0\\0.50 & 0.50 & 0 & 0 & 0\\0.50 & 0.50 & 0 & 0 & 0\end{bmatrix}$$

$$R_2 = \begin{bmatrix} 0.67 & 0.33 & 0 & 0 & 0 \\ 0.50 & 0.50 & 0 & 0 & 0 \\ 1 & 0 & 0 & 0 & 0 \\ 0.45 & 0.55 & 0 & 0 & 0 \\ 0.50 & 0.50 & 0 & 0 & 0 \\ 0.50 & 0.50 & 0 & 0 & 0 \end{bmatrix}$$

$$R_3 = \begin{bmatrix} 0.90 & 0.10 & 0 & 0 & 0 \\ 0.50 & 0.50 & 0 & 0 & 0 \\ 1 & 0 & 0 & 0 & 0 \\ 0.55 & 0.45 & 0 & 0 & 0 \\ 0.50 & 0.50 & 0 & 0 & 0 \\ 0.50 & 0.50 & 0 & 0 & 0 \end{bmatrix}$$

$$R_4 = \begin{bmatrix} 0.71 & 0.29 & 0 & 0 & 0 \\ 0.75 & 0.25 & 0 & 0 & 0 \\ 1 & 0 & 0 & 0 & 0 \\ 0.60 & 0.40 & 0 & 0 & 0 \\ 0.50 & 0.50 & 0 & 0 & 0 \\ 0.50 & 0.50 & 0 & 0 & 0 \end{bmatrix}$$

$$R_5 = \begin{bmatrix} 0.64 & 0.36 & 0 & 0 & 0 \\ 0.38 & 0.62 & 0 & 0 & 0 \\ 0.78 & 0.22 & 0 & 0 & 0 \\ 0.60 & 0.40 & 0 & 0 & 0 \\ 0.50 & 0.50 & 0 & 0 & 0 \\ 0.50 & 0.50 & 0 & 0 & 0 \end{bmatrix}$$

3.2 各污染因子权重的计算

A_i 为样本 i（$i=1, 2, 3, \cdots, 6$）对应的权重关系矩阵，分别对应各水质项目的指标权重值。以 A_1 为例：$\overline{S_1}=(0.15+0.5+1.0+1.5+2.0)/5=1.03$，$\overline{S_2}=0.204$，$\overline{S_3}=(0.10+0.28+0.40+0.64+0.76)/5=0.436$，$\overline{S_4}=7.4$，$\overline{S_5}=24$，$\overline{S_6}=5.2$；$\alpha_1=\dfrac{C_1/S_1}{\sum\limits_{i=1}^{6} C_i/S_i} \approx \dfrac{0.238\ 8}{1.770\ 3} \approx 0.135$，$\alpha_2=0.166$，$\alpha_3 \approx \dfrac{0.504\ 6}{1.770\ 3}=0.285$，$\alpha_4=0.198$，$\alpha_5=0.118$，$\alpha_6=0.098$（见图 2）；$A_1=[0.135, 0.166, 0.285, 0.198, 0.118, 0.098]$。DO 的计算取不饱和值，权重关系矩阵 A 可表示为

$$A = \begin{bmatrix} 0.135 & 0.166 & 0.285 & 0.198 & 0.118 & 0.098 \\ 0.161 & 0.184 & 0.115 & 0.263 & 0.157 & 0.120 \\ 0.123 & 0.203 & 0.095 & 0.271 & 0.202 & 0.106 \\ 0.162 & 0.130 & 0.136 & 0.250 & 0.220 & 0.102 \\ 0.166 & 0.152 & 0.199 & 0.234 & 0.154 & 0.095 \end{bmatrix}$$

3.3 模糊综合指数 FCI 的计算

B_i 为样本 i（$i=1, 2, 3, \cdots, 5$）对应的模糊综合指数评价矩阵，以 B_1 为例：$B_1=A_1 \cdot R_1=[0.522, 0.478, 0, 0, 0]$；$\mathrm{FCI}_1=B_1 \cdot S=1.48$，水质为Ⅱ级，则矩阵 B 可表示为

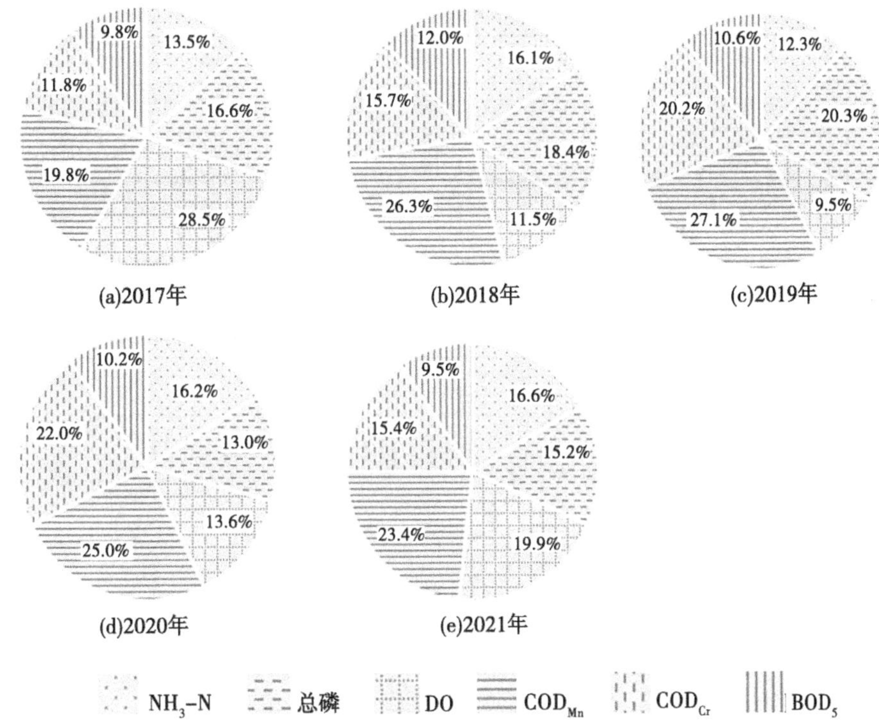

图 2　2017—2021 年 6 种监测指标的权重示意图

$$B=\begin{bmatrix} 0.522 & 0.478 & 0 & 0 & 0 \\ 0.572 & 0.428 & 0 & 0 & 0 \\ 0.610 & 0.390 & 0 & 0 & 0 \\ 0.660 & 0.340 & 0 & 0 & 0 \\ 0.584 & 0.416 & 0 & 0 & 0 \end{bmatrix}$$

FCI 值结果见表 5。

表 5　洋县断面 2017—2021 年 FCI 计算结果

	2017 年	2018 年	2019 年	2020 年	2021 年
FCI	1.48	1.43	1.39	1.34	1.42

3.4　其他评价方法结果

3.4.1　综合指数法评价

综合指数法采用无量纲综合污染指数评价方法进行评价，计算公式如下：

$$K=\frac{1}{n}\sum_{i=1}^{i=n}P_i \tag{8}$$

$$P_i=\frac{C_i}{C_{si}} \tag{9}$$

式中：K 为某河段的综合污染指数；n 为参与评价的污染个数；P_i 为第 i 项污染物的污染指数；C_i 为第 i 项污染物的浓度值；C_{si} 一般采用地表水三类水标准限值，本文为与模糊综合指数法评价保持同步，采用五类限值平均值，即 $C_{si}=\overline{S_i}$。

综合污染指数 K 即表示各种污染物的总体对水质的综合污染程度，综合分级及综合指数计算结果分别见表 6 和表 7。

表 6　综合污染指数评价标准分级

分级	Ⅰ	Ⅱ	Ⅲ	Ⅳ	Ⅴ	Ⅵ
综合污染指数 K	≤0.2	(0.2~0.4]	(0.4~0.7]	(0.7~1.0]	(1.0~2.0]	>2.0
污染分级	清洁	尚清洁	轻度污染	中度污染	重度污染	严重污染

表 7　洋县断面 2017—2021 年综合指数计算结果

K	2017 年	2018 年	2019 年	2020 年	2021 年
	0.30	0.27	0.24	0.25	0.27

3.4.2　*内梅罗污染指数法*

内梅罗污染指数法与综合指数法计算类似，但侧重极值，计算公式如下：

$$F_i = \frac{C_i}{C_{si}} \tag{10}$$

$$\overline{F} = \frac{1}{n}\sum_{i=1}^{i=n} F_i \tag{11}$$

$$P = \sqrt{\frac{F_{\max}^2 + \overline{F}^2}{2}} \tag{12}$$

式中：P 为内梅罗污染指数；n 为参与评价的污染个数；F_i 为第 i 项评价因子的污染指数；C_i 为第 i 项污染物的浓度值；C_{si} 为取五类限值平均值，$C_{si}=\overline{S_i}$；$\overline{F}$ 和 $F_{\max}^2$ 分别为 F_i 的平均值和最大值。

内梅罗污染指数法环境质量分级及计算结果分别见表 8 和表 9。

表 8　内梅罗污染指数法环境质量分级

水质类别	Ⅰ	Ⅱ	Ⅲ	Ⅳ	Ⅴ
$P_{标准}$	<0.78	$0.78 \le P_{标准} < 0.91$	$0.91 \le P_{标准} < 1$	$1 \le P_{标准} < 7.21$	$7.21 \le P_{标准} < 14.3$
水质状况	未污染	轻度污染	中度污染	重污染	严重污染

表 9　洋县断面 2017—2021 年内梅罗污染指数计算结果

内梅罗污染指数 P	2017 年	2018 年	2019 年	2020 年	2021 年
	0.41	0.35	0.33	0.32	0.33

4　结果与分析

（1）从隶属关系矩阵 R 中可以看出，除 DO 2018—2020 年均归属Ⅰ类，其余污染因子在Ⅰ类和Ⅱ类均有归属，Ⅰ类隶属度较大；从图 2 中可以看出，污染因子中平均最大权重与最小权重分别是 COD_{Mn} 和 BOD_5，最大值为 2017 年 DO 值，其他因子权重波动不大；从表 5 中可以看出，FCI 波动较小，基本在 1.3~1.5，Ⅰ类隶属度大，2020 年 FCI 指数最小。

（2）综合污染指数为 0.24~0.30，归属Ⅱ类，尚清洁，最小值在 2019 年；内梅罗综合污染指数为 0.32~0.41，归属Ⅰ类，未污染，最小值在 2020 年。两种评价方法与模糊综合指数法整体趋势基本一致，极值略有差别。

5　结论

从计算结果综合来看，汉江洋县断面水质整体状况良好，水质为Ⅱ类，与实际评价一致。FCI 指数波动较小，整体在1.5级之内，2017—2020年FCI值整体呈下降趋势，说明汉江干流洋县断面近几年水质治理和保持较为理想，FCI值2021年增大，其原因是石门水库2020年底进行了水库清淤活动，对下游汉江干流氨氮含量具有影响，2020年11月至2021年3月氨氮值较大，随后恢复至平均水平。

综合污染指数法和内梅罗综合污染指数法计算过程简单，对污染因子的程度进行平均或过于侧重最大值因素，两种方法未充分考虑污染因子的权重，实际中个别污染因子浓度不大，但对水质评价影响较大[4]。模糊综合指数法评价去掉分级界限，更能清晰地表现出水质级别程度，且能反映主要污染物污染程度，评价更精细充分，较为客观合理，对河流治理有很好的指导作用。

参考文献

[1] 国家环境保护总局，国家质量监督检验检疫总局．地表水环境质量标准：GB 3838—2002［S］．北京：中国环境科学出版社，2002.

[2] 沈时兴，王国明，张辉，等．模糊综合指数法评价巢湖原水水质及其应用研究［J］．嘉兴学院学报，2004（6）：70-72.

[3] 李秀芳，王慧．基于MATLAB实现模糊综合指数法在水质评价中的应用研究［J］江淮水利科技，2011（1）：41-42.

[4] 杨磊磊，卢文喜，黄鹤，等．改进内梅罗污染指数法和模糊综合指数法在水质评价中的应用［J］．水电能源科学，2012（6）：41-44.

珠江流域某国控断面初期雨水污染防控要点研究

高亚洲[1]　吴秀茸[2]　刘双元[1]　刘晓丹[1]

（1. 生态环境部珠江流域南海海域生态环境监督管理局生态环境监测与科学研究中心，广东广州　510630；2. 揭阳市生态环境局，广东揭阳　522000）

摘　要：初期雨水中污染物的浓度较高，进入国控断面所在河流中，将会对断面水质造成冲击，影响全年稳定达标。根据历年数据分析，初雨期各断面水质均有不同程度的恶化，尤其是春季初雨的影响最为严重，因此造成的污染物浓度峰值可能导致全年均值不达标。本文以珠江流域某国控断面初雨防控为例，系统梳理了初雨防控的要点，能为城市初期雨水污染防控提供借鉴。

关键词：国控断面；初期雨水；初雨期；污染防控

1　引言

初期雨水污染是一种普遍存在的现象。国控断面水质影响因子主要为所属流域内自然汇流及人为产污所影响。不同区域、不同水体的产污能力不一。前人研究万顷沙地区氮、磷及化学需氧量平均含量大小为：农田水体>河涌>珠江河道，且丰水期>枯水期[1]。城市地表径流是面源污染中仅次于农业面源污染的第二大面污染源[2]。在雨季，国控断面所在河流两岸支流收集附近雨水及污水，由于其河道容量有限，基本上在降雨期间水闸打开，雨污水全部下泄至河流中。特别是在初雨期，由于长时间未降雨，雨水溶解了空气中的大量酸性气体、汽车尾气、工厂废气等污染性气体，降落地面后，又由于冲刷屋面、沥青混凝土道路等，使得前期雨水中含有大量的污染物质，前期雨水的污染程度较高，甚至超出普通城市污水的污染程度。

因此，雨水径流带来的面源污染已经成为影响水质的重要因素[3]。根据历年数据分析，初雨后各断面水质均有不同程度的恶化，尤其是春季初雨的影响最为严重，因此造成的污染物浓度峰值可能导致全年均值不达标。目前，初期雨水的污染防控主要涉及城市面源收集处理[4-5]，但国控断面初期雨水污染防控缺少针对性研究。此外，仅从污染物浓度评估水体受污染程度，无法判断行政区域内产生的污染物总量，不利于初雨期国控断面水污染防控。

本文以珠江流域某国控断面为例，结合所在流域水文特征和行政范围，按照行政边界设置水质水文监测点位。根据水文与水质监测结果，计算出行政区域内的污染物通量的大小，对其中影响国控断面水质的污染源区域划分控制单元，根据污染程度划定污染分区，探讨国控断面所在流域的初期雨水污染防控要点，达到精准高效治污的目的。

2　材料与方法

2.1　国控断面汇水范围概况

该国控断面所在流域面积 1 629 km^2，河流长 92 km，坡降 1.14‰，共涉及 2 个地市 4 个区县和 20 个镇街。上游地市段有 4 条一级支流，下游地市段有 41 条一级支流（见图 1）。该国控断面距离汇入河口约 11.9 km。国控断面下游约 4 km 处有一较大支流汇入，水质受上游来水影响及下游海洋潮

作者简介：高亚洲（1991—），男，工程师，主要从事水污染防治方面的工作。

通信作者：刘晓丹（1983—），女，高级工程师，主要从事流域海域入河海排污口监督管理、水功能管理工作 。

流顶托影响。下游地市涉及四个镇级行政区，一个工业园区与两个城市管理区。2016—2019 年四年平均产生废水排放呈逐年下降趋势，其中生活源占比 89.03%，工业源占比 10.84%，农业源占比 0.13%。生活污染源为主要污染源。现状条件下在镇街行政边界河流处均设置有水质监测站，用于行政管理机构对本区域的水质进行监管。该国控断面主要超标因子为氨氮。

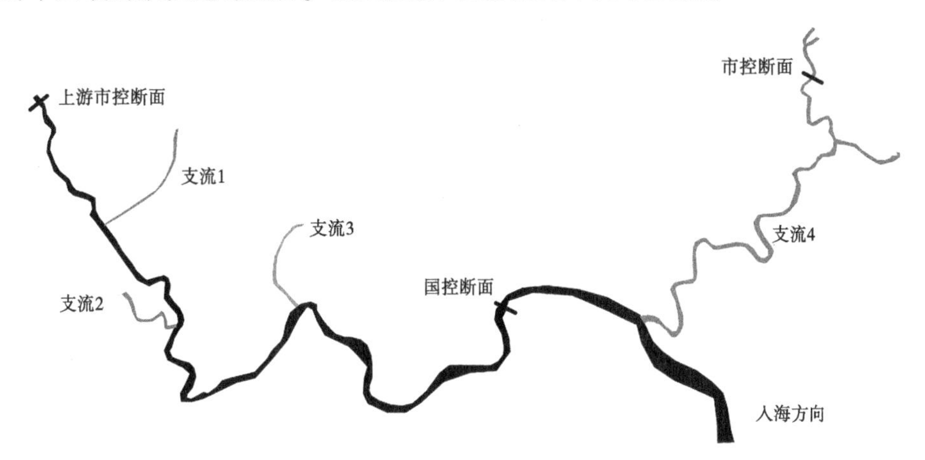

图 1　国控断面所在流域水系

2.2　采样方法

在 A 河根据行政管理区界设置多个监测断面，B 河市控断面及入 A 河河口设置两个断面（见图 2）。下游 E、F、H、I 四个断面位于感潮河段，该区为不正规半日潮，一天内有两次涨潮和两次落潮。为了抵消涨落潮的影响，对这三个断面同步进行 13 h 的逐时监测，逐时采样，其余断面采取单次监测、单次采样。监测指标为流量、氨氮。在 2020 年 8 月监测一次，2020 年 9 月监测一次，监测项目为氨氮、流量。流量采用走航式声学多普勒流速测流法。氨氮采用分光分度法检测。

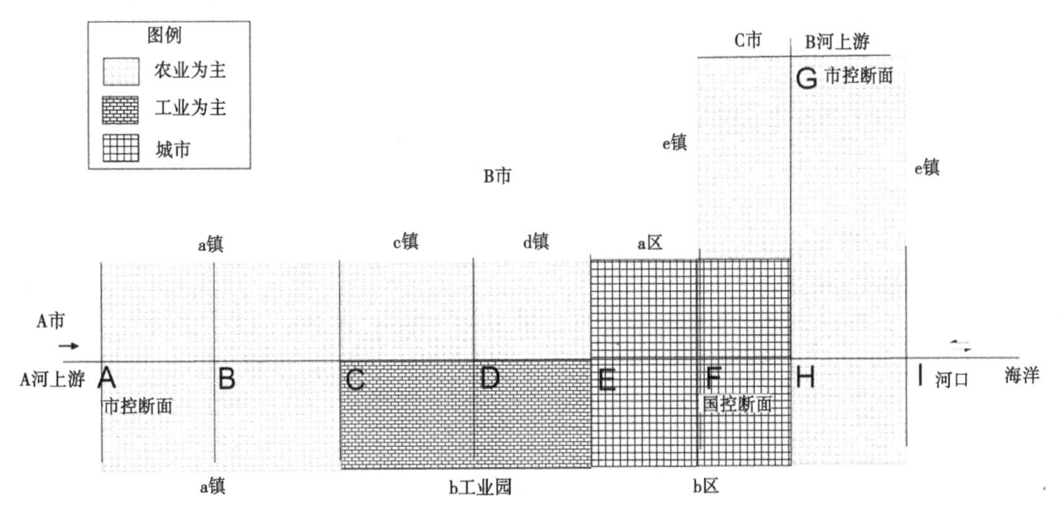

图 2　监测断面示意图

3　结果与讨论

3.1　结果

8 月监测结果（见图 3、图 4）显示，C～D 段氨氮浓度由 0.71 mg/L 升至 1.47 mg/L，由Ⅲ类标准降至Ⅳ类标准，区间内可能有较强的氨氮污染源输入。F～H 段水质变差，氨氮浓度由 1.50 mg/L 升至 2.49 mg/L，由Ⅳ类标准降至劣Ⅴ类标准。H～I 段氨氮浓度为 2.05～2.49 mg/L，通量由 7.62 t/d 增至 15.17 t/d，为氨氮劣Ⅴ类标准。

9 月监测结果（见图 3、图 4）显示，F～H 段水质变差，氨氮浓度由 1.36 mg/L 升至 2.17 mg/L，

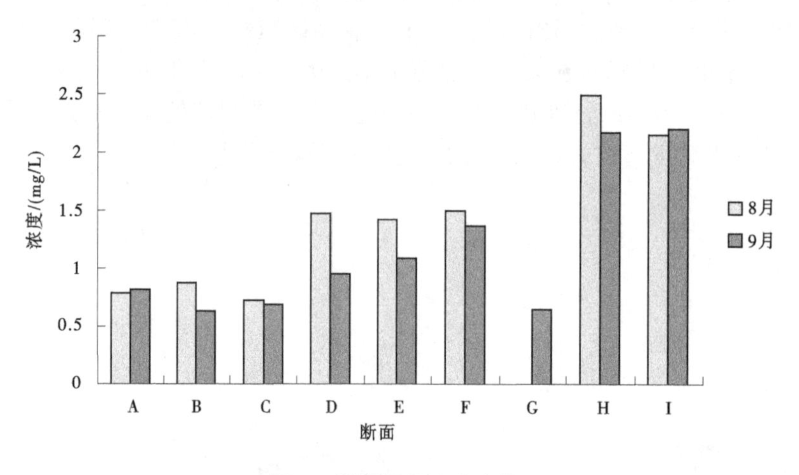

图 3 沿程氨氮浓度变化

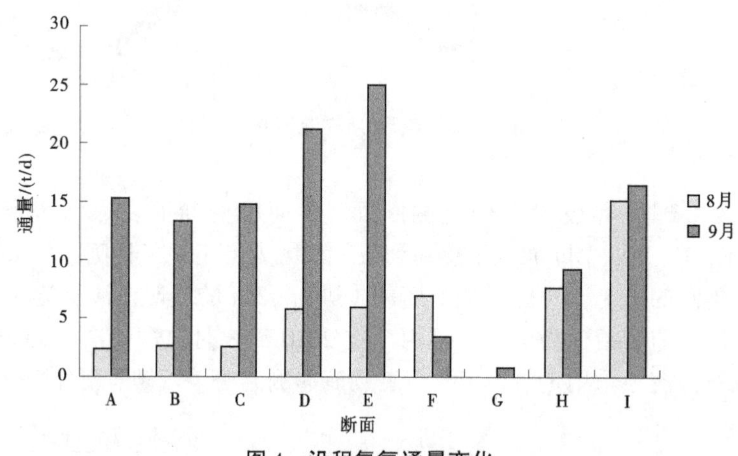

图 4 沿程氨氮通量变化

由Ⅳ类标准降至劣Ⅴ类标准。H~I 段氨氮浓度为 2.17~2.20 mg/L，为氨氮劣Ⅴ类标准。G~H 段氨氮浓度由 0.64 mg/L 升至 2.17 mg/L，通量由 0.75 t/d 增至 9.15 t/d，增幅很大，水质由Ⅲ类标准降至劣Ⅴ类标准。

通过两个月的区间污染通量监测，发现 C~D 段污染突变最大，H 断面污染通量最大。D 断面、H 断面 8—9 月氨氮浓度降低。

从时间上分析，8 月断面氨氮浓度高于 9 月（见图 5），雨水冲刷将面源污染带入河流。初步分析在春季的第一场雨过后，这些断面氨氮浓度将普遍增加，与实际监测数据相符。

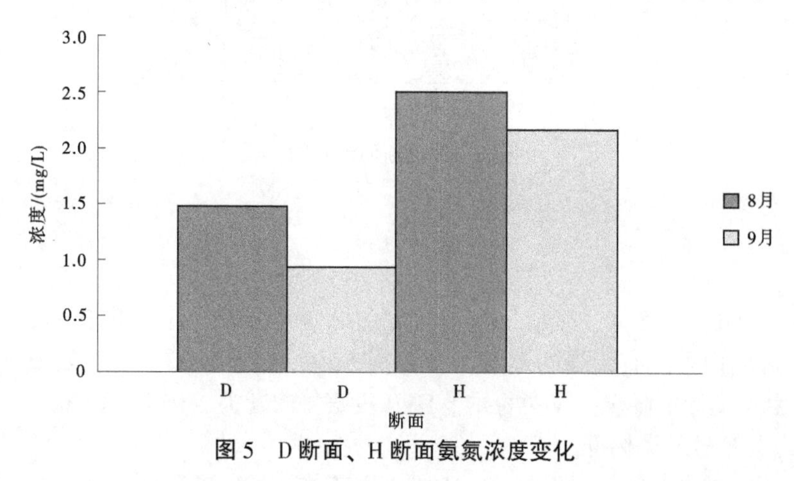

图 5 D 断面、H 断面氨氮浓度变化

3.2 影响因素分析

3.2.1 重污染支流存量污染

大雨过后，河道中的淤泥以及由于雨污分流不彻底，导致污水大量汇入河道。除流动性差外，还有一些河道存在暗涵，这些暗涵里淤积了很多淤泥，但又不便清理，遇到强降雨后，冲刷淤泥就会对整条河道造成污染。本文研究流域内河流 A 河共有劣Ⅴ类支流 34 条，沿河道分布在两岸，开闸后直排入河。

3.2.2 工业企业等部分排口污染

河道两岸所涉一级支流支涌入河口、农田排水管口、桥梁涵洞雨水管口、生活污水一体化设施排水口等排口均会对断面水质造成影响。经过排查，该国考断面所在河流 A 河两岸排口共 156 个，且存在一个工业园区。其下游支流 B 河两岸排口 76 个。

3.2.3 农业面源及城镇面源污染

面源污染起源于分散、多样的地区，地理边界和发生位置难以识别和确定，随机性强、成因复杂且潜伏周期长。事实上，面源污染更多地与农业、农民和农村相联系。农业过量和不合理地使用农药、化肥，小规模畜禽养殖的畜禽粪便，以及未经处理的农业生产废弃物、农村生活垃圾和废水等，都是造成面源污染的直接因素。该国考断面所在河流两岸 a 镇、c 镇、d 镇和 e 镇均为农村，以农业种植、畜牧养殖为主，主要为农业面源和城镇面源。

4 防控要点

降雨期间（8 月、9 月）C~D 段、G~H 段氨氮浓度变化较大，H 断面氨氮为劣Ⅴ类。降雨期间这两个区间段内有较大的污染源汇入，可能为河道两侧的支流同时开闸泄水排污导致。F 国控断面在这两个区间段之间，且下游支流污染物可随着涨落潮上溯至国控断面，导致该区间 C~I 段污染突出，影响国控断面水质达标。

初雨污染主要集中在初次降雨期间。主要污染区间 C~D 段属于右岸 b 工业园和左岸 c 镇管辖区域，G~H 段属于 e 镇管辖区域。b 工业园主要污染为工业排口污染，c 镇和 e 镇主要为农村及城镇面源污染。

b 工业园、c 镇和 e 镇管理部门应结合河长办管理要求，加强辖区内污染攻坚治理。

重点对上述区域进行攻坚治理，治理措施如下：

针对重点区间段，依托水污染治理攻坚措施，采取一定的应急措施，各项治理措施包括了黑臭水体的应急处理、建设初雨调蓄池、排放口应急处置、河涌错峰排水、加强畜禽养殖粪污管理、工业污染管控、农业面源管控、污水处理厂管网建设等几个方面。

针对重点关注点位，依托水污染治理攻坚措施，对沿渠排污口采用截流、封堵、拆除等方式进行整治。河长较短区域可进行分段治理，采用沙包临时围堰等方式分段汇集污水，将各段渠内污水就近抽入已接通的污水管中。详细排查沿河截污管覆盖范围内河段的排口漏接情况并尽快补接。加强沿线及周边区域民居、餐饮企业等污染源的环境管理，杜绝将污水倒入雨水口的行为。加快推进雨污分流工作，全面开展排渠总口截污的整改工作。加强入涵排污口的排查与截污、整改，持续开展沿线污染源排查、接驳工作。合理选择垃圾堆放点，优先不设置在河涌边上。

5 结论

针对国控断面初期雨水污染防控，进行区域分割，采用区间监测的方法，识别出重点污染区间段，进行精准治污，对其他流域国控断面初雨期污染溯源提供具有实质意义的参考。

参考文献

[1] 梁秋洪．珠江三角洲地区农业面源污染研究［D］．广州：暨南大学，2012.

[2] 晏萍，罗建中．珠江三角洲面源污染的排放特征［J］．广东化工，2011，38（6）：130-131.

[3] 王水云，李绪忠，肖伟龙．初期雨水对黑臭水体的形成影响及其处理［J］．城市建设理论研究：电子版，2019（28）：1.

[4] 蒋海涛，丁丹丹，韩润平．城市初期雨水径流治理现状及对策［J］．水资源保护，2009，25（3）：33-36.

[5] 张显忠．合肥市老城区初期雨水污染现状与调蓄策略［J］．中国给水排水，2012，28（22）：38-42.

复合药剂调理对淤泥绿化种植特性影响

李世汩[1,2]　邓安华[1,2]　陈文峰[1,2]　夏新星[1,2]　徐扬帆[1,2]

（1. 中交第二航务工程局有限公司，湖北武汉　430040；
2. 中交公路长大桥建设国家工程研究中心有限公司，湖北武汉　430040）

摘　要： 采用聚丙烯酰胺（PAM）+聚合氯化铝（PAC）、粉煤灰、市售高碱性淤泥改性剂，以及低碱度淤泥改性剂调理淤泥及板框脱水，泥饼破碎后制备绿化种植土。通过土壤理化特性分析研究绿化种植土孔隙率、保水性及土壤肥力，开展盆栽试验，对比了不同调理药剂下绿化种植土的性能、对植物生长影响。结果表明，PAM+PAC 及无机调理药剂的复合调理改善了土壤保水性，显著提高了土壤的阳离子交换量，增加土壤水解性氮、有效磷、有效钾、有效钙、有效镁含量。盆栽试验表明粉煤灰等无机调理药剂能够与 PAM、PAC 协同促进黑麦草生长，低碱度无机调理药剂促生作用更显著。

关键词： 复合调理；绿化种植土；保水性；促生

1　引言

水环境治理、河湖清淤疏浚工程每年产生大量的淤泥，河湖淤泥主要成分与土壤接近，将其作为园林绿化种植土利用是淤泥处置和资源化的重要途径[1-2]。板框脱水是处理清淤淤泥常用工艺，为提高脱水效率，通常需向淤泥加入调理药剂优化河湖淤泥的脱水性能，这类药剂包括絮凝剂、助滤剂、改性剂等[3-5]。大量传统调理药剂加入淤泥，引起脱水泥饼碱性大幅上升、容易板结，对淤泥的园林绿化利用造成了阻碍[6]。

淤泥园林绿化利用研究大多关注淤泥用于园林绿化土的可行性，有关调理药剂对淤泥脱水后的绿化种植特性影响的研究较缺乏。襄阳护城河清淤工程以秸秆粉为主要改良材料，采用强化搅拌+快速堆肥工艺制备绿化种植土，实现了淤泥的规模化绿化种植土利用[2]。洪春来等[7]针对底泥固化土碱性强、理化性能差的问题，研究草炭、硫酸亚铁等改良淤泥固化土的绿化种植特性。淤泥脱水工程中往往采用有机及无机调理药剂构成复合调理剂，共同对淤泥进行调理，相关的研究与工程实践并未关注复合调理药剂投加后对淤泥绿化种植土特性的影响，而该特性对淤泥的园林绿化利用及土壤改良有重要意义[8]。

本研究以枣阳市沙河淤泥为研究对象，分别采用 PAM+PAC、PAM+PAC 与粉煤灰、某常规商业固化剂及自主研发的低碱度淤泥改性剂组成的复合药剂调理淤泥，经板框脱水、破碎筛分后得到绿化种植土，通过土壤特性分析、种植试验等研究复合调理药剂对淤泥的园林绿化植土性能的影响。

2　试验概况

2.1　试验材料

试验所用淤泥为枣阳市沙河城区段底泥，淤泥基本理化指标及重金属含量如表 1、表 2 所示。试验所用的 PAM 为阴离子型，分子量 500 万～800 万，所用 PAC 中 Al_2O_3 含量为 28%，粉煤灰取自某

作者简介： 李世汩（1988—），男，工程师，主要从事河湖淤泥处理处置研究工作。

拌和站的二级粉煤灰。所用低碱度淤泥改性剂是以钢渣、磷石膏为主要原料，与少量水泥等混合制成。

表1　沙河淤泥基本理化指标

含水率/%	粉粒/%	黏粒/%	砂粒/%	液限/%	塑限/%	塑性指数	pH	有机质/(g/kg)	总氮/(mg/kg)	总磷/(mg/kg)
65.1	46	15	39	49.47	28.91	20.56	7.2	17.56	980	832

表2　试验淤泥部分重金属含量　　单位：mg/kg

项目	《城镇污水处理厂污泥处置 园林绿化用泥质》(GB/T 23486—2009)		《土壤环境质量农用地土壤污染风险管控标准》(试行)(GB 15618—2018)第二类用地筛选值	试验淤泥
	酸性土壤	中性和碱性土壤		
总镉	5	20	65	4.42
总汞	5	15	38	3.56
总铅	300	1 000	800	114
总铬	600	1 000	—	86.4
总砷	75	75	60	28.1
总镍	100	200	2 000	166
总锌	2 000	4 000	—	326
总铜	800	1 500	18 000	380

2.2　试验方法

分别采用PAM+PAC、粉煤灰、常规淤泥改性剂以及低碱度淤泥改性剂组成的复合药剂调理淤泥，设置投加任何调理药剂组为空白组，淤泥调理方案如表3所示。各组淤泥经同一压滤参数的板框压滤处理得到含水率为30%左右的脱水泥饼。将脱水泥饼置于干燥通风处自然风干一周，之后破碎过5 mm筛后得到绿化种植土。

表3　复合药剂淤泥调理方案

组别	药剂投加量/(wt% DS)		
	10wt%PAC/%	2.5wt‰PAM/%	调理剂种类，加药量/%
CK	—	—	—
A	3	0.12	—
B	3	0.12	粉煤灰，0.5
C	3	0.12	常规淤泥改性剂，0.5
D	3	0.12	低碱度淤泥改性剂，0.5

注：wt%表示质量百分比；DS表示干重。

采用室内盆栽试验研究不同处理组绿化种植土的植物生长特性，种植1个月后收割黑麦草，测定植物根长、叶长及黑麦草生物量，分别测定各组土壤pH、密度、土壤总孔隙度，土壤总氮、总磷，分析土壤水解性氮、有效磷、速效钾、有效硫、有效镁含量，从而得到不同组分土壤性质变化情况。采用《绿化种植土壤》(CJ/T 340—2016)方法，分别检测各组种植土的发芽率和发芽指数。

2.3　分析方法

淤泥及泥饼的含水率采用质量法进行测定，泥饼pH的测定按照土水比为1∶2.5的比例提取后用pH计测定。土壤密度、孔隙度及阳离子交换容量测定参照《土壤农业化学分析方法》。土壤有机质采用重铬酸钾氧法测定，土壤总氮、总磷分别采用凯氏定氮法、碱熔-钼锑抗分光光度法测定。土壤水解性氮采用碱熔-扩散法进行测定。土壤有效磷、速效钾、有效硫、有效镁等采用 AB-DTPA 浸提-电感耦合等离子体发射光谱法测定。

3 结果与分析

3.1 重金属含量分析

我国尚未发布河湖淤泥土壤化利用国家标准，研究参照污泥利用标准。脱水泥饼制备的种植土均为碱性，由表 2 可知，试验淤泥中的重金属含量低于《城镇污水处理厂污泥处置园林绿化用泥质》(GB/T 23486—2009) 的限值，可用于园林绿化利用。同时，对照《土壤环境质量建设用地土壤污染风险管控标准（试行）》(GB 36600—2018) 第二类用地筛选值，分析淤泥重金属风险，试验淤泥重金属低于管控标准，可进行土壤利用。

3.2 土壤物理特性

盆栽试验第 1 天，粉煤灰组、商业固化剂组土壤 pH 分别为 7.84、9.23，碱性显著，经过 30 d 培养后，各组土壤的 pH 均下降至中性（见表 4)。土壤 pH 的变化一方面与浇水形成的土壤淋洗作用相关，另一方面与植物生长有关，植物生长促进了酸性代谢的产生，造成了土壤 pH 的下降。各组土壤密度大体相同，但加药调理组土壤总孔隙度相比未加药组略高，相比未加药组，所有加药组的土壤含水率均有明显增大。总孔隙度及含水率的提高，表明所加入的 PAC+PAM、粉煤灰等复合药剂对土壤保水性的增加有促进作用。

表 4 各组土壤的基本物理特性

测定指标	CK	A	B	C	D
第 1 天土壤 pH	7.39	7.41	7.84	9.23	7.60
第 30 天土壤 pH	7.33	7.32	7.39	7.64	7.31
第 30 天土壤密度/ (g/cm^3)	1.21	1.19	1.22	1.19	1.18
第 30 天总孔隙度/%	58.5	59.6	60.2	59.6	59.7
第 30 天含水率/%	30.9	32.6	33.4	33.1	32.8

3.3 土壤肥力

CK 组土壤的总氮、总磷含量分别为 1 013 mg/kg、237 mg/kg，加入复合药剂调理后土壤总氮含量无明显变化，主要原因在于复合药剂所带入的氮、磷元素较少。CK 组淤泥阳离子交换量（CEC）为 9.3 cmol/kg，略低于《绿化种植土壤》(CJ/T 340—2016) 的要求，而 A、B、C、D 组土壤 CEC 值提高显著（见表 5)。CEC 的提高与加入的 PAM 的作用密切相关。以往研究发现，PAM 对提高土壤保水保肥能力有良好的作用，其中相对 A 组，加入粉煤灰等无机调理剂复合调理的 B、C、D 组土壤 CEC 值相对更高，表明无机调理药剂也改善了土壤保水保肥能力。

土壤有机质是衡量土壤肥力高低的重要指标之一，对增加各种有益元素的有效性具有促进作用。加入改性剂的 A~D 组土壤有机质含量比 CK 组略有提高，可能是加入的 PAM 自身作为有机物提高了底泥有机质的含量。另外，加入复合药剂的尾水 SS（悬浮固体）、COD（化学需氧量）含量低于 CK 组，复合药剂使更多的有机物质从水相转移到泥饼中。总体上，复合药剂对土壤有机质提升不显著，各组泥饼有机质总量仍低于规范要求的 20 g/kg，在后续园林绿化利用前宜采取措施提高有机质。

土壤水解性氮、有效磷、速效钾是植物能够直接吸收的重要营养物质，CK 组土壤水解性氮、有效磷、速效钾含量分别为 44.5 mg/kg、30.9 mg/kg 和 78 mg/kg，略超过相关规范中的最低限值。A~D 组土壤水解性氮、有效磷、速效钾含量有较大提升，从土壤水解性氮、有效磷占总氮、总磷的百分比来分析，A~C 组绿化种植土中水解性氮、有效磷的含量均有明显上升。表明调理药剂改善了种植土氮、磷、钾的形态。硫和镁是植物生长所需的中量元素，与叶绿素和多种酶的合成相关。相对 CK 组，A~D 组土壤有效硫和有效镁的含量略有增加，但 CK 组以及 A~D 组有效硫含量低于相关规范要求的 20 mg/kg 的下限。从改善植物生长效果的角度考虑，应补充土壤中的硫元素。

表 5　脱水泥饼的养分指标

测定指标	CK	A	B	C	D	《绿化种植土壤》（CJ/T 340—2016）
总氮/（mg/kg）	1 013	1 021	1 084	1 864	1 006	—
总磷/（mg/kg）	237	308	225	245	285	—
CEC/（cmol/kg）	9. 3	27. 4	35. 5	36. 7	36. 1	≥10
有机质/（g/kg）	17. 6	19. 6	18. 9	18. 1	19. 4	20~80
水解性氮/（mg/kg）	44. 5	68. 5	91. 5	91. 6	76. 2	40~200
有效磷/（mg/kg）	30. 9	66. 2	72. 3	85. 5	73. 8	5~60
速效钾/（mg/kg）	78	219	111	129	201	60~300
有效硫/（mg/kg）	8. 5	9. 4	10. 7	12. 5	13. 8	20~500
有效镁/（mg/kg）	48. 1	58. 4	64. 5	81. 3	72. 8	50~280

3.4　种子发芽率

表 6 为不同组土壤的种子发芽率情况，CK 组种子发芽率在 88. 1%，发芽指数为 109. 4%，相比其他几组发芽率最高，但未达到相关规范要求的 90%标准。A~D 组中，常规改性剂 C 组土壤发芽率及发芽指数最低，表明相对其他调理药剂，该药剂对种子发芽影响最大。D 组低碱度淤泥改性剂处理后土壤则最接近空白组，表明其抑制作用最轻。碱性最高的商业固化剂组土壤的种子发芽率最低，表明高碱性不利于种子萌发。发芽试验说明，复合药剂的加入可能抑制了种子萌发，不同的复合药剂调理的抑制作用有明显差异，低碱度淤泥改性剂造成的抑制作用最小。

表 6　各组种植土种子发芽率结果

指标	CK	A	B	C	D
发芽率/%	88. 1	86. 67	87. 3	79. 5	87. 9
发芽指数/%	109. 4	105. 6	103. 9	98. 8	107. 0

3.5　黑麦草生长特征

结合盆栽试验黑麦草生长情况，CK 组黑麦草生长速率最低，A~D 组黑麦草长势相近。相比其他组，CK 组黑麦草在前两周长势滞后，在收割时 CK 组黑麦草株高与其他组接近，各组株高差异在 5%左右（见图 1）。黑麦草的生长情况表明，投加 PAM+PAC 等复合药剂调理淤泥对黑麦草生长有一定促进作用。黑麦草生长 1 个月后的生物量如表 7 所示。CK 组黑麦草叶长均值为 13. 8 cm，根长为 2. 3 cm，生长状况较差。A~D 组黑麦草生长略优于 CK 组。受土壤中养分含量限制，总体上各组黑麦草生长不良，植株瘦小。

4　讨论

4.1　复合药剂调理对土壤种植特性的影响

本研究中，投加含 PAM 的复合药剂处理得到土壤的 CEC 值均明显提高。CEC 与土壤有机质、黏粒含量、体积质量、通气孔隙度等都密切相关，是反映土壤肥力水平、保肥能力和缓冲能力的综合指标。农业上一般认为 CEC 小于 10 cmol/kg 为保肥力弱的土壤，含量在 10 ~ 20 cmol/kg 则为保肥力中

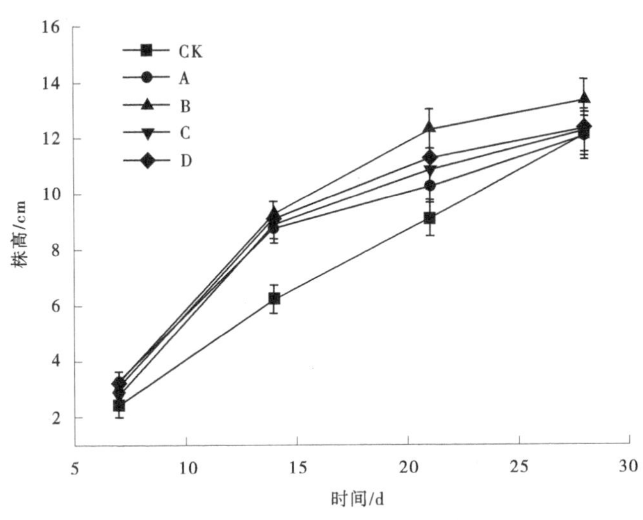

图1　黑麦草生长过程中株高变化

等土壤，大于20 cmol/kg的为保肥力强的土壤。本研究中，投加PAM及其复合调理药剂后种植土孔隙率均高于不加药组，孔隙率的提高有助于土壤保水性的改善。

表7　各组黑麦草生物量

单位：cm

指标	CK	A	B	C	D
叶长	13.8±0.9	14.5±0.7	15.6±0.8	14.7±0.7	15.0±1
根长	2.3±0.3	2.3±0.2	2.4±0.3	2.5±0.3	2.9±0.3

PAM被发现有增加沙质土壤中的有机质、阳离子交换量，改善土壤保土保肥等性能，添加PAM可以增加土壤的团聚体数量，改善土壤结构。PAM的投加量在0.005%~0.2%范围时，土壤团聚体的数量增加较明显，该范围与淤泥调理过程中PAM的投加量大体一致，表明含PAM的复合药剂调理对淤泥的绿化种植土的性能改善有一定促进。在0.25%的PAM施用量下，PAM的施用可提高红砂土、黄红泥土及黄筋泥类质地土壤中大于0.25 mm团聚体比例，提高幅度为42.88%~299.38%，并降低土壤密度。本研究中调理淤泥后土壤中的PAM的含量约为0.08%，接近前述研究中的PAM施用浓度。

淤泥脱水形成的土壤普遍存在碱性强、理化性能差的缺陷，然而不同的淤泥调理药剂对淤泥脱水制备的绿化种植土也存在变化。不同调理药剂调理得到土壤pH有显著差异，相关规范要求土壤pH范围为5.0~8.0，本研究所用的商业固化剂的土壤初始pH超过8.0，从绿化种植的角度，宜选用碱性较低的淤泥调理药剂。粉煤灰、钢渣等调理药剂是常用的土壤改良材料，相关研究也表明其有利于改善土壤保水性。相比只投加PAM、PAC调理，复合投加粉煤灰、商业固化剂及低碱度固化剂更有利于促进黑麦草的生长。如表3所列各组土壤的营养成分，复合投加无机调理药剂组水解性氮、有效磷以及速效钾的含量有所提升。

复合药剂中的无机调理药剂组分多含矿粉、磷石膏等，磷元素含量相对较高，有助于提高土壤总磷含量。其中的粉煤灰、矿粉、磷石膏及钢渣等组分通常含有少量的钾、钠、镁等元素，有助于增加土壤中相应元素含量。从酸碱性方面分析，无机调理剂均为弱碱性，对土壤中营养成分的释放可能具有一定促进作用。有研究发现，向土壤施加钢渣后，有助于提高红壤旱地土壤总孔隙度、pH、CEC和碱解氮、有效磷、速效钾、有效硅含量，相关研究发现粉煤灰也具有提高土壤中营养元素的作用[9]。

4.2　复合药剂调理对植物生长的影响

对比CK组和A~D试验组的黑麦草生长结果可以发现，PAC、PAM的加入对黑麦草的早期生长有一定抑制性。有研究表明，采用 PAM 改良采煤沉陷区土壤后，可提高田间持水量、毛管持水量，提高紫花苜蓿净光合速率等指标。采用 PAM 溶液处理苜蓿、狗尾草、沙棘等草本、灌木植物种子的发芽试验发现，0.1~1.0 g/kg 的 PAM 浓度对鸡眼草、苜蓿等种子萌发有促进作用，对其幼苗的苗高、根长影响总体表现促进作用。

加入 D 组的低碱度淤泥改性剂含有大量钢渣、磷石膏及矿粉。钢渣作为钢铁厂的副产品，富含硅、钙等养分，是优良硅钙肥原料，有研究发现施入钢渣硅钙肥可促进水稻生长发育。钢渣可以作为温室土壤结构改良剂，钢渣的部分成分如 CaO、Fe_2O_3、MgO、MnO_2 等显著高于土壤，钢渣与其他改良剂共同改良盐碱土壤时，玉米、茄子等发芽率及生长速率明显提高。D 组复合药剂低碱度淤泥改性剂中的磷矿粉也对植物生长有促进作用，提高土壤中有效磷的比例。有研究发现，糠醛渣和磷石膏均能显著增加土壤中微生物生物量碳和氮，磷石膏能有效调节土壤水溶性 Mg^{2+}/Ca^{2+}，糠醛渣和磷石膏混合施用时，玉米幼苗最大根长、株高、生物量、叶绿素含量及 SOD、CAT、POD 活性均优于其他处理组[10]。此外，低碱性淤泥改性剂中的膨润土对提高土壤酶活性、改善土壤肥力和植物生长情况可能起到了促进作用。

5 结论

（1）PAM 在改善淤泥脱水效果的同时，具有提高脱水泥饼制备绿化种植土保水性的效果。PAM 及粉煤灰等无机调理药剂对土壤孔隙率有一定的改善作用。

（2）PAM 及粉煤灰等无机调理药剂对土壤 CEC 值的提升效果显著，能够增加土壤水解性氮、有效磷、有效钾、有效钙、有效镁含量。

（3）粉煤灰等无机调理药剂与 PAM、PAC 构成的复合调理药剂能够协同促进黑麦草的生长，且低碱度的复合调理药剂更有利于黑麦草生长。

参考文献

[1] 张春雷，管非凡，李磊，等. 中国疏浚淤泥的处理处置及资源化利用进展［J］. 环境工程，2014，32（12）：95-99.

[2] 石稳民，黄文海，罗金学，等. 襄阳护城河清淤底泥资源化制备种植土工艺设计［J］. 中国给水排水，2020，36（6）：91-96.

[3] 孙军波，朱建文，胡惠宁，等. CPAM 对河道泥水混合物的絮凝效果研究［J］. 中国给水排水，2021，37（11）：84-88.

[4] 李丹，刘琰，乔肖翠，等. 调理剂改善底泥脱水性能和余水水质研究及综合性能评价［J］. 环境污染与防治. 2018，4（1）：33-39，43.

[5] 田宇，周兰，吴燕. 改良 Fenton 体系对疏浚底泥脱水性能的影响［J］. 南水北调与水利科技，2015，13（3）：502-505，567.

[6] 杨斌，杨家宽，唐毅，等. 粉煤灰和生石灰对生活污水污泥脱水影响研究［J］. 环境科学与技术，2007，30（4）：98-99，121.

[7] 洪春来，贾勤伟，王卫平，等. 改良剂对底泥固化土 pH 值调节和园林植物生长的效果浅析［J］. 浙江农业科学. 2020，61（7）：1370-1371.

[8] 刘银，浩婷，张旭，等. 改良疏浚淤泥土对蓖麻生长的影响初探［J］. 南水北调与水利科技，2013，11（5）：177-180.

[9] 吴建富，杨小华，高绘文，等. 施用钢渣对红壤旱地土壤理化性质和大豆产量的影响［J］. 湖南农业大学学报（自然科学版），2018，44（6）：625-628.

[10] 杨丹. 糠醛渣和磷石膏对菱镁矿粉尘污染土壤的改良效果研究［J］. 环境污染与防治，2017，39（3）：295-300.

粤港澳大湾区水生态环境保护策略研究

李　丽[1,2,3]　陈文龙[1]　黄伟杰[1,2,3]　汪义杰[1,2,3]　唐红亮[1]
马金龙[1]　徐琛琛[1]　谢宇宁[1]　程帅龙[1]

（1. 珠江水利委员会珠江水利科学研究院，广东广州　510611；
2. 水利部珠江河口治理与保护重点实验室，广东广州　510611；
3. 广东省河湖生命健康工程技术研究中心，广东广州　510611）

摘　要：粤港澳大湾区建设是新时代推动形成全面开放新格局的新举措。立足国际一流湾区和世界级城市群的战略定位，大湾区水生态环境保护面临着挑战。通过系统剖析发现，粤港澳大湾区存在的主要水生态环境问题包括劣Ⅴ类水体占比仍然偏高、水生态系统结构和功能受损、河口生态系统整体呈亚健康状态等。在此基础上，从理念提升、标准先进、系统治理等方面提出粤港澳大湾区水生态环境保护策略。

关键词：水生态环境；粤港澳大湾区；形势问题；对策建议

1　引言

粤港澳大湾区（简称大湾区）地处珠江流域下游，呈相对闭合的“三面环山、一面临海，三江汇流、八口出海”的独特地形地貌，具有山、水、林、田、湖、草、河口湾、近岸海域等多样生态系统，充沛的降水和密集的河网带来了丰富的水资源。作为我国重要的经济中心，粤港澳大湾区承担着建设国际一流湾区和世界级城市群的重要使命，人口急速增加和高强度的综合开发，水生态环境面临诸多挑战和压力。2019 年，《粤港澳大湾区发展规划纲要》提出建设生态安全、环境优美、社会安定、文化繁荣的美丽湾区。加快大湾区山水林田湖草生态环境整体保护，关系着国家生态安全格局和区域的永续发展。

2　大湾区水生态环境现状与问题

2.1　水环境质量总体稳中向好，但局部水环境压力大

西江干流经肇庆市封开县进入大湾区，至佛山思贤滘与北江相通，随后进入珠江三角洲网河区；东江干流经惠州市，至东莞市石龙镇进入东江三角洲网河区，西江、北江、东江进入大湾区的断面水质均达到或优于地表水Ⅲ类。大湾区城市群大力推进水环境综合整治，近 5 年来，珠江三角洲水功能达标率提高了 7 个百分点，大湾区内的 8 个劣Ⅴ类国考断面全面清零，大湾区 10 个入海河流国考断面水质优良率达 80%。大湾区水环境质量总体稳中向好。

根据第七次全国人口普查公报，广东常住人口与 2010 年相比，总量和增量均居全国首位，占全国人口比例从 7.79%提高到 8.93%。大湾区 9 市承担了全省 64%的工业污染[1]　和 74%的生活污染，

基金项目：国家科技基础资源调查专项（2019FY101900）；广东省水利科技创新项目（2020-24）；粤港澳大湾区自然岸线调查及管控研究（〔2022〕ky020）。

作者简介：李丽（1987—），女，高级工程师，主要从事水环境治理与水生态修复的研究工作。

其中，2018 年废污水排放总量（82.6 亿 t）占全省的 72.2%（见图 1）。人口规模和生活污染排放量的空间分布总体呈现以广州、深圳为中心向外辐射的趋势，人口聚集带来较大的环境压力。总体而言，东江流域入海河口污染程度大于西北三角洲流域[2]。截至 2020 年底，大湾区 9 市纳入国家监管的建成区黑臭水体全部完成整治，但城市内河涌劣Ⅴ类水体占比仍然偏高。广州市 197 条整治黑臭水体中，劣Ⅴ类占比仍有约 47%；深圳市 339 条监测河流中，劣Ⅴ类占比 14.7%；佛山市 227 条“一河一策”河涌的整治达标率为 48.90%。广州市近 5 年废污水排放总量及其组成见图 2。

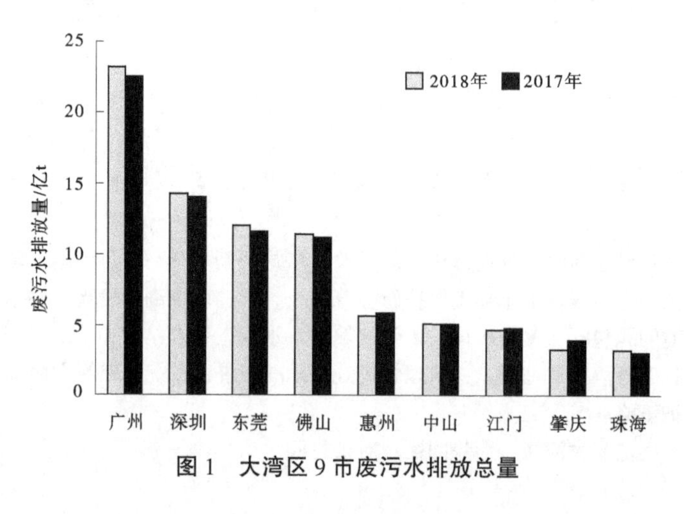

图 1　大湾区 9 市废污水排放总量

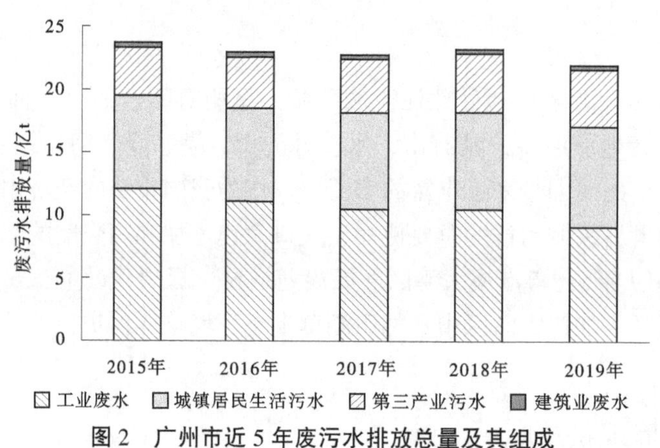

图 2　广州市近 5 年废污水排放总量及其组成

2.2　城市内河生境碎片化，珠江河口生态系统整体呈亚健康状态

为解决河口河网防洪防潮问题，从 20 世纪 50 年代末至 70 年代初，珠江三角洲开展了大规模的联围筑闸工程，联围内部分水闸缺乏有效调度管理，阻隔了外江与内涌天然连通，也直接影响主干流径流分配[3]。连续的硬质结构还改变河流自然形态，据统计，河道硬质护坡后，沿河生物种类减少了 70%以上，而水生生物大概也只相当于原来的 50%[4]。生境碎片化导致河流生态系统结构和功能严重损坏。

河口生境锐减，建设用地占用、拥堵、围垦岸线滩涂资源，1980—2015 年，大湾区自然岸线保有率下降 18.71%[5]；现状红树林面积不到 20 世纪 80 年代的 2/5，渔业资源密度不足 20 世纪 70 年代的 1/9，河口滩涂湿地面积减少 34%。珠江口、大鹏湾和大亚湾沿岸海域一直是藻华高发区[6]，1980—2017 年，藻华产生次数最多的区域是大鹏湾 120 起，其次为大亚湾 111 起、珠江口东（珠江口东侧、香港以北海域）70 起。水生态空间萎缩、生物多样性降低，珠江河口生态系统整体呈亚健康状态。

3 大湾区水生态环境面临主要挑战

3.1 减排减污潜力有待挖掘

大湾区城市推动水资源节约和循环利用，万元 GDP 用水量 25 m^3/万元、人均综合用水量 322 m^3/年，但与发达国家和地区相比尚处中等水平。另外，污染物排放等的相关标准建设滞后。如《城镇污水处理厂污染物排放标准》（GB 18918—2002）已不能满足新时期美丽河湖水质要求。上游来水新增的水环境容量有限，而大湾区城市内河普遍缺乏生态自净功能，河流水环境质量的进一步提升难度较大。

3.2 排水体制落后于环境管理的需求

目前，大湾区城市污水处理能力基本满足，其中，广州市 2020 年污水处理能力已达 766 万 t/d，超过了全市自来水供应总量。但大湾区目前排水系统仍处于由合流制向分流制过渡阶段，雨季污水溢流入河等问题仍是治水工作难点。一是老城区、城中村等水务基础设施欠账较多，管道设计标准偏低，无法全覆盖实施雨污分流，雨季河流水质达标压力较大。污染雨水治理工作刚起步，广州市预计 2023 年完成 443 条合流渠箱清污分流改造。二是管网运维水平及标准不一，老旧管网渗漏、脱节和错口成为主要问题[7]，管道病害得不到及时处治，致使污水处理效率降低，甚至影响城市排涝防洪、引发城市道路坍塌等。

3.3 城市内河生物多样性不足

大湾区河网区现有水闸 3 000 余座，阻隔了外江与内涌水系的天然连通。联围筑闸最明显的是引起水位的变化，继而引起河道地貌形态改变，珠江三角洲河网区纳潮能力增加、径流动力相对减弱[8]。闸控河段的污染物迁移转化受到闸前流速、来水水质和闸门开度等因素限制[9]，常造成淤泥沉积。河道硬质化则彻底破坏了生物栖息条件，城市河道空间不断被侵占，部分甚至成为地下暗涵、暗渠，生物多样性丧失导致内河涌生态系统功能衰减。

3.4 近岸海域环境污染治理难度大

经过长期的水环境治理，近岸海域基本解决了旱季污水漏排问题；但旱季污水收集后雨季面源及截排溢流污染、污水厂尾水、珠江口外来污染和底泥内源释放问题凸显。近岸海域地质条件复杂，部分湾区水动力条件较差，以潮水为主，与内陆水体相比，水环境质量提升难度较大。立足于流域水环境治理成效的新背景，如何科学持久地提升近岸海域水质，实现治水提质的目标，是近岸海域水环境治理面临的急迫问题。

3.5 涉水生态空间管控要求不明确，水生态保护系统性不足

涉水生态空间是流域生态-水文过程涉及的陆域和水域的关联空间，尤其是在不同的空间和时间尺度上，由流量动态变化和河道结构相互作用引起的水文、形态的交互过程[10]。当前，流域涉水生态空间的概念理解不统一、功能定位不明确[11]，分类用途管制要求散落于各类规划中，普遍存在边界模糊、使用权交叉重叠、保护和监管困难等问题[12]；导致流域水生态保护与修复总体上系统性不足，不利于维持水生态系统结构稳定以及水生态过程完整等。

4 湾区水生态环境保护策略

《重点流域水生态环境保护“十四五”规划编制技术大纲》将重点流域规划名称由“水污染防治”调整为“水生态环境保护”，体现了新时期流域生态环境保护工作的新要求。

4.1 理念提升，水污染治理向水生态环境保护转变

4.1.1 坚持三水统筹，推进水生态修复与保护

治水的根本是构建具有活力、组织力和恢复力的水生态系统；水生态修复既要重视治理，也要重视维护。大湾区要围绕水生态空间得到有效保护、水土流失得到有效治理、河湖生态水量有效保障、水生物多样性逐步恢复的总体目标，制订综合管用措施，守住水生态安全底线，并不断改善水生态健

康状况[13]。

4.1.2 秉持“节水即治污”，实现源头减污

节水可以减少水资源消耗，从而减少对生态用水的挤占，并减少废污水排放的危害[14]。按照水资源和水环境承载能力倒逼产业结构升级，大湾区应抓住构建具有国际竞争力的现代产业体系的机遇，全面淘汰落后产能，把污染物治理从末端推向前端，促进污染物总量减排。

4.2 标准先进，以高水平生态环境保护推动湾区高质量发展

4.2.1 高标准构建水生态水环境标准体系

一是根据区域自然环境和人类干扰特征，提出大湾区的水生态环境质量标准；二是进一步提升水质净化厂的出水标准，严格控制氮、磷排放；三是制定近岸海域污染物排放标准，明确近岸海域水质考核标准，实施大湾区入海污染物总量控制，促进陆海联防联控。

4.2.2 强化涉水生态空间用途管控，推进治导线向治导带转变

统筹大湾区生态保护红线、河湖水域管理范围边界线等，科学划定保护区、保留区、控制利用区和开发利用区，全面建立河湖水系的空间监控网络，严格环境准入制度和负面清单，以严格的用途管控约束和提升大湾区水生态环境管理水平。按照统筹各类专项性规划、推进“多规合一”的要求，保障大湾区的生态完整性与稳定性。治导线向治导带转变，对于提升大湾区水环境承载能力和实现生态扩容增量具有重要意义。

4.3 系统治理，探索治水新路径，巩固提升治水成效

4.3.1 排水管网诊治及海绵城市建设模式

过去流域治理更多关注污染物的末端处理，很少从资源节约、雨洪再利用的角度思考探讨污染物协同去除的巨大潜力。在新一轮城市基础设施建设中，融入海绵城市改造地下管网，将水污染控制与城市排水防涝建设相结合，升级、扩大和改造不符合建设标准和功能要求的城市排水系统，探索海绵城市和绿色建筑城市的地下排水系统新模式。

4.3.2 打造外江和内涌连通的活力水网

在保障区域防洪潮排涝安全的前提下，连通河流、湖泊、湿地等，促进联围内涌水系联动，形成外江为主、互联互通的生态水系格局。以恢复“岭南水乡”特色为目标，兼顾内河水系生物多样性、防洪、排涝、亲水性和水景观需求，科学制定生境友好型联围调度策略，切实保障河湖生态流量，逐步恢复内河涌生态环境功能。

4.3.3 逐步恢复城市生物多样性

水生态系统修复与管护是一个长期、协调、反馈与完善的过程，以常态化精细管理，做好水生态保护和水资源利用。以碧道建设为契机，统筹解决河道安全、生态构建、社会发展三大任务，补充和完善城市蓝绿空间，从生境构建、底泥治理、蓝藻防控、生物操纵等方面，全面恢复河流生态价值，实现“有河有水、有鱼有草、人水和谐”。

4.3.4 近岸海域环境综合治理

建立健全近岸海域环境综合管理体系，重视控制陆、海主要污染源，提出削减污染总量目标。以提升近岸海域生态环境质量和功能为核心，提高自然岸线恢复率，改善近海海水水质，增加滨海湿地面积，开展综合整治工程，具体包括生态海堤整治修复、滨海湿地植被种植和恢复、清淤疏浚整治、生态环境监测能力建设等。

5 结论与展望

西江、北江、东江进入大湾区的断面水质均达到或优于地表水Ⅲ类，但大湾区部分城市内河道水质低于地表水Ⅴ类，约30%的水库发生过不同程度的藻华；导致入海河口水体仍受到不同程度的污染，总体而言，东江流域入海河口污染程度大于西、北三角洲流域。大湾区人口规模和污染排放量的空间分布总体呈现以广州、深圳为中心向外辐射的趋势，但目前对流域污染负荷热点区域的认识还不

足；其中，水源地水华发生初期的水生态环境变化特征仍难以把握，预警监控在指标、频次、方法、标准等方面均亟须解决。联围筑闸、堤岸硬化、滩涂围垦等高强度扰动影响下，结合大湾区未来社会发展、产业布局、土地利用等多要素的空间规划，需要开展关键生源要素的多介质溯源解析，对于优化生态环境保护空间格局具有重要意义。

参考文献

[1] 赖梅东，吴锋，赵振业．粤港澳大湾区生态资源与环境一体化建设［M］．北京：中国环境出版社，2019.

[2] 董斯齐，黄翀，李贺，等．粤港澳大湾区2015—2019年入海河口水质变化趋势［J］．水资源保护，2021，37（3）：1-12.

[3] 胡晓张，谢华浪，宋利祥，等．基于水系联通的珠三角典型联围闸泵群调度方案研究［J］．人民珠江，2020，41（5）：101-107.

[4] 于长海，苏彧，崔颖．论现代河道护坡形式的发展［J］．工程与建设，2007，21（5）：667-668，671.

[5] 赵蒙蒙，寇杰锋，杨静，等．粤港澳大湾区海岸带生态安全问题与保护建议［J］．聚焦，2019，47（23）：29-34.

[6] 田媛，李涛，胡思敏，等．广东省沿岸海域藻华发生的时空特征［J］．海洋环境科学，2020，39（1）：1-8.

[7] 包晗，唐颖栋，方刚，等．深圳茅洲河流域某污水收集片区外水侵入情况排查与整治［J］．给水排水，2021，57（3）：74-78.

[8] 申其国，谢凌峰，王亚妮．近年珠江三角洲潮流特征变化分析［J］．人民珠江，2017，38（7）：13-17.

[9] 窦明，郑保强，左其亭，等．闸控河段氨氮浓度与主要影响因子的量化关系识别［J］．水利学报，2013，44（8）：934-941.

[10] 阴琨，刘海江，王光，等．流域水生态空间管控下生境监测方法概述［J］．环境科学，2021，42（3）：1581-1590.

[11] 王思如，刘米雪，王琰，等．水生态空间概念及其划界确权研究［J］．中国水利，2020（17）：37-39.

[12] 朱党生，张建永，王晓红，等．推进我国水生态空间管控工作思路［J］．中国水利，2017（16）：1-5.

[13] 汪安南．“十四五”国家水安全保障规划思路的几点思考［J］．中国水利，2020（17）：1-3，10.

[14] 邢西刚，汪党献，李原园，等．新时期节水概念与内涵辨析［J］．水利规划与设计，2021（3）：1-3，52.

珠江流域片水土流失空间分布及动态变化分析

刘晓林[1,2]　王　娟[1,2]　金平伟[1,2]　亢　庆[1,2]　史燕东[1,2]
曾小磊[1,2]　罗煜东[1,2]

（1. 珠江水利委员会珠江流域水土保持监测中心站，广东广州　510611；
2. 珠江水利委员会珠江水利科学研究院，广东广州　510611）

摘　要：珠江流域片是珠江三角洲经济发展的生态屏障，水土流失问题突出，本研究基于珠江流域片2011年、2020年的水土流失普查和动态监测成果，对水土流失的空间分布和动态变化进行分析。研究表明，珠江流域片2020年水土流失面积11.04万km²，占流域片土地总面积的16.88%，以轻度侵蚀为主，水土流失分布广泛，区域特征明显，主要分布在流域片上中游的南北盘江、红柳江和红河等区域。相比第一次水利普查，珠江流域片水土流失面积减少了17.16%，中度及以上侵蚀强度面积减幅达到59.91%，水土流失面积和强度实现了双下降。研究结果可为珠江流域片开展水土保持监测、管理和水土流失综合防治提供依据。

关键词：水土流失；动态变化；侵蚀强度；珠江流域

1　引言

珠江流域片气候温和、雨量充沛，适宜植被生长，但局部地区的自然条件较为恶劣，石漠化、崩岗等极端生态问题突出，加之人类活动的影响，流域水土流失严重，区域特征明显[1]。严重的水土流失产生的一系列生态环境问题制约了流域经济社会的可持续发展[2]。新时期，贯彻习近平总书记生态文明思想，发挥珠江流域片区位优势，推动流域生态保护和高质量发展[3]，对流域的水土保持工作提出更高的要求。做好珠江流域片水土保持工作，应当监测先行，精准掌握水土流失现状及其动态变化情况，进而科学、合理、有效地指导流域水土流失综合防治工作[4]；同时关于珠江流域片分省、分水资源二级区的全面水土流失监测较为少见，亟须开展该方面的评价工作。

本文基于2020年全国水土流失动态监测成果，按照流域片内各省、各水资源二级分区，对水土流失的空间分布特征进行分析，并对比2011年全国水利普查流域水土流失成果，分析流域水土流失动态变化情况。

2　研究区概况

珠江流域片地处我国南部沿海，位于东经100°05′~117°18′、北纬5°51′~26°52′，总面积约65万km²，多年平均水资源总量为5 201亿m³。珠江流域片包括珠江、韩江及粤东诸河、红河（国内部分）、粤西桂南沿海诸河、海南岛及南海各岛诸河流域，其中珠江流域又分为南北盘江、红柳江、郁江、西江、北江、东江、珠江三角洲流域，地跨滇、黔、桂、粤、琼、湘、赣、闽等8个省（区）

基金项目：广东省水利科技创新项目（2020-25）；贵州省水利科技创新项目（KJ202004）。
作者简介：刘晓林（1991—），男，工程师，主要从事水土保持遥感应用研究工作。
通信作者：金平伟（1976—），男，高级工程师，主要从事水土保持遥感应用研究工作。

及港、澳特区[5]。

珠江流域片属热带、亚热带气候区，气候温和，雨量丰沛，流域多年平均气温 14~22 ℃，多年平均降水量 1 200~2 000 mm，降水量分布总趋势由东向西递减。降水量、径流年内分配不均匀，每年 4—9 月为丰水期，降水量与径流量约占全年的 80%[6]。流域地势北高南低、西高东低，总趋势由西北向东南倾斜，地貌以山地、丘陵为主，平原盆地较少。自然土壤主要以红壤、砖红壤、砖红壤性红壤、黄壤为主，一般按地带规律分布。植物种类繁多，以绿阔叶林为主，其次为针阔叶混交林，森林覆盖率约为 59.90%。土壤侵蚀类型主要为水力侵蚀（未发生风力侵蚀和冻融侵蚀），还有崩岗、滑坡、泥石流等重力侵蚀（本文只监测了水力侵蚀，水土流失即水力侵蚀）。

3 数据与方法

3.1 数据来源

3.1.1 2011 年全国水利普查数据

基于 2009—2010 年 2.5 m 分辨率卫星影像，采用宏观遥感调查与地面分层抽样调查相结合的方式，采用中国土壤流失方程进行水力侵蚀计算，统计和分析得到抽样调查单元土壤侵蚀强度数据，使用空间插值法获取流域土壤侵蚀数据。

3.1.2 2020 年全国水土流失动态监测数据

基于 2020 年 2 m 分辨率卫星影像进行专题信息提取和野外调查，采用中国土壤流失方程进行水力侵蚀计算，统计和分析得到流域土壤侵蚀强度数据。

3.2 分析方法

基于 2020 年流域土壤侵蚀数据，统计分析水土流失现状及空间分布特征，结合 2011 年流域土壤侵蚀数据，分析其动态变化情况。

4 结果分析

4.1 水土流失总体情况

依据 2020 年全国水土流失动态监测成果，珠江流域片水土流失面积（不包括香港特别行政区、澳门特别行政区）为 11.04 万 km^2，占流域片土地总面积的 16.88%。按侵蚀强度分，轻度、中度、强烈、极强烈、剧烈侵蚀面积分别为 8.08 万 km^2、1.52 万 km^2、0.70 万 km^2、0.47 万 km^2、0.27 万 km^2，分别占流域片水土流失面积的 73.22%、13.81%、6.34%、4.23%、2.40%（见图 1）。

4.2 水土流失空间分布特征

4.2.1 各省分布情况

在分省（区）方面，珠江流域片广西壮族自治区水土流失面积最大，为 3.67 万 km^2，占流域片水土流失总面积的 33.27%；其次，云南省水土流失面积与广西壮族自治区接近，为 3.64 万 km^2，占流域片水土流失总面积的 32.97%；另外，流域片内其他各省水土流失面积从大到小依次为：广东省 1.76 万 km^2、贵州省 1.59 万 km^2、海南省 0.17 万 km^2、福建省 0.08 万 km^2、湖南省 0.07 万 km^2 和江西省 0.06 万 km^2，占流域片水土流失总面积比例分别为：15.95%、14.38%、1.55%、0.74%、0.59%及 0.55%（见图 2）。

云南省和贵州省分布在珠江流域片的水土流失面积占各省（区）土地面积的比例较大，分别达到了 27.32%和 26.23%；而海南省分布在珠江流域片的水土流失面积占各省（区）土地面积的比例最小，仅为 5.00%。高强度（极强烈侵蚀和剧烈侵蚀）水土流失面积占各省（区）水土流失面积比例方面，广西壮族自治区最高，为 9.20%；其次是云南省和贵州省，其比例分别为 6.61%和 6.41%；海南省的比例最小，仅为 0.94%（见表 1）。

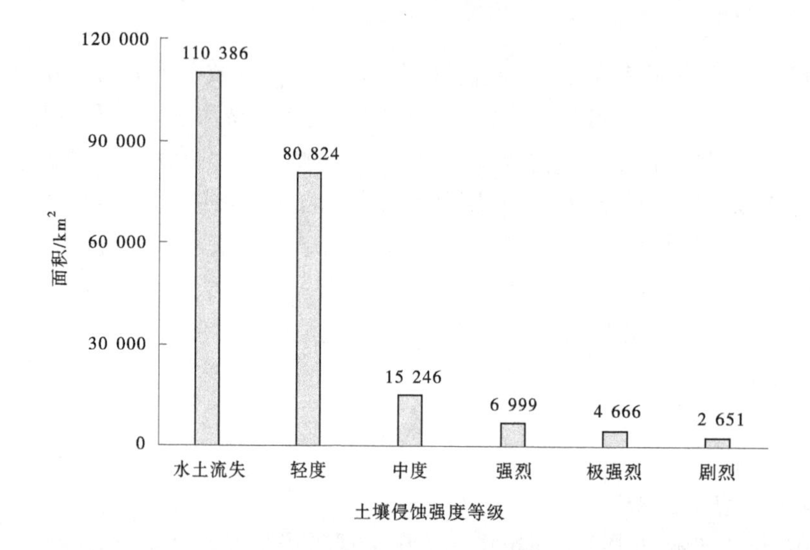

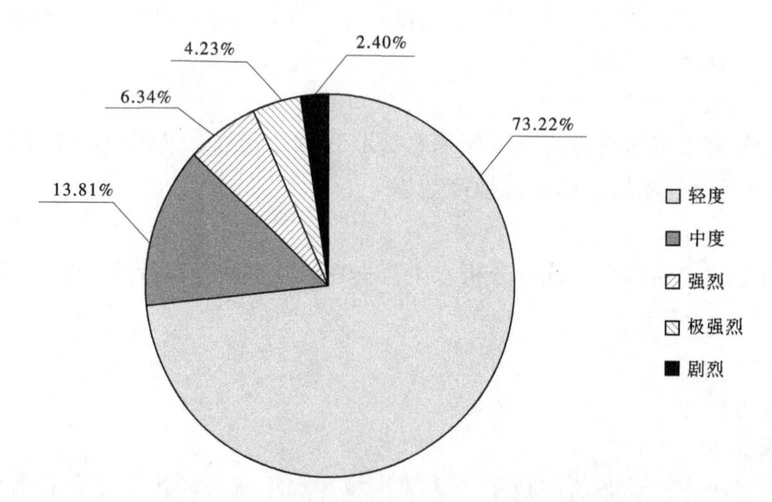

图1 2020年珠江流域片水土流失动态监测成果

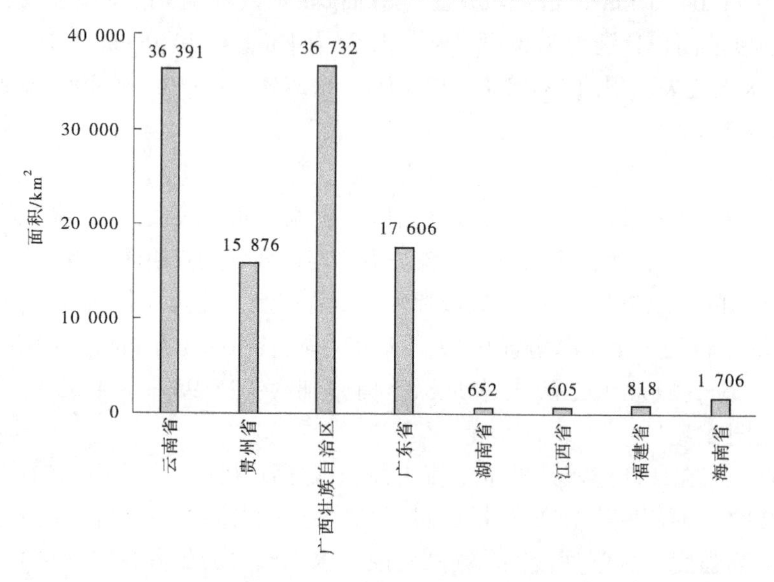

图2 2020年珠江流域片各省（区）水土流失面积对比

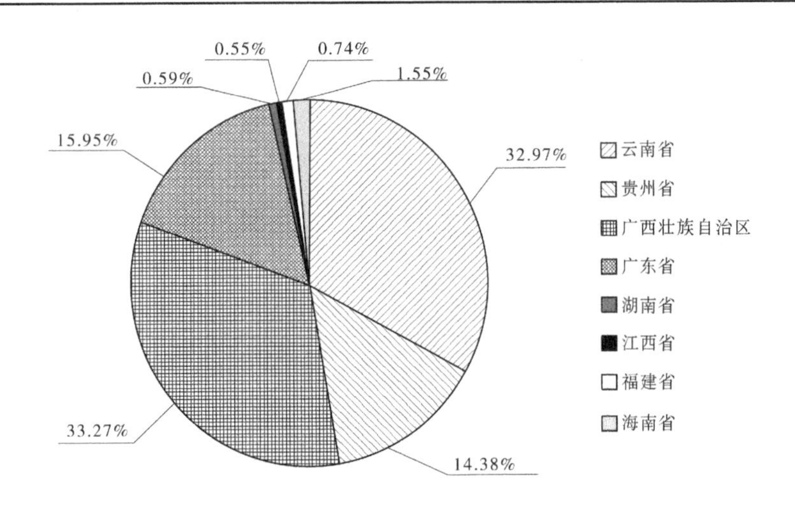

续图 2

表 1　2020 年珠江流域片各省（区）水土流失强度面积统计

省（区）	土地总面积/km²	各强度等级水土流失面积/km²						占土地总面积的比例/%	极强烈侵蚀和剧烈侵蚀面积占水土流失面积的比例/%
		合计	轻度	中度	强烈	极强烈	剧烈		
云南	133 198	36 391	27 952	4 230	1 804	1 427	978	27. 32	6. 61
贵州	60 521	15 876	10 815	2 365	1 678	829	189	26. 23	6. 41
广西	228 128	36 732	24 485	6 226	2 643	2 041	1 337	16. 10	9. 20
广东	176 970	17 606	14 321	2 088	755	312	130	9. 95	2. 51
湖南	5 289	652	521	62	37	25	7	12. 33	4. 91
江西	3 647	605	507	68	21	7	2	16. 58	1. 49
福建	11 940	818	654	110	37	13	4	6. 85	2. 08
海南	34 154	1 706	1 569	97	24	12	4	5. 00	0. 94
合计	653 847	110 386	80 824	15 246	6 999	4 666	2 651	16. 88	6. 63

4.2.2　水资源二级区分布情况

从珠江流域片各水资源二级分区来看，南北盘江的水土流失面积最大，为 2.43 万 km²，占珠江流域片总流失面积的 22.02%；其次，红柳江的水土流失面积为 2.14 万 km²，占珠江流域片总流失面积的 19.39%；另外，红河和郁江的水土流失面积均超过了 1.5 万 km²，分别为 1.92 万 km² 和 1.67 万 km²，分别占珠江流域片水土流失总面积的 17.42%和 15.09%；海南岛及南海各岛诸河和珠江三角洲的水土流失面积较小，分别为 0.17 万 km² 和 0.22 万 km²，分别占珠江流域片水土流失总面积的为 1.55%和 1.98%（见图 3）。

在水土流失面积占土地总面积的比例方面，南北盘江最高，为 29.31%；其次是红河，为 25.30%；郁江的占比超过 20%，为 21.39%；海南岛及南海各岛诸河的占比最小，仅有 5.00%；粤西桂南沿海诸河的占比为 7.88%。

高强度（极强烈侵蚀和剧烈侵蚀）水土流失面积占总水土流失面积的比例方面，郁江最高，为 10.53%；其次为红河 10.47%，南北盘江占比 4.87%；而海南岛及南海各岛诸河的占比最小，仅有 0.94%；东江的占比也仅有 1.18%（见表 2）。

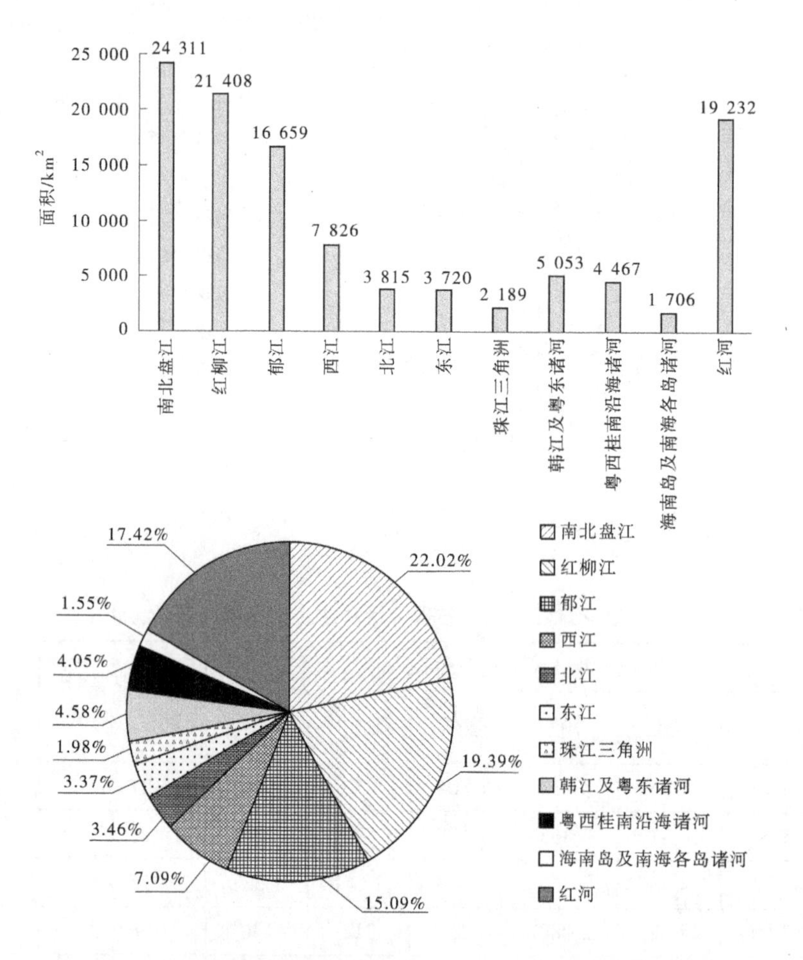

图 3　2020 年珠江流域片各水资源二级分区水土流失面积对比

表 2　2020 年珠江流域片各水资源二级分区水土流失强度面积统计

水资源二级分区	土地总面积/km²	各强度等级水土流失面积/km²						占土地总面积的比例/%	极强烈侵蚀和剧烈侵蚀面积占水土流失面积的比例/%
		合计	轻度	中度	强烈	极强烈	剧烈		
南北盘江	82 950	24 311	17 189	3 931	2 008	976	207	29. 31	4. 87
红柳江	113 060	21 408	15 749	2 960	1 366	898	435	18. 94	6. 23
郁江	77 898	16 659	11 077	2 670	1 158	1 035	719	21. 39	10. 53
西江	66 563	7 826	5 519	1 401	529	260	117	11. 76	4. 82
北江	47 000	3 815	3 172	391	147	83	22	8. 12	2. 75
东江	27 239	3 720	3 189	362	125	29	15	13. 66	1. 18
珠江三角洲	26 687	2 189	1 720	323	96	31	19	8. 20	2. 28
韩江及粤东诸河	45 633	5 053	4 174	544	221	75	39	11. 07	2. 26

续表 2

水资源二级分区	土地总面积/km^2	各强度等级水土流失面积/km^2						占土地总面积的比例/%	极强烈侵蚀和剧烈侵蚀面积占水土流失面积的比例/%
		合计	轻度	中度	强烈	极强烈	剧烈		
粤西桂南沿海诸河	56 660	4 467	3 101	752	287	200	127	7.88	7.32
海南岛及南海各岛诸河	34 154	1 706	1 569	97	24	12	4	5.00	0.94
红河	76 003	19 232	14 365	1 815	1 038	1 067	947	25.30	10.47
合计	653 847	110 386	80 824	15 246	6 999	4 666	2 651	16.88	6.63

4.3 水土流失动态变化

与第一次全国水利普查（2011 年）相比，2020 年珠江流域片水土流失面积减少 2.29 万 km^2，减少比例为 17.16%，水土流失面积占土地总面积的比例由 2011 年的 20.38%降为 2020 年的 16.88%，降低了 3.50 个百分比（见表 3）。具体到各水土流失强度等级，除轻度侵蚀增加 2.13 万 km^2 外，中度侵蚀面积、强烈侵蚀面积、极强烈侵蚀面积和剧烈侵蚀面积均呈不同程度的减少，分别为 2.49 万 km^2、1.18 万 km^2、0.59 万 km^2 和 0.15 万 km^2，比例分别为 62.07%、62.71%、56.02%和 36.43%，中度及以上侵蚀强度面积减幅达到 59.91%，土壤侵蚀呈现高强度向低强度转变的趋势。

表 3　2011 年和 2020 年珠江流域片水土流失变化统计

项目	土地总面积/km^2	各强度等级水土流失面积/km^2						占土地总面积/%
		合计	轻度	中度	强烈	极强烈	剧烈	
2011 年	653 847	133 253	59 513	40 194	18 767	10 609	4 170	20.38
2020 年	653 847	110 386	80 824	15 246	6 999	4 666	2 651	16.88
变化情况	—	-22 867	21 311	-24 948	-11 768	-5 943	-1 519	-3.50
变幅/%	—	-17.16	35.81	-62.07	-62.71	-56.02	-36.43	

4.4 原因分析

珠江流域片位于北回归线南北两侧，水热条件好、生态环境优良，但由于流域降雨、地形及石漠化等因素，流域内广泛分布着大量土壤侵蚀。从空间分布来看，珠江流域片分布在南北盘江和红柳江的水土流失面积较大，海南岛及南海各岛诸河和珠江三角洲的水土流失面积较小；南北盘江和红河水土流失面积占土地面积的比例较高；郁江和红河的高强度水土流失面积占水土流失总面积的比例较高；广西壮族自治区和云南省分布在珠江流域片的水土流失面积较大，云南省和贵州省分布在珠江流域片的水土流失面积占其土地面积的比例较大。总体而言，水土流失主要分布在流域片上、中游，面积大且强度高，该地区存在大量坡耕地，是水土流失的主要集中地和泥沙的主要策源地，在红河和南北盘江分布较多，同时岩溶区石漠化现象的存在导致保水能力差、水源涵养能力低，贵州、云南和广西分布在珠江流域片的石漠化问题较为突出；下游水土流失分布较少，主要以林下水土流失和生产建设项目水土流失为主，面积小且强度轻，但是南方地区降雨量大，下游的农林开发不断增多，广东、海南经济活跃，开发建设项目众多，林下水土流失和生产建设项目水土流失实际上与开发的矛盾关系仍长期存在，不容忽视。

从动态变化来看，相比较2011年，流域片水土流失面积和强度实现了双下降，在国家生态文明战略引导下，随着《珠江流域综合规划（2012—2030年）》《岩溶地区石漠化综合治理工程“十三五”建设规划》和《国家水土保持重点工程2017—2020年实施方案》等国家级水土流失重点治理项目的实施，流域通过坡耕地治理、封禁治理、退耕还林、崩岗治理及人为水土流失监管等方式开展水土流失和石漠化综合治理。据统计，“十二五”以来，流域累计治理水土流失面积3.15万km^2，流域蓄水保土能力不断提高，生态环境明显趋好，绿色珠江建设取得重大进展。

5 结论

（1）珠江流域片水土流失分布广泛，区域特征明显。珠江流域片2020年水土流失面积11.04万km^2，占流域片土地总面积的16.88%，以轻度侵蚀为主，占水土流失总面积的比例达到73.22%。主要分布在流域片上中游的南北盘江、红柳江和红河等区域，广西壮族自治区、云南省分布珠江流域片的水土流失面积较大；下游的水土流失面积少且强度轻。

（2）水土保持工作成效明显。相比第一次水利普查，珠江流域片水土流失面积减少了17.16%，中度及以上侵蚀强度面积减幅达到59.91%，水土流失面积和强度实现了双下降，水土流失状况得到明显改善，生态环境持续向好，绿色珠江初步显现。

参考文献

[1] 马永，范建友，胡惠方，等．珠江流域水土保持区划［J］．人民珠江，2016，37（7）：44-48.

[2] 陶东海，刘艳菊，李峰．珠江流域水土保持生态补偿机制研究［J］．黑龙江水利科技，2012，40（9）：4-5.

[3] 李广．珠江流域生态保护与高质量发展的协调推进策略［J］．水电水利，2021，5（4）：111-112.

[4] 高云飞，张栋，赵帮元，等．1990—2019年黄河流域水土流失动态变化分析［J］．中国水土保持，2020（10）：64-67，7.

[5] 刘晓林，刘超群，杨胜天，等．TRMM卫星降水数据在珠江流域的适用性评价［J］．中山大学学报（自然科学版），2020，59（6）：70-79.

[6] 吴孝情，陈晓宏，唐亦汉，等．珠江流域非平稳性降雨极值时空变化特征及其成因［J］．水利学报，2015，46（9）：1055-1063.

浮游植物调查精准防控巢湖近岸水华研究

陈立强　陈军伟　叶　阳

（淮河水资源保护科学研究所，安徽蚌埠　233000）

摘　要： 为精准防控初夏季节巢湖近岸暴发水华，研究在巢湖市巢湖近岸水域共设 7 个浮游植物调查点位，调查浮游植物的种类组成和结构。研究结果表明，蓝藻密度及生物量均占优势，微囊藻大量增殖，预示已形成爆发初步基础条件。巢湖市水环境治理部门及时启动蓝藻打捞、高压深井灭活等应急处理措施，对可能的水华暴发成功地实现了及时预警预报和精准防控。

关键词： 浮游植物；蓝藻；预警预报

1　引言

合肥市大力发展环巢湖生态示范区，以区域生态建设带动巢湖经济和人文发展。巢湖市环巢湖岸线是巢湖市重要的饮用水源地，具有工业用水、农业灌溉、防洪、渔业、旅游等多种功能。如出现蓝藻集聚暴发，将极大地影响水源地水质安全及沿线水生态环境，威胁水生态安全。同时，巢湖沿线环境的优劣，直接影响沿湖岸线乡镇生态旅游的发展和前景。但是巢湖暴发蓝藻水华问题由来已久，且原因呈系统繁杂性，虽然近些年安徽省合肥市等各级政府投入众多人力、物力和财力进行巢湖蓝藻的治理，但是从根本上解决巢湖水华问题需要周期性时间。为进一步提高巢湖沿岸全线蓝藻水华防控效果，形成防控链条效应，早日实现巢湖沿岸全线控藻的目标，在周边地区同类工程的成功经验借鉴下，巢湖市建设近岸水华防控体系，包括蓝藻打捞、除臭及集中处置、高压深井灭活等应急处理措施，着力改善沿线的中庙、黄麓、烔炀、中埠等乡镇近岸水生态环境。但在何时、何地精准启动水华应急处理进行防控，需要精准的启动信号。

浮游植物调查是水生态环境调查的重要组成部分，同时水生态环境质量与浮游植物的丰富程度和群落组成有着密不可分的关系，浮游植物的削减或过度繁衍，将预示那片水域正趋向恶化。例如，湖泊（水库）浮游植物数量的增加，特别是蓝藻疯长和成长时节的延长就是湖泊（水库）富营养化的一个重要标志。巢湖近岸浮游植物调查可准确分析研究藻类的组成和结构，高效地表征水质优劣，同时浮游植物中蓝藻占比和密度可对水华暴发进行及时的预警和预报，实现水华精准防控。

2　浮游植物调查过程和结果

2.1　调查点位

为研究巢湖市近岸浮游植物的组成和结构，项目组受委托，于 2022 年 6 月初对设置的 7 个浮游植物调查点位（见表 1）开展调查，代表了巢湖市巢湖近岸全部水域。

作者简介： 陈立强（1981—），男，高级工程师，科长，主要从事水资源、水环境和水生态保护方面的研究工作。

通信作者： 叶阳（1972—），男，正高级工程师，所长，主要从事水资源开发利用、节水技术方面的研究工作。

表 1　浮游植物调查点位信息

点位编号	所在水体	调查样点地理坐标		点位名称
		经度/（°）	纬度/（°）	
W1	巢湖	117.463 729	31.585 084	中庙
W2		117.503 486	31.584 952	河西圩
W3		117.525 497	31.587 845	花塘河入湖口
W4		117.564 243	31.573 753	芦溪湿地
W5		117.585 973	31.593 427	老鼠河入湖口
W6		117.649 941	31.655 177	月亮湾湿地
W7		117.749 485	31.639 351	中埠湿地

2.2　调查结果

2.2.1　浮游植物种类组成

7 个点位共采集鉴定到浮游植物 6 门 69 种。其中，硅藻门 17 种，占 24.64%；绿藻门 35 种，占 50.72%；隐藻门 3 种，占 4.35%；蓝藻门 11 种，占 15.94%；甲藻门 1 种，占 1.45%；裸藻门 2 种，占 2.90%。绿藻门在种类组成上占比较多。各点位浮游植物种类组成详细结果见表 2 与图 1。

表 2　各点位浮游植物种类统计

点位	硅藻门	绿藻门	隐藻门	蓝藻门	甲藻门	裸藻门	合计
W1	8	25	3	6	1	1	44
W2	2	21	3	6	0	0	32
W3	8	19	3	8	1	0	39
W4	5	18	3	6	1	1	34
W5	8	16	3	5	0	1	33
W6	6	8	2	6	0	0	22
W7	6	10	3	5	0	1	25
总物种数	17	35	3	11	1	2	69

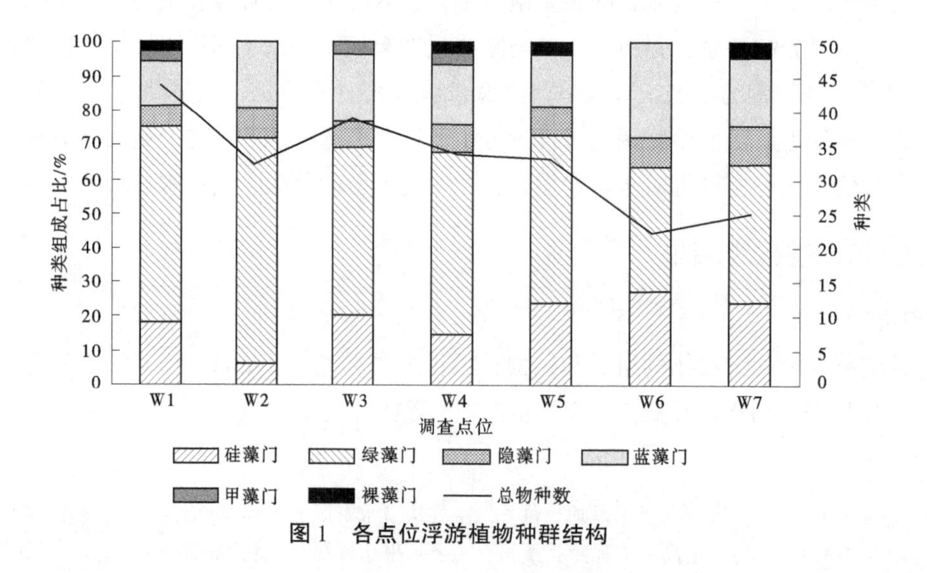

图 1　各点位浮游植物种群结构

2.2.2 藻细胞密度

各调查点位藻细胞密度变化范围为 1 360.88 万～200 367.30 万个/L，平均值为 38 175.26 万个/L，蓝藻门占绝对优势，其中 W3 点位蓝藻异常高值。各点位浮游植物藻细胞密度统计见表 3 与图 2。

表 3　各点位浮游植物藻细胞密度统计

单位：万个/L

点位	硅藻门	绿藻门	隐藻门	蓝藻门	甲藻门	裸藻门	合计
W1	599.24	174.76	173.66	2 671.61	0.37	0.37	3 620.01
W2	162.65	232.11	85.61	18 081.14	0	0	18 561.51
W3	4 060.13	2 093.66	479.39	193 726.78	7.34	0	200 367.30
W4	419.46	838.81	47.57	2 661.95	0.37	0.37	3 968.53
W5	161.43	163.14	58.70	976.75	0	0.86	1 360.88
W6	582.11	2 068.46	19.57	3 850.76	0	0	6 520.90
W7	776.56	261.10	89.89	31 689.78	0	10.39	32 827.72
总密度	6 761.58	5 832.03	954.37	253 658.78	8.07	11.98	267 226.81

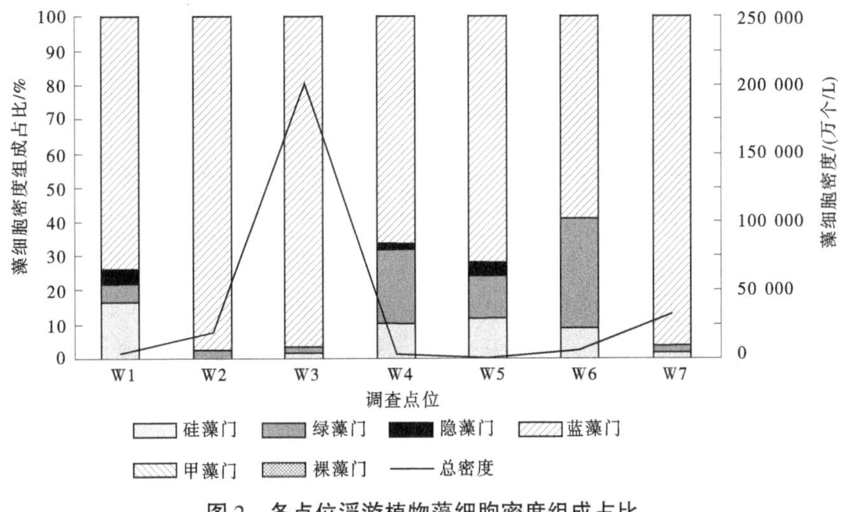

图 2　各点位浮游植物藻细胞密度组成占比

2.2.3 浮游植物生物量

调查各点浮游植物生物量变化范围为 1.87～134.07 mg/L，平均值为 27.83 mg/L，浮游植物生物量蓝藻门占绝对优势，W3 点位浮游植物生物量最高。各点位浮游植物生物量如表 4、图 3 所示。

表 4　各点位浮游植物生物量

单位：mg/L

点位	硅藻门	绿藻门	隐藻门	蓝藻门	甲藻门	裸藻门	合计
W1	0.36	0.58	1.11	1.88	0.26	0.01	4.20
W2	0.03	0.71	0.94	15.00	0	0	16.68
W3	1.36	6.32	2.11	119.14	5.14	0	134.07
W4	0.24	2.51	0.23	1.47	0.26	0.04	4.75
W5	0.07	0.45	0.77	0.55	0	0.03	1.87
W6	0.43	6.20	0.09	2.04	0	0	8.76
W7	0.40	0.69	1.52	21.44	0	0.42	24.47
总生物量	2.90	17.45	6.77	161.52	5.65	0.50	194.79

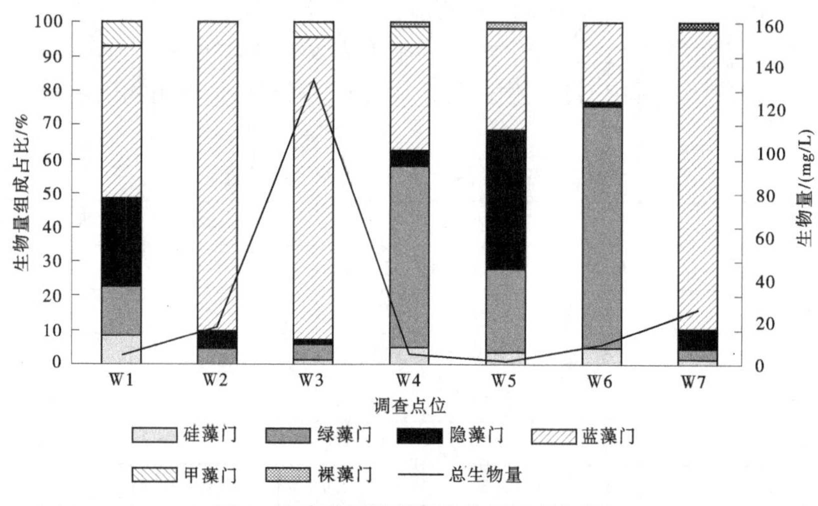

图 3　各点位浮游植物生物量组成占比

2.2.4　浮游植物优势种

经计算，浮游植物优势度 $Y>0.02$ 的优势种共 2 种，其中蓝藻门的微囊藻属优势度最高，为 0.83。优势藻种类及优势度见表 5。

表 5　浮游植物优势藻种类及优势度

门类	种类	拉丁名	优势度
蓝藻门	微囊藻（未鉴定到种）	*Microcystis* sp.	0.83
蓝藻门	细小平裂藻	*Merismopedia minima*	0.02

2.2.5　浮游植物生物多样性

调查水域 7 个采样点位浮游植物的辛普森多样性指数范围为 0.20~0.80，平均值为 0.55；香农-维纳多样性指数范围为 0.54~1.98，平均值为 1.33；均匀度指数范围为 0.05~0.21，平均值为 0.13；马格里夫指数范围为 1.17~2.49，均值为 1.74。W3、W7 点位多样性较低。多样性指数变化如图 4 所示。

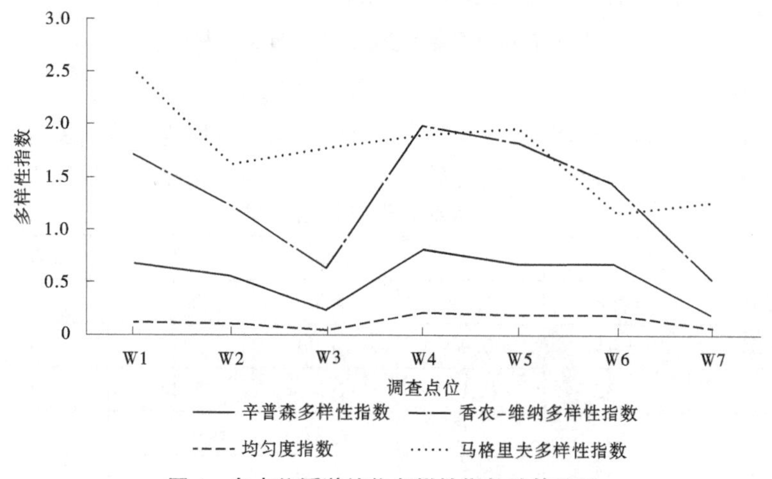

图 4　各点位浮游植物多样性指数计算结果

3　精准预警预报和防控水华

浮游植物作为水域中生命有机体的初级生产者，是水中溶解氧的主要供应者，它启动了水域生态系统中的食物网，在水域生态系统的能量流动、物质循环和信息传递中起着至关重要的作用，其组成与多样性的变化将直接影响到河湖生态系统的结构与功能。

本次研究调查7个点位共采集鉴定到浮游植物6门69种。其中，硅藻门17种、绿藻门35种、隐藻门3种、蓝藻门11种、甲藻门1种、裸藻门2种；浮游植物密度、生物量分析表明，初夏季节巢湖市巢湖近岸水域蓝藻门密度及生物量均占绝对优势，蓝藻门的微囊藻属优势度达到0.83，特别是W3（花塘河入湖口）浮游植物调查点位，出现蓝藻暴发异常峰值，微囊藻大量增殖，表明该区域在调查期间湖泊富营养化水平较高，蓝藻门密度及生物量符合富营养化特征，应优先、及时对W3（花塘河入湖口）代表的水域启动蓝藻打捞及集中处理、高压深井灭活等应急处理措施；W2（河西圩）、W7（中埠湿地）代表的水域亦应启动蓝藻应急处理措施；W1（中庙）、W4（芦溪湿地）、W5（老鼠河入湖口）、W6（月亮湾湿地）代表的水域因蓝藻及其他藻类密度、生物量较低，建议暂缓启动蓝藻应急处理措施，等待准确浮游植物调查报告启动信号。

通过浮游植物调查，并及时向合肥环巢湖水环境建设有限公司反馈了相关信息，达到了精准预警预报和防控巢湖可能暴发局部水华的目的，实现了在何时、何地启动环巢湖水华应急防控体系的功能。截至2022年7月18—24日，巢湖水域水华面积30.38 km^2，主要分布在东北部（巢湖市）区域，占巢湖水域面积的3.99%，水华特征为“无明显水华”[1]，表明2022年巢湖浮游植物调查发挥了重要作用，切实实现了水华精准预警预报和防控。

4 结语

目前，藻类水华监测主要包括现场观测、水下自动监测和卫星遥感反演等三种方式。由于藻类水华生消过程快，实时精准的监测是藻类水华预测、预警和有效管控的关键。通过科学布点、及时加密监测调查浮游植物的种群结构、密度和生物量，结合水下自动监测和卫星遥感反演，可实现藻类水华连续、精准、实时的监测。

参考文献

[1] 安徽省巢湖管理局.2022年7月18日—7月24日巢湖蓝藻应急防控监测结果［EB/OL］.（2022-08-08）［2022-10-10］http：//chglj.hefei.gov.cn/chgsw/18316837.html.

珠江三角洲网河区内河涌水动力调控技术研究

武亚菊　龙晓飞　王腾飞　李木桂　李　璐

（珠江水利科学研究院，广东广州　510610）

摘　要：珠江三角洲河网区为强人工调控的区，水系连通被人为截断，导致内外江水系连通和交换不畅，加之受潮汐影响，内河涌多为往复流，水体置换缓慢，河涌动力减弱，严重影响珠江三角洲地区的水环境水生态。以中山市中顺大围、佛山市南海区大沥镇、东莞市麻涌镇河西片区网水动力调控方案研究为例，根据各区域水系格局，设计水动力调控方案，利用Mike11数学模型计算河网水动力，对比分析调控方案影响下河网的水体更新速度，珠江三角洲网河区利用闸泵定向引排水对水体更新速度的提升最明显，急需通过新一代信息技术与水务技术的深度融合，通过智慧水务平台，对闸泵联合调度方案，河网系统和外部环境系统的进、出水量以及内河常水位进行控制，保证珠江三角洲网河区内河涌水动力活力的维持。

关键词：珠江三角洲河网区；强人工调控；Mike11模型；水体更新速度；闸泵调度

1　研究背景

珠江三角洲是珠江入海泥沙冲积沉淀而成的冲积平原；先辈们围海造田，孕育了发达的水系河网，纵横交错；为防御洪潮灾害及灌溉需求，开始联围筑闸，导致珠江三角洲河网区形成强人工调控的区，水系连通被人为截断，导致内外江水系连通和交换不畅。目前，珠江三角洲联围闸泵调度主要依靠人工经验实施，大多各个镇区各自实施辖区范围内的闸泵调度，没有系统地分析联围内外江河网的水系格局和水流运动规律，尚未建立闸泵调度智慧平台，无法实现联围闸泵间的优化调度，因此调度效果往往不甚理想，导致目前珠江三角洲围内河网水系往往呈现往复流运动，水体更新慢，污染物容易在围内河涌聚集和扩散，水环境恶化较为明显，影响了珠江三角洲城市地区的水环境和水生态。

由于感潮河网区闸泵群优化调度十分复杂和困难[1-4]，珠江三角洲地区不同联围的具体情况不同，调度模式与效果会有一定差异；但不同联围之间，其河网特征、径潮变化特征相近，故不同联围的调度又存在较大的相似性。本文以珠江三角洲地区比较有代表性的中山市的中顺大围、东莞麻涌镇的河西联围和佛山市南海区大沥镇为例，以保障河网区水系连通、改善河网水动力为目标，基于强人工调控下的河网水系一维水动力模型，对不同的调控方案进行模拟和对比分析，得出水动力调控效果最优的方案，总结珠江三角洲河网区水动力调控技术，为珠江三角洲感潮河网水系水动力水环境改善提供参考依据。

2　研究区域概况

2.1　中山市中顺大围

中顺大围西临古镇水道、西海水道、磨刀门水道，北面为东海水道，小榄水道顺东面接横门水道入海。中顺大围内自北向南有凫洲河、中排水渠、狮滘河，自西向东有岐江河，凫洲河在岐江河中部

作者简介：武亚菊（1980—），女，高级工程师，主要从事水力学、河流动力学和水环境治理等工作。

通信作者：龙晓飞（1980—），男，高级工程师，主要从事水力学、河流动力学和水环境治理等工作。

与其交汇，呈倒T字形结构；整体形成“三角嵌套，支涌相连”的骨干水系格局；围内河涌223条，主要河涌57条，总长390.29 km（见图1）。目前，中顺大围通过直接管辖的东河水利枢纽、西河水闸、铺锦水闸、拱北水闸4座核心水闸控制（凫洲水闸由顺德区均安镇管理），进行统一调度。各镇区通过节制闸控制，自成体系，形成相对独立的条块分割状内河网格局。河网复杂，受潮汐影响，多为双向流，水系淤堵，河流过流能力小。

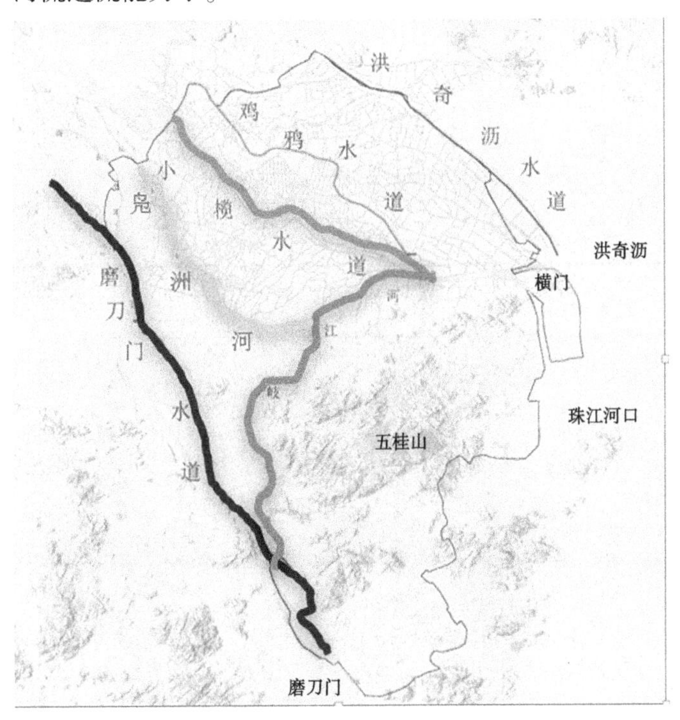

图1 中顺大围水系

2.2 佛山市南海大沥镇

大沥镇外围天然径流主要来自西南涌及佛山水道。镇内水系发达，特别是机场涌以东片区，属于典型的珠江三角洲河网区，区内河涌众多，纵横交错。围内主干河涌有雅遥水道、香基河、机场涌、谢边涌、水头涌、九村涌、龙沙涌、河西大涌、盐步大涌及铁路坑等10条，总长约50.12 km；支干河涌有河东大涌、黎边涌、公路坑、十米涌、漖表涌、九龙涌等6条，总长约20.76 km，另外，有支涌毛涌总长约60 km（见图2）。现有水利工程未实现统一调度，分片管理。河网复杂，受潮汐影响，多为双向流；围内河床底平缓，且断头涌较多，流动不畅。

2.3 东莞市麻涌镇河西联围

麻涌镇河西联围西临狮子洋，北有东江北干流，南临麻涌河，为河西片区提供丰富的地表水资源。河西片区内有第二涌、第三滘、马滘涌、滘刀涌、麻一涌、麻二涌、第五涌等总长约25.92 km（见图3）。现有水利工程未实现统一调度，水闸内外水位也无定时记录。片区内水系存在多处断头涌和瓶颈段，水系连通受到严重威胁，内河涌水流弱，河床淤积。

3 水动力调控方案设计及模型计算分析

3.1 水动力调控方案设计

3.1.1 方案设计原则

（1）保护和改善饮用水源地水质优先原则：污染水体不得向饮用水源地流动。

（2）防止污染源扩散原则：调水水源水质优于流动调活水体的水质。

（3）充分利用现有水利设施原则：优先采用水闸调度为主、泵站调度为辅，局部河段考虑工程措施。

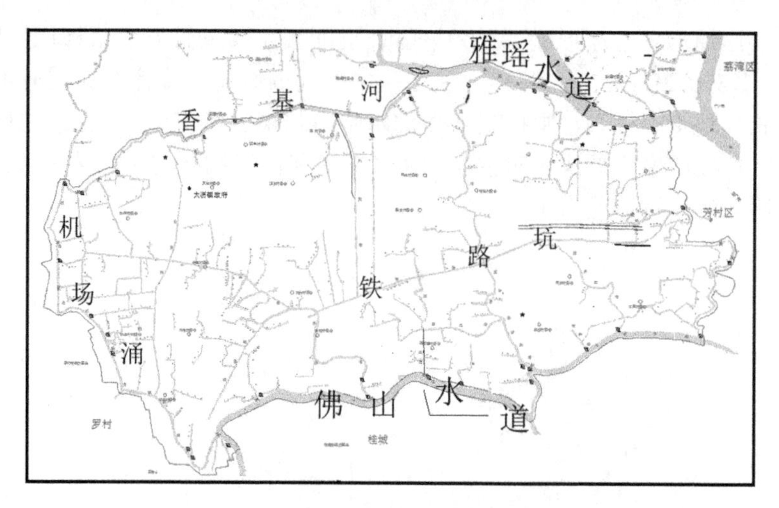

图 2　大沥镇水系

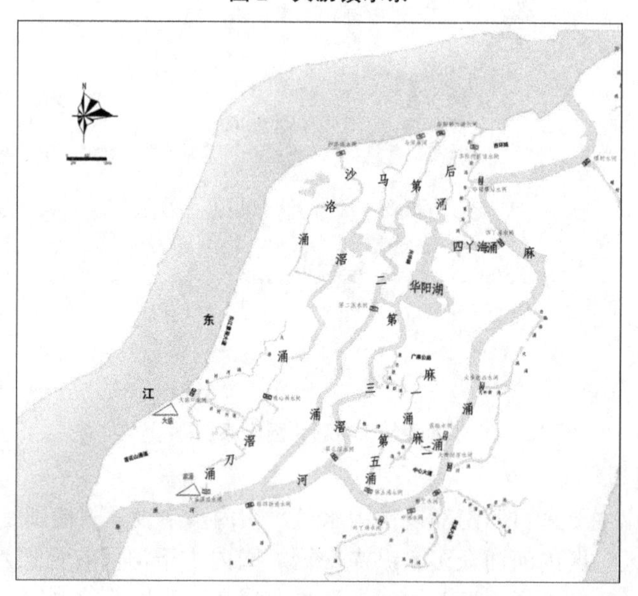

图 3　河西联围水系

（4）防汛与水环境保护并重原则：调度应优先服从防汛要求，协调防汛、抗旱、航运需求，常态时优先考虑水动力水质改善。在新建水利调度工程时，应兼顾对水动力水质改善的作用。

3.1.2　方案设计

（1）中顺大围。

根据中顺大围水系格局，设计由西海水道、磨刀门水道、小榄水道引水，排入凫洲河和岐江河，最终由横门水道排水，整体上形成“西进东出、北进南出”水网大循环动力格局，设计方案如表 1 所示。

表 1　中顺大围水动力调控方案设计

方案	方案描述	闸泵调度	河道整治	其他工程措施
现状	现状	小榄镇外江水闸定向，与凫洲河相连水闸定向排水；全禄水闸定向引水，其余引水水闸均全开	现状	无

续表 1

方案		方案描述	闸泵调度	河道整治	其他工程措施
整体河网方案群	方案1	东河闸定向排（狮滘河闸全开）	东河水闸定向排水，其余水闸均定向引水	河道整治	规划水闸泵站、狮滘河闸（全开）
	方案2	东河闸定向排（狮滘河闸全关）	东河水闸定向排水，其余外江水闸均定向引水	河道整治	规划水闸泵站、狮滘河闸（全关）
	方案3	东河、铺锦、白花头闸定向排（狮滘河闸全开）	增加铺锦、白花头水闸定向排水	河道整治	增加规划白花头水利枢纽,、狮滘河闸（全开）

（2）佛山市南海大沥镇

根据大沥镇水系格局，设计由佛山水道引水，整体控制围内河涌定向从南向北、从西向东流动，设计方案如表 2 所示。

表 2　佛山市南海大沥镇水动力调控方案设计

方案		方案简述	河道整治	闸泵调度	其他
现状方案群	方案1	闸全开	现状	各水闸全开；北村水闸定向排水	无
	方案2	闸定向	现状	现状引排水闸定向引排水，仅联滘水闸全开	无
规划方案群	方案1	闸泵定向	现状	现状及规划引排水闸（泵）定向引排水，联滘水闸全开	无
	方案2	规划地形下，闸泵定向，连通九龙涌	规划	增加联滘（泵）水闸定向引水	连通九龙涌

（3）东莞市麻涌镇河西联围。

根据河西联围水系格局，从东江引水，排入麻涌河，定向控制水从北向南流，设计方案如表 3 所示。

表 3　河西联围水动力调控方案设计

方案	方案简述	水闸控制	河道整治	其他
现状	闸全开	外江水闸均全开，达到关闸水位时关闸	现状	无
方案 1	北进南出定向引水	引水闸定向引水，排水闸定向排水	现状	无
方案 2	在方案 1 基础上，连通后涌与街前涌、第五涌和水干涌、大基濠涌和滘刀涌	引水闸定向引水，排水闸定向排水	现状	连通后涌与街前涌、第五涌和水干涌、大基濠涌和滘刀涌
方案 3	在方案 2 基础上，河道整治	引水闸定向引水，排水闸定向排水	整治	拓宽通心洲闸
方案 4	在方案 3 基础上，移动第二涌水闸，增设节制闸控制水流进入马滘涌	引水闸定向引水，排水闸定向排水	整治	第二涌水闸移至汇入麻涌河口处，马滘涌和第二涌连接段增设节制闸

3.2 模型计算分析

河网的水动力强弱主要体现在河网水体更新速度的快慢，水体更新速度为水体整体置换一次的时间，水体更新频率为一定时期内水体更新的次数，等于净引水量除以水体体积。以枯水期为例，利用Mike11 水动力和构筑物模块计算河网水动力，分析整体河网的水体更新速度。

（1）中顺大围。

由表1、表4 可知，现状时，中顺大围整体水体更新速度较慢，当定向控制引排水并同时整治河道时，水体更新速度明显提高。狮滘河闸关闭时则水体更新速度有所减慢；增加铺锦和白花头排水通道时，因减少引水通道，水体的更新速度有所减慢。推荐方案 1 即定向东闸排（狮滘河闸全开）时，在整治河道情况下，水体引水量最大，水体更新速度亦最快。

表 4　中顺大围枯水期各方案水体更新速度

方案	现状	整体河网改善方案群		
		方案 1：定向东河闸排（狮滘河闸全开）	方案 2：定向东河闸排（狮滘河闸全关）	方案 3：定向东河、铺锦、白花头闸排（狮滘河闸全开）
水体体积/万 m^3	4 608.44	5 165.96	5 191.34	5 082.82
水体更新频率/（次/月）	2.60	9.26	8.98	8.95
水体更新速度/（d/次）	11.91	3.35	3.45	3.46

（2）佛山市南海大沥镇。

由表2、表5 知，现状地形下水闸全开（现状方案1），整体引水量较小，水体更新速率较慢；现状地形下考虑闸定向引排水（现状方案2），引水量倍增，水体更新速度明显加快，约为现状全开时的1/3；考虑增加规划闸泵定向引排水（规划方案 1），引水量有所增加，水体更新速率加快；考虑连通九龙涌、铁路坑断头处与谢边涌，联滘水闸改为定向引水（规划方案 2），引水量增加，水体更新速率加快为 0.88 d/次。推荐规划方案 1 为最优方案。

表 5　大沥镇枯水期各方案水体更新速度

项目	现状方案群		规划方案群	
	方案 1	方案 2	方案 1	方案 2
引水量/万 m^3	306.72	987.72	1 224.72	2 852.64
水体体积/万 m^3	159.84	167.81	176.49	301.87
水体更新频率/（次/月）	7.14	21.88	25.81	35.15
水体更新速率/（d/次）	4.34	1.42	1.20	0.88

（3）东莞市麻涌镇河西联围。

由整体更新速度计算成果（见表6）可知，闸全开方案下，河网整体更新速度为 4.83 d/次；方案 1 定向引排水时整体更新速度明显加快，为 1.13 d/次；方案 4 时更新速度最快，为 0.98 d/次。推荐方案 4 为最优方案。

3.3 案例对比分析

由中山市中顺大围、佛山市南海区大沥镇、东莞市麻涌镇河西片区的河网水动力调控方案的设计及模型计算对比分析可知，现状河网水体更新速度均较慢，其中利用闸泵定向引排水的措施对水体更新速度的提升效果最明显，因此针对珠江三角洲地区内河涌水动力调控应充分利用水利工程，化弊为利，需建立闸泵联合调度体系，为内河涌水动力的维持提供基础的保证。

表6　各方案河网整体更新速度

方案	整体更新时间/h	整体更新速度/（d/次）
闸全开	116	4.83
方案1	27	1.13
方案2	26	1.08
方案3	29	1.21
方案4	24	0.98

4　结论

本文以中山市中顺大围、佛山市南海区大沥镇、东莞市麻涌镇河西片区网水动力调控方案研究为例，利用数学模型计算各河网水体更新速度，主要结论如下：

（1）珠江三角洲河网区现状河网水体更新速度均较慢，利用闸泵定向引排水对水体更新速度的提升最明显，水动力调控效果最好。

（2）需全面建成一个以水雨工情信息采集系统为基础、通信系统为保障、计算机网络系统为依托、自动监控与调度决策支持系统为核心的闸泵联合调度管理系统。建设融实用性、可靠性和先进性于一体的自动化智慧水务系统，实现水雨工情信息的自动采集、传输、存储和应用，实现对水闸、泵站水情、工情的实况监测、监视和工程排水、船闸、通航孔的自动化调度和自动化控制，并在自动监控基础上，通过新一代信息技术与水务技术的深度融合，对闸泵联合调度方案，河网系统和外部环境系统的进、出水量以及内河常水位进行控制，实现控制智能化、数据资源化、管理精确化、决策智慧化，保障水务设施安全、高效运行。

（3）建立河涌日常管理的长效机制，完善河涌保护和管理办法，强化河涌的管理。

（4）重视和加强水利信息化专门人才的培养和干部职工信息化知识的培训，培养智慧水利要求的人才。

（5）遵循水利工程各项运行规定、管理条例，实施水利工程目标管理。运用先进科学技术和手段，对水利工程实行全过程的实时管理，使水利工程发挥更大的效益。

参考文献

[1] 江涛，朱淑兰，张强，等．潮汐河网闸泵联合调度的水环境效应数值模拟［J］．水利学报，2011，42（4）：388-395.

[2] 陈晓波，董增川，郑国威，等．闸泵系统联合调度的水动力学模型研究及应用［J］．人民黄河，2013，35（3）：27-29.

[3] 李晓，唐洪武，王玲玲，等．平原河网地区闸泵群联合调度水环境模拟［J］．河海大学学报（自然科学版），2016，44（5）：393-399.

[4] 徐祖信，卢士强．平原感潮河网水动力水质模型研究［J］．水动力学研究与进展，2003，18（2）：176-181.

低水头弧形闸门淹没孔流流量计算分析研究

程　锐[1]　赵建平[2]

（1. 中国水利学会，北京　100053；
2. 水利部交通运输部国家能源局南京水利科学研究院，江苏南京　210029）

摘　要：通过对弧形闸门过流情况下计算公式的对比，基于现有研究基础对相关影响因素进行了分析。利用水工物理模型试验方法对某工程弧形闸门淹没孔流情况下的流量开展了测试，当通过模型试验获取具有一定不确定性的流量数据后，提出淹没系数的拟合表达式，拓展了高淹没度情况下的应用区间。同时比较了在获取试验流量样本的情况下，采用公式计算和神经网络两种方法获取流量结果的差异，可为设计运行管理阶段弧形闸门淹没孔流计算提供参考。

关键词：弧形闸门；淹没系数；流量；淹没孔流；神经网络

1　引言

水工闸门作为水闸控泄关键组成，承担着防洪、泄洪等重要工程任务，社会效益和经济效益显著。近年来，伴随城市水环境水生态建设，涌现了形式新颖的特型大跨度闸门工程，单孔闸门宽度变大，闸门结构尺寸显著加大，其功能也由单一防洪，开始向生态环境提升转变，既要满足局部开启要求，还要适应闸门上、下游水位复杂的组合变化。在引调水中需要经常开启闸门下泄流量，这也对闸门控泄安全提出了越来越高的要求。闸门控泄运行时需要保证上下游水位、流量等水力学参数变化的情况下闸不产生不利流态，满足消能防冲、闸门流激振动、动力稳定、水位控制等要求，其中闸门过流流量计算是工程设计和运行管理面对的重要问题。提高过流流量计算精度对于设计而言更为可信，对于调度运行而言更为可靠。低水头水闸水位差通常较小，控泄工况下闸后可能为淹没出流（堰流和孔流），对于淹没堰流而言，与过流流量相关的影响因素主要是上下游水位、堰型、侧向翼墙和闸墩等，而淹没孔流的影响因素还增加了闸门开度。低水头弧形闸门淹没孔流计算公式可见于各不同手册、规范，实践经验积累丰富，在设计运行管理等各个阶段的应用广泛。

2　淹没孔流计算公式

淹没孔流作为水利工程中常见的一种流态，在低水头水闸应用较多。《水力计算手册》[1]、《水工建筑物与堰槽测流规范》（SL 537—2011）[2]、《水闸设计规范》（SL 265—2016）[3] 等均有相关计算公式，多数基于能量方程导出，公式求解较为复杂，为方便应用均提供图表供查找选取，对于计算结果精度有一定的影响。部分公式中的经验系数通过观测资料拟合所得，由于不同工程水工建筑物布置、闸门体形等差异不具备普遍适用性。

《水力计算手册》[1] 分别按闸底坎为宽顶堰和实用堰两种情况给出了流量计算公式［见式（1）］和淹没系数（见图 1）的计算，宽顶堰情况下主要考虑了$\frac{\Delta Z}{H}$、$\frac{e}{H}$与淹没系数之间的关系，由于需要考虑自由孔流流量系数和总小于 1 的淹没流量系数，既增加了经验系数的求解，又需要通过

作者简介：程锐（1979—），男，高级工程师，主要从事水利工程管理工作。

试算方能求解淹没流量系数，计算较为复杂，其所给出的淹没系数曲线方便查找，但不同门型布置下取用参数适应的问题会影响计算精度。

$$Q = \sigma_s \mu_0 be \sqrt{2gH_0} \tag{1}$$

式中：Q 为过流流量；σ_s 为淹没系数；μ_0 为自由孔流流量系数，按门型选取；b 为闸孔净宽度；e 为闸孔开度；g 为重力加速度；H_0 为包括行近流速水头在内的闸上总水头。

《水工建筑物与堰槽测流规范》（SL 537—2011）[2] 中也给出了淹没孔流情况下的类似流量计算公式，同时也提出了用现场率定流量系数建立流量关系时可考虑通过建立 $\dfrac{e}{\Delta Z}-\mu_1$、$\dfrac{e}{H_L}-u_1$ 的相互关系后推求流量，同时给出了与图 1 类似的经验流量系数关系图表。

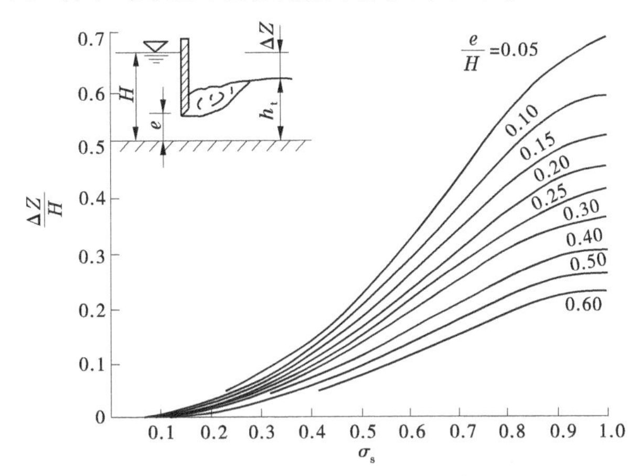

σ_s—淹没系数；ΔZ—上下游水位差；H—上游水位；e—闸门开度；h_t—下游水位。

图 1　水力计算手册淹没系数

《闸坝工程水力学与设计管理》[4] 中给出了淹没孔流的相关计算公式的简化表达式，并建立了淹没孔流流量系数与下游水头与闸门开度比值（$C_s - \dfrac{h_s}{e}$）的相互关系，通过拟合的淹没系数计算过流流量，相应更符合实际情况。

$$Q = C_s b h_s \sqrt{2g\Delta Z} \tag{2}$$

式中：C_s 为淹没孔流流量系数；h_s 为下游水深；ΔZ 为上下游水位差。

文献［5-6］提到了基于量纲分析法获得的弧形闸门过流公式，仅通过两组试验即可率定，简化了率定过程，但在实际应用中需要通过率定才能提高计算精度，即在有了实际样本数据后使用更为可靠方便，可能在设计阶段存在流量估算误差较大的问题。

文献［7］对不同来源的弧形闸门流量计算公式进行了对比，并提出了应用《水闸设计规范》（SL 265—2016）计算得到的结果偏小，工程应用较为安全。

总体上看，公式形式基本一致，均考虑了水力学条件（上游水位、下游水位、水跃形态）、边界（过流宽度、开度）、闸门体形（收缩系数、流速系数）的影响，所选取的各项指标、关系式经过实践验证，对于不同宽度的水闸流量计算结果而言具有较高的可信度。但由于门型不同、流态差异，与公式假定情况不符也可能存在计算误差，针对水工建筑物布置、闸门结构等差异导致的与假定下不一致的情况，规范中规定设计阶段在有必要的情况下开展水工模型试验进行专门研究。因此，在传统的弧形闸门水位-流量计算基础上，针对某类闸门布置开展模型试验研究也成为具有一定精度的获取水闸泄流能力的手段，通常都会结合流态观测发现与理论计算之间一些微小差异。

3　模型流量试验数据

某水利工程位于平原区河流上，设计功能是挡洪、排涝、蓄水、引水换水、控制内江水位，主要用于控制内江与外江水体的交换，保证枯水期内江必要的水位和容量以解决内江水量、水质问题，该工程某孔闸门设计为弧形闸门，宽度 20 m、闸底板高程 1 m（见图 2），需要控泄运行。

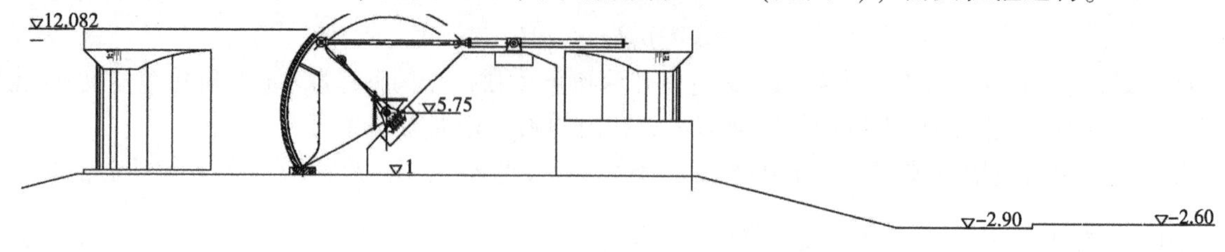

图 2　闸孔布置示意图　（单位：m）

由于工程总体布置，不同水位条件、闸门开度下需要根据实际要求调节流量，而且水位变幅较大，获取闸门的过流能力后可为制订运行调度方案提供科学依据，基于《水工（常见）模型试验规程》（SL 155—2012）[8] 要求，建立水工物理模型开展试验模拟，物理模型比尺 1∶20，采用重力相似准则建立，测试了不同上下游水位、闸门开度情况下的流量（见表 1），通过实际流态观测，闸孔出流多为淹没出流，本文主要针对淹没出流开展分析，仅附了淹没孔流情况下的流量数据，模型试验中出流沿闸室宽度方向不均匀性与式（1）或式（2）中二元流假定的区别使得结果数据存在一定不确定性。对于闸孔淹没出流流量计算而言，在工程实践和前人的研究基础上，认为淹没孔流情况下，式（1）中流量系数（$\sigma_s u_0$）与 e/H、$\Delta Z/H$ 等参数有关，式（2）中 C_s 与 h_s/e 相关。

表 1　模型试验获取的淹没孔流流量　单位：m^3/s

上游水位/m	下游水位/m	闸门开度/m				
		0.2	0.4	0.6	0.8	1
9.48	5.8	25.00	50.06	78.27	104.40	128.06
8.5	4.82	24.88	48.53	72.66	103.08	
8.5	5.5	20.96	43.13	67.37	91.23	107.73
8.5	6	18.48	36.17	56.29	75.22	104.24
7.5	3.82	23.74				
7.5	4.5	20.52	42.68	64.03		
7.5	5	18.28	34.78	57.17	74.75	101.45
6.5	3.5	20.20				
6.5	4	17.95	35.47	57.55		
5.5	3	17.20				

4　流量拟合分析

不管是基于能量方程的方法，还是量纲分析法，相应公式中的淹没系数均与当时所用拟合数据的公式有关，而这些拟合数据一般都会存在适用范围，可能带来计算值与实际值之间的误差。在物理试验模拟获得基础数据的基础上，可以通过插值法、拟合法、回归分析法、神经网络法等获得需要的区间内的因变量，不管应用哪种方法均可获得具有一定精度的结果。当前试验在较高淹没度情况下开展，如果按式（1）拟合则数据量偏少，并且需要反复试算，计算复杂。按式（2）进行基于最小二乘法的经验系数的拟合（见图 3）得 $C_s = 0.745\left(\frac{h_s}{e}\right)^{-1.033}$，与式（2）中参考了较多试验原观数据拟合得到的淹没系数 $C_s = 0.853\left(\frac{h_s}{e}\right)^{-1.086}$ 的表达式形式一致、系数量级相当，也表明对现有流量数据采用类似形式的表达式较为合理，具有一定的可信度。$h_s/e<5$ 的情况下，曲线呈现略微上翘的趋势；$h_s/e>5$ 的情况下几乎呈线性变化，表明虽然闸底坎及侧边闸墩存在收缩影响，但在开度较小、下游水深较高的情况下几何边界的对流量的影响相对较小，可以通过拟合获得的数据进行延伸应用。

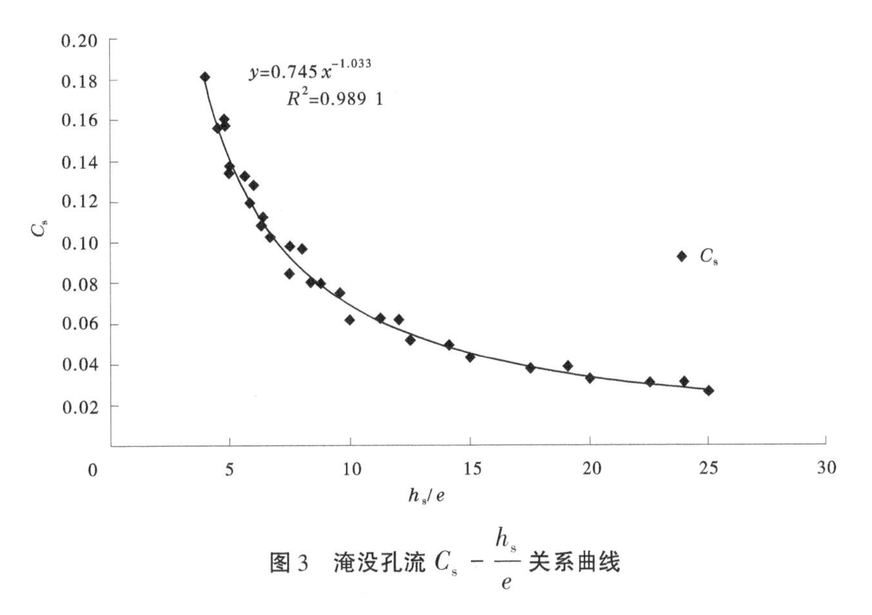

图3 淹没孔流 $C_s-\frac{h_s}{e}$ 关系曲线

在已获取数据样本的情况下，随着计算技术的进步，实际应用中也可以考虑采用智能算法进行拟合求解。作为一种比较方法，取上游水深、下游水深、闸门开度为自变量，单宽流量作为因变量，通过前馈 BP 神经网络（三层神经元）进行训练[9]，并输出对应训练后的流量值。取式（2）拟合和神经网络训练获取的流量数据，图 4、图 5 横坐标采用基于模型试验获取的流量数据，分别绘制相关流量数据比较图和流量误差百分比图。基于模型试验获取的流量作为原始数据，式（2）拟合流量数据考虑了水力学特性，物理意义清晰，所给出的比较图中除能看出规律性的变化外，本例研究中也能从部分偏差较大的数据分布上看出原始试验数据的部分不合理之处，误差多控制在±10%以内，利用式（2）原经验系数获取的结果误差相似。神经网络训练获取的流量数据忠实于原始数据，吻合度高，在原始数据可信的情况下作为一种拟合手段较为准确，误差控制在±3%以内，也可以利用训练好的网络，通过输入水力参数来进行其他水力条件下的数据预测。

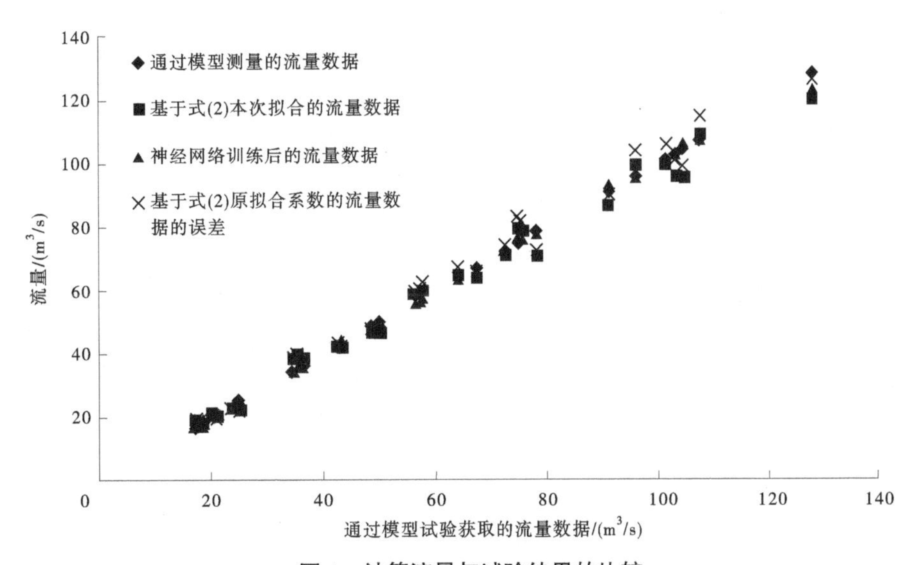

图4 计算流量与试验结果的比较

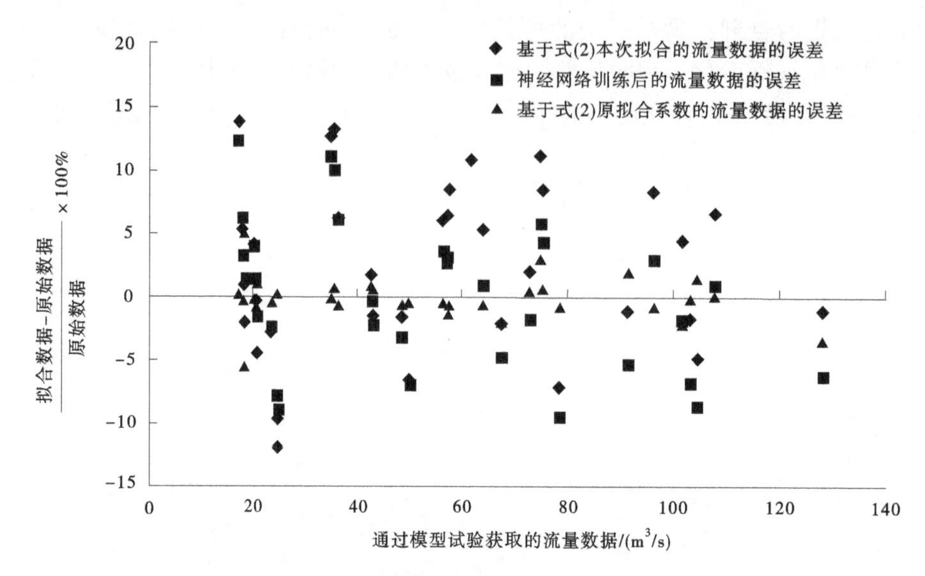

图 5 计算流量结果误差的比较

经验公式由试验和原型观测获得，其影响因素较多，经验系数的获取较为复杂。但得益于工程实践和前人的研究积累，使得其实用性和准确性有比较高的保证，在设计阶段缺乏实际流量数据时应用较优，可以快速估算流量数据，为设计工况消能防冲、运行调度提供依据。同时由于水利工程的特殊性，其布置往往各不相同，没有模型试验或现场实测数据时，采用基于能量方程或量纲分析推导的流量公式得到的数据可能与实际数据之间存在一定差异。因此，在运行调度阶段已获得一定准确的样本数据后，得益于其公式表达的简洁和物理意义清晰，并不需要对数据过多的筛选即可方便的计算经验系数。基于求解经验系数的方法［式（1）或式（2）］可在水力设计、测流原观、运行管理各个阶段得到广泛应用。

在获取了一定数量试验流量样本的情况下，采用式（2）计算和神经网络两种方法，均可分别修正系数、网络方面的表达，从而预测其他水力条件的流量结果，可为运行管理阶段弧形闸门淹没孔流计算提供参考。

5 结语

（1）淹没孔流计算中，如何确认淹没系数是整个计算的关键，由于水利工程的特殊性，其布置往往各不相同，没有模型试验或现场实测数据时，采用既往经验系数开展的计算总会与实际数据之间存在一定差异，但并不影响实际应用的要求。

（2）淹没孔流情况下，利用弧形闸门流量计算公式［式（2）］中参考较多试验、原观数据拟合得到的淹没系数的表达式形式合理，基于本实例试验数据推求的 $C_s = 0.745\left(\frac{h_s}{e}\right)^{-1.033}$ 表达式也表明了原表达式的合理性，具有较高的精度，简化了计算，尤其是在高淹没度情况下，基于该区段发现的近似线性的变化规律使得流量计算应用较为方便。

（3）获取了模型试验或现场实测合理数据后，通过既有公式推算流量系数、淹没系数后，可以估算其他水力条件下的流量；也可以抛开水力学物理意义上的表达，通过智能算法，如通过神经网络训练后预测其他水力条件的流量结果，也具有一定的精度，均可为运行管理阶段弧形闸门淹没孔流计算提供参考。

参考文献

［1］李炜．水力计算手册［M］．北京：中国水利水电出版社，2006.

[2] 水利部水文局．水工建筑物与堰槽测流规范：SL 537—2011 [S]．北京：中国水利水电出版社，2011.
[3] 中华人民共和国水利部．水闸设计规范：SL 265—2016 [S]．北京：中国水利水电出版社，2016.
[4] 毛昶熙，周名德，柴恭纯．闸坝工程水力学与设计管理 [M]．北京：水利电力出版社，1995.
[5] 穆祥鹏，陈文学，崔巍，等．弧形闸门流量计算方法的比较与分析 [J]．南水北调与水利科技，2009，7（5）：20-22.
[6] 崔巍，陈文学，王晓松，等．基于量纲分析的弧形闸门过流公式及其应用 [J]．灌溉排水学报，2012，31（5）：91-93.
[7] 周奕琦．水闸规范与水力计算手册中弧形闸门流量计算的比较分析 [J]．水利技术监督，2022（7）：1-4.
[8] 中国人民共和国水利部．水工（常见）模型试验规程：SL 155—2012 [S]．北京：中国水利水电出版社，2012.
[9] 马莉．MATLAB 数学实验与建模 [M]．北京：清华大学出版社，2010.